# BUFFON 88

**SCIENCE – HISTOIRE – PHILOSOPHIE**

*Publication de l'Institut Interdisciplinaire
d'Etudes Epistémologiques*

*# 32 732*

# BUFFON 88

Actes du Colloque international
pour le bicentenaire de la mort de Buffon

(Paris, Montbard, Dijon, 14-22 juin 1988)

*Réunis par*

Jean-Claude Beaune, Serge Benoit, Jean Gayon, Jacques Roger (†),
Deris Woronoff

*sous la direction de*

Jean Gayon

Préface d'Ernst Mayr
Postface de Georges Canguilhem

*avec 46 illustrations et 7 tableaux*

Ouvrage publié avec le concours du Centre National des Lettres,
de l'Ecole des Hautes Etudes en Sciences Sociales (Centre Alexandre Koyré)
de l'Université de Bourgogne et du Centre Gaston Bachelard (Dijon)

*Collection dirigée par*

Michel Delsol, Directeur honoraire à l'Ecole Pratique des Hautes Etudes,
Professeur émérite à la Faculté catholique des Sciences de Lyon

*Vignette de Buffon* réalisée par Alain Defilippi.

La loi du 11 mars 1957 n'autorisant aux termes des alinéas 2 et 3 de l'article 41, d'une part, que les « copies ou reproductions strictement réservées à l'usage privé du copiste et non destinées à une utilisation collective » et, d'autre part, que les analyses et les courtes citations dans un but d'exemple et d'illustration, « toute représentation ou reproduction intégrale, ou partielle, faite sans le consentement de l'auteur ou de ses ayants droit ou ayants cause, est illicite » (alinéa 1er de l'article 40).
Cette représentation ou reproduction, par quelque procédé que ce soit, constituerait donc une contrefaçon sanctionné par les articles 425 et suivants du Code Pénal.

© Librairie Philosophique VRIN, 1992

ISBN : 2 – 7116 – 9755 – X

# *IN MEMORIAM* JACQUES ROGER

Disparu le 25 mars 1990 dans sa soixante-dixième année, le Professeur Jacques Roger était l'une des principales figures françaises et internationales de l'histoire des sciences. Spécialiste éminent de l'histoire des sciences de la vie, il avait, plus que tout autre, contribué à rendre toute sa place à la pensée de Buffon, et c'est à ce titre qu'il avait pris l'initiative d'organiser à Paris, en vue du bicentenaire de la mort de l'illustre naturaliste, l'un des trois colloques dont les Actes sont réunis en cet unique volume.

Agrégé de Lettres classiques, ayant suivi un cursus habituel qui l'avait mené de l'enseignement secondaire à l'Université en passant par le C.N.R.S., il n'en eut pas moins de cesse, dans son oeuvre scientifique, de frayer des voies nouvelles à un domaine qui était encore peu développé en France, tout en le faisant admettre à part entière dans le champ institutionnel.

Après s'être signalé en 1962 pour son édition critique des *Époques de la Nature* de Buffon, il fut rapidement consacré par la communauté universitaire en France et à l'étranger pour sa Thèse de Doctorat soutenue en 1963 sous la direction de René Pintard, *Les sciences de la vie dans la pensée française du XVIIIᵉ siècle : la génération des animaux de Descartes à L'Encyclopédie*. Outre de multiples études et articles, souvent publiés à l'étranger, sa dernière contribution majeure fut sa biographie intellectuelle de Buffon, *Buffon, un philosophe au Jardin du Roi*, parue en 1989 quelques mois avant sa mort, et qui reste comme son testament scientifique.

Enseignant dans l'âme, témoignant une grande sollicitude envers ses nombreux étudiants, Jacques Roger fut professeur aux Universités de Poitiers et de Tours, où il assuma la fonction de Doyen de la Faculté des Lettres, avant d'être nommé à la Sorbonne en 1969 à l'Université de Paris-I. Il y occupa, dès l'année suivante, et jusqu'à sa retraite survenue en 1989, l'une des premières chaires d'Histoire des Sciences à avoir été créées en France. Il avait été également élu en 1982 Directeur d'Études cumulant à l'École des Hautes Études en Sciences sociales. Lieu central d'élaboration de sa pensée, son séminaire d'histoire de la biologie fut aussi un point de dialogue où se rassemblaient les tenants d'une vision ouverte de l'histoire des sciences.

S'appuyant à travers le monde sur un réseau de relations personnelles très étendu, son rayonnement international s'exprima par les très nombreuses conférences qu'il prononça, comme professeur invité, dans des Universités étrangères, en Grande-Bretagne, en Allemagne et plus encore aux Etats-Unis. Professor at Large à Cornell, il assura également, plusieurs années durant, un cours d'histoire de la biologie à Charlottesville. Il avait inauguré, en 1988, un enseignement sur l'histoire de la théorie de l'évolution à la Faculté de Médecine de l'Université de Genève.

La reconnaissance de son activité et l'audience de son oeuvre lui valurent de nombreuses distinctions, à commencer en 1964 par le grand prix Gobert de l'Académie française, et en 1967 la décoration de la Légion d'honneur. Il fut, par la suite, nommé comme premier président de la 72ème Section du Comité national des Universités (Histoire et Philosophie des Sciences et des Techniques). Il était membre de l'Académie internationale d'Histoire des Sciences, dont il venait d'être élu Secrétaire perpétuel, ainsi que de la Deutsche Akademie der Naturforscher-Leopoldina.

Au cours de sa carrière, Jacques Roger anima de nombreuses formations de recherches, avec un grand libéralisme et dans un constant souci d'ouverture entre les disciplines. Après avoir dirigé le Centre d'Études supérieures de la Renaissance à l'Université de Tours, il créa, au Centre Malher de l'Université de Paris-I, le Centre d'Histoire des Sciences et des Mouvements d'Idées. Nommé en 1978 à la tête du Centre international de Synthèse Henri Berr, à l'organe duquel il s'attacha à donner une nouvelle impulsion, il dirigea également de 1983 à 1989 le Centre Alexandre Koyré, qu'il eut la satisfaction, juste avant son décès, d'installer dans ses nouveaux locaux du Pavillon Chevreul au Muséum National d'Histoire Naturelle. Il prit encore une part essentielle aux travaux du groupe de recherche sur l'histoire du vocabulaire scientifique qu'il avait fondé en 1978.

Son souci de promouvoir sans exclusive les échanges et le débat au sein de la communauté scientifique s'exprima à travers une importante activité éditoriale, en France comme rédacteur en chef de la *Revue de Synthèse* et comme directeur de la *Revue d'Histoire des Sciences*, et à l'étranger par sa participation aux comités de rédaction de quatre grandes revues en Grande-Bretagne, en Italie et aux Etats-Unis. C'est dans le même esprit qu'il fut le premier président, de 1980 à 1983, de la Société française d'Histoire des Sciences et des Techniques.

Refusant de réduire l'histoire des techniques à une simple province de celle des sciences, Jacques Roger soutint de son autorité morale les efforts de ceux qui, au cours des quinze dernières années, se sont employés à lui donner une consistance spécifique. Il appuya le développement, à l'Université de Paris-I, d'un actif groupe de recherches sur l'histoire des mines, des carrières et de la métallurgie à l'époque médiévale. Il accueillit dans ses locaux du Centre Malher le Groupe d'Histoire des Mines et de la Métallurgie constitué en 1985 dans un cadre plus large. Il présida, enfin, de sa création en 1978 à 1989, l'Association des Forges de Buffon, où il retrouvait, dans une démarche scientifique et d'action muséale, sa préoccupation de faire redécouvrir le génie multiforme de Georges Louis Leclerc de Buffon. Il était juste que ce volume fût dédié à sa mémoire. *

* Texte rédigé par Serge Benoit, avec le concours de Mme Martine Groult et de M. Paul Benoit.

# TABLE DES MATIÈRES

## IV. «*LA NATURE EN GRAND...*»

## V. LA «*MATIÈRE VIVANTE*»

## VI. DE L'ANIMAL À L'HOMME

# PRÉSENTATION

Georges-Louis Leclerc naquit à Montbard, en Bourgogne, le 7 septembre 1707. À Dijon, il se passionna pour les mathématiques au collège des jésuites, puis il apprit le droit à la Faculté. En 1772, Louis XV érigea en comté la seigneurie de Buffon dont il portait le nom, pour les services qu'il avait rendus au Jardin du Roi. Il mourut à Paris le 16 avril 1788.

Ce livre est issu d'un colloque international organisé en 1988 pour la célébration du bicentenaire de la mort de Buffon. Cette manifestation s'est tenue dans les villes des trois domiciles entre lesquels Buffon a partagé son existence : Montbard, Dijon, et Paris. La figure historique complexe et fascinante de Buffon tient en ces trois lieux. Homme d'affaires, gestionnaire pointilleux de ses bois, de ses forges, et de ses propres publications, homme d'académies, savant et philosophe, attentif à l'infinie diversité de la nature sauvage et domestiquée, homme de pouvoir aussi, le personnage de Buffon méritait en 1988, un an avant la commémoration du bicentenaire de la Révolution française, une réévaluation.

L'ambition des organisateurs a été de dresser un bilan des études buffoniennes au cours des deux ou trois décennies écoulées. L'on sait à quel point le regretté Jacques Roger a contribué à renouveler ce champ d'investigation historique. On lui doit aussi d'avoir tout fait pour que la célébration de 1988 rassemble des sensibilités et des méthodologies aussi diverses que possible.

Trois colloques différents ont été coordonnés dans le temps, et se sont déroulés successivement à Paris, Montbard, et Dijon. La liste des chercheurs qui ont participé à ces réunions est donnée en annexe de cette "présentation". Pour des raisons de cohérence et de lisibilité, il ne nous a pas semblé opportun de préserver dans le livre la structure (institutionnelle) qui avait prévalu pour l'organisation des colloques. Si la réunion de Montbard, consacrée à l'inscription territoriale de la personnalité de Buffon, a eu une indiscutable spécificité, les communications des colloques de Paris et de Dijon, toutes attachées à réévaluer la pensée scientifique et philosophique de Buffon, se sont révélées étroitement complémentaires. De là le plan de ce livre : la première section rassemble des textes lus à Montbard, et porte sur la dimension régionale de Georges-Louis Leclerc de Buffon. Dans chacune des six autres sections, on trouvera des communications données à Paris et à Dijon. Les sections II et III s'interrogent sur les enjeux philosophiques et sur l'unité méthodique de la pensée de Buffon. Les trois sections suivantes examinent les trois secteurs majeurs de la réflexion du naturaliste-philosophe, à savoir : –les sciences de l'inorganique, ou sciences de *«la nature en grand»*[1] (section IV), –celles de la *«matière vivante»*[2]

---

1. Pour reprendre une expression de Buffon lui-même, au début du *Second Discours* sur l'*Histoire et Théorie de la Terre* [1749].
2. *«...il me paroît que la division générale qu'on devroit faire de la matière, est* matière vivante & matière morte, *au lieu de dire* matière organisée & matière brute.*»* Buffon, *Histoire générale des Animaux, Chap. II* [1749].

(section V), –enfin l'ensemble des réflexions de Buffon touchant à la question de la différence anthropologique[3] (section VI). La section VII rassemble des études sur le retentissement éditorial et intellectuel de la pensée de Buffon en France et dans le monde, aux dix-huitième et dix-neuvième siècles. Nous avons jugé opportun de compléter cet ensemble par une bibliographie récapitulant de manière aussi exhaustive que possible les rééditions de Buffon et les études sur son œuvre depuis 1954, date de publication de l'irremplaçable "bibliographie de Buffon" établie par Madame Genet-Varcin et Jacques Roger.[4] Madame Marie-Françoise Lafon, ingénieur de recherche au Centre Alexandre Koyré, doit être particulièrement remerciée pour le travail considérable qu'elle a consenti à cette occasion. Cette bibliographie est indépendante des listes de textes cités figurant à la fin de chaque communication.

L'ensemble de ces travaux offre une image de la perception que nos contemporains ont de Buffon en cette fin de vingtième siècle. Si la majorité des textes relève de l'histoire des sciences et des techniques au sens classique du terme, les organisateurs ont aussi voulu que soient représentés les points de vue de l'histoire générale et de la science contemporaine. On doit à cet égard tout particulièrement remercier les juristes et les savants, ou "scientifiques" comme on dit de nos jours, qui ont accepté de participer à la construction de cette image. La préface d'Ernst Mayr et la postface de Georges Canguilhem relèvent du même souci. Pour ses conceptions et sa méthode biologiques, Ernst Mayr est souvent apparu comme un lointain héritier de Buffon. Qu'il soit remercié d'avoir apporté ici son témoignage, ainsi que Georges Canguilhem, qui, en historien et philosophe des sciences, a bien voulu dire le mot de la fin.

De manière générale, l'appareil des références a fait l'objet d'un soin particulier. Les références à l'œuvre de Buffon ont été arrangées de telle manière que le lecteur puisse remonter aux textes sans pâtir de la grande diversité des rééditions. Ceci explique le format inhabituel utilisé dans les notes. Pour tous les auteurs autres que Buffon, les textes sont signalés par un numéro renvoyant à la bibliographie figurant à la fin de chaque communication. Dans le cas de Buffon, les notes mentionnent systématiquement l'intitulé et la date du "discours", du mémoire, ou du document cité, avec renvoi à la bibliographie pour identification de la source utilisée. Quant à l'orthographe utilisée dans les citations, nous avons respecté les volontés, diverses, des auteurs. Dans un grand nombre de textes, l'orthographe est celle des sources citées, avec leur diversité, et, parfois, leur étrangeté propres.

Ce livre doit beaucoup à tous ceux qui ont contribué au succès des trois colloques de 1988. Nous tenons en premier lieu à remercier tous ceux qui ont

---

3. «...il est évident que l'homme est d'une nature entièrement différente de celle de l'animal...» (Buffon, *Histoire naturelle de l'homme : De la Nature de l'homme*, 1749).

4. «*Bibliographie de Buffon*», in *Œuvres philosophiques de Buffon*, Texte établi et présenté par Jean Piveteau, Paris, Presses Universitaires de France, "Corpus général des philosophes français", Tome XLI–1, 1954 : pp. 513-575.

participé à ces réunions, particulièrement ceux dont les textes n'ont pu être insérés dans cet ouvrage; – leur participation chaleureuse a donné vie au projet. On doit souligner par ailleurs le rôle actif des institutions qui ont accueilli les manifestations et les ont organisées : le Muséum National d'Histoire Naturelle et le Centre de Synthèse Henri Berr (colloque de Paris), l'Association pour la Sauvegarde et l'Animation des Forges de Buffon (colloque de Montbard), l'Université de Bourgogne (colloque de Dijon). La réunion internationale n'aurait pu exister sans l'aide financière et morale du Conseil Général de la Côte-d'Or, du Ministère de la Culture et de la Communication (Délégation aux Célébrations Nationales), du Ministère de l'Éducation Nationale, de la Recherche et des Sports (C.N.R.S., D.A.G.I.C.), du Muséum National d'Histoire Naturelle, du Rectorat de l'Académie de Dijon, de l'Université de Bourgogne, du Centre de Recherches sur l'Image, le Symbole et le Mythe (Dijon), de la Société Bourguignonne de Philosophie, et des Villes de Dijon, Montbard et Paris. Toutes ces institutions ont apporté leur concours efficace à la réussite matérielle des colloques. Qu'elles soient remerciées d'avoir accepté de collaborer pour célébrer la mémoire de Buffon. L'impulsion ferme de l'*Association Buffon 88*, constituée tout spécialement pour coordonner l'ensemble des manifestations de commémoration, a joué en la circonstance un rôle décisif. Qu'il nous soit permis de rendre hommage à son Président, Monsieur le Professeur Philippe Taquet (Directeur du Muséum National d'Histoire Naturelle), et à son efficace secrétaire général, Monsieur Yves Laissus (Conservateur en Chef de la bibliothèque du Muséum). Sans l'imagination et l'inépuisable courtoisie de Madame Michèle Nespoulet (Muséum National d'Histoire Naturelle, Paris), qui assura le secrétariat de l'ensemble des manifestations, et sans le concours à Dijon de Madame Conrad (ingénieur à l'Université de Bourgogne), les participants n'eussent point été reçus comme ils l'ont été.

La publication proprement dite a bénéficié du soutien financier du Centre National des Lettres, du Centre Alexandre Koyré (École des Hautes Études en Sciences Sociales), de l'Université de Bourgogne et du Centre Gaston Bachelard de Recherches sur l'Imaginaire et la Rationalité (Université de Bourgogne, Dijon). Nous remercions spécialement Madame Marie-Françoise Lafon, qui a bien voulu relire l'ensemble de épreuves et rédiger la mise au point bibliographique, ainsi que Monsieur Roger Chartier (Directeur du Centre Alexandre Koyré), qui lui a donné l'opportunité de réaliser ces tâches essentielles. Nous remercions aussi Madame France Véret (Université de Bourgogne) pour son aide efficace dans la fabrication du volume.

*Jean Gayon,*
*Jean-Claude Beaune,*
*Serge Benoit,*
*Denis Woronoff*

**LISTE DES PARTICIPANTS AU COLLOQUE INTERNATIONAL** *BUFFON 88*

*1 ʳᵉ partie : Paris, 14-17 juin 1988*

*"BUFFON EN SON TEMPS :*
*L'ŒUVRE PHILOSOPHIQUE ET SCIENTIFIQUE ET SON RETENTISSEMENT"*

*Organisateur*

Jacques ROGER (†), Université de Paris-I et École des Hautes Études en Sciences Sociales.

*Ouverture du colloque*

Philippe TAQUET, Muséum National d'Histoire Naturelle, Paris.

*Présidents de séance*

Jacques-Louis BINET, Hôpital de la Pitié-Salpétrière, Paris.
Paolo CASINI, Università La Sapienza, Rome, Italie.
Charles DEVILLERS, Université de Paris-VIII.
Jean DORST, Membre de l'Institut, Muséum National d'Histoire Naturelle, Paris.
François DUCHESNEAU, Université de Montréal, Canada.
Roger HAHN, University of California, U.S.A.
Philippe TAQUET, Muséum National d'Histoire Naturelle, Paris.

*Conférenciers*

Scott ATRAN, Centre de Recherches en Épistémologie Appliquée (C.N.R.S.), Paris.
Giulio BARSANTI, Université de Florence, Italie.
Claude BLANCKAERT, Centre Alexandre Koyré (C.N.R.S.), Paris.
Paolo CASINI, Università La Sapienza, Rome, Italie.
Pietro CORSI, Università di Cassino, Italie.
Ernest COUMET, Centre Alexandre Koyré (E.H.E.S.S.), Paris.
Arthur DONOVAN, Merchant Marine Academy, New York, U.S.A.
François DUCHESNEAU, Université de Montréal, Canada.
François ELLENBERGER, Université de Paris-Sud-Orsay.
Gabriel GOHAU, Paris.
Paul-Marie GRINEVALD, Imprimerie Nationale, Paris.
Jonathan HODGE, University of Leeds, U.K.
Annie IBRAHIM, Lycée Colbert, Paris.
Lucien LECLAIRE (†), Muséum National d'Histoire Naturelle, Paris.
Jean PIVETEAU (†), Membre de l'Institut, Paris.
Peter H. REILL, University of California, U.S.A.
Roselyne REY, Centre Alexandre Koyré (C.N.R.S.), Paris.
Shirley ROE, University of Connecticut, U.S.A.
Roger SABAN, Muséum National d'Histoire Naturelle, Paris.
Phillip SLOAN, University of Notre Dame, Indiana, U.S.A.
Kenneth TAYLOR, University of Oklahoma, U.S.A.
Aram VARTANIAN, University of Virginia, U.S.A.

**LISTE DES PARTICIPANTS AU COLLOQUE INTERNATIONAL *BUFFON 88* (suite)**


*2 ᵉ partie : Montbard, 18-19 juin 1988*

*"UN BOURGUIGNON DANS SON ÉPOQUE :*
*GEORGES-LOUIS LECLERC DE BUFFON"*


*Organisateurs*

Serge BENOIT, C.N.R.S., Centre de Recherches Historiques (E.H.E.S.S.), Paris.
Denis WORONOFF, C.N.R.S., Centre de Recherches Historiques (E.H.E.S.S.), Paris.


*Ouverture du colloque*

Jacques GARCIA, maire de Montbard.

*Présidents de séance*

Jean RICHARD, Université de Bourgogne, Dijon.
Jean-Pierre DUBOIS, Université de Bourgogne, Dijon.

*Conférenciers*

Jean BART, Université de Bourgogne, Dijon.
Serge BENOIT, C.N.R.S., Centre de Recherches Historiques (E.H.E.S.S.), Paris.
Pierre BODINEAU, Université de Bourgogne, Dijon.
Arlette BROSSELIN, Université de Bourgogne, Dijon.
Roland ELUERD, Lycée Militaire de Saint-Cyr-l'Ecole.
Françoise FORTUNET, Université de Bourgogne, Dijon.
Philippe JOBERT, Université de Bourgogne, Dijon.
François PICHON, Institut de Recherche de la Sidérurgie et Société française de
          Métallurgie.
Roger SABAN, Muséum National d'Histoire Naturelle, Paris.
Denis WORONOFF, C.N.R.S., Centre de Recherches Historiques (E.H.E.S.S.), Paris.

**LISTE DES PARTICIPANTS AU COLLOQUE INTERNATIONAL *BUFFON 88* (suite et fin)**

*3 $^e$ partie : Dijon, 20-22 juin 1988*

*BUFFON ET SA DESCENDANCE :*
*NATURALISME DES NATURALISTES ET NATURALISME DES PHILOSOPHES*

*Organisateurs*

Jean-Claude BEAUNE, Université de Bourgogne, Dijon.
Jean GAYON, Université de Bourgogne, Dijon.

*Ouverture du colloque*

Nicole FERRIER-CAVERIVIERE, Recteur de l'Académie de Dijon.
Roger PARIS, Président de l'Université de Bourgogne.
Robert POUJADE, Député-Maire de Dijon.

*Présidents de séance*

Georges CANGUILHEM, Université de Paris-I.
François DAGOGNET, Université de Paris-I.
Jean BRUN, Université de Bourgogne, Dijon.

*Conférenciers*

Isabelle AURICOSTE, Paris.
Richard W. BURKHARDT Jr, University of Urbana-Champaign, Illinois, U.S.A.
Jean CHALINE, Université de Bourgogne, Dijon.
Amor CHERNI, Université de Tunis-I, Tunisie.
Michel DELSOL, École Pratique des Hautes Études, Paris et Lyon.
Jean EHRARD, Université de Clermont-Ferrand.
Jean FERRARI, Université de Bourgogne, Dijon.
Jean GAYON, Université de Bourgogne, Dijon.
John C. GREENE, University of Connecticut, U.S.A.
Joy HARVEY, Virginia Polytechnic Institute and State University, Virginia, U.S.A.
Philippe JANVIER, Muséum National d'Histoire Naturelle, Paris.
Charles LENAY, Université de Compiègne.
Hervé LE GUYADER, C.N.R.S., Université de Paris Sud-Orsay.
Jorge MARTINEZ- CONTRERAS, Universidad Autónoma Metropolitana, México, Mexique.
Paul MENGAL, Université de Paris-XII (Créteil).
François POPLIN, Muséum National d'Histoire Naturelle, Paris.
Jacques-Michel ROBERT, Université de Lyon-I.
Jacques ROGER (†), Université de Paris-I.
Phillip SLOAN, University of Notre Dame, Indiana, U.S.A.
Jean SEIDENGART, Université de Paris-X (Nanterre).
Jean SVAGELSKI, Université de Bourgogne, Dijon.
Franck TINLAND, Université Paul-Valéry, Montpellier.

## PRÉFACE

*Évoquer Buffon à l'occasion du bicentenaire de sa mort, c'est davantage qu'une formalité. Depuis bien longtemps son génie avait été négligé. Bien que l'on ait admiré son style et ses récits, il a fallu beaucoup de temps pour que son importance dans l'histoire de la pensée humaine soit pleinement appréciée .*

*En quoi la grandeur de Buffon a-t-elle consisté? –Comme c'est le cas pour la plupart des grands hommes, cette grandeur tient à une combinaison de traits divers. En tant que savant, Buffon était mû par une soif insatiable de compréhension –je dis délibérément "compréhension" plutôt que "connaissance". Bien qu'il fût un maître de la description, son but véritable fut toujours de comprendre ce qu'il voyait. Il sentait qu'il y avait un sens dans la masse des détails, et il comprit bien qu'il fallait former des théories susceptibles de révéler ce sens. C'est lui qui a converti l'histoire naturelle d'un délicieux passe-temps en une science sérieuse. C'est lui qui a posé les fondements de la biologie évolutive, de la biogéographie, et de la géologie historique.*

*C'était une entreprise redoutable que d'établir une science du monde vivant et de sa diversité déroutante. Du fait de la complexité du monde de la vie, il est impossible d'y trouver des substances simples et des lois universelles comme on le fait dans le monde de la physique. On ne peut non plus y recourir à l'expérimentation, sauf en physiologie. En histoire naturelle, l'on doit faire observation sur observation, et l'on ne peut généraliser qu'en effectuant des comparaisons. C'est précisément ainsi que Buffon a procédé.*

*Le philosophe Karl Popper presse les savants de proposer des théories hardies. De telles théories, qu'elles soient correctes ou erronées, sont celles qui auront le plus grand impact. Buffon n'avait pas besoin d'une telle exhortation. Dès le début de sa carrière scientifique, il a suivi ce principe. Assurément il a parfois eu tort; mais le plus souvent, il a contribué à écarter des conceptions erronées, ouvrant ainsi la voie à des progrès majeurs dans notre compréhension. C'est un fait d'histoire : –son audace scientifique l'a parfois mis en conflit avec les autorités.*

*Lorsque Buffon commença d'écrire son* Histoire Naturelle, *il y avait deux manières traditionnelles de faire de l'histoire naturelle.*

*L'une était celle des taxinomistes : elle consistait à faire l'inventaire de la diversité de la nature. Les taxinomistes nommaient toutes sortes d'animaux et de plantes et élaboraient des manuels dans le but de les identifier correctement. Très souvent, ils semblaient plus intéressés par les noms des organismes que par leurs attributs. Linné était le chef de file incontesté de ce groupe, et Buffon l'a ridiculisé ainsi que ses partisans, en tant que "Nomenclateurs". L'autre école était celle des physico-théologiens, de Ray à Derham et Pluche, pour qui la nature n'était qu'une documentation de la sagesse du Créateur. Chaque aspect du monde vivant était un témoignage du dessein du Créateur. Étudier la nature, c'était donc étudier l'œuvre de Dieu.*

*Buffon a inauguré une troisième approche, entièrement nouvelle. Son ambition était de convertir l'histoire naturelle en une science compréhensive et objective. Comment est-il arrivé à son approche hétérodoxe, –c'est là une question déconcertante. Le fait est que Buffon avait reçu une éducation qui était elle-même hétérodoxe. On est en vérité étonné de voir à quel point l'étude de l'histoire naturelle y avait peu de place : il a étudié le droit, les mathématiques, la physique et un peu la sylviculture. C'est vraisemblablement son contact avec les mathématiques et la physique qui l'a encouragé à choisir une approche si différente des traditions existantes. Toutefois son esprit exceptionnellement perspicace et critique l'a retenu de verser dans le physicalisme ou dans la physico-théologie. Il soutenait avec véhémence que certains sujets étaient bien trop compliqués pour que l'on pût y utiliser les mathématiques. Parmi ces sujets, il y avait en particulier tous ceux de l'histoire naturelle. Dans ce domaine, les méthodes appropriées sont l'observation et la comparaison, et l'on doit étudier l'élément vivant dans tous les aspects de son histoire. Cette attitude a eu une influence considérable sur les études d'histoire naturelle, une influence qui ne s'est pleinement révélée qu'à l'âge moderne de l'éthologie et de l'écologie.*

*Deux aspects de l'approche de Buffon méritent d'être particulièrement soulignés. En premier lieu, il a réalisé que l'on perd quelque chose dans la compréhension de la nature si l'on essaie de réduire la complexité du monde vivant à ses constituants les plus petits. Sans être dogmatique sur ce point, on peut dire que Buffon a soutenu une vision de la nature indubitablement holistique.*

*La seconde grande intuition de Buffon fut d'apercevoir qu'il y avait davantage dans les organismes vivants que leur structure, leur couleur, ou plus généralement les caractères mentionnés par les taxinomistes dans leurs diagnoses. Les organismes ont un comportement, ils sont restreints à certains habitats, et ils ont des aires de distributions définies. Par conséquent, la biologie du comportement (l'éthologie), l'écologie et la biogéographie sont des parties inséparables de l'histoire naturelle.*

*Pour autant qu'il se soit intéressé à la classification, Buffon était un pragmatiste "comme il faut" :* «Il me paraît que le seul moyen de faire une méthode instructive & naturelle, c'est de mettre ensemble les choses qui se ressemblent, & de séparer celles qui diffèrent les unes des autres» (De la *manière d'étudier et de traiter l'histoire naturelle, 1749). Au lieu de fonder la classification sur un petit nombre de caractères-clefs, il demandait que l'on prenne en compte le plus grand nombre possible de caractères, idéalement tous. Il est amusant d'observer que l'alternative entre ces deux conceptions de la classification demeure aujourd'hui le principal objet de dispute entre les écoles modernes de taxinomie. Buffon avait un concept de l'espèce clairement en avance sur ses contemporains, même s'il concevait encore l'espèce de manière plus ou moins typologique.* «Une espèce – a-t-il déclaré– <est> une succession constante d'individus semblables & qui se reproduisent» (L'asne, 1753)*; Buffon a fait de la fécondation croisée le critère de l'espèce.*

*Nul autant que Buffon au dix-huitième siècle n'a exercé une influence aussi grande sur le développement de la biogéographie; aussi a-t-il été désigné comme le père de la biogéographie. Dans de nombreux volumes de l'*Histoire naturelle, *il a regroupé les animaux selon des critères géographiques plutôt qu'en vertu de relations de similitude. Sa comparaison entre les organismes de l'Europe et ceux de l'Amérique du Nord a engendré des discussions stimulantes.*

*L'on sait bien, par ailleurs, qu'à de nombreuses reprises, Buffon a été proche d'une théorie de l'évolution, pour s'en écarter cependant au dernier moment. Il n'en reste pas moins qu'il a indiscutablement posé une pierre décisive pour la pensée évolutionniste, et il n'est point surprenant que ce soit l'un de ses protégés, Lamarck, qui ait finalement avancé la première théorie globale de l'évolution.*

*C'est dans les* Époques *que Buffon s'est le plus émancipé de la pensée traditionnelle. Quoique de manière inévitablement spéculative, Buffon a mis l'accent dans cet ouvrage non seulement sur le grand âge de la Terre, mais aussi sur la continuité des processus affectant les conditions sur terre. Il a même tenté d'inférer les étapes de l'histoire de la Terre sur la base d'informations connues. Même si d'autres ont aussi spéculé sur l'histoire de la Terre, tels que Burnet, Woodward, ou Whiston, l'analyse soigneuse de Buffon l'emportait en solidité de plusieurs ordres de grandeur. L'Histoire* naturelle *de Buffon a été le plus grand succès de librairie du dix-huitième siècle. L'ouvrage a été traduit en de nombreuses langues étrangères, et lu par toute personne cultivée. De la sorte, la manière de penser qui était celle de Buffon a pénétré profondément les esprits, beaucoup plus profondément qu'il n'a semblé à première vue. Je dis "qu'il n'a semblé", car peu après la mort de Buffon, c'est l'histoire naturelle à la manière linnéenne qui a paru triompher pendant un certain temps. Plus tard cependant, les graines semées par Buffon ont germé, et le retentissement de ses idées s'est régulièrement amplifié. Pourtant, ce n'est guère qu'aujourd'hui que l'on prend conscience de la grandeur de Buffon.**

*Ernst Mayr*
*(Université de Harvard)*

---

* Texte traduit par J. Gayon.

# I

*UN BOURGUIGNON DANS SON ÉPOQUE :*
*GEORGES-LOUIS LECLERC DE BUFFON*

# 32734

# 1

## BUFFON EN AFFAIRES

Françoise FORTUNET*, Philippe JOBERT**, Denis WORONOFF***

Le père Ignace, un capucin qui finira curé de Buffon, disait de son illustre paroissien : *«il aimait l'argent parce qu'il en connaissait le prix et savait bien l'employer»*.[1]

La première partie de cette affirmation ne fait pas de doute, comme en témoignent par exemple le luxe intérieur de son hôtel et la splendeur de ses "terrasses", à Montbard. La deuxième partie de cette opinion, qui laisse supposer un homme d'affaires avisé, exclusivement soucieux de la rentabilité économique de ses multiples opérations, mérite au contraire d'être nuancée. S'il est vrai, en effet, que Buffon ne supporte pas de laisser dormir ses capitaux, il semble également saisir, sans calcul rigoureux, des occasions d'investissements vers lesquelles il est davantage poussé par un esprit de curiosité et d'expérimentation que par celui de lucre. C'est notamment par ces hardiesses qu'il se distingue des nobles bourguignons.

Au total, sa fortune ne cesse de croître tout au long de son existence. Relativement bien nanti par sa famille en Bourgogne dès l'arrivée à l'âge adulte dans les années 1730, il commence alors à s'affairer dans sa province natale, au moment même où ses fonctions parisiennes lui fourniront des sources de revenus nouvelles et régulières. À l'apogée de sa fortune un demi-siècle après, Buffon dresse l'état de ses revenus au début de 1787 dans son *Livre manuel* où il les chiffre à près de 110 000 livres,[2] ce qui le place en Bourgogne parmi les plus gros patrimoines nobiliaires.[3] Retenons ce chiffre, même s'il comporte des lacunes ou des doubles emplois, puisqu'il peut être grossièrement recoupé par des données postérieures. Sans aucun doute c'est une fortune importante qu'il laisse à son fils, même déduction faite des charges et des revenus perçus à titre personnel pour les fonctions qu'il assure, mais qui va se révéler un assemblage précaire.

Opérons dans cette somme globale une distinction essentielle entre deux sphères de revenus sans chevauchements véritables : d'une part les divers éléments d'un patrimoine aristocratique, assis en Bourgogne sur la terre et aussi sur l'industrie (68 500 livres, rentes comprises, soit environ 60% de l'ensemble); d'autre part, les ressources parisiennes de l'homme de Cour et du savant (41 500 livres, représentant 40% des revenus de Buffon).

\*    Faculté de Droit, Université de Bourgogne. 4 bd Gabriel. 21000 Dijon. FRANCE.
\*\*   Faculté de Droit, Université de Bourgogne. 4 bd Gabriel. 21000 Dijon. FRANCE.
\*\*\*  C.N.R.S. Centre de Recherches Historiques, École des Hautes Études en Sciences Sociales. 54 bd Raspail. 75006 Paris. FRANCE.

1. Cité par Flourens [11] : p. 50.
2. Buffon [8], T. II : p. 352, n. 3.
3. Colombet [9] : p. 72.

**I**

**BUFFON GRAND PROPRIÉTAIRE EN BOURGOGNE**

Bourguignon par la naissance, le mariage, les relations, ainsi que par ses longues périodes de résidence à Montbard, Buffon échappe, dans ses affaires, au modèle aristocratique le plus répandu dans sa province natale. L'originalité de son patrimoine bourguignon tient, selon nous, à deux caractéristiques principales : en premier lieu, à la répartition interne des grandes masses qui le composent et en deuxième lieu, à la politique patrimoniale qu'il a adoptée.

*A. La structure*

La fortune de Buffon se fonde à l'origine sur la succession de sa mère, ouverte en 1731. L'année suivante, à la suite du *«sot»* remariage de son père et craignant la dilapidation de ses droits, Buffon le menace d'une action judiciaire en partage, et obtient alors sa part, qui est importante, puisqu'elle s'élève à 80 000 livres; il s'empresse de racheter aussitôt la terre de Buffon que son père, malchanceux en affaires, avait vendue en 1729.[4]

En revanche, par son mariage en 1752, Marie-Françoise de Saint-Belin ne lui apporte –outre une immense admiration– que *«6000 livres en deniers clairs»*, dot très modeste pour une jeune fille de cette condition. Le régime matrimonial séparatiste, une curiosité dans la pratique bourguignonne probablement imitée d'usages parisiens, ne constitue-t-il pas alors une sage précaution prise par le futur époux pour protéger ses biens personnels?[5]

Quoi qu'il en soit de cette politique familiale et conjugale, sa stratégie individuelle se développe apparemment dans deux directions.

La première semble conforme à la tradition de l'aristocratie, rassembleuse de terres et de droits. Le *Livre manuel* de 1787 énumère à cet égard plusieurs sources de revenus :

- au moins 6 domaines dans un rayon d'une quinzaine de kilomètres autour de Montbard (Arrans, Buffon, Les Berges, Nogent, Rougemont, Quincy), soit 119 hectares de terres et 55 de prés. Il acquiert aussi divers biens immobiliers à Montbard. Le tout produit annuellement 12 000 livres.

- des revenus seigneuriaux et des dîmes (à Buffon, Montbard, Rougemont, Quincy, mais aussi un péage à Dijon), soit 3764 livres par an.

- enfin, diverses rentes totalisant 6300 livres par an, y compris celles, déjà irrécouvrables en 1787 (3050 livres), dues par son fermier Lauberdière. Ces trois premières sources de revenus, les plus classiques au moins par leur nature, représentent ensemble 19 000 livres, c'est-à-dire le tiers des revenus bourguignons de Buffon.

Avec les bois et la forge, qui lui assurent 49 500 livres annuellement, soit les deux tiers restants de ses revenus en Bourgogne, s'ouvre en revanche une direction bien plus novatrice dans la composition de son patrimoine. Pour lui, il s'agit de réunir deux éléments rendus solidaires, de manière à constituer une unité de production métallurgique importante, et autonome dans ses approvisionnements. C'est ce qui explique l'étendue du patrimoine forestier, presque 3000 arpents,

---

4. Lettre de Buffon au Président de Ruffey du 29 janvier 1733, *in* Buffon [8], T. 1 : pp. 209-210.
5. Collection Leroy [2], Gelot, Villaines-en-Duesmois, 21 septembre 1752 et Garden [12].

éventuellement complétés par 900 arpents sur les forêts royales; c'est aussi ce qui explique la masse des revenus tirés de l'usine, qui s'élèveraient à 26 500 livres par an, du moins selon le bail conclu en 1777 avec Jacques-Alexandre Chesneau de Lauberdière.[6]

Un premier et rapide bilan permet de comparer la fortune de Buffon à celle des nobles, particulièrement des parlementaires bourguignons auxquels, il est vrai, Buffon n'appartient pas personnellement. Chez lui, la part des revenus domaniaux, seigneuriaux et des rentes se trouve réduite, sans être pour autant négligeable, puisque encore à la fin de sa vie, en 1784, il achète pour 200 000 livres la terre et seigneurie de Quincy.[7] Mais ce qui est frappant, c'est que ses investissements économiques ne sont, ni une fraction minime, ni le simple prolongement rentier de la propriété foncière, comme il est courant dans la noblesse en Bourgogne, mais l'activité principale, par la science, le temps et l'argent qu'il y consacre. En dehors même de la construction de la forge, où il n'hésite pas à dépenser 330 000 livres, il s'intéresse aussi à une pépinière, à une carrière de marbre, à des moulins.

Cette structure, cette combinaison originale d'éléments par ailleurs connus, sont évidemment révélatrices de toute une politique patrimoniale. Quelles sont les grandes lignes de cette politique, quelle méthode Buffon adopte-t-il?

### B. La méthode

Pour la cerner de plus près, nous avons procédé à un dépouillement systématique des actes passés par Buffon dans toutes les études de Montbard entre 1732 et 1788, sans oublier quelques minutes rédigées par des notaires voisins et repérées dans une liasse *«Buffon»* aux Archives de la Côte-d'Or,[8] soit le chiffre respectable de 600 actes dont les trois quarts, 450, ont été effectivement consultés; parmi ces derniers ce sont les années 1760-1788 qui correspondent à la période de la plus grande activité notariale (Voir tableau 1).

### 1. Contenu

L'ordinaire de ces actes se ramène finalement à deux types. D'abord des actes d'administration, tels que de nombreuses procurations généralement données en blanc aux notaires, des quittances, des procès-verbaux divers (arpentages, réparations, expertises); ou encore des lettres de voiture, parmi lesquelles on relèvera un envoi de squelette et un envoi d'oiseaux au Jardin du Roi, ainsi que de nombreux transports de vins de la Côte de Genay, un cru bourguignon qu'il affectionne tout particulièrement.[9] On regrettera, parmi ces actes d'administration, l'absence de tous, ou presque tous les actes passés pour la gestion des bois et de la forge, parce que la plupart ont été contractés au nom de familiers ou de subordonnés. Cependant, quelques documents ont été retrouvés par hasard, comme le recrutement d'un fendeur ou le charroyage de mines.[10]

---

6. Arch. dép. Côte-d'Or [1], Guérard, 1 août 1777, 4E 119/65.

7. Arch. nat. Minutier central des notaires [3], XCIV, 476, 6 novembre 1784.

8. Arch. dép. Côte-d'Or [1], C 9327 à 9379 [contrôle des actes]; 4E 117 [Bernard], 4E 118 [Bernard], 4E 119 [Beudot puis Guérard]; XVII F [fonds Buffon].

9. Par exemple, Arch. dép. Côte-d'Or [1], 4E 119/153, 15 mars 1762 [Beudot] et Abric [4].

10. Arch. dép. Côte-d'Or [1], 4E 119/164, 4 juin 1769 [Beudot] et 4E 119/166, 1er septembre 1771 [Beudot].

| Nature des actes → Décennies ↓ | Baux | Acqui-sitions | Ventes | Rentes | Cens | Procura-tions | Échan-ges | Obliga-tions | Autres: lettres de voiture, P.V. | Total |
|---|---|---|---|---|---|---|---|---|---|---|
| 1730-1740 | | 6 | 3 | 7 | — | 7 | 1 | 1 | 22 | 47 |
| 1740-1750 | 13 | 5 | 4 | 2 | 8 | 4 | 1 | 2 | 9 | 48 |
| 1750-1760 | 3 | 43 | 5 | 4 | 3 | 6 | 1 | 6 | 11 | 82 |
| 1760-1770 | 18 | 73 | 17 | 9 | — | 12 | 8 | 6 | 14 | 157 |
| 1770-1788 | 23 | 14 | 24 | 3 | — | 20 | 12 | 4 | 25 | 125 |
| Total général | 57 | 141 | 53 | 25 | 11 | 49 | 23 | 19 | 81 | 459 |

**TABLEAU 1** : Typologie des actes notariés passés par Buffon.

Le deuxième type d'actes est constitué par des aliénations dont l'essentiel est composé d'acquisitions (146 soit un tiers de l'ensemble), de ventes (50), d'échanges (34), qui regroupent la moitié des actes effectivement consultés. Ce sont ces acquisitions qui présentent le plus grand intérêt économique, et qui permettent de déterminer, non sans peine, une ligne de conduite comportant à la fois ses intermittences et une relative cohérence.

Ainsi, le rythme et la nature de ces acquisitions dépendent en partie de la plus ou moins longue présence de Buffon à Montbard. L'année 1767, où le nombre de ses opérations est plus élevé, est particulièrement typique à cet égard. Tenu de résider sans désemparer dans la ville où sa femme est malade, il rassemble, de parcelles en domaines, les biens immobiliers indispensables à la construction et à l'approvisionnement des forges ainsi qu'à la subsistance de ses ouvriers (Voir tableaux 2 et 3). Par ce moyen, il regroupe cette année-là un ensemble d'une cinquantaine de pièces de terres, d'une dizaine de prés et des chenevières; et en 1777, presque 14 hectares de prés et 19 hectares de terres «*environnent les dites forges*».[11]

Toujours en 1767, il achète à Montbard des immeubles urbains contigus à ses propriétés, mais aussi des vignes, des terres labourables, des vergers et des chenevières. Par là, il poursuit l'œuvre commencée depuis plus de 20 ans pour s'assurer la maîtrise de quartiers entiers de la ville. D'autres périodes (1746, les années du mariage, 1760, 1780-81, 1783, 1786), témoignent également, sans raison logique apparente, d'une intense activité notariale qui laisse le sentiment contradictoire d'une politique faite de foucades ou d'éparpillements, en même temps qu'elle se concentre sur quelque pôles plus stables : le contrôle et le remodelage de la ville, l'exploitation forestière et métallurgique.

11. Cité note 6.

| nature → | immeubles urbains | vignes | vergers | terres labourables | prés | chenevières | total |
|---|---|---|---|---|---|---|---|
| nombre d'actes | 2 | 16 | 2 | 8 | 4 | 21 | 53 |
| nombre de pièces | 2[1] | 20 | 2 | 10 | 4 | 25 | 63 |
| surface (en hectares) | – | 2,06 | non disponible | 3,5 | 0,9 | <0,7 | <7,2 |
| valeur (en livres) | 5850 | 3914 | 1767 | 2036 | 1385 | 2239 | 17 191 |

(1) avec un moulin et ses dépendances.

**TABLEAU 2** : Acquisitions de Buffon en 1767 à Montbard.

| nature → | immeubles ruraux | vignes | vergers | terres labourables | prés | chenevières | total |
|---|---|---|---|---|---|---|---|
| nombre d'actes | 4[1] | 1 | – | – | – | – | 5[2] |
| nombre de pièces | – | – | – | 61 | 10 | 4 | 75 |
| surface (en hectares) | – | non disponible | – | 15,07 | 1,7 | <0,9 | <17,6 |
| valeur (en livres) | non disponible | non disponible | – | non disponible | non disponible | non disponible | 22 912 |

(1) avec un moulin et ses dépendances.
(2) pour l'essentiel, 4 domaines situés à Buffon.

**TABLEAU 3** : Acquisitions de Buffon en 1767 dans la campagne bourguignonne.

## 2. Objectifs

Pour donner de l'unité à ce patrimoine par trop dispersé, Buffon ne recule ni devant la consitution de monopoles ni devant les conflits qui en résultent. De tous les monopoles qu'il établit, les plus utiles et les plus rémunérateurs concernent la police et l'équipement des rivières, droits de pêche,[12] et surtout acquisition de deux moulins à Montbard ou aménagement de deux autres à Buffon. Cette emprise progressive menace évidemment les propriétaires-meuniers voisins.

L'un deux, Jacques Moncelot, propriétaire-exploitant du moulin du Pont à Montbard, avait obtenu en 1769, moyennant 15 000 livres, que Buffon supprime des établissements concurrents et promette de ne construire à l'avenir ni moulin à blé ni

12. Arch. dép. Côte-d'Or [1], 4E 118/12, 7 juin 1765 [Guyot].

foulon, mais conserve cependant *«la faculté d'édifier... telle autre espèce d'usine qu'il avisera»*. Ne pouvant honorer cette dette, Moncelot renonce le 20 juillet 1771 au bénéfice de cette transaction. Il consent alors à ce que Buffon *«fasse établir lesdits moulins à blé et à foulon et qu'il construise tels autres qu'il jugera à propos... et en tire tout le profit... possible»*. Buffon retrouve ainsi son entière liberté économique.[13]

Autre rivalité, avec ces usagers de la rivière que sont les marchands de bois pratiquant le flottage sur la Brenne et sur l'Armançon. Ils se plaignent en 1776 de ce que les récentes installations hydrauliques de la forge les privent du débit d'eau suffisant *«pour faire couler les bois de moule»*. Un conflit un peu similaire surgit avec les riverains, dont les terres ont été inondées par l'exhaussement des écluses, causant de graves préjudices aux propriétaires des fonds.[14]

Buffon manifeste, dans la solution de ces conflits, la volonté de réaliser ses entreprises non sans une certaine rudesse, et sans se laisser arrêter par le respect des droits de son voisinage. Mais en dehors même de ces épisodes conflictuels ouverts, la réputation de dureté qui a été transmise par la postérité à son sujet, paraît fondée également par des pratiques plus discrètes et plus courantes de sa part. À titre d'exemple, on peut mentionner d'abord les modalités de paiement adoptées par lui pour les acquisitions modestes : le paiement comptant, qui a probablement pour effet d'inciter les vendeurs à faire bon gré mal gré *«comme les autres, en abandonnant pour ce prix comptant»*.[15] Autre exemple, il exploite les situations difficiles des débiteurs dans l'impossibilité de verser les arrérages des rentes, dont il rachète le capital contre la vente de l'immeuble servant de garantie : c'est par ce moyen qu'il rachète plusieurs maisons à Montbard en 1766. Enfin, il lui arrive à plusieurs reprises d'obtenir dans un procès le désistement de son adversaire, alors qu'il se trouve lui-même en très fâcheuse posture.[16]

Grâce à tous ces exemples, on comprend mieux le témoignage du second échevin de la ville de Montbard, déclarant en 1773 à propos de Buffon : *«il fallait d'autant plus s'en méfier que c'était un homme riche et puissant,* [et] *que par son grand crédit, il venait à bout de tout ce qu'il entreprenait»* en s'appuyant sur son réseau de relations.[17] Ce jugement, auquel beaucoup se sont arrêtés, paraît trop unilatéral parce que notre masse d'actes notariés comporte aussi des rentes ou des legs par lesquels Buffon manifeste sa piété ou son humanité en reconnaissance de services et de fidélité : envers son vieil aumônier devenu infirme, envers ses domestiques et son huissier, et bien sûr envers sa très chère femme de charge, Marie-Madeleine Blesseau, née d'un tissier de Montbard, à qui il accorde dès 1766 *«les moyens de vivre aisément pendant le reste de ses jours, pour des motifs légitimes à lui connus»*, et qui recevra par la suite de nombreuses gratifications supplémentaires.[18]

## 3. Résultats

En ce qui concerne les affaires bourguignonnes de Buffon, une troisième et dernière question mérite d'être soulevée : peut-on affirmer comme le soutenait le père

13. Arch. dép. Côte-d'Or [1], 4E 118/14, 6 juin 1769 [Guyot]; 4E 119/56, 20 juillet 1771 [Guérard].
14. Arch. dép. Côte-d'Or [1], 4E 118/21, 13-14 mai 1776, 24 et 28 août 1776 [Guyot].
15. Arch. dép. Côte-d'Or [1], 4E 119/162, 7 août 1767 [Beudot].
16. Arch. dép. Côte-d'Or [1], 4E 119/52, 8 et 10 février 1769 [Guérard].
17. Collection Leroy [2], pièce 33.
18. Arch. dép. Côte-d'Or [1], 4E 119/165, 11 octobre 1770 et 4E 119/160, 30 août 1766 [Beudot].

Ignace qu'il savait bien *«employer son argent»*? Sa réussite apparente ne cache-t-elle pas une gestion négligente, intermittente ou imprévoyante? À différentes reprises, Buffon lui-même se plaint dans sa correspondance de ses *«difficultés d'argent»*, dues à des retards de trésorerie. Plus lourds de conséquences encore sont les piètres résultats de plusieurs de ses investissements.[19]

La pépinière en est l'exemple le plus ancien. Buffon rassemble entre 1734 et 1743 divers terrains et un étang pour y planter une pépinière. En 1743, il propose aux Élus de la racheter 500 livres le journal, l'estimation courante étant de 300 livres; les États fixent finalement le prix à 350 livres, composé par une gratification de 1200 livres au directeur qui sera Buffon lui-même. Trente ans après cette opération blanche, en 1775, époque où les pépinières publiques sont supprimées parce qu'elles ont été détournées de leur but primitif, Buffon tente de se la faire adjuger, mais les Élus retiennent une mise à prix supérieure du double à celle qu'il propose. Buffon renonce et laisse donc à la fois le montant des améliorations faites par lui (4200 livres) et une grave dépréciation de ses terrains voisins aménagés à grands frais, qui *«tomberont en pure perte si la pépinière est adjugée à un autre»*, comme c'est le cas en 1776.[20]

Quant à la forge, qui passait pour un modèle technique admiré de l'Europe entière, sa réussite économique et financière paraît peu probante. Buffon en assure personnellement la gestion contrairement à la tradition aristocratique, d'abord jusqu'en 1777 puis de 1786 à sa mort : dans l'intervalle, entre 1777 et 1786, il en confie le bail à Lauberdière, un familier du comte d'Artois. De ces deux formules d'exploitation, il tire un constat amer : *«toutes ces constructions sur mon propre terrain m'ont coûté plus de 300 000 livres, je n'ai jamais pu tirer les intérêts de ma mise au dernier vingt»*, c'est-à-dire 5% de sa mise.[21]

L'intermède Lauberdière, particulièrement désastreux, est caractéristique de la cupidité mais aussi de la légèreté qui animent Buffon : il attribue la gestion de ses affaires métallurgiques à un entrepreneur pourvu de sa confiance et dont il reçoit, conformément au bail, la somme annuelle de 26 500 livres. Ce système commence par fonctionner à sa satisfaction évidente; en 1782, il prolonge le bail jusqu'en 1803 et récompense Lauberdière de son *«zèle»* en le constituant aussi son procureur pour toutes ses affaires de bois.[22] C'est à partir de ce moment là que la situation se détériore pour Buffon. Non seulement Lauberdière est dans l'incapacité de lui régler son bail, mais il lui demande une avance importante remboursable sous la forme d'une rente annuelle de 3 050 livres.[23] Au surplus, Lauberdière effectue les transactions sur les bois pour son compte personnel au lieu de les porter au crédit de Buffon et entre en conflit avec le marquis de la Guiche pour l'extraction du minerai de fer d'Étivey qui approvisionne les forges. Il finit par fuir aux Isles en laissant à Buffon un passif, irrecouvrable, supérieur à 100 000 livres.[24]

19. Lettre au président Bouhier (1759), *in* Flourens [11] : p. 345; Lettre à Faujas de Saint-Fond (août 1787), *in* Buffon [8], T. II : p. 351.
20. Voir Bouchard [6], dont les conclusions contredisent l'analyse.
21. Lettre à Faujas de Saint-Fond, citée n. 2.
22. Arch. dép. Côte-d'Or [1], 4E 119/74, 29 janvier 1783 [Guérard]. Les baux ont été passés avec une forte anticipation, aboutissant à une location de longue durée : 1er août 1777, pour mai 1778–mai 1787; 23 septembre 1777, pour mai 1787–mai 1796; 24 décembre 1782, pour mai 1796–mai 1803. Après la mort de Buffon, son fils donnera les forges à bail, pour neuf ans à compter du 1er janvier 1789 à Étienne Quesnel, familier (lui aussi...) du comte d'Artois (Arch. nat. [3], Et. XCIV (495), 26 octobre 1788).
23. Archives Départementales, Côte-d'Or, 4E 119/75, 8 novembre 1783 [étude Guérard].
24. Lettre de Buffon à Gueneau de Montbeillard du 6 février 1785, *in* Buffon [8], T. II : p. 504.

Comme le suggère cet épisode où il s'est manifestement laissé abuser, Buffon ne dispose pas du temps matériel nécessaire pour surveiller l'évolution de sa fortune avec la continuité et la régularité indispensables à la gestion efficace de biens importants et variés. Le partage de son temps à Paris, où il habite pendant l'hiver, et Montbard où il passe la plus grande partie de l'année, lui permet d'engager des négociations là où il se trouve, mais laisse aussi de longues périodes d'éloignement qui lui interdisent de les suivre. Il est donc contraint de déléguer une grande partie de ses pouvoirs à des agents en Bourgogne.

Ainsi, il confie l'essentiel de ses affaires principalement à un notaire de Montbard, Guérard, qui rédige pour lui des centaines d'actes, reçoit procuration générale et procurations spéciales, et gère sa fortune pendant ses absences. À la mort de Buffon en 1788, il sera créancier de 1000 livres de gages annuels, pour prix de son administration. Probablement dans le même ordre d'idées, le père Ignace joue le rôle de collecteur des droits seigneuriaux pesant sur la terre de Rougemont.

Buffon n'a pas craint, fort de son assise financière, de diversifier ses activités en Bourgogne et de se lancer, par curiosité scientifique, dans des opérations plus spectaculaires que rentables. Dans quelles aventures vont le conduire ses fonctions, ses relations et ses ressources parisiennes?

## II
### AFFAIRES DU ROI ET ENTREPRISES PERSONNELLES

*1. Appointements et pensions*

Dans l'énumération que Buffon dresse, en 1787, de ses revenus annuels, les ressources qui lui viennent du Roi se montent à près de 29 000 livres. L'Intendance du Jardin du Roi lui procure 6000 livres, augmentées de 3000 *«après 35 ans de service»*, donc à partir de 1774. À cela s'ajoute une *«gratification»* de 4000 livres ainsi qu'une *«pension du Roi»* de 800 livres. Une autre *«pension»*, qui était à l'origine une compensation de loyer –nous y reviendrons– est portée pour 6000 livres dont 4000 passeront, à la mort du père, au fils de Buffon. Une rente viagère proprement dite, de 5 600 livres (réversible dans les limites de 3000 livres sur la tête de son fils) correspond au paiement d'une maison proche du Jardin, revendue au Roi. Enfin, Buffon tire de sa fonction de trésorier de l'Académie des Sciences un traitement de 3000 livres.[25]

*2. Des opérations qui rapportent?*

Revenus confortables, revenus justifiés. Dans le procès instruit à mi-mot par ses contemporains et ouvertement dès sa mort, le comte de Buffon n'est pas attaqué pour ce qu'il reçoit comme Intendant du Jardin –pas plus que comme propriétaire et seigneur– mais pour les profits excessifs qu'il aurait réalisés à l'occasion d'opérations immobilières préalables à l'extension du Jardin. Le bénéfice n'est pas douteux.[26] Rappelons-en les principaux éléments. En 1766, après vingt-sept ans d'une cohabitation de plus en plus difficile, Buffon abandonne sa résidence de

---

25. Collection Leroy [2], *Livre manuel*.
26. Nadault, reprenant l'argumentaire familial (le fils puis la belle-fille) a défendu son aïeul de tout soupçon d'enrichissement par ces opérations immobilières; Falls [10] montre le bénéfice réalisé par le naturaliste.

fonction –le "vieux château" du Jardin du Roi– au profit des ses collections du Cabinet d'Histoire naturelle, que ne pouvaient plus contenir les bâtiments anciens; «*tout était entassé!*», «*tout périssait dans nos cabinets faute de place*».[27] Il s'installe rue des Fossés-Saint-Victor, en attendant mieux. Pour le dédommager des frais de cette location, il reçut une rente viagère de 6000 livres, dont 3000 étaient réversibles par moitié sur sa femme et sur son fils. À la mort de sa femme, en 1769, il obtiendra que le fils puisse espérer recueillir 4000 livres. Désireux de quitter une maison étroite et trop éloignée du Jardin, Buffon acquiert en 1771 deux immeubles presque jointifs du Jardin, pour 24 000 livres.[28] Revendant aussitôt l'un pour 12 000 livres, il fait procéder à des travaux d'aménagement dans l'autre et y entre, semble-t-il, au printemps 1772. Plus de loyer à payer désormais mais, bien sûr, la rente n'en continuera pas moins. Cette «*nouvelle intendance*» devait revenir au Jardin : c'est chose faite en décembre 1777, au prix de 80 000 livres, sous forme d'une rente viagère à 7%. Malgré l'importance des frais engagés dans la réfection de cet immeuble, cette transaction ne peut apparaître que comme un somptueux remerciement.

On laissera de côté d'autres achats-reventes qui sont, d'un point de vue comptable, des opérations blanches, pour évoquer l'échange de terrains avec l'abbaye de Saint-Victor. À l'est du Jardin, entre celui-ci et la Seine, cette abbaye était propriétaire du terrain, bloquant ainsi la seule perspective intéressante d'agrandissement.[29] Les biens de main-morte étant inaliénables, seul un échange pouvait convenir. L'autre obstacle juridique étant plus préoccupant. Bien que ce terrain ait été déclaré inconstructible dès 1671 –en prévision d'une extension– les religieux avaient laissé s'établir une pension, sous le régime d'un bail à vie. Il faudrait sans doute plaider longtemps et indemniser largement. Quelle pouvait être la monnaie d'échange? Un terrain au sud du Jardin, appelé Clos Patouillet, devrait faire l'affaire. Il est quelque peu marécageux mais, pour le bien de l'État, les religieux ne pourront que s'incliner. Buffon achète le Clos Patouillet, le 30 octobre 1779, pour 164 000 livres[30] dont 99 000 livres lui seront rendues deux ans plus tard. L'échange avec l'abbaye –qui ne porte pas sur la totalité du Clos– a lieu en juillet 1781. Reste à revendre au Roi le terrain gagné pour le Jardin; ce fut fait l'année suivante, pour 191 886 livres.[31] La plus-value de transaction est spectaculaire; ce sera la principale pièce à charge contre la mémoire du grand homme. Il est excessif de dire que Buffon revend si cher ce qui lui a coûté si peu, sans reconnaître en même temps que l'échange avec Saint-Victor a été fort inégal; la communauté religieuse y a certainement perdu (mais pas tous ses membres...). Buffon reçoit le prix de sa patience et de son habileté.[32]

### 3. Buffon, créancier de l'État

Le compte de 1787, que commente pieusement Nadault, fait apparaître que l'Intendant du Jardin est alors en avance d'environ 300 000 livres sur le Roi. Qu'il

27. Falls [10] : p. 138.

28. Arch. nat. [3], Et. LXX, 23 mars 1771.

29. La Ville de Paris possédait aussi une bande de terrain dans cet espace; l'acquisition en sera moins compliquée.

30. Il faut noter que tous ces prix sont des valeurs déclarées, probablement inférieures au montant réel de la transaction.

31. Le terrain cédé couvrait environ 12 000 toises.

32. Et de sa brutalité aussi, quand il fit démolir dans l'hiver 1782-1783 des logements qui subsistaient sur le terrain.

s'agisse des constructions (bâtiments et murs), du *«mouvement de terre et culture»*, du Jardin, de *«l'entretien du Cabinet»* et des appointements du personnel, c'est Buffon qui règle les dépenses. Il pourrait peut-être en aller autrement si la fortune et le crédit du titulaire ne lui permettaient d'assurer ainsi la trésorerie de l'institution ou s'il ne souhaitait tant accélérer le développement, dans tous les sens du terme, du Jardin et du Cabinet. En anticipant, il précipite le mouvement. Par cet évergétisme – au moins dans l'apparence– Buffon travaille à sa propre gloire, en même temps qu'à celle du Roi et à la diffusion des Lumières. On comprend mieux, dans cette perspective, les *«largesses»* du pouvoir. Elles sont, non la compensation des risques encourus, mais un encouragement à persévérer.

Si l'on suit le détail des dépenses effectuées par Buffon, tel que le présentent aussi bien les comptes de la Maison du Roi, le rapport de Le Brun au Comité des finances de l'Assemblée nationale que les démarches de la famille –le frère, le fils– on ne peut qu'être frappé par l'importance de ces avances.[33] De 1772 à 1776, la moyenne de ces dépenses tourne autour de 23 000 livres par an. En 1777 et 1778, le niveau des débours atteint 80 000 livres par an. De 1779 à 1783, les dépenses se situent à 106 000 livres environ. Le 17 août 1788, le chevalier de Buffon, exécuteur testamentaire de son frère, constate qu'il était dû 230 167 livres à la succession, du fait de l'État, se décomposant comme suit : 66 576 pour *«culture et entretien du Jardin»*, 37 790 restant à payer pour l'hôtel de Magny (une des acquisitions dans le voisinage du Jardin) et 125 801 comme solde des avances.[34] En février de l'année suivante, le fils indique qu'il doit payer 206 000 livres et qu'il ne peut faire face à de tels engagements. Le comte de Buffon, explique-t-il, avait pour règle de tout payer comptant, ce qui faisait faire une économie aux finances publiques. *«Pour accélérer le service»*, il souscrivait des emprunts. Les remboursements représentaient, dit *«Buffonet»*, huit ans de ses propres revenus.[35] La mort du père et surtout l'impécuniosité de l'État, qui ne remboursera que 108 000 livres à la succession, fin 1789, dévoilent l'imprudence du naturaliste beaucoup trop engagé dans les affaires du Roi.[36]

### 4. La verrerie : un art du feu

Buffon est un métallurgiste mais, plus généralement, il se préoccupe des arts du feu. La fabrication du verre ne pouvait le laisser indifférent. Comme savant, il y trouvait un des exemples les plus nets de transfert de connaissances vers l'industrie et d'enrichissement, en retour, des savoirs fondamentaux. Comme homme d'argent, d'affaires, il était certainement sensible à l'essor de cette branche, stimulée par la demande urbaine. En 1758, Paul Bosc d'Antic fonde à Rouelle, près de Châtillon, une manufacture de glaces. Ancien directeur de Saint-Gobain et chimiste notoire, Bosc d'Antic semble avoir été un personnage très instable et un piètre entrepreneur.[37] Il quitte la manufacture dès 1759, pour fonder une autre verrerie dans le Midi. Les quinze années suivantes de l'histoire de cette manufacture sont encore mal connues. En 1774, un nouveau directeur est en place (depuis quand?),

---

33. Arch. nat. [3], 01 2126, rapport de Le Brun au Comité des Finances.

34. *Ibid.*

35. Arch. nat. [3], AJ 1 5507 (dossier 170).

36. Pour faire face aux remboursements, Buffon fils devra vendre à l'automne 1794 une partie des biens de son père. Emprisonné comme suspect, il sera guillotiné le 22 messidor an II.

37. Ses manufactures du Midi [dans le Gard et dans la Corrèze] ne semblent pas avoir fonctionné durablement.

Antoine Allut. Celui-ci, très jeune collaborateur de l'*Encyclopédie* –il n'a pas alors vingt-ans– se fera ensuite remarquer par un *Mémoire sur les glaces coulées*. Il est enfin un familier de Panckoucke. C'est Buffon qui le fait venir en Bourgogne. Cela suppose peut-être que le comte ait eu un intérêt –et pas seulement une initiative dans l'affaire.

Nadault note qu'il s'y était intéressé *«avec Guyton de Morveau et M. Hébert de Dijon».*[38] S'agit-il d'une participation financière? Pourtant, lorsque Buffon écrit à ce même Hébert que la manufacture est près de la faillite et qu'il a été sollicité de participer à son sauvetage –en novembre 1778– il ajoute : *«je refuserai comme vous, ne voulant pas me mêler de cette affaire autrement que je ne l'ai fait jusqu'ici, c'est-à-dire en sollicitant les personnes qui peuvent encore y rendre service».*[39] Faut-il le croire? Le doute est possible mais rien ne permet de trancher. Quoi qu'il en soit, la remarque de Buffon est importante pour définir une constante de son attitude en affaires. Il est à la fois l'expert qui encourage ou cautionne et l'intermédiaire, fort de son réseau parisien et de ses appuis à la Cour, qui met en rapport pouvoir, capital, compétence.

S'il ne souhaite pas s'impliquer dans le sauvetage et affirme son désintérêt financier, Buffon n'a cessé de considérer cette verrerie comme un lieu d'expérimentation, pour réunir, entre autres, les preuves des *Époques de la Nature*, quant à la chaleur et au refroidissement. Curieusement, la verrerie de Rouelle n'abandonnera pas sa fonction de laboratoire après le retrait du trio Allut-Buffon-Guyton puisque le nouvel acquéreur, Caroillon de Vandeul, gendre de Diderot, et grand brasseur d'affaires,[40] y installera le grand "mécanicien" anglais Dobson, qui y conduira à son tour quelques expériences.[41]

## 5. L'aventure charbonnière

À l'article *Fer* de l'*Histoire des minéraux*, Buffon écrit :

«Bientôt on sera forcé de s'attacher à la recherche de ces anciennes forêts enfouies dans la terre et qui, sous une forme de matière végétale, ont retenu tous les principes de la combustibilité des végétaux et peuvent les suppléer non seulement pour l'entretien des fours et des fourneaux, nécessaires aux arts, mais encore pour l'usage des cheminées et des poêles de nos maisons, pourvu que l'on donne à ce charbon minéral les préparations convenables».[42]

Il n'est pas seul à penser, en cette fin du XVIIIe siècle que les forêts françaises ne seront bientôt plus en état de répondre aux demandes de combustible et que l'emploi du charbon de terre est à la fois nécessaire et possible. Mais il ne se contente pas d'appuyer de son prestige de savant cette véritable campagne d'opinion qui vise tous les usagers, domestiques et industriels. Il procède, à la forge, à des essais pour déterminer le meilleur emploi de ce combustible dans le travail sidérurgique (voir l'article de S. Benoit et F. Pichon). Davantage, il s'engage personnellement dans l'aventure charbonnière.

On peut songer à utiliser le charbon déjà découvert ou chercher de nouveaux filons. En effet, la qualité du charbon en détermine les usages et la distance entre lieux d'exploitation et débouchés possibles pèse sur l'emploi généralisé du nouveau

38. Buffon [8], T. I : p. 268.
39. *Lettre de Buffon à Hébert du 20 novembre 1778, in* Buffon [8], T. I : p. 415.
40. Richard [13], pp. 179-184 et Archives départementales de Haute-Marne 2E [fonds Caroillon].
41. Une courte biographie de Dobson est déposée aux Archives départementales du Cher.
42. *Histoire naturelle des minéraux. Du fer* [1783], *in* Buffon [7], T. II : pp. 418-419.

combustible. Le chevalier de Grignon, expert métallurgique champenois et ami de Buffon (qui le fait nommer par Necker en 1778 «*inspecteur des forges, des manufactures en fer et en acier*»), lui a fait part du peu d'intérêt du charbon du Dauphiné. «*Je vois avec regret*» lui répond le comte, «*qu'il n'y aura guère moyen d'en tirer parti. Il faut espérer qu'on sera plus heureux dans la mine de Vassy, dont nous aurons incessamment la concession des travaux*».[43] Des forages seront bien effectués, sans résultat. En d'autres points du futur département de la Haute-Marne, une illusion identique poussera à des recherches de charbon. Quant à lui, Buffon ne fera pas d'autre tentative. En revanche, il s'est associé, dans le même temps à la Compagnie Ling qui veut se consacrer à «*l'épurement du charbon de terre*», et à sa commercialisation.[44] L'histoire complexe de cette compagnie reste à écrire.[45] Retenons-en ce qui concerne Buffon. Ce dernier a été attiré en 1778 par les premiers commis de la Maison du Roi, La Chapelle et Leschevin, dans une société qui obtient le privilège exclusif d'épurer le charbon provenant du Languedoc, de Provence, du Hainaut, des Flandres, du Lyonnais, de Bourgogne et de Normandie. La compagnie réunit un technicien sarrois, Ling, qui a trouvé le secret de «*l'épuration*» (une sorte de cokéification), un maître de forges bourguignon, Carrouges, les administrateurs précités, et quelques autres actionnaires, avec le soutien du Contrôleur général. La participation de Buffon est incontestablement un atout.[46] Sa notoriété scientifique renforce heureusement la compagnie –Ling n'étant qu'un autodidacte– auprès de la clientèle potentielle. Qu'il prenne 12 sols dans cette affaire, s'engageant donc virtuellement pour 120 000 livres, montre assez quel enjeu elle représente pour lui. En fait, il cède dès 1779 deux sols au chevalier de Grignon, comptant ainsi renforcer la compétence de la compagnie : il espérait même que son ami en deviendrait directeur. Commentant ce geste dans une lettre à La Chapelle (17 mars 1779), Buffon écrit : «*J'ai encore plus à cœur qu'une entreprise dans laquelle votre amitié m'a engagé ait un heureux succès puisque je m'y suis montré... je tiens dans ce cas comme en tout autre beaucoup plus à l'honneur qu'au profit*».[47] De profit, il n'en est pas question; la compagnie ne parvient pas à fonctionner correctement. C'est assurément en partie un problème de gestion. Lors du procès qui opposera en 1812 divers sous-traitants et héritiers, l'avocat général dira : «*jamais une entreprise n'a été ni plus mal conçue ni plus mal servie ni plus mal administrée*».[48] Buffon d'ailleurs voyait bien la difficulté de conduire une affaire aussi complexe (achats de charbon, épuration, transports...) à l'échelle nationale. La mort de Grignon en 1783 affaiblit encore l'entreprise. En octobre 1784, Buffon cherche, sans trop y croire, un directeur. «*Si la compagnie continue son entreprise, les détails en sont tellement compliqués, les ordres à donner sont successivement si urgents,... il faut indispensablement un Directeur qui la suive avec zèle...*».[49] Auparavant, il avait renoncé à répondre aux appels de fonds, abandonnant ses dix sols à la compagnie sous promesse de rembourser, quand cela serait possible, les 27 275 livres déjà versées. Il ne les retrouvera pas, ni les 12 000 livres prêtées pour quatre ans, en

43. Tolozan (ou Tolosan) était l'intendant du commerce chargé des mines.
44. Voir Rouff [14] : pp. 420-421.
45. La liquidation de cette compagnie, de ses succursales et successeurs se poursuivra au moins jusqu'en 1812.
46. On dit même : «*M. de Buffon est à la tête de l'entreprise*».
47. Lettre de Buffon à La Chapelle du 17 mars 1779, *in* Bertin [5] : p. 214.
48. Bibliothèque Nationale, Fol. Fm 7334 [1812], Guydenesson.
49. Lettre à Julien (ancien concessionnaire des mines d'Épinac) du 5 octobre 1784, *in* Bertin [5] : p. 217.

1781.[50]

Les défaillances de la gestion ne doivent pas masquer l'importance d'autres insuffisances. La technique est mal maîtrisée ou mal transmise; le charbon vendu est trop fusible et trop friable, ce qui a tendance à décourager la clientèle. Au reste, celle-ci ne correspond pas aux attentes. Sur deux cent maîtres de forges sollicités, dix, paraît-il, se montreront intéressés; sans doute pour la manutention ultime du fer. Les foyers urbains –artisans et domestiques– semblent mieux disposés. En tout cas, la compagnie a des marchés à Paris, Lyon, Rouen. Mais elle a du mal à remplir ses engagements, que ce soit le fait de ses fournisseurs ou la carence des transports. Ce dernier point est crucial dans une économie proto-industrielle. Les lenteurs et les aléas de la circulation marchande obligent à accumuler des stocks, ralentissent la rotation du capital, exigent donc des mises de fonds excessives. Le groupe financier qui s'est créé en 1778 ne parviendra pas à réunir les trois millions de livres qui auraient été nécessaires à ses ambitions.

Bien qu'il se fût dégagé de l'entreprise, Buffon ne s'en désintéressait pas. Il parvint à recruter en 1785 le géologue Faujas de Saint-Fond pour assurer la transition entre les deux compagnies, celle de Ling qui perd en juillet 1785 son privilège et celle de Bourgeois qui reprend l'activité de la précédente.[51] Buffon semble même avoir facilité, par ses relations au Contrôle général, la moins mauvaise liquidation possible, du point de vue de ses anciens associés. Il en gardera l'amertume d'une sérieuse déconvenue financière. N'est-ce pas le risque qu'il prend en donnant son nom et son argent sans avoir les moyens de contrôler la marche des affaires? N'est-ce pas, d'une autre façon, ce qui se passe à sa forge, pendant les mêmes années?

## 6. Les entreprises intellectuelles

Au XVIII<sup>è</sup> siècle, la France connaît deux grandes entreprises éditoriales, l'*Encyclopédie* de Diderot et de d'Alembert, l'*Histoire naturelle* de Buffon. L'œuvre de ce dernier est considérable par son volume : de 1749 à 1788 paraîtront 36 volumes (15 pour l'*Histoire naturelle générale et particulière*, 9 pour l'*Histoire naturelle des oiseaux*, 7 de *Supplément à l'Histoire naturelle* et 5 pour l'*Histoire naturelle des minéraux* ), sans compter les 13 volumes de l'*Anatomie* de Daubenton, les fameuses *«tripailles»*. L'édition est en in-4° et en in-12° et même en folio pour les *Oiseaux*. Buffon est d'abord édité chez Durand mais celui-ci fait faillite en 1764. Buffon rachète le stock pour 179 000 livres. Il apporte son œuvre à Panckoucke, l'éditeur de Voltaire, de Condorcet, véritable capitaine de librairie, qui souhaitait vivement faire figurer l'*Histoire naturelle* dans son catalogue.[52]

Buffon avait obtenu un privilège d'édition pour vingt ans, en septembre 1768, qu'il cède à Panckoucke puis un changement de législation (mars 1779) entraîne l'octroi d'un privilège de quarante ans, pour l'éditeur lui-même, à expiration du précédent. L'œuvre de Buffon, imprimée à l'Imprimerie royale, devient sous l'impulsion de Panckoucke, une grande entreprise. Il paye bien l'auteur : 12 000 à 15 000 livres le volume, soit cinq fois plus cher que ne le faisait le directeur de l'Imprimerie, Anisson-Duperron. Mais la mise de fonds, le poids des stocks –il y en a pour 453 000 livres en 1779– obligent Panckoucke à transformer l'édition de

---

50. Ce prêt devait être remboursé le 19 décembre 1785. Le 2 mars 1783, il consent à reporter l'échéance au 19 décembre 1789.

51. Les pièces relatives à la Compagnie Bourgeois se trouvent aux Archives nationales T 1158/1. Voir aussi pour l'histoire technique et économique de la première compagnie, Arch. nat., F 14 7760.

52. Tuccoo-Chala [16].

l'*Histoire naturelle* en une entreprise collective. Par acte du 20 avril 1779, il s'associe avec l'auteur, Suard (de l'Académie française, directeur de la *Gazette de France* et beau-frère de Panckoucke), Digeon (Directeur des Fermes générales) et de Vaines (Receveur général des Finances).[53] Les droits et le fonds constituent le capital de la société. Buffon détient un quart du total mais, en rachetant par la suite une partie des droits de ses partenaires, il deviendra l'actionnaire majoritaire (10/16è) de son œuvre.[54] Panckoucke édite aussi des périodiques, comme le *Mercure de France*. Il lance ainsi le *Journal politique et historique de Genève*, où dit-on sans plus de précision, Monsieur de Buffon «*a un intérêt*».

Autre entreprise éditoriale à laquelle Buffon est associé, la compagnie de la carte de France, autrement dit la carte "Cassini". C'est le troisième Cassini qui conduit la seconde édition de cette carte (1747-1788). On voit bien pourquoi Buffon a pu être séduit par cette conquête de l'espace par la mesure. C'est, au plein sens du terme, une démarche "éclairée", autant civique que scientifique. Le problème de cette opération intellectuelle de grande envergure n'est pas scientifique mais financier. Chaque carte –il y en avait 180– nécessitait le travail de deux ingénieurs. La dépense annuelle était évaluée à 40 000 livres. Faute d'un soutien équivalent de la part du Contrôle général, Cassini III constitua une société. Y figuraient des savants (Buffon, La Condamine, Borda), des ministres, des grands seigneurs (Bouillon, Soubise, Luxembourg). Le *Livre manuel* de 1787 porte une créance de 2400 livres, soit le montant d'une action. Le bénéfice dégagé était faible (3%). L'entreprise n'était pas une "bonne affaire". Mais Buffon devait en être.

Buffon n'est pas un homme d'affaires mais un grand homme en affaires. Attaché visiblement à l'argent, il ne prend pas toujours les moyens d'en gagner, ni même d'en garder. Dans ce domaine, sa personnalité, son comportement sont contradictoires. Par certains aspects, en Bourgogne, il est un seigneur et un propriétaire exigeant qui poursuit âprement le recouvrement de ses redevances et de ses rentes, qui défend ses droits (de la pêche au four banal, des dîmes inféodées à la permission du jeu de quille) avec énergie. Mais en même temps, il est, dans cette province même, un métallurgiste innovant; il y suscite, d'une façon un peu brouillonne et pas toujours heureuse, des initiatives industrielles multiples. Plus entreprenant qu'entrepreneur, il apparaît relever dans sa pratique d'un capitalisme d'Ancien Régime, tout en annonçant le capitalisme moderne par ses intuitions. Il fait partie, il est même le plus notable, de ces savants de la fin du XVIIIè siècle qui tentent de conjuguer recherche scientifique, innovations techniques, applications économiques. Mais plus que Guyton de Morveau, Mollerat ou plus tard Chaptal, il dispose d'un capital d'influence considérable. Jouissant de la protection de Maurepas et de Necker, de bonnes relations avec ses "employeurs" de la Maison du Roi, il gère avec habileté ce réseau de pouvoir. L'agrandissement et l'embellissement du Jardin du Roi, qui furent la grande affaire de sa vie et la plus durable, symbolisent bien ce mélange de coups de cœur et d'affairisme, de risques personnels assumés et de profits bien mesurés. On peut accepter, sans y mettre plus d'ironie qu'il n'en faut, les mots de Condorcet faisant l'éloge funèbre du naturaliste : «*Tant d'hommes séparent leur intérêt de l'intérêt général qu'il serait injuste de montrer de la sévérité pour ceux qui savent les réunir*».

---

53. Collection Leroy [2], étude Aubert.
54. La répartition initiale était la suivante : Panckoucke, 8/16; Buffon, 4/16; De Vaines, 2/16; Digeon, 1/16; Suard, 1/16.

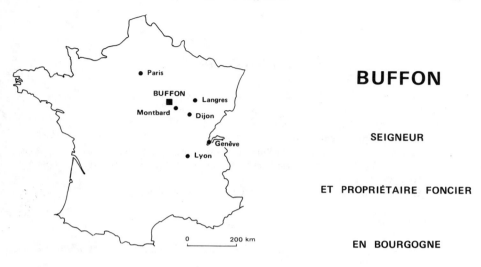

**BUFFON**

SEIGNEUR

ET PROPRIÉTAIRE FONCIER

EN BOURGOGNE

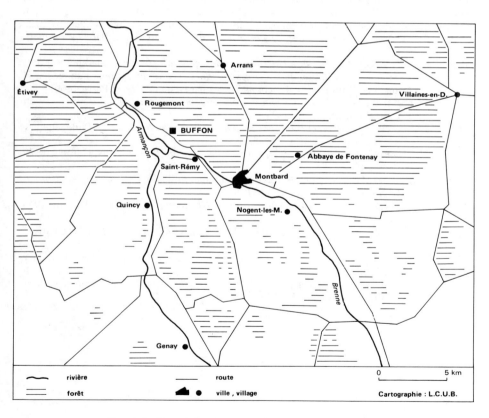

**FIG. 1.** Buffon seigneur et propriétaire foncier en Bourgogne.

## TEXTES CITÉS

### SOURCES MANUSCRITES

(1)  Archives départementales de la Côte-d'Or.
(2)  Collection Leroy, Musée de la Sidérurgie en Bourgogne du Nord (Fonds acquis par l'Association pour la Sauvegarde et l'Animation des Forges de Buffon, en dépôt aux Archives de la Côte-d'Or).
(3)  Archives nationales, Minutier central des notaires parisiens.

### BIBLIOGRAPHIE *

(4)  ABRIC (L.), «Les vins de l'Auxois : histoire d'un vignoble», *Annales de Bourgogne*, T. LVIII (1986), pp. 105-123.
(5)  BERTIN (L.) *et al., Buffon*, Paris, Muséum national d'Histoire naturelle, 1952, 245p.
(6)  BOUCHARD (M.), «Un épisode inédit de la vie de Buffon, la direction de la pépinière publique de Montbard», *Annales de l'Est*, 1934 : pp. 21-42 et 197-212.
(7)†  BUFFON (G.L. Leclerc de), *Histoire naturelle des minéraux*, Paris, Imprimerie royale, 1783-1788.
(8)†  BUFFON (G.L. Leclerc de), *Correspondance générale*, Genève, Slatkine Reprints, 1971, 2 vol. (Réédition de la *Correspondance inédite de Buffon...* publiée par H. Nadault de Buffon, avec des compléments par H. de Lanessan, Paris, 1860).
(9)  COLOMBET (A.), *Les Parlementaires bourguignons à la fin du XVIII$^e$ siècle*, Lyon, Bosc et Riou, 1936, 407p.
(10)  FALLS (W.F.), *Buffon et l'agrandissement du Jardin du Roi à Paris*, Philadelphia et Paris, Masson, 1933, 70p.
(11)  FLOURENS (P.), *Histoire des travaux et des idées de Buffon*, Paris, Garnier, 1870, 388p.
(12)  GARDEN (M.), «Niveaux de fortune à Dijon au milieu du XVIII$^e$ siècle», *Cahiers d'Histoire*, 9 (1964) : pp. 217-260.
(13)  RICHARD (G.), *Noblesse d'affaires au XVIII$^e$ siècle*, Paris, Armand Colin, 1974, 285p.
(14)  ROUFF (M.), *Les mines de charbon en France au XVIII$^e$ siècle (1744-1791)*, Paris, F. Rieder, 1922, 624p.
(15)  ROUFF (M.), *Tubeuf, un grand industriel français au XVIII$^e$ siècle*, Paris, F. Rieder, 1922, 126p.
(16)  TUCOO-CHALA (S.), *Charles-Joseph Panckoucke et la librairie française*, Paris, Librairie J. Touzot, 1977, 558p.

---

* Sources imprimées et études. Les sources sont indiquées par le signe †.

#32735

# 2

## GEORGES-LOUIS LE CLERC,
## SEIGNEUR DE BUFFON ET AUTRES LIEUX...

Jean BART *

«*Georges-Louis Le Clerc, chevalier, comte de Buffon, seigneur engagiste du domaine du roi à Montbard et aux Arrans, seigneur de Quincy-le-Vicomte, Rougemont et autres lieux*», ainsi est désigné l'auteur de l'*Histoire naturelle* dans les papiers de sa gestion domaniale, à la veille de sa mort. En ces qualités, sa réputation a été et demeure discutée. Du panégyrique au réquisitoire, les appréciations s'échelonnent. À la suite d'Humbert-Bazile, le secrétaire protégé de Buffon, Henri Nadault de Buffon, l'arrière-petit-neveu du savant, loue sa modération et son désintéressement :

«Est-il besoin de rappeler, après de nombreux exemples que nous a déjà fournis sa correspondance, que Buffon ne se montra jamais vain de ses titres, et qu'il n'exigea jamais avec rigueur le prix de ses redevances féodales? Le constant attachement que lui témoignèrent jusqu'à sa mort les habitants de Montbard et les paysans de ses terres, suffirait seul pour le justifier de cette accusation souvent répétée.»[1]

Vision idéale –démentie par les faits– que ne partage pas l'auteur d'une monographie récente du village de Buffon, qui, cependant, rejette la responsabilité des exigences seigneuriales sur la mauvaise volonté des manants :

«De tout temps, seigneurs et paysans ont discuté et plaidé. Le seigneur doit parfois rappeler ses gens au respect de ses droits par voie de justice... Il faut que la poigne du seigneur soit ferme, et ses collecteurs d'impôts implacables...»[2]

Pour beaucoup d'autres, le naturaliste n'était pas un homme sensible; en tout cas pas à l'égard de ceux qui étaient soumis à ses droits seigneuriaux; son comportement en Bourgogne n'aurait rien à envier à celui des autres seigneurs bourguignons :

«Monsieur de Buffon n'est guère beaucoup aimé lui-même des quelques quinze cents habitants de Montbard qui l'honorent et le saluent, mais de loin. Il n'existe pas, entre eux et lui, cette convivialité des coins de terre défendue par l'épée des possesseurs pendant que des générations de paysans la retournaient. Buffon, c'est un Leclerc, c'est un grand bourgeois ennobli dont l'oeuvre colossale n'intéresse pas ses voisins... il s'est encore davantage éloigné d'eux en devenant maître de forges... Buffon n'était pas plus philanthrope que les autres maîtres de forges...»[3]

* Faculté de Droit, Université de Bourgogne. 4, boulevard Gabriel. 21000 Dijon. FRANCE
1. Cf. [12] : p. 519, note de Nadault de Buffon sur la lettre CCCXXXVI.
2. Cf. Ruyssen [13] : p. 20. Il faut dire que cet auteur envisage globalement l'ensemble des seigneurs successifs de Buffon.
3. Cf. Manceron [11] : p. 139.

Quant à Yann Gaillard, il parle du «*tyran de Montbard*»;[4] et son préfacier, Edgar Faure, évoque le souvenir peu flatteur conservé de leur ci-devant seigneur par les Montbardois pendant la révolution :

«Ce côté "féodal" –aujourd'hui nous dirions "mandarinal"– de Buffon apparaît clairement quand on pense aux nombreux démêlés que le grand homme eut avec la population de Montbard, qui ne le vénérait nullement, et qui devait, sous la Révolution, malmener sa dépouille.»[5]

L'homme des Lumières aurait-il été l'un des artisans de la «*réaction féodale*» sur ses terres bourguignonnes? À cette question, la présente contribution a pour but d'apporter quelques éléments de réponse, en analysant, autant que les sources conservées le permettent, les rapports de Buffon avec les communautés rurales dont il était le, ou l'un des seigneurs.

Avec le village qui lui a donné son nom, le comte de Buffon semble avoir entretenu des relations assez paisibles. Point de conflit ouvert ni apparent; pas davantage de faveur ni de générosité : la communauté a dû faire face, pendant des décennies, à de graves difficultés financières provoquées par la ruine et les réparations de l'église paroissiale. Dès les années 30, ces réparations, ainsi que celles du four banal et de la fontaine publique, s'étaient avérées nécessaires. La communauté avait très peu de revenus : guère plus de trois cents livres annuelles provenant de l'amodiation du four banal et de l'herbe des prés communaux. Au début des années 70, rien n'est encore fait. Finalement, la communauté villageoise est autorisée par l'intendant à vendre le quart de réserve de ses bois; en attendant, elle a dû emprunter un peu plus de 4000 livres. Le plus important des créanciers est le comte qui, à deux reprises, en 1776 et en 1777, a avancé 2641 livres. Mais le prêt est à très court terme : tout est remboursé en 1779. Les ennuis de la paroisse ne sont d'ailleurs pas terminés pour autant : la flèche de l'église est endommagée par le «*feu du ciel*» le 10 mai 1781... d'où 100 livres de nouvelles réparations.[6] En définitive, le seigneur n'a fait qu'une courte avance, sans rien laisser. Rien, certes, ne l'y obligeait et il n'y a pas là matière à conflit. Signalons simplement, à titre comparatif, que, en 1789, la seigneurie de Buffon, à elle seule, rapporte à son titulaire le produit *net* de 6520 livres, pour l'année. Ajoutons aussi que Buffon s'est fait tirer l'oreille pour prendre sa part, en 1781, des frais causés par la réfection de l'ancien presbytère de Montbard. Deux lettres adressées au lieutenant général de la Grande Maîtrise des Eaux et Forêts de Dijon sont éclairantes à cet égard.[7] Mais là non plus, il n'y eut pas conflit.

En revanche, une affaire longue et difficile –qui perdurera au XIX[è] siècle– a opposé Buffon à une autre communauté dont il était le seigneur : les Arrans. Aujourd'hui commune du canton de Montbard située à 9 kilomètres au nord de cette ville, Arrans –ou Les Arrans, comme on disait plutôt au XVIII[è] siècle– était un hameau dépendant de Montbard. C'était cependant une véritable communauté rurale comptant vingt-cinq feux, avec assemblée générale, biens communaux propres et rôle de taille particulier. Si les démêlés des habitants du village avec le seigneur constituent le seul conflit grave qui nous soit connu, celui-ci éclaire d'un jour particulier les enjeux et les intérêts en présence, et son étude permet de souligner

---

4. Cf. Gaillard [9] : p. 85.
5. Cf. Gaillard [9] : p. 10.
6. Cf. [6] : «*Lettre du subdélégué Daubenton à l'intendant*».
7. Cf. Nadault de Buffon [12] : pp. 106-107 et 111 : Lettres à M. Juillet, 14 septembre 1781 et 22 octobre 1781.

deux traits caractéristiques : d'une part, le contentieux relatif à une redevance seigneuriale –en l'occurrence, une "tierce"– s'inscrit dans un conflit d'une ampleur beaucoup plus vaste, portant sur la possession ou l'usage des bois; d'autre part, si le conflit oppose seigneurie et communauté, ici comme ailleurs, les protagonistes directs, les antagonistes les plus virulents, sont ceux qui agissent au nom du seigneur : officiers seigneuriaux ou, surtout, fermiers, appartenant à la bourgeoisie rurale ou paysanne.

## I
### LA CONTESTATION DE LA TIERCE, UN ÉPISODE DE LA LUTTE POUR LE BOIS

L'affaire qui nous retient se situe, chronologiquement, avant «*les interminables péripéties juridiques à travers lesquelles les habitants de la communauté d'Arrans tentent de récupérer leur patrimoine forestier*»,[8] pendant la Révolution et jusqu'au milieu du XIXè siècle, opposant à la commune, d'abord le fils du naturaliste, Georges-Marie-Louis, plus connu sous le surnom de "Buffonet", et, après son exécution en l'an II, sa veuve, Georgette-Elisabeth, née Daubenton. Françoise Fortunet[9] qui a étudié ces longs procès, a souligné le caractère "vigilant" et combatif des habitants du village après la mort de Buffon, une certaine réserve ayant peut-être été observée pendant sa vie.

Il demeure que les revendications relatives aux bois communaux remontent à la première moitié du XVIIIè siècle, donc au temps du père du naturaliste et qu'elles deviennent endémiques à partir de ce moment-là. Rédigeant leur cahier de doléances le 13 mars 1789[10], les villageois se plaindront «*que la communauté des Arrans avait ci devant des bois communaux desquels plusieurs particuliers se sont emparés et notamment M. le comte de Buffon*». À notre sens, les paysans ont contesté au seigneur l'obligation au versement de la tierce parce qu'ils ne pouvaient pas lutter efficacement à l'encontre des usurpations forestières. La lutte a été portée sur un autre terrain; la dénégation de la tierce peut apparaître comme une sorte d'épiphénomène, manifestant, bien sûr, lui aussi, la combativité de la communauté.

Cette tierce contestée était une redevance en nature –en céréales– qui avait fait l'objet d'un accord passé en 1660 entre le seigneur du moment, Christophe du Plessis, et les habitants des Arrans. Ceux-ci se plaignaient alors «*des grandes charges*» qui les frappaient –des redevances en grains et en deniers payables à la Saint-Martin d'hiver (11 novembre)– et qui, surtout, étaient solidaires, c'est-à-dire dues globalement par l'ensemble de la communauté, l'obligation des insolvables étant prise en charge par les autres; d'où des mécontentements et des procès avec les fermiers. Si bien que le seigneur accepta de réduire ces charges à des obligations in-dividuelles «*à la tierce de treize gerbes l'une*» payable au moment de la moisson. Ainsi, chaque exploitant devait une gerbe sur treize. Comme il n'y avait pas dans le village de grange seigneuriale pour héberger les gerbes dues, les habitants ont déclaré être «*prests de subjettir à amener et faire arrester devant la chapelle dudit Arran leurs gerbes et pendant quelque petit espace de temps crier par trois fois "tierssaire" et à chacune d'icelle faire intermission, pour au devant d'icelle le tierseur estant venu ladite tierce levée et perçue, et où* [au cas où] *le tierseur ne se*

8. Cf. Fortunet [8] : p. 241.
9. Cf. Fortunet [8].
10. Cf. [1].

*trouvera, pourront emmener lesdites gerbes en leurs granges où ils pourront décharger icelles en présence de deux personnes, le tout conformément au tiltre de l'essart de la forêt d'Arran à peine de la confiscation et amende...»*[11] Etait de cette manière prélevée à la source la redevance de chaque paysan; s'y ajoutaient, selon le même accord, une somme de cinq sols et une *«poule de coutume», «à cause du droit de chauffage et de pasturage dans la forêt d'Arrans.»*

Toutes ces obligations semblent avoir été obtenues sans grande difficulté jusqu'en 1776; mais, aux moissons de cette année-là, l'un des habitants (fermier d'un bourgeois de Montbard, nous y reviendrons), ne s'arrête pas devant la chapelle pour y donner les gerbes de la redevance : il refuse de payer la tierce. À l'huissier envoyé au domicile du contestataire pour réclamer les gerbes dues, il est répondu par le possesseur des champs moissonnés *«qu'il ne refuse aucunement le droit de tierce, s'il le doit; que défunt sieur son père n'en a jamais payé, ainsi il demande qu'on ait à lui justifier de titres comme il doit, et comme il est sujet audit droit de tierce.»*[12] Buffon, ou ses officiers seigneuriaux, sont alors négligents; ils ne poursuivent pas tout d'abord l'affaire; mais, les moissons de 1777 arrivant, ils assignent le récalcitrant à la Chambre du Domaine –car le comte de Buffon était seigneur engagiste des Arrans. Trop tard : le refus a fait tâche d'huile; plusieurs paysans ont enlevé leurs gerbes de leurs champs sans se soucier de la tierce; ils sont passés en silence devant la chapelle. Procès-verbal est alors dressé, le 6 août 1777, dans lequel les habitants du village déclarent formellement *«qu'ils ne paieroient aucun droit de tierce à l'avenir sur les grains qui leur appartiennent, à moins qu'on ne leur justifie de bons titres».*[13] Il s'agit là d'une revendication classique, voire banale, en Bourgogne à la même époque : les assujettis proclament leur bonne foi et leur bonne volonté; ils exigent simplement de leurs seigneurs le titre juridique qui fonde telle ou telle redevance. Buffon fournit alors des pièces, non pas le titre primitif si tant est qu'il ait jamais existé, mais l'accord de 1660 précité et des actes établissant à ses yeux la possession immémoriale qu'ont, du droit de tierce, les seigneurs d'Arrans. Il demande en outre une nouvelle reconnaissance de la part des manants, afin que leurs obligations soient de nouveau définies de manière claire. Peine perdue : pas plus qu'en 1777, la tierce n'est versée en 1778. L'argumentation des paysans se développe et se diversifie : la tierce ne serait due que sur un petit canton du finage et non sur l'ensemble de celui-ci. Passons sur les péripéties... Après réitérations des demandes et plusieurs assignations, Buffon voulut que la chose fût jugée par sentence définitive car, écrit-il en grand seigneur, *«il n'auroit pu se dispenser de poursuivre leur condamnation sans blesser les droits du roi et les siens».*[14] Alors, le 12 août 1780, la Chambre du Domaine rend un arrêt condamnant les habitants à payer la tierce de la treizième gerbe *«sur tous les fonds qu'ils possèdent tant au finage d'Arrans que dans celui des métairies voisines, à l'exception du canton qui en est exempt, séparé du finage par des bornes, et qui est chargé d'un cens envers sa Majesté».*[15] Ceci n'empêcha pas certains moissonneurs

---

11. Cf. [6] : *«Procès-verbal de déclaration des habitants d'Arran sur la proposition de M. le baron de Montbard de réduire leur cens en tierces»*, 12 octobre 1660.

12. Cf. [6] : *«Mémoire pour M. le Comte de Buffon, seigneur engagiste du domaine du Roi à Montbar, les Arrans et dépendances, à lui joints Mrs. les Gens du Roi de la Chambre du Domaine, demandeurs, contre Edme Tripier, Antoine Guyon l'aîné...»*, 1779, p. 2.

13. Cf. [6], *Ibid.*

14. Cf. [6], *Ibid.*

15. Cf. [6].

de refuser, le 13 août –c'est-à-dire le lendemain du prononcé de l'arrêt, mais celui-ci n'était peut-être pas encore connu– de se dessaisir de leurs gerbes, en utilisant des arguments nouveaux : l'un prétend que sa moisson provient de terres défrichées exemptes de tierce; un autre, que de telles redevances ont été abolies par une déclaration du roi...[16] Bref, l'intervention de la justice n'a pas convaincu les villageois qui portent l'affaire, en appel, devant le parlement de Dijon. Mais ce dernier, par un arrêt particulièrement volumineux –il remplit des dizaines de pages de parchemin– rendu le 1er août 1785, a confirmé la décision de la Chambre du Domaine, et la condamnation qu'elle entraînait.[17]

Il semble bien que les fondements juridiques du refus de la tierce n'étaient pas très solides. L'enjeu de l'obligation valait-il un aussi long et dispendieux procès? La redevance contestée représentait 7,70% de la récolte brute, ce qui peut paraître faible, mais ce qui, aux yeux des assujettis et compte tenu des rendements de l'époque, n'était pas négligeable. En revanche, parmi les revenus seigneuriaux du comte de Buffon, la part tenue par les produits de la tierce des Arrans était des plus menues. La seigneurie était, certes, affermée, mais précisément, le montant du loyer était très peu élevé : alors qu'en 1680, la tierce, à elle seule, était amodiée pour trois cents livres par an, quatre-vingt-dix ans plus tard (1770), un bail de trois, six neuf ans a été conclu pour cent soixante-quinze livres annuelles, permettant au fermier de prélever *«cens, redevances, tierces sur les terres du finage..., droit de cinq sols par feu audit lieu, poulle de coutume et autres droits seigneuriaux... ensemble.. la jouissance de la grange scituée en la métayrie du Chardonneret appelée vulgairement la métayrie rouge».*[18] Cette réduction considérable du bail en près d'un siècle, alors que la tendance générale est à une hausse sensible, est étrange. Il demeure que les tierces des Arrans rapportent peu au fermier, et par voie de conséquence, au seigneur. Beaucoup moins que les droits seigneuriaux frappant les habitants du village de Buffon, qui ont été amodiés, en 1774, pour neuf cents livres chaque année; il est vrai que les populations des deux villages ne sont pas identiques : vingt-cinq feux aux Arrans, cinquante-six à Buffon.

Quoi qu'il en soit, les attitudes des deux communautés villageoises peuvent être rapprochées. Les gens de Buffon n'étaient pas en conflit avec leur seigneur principal, on le sait. Ils l'étaient en revanche, et aussi dans les années soixante-dix, avec le fermier du décimateur qui n'était autre que l'abbaye de Notre-Dame de Rougemont et de Saint-Julien.[19] En 1776, ledit fermier a voulu prélever la dîme *«à raison de la vingtième gerbe»* (une gerbe sur vingt, soit 5%), *quoique ladite communauté* (de Buffon) *soit en possession immémoriale de ne la payer qu'à raison de la vingt-unième* (une gerbe sur vingt et une, soit 4,76%) *et que le dit sieur Tribollet* (le fermier) *l'ait perçue sur ce dernier pied pendant douze années qu'il a joui consécutivement de laditte ferme, ainsi que l'avoient toujours fait les précédents fermiers...»*[20] D'où refus et procès.

16. Est-ce une allusion à l'édit du 6 août 1779 qui supprimait toute trace de servitude sur le domaine royal et engageait les seigneurs à faire de même sur leurs propres terres? Dans ce cas, la tierce aurait été considérée comme un avatar ou une rédemption de la mainmorte.

17. Cf. [6].

18 Cf. [6] : *Bail des droits seigneuriaux passé davant Guérard, notaire à Montbard, le 9 septembre 1770.*

19. L'abbaye Notre-Dame de Rougemont (Côte-d'Or, canton de Montbard) avait été jointe au prieuré autunois de Saint-Julien-sur-Dheune, et transférée à Dijon en 1673, en conservant, bien sûr, ses biens à Rougemont.

20. Cf. [3] : *«Procès-verbal de l'assemblée des habitants de Buffon»*, 1er août 1776.

Les deux communautés sont donc bien combatives; tout autant que bien d'autres en Bourgogne. À Buffon cependant, l'étincelle du conflit vient du fermier de la dîme; aux Arrans, au contraire, ce sont les villageois qui ont commencé. Ce qui nous conduit à penser que la contestation de la tierce s'est greffée sur un autre contentieux et qu'elle n'a été qu'une réplique indirecte à la mainmise seigneuriale sur les bois.

Depuis le milieu du siècle, à plusieurs reprises, mais notamment en 1768, des cantons de bois qui, en 1742 encore, avaient été considérés comme communaux, ont été coupés au profit du seigneur.[21] Cette usurpation ne sera portée devant les tribunaux qu'après la mort du naturaliste, mais le conflit est latent dans les années 70, alors que se développent les activités industrielles de Buffon; les gens des Arrans auraient donc manifesté d'abord leur mécontentement en refusant de payer leurs redevances en nature. Cependant, la hardiesse, voire l'agressivité paysannes n'ont peut-être pas toujours été spontanées : laboureurs et manouvriers semblent bien avoir été entraînés, sinon "manipulés", par les plus riches des ruraux ou par les bourgeois forains.

## II
### À L'OMBRE DE LA SEIGNEURIE : LES RIVALITÉS ENTRE FERMIERS / MARCHANDS

Lorsque, en 1776, se produit le premier refus de la tierce, il est le fait d'un habitant des Arrans : Léonard Tripier. D'après le rôle de taille de la même année[22], il est qualifié de «*cultivateur*»; il se trouve parmi les trente-trois villageois chefs de feux, l'un des plus imposés. Mais Léonard Tripier est le fermier particulier d'un bourgeois de Montbard dont il cultive les terres sises aux Arrans : Nicolas Rémond «*marchand*». C'est sur l'ordre de celui-ci que la tierce est refusée. Quant au fermier seigneurial –celui à qui est due la redevance–, il appartient à la même catégorie socio-professionnelle. Il s'agit de Charles Humbert, indifféremment appelé «*marchand*», «*négociant*», «*marchand de bois*», de Saint-Rémy ou de Montbard. C'est le père d'Humbert-Bazile, le secrétaire et thuriféraire de Buffon;[23] c'est surtout, pour ce qui nous intéresse, l'un de ces hommes d'affaires ruraux qui participent au développement économique de la Bourgogne du nord, mais qui ne répugnent pas pour autant à percevoir les profits féodaux : ancien maître de forges à Saint-Rémy, il a créé, avec des associés, une affaire de flottage de bois et autres marchandises et il a pris à ferme les droits seigneuriaux des Arrans. C'est lui qui, en cette qualité, agit contre les moissonneurs récalcitrants, au nom de son bailleur, le comte de Buffon.

Tout autant qu'un affrontement entre seigneurie et communauté, l'affaire de la tierce est une querelle entre deux membres de la bourgeoisie locale du négoce. Il semble bien en effet que ce soit Nicolas Rémond, le bailleur des terres de Léonard Tripier, qui ait «*tiré les ficelles*». En 1778, lorsque Charles Humbert fait dresser les procès-verbaux attestant le mauvais vouloir des paysans, ceux-ci se retranchent derrière les ordres ou l'exemple donnés par le bourgeois montbardois :

«Et à l'instant je me suis ledit notaire transporté dans les batimens dudit sieur Rémond

21. Cf. [8] : pp. 241-242.
22. Cf. [4].
23. Cf. Humbert-Bazile [10].

audit Arran où il demeure ordinairement durant les moissons, où étant je n'ai trouvé que ledit Léonard Tripier son fermier qui m'a déclaré que le dit sieur Rémond étoit absent, qu'il étoit vrai qu'il avoit resserré quatre vingt seize gerbes de conceau le jour d'hier dans les champs dudit sieur Rémond pour les deux tiers qui lui appartiennent, et quarant huit pour le dit sieur Rémond pour son tier, sans payer aucun droit de tierce, que ces grains proviennent des contrées de la combe de l'asne, des champs du bois, et des croisottes et que si le dit sieur Rémond veut payer ledit droit de tierce, qu'il le payera aussy sans difficulté, mais qu'il étoit obligé de faire comme le sieur Rémond son maître.

Ensuite de quoi, je me suis ledit notaire transporté avec mesdits témoins dans la maison du dit Nicolas Guyon, lequel s'y étant trouvé, a déclaré qu'il étoit vrai qu'il avoit enlevé et charoyé le vingt sept du présent mois quarante huit gerbes de conceau provenant de la contrée des champs du bois ou essartés, sans avoir payé le dit droit de tierce, en disant que c'étoit dans la crainte de s'attirer des ennemis, et à l'instant a payé le dit droit de tierce sur les dittes quarante huit gerbes...»(30 juillet 1778).[24]

Le fermier seigneurial a ainsi beau jeu de prétendre à un coup monté, et lorsque l'affaire est venue, en 1785, devant le parlement de Dijon, les conseillers de Buffon parlent de *«manoeuvres»* et d'une *«cabale»* menée par *«quelques particuliers»*

De fait, le problème de la tierce a divisé –ou accru les divisions– de la communauté villageoise. Alors que, solidaire, elle avait d'abord fait front contre les exigences seigneuriales, elle se désunit au bout de quelques années, sans doute tout simplement parce que le procès, qui s'éternisait, coûtait cher et que la communauté n'était pas riche, pas plus que les habitants. Toujours est-il qu'une partie de ceux-ci s'est désistée devant le parlement en 1782, déclarant :

«que comme ils ont toujours, eux et leurs auteurs, payé un droit de tierce à raison de treize gerbes l'une sur les grains qu'ils récoltent sur le finage d'Arrans, et que ce n'est qu'à la sollicitation et à l'instigation de quelques particuliers qu'ils ont refusé le droit de tierce... ils se départent de tous les moyens qu'ils ont employés... qu'ils reconnaissent qu'il lui (à Buffon) est dû un droit de tierce, à raison de treize gerbes l'une...»[25]

D'autres paysans des Arrans ont été défaillants; si bien qu'une dizaine seulement sont allés jusqu'au bout du procès... pour le perdre. Parmi ces opiniâtres, on ne trouve plus l'initiateur de la querelle, Nicolas Rémond, car il est décédé entre temps; mais on ne trouve pas non plus sa veuve *«Damoiselle Marie-Claude Drouhin, tant en son nom qu'en la qualité de tutrice de leurs enfants mineurs»* : elle est défaillante. Dans le groupe des irréductibles, se rencontrent quelques-uns des plus imposés de la communauté, et quelques-uns des plus démunis : en 1785, année où a été rendu l'arrêt définitif, le village ne compte plus que vingt-cinq feux –au lieu de trente-trois, huit ans plus tôt–, la moyenne de la taille est de 14 livres 9 sols, la médiane, de 10 livres 15 sols; demeurent parties au procès des gens comme Edme Geley à qui l'on donne du *«sieur»* et qui est qualifié de *«laboureur»* ou de *«marchand»*, il paye 24 livres 2 sols; mais aussi des manouvriers ou journaliers (Jean Tripier, Laurent Tripier, Jean-Baptiste Prost...) qui payent 5 à 6 livres de taille.[26] Il s'agit là peut-être d'un phénomène de clientèle, que l'on rencontre dans bien d'autres villages. Toujours est-il que l'unité de la communauté, qui était sans doute déjà affaiblie par le développement de l'individualisme agraire, n'a pas résisté à un long et coûteux procès.

---

24. Cf. [7]. *«Procès-verbal pour Monsieur le Comte de Buffon contre le sieur Nicolas Rémond et Léonard Tripier son fermier d'Arran»*, 30 juillet 1778.
25. Cf [7] : *«Requête de conclusions pour M. de Buffon contre Edme Triper et autres...»*, 4 juillet 1785.
26. Cf. [4].

Et Buffon dans tout cela? C'est lui qui a agi, mais par personnes interposées, par l'intermédiaire de son fermier et de ses hommes d'affaires. C'est lui qui triomphe; grand seigneur, il est resté un peu en retrait. Mais il ne faudrait pas en conclure qu'il se désintéressait de ses prérogatives seigneuriales. Celles-ci n'étaient pas négligées, même si leur produit ne tenait pas une place très importante dans l'ensemble de ses revenus.[27] La seigneurie est pour lui quelque chose de bien vivant, voire d'éternel : le 20 mars 1785, il écrit à son ami le conseiller d'Etat Dupleix de Bacquencourt, ancien intendant de Bourgogne, pour le remercier d'une intervention efficace et il ajoute :

«je crois, Monsieur,... qu'on me débarrassera, de manière ou d'autre, de cinquante paysans, qui seraient chacun autant de petits seigneurs, possesseurs en franc fief de quelques perches de terrain dans ma terre de Buffon, ce qui serait absurde et ne peut pas exister.»[28]

Ceci quelques mois avant le prononcé de l'arrêt du parlement condamnant les gens des Arrans, village qu'il incluait sans doute dans l'appellation générique *terre de Buffon*.

Alors qu'il peut faire figure, à la fin de l'Ancien Régime, d'entrepreneur capitaliste, Georges-Louis Le Clerc, comte de Buffon et autres lieux, se montre jaloux de tous les privilèges, prérogatives et avantages que lui procure le régime féodoseigneurial.

## BIBLIOGRAPHIE

*SOURCES MANUSCRITES*

Archives départementales de la Côte-d'Or

(1)  B^II  226/2  Cahiers de doléances et procès-verbaux des paroisses du bailliage de Semur-en-Auxois.
(2)  C  1337  Subdélégation de Montbard. Arrans, 1771-1739.
(3)  C  1343  Subdélégation de Montbard. Buffon, 1734-1789.
(4)  C  7236  Impositions, rôles particuliers. Recette de Semur-en-Auxois, Arrans, rôles des tailles et vingtièmes.
(5)  C  7251  *Idem*. Buffon, 1751-1790.
(6)  E  1108  Titres de famille. Le Clerc-Buffon, 1669-1784.
(7)  E  1109  *Idem*, 1718- an II.

*SOURCES IMPRIMÉES* *

(8)  FORTUNET (F.), «Forges et patrimoine forestier : l'exemple d'une communauté vigilante, Arrans, Côte-d'Or», *Mémoires de la société pour l'histoire du droit et des institutions des anciens pays bourguignons, comtois et romands*, 37 (1980) : pp. 241-251.

27. L'ensemble des droits seigneuriaux dont jouissait Buffon rapportait 3764 livres par an, à la veille de sa mort, sur 110 000 livres de revenus annuels globaux, Voir, dans le présent volume, *Buffon en affaires*, contribution de Françoise Fortunet, Philippe Jobert, Denis Woronoff.
28. Cf. Nadault de Buffon [12] : Lettre CCCXXXVI. C'est précisément en commentant ce passage que Nadault de Buffon loue la magnanimité de son arrière-grand-oncle! Cf. *supra* n. 1.
* Sources imprimées et études. Les sources sont distinguées par le signe †.

(9)     GAILLARD (Y.), *Buffon; Biographie imaginaire et réelle, suivie de Voyage à Montbard par Hérault de Séchelles;* préface d'Edgar Faure, Paris, Hermann, 1977, 174p.

(10)†   HUMBERT-BAZILE, *Buffon, sa famille, ses collaborateurs et ses familiers, mémoires, par M. Humbert-Bazile, son secrétaire, mis en ordre, annotés et augmentés de documents inédits, par M. Henri Nadault de Buffon... Paris, V$^{ve}$ J. Renouard,* 1863, XV-432p., portr.

(11)    MANCERON (C.), *Les hommes de la Liberté. La Révolution qui lève, 1785-1787,* T. IV, Paris, Robert Laffont, 1979, XXII-468p.

(12)†   NADAULT de BUFFON (H.), *Correspondance inédite de Buffon à laquelle ont été réunies les lettres publiées jusqu'à ce jour, recueillie et annotée par M. Henri Nadault de Buffon son arrière-petit-neveu,* T. II, Paris, L. Hachette, 1860, 648p.

(13)    RUYSSEN (H.), *Histoire du village de Buffon,* [Buffon, l'auteur, Dijon, imp. Pornon], 1972, 86p., ill.

# 3

## BUFFON, PROPRIÉTAIRE FORESTIER

Arlette BROSSELIN *

Au dernier siècle de l'Ancien Régime, il n'existe pas, en Bourgogne, de seigneurie sans bois. Les plus pauvres des seigneurs possèdent quelques arpents, les plus riches, quelques milliers. Il faut classer Georges-Louis Leclerc parmi ces derniers.

À travers une documentation dispersée et très lacunaire nous allons tenter de reconstituer ce domaine à la formation, à la gestion, à la valorisation duquel son propriétaire consacra beaucoup de temps.

### I
### BUFFON, PROPRIÉTAIRE

Devenu propriétaire forestier par l'héritage maternel, en 1733, Georges-Louis Leclerc, désormais seigneur de Buffon, souhaite posséder des bois toujours plus vastes.

Disposant, à cette date, de 2000 arpents sur Buffon et Montbard, le savant en laisse, à sa mort, environ 3000 que nous pouvons essayer de localiser :[1]

- sur le territoire de Buffon, 200 à 250 arpents, dont le canton le plus important est le bois de la Rouille;
- sur Montbard, 1800 arpents : à l'origine communaux, ces bois ont été vendus pour dettes par la ville, le 1er avril 1665, à Jacob, président au Parlement de Bourgogne. Passés au président Bouhier, son héritier, c'est à ce dernier que le père du naturaliste les achète, le 1er décembre 1718;[2]
- sur Lucenay-le-Duc,[3] 160 arpents;
- sur Touillon, 110 arpents;
- sur Quincy, 700 arpents;
- sur Étivey (départ. de l'Yonne), 190 arpents.

Ce vaste ensemble résulte, partiellement, d'acquisitions dont quelques-unes ont été repérées, par exemple : sur Lucenay-le-Duc, 13 arpents 53 viennent du notaire Vorle de Flavigny, le 6 juin 1769.[4] Le reste, le 2 décembre 1779, du comte J.-B. de Brachet pour 600 livres.[5]

---

* Département d'histoire, Université de Bourgogne. 2, Bd Gabriel. 21000 Dijon. France.
1. Voir [1], et Lettre de Buffon au lieutenant général des Eaux et Forêts à Dijon, 14 septembre 1781, *in* Buffon [22], T. II : pp. 78-79.
2. Perdrizet [25].
3. Voir [2].
4. Voir [2].
5. Voir [3].

La seigneurie de Quincy est acquise le 6 novembre 1784.

Mais l'essentiel vient de plantations ou de remise en état de bois réduits à l'état de friches, lorsque Buffon en prend le contrôle; il se rend maître, par achat ou par échanges, de parcelles qu'il transforme en bois.

Ainsi plante-t-il :

- 70 arpents issus d'échanges avec les administrateurs de l'hôpital;
- 75 arpents 60 dits le Champ-Grenetier (donc à l'origine en labours), acquis sur plusieurs particuliers le long de la forêt d'Arrans;
- 87 arpents 42 le long du Bois-Canot;
- 35 arpents au Larix de Faux en 1778-1781.[6]

Il est difficile de connaître exactement l'étendue des plantations et semis réalisés par Buffon dès 1733. Sa correspondance prouve que, lorsque ses responsabilités parisiennes l'empêchent de surveiller lui-même les travaux, il se tient tout de même très précisément au courant de ce qui se passe sur ses terres. Citons deux lettres, adressées par lui à son intendant Trécourt : l'une du 25 octobre 1782, dans laquelle il conseille de *«faire recueillir les graines»*. *«Vous pouvez* –dit-il– *y employer les jardiniers»*; l'autre, du 25 avril 1783, dans laquelle il déclare :

> *«Je suis bien aise que vous ayez fait achever la plantation des pins, il faut soigneusement recommander au sieur Caniaut de ne laisser entrer aucun bétail dans ces plantations, non plus que dans le jeune taillis de ce bois... Ce n'est pas mal employer votre temps que d'aller, le plan à la main, reconnaître les contours de mes bois et vous avez très bien pensé que pour plus de facilité il fallait avoir un plan réduit; je suis bien aise que vous l'ayez entrepris, persuadé que vous en viendrez à bout et vous pourriez faire acheter à Semur les couleurs qui vous manquent pour enluminer les plans.»*[7]

Ses écrits des années 1739-42 donnent quelques renseignements sur les méthodes et les essences utilisées. De nombreux essais, une inlassable patience caractérisent son activité. Le *Mémoire sur la conservation et le rétablissement des forêts*[8] dépeint sa tâche sur 80 arpents, divisés en plusieurs cantons différemment travaillés : dans l'un, des glands sont plantés à la pioche à des profondeurs variées, dans d'autres, ils sont jetés ou placés dans l'herbe... Buffon use aussi de semis d'épines et genièvres au milieu de plantations de glands. Ayant d'abord utilisé toutes sortes d'essences comme le peuplier, le tremble, l'orme, le frêne, le charme, il s'aperçoit que *«le hêtre et le chêne sont les seuls arbres, à l'exception des pins et de quelques autres de moindre valeur, qu'on puisse semer avec succès dans les terrains incultes»*, comme ces friches et chaumes qu'il possède autour de Montbard. Lorsque les feuillus le déçoivent, il recourt aux résineux, –épicéas, sapins, et surtout pins de Genève–, d'abord élevés en caisses pendant trois ans; ces derniers donnent de bons résultats et, après éclaircie, il obtient en 40 ans un bois, là où *«un grand espace de tout temps avait été stérile»*. Une trentaine d'années après son introduction, le pin de Genève est *«naturalisé et assez multiplié pour en faire à l'avenir de très grands cantons de bois dans toutes les terres où les autres arbres ne peuvent réussir»*.

La leçon, oubliée pendant la Révolution et le Premier Empire, porte ses fruits à partir de 1816, lorsqu'un maître de forges plante deux mille pins sylvestres, suivi, pendant la Monarchie censitaire, par plusieurs notables de la région.[9]

6. Voir [2].
7. Voir [18], et Buffon [22]. T. II : pp. 180-181.
8. *Mémoire sur la conservation et le rétablissement des forêts* [1739], in Buffon [23] : pp. 81-93.
9. Brosselin [21] : pp. 47-49.

Préoccupé avant tout des arbres, il est normal que Buffon, après avoir créé la sienne, s'intéresse aux pépinières royales. En 1724, le roi annonce son intention de prendre «*deux arpents de terre dans chaque bailliage pour y faire des pépinières de toutes sortes d'arbres qui seraient distribués gratuitement à ceux qui en auraient besoin, soit pour leurs héritages, soit pour planter le long des grands chemins, ainsi que l'on pût conserver et même accroître le nombre des fruits, pour l'avantage du public et le soulagement des pauvres*».[10] Les États se décident à obéir dix ans après. Le 29 mai 1736, Buffon offre, moyennant 2500 livres, un enclos de cinq journaux, «*déjà semé en grande partie de graines d'arbres*»...«*Je me charge* –affirme-t-il– *du succès aussi bien que de l'inspection et je compte que nous pourrons livrer dans cinq ou six ans, non seulement toutes les espèces de fruitiers, mais aussi tous les forestiers utiles et peu communs en Bourgogne comme frênes, ormes, châtaigniers, noyers, cormiers, tilleuls d'Hollande, érables, sycomores.*»[11] L'offre est acceptée. Mais, si, en 1740, Buffon accorde quelques fruitiers à des paysans ou artisans voisins, très vite, il ne s'intéresse qu'aux arbres forestiers dont les pauvres ne bénéficient pas, –contrairement aux intentions royales–, mais les gens de sa caste, comme le sieur de Grosbois, premier président au Parlement de Besançon. Les arbres élevés ici sont ceux que Buffon utilise dans ses plantations. La pépinière sert donc d'abord les intérêts de son responsable, directement, en lui apportant les arbres dont il a besoin, indirectement, en lui permettant d'entretenir à bon compte son réseau de relations.

Ne se vantait-il pas, dès 1736, lorsqu'il mentionnait : «*...Monsieur le Duc (le gouverneur) m'a fait la grâce de m'accorder une pépinière à Montbard aux frais de la province...*»?[12]

Vendue aux enchères en 1775, la pépinière échappe finalement à son fondateur.

## II
### BUFFON ET LES BOIS DU ROI

Soucieux de la conservation, de l'amélioration, de l'extension des forêts, Buffon, en dehors de ses travaux sur les bois, s'intéresse à la sidérurgie et obtient, en 1768, l'autorisation de construire des forges. Il lui faut donc disposer, pour ses expériences ligneuses, mais aussi métallurgiques, de quantités de bois de plus en plus considérables, aussi se tourne-t-il vers le roi pour obtenir de lui des possibilités exceptionnelles d'exploitation des forêts royales tout autour de Montbard.

Le 7 octobre 1755, un arrêt du Conseil délaisse à Buffon «*à titre d'arrentement les cantons de bois taillis appelés d'Arrans, Combe Vitier et la Brosse consistant en 787 arpents faisant partie de ceux dépendants du domaine de Montbard*» pour 740 livres par an, la première coupe ne pouvant intervenir que «*lorsque le taillis aura atteint l'âge de 10 ans au moins*»... Le demandeur avait sollicité cet abandon, «*tant à titre de récompense du travail dispendieux et de ses expériences qu'il a faites sur la culture des forêts et sur la force du bois de service dont les résultats se trouvent dans les Mémoires de l'Académie des Sciences, que parce que ces trois cantons sont, pour ainsi dire, enclavés dans ses propres bois et qu'il souffre une perte réelle par le dégât qu' occasionne la traite des bois desdits cantons lorsqu'on en fait*

10. Voir [4].
11. Voir [5].
12. Bouchard [20] : p. 27.

*l'exploitation».*[13]

Vingt ans plus tard, un arrêt du Conseil du 19 décembre 1775 fait délivrance, au même, des cinq coupes du bois de Chaumour, couvrant 880 arpents, à 90 livres l'arpent. Le naturaliste, cette fois, met en avant ses forges :

«Après avoir fait l'histoire naturelle des animaux et des oiseaux, il s'est occupé de celle des minéraux, mais [qu'] il n'a pas été longtemps sans s'apercevoir que pour traiter cet objet d'une manière satisfaisante, il était indispensable de faire une foule d'expériences en grand nombre, ce qui l'a engagé à établir dans l'étendue du domaine de Montbard... plusieurs fourneaux et une grosse forge qui lui ont coûté plus de deux cent mille livres et qu'il a dépensé plus de soixante dix mille livres pour des expériences qu'il a faites pour la fonte des mines et sur les moyens de perfectionner le fer et l'acier sans qu'il ait reçu aucun secours du gouvernement; qu'il se présente une circonstance qu'il croit devoir saisir pour supplier Sa Majesté de vouloir bien lui procurer quelque facilité relativement à la consommation en bois qu'il fait dans ses usines.»[14]

Ayant obtenu satisfaction au prix proposé par lui, Buffon, quelques mois après, écrit au marchand de bois Humbert, le 11 janvier 1776 : *«J'ai été forcé de passer par ce prix... et on crut me faire une faveur, car le procureur du roi les portait à 130 livres l'arpent».*[15]

La facilité avec laquelle le roi a cédé à sa demande le conduit à déposer une troisième requête portant sur la forêt du Jailly et aboutissant à un arrêt du Conseil, le 29 novembre 1780.[16] Il entend, cette fois, réaliser une meilleure affaire; ces taillis étant âgés de cinq ans de moins (20 ans au lieu de 25) que ceux qu'il vient de faire exploiter, il espère les obtenir pour 80 livres l'arpent (4 premières coupes), voire 60 livres seulement (12 dernières coupes où n'existent pas de vieilles écorces). Les coupes sont autorisées, mais à un prix supérieur à celui proposé : 120 livres pour la première, 90 pour les suivantes. Chacune mesure environ 170 arpents.

Peut-être, en haut lieu, s'est-on lassé de ces demandes répétées dans lesquelles le savant se montrait de plus en plus exigeant. Toujours est-il qu'en un quart de siècle, il bénéficie d'un monopole sur les forêts royales de la châtellenie de Montbard par le biais :

- d'un arrentement pour le premier ensemble (Arrans, La Brosse, Combe Vitier);
- d'une vente garantie pour vingt-et-un ans à 90 livres l'arpent –exception faite de la coupe de 1781 à 120 livres– sans passer par le feu des enchères, alors qu'entre 1764 et 1774, les marchands parisiens paient, dans les châtellenies voisines relevant aussi de la maîtrise d'Avallon, en moyenne 155 livres l'arpent sur pied.[17] Buffon réalise donc, par ce moyen, une économie considérable.

Si l'on ajoute ce monopole de fait à la jouissance de ses biens propres, on pourrait penser que Buffon s'estime satisfait. Il n'en est rien et une affaire l'opposant aux Ursulines de Montbard, évoquée au bailliage en 1771-72, révèle qu'il entend disposer de tout arbre poussant dans les environs.[18]

13. Voir [6].
14. Voir [7].
15. Lettre à Humbert du 11 janvier 1776, in Buffon [22], T. I : p. 298, n. 3.
16. Voir [8]
17. Voir [7]
18. Voir [9].

## III
## BUFFON ET LES RIVERAINS

Voici les faits. En 1755, Buffon vend la coupe d'une haie en même temps que celle de son bois de la Justice. Jusqu'à cette date, les particuliers, comme les fermiers des Ursulines dont les terres jouxtent cette lisière, coupaient là des épines pour bouchure et du bois pour réparer les instruments aratoires. En 1771, les Ursulines veulent faire essarter ce bosquet. Buffon s'y oppose et les témoins précisent que, depuis 1755 *«ses gardes ont toujours veillé à ce que l'on n'y fit aucun dommage»*,[19]

- qu'il a exigé une amende de 24 livres d'un coordonnier qui a coupé du bois;
- que le canton est désormais emplanté de chênes et *«composé de bois de belle venue»*.[20]

Buffon a donc réussi, par une coupe suivie d'une surveillance efficace, à transformer en un taillis convenable une parcelle maintenue à l'état de haie d'épines par une utilisation désordonnée, au fur et à mesure des besoins des riverains et dont personne n'avait réellement encore revendiqué avant lui la propriété.

Propriétaire ou utilisateur de bois toujours plus importants, Buffon s'efforce de conserver ceux-ci en bon état par le choix d'un certain nombre de gardes dont les registres de la Maîtrise d'Avallon ont conservé la trace.[21]

Ces gardes font diligence contre les délinquants; certaines affaires l'attestent dont la plus célèbre concerne les bois *«communaux»* de Montbard que les habitants regrettaient d'avoir perdus. Le 30 avril 1734, les gardes dressent procès-verbal à trois laboureurs de Montbard, coupables de faire paître leurs bêtes à garde séparée dans les bois du seigneur. Cet incident sert de prétexte aux Montbardois pour tenter de récupérer les 1800 arpents vendus en 1665. Le 27 avril 1741, la Table de Marbre rend un arrêt, ouvrant, pour la communauté, la possibilité de prouver le bien-fondé de ses prétentions, après que Buffon eût demandé à être déclaré propriétaire incommutable. La communauté n'use pas de la facilité offerte. Cet abandon de fait semble constituer une reconnaissance des droits du seigneur qui jouit, dorénavant, sans difficulté, de cette forêt, exigeant des usagers au pâturage le respect des règles fixées par l'ordonnance de 1669.[22]

Il y a, d'autre part, autour de Montbard, d'importantes forêts de communautés laïques et ecclésiastiques dont les quarts de réserve se vendent tous les ans, en même temps que l'ordinaire royal. Buffon n'apparaît jamais parmi les adjudicataires. Mais nous rencontrons Humbert ou Rigoley,[23] marchands avec lesquels il correspond.

D'ailleurs, plusieurs plans de forêts de communautés, contiguës à celles du naturaliste, sont levés à cette époque, précédant de peu des règlements de coupes : forêts

19. Voir [9].
20. Voir [9].
21. Voir [10].
22. Voir [11], [12], et Perdrizet [25].
23. Voir [7].

de Rougemont en 1772,[24] Touillon en 1774,[25] Buffon en 1775,[26] Quincy en 1787.[27] Ceci se passe après la construction des usines. Or la fixation de limites sur le terrain, la mise en réserve du quart facilitent l'exploitation rationnelle de ces bois et leur adjudication : dans un cas au moins, celui de Rougemont, Buffon est intervenu auprès de la Maîtrise d'Avallon pour obtenir l'application de l'ordonnance de 1669 et, dans les 48 heures, une décision était prise (12-13 décembre 1772).

Il est permis de penser que Buffon a agi de même dans les autres cas, puisqu'il tire sûrement parti indirectement de ces aménagements, grâce aux services d'intermédiaires.

IV

**BUFFON ET LES MARCHANDS DE BOIS**

Un dernier aspect des relations entre Buffon et les produits de la forêt mérite d'être évoqué ici qui met en cause le maître des forges et le commerçant autant que le propriétaire forestier.

Dans une lettre à Legrand de Marizy, grand maître des Eaux et Forêts de Bourgogne, en date du 4 mai 1776, Buffon narre ses démêlés avec les marchands de bois pour la provision de Paris, en même temps que le voyage d'un membre du Conseil des Finances venu reconnaître les *«énormes dommages dûs à la négligence et à la cupidité».*[28]

Ceux-ci sont fort actifs dans la maîtrise d'Auxois et dans celle, voisine, de Châtillon, l'approvisionnement de Paris en bois de moule constituant un des deux débouchés du bois de feu, l'autre étant la métallurgie : 8000 à 10 000 cordes par an, selon Buffon, plus de 20 000, selon les marchands, flottent sur la Brenne et l'Armançon, dès les années 60, au moment où Buffon construit ses usines. Il y a, là, une possible concurrence entre deux catégories d'utilisateurs. C'est, sans doute, pour l'éviter que Buffon établit son contrôle sur les forêts royales, car, lors des adjudications, les Parisiens tentent d'obtenir la totalité de l'ordinaire de la maîtrise.

Si Monsieur de Buffon –écrivent les marchands en 1776– pouvait obtenir *«qu'il n'y eût plus de flottage sur ces deux rivières, il y trouverait son intérêt parce que pour lors il se rendrait le maître du prix des bois qu'on vend tous les ans... Il ferait seul le commerce de bois en vendant au détail comme il le fait aujourd'hui pour les bois de la forêt de Chaumour que le roi lui a accordés au mois de décembre dernier».*[29]

Dans cette guerre sans répit, où les voies judiciaires ont bien vite succédé aux tentatives de conciliation, la mauvaise foi se manifeste de part et d'autre. Buffon argue de la gêne et des destructions causées par le passage du flot de bois à ses installations, parlant surtout des dégâts dus à l'eau, tandis que les marchands lui reprochent d'être à la fois industriel et commerçant. *«Ce commerce lui a plu –* disent-ils– *et il en fait le plus grand éloge... tant qu'il n'a point eu de forge parce*

24. Voir [13].
25. Voir [14].
26. Voir [15].
27. Voir [16].
28. Lettre à Legrand de Marizy, in Buffon [22]. T. I : p. 315.
29. Voir [18].

*qu'il avait pour lors envie de tirer un grand parti de la vente de ses bois.»*[30]
Buffon, propriétaire soucieux de tirer le meilleur parti de son patrimoine, gestionnaire et commerçant avisé, vend, en effet, sur pied, la totalité de certaines coupes à d'autres industriels ou commerçants (Rigoley achète le bois de la Rouille 60 livres l'arpent, en 1754). Comme en témoignent différents contrats de 1739, 1740, 1745, 1772, 1773, 1775,[31] il vend, aussi, des arbres sur pied à des artisans, comme ces deux sabotiers, acquéreurs, en 1776, de 350 hêtres dont il se réserve les branchages. Enfin, lorsqu'il n'utilise pas le bois de moule d'une coupe, il le livre au commerce, ou bien réalise, avec d'autres exploitants, des échanges de bois prêts à utiliser selon l'urgence des besoins.

Si un rival se montre malheureux en affaires, il s'en réjouit; ainsi le 5 mars 1779, il écrit : *«les sept coupes successives de vingt arpents chacune du bois de... viennent d'être vendues 73 livres l'arpent au sieur Le Bœuf et, en vérité, ils n'en valent pas cinquante !».*[32]

Petite mesquinerie d'un grand homme, pour qui les questions financières devaient engendrer bien des soucis...

Vers 1730, Buffon, sur ordre du roi, entreprend de nombreuses expériences sur la force des bois qui exigent des centaines d'arbres. À la suite de Réaumur et parallèlement à Duhamel du Monceau, il s'intéresse à la conservation des forêts, non seulement en théorie, mais aussi en pratique. La Côte-d'Or lui doit l'introduction des résineux qui devaient valoriser, au milieu du XIXᵉ siècle, les plateaux calcaires du Châtillonnais et de la Montagne. Buffon, homme de science, se montre aussi homme d'action. D'origine bourgeoise, nouveau venu dans l'aristocratie, –sa terre est érigée en comté en 1772–, il considère, rejoignant en cela ses contemporains, la propriété foncière comme un moyen de se réaliser totalement, surtout quand cette propriété –ici, forestière– lui permet de poursuivre ses travaux ambitieux et coûteux. Il se sert de la pépinière royale pour ses plantations personnelles, mais aussi pour compléter un réseau de relations utiles incluant tel ou tel personnage influent.

Il annexe, au sens propre, pour Arrans, Combe Vitier, La Brosse, comme au sens figuré pour Chaumour et le Grand Jailly, les forêts royales de la châtellenie de Montbard; il dispose ainsi de quantités de bois considérables, livrant à la vente ce qui ne lui sert pas, alors même qu'il combat ceux dont le métier est le commerce du bois.

Il n'hésite pas à s'opposer aux communautés du voisinage, tant laïques que religieuses, et les premières doivent céder devant cet homme dont les usines les font vivre.

Si cette volonté de puissance n'ajoute rien au personnage, n'oublions pas, pourtant, que Buffon demeure l'ami des arbres, visitant, lorsqu'il en a le loisir, ses bois, le plan à la main ou les confiant à un homme sûr, sans jamais s'en désintéresser, même accaparé par ses fonctions officielles.

Malheureusement ces forêts, patiemment réunies, entretenues avec soin, sont dispersées quelques décennies après sa mort : des communautés en revendiquent certaines, d'autres vont à différents particuliers, d'autres enfin retournent à l'État.[33]

30. Voir [17] et [18].
31. Voir [19].
32. Voir [22], T. I :  p. 424.
33. Voir [24] et [25].

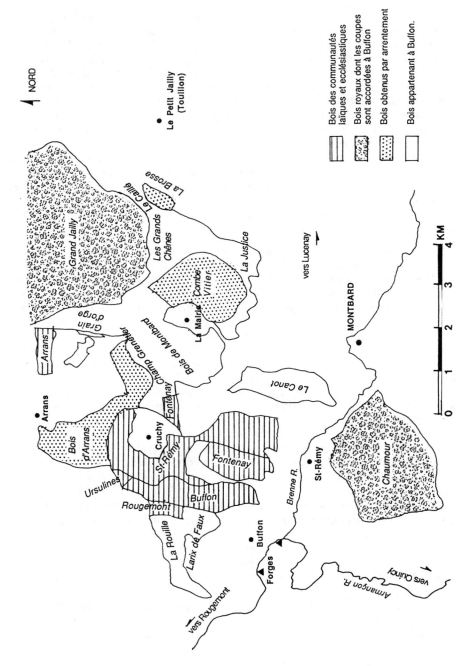

**FIG. 1.** Plan des principaux bois autour de Montbard en 1788. D'après Arch. dép. Côte-d'Or, XVII F 10.

## TEXTES CITÉS

### SOURCES MANUSCRITES

(1)     *Bois appartenant à Monsieur le Comte de Buffon*, 11p., sans date, Succession Buffon, Collection Leroy, Forges de Buffon.

(2)     *Plans des bois dépendant du Comté de Buffon*, Archives départementales de la Côte-d'Or : XVII :F :10.

(3)     Acte reçu Potier, notaire à Semur-en-Auxois, le 2 décembre 1779, Archives départementales de la Côte-d'Or.

(4)     Archives départementales de la Côte-d'Or, C. 3002 fol, 174.

(5)     Archives départementales de la Côte-d'Or, C. 3713.

(6)     Archives départementales de la Côte-d'Or, C. 2574.

(7)     Archives départementales de la Côte-d'Or, $B^{II}$ /270.

(8)     Arrêt du Conseil 29 novembre 1780. Collection Leroy (Carton «Activités Industrielles»).

(9)     Sentence préparatoire du 7 septembre 1771. Archives départementales de la Côte-d'Or, $B^{II}$ 216-21.

(10)    Archives départementales de l'Yonne, registres de la maîtrise d'Avallon. Cf. aussi Archives départementales de la Côte-d'Or, $B^{II}$ : 389/10.

(11)    Originaux des pièces conservés à la Mairie de Montbard.

(12)    Information faite à la requête de Buffon, le 13 juillet 1767, concernant un mésus dans un semis de gland. Justice communale de Montbard, Archives départementales de la Côte-d'Or $B^{II}$389/10.

(13)    Archives départementales de l'Yonne, 13 B 147, Rougemont.

(14)    Arpentage effectué en avril 1774. Archives départementales de la Côte-d'Or, C 1405.

(15)    Archives départementales de la Côte-d'Or, C. 1343.

(16)    Procès-verbal d'arpentage, 8 mai 1787, Archives départementales de la Côte-d'Or, C 1990.

(17)    Le carton «Activités Industrielles» de la Collection Leroy contient toute une série de procès-verbaux de visites des usines de 1769 à 1776.

(18)    Archives départementales de la Côte-d'Or, Fonds Leclerc-Buffon XVII F 50.

(19)    Collection Leroy, Cahier bleu n° 4 contenant des actes de ventes de coupes.

### BIBLIOGRAPHIE *

(20)    BOUCHARD (M.), «Un épisode de la vie de Buffon», *Annales de l'Est*, 4ème série, II (1934) : pp. 21-42; 197-212.

(21)    BROSSELIN (A.), *Les forêts de la Côte-d'Or au XIXᵉ siècle*, New York, Arno Press, 1977, XXXVII, 263-63p.

(22)†   BUFFON (G.L. Leclerc de), *Correspondance générale*, recueillie et annotée par H. Nadault de Buffon, Genève, Slatkine Reprints, 1971, 2 vol., XX-459p., 435p.

(23)†   BUFFON (G.L. Leclerc de), *Œuvres complètes... avec la nomenclature linnéenne et la classification de Cuvier*, Revues sur l'édition in-4° de l'Imprimerie Royale, et annotées par M. Flourens, Paris, Garnier Frères, T. XII, 1855, 824p.

* Sources imprimées et études. Les sources sont indiquées par le signe †.

(24)    FORTUNET (F.), «Forges et patrimoine forestier : l'exemple d'une communauté vigilante : Arrans (Côte-d'Or)», *Mémoires de la Société pour l'histoire du droit et des institutions des anciens pays bourguignons, comtois et romands,* 37 (1980) : pp. 211-251.

(25)    PERDRIZET (A.), *Buffon et la forêt communale de Montbard,* Dijon, Darantière, 1888, 182p.

# 32737

# 4

# BUFFON ET L'ADMINISTRATION BOURGUIGNONNE

Pierre BODINEAU *

Seigneur, Buffon l'est incontestablement; mais il doit aussi compter avec une puissance nouvelle dont l'*Encyclopédie* décrit déjà les abus[1] : l'administration dont il est le ressortissant.

Buffon et Voltaire n'ont pas seulement comme point commun le service d'un valet de chambre passé de l'un à l'autre;[2] ils sont tous deux des administrés de la province de Bourgogne, l'un à Ferney de 1758 à sa mort en 1778, où il s'affirme fièrement bourguignon auprès du Gouverneur Condé : *«j'habite auprès de Genève la dernière chaumière de votre province de Bourgogne. Je n'en suis pas moins votre sujet que Messieurs du Champ Bertin et du Clos de Voujaux»;*[3] l'autre à Montbard où il passera huit mois de l'année durant la plus grande partie de sa vie, préférant au *«beau Paris»* le *«vilain Montbard».*[4]

Tous deux seigneurs de fraîche date, attachés avec des fortunes diverses, à développer le progrès économique et social de leur petite patrie, ils suscitent naturellement des réactions contradictoires de la part des institutions administratives, provinciales ou municipales.

Toutefois, entre *«le roi de Ferney»* –Buffon écrit à *«Voltaire Premier»*[5]– et le seigneur de Montbard, les différences sont importantes : alors que Voltaire n'a fait que choisir un refuge dans une terre où il n'a pas de racines, Buffon lui, a passé sa jeunesse en Bourgogne : au Collège des Godrans, puis à la jeune Faculté de Droit de Dijon, il a pu se lier d'amitié avec tous ceux qui compteront plus tard dans la province.[6]

Alors que le philosophe de Ferney sera toujours en définitive un étranger dont les initiatives suscitent souvent, comme l'écrit le Président de Brosses, *«les brailleries et les criailleries du pays de Gex, de gens qui crient miséricorde sur les entreprises et les tyrannies de Voltaire»,*[7] Buffon demeure en communion avec sa ville et sa province, entretenant avec les fonctionnaires qui les administrent des relations complexes à démêler.

---

* Faculté de Droit, Université de Bourgogne. 4, bd Gabriel. 21000 Dijon. FRANCE.
1. Dans l'article *Burocratie* ; cf. Bodineau [4] : p. 87.
2. Humbert-Bazile [6] : p. 9. Limer, son premier valet de chambre était passé du service de Voltaire à celui de M. de Violette puis au sien.
3. Lettre au Gouverneur Condé du 13 novembre 1776, *cit. in* Bodineau [3] : p. 253.
4. Lettre à Mme Daubenton du 15 juin 1773, *in* Nadault de Buffon [7], T. I : p. 156.
5. Lettre à Voltaire du 12 novembre 1774, *in* Nadault de Buffon [7], T. I : p. 174.
6. Humbert-Bazile [6].
7. Bodineau [3] : p. 259.

*BUFFON 88*, Paris, Vrin, 1992.

I

## M. LECLERC DE BUFFON : «UN ADMINISTRÉ PAS COMME LES AUTRES»

Qui sont ces représentants de l'administration avec lesquels doivent s'instaurer des relations fréquentes?

L'*Intendant de la province* tout d'abord : Buffon n'en connaîtra pas moins de sept, parmi lesquels les Amelot de Chaillou père et fils, Dupleix de Bacquencourt, Feydeau de Brou, incarnant à travers des personnalités différentes un même esprit de rigueur technocratique et d'ouverture aux idées nouvelles.[8]

Buffon entretient avec eux des relations personnelles : à Dupleix, ancien intendant de Bourgogne devenu en 1785 conseiller d'État, il écrit : «*Ma porte n'était certainement pas fermée pour vous et j'aurais été très aise de vous entretenir*».[9]

Quant à Amelot, il note en marge d'une correspondance : «*M. de Buffon m'a prié de ne rien ordonner dans cette affaire sans l'en prévenir. Je prie en conséquence M. Robinet de me faire faire un projet de lettre détaillée à M. de Buffon*».[10]

Robinet était le secrétaire en chef de l'Intendance entre 1769 et 1774[11] et Buffon connaît bien une règle essentielle de la vie administrative : mieux vaut passer par le secrétaire que par le maître si l'on veut un résultat.

Gueneau de Montbeillard lui ayant annoncé la visite d'un «*Robinet des suppléments*», Buffon répond : «*Je connais en effet un Robinet qui supplée souvent M. l'Intendant; je connais un autre Robinet qui fait des suppléments à l'* Encyclopédie *et j'aimerais mieux que ce fut le premier que le second qui dut vous accompagner*».[12]

Au même Gueneau, il écrivait en 1779 : «*Si vous pouviez venir dîner avec notre intendant, je suis persuadé qu'il en serait très flatté*».[13] Buffon sait d'ailleurs utiliser pour ses affaires parisiennes les relations suivies qu'il entretient avec l'Intendance : demandant à Madame Necker d'intervenir auprès de «*notre grand homme, votre digne mari, de ne pas placer près du jardin du Roi des chevaux et fiacres de Paris*», il ajoute aussitôt «*M. Amelot a dû vous écrire aussi*».[14]

La relation *avec le subdélégué* qui se trouve être la plupart du temps *maire* de Montbard est autrement plus ambiguë, pour plusieurs raisons :

–d'abord à cause de cette pratique de «*la réunion de la mairie et de la subdélégation sur une même tête sujette*», selon Gueneau de Mussy, «*à des inconvénients suivant les personnes, mais qui facilite beaucoup les affaires lorsqu'elle est bien placée*».[15]

–ensuite du fait des liens étroits qui existent entre Buffon et la famille Daubenton dont fait partie le maire subdélégué. Pierre Daubenton occupe la fonction, presque sans interruption, de 1756 à sa mort en 1776, se plaçant dans une longue lignée; il

---

8. Bodineau [2] : pp. 34-35.

9. Lettre à Dupleix de Bacquencourt du 20 mars 1785, *in* Nadault de Buffon [7], T. II : p. 194.

10. Arch. dép. Côte-d'Or, C. 1326, note du 3 mars 1771.

11. Sur la fonction du subdélégué général, cf. Bodineau [4] : pp. 84-86.

12. Lettre à Gueneau de Montbeillard du 5 décembre 1771, *in* Nadault de Buffon [7], T. I : p. 140.

13. Lettre à Gueneau de Montbeillard du 30 juillet 1779, *in* Nadault de Buffon [7], T. II : p. 64. Il s'agit de Dupleix de Bacquencourt.

14. Lettre à Mme Necker du 3 août 1779, *in* Nadault de Buffon [7], T. II : p. 65.

15. Sur cette pratique, Bodineau [2] : pp. 39-40.

est le frère du collaborateur de Buffon Louis-Jean-Marie[16] et cette parenté facilite bien évidemment l'évocation des problèmes communaux. Son fils Georges-Louis lui succédera de 1776 à 1785, année de son décès prématuré à 46 ans; Nadault rapporte que son épouse *«faisait les honneurs de la maison»* de Buffon.[17]

Buffon connaît suffisamment bien Daubenton père pour tenter de lui faire payer ses dettes vis-à-vis du Président Richard de Ruffey : en 1765, il lui écrit : *«J'ai fait tout ce que j'ai pu, mon cher Président, pour engager M. Daubenton à vous payer ce qu'il vous doit. Je l'ai beaucoup pressé et tout ce que j'ai pu obtenir, c'est qu'il vous enverrait ces jours-ci 300 livres à compter de 12 000».*[18] Un an plus tard, il lui annonce : *«le maire de Montbard doit arriver ces jours-ci à Paris; je vous promets de bien lui laver la tête et de le presser de nouveau de satisfaire à ses obligations».*[19]

Buffon lui-même sera d'ailleurs souvent le créancier[20] du subdélégué. Certes le subdélégué de Montbard n'échappe pas à l'autorité de l'intendant; il lui arrive comme à d'autres subdélégués, de susciter les vives réactions de son supérieur comme celle du 9 novembre 1771, relative aux plans de l'ingénieur Antoine pour les ouvrages à faire pour l'hôtel de ville *«pour y établir prison et hôpital»* : Daubenton n'ayant pas répondu aux lettres de l'ingénieur, Amelot réagit avec vigueur :

*«J'ai tout lieu d'être surpris, Monsieur, que vous ayez pris sur vous de faire venir un ingénieur de Dijon pour les opérations dont il s'agit sans m'en avoir préalablement demandé mon agrément. Votre qualité de maire ni celle de mon subdélégué n'ont pu vous dispenser de recourir à cette formalité que vous n'ignorez pas être de règle stricte et qui est observée scrupuleusement... Le silence que vous avez gardé... me fait douter que vous puissiez avoir de bonnes raisons pour excuser votre conduite à cet égard et vous voudrez bien me faire connaître celles qui vont ont déterminé.»*

Mais le subdélégué s'excuse très vite : il s'agissait de trouver *«un arrangement entre la ville et M. de Buffon...».* *«J'eus l'honneur de vous en rendre compte par une lettre du 10 octobre que je chargerai M. de Buffon de vous remettre à Paris avec les papiers relatifs à cet objet afin qu'il put vous expliquer par lui-même plus directement l'avantage que présentait ce nouveau projet».*[21]

C'est parfois le maire Daubenton qui informe l'intendant des souhaits de Buffon lorsque celui-ci désirerait bien que la conclusion de cette affaire pût s'accélérer –il s'agit toujours de l'hôtel de ville– *«je compte arriver sous quatre jours à Dijon où mon premier devoir sera d'aller vous faire ma cour et d'en conférer avec vous si vous le jugez nécessaire».*[22]

Plus tard, à propos de réparations à faire sur des murs écroulés, Daubenton déclare encore : *«Il en résulterait encore un bien, c'est que cela pourrait finir aussi l'affaire de M. de Buffon».*[23]

Il s'agit surtout de ménager le plus illustre habitant de Montbard, comme le montrent les précautions prises par le maire à propos d'une revendication de Buffon,

16. Courtépée [5] : pp. 511-518.

17. Humbert-Bazile [6] : p. 17.

18. Lettre au Président de Ruffey du 20 août 1765, *in* Nadault de Buffon [7], T. I : p. 92.

19. Lettre au Président de Ruffey du 2 avril 1766, *in* Nadault de Buffon [7], T. I : p. 101.

20. Lettre au Président de Ruffey de 1784, *in* Nadault de Buffon [7], T. I : p. 385. *«Il m'est dû par M. Daubenton, maire de Montbard, une somme de 2 700 livres».* Daubenton voulut en particulier étendre sa pépinière et se ruina.

21. Arch. dép. Côte-d'Or [1], C. 1326, lettres de l'Intendant (9 novembre 1771) et de Daubenton (15 mai 1771).

22. *Ibid.*, lettre de Daubenton (4 mai 1772).

23. *Ibid.*, lettre de l'Intendant (9 août 1775).

celle de ne pas être imposé pour les bois qu'il tenait du roi moyennant une redevance annuelle : *«Nous avons attendu que les circonstances nous permissent de faire parler à M. de Buffon de cette affaire et sur ce que vous fittes l'honneur de dire à M. Daubenton au mois de Juillet dernier que M. de Buffon vous en avait écrit et paraissait bien disposé, M. Daubenton dans cette espérance prit sa liberté de lui en faire parler».* Plus loin est évoquée *«la crainte de paraître lutter avec M. le Comte de Buffon pour lequel nous nous faisons les plus grands égards».*[24]

On sait combien Buffon est attentif à ses intérêts : il vérifie souvent la justesse de l'observation qu'il fait un jour à Gueneau de Montbeillard : *«mes juges traitent mon affaire plus sérieusement depuis qu'ils sont informés de mon arrivée».*[25]

Mais on ne peut oublier que, très souvent, il intervient pour d'autres intérêts que les siens, comme, par exemple, ceux des frères Lallemand, propriétaires de la faïencerie d'Aprey, pour lesquels il sollicite l'aide financière du Contrôleur Général;[26] quant à sa générosité pour la ville, elle a souvent l'occasion de se manifester sous forme de dons pour l'hospice ou *«les objets les plus urgents».*[27]

Comment porter un jugement sur l'influence de Buffon sur l'administration bourguignonne? En étudiant quelques affaires, on se rend compte qu'il s'est moins comporté en perturbateur de l'administration qu'en conciliateur, y compris pour ses propres intérêts.

## II
### UN ADMINISTRÉ MOINS PERTURBATEUR QUE CONCILIATEUR

Parmi les affaires significatives, évoquons d'abord celle qui met aux prises la ville, Buffon et le curé Pierre Hivert, à propos des murs en ruine qui clôturent les jardins en terrasse en bas du château et de la cure considérée par son locataire comme inhabitable. Il s'agit en premier lieu de faire un devis pour réparer les murs. Le sous-ingénieur de la province Guillemot est commis pour faire l'expertise, mais Buffon *«ayant appris que cet ingénieur était dans le cas d'être suspecté pour avoir préalablement donné son avis à l'avantage de M. de Buffon»*, demande la nomination d'un autre expert; ce sera Antoine. Il existe en fait un contentieux important entre le curé et la municipalité, qui lui intente un procès à l'occasion *«des messes fondées dans leur église paroissiale que les habitants veulent être dites à 4 heures du matin, alors que depuis quarante ans elles ont été acquittées à une heure moins rigoureuse»*, ou qui lui réclame *«un inventaire des titres et des papiers»* qui n'est pour le curé qu'une *«tracasserie»* liée au refus municipal de réparer la cure.

Buffon fait une proposition de règlement : on lui cèdera le presbytère, dont il réparera une partie ainsi qu'un mur; il fera construire un nouveau presbytère près de l'hôtel de ville et s'engage en plus à obtenir à ses frais l'homologation.

Telle est la proposition que Daubenton soumet à l'assemblée générale des habitants qui réunit 160 personnes le 4 septembre 1774, bien que soit redoutée *«une cabale formée pour faire rejeter les propositions».* Effectivement, durant la nuit précédente, *«on a attaché contre la croix du pont... un placard en lettres découpées tirées*

24. *Ibid* ., lettre de Daubenton (30 octobre 1782).
25. Lettre à Gueneau de Montbeillard du 26 Juillet 1773, *in* Nadault de Buffon [7], T. I : p. 159.
26. Arch. dép. Côte-d'Or [1], C. 44, lettre du Contrôleur Général des Finances à Dupleix du 1er juin 1777.
27. Humbert-Bazile [6] : p. 149.

dans un livre conçu en ces termes *"LES PROMESSES DE BUFFON SONT TROMPEUSES, NE VOUS Y TROMPES PAS"*, ce qui a été vu le lendemain dimanche par un grand nombre d'habitants et de passants jusqu'à ce qu'un domestique de M. de Buffon qui passait aussi ne l'eut enlevé»; de plus, Daubenton trouve *«sur un pilier des jardins de Buffon des injures affreuses»* qu'il n'ose répéter, tant contre lui que contre le maire et le curé.[28]

L'assemblée générale elle-même donne une majorité de 67 voix pour, 5 contre, dont le notaire Bernard au motif que la cure avait été construite il y a un an; mais un échevin refuse par un *«entêtement bizarre»*, de signer le traité en raison du départ d'un grand nombre d'habitants durant l'assemblée : Daubenton en rend responsable une chaleur extraordinaire telle qu'on ne pouvait tenir dans la chapelle surtout pendant quatre heures; *«les portes ayant été ouvertes, ceux qui étaient derrière ceux qui s'empressaient de faire enregistrer leur avis sortirent dans la rue pour prendre l'air et ayant entendu sonner le dernier coup des vespres, ils crurent faire à merveille d'y aller et que cette œuvre devait prévaloir».*[29]

La proposition de Buffon est donc adoptée mais Daubenton demande à l'intendant *«pour n'avoir pas l'air de traiter lui seul avec M. de Buffon»*, de lui adjoindre le procureur-syndic, ce qui sera *«plus convenable»*. Il peut néanmoins écrire : *«Voilà une grande affaire de consommée... Je ne doute pas qu'elle ne nous ramène la paix qui est si désirable dans un aussi petit pays».*[30]

C'est un arrangement du même type que Buffon avait conclu avec la ville en juillet 1772, échangeant les bâtiments de la prison et du logement du concierge contre plusieurs pièces du rez-de-chaussée de l'hôtel de ville, tous les frais étant encore une fois à la charge de Buffon.[31]

Il arrive aussi que Buffon n'obtienne pas gain de cause ou soit dans son tort :

– Rigoley, directeur des forges et fourneaux d'Aisy a obtenu de Buffon *«en sa qualité de gouverneur de la ville de Montbard»*, la permission de pratiquer une ouverture dans le mur de la ville pour entrer depuis la place publique dans son jardin, à condition qu'il fasse poser la porte à ses frais. Les officiers municipaux refusent cette permission en faisant valoir plusieurs raisons :

C'est la place où se tient le marché, il risque d'y avoir des dépôts de fumier, sans compter le risque de chute du mur *«sur lequel sont construites les latrines du curé».*

– S'il est exact que Buffon a pu accorder la permission en s'appuyant sur un arrêt du Conseil de 1766 qui dispose que *«les gouverneurs jouiront entre autres des fossés, remparts et glacis des villes»*, la ville considère que cette permission ne pouvait être accordée en s'appuyant sur un autre arrêt. Curieusement, ce n'est pas Daubenton qui signe l'argumentaire de la ville et la raison en est donnée à l'intendant : *«Vous ne serez pas surpris, Monseigneur, de ne pas trouver la signature de M. le maire, attendu qu'il est suspect dans cette affaire en ce que le sieur Rigoley a un droit de passage de son jardin par la maison (du maire) et qu'il est par conséquent intéressant pour lui de procurer ce passage ailleurs que chez lui».*

Ce ne serait donc pas seulement les intérêts de Buffon qu'il s'agit de favoriser! Daubenton se défend et critique ses propres officiers municipaux, appelant à la res-

28. Arch. dép. Côte-d'Or [1], C. 1326, lettre de Daubenton (6 septembre 1774) : *«À l'égard des placards qui ont été affichés, je suis d'avis qu'on les méprise»* .

29. *Ibid.* Lettre du 7 septembre 1774.

30. *Ibid.*

31. *Ibid*, le contrat est passé devant notaires le 8 juin 1772 et homologué par l'intendant le 7 juillet 1772.

cousse le droit romain : «*L'objection des latrines du curé est de plus mal fondée en ce que n'ayant pas été construites suivant la loi romaine, à laquelle les lettres-patentes de notre coutume renvoient, Lex XIII, au digeste "Finium regendorum quid is si sepulchrum aut serobem foderis quantium profunditatis habuerint tantum spatii reliquendo"*».[32]

–Buffon est tout aussi attentif à ses *intérêts fiscaux*, lorsque les bois qu'il possède dans la paroisse de Montbard sont assujettis dans l'imposition établie pour la réparation du presbytère. Pour Daubenton, il «*doit être imposé pour tous ses fonds sans exception*». Il n'est pas possible d'admettre les arguments du seigneur : d'une part, il n'estimait pas que les bois qu'il tenait du roi moyennant une redevance annuelle dussent être compris dans l'imposition à faire; d'autre part, les bois qu'il possède seraient d'une justice différente de celle de Montbard. Ce n'est pas l'avis de Daubenton, mais il tient à ménager Buffon. «*La crainte de paraître lutter avec lui... et le devoir de nos places nous obligeant à soutenir les intérêts de notre communauté nous ont déterminé à préférer de vous écrire plutôt que de faire dès à présent le rôle d'imposition... Tous nos vœux... seraient que cette malheureuse affaire, qui dure depuis près de 12 ans et qui a occasionné beaucoup de frais, puisse se régler à l'amiable et nous vous demandons à cet égard vos bontés*».[33]

L'intendant Feydeau de Brou écrira «*de sa main*» pour répondre à Buffon sur ce sujet en s'appuyant sur un arrêt du Conseil rendu le 7 juillet 1781, qui enlève toute base aux prétentions de Buffon :

«Vous sentez, Monsieur, qu'il m'est impossible d'ordonner à votre égard ce que j'ai refusé d'ordonner à l'égard des bois qui sont dans la main du Roi; mais si, comme votre lettre paraît l'annoncer, une partie de vos bois se trouve située sur le territoire d'autres paroisses que celles de Montbard, il est assurément de toute justice qu'elle ne soit pas comprise dans le nouveau rôle dont j'ai ordonné la confection et si vous éprouvez des difficultés à cet égard, j'apporterai la plus grande attention aux représentations que vous voudrez bien m'adresser à cet égard. Je regrette beaucoup de ne pouvoir vous faire une réponse plus satisfaisante sur la première affaire [Feydeau vient de prendre son poste] à l'occasion de laquelle j'ai l'honneur d'être en correspondance avec vous et désirerais fort retrouver l'occasion de faire ce qui vous est agréable et de vous en donner les preuves...»[34]

Buffon n'a donc pas obtenu la rémission pour les 548 livres 14 sols que lui réclame la ville.[35]

En définitive, ce que recherche principalement Buffon, c'est ce que Daubenton exprime si simplement à l'intendant en 1772 : «*Que la conclusion de cette affaire put s'accélérer en simplifiant les formalités autant qu'il serait possible*».[36]

Il connaît bien l'administration dont il sait les lenteurs et les limites : son pragmatisme s'exprime dans des formules à l'emporte-pièce : sur la politique libérale, il avoue «*ne rien comprendre à ce jargon d'hôpital de ces demandeurs d'aumône que nous appelons économistes, non plus qu'à cette invincible opiniâtreté de nos ministres ou sous-ministres pour la liberté absolue du commerce*».[37]

---

32. *Ibid*, lettre de M. Devivier, procureur du Roi-syndic du 7 juillet 1777 et réponse de Daubenton du 25 novembre 1777.

33. Lettre de Daubenton du 30 octobre 1782.

34. Lettre de l'intendant du 19 septembre 1781.

35. *Ibid*. Voir aussi les Lettres de Buffon à M. Juillet, lieutenant Général de la Grande Maîtrise des Eaux et Forêts (14 septembre et 22 octobre 1781), dans Nadault de Buffon [7], T. II : pp. 106-107, et 111.

36. *Ibid.*, lettre de Daubenton du 4 mai 1772.

37. Fragment de lettre à M. Necker du 17 novembre 1773, *in* Nadault de Buffon [7], T. I : p. 162.

Et commentant la politique de l'abbé Terray, il avoue : *«Si le Contrôleur Général voulait commencer à donner de l'argent et finir de mettre des impôts, tout pourrait encore aller».*[38]

En sens inverse, l'administration reconnaît dans l'intendant du Jardin royal des Plantes l'un des siens; on ne peut lui faire le reproche que faisait à Voltaire le président de Brosses, de vouloir *«se rendre maître de l'administration dont il n'est pas membre».*[39]

Buffon n'est pas comme Voltaire un étranger pour ceux que Tocqueville appelle les *«fonctionnaires administratifs»* et qui *«presque tous bourgeois, forment déjà une classe qui a son esprit particulier, ses traditions, ses vertus, son honneur».*

Sans doute est-ce pour cela qu'il échappe à *«cette haine violente qu'inspirent à l'administration tous ceux, nobles ou bourgeois, qui veulent s'occuper d'affaires publiques en dehors d'elle».*[40]

Il est membre à la fois de la noblesse et de ce que Tocqueville nomme *«l'aristocratie de la société nouvelle»*, exprimant ainsi, d'une autre manière, l'irrésistible transition vers la France moderne qu'incarne à plus d'un titre Leclerc de Buffon.

38. Humbert-Bazile [6] : p. 27. Lettre de Buffon à Gueneau de Montbeillard du 2 avril 1771, *in* Buffon [7], T. I : pp. 133-135.
39. Bodineau [3] : p. 259.
40. Tocqueville [8] : p. 136.

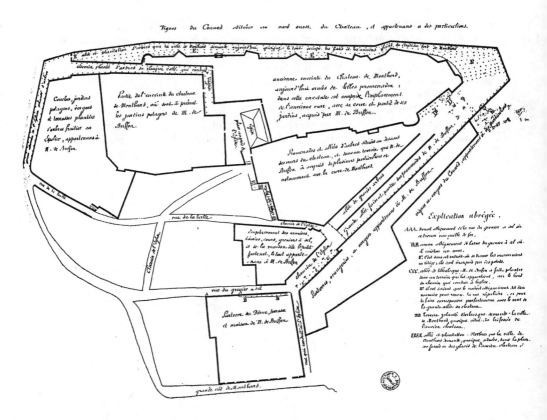

**FIG. 1.** Les propriétés de Buffon en 1785. On y reconnaît les objets du litige évoqués au § II.

**BIBLIOGRAPHIE**

*SOURCES NON PUBLIÉES*

Archives départementales de la Côte-d'Or.
(1)     Série C. 44-1326-1327.

*SOURCES PUBLIÉES* *

(2)     BODINEAU (P.), *L'urbanisme dans la Bourgogne des Lumières,* Dijon, Éditions Universitaires, 1986, 284p.

(3)     BODINEAU (P.), «Un administré remuant de l'intendant de Bourgogne : M. de Voltaire», *Mémoires de la Société pour l'histoire du droit et des institutions des anciens pays bourguignons, comtois et romands,* fasc. 37 (1980) : pp. 253-264.

(4)     BODINEAU (P.), «Les bureaux de l'intendant de Bourgogne à la fin de l'ancien régime», *Actes du 109ème Congrès National des Sociétés Savantes,* (Dijon, 1984) Paris, C.T.H.S., 1984, T. II : pp. 77-96.

(5)     COURTÉPÉE (Abbé), *Description générale et particulière du Duché de Bourgogne,* 3ème édition, Paris, Guénégaud, 1967-1968, 4 vol.

(6)†    HUMBERT-BAZILE, *Buffon, sa famille, ses collaborateurs et ses familiers,* Paris, Renouard, 1863, 432p.

(7)†    NADAULT de BUFFON (H.), éd., *Correspondance inédite de Buffon,* Paris, Hachette, 2 vol., 1860.

(8)†    TOCQUEVILLE (A. de), *L'Ancien Régime et la Révolution,* texte établi et annoté par A. Jardin, Paris, Gallimard, 1952-1953, 359p. et 449p.

---

* Sources imprimées et études. Les sources sont indiquées par le signe †.

#32 738

# 5

## BUFFON METALLURGISTE :
## REGARDS DE L'HISTORIEN ET DU TECHNICIEN

Serge BENOIT\*, Francis PICHON\*\*

Tard venu aux choses de la métallurgie, à la soixantaine, Buffon n'y a pas moins consacré désormais une part essentielle de son activité de savant et de gestionnaire. Son engagement sans réserve dans cette nouvelle direction, son investissement dans l'aventure industrielle, qui fut total et non pas seulement financier, aussi important qu'ait pu être celui-ci, frappèrent suffisamment les contemporains pour qu'ils n'aient pas été étrangers à la décision de Louis XV de témoigner sa gratitude pour les services qu'il avait rendus au Royaume en érigeant en comté la terre de Buffon où, quatre ans plus tôt, il avait édifié ses forges.

Cette participation de l'une des plus universellement reconnues des illustrations scientifiques du Siècle des Lumières au progrès matériel de ses compatriotes répondait pleinement à la fois aux incitations du pouvoir monarchique à la recherche d'une plus grande efficacité économique, et aux aspirations de l'époque à voir la science étendre ses conquêtes à l'ensemble des champs de l'activité humaine. Logique et souhaitée en son temps, cette inflexion de la vie et de la carrière de Buffon a davantage surpris la postérité, notamment aujourd'hui, qui, jusqu'à très récemment, n'avait retenu du personnage que le naturaliste et l'écrivain selon l'imagerie transmise en particulier par le canal de l'institution scolaire.

Si son cas n'est pas unique en son temps, il n'en est pas moins exemplaire, et au delà de Buffon lui-même, ce sont toute une vision, des espérances et un projet contemporains qu'il s'agit d'analyser à l'épreuve des faits, comme révélateurs des avancées mais aussi des limitations de la science et de la technologie françaises à la fin de l'Ancien Régime.

### LE PROJET DE BUFFON EN MÉTALLURGIE :SOUS LE DISCOURS DES LUMIÈRES, L'ESPRIT DU CAPITALISME INDUSTRIEL NAISSANT

*Un comportement original parmi les propriétaires de forges bourguignons*

Eu égard à sa position de grand propriétaire foncier aristocratique, de seigneur et de détenteur d'un important patrimoine forestier, décrite ici par les précédents intervenants, l'entrée de Buffon dans le domaine sidérurgique pourrait n'avoir rien eu que de banal, dans cette province de Bourgogne du XVIIIè siècle finissant où, par dizaines, les familles privilégiées avaient, souvent depuis les deux siècles

\* C.N.R.S. Centre de Recherches historiques. 54 Bd Raspail. 75006 Paris. FRANCE.
\*\* Société française de Métallurgie.

*BUFFON 88*, Paris, Vrin, 1992.

précédents, voire auparavant, investi dans la construction de forges et de hauts fourneaux principalement pour assurer un débouché productif à leurs bois.[1]

Le comportement économique de Buffon en l'occurrence relève en réalité bien davantage de l'entreprise capitaliste que de la valorisation de la rente dans le cadre de la seigneurie foncière. En premier lieu, parce qu'il s'est agi pour Buffon, comme il a été dit plus haut,[2] d'un investissement majeur parmi ses opérations mobilières, représentant selon ses propres dires un montant supérieur à 200 000 livres tournois initialement, pour dépasser le chiffre de 330 000 livres une dizaine d'années plus tard, compte tenu de l'extension et des améliorations qu'il avait apportées à la Grande Forge, et de la création, en 1776, de la Petite Forge qu'il avait adjointe à son premier établissement.[3] Ce niveau d'investissement n'est pas fondamentalement éloigné, en termes d'ordre de grandeur, de ceux rencontrés à propos des grandes affaires industrielles privées de la fin du XVIIIè siècle, tout en étant très inférieur à celui mis en oeuvre dans le cas de la Fonderie royale du Creusot.[4] En second lieu, par le mode de financement de cette initiative industrielle, puisqu'aussi bien Buffon ne craignit pas, pour compléter les fonds provenant de sa fortune personnelle, de contracter un emprunt auprès d'un banquier de la place lyonnaise, du nom de Babouin.[5]

L'attitude de Buffon est aussi celle d'un capitaliste industriel, dans la mesure où il ne se contenta pas d'être un bailleur de fonds, mais se livra à une véritable activité de chef d'entreprise. Il se distingue en effet de la masse des propriétaires privilégiés d'usines à fer de la province, qui, en son temps, ne les géraient pas eux-mêmes – bien que la faculté leur en fût ouverte, on le sait, depuis François 1er, sans entraîner dérogeance–, mais préféraient se décharger de leur exploitation en les affermant. S'il est vrai que ceux-ci aient pu en être dissuadés par les déboires qu'avaient essuyés certains de leurs prédécesseurs aux XVIè et XVIIè siècles dans leurs tentatives de gestion directe,[6] Buffon n'hésita pas quant à lui à assumer la direction personnelle de ses usines de leur création jusqu'en 1777, c'est-à-dire jusqu'à ses soixante-dix ans révolus et aussitôt également à la suite de la disparition, cette année-là, de Jean Lalande, qui avait assuré depuis le début la fonction de régisseur si indispensable au fonctionnement des anciennes forges.[7] En sorte que l'on peut dire que ce fut surtout le poids de l'âge qui le contraignit –pour son malheur– à mettre en location ses usines, lui occasionnant les tracas que l'on sait avec l'énigmatique ménage des Chesneau de Lauberdière, faute d'avoir persuadé celui qui avait été pour lui, dans cette entreprise, un initiateur et un collaborateur de la

1. Sur cette place des privilégiés dans la sidérurgie nord-bourguignonne sous l'Ancien Régime, cf. Woronoff [46] : pp. 71-75; ainsi que Antonetti [1] : pp. 7-46 *passim* et Benoit [8] : pp. 90-91.

2. Fortunet, Jobert, et Woronoff, ce volume.

3. Chiffre de 200 000 livres cité ici par A. Brosselin (ce volume) à propos de l'affaire du bois de Chaumour; et de 330 000 livres *in* Buffon [20], T. I : p. 362, note d'H. Nadault de Buffon citant le mémoire présenté au Conseil d'État par Buffon en 1784 dans le litige l'opposant au marquis de La Guiche. La différence entre les chiffres respectivement avancés par Buffon en 1770 et en 1784 provient notamment des importants travaux qu'il fit réaliser entre 1776 et 1780, comportant au premier chef -outre la création de l'annexe connue sous le nom de Petite Forge –le remaniement des infrastructures hydrauliques de la Grande Forge et l'aménagement de l'actuelle maison de maître.

4. Cf. sur ce point les chiffres donnés par Ch. Ballot [2], à propos des premières filatures mécaniques de coton ou des fonderies de cuivre de Romilly-sur-Andelle.

5. Bibliothèque du Muséum National d'Histoire Naturelle, Ms. 882, Lettres inédites de Buffon à Thouin, n° 36.

6. Mêmes références qu'à la note [1].

7. Sur ce rôle du régisseur dans les forges proto-industrielles, cf. Woronoff [46], ch. V : pp. 300-307.

première heure –comme il le reconnaissait volontiers lui-même– Edme Rigoley auquel allait sa confiance, même s'il n'en était peut-être pas de même en sens inverse, comme tendraient à le montrer les –du reste tardives et posthumes– récriminations de ce dernier évoquées ici par R. Eluerd.[8] Sur ce plan, Buffon n'avait rien renié du fond d'esprit bourgeois de ses ancêtres, par delà le récent anoblissement de sa famille qui n'était qu'un préalable indispensable à son ascension sociale.

## *L'alliance de la science et l'industrie : Buffon et le cercle des savants métallurgistes*

Il reste que cette volonté de Buffon d'assurer lui-même la conduite de son établissement sidérurgique dépassait de loin ce refus d'un comportement de rentier et annonçait bien plus profondément encore l'avènement des nouveaux rapports sociaux qui furent ceux du capitalisme industriel au XIXᵉ siècle. L'exploitation en faire-valoir direct alla de pair dans son cas avec la volonté de diriger ses usines sur le plan technique –et non pas seulement commercial, financier et administratif, de manière à les faire travailler selon les procédés les plus efficients– et donc à les faire adopter par la main-d'œuvre. Il s'agit ni plus ni moins d'un projet d'ensemble, sans doute analogue à celui proclamé par les Encyclopédistes aussi bien que par l'Académie royale des Sciences, mais formulé avec une particulière vigueur ici, visant à rationaliser les pratiques techniques en usage, en y appliquant la méthode scientifique. Cette démarche s'attachait à éliminer les mauvaises techniques, sélectionner les meilleures parmi celles qui existaient, et en introduire de nouvelles chaque fois que la nécessité s'en ferait sentir. Il s'agit bien d'une volonté de réforme, nullement de révolution, participant d'une même propension aux solutions de transition plutôt qu'aux ruptures brutales, à l'instar des positions de ces milieux dits éclairés dans l'ordre des cadres économiques, des structures sociales et des institutions politiques.

Sur ce plan encore, l'appartenance de Buffon au milieu régional bourguignon revêt toute son importance. C'est en effet dans cette province, ainsi que dans celle de Champagne voisine, que se rencontrent les protagonistes de ce cercle étroit, si caractéristique du Siècle des Lumières, que l'on pourrait appeler les savants métallurgistes, propriétaires ou exploitants de forges, qu'unissent de communs liens avec les milieux académiques ou encyclopédistes et la préoccupation partagée, dans la voie tracée par Réaumur depuis le début du siècle, d'appliquer les conquêtes de l'esprit scientifique à la métallurgie. L'existence de ce groupe informel, consacrée cependant par des échanges suivis de correspondances, sur lequel avaient en leur temps attiré l'attention Pierre Brunet, Bertrand Gille et Pierre Léon,[9] était incontestablement antérieure à l'entrée de Buffon en sidérurgie. Elle remontait aux années 1750-1760 au moins, et ce dernier, à travers ses activités à l'Académie des Sciences, n'avait pu manquer d'en recevoir l'influence, voire les acquis, lorsque ses recherches théoriques liées à la préparation de *L'Histoire naturelle des Minéraux* l'amenèrent, vers 1766-1767, à une pratique expérimentale impliquant le concours de maîtres de forges.

---

8. Les relations de Buffon avec Rigoley se seraient dégradées, sur le fond, à partir des années 1780, en dépit des services que le premier continua de rendre au second, et même si celui-ci maintint jusqu'à la mort du naturaliste l'apparence d'une grande cordialité dans leurs relations, d'autant qu'il semble étranger au procès intenté par le marquis de La Guiche à propos des minerais d'Étivey, après la cessation de son bail des forges d'Aisy (cf. *infra*, note 21).

9. Cf. Brunet [18], Gille [25], Léon [30].

Edme Rigoley, qui l'accueillit pour ces travaux à la forge d'Aisy-sur-Armançon dont il était locataire, la seule de la région qui fût véritablement proche de Montbard,[10] et mit à sa disposition ses installations pour lui permettre de réaliser ces expériences, était, dès cette époque apparemment, lié à ce cercle. Outre le remarquable expert de la monarchie que fut Gabriel Jars, exploitant avec ses frères de mines polymétalliques dans les Monts du Lyonnais, les principales figures en étaient Pierre-Clément Grignon, maître de forges à Bayard, Étienne-Jean Bouchu,[11] ami de Diderot, rédacteur de l'article *Fer. Grosses Forges* de *L'Encyclopédie* paru en 1757, l'académicien Gaspard de Courtivron, propriétaire de forges en Dijonnais dans la vallée de l'Ignon, co-auteur avec le précédent du grand traité de *L'Art des Forges et Fourneaux à fer* paru quelque six ans avant la création des forges de Buffon, ainsi, en dehors du grand ensemble campano-bourguignon, que le président de Barral, propriétaire des forges d'Allevard en Dauphiné. Gaspard de Courtivron avait, avec une particulière netteté, formulé un quart de siècle plus tôt, les raisons théoriques pour lesquelles cet investissement intellectuel dans le perfectionnement de la technique sidérurgique était devenu une nécessité. Il s'agissait d'écarter la menace d'une pénurie de combustible végétal, déjà évoquée par Réaumur dans les années 1720, mais qui semblait se préciser de plus en plus, dans la mesure même où la sidérurgie en était alors le plus gros consommateur non domestique, et où la recherche d'un accroissement de l'offre physique de bois entreprise depuis la politique forestière de Colbert, paraissait devoir rencontrer ses limites, en plus de la lenteur de ses effets à long terme, et alors que l'on envisageait à peine la possibilité en France d'une substitution massive par le combustible minéral.[12] Il n'y avait donc pas d'autre voie que d'améliorer les procédés métallurgiques de manière à employer avec le meilleur rendement possible les ressources forestières disponibles, dès lors tout à la fois qu'il fallait assurer la conservation des forêts du royaume et que, pour des raisons d'indépendance politique, militaire et commerciale, il ne pouvait être question de renoncer à une production sidérurgique nationale.

Aussi bien le projet ayant inspiré la démarche de Buffon en métallurgie se forma-t-il sans aucun doute à l'exemple de ces personnages, que ses fréquentations académiques aussi bien que ses relations provinciales lui avaient donné l'occasion de côtoyer. À cet égard, sa venue à la métallurgie du fer, de même que l'état d'esprit avec lequel il s'y engagea, bénéficia-t-elle sans aucun doute de très fortes prédispositions, renforcées encore par le goût qu'il avait manifesté de longue date pour les recherches appliquées et qu'avaient illustré au premier chef ses expériences sur la résistance des bois longtemps restées classiques en la matière. Au cours de la décennie précédente, il avait encore témoigné de son intérêt pour les applications pratiques de la science à l'industrie, lorsqu'il avait été chargé par l'Académie de rapporter les essais de De Parcieux sur la mesure de l'effet utile des roues

10. Cf. Benoit [7]. Les forges d'Aisy à 10 km de Montbard, dans la vallée de l'Armançon, étaient avant la création de celles de Buffon la seule usine à fer en activité en Basse-Bourgogne et dans l'Auxois, alors que les bastions de la sidérurgie nord-bourguignonne se trouvaient localisés, pour les moins éloignés, en Châtillonnais, à un minimum de 20 km de Montbard, par delà le plateau. C'est ce même vide sidérurgique qui a aussi incité Buffon à édifier ses propres forges, car elles ne pouvaient concurrencer celles d'Aisy sur le plan des débouchés (à défaut de ne pas leur porter préjudice sur le plan du minerai).

11. Fermier de l'Evêque de Langres, il exploitait notamment les forges de Veuxhaulles (aujourd'hui en Côte-d'Or), aux confins des provinces de Champagne et de Bourgogne.

12. Cf. Courtivron [21]; Benoit [13] : pp. 114-118. Concernant la perspective de l'emploi du combustible minéral, on notera que, dès le début des années 1750, celle-ci fut évoquée dans la région à l'occasion de la création d'un nouvel établissement métallurgique, il est vrai peu important, aux portes de Dijon, le martinet du Vesson, en 1753 (Arch. munic. Dijon, J. 159).

hydrauliques, ayant ouvert la voie à de premiers perfectionnements pratiques de celles-ci.[13]

## Un projet de métallurgie scientifique aux implications sociales

La volonté de Buffon, qu'il mit en pratique pendant près d'une dizaine d'années, d'assurer lui-même la direction, non seulement économique, mais aussi technique, de ses forges, comporte une double portée sociale, vis-à-vis à la fois des autres entrepreneurs sidérurgiques et du personnel ouvrier de son établissement. Sur ce plan, Buffon, comme les autres figures du groupe des "savants métallurgistes", se détache délibérément de la masse des maîtres de forges contemporains qui s'en remettaient entièrement à leurs contremaîtres (appelés alors maîtres-ouvriers) du soin de conduire les opérations techniques dans leurs établissements. C'étaient en effet les ouvriers qui, dans la sidérurgie proto-industrielle, continuaient de contrôler très largement le procès technique de travail.[14] Il en résultait une dépendance des entrepreneurs à l'égard de ces exécutants, de ces "artistes", du reste peu nombreux,[15] et qui les mettait à la merci, outre des prétentions salariales d'un milieu restreint, de la mobilité intrinsèque de cette main-d'oeuvre encore relativement rare, et des tentatives de débauchage de la part de maîtres de forges concurrents restant monnaie courante à l'époque.[16]

Cette alliance de la science et de l'industrie dont Buffon, en précurseur du capitalisme moderne, proclame dans les faits la nécessité, comporte une dimension de classe qui rejoint l'analyse marxienne classique. À travers son projet et celui du cercle des savants métallurgistes auquel il se rattache, d'un contrôle complet du procès de production au nom de la science, l'on assiste en fait à l'émergence en France, au XVIIIè siècle, du processus de dépossession des travailleurs de leur savoir-faire au profit de techniciens s'affichant comme détenteurs de connaissances objectives inspirées par la seule rationalité scientifique, mais qui est en réalité entièrement mis au service de la domination patronale. Il s'agit dans ces conditions d'imposer aux ouvriers une réforme radicale de leurs pratiques techniques, de "leurs façons de faire", réputées *a priori* empiriques, routinières et vicieuses, de manière à atteindre désormais le maximum d'économie dans les consommations de matières premières pour réduire les coûts de fabrication, de qualité du produit obtenu et, bien entendu, de profit pour l'entrepreneur.

## Une métallurgie scientifique au service de la prospérité et de la puissance du royaume

Le projet de Buffon et, au-delà, des "métallurgistes éclairés", de promouvoir une industrie rationnelle, avait, en second lieu, une signification d'ordre politique. Il s'est agi pour lui de développer la production de ce secteur dans l'intérêt général,

---

13. Cf. De Parcieux [35].

14. Sur ce problème des ouvriers de la sidérurgie proto-industrielle, cf. la synthèse d'ensemble donnée *in* Woronoff [46], Chap. III : pp. 137-201.

15. On notera cependant que dans une grande aire productrice comme la Bourgogne du Nord, les rangs de ce milieu social paraissent s'être sensiblement élargis au cours du XVIIIè siècle au point d'avoir suscité un certain courant d'émigration de main-d'oeuvre qualifiée régionale, dont la contribution prépondérante des forgerons bourguignons à la création des Forges du Saint-Maurice au Canada français n'est que l'épisode le plus marquant. Buffon n'eut, par ailleurs, aucune peine en 1768-1769 à recruter dans la région le personnel interne de ses forges, comme en témoignent les origines aussi bien que les patronymes de ces ouvriers (cf. [34] : p. 96. Renseignements aimablement communiqués par L. Dunias).

16. Cf. ainsi l'exemple cité par Lassus [29].

c'est-à-dire en premier lieu la prospérité du royaume et de ses habitants. Sur ce plan, il n'y a pas lieu de soupçonner la bonne foi de Buffon sollicitant de Louis XV l'autorisation de créer ses forges pour procurer du travail à la population sur laquelle, comme seigneur, il exerçait son autorité et qui ne différait pas, sur le fond, dans l'alliance de la bonne conscience et de l'intérêt bien compris, de l'attitude contemporaine du patriarche de Ferney. Il reste que, par sa nature, la sidérurgie était une activité qui répondait tout autant aux objectifs de puissance de l'État monarchique, manifestant des tendances technocratiques avant la lettre, dans le cadre à la fois d'une politique économique générale encore empreinte de mercantilisme et de visées de caractère proprement stratégique.

L'engagement de Buffon en sidérurgie s'inscrivit, sur le plan national, dans une ambiance d'effervescence intellectuelle à l'égard du progrès technique, manifesté par un essor sans précédent en France de la littérature spécialisée –notamment dans le domaine des mines et de la métallurgie–, et des missions de renseignement dans les pays étrangers les plus avancés illustrées au premier chef par les voyages de Gabriel Jars dans les Iles britanniques, en Europe centrale et dans le monde scandinave. L'incitation de l'État, désireux de mettre les plus grands talents scientifiques au service de la puissance et du progrès matériels du royaume, allait à la rencontre des "métallurgistes éclairés" qui, nous l'avons vu, ne voyaient d'autre moyen que de développer le progrès technique dans l'industrie du fer pour à la fois maintenir une production nationale indépendante et préserver le patrimoine forestier. Buffon répondit par avance à une sollicitation de cet ordre lorsqu'après avoir entrepris ses expériences à Aisy, il se vit ensuite confier par le gouvernement la réalisation d'une série d'essais à sa nouvelle forge, alors même que celle-ci était seulement en construction en 1768, conformément aux motifs qu'il avait invoqués à l'appui de sa demande de création et dont il se fit l'écho dans une lettre à son ami, le président de Brosses : *«cet établissement sera certainement utile à l'État...»*.[17]

La nature des expériences dont Buffon fut chargé d'emblée, sur les propriétés des fontes destinées aux canons de marine, révèle la seconde motivation de cette mobilisation des milieux savants autour de la sidérurgie, partiellement liée aux impératifs et aux choix relevant de la politique économique générale tels qu'ils avaient été formulés par le marquis de Courtivron. Une nouvelle fois, la portée stratégique, au sens propre du terme, de la sidérurgie se révélait dans toute son ampleur, dans le contexte d'une prise de conscience par les pouvoirs publics de l'écart qui était en train de se creuser entre la France et les puissances rivales, à commencer par l'Angleterre, sur le plan technologique, et dans la perspective d'un nouvel affrontement maritime avec cette dernière. Buffon se trouvait donc associé aux efforts de modernisation militaire auxquels la monarchie était en train d'accorder la priorité, avec les immenses conséquences qui allaient en résulter à moyen terme. Instruit de l'exemple des expériences qu'il avait eues à réaliser auparavant, à des fins similaires, et pour le compte de la même arme, Buffon vit de nouveau là le moyen de trouver des dédommagements publics à l'effort financier d'ordre privé qu'il avait consenti pour la construction de son établissement.

Les Forges de Buffon devinrent donc très vite le laboratoire industriel que leur fondateur avait souhaité en faire, à un double titre, pour ses recherches scientifiques de caractère fondamental (dont celles destinées à simuler le refroidissement de la

---

17. Lettre de Buffon au président de Brosses, n° XCVIII, janvier 1768, in Buffon [20], T. I : pp. 114-115.

Terre, évoquées ici par L. Leclaire, comptent parmi les plus justement célèbres), et pour ses recherches appliquées davantage orientées par les préoccupations économiques et stratégiques du gouvernement, et elles devaient le rester durant la majeure partie de son vivant, comme le rappelle l'épisode significatif relaté ici par R. Eluerd. Il n'est pas davantage besoin d'en souligner à cet égard la modernité, tout comme dans la relation très précoce qu'elles incarnent entre l'initiative privée et l'incitation publique dans le domaine de la recherche appliquée, la définition des formes d'aides les plus appropriées –avec le débat entre le dégrèvement fiscal et le subventionnement–[18], et jusque dans les conflits inévitablement survenus dans cette activité entre Buffon et certains milieux officiels civils et militaires, illustrées notamment par les divergences à son endroit entre techniciens de la Marine et de l'Artillerie.[19]

### *L'esquisse par Buffon d'une politique sidérurgique pour l'État*

Compte tenu de cet intérêt croissant manifesté par les pouvoirs publics à l'égard de la sidérurgie, dans le contexte du troisième quart du XVIIIe siècle, Buffon formula, avec plus de netteté peut-être encore que ses autres collègues du cercle des "savants métallurgistes", ce que devait être une politique sidérurgique de la monarchie. Selon sa position, articulée autour de deux axiomes, l'industrie du fer, dont il ne cessa de proclamer l'intérêt public, apparaissait, d'un côté, comme une activité indispensable au roi, qui lui devait protection et encouragement; mais, de l'autre, comme un domaine où devait s'exercer l'initiative privée, en bénéficiant de la plus grande latitude pour se développer à l'intérieur du royaume.

En cette fin d'Ancien Régime, où l'influence des idées agrariennes d'inspiration souvent physiocratique restait puissante, Buffon, par son attitude comme par ses écrits, se rangeait ostensiblement et résolument du côté du parti industrialiste. Récemment venu à l'industrie du fer, il affirmait la nécessité pour le royaume de développer sa production dans ce secteur, et par voie de conséquence la liberté de créer de nouveaux établissements, rejetant les conceptions malthusiennes, avant la lettre, qu'excipant de la notion de droits acquis, défendaient certains propriétaires d'usines de la province d'ancienne origine. Il prit ainsi fait et cause pour Viesse de Marmont, père du maréchal de France, lorsque voulant édifier un haut fourneau sur sa terre de Sainte-Colombe-sur-Seine, celui-ci eut à faire face en 1779 à l'opposition d'un certain nombre de propriétaires privilégiés de forges du Châtillonnais,[20] avant d'être lui-même en butte, en 1783-1784, à propos des droits d'extraction minière à Étivey, à une argumentation similaire de la part du marquis de La Guiche devenu propriétaire des forges d'Aisy.[21]

Dans sa dénonciation des charges fiscales pesant sur l'industrie sidérurgique, il se fait en même temps le chantre de la libre entreprise et le porte-parole des

18. Buffon chercha en particulier, en vain, à obtenir une exemption du droit de Marque des fers, à titre de dédommagement pour ses expériences réalisées à ses forges pour le compte du Roi. Il obtint en revanche des compensations *a posteriori* de la part du Contrôle général des Finances, lorsque le ministère échut à Necker auprès duquel il disposait de l'accès direct que l'on sait. Sur ces démarches de Buffon, cf. Arch. nat., F12 821, cf. *infra*.

19. Une manifestation caractéristique de ces rivalités de Buffon avec certains corps techniques de l'Etat est fournie par le mémoire du capitaine d'Artillerie Tronson du Coudray, correspondant de l'Académie royale des Sciences, paru à Uppsala en 1775, [43]

20. Sur cette affaire, cf. Antonetti [1] : pp. 85-86. Sur l'intervention personnelle de Buffon dans ce conflit, cf. Arch. dép. Côte-d'Or, E. 2083 [6].

21. Cf. sur ce point Arch. dép. Côte-d'Or, E. 1108 (Fonds Leclerc-Buffon), pièces relatives à l'instance P/Buffon C/La Guiche, (1784-1788); cf. aussi Benoit [10] : pp. 178-179.

revendications du groupe social des entrepreneurs de forge.[22] N'ayant pu obtenir d'être exempté du droit de marque des fers à titre individuel, en dédommagement des frais exposés par lui à l'occasion de ses expériences pour le compte du roi, qui lui auraient coûté selon lui, quelque 70 000 livres,[23] le Contrôleur général lui accorda en 1776 une gratification de 4000 livres.[24] Se faisant, à la faveur du mouvement réformateur incarné par le ministère Turgot, le porte-parole des maîtres de forges, il en vint à revendiquer la suppression pure et simple de cet impôt direct au bénéfice de l'ensemble de l'industrie, mais se heurta ici à une opposition insurmontable de la part de la Ferme générale.[25]

Si, en matière commerciale, il s'affirme également libéral en ce qui concerne le marché intérieur, il est en revanche protectionniste sur le plan des échanges extérieurs, estimant que le développement de l'industrie nationale implique, au moins dans une première phase, d'être abrité de la concurrence étrangère.[26] Pour la monarchie finissante, il s'agissait à la fois d'un problème d'ordre stratégique et commercial, en s'affranchissant d'achats coûteux, pour les balances extérieures, de fers et d'aciers de qualité provenant de l'étranger, pour leur substituer une production nationale.[27] C'est de cette préoccupation de plus en plus obsédante pour les pouvoirs publics de son temps que Buffon se fait l'écho lorsqu'il annonce, non sans quelque vantardise, qu'il est *«parvenu à bout de faire avec nos plus mauvaises mines de Bourgogne du fer aussi bon et même meilleur que celui de Suède et d'Espagne»*.[28] Sans doute cette proclamation pourrait-elle faire sourire, lorsque l'on songe à la nombreuse cohorte, évoquée ici par R. Eluerd, des inventeurs très inégalement sérieux et honnêtes qui, à la même époque, émirent des prétentions comparables non sans craindre de réclamer à cet effet des subsides à l'État. Au delà de cette bruyante affirmation, il n'en demeure pas moins que ce souci de contribuer, pour ces raisons d'ordre général, au progrès de la fabrication de l'acier en France, présent dès la création par Buffon de ses forges, resta une constante de son activité par la suite, avec des résultats pratiques dont le bilan sera évoqué plus loin.

22. *Histoire naturelle des minéraux, Du fer* [1783], *in* Buffon [19], T. X : pp. 476-477 et p. 496.

23. Chiffre évoqué également dans la requête relative au bois de Chaumour (cf. A. Brosselin, ce volume). En 1769, Buffon avait déjà fait état d'une dépense de 5 488 l. 10 s. occasionnée par les expériences qu'il venait de réaliser sur les canons de marine (Lettre du Ministre de la Marine à Buffon, 30 décembre 1769, Arch. nat., Marine B2 391, fol. 378 r°).

24. Décision du Contrôleur général des Finances du 9 septembre 1776. Cf. sur cette requête de Buffon, le dossier réuni in Arch. nat. , F12 821.

25. Cf. Turgot [44], (5 vol., 1913-1923, T. IV, 1922) : p. 636.

26. Les fragments connus de la correspondance de Buffon portent trace de ses démarches auprès du ministère Turgot (ainsi sa lettre à Edme Rigoley du 6 décembre 1775, *in* Buffon [20], T. II : pp. 190-191). Engagé dans la démarche venant d'être évoquée pour obtenir l'exemption du droit de marque, il avait au passage tiré argument de la lourdeur de cette taxe en faveur d'un tarif douanier protecteur. Il réitéra cette revendication protectionniste dans *Histoire naturelle des minéraux, Du fer* [1783] (Buffon [19], T. X : p. 477).

27. Cf. sur ce point, Le Play [31] : pp. 209-212.

28. Cet argument figurant dans la requête présentée originellement par Buffon pour solliciter l'autorisation d'édifier ses forges, est repris dans les attendus de l'arrêt du Conseil d'Etat du 2 février 1768 ayant fait droit à sa demande. (Arch. dép. Côte-d'Or, E. 1108). On le retrouve exprimé sous une forme pratiquement identique dans un mémoire adressé au Contrôleur général des Finances Bertin en mars 1768, dans lequel il sollicitait d'être exempté du droit de marque des fers : *«(...) l'on a imaginé jusqu'ici que les mines de france ne pouvoient donner d'aussi bon fer que celles de Suède ou d'Espagne, tandis qu'avec les mines les plus communes de nos provinces, il a fait du fer d'une qualité superieure a celle de tous les fers étrangers»* (Arch. nat., F12 821, mémoire joint à une note du 10 mars 1768 du Contrôleur général à l'intendant Trudaine de Montigny).

*L'expression du projet de Buffon à travers l'organisation d'ensemble de ses Forges*

S'il n'entre pas dans le cadre de cette communication de donner une nouvelle description des Forges de Buffon au temps de leur fondateur, qui est amplement développée ailleurs,[29] il y a, en revanche, lieu ici de souligner les aspects essentiels à travers lesquels se révèlent et s'expriment, dans leur disposition générale (en fait celle de l'établissement principal construit en 1768, connu sous le nom de Grande Forge), le projet et les conceptions d'ensemble de leur fondateur.

L'on ne saurait trop insister d'abord sur la modernité de leur implantation, à la fois du point de vue de leur situation générale et de leur site, d'autant que l'on a trace d'une recherche de la part de Buffon sur le choix de celui-ci. Le site finalement retenu privilégie en effet la position par rapport aux voies de grande communication, en fonction d'un calcul économique implicite sur les débouchés de la production de la future usine, à mi-chemin pratiquement des deux principales places du commerce des fers dans la France pré-industrielle, Paris et Lyon. À la différence des usines de la région anciennement établies en Châtillonnais et en Dijonnais, qui allaient se trouver à l'écart des nouveaux axes de passage, celle de Buffon déjà placée en bordure même de la route royale de Paris à Lyon ouverte au trafic depuis 1761, serait dans l'avenir desservie également par le canal de Bourgogne, dont le passage par la vallée de l'Armançon, et même le tracé précis, se trouvaient arrêtés depuis les années 1740.

On ne peut ici qu'admirer ici le génie visionnaire de Buffon qui, parfaitement conscient des décennies que prendrait la construction de cette nouvelle voie navigable, et assuré de ne pouvoir en bénéficier de son vivant (même s'il vit en commencer la réalisation à partir de 1775), n'en imaginait pas moins déjà les atouts qu'elle conférerait à ses successeurs et l'extension qu'ils pourraient donner par voie de conséquence à l'établissement. Il savait en effet à quel point la voie d'eau constituait le mode de transport alors le mieux approprié pour une industrie lourde telle que la sidérurgie, pour acheminer le plus économiquement ses productions, même s'il n'envisageait pas encore qu'elle pût servir aussi un jour (comme ce fut effectivement le cas ici à partir de 1829) à l'approvisionner en combustible et en minerai. Buffon mettait donc au mieux à profit dans son choix de localisation ce que la théorie économique d'aujourd'hui désignerait du terme d'économies externes, sous la forme des investissements collectifs de transport financés alors par le pouvoir royal dans le cas de la voie de terre, et par les autorités provinciales dans celui de la voie d'eau. Il s'agissait ni plus ni moins de la mise en place de ces infrastructures modernes qui, au même moment, constituaient outre-Manche l'un des facteurs décisifs de la révolution industrielle naissante.[30] En matière d'implantation industrielle, la logique de Buffon préfigurait aussi celle des administrateurs et ingénieurs d'État qui allaient par la suite, à l'occasion de grandes opérations telles que celle du Creusot au premier chef, mettre en oeuvre, avant la lettre, une perspective délibérée d'aménagement du territoire.

Il reste que, malgré certaines limitations, c'est bien davantage encore dans la disposition générale de ses installations que la Grande Forge de Buffon anticipe sur les développements du siècle suivant. Sans doute, celle-ci restait-elle pleinement

29. Cf. Rignault [37] et [38]; Benoit [12] et [34].
30. Cf. sur ce point, l'analyse classique de P. Mantoux sur le rôle des canaux aux origines de la révolution industrielle en Angleterre, [32].

dans le cadre du système technique de la sidérurgie indirecte proto-industrielle de type classique, fondée sur l'utilisation du combustible végétal et de la force motrice hydraulique, à une époque où n'était nullement à l'ordre du jour en France l'adoption des innovations radicales qui, du reste, à ce moment encore, n'en étaient dans le domaine sidérurgique qu'à leurs tout débuts en Grande-Bretagne même. Aussi bien le reproche souvent fait à Buffon rétrospectivement, en méconnaissance d'une chronologie exacte de l'apparition et de la diffusion des progrès techniques, d'avoir construit une usine déjà en voie d'être dépassée ne saurait-il être fondé, d'autant qu'il fut parmi les premiers en France à expérimenter, dès le milieu des années 1770, l'emploi de la houille dans les foyers métallurgiques,[31] comme l'un de ceux qui, au début de la décennie suivante, manifestèrent le plus grand intérêt pour la machine de Watt et se montrèrent les plus conscients de sa portée.[32] Puisqu'il ne pouvait être alors question de révolution technologique, ce fut à l'égard des procédés de fabrication existants que s'exerça le projet rationalisateur de Buffon.

Sans doute la disposition de son usine en établissement intégré, réunissant sur le même site (c'est-à-dire sur la même chute hydraulique), l'ensemble des ateliers correspondant aux différentes étapes de la production, de la préparation du minerai aux fabrications semi-différenciées, avait-elle déjà reçu un certain nombre d'antécédents en France depuis le siècle précédent, sous la forme en particulier des grandes forges princières de l'Ouest.[33] En Bourgogne même, il en existait un exemple achevé, quoique éloigné du Montbardois, avec les forges de Drambon (qui avaient été un temps royales), et sous une forme bien plus incomplète avec celles au contraire toutes proches d'Aisy-sur-Armançon, dont l'exploitant, Edme Rigoley, assista assidûment Buffon de ses conseils, on le sait, lors de l'édification de sa Grande Forge.

Si, dans son souci de prestige, il a pu s'inspirer du modèle de la forge princière, avec ses bâtiments régulièrement ordonnancés, il a non moins saisi l'importance qu'il y avait à rassembler les ateliers sur le même site pour réduire au minimum les transports de produits intermédiaires, et par voie de conséquence les coûts de production. Or cette configuration se trouvait rendue possible par la force hydraulique de l'Armançon disponible à cet endroit, bien supérieure à celle que pouvaient procurer dans la région les rivières du Châtillonnais ou de la Montagne dijonnaise. Combinant cette organisation avec la formule depuis longtemps mise en œuvre en Bourgogne, qui consistait à placer le haut fourneau près d'un escarpement naturel de manière à disposer les halles de stockage des matières premières à un niveau le plus rapproché possible de celui du gueulard,[34] il conçut son usine en fonction de l'exigence du maximum de continuité et de rapidité dans la circulation des produits et du personnel ouvrier. Ainsi les espaces de communication intérieurs, matérialisés par les passerelles transversales, ont-ils été réservés aux mouvements des travailleurs et des produits intermédiaires, tandis que, pour gêner le moins possible ceux-ci, l'approvisionnement en matières premières des ateliers a été assuré par les voies extérieures, et notamment la plate-forme constituée par les ponts devant la façade principale de l'usine. L'ensemble annonce non moins l'usine du

---

31. Cf. De la Houlière, *Mémoire sur la manière d'affiner & de fabriquer en fer forgé des fontes faites dans les hauts fourneaux avec du Charbon de Terre épuré & réduit en Coaks sans addition de Charbon de bois* (1780). Arch. nat., Marine, D3 32.
32. *Histoire naturelle des minéraux, Du charbon de terre* [1783], *in* Buffon [19], T. X : pp. 246-247.
33. Cf. à ce sujet les analyses développées par Belhoste et Maheux [5] : pp. 137-185 *passim*.
34. Cf. Benoit et Rignault [11] : p. 412.

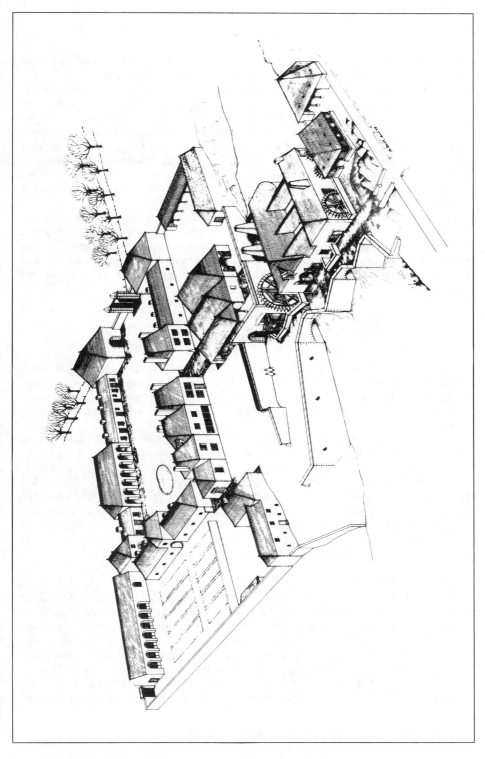

**FIG. 1.** Essai de reconstitution en perspective axonométrique de la Grande Forge de Buffon vers 1780. Conception B. Rignault, dessin M. Demir. Avril 1988.

siècle suivant par la dissociation spatiale, certes encore partielle mais déjà bien visible, entre les fonctions productives et celles liées aux dépendances de l'usine, d'habitat en particulier, à la faveur de la configuration naturelle du site ayant permis de placer les secondes sur un niveau entièrement disjoint de celui des premières. La clôture même de l'ensemble, fermé par une enceinte à la différence des forges d'ancienne origine, relève de cette volonté, caractéristique du capitalisme industriel, de contrôle total de la marche de l'usine évoquée plus haut, de manière à surveiller les mouvements du personnel et comptabiliser ceux des matières et des produits, même si le passage obligé de ceux-ci par la grande cour ne s'accorde pas avec les principes de ségrégation systématique des fonctions qui sera rigoureusement appliqué dans l'organisation usinière du siècle suivant.[35]

Après avoir ainsi défini dans son contexte régional et national et dans ses finalités le projet de Buffon ayant présidé à son engagement dans l'aventure sidérurgique, et l'avoir replacé dans le cadre concret où il s'est exercé, il faut maintenant s'attacher à dégager la portée de sa pratique comme métallurgiste, à la lumière des acquis de l'histoire des techniques et de l'expérience du technicien du XXè siècle.

### LE MÉTALLURGISTE EN ACTION : LES CONCEPTIONS À L'ÉPREUVE DE LA PRATIQUE

Buffon ne fut pas seulement, comme on vient de le voir, un capitaliste avant l'heure, cherchant à tirer profit des ressources de son patrimoine foncier et forestier. Sa Grande Forge fut aussi, pour une part, une "station expérimentale", destinée à mettre au point les méthodes de fabrication d'une bonne fonte, et partant, de bons fers et de bons aciers.

La mise en activité de l'établissement de Buffon se place en ce dernier tiers du XVIIIè siècle où la pensée scientifique tend à se substituer peu à peu à la connaissance empirique : en 1771, Priestley découvre l'oxygène, dont les travaux de Lavoisier allaient, quatre ans plus tard, commencer à mettre en évidence les propriétés. Vers la même époque, Bergman et Rinman indiquaient une première méthode de dosage du carbone, dont le rôle dans l'alliage avec le fer allait être précisé par Vandermonde, Monge et Berthollet dans leur célèbre Mémoire à l'Académie des Sciences en 1786.[36] Ce sont ces repères chronologiques qu'il convient d'avoir en vue pour juger l'oeuvre métallurgique de Buffon.

### Le problème des minerais chez Buffon.

Il faut d'abord retrouver chez lui le naturaliste, non seulement zoologiste et botaniste, mais aussi géologue et minéralogiste qui a étudié tout particulièrement les minerais de fer. Dans les Mémoires réunis dans la *Partie expérimentale* de l'*Introduction à l'Histoire naturelle des Minéraux* publiée en 1775, où il relate ses théories et ses expériences, il rejette la classification alors admise de trois sortes de minerais : l'émeril (dont on voit mal à quel minéral il pourrait correspondre, l'émeri, dioxyde de fer et d'aluminium n'étant jamais utilisé comme minerai de fer), l'aimant (c'est-à-dire les minerais à base de $Fe_3O_4$, l'oxyde magnétique de fer), et

---

35. Cf.sur cet aspect la contribution à paraître de Benoit et Peyre [14].
36. Smith C.S. [43] : pp. 157-163 et 167-172.

l'hématite (les minerais à base de $Fe_2O_3$, l'oxyde ferrique). Il y substitue deux classes, les minerais en roche et les minerais en grains, reprenant la classification empirique des mineurs pour lui donner un fondement d'ordre génétique, les premiers étant selon lui d'origine magmatique (ce que Buffon appelle le travail du feu des volcans), et généralement magnétiques et sulfureux, les autres provenant d'un dépôt sédimentaire et correspondant à ceux utilisés en Bourgogne, donc à la Grande Forge.[37] Cette double origine des minerais de fer, discutée aujourd'hui, a été très longtemps admise. La limite des deux classes paraît de nos jours bien davantage encore sujette à caution : ainsi les minerais spathiques, qu'il range parmi les minerais en roche, sont-ils catalogués aujourd'hui comme sédimentaires. En outre, Buffon envisage des minerais "mixtes", contenant à côté du fer d'autres métaux tels que le cuivre et le zinc. S'il existe effectivement, dans le premier cas, quelques gisements présentant l'association fer-cuivre, la présence de zinc dans certains minerais de fer est toujours limitée. Son explication géologique de la formation des gisements magmatiques est plus poétique que scientifique : les minerais se déposant d'autant plus vite que leur point de fusion est plus élevé, le fer –l'un des métaux les moins fusibles selon Buffon– se déposait en premier.[38]

Concernant les minerais sédimentaires en grains, la théorie qu'il présente de la formation des poches (des *«sacs»* selon son expression) de minerai dans des fentes entre les bancs de roches-mères (dans ce que les géologues appellent actuellement des diaclases), correspond de fait à un type de minerai ayant approvisionné les anciennes forges françaises à une époque où la production de chacune restait limitée et que l'on désigne de nos jours sous le terme de "chapeaux de fer", chaque site ne comportant que des réserves faibles. Se fondant sur l'expérience du Montbardois, Buffon estimait que les gisements de ce type étaient toujours siliceux, par opposition aux gisements de bassin, provenant selon lui d'un dépôt de *«rouille ou d'ocre»*, de nature calcaire –ce qui constitue une généralisation un peu hâtive à partir d'une expérience locale. Quant à la richesse des minerais, sur un même gisement, il estimait que les parties inférieures étaient les plus riches, ce que contredisent les observations actuelles mettant généralement en évidence un appauvrissement du minerai à mesure que l'on descend vers les couches inférieures, celles-ci n'ayant pas subi le lessivage de certaines impuretés. C'est en fonction d'une telle hypothèse que s'expliquent les extractions profondes (de 40 à 60 pieds) qu'il fit entreprendre dans les minerais sidérolithiques, suivant une pratique qui avait été peu à peu abandonnée pour des raisons de sécurité (et de coût) depuis plus d'un siècle.[39]

Pour en terminer avec cette question des minerais, il faut signaler l'importance que Buffon attachait à la présence de soufre dans ceux-ci (dans le cas de minerais en roche notamment);[40] bien qu'il n'ait pas été possible d'établir si l'utilisation des pyrites comme minerai de fer ait alors été d'un usage fréquent, elle était cependant possible si l'on se rappelle que la fabrication de l'acide sulfurique à partir de pyrites

37. *Introduction à l'Histoire naturelle des minéraux. Partie expérimentale, «Neuvième Mémoire. Expériences sur la fusion des mines de fer»* [1775], *in* Buffon [19], T. IX : pp. 309-310; *Histoire naturelle des minéraux, De la terre végétale* [1783], *in* Buffon [19], T. X : pp. 199-207.
38. *Introduction à l'Histoire naturelle des minéraux. Partie expérimentale, «Dixième Mémoire. Observations et expériences faites dans la vue d'améliorer les canons de marine»* [1775], *in* Buffon [19], T. IX : p. 447.
39. *Ibid., «Dixième Mémoire...»*, *in* Buffon [19], T. IX : pp. 447-460 *passim* et pp. 478-480.
40. *Ibid., «Neuvième Mémoire...»*, *in* Buffon [19], T. IX : p. 315.

n'a pu se développer qu'à partir de 1830 avec la mise au point du procédé dit des chambres de plomb. Actuellement la présence de soufre dans le minerai peut être considérée comme négligeable.[41]

Le savant qu'était Buffon ne se contenta pas de ces vues théoriques sur les minéraux. Après une série d'essais préliminaires à la forge d'Aisy-sur-Armançon, il fit de sa Grande Forge à la fois une installation industrielle et une station expérimentale, devant montrer la voie dans la fabrication de bons fers et de bons aciers.

### Les recommandations de Buffon sur la structure et la conduite des hauts fourneaux.

Mais comme il fallait d'abord produire une bonne fonte, il était nécessaire de concevoir pour le haut fourneau le profil le plus approprié. Buffon est le premier, semble-t-il –si l'on s'en rapporte à un témoignage *a priori* aussi averti que celui de Grignon–,[42] à avoir adopté en France la section circulaire de la cuve,[43] répondant aux habituelles conceptions modernes, reprise de l'usage largement répandu dans le monde germanique et suédois. Il opte par ailleurs pour un diamètre du gueulard qui ne soit pas trop large par rapport à celui de la cuve,[44] de manière à réduire la consommation de charbon de bois, répondant à l'exigence prioritaire d'une époque où la limite de la production sidérurgique provenait des ressources forestières et non pas de celles en minerai de fer. En outre, comme il n'existait pas alors –il convient de le rappeler– de fermeture du gueulard, il est permis de penser que pour une hauteur donnée du haut fourneau, une section plus réduite de cet orifice supérieur diminuait l'effet de tirage, augmentait légèrement la pression à l'intérieur de la cuve et, en abaissant ainsi la vitesse du gaz, entraînait un meilleur rendement de l'oxyde de carbone. Buffon insistait également sur la disposition à donner aux soufflets et la pénétration des tuyères dans le fourneau, dont on verra plus loin l'intérêt.

Ainsi doté d'un outil de travail correct, pour faire de la "bonne fonte", encore y avait-il certaines règles à respecter. Sur ce point, une première affirmation, bien établie aujourd'hui, mais discutée à l'époque de Buffon, selon laquelle la qualité de la fonte est indépendante du minerai utilisé.[45] Cette assertion était alors si audacieuse qu'il ne semble pas lui-même en avoir été totalement convaincu,[46] si l'on suppose que l'emploi de minerais sidérolithiques du Montbardois, quelque peu obsolète à l'époque, visait à retrouver les propriétés du minerai champenois de Poissons passant alors pour donner le meilleur fer. De même, bien qu'il affirme l'inutilité du grillage pour les minerais bourguignons,[47] il le pratiqua épisodi-

41. *Ibid.*, «*Dixième Mémoire...*», in Buffon [19], T. IX : pp. 460-463. Il semble, d'autre part, que, dans le lexique des métallurgistes du XVIIIème siècle, le terme de "soufre" ait servi à désigner de nombreuses "impuretés" dans les minerais, autres que le soufre proprement dit (Smith [42] : p. 154).

42. *Mémoire de Sidérotechnie...sur les moyens de laver et de fondre les mines de fer avec économie* (1775) in Grignon [26] : p. 104, note infrapaginale : «M. de Buffon a suivi cette forme pour son fourneau de Buffon. Nous attendons avec impatience la publication du résultat des nombreuses expériences que ce Savant fait depuis plusieurs années dans ses forges. Un génie de cette trempe marche à grands pas vers la perfection ».

43. *Introduction à l'Histoire naturelle des minéraux. Partie expérimentale, «Neuvième Mémoire...»* [1775], *in* Buffon [19], T. IX : p. 323.

44. *Ibid.* : p. 324.

45. «*Dès lors, il faut bannir de nos idées le préjugé si anciennement, donc si universellement reçu, que la* qualité *du fer dépend de celle de la mine. Rien n'est plus mal fondé que cette opinion; c'est au contraire uniquement de la conduite du feu et de la manipulation de la mine que dépend la bonne ou mauvaise qualité de la fonte, du fer, et de l'acier*», *Ibid.* : p. 315; cf. aussi *Ibid.* : p. 325.

46. *Ibid.* : pp. 315-316.

47. *Ibid.*, p. 316.

quement, croyant reproduire les conditions d'un autre minerai réputé du temps, celui d'Allevard, exploité par son ami le président de Barral. Tout minerai devant être soigneusement préparé, il recommandait un lavage conduit scientifiquement, comportant un essai préliminaire pour en déterminer le rendement et éviter de perdre du minerai par un lavage trop poussé.[48] Si Buffon ne fait pas état dans ses mémoires de l'utilisation du lavoir mécanique appelé "patouillet", il eut l'intention d'en faire établir un, sans avoir eu l'occasion d'en mener le projet à exécution avant d'avoir affermé son usine.[49] Il recommandait d'éviter les mélanges de minerais et de n'employer, autant que possible, qu'un seul type de minerai pendant un fondage (une campagne), mais cette prescription ne fut pas toujours respectée, y compris de son vivant.[50] De même, pour éviter de trop humidifier le minerai, conseillait-il, avec d'autres, de le stocker sous des hangars,[51] observation qui semble pertinente pour réduire la consommation de combustible, d'un point de vue économique, même si elle ne fut pas suivie par la suite. Il insistait encore sur l'obtention d'une granulométrie aussi uniforme que possible,[52] ce qui constituait une idée très avancée pour l'époque, puisque l'application ne s'en généralisa qu'à la fin du XIX$^è$ siècle, mais dont les grands hauts fourneaux modernes ont confirmé tout l'intérêt.

L'obtention d'une bonne fonte requiert un lit de fusion approprié, ce qui implique une connaissance appropriée de la gangue du minerai. Buffon, à cet égard, indique une méthode chimique pour déterminer la nature, calcaire ou siliceuse, de celle-ci, par dissolution dans l'eau forte (acide dilué). Après avoir procédé à cette détermination, il fallait rechercher le "bon fondant", c'est-à-dire l'additif destiné à corriger, en termes modernes, l'excès d'acidité ou au contraire de basicité du minerai. En particulier, il fallait éviter les allures trop calcaires donnant des laitiers plus difficiles à fondre. Sur ce point, il ne faisait que s'en remettre à l'usage local consistant à utiliser un sable siliceux trouvé sur place, "l'aubue", selon la désignation du banc voisin du village d'Étivey.[53] L'idéal reste, dans la mesure du possible, de recourir à deux minerais de gangues inverses, ce que l'on désigne aujourd'hui sous le nom de "mélange autofondant".

Second ingrédient, après le minerai, de la sidérurgie : le combustible. Comme tous les hauts fourneaux français contemporains, celui de Buffon employait le charbon de bois. Il ne s'agit pas là d'un handicap par rapport au coke, comme on le croit souvent, et le fonctionnement réussi de grands hauts fourneaux modernes au combustible végétal, en Amérique du Sud en particulier, montre que celui-ci s'avère techniquement aussi valable que le coke.[54] Mais comme ce type de combustible nécessite la présence de vastes superficies boisées, les forêts d'Europe occidentale ne sont pas suffisamment étendues pour pourvoir aux besoins de la production moderne, et en outre, les conditions climatiques n'y permettent, à la différence du Brésil, qu'une croissance des arbres relativement lente. Compte tenu des procédés de carbonisation en meules mis en oeuvre au XVIII$^è$ siècle, pour produire un

---

48. *Ibid.* : pp. 318-320.

49. Cf. Benoit [10] : pp. 187-188.

50. *Histoire naturelle des minéraux, Du fer* [1783], *in* Buffon [19], T. X : p. 483.

51. C'est probablement à cette fonction de stockage du minerai provenant directement des sites d'extraction que correspondait le bâtiment originel en quart de cercle, situé en bordure du bief, visible sur le plan de 1771, dont les fouilles en cours ont permis de mettre en évidence les substructions.

52. *Histoire naturelle des minéraux, Du fer* [1783], *in* Buffon [19], T. X : p. 483.

53. *Introduction à l'Histoire naturelle des minéraux. Partie expérimentale*, «*Neuvième Mémoire...*» [1775], *in* Buffon [19], T. IX : pp. 320-323.

54. Sur ces hauts fourneaux modernes au bois, cf. Meyers [33].

charbon de bois résistant à l'écrasement, il fallait faire appel à des bois durs, tels que le chêne, l'orme, ou le hêtre, avec une *«cuisson poussée»*.[55] Ces conditions d'obtention du combustible devaient nuire à sa réactivité, et en augmenter la consommation. Les hauts fourneaux au bois actuels, tels que ceux du Brésil en particulier, emploient au contraire des charbons produits à partir de bois tendres, eucalyptus ou palmier, en partie, du reste, à la faveur de la rapide croissance de ces essences. Les consommations en charbon de bois de la Grande Forge de Buffon, qui s'étageaient de 1500 à 1800 kg par tonne de fonte, sont difficilement comparables à celles des appareils brésiliens contemporains n'excédant pas 900 à 1000 kg en moyenne, car ces derniers fonctionnent bien entendu à l'air chaud. Il faut cependant faire observer, si l'on s'en rapporte aux résultats consignés par Grignon en 1778, que cette mise au mil comptait parmi les meilleures de la province de Bourgogne, et était en fait proche de l'optimum qu'il était possible d'obtenir à l'époque.[56]

Concernant la conduite du fourneau, Buffon indique comment mettre en route l'installation en début de fondage. L'on procède d'abord à des charges blanches, dans la terminologie des haut-fournistes modernes, c'est-à-dire avec de très faibles quantités de minerai, que l'on augmente ensuite très progressivement, les premières fontes obtenues étant de mauvaise qualité. Ce sont là autant d'observations qui restent techniquement exactes de nos jours. Il signale également la méthode pour essayer l'emploi d'un nouveau minerai, en l'ajoutant par petites quantités à un minerai connu. La campagne une fois lancée, le chargement devait s'effectuer par le centre, ce qui n'a rien que de très normal, si l'on songe que le minerai et le charbon de bois étaient déversés directement par un gueulard ouvert ne comportant pas de répartiteur.[57]

Pour contrôler enfin la qualité de la fonte produite, Buffon énonce plusieurs recommandations : *«La consistance et même la couleur du laitier sont des indices les plus sûrs du bon ou du mauvais état du fourneau»*; le laitier doit être d'un rouge pâle et blanchâtre, ni trop léger, ni trop pesant, ni *«poisseux»*. La fonte doit rester le plus longtemps possible dans le creuset sans toutefois risquer l'engorgement des tuyères. Compte tenu de la quantité importante de laitier par tonne de fonte –qu'en l'absence d'indications chiffrées de sa part, il y a lieu d'évaluer d'après la "richesse" des minerais et les consommations en charbon de bois à un niveau de l'ordre de 1200 kg–, il devait exister un risque certain vis-à-vis de ce type d'accidents en utilisant seulement deux tuyères –il est à noter ici que les hauts fourneaux lorrains utilisant des minerais pauvres, qui produisaient une quantité comparable de laitier, étaient généralement dotés d'une seconde rangée de tuyères dites de secours–, ce qui explique la répugnance des opérateurs de l'époque vis-à-vis d'une conservation prolongée de la fonte dans le creuset. En revanche, Buffon témoigne de certaines faiblesses dans ce que l'on appelait à l'époque le *«jugement de la fonte»* : il manifeste sa préférence pour une fonte grise, alors que vraisemblablement la fonte fabriquée à la Grande Forge était au plus de la fonte dite truitée, avec un taux de carbone relativement bas et en partie combiné sous forme de cémentite. Il était du reste difficile, à la fin du XVIIIe siècle, d'obtenir une fonte grise, nécessitant une allure plus chaude du fourneau, comme il l'avait remarqué,

55. *Histoire naturelle des minéraux, Du fer* [1783], *in* Buffon [19], T. X : pp. 480-481.

56. Cf. sur ce point Benoit [13] : pp. 91-92; ainsi que la source, le rapport de Pierre-Clément Grignon, *État des fourneaux de la Province de Bourgogne*. Arch. nat., F12 1300 BIV.

57. *Introduction à l'Histoire naturelle des minéraux. Partie expérimentale, «Neuvième Mémoire...»*, *in* Buffon [19], T. IX : p. 328.

puisqu'il recommande de ne pas économiser à tout prix le charbon. La fonte grise n'était en outre peut-être pas la plus appropriée pour l'affinage, auquel était destinée normalement la totalité ou la plus grande partie de la production du haut fourneau de Buffon. Une autre idée contestable concerne l'appréciation de la qualité de la fonte d'après sa densité. La fonte blanche est, en effet, plus dense normalement que la fonte grise, alors que Buffon préconisant cette dernière estime une fonte d'autant meilleure qu'elle est plus dense.[58]

## *Buffon et la question de l'acier* [59]

Une bonne fonte étant nécessaire pour obtenir un bon fer, la fabrication de ce dernier produit ou de l'acier selon les méthodes classiquement en usage à l'époque ne devait pas présenter de difficultés.

Trois méthodes étaient alors employées pour celle de l'acier, –objet majeur, nous l'avons vu, des préoccupations des milieux métallurgistes travaillant pour le compte de la monarchie–, qui sont citées dans l'oeuvre de Buffon, comme dans le rapport, mentionné plus haut, de Vandermonde, Monge et Berthollet de 1786, repris dans l'Instruction du Comité de Salut Public aux ouvriers en fer.

Le premier procédé, dit de l'acier naturel, consistait à chauffer la gueuse de fonte jusqu'à fusion partielle dans un "four à aspiration" (four à réverbère), en atmosphère oxydante. La "refusion" de la fonte provenant du haut fourneau pratiquée dans de tels fours offrait d'autant plus d'intérêt qu'elle ne nécessitait pas de force motrice pour le soufflage, et que ne requérant pas la présence d'une installation hydraulique, elle pouvait alors être installée n'importe où. Il fallait en revanche marteler plusieurs fois la masse pour en éliminer les impuretés, faute de quoi le métal se trouverait dans un état intermédiaire selon Buffon entre la fonte et le fer qu'il appelle avec les contemporains *«régule»*[60]. L'on se trouve sur ce point en présence d'une erreur grave de sa part, que Réaumur avait au contraire rectifiée, on le sait, dès 1722. Dans l'esprit de Buffon, *«l'acier doit être regardé comme du fer encore plus pur que le meilleur fer (...) l'acier est pour ainsi dire un fer plus métallique que le simple fer»*[61]. Or, plus d'un demi-siècle plus tôt Réaumur avait établi que *«l'acier n'est pas au delà du fer, un fer purifié, mais un état moyen entre le fer et la fonte»*,[62] affirmation qui fut reprise quelques années plus tard par Bazin donnant la même gradation dans la pureté entre fonte, acier et fer.[63] En revanche, aucun de ces trois auteurs n'a attribué au carbone le rôle d'élément fondamental de différenciation entre ces trois métaux, bien que, du vivant de Buffon, Bergman eût, par l'analyse, montré en 1781 que l'acier contenait plus de *«charbon»* que le fer, mais moins que la fonte[64]. Il faut se souvenir que le dosage du carbone ne fut expérimenté qu'à partir de 1780 pour être véritablement développé par J.-B. Dumas autour de 1820. Lorsqu'il évoquait le concept de l'action du feu terrestre sur la formation du fer, Buffon admettait comme impuretés de la fonte le soufre et des

58. *Ibid.*, T. IX : pp. 330-331, et [3]; *Histoire naturelle des minéraux, Du fer* [1783], *in* Buffon [19], T. X : p. 485.
59. Cf. sur ce point, *Histoire naturelle des minéraux, Du fer* [1783], *in* Buffon [19], T. X : pp. 502-514; Bazin [3]; Grignon [27], Réaumur [36]; et d'un point de vue rétrospectif Le Play [31] et Smith [42].
60. *Histoire naturelle des minéraux, Du fer* [1783], *in* Buffon [19], T. X : pp. 490-492.
61. *Ibid.* : p. 508.
62. Réaumur [36] : p. 240.
63. Bazin [3] : p. 3.
64. Smith [42] : p. 162.

sels.

Le réemploi de bocages de fonte, comme matière première de la fabrication du fer, a également été expérimenté à la Grande Forge de Buffon avec la refusion de morceaux de canons, mais son fondateur a reconnu lui-même la difficulté de ce procédé.[65]

La seconde méthode d'obtention de l'acier, fondée sur la cémentation du fer, fut pratiquée, au moins à titre expérimental, à Buffon, suivant les indications rapportées par le créateur de la Grande Forge, en réchauffant dans une caisse des barres de fer entre des lits de charbon de bois, dont Buffon précise l'épaisseur. Là encore, celui-ci estimait que le charbon de bois servait à épurer le fer et n'envisageait pas l'alliage. Pourtant, une dizaine d'années plus tard seulement, Vandermonde était en mesure de dire que *«le fer s'imprègne de la substance même du charbon d'une manière uniforme jusqu'au centre»*. Un forgeage assurait une meilleure homogénéisation du métal qui, au sortir de la caisse, présentait des boursouflures (d'où sa dénomination d'acier poule). Cette cémentation à cœur du fer, abandonnée de nos jours, semble avoir été fort appréciée durant le dernier quart du XVIIIè siècle. Elle requérait de "bons fers" comme matière première et l'on sait que la France n'était pas alors réputée pour en produire en quantité.[66] On comprend dès lors l'intérêt de Buffon pour développer ce procédé, qu'il partageait avec nombre d'autres techniciens contemporains, et dont se fait l'écho l'Avis du Comité de Salut Public.

En troisième lieu, Buffon a fait appel au procédé dit de l'acier fondu, qui commençait à se développer, notamment en Angleterre. Il s'agissait de refondre du fer au creuset au contact d'un peu de fonte, ou selon la terminologie ancienne reprise par Buffon, de régule. Les essais qu'il en fit à la Grande Forge ne furent pas eux non plus pleinement concluants. Il signale les tentatives faites par Grignon à l'usine de Nérouville, selon lequel seuls quelques fers fabriqués en France convenaient pour ce travail. La méthode avait été signalée par Gabriel Jars qui l'avait vu pratiquer sur son site d'origine, à Sheffield. Comme, outre les qualités intrinsèques du fer, ce procédé exigeait de bons creusets, Buffon recommandait d'employer à cet effet de très bonnes briques bien lutées avec de l'argile. Il semble, toutefois, que la méthode manquait encore de précision et occasionnait des pertes importantes.[67]

La qualité des fers ainsi obtenus pouvait être améliorée par des traitements de surface, tels que l'étamage, après un décapage dans des *«eaux aigres»*, c'est-à-dire acides, suivi d'une trempe dans un bain d'étain fondu, les feuilles étant redressées par martelage. Ce procédé qui reste actuel, n'était encore que peu pratiqué en France, la plus grande partie du fer-blanc étant importée de l'étranger.[68]

Pour l'acier, l'amélioration alors la plus connue résidait dans la trempe : Buffon a particulièrement étudié ce phénomène, en observateur attentif. Il a noté la température de l'eau, les défauts liés au traitement (gerçures, tapures). Malheureusement, l'ignorance du processus cristallographique accompagnant la trempe a conduit l'auteur à admettre la possibilité de tremper diverses matières,

---

65. *Introduction à l'Histoire naturelle des minéraux. Partie expérimentale, «Quatrième Mémoire. Expériences sur la ténacité et sur la décomposition du fer»* [1774], in Buffon [19], T. IX : pp. 192-193.
66. C'est tout le problème dont Frédéric Le Play a donné une analyse approfondie [31] : pp. 209 sq. (*«§II. Aperçu historique sur les aciéries françaises, et en particulier sur les aciéries de cémentation»*).
67. *Histoire naturelle des minéraux, Du fer* [1783], in Buffon [19], T. X : pp. 504-508.
68. *Ibid.* : pp. 501-502.

telles que le bois, ce qui est quelque peu surprenant.[69]

Un dernier élément à signaler à propos des théories métallurgiques de Buffon concerne une observation dont la portée ne devait apparaître que plus d'un siècle et demi plus tard, mais qu'il semble avoir été l'un des premiers à évoquer. L'écrouissage entraîne de variations de dureté différentes suivant les métaux, de sorte que le fer martelé ou déformé à froid durcit, tandis que le plomb ne subit aucune variation de dureté. Vers 1930, on a commencé à dire que dans le dernier cas, il y avait recristallisation après déformation, comme plus généralement avec les métaux avec bas point de fusion; dans celui du fer, ce phénomène ne se produit pas à la température ambiante et le grain reste déformé, ce qui entraîne le durcissement constaté.[70]

Buffon ne s'est pas contenté de préciser et d'approfondir les connaissances et l'expérience métallurgiques de son temps. Il s'est servi de la Grande Forge pour se livrer à des expériences qui se voulaient novatrices, ainsi que l'illustrent deux exemples.

Une expérience contestable tout d'abord, inspirée des méthodes de réduction directe (catalanes ou styriennes) qui permettaient, au moyen de bas-fourneaux, d'obtenir du fer sans passer par l'étape de la fonte, sous la forme de métal à l'état solide qu'il fallait ensuite marteler. Bien que la carburation de la fonte lui fût inconnue, Buffon avait le sentiment –prémonitoire, pourrait-on dire, puisqu'à l'opposé de toutes les conceptions admises jusque là–, de l'irrationalité de la succession minerai (fer oxydé)/fonte (fer surdésoxydé, puisque trop carburé)/fer; d'où l'idée de fabriquer directement du fer dans son haut fourneau, à l'imitation de ce qui se passait dans les foyers pyrénéens qu'il connaissait bien. Il décrit l'expérience qu'il a réalisée consistant à remplacer les soufflets par un ventilateur d'aspiration, ce qui aboutissait à abaisser la température interne du fourneau, et à obtenir au creuset des loupes de fer qui, après forgeage, auraient, selon lui, donné d'excellents outils.[71] Cette réduction directe du minerai de fer dans un haut fourneau, paraît avoir suivi une marche analogue à celle actuellement pratiquée sur les chaînes d'agglomération du minerai, mais avec fusion complète de la gangue – puisque Buffon indique que les loupes obtenues *«ne s'éparpillaient pas»* au martelage. Si tant est qu'elle ait été effectivement réalisée, cette opération –qui n'a pu l'être qu'avec un minerai à très haute teneur et fortement réductible–, est en tout cas restée sans lendemain. Tous les procédés de réduction directe du minerai de fer employant le charbon comme réducteur transforment celui-ci en oxyde de carbone (CO) sans un agent annexe de carburation.[72]

La seconde série d'expériences concernait les canons de marine. On sait que la fourniture de l'artillerie constituait à cette époque une part importante de l'activité des forges dans certaines régions. Bien qu'il soit fort improbable que la Grande Forge ait jamais coulé de la fonte pour canons, –autrement qu'à titre expérimental–, Buffon préconisait à ce sujet d'une part de réaliser la coulée avec un seul haut fourneau, et non pas deux fourneaux jumeaux selon l'usage, ce qui impliquait de

69. *Introduction à l'Histoire naturelle des minéraux. Partie expérimentale*, «Dixième Mémoire...» [1775], *in* Buffon [19], T. IX : pp. 336-338; *Histoire naturelle des minéraux, Du fer* [1783], *in* Buffon [19], T. X : pp. 509-512.

70. *Ibid., Du fer* [1783], *in* Buffon [19], T. X : pp. 510-511.

71. *Introduction à l'Histoire naturelle des minéraux. Partie expérimentale*, «Neuvième Mémoire...», *in* Buffon [19], T. IX : pp. 312-313.

72. Sur ces questions, cf. *La réduction directe des minerais de fer. Étude bibliographique*. Publication des Communautés Européennes, 1975.

retenir la fonte dans le creuset pendant une durée pratiquement double de la normale (pendant 16 heures sur 24 au lieu de 8 sur 12) de manière à obtenir un poids suffisant pour les grosses pièces d'artillerie (qui atteignaient 4600 livres). Il conseillait ensuite d'éviter *«l'écroutage»*, c'est-à-dire l'enlèvement de la croûte des canons coulés, car celle-ci résiste mieux à l'oxydation que le coeur de la pièce, observation que le métallurgiste d'aujourd'hui ne peut que confirmer. Enfin, il estimait préférable de couler des canons creux que des corps massifs forés, car *«la qualité de la matière est moins inégale dans le canon coulé creux que dans celui coulé plein»*, tout en reconnaissant que cette dernière méthode requérait une habileté particulière.[73]

Au total, l'on peut dire des conceptions métallurgiques de Buffon que, grâce à son sens de l'observation, la plupart de ses recommandations –qui étaient loin d'être toutes nouvelles et dont un certain nombre ne faisaient qu'ériger en dogme des recettes acquises empiriquement de longue date–, restent encore valables aujourd'hui. Si sa conception de l'acier était erronée, les applications qu'il en a faites rétablissent la valeur des hypothèses, en dépit du manque presque complet de moyens d'investigations scientifiques.

*L'apport de l'analyse métallographique à la connaissance de l'oeuvre métallurgique de Buffon : premiers éléments*

Que peuvent nous indiquer les moyens modernes d'investigation (essais chimiques, micrographie, etc.) sur la pratique métallurgique de Buffon, à partir d'échantillons de minerais utilisés à la Grande Forge, de laitiers du haut fourneau et de fragments de fers qui y étaient obtenus ?

Il est, certes, difficile de garantir la date de ces échantillons. Seul, le hasard de rencontrer des objets datables (pièces de monnaie, etc.) permettrait de fixer avec certitude l'époque où ces matériaux ont été produits ou utilisés, mais ce cas s'avère extrêmement rare, et plusieurs années de fouille minutieuse sur le site n'ont pas permis d'en découvrir dans les couches archéologiques concernées. Toutefois la comparaison avec des études menées sur d'autres sites, parfois plus favorisés, ainsi que la relative lenteur de l'évolution des techniques métallurgiques jusqu'à l'avènement de la sidérurgie au coke nous autorisent à considérer ces échantillons comme assimilables à ceux de l'époque du naturaliste. Reste le problème de leur représentativité, dans la mesure où nous ne disposons à chaque fois que d'un petit nombre de résultats et où l'échantillonnage n'a pu être effectué qu'à la faveur de découvertes fortuites. Il faut donc prendre les indications qui suivent comme des valeurs des matières et des produits à l'époque considérée.

Comme on a l'a vu précédemment, Buffon a employé à son haut fourneau deux types de minerais :

- un minerai oolithique provenant du secteur d'Étivey;

- des minerais sidérolithiques tels que ceux tirés des collines du Montbardois proches de l'abbaye de Fontenay exploités plus anciennement, et notamment au Moyen-Âge.

À propos de ce dernier cas, nous disposons de données relatives à deux échantillons : l'un, provenant d'un puits du secteur de Fontenay, est relativement riche (avec une teneur en fer contenu de 48%) et siliceux; le second, trouvé sur le

---

73. *Introduction à l'Histoire naturelle des minéraux. Partie expérimentale*, «Dixième Mémoire...», in Buffon [19], T. IX : pp. 332-347.

site de la Grande Forge, est pauvre (21%) et calcaire. Cette dispersion dans les résultats se retrouve à propos des minerais d'Étivey (avec une teneur en fer contenu variant de 11,6 à 30,8%, dans une gangue calcaire ou siliceuse). De telles dispersions dans les teneurs en fer ne sont pas sans surprendre les sidérurgistes modernes. À titre d'exemple, des études conduites par l'I.S.O. révèlent que, pour un gisement extrêmement dispersé, la teneur de 95% des échantillons varie dans une limite de 8% entre les parties les plus riches et les bancs les plus pauvres. Il est vrai que de semblables dispersions (variant de 15 à 20% entre les valeurs extrêmes) ont déjà été trouvées sur des gisements anciens, comme ceux étudiés par Ph. Peyre dans la région d'Allevard.[74]

Bien qu'il ne soit pas possible d'en donner ici une analyse complète, divers échantillons de laitier provenant du haut fourneau de Buffon, très probablement postérieurs à l'époque du fondateur, appellent les remarques suivantes, qui pourraient être extrapolées à ceux de cette période sous les hypothèses émises précédemment. Ces échantillons se classent en deux catégories d'après leur aspect. Les uns, de faciès vitreux, de couleur foncée et compacts, correspondent à un laitier fortement "acide" (avec un taux de $CaO/SiO_2 = 0,3/0,6$), du même type que ceux signalés par R.F. Tylecote pour la même période.[75] La teneur en fer sous forme d'oxydes est élevée par rapport aux minerais en usage de nos jours (avec une teneur en fer totale de 4 à 5%). On rappellera à cet égard que les laitiers actuels ont une teneur en fer généralement inférieure à 1%. Le second groupe comprend des laitiers mats, assez fortement boursouflés et de couleur un peu plus claire. Il s'agit de laitiers plus basiques que les premiers, avec un taux de $CaO/SiO_2$ de l'ordre de 0,7/0,8, et qui sont, par conséquent, plus pauvres en fer (Fe tot. = 2/4), mais qui restent cependant plus riches que nos laitiers d'aujourd'hui. Compte tenu des minerais utilisés, les laitiers les plus siliceux semblent davantage correspondre à ceux de l'époque de Buffon où l'on utilisait, certes en partie seulement, les minerais, particulièrement siliceux, du Montbardois et où l'auteur recommandait, comme on l'a vu, une marche "acide", avec ajout de pierre d'aube. Par la suite, à partir des années 1810, une utilisation plus intensive des minerais oolithiques du Val-de-Jully et l'abandon des minerais sidérolithiques du Montbardois pourraient expliquer une allure plus basique, que la littérature technique signale comme plus fréquemment pratiquée aussi en Grande-Bretagne durant la première moitié du XIX[è] siècle.

À défaut de disposer pour le moment d'échantillons de fonte provenant du haut fourneau de Buffon, force est de s'en remettre aux indications de la bibliographie. R.F. Tylecote indique que les hauts fourneaux au bois britanniques de la fin du XVIII[è] siècle produisaient une fonte truitée d'une teneur en carbone total inférieure à 4%, dont 2,5% de carbone graphitique et 1,5% de carbone combiné sous forme de cémentite. Ces fontes sont généralement pauvres en manganèse (avec un taux souvent inférieur à 0,20%, alors que les fontes d'affinage modernes titrent entre 0,5 et 0,7%), avec, en outre, de très faibles traces de soufre (à un taux inférieur ou égal à 0,03%), liées à l'emploi de charbon de bois exempt de cet élément.

S'agissant du fer produit à Buffon, nous possédons au moins un échantillon dont

---

74. Renseignements aimablement communiqués en 1988 aux auteurs par P. Benoit, Maître de Conférences à l'Université de Paris-I, sur la base des fouilles effectuées sur le site des Munières en Forêt domaniale de Fontenay, ainsi que par Ph. Peyre, à la suite de ses campagnes de fouilles en 1988 et 1989 sur le site de Pinsot près Allevard (Isère).

75. Tylecote [45] : pp. 108-109.

l'authenticité, si l'on peut dire, peut être garantie : il s'agit d'un fragment de la Gloriette, édicule en fer forgé, dont l'exécution fut commandée par Buffon pour le Jardin du Roi, et qui fut construit en 1786. Cet échantillon, étudié par le Centre d'Études et de Recherches de Vallourec, est du fer extra-doux (à 0,032% de carbone), ne comportant ni silicium ni aluminium, ce qui correspond bien à un affinage à l'état solide. Il présente une teneur en soufre très élevée, ce qui contredit d'une manière peu explicable en l'état les observations précédentes sur la fonte ancienne. Un tel métal ne pouvait être forgé qu'à basse température (inférieure ou égale à 800°C) pour éviter la liquation des inclusions de sulfures ou oxysulfures que montre la micrographie. Celle-ci, en revanche, présente un grain régulier et non déformé, entrecoupé de sulfures alignés. Il faut donc admettre que le métal ait subi un recuit après forgeage, traitement qui n'est pas, à notre connaissance, signalé par Buffon, lequel fait seulement état du revenu après trempe, mais l'on ne peut supposer dans le cas présent que le métal ait été trempé.

Ces analyses ne permettent, en l'état, aucune conclusion définitive pour l'époque de Buffon, en raison du nombre très restreint d'échantillons disponibles, pour chacun des types de minerais et de produits considérés, de l'incertitude de leur datation, à l'exception de l'échantillon de fer, et enfin parce qu'il s'agit, toujours en dehors de ce dernier cas, de déchets trouvés en fouille dont on peut craindre qu'ils ne soient pas représentatifs des produits de la période envisagée.

Plus, peut-être, que dans les autres aspects de son œuvre, de naturaliste notamment, c'est dans l'activité métallurgique de Buffon que le contraste s'avère le plus prononcé entre les intentions et les réalisations, entre le programme et les résultats. Non pas, certes, que ceux-ci aient en eux-mêmes été négligeables, même si les plus importants ne furent pas toujours en fin de compte ceux auxquels il ait attaché le plus d'importance dans ses écrits. Mais l'on ne peut se départir du sentiment qu'ils ne furent pas, cependant, à la hauteur des ambitions proclamées.

Force est bien de constater, en particulier, que le projet de constituer la métallurgie en une science appliquée, que, du reste, il partageait avec un certain nombre de ses contemporains, demeura lettre morte, faute d'avoir pu bénéficier en temps voulu des avancées décisives de la chimie sur le rôle du carbone qui ne fut précisément mis en évidence que quelques années avant sa mort. Aussi bien ne fut-il ni plus ni moins heureux que nombre d'autres chercheurs sérieux de son temps – laissons de côté ici tous les Delaplace aux pratiques restées incontrôlables sous prétexte de secret, à la différence de ses expériences relatées en des comptes rendus détaillés–, dans ses tentatives pour perfectionner les procédés de fabrication de la fonte, du fer et de l'acier. C'est sans doute la raison pour laquelle ses travaux s'avérèrent bien plus rapidement dépassés dans ce domaine que dans celui, par exemple, des sciences de la vie et qu'après avoir bénéficié d'un large retentissement de son vivant, ils furent vite oubliés après sa mort. S'ils firent encore référence durant la période révolutionnaire, ils cessèrent d'être cités dans les nombreux traités techniques qui furent publiés en matière de métallurgie à partir de l'époque impériale.

Si sa volonté innovatrice est incontestable, et si l'on ne saurait mettre en doute la réussite, à titre expérimental, des différents procédés dont il fit l'essai successivement, il ne parvint pas davantage que les autres praticiens français contemporains, notamment pour la fabrication de l'acier, à cette régularité dans les résultats qui eût seule permis de les faire passer au stade opérationnel de la production, c'est-à-dire, en d'autres termes, qu'il échoua dans leur industrialisation. Il n'en mit pas moins en œuvre dans sa Grande Forge son projet de rationalisation du système technique existant, avec une cohérence et un systématisme qui en faisaient sans nul doute, lors de sa création, l'un des établissements les plus modernes et les mieux conçus du royaume. Aussi bien les échecs que l'on vient de rappeler ne sauraient-ils faire oublier l'ampleur des vues de l'entrepreneur, l'acclimatation réussie en France –même si elle devait mettre bien du temps après lui pour s'imposer partout– de la section circulaire pour la cuve des hauts fourneaux, innovation majeure s'il en est, et les progrès pratiques accomplis vers la conception de l'espace usinier qui devait s'imposer à l'ère de la première industrialisation. Autant de titres pour maintenir à l'aventure métallurgique de Buffon une place de premier ordre dans l'histoire de la sidérurgie française, et donner tout leur sens aux vestiges de ses Forges désormais reconnus comme une composante majeure du patrimoine industriel national.

## BIBLIOGRAPHIE *

(1)     ANTONETTI (G.), «Recherches sur la propriété et l'exploitation des hauts fourneaux du Châtillonnais», Dijon, Archives départementales de la Côte-d'Or, 1973, 87p. (Édition en tiré-à-part d'un article paru *in Annales de Bourgogne*, XLIII (1971) : pp. 167-211 et 233-273).

(2)     BALLOT (Ch.), *L'Introduction du Machinisme dans l'industrie française* (Comité des Travaux historiques, Section d'histoire moderne et contemporaine, fasc. IX), Paris, Rieder, 1923, XVII-575p.

(3)†    BAZIN (J.-A. dit l'Aîné), *Traité sur l'Acier d'Alsace ou l'Art de convertir le fer de fonte en acier.* (Suivi de) *Traduction de quelques chapitres du livre de M. Swedenborg sur la manière de convertir le fer crud, ou de fonte, en acier, en divers lieux*, Strasbourg, Jean Renaud Dulfsecker, 1737, 10-115p.

(4)     BECK (L. Dr.), *Die Geschichte des Eisens in technischer und kulturgeschichtlicher Beziehung, Bd. III, Das XVIII. Jahrhundert*, Braunschweig, F. Vieweg und Sohn, 1897, 1205p.

(5)     BELHOSTE (J.-Fr.) et MAHEUX (H.), «Les forges dans leur espace» *in Les Forges du Pays de Châteaubriant*, Cahiers de l'Inventaire n° 3, Ministère de la Culture, Inventaire général de Monuments et Richesses artistiques de la France, Paris, (1984) : pp. 136-151; des mêmes, «Les bâtiments de productions, de stockage et d'habitation», *in Ibid.* : pp.152-185.

(6)     BENOIT (S.), «Les Forges de Buffon», *Monuments historiques*, 107 (1980) : pp. 53-64.

(7)     BENOIT (S.), «Les Forges d'Aisy-sur-Armançon du XVIIᵉ au XIXᵉ siècle», *in Actes du 51e Congrès de l'Association bourguignonne des Sociétés savantes, Montbard, 6-8 juin 1980*, Montbard, Association des Amis de la Cité de Montbard, (1981) : pp. 13-24.

(8)     BENOIT (S.), «La sidérurgie du Châtillonnais après l'avènement du procédé indirect (c. 1480 - c. 1570)», *in Mines, Carrières et Métallurgie dans la France médiévale, Actes du Colloque de Paris, 20-22 juin 1980*, P. Benoit et Ph. Braunstein éds., Valbonne, Centre régional de Publications du C.N.R.S., (1983) :

---

* Sources imprimées et études. Les sources sont distinguées par le signe †.

pp. 77-116.

(9)     BENOIT (S.) et PEYRE (Ph.), «L'apport de la fouille à la connaissance d'un site industriel : l'exemple des Forges de Buffon (Côte-d'Or)», *L'Archéologie industrielle en France*, 9 (mai 1984) : pp. 5-18.

(10)    BENOIT (S.), «L'approvisionnement en minerai de fer de la Grande Forge de Buffon (Côte-d'Or)», *Revue scientifique du Bourbonnais*, 100 (1987) : pp. 175-193, 3 cartes dépl.

(11)    BENOIT (S.) et RIGNAULT (B.), «Le patrimoine sidérurgique du Châtillonnais», *Mémoires de la Commission des Antiquités du Département de la Côte-d'Or*, XXXIV, 1984-1986, (paru 1988) : pp. 377-444.

(12)    BENOIT (S.), «Les Forges de Buffon», *in Buffon 1788-1988*, Paris, Imprimerie Nationale Éditions, (1988) : pp. 134-157.

(13)    BENOIT (S.), «La consommation de combustible végétal et l'évolution des systèmes techniques», *in* Woronoff (D.) dir., *Forges et Forêts. Recherches sur la consommation proto-industrielle de bois*, Paris, Éditions de l'Ecole des Hautes Études en Sciences sociales, 1990 : pp. 87-150.

(14)    BENOIT (S.) et PEYRE (Ph.), «Un nouvel espace de travail : les forges à l'anglaise», à paraître *in* D. WORONOFF éd., *Techniques, productions et espaces de travail : recherches sur la sidérurgie française au XIX$^e$ siècle*, à paraître aux Éditions Belin.

(15)    BERTIN (L.), «Buffon, homme d'affaires», *in Buffon*, Paris, Muséum national d'Histoire naturelle, 1952.

(16)    BRIERE (M.), «Georges Leclerc de Buffon gentilhomme sidérurgiste ou le naturaliste à la forge», *Minéraux et Fossiles*, 7, (octobre 1981), pp. 31-36, et 8 (janvier 1982) : pp. 15-29.

(17)    BROSSELIN (A.), «Forêts royales et forêts domaniales autour de Montbard du XVII$^e$ au début du XXème siècle», *in Actes du 51e Congrès de l'Association bourguignonne des Sociétés savantes, Montbard, 6-8 juin 1980*, Montbard, Association des Amis de la Cité de Montbard, (1981) : pp. 25-30.

(18)    BRUNET (P.), «Sylviculture et technique des forges en Bourgogne au milieu du XVIII$^e$ siècle», *Annales de Bourgogne*, II (1930) : pp. 337-365.

(19)†   BUFFON (G. L. Leclerc de), *Œuvres complètes...avec la nomenclature linnéenne et la classification de Cuvier*, Revues sur l'édition in-4° de l'Imprimerie Royale par M. Flourens, Paris, Garnier Frères, s.d., 12 vol.

(20)†   BUFFON (G.L. Leclerc de), *Correspondance inédite de Buffon à laquelle ont été réunies les lettres publiées jusqu'à ce jour*, H. Nadault de Buffon éd., Paris, L. Hachette et Cie, 1860, 2 vol., XXXVII-500p. et 644p.

(21)†   COURTIVRON (G. de), «Discours sur la Nécessité de perfectionner la Métallurgie des Forges pour diminuer la consommation des Bois», *Histoire et Mémoires de l'Académie royale des Sciences, Année MDCCXLVII*, Paris, Imprimerie royale, (1752) : pp. 287-304.

(22)    ESTAUNIE (E.), «Buffon», *Mémoires de l'Académie des Sciences, Arts et Belles-Lettres de Dijon*, (1924), I : pp. 41-64.

(23)    FORTUNET (Fr.), «Forges et patrimoine forestier : l'exemple d'une communauté vigilante : Arrans, Côte-d'Or», *Mémoires de la Société pour l'Histoire du Droit et des Institutions des anciens pays bourguignons, comtois et romands*, 37 (1980) : pp. 241-251.

(24)    GERMAIN-MARTIN, *Buffon, maître de forges*, Le Puy, R. Marchessou, 1898, 12p.

(25)    GILLE (B.), *Les origines de la grande industrie métallurgique en France*, Paris, Domat-Monchrestien, 1948, XXXI-212p.

(26)†   GRIGNON (P.-Cl.), «Mémoire de Sidérotechnie...sur les moyens de laver et fondre les mines de fer avec économie» [1772], *in Mémoires de Physique sur l'Art de fabriquer le Fer....*, Paris, Delalain Aîné, 1775.

(27)†   GRIGNON (P.-Cl.), «Mémoire contenant les détails, analyses & résultats des expériences faites en 1780, par ordre du Gouvernement, dans les Forges du Comté de Buffon en Bourgogne, & dans la Manufacture royale d'Acier fin de Néronville en Gâtinois; afin de connoître si les Fers françois ont la propriété d'être convertis en Acier, par la voie de la cémentation» (1782) *in Analyse du Fer*, Paris, (1783) : pp. 234-284.

(28)† HUMBERT-BAZILE, *Buffon, sa famille, ses collaborateurs et ses familiers. Mémoires par M. Humbert-Bazile, son secrétaire, mis en ordre, annotés et augmentés de documents inédits par Henri Nadault de Buffon, son arrière petit-neveu*, Paris, Veuve Jules Renouard, 1863.

(29) LASSUS (Fr.), «Un conflit entre des maîtres de forges et leurs ouvriers au XVIIIè siècle, aux forges de Bèze et de Bezouotte», *Annales de Bourgogne*, XLIV (1972) : pp. 84-93.

(30) LEON (P.), *Recueil de textes relatifs à la technique métallurgique dauphinoise. Les enquêtes de Grignon et de Binelli (1778-1783)*, Paris, Hermann, 1960, 217p.

(31)† LE PLAY (Fr.), «Mémoire sur la fabrication et le commerce des fers à acier dans le nord de l'Europe, et sur les questions soulevées depuis un siècle et demi par l'emploi de ces fers dans les aciéries françaises», *Annales des Mines*, 4e Série, IX (1846) : pp. 113-306.

(32) MANTOUX (P.), *La révolution industrielle au XVIIIè siècle, essai sur les commencements de la grande industrie moderne en Angleterre*, Paris, G. Bellais, 1906, 543p.

(33) MEYERS (H.), *Charcoal Ironmaking, A Technical and Economic Survey of Brazilian Experience*, New York, ONUDI, 1978 (Rapport 160.228 du 8 novembre 1978).

(34) Musée de la Sidérurgie en Bourgogne du Nord, *La Grande Forge de Buffon. Historique et Guide de visite*. Avant-propos de Denis Woronoff. Texte de Serge Benoit. Dessins de Bernard Rignault et Mustapha Demir. Photographies de Jacques Hiver, Buffon, Association pour la sauvegarde et l'animation des Forges de Buffon, 1990, 108p., ill., fig.

(35)† PARCIEUX (A. de), «Mémoire dans lequel on démontre que l'eau d'une chûte destinée à faire mouvoir quelque machine, moulin ou autre, peut toûjours produire beaucoup plus d'effet en agissant par son poids qu'en agissant par son choc...», *Histoire et Mémoires de l'Académie royale des Sciences, Année MDCCLIV*, Paris, Imprimerie royale, (1759) : pp. 603-614.

(36)† REAUMUR (A. Ferchault de), *L'Art de convertir le fer forgé en Acier et l'Art d'adoucir le fer fondu ou de faire des ouvrages de fer fondu aussi finis que de fer forgé*, Paris, Michel Brunet, 1722, XII-566p., in-4°.

(37) RIGNAULT (B.), «Les Forges de Buffon, commune de Buffon (Côte-d'Or)», *Mémoires de la Commission des Antiquités du Département de la Côte-d'Or*, XXVII, (1970-1971) : pp. 209-225.

(38) RIGNAULT (B.), «Les Forges de Buffon», *Revue d'Histoire des Mines et de la Métallurgie*, IV, 1-2 (1972) : pp. 105-115.

(39) RIGNAULT (B.), *Les Forges de Buffon en Bourgogne. Département de la Côte-d'Or*, Buffon, Association pour la Sauvegarde et l'Animation des Forges de Buffon, 1978, multigraphié, 69p.

(40) RIGNAULT (B.) et DUNIAS (L.), «Recherche scientifique et sidérurgique au 18e siècle : un maître de forges inattendu, Buffon», *in Journées de Paléométallurgie, Université de Technologie de Compiègne, 22-23 février 1983*, multigraphié, Compiègne, Université de Technologie de Compiègne, (1983) : pp. 129-135.

(41) ROGER (J.), *Buffon, un philosophe au Jardin du Roi*, Fayard, 1989, 645p.

(42) SMITH (C.S.), «The Discovery of Carbon in Steel», *Technology and Culture*, V, 2 (1964) : pp. 149-175.

(43)† TRONSON DU COUDRAY, *Nouvelles Expériences et Observations sur le Fer relativement à ce que M. de Buffon dit de ce Métal dans l'Introduction à*

*L'Histoire naturelle des Minéraux qu'il vient de publier*, Uppsal, Paris, Ruault, 1775.

(44)† TURGOT (A.R.J., baron de l'Aulne), *Œuvres de Turgot et documents le concernant avec biographie et notes par Gustave Schelle*, Paris, Félix Alcan, 5 vol., 1913-1923.

(45) TYLECOTE (R.F.), *A History of Metallurgy*, London, The Metals Society, 1979.

(46) WORONOFF (D.), *L'industrie sidérurgique en France pendant la Révolution et l'Empire*, Préface d'Ernest Labrousse, Paris, Éditions de l'École des Hautes Études en Sciences sociales, 1984, 592p.

# 32739

# 6

## BUFFON "EXPERT" : L'AFFAIRE DELAPLACE (1778-1800)

Roland ELUERD *

Au début du XVIIIᵉ siècle, on tenait encore l'acier pour un fer plus pur que le fer ordinaire. Publiés en 1722, les travaux de Réaumur bouleversent ce point de vue. Il est en effet le premier à comprendre que *«l'acier, loin d'être un fer plus affiné, un fer plus pur, comme on l'a voulu jusqu'à présent, n'est qu'un fer plus pénétré de parties sulfureuses et salines, et dont les molécules sont plus petites, mieux charpiées que celles du fer ordinaire».*[1] À un ordre reposant sur l'hypothèse d'un affinage progressif du minerai (minerai, fonte, fer puis acier), Réaumur substitue un ordre qui repose sur une teneur décroissante en *«parties sulfureuses et salines»* : minerai, fonte, acier, fer.

Cette découverte aurait pu influer de manière décisive sur les travaux de la métallurgie du fer. Mais la théorie, d'abord saluée par l'Académie des Sciences,[2] *le Journal des Savants,*[3] *les Mémoires de Trévoux* [4] et l'article *Acier* de *l'Encyclopédie,*[5] fut bientôt oubliée.

La première raison de cet oubli tient au prestige du phlogistique : pour presque tous les auteurs du temps, l'acier est un fer surchargé de phlogistique.[6] La seconde raison tient au prestige de l'acier lui-même. Pouvoir le considérer comme un fer parfait, obtenu au terme d'un affinage aussi délicat que celui de l'or ou de l'argent, c'était en faire un symbole de pureté. Au rebours, en définissant l'acier comme un état intermédiaire entre la fonte et le fer, Réaumur détruisait ce rêve, banalisait l'acier, affirmait au fond qu'il n'était qu'un fer impur!

Cette hypothèse parut inacceptable. Et comme la définition des phlogisticiens conservait l'hypothèse d'un fer pur surchargé ensuite de "principe inflammable", la mise à l'écart de la découverte de Réaumur était à peu près fatale.

C'est pourquoi, tout au long du siècle, les services officiels des mines et des forges sont régulièrement sollicités par des "inventeurs" qui prétendent connaître le secret de la fabrication des aciers. L'un de ces inventeurs, Jean-Baptiste Delaplace, arrive aux Forges de Buffon à la fin du mois de juillet 1779, pour faire la preuve de la *«bonté de son procédé».*

---

* Centre de Linguistique française, Université de Paris III. 13, rue de Santeuil. 75231 Paris Cédex 5. France.

1. Réaumur [48] : p. 218.

2. *Histoire et Mémoires pour l'an 1722* : pp. 39-55 (texte de Fontenelle).

3. *Journal des Savants*, LXXIII (avril 1723) : pp. 161-258; LXXIV (mars 1724) : pp. 105-113.

4. *Mémoires pour servir à l'histoire des sciences et des beaux-arts* (dits *Mémoires de Trévoux*), 1724 : pp. 1313-1333.

5. *Encyclopédie* [39], T. I : p. 102, rédaction de Diderot à partir du texte de Fontenelle. Analyse complète de l'article dans Eluerd [40].

6. Voir *Du fer* [1783], in Buffon [37], T. II : p. 477; ainsi que Jars [42], T. I : p. 21 et Macquer [44], T. I : pp. 31-32.

# I
## «L'AFFAIRE DELAPLACE»

Exposer en détail les tribulations du sieur Delaplace nous écarterait de notre propos. J'en donnerai donc un bref résumé où seront marqués les points de contact avec les Forges de Buffon, puis je reviendrai sur ces points.

J.-B. Delaplace entre dans l'histoire des forges par un mémoire adressé à Necker en août 1778. Il prétend posséder «*le secret de molifier le fer de france et de le rendre tel que celui de Suède ou de Biscaye (...) et de transmuer par cémentation ce même fer forgé en acier aussi parfait que l'est celui des anglois*».[7] En échange de son secret, il ne demande que le titre de «*Directeur général des mines et minières de fer*»!

Les services de Necker écartent la question du titre sans autres commentaires et transmettent le dossier à l'intendant du Commerce, Tolozan.[8] Après un nouveau mémoire de Delaplace[9], Tolozan consulte Pierre-Clément Grignon qui faisait figure d'expert officiel; nous verrons pourquoi en revenant sur cet épisode. Le jugement de Grignon est défavorable,[10] mais Delaplace, Tolozan et Grignon tombent malgré tout d'accord pour que des essais soient effectués aux Forges de Buffon,[11] où ils se déroulent entre le 27 juillet et le 25 août 1779.[12] L'ensemble des rapports est transmis à Grignon, celui-ci réitère son avis négatif.[13] Fort de cette conclusion, Necker refuse d'abord de couvrir les sommes déboursées par Delaplace, puis cède à ses pressions insistantes en mai 1780.[14]

L'inventeur le remercie mais affirme que les essais sont positifs et que Grignon n'est pas impartial.[15] Pour soutenir sa cause, il publie un mémoire en juin 1782, obtient copie des procès-verbaux des essais et regroupe le tout en octobre de la même année.[16] Ayant adressé deux exemplaires du mémoire à Rigoley, dont un pour de Lauberdière, il reçoit en retour une lettre du maître de forges d'Aisy qui l'assure de son soutien et sa sympathie.[17] À force de prières, Delaplace obtient en 1783 de pouvoir refaire des essais aux Forges de la Chaussade, à Guérigny, près de Nevers.[18] Calonne consulte les chimistes Vandermonde et Berthollet sur la qualité des fers et aciers obtenus.[19] Ils ne notent pas d'améliorations décisives et demandent des expériences complémentaires.[20] Pour réponse, l'inventeur proteste de ses mérites et accuse les deux académiciens de jalousie.[21] Enfin, ce que l'Ancien Régime n'a pas pu lui assurer, il cherche à l'obtenir des nouveaux pouvoirs, en 1790 et en 1793,

---

7. Voir [4].
8. Voir [5].
9. Voir [6].
10. Voir [7].
11. Voir [8].
12. Voir [29] : ff° 1r° et 9v°.
13. Voir [20] : f° 4r°.
14. Voir [20] : f° 1r°, marge.
15. Voir [19], [21] et [31].
16. *Mémoire sur l'art de mollifier...* [45].
17. Voir [34].
18. Voir [29 bis].
19. Voir [2].
20. Voir [24].
21. Voir [3].

mais sans plus de succès.[22]

Delaplace meurt en 1799 ou en 1800. Nous l'apprenons par un long mémoire de Rigoley adressé *«au Citoyen Bonaparte, Ministre de l'intérieur»*, mémoire où l'ancien maître de forges revient une fois encore sur les essais de 1779, évoque les tribulations de Delaplace, laisse entendre qu'il ne l'a pas perdu de vue et expose ce qu'il juge être l'intérêt de son procédé en condamnant ceux qui n'ont pas voulu l'entendre, c'est-à-dire Grignon et... Buffon.[23]

Tels sont les principaux épisodes de l'affaire Delaplace. Revenons sur ceux qui rattachent l'inventeur à ses hôtes de Buffon.

## II
### LA PRÉPARATION DES ESSAIS DE JUILLET ET AOÛT 1779

Dans le premier mémoire qu'il adresse à Necker, en août 1778, Delaplace se présente comme chimiste autodidacte.[24] Consulté par Tolozan, Grignon reçoit l'inventeur, sans doute début janvier 1779, et le juge totalement incompétent : *«De par la conversation que nous avons eue avec M. De la Place, nous sommes dans la persuasion qu'il n'a pas les premières connaissances de l'art des forges, ny de la metallurgie et que ses prétendus secrets sont illusoires».*[25]

Cette opinion, ni Tolozan, ni Necker n'avaient de raisons de la discuter. Ancien maître de forges en Champagne, esprit curieux et méthodique, Grignon avait publié en 1775 un recueil de ses mémoires à l'Académie royale des Sciences sous le titre *Mémoires de physique*.[26] Sa réputation dépassait son mérite, mais protégé par Trudaine de Montigny, il avait rédigé en 1773 le texte d'une enquête sur les forges,[27] et venait de conduire en Dauphiné une importante mission.[28] Nanti du titre de *«Commissaire pour l'Inspection Générale des manufactures à feu»*, il faisait figure d'expert officiel. Buffon le connaissait et avait joué un rôle dans sa nomination. On connaît en effet une lettre adressée à Mme Necker le 4 août 1777 sur ce sujet : *«Deux hommes, M. de Grignon, chevalier de Saint-Michel, et M. d'Antic, celui-ci recommandé par Mme la duchesse de Villeroy, et le premier par son seul mérite, demandent une inspection des manufactures à feu. Cette partie des arts en a grand besoin, et je joins ici ma prière à leurs demandes. M. de Grignon surtout a fait un ouvrage excellent sur les manufactures de fer...».*[29] Necker suivit la recommandation de Buffon.

Dans tout cela rien ne permet donc de comprendre pourquoi, nonobstant l'avis de Grignon, Delaplace put malgré tout faire ses essais aux Forges de Buffon. Certes il accepta d'en assumer les frais, demandant simplement à être remboursé si le secret était jugé efficace. Les documents montrent qu'il n'en doutait pas. Il écrit en effet qu'il *«se flatte de les faires reussirs comme il a dejas fait nombre de fois et il sera*

---

22. *Procès-verbaux des Comités d'Agriculture et de Commerce* [46], I : p. 345; *Rapport fait à la Société des Inventions et Découvertes sur les Travaux du citoyen Delaplace pour améliorer les Fontes, les Fers et les Aciers* [47].

23. Voir [25] à [28].

24. Voir [4].

25. Voir [7].

26. Grignon [41].

27. Arch. nat. F 12 1300 A, pièce 172.

28. Voir Léon [43].

29. À Madame Necker, 4 août 1777, in Buffon [38], T. I : p. 348.

*tres satisfait de les reïterer sous les yeux de Monsieur le comte de Bufon, on ne peut desirer un juge plus éclairez ni plus Equitable que lui».*[30] Mais cet engagement suffisait-il contre l'avis de Grignon? D'autre part, comment expliquer l'accueil fort amène que lui réserva Buffon?

Une première explication peut être recherchée dans l'état des connaissances métallurgiques tel que nous l'avons exposé en introduction. Tout semblait si embrouillé et fers ou aciers faisaient tant défaut que les services officiels, ni Buffon, ne pouvaient risquer de passer à côté du moindre espoir de progrès.

Mais on doit sans doute ajouter une seconde raison, d'un ordre très différent. Nous avons vu que la première rencontre entre Grignon et Delaplace s'était mal passée. Delaplace prétend que le jugement de Grignon ne fut pas exclusivement technique. Dans une lettre à Tolozan, il explique : *«M. Grignon m'a fait pressentir que l'art des forges ne pouvoit pas être éclairé par un homme qui auroit été au service de quelqu'un, il m'a demandé si je n'avois pas été à celui de M. Necker, L'affirmatif a été ma réponse; et jugeant de la personne, et non mon opération, il a fait un rapport absolument contraire à la vérité et aux vrais principes».*[31]

D'autres documents confirment que Delaplace avait bien été au service non de Necker lui-même, mais de Mme Necker. Est-ce parce qu'il pensait pouvoir compter sur un appui qu'il écrivit à Necker après que celui-ci fut devenu Directeur général? Cela peut-il expliquer le déroulement des essais à Buffon, l'accueil reçu et, plus tard, malgré l'échec du procédé, le remboursement de 500 livres accordé *«par grâce spéciale»*, précise un mémoire récapitulatif, mémoire où l'on peut lire également : *«M. Necker a mis au bas de sa main Bon pour 300 L. de plus.»*[32]

N'exagérons pas trop l'appui dont put bénéficier Delaplace. Grignon rapporte qu'il a *«oui dire a Madame Necker qu'elle* [l'avait renvoyé] *parce qu'il étoit trop borné».*[33] De fait, l'obstination avec laquelle, pendant plus de vingt ans, Delaplace harcèle services et bureaux, avançant toujours les mêmes arguments, se trouvant chaque fois de nouveaux adversaires, arguant sans fin d'une nombreuse famille à soutenir pour solliciter qu'on l'écoute et qu'on l'aide, dessine bien le portrait d'un homme entêté et *«borné»*.

C'est cependant ce même Delaplace que Buffon accueillit dans sa forge et l'on doit reconnaître que Grignon fut le seul qui s'opposa ouvertement aux prétentions de l'inventeur. Par contrecoup, cela valut à Delaplace l'appui décidé de Rigoley qui n'aimait pas Grignon. Voyons comment et pourquoi.

### III
### LES ESSAIS : LES DOCUMENTS TECHNIQUES

En dépit de l'avis de Grignon, il avait donc été convenu que Delaplace ferait des essais à Buffon. Le 8 juin 1779, Tolozan écrit à Delaplace : *«J'ay vu en conséquence M. de Buffon. Il est parti avant hier pour se rendre a sa terre, mais il m'a dit que ses affaires ne luy permettaient pas de vous recevoir dans ses forges avant quinze jours».*[34] Le 11, Delaplace répond que le délai l'arrange : il s'est blessé à la jambe et

---

30. Voir [8].
31. Voir [17].
32. Voir [20] : f° 1r° marge.
33. Voir [36].
34. Voir [9].

ne peut se déplacer.[35]

Le 22 juillet, Tolozan écrit à Buffon :

«Le Sr De la Place ayant présenté au gouvernement plusieurs mémoires tendant à obtenir des graces en faveur du secret qu'il pretend avoir de mollifier le fer et de le convertir en acier (accepte d'en faire les essais). Je vous prie Monsieur de bien vouloir vous y preter et d'engager M. de L'auberdière et M. Rigoley d'Aisy comme les maîtres de forges les plus à portée d'être présents aux opérations du Sr De la Place et de Nous en rendre compte. (...) Avec nos respectueux attachements, etc». [36]

Le protocole des essais, rédigé par Grignon, détaille l'ordre des coulées des gueuses, leurs numérotations, leurs pesées, les matériaux employés, etc. L'ensemble est *«signé et approuvé»* par Delaplace lui-même.[37]

Les documents ne précisent pas le jour de l'arrivée de Delaplace à Buffon mais le *Journal de travail* des forges indique que les expériences ont commencé le 27 juillet.[38] Du 27 au 31 se déroulent les essais pour mollifier le fer, c'est-à-dire adoucir la fonte, puis du 10 au 25 août ceux pour cémenter le fer forgé et tester les aciers obtenus.

Le 28 août est dressé l'*«État des debourcés effectifs faits pour l'Expérience du Sr De la Place a la forge de Buffon».*[39] Les dix premiers articles du compte traitent de frais justifiables : *«Fers pour construire le fourneau a acier»*, *«briques et herbuë»*, *«seize quintaux de charbon»*, etc. Total : 218 livres que Delaplace paye à de Lauberdière qui lui en donne reçu le 30 août. La suite de l'état concerne la gêne apportée aux travaux en cours. Exemples :

«L'obligation où l'on a été de diminuer le nombre des charges pour la coulée de chaque gueuse a necessairement apporté une perte dans le produit du nombre des charges...»

«Avant de commencer l'operation de l'affinage des fontes d'Expérience l'on a eté obligé de cesser le travail ordinaire, d'arrêter le feu et de vuider la chaufferie...»

Ou encore :

«La Première expérience faite a la fonderie a exigé que l'on chauffe le fer au four de reverbere de la batterie, ce qui a retardé le travail de cette Batterie».

Tous ces dérangements sont soigneusement évalués par Buffon lui-même : 75 livres ici, 54 là, en tout 633 livres *«qu'on ne pouvait pas exiger du Sieur de la Place»*, précise Buffon avant de signer l'état.

Le 1er septembre, une lettre de Rigoley et de Lauberdière annonce à Tolozan l'envoi des procès-verbaux établis et des échantillons traités. La caisse d'échantillons est accompagnée d'un inventaire portant les sceaux de Buffon, Delaplace, Rigoley et de Lauberdière.[40]

Le bilan des essais est relativement médiocre. Sur l'adoucissement du fer, par exemple, un premier procès-verbal du 31 juillet conclut :

«Il résulte de toutes les expériences cy dessus que loin que l'opération du Sr de la Place ait détérioré la nature des fers de Buffon, qu'elle a cependant visiblement changé; elle leur a fait acquérir du corps, de la Ductilité et mis en état de passer au feu plus de fois sans

35. Voir [10].
36. Voir [11].
37. Voir [30].
38. Voir [29] : f° 10r°.
39. Voir [12].
40. Voir [13], [14] et [29].

devenir nerf et sans les rendre cassants».[41]

On le voit, l'opération a pour principal mérite de n'avoir pas détérioré les fers de la forge. C'est évidemment un résultat trop mince et Buffon lui-même réagit. Rigoley ajoute : *«Et après avoir communiqué à Mr le Comte de Buffon notre présent procès verbal, il a désiré que nous fissions de nouvelles expériences pour nous assurer plus positivement de la différence des fers».* Les essais sont effectués par *«le Sr Regnier méchanicien à Semur».* Il juge les fers de bonne qualité mais délicats à travailler.[42]

Le dernier document commentant cette suite d'expériences est une lettre de Buffon à Tolozan, datée : *«à Montbard, Ce 1er Septembre 1779».*[43] Buffon rend compte de l'ensemble des travaux effectués :

«Monsieur / En conséquence de la lettre que vous m'avés fait l'honneur de m'ecrire en datte du 26 juillet dernier, j'ai engagé les Srs de Lauberdière et Rigoley, Maistres des forges de Buffon et d'Aisy, de suivre exactement les expériences du Sr de la Place pour mollifier le fer, et je puis vous assurer, Monsieur, que pendant plus de trois semaines que ces expériences ont duré ils y ont toujours été présents l'un ou l'autre soit la nuit soit le jour».

Buffon revient ensuite sur les frais engagés : *«...il est juste que le Gouvernement fasse ce remboursement aux Srs de Lauberdière et Rigoley; j'en ai fait l'estimation au plus bas pied, et je puis même vous dire, Monsieur, que j'ai été témoin de presque toutes les opérations».*

Suit son opinion sur *«la méthode du Sr de la Place».* Cette opinion se partage en deux versants. Le premier est favorable : *«Il est certain que la méthode du Sr de la Place ne peut que bonnifier le fer (...). Il en est de même de son acier; cet homme mérite donc d'être encouragé et remboursé de tous les frais qu'il a fait».* Buffon juge utile d'avancer que l'amélioration eût été plus nette avec des fers de mauvaise qualité, ce qui n'est évidemment pas le cas de ceux de sa forge : *«...il faut avouer qu'il a eu un grand désavantage en faisant ses expériences aux forges de Buffon où le fer est de très bonne qualité...»*

Le second versant de l'opinion est plus réservé : *«... je ne puis prononcer décisivement a moins qu'il ne revienne cet hiver quand je serai de retour passer au moins deux mois à faire ses expériences plus en grand...»* La question importante est en effet celle du coût réel de l'opération :

«... il m'a assuré (que les drogues qu'il emploie) ne revenoient que quatre francs pour chaque millier de fonte qu'il veut bonnifier; cela fait déja 6 l. par millier de fer; et si, comme cela est possible, il en coutoit le double ou le triple, c'est a dire 15 ou 18 francs par millier de fer, il faudroit y renoncer, car il n'y a pas cette différence de prix entre le trés bon fer et le trés médiocre.»

Tout est donc lié aux *«drogues»* employées tant pour bonifier la fonte que pour cémenter le fer. Buffon souligne que Delaplace les a *«soigneusement cachées».* Il avance pourtant une hypothèse :

«Je présume par l'odeur que les drogues ont répandües dans le grand fourneau de fusion que ce sont des résines bitumineuses, et cela ne laisse pas d'être cher, et cela le sera peut être trop pour qu'on puisse l'employer; il faudrait donc que le Sr de la Place confiat son secret a vous seul, Monsieur, afin de juger seulement si les drogues qu'il employe ne

---

41. Voir [29] : f° 8r°.
42. *Ibid.*, f° 8v°-9v° et 15r°.
43. Voir [15].

rendroient pas son fer trop cher.»

On peut croire que Tolozan interrogea Delaplace, mais ni lui ni personne n'obtint jamais de réponse puisque cette obstination à ne rien révéler de son secret est encore soulignée, en 1800, dans l'ultime réponse des services officiels au mémoire de Rigoley.[44]

**IV**
**LES ESSAIS : LES RELATIONS ENTRE LES HOMMES**

Les documents que nous venons d'exploiter relatent les aspects techniques des essais. Tous datent de l'été 1779. D'autres documents, postérieurs, permettent de saisir le climat dans lequel ils se déroulèrent.

Le premier est la lettre de décembre 1780 où Delaplace remercie Necker des 800 livres qui lui ont été accordées. Il raconte :

«Mr. de Tolozan, au mois de juillet dernier en m'annoncant qu'il alloit me faire délivrer un ordre pour toucher 800 L. me diste que je m'etois mal conduit en vers Mr. de Buffon, de m'être mis a sa table, ayant été le laquais de madame Necker, ce compliment m'a d'autant plus surpris que je ne m'etois mis a la table de Mr. de Buffon qu'apres biens des invitations réitéré de sa part et même d'un ton a me faire craindre sa disgrace si je le refusois; et son maitre de forge, est venus par son ordre m'arracher de mon ouvrage, me tenant par le bras, me conduisit dans la salle a manger et me fit assoire à table a côté de lui? auroit-il été naturele que j'allasse dire a Mr. de Buffon et a trois ou quatres maitres de forge et leurs filles, ou femmes qui etoient la; *dominé non sum dignus.* Je n'ai certainement jamais brigué aucun etat, et je me suis conduit comme tout honête hommes doivent faires. Mr. de Buffon me croyoit donc un gentilhomme, et c'etoit donc pour cela qu'il m'avoit accordé sa protection apres avoir vu l'effet de mon secret et m'avoir dit lui même qu'il etoit tres satisfait de moi, ainsi que MMrs. les commissaires voila son terme.»[45]

Si l'on rapproche ce récit de la lettre de Buffon, on voit que les relations entre Delaplace et son hôte furent d'abord cordiales. Pourquoi n'eurent-elles pas de suite? Le témoignage de Rigoley apporte une réponse, ou plutôt demande qu'on choisisse entre deux réponses.

Dans la lettre de 1782 où il remercie Delaplace pour l'envoi de son mémoire, Rigoley ne parle que d'*«ennemis secrets»,* et il conseille à l'inventeur de chercher l'appui de Buffon :

«ainsi Monsieur quoi que le procès verbal d'aoust 1779, soit et exat dans tous ses points, et que la signature du plus grand génie de la France et peut être de l'Europe entière, y ait mis un seau que l'on doit regarder comme immortel, il n'en est pas moin vrais qu'il faudroit suivre la marche que je trace pour la sureté des maitres de forges qui en feroit l'employ et pour votre propre gloire, la chose est si importante en soy, qu'il est inconcevable que l'on ayt négligé d'accepter les offres que M. de Lauberdière et moi avons fait, de souffrir l'opération en grand dans nos fourneaux; il faut, Monsieur que vous ayés des ennemis secrets, qui le sont par contre coup de l'art des fers, peut être que votre mémoire dessillera les yeux de ceux à qui l'on cherche à les voiler, si vous pouviez trouver quelqu'un auprès de Mr. le comte de Buffon pour l'engager à dire un mot en votre faveur, la justice qui vous est dû, vous seroit bien tot renduë, ce grand homme doit connoitre mieux que personne l'importance de votre secret, et combien est vrai et sincere le proces verbal

44. Voir [27] et [28].
45. Voir [21]. Dans le doc. [26], f° 1r°, Rigoley nomme l'un des maitres de forges qui séjournaient à

des operations faites a ses forges en aoust 1779.»[46]

En revanche, dans son mémoire de 1800, Rigoley adopte un ton très différent :

«Laplace fut sollicité de donner son secret, M. le Cte de Buffon l'eut volontiers acheté; le m. de forges d'Aisy, quoy qu'attaché à M. de Buffon, détourna Laplace de donner son secret à d'autres qu'au gouvernement. Ce conflit a fait le malheur de Laplace; M. de Buffon et ses partisans à Paris, ont croisés cet Être malheureux dans les démarches qu'il fit auprès du gouvernement.» [47]

Où est la vérité? Dans le Buffon qui aurait pu aider Delaplace ou dans celui qui ne fit qu'entraver ses démarches? Le ton amer de Rigoley en 1800 invite à la prudence. Buffon reste certes le *«grand homme»* qu'il évoque en 1782 mais l'ancien maître de forges n'en critique pas moins *«la partie de ses œuvres, sur la fabrication du fer, qu'il a eut le malheur de joindre à ses ouvrages immortels».*[48] Une chose est sûre : le rôle de Grignon dut être déterminant. On pourrait dire que Buffon choisit Grignon plutôt que Delaplace quand il eut renoncé à l'espoir d'acquérir le secret de ce dernier. Aussi, n'est-ce pas l'inventeur qui revint à la forge pour y faire des essais en grand, mais Grignon, pour des expériences sur la cémentation auxquelles Buffon fait allusion dans l'*Histoire des minéraux*.[49]

Nous avons vu que, dans ses lettres à Necker, Delaplace dénonce explicitement l'influence de Grignon. Il y revient dans le mémoire de 1793 mais en termes implicites bien que son adversaire soit mort en 1784 : *«un ci-devant médecin, et de suite ci-devant maitre de forges en Champagne, qui a fait l'art de la Séri-durgie, ou l'art des fers, où il y a beaucoup de bons noyés dans de la charlatannerie».*[50] Il faut convenir que le jugement n'est pas faux mais l'allusion était-elle suffisamment claire? D'autant plus que *«l'art de la Séridurgie»* est en fait un mémoire de *«sidérotechnie»*, écrit en 1761. Mais Grignon emploie effectivement sidérurgie dans un autre mémoire de la même année. Or comme il y a de grandes chances qu'il soit l'inventeur du mot, on trouve là, en dépit de l'erreur de Delaplace, un nouveau lien entre les deux hommes.[51]

Le rôle de Grignon est également souligné par Rigoley. C'est très certainement à lui qu'il pense dans les *«ennemis secrets»* de sa lettre de 1782 ou dans les *«partisants»* du mémoire de 1800. N'écrit-il pas : *«Si l'on découvre les papiers de Laplace, la preuve* [de l'utilité de son secret] *sera acquise, ainsi que les intrigues de Grignon, le factoton en métalurgie de M. de Buffon».*[52] On voit que Rigoley avait la rancune tenace. Aussi tenace que son estime pour Delaplace. Il faut dire, à sa décharge, que les raisons de sa rancune étaient peut-être plus justifiées que celles de son estime.

Tels sont les faits, ou plutôt ce que nous en livrent les documents que nous avons retrouvés. L'affaire est banale. Des inventeurs comme Delaplace, il y en eut des dizaines.[53] Mais elle nous conduit de la forge à la table de Buffon, elle nous

Buffon : «[le] *Sr. Courselles me. de forge dans l'angoumois».*
  46. Voir [34].
  47. Voir [26] : f° 2r°.
  48. *Ibid.*, f° 3r°, note 1.
  49. *Du fer* [1783], in Buffon [37], T. II : p. 469 et note d.
  50. Voir [47] : p. 10.
  51. Grignon [41] : pp. 45, 54 et 91.
  52. Voir [26] : f° 2r°, note 1.
  53. Voir Arch. nat. F 12 1300 B, dossier I. 1.

permet d'entrevoir qu'il manœuvra sans doute pour se procurer le secret convoité, elle montre combien la méconnaissance des natures réelles du fer et de l'acier laissait la porte ouverte à toutes les spéculations... dans les deux sens du terme!

Ajoutons pour conclure que, quand les recherches se libérèrent du phlogistique, les questions trouvèrent des réponses où Vandermonde, Berthollet et Monge redonnèrent à l'intuition de Réaumur sa juste place.[54] Dans l'aventure, il se trouva que les fers du Sieur Delaplace jouèrent un rôle. Oh! bien modeste, bien passif et bien indirect, mais un rôle quand même.

En examinant les fers des expériences réalisées par Delaplace à Guérigny, Vandermonde signale à Berthollet deux détails curieux :

«On a fondu a nud dans la forge un echantillon de l'autre gueuse de fonte de M. Delaplace, et le tisonier avec lequel on a retourné cette fonte dans le feu a pris la trempe et est devenu très bon acier par son extrémité. Dirons nous que c'est l'air dephlogistiqué combiné dans le fer aciéreux de cette gueuse qui se sera combiné avec le fer doux du tisonier?

L'autre expérience est celle des 58 chaudes successives en forgeant a chaque fois sur l'enclume, qui ont ramené cet acier de première fournée si pur et si éminemment acier a l'etat de fer aux extremités et à une grande douceur dans le centre. Comment le marteau qui substitue des parties fibreuses ou du nerf au grain, detruit-il la combinaison avec l'air dephlogistiqué?»[55]

Encore exprimées dans le vocabulaire transitoire employé par Lavoisier à l'époque, ces questions sur la cémentation et la réduction sont bien de celles qui peuvent mettre le chercheur sur la bonne voie.

On peut croire que Delaplace n'en sut jamais rien!

## TEXTES CITÉS

### SOURCES NON PUBLIÉES

(A) Archives nationales F 12 1300 B, dossier I.1. ; sous-dossier : «Pièces relatives au secret que dit posséder le Sr De la Place, et au moyen duquel il purifie le fer ou le convertit en Acier».

(1)     Pièce 66 : bordereau de pièces traitées entre octobre 1784 et mars 1786.
(2)     Pièce 81 : Calonne à Berthollet, 29 septembre 1784 (copie).
(3)     Pièce 71 : Delaplace à Calonne, Paris, le 2 mars 1786.

(B) Archives nationales F 12 1305 A, dossier I : «Expériences et pétitions de J.B. de la Place 1778-1793».

(4)     Delaplace à Necker, enregistré le 5 août 1778.
(5)     Necker à Delaplace, 18 décembre 1778 (copie).
(6)     Delaplace à Tolozan, fin 1778 ou début 1779. En marge : «*A M.* Grignon, *le priant de voir le party a prendre pour faire les expériences dont il s'agit 11 janvier 1779*».
(7)     Grignon à Tolozan, Paris, 21 janvier 1779.
(8)     Delaplace à Tolozan, Paris, 4 mars 1779.

54. Voir [44] : pp. 16 et s.
55. Vandermonde, Berthollet, et Monge [49].

(9)       Tolozan à Delaplace, 8 juin 1779 (copie).

(10)      Delaplace à Necker, Paris, 11 juin 1779.

(11)      Tolozan à Buffon, 22 juillet 1779 (copie).

(12)      *«État des debourcés effectifs fait pour l'Expérience du Sr Delaplace a la forge de Buffon débourcés par le Sr DeLauberdière Me de lad. forgé»*, établi à Buffon, le 30 août, signé *«De Lauberdière»*; suivi de : *«Frais a l'occasion des d. Expériences non Évalués»*, 28 août 1779, signé *«Le Cte de Buffon»*.

(13)      Rigoley et de Lauberdière à Tolozan, Forges de Buffon, 1er septembre 1779.

(14)      *«Inventaire des Paquets de fer et d'acier de l'Expérience du Sr De la Place*, cachets et signatures de Buffon, Delaplace, Rigoley et de Lauberdière, fin août 1779.

(15)      Buffon (à Tolozan), Montbard, 1er septembre 1779, 3 f°, seule la signature est de la main de Buffon. Extraits dans (47) : pp. 7-8.

(16)      Divers procès-verbaux sous forme de billets signés *«Bréon, serrurier»*...et *«Régnier, mechanicien»*, août 1779.

(17)      Delaplace à Tolozan, début 1780 ; lettre accompagnant (18).

(18)      *«Récit de ce qui s'est passé à la Forge de Buffon pour l'Expérience qui en a été faite par moi de la Place»*, début 1780, 4 f°.

(19)      Delaplace à Necker, Paris, 30 avril 1780, lettre autographe.

(20)      *«Mémoire»* récapitulatif établi par les services de Tolozan, fin mai 1780.

(21)      Delaplace à Necker, Paris, 5 décembre 1780, autographe.

(22)      Un exemplaire du document (45).

(23)      Vandermonde à Berthollet, Paris, 24 juin 1785, autographe.

(24)      *«Rapport sur les fers et aciers préparés par Mr de la Place»*, 30 juin 1785, signé Berthollet, 6 f°. Extraits dans (47) : p. 13.

(C) Archives nationales 12 2230, dossier : «Côte d'Or. M. Rigoley père à Montbard, an 8».

(25)      Rigoley *«au citoyen Bonaparte, ministre de l'intérieur»*, 8 fructidor an VIII, autographe.

(26)      *«Bonification générale des Fers»*, memorandum autographe de Rigoley, Montbard, 8 fructidor an VIII, 6 f°.

(27)      Rapport du Bureau consultatif des Arts et Manufactures au ministre de l'Intérieur, 15 fructidor an VIII.

(28)      *«Le ministre au C. Rigoley Père...»*, 1er jour compl. an VIII.

(D) Arch. Nat. F 14 4261, dossier : «1779. Procès-verbal constatant l'effet du secret de M. de la Place pour l'amélioration des fers».

(29)      *«Procès-verbal ordonné par le Gouvernement...»* suivi de *«Journal de travail de la forge de Buffon pour les expériences de M. de la Place (27 juillet 1779-25 août 1779)»*, 16f°. Voir (45).

(E) Archives nationales F 14 4261, dossier : «1783. Dossier relatif à la prétendue découverte du Sr La Place, concernant les moyens d'adoucir le fer et de fabriquer l'acier».

(29 bis) Ce dossier contient plusieurs pièces concernant les essais effectués par Delaplace à Guérigny en 1783.

(30)      *«Conditions auxquelles le Sr De la Place fera ses expériences Pour adoucir le fer»*, signé et approuvé par Delaplace, 22 juillet 1779. Repris dans (40) et c.r. du mémoire.

(31)      Delaplace à Necker, fin 1780, autographe.

(32)      *«Adoucissement du fer et fabrication d'acier du Sr de la Place»*, (Grignon), début mars 1780, 4 f°.

(33)      Rapport récapitulatif des services de Necker, fin mars 1781.

(34) Rigoley à Delaplace, 10 juin 1782, copie. Lettre reproduite dans *Journal d'Agriculture ...*, voir (45) et dans (47) : pp. 8-9 avec des notes de Delaplace qui signale : *«Le sieur de Lauberdière (Chaisneau de son vrai nom), est mort depuis 4 à 5 ans, à Saint-Domingue; note de 1791».*

(35) Delaplace à de la Boullaye, Paris, 4 octobre 1782, autographe.

(36) Grignon (à de la Boullaye), *«au Jardin du Roy»*, 11 décembre 1782.

## BIBLIOGRAPHIE *

(37)† BUFFON (G.L. Leclerc de), *Histoire naturelle des Minéraux*, Paris, Imprimerie Royale (éd. in 4°), 1783-1788, 5 vol.

(38)† BUFFON (G.L. Leclerc de), *Correspondance générale*, éd. Nadault de Buffon in *Œuvres complètes*, éd. de Lanessan, T. XIII et XIV, Paris, A. Le Vasseur, 1885.

(39)† *Encyclopédie ou Dictionnaire Raisonné des Sciences, des Arts et des Métiers*, par une Société de Gens de Lettres..., À Paris, chez Brisson [...], 28 vol., 1751-1772.

(40) ELUERD (R.), «Diderot éditeur : l'article *Acier* de l'*Encyclopédie*», *L'Information grammaticale*, 34 (juin 1987) : pp. 22-30.

(41) GRIGNON (P.C.), *Mémoires de physique*, Paris, Delalain, 1775, XL-656p.

(42) JARS (G.), *Voyages métallurgiques*, Lyon, G. Regnault, 3 vol., 1774-1781, XXXII-416p., XVIII-612p., VIII-568p. et pl.

(43) LÉON (P.), *Les Enquêtes de Grignon et de Binelli (1778-1783)*, Paris, Hermann, 1960, 219p.

(44) MACQUER (P.-J.), *Dictionnaire de Chimie*, Paris, Lacombe, 1ère éd., 2 vol., 1776.

(45)† *Mémoire sur l'art de mollifier et purifier le fer, Découverte du sieur de la Place*, suivi de : *Procès-verbal ordonné par le Gouvernement, pour constater l'effet du secret de M. De la Place, pour l'amélioration des Fers*, Paris, L. Jorry, 1782, br. de 25 + 33p. Un ex. complet en (22) et un ex. du p.v. à la Bibliothèque de l'École Nationale Supérieure des Mines de Paris, 10188/229-3. C. r. du seul mémoire dans *Journal d'Agriculture, commerce, finances et arts*, juillet 1782, pp. 79-87 et publication de la lettre de Rigoley, doc. (34), dans *Ibid.*, septembre 1782 : pp. 129-131.

(46)† *Procès-verbaux des Comités d'Agriculture et de Commerce*, publiés par F. Gerbaux et Ch. Schmidt, Paris, Imprimerie nationale, T. I, 1906.

(47)† *Rapport fait à la Société des Inventions et Découvertes sur les Travaux du citoyen Delaplace pour améliorer les Fontes, les Fers et les Aciers*, 3 octobre 1793, 21p. (B.N. Vp 2677).

(48)† RÉAUMUR (A. Ferchault de), *L'Art de convertir le fer forgé en acier et l'art d'adoucir le fer fondu* , Paris, Michel Brunet, 1722, XVIII-568p.

(49)† VANDERMONDE (A.), BERTHOLLET (C.L.), MONGE (G.), *Mémoire sur le fer considéré dans ses différents états métalliques* [lu à l'Académie Royale des Sciences au mois de mai 1786]; Paris, Imprimerie Royale, 1788, 71p.

* Sources imprimées et études. Les sources sont indiquées par le signe †.

#32 740

# 7

## LE TESTAMENT DE BUFFON

Roger SABAN *

Georges-Louis Le Clerc est né à Montbard le 7 septembre 1707 dans une de ces familles de la bourgeoisie campagnarde très attachée à sa terre depuis fort longtemps. Il fut, durant toute sa vie un personnage haut en couleur, aimant la représentation et la magnificence, mais travailleur acharné et toujours fort inspiré dans ses entreprises. La réussite l'éleva rapidement aux plus hautes distinctions, entrant à l'Académie des Sciences, dès 1733, puis au Jardin du Roi en 1739 et à l'Académie française en 1753, enfin ennobli en 1772 par Louis XV qui le fait comte de Buffon. Il réussit même à concrétiser l'idée qu'il s'était faite de devenir l'historien de la Nature. Durant les cinquante années qui suivirent, il se partagea entre le Jardin et Montbard où il régnait en seigneur généreux dispensateur d'emploi. Là, il s'isole dans sa gloire et dans l'étude pour rédiger l'*Histoire Naturelle*, négligeant querelles et calomnies. Bien introduit à la Cour, surtout après avoir livré au public ses réflexions scientifiques et philosophiques en traduisant de l'anglais des ouvrages de physiciens : tout d'abord, en 1735, celui de Stephen Hales sur *La Statique des végétaux;* puis, en 1740, celui d'Isaac Newton sur la *Méthode des fluxions et des suites infinies* qui firent sa renommée, mais aussi lui donnèrent l'occasion d'organiser sa pensée vers la réalité des faits qui guidera par la suite sa conception de l'*Histoire Naturelle*.[1] Fidèle au cartésianisme durant toute sa vie, il mourut en philosophe spiritualiste le 16 avril 1788 au petit matin.

La "maladie de la pierre" dont il souffrait depuis 1771 lui rendait la vie pénible surtout au cours de ses déplacements entre Paris et Montbard, si bien que le duc d'Orléans avait, en 1779, mis une litière à sa disposition.[2] Quelques années plus tard, en octobre 1783, sa grande amie, Madame Necker lui envoya une voiture qu'elle avait fait aménager et capitonner tout spécialement. À partir de cette date, la maladie progressa rapidement les crises devenant de plus en plus fréquentes et de plus en plus douloureuses. Il était soigné par les docteurs Portal et Petit. Au mois d'octobre 1785, il évacua avec peine quelques graviers dont deux étaient plus gros que des balles de pistolet.[3] En novembre 1787, il s'inquiète de hâter les travaux de rénovation du Jardin et pense que sa présence y devient nécessaire, nous dit Mlle Blesseau.[4] Il prend alors la route de Paris, c'était son dernier voyage. Sentant certainement sa fin prochaine, il confie, la veille de son départ, ses dernières volontés au révérend père Ignace Bougault, son confesseur. Il le rappellera d'ailleurs

* Laboratoire d'Anatomie comparée, Muséum national d'histoire naturelle. 55 rue de Buffon. 75005 Paris. France.

1. Hanks [11] : pp. 72 et 91.
2. Nadault de Buffon [17], T. II : p. 484.
3. Bourdier [4] : p. 57.
4. Lanessan [15] : p. 405.

bien vite, le 11 avril 1788, pour l'assister dans ses derniers moments. L'autopsie pratiquée le lendemain de sa mort, par le Dr. Girardeau, révèlera la présence de 57 calculs dans la vessie et le rein gauche, pesant ensemble 2 onces et 6 gros (env. 84 g).

Le 4 décembre 1787, Monsieur le comte de Buffon convoqua l'après-midi son notaire Maître Boursier assisté de Maître Delamotte, pour lui dicter ses dernières volontés. Cette étude qui détient encore l'original du testament est actuellement tenue par Maître Gilles Lauriau; nous remercions très chaleureusement celui-ci de nous en avoir donné communication pour célébrer la commémoration du bicentenaire de la mort du grand naturaliste (v. pièce annexe). Ce document a été exposé à Montbard dans le cadre du Colloque, aux Anciennes Écuries.

Suivant l'ordre du testament, nous reprendrons un par un chacun des personnages en essayant d'imaginer par quelques faits rapportés quelles avaient pu être les pensées de Buffon lorsqu'il dicta ses décisions au notaire.

C'est à son fils Georges Louis Marie qu'il pense en premier, le faisant légataire universel et lui donnant la charge d'organiser ses obsèques et gérer sa succession sous la tutelle de ses deux oncles les chevaliers de Buffon et de Saint-Belin. Ce fils chéri, âgé de 24 ans, sur lequel Buffon avait reporté toute son affection après la mort de sa femme survenue le 9 mars 1769. Son *«Buffonet»* comme il aimait à l'appeler lorsqu'il était enfant. Ce fils qui en grandissant lui créera quelques soucis par son caractère instable et son comportement fougueux. N'écrivait-il pas à Thouin, le 27 septembre 1787, de modérer son ardeur? Pour compléter son éducation et lui donner des responsabilités, il l'enverra en mission.[5] Une première fois, dès sa seizième année, il part pour la Hollande avec Lamarck le 12 mai 1780. Deux ans plus tard, son père, pour l'introduire auprès des Cours étrangères, le charge de porter son buste à la Grande Catherine à Saint-Pétersbourg, en passant par Potsdam où il rencontrera Frédéric de Prusse, mais il ne cessera dans sa correspondance de se plaindre de ses maladresses. À son retour, il fut admis, à 19 ans, comme officier des Gardes françaises. L'année suivante, Buffon qui avait la manie de marier les gens, lui fit épouser Marguerite Françoise de Bouvier de Cepoy le 4 janvier 1784. Cette union fut malheureuse et bientôt, cette jeune femme de 18 ans, très orgueilleuse, se riant de ce mari provincial, le délaissa, préférant paraître à la Cour. Fortement attachée au duc d'Orléans, elle lui fit attribuer en 1786 une charge de capitaine au Régiment de Chartres. Il continua de son côté sa vie de garnison. Après avoir quitté la Cour en juin 1787, il entra dans la Cavalerie comme capitaine au Régiment de Septimanie le 22 juillet 1787, puis dans l'Infanterie, nommé le 28 avril 1788, quelques jours après la mort de son père, major en second au Régiment d'Angoumois. Le ménage marchait mal mais les charges militaires lui faisaient accepter sa solitude. En 1789 il se range du côté du triomphe populaire et préside à Dijon, en 1790, la première fédération de la Côte-d'Or comme colonel général de la Garde Nationale. Cette même année, après un passage à Montbard où il revenait de temps à autre, il eut de la fille de la concierge de sa maison, Françoise Delignon, un enfant naturel, Jean-Baptiste, Louis, Victor qui porte sur les registres des réquisitions de 1794 à Montbard le patronyme Delignon –dit Buffon (communication personnelle de Marcel Ray, généalogiste à Montbard, Cercle généalogique de la Côte-d'Or). C'est peut être à ce moment que le couple entama

5. Flourens [8] : p. LXXXII.

une instance de divorce et que la comtesse fut plus ardente auprès du duc d'Orléans (elle n'avait que 23 ans).

La séparation eut lieu le 6 août 1791 et le divorce le 14 janvier 1793. Malgré tous les tracas qu'il lui causa de son vivant, notre naturaliste aimait sincèrement son fils et celui-ci le lui rendait bien. Il était en admiration devant lui, aussi avait-il fait élever en son honneur, dans le parc de Montbard, près de la tour, en 1785, lors d'une des nombreuses crises qui l'immobilisaient, une colonne portant cette inscription en latin : *«À la haute tour, l'humble colonne. À mon père, Buffon fils».* Et le père, dès sa première sortie, lui dit, fort attendri *«mon fils cela te fera honneur».*[6] En avril 1788, appelé au chevet du mourant, il recueillit ses dernières paroles empreintes des ultimes conseils pour une vie qu'il ne supposait si courte et finissant sur l'échafaud : *«Ne quittez jamais le chemin de l'honneur et de la vertu, c'est le seul moyen d'être heureux».*[7]

Immédiatement après son fils, Buffon pense à Madame Necker : sa noble amie, sa grande amie, sa chère amie, sa tendre amie, avec laquelle il ne cessera de correspondre jusqu'à sa dernière heure. *«Elle arrivait chaque matin au Jardin du Roi et venait s'asseoir au chevet du vieillard mourant; elle y restait jusqu'au soir, prolongeant souvent la veillée fort avant dans la nuit, et ne consentait à quitter la chambre où Buffon allait rendre le dernier soupir que lorsque le malade commençait à prendre quelque repos».*[8] Il connut en effet Suzanne Curchod, fille d'un pasteur du pays de Vaud, lorsqu'après avoir épousé en 1764, à 27 ans, le banquier genevois Jacques Necker, elle ouvrit un salon littéraire comme c'était la grande mode au XVIIIè siècle,[9] mais surtout pour assumer l'ascension de son mari qu'elle idolâtrait. Son salon favorisé par Madame Geoffrin lui permit d'établir rapidement des relations avec les *«gens du monde»* sans s'interdire les philosophes et les *«hommes de sciences».* C'était, en effet, depuis la fin du siècle précédent, avec Fontenelle, une des préoccupations des gens de lettres que d'élargir leur domaine à la philosophie et aux sciences d'observation telles que l'Astronomie et la Physique puis maintenant aux Sciences de la Nature et à la Médecine afin de ne rien négliger de ce qui est nouveau et fait l'actualité. On retrouve ainsi les philosophes chez Madame Geoffrin, les encyclopédistes chez Madame d'Épinay mais plus particulièrement chez le baron d'Holbach. Par l'éducation qu'elle reçut dans sa jeunesse, son goût pour la lecture et la réflexion, Madame Necker attira vers elle tout un aréopage de gens cultivés qui de plus pouvaient bénéficier, lorsque le besoin s'en faisait sentir, de l'influente position de son mari. Les dîners du vendredi se tinrent, tout d'abord, dans le Marais, rue Michel Le Comte, mais le cercle s'agrandissant le baron Necker dut bientôt louer, rue de Cléry, le bel Hôtel Le Blanc avec sa façade en rotonde, son large escalier à rampe de fer forgé et ses plafonds ornés de peintures mythologiques. Enfin, les réunions eurent lieu rue Bergère, vers 1784. L'été, Madame Necker recevait dans sa splendide propriété de Saint-Ouen, ancien Hôtel de Soubise, sur la terrasse ombragée de tilleuls, lorsque le temps le permettait.

Buffon, qui était devenu célèbre lors de la parution en 1749 des premiers

---

6. Hérault de Séchelles [12] : p. 21.
7. Aude [2] : p. 54.
8. Nadault de Buffon, T. II : p. 611.
9. Glotz et Maire [9] : p. 295.

volumes de l'*Histoire naturelle*, avait auparavant fréquenté, depuis son entrée à l'Académie, les divers salons de Paris, allant chez la Popelinière, chez Madame d'Épinay et en dernier lieu chez Madame Geoffrin. Il recevait aussi chez lui, tenant lui-même son propre salon au Jardin du Roi ainsi qu'à Montbard où il eut la visite de nombreux grands personnages.[10] Beaucoup de *«femmes du monde»* s'y montrèrent également : Madame de Saint-Contest, la comtesse de Blot, Fanny de Beauharnais et certaines comme Madame de Genlis furent parmi ses grandes admiratrices.

C'est à l'occasion d'une affaire d'argent à propos du Jardin que Buffon accompagnant, en 1774, d'Angiviller, alors directeur général des Bâtiments du Roi et intime de Necker, fit la connaissance de Madame Necker. La jeune femme, d'une grande sensibilité, apprécia aussitôt le charme de ce savant de 67 ans qui avait, comme le dira plus tard d'Angiviller dans ses *Mémoires «sa taille élevée, ses beaux cheveux blancs* [il ne porta en effet jamais de perruque], *la noblesse de sa phisionomie, la noblesse plus grande encore de ses expressions, la majesté de ses idées et de son style qu'il transportait même dans la conversation, la foiblesse même de sa vue qui ne lui permettant de rien distinguer, l'empêchoit de fixer ses regards, donnoit à son discours un air prophétique et d'inspiration qui imposoit».*[11] Ce portrait doit être complété par la mise soignée et la coquetterie avec laquelle il s'habillait. Aussi, sa vie durant elle lui vouera, comme à son mari, une admiration exaltée, car il incarne pour elle l'idée qu'elle se fait du génie (ampleur de la pensée, magie du style, grandeur du personnage). De son côté, il est subjugué par sa grâce pleine de dignité, sa beauté sans élégance accompagnant une sorte de rigueur toute protestante. Il conçoit pour elle une amitié sincère, pleine d'envolées lyriques qui, comme le souligne Sainte-Beuve dans sa causerie du lundi 16 juin 1856, lui fit écrire au bas de son portrait deux vers latins :

> «Angelica facie et formoso corpore Necker
> Mentis et ingenii virtutes exhibet omnes.»[12]

Il y eut entre eux une affection noble et désintéressée qui force l'estime et la sympathie, mais dans laquelle chacun semble avoir assouvi des satisfactions mondaines et littéraires. Il y transparaît surtout un profond attachement qui le ramènera souvent de Montbard à Paris pour la voir soit en son château de Saint-Ouen, soit au Jardin, les jours de réception.

Peut-être se souvint-il ce jour-là de la première lettre qu'il lui avait envoyée de Montbard le 22 mars 1774[13] lui écrivant très cérémonieusement *«Madame»*, pour lui dire combien il regrettait de n'avoir pu la saluer avant de regagner ses terres, lui parlant de tolérance religieuse, de leurs enfants réciproques auxquels ils attachaient une profonde affection, du plaisir qu'il avait eu à la rencontrer et de celui encore plus grand qu'il aurait à la revoir, lui annonçant son retour à Paris pour le 20 mai. C'est encore de tolérance religieuse qu'il l'entretiendra dans sa dernière lettre qu'il dicta à son fils cinq jours avant de mourir, le 11 avril 1788, à propos du livre que venait de publier son mari.

---

10. Dimier [6] : p. 196.
11. d'Angiviller [1] : p. 53.
12. Sainte-Beuve [20], T. VII : p. 247.
13. Nadault de Buffon [17], T. I : p. 171.

Les manuscrits que nous laissa Madame Necker et qui furent publiés en 1798,[14] quatre ans après sa mort, nous révèlent ses sentiments les plus profonds à l'égard de Buffon. Dans ces mélanges de correspondance et de pensées, résultat de ses réflexions sur les sujets les plus divers, transparaît un véritable amour pour notre naturaliste, mêlé à une grande admiration. On y retrouve aussi l'atmosphère un peu guindée de son salon où la conversation était alimentée par les commentaires qui suivaient la lecture à haute voix des derniers écrits littéraires ou scientifiques. Les remarques portaient sur le style et l'esprit du manuscrit, aussi bien que sur la richesse des idées. Elle nous fait de Buffon un portrait des plus flatteurs et nous livre les intimes sentiments qui l'animaient :*«Monsieur de Buffon est inimitable en tout et cependant il doit en tout servir de modèle : il honore son génie par ses vertus, et ses vertus par son génie. Quand je le vois, mon cœur me trompe de deux manières qui se contredisent; je crois l'admirer pour la première fois, et je crois l'avoir aimé toute ma vie».*[15] Ses états d'âme, elle en fait part au chevalier Aude, ce jeune poète, un de ses fidèles admirateurs, qui de plus, fut le secrétaire de Buffon après que Humbert-Bazile se soit marié en 1784. On retrouve dans cette lettre qu'elle lui adressa toute une recherche, par personne interposée, d'une présence intime imaginaire auprès de l'être chéri, auquel elle voue un véritable culte. Ne lui dit-elle pas: *«Quel bonheur pour vous, Monsieur, d'être appelé par les circonstances à vivre auprès de Monsieur de Buffon ! Dans la plupart des grands hommes, les petits défauts intérieurs altèrent les grandes vertus; chez Monsieur de Buffon toutes les qualités aimables sont la suite de ses vertus : il est sensible, parce qu'il est bon; doux parce qu'il est sage; exact par amour de l'ordre : il n'est donc pas surprenant qu'il soit chéri de tous les âges, car il touche par quelque point à tout ce qui est bon».*[16] On discerne encore mieux combien Madame Necker vénérait Buffon dans la lettre qu'elle adressa à Madame Nadault après la mort de son illustre ami : *«Cette grande ombre errera sans cesse autour de moi, j'ai mis son buste dans un lieu solitaire, j'y recueillerai ses dons et ses précieuses lettres; et là si le poids des années et les dérisions de la jeunesse viennent à m'humilier dans mes derniers jours, j'irai m'y rappeler que je fus cependant aimée de Monsieur de Buffon et les larmes que je verserai sur ce marbre, vivant pour moi, m'assureront trop, hélas! que ma gloire ne fut point un songe».*[17]

Et, comme pour prolonger les longs entretiens qu'ils eurent en tête-à-tête, Buffon lui fait don de ce déjeuner de porcelaine que lui avait offert le prince Henri de Prusse, frère du Grand Frédéric, lors de son passage à Montbard en septembre 1784. La mode était en effet, depuis la création de la Manufacture de Sèvres en 1748, de faire des cadeaux de porcelaine. Buffon avait d'ailleurs accumulé, au second étage d'un petit pavillon, *«le Dôme»* sorte de kiosque élevé sur la première terrasse de Montbard, tous les cadeaux qu'il avait reçus des souverains et des princes dans ce qu'il appelait son *«Cabinet des Porcelaines»*.[18]

Le prince Henri, familier du salon de Madame Necker, avait voulu honorer de sa visite non seulement la renommée du savant mais aussi son cabinet de travail qu'il

14. Necker [18].
15. Necker [18], T. I : p. 38.
16. Necker [18], T. I : p. 163.
17. Necker [18], T. II, p. 354.
18. Nadault de Buffon [17], T. I : p. 452.

appela «*le berceau de l'Histoire naturelle*».[19] Avant de prendre congé, il demanda, comme c'était l'usage dans les salons, à Madame Nadault de lire à haute voix les dernières pages que venait d'écrire son illustre frère sur l'histoire du Cygne. Peut-être inspiré par la visite du «*Cabinet des Porcelaines*», il témoigna sa satisfaction en lui faisant parvenir l'année suivante, pour son anniversaire, ce déjeuner de porcelaine de Saxe de la plus grande beauté, comme le rapporte le chevalier Aude,[20] composé de plusieurs tasses et théières sur lesquelles il a fait peindre, comme le dit Madame Necker, la fable de Leda. Le service est en réalité un tête-à-tête en porcelaine de Vieux Berlin, blanc et or, conservé actuellement au Château de Coppet, ancienne demeure de Madame de Staël située dans le canton de Vaud, en Suisse, héritée de son père le baron Jacques Necker en 1804. Ce déjeuner, parvenu jusqu'à nous par les soins de la fille de Madame Necker a été exposé à Montbard dans le cadre du Colloque aux Anciennes Écuries. Il se compose de deux tasses déjeuner avec leurs soucoupes, d'un plat ovale, d'une théière, d'un pot à eau, d'un pot à lait, d'un sucrier et de deux cuillers en vermeil, le tout conservé dans un écrin d'époque. Le plat et les soucoupes, bordés d'un large bandeau doré, présentent un décor central, cerné d'un encadrement de feuillages, reproduisant diverses scènes de la vie du cygne. Ce décor se retrouve sur chacune des tasses, à l'opposé de l'anse, sur la théière, le sucrier et les deux pots, la bordure dorée en haut et en bas de ces objets, les couvercles avec bouton de préhension sont dorés. Buffon pensa également à lui léguer le petit coffret qu'elle lui avait offert en témoignage de son affection. Elle ne le gardera pas et le remettra, peu de temps après, à son fils avec cette dédicace «*Au fils chéri de Monsieur de Buffon par l'amie inconsolable de son illustre père*».

C'est ensuite à son frère Pierre Alexandre Le Clerc, chevalier de Buffon, qu'il attribuera 3000 livres de rentes. Il l'avait tout d'abord inscrit après sa sœur, mais se ravisant il le désigne en troisième, le nommant également, avec le chevalier de Saint-Belin, son beau-frère, exécuteur testamentaire. Il pensa peut-être ainsi donner une marque de gratitude à un homme de goût et cultivé qui lui était fort attaché, d'une droiture irréprochable et sur qui il pouvait compter. Il avait fait une brillante carrière militaire.[21] Engagé volontaire dès sa vingt-troisième année, en 1757, dans le Régiment de Navarre, il prit son premier grade sur le champ de bataille à Mastembeck (Hanovre), devint lieutenant (20 mai 1758) puis capitaine (30 avril 1761). Ensuite il passa aux Gardes Lorraines en 1774 où il fut promu colonel (27 avril 1783). Sa bravoure au combat le fit remarquer, pendant le siège de Cassel en février 1761, par le duc de Broglie qui le nomma, non seulement pour sa hardiesse mais aussi pour sa connaissance des hommes et son sens méthodique de l'organisation, gouverneur de la ville. C'était un esprit fin, aimable et sympathique, sachant à la fois manier le pinceau et la plume, tant en prose qu'en vers. Militaire dans l'âme, il écrivit «*sur la véritable gloire*»[22] et se révèlera dans sa correspondance avec le jeune Buffon un homme de grand cœur mais surtout très habile en affaires. Il se montra également fin diplomate. L'héritier de Catherine de Russie, Paul 1er, voyageant en France incognito avec son épouse sous le nom de

19. Dugas de Bois Saint-Just [7], T. I : p. 415.
20. Aude [2] : p. 22.
21. Desvoyes [5] : p. 93.
22. Il publia en effet, en 1787, un *Traité de l'amour de la gloire*.

comte et comtesse du Nord, arriva à Paris le 17 mai 1782. Ils devaient être reçus le 27 mai à l'Académie française et quelques jours plus tard au Jardin du Roi, mais Buffon, à Montbard, ne put les recevoir en personne et ne put donc leur faire sa cour et leur parler de son fils en ce moment même à Saint-Pétersbourg, auprès de la Grande Catherine.

Désolé de ce contre-temps, Buffon en fait part à son frère, en garnison à Brest où le couple princier devait réembarquer le 29 juin. Le chevalier décrira quelques jours après à Buffon la scène de cette grande réception donnée la veille de leur départ, en présence de cent cinquante officiers de la garnison, lui disant : *«Ils m'ont choisi pour leur ministre plénipotentiaire auprès de vous, mon cher frère, et m'ont chargé de vous témoigner tous leurs regrets de ne vous avoir point trouvé à Paris. Votre buste qui les attend à Petersbourg, ne les dédommagera que faiblement de n'avoir point vu le modèle immortel auquel ils désiraient rendre hommage».*[23] C'est encore le chevalier qui, à la demande de Condorcet, pour faire l'éloge de Buffon à l'Académie des Sciences et de Vicq d'Azyr à l'Académie française, réunit ses notes pour faire la biographie de ce frère célèbre. Ces notes manuscrites, bien avancées le 12 juillet 1788 comme il l'écrira au jeune Buffon, constitueront *«l'Essai sur les qualités morales et la vie privée de M. le comte de Buffon»* que publiera Lanessan en 1885.[24]

Buffon aimait profondément le chevalier et lui fit de nombreux cadeaux. Nicolas Humbert-Bazile, qui fut l'avant-dernier secrétaire du naturaliste à Montbard,[25] nous raconte dans ses *Mémoires* publiés en 1863 par Henri Nadault,[26] arrière petit-neveu de Buffon, qu'il fit construire pour lui, à son insu, un hôtel avec jardin et dépendances près du sien, dont les plans furent exécutés par Verniquet. Il y eut un litige, à propos du terrain que les habitants considéraient propriété communale, avec le maire, le Dr Mandonnet, toujours farouchement opposé à Buffon. Le procès fut perdu, mais les habitants de Montbard abandonnèrent le terrain l'année suivante et la maison enfin construite, Buffon se fit un plaisir d'en remettre les clefs à son frère lors de son prochain passage à Montbard où il venait régulièrement prendre ses congés.

C'est à sa sœur du second lit, Jeanne Catherine Antoinette Nadault, de quarante ans sa cadette, qu'il lègue ensuite 2000 livres de rentes dont une de 1000 livres reversible sur sa fille Sophie.

C'était une femme charmante, nous dit Nadault,[27] qui fut d'un grand secours à son frère. Mariée à Benjamin Edme Nadault le 24 juin 1770, le ménage se détériora rapidement. Elle ne put obtenir le divorce qu'après la Révolution, lorsque les lois furent instituées (il en avait été de même pour le fils de Buffon ), le 8 frimaire an III (28 novembre 1794) comme l'indiquent les registres de l'état-civil de Montbard, son mari qui ne vivait plus avec elle depuis longtemps ne s'étant pas présenté (communication personnelle de Marcel Ray). Après la naissance de Sophie, le 27

---

23. Nadault de Buffon [17], T. II : p. 133.
24. Lanessan [15].
25. Nicolas Humbert-Bazile, d'après Goimard [10] est né le 1er juin 1758 à Chevigny-le-Désert, il fut le compagnon de jeu et d'étude de Buffonet. Il avait 16 ans lorsque Buffon le prit pour secrétaire, en remplacement de Jacques Trécourt, il le restera jusqu'à son mariage le 26 octobre 1784 avec Barbe Bazile. Devenu lieutenant particulier au bailliage de la Montagne, il continuera cependant à apporter encore son aide à Buffon.
26. Humbert-Bazile et Nadault de Buffon [13] : p. 245.
27. Nadault de Buffon [17], T. I : p. 440.

décembre 1773 à Dijon où son père exerçait la charge de Conseiller au Parlement de Bourgogne, Buffon plaça Madame Nadault à la tête de sa maison de Montbard pour remplacer Madame Daubenton. C'est là que naquit son second enfant, Benjamin François Georges Alexandre, le 20 décembre 1780. Elle agissait en maîtresse de maison avertie, dirigeant tout, ayant l'œil partout, surveillant l'intendance de cette grande maison d'un homme seul depuis la mort de la comtesse, et recevait les visiteurs de marque. Elle contribuait, nous dit Humbert-Bazile, par le charme de son esprit à l'agrément de la société lors des réceptions, faisant les honneurs de la maison, avec son charme coutumier, à de nombreux princes et souverains, hommes de lettres, journalistes et savants qui venaient séjourner ou étaient simplement de passage à Montbard. Nous l'avons vu recevoir, en 1784, le prince Henri de Prusse et lui faire lecture des derniers feuillets manuscrits de l'histoire du Cygne. Joignant à une éducation parfaite un tact exquis, sa conversation était enjouée, pleine d'à propos, aimant de plus la musique et le chant contrairement à son frère. Elle chantait d'ailleurs fort bien, ce qu'elle tenait de son père. Avec Madame Daubenton, également musicienne, toutes deux en régalaient le maître et leurs amis. Elle avait aussi la plume facile et bien tournée, c'est pourquoi Buffon lui confia sa correspondance en disant à qui voulait l'entendre, comme nous le rapporte son frère le chevalier *«qu'il s'en fallait beaucoup qu'il pût écrire une lettre aussi bien qu'une femme spirituelle».*[28] D'une grande simplicité, elle consacrait une grande part de ses revenus à ses bonnes œuvres, disposant de 6000 livres de rentes après le décès de son frère.

Sa fille Jeanne Louise Pierrette Antoinette Sophie était une femme remarquable par la grâce de son esprit et la bonté de son cœur. Elle épousa le 2 juin 1793 Jean-Jacques Henri de Mongis et mourut à Montbard le 27 novembre 1840. Elle ne profita que peu de temps de la rente de reversion que Buffon avait léguée à sa mère, après la mort de celle-ci, survenue le 21 juin 1832 à 86 ans.

C'est ensuite à Marie Madeleine Blesseau, surveillante de sa maison, que pensa Buffon pour la récompenser de dix-neuf années de bons et loyaux services, en reconnaissance, nous dit-il, de ses soins, de son zèle et de sa fidélité. Il lui attribue 15 000 livres de rentes ainsi que cinq années de ses gages à raison de 600 livres par an, soit 3000 livres comptant qui lui seront délivrées 6 mois après son décès. À cela, il avait ajouté tous les meubles mais également tout ce qui se trouverait dans ses appartements tant à Montbard qu'à Paris.

Marie Madeleine[29] venait d'avoir ses 18 ans lorsqu'au printemps 1766[30] Buffon la remarqua. C'est une véritable histoire romanesque que nous conte Jules Ravier,[31] d'après le témoignage d'une de ses tantes, habitant une maison voisine, qui avait connu la jeune fille. Nous en retiendrons les faits les plus probants.

La famille Blesseau, dont le père, suffisamment instruit pour être instituteur, avait dû reprendre, par manque d'élèves, son ancien métier de tisserand, était à cette époque fort affligée. En effet, ce père besogneux, frappé d'hémiplégie, ne pouvait

28. Lanessan [15] : p. 399.

29. D'après les registres paroissiaux de Montbard, Marie Madeleine Blesseau est née le 22 novembre 1747. Elle est la fille de Nicolas Blesseau [né le 19 janvier 1725, mort le 15 janvier 1800] fils de tisserand à Montbard et de Madeleine Brocard fille d'un forgeron de Montbard, dont le mariage avait été célébré le 9 février 1745 à Montbard (communication de Marcel Ray).

30. Cf. Ravier [19] : p. 11.

31. Ravier [19].

plus subvenir aux besoins du ménage. Aussi, afin de sauver la famille de la misère, Marie Madeleine décida d'aller travailler. C'était le moment où Buffon recherchait sur place de la main d'œuvre pour accomplir ses travaux de terrassement qu'il avait confiés à M. Brisson, dont le fils, Léon, prétendait à la main de la fille du tisserand. Il l'avait connue le dimanche au bal de l'Arquebuse, mais ses parents avaient pour lui de plus hautes visées, aussi elle le refusa net. Pour effectuer ces pénibles tâches, les femmes devaient se présenter à l'embauche munies d'une hotte pour transporter la terre. Celle-ci fut prêtée par le bisaïeul de notre conteur Tourneur, marchand de châtaignes et de salaisons près du pont de la Brenne. Après quelques hésitations devant son jeune âge, M. Brisson l'employa en recommandant au chef d'équipe de ne pas trop la charger. Un jour où Léon remplaçait ce dernier il y eut une petite querelle d'amoureux et il lui fit alors charger lourdement sa hotte. Buffon qui surveillait son chantier de la fenêtre de sa maison vit la scène dans sa lunette et fit cesser immédiatement cet abus, puis demanda à voir la jeune fille le lendemain. M. le comte, très majestueux malgré ses 59 ans, fit une forte impression sur elle lorsqu'il la rencontra, au pied de sa tour, pendant la pause du déjeuner. Elle n'avait jamais approché de si près un aussi grand seigneur doublé d'un grand savant dans la puissance de sa gloire. Il vit de suite qu'elle était intelligente et qu'elle avait quelques connaissances, sachant lire et écrire, ce qui n'était pas courant en ces temps-là, dans le milieu campagnard. Il lui proposa de la prendre au service de Madame la comtesse qui venait d'avoir son deuxième enfant, Georges Louis Marie, et avait du mal à se remettre de ses couches.

Petit à petit Buffon, nous dit Humbert-Bazile, lui confia quelques travaux de secrétariat pour mettre au net ses manuscrits et lui demanda aussi de tenir les comptes de l'économie domestique, tâches dont elle se tirait fort bien. La comtesse, dans son testament du 5 avril 1764, ayant recommandé à son très cher mari, de récompenser les domestiques, particulièrement attachés à son service, Buffon, après son décès en 1769, plaça Mlle Blesseau à la tête de l'intendance de sa maison. Cette place de gouvernante avait été tenue, au moins depuis 1758 par Anne Heurtey, comme le stipule un acte de mariage dans les registres paroissiaux de la paroisse Saint-Urse de Montbard (communication personnelle de Marcel Ray) : «*Mariage le 26 juin 1758 entre Jean Bertin (chef de cuisine de Monsieur de Buffon), fils de Hughes Bertin et Lazare Mongin (marchand d'Autun) et Anne Heurtey (gouvernante de la maison du dit Sieur de Buffon), fille de François Heurtey et Philiberte Rémond (marchand à Montbard)*». Il semble que ce soit le seul document paroissial de Montbard où soit déposée la signature de Buffon et de son épouse, Madame de Saint-Belin-Buffon. Il l'estimait beaucoup pour ses nombreuses qualités et son pur désintéressement, entièrement dévouée à son maître comme l'exprime dans son style poétique le chevalier Aude : «*La demoiselle est pincée comme la servante d'un curé, fière comme celle d'un philosophe*».[32] Chaque matin, elle lui rendait compte des dépenses et régnait d'une autorité absolue sur tous les domestiques qui généralement la détestaient, d'où certains propos désobligeants rapportés par Hérault de Séchelles (1795) lors de sa journée passée à Montbard en 1785. C'est elle qui examine le gros mémoire des dépenses que vient de faire le fils de Buffon lors de son voyage à Saint-Pétersbourg auprès de la Grande Catherine pour lui apporter le buste de son père (Lettre de Buffon à son fils du 18 août 1782). À partir de 1771, lorsque Buffon fut pour la

32. Aude [2] : p. 6.

première fois gravement malade, elle le soigne avec dévouement et continuera à s'occuper de sa santé de plus en plus précaire au fur et à mesure que les crises s'aggravaient. Elle avait appris à connaître son mal et le combattra sans relâche jusqu'à sa mort. Elle a, à ce sujet, une correspondance suivie avec Madame Necker qui lui témoigne une affection sincère et dira d'elle : *«elle a servi M. de Buffon mieux qu'il n'aurait pu l'être s'il eut été sur un trône dont il était digne...».*[33] Elle le suit dans tous ses voyages à Paris, tandis que Madame Nadault dirige Montbard pendant ce temps. Enfin c'est Mlle Blesseau qui assistera, avec Madame Necker, au chevet du malade à ses derniers moments, ne le quittant ni de jour ni de nuit, et lui fermera les yeux.

Après la mort de Buffon, Mlle Blesseau se retira dans la maison que Buffon lui avait laissée de son vivant avec la rente de 1500 livres qu'il lui accorda et y vécut jusqu'à sa mort le 19 avril 1834, à l'âge de 97 ans. Elle nous a laissé des notes – maintenant publiées par Lanessan– sur la *Vie de Buffon* que lui avait demandée Faujas de Saint-Fond pour faire une introduction à la suite de *l'Histoire naturelle.* Elle lui écrit le 12 juin 1788 : *«Je me ferais un devoir Monsieur de vous communiquer les choses les plus intéressantes que j'ai pu remarquer pendant vingt ans que j'ai eu le bonheur de passer près de M. de Buffon...».*[34]

Au révérend père Ignace Bougault vicaire de sa paroisse de Buffon, Buffon confirme la rente viagère de 800 livres et lui laisse la jouissance durant sa vie de tout le mobilier ainsi que de la vaisselle d'argent se trouvant dans la maison seigneuriale de Buffon et ses dépendances.

Le père Ignace, gardien du couvent des Capucins de Semur, desservait depuis 1749, la paroisse de Montbard. C'était une véritable caricature du moine capucin dont Humbert-Bazile nous retrace le portrait, *«il en avait la tournure et la physionomie, petit, gras et sale, il possédait une grosse tête, les épaules hautes, un corps apoplexique, des lèvres épaisses et tout un extérieur hypocrite et rusé, son langage humble et empressé».*[35] Il partageait l'affection de son perroquet, Coco, de son chat, Raton et de sa levrette, Bricotte, chacun d'eux faisant à leur manière les facéties les plus drôles. Buffon l'aimait beaucoup et avait beaucoup de considération pour lui, l'installant rapidement dans sa propriété de Buffon, lui en donnant toutes les responsabilités et même la perception des revenus. Sa présence à Montbard, nous dit Nadault,[36] rappelle celle du père Adam chez Voltaire à Ferney, avec cette différence que le père Ignace fut toujours honnête, dévoué et sincèrement attaché à celui qui lui avait fait du bien. Cependant, on sait combien, à l'exemple de tous les favoris, il était détesté de beaucoup de gens. Un peu original, empreint d'une grande naïveté, il écrivait mal, passant du coq à l'âne, mais tenant bien ses comptes. Frère quêteur auparavant, il avait pour souci principal de ramasser le plus d'argent possible pour sa communauté, touchant toujours la sensibilité ou la fierté de ses paroissiens, et l'on ne compte pas toute l'imagination qu'il déployait pour ses bonnes œuvres. Un jour, implorant Buffon de refaire la charpente de son couvent, celui-ci lui donna, par écrit, la permission de faire prendre dans ses bois autant d'arbres propres à la charpente, qu'il pouvait en être enlevé pendant un jour. Notre capucin alerta donc,

33. Necker [18], T. II : p. 357.
34. Lanessan [15] : p. 395.
35. Humbert-Bazile et Nadault de Buffon [13] : p. 405.
36. Nadault de Buffon [17], T.I : p. 384.

pour ce faire, tous ses paroissiens et mobilisa toutes les voitures afin d'assurer le transport des troncs. Il ramassa ainsi, de la sorte, beaucoup plus de bois qu'il n'était nécessaire pour réparer la charpente.

Buffon se souvint, peut-être, en rédigeant son testament, comment il s'était attaché au père Ignace. Bernard d'Héry,[37] qui fit une véritable enquête sur place, à Montbard, pour une nouvelle édition de l'*Histoire Naturelle,* interrogea des témoins oculaires dont l'authenticité des témoignages ne pouvait être mise en doute, nous fait part de cet événement. Le capucin avait 28 ans lorsque, prêchant pour la première fois le carême à Montbard en 1749, il fut, le soir du Jeudi saint, invité par ces mots *«on doit faire Pâques avec son curé»* à la table de Monsieur le comte de Buffon. Comme le capucin était plaisant convive et bavard, honorant la bonne chère, les deux hommes se quittèrent bons amis. À quelque temps de là, un jour qu'il retournait de Montbard à son couvent, il fit une mauvaise chute et se cassa la jambe. Au lieu de continuer sa route et se faire conduire à Semur, il demanda qu'on le ramène chez Buffon. Ce dernier, touché de ce témoignage d'affection en prit grand soin et le fit traiter jusqu'à son rétablissement. La fracture étant considérable, les chirurgiens dépêchés proposèrent l'amputation à laquelle le malade avait fini par se résoudre. Seul Buffon s'y opposa, de ce ton absolu qu'il avait coutume de prendre lorsqu'il était persuadé d'avoir raison. Les chirurgiens insistèrent, affirmant que la vie du malade était en danger, mais il persista dans sa conviction, disant *«qu'il valoit mieux qu'un Capucin mourût que de vivre avec une seule jambe».*[38] Le père Ignace guérit, comme l'avait prévu Buffon et dut à cette fermeté la jambe qu'on avait voulu lui ôter. L'attachement de Buffon pour le capucin date de ce moment, il devint alors le *«Capucin de M. de Buffon».* Le naturaliste, par cette fermeté, avait prouvé son autorité scientifique et conforté son amour-propre. Il aimait d'ailleurs confectionner des médecines et en préconisait souvent à Madame Necker, mais surtout il détestait les opérations : ne refusa-t-il pas plusieurs fois pour lui-même l'opération de la pierre?

Comme Mlle Blesseau, le père Ignace réunit quelques anecdotes sur la vie de Buffon pour Faujas de Saint-Fond. Il continua à vivre à Buffon jusqu'à sa mort le 1er juillet 1798, âgé de 77 ans.

Buffon nomme ensuite son valet de chambre Joseph Laborey à qui il fait don de cinq années de ses gages à raison de 400 livres par an soit 2000 livres comptant.

C'est encore à Humbert-Bazile que nous aurons recours pour connaître, autant qu'on puisse le faire, quels avaient été les rapports de ce domestique avec son maître. Joseph était, comme cela se faisait couramment en ce temps-là, un de ces valets qui demeuraient leur vie durant au service d'une même famille. Fidèle serviteur, il y resta pendant 65 ans et connut donc Buffon, alors à peine un peu plus âgé que lui, vers 1723, lorsqu'il était jeune homme. Plus tard, M. le comte aimait à raconter que dans sa première jeunesse il dormait toujours d'un profond sommeil et avait plutôt des réveils laborieux, ce qui lui faisait perdre son temps. Aussi, il demandait l'aide de Joseph pour se débarrasser de cette mauvaise habitude. Il le fit venir, un jour où il ne s'était pas réveillé, et lui proposa de lui donner un écu chaque fois qu'il le ferait lever avant six heures du matin. Le marché conclu, le lendemain Joseph vient comme convenu frapper à sa porte et reçoit pour tout paiement un

---

37. Bernard d'Héry [3], T. I : p. 66.
38. Bernard d'Héry [3], T. I : p. 67.

tonnerre d'injures, puis son maître se rendort. Le surlendemain, même démarche, même réaction avec cette fois encore plus de menaces et il se rendormit. Au petit déjeuner que Joseph lui servait chaque jour à neuf heures, Buffon lui dit *«tu n'as rien gagné mon pauvre Joseph et j'ai perdu mon temps. Tu ne sais pas t'y prendre; ne pense qu'à ma promesse et n'écoute point mes menaces».*[39] Le matin suivant, Joseph, ayant bien compris la leçon, ne se laissa pas intimider par les supplications ni la colère, ni les menaces de renvoi, et leva son maître de force. Touchant régulièrement son pécule, il en fut ainsi pendant des années. Un jour, cependant, Buffon ne voulut pas se lever. À bout de ressources Joseph découvrit alors d'un seul coup le lit de son maître, puis saisissant à proximité une cuvette d'eau, il la lança sur le corps étendu et s'enfuit précipitamment. Un instant après un furieux coup de sonnette le rappelle, il arrive tremblant et Buffon de lui dire, sans colère *«donnes moi du linge, mais à l'avenir tâchons de ne plus nous brouiller, nous y gagnerons tous deux. Voici les trois francs qui ce matin te sont bien dûs».*

Très souvent, dans la conversation, Buffon se plaisait à dire, afin de stimuler des personnes qu'il savait sans grande énergie, *«je dois au pauvre Joseph trois ou quatre volumes de mes œuvres»* et il reprenait cette anecdote.[40]

C'est ensuite à Nicole Guénin, concierge de sa maison de Montbard que Buffon lègue 200 livres de rentes.

Sur Nicole Guénin nous n'avons que peu de renseignements. Marcel Ray nous a fait savoir, d'après les registres paroissiaux, qu'elle était née à Montbard le 20 décembre 1733. Il nous a également communiqué la photocopie de son acte de décès. Ce dernier nous apporte quelques renseignements sur sa famille, en voici le contenu :

«Décès du vingt-quatrième jour du mois de Floréal l'an Treize à trois heures du soir [14 mai 1805].

Acte de décès de Nicole Guénin, célibataire, décédée à Montbard aujourdhuy à huit heure du matin, profession de couturière, née à Montbard département de la Côte d'Or, âgée de soixante- douze ans, fille de feu Nicolas Guénin, tisserand à Montbard et de défunte Jeanne Charlesse.

Sur la déclaration à moi faite par le sieur Edmé Bavinotte, demeurant à Montbard, profession de fabricant de lacets, âgé de cinquante cinq ans, qui a dit être cousin issu de germain de la défunte et par André Champenois demeurant au dit lieu profession de vigneron, âgé de soixante huit ans, qui a dit être issu de germain de la défunte; et ont signé, après lecture faite du présent acte.

signé

*André Champenois          E. Bavinotte*

Constaté suivant la loi; par moi Edmé Rigoley maire de la ville de Montbard soussigné faisant les fonctions d'officier public de l'Etat Civil, après m'être transporté au domicile de la défunte ou je me suis assuré de son décès.

signé *Rigoley* »[41]

Nous voyons, par cet acte, que Nicole Guénin était célibataire et couturière à sa

39. Aude [2] : p. 13.
40. Aude [2] : p. 13.
41. Registre d'état civil de la Mairie de Montbard.

mort tandis que son père était tisserand. Aussi ne serait-il pas étonnant que cette personne, qui n'avait que 55 ans à la mort de Buffon, ait pu apprendre la couture au château pour les besoins de la maison, tout en étant gardienne. Elle aurait pu y être introduite par Marie Madeleine Blesseau, fille aussi de tisserand, lorsqu'elle est devenue gouvernante. Tout ceci demandera à être confirmé ultérieurement.

Il semble d'autre part, qu'après la mort de Buffon, Nicole Guénin ne soit pas restée au château, la rente qu'elle reçut lui assurant l'avenir et lui permettant de s'installer comme couturière en ville. Nous avons vu, en effet, précédemment, qu'en sa place se trouvait avant 1790, Marguerite Lalouet, veuve Delignon, celle-là même dont la fille eut un fils naturel de Georges Louis Marie (communication personnelle de Marcel Ray).

Puis Buffon attribue une rente de 150 livres à Pierre Brocard, frotteur terrassier de sa maison de Montbard.[42]

De lui nous ne savons pratiquement rien, si ce n'est qu'il fut un des valets attaché à la personne de Nicolas Humbert-Bazile qui nous en parle incidemment dans ses mémoires. *«Les jours où M. de Buffon ne montait pas dans son cabinet de travail, une heure après son lever, Brocard, un de ses valets de chambre spécialement attaché à mon service, entrait chez moi. Je me levais et je descendais de suite dans la chambre de M. de Buffon».*[43]

De son côté Mlle Blesseau, dans ses notes à Faujas de Saint-Fond, nous dit que Buffon avait un frotteur à qui il ordonnait de venir l'éveiller tous les matins à une heure fixe, avec ordre, s'il ne se levait pas, de le traîner en bas du lit. Le frotteur était payé tous les matins pour cette chose-là, et si Buffon résistait et que le frotteur le laissait se rendormir, le payement qu'il devait avoir était perdu, ce qui l'engageait le lendemain à ne pas manquer de l'éveiller et de le tirer de force de sa chambre. On est à même de penser que du temps où Mlle Blesseau était gouvernante, Joseph était devenu trop vieux (il aurait atteint la soixantaine) pour assumer cette tâche matinale et que Pierre Brocard, engagé tout d'abord comme terrassier, l'aurait remplacé. Les registres paroissiaux de Montbard nous indiquent l'existence de Pierre Jean Brocard né le 22 octobre 1747, ayant donc, à un mois près, l'âge de Marie Madeleine Blesseau. Il était le fils de Pierre Brocard, vigneron, marié à Françoise Mignot. Or nous savons que le père de Marie Madeleine Blesseau était marié à Madeleine Brocard, la fille du forgeron (communication personnelle de Marcel Ray). Pierre Jean Brocard et Marie Madeleine Blesseau étaient cousins, ce qui aurait facilité son emploi au château.

Après avoir disposé de ses biens pour récompenser les serviteurs zélés, Buffon en vient à penser à certains proches de sa famille.

Tout d'abord, il donne au sieur Lucas, huissier de l'Académie des Sciences, une somme de 3000 livres comptant en reconnaissance des services assidus qu'il lui a toujours rendus.

Lorsque Jean-François Lucas naquit à Paris, en 1747, Buffon venait d'être promu trésorier perpétuel de l'Académie des Sciences, mais il avait également obtenu, en 1739, la surintendance du Jardin du Roi. Le père de Jean-François, mercier rue du Jardin du Roi, cumulait les fonctions d'huissier à l'Académie des

42. À Montbard, où de nombreux tisserands étaient installés, certains habitants travaillaient au frottage du chanvre nécessaire à la préparation des tissus.
43. Nadault de Buffon [17], T. II : p. 327.

Sciences, qu'il occupait déjà avant 1725, et de garde du Cabinet du Roi que le naturaliste lui avait fait obtenir en 1737. Jean-François que l'on considère, sans cependant en apporter la certitude, comme un fils naturel de Buffon, ce dont, soi-disant, il tirait vanité[44] –Buffon avait peut-être, cette année-là, trop souvent visité la mercerie des Lucas pour faire emplette de jabots et manchettes de dentelle– remplaça, en 1763, à l'âge de 16 ans, son père à l'Académie et devint au Jardin l'homme de confiance du surintendant. Il était très intelligent et très adroit de ses mains, aimant le dessin. Humbert-Bazile nous apprend qu'il était chargé des affaires matérielles et financières du Jardin, intervenant auprès des fournisseurs et réglant les factures. Il avait de plus la responsabilité des missions difficiles dans les négociations qu'entraînaient les travaux d'agrandissement du Jardin. Une lettre de Buffon à Thouin du 15 septembre 1780 nous donne une idée des tâches délicates dont il était chargé :

«Mais en attendant vous avez très bien fait de dire au sieur Lucas de garder le toisé et le plan de tous les travaux de maçonnerie qu'il a faits ces jours derniers, et vous pouvez lui ordonner de ma part de ne s'en pas dessaisir, et de vous remettre, à la fin de la quinzaine qui échoira le 24 courant, l'état de la dépense des travaux pendant ce temps, que vous lui payerez en tirant de lui quittance au bas du rôle des ouvriers qu'il aura employés. J'écrirai à M. Lucas de vous remettre l'argent nécessaire, tant pour le payement des ouvriers terrassiers que pour celui des maçons, tailleurs de pierre et autres, employés par M. Lucas, parce qu'il ne faut pas que nos travaux soient suspendus, et en même temps vous pouvez lui dire que je le conserverai pour conduire la suite de nos travaux».[45]

Buffon, dans sa correspondance, comme dans son testament, l'appelle Sieur, ce qui semble être une marque de déférence pour une personne qui ne lui est pas indifférente. Les missions difficiles, il les lui confiait aussi lorsqu'il le dépêchait auprès de son fils pour lui faire part de ses remontrances tout en lui faisant remettre une lettre de crédit pour éponger ses dettes, car Buffon ne pouvait supporter cela. Il lui confia également une partie de l'illustration de l'*Histoire naturelle des Oiseaux*. Jean-François qui logeait au Jardin, à côté de Daubenton, n'était pas tenu à l'écart des grandes manifestations de la famille Buffon; il est témoin au mariage du fils. On sait également, d'après le rapport d'autopsie du Dr Etienne Girardeau, que les calculs, extirpés du corps du savant, furent distribués, comme c'était l'usage, en souvenir : deux pierres au savant hollandais Van Mussen, deux à Daubenton, quatre à Lucas et six au Dr Girardeau. Ce fut encore Lucas qui régla les frais de l'autopsie, mais aussi des obsèques grandioses qui se firent tant à Paris qu'à Montbard.

Enfin, Buffon fait don au vicomte de Saint-Belin, son neveu et filleul, d'un dia-mant d'une valeur de 8000 livres. Ce legs, il le résilie par un codicille du 5 février 1788 établi devant les mêmes notaires Maîtres Boursier et Delamotte, pour le rem-placer par une somme de 6000 livres comptant en faveur de son prochain mariage.

Ce diamant qu'il a voulu donner au vicomte de Saint-Belin avait pour Buffon une grande signification. Il lui rappelait la famille des Saint-Belin dont sa chère épouse était originaire et peut-être se souvint-il, en cet instant, du jour du 15 août 1752 où il se rendit au couvent des ursulines de Montbard, dont sa sœur était la supérieure. Depuis deux ans, en effet, il visitait régulièrement, avec la complicité de Mère Saint Paul, les demoiselles de Saint-Belin, pensionnaires du couvent. Ce soir-

44. Lacroix [14] : p. 449.
45. Nadault de Buffon [17], T. II : p. 84.

là, nous dit Humbert-Bazile : *«dans l'appartement occupé par les deux jeunes filles de Saint-Belin, M. Buffon s'approcha de la fenêtre et traça sur la vitre, avec le diamant qu'il portait au doigt, son chiffre enlaçant celui de Saint-Belin».*[46] Six semaines après, le 21 septembre 1752, l'aînée, Marie-Françoise qui venait de fêter ses vingt ans, devint sa femme; il avait 45 ans.

Quant au vicomte de Saint-Belin à qui Buffon fit son dernier legs, nous devons à Charles de Quincerot, les quelques éclaircissements que nous pouvons apporter. En effet, Marie Françoise de Saint-Belin, comtesse de Buffon, était la petite nièce d'un Quincerot. Ainsi nous savons, d'après les archives de la famille,[47] que le vicomte Georges Louis Nicolas de Saint-Belin, filleul du comte de Buffon, son oncle, était né à Fontaines le 10 juin 1766 (il fut baptisé à Villiers-le-Duc le 30 septembre 1771). Au moment de la mort de Buffon, il venait d'être nommé, le 6 avril 1788, capitaine au Régiment des Chasseurs de Franche-Comté. Son mariage, dont parle Buffon dans le codicille du 5 février 1788, était prévu pour le 19 mai suivant. Il épousa Marie Charlotte Henriette de Robert du Châtelet qui lui donna un fils, Artus, l'année suivante.

Son père, Antoine Ignace, appelé le chevalier de Saint-Belin à qui Buffon confia, ainsi qu'au chevalier de Buffon, la tutelle de son fils, était né à Fontaines le 27 mars 1723. Capitaine au Régiment de Navarre, en retraite depuis le 25 mars 1765, il avait épousé le 3 septembre 1771, à Villiers-le-Duc, Anne Françoise Riel dont il avait eu un fils cinq ans auparavant (Georges Louis Nicolas). Un autre enfant, Louis Auguste Jean-Baptiste naîtra le 25 décembre 1779 aux Etais et sera baptisé dans la même paroisse le 16 juillet 1780 (communication du registre paroissial par Marcel Ray). Il décèdera le 6 mai 1875 à Latrecey, en Haute-Marne, à l'âge de 95 ans.[48]

Enfin, Buffon, conscient de la valeur des biens et du respect des choses, entend que les 200 000 livres d'acompte reçues sur la dot de son épouse Marie-Françoise de Saint-Belin, soient affectées spécialement, si nécessaire, sur des fonds personnels, en l'occurrence le privilège de l'*Histoire Naturelle* dont cette somme représente les cinq huitièmes. Il conseille donc à son fils, en homme prévoyant, de placer ces fonds jusqu'à concurrence des 200 000 livres sur des contrats des États de Bourgogne et autres titres de valeurs sûres.

PIÈCE ANNEXE [49]

TESTAMENT DE MONSIEUR LE COMTE DE BUFFON<br>4 X<sup>bre</sup> 1787

*Par devant les conseillers du Roy notaires au Chatelet de Paris soussignés.*
*fut présent Messire Georges Louis Le Clerc chevalier comte et seigneur de Buffon, la Mairie, les Berges et Rougemont Quincy et autres lieux, de l'académie françoise et de celle*

---

46. Humbert-Bazile et Nadault de Buffon [13] : p. 181.
47. Montrepos [16].
48. Comme l'atteste l'acte de décès que nous a communiqué M. le Maire de Latrecey-Ormoy-sur-Aube.
49. Nous avons respecté rigoureusement l'orthographe et les majuscules indiquées sur le manuscrit original fait de la main du notaire.

*des Sciences, a paris intendant du Jardin et du Cabinet du Roy et demeurant ordinairement a Montbard en Bourgogne lieu de son domicile habituel et actuellement a paris pour les fonctions de sa place en son logement comme intendant du dit Jardin rue du Jardin du Roy paroisse S. Medard trouvé par les dits notaires dans un cabinet ayant vue sur le jardin au premier étage du batiment de l'intendance du dit jardin dans son fauteuil, malade de corps, mais sain d'esprit memoire et jugement ainsi qu'il est apparu aux dits notaires par ses discours et entretiens.*

*Lequel dans la vue de la mort après avoir recommandé son âme a Dieu, a fait dicté et nommé aux dits notaires son testament ainsi qu'il suit.*

*– Je laisse a mon fils le soin de faire convenablement mes obsèques et de donner aux pauvres les aumones qu'il jugera à propos.*

*Je prie ma très respectable et plus chère amie Madame Necker d'agréer le legs que je prends la liberté de lui faire du déjeuné de Porcelaine qui m'a été donné par le prince henry de Prusse, on remettra aussi a Madame Necker la boete sur laquelle elle a eu la bonté de me donner son portrait.*

*Je donne et lègue a Monsieur le Chevalier de Buffon mon frère Lieutenant colonel du Régiment de Lorraine Trois mille livres de rente et pension viagère exempte de toutes retenues pour en jouir pendant sa vie a compter du jour de mon décès.*

*Je donne et lègue à Madame Nadault ma soeur Deux Milles livres de rentes et pension Viagère exempte de toutes retenues pour en jouir pendant sa vie à compter du jour de mon décès et en recevoir les arrerages. seule et sur ses simples quittances sans avoir besoin de l'autorisation de son mari de laquelle rente il y en aura celle de Mille livres réversible sur la tête de demoiselle Sophie Nadault ( ma nièce à qui j'en fait don et legs pour en jouir après le décès de Madame Nadault sa mère aussi seule et sur ses simples quittances//sans avoir besoin de l'autorisation de qui que ce soit pendant sa vie et jusqu'à son décès// sans avoir besoin de l'autorisation de qui que ce soit. [sic]*

*//Je donne et legue a Monsieur le Chevalier de Buffon mon frère lieutenant colonel du régiment de Lorraine trois mille livres de rente et pension viagère exempte de toute retenue pour en jouir pendant sa vie à compter du jour de mon décès//.*

*Voulant reconnaître les soins, le zèle, et la fidélité de la Dme Blesseau surveillante de ma maison depuis dix neuf années je lui donne et legue Quinze Cent livres de rente et pension viagere exempte de toutes retenues pour en jouir pendant sa vie à compter du jour de mon décès. Je lui donne et lègue en outre Cinq années de ses gages a raison de six cent livres par année ce qui fait une somme de Trois mille livres une fois payer que j'entends lui êtres remise et délivrée dans les six mois de mon décès.*

*Je déclare que tous les meubles qui sont dans la chambre de Dme Blesseau et dans son cabinet à Montbard, ainsi que ceux qui sont dans sa chambre et //son Cabinet// sa garderobe à Paris lui appartiennent voulant même que tout ceux qui s'y trouveront lors de mon décès lui soyent remis comme a elle appartenant, lui en faisant en cas de contestation tous dons et legs.*

*Je confirme la pension d'aumône viagère de huit cent livres par année que j'ai faite au révérend pere Ignace Bougault ancien gardien des Capucins et actuellement Vicaire desservant ma paroisse de Buffon de laquelle rente et pension viagere il continuera d'être payé comme il l'a été jusqu'à ce jour sur ses simples quittances.*

*Je veux et entends en outre que le dit révérend pere Ignace Bougault conserve la jouissance pendant sa vie de tous les meubles meublants effets mobiliers, même de la vaisselle d'argent qui m'appartiennent et qui se trouveront dans ma maison seigneuriale de Buffon et dépendances d'icelle.*

*Je donne et lègue à Laborey mon valet de chambre s'il est encore a mon service lors de mon décès Cinq années de ses gages a raison de Quatre cent livres par année ce qui fait une somme de deux milles livres une fois payée.*

*Je donne et lègue à Nicole Guenin concierge de ma maison de Montbard, deux Cents* livres en rente et pension viagère franche et exempte de toutes retenues pour en jouir pendant sa vie à compter du jour de mon décès.

Je donne et lègue à Pierre Brocart froteur et terrassier de ma maison de Montbard, Cent Cinquante livres de rente et pension viagere franche et exempte de toutes retenues pour en jouir pendant sa vie a compter du jour de mon décès.

Je donne et lègue au Sr Lucas huissier de l'académie des sciences une somme de Trois mille livres une fois payée en reconnaissance des services assidus qu'il m'a toujours rendus.

Je donne et lègue à Monsieur le Vicomte de Saint Belin mon neveu et filleul un diamant de valeur de huit milles livres.

Je veux et entends que tous les legs par moi ci dessus faits soient délivrés francs et quitte de tous droits d'insinuation et autres, lesquels seront entièrement à la charge de ma succession.

Je fais et institue Georges Louis Marie Le Clerc de Buffon mon fils unique mon héritier et légataire universel dans tous les biens dont je mourrai pourvu saisir meubles immeubles droits pour raisons et actions généralement quelconque seul à la charge pour lui d'acquiter tous les legs ainsi que les droits et charges de ma succession.

Je veux et entends que les Deux Cents milles livres que j'ai reçues à compte sur la dot de madame de Buffon soient affectées spécialement sur les fonds qui m'appartiennent et qui forment le cinq huitièmes de la valeur du privilège de l'histoire naturelle et de tous les volumes qui en font et feront partie montant à plus de Trois cent mille livres ce qui est plus que suffisant pour le remboursement de la dite dot le cas y échéant en conséquence j'engage mon fils à faire emploi des fonds qui proviendront du privilège jusqu'a concurrence des dites Deux Cents milles livres en aquisition de contrats sur les états de bourgogne ou autre à titre de remploi des deniers dotaux de ma dite dame de Buffon a fin que les surplus de mes biens soyent déchargés de toutes affectation relativement aux créances de la dite dame pour les Deux Cents milles livres que j'ai reçu de sa dot.

Je nomme et choisis //pour mon éxécuteur testamentaire le chevalier de Buffon mon frère et le chevalier de S. Belin mon beau frère... de vouloir bien me donner// pour exécuter mes dernières intentions M. le chevalier de Buffon mon frère et le chevalier de Saint Belin mon beau frère je les prie de vouloir bien me donner cette dernière preuve de leur attachement et d'aider de leurs conseils mon fils ; je l'exhorte a se conduire en tout par les sages avis de ses deux oncles.

Je révoque tout testament codicile et autres dispositions de dernière volonté que j'ai fait avant le présent testament auquel seul je m'arrête comme contenant mes dernières intentions.

Ce fut ainsi fait dicté et nommé par le dit sieur testateur aux dits notaires Soussignés et sensuite a lui, par l'un deux son confrère présent lu et relu qu'il a dit avoir bien entendu et y persévérer à Paris au Jardin du Roy dans le Cabinet du Seig$^r$ Comte de Buffon ci dessus désigné l'An Mil Sept Cent Quatre Vingt Sept le quatre décembre sur les quatre heures de relevée et a mondist Sr testateur signé.

signé

Le Clerc C$^{te}$ de Buffon

Delamotte                    Boursier


CODICILLE

Cinquième jour de février Mil Sept Cent Quatrevingt huit sur les neuf heures du matin et comparu par devant les Conseillers du Roy Notaires au Chatelet de Paris soussignés

*Messire Georges Louis Le Clerc Chevalier Comte et Seigneur de Buffon qualiffié et domicilié dans son testament dont la minute est en entière partie trouvé par les dits notaires dans son Cabinet ayant vue sur le jardin du Roy au premier étage du bâtiment de l'intendance dans son fauteuil malade de corps, mais sain d'Esprit memoire et jugement ainsi qu'il est apparu aux dits notaires par ses discours et entretiens.*

*Lequel apris qu'a sa requisition, lecture luy a été de nouveau et d'abondance faitte par l'un des dits notaires l'autre présent de son testament en date du quatre décembre mil sept cent quatre vingt sept etant en entière partie Laquelle lecture mon Seig$^r$ Comte de Buffon dist avoir bien entendu dicté et nommé aux notaires soussignés ce qui suit par forme de codicile*

*Attendu que j'ai donné à Monsieur le Vicomte de Saint Belin mon neveu et filleul en faveur de son prochain mariage une somme de Six mille livres en deniers comptant je révoque le legs d'un diamant de valeur de huit mille livres que je lui ai fait par mon testament du dit jour quatre decembre mil sept cent quatrevingt sept.*

*Au surplus je confirme mon testament en tout ce qui n'est pas révoqué par le présent codicile.*

*Ce fut ainsi fait dicté et nommé par mon seigneur comte de Buffon aux notaires soussignés et ensuite a luy par l'un d'eux l'autre présent lu et relu qu'il a dit avoir bien entendu et y perseverer à Paris dans le cabinet sus désigné le jour an et heure que dessus et a signé ce présent*

*Le Clerc C$^{te}$ de Buffon*

*Delamotte          Boursier*

[en marge de la 1ère page : ]

*fait le 15 thermidor an 9*
*f$^t$ expédié le 11 X$^{bre}$ 1787*
*f$^t$ et expédié le 23 f$^r$ 1788*
*fait pour Mad$^e$ Necker*
*fait en parchemin*
*f. extrait 18*
*messidor an 9*

*fait expédié*
*le 20 mars 1827*

## BIBLIOGRAPHIE *

(1)†   ANGIVILLER (Charles, Claude de Flahaut, Comte de La Billarderie d') *Mémoires*, Notes sur les mémoires de Marmontel publiés d'après le manuscrit par Louis Bobé, Copenhague, Levins et Munskgaard, 1933, 219p.

(2)†   AUDE (M. le Chevalier), *Vie privée du Comte de Buffon,* suivie d'un recueil de poésies dont quelques pièces sont relatives à ce grand homme, Lausanne, [sans nom d'imprimeur ni d'éditeur], 1788, 55p.

* Sources imprimées et études. Les sources sont distinguées par le signe †.

(3)† BERNARD D'HÉRY (P.), *Histoire naturelle de Buffon, mise en ordre d'après le plan tracé par lui-même et dans laquelle on a conservé religieusement le texte de l'auteur,* Paris, Crapart, an XII (1804), T. I, *Vie de Buffon,* 384p.

(4) BOURDIER (F.), «Principaux aspects de la vie et de l'œuvre de Buffon», *in Buffon,* R. Heim éd.,. Paris, Muséum National d'Histoire Naturelle, coll. "Les grands naturalistes français", 1952, pp. 15-86.

(5)† DESVOYES (L.P.), «Généalogie de la famille Le Clerc de Buffon», *Bulletin de la Société des Sciences historiques et naturelles de Semur-en-Auxois,* 1874 : pp. 77-105.

(6) DIMIER (L.), *Buffon* (Leçons données de janvier à avril 1918 dans la salle de la Société de Géographie par l'Institut d'Action française), Paris, Nouvelle Librairie Nationale, 1919, 309p.

(7)† DUGAST de BOIS SAINT JUST (J.-L.), *Paris, Versailles et les provinces au XVIIIᵉ siècle,* Anecdotes sur la vie privée de plusieurs ministres, évêques, magistrats, par un ancien officier aux gardes françaises, Paris, Le Normant, Nicole et Guignet, 1809, 2 vol.

(8)† FLOURENS (P.), *Des manuscrits de Buffon avec des fac-similés de Buffon et de ses collaborateurs,* Paris, Garnier frères, 1860, 298p.

(9) GLOTZ (M. et MAIRE (M.), *Salons du XVIIIᵉ siècle,* Paris, Nouvelles Éditions latines, 1949, 341p.

(10) GOIMARD (D.) «Un juge à Chaumont ancien familier de Buffon. Nicolas Humbert-Bazile», *Actes du 55ème Congrès de l'Association bourguignonne des Sociétés savantes, Langres (1984),* 1985 : pp.73-85.

(11) HANKS (L.), *Buffon avant "l'Histoire naturelle",* Paris, Presses Universitaires de France, 1966, 324p.

(12)† HÉRAULT DE SÉCHELLES, «Voyage à Montbard en 1785», *Magasin encyclopédique,* 1ère année, T. 3 (1795) : p. 371.

(13) HUMBERT-BAZILE (N.) et NADAULT de BUFFON (H.), *Buffon, sa famille, ses collaborateurs, ses familiers,* Paris, J. Renouard, 1863, 431p.

(14) LACROIX (A.), «Une famille de bons serviteurs de l'Académie des Sciences et du Jardin des Plantes», *Bulletin du Muséum,* 2ème sér. T. X, n° 5 (1938) : pp. 446-471.

(15)† LANESSAN (J.L.), éd., *Œuvres de Buffon,* T. XIV, *Correspondance,* Paris, Le Vasseur, 1885, 423p.

(16) MONTREPOS (H.D.), «Généalogie de la Maison de Saint-Belin en Champagne», *Héraldique et généalogie,* 16 (1984) : pp. 145-157.

(17)† NADAULT de BUFFON (H.), *Correspondance inédite de Buffon de 1724 à 1788,* Paris, Hachette, 1860, 2 vol., 500p. et 644p.

(18)† NECKER (Mme), *Mélange, extraits des manuscrits de Madame Necker,* Paris, Charles Pougens, an VI (1798), 3 vol., 383p., 404p. et 432p.

(19)† RAVIER (Jules dit),*Une page inédite de la vie de M. de Buffon, suivie des réflexions critiques sur la brochure de son centenaire,* Saint-Ouen, chez l'Auteur, s.d. [1907], 109p.

(20)† SAINTE-BEUVE (C.A.), «Madame Necker», *in Causeries du lundi,* Paris, Garnier frères, 1922., T. 4 : pp. 240-262.

# II

*BUFFON ET LES "PHILOSOPHES"*

# 8 #32 741

## BUFFON ET DIDEROT

Aram VARTANIAN *

Plus d'une thèse de la philosophie biologique de Diderot provient d'une idée qu'il a rencontrée chez Buffon avant de l'élaborer selon une optique personnelle plus radicale. Parmi ces sources, il faut mentionner en particulier la théorie des molécules organiques, d'où Diderot a dérivé, en la modifiant librement, son principe de la sensibilité conçue comme une propriété générale de la matière. Mais les molécules organiques réapparaissent aussi chez lui sans modification dans les multiples exposés de la reproduction animale dont son œuvre témoigne. C'est l'*Histoire naturelle,* également, qui a fourni à Diderot le motif de sa croyance aux générations spontanées, phénomène prétendu dont il a fini par tirer des conclusions spéculatives qui allaient bien au delà de ce qu'avait imaginé Buffon. Diderot lui-même a divulgué ce que ses efforts de construire une hypothèse transformiste devaient à l'initiative de Buffon. C'est celui-ci, encore une fois, qui semble avoir persuadé Diderot de la fonction exceptionnelle du diaphragme dans l'économie humaine, où ce muscle, en rivalisant de pouvoir avec le cerveau, était censé déterminer un dualisme psychophysique de la raison et de l'affectivité. On sait que déjà en 1749, l'année au cours de laquelle ont paru l'*Histoire naturelle* et la *Lettre sur les aveugles*, Buffon et Diderot projetaient, chacun à sa manière, de démêler l'origine du monde en ne recourant qu'aux seules causes physiques, indépendamment de tout dogme créationniste. Ces nombreux rapprochements établissent assez la réceptivité de Diderot aux leçons de son contemporain.[1] Nous proposons maintenant, du sujet si vaste des rapports intellectuels entre les deux hommes, de n'aborder qu'un seul aspect –mais un aspect auquel la critique a fait jusqu'ici trop peu attention, à savoir, leur enseignement sur la méthode scientifique.

Pendant sa détention au Château de Vincennes en 1749, Diderot a lu avec une vive curiosité (et, sans doute, avec tout le loisir souhaitable) les trois premiers tomes de l'*Histoire naturelle* qui venaient d'être publiés. Il est dommage que ses commentaires sur les matières qui y sont présentées soient perdus. Nous pouvons conjecturer, cependant, qu'ils n'ont pas disparu sans laisser de traces. Diderot semble avoir utilisé ses notes de lecture (ou bien le souvenir qu'il en gardait) lors de la rédaction, en 1753, des *Pensées sur l'interprétation de la nature*. Cette supposition explique pourquoi il n'a pas conservé, s'il les avait eus en sa possession en quittant la prison, les papiers en question : car il a dû croire qu'il en avait livré la majeure partie à l'impression. La même supposition permet de rectifier l'opinion encore courante qui fait de l'œuvre de Bacon le seul modèle indispensable de la méthode

* Department of French Language and Literature. University of Virginia. Charlottesville, VA 22903. USA.

1. Voir, à ce propos, Roger [7] : pp. 597-618, et [8] : pp. 221-236.

scientifique exposée dans l'*Interprétation de la nature*. Un deuxième modèle non moins important, comme nous le verrons, était l'essai intitulé «*De la manière d'étudier et de traiter l'histoire naturelle*», qui sert d'introduction à l'*Histoire naturelle*.

Ces textes exemplaires de Buffon et de Diderot, qui l'un et l'autre intéressent surtout la problématique des sciences de la vie, ressortissent au genre philosophico-littéraire du «*Discours de la méthode*». Au reste, l'influence buffonienne sur l'*Interprétation* n'est point douteuse.[2] Diderot lui-même, longtemps après l'événement, en a donné une attestation tranchante : «*s'il est permis de comparer une très-petite chose à une très-grande, on oserait assurer que Buffon sera souvent lettre close pour celui qui n'entend pas l'*Interprétation de la nature».[3]

Disons, pour débuter, que Buffon et Diderot (comme Bacon avant eux) alliaient leurs maximes de méthode à un souci de rendre «*populaire*» la recherche scientifique. La dédicace que Diderot adresse, dans l'*Interprétation*, aux «*jeunes gens qui se disposent à l'étude de la philosophie naturelle*» fait écho au désir semblable chez Buffon d'instruire la jeunesse, au contraire de la coutume pédagogique, dans les mêmes matières : «*les jeunes gens (...) doivent être guidés plus tôt et conseillés à propos : il faut même les encourager par ce qu'il y a de plus piquant dans les sciences (...) L'histoire naturelle doit leur être présentée à son tour, et précisément dans le temps où la raison commence à se développer (...); une étude même légère de l'histoire naturelle élèvera leurs idées, et leur donnera des connaissances d'une infinité de choses que le commun des hommes ignore, et qui se retrouvent souvent dans l'usage de la vie*».[4] Ce programme innovateur, qui mettait l'accent sur l'utilité, pour la nouvelle génération, de cultiver les sciences, a engagé Diderot, de son côté, à envisager son *Interprétation*, encore plus résolument, comme un acte de communion intellectuelle destiné «*aux jeunes gens*». «*Jeune homme, prends et lis*», a-t-il déclaré solennellement : «*si tu peux aller jusqu'à la fin de cet ouvrage, tu ne seras pas incapable d'en entendre un meilleur (...) Un plus habile* [songeait-il à Buffon ?] *t'apprendra à connaître les forces de la nature; il me suffira de t'avoir fait essayer les tiennes. Adieu*».[5] Diderot a plusieurs fois dramatisé ou agrandi une idée empruntée à Buffon. L'intention buffonienne d'élargir l'horizon et de diversifier les buts de l'éducation est ainsi devenue, par son truchement, une cérémonie d'initiation dans l'étude –on dirait presque dans le culte– de la nature.

Le problème connexe de la valeur pratique des sciences se pose, dans la «*Manière de traiter l'histoire naturelle*», relativement aux «*Anciens*». Buffon les loue de ce qu'ils «*tournaient toutes les sciences du côté de l'utilité, et donnaient beaucoup moins que nous à la vaine curiosité (...) ils rapportaient tout à l'homme moral*».[6] Quoique l'auteur ait ici l'air d'approuver ce parti-pris –et d'autant plus que lui-même voulait ordonner le contenu de son *Histoire naturelle* selon la proximité qu'il y découvrait aux préoccupations humaines– il n'estimait pourtant pas que l'utilité dût être un motif prépondérant dans l'investigation de la nature. Ce qu'il appelle «*la*

2. La plupart des correspondances sont relevées dans l'annotation du texte critique procuré par Varloot et Dieckmann : Diderot, *Œuvres complètes* [5]. Nos citations de l'*Interprétation de la nature* renvoient à cette édition.

3. *Essai sur les règnes de Claude et de Néron*, in Diderot [6], T. III : pp. 390-91.

4. *Premier Discours : De 120 d'étudier et de traiter l'histoire naturelle* [1749], in Buffon [3], T. I : pp. 6-8.

5. *Pensées sur l'interprétation de la nature* [1753], in Diderot [5], T. IX : p. 26.

6. *Premier Discours : De la manière d'étudier et de traiter l'histoire naturelle* [1749], in Buffon [3], T. I : p. 50.

*vaine curiosité»*,[7] qui fouille volontiers parmi des phénomènes ne promettant aucune application immédiate, est aussi une activité essentielle au progrès de la *«physique particulière et expérimentale»*[8]. Diderot s'est trouvé, dans l'*Interprétation*, devant la même opposition entre utilité et curiosité. Comme Buffon, il pense que la valorisation excessive de l'utile est la démarche d'un myope; mais il n'en avertit pas moins qu'on ne devrait jamais négliger de justifier au *«peuple»* l'interrogation de la nature par les bienfaits qui pourraient en découler. Diderot change, cependant, l'inflexion de l'attitude buffonienne. Prétendant que *«l'utile circonscrit tout»* (*Pensée VI*),[9] il lui importe moins d'exciter la curiosité des chercheurs (qui sont présumés en avoir assez), que de satisfaire l'attente d'un public difficile pour qui l'intérêt décide de tout. Plus sceptique sur le jugement populaire, Diderot insiste donc davantage sur les circonstances qui nécessitent la légitimation sociale de la science. Il a dû lire la *«Manière de traiter l'histoire naturelle»* dans la perspective de sa propre *Encyclopédie*, où l'étalage du savoir théorique devait s'appuyer sur une énorme quantité d'informations techniques. La *Pensée XIX* révèle à quel point Diderot tenait à cette tactique : *«Il n'y a qu'un seul moyen de rendre la philosophie* [i.e naturelle] *vraiment recommandable aux yeux du vulgaire; c'est de la lui montrer accompagnée de l'utilité. Le vulgaire demande toujours, à quoi cela sert-il ? et il ne faut jamais se trouver dans le cas de lui répondre, à rien; il ne sait pas que ce qui éclaire le philosophe et ce qui sert au vulgaire sont deux choses fort différentes»*.[10]

En appréciant un penseur dont l'aphorisme : *«le style est l'homme même»* a fait fortune, il convient d'examiner un remaniement stylistique que Diderot a opéré sur un fragment de texte buffonien. Quelques-uns des préceptes dans la *«Manière d'étudier l'histoire naturelle»* mettent en garde contre la tendance à tirer des conclusions hâtives d'une observation prévenue : *«il faut aussi voir presque sans dessein, parce que si vous avez résolu de ne considérer les choses que dans une certaine vue, dans un certain ordre, dans un certain système (...) vous n'arriverez jamais à la même étendue de connaissances à laquelle vous pourrez prétendre, si vous laissez dans les commencements votre esprit marcher de lui-même, se reconnaître, s'assurer sans secours, et former seul la première chaîne qui représente l'ordre de ses idées»*.[11] On aperçoit dans ce propos de Buffon le germe de la *«pensée»* que Diderot a privilégiée en l'insérant à la tête de son recueil. La voici : *«C'est de la nature que je vais écrire. Je laisserai les pensées se succéder sous ma plume, dans l'ordre même selon lequel les objets se sont offerts à ma réflexion, parce qu'elles n'en représenteront que mieux les mouvements et la marche de mon esprit»*.[12] Mais tout en s'appropriant la recommandation buffonienne, Diderot en pousse la signification beaucoup plus loin. *«Les mouvements et la marche de mon esprit»* décrivent dans son cas, comme nous l'indique la suite de l'*Interprétation*, quelque chose de plus visiblement *«sans dessein»*, et un mode de réflexion encore moins soumis à *«un certain ordre»* ou à *«un certain système»*, que ne l'était ce à quoi pensait Buffon en conseillant : *«laissez dans les commencements votre esprit marcher de lui-même (...) et former seul la première chaîne qui représente l'ordre de ses idées»*. À la lecture de l'*Interprétation*, il

---

7. *Ibid.* : p. 50.
8. *Ibid.* : p. 50.
9. *Pensées sur l'interprétation de la nature* [1753], *in* Diderot [5], T. IX : p. 33.
10. *Ibid.* : p. 41.
11. *Premier Discours : De la manière d'étudier et de traiter l'histoire naturelle* [1749], *in* Buffon [3], T. I : p. 6
12. *Pensées sur l'interprétation de la nature* [1753], *in* Diderot [5], T. IX : p. 27.

devient manifeste que la façon de penser que Diderot a nommée «*les mouvements et la marche de mon esprit*» n'était pas pour lui simplement un moyen d'augmenter le nombre et l'exactitude des "connaissances" de la nature; c'était, en plus, un moyen de transcrire "les mouvements et la marche" de la nature elle-même. Il y a déjà, de cela, une insinuation dès la première phrase, «*C'est de la nature que je vais écrire*», suivie de la précision : «*je laisserai les pensées se succéder sous ma plume... etc*». Car Diderot y fait entendre, rhétoriquement, que l'énoncé qui suit est la conséquence en quelque sorte logique de celui qui précède, comme s'il y avait un «donc» supprimé mais implicite entre «*je laisserai*» et «*les pensées*». Il est à remarquer, en outre, qu'alors que Buffon parle d'une autre personne qui se confond avec le lecteur de son *Histoire naturelle*, Diderot annonce à la première personne le projet d'«*écrire de la nature*». Son projet ne regarde pas seulement l'observation de la nature et les «*pensées*» qui peuvent en naître, mais, plus délibérément, la volonté de mettre par écrit ce qu'il en aura observé et appris, tout en créant une écriture qui imiterait l'allure des processus naturels. En retravaillant à son gré le conseil de Buffon, Diderot vise ainsi à une synthèse de trois éléments : la perception objective du monde matériel; la subjectivité heuristique du chercheur; et un certain style expressif et mimétique qui est celui même de son sujet. Face aux énigmes de la science naturelle, il fait valoir pour son compte une variante du dicton buffonien, telle que : le style est le philosophe même.

Venons-en maintenant à la méthode scientifique proprement dite. Dans ce domaine, deux thèmes nous retiendront particulièrement. Le premier est la description contrastée que Buffon a faite des scientifiques, traduisant par là un dualisme méthodologique que Diderot, à son tour, reproduit plus systématiquement dans l'*Interprétation* comme une distinction entre l'observateur de la nature, qui rassemble patiemment les matériaux, et son *interprète*, dont le génie se hausse au-dessus de l'empirisme pour saisir les principes généraux qui laissent systématiser les données tant acquises qu'à acquérir. Buffon a reconnu, dans les termes suivants, cette polarité des approches et des connaissances : «*on peut dire que l'amour de l'étude de la nature suppose dans l'esprit deux qualités qui paraissent opposées, les grandes vues d'un génie ardent qui embrasse tout d'un coup d'œil, et les petites attentions d'un instinct laborieux qui ne s'attache qu'à un seul point*».[13] La première *Pensée* de l'*Interprétation* constate la même opposition dans les capacités de deux types d'esprit qui caractérisent, d'après l'auteur, «*tous nos philosophes, et les* [divisent] *en deux classes. Les uns ont (...) beaucoup d'instruments et peu d'idées; les autres ont beaucoup d'idées et n'ont point d'instruments*». Ainsi que Buffon, Diderot souhaite une collaboration fructueuse, au lieu d'une rivalité stérile, entre les deux camps : «*L'intérêt de la vérité demanderait que ceux qui réfléchissent daignassent enfin s'associer à ceux qui se remuent, afin que le spéculatif fût dispensé de se donner du mouvement; que le manœuvre eût un but dans les mouvements infinis qu'il se donne; que tous nos efforts se trouvassent réunis et dirigés en même temps contre la résistance de la nature*».[14] Ces admonitions, en mettant à profit le contraste signalé par Buffon, prévoient, d'entrée de jeu, une science naturelle qui serait à la fois expérimentale et théorique, empiriste et rationnelle, et qui joindrait l'observation à la spéculation, l'évidence nécessaire des faits à la vertu unifiante des principes abstraits et des hypothèses fécondes; c'est-à-dire, une science qui réaliserait une entente, ou un

13. *Premier Discours : De la manière d'étudier et de traiter l'histoire naturelle* [1749], *in* Buffon [3], T. I : p. 4
14. *Pensées sur l'interprétation de la nature* [1753], *in* Diderot [5], T. IX :  pp. 27-28.

compromis, entre les traditions baconienne et cartésienne.

On sait que la distinction entre «*empiriques*» et «*dogmatiques*» a d'abord été formulée par Bacon dans le *Novum Organum*, où il réclame aussi «*une alliance plus étroite et plus pure de ces deux facultés (l'expérimentale et la rationnelle) que ce qui, jusqu'ici, a été essayé*».[15] Selon Bacon aussi, le savant devrait imiter l'abeille qui non seulement ramasse de la cire, mais en dispose pour fabriquer une ruche. Quelque juste que paraisse cet apologue, il ne s'agit là, pourtant, que d'un lieu commun, car personne n'aurait contesté que pour accéder à la science il fallait bien organiser les données isolées, que ce soit inductivement ou déductivement, en une structure qui *explique*. Que Buffon et Diderot se soient rappelé les paroles du philosophe anglais en alléguant le besoin de remédier au divorce des deux opérations de l'esprit scientifique, rien de plus probable. Mais, entre-temps, les conditions historiques en France de l'investigation de la nature avaient évolué de telle sorte que Buffon et Diderot, en ressuscitant le thème baconien, lui ont attribué un sens différent.

En préconisant un dualisme de la méthode, Buffon a accentué, bien sûr, l'empirisme expérimental issu de Bacon, vraisemblablement parce que c'était surtout cette exigence qui manquait à la science de son époque. «*On doit donc commencer*, dit-il, *par voir beaucoup et revoir souvent*»; et il ajoute, quant à la formation des amateurs d'histoire naturelle : «*L'essentiel est de leur meubler la tête d'idées et de faits, de les empêcher (...) d'en tirer trop tôt des raisonnements et des rapports; car il arrive toujours que par l'ignorance de certains faits, et par la trop petite quantité d'idées, ils épuisent leur esprit en fausses combinaisons*».[16] Une erreur ordinaire, c'est de supposer que les phénomènes obéissent à une régularité et une simplicité qui, cependant, n'existent pas dans le monde réel : «*Nous sommes (...) portés à imaginer en tout une espèce d'ordre et d'uniformité; et, quand on n'examine que légèrement les ouvrages de la nature, il paraît à cette première vue, qu'elle a toujours travaillé sur un même plan*».[17] Il s'ensuit qu'on est séduit par des analogies trompeuses et par des théories sans fondement : «*on bâtit des systèmes sur des faits incertains, dont l'examen n'a jamais été fait*».[18] Étant donné que la nature consiste en «*une infinité de combinaisons harmoniques et contraires, et une perpétuité de destructions et de renouvellements*», la compréhension que nous pourrons en avoir sera inévitablement fautive, et «*les premières causes nous seront à jamais cachées*».[19] Le mieux que puisse faire la science, «*c'est d'apercevoir quelques effets particuliers, de les comparer, de les combiner, et enfin d'y reconnaître plutôt un ordre relatif à notre propre nature, que convenablement à l'existence des choses*».[20] Ces considérations amènent Buffon à une prise de position anti-systématique et prudemment réservée. Il affirme que «*pour faire un système, un arrangement, en un mot une méthode générale, il faut que tout y soit compris*»;[21] mais avouant que nous ne posséderons jamais qu'une certaine provision de faits et rien de plus, il conclut

---

15. *Novum Organum*, I, 95, *in* Bacon [1], T. I : p. 201. L'alinéa pertinent du *Novum Organum* est résumé par Diderot dans la *Pensée IX*. «*Tout se réduit à revenir des sens à la réflexion, et de la réflexion aux sens : rentrer en soi et en sortir sans cesse. C'est le travail de l'abeille. On a battu bien du terrain en vain, si on ne rentre pas dans la ruche chargée de cire. On a fait bien des amas de cire inutile, si on ne sait pas en former des rayons.*» (Diderot [5], T. IX : p. 34).
16. *Premier Discours : De la manière d'étudier et de traiter l'histoire naturelle* [1749], *in* Buffon [3], T. I : p. 6.
17. *Ibid.* : p. 9.
18. *Ibid.* : p. 10.
19. *Ibid.* : p. 11.
20. *Ibid.* : p. 12.
21. *Ibid.* : p. 13.

que les «*gens sensés (...) sentiront toujours que la seule et vraie science est la connaissance des faits : l'esprit ne peut pas y suppléer*»[22] –aveu d'impuissance qui sera bientôt formellement démenti.

En attendant, remarquons que ce penchant baconien du traité de Buffon va de pair avec le même penchant de l'*Interprétation de la nature*. Je ne citerai que quatre exemples de ce que tous les spécialistes ont reconnu comme le baconisme de Diderot. Celui-ci déclare, en effet, dans la *Pensée XX* : «*Les faits, de quelque nature qu'ils soient, sont la véritable richesse du philosophe*».[23] Mais l'assemblage des faits excédera tôt ou tard notre capacité de les maîtriser, sans être d'ailleurs jamais complet : «*La philosophie expérimentale travaillerait pendant les siècles des siècles, que les matériaux qu'elle entasserait, devenus à la fin par leur nombre au-dessus de toute combinaison, seraient encore bien loin d'une énumération exacte*» (*Pensée VI*).[24] Le mieux qu'on puisse attendre, c'est de combler autant que possible les lacunes qui resteront dans nos connaissances : «*Je me représente la vaste enceinte des sciences comme un grand terrain parsemé de places obscures et de places éclairées. Nos travaux doivent avoir pour but, ou d'étendre les limites des places éclairées, ou de multiplier sur le terrain les centres de lumières*» (*Pensée XIV*).[25] Et finalement, la *Pensée XXIII* constate sur un ton désabusé et sobre : «*Nous avons distingué deux sortes de philosophie, l'expérimentale et la rationnelle. L'une a les yeux bandés, marche toujours en tâtonnant, saisit tout ce qui lui tombe sous les mains et rencontre à la fin des choses précieuses. L'autre recueille ces matières précieuses, et tâche de s'en faire un flambeau : mais ce flambeau prétendu lui a jusqu'à présent moins servi que le tâtonnement à sa rivale; et cela devait être*».[26]

Sur un problème précis –la classification des espèces– l'accord anti-systématique de Buffon et de Diderot a inspiré un parallélisme instructif. La condamnation buffonienne des systèmes avait pour cible, parmi d'autres, certains «*méthodistes*», ou taxonomistes, qui, comme Linné, croyaient pouvoir, en isolant tel ou tel élément de l'anatomie animale ou végétale, orchestrer tous les êtres vivants selon un schéma cohérent et harmonieux; mais le résultat en était souvent des parentés arbitraires et des définitions absurdes. Buffon commente ironiquement : «*Ne serait-ce pas plus simple, plus naturel et plus vrai, de dire qu'un âne est un âne, et un chat un chat, que de vouloir, sans savoir pourquoi, qu'un âne soit un cheval, et un chat un loup-cervier ?*».[27] Dans la *Pensée XLIX*, Diderot reprend la même critique : «*L'homme, dit Linnaeus (...) n'est ni une pierre, ni une plante; c'est donc un animal (...) Ce n'est pas un insecte, puisqu'il n'a point d'antennes. Il n'a point de nageoires, ce n'est donc pas un poisson. Ce n'est pas un oiseau, puisqu'il n'a point de plumes. Qu'est-ce donc que l'homme ? (...) Il a quatre pieds (...) C'est donc un quadrupède. "Il est vrai, continue le méthodiste, qu'en conséquence de mes principes d'histoire naturelle, je n'ai jamais su distinguer l'homme du singe" (...) Donc votre méthode est mauvaise, dit la logique. "Donc l'homme est un animal à quatre pieds", dit le naturaliste*».[28] Si Diderot se range ici à l'avis buffonien, il le revêt d'une expression

---

22. *Ibid.* : p. 28.
23. *Pensées sur l'interprétation de la nature* [1753], *in* Diderot [5], T. IX : p. 41.
24. *Ibid.* : p. 32.
25. *Ibid.* : p. 39.
26. *Ibid.* : p. 43.
27. *Premier Discours : De la manière d'étudier et de traiter l'histoire naturelle* [1749], *in* Buffon [3], T. I : p. 40.
28. *Pensées sur l'interprétation de la nature* [1753], *in* Diderot [5], T. IX : pp. 76-77.

littéraire qui n'est que de lui. La futilité des systèmes taxonomiques aboutit à un dialogue de sourds dont l'enjeu est la place de l'homme dans la nature, et l'on voit, à travers une pantomime du raisonnement puéril des *«méthodistes»*, qu'un grave obstacle au progrès des sciences est l'entêtement aveugle de certains esprits systématiques.

Mais ce qu'il faut souligner, c'est que le refus de tout *«système de la nature»* ne coïncide qu'avec un des aspects d'une situation complexe, voire dialectique. Après avoir insisté sur la méthode promulguée par Bacon, Buffon revient, plus brièvement, il est vrai, mais sans embarras ni hésitation, à la nécessité des *«grandes vues d'un génie qui embrasse tout d'un coup d'œil»*. Le but de la science ne s'avère plus limité à l'accumulation des vérités de détail : *«il faut tâcher de s'élever*, exhorte Buffon, *à quelque chose de plus grand et plus digne encore de nous occuper; c'est de combiner nos observations, de généraliser les faits, de les lier ensemble par la force des analogies, et de tâcher d'arriver à ce haut degré de connaissances, où nous pouvons comparer la nature avec elle-même dans ses grandes opérations».*[29] Un lecteur tant soit peu humaniste ne saurait guère ignorer, devant une rhétorique pareille, que Buffon identifie la motivation de la pensée scientifique avec des sentiments et valeurs subjectifs, en l'occurrence ceux, bien humains, d'élévation, de grandeur, et de dignité. Les talents secondaires font assez bien l'affaire du collectionneur de faits : *«de l'assiduité et de l'attention suffisent pour arriver au premier but»;* et Buffon de continuer : *«mais il faut ici quelque chose de plus; il faut des vues générales, un coup d'œil ferme et un raisonnement formé plus encore par la réflexion que par l'étude; il faut enfin cette qualité d'esprit qui nous fait saisir les rapports éloignés, les rassembler et en former un corps d'idées raisonnées».*[30] À l'occasion de son discours de réception à l'Académie Française, Buffon a évoqué en passant le sujet de la méthode scientifique. Laissant entièrement de côté l'apport des manœuvres de la science, il n'a tenu compte, devant l'élite nationale, que de l'idéal du savant systéma- tique : *«s'il imite la nature dans sa marche et dans son travail, s'il s'élève par la con- templation aux vérités les plus sublimes, s'il les réunit, s'il les enchaîne, s'il en forme un tout, un système par la réflexion, il établira sur des fondements inébran- lables des monuments éternels».*[31] Nous noterons tout à l'heure que Diderot a eu, lui aussi, la hantise des *«monuments éternels »* de la philosophie naturelle.

*«Les plus grands philosophes»*, poursuit Buffon, ont toujours senti l'importance d'une intuition totalisante; mais *«si quelques-uns se sont élevés à ce haut point de métaphysique* [l'alpinisme de la science lui tient à cœur!] *d'où l'on peut voir les principes, les rapports, et l'ensemble des sciences»,*[32] aucun d'eux n'a réussi, malheureusement, à communiquer lucidement aux autres comment il s'y est pris, de sorte que (dans un énoncé surprenant qui rappelle l'entreprise de Descartes cent ans plus tôt) *«la méthode de bien conduire son esprit dans les sciences»* est encore à dé- finir.[33] L'admirable succès de Newton n'avait pas, semble-t-il, satisfait chez Buffon

29. *Premier Discours : De la manière d'étudier et de traiter l'histoire naturelle* [1749], *in* Buffon [3], T. I : p. 51.

30. *Ibid.* : p. 51.

31. *Discours prononcé à l'Académie Française, par M. de Buffon, le jour de sa réception* [1753], *in* Buffon [4] : p. 6. Puisque Buffon a prononcé son discours le 25 août 1753 devant une assemblée publique, Diderot a pu en avoir connaissance pendant qu'il composait l'*Interprétation*, achevée seulement en octobre ou novembre de la même année.

32. *Premier Discours : De la manière d'étudier et de traiter l'histoire naturelle* [1749], *in* Buffon [3], T. I : pp. 51-52.

33. *Ibid.* : p. 52.

le désir d'un modèle d'explication adéquat à la diversité changeante des phénomènes. Il a conçu, par conséquent, l'ambition d'en fournir lui-même une illustration. Le conflit apparent des démarches opposées qui constituent sa recette de la bonne méthode scientifique se dissipe, en grande partie, lorsque le lecteur procède de la «*Manière de traiter l'histoire naturelle*» à la mise en œuvre des règles qu'elle contient. «*Nous allons donner des essais de cette méthode*», dit Buffon, «*dans les discours suivants, de la THÉORIE DE LA TERRE, la FORMATION DES PLANÈTES, et de la GÉNÉRATION DES ANIMAUX*».[34] (On pressent ici, soit dit entre parenthèses, une ressemblance curieuse avec le projet de Descartes, qui avait également offert d'abord une méthode scientifique, et en avait fait ensuite trois applications à divers domaines de la recherche). En tout cas, Buffon croyait, grâce à sa synthèse de l'empirisme et du rationalisme, être en droit de blâmer la science de son temps, qui ne lui paraissait pas assez «*philosophique*». Elle accordait trop de poids aux activités accessoires, en oubliant l'essentiel : «*il est aisé de s'apercevoir*», se plaint l'auteur de l'*Histoire naturelle*, «*que la philosophie est négligée, et peut-être plus que dans aucun autre siècle; les arts qu'on veut appeler scientifiques ont pris sa place; les méthodes de calcul et de géométrie, celle de botanique et d'histoire naturelle, les formules, en un mot, et les dictionnaires occupent presque tout le monde : on s'imagine savoir davantage, parce qu'on a augmenté le nombre des expressions symboliques et des phrases savantes, et on ne fait point attention que tous ces arts ne sont que des échafaudages pour arriver à la science, et non pas la science elle-même*».[35]

Diderot, à son tour, n'a jugé positivement des efforts minutieux du chercheur expérimental que parce qu'ils rendaient possibles, à la longue, l'envol spéculatif, le coup d'œil génial, de la philosophie rationnelle. Les deux approches étaient à la fois distinctes et dans une relation hiérarchique : «*recueillir et lier les faits, ce sont deux occupations bien pénibles; aussi les philosophes les ont-ils partagées entre eux. Les uns passent leur vie à rassembler des matériaux, manœuvres utiles et laborieux; les autres, orgueilleux architectes, s'empressent à les mettre en œuvre*» (*Pensée XXI*).[36] L'enthousiasme de Diderot lui a inspiré, à cet égard, un espoir scientifique capable même d'éclipser celui, émis par Buffon, de «*comparer la nature avec elle-même dans ses grandes opérations*».[37] Il l'a surtout exprimé dans la *Pensée XLV*, sans craindre les dangers d'une systématisation des plus hardies : «*tous les phénomènes, ou de la pesanteur, ou de l'élasticité, ou de l'attraction, ou du magnétisme, ou de l'électricité, ne sont que des faces différentes de la même affection (...) Il y a peut-être un phénomène central qui jetterait des rayons non seulement à ceux qu'on a, mais encore à tous ceux que le temps ferait découvrir, qui les unirait et qui en formerait un système*».[38] Cette physique universelle, à laquelle on ne cesse pas d'aspirer depuis le XVIIIè siècle, peut être considérée comme «"le rêve de Diderot". Alors que la base en est l'expérience d'un «*phénomène central*», elle passe outre et se construit (pour parler comme Buffon) à l'aide des «*grandes vues*» et de «*la force des analogies*», autrement dit, par un rationalisme accueillant aux hypothèses. «*Une des principales différences*», précise Diderot, «*de l'observateur de la nature et de son interprète, c'est*

34. *Ibid.* : p. 62.
35. *Premier Discours : De la manière d'étudier et de traiter l'histoire naturelle* [1749], *in* Buffon [3], T. I : p. 52.
36. *Pensées sur l'interprétation de la nature* [1753], *in* Diderot [5], T. IX : p. 42
37. Buffon, *loc. cit.* n.29.
38. *Pensées sur l'interprétation de la nature* [1753], *in* Diderot [5], T. IX : p. 73.

*que celui-ci part du point où les sens et les instruments abandonnent l'autre; il conjecture par ce qui est, ce qui doit être encore; il tire de l'ordre des choses des conclusions abstraites et générales, qui ont pour lui toute l'évidence des vérités sensibles et particulières; il s'élève à l'essence même de l'ordre»* (*Pensée LVI*).[39] Les derniers mots de ce passage suggèrent la même image alpiniste qu'on a déjà remarquée chez Buffon. Mais il en existe dans l'*Interprétation* un échantillon beaucoup plus net. Le «*haut point de métaphysique d'où*», selon Buffon, «*les principes, les rapports, et l'ensemble des sciences*» se révèlent à l'esprit, trouve un équivalent dans la *Pensée XL*, où Diderot s'estime, par son aptitude à généraliser les faits, un des «*seuls métaphysiciens proprement dits*» de son milieu.[40] Cette allusion inattendue à une «*métaphysique diderotienne*» signifie, non pas qu'on cherche au delà ou en dehors de la nature, mais ce qu'on fait pour en dévoiler les ressorts à la fois les moins palpables et les plus étendus. Le concept de science naturelle qui y correspond s'exprime sous une forme autrement éloquente de la métaphore buffonienne de l'ascension –métaphore dans laquelle il faut voir, moins un ornement de rhétorique, qu'un trait linguistique (s'il est vrai que «*le style est le philosophe même*») qui trahit, de Buffon à Diderot, une continuité profonde de méthode scientifique. D'après l'auteur de l'*Interprétation* : «*le philosophe spéculatif ressemble à celui qui regarde du haut de ces montagnes dont les sommets se perdent dans les nues : les objets de la plaine ont disparu devant lui; il ne lui reste plus que le spectacle de ses pensées, et que la conscience de la hauteur à laquelle il s'est élevé*» (*Pensée XL*).[41] Si Diderot, à ces altitudes qui fortifient les qualités de grandeur et de dignité humaines, a par hasard rencontré un autre adepte de la nature, il y a toutes les chances que ce fût Buffon plutôt que Bacon.[42]

La méthode proposée par Buffon, et adoptée par Diderot, recommande donc deux procédés apparemment contraires mais qui, afin d'atteindre au mieux le but de la recherche scientifique, doivent être traités de complémentaires. Le fonctionnement «*double*» de cette méthode permet de s'emparer de la vérité, comme d'un objet pris entre la pression inverse de deux pinces, par deux mouvements opposés mais conjoints : l'empirico-inductif et l'hypothético-déductif, ce dernier étant superposé sur le premier. Au lieu de l'image baconienne de l'abeille qui, à elle seule, ramasse et structure les matériaux de sa ruche, la dichotomie entre philosophie expérimentale et

---

39. *Ibid.* : p. 88.
40. *Ibid.* : p. 69.
41. *Ibid.* : p. 69.
42. J. Varloot, dans l'édition Hermann, apprécie ainsi le triomphe de la philosophie rationnelle décrit dans la *Pensée XL* : «*Diderot rend hommage à Descartes par une évocation poétique... qu'il faut rapprocher de Buffon, Discours sur la manière d'étudier et de traiter l'histoire naturelle*». Mais cet aperçu, qui reconnaît une affinité méthologique liant Descartes, Diderot, et Buffon, reste sans développement.
   N'oublions pas d'ajouter que Buffon et Diderot s'accordaient aussi sur certains avantages indirects ou fortuits de l'esprit systématique. Le premier avait dit concernant les systèmes de classification : «*il semble que la recherche de cette méthode générale soit une espèce de pierre philosophale pour les botanistes... il est arrivé en botanique ce qui est arrivé en chimie, c'est qu'en cherchant la pierre philosophale que l'on n'a pas trouvée, on a trouvé une infinité de choses utiles*» (*Premier Discours...*, Buffon [3], T. I : pp. 14-15). Diderot s'est souvenu, à deux reprises, de cette notion : «*Telle est quelquefois la suite des expériences suggérées par les observations et les idées systématiques de la philosophie rationnelle. C'est ainsi que les chimistes et les géomètres en s'opiniâtrant à la solution de problèmes peut-être impossibles, sont parvenus à des découvertes plus importantes que leur solution*» (*Pensée XXIX*, Diderot [5], T. IX : p. 47); et de nouveau : «*Quand on a formé dans sa tête un de ces systèmes qui demandent à être vérifiés par l'expérience, il ne faut ni s'y attacher opiniâtrement, ni l'abandonner avec légèreté... À force de multiplier les essais, si l'on ne rencontre pas ce que l'on cherche, il peut arriver qu'on rencontre mieux*» (*Pensée XLII*, Diderot [5], T. IX : pp. 70-71).

philosophie rationnelle reste, pour Buffon et Diderot, fondamentale et, paraît-il, permanente, dont il résulte que la répartition de rôles entre deux catégories de naturalistes est, à la différence de Bacon, un thème capital dans leurs exposés.[43] Cette dualité méthodologique et épistémologique, quoique préfigurée par Bacon, a acquis une toute autre portée et signification lorsque Buffon et Diderot l'ont invoquée à propos de l'état contemporain des sciences. Car le contexte, et donc le sens, de l'application qu'ils en ont faite, a des particularités qui n'existaient pas un siècle auparavant. La distinction, vers 1750, entre science expérimentale et science rationnelle demande à être comprise à la lumière de l'histoire encore récente des controverses en France entre Newtoniens et Cartésiens, auxquelles la génération de Buffon et de Diderot a assisté ou participé. Il faut aussi juger de la question relativement aux tentatives, dans les mêmes années, de fonder une science de la vie qui n'aurait plus été soumise au paradigme régnant de la physique mécaniste. On voulait, en plus, expliquer non seulement les formes et les relations déjà constituées, mais encore les vicissitudes passées, ou l'*histoire*, des phénomènes naturels. C'est pour ces diverses raisons que la composante "rationnelle" de la méthode buffonienne et diderotienne a mis en avant les procédés hypothético-déductifs et la valeur heuristique des "systèmes" basés, certes, sur l'expérience, mais la dépassant largement.

Comme dans le cas de Buffon, l'alliance chez Diderot de l'empirisme et du rationalisme a promu l'élaboration d'un "système de la nature", ébauché d'abord dans l'*Interprétation* et mené à bien dans le *Rêve de d'Alembert*. Ces "essais de la méthode", car ils ne sont pas autre chose, font penser, tant bien que mal, à ceux de Buffon. Diderot suppose, sans en donner toutefois des détails concrets, une cosmogonie "matérialiste" selon laquelle les mondes se font, se défont, et se refont continuellement. Sur cette toile de fond se détache l'histoire des êtres vivants, qui subissent, eux aussi, des transformations incessantes. Ainsi que Buffon, mais plus décisivement, Diderot a adapté le concept d'histoire naturelle au genre humain et à l'origine de ses facultés mentales et de ses comportements moraux. Ce projet répondait à l'appel lancé par Buffon pour une science ayant des liens plus intimes avec la philosophie. Surtout dans le *Rêve de d'Alembert*, Diderot a démontré que la biologie, poussée à ses confins philosophiques, est inséparable du matérialisme et de l'athéisme. En cela, le disciple s'est sans doute aventuré plus loin que ne voulait, ou n'osait, le faire son mentor, mais toujours en restant fidèle à la lettre de l'enseignement buffonien.

On se rend compte que le schéma échelonné de la méthode scientifique de Buffon ressemble à la structure sociale du XVIIIè siècle français. Les manœuvres qui produisent laborieusement les richesses de fond n'en profitent guère, car c'est l'individu rare, dont les mains ne sont pas salies par un travail subalterne, qui est destiné à en faire noblement usage pour assurer sa «gloire». *S'élever*, et le substantif sous-entendu «*élévation*», sont les mots-clés dans la «*Manière de traiter l'histoire naturelle*», où ces vocables sont parfois interchangeables avec «*grand*» (et son substantif «*grandeur*»). Pour l'entreprenant Buffon, la pratique de la science, par ceux

---

43. Faute d'admettre au début le caractère double -alternativement expérimental et rationnel- de la méthode scientifique diderotienne, le commentaire de l'édition Hermann, après avoir surfait le baconisme de l'*Interprétation*, est contraint d'accréditer, confusément et comme malgré soi, le point de vue inverse d'abord rejeté : «*Ainsi est-on passé d'une condamnation apparente à l'adoption d'une forme "systématique" d'interprétation de la nature*» (H. Dieckmann et J. Varloot, *Introduction*, in Diderot [5], T. IX : p. 11). Sans doute, mais pourquoi ?

dont les capacités supérieures font un "privilège", était un moyen, entre autres, de "s'élever à la grandeur", ce qui décrit d'ailleurs parfaitement sa propre carrière et son élévation, à la suite de ses travaux scientifiques, au titre de «*comte*». Et Diderot, le fils du coutelier de Langres? Son rang socio-intellectuel n'était certainement pas comparable à celui de Buffon. Aussi a-t-il toujours insisté davantage sur l'apport et l'importance des «*manouvriers*» de la science et même des techniciens. Mais son ambition personnelle, qui était typiquement celle d'un "bon bourgeois" sous l'Ancien Régime, n'en a pas moins suivi l'exemple du "grand seigneur" de la science française qu'il a tant admiré. Pour Diderot, aussi, la méthode scientifique était hiérarchisée de façon à le faire rêver de la seule gloire qu'il convoitait sérieusement, celle d'être immortel aux yeux d'une postérité reconnaissante. «*Les petites attentions d'un instinct laborieux*» que Buffon a dédaignées trouvent un écho amplifié dans l'*Interprétation* : «*Les hommes extraordinaires par leurs talents se doivent respecter eux-mêmes et la postérité dans l'emploi de leur temps. Que penserait-elle de nous, si nous n'avions à lui transmettre qu'une insectologie complète (...)? Aux grands génies, les grands objets ; les petits, aux petits génies. Il vaut autant que ceux-ci s'en occupent, que de ne rien faire*» (*Pensée LIV*).[44] La référence méprisante est à Réaumur, le «*manœuvre*» infatigable, l'observateur patient, le ramasseur de petits objets, le «*chercheur-abeille*» si cher à Bacon, qui a bâti une ruche –«*une insectologie complète*»– pour y loger sa collection. Diderot oppose à cette catégorie inférieure de «*petits génies*» les «*grands génies*» qui, comme Buffon et plus tard lui-même, embrassent la nature dans l'ensemble de ses opérations pour en esquisser le «*système*».

Le deuxième thème qui nous intéresse est le statut et le rôle des mathématiques. Une singularité de la méthode de Buffon, à un moment où le prestige newtonien était irrécusable, c'est d'avoir minimisé l'emploi de l'analyse géométrique. Cette audace s'explique par le fait que le raisonnement numérique n'a jamais été un véhicule efficace que pour la formalisation des systèmes stables et non-vivants, et qu'il perd en grande partie son efficacité, risquant même d'entraver le progrès scientifique en imposant des critères inapplicables, lorsque les problèmes à éclaircir relèvent du fonctionnement vital ou de la formation des structures inanimées, comme en biologie, cosmogonie, et géologie. La valorisation de la "science rationnelle", jointe à la dévalorisation des mathématiques, a donné naissance à une sorte de rationalisme non-quantitatif, condition préalable d'une interprétation de la nature axée sur la vie et le devenir. Quant à l'histoire naturelle, on ne voit pas trop en quoi les mathématiques peuvent servir à une classification des formes vivantes. Ainsi Buffon avait ses raisons de réévaluer négativement l'utilité des mathématiques, dont les «*vérités*, a-t-il dit, *ne sont cependant que des vérités de définitions (...) Ce qu'on appelle vérités mathématiques se réduit donc à des identités d'idées, et n'a aucune réalité*».[45] Par contre, «*les vérités physiques*» ne sont «*nullement arbitraires et ne dépendent point de nous*»;[46] les lois de la nature qu'on en infère sont fondées sur des phénomènes «*qui s'offrent tous les jours à nos yeux, qui se succèdent et se répètent sans interruption et dans tous les cas*».[47] Il s'ensuivait que l'art des mathématiciens pouvait parfois faciliter la découverte et la formulation exacte des principes physiques; mais,

---

44. *Pensées sur l'interprétation de la nature* [1753], *in* Diderot [5], T. IX :  p. 86.
45. *Premier Discours : De la manière d'étudier et de traiter l'histoire naturelle* [1749], *in* Buffon [3], T. 1 : pp. 53-54.
46. *Ibid.* : p. 54.
47. *Ibid.* : p. 57.

regrettablement, «*cette union des mathématiques et de la physique ne peut se faire que pour un très-petit nombre de sujets*».[48] Buffon se méfiait des situations où le recours au calcul pouvait égarer le chercheur, par les «*inconvénients où l'on tombe lorsqu'on veut appliquer la géométrie (...) à des sujets de physique trop compliqués, à des objets dont nous ne connaissons pas assez les propriétés pour pouvoir les mesurer*»; et d'où il résulte qu'on «*est obligé (...) de faire des suppositions toujours contraires à la nature, de dépouiller le sujet de la plupart de ses qualités, d'en faire un être abstrait qui ne ressemble plus à l'être réel (...) ce qui produit une infinité de fausses conséquences et d'erreurs*» [49]. Mais à part ces bornes d'applicabilité, Buffon a prévu un accroissement illimité du type de vérité cultivé par le mathématicien.

L'idée qu'avait Diderot de la science naturelle était assez proche de celle de Buffon pour le déterminer à redire dans l'*Interprétation* le principal de cette critique anti-mathématiciste. Il avait, peut-être, un motif supplémentaire purement philosophique, parce qu'une représentation abstraite du monde invitait, logiquement, à l'idéalisme métaphysique, tandis que Diderot préférait sûrement, et Buffon probablement, un moyen de représenter la nature qui en aurait fait valoir la *matérialité*. On lit donc dans la *Pensée II* : «*la région des mathématiques est un monde intellectuel, où ce que l'on prend pour des vérités rigoureuses perd absolument cet avantage quand on l'apporte sur notre terre*»;[50] et dans la *Pensée III* : «*la chose du mathématicien n'a pas plus d'existence dans la nature que celle du joueur. C'est de part et d'autre une affaire de conventions*».[51] Les critiques n'ont pas manqué, bien entendu, de signaler cette convergence doctrinale.[52] Néanmoins, malgré l'accord entre les deux hommes, il faut indiquer aussi la divergence de leurs vues. Pour Diderot, son entente avec Buffon n'était qu'un tremplin qui lui a permis de sauter à une position plus personnelle. Au lieu d'assigner aux mathématiques et à la recherche expérimentale la fonction de se contrôler mutuellement, il a voulu qu'on se passe de toute théorie géométrique pour ne se fier qu'aux seules données de «*l'expérience*» : «*n'est-il pas plus court*», demande-t-il, «*de s'en tenir au résultat de celle-ci ?*» (*Pensée II*).[53] La critique buffonienne a ainsi été pour lui l'occasion de vouloir séparer définitivement le calcul et la science naturelle. Cet acte sans précédent a conduit Diderot à proclamer, d'une voix quelque peu apocalyptique, «*une grande révolution dans les sciences*» (*Pensée IV*)[54] –opinion qui est sans amorce dans la «*Manière de traiter l'histoire naturelle*». Du même coup, il a prédit, toujours à l'encontre de Buffon, que dans cent ans il n'y aurait presque plus de mathématiciens en Europe. Dans la conjecture, Diderot s'est montré, par exception, un fort mauvais prophète. Voyons quel en a pu être le motif.

En écartant la contribution des mathématiques, Diderot prétend que les chimistes, les physiciens, les naturalistes, et tous ceux qui pratiquent l'art expérimental, di-

48. *Ibid.* : p. 58.
49. *Ibid.* : pp. 60-61.
50. *Pensées sur l'interprétation de la nature* [1753], *in* Diderot [5], T. IX :  p. 28.
51. *Ibid.* : p. 29.
52. Mais quoi qu'on en ait pu dire, le rejet de la quantification en science naturelle n'avait point été anticipé par Bacon. Le sentiment de celui-ci y était même tout à fait contraire : «*sans l'aide des mathématiques, maints aspects de la nature ne seraient ni suffisamment compris, ni clairement démontrés, ni rendus habilement utilisables*», jugement qui lui a fait prévoir que «*si la physique avance tous les jours et propose de nouveaux axiomes, elle aura continuellement besoin du concours renouvelé des mathématiques appliquées; ainsi le contenu de celles-ci doit petit à petit augmenter*». De Augmentis Scientiarum, Liv. III, chap. 6 in  Bacon [2] : p. 578.
53. *Pensées sur l'interprétation de la nature* [1753], *in* Diderot [5], T. IX :  p. 29.
54. *Ibid.* : p. 30.

sent : «*À quoi servent toutes ces profondes théories des corps célestes, tous ces énormes calculs de l'astronomie rationnelle, s'ils ne dispensent point Bradley ou Le Monnier d'observer le ciel ?*» (*Pensée III*).[55] Quelque étrange que paraisse cette objection (car «*ce à quoi servent ces profondes théories*», c'est justement qu'elles donnent à Bradley et à Le Monnier une raison d'observer le ciel), la réplique que fait Diderot à sa propre question, étant un parfait coq-à-l'âne, est encore plus étrange. Il se répond en ces termes : «*Et je dis : heureux le GÉOMÈTRE en qui une étude consommée des sciences abstraites n'aura point affaibli le goût des beaux-arts, à qui Horace et Tacite seront aussi familiers que Newton, qui saura découvrir les propriétés d'une courbe et sentir les beautés d'un poète (...) Il ne se verra point tomber dans l'obscurité*».[56] Cette saillie fervente n'a évidemment rien à voir avec le problème posé : celui du rôle des mathématiques dans l'étude de la nature. Mais le manque de suite –le trou, pour ainsi dire– dans le texte de Diderot est ici à tel point flagrant que le lecteur, revenu de sa perplexité, se demande ce que cette digression peut masquer. Il pénètre mieux le mystère en lisant, dans la *Pensée XXI*, un passage structuré à peu près de la même façon et ayant un sens pareil. L'auteur y raconte comment, tôt ou tard, l'observateur décèle le «*morceau fatal*» qui renversera l'édifice érigé par la «*philosophie rationnelle*». Avec le même tour de style et la même tonalité que dans le texte cité, Diderot s'exclame : «*Heureux le philosophe systématique à qui la nature aura donné, comme autrefois à Épicure, à Lucrèce, à Aristote, à Platon, une imagination forte, une grande éloquence, l'art de présenter ses idées sous des images frappantes et sublimes! L'édifice qu'il a construit pourra tomber un jour; mais sa statue restera debout au milieu des ruines*».[57] Il est clair que Diderot tenait beaucoup à la signification qu'avait pour lui cette affirmation énergique, car il l'a incluse, presque intacte, deux fois dans l'*Interprétation*. Mais que signifiait-elle au juste ? Nos deux passages semblent faire allusion à un idéal de la science, allusion plutôt qu'assertion, parce que Diderot ne pouvait pas encore rendre explicite ce que ses lecteurs n'auraient pas compris, et ce qu'il a donc laissé s'exprimer à la manière d'un réflexe intellectuel irrépressible.

La mentalité scientifique du XVIIIè siècle –personnifiée, entre tant d'autres, par Newton, Boyle, Haller, Maupertuis, Réaumur, Bonnet– n'acceptait pas en principe que la science de la nature soit réellement autonome. On la regardait, au contraire, comme solidaire d'un ensemble de vérités théologiques et métaphysiques qu'elle avait le devoir de confirmer, ou tout au moins de ne pas contester. Buffon en a fait fâcheusement l'expérience plus d'une fois! Bref, la philosophie naturelle, au temps de Diderot, restait toujours le complice de ce qu'on peut appeler, faute de mieux, un humanisme (ou anthropocentrisme) religieux, et son ultime objectif était de renforcer par ses témoignages une vision consolante du rang que tenait dans l'univers la race humaine. Diderot était un des rares philosophes –Buffon en était un autre, quoique plus restreint– qui ont voulu sevrer la science de cette tradition métaphysico-théologique. Mais une tentative si radicale était encore, dans un sens, prématurée, car on ne se débarrasse pas, du jour au lendemain, d'habitudes mentales millénaires. Ce qui est arrivé, dans le cas de Diderot, c'est que le vide ouvert au cœur des sciences naturelles par le refus de tout humanisme religieux a été rempli par un humanisme littéraire de rechange. Émancipée de la théologie et de la métaphysique, la science,

55. *Ibid.* : pp. 29-30.
56. *Ibid.* : p. 30.
57. *Ibid.* : p. 42.

par compensation, s'est alliée plus intimement à l'imagination poétique. Il n'y a pas de meilleure preuve de cette substitution que le *Rêve de d'Alembert*. Les thèses scientifiques qu'on y trouve –sur l'origine des espèces, la génération spontanée, les molécules organiques, la sensibilité inhérente à la matière, etc.– sont aujourd'hui erronées ou périmées. Mais cela n'a nullement diminué la lisibilité –ni, peut-on dire, une certaine autorité– du chef-d'œuvre de Diderot. Si nous continuons d'en approfondir les leçons, ce n'est pas uniquement à cause de leur intérêt «*littéraire*». La fascination d'un ouvrage comme le *Rêve* et la survie de sa «*vérité*» propre consistent en une synthèse de la biologie et d'un nouvel humanisme à la fois poétique et matérialiste. C'est de lui-même que Diderot a voulu parler (sous le nom, bien sûr, de Lucrèce, de Platon, etc.), quand il a pronostiqué, cette fois sans s'y tromper : «*Heureux le philosophe systématique à qui la nature aura donné (...) une imagination forte, une grande éloquence, l'art de présenter ses idées sous des images frappantes et sublimes! L'édifice qu'il a construit pourra tomber un jour; mais sa statue restera debout au milieu des ruines*». La promesse qu'avait évoquée Buffon, dans son discours à l'Académie Française, d'un système de la nature qui «*établira sur des fondements inébranlables des monuments éternels*» s'est accomplie pour celui qui l'a si bien écouté. L'immortalité dont Diderot a lui-même «*rêvé*» dans son *Rêve de d'Alembert* faisait partie, elle aussi, de «*la grande révolution dans les sciences*» qu'il a annoncée. S'il a prévu le décès prochain des mathématiques, il l'a fait sur l'évidence du «*penchant que les esprits me paraissent avoir à la morale, aux belles-lettres, à l'histoire de la nature, et à la physique expérimentale*» (*Pensée IV*).[58] Puisque Diderot a envisagé toutes ces disciplines comme concourant à la même «*grande révolution*», on est tenté d'y comprendre que la révolution à laquelle il pensait avait pour but d'associer la physique expérimentale et l'histoire naturelle à la littérature et à la morale dans une lutte commune, non seulement contre la théologie (cela va sans dire), mais également contre les mathématiques, ou la virtualité la moins «*poétique*», partant la moins humaniste, de la science. Diderot a été plus sévère pour l'instrument géométrique, parce qu'il croyait, mieux que Buffon (qui y croyait pourtant beaucoup), à la possibilité d'élever un «*monument inébranlable*» qui serait en même temps scientifique et littéraire. Lorsqu'encouragé par la critique buffonienne, il a supposé que le Siècle des Lumières allait bientôt remplacer, dans l'étude de la nature, les règles quantitatives par celles de la morale et de la rhétorique, Diderot était le héraut –et aussi, pour l'avenir, le héros– d'une révolution plus individuelle que collective.

Concluons que si maints éléments de l'*Interprétation de la nature* ont une source manifeste dans la «*Manière de traiter l'histoire naturelle*», Diderot n'a point été passif ni docile vis-à-vis de Buffon. Il a pu faire sienne la méthode scientifique puisée chez son célèbre contemporain, en l'assimilant à une vision des choses qu'on ne saurait, finalement, qualifier que de diderotienne.

---

58. *Ibid.* : p. 30.

## BIBLIOGRAPHIE *

(1)† BACON (F.), *Novum Organum* [1620], *in The works of Francis Bacon*, éd. par J. Spedding, R.L. Ellis, D.D. Heath, Londres (1857-1874, 14 vol.), vol. I.

(2)† BACON (F.), *De Augmentis scientiarum* [1623], *in The works of Francis Bacon*, éd. par J. Spedding, R.L. Ellis, D.D. Heath, Londres (1857-1874, 14 vol.), vol. I.

(3)† BUFFON (G. L. Leclerc de), *Histoire naturelle, générale et particulière,* Paris, Imprimerie Royale, 1749, 1749-1767, 15 vol.

(4)† BUFFON (G. L. Leclerc de), *Histoire naturelle, générale et particulière, servant de suite à... Supplément*, Paris, Imprimerie Royale, 1774-1789, 7 vol.

(5)† DIDEROT (D.), *Œuvres complètes*, publ. sous la dir. de H. Dieckmann, J. Fabre, J. Proust, J. Varloot. Paris, Hermann, 1975-..., 23 vol. (en cours de publication).

(6)† DIDEROT (D.), *Œuvres complètes*, éd. par J. Assézat. Paris, Garnier, 1875-1877, 20 vol.

(7) ROGER (J.), *Les sciences de la vie dans la pensée française du XVIIIᵉ siècle*, 1ère éd., Paris, A. Colin, 1963.

(8) ROGER (J.), «Diderot et Buffon en 1749», *in Diderot Studies IV*, O. Fellows, ed., Genève, Droz, 1963 : pp. 221-236.

---

* Sources et études. Les sources sont distinguées par le signe †.

**9**          # 32 742

## DIDEROT, *L'ENCYCLOPÉDIE*,
## ET
## *L'HISTOIRE ET THÉORIE DE LA TERRE*

Jean EHRARD *

Si Denis Diderot n'est que de quelques années le cadet de Buffon, la distance sociale qui les sépare en 1749 est sans proportion avec cette faible différence d'âge. Quoi de commun entre l'Intendant du Jardin du Roi, membre de l'Académie Royale des Sciences, issu d'une famille de magistrats, et le fils prodigue d'un coutelier, à peine en passe de sortir d'une jeunesse bohème et besogneuse? Homme de lettres obscur, Diderot n'est alors vraiment connu que des libraires pour lesquels il travaille, de quelques confrères aussi impécunieux que lui... et du lieutenant de police qui cette même année l'enferme à Vincennes, pour la *Lettre sur les Aveugles*. Sans doute les frontières intellectuelles sont-elles heureusement moins étanches que les frontières sociologiques : en 1749 Diderot a déjà rencontré Buffon. Mais il voit alors cet aîné prestigieux comme un possible protecteur : de sa prison il le cite à d'Aguesseau et Berryer comme caution morale.[1] De même sollicitera-t-il quelques années plus tard son intervention de personnalité influente en faveur d'un ami langrois.[2] Ne le prenons pourtant pas pour un vulgaire flagorneur des hommes en place. En manifestant à Buffon la considération sociale due à un personnage de son importance, Diderot vouera toujours au savant, au philosophe, à l'écrivain une admiration assez vive pour qu'elle le rende indulgent à certain petit travers. Ainsi ne voudra-t-il voir dans la vanité souvent reprochée à Buffon que légitime orgueil : *«j'aime les hommes qui ont une grande confiance en leurs talents».*[3] Lui arrive-t-il de rencontrer dans un ouvrage de philosophie naturelle une hypothèse originale, mais présentée de façon confuse et dans une langue approximative, il ne peut s'empêcher de soupirer :

«Si ce qu'il y a là dedans de systématique était tombé dans la tête de Buffon, à force d'expériences, de subtilités et de couleur, je ne sais ce qu'il n'en aurait pas fait...»[4]

Cette admiration ne se fonde pas sur la seule réputation de Buffon, mais sur une lecture attentive de l'*Histoire naturelle*. Dès 1749 le prisonnier de Vincennes utilise une partie de ses loisirs forcés à annoter les trois premiers volumes.[5] Il y revient en octobre 1760, dans le décor assurément plus agréable du Grandval d'où il écrit à son ami Damilaville, toujours officieux, pour lui demander l'envoi du premier volume,

---

* Centre de Recherches Révolutionnaires et Romantiques, Université Blaise Pascal, 29 bd Gergovia, 63000 Clermont-Ferrand, FRANCE.
    1. Diderot [4], T. I : pp. 82, 87, 150.
    2. *Ibid.*, T. I : p. 153.
    3. *Ibid.*, T. III : p. 270 (novembre 1760).
    4. *Ibid.*, T. XVI : pp. 66-67 (lettre non datée, à propos d'un livre et d'un auteur non identifiés).
    5. À l'intention de l'auteur, comme il le confie au gouverneur du château : *«je serais bien aise de communiquer mes remarques à M. de Buffon, pour qu'il en fît l'usage qu'il jugerait à propos»* (*Ibid.*, T. I : p. 96).

puis de tous les autres un par un. Une volonté de relecture ou de découverte aussi systématiques témoigne d'un intérêt certain pour l'œuvre et pour l'auteur. On notera qu'il porte en particulier sur l'*Histoire et théorie de la Terre*, pourtant déjà lue de près onze ans plus tôt. Aussi s'attendrait-on à trouver dans l'œuvre personnelle de Diderot des échos de l'ouvrage aussi précis que ceux faits par les *Pensées sur l'interprétation de la nature* au *Premier Discours* de Buffon et à sa critique de la stérilité des mathématiques, ou encore, à propos de la nature vivante et de la génération, à la théorie des molécules organiques.[6] En fait, il n'en est rien, ou presque rien. C'est que Diderot se veut le philosophe de la vie : sur l'histoire de la matière inerte, fût-elle celle du globe tout entier, et même s'il en reconnaît toute l'importance, il n'a personnellement pas grand chose à dire. Tout au plus s'appuie-t-il une fois sur Buffon pour hasarder dans ce domaine une hypothèse : «*Supposé que la terre ait un noyau solide de verre, ainsi qu'un de nos plus grands philosophes le prétend...*».[7] Ce *grand philosophe* n'est pas difficile à identifier. Dans l'article I des *Preuves de la théorie de la Terre* Buffon avait en effet écrit :

> «il y a tout lieu de conjecturer, avec grande vraisemblance, que l'intérieur de la Terre est rempli d'une matière vitrifiée dont la densité est à peu près la même que celle du sable, et que par conséquent le globe terrestre en général peut être regardé comme homogène.»[8]

Entendons que si la terre n'était pas homogène, la direction de la pesanteur ne lui serait pas perpendiculaire et que notre globe n'aurait pas pris la forme d'un sphéroïde. Or ce n'est pas la question qui préoccupe l'auteur des *Pensées*. Retenant l'idée d'une planète essentiellement formée d'un «*noyau*» vitrifié, il l'applique en effet à la solution d'un tout autre problème, celui de l'origine du magnétisme et de l'électricité :

> «le noyau du globe est une masse de verre, sa surface n'est couverte que de détriments de verre, de sables et de matières vitrifiables; le verre est, de toutes les substances, celle qui donne le plus d'électricité par le frottement : pourquoi la masse totale de l'électricité terrestre ne serait-elle pas le résultat de tous les frottements opérés, soit à la surface de la terre, soit à celle de son noyau?»[9]

En ce milieu de siècle, avec Franklin et l'abbé Nollet –entre autres savants– les phénomènes électriques sont, on le sait, à la mode. L'originalité de Diderot est de se servir de l'hypothèse de Buffon pour les expliquer, faisant ainsi d'une lecture qui l'a frappé un usage libre et personnel.[10] Indice suffisant de ses affinités intellectuelles avec l'historien de la Terre, le fragment cité est pourtant la seule marque d'intérêt direct de Diderot pour le sujet : du moins en dehors de l'*Encyclopédie* où il intervient à la fois comme maître d'œuvre et comme rédacteur.

Pendant seize ans, du *Prospectus* de 1750 aux derniers volumes de textes de 1765, la grande aventure du *Dictionnaire raisonné* se poursuit en parallèle avec la majestueuse entreprise de l'*Histoire naturelle*, et la notoriété de son directeur s'affirme en même temps que se confirme et grandit la gloire du naturaliste. Les deux ouvrages ne pouvaient manquer de se rencontrer, et l'*Avertissement* du tome II

---

6. Voir Vartanian [9] et Roger [7].

7. *De l'interprétation de la Nature*, XXXIII, *Secondes conjectures*, *in* Diderot [3], T. IX : p. 52.

8. *Preuves de la théorie de la Terre, Article I* [1749], *in* Buffon [2], T. I : p. 125.

9. Diderot [3], *op. cit.* : p. 53.

10. Buffon ne dira pas autre chose dans l'*Article Premier* du *Traité de l'Aimant* (1788) : «*en recherchant les diverses manières dont peuvent se former ces foudres souterraines, nous trouverons que les quartz, les jaspes, les feld-spaths, les schorls, les granites et autres manières vitreuses, sont électrisables par frottement, comme nos verres factices, dont on se sert pour produire la force électrique pour isoler les corps auxquels on veut la communiquer*» (Buffon [2], T. IV : p. 166).

de l'*Encyclopédie* annonçait même, avec autant de révérence que d'imprudence, un article *Nature* signé de Buffon... Il est donc légitime d'essayer d'y cerner la présence des thèmes de l'*Histoire et théorie de la Terre* et de les situer dans l'ensemble plus large des réflexions des encyclopédistes sur notre globe. Recherche aléatoire à laquelle l'immensité du territoire à parcourir interdit toute prétention à l'exhaustivité; recherche stimulante pour qui accepte de se promener dans l'*Encyclopédie* comme au hasard ou plutôt selon la logique secrète des renvois. Pour une quarantaine d'articles interviennent au moins huit rédacteurs. Diderot écrit lui-même *CHAOS (Philos. et Myth.), DÉBORDEMENT, MOSAÏQUE ET CHRÉTIENNE (PHILOSOPHIE)*. Sept articles sont de d'Alembert : *CHALEUR (Phys.), CONTINENT (Géogr.), MER (Géogr.)*[11], *TERRAQUÉE (Phys. et Géogr.)*. Dix-huit sont du baron d'Holbach : *FIGURÉES (Pierres), FOSSILE (Histoire Nat. Minéralogie), JEUX DE LA NATURE, LAVE, MER (Géogr.)*[12], *MINE (Hist. Nat. Minéralogie), MINÉRAUX, MINERALIA, MINÉRALOGIE, MONTAGNES (Hist. Nat. Géographie physique et Minéralogie), PÉTRIFICATION, PHYTOLITES, PIERRES (Hist. Nat. Minéralogie) LAPIDES, SEL GEMME OU SEL FOSSILE, TERRE [COUCHES DE LA] (Hist. Nat. Minéralogie), TERRE, [RÉVOLUTIONS DE LA] (Hist. Nat. Minéralogie), TREMBLEMENTS DE TERRE, TYPOLITES OU PIERRES EMPREINTES, VOLCANS (Hist. Nat. Minéralogie)*. Les articles *CRÉATION (Métaphys.)* et *FEU CENTRAL ET FEUX SOUTERRAINS* viennent de Formey. *FROID (Phys.)* et *GELÉE (Phys.)* sont dus à de Ratte. *DÉLUGE (Hist. sacrée, profane et natur.)* à Boulanger, *GÉOGRAPHIE PHYSIQUE* à Desmarest, *VOLCAN (Géogr. mod.)* à Jaucourt. Quelques articles enfin sont anonymes : *INONDATION (Phys.), RÉVOLUTIONS DE LA TERRE (Hist. Nat. Physique Minéralogie), TERRE (en Géogr. et en Physique)*. Dans cette prolifération certains textes semblent faire double emploi, tandis que d'autres abordent les mêmes réalités dans l'esprit de disciplines différentes : l'histoire naturelle n'est pas seule en jeu, elle côtoie la physique, la géographie, la minéralogie et ne peut ignorer les prolongements métaphysiques des sujets qu'elle traite. Nécessaire diversité d'approches pour deux grands groupes de questions fondamentales –celles-là mêmes que Buffon posait en 1749 : sur la formation et l'état originel du globe, sur les changements ultérieurs de sa surface et sur leurs causes. La première question implique à la fois une cosmographie (la figure de la Terre) et une cosmogonie susceptible de mettre en cause le dogme de la Création. La seconde interfère, au risque de le contredire, avec celui du Déluge universel.

Et Buffon dans tout cela? Il est explicitement présent dans plusieurs articles. *CONTINENT* lui emprunte un argument en faveur de la thèse de Desmarest selon laquelle «*l'Angleterre faisait autrefois partie du continent de France*».[13] *FIGURE DE LA TERRE* renvoie à son livre à propos des irrégularités et des altérations de la surface du globe. De même *FLEUVES* sur la disposition des montagnes américaines. La première partie de l'article *MER* va jusqu'à résumer trois articles –VIII, XIII et XIX– des *Preuves de la théorie de la Terre*. L'addition à l'article *TERRAQUÉE* se termine sur une citation du dernier paragraphe de l'article XIX des *Preuves*. Référence non moins explicite dans *INONDATION*. Enfin, *TERRE (en Géographie et en Physique)* renvoie globalement à l'article I des mêmes *Preuves* pour une critique du caractère «*purement hypothétique et conjectural*» des systèmes de Sténon, Burnet, Whiston et Woodward : comme si le premier volume de l'*Histoire naturelle* les avait définitivement relégués au rang de rêveries d'un faux savoir. Aussi peut-on soupçonner une présence

---

11. Article complété par le baron d'Holbach.
12. Voir note précédente.
13. *Encyclopédie* [5], T. IV (1754) : p.113.

plus diffuse de Buffon partout où le recours au Déluge pour rendre compte des fossiles trouvés en abondance à l'intérieur des terres est rejeté ou contesté. Mais si Buffon a certainement sa place dans cette sorte de vulgate philosophique, il n'y exerce aucun monopole. Bien plus, il est souvent absent là ou l'on s'attendrait à le rencontrer. Alors que d'Alembert, auteur de cinq des sept articles où apparaissent soit son nom soit le titre de son livre, se réfère volontiers à lui, d'Holbach s'abstient constamment de le mentionner, y compris dans des articles d'esprit très buffonien comme *FOSSILE* et *TERRE [COUCHES DE LA]...* Ce n'est évidemment pas par ignorance. Le baron a lu Buffon avec assez d'attention pour l'utiliser contre Lehmann dont il traduit et annote les *Traités de Physique, d'histoire naturelle, de minéralogie et de métallurgie*, à propos précisément de la disposition régulière des couches de la Terre et de l'inadéquation de l'explication diluvienne à cette donnée de fait.[14] S'il ne cite ni ne mentionne dans l'*Encyclopédie* son illustre devancier, ce ne peut être que de parti pris. Et il suffit de parcourir ses propres articles pour saisir la raison de ce choix. Car l'absence de Buffon chez d'Holbach est aussi intéressante et significative que sa présence chez d'Alembert : révélatrice ici d'une triple divergence d'approches, de théories, de visions du monde.

Différence d'approche. En 1749 Buffon écrit en géographe et en géologue, il n'est ni minéralogiste ni chimiste. C'est tout le contraire du baron dont le grand mérite encyclopédiste est d'avoir fait connaître en France, par ses traductions comme par ses contributions au *Dictionnaire raisonné*, la chimie et la minéralogie allemandes et nordiques. Aussi l'article *MINÉRALOGIE* tend-il à présenter cette discipline comme la science des sciences :

«Elle s'occupe des substances dont est composé le globe que nous habitons; elle considère les différentes révolutions qui lui sont arrivées; elle en suit les traces dans une antiquité souvent si reculée, qu'aucun monument historique ne nous en a conservé le souvenir; elle examine quels ont pu être ces événements surprenants par lesquels tant de corps appartenant originairement à la mer, ont été transportés dans les entrailles de la terre; elle pèse les causes qui ont déplacé tant de corps du règne animal et du règne végétal, pour les donner au règne minéral; elle fournit des raisons sûres et non hasardeuses de ces embrasements souterrains, de ces tremblements sensibles, qui semblent ébranler la terre jusque dans ses fondements; de ces éruptions des volcans allumés dans presque toutes les parties du monde, dont les effets excitent la terreur et la surprise des hommes; elle médite sur la formation des montagnes, et sur leurs différences; sur la manière dont se sont produites les couches qui semblent servir d'enveloppe à la terre; sur la génération des roches, des pierres précieuses, des métaux, des sols, etc.»[15]

Telles étant les ambitions du minéralogiste, on se demande ce qui reste à l'histoire de la Terre à la manière de Buffon... Mais au delà d'un assez banal conflit de compétences apparaissent deux divergences de fond : dans le jeu des éléments d'Holbach privilégie l'action du feu, et ce choix s'accorde avec une vision particulièrement dramatique des changements subis par notre planète. Par ces deux caractères sa philosophie de l'univers est aux antipodes de celle de Buffon.

L'un et l'autre s'accordent sur un seul point : les modifications ou les bouleversements de la Terre viennent de ce que celle-ci est travaillée par d'autres éléments Mais principalement par lequel? C'est là que le baron s'éloigne de son prédécesseur. En 1749 celui-ci est en effet «*neptunien*». À son avis, la cause principale des changements arrivés à la surface du globe est l'action de la mer. Il s'y ajoute celle des

14. Voir Naville [6] : p. 199 et Broc [1] : p. 350.
15. *Encyclopédie* [5], T. X (1765) : pp. 541-542.

eaux et des fleuves. Celle des volcans et des tremblements de terre n'est qu'une cause secondaire, comme l'action des vents. Ainsi Buffon récuse-t-il avec insistance l'explication donnée par Ray de l'origine des montagnes qui, à son avis, ne saurait être volcanique :

«Cette espèce d'organisation de la terre que nous découvrons partout, cette situation horizontale et parallèle des couches, ne peuvent venir que d'une cause constante et d'un mouvement réglé et toujours dirigé de la même façon.»[16]

Ce point de vue n'est certes pas étranger à d'Holbach qui fait, lui aussi, une large place à l'action des eaux marines, qu'il s'agisse d'expliquer *«l'énorme quantité de coquilles et de corps marins dont la terre est remplie»* (art. *FOSSILE*),[17] l'existence de mines de sel gemme, ou la séparation de la Grande-Bretagne d'avec le continent (art. *MER*, addition au texte de d'Alembert). Quant aux montagnes, d'Holbach en distingue deux sortes : les plus hautes et les plus escarpées, comme les Pyrénées, les Alpes, les Vosges (!) et les Andes, formées de pierre homogène et non de couches parallèles, sont comme*«la charpente de notre globe»* et contemporaines de sa formation; les plus récentes, avec leurs sommets arrondis et leurs couches horizontales, sont principalement dues *«au séjour de la mer sur des parties de notre continent qu'elle a depuis laissées à sec»* (art. *MONTAGNES*).[18] Dans les deux cas, la théorie diluvienne est donc inopérante, soit parce qu'elle n'explique pas la disposition régulière des montagnes de la deuxième catégorie, soit parce que celles de la première sont antérieures au déluge : *«l'Écriture sainte dit que les eaux du déluge allèrent au-dessus du sommet des plus hautes montagnes, ce qui suppose nécessairement qu'elles existaient déjà...»*[19] Et non content d'utiliser ainsi la Bible contre elle-même, l'encyclopédiste complète l'objection d'un argument finaliste dont la sincérité, de la part du futur auteur du *Système de la nature*, est pour le moins suspecte : si les montagnes n'avaient pas existé *«dès les commencements du monde»*, la Terre *«eût été privée d'une infinité d'avantages»*.[20] Entendons que sans les eaux venant des hautes vallées les plaines auraient été moins fertiles, et que l'art humain se serait vu privé des métaux *«si utiles à la société»*.[21] L'abbé Pluche n'aurait pas dit mieux : contre le préjugé biblique tous les arguments sont bons.

Mais ce refus obstiné du Déluge ne pouvait que renforcer la tendance du baron d'Holbach à privilégier, parmi les causes naturelles, l'action du feu. Il faut les effets conjugués de la chaleur et de l'eau pour que se forment sans cesse de nouvelles mines, contrairement à l'opinion de Stahl pour qui métaux et mines ont été créés dès l'origine du monde. Car la nature est toujours au travail : sans cesse elle *«recompose d'un côté ce qu'elle a décomposé de l'autre»* (art. *MINE*).[22] Sur l'origine des mines de sel, notamment les célèbres mines de Pologne, l'article *SEL GEMME* complète l'article *MER* d'une précision importante : les eaux ne s'en sont pas retirées d'elles-

---

16. *Second Discours : Histoire et théorie de la Terre* [1749], *in* Buffon (2), T. I : p. 76. Voir aussi *Preuves de la théorie de la Terre, Article XVI* [1749], *in* Buffon [2], *ibid.* : pp. 390-395. Il est vrai que l'auteur assouplira ultérieurement ce point de vue de 1744-1749 : reconnaissant alors la nature vitrescible des rochers du sommet des plus hautes montagnes, il déclarera celles-ci *«aussi anciennes que le temps de la consolidation du globe»*. *«L'eau*, précisera-t-il, *n'a travaillé qu'en second»*. Mais cette concession au *plutonisme* ne vaudra que pour le *«feu primitif»* et ne reviendra pas sur la suprématie accordée, pour la suite des temps, aux causes ordinaires. (*Ibid.* : pp. 83-84, note).
17. *Encyclopédie* [5], T. VII (1757) : p. 211.
18. *Ibid.*, T. X (1765) : p. 674.
19. *Ibid.* : p. 672.
20. *Ibid.*
21. *Ibid.*
22. *Ibid.* : p. 522.

mêmes, la mer «*en a été chassée par quelque révolution*».[23] Et d'Holbach ajoute :

«Le bouleversement a dû être très considérable puisque des masses énormes de rochers, des cailloux arrondis, des arbres, etc. ont été enfouis en même temps sous la terre; d'ailleurs le soufre que l'on rencontre aux environs de ces mines prouve qu'il y avait autrefois des volcans et des feux souterrains dans cet endroit.»[24]

Effet terrible de ces «*feux souterrains*» qui paraissent hanter l'imagination du baron. On est loin ici du propos condescendant de Buffon : «*Tout cela n'est cependant que du bruit, du feu, et de la fumée*».[25] C'est qu'à travers deux théories scientifiques différentes, mais pas forcément incompatibles, le neptunisme de l'un et le plutonisme dominant de l'autre, se dessinent deux visions du monde vraiment inconciliables. L'univers du baron d'Holbach est essentiellement instable. Des causes diverses, lentes ou soudaines, y multiplient les «*révolutions*» générales ou locales :

«Nous voyons toutes ces causes, souvent réunies, agir perpétuellement sur notre globe; il n'est donc point surprenant que la terre ne nous offre presque à chaque pas qu'un vaste amas de débris et de ruines. La nature est occupée à détruire d'un côté pour aller produire de nouveaux corps d'un autre. Les eaux travaillent continuellement à abaisser les hauteurs et à fausser les profondeurs. Celles qui sont renforcées dans le sein de la *terre* la minent peu à peu, et y font des excavations qui détruisent peu à peu les fondements. Les feux souterrains brisent et détruisent d'autres endroits; concluons donc que la *terre* a été et est encore exposée à des révolutions continuelles, qui contribuent sans cesse, soit promptement, soit peu à peu, à lui faire changer de face.»[26]

Littéralement, ce texte est très proche des premières pages de l'*Histoire et théorie de la Terre*, où Buffon utilisait déjà la même métaphore : à première vue, expliquait-il, le globe offre le spectacle d'«*une espèce de confusion qui ne nous présente d'autre image que celle d'un amas de débris et d'un monde en ruines*».[27] Mais ce n'est là, selon lui, qu'une impression superficielle, vite contestée par la découverte apaisante de la succession régulière des générations et des saisons. Alors que l'homme du baron d'Holbach vit sous la menace constante de quelque cataclysme, celui de Buffon goûte une parfaite sérénité :

«Cependant nous habitons ces ruines avec une entière sécurité [...] tout nous paraît être dans l'ordre : la terre, qui tout à l'heure n'était qu'un chaos, est un séjour délicieux où règnent le calme et l'harmonie, où tout est animé et conduit avec une puissance et une intelligence qui nous remplissent d'admiration et nous élèvent jusqu'au Créateur.»[28]

Sans doute le monde de Buffon est-il lui même changeant : «*la surface de la terre, qui est ce que nous connaissons de plus solide, est sujette, comme tout le reste de la nature, à des vicissitudes perpétuelles*».[29] Mais chez lui ce constat n'incite pas au pessimisme. Il s'inscrit en effet dans un contexte providentialiste[30] : l'instabilité des choses est circonscrite et orientée par la sagesse du Créateur, l'ordre existe. Or la critique de l'idée d'ordre sera au centre de la philosophie «*fataliste*» du *Système de la*

23. *Ibid.*, T. XIV (1765) : p. 917.
24. *Ibid.*
25. *Preuves de la théorie de la Terre, Article XVI* [1749], *in* Buffon [2] : p. 379.
26. Article *Terre, révolutions de la, in Encyclopédie* [5], T. XVI (1765) : p.171.
27. *Second Discours : Histoire et théorie de la Terre* [1749], *in* Buffon [2] : p. 64. La métaphore n'était pas originale. On la trouve notamment chez Descartes qui parle de «*débris*» (*Principes de Philosophie*, Quatrième Partie, LXV), et dans la *Telluris Theoria Sacra* de Thomas Burnet, 1681 (indications aimablement fournies par J. Roger).
28. *Ibid.*
29. *Preuves de la théorie de la Terre, Article XIX* [1749], *in* Buffon [2], T. I : p. 503. Phrase citée à la fin de l'article *Terraquée* de l'*Encyclopédie* (voir ci-dessus).
30. Entendons que le monde est gouverné par une *providence générale*, au sens de Malebranche.

*Nature*[31], et dès 1749 la *Lettre sur les Aveugles* s'est employée à la ruiner, dans une approche relativiste où l'ordre se dissout dans une succession incohérente d'instants. Du moins le sourd travail de la nature, sans cesse occupée à faire et défaire, n'offre-t-il à l'esprit humain aucun point fixe par rapport auquel le changement prendrait un sens; aucune constante –hors ce va-et-vient capricieux– qui autorise à supposer dans l'instabilité universelle quelque principe de régularité. Le catastrophisme des vues du baron d'Holbach sur l'histoire de la Terre découle de cet instantanéisme étranger à toute notion de durée. Il faut la durée pour que *«la marche ordinaire de la nature [...], des effets qui arrivent tous les jours, des mouvements qui se succèdent et se renouvellent sans interruption, des opérations constantes et toujours réitérées»*, produisent à la longue à la surface du globe les altérations que d'autres attribuent à des *«secousses»* extraordinaires, à des cataclysmes.[32] D'une phrase paisible Buffon dénonce dans cette vision cataclysmique un préjugé platement anthropocentrique : *«nous ne faisons pas réflexion que ce temps qui nous manque, ne manque point à la nature».*[33] On touche là au désaccord central. La Nature selon d'Holbach a beau être éternelle, comme la matière, elle manque de temps; d'où sa fébrilité. Aussi sereine que majestueuse, la Nature selon Buffon a tout son temps, et elle le prend.

À nos propres yeux, le plus profondément matérialiste des deux philosophes n'est donc peut-être pas celui qui se voulait tel. Mais ce n'était pas l'avis de Diderot, enclin à taxer Buffon d'inconséquence et qui écrivait par exemple en 1773 à Hemsterhuis : *«ici Buffon pose tous les principes des matérialistes; ailleurs il avance des propositions tout à fait contraires».*[34] Aussi peut-on supposer que l'absence dans l'*Encyclopédie* de l'article NATURE, pourtant annoncé en 1752, n'est pas tout à fait accidentelle : si Buffon a renoncé à le donner, il n'est pas sûr que Diderot en ait conçu de vifs regrets. Ce qui est en tout cas certain, c'est que le *Dictionnaire Raisonné* fait aux idées du *Second Discours* de l'*Histoire naturelle* une place honorable, mais limitée, et leur en juxtapose beaucoup d'autres avec lesquelles elles s'accordent mal. Peut-être faut-il en conclure que le statut de l'histoire de la Terre est dans l'*Encyclopédie* celui des questions ouvertes à propos desquelles la parole est donnée à toutes les opinions raisonnables. C'est en effet l'une des grandes originalités de Diderot que de faire délibérément de son *Dictionnaire*, sur de grands problèmes d'actualité –notamment d'ordre économique– un lieu de débat. Mais interpréter ainsi le dialogue conflictuel qu'y développent à propos de la Terre Buffon et d'Holbach (le premier principalement par l'intermédiaire de d'Alembert) serait méconnaître que l'opposition ainsi dégagée par une lecture attentive n'est pas de celles qui sautent immédiatement aux yeux. Plutôt que d'un affrontement ne faut-il pas parler de confusion? La divergence des points de vue est en effet doublement masquée. D'abord par un consensus polémique : un commun refus de la théorie diluvienne rapproche les adversaires potentiels. En second lieu par un fait de vocabulaire. Le très court article *RÉVOLUTIONS DE LA TERRE* est assez vague pour convenir à la fois à d'Holbach et à Buffon :

«C'est ainsi que les naturalistes nomment les événements naturels, par lesquelles [*sic*] la face de notre globe a été et est encore continuellement altérée dans ses différentes parties par le feu, l'air et l'eau...»[35]

31. Voir le chapitre V de la première partie.
32. *Second Discours : Histoire et théorie de la Terre* [1749], *in* Buffon [2], T. I : p. 63.
33. *Ibid.*, *Conclusion* : p. 505.
34. Diderot [4], T. XIII : p. 26.
35. *Encyclopédie* [5], T. XIV (1765) : pp. 237-238.

Non seulement l'ordre d'importance des acteurs du changement –ordre croissant ou décroissant?– est laissé à la discrétion du lecteur, mais l'adverbe «*continuelle-ment*» évoque plutôt les «*causes actuelles*» de Buffon, sans être pourtant incompatible, dans le contexte de l'article, avec l'instabilité chronique qui caractérise l'univers du baron. Il est vrai que Buffon lui-même parle constamment de *révolution* alors qu'il analyse des phénomènes permanents. Au XVIII$^e$ siècle *évolution* existe, mais seulement dans la théorie des germes préexistants –l'évolution est le développement du germe–, et dans le langage militaire, au pluriel, pour *les évolutions des troupes*. Bref, pour un débat clair sur l'histoire de notre planète, aux dix-sept volumes *in-folio* et aux soixante-douze mille entrées de l'*Encyclopédie* il manquait tout simplement un mot.

## BIBLIOGRAPHIE [*]

(1)     BROC (N.), *La Géographie des Philosophes. Géographie et voyageurs française au XVIII$^e$ siècle*, Thèse soutenue à l'Université Paul-Valéry, Montpellier, 1972; Service de reproduction des thèses, Université de Lille, 1972.

(2)†    BUFFON (G. L. Leclerc de), *Œuvres complètes*, Nouvelle édition par M. le Comte de Lacépède, Paris, Rapet et Cie (1817-1818, 12 vol. in 8°), vol. I, 1817.

(3)†    DIDEROT (D.), *Œuvres complètes*, publ. sous la dir. de H. Dieckmann, J. Fabre, J. Proust, J. Varloot. Paris, Hermann (1975-..., 20 vol. publiés), vol. IX, 1981.

(4)†    DIDEROT (D.), *Correspondance*, publ. par G. Roth et J. Varloot, Paris, Éditions de Minuit, 1955-1970, 16 vol.

(5)†    *Encyclopédie ou Dictionnaire Raisonné des Sciences, des Arts et des Métiers*, par une Société de Gens de Lettres..., À Paris, chez Brisson [...], 28 vol., 1751-1772.

(6)     NAVILLE (P.), *D'Holbach et la philosophie scientifique au XVIII$^e$ siècle* [1943], nouvelle édition, Paris, Gallimard, 1967.

(7)     ROGER (J.), *Les Sciences de la vie dans la pensée française du XVIII$^e$ siècle*, Paris, Armand Colin, 1963.

(8)     SADRIN (P.), *Nicolas Antoine Boulanger (1722-1759) ou avant nous le déluge*, *Studies on Voltaire and the Eighteenth Century*, 240, Oxford, The Voltaire Foundation, 1986.

(9)     VARTANIAN (A.), «Buffon et Diderot», ce même ouvrage.

[*]    Sources et études. Les sources sont distinguées par le signe †.

# 32 743

# 10

## DÉGÉNÉRATION ET DÉPRAVATION : ROUSSEAU CHEZ BUFFON

Amor CHERNI *

Il faut avouer que ce n'est pas ici la première tentative de rapprocher Buffon et Rousseau. D'autres avant nous, dont l'autorité n'est plus à faire, l'ont déjà fait. L'on peut au moins citer l'article de Jean Starobinski de 1962, publié en 1964 et intitulé *Rousseau et Buffon*[1] et le livre de Michèle Duchet, *Anthropologie et Histoire au siècle des Lumières*[2] publié en 1970.

Mais il est à remarquer que ces deux tentatives, comme celles qui s'inscrivent dans leur lignée, restent prisonnières d'une sorte d'anthropocentrisme, dans la mesure où il n'y a de rapport qui vaille à leurs yeux, que celui qui se noue autour de la problématique de l'anthropologie du XVIIIᵉ siècle. C'est ainsi qu'elles réduisent la relation entre le naturaliste et le philosophe, qui est fort riche au demeurant, à une confrontation des positions qu'on trouve chez l'un et l'autre, au sujet de l'homme, de sa différence par rapport à l'animal, de son esprit, de sa liberté, etc. Ce faisant, elles établissent un parallélisme inadéquat entre deux pensées qui sont plutôt appelées à se compléter et à se situer sur une ligne continue allant, en termes modernes, de la nature à la culture. Elles méconnaissent ainsi la valeur et le sens de la fameuse déclaration de Rousseau au début du *Second Discours*, que tout le monde cite du reste, à savoir la phrase où il est dit : *«Dès mon premier pas je m'appuie avec confiance sur une de ces autorités respectables pour les philosophes, parce qu'elles viennent d'une raison solide et sublime, qu'eux seuls savent trouver et sentir»*.[3]

Il y a donc négligence et méconnaissance de ce mode de rapport déterminé par Rousseau lui-même comme étant un *«appui»* du social sur le naturel, ou un statut accordé à l'étude de la nature comme étant le fondement (au sens cartésien) de celle de la société. Or, il nous semble que ce rapport avoué par Rousseau lui-même, a été aperçu très tôt et dès 1756, par quelqu'un comme Formey qui écrit : *«M. Rousseau est assez dans son genre ce que M. de Buffon est dans le sien; il manie les hommes comme ce philosophe manie la Nature de l'Univers; il fait des hypothèses sur la Société comme l'Académicien en fait sur les globes de l'Univers et l'origine des Planètes»*.[4]

Commentant cette phrase, J. Starobinski écrit :

«Il ne faut toutefois pas se laisser égarer par les affirmations de Formey. S'il y a une analogie entre la méthode de Rousseau et celle de Buffon, cette ressemblance réside, moins

---

* Faculté des Sciences Humaines et Sociales, Université de Tunis I. 94, boulevard du 9 Avril 1938. 1007 Tunis. TUNISIE .

1. Starobinski [7] : pp. 135-146.
2. Duchet [3].
3. Rousseau [5] : p. 195.
4. Formey [4] : p. 62.

dans le recours à l'hypothèse que dans le parti qu'ils prennent l'un et l'autre de commencer par définir exhaustivement une forme élémentaire d'existence, afin de mieux apercevoir, par contraste, ce qui relève d'une faculté supérieure...» [5]

Entendons par là, comme le note ailleurs Starobinski, que «*l'essentiel est là, et c'est dans leurs vues sur la condition humaine qu'il faut comparer Rousseau et Buffon, pour relever les ressemblances et les divergences*».[6] Or, il nous semble qu'il y a lieu de se laisser légitimement "égarer" par les indications d'un contemporain à la fois du naturaliste et du philosophe, et de chercher l'essentiel du rapport entre eux, ailleurs que dans une comparaison entre leurs textes concernant la question de l'homme.

Nous voudrions, en l'occurrence, examiner ce rapport d'abord et brièvement au niveau de la méthode, ensuite et surtout au niveau de ce à quoi elle conduit, c'est-à-dire la conception de la nature pour l'un et celle de la société pour l'autre. Il serait fastidieux de procéder par comparaison des textes et des positions, d'autant plus qu'il ne s'agit nullement d'un seul et même objet. C'est pour cela que nous procéderons à une fouille dans les textes de Buffon, pour chercher à en dégager ce qui en eux pouvait rendre possible quelque chose comme la philosophie de Rousseau.

Il va de soi qu'une telle entreprise ne peut être conduite que sur le fond de deux principes méthodologiques qui, s'ils en légitiment la procédure, ne manquent pas, du reste, d'en limiter la portée :

– d'abord le possible peut ne pas être réel. Ce qui veut dire que nous récusons d'emblée toute analyse en termes d'influences empiriquement décelables et que nous nous situons dans le champ de l'épistémè du XVIIIè siècle, étant entendu que le mode de rapport que nous tenterons de dégager ici entre Buffon et Rousseau reste ouvert et susceptible d'être généralisé à d'autres pensées de la même époque, ayant eu des préoccupations similaires.

– d'autre part, la lecture que nous ferons des textes de Buffon est forcément sélective, car nous n'y cherchons que ce qui peut directement soutenir ce rapport et ce qui est épistémologiquement significatif par rapport à notre problématique. D'autres textes peuvent, bien entendu, être avancés qui risquent de corriger la vision que nous cherchons à dégager ici, ou la compléter, mais ne pourront point, nous semble-t-il, en tout état de cause, en modifier radicalement la substance, ni en renverser totalement la démarche.

Cette vision ou cette conception qui, chez Buffon, effectue, eu égard à la nature, un procès de pensée similaire à celui que représente la "dépravation" dans le langage de Rousseau par rapport à la société, nous voudrions la consigner dans les limites de la notion de "dégénération", en attendant d'en sonder le contenu épistémologique et idéologique.

Mais il convient de souligner tout d'abord, que la notion de "dégénération" n'indique pas, comme on pourrait le croire, un aspect, somme toute, marginal, de la pensée de Buffon. Le texte auquel Buffon accorde ce titre n'est pas une simple parenthèse sans conséquence. Au contraire, il semble bien que nous avons affaire à une véritable conception de l'histoire et du temps qui tantôt s'exprime d'une manière explicite et raisonnée, tantôt se laisse appréhender à l'arrière-plan des idées positivement exprimées. Mais dans tous les cas, nous avons l'impression d'être en

5. Starobinski [7] : p. 137.
6. *Ibid.* : p. 136.

présence d'une démarche qui s'apparente étroitement à celle de Rousseau : partir de ce qui est pour découvrir ce qui a été, prendre comme point de départ le présent qui s'offre à nous à la surface de la nature, à la superficie de l'univers, à la couche extérieure de la Terre, comme au devant d'un tableau, pour procéder par reculs successifs, par coupes répétées vers un fonds inépuisable et originel. Entre les deux limites, se donne à nous *«le passé [qui] est comme une distance»* [7] où se déroule le drame des vivants.

Dans *La dégénération des animaux*, Buffon nous met d'emblée devant le tableau qui résume en sa surface linéaire, plane et lisse, l'infinité des figures plusieurs fois faites et défaites, des formes créées et annihilées, des êtres nés et péris. Comme dans l'art de la perspective, l'espace représente le temps, la synchronie résume la diachronie, la simultanéité recouvre la succession. *«Nous présenterons un tableau au devant duquel on verra la nature telle qu'elle est aujourd'hui, et dans le lointain on apercevra ce qu'elle était avant sa dégradation».* [8] Mais, chose curieuse, il faut ajouter qu'il en est ici comme dans le tableau de Vélasquez, car ici aussi l'artiste se trouve enveloppé par son propre tableau. En effet, outre le fait que le texte auquel nous nous attachons s'ouvre sur le constat des *«altérations»* que la nature de l'homme, et donc de tout homme, eut à subir à travers les âges,[9] avant d'en venir à celle des animaux, nous voyons l'artiste lui-même se transformer en archiviste, mieux encore, en archéologue ou en physiologiste de l'univers à l'intérieur de son propre tableau. *«Il faut fouiller les archives du monde, tirer des entrailles de la terre les vieux monuments, recueillir leurs débris, et rassembler en un corps de preuves tous les indices des changements physiques qui peuvent nous faire remonter aux différents âges de la nature».* [10]

Ici aussi, comme dans le *Second Discours* de Rousseau, il s'agit de partir à la re- cherche d'un passé perdu et qu'aucune mémoire n'a conservé. Comme pour Rousseau aussi, il s'agit de s'en remettre pour cela à la nature pour l'interroger sur sa propre histoire, sur sa propre perte. Comme pour Rousseau enfin, ce qui reste n'est que la trace infime et dérisoire, ou du moins *«dégénérée»* et *«altérée»* de ce qui a été. L'historien de la nature doit donc inverser le mouvement spontané de la nature, remonter le cours du temps afin de *«comparer la nature à elle-même».* C'est dans cette démarche récurrente qu'à lui se livre, ou doit se livrer, le secret de "la dégénération". Mais d'abord, qu'est-ce que la "dégénération"?

Il semble que Buffon ne se soit pas particulièrement soucié de définir cette notion. En revanche, on trouve çà et là à travers les textes, des expressions qui fonctionnent comme autant de corrélatifs et qui sont de nature à nous éclairer sur la signification à donner à ce terme. Telles sont par exemple, les expressions de *«nature dégradée»*,[11] *«nature lésée»* ou *«nature viciée»*.[12] Parfois, on trouve un simple mot pour exprimer la même idée, comme les mots *«altération»*[13] ou *«dégradation»*[14], ou encore l'adjectif *«dénaturé»*.[15]

---

7. *Des Époques de la Nature* [1778], *in* Buffon [1], T. II : p. 1.
8. *De la dégénération des animaux* [1766], *in* Buffon [1], T. IV : p. 473.
9. *De la dégénération des animaux* [1766], *in* Buffon [1], T. IV : p. 469.
10. *Des Époques de la Nature* [1778], *in* Buffon [1], T. II : p. 1.
11. *De la dégénération des animaux* [1766], *in* Buffon [1], T. IV : p. 474.
12. *De la dégénération des animaux* [1766], *in* Buffon [1], T. IV : p. 485.
13. *De la dégénération des animaux* [1766], *in* Buffon [1], T. IV : pp. 469, 471, 472, 478, etc.
14. *De la dégénération des animaux* [1766], *in* Buffon [1], T. IV : p. 473.
15. *Des Époques de la Nature* [1778], *in* Buffon [1], T. II : p. 8.

Il nous paraît donc important de souligner d'abord que la notion de "dégénération" suppose l'existence d'une "nature" et décrit un phénomène de modification ou de changement qui advient à cette nature. Si l'on revient au tableau dont il a été question plus haut, il y aura à distinguer trois niveaux ou trois éléments. D'abord et selon l'ordre du regard ou du connaître, il y a *«au devant»* du tableau *«la nature telle qu'elle est aujourd'hui»*, ensuite et *«dans le lointain»*, la nature telle *«qu'elle était»*. Entre les deux, il y a ce que le tableau ne représente qu'à peine par un espace vide et qui est précisément la "dégénération" ou "dégradation". Si maintenant, on inverse l'ordre pour saisir la marche de la nature ou l'ordre de l'être, il doit y avoir en toute chose une nature pure et primitive, une nature altérée ou dérivée, et entre les deux, la série des variations ou "mutations" qui nous font passer de l'une à l'autre. La référence à un "aujourd'hui" et à un "avant" indique clairement l'action aussi nécessaire qu'efficace du temps. Or, c'est déjà là un élément important qui nous permet de sortir du fixisme; mais ce qui est encore plus important, c'est de voir comment procède cette action et quelle en est la portée.

Toutefois, avant d'en venir là, il serait utile de rappeler brièvement les éléments dont se constitue cette "nature" sur laquelle agit le temps et dans la substance de laquelle il inscrit changements et variations.

Dans un chapitre de l'*Histoire naturelle* qui porte le titre *De la reproduction en général*, Buffon s'insurge contre la croyance *«qu'il n'y a de moyen de juger du composé que par le simple»*, de sorte que toute connaissance de la nature devrait la réduire à ses éléments qui doivent être nécessairement différents d'elle. Or, on ne s'aperçoit pas que, ce faisant, on glisse de plus en plus en dehors du champ de la nature pour se hasarder sur le terrain de la fiction et de l'illusion. C'est ainsi qu'on réduit en effet, le vivant à l'inerte et l'inerte à l'étendue ou à la géométrie qui *«n'existe que dans notre imagination»*.[16] Il faut donc se décider, une fois pour toutes, à expurger la nature de cette idolâtrie du simple qui doit être nécessairement différent du complexe. Dans la nature, il n'y a en effet que du complexe. Les êtres se distinguent alors les uns des autres en fonction de leur degré de complexité. *«Il existe réellement dans la nature –dit Buffon– une infinité de petits êtres organisés, semblables en tout aux grands êtres qui figurent dans le monde»*.[17] De même qu'un cube *«est nécessairement composé d'autres cubes»*, de même aussi un polype est *«composé d'autres polypes»*.[18] De la même manière que la matière brute, partout semblable à elle-même, s'accumule pour former le moindre corps brut qui soit perceptible, la matière vivante elle aussi s'accumule par *«millions de parties organiques semblables au tout»* pour former un *«individu»* ou un être vivant tel qu'*«un orme»* ou *«un polype»*.[19]

Dans les *Époques de la Nature*, Buffon rappelle avec force, en rendant hommage à Leibniz,[20] ce qu'il a démontré dans la *Théorie de la Terre*, à savoir qu'on ne peut *«pas douter... que la matière dont le globe est composé ne soit de la nature du verre»*.[21] Même si les chimistes ont cru à l'existence de certaines matières appelées

---

16. *Histoire générale des animaux, Chap. II, De la reproduction en général* [1749], *in* Buffon [2], T. II : pp. 20-22.

17. *Histoire générale des animaux, Chap. II, De la reproduction en général* [1749], *in* Buffon [2], T. II : pp. 23-24.

18. *Histoire générale des animaux, Chap. II, De la reproduction en général* [1749], *in* Buffon [2], T. II : p. 21.

19. *Ibid.*

20. *Des Époques de la Nature* [1778], *in* Buffon [1], T. II : p. 139.

21. *Des Époques de la Nature* [1778], *in* Buffon [1], T. II : p. 7.

par eux *«réfractaires»* parce que ne pouvant se réduire au verre, l'expérience montre que ces mêmes matières portées à des températures de plus en plus élevées, finiraient par s'y transformer. C'est que le verre en est la *«substance»* de *«base»*, ou le *«premier état»*.

Or, au fur et à mesure qu'elles se sont écartées de cet état primitif, elles ont plus ou moins varié et changé de structure. De sorte que chaque corps, chaque substance est devenue une nature différente des autres, en même temps que l'indice d'un degré d'altération de la nature primitive. On pourrait tout aussi bien dire qu'elle est un moment ou une étape du parcours de la nature sur la route éternelle du temps. Il en résulte que le classement des substances doit refléter ou témoigner de leur âge, leur présence recouvrir leur succession et leur tableau représenter leur chronologie.

Mais le même raisonnement doit valoir aussi bien pour les êtres organisés. En d'autres termes, les êtres vivants doivent tous avoir une nature commune et primitive de laquelle ils doivent dériver et à laquelle ils doivent revenir une fois décomposés. C'est ce que Buffon appelle *«molécules organiques»* ou *«molécules vivantes»*.[22] Les êtres organisés proviennent tous de cette matière primitive, mais ce n'est ni par création ni par emboîtement des germes.[23] Tout simplement, la nature procède comme l'homme dans son industrie. Elle commence par faire des *«moules par lesquels elle donne non seulement la figure extérieure, mais aussi la forme intérieure»*.[24] Puis elle organise ou arrange les molécules organiques selon ces formes et figures.

Telle est donc la matière primitive de tout être vivant, car les molécules organiques sont indestructibles et permanentes autant qu'elles sont originelles et irréductibles. Car, à vrai dire, la matière comporte une *«division générale»* et essentielle en *«matière vivante et matière morte»*.[25] La mort n'est du reste, rien d'autre qu'une *«séparation»* des *«parties organiques»* qui *«restent séparées jusqu'à ce qu'elles soient réunies par quelque puissance active»* qui est celle-là même que possèdent les vivants *«de s'assimiler la matière qui leur sert de nourriture»*.[26]

Ainsi donc, *«le corps de chaque animal ou de chaque végétal est un moule auquel s'assimilent indifféremment les molécules organiques de tous les animaux ou végétaux détruits par la mort et consommés par le temps»*.[27] Cette double nature du vivant, faite à la fois d'éléments (les molécules organiques) et de structures (les moules), est permanente et indépendante de l'existence des individus et de leur nombre. Ils périssent et renaissent, alors qu'elle reste ce qu'elle est, intacte. À vrai dire, les moules eux-mêmes *«se détruisent et se renouvellent à chaque instant»*. Mais, bien qu'ils soient *«variables dans chaque espèce»*, leur nombre reste au *«total toujours le même, toujours proportionné à cette quantité de matière vivante»*.[28]

En d'autres termes, la quantité de matière vivante étant constante, la nature en construit toujours le même nombre de moules. Car, *«si elle était surabondante, si*

22. *Des Époques de la Nature* [1778], *in* Buffon [1], T. II : p. 100.
23. *Histoire générale des animaux, Chap. II, De la reproduction en général* [1749], *in* Buffon [2], T. II : p. 33.
24. *Histoire générale des animaux, Chap. II, De la reproduction en général* [1749], *in* Buffon [2], T. II : p. 34.
25. *Histoire générale des animaux, Chap. II, De la reproduction en général* [1749], *in* Buffon [2], T. II : p. 39.
26. *Histoire générale des animaux, Chap. II, De la reproduction en général* [1749], *in* Buffon [2], T. II : p. 41.
27. *De la Nature. Seconde Vue* [1765], *in* Buffon [1], T. II : p. 205.
28. *De la Nature. Seconde Vue* [1765], *in* Buffon [1], T. II : p. 206.

*elle n'était pas, dans tous les temps, également employée et entièrement absorbée par les moules existants, il s'en formerait d'autres, et l'on verrait paraître des espèces nouvelles...».*[29] C'est précisément cette *«invariable proportion»* qui fait *«la forme même de la nature»*, et qui détermine la fixité et la constance des espèces quant à leur *«nombre»*, leur *«maintien»* et leur *«équilibre»*. C'est là la raison profonde qui permet de comprendre, nous semble-t-il, la fameuse déclaration sur laquelle s'ouvre la *Seconde Vue de la Nature* : *«un individu... n'est rien dans l'univers, cent individus, mille ne sont encore rien : les espèces sont les seuls êtres de la nature...»* [30]

Il apparaît donc qu'il existe toujours à la racine de l'univers une nature "pure" ou "primitive", à laquelle revient tout ce qui est, parce qu'elle est à l'origine de tout. Elle n'est ni simple ni homogène, puisqu'elle est divisée d'emblée en *«matière brute»* et *«matière vivante»*. Mais chacune de celles-ci est faite des rudiments premiers, sortis des mains de la nature et demeurés tels quels et en même quantité : le verre pour la première, les molécules organiques pour la seconde, auxquelles il faut ajouter les moules et les espèces.

Toutefois, dès que ces rudiments de l'existence, s'il est permis de parler ainsi, sont donnés, il semble que tout doit concourir à les mettre en branle, en mouvement continu, par action et réaction, flux et reflux, et que la main de la nature mélange tout et pétrit tout. Plus encore, dans la *Première Vue de la Nature*, Buffon va même jusqu'à définir la nature elle-même, à la manière aristotélicienne, comme *«puissance vive, immense, qui embrasse tout, qui anime tout...»*.[31] Rien n'y est donc resté tel quel, et l'existence même de la nature se confond avec son histoire, avec la série des modifications et des changements à elle apportés *«sur la route éternelle du temps»*.

Au début des *Époques de la Nature*, Buffon s'emploie, ici aussi à la manière des artistes, à représenter le mouvement derrière le repos, les variations derrière ou à travers la constance. Vue de loin, la nature *«se montre toujours et constamment la même»*, *«cependant en l'observant de près, on s'apercevra que son cours n'est pas absolument uniforme; on reconnaîtra qu'elle admet des variations sensibles, qu'elle reçoit des altérations successives, qu'elle se prête même à des combinaisons nouvelles...»* [32]

Corrélativement aux quatre *faits* présentés par Buffon, corrélativement à l'hypothèse du refroidissement de la Terre, corrélativement aussi à la foule de faits et de changements décrits et expliqués dans l'*Histoire et la théorie de la Terre*, nous voyons Buffon presque conclure dans la *Seconde Vue de la Nature* en ces termes : *«La matière brute qui compose la masse de la terre n'est pas un limon vierge, une substance intacte et qui n'ait pas subi des altérations; tout a été remué par la force des grands et des petits agents, tout a été manié plus d'une fois par la main de la nature».*[33]

Or, s'il en est ainsi des substances brutes, il doit en être de même, et *a fortiori*, des êtres vivants, d'autant plus qu'ils sont continuellement exposés à la mort et à la reproduction. Toute la nature a longuement fait l'objet de grands bouleversements au point qu'elle en est devenue *«aujourd'hui très différente de ce qu'elle était au*

---

29. *De la Nature. Seconde Vue* [1765], *in Buffon* [1], T. II : p. 206.
30. *De la Nature. Seconde Vue* [1765], *in Buffon* [1], T. II : p. 202.
31. *De la Nature. Première Vue* [1764], *in Buffon* [1], T. II : p. 195.
32. *Des Époques de la Nature* [1778], *in* Buffon [1], T. II : p. 2.
33. *De la Nature. Seconde Vue* [1765], *in Buffon* [1], T. II : p. 207.

commencement».[34]

Il faudrait donc serrer maintenant de plus près ce changement pour en déterminer le sens et la portée. Or, c'est là que nous voyons intervenir de plain pied la notion de "dégénération". Elle est précisément le sens que prennent les multiples séries de modifications ou variations articulées les unes aux autres et poussant la nature vers une dégradation globalement constante. Il semble en outre que cette dégénération opérant sur un noyau ou un fond primitif, identifié chaque fois et selon les domaines, à une "nature" primitive ou pure, se déploie dans le même sens, allant toujours du positif au négatif, du pur au mélange, du grand au petit, du chaud au froid, et ceci aux différents paliers ou niveaux de la nature. Il serait possible d'en suivre les traces partout et dans tous les domaines que Buffon a embrassés par sa pensée. Mais nous nous contenterons ici seulement de quelques aspects.

D'abord en ce qui concerne le globe terrestre, nous savons que Buffon en décrit l'histoire comme un passage de l'état fluide à l'état liquide, puis à l'état solide. Nous savons aussi que Buffon conçoit ce changement continu comme étant un passage du chaud au froid, un refroidissement progressif. Or, ce qui est remarquable c'est que *Les Époques de la Nature* décrivent ce refroidissement comme étant une perte progressive de lumière et de chaleur : *«le globe terrestre, d'abord lumineux et chaud comme le soleil, n'a perdu que peu à peu sa lumière et son feu».*[35] L'histoire du globe terrestre semble donc être ce vecteur qui nous conduit ou nous transporte du soleil à la Terre. Le passé dont Buffon disait qu'il est comme une distance, se convertit ici en une distance verticale; si bien que l'histoire de la Terre ou sa genèse se révèle être une descente de la lumière vers l'obscurité, de la chaleur et du feu, source de toute existence, vers le froid et le solide, qui sont repos, mort et négation.

D'autre part, nous savons que le refroidissement de la Terre a donné lieu à peu près au même phénomène que nous pouvons observer lors du refroidissement d'une masse de verre, avec tout ce qui accompagne ce phénomène comme apparition *«d'éminences»*, de *«boursouflures»*, d'*«aspérités»*, etc. Telles sont les montagnes et les vallées que nous trouvons sur la Terre et qui ont dû être le résultat du feu. Car, l'action du feu ne se fait jamais, dit Buffon, *«sans laisser des inégalités sur la superficie de toute masse de matière fondue».*[36] Le globe terrestre a donc dû, dès le début de l'époque de son refroidissement présenter un relief très accentué et très irrégulier, avec *«une surface hérissée de montagnes et sillonnée de vallées».* Les phénomènes qui se sont déroulés par la suite à cette surface, ont concouru à niveler ses inégalités et combler ses profondeurs. Ce faisant, ils ont *«altéré presque partout la forme de ces inégalités primitives»* et déformé la topographie originelle dont il ne nous reste plus d'autres témoins aujourd'hui que ces chaînes de montagnes *«composées de matières vitrescibles»* [37] qui traversent les grands continents.

Il faut ajouter que cette altération ne s'est pas faite d'un seul coup, ni partout de la même manière. Au contraire, elle s'est faite progressivement et selon la même direction, toujours des pôles vers l'équateur en passant par les tropiques. Les régions du pôle s'étant refroidies les premières et se mouvant à une vitesse inférieure à celle des régions de l'équateur, ont donc *«jeté»* vers celles-ci plus de matière. Corrélativement, ce sont les régions du pôle qui ont été le plus nivelées et

34. *Des Époques de la Nature* [1778], *in* Buffon [1], T. II : p. 2.
35. *Des Époques de la Nature* [1778], *in* Buffon [1], T. II : p. 41.
36. *Des Époques de la Nature* [1778], *in* Buffon [1], T. II : p. 47.
37. *Des Époques de la Nature* [1778], *in* Buffon [1], T. II : pp. 47-48.

*«dénaturées»*, et ce sont celles de l'équateur qui continuent encore à témoigner du premier état de la Terre, de la jeunesse primitive de la nature.

Or il va de soi que ce cursus suivi par la Terre et qu'elle continue d'ailleurs à suivre ne pouvait pas ne pas intervenir sur les êtres vivants qui sont apparus à sa surface. Toutefois, pour des raisons diverses, la "dégénération" est ici à la fois plus difficile à affirmer et plus frappante dans les faits. Chaque fois que Buffon traite de la dégénération, il prend soin de rappeler la fixité des vivants ordonnés selon les mêmes moules et rangés dans les mêmes espèces.[38] Mais dès qu'on regarde "de plus près" le tableau des vivants, des faits frappants ne manqueront pas d'attirer l'attention.

D'abord, un fait remarquable entre tous : des espèces ont existé qui n'existent plus aujourd'hui. C'est là un point sur lequel Buffon revient souvent. Dans *Les Époques de la Nature*, il insiste sur la densité du matériel fossile qui est de nature à nous convaincre de cette vérité qu'«*il y a eu des espèces perdues, c'est-à-dire des animaux qui ont autrefois existé et qui n'existent plus*».[39] Ainsi ces coquillages qu'on trouve au cœur des continents et parfois aux sommets des montagnes et dont certains ont leurs analogues dans les océans, mais dont *«plusieurs autres n'ont aucun analogue vivant»*.[40]

Ainsi aussi, *«ces énormes dents mollaires (...), ces grandes volutes pétrifiées (...), plusieurs autres poissons et coquillages fossiles»*,[41] qui n'ont plus aujourd'hui aucun équivalent vivant. De même *«ces énormes dents carrées à pointes mousses»* ont dû appartenir *«à un animal plus grand que l'éléphant, et dont l'espèce ne subsiste plus»*.[42] Il faut mentionner aussi, ces quantités impressionnantes de dents, de défenses, d'omoplates, de fémurs d'éléphants et d'hippopotames qui *«étaient au moins quatre fois plus volumineux que ne le sont les hippopotames actuellement existants»*.[43]

Il devait donc y avoir à l'origine, des espèces d'animaux et de végétaux qui ont maintenant péri et qui devaient se distinguer par une grandeur extrême de leur corps et de leurs membres. Buffon revient souvent sur cette idée. C'est la fameuse théorie des éléphants du Nord. Dans les *Époques de la Nature*, il explique comment les êtres vivants sont apparus sur les terres du Nord parce que la Terre se refroidissant du pôle vers l'équateur, il se serait trouvé sur ces terres une température assez douce pour être supportée par les êtres vivants. C'est donc sur ces terres, à une température comparable à celle qui se trouve aujourd'hui sur *«le midi»*, que vivaient il y des milliers d'années, *«les éléphants, les rhinocéros, les hippopotames»* et toutes les espèces vivant actuellement dans les régions *«torrides»*. Les dépouilles, surtout en ivoire, nous en sont restées aussi bien en Sibérie qu'au Canada, qui témoignent du volume énorme de ces animaux. De la même manière, les restes fossiles, corrélativement à la théorie du refroidissement progressif de la Terre, montrent une migration ou un transfert des animaux des régions septentrionales vers les régions méridionales, au fur et à mesure que le Nord, continuant à se refroidir, était devenu inhabitable et que la température douce ou supportable aux animaux et aux végétaux s'était déplacée vers le Sud.

38. *Des Époques de la Nature* [1778], *in* Buffon [1], T. II : p. 17.
39. *Des Époques de la Nature* [1778], *in* Buffon [1], T. II : p. 17.
40. *Des Époques de la Nature* [1778], *in* Buffon [1], T. II : p. 11.
41. *Des Époques de la Nature* [1778], *in* Buffon [1], T. II : p. 17.
42. *Des Époques de la Nature* [1778], *in* Buffon [1], T. II : p. 92.
43. *Des Époques de la Nature* [1778], *in* Buffon [1], T. II : p. 93.

Or, ce qui est remarquable, c'est que parallèlement au déplacement de la température supportable du Nord au Sud, et parallèlement à la migration corrélative des premiers animaux vers le midi, ceux-ci ont diminué progressivement de taille. De sorte que si l'on compare les animaux des régions septentrionales à ceux qui ont vécu et qui vivent encore dans le midi, *«on reconnaîtra que tout ce qu'il y a de colossal et de grand dans la nature a été formé dans ces terres du nord, et que si celles de l'équateur ont produit quelques animaux, ce sont des espèces inférieures, bien plus petites que les premières».* [44]

Pourtant, Buffon nous met en garde contre la croyance que nous sommes passés d'une forme d'espèce à l'autre par dégradation de la première. En se réfugiant vers le midi, *«la nature, bien loin d'y être dégénérée par vétusté, y est au contraire née tard et n'y a jamais existé avec les mêmes forces... que dans les contrées septentrionales».* [45] Il est donc clair que Buffon hésite à comprendre cette diminution de la taille des animaux comme étant une "dégénération". Pourtant, il tient à souligner la *«ressemblance»* entre l'éléphant et le tapir, le chameau et le lama... Il va même jusqu'à faire du tapir *«l'éléphant du nouveau monde»*; malgré l'absence chez lui de la trompe et des défenses. Il insiste sur le fait que la différence entre le chameau et le lama est *«moins grande qu'entre le tapir et l'éléphant»*. Il semble donc que la constance et la fixité que Buffon accorde à l'espèce l'empêchent de faire clairement du tapir et du lama une dégénération de l'éléphant et du chameau.

Toutefois, si on tente d'aller au-delà du phénomène lui-même vers sa raison ou sa cause, on trouvera que la "dégénération", à peine perceptible au niveau des êtres eux-mêmes, opère discrètement à la racine de la nature et dans les conditions mêmes de la vie. Qu'est-ce qui fait en effet, que la nature a produit *«géants»* et *«colosses»* au Nord, et qu'elle a réservé *«nains»* et *«pygmées»* au midi? Il semble que tout doit revenir aux moyens constants dont la nature dispose pour produire la vie. Certes, Buffon croit que *«tout ce qui existe aujourd'hui dans la nature vivante a pu exister de même dès que la température de la terre s'est trouvée la même».* Toutefois, la manière d'exister "avant" est différente de celle d'exister "après". Au commencement de l'existence, *«la nature –dit Buffon– était alors dans sa première force, et travaillait la matière organique et vivante avec une puissance plus active dans une température plus chaude...».* [46] C'est donc la vigueur de la nature et, pour ainsi dire, sa jeunesse qui l'ont poussée à réaliser des œuvres aussi majestueuses que les éléphants du Nord. Mais, plus la nature vieillissait, si l'on peut dire, plus la chaleur de la Terre diminuait, plus ses œuvres devenaient modestes, voire même médiocres. Telle est donc la première raison; mais il y en a une autre. En effet, à côté de ce vieillissement de la nature et si l'on peut dire, de l'épuisement de ses forces, il y a aussi la diminution ou la raréfaction de la matière vivante disponible. Car, ce qui fait la différence entre les productions du Nord et celles du midi, c'est que *«la fécondité de la terre, c'est-à-dire –dit Buffon– la quantité de la matière organique vivante, était moins abondante dans ces climats méridionaux que dans celui du nord».* [47]

Si l'on veut chercher encore la raison de ce déséquilibre, on la trouvera dans l'hypothèse que la matière organique qui provient des solutions *«acqueuses, hui-*

44. *Des Époques de la Nature* [1778], *in* Buffon [1], T. II : p. 96.
45. *Des Époques de la Nature* [1778], *in* Buffon [1], T. II : p. 96.
46. *Des Époques de la Nature* [1778], *in* Buffon [1], T. II : pp. 17 et 53.
47. *Des Époques de la Nature* [1778], *in* Buffon [1], T. II : p. 100.

*leuses et ductibles»*, s'était déversée sur la Terre en fonction du refroidissement de ses parties respectives. C'est ainsi donc qu'elle s'est abattue d'abord en grandes quantités sur les régions septentrionales qui s'étaient refroidies les premières, avant de tomber en quantités moindres sur les parties méridionales.

Il semble donc qu'on va du Nord au Sud par "dégradation" ou "dégénération" non seulement des espèces, et ceci malgré les hésitations à ce propos, mais aussi de la nature entière. Il semble même que cette dégradation se déroule à trois niveaux distincts mais conjoints : celui de l'énergie, ou ce que Buffon appelle plutôt la *«puissance»* de la nature, celui de la chaleur et celui de la matière organique.

Il semble donc clair que Buffon concevait la Terre comme un système mécanique clos, puisque le *Second Fait* des *Époques de la Nature* affirme que *«le globe terrestre a une chaleur intérieure qui lui est propre, et qui est indépendante de celle que les rayons du soleil peuvent lui communiquer».*[48] Il va de soi qu'au fur et à mesure que diminue cette chaleur, tout sur la Terre doit proportionnellement diminuer. La première "dégénération" a donc pour siège la Terre elle-même, puisque Buffon tient pour *«certain»* que dans *«les premiers temps le diamètre du globe avait deux lieues de plus»* qu'il n'en a aujourd'hui.[49] De là, elle a pu s'étendre de proche en proche aux minéraux, aux végétaux et aux animaux.

C'est ainsi que si l'on revient à l'espèce elle-même, on verra bien que l'hésitation qu'on a rencontrée chez Buffon à affirmer que le tapir est une «dégénération» de l'éléphant pourrait se résoudre positivement. Il faut d'abord relever que toutes les espèces ne sont pas équivalentes. Dans les *Vues de la Nature*, Buffon les répartit en trois niveaux : l'homme, les animaux, et les végétaux : *«l'espèce humaine* –dit-il– *est la première; les autres de l'éléphant jusqu'à la mite, du cèdre jusqu'à l'hysope, sont en seconde et en troisième ligne».*[50] Il y a donc une hiérarchie naturelle entre les trois classes d'espèces. Mais il y en a aussi une entre les espèces elles-mêmes. Les espèces, nous le savons, sont en principe toutes constantes et invariables; mais cette vérité doit être nuancée devant les faits. Car il y en a *«dont l'empreinte est plus ferme et la nature plus fixe»* que d'autres. Ce sont les *«espèces majeures»*. Les autres ou *«espèces inférieures ont éprouvé d'une manière sensible,* dit Buffon dans les *Époques de la Nature, tous les effets des différentes causes de dégénération».*[51] Dans la *Seconde Vue de la Nature*, la pensée est encore plus claire : *«plus l'espèce est élevée,* dit l'auteur, *plus le type en est ferme, et moins elle admet de ces variétés».* Car, plus l'espèce est élevée dans l'échelle zoologique, moins elle se reproduit et, par conséquent, moins elle est exposée à la variation. Inversement, plus les êtres descendent dans la même échelle, plus ils se multiplient, et plus ils sont sujets à la variation, jusqu'à laisser apparaître des *«branches collatérales»* de plus en plus rapprochées.

On peut donc distinguer, au sujet des espèces, deux ordres de "dégénération". Il y a d'abord la dégradation du grand au petit dans la même espèce, et qu'on pourrait appeler verticale, puisque la même espèce continue à se maintenir dans sa structure générale, malgré les déformations secondaires et la réduction de ses dimensions. Il y a aussi la dégradation du dissemblable dans le semblable et qu'on pourrait appeler horizontale. C'est la perte de la spécificité d'un être qui voit ses caractères se

48. *Des Époques de la Nature* [1778], *in* Buffon [1], T. II : p. 3.
49. *Des Époques de la Nature* [1778], *in* Buffon [1], T. II : p. 50.
50. *De la Nature. Seconde Vue* [1765], *in* Buffon [1], T. II : p. 202.
51. *Des Époques de la Nature* [1778], *in* Buffon [1], T. II : p. 17.

distribuer de plus en plus sur des individus voisins. Une espèce dégénère donc en plusieurs sous-espèces, si elle n'est pas elle-même le résultat d'une dégénération. Dans *La dégénération des animaux*, Buffon dit : *«En comparant ainsi tous les animaux et les rappelant chacun à leur genre, nous trouverons que les deux cent espèces dont nous avons donné l'histoire peuvent se réduire à un assez petit nombre de familles ou souches principales, desquelles il n'est pas impossible que toutes les autres soient issues».*[52]

Tel est donc le drame des vivants appelés au sein de la nature, à provenir les uns des *«débris»* des autres, à hériter les molécules organiques les uns des autres, les derniers venus étant toujours les moins favorisés. Ils dérivent les uns des autres, et tous d'un fonds commun dont ils seraient descendus par ce que Buffon appelle *«cette dégénération plus ancienne et de tout temps immémoriale qui paraît s'être faite dans chaque famille, ou... dans chacun des genres sous lesquels on peut comprendre les espèces voisines».*[53] Il faut ajouter que le refroidissement continu de la Terre qui pousse les vivants toujours vers le midi, les réduit à n'être qu'une progéniture d'une nature de plus en plus fatiguée.

Mais les êtres vivants n'ont pas seulement eu à supporter ou à vaincre l'ingratitude de la nature; ils ont dû aussi et longtemps faire face aux assauts des humains. Rousseau disait déjà dans l'*Émile* que *«tout est bien sortant des mains de l'auteur des choses, tout dégénère entre les mains de l'homme».*[54] Que dire alors, si tout n'est déjà pas bien sorti des mains de la nature? Si la dégénération a déjà commencé dans l'ordre de la nature, l'œuvre de l'homme ne peut que la continuer et l'approfondir.

En effet, *La dégénération des animaux* s'ouvre bien sur une inspiration tout à fait voisine de celle qu'on trouve au début de l'*Émile*. Décrivant le procès par lequel *«tout dégénère entre les mains de l'homme»*, Rousseau écrivait : *«Il force une terre à nourrir les productions d'une autre, un arbre à porter les fruits d'un autre;... il mutile son chien, son cheval, son esclave, il bouleverse tout, il défigure tout, il aime la difformité, les monstres...».*[55]

Nous pouvons aussi bien lire chez Buffon :

«Si l'on ajoute à ces causes naturelles d'altération dans les animaux libres celle de l'empire de l'homme sur ceux qu'il a réduits en servitude, on sera surpris de voir jusqu'à quel point la tyrannie peut dégrader, défigurer la nature; on trouvera sur tous les animaux esclaves les stigmates de leur captivité et l'empreinte de leurs fers...»[56]

Mais si l'homme s'ingénie ainsi à défigurer la nature, à prolonger une œuvre commencée avant lui et par les mains de la nature elle-même, c'est certainement parce qu'il est l'être qui s'élève le plus *«au trône intérieur de la toute puissance»*, parce qu'il est le *«vassal du ciel»*, et le *«roi de la terre»*, mais aussi et surtout peut-être parce qu'il est l'être le plus dégénéré, le produit ultime de la dégénération.

---

52. *De la dégénération des animaux* [1766], *in* Buffon [1], T. IV : p. 494.
53. *De la dégénération des animaux* [1766], *in* Buffon [1], T. IV : p. 483.
54. Rousseau [6] : p. 245.
55. *Ibid.*
56. *De la dégénération des animaux* [1766], *in* Buffon [1], T. IV : pp. 472-473.

## BIBLIOGRAPHIE *

(1)† BUFFON (G. L. Leclerc de), *Œuvres complètes*, Nouvelle édition annotée et suivie d'une introduction par J.L. de Lanessan, Paris, A. Le Vasseur, 14 vol., 1884-1885.

(2)† BUFFON (G.L. Leclerc de), *Histoire Naturelle, générale et particulière*, Paris, Imprimerie Royale, 15 vol. in 4°.

(3) DUCHET (M.), *Anthropologie et Histoire au siècle des Lumières*, Paris, Maspéro, 1971.

(4)† FORMEY (J.), *Bibliothèque impériale pour les mois de Juillet et Août 1756*, T. XIV, Première partie, Göttingue et Leyde, 1756, p. 62.

(5)† ROUSSEAU (J.J.), *Discours sur l'origine de l'inégalité parmi les hommes, in Œuvres complètes*, Paris, Gallimard, La Pléiade, 1964, T. III.

(6)† ROUSSEAU (J.J.), *L'Émile, in Œuvres complètes*, Paris, Gallimard, La Pléiade, 1969, T. IV.

(7) STAROBINSKI (J.), *Rousseau et Buffon, in J.J. Rousseau et son œuvre. Problèmes et recherches*, Commémoration et colloque de Paris, 16-20 octobre 1962. Paris, Librairie Klincksieck, 1964, pp. 135-146.

* Sources imprimées et études. Les sources sont distinguées par le signe †.

## KANT, LECTEUR DE BUFFON

Jean FERRARI *

On me pardonnera de partir de Kant. D'une part, l'image que son œuvre nous donne des philosophes et des savants français du XVIIIᵉ siècle est significative de la réalité et des limites de ce qu'on appelle l'Europe française. Que le plus grand philosophe de l'époque, malgré sa situation excentrique, ait lu, presqu'au moment de leur parution, les ouvrages de Voltaire, de Maupertuis, de Buffon est caractéristique de ce rayonnement français, mais plus important encore, qui peut conduire à davantage de modestie, est l'usage qu'il en fit. D'autre part, l'intérêt nouveau porté depuis quelques années en France aux opuscules scientifiques de Kant me donne prétexte à scruter une nouvelle fois les traces des lectures de Buffon dans l'Opus Kantien, reprenant une tâche inaugurée il y a bien des années.

Quant à Maupertuis, si je m'étais proposé d'abord de joindre son étude à celle de Buffon, c'est que Kant les cite très souvent ensemble et j'aurais aimé qu'au cours de ce colloque leurs relations fissent l'objet d'une communication, mais le rapport de Kant à Buffon est assez riche et le temps dont je dispose trop court pour que je puisse évoquer aussi la figure et l'œuvre du savant malouin, président de l'Académie des Sciences de Berlin, auquel, tant de fois, Kant rendit hommage.

Mon propos s'intitulera donc plus justement : *«Kant, lecteur de Buffon».*

S'il est plus nuancé que celui de Maupertuis, l'éloge de Buffon par Kant repose sur une lecture attentive de l'*Histoire naturelle*, rendue possible par l'extraordinaire diffusion de cette œuvre, malgré la place particulière que Buffon occupait dans l'horizon intellectuel de l'époque, éloigné des coteries régnantes, à l'écart du grand mouvement de l'*Encyclopédie* qui, dans l'article consacré à l'*Histoire naturelle* NE LE CITE MÊME PAS.[1]

Le retentissement de l'*Histoire naturelle* fut immédiatement considérable. Dans le *Mercure de France* de mars 1751, on lit ces quelques lignes significatives à l'occasion de la parution d'une édition hollandaise à La Haye chez Pierre de Hondt, des trois premiers volumes de l'*Histoire naturelle* :

«Notre nation si féconde en ouvrages d'esprit et de sentiment, en productions qui ne durent qu'un hyver ou ne passent pas chez nos voisins, s'élève de temps en temps au grand et au sublime et forme des entreprises qui demandent de la sagacité, des recherches, de la philosophie. Toute l'Europe a conçu cette idée du magnifique ouvrage de Messieurs Buffon et Daubenton. Leur Histoire naturelle s'imprime partout, se traduit dans toutes les langues...»[2]

De fait, dès 1750 parut la première traduction allemande de l'*Histoire naturelle* à Leipzig et à Hambourg chez Heinsius avec une préface de Haller. C'est ce texte

---

* Université de Dijon, UFR Lettres et Philosophie, 2 bd Gabriel. 21000 Dijon. FRANCE .

1. Article *Histoire naturelle* [1765], *in Encyclopédie* [2] : pp. 225-230.
2. *Mercure de France* [12] : p. 131.

que Kant eut très probablement entre les mains; il possédait déjà dans sa bibliothèque une traduction allemande de la *Statique des végétaux* et l'*Analyse de l'air* de Hales accompagnée de celle de la préface que Buffon avait écrite pour l'édition française.[3]

La lecture que fit Kant de Buffon est attestée par les nombreuses références explicites ou implicites à l'*Histoire naturelle*. Il le cite nommément plus de trente fois et les auteurs de l'Édition académique de ses œuvres la proposent 50 fois comme source probable de *réflexions* de Kant figurant dans le *Nachlass*.[4] Aucun savant français ne tient une place aussi considérable. Or cette lecture de Buffon par Kant n'a retenu, dans la suite de ses œuvres, que fort peu de ces vues générales dans lesquelles pourtant Buffon excelle, pour ne conserver que quelques points particuliers, morceaux de théorie explicative de phénomènes auxquels Kant s'attachait alors, calculs qui viennent appuyer une démonstration. Buffon est ainsi "utilisé" par Kant dans trois domaines principaux : cosmologie et géographie physique, biologie, anthropologie.

Les travaux scientifiques de Kant sont inséparables du développement de sa pensée philosophique. Ils ne se limitent pas, comme on le croit parfois, à la période pré-critique, même si, en effet, les premiers opuscules de Kant répondent à des problèmes précis que se posait la science de son temps, sur la véritable évaluation des forces vives, la rotation de la Terre, la nature du feu. Mais c'est en 1785 par exemple que paraissent les essais sur les *Volcans de la lune* et sur la *Définition du concept de race humaine*. Kant fit sa vie durant des cours sur l'anthropologie et la géographie physique et les ouvrages qui résument cet enseignement sont parmi les derniers à être publiés avant sa mort. Enfin ses *réflexions* sur les mathématiques, la physique et la chimie, la géographie physique, l'anthropologie couvrent toute la période de production intellectuelle du philosophe.

Parmi tous ces travaux, l'un des plus remarquables, récemment traduit et excellemment présenté par Jean Seidengart, l'*Histoire générale de la Nature et théorie du ciel*,[5] paru à Königsberg en 1755 –le seul opuscule de la période pré-critique dont Kant permit la publication dans ses œuvres complètes– rappelle par son titre et certains de ses thèmes l'*Histoire naturelle, générale et particulière* de Buffon, dont les trois premiers volumes avaient été publiés six ans plus tôt à Paris.

Il y a dans ce petit ouvrage de 150 pages une ambition et une audace extraordinaires : l'ampleur du dessein paraît même dépasser celui de Buffon puisque Kant ne s'attache pas seulement à notre système solaire comme le fait Buffon qui, après sa *Théorie de la Terre*, propose une hypothèse sur la formation des planètes, mais, procédant par analogie, à l'univers stellaire dans son infinité. L'ouvrage de Kant est une cosmologie et une cosmogenèse : à partir d'un chaos primitif d'éléments différenciés, il veut expliquer la figure de l'univers tel qu'il est perçu par nous dans l'ordonnancement qui le caractérise. Or Kant explique la formation des corps célestes par la différence de densité des éléments qui les composent. Et il en trouve la confirmation dans un calcul fait par Buffon et qui figure dans l'article I des *Preuves de la théorie de la Terre*,[6] que Kant développe dans le deuxième chapitre de son opuscule :

---

3. *Préface du traducteur* [1735], *in* Buffon [1] : pp. 5 et 6.
4. Ferrari [3] : p. 296.
5. Kant [6].
6. *Article I, De la formation des planètes* [1749], *in* Buffon [1] : p. 68.

«Je conclus ce chapître en ajoutant une analogie qui peut à elle seule élever la présente théorie de la formation mécanique des corps célestes, au-delà de la vraisemblance de l'hypothèse, à une certitude formelle. Si le soleil est composé des particules de la même matière première à partir de laquelle se sont formées les planètes et si la différence réside seulement en ceci que pour le premier se sont accumulées sans distinction les matières de toutes les espèces tandis que chez les dernières, elles se sont distribuées à des distances différentes suivant la constitution de la densité de leurs sortes; alors, si on rassemble la matière de toutes les planètes, il résultera de ce mélange total une densité qui sera presque égale à la densité du corps solaire. Cette conséquence nécessaire de notre système trouve une heureuse confirmation dans la comparaison que M. de Buffon, ce philosophe de réputation si bien méritée, a faite entre les densités de l'ensemble de la matière planétaire et celle du Soleil. Il trouve que toutes deux étaient proches comme 640 et 650. Lorsque des conséquences naturelles et nécessaires d'une conception rencontrent dans les conditions réelles de la nature de si heureuses confirmations, peut-on encore croire que la concordance entre la théorie et l'observation soit le fait d'un simple hasard?»[7]

Par trois fois, dans l'*Histoire générale de la nature et la Théorie du ciel*, il revient sur ce calcul qui confirme son hypothèse et il y fait encore allusion, quelques années plus tard, dans un autre contexte : celui de l'unique preuve possible de l'existence de Dieu, parmi les arguments en faveur d'une origine mécanique générale de notre monde planétaire.

«Buffon a observé que la densité du soleil était sensiblement égale à la densité moyenne des planètes et ceci s'accorde bien avec l'hypothèse d'une formation mécanique; d'après cette hypothèse, les planètes ont dû se former à différentes hauteurs avec différentes espèces d'éléments, tout le surplus de la matière cosmique éparse dans l'espace se précipitant pêle-mêle sur le centre commun, le soleil.»[8]

C'est là sans doute l'emprunt le plus caractéristique en ce domaine où Kant, par quelques géniales intuitions, annonce le *Système du monde* de Laplace et nous montre à l'œuvre la genèse mécanique de l'ordre de l'univers dont il trouvait, chez Buffon, l'inspiration première.

Dans ses travaux de géographie physique les allusions à l'*Histoire naturelle*, sont beaucoup plus nombreuses. Il ne s'agit plus ici des mondes stellaires, mais de cette planète Terre à laquelle Kant consacre tant de leçons et plusieurs opuscules qui ne sont pas encore traduits en français. À l'époque de Kant, cette discipline embrassait non seulement la description des formes du relief terrestre, leur genèse et leur devenir à travers le temps, mais ce qu'on appellerait aujourd'hui la géographie humaine. Dans l'introduction à la *Géographie physique* publiée par Rink en 1802, Kant envisage même des géographies mathématique, morale, politique, économique, théologique, ne séparant jamais l'histoire de la géographie et liant toujours aux conditions physiques et climatiques d'une contrée l'évolution des hommes qui y vivent, la géographie physique apparaissant alors comme prolégomènes à toute anthropologie.

Mais c'est surtout à Buffon décrivant la figure terrestre et proposant des explications de sa genèse que Kant emprunte, se réfère, pour acquiescer ou critiquer. Il le présente d'emblée comme l'une des sources principales de ses propres travaux de géographie physique.[9] Ainsi, il évoque à plusieurs reprises l'hypothèse d'une «*mer*

7. Kant [6] : p. 115.
8. Kant [7] : p. 167.
9. Kant [5] : AK 02 05 14.

*universelle»*[10] et celle du rôle des courants marins dans le façonnement de la surface terrestre.[11] Sur ce point l'explication de Buffon, d'abord acceptée dans *le programme et l'annonce d'un cours de géographie physique* de 1757[12] et encore sur les *Volcans de la lune*,[13] lui parut de moins en moins recevable : *«Il est difficile de comprendre, lit-on dans une réflexion plus tardive sur la géographie physique, comment Buffon pouvait croire que les angles des montagnes... avaient été formés sous la mer».*[14]

Dans son opuscule sur les *Volcans de la lune* (1785), s'interrogeant sur l'origine de la chaleur primitive, il rappelle la théorie de Buffon qui veut que les planètes, ayant appartenu au corps du soleil, en aient été séparées par le choc d'une comète et que, par conséquent, cette chaleur vienne du soleil, *«mais,* ajoute-t-il, *ce n'est là qu'un secours provisoire, pour peu de temps, car d'où vient la chaleur du soleil?»*[15] Fidèle à l'inspiration de la *Théorie du ciel*, Kant voudrait trouver une explication qui prenne en compte non seulement notre système solaire, mais l'ensemble de l'univers. Ici encore, ce que recherche Kant, c'est une explication mécaniste des phénomènes naturels dont la genèse est présentée sous forme d'hypothèses, dont la source est très souvent l'*Histoire naturelle, générale et particulière.*

Reste l'immense domaine du monde animé, de la biologie, de l'anthropologie auquel Kant a consacré tant de leçons, d'opuscules et de réflexions. Si les références à Buffon sont relativement peu nombreuses, elles s'attachent à quelques points essentiels, en particulier à la théorie de la génération et la notion d'espèce.

Dans l'*Unique fondement d'une démonstration de l'existence de Dieu*, Kant fait allusion à l'hypothèse des moules intérieurs. De la théorie complexe de la génération à laquelle Buffon a consacré les chapitres IV et V de l'*Histoire des animaux*,[16] Kant, comme beaucoup de contemporains, ne retient que l'affirmation paradoxale de l'existence des moules intérieurs : *«Si les moules intérieurs de M. de Buffon, si les éléments de matière organique qui, au dire de M. de Maupertuis se combinent d'après leurs réminiscences selon les lois du désir et de l'aversion, ne sont pas de pures chimères, du moins sont-ils aussi inconcevables que la chose même.»*[17] De fait les moules intérieurs ne peuvent se comprendre que mis en rapport avec les *«forces pénétrantes»* et *«les molécules organiques»* que Kant ne cite point ici, la gageure pour Buffon étant à la fois de maintenir le caractère propre des organismes vivants grâce aux molécules organiques et de ne faire appel qu'au mécanisme auquel la nutrition, le développement, la reproduction obéissent, à l'image de l'attraction newtonienne, par la théorie des forces pénétrantes. L'obscurité relative de la théorie de Buffon ne rejette pas pour autant Kant du côté de ceux pour lesquels la génération supposerait une action répétée du créateur. Là encore, ce qui est retenu –et Kant ne saurait en blâmer Buffon, même si à ses yeux l'essai n'est pas convaincant– c'est la décision d'expliquer les phénomènes de la nature selon les lois du mécanisme, en leur accordant *«une grande puissance de*

10. Kant [5] AK 02 08 11; AK 08 074 02.
11. *Second Discours, Histoire et théorie de la Terre* [1749], *in* Buffon [1] : p. 52.
12. Kant [5] : AK 02 008 11.
13. Kant [5] : AK 08 074 02.
14. Kant [5] : AK 14 589 06.
15. Kant [5] : AK 08 074 20.
16. *Histoire générale des animaux* [1749], *in* Buffon [1] : pp. 250-287.
17. Kant [7] : p. 134.

*produire leurs conséquences en vertu des lois générales».*[18] Et il envisage même dans l'opuscule des *différentes régions de l'espace* (1768), à la suite d'un regret prêté à Buffon devant les "reduplicatures" du germe dont il ne voit comment il pourrait les déterminer par la géométrie ordinaire, la possibilité de formaliser, par l'application d'une méthode mathématique adéquate, un domaine qui jusque-là a échappé à l'appréhension scientifique,[19] problème aujourd'hui résolu par l'utilisation des surfaces fractales.

Dans les trois opuscules que Kant consacre à la question des races humaines en 1775, en 1785 et en 1788, le point de départ de ses recherches demeure la définition que Buffon a donnée de l'espèce par la loi commune de la reproduction,[20] et s'il développe, plus que ne le fait Buffon, le concept de race humaine, il ne s'éloigne guère des causes principales qu'évoque Buffon pour expliquer les différentes variétés que présente l'espèce humaine dont l'un et l'autre affirment l'unité primitive :

«Tout concourt donc à prouver que le genre humain n'est pas composé d'espèces essentiellement différentes entre elles, qu'au contraire il n'y a eu originairement qu'une seule espèce d'hommes, qui s'étant multipliée & répandue sur toute la surface de la terre, a subi différens changemens par l'influence du climat, par la différence de la nourriture, par celle de la manière de vivre, par les maladies épidémiques, & aussi par le mélange varié à l'infini des individus plus ou moins ressemblans; que d'abord ces altérations n'étoient pas si marquées, & ne reproduisoient que des variétés individuelles; qu'elles sont devenues plus générales, plus sensibles & plus constantes par l'action continuée de ces mêmes causes; qu'elles se sont perpétuées & qu'elles se perpétuent de génération en génération».[21]

Mais là où Buffon ne voit des causes que mécaniques de la diversification, en particulier climatiques,[22] sans finalité, Kant suppose, dans la source unique primitive, des dispositions particulières qui, présentées dans les germes,[23] permettent à chaque race d'être adaptée au climat dans lequel elle est amenée à vivre, dispositions qui, une fois actualisées, deviennent, comme la couleur de la peau dont Kant considère qu'il est le trait le plus frappant de la race, héréditaires. Car, si pour Kant comme pour Buffon, *«tout dans la science de la nature doit être expliqué naturellement»,*[24] toutefois le règne du vivant, caractérisé par l'existence d'êtres organisés, c'est-à-dire d'êtres au sein desquels il existe des rapports réciproques de fin à moyens, appelle l'usage du principe de finalité, même si celui-ci, à l'opposé du principe de causalité qui permet d'affirmer *a priori* l'existence d'une liaison nécessaire entre l'effet et sa cause, est empiriquement déterminé. Le domaine du vivant porte en lui-même une interrogation qui ne saurait être satisfaite par la seule mise en lumière des principes du mécanisme. C'est pourquoi, sur des problèmes concrets de l'anthropologie ou de géographie physique, Kant n'hésite point à faire appel à des principes de convenance comme si une structure naturelle donnée pouvait apparaître comme l'effet d'une fin de la nature. De certains textes de l'*Unique fondement* où il critique la confusion de l'intérêt humain et du motif de

---

18. Kant [7] : p. 135.
19. Kant [5] : AK 02 377 14.
20. *Histoire naturelle des animaux, L'Asne* [1753], *in* Buffon [1] :p. 356. Voir par exemple AK 02 429 10.
21. *Histoire naturelle de l'homme : variétés dans l'espèce humaine* [1749], in Buffon [1] : p. 313.
22. *Ibid.*
23. Kant [9] : pp. 138-139.
24. Kant [9] : p. 154.

l'opération divine[25] à ses essais d'anthropologie de la période critique, l'évolution est sensible, évoquée au début de l'opuscule *sur l'Usage des principes téléologiques dans la philosophie* : «*Si l'on entend par nature la totalité de ce qui possède une existence déterminée selon des lois, c'est-à-dire le monde (sous son appellation usuelle de la nature), y compris sa cause première, –deux voies peuvent s'ouvrir à l'étude de la nature (qui porte le nom, dans le premier cas de Physique, et, dans le deuxième cas, de Métaphysique) : la voie purement théorique, ou la voie téléologique. Mais, cette dernière voie, en Physique, n'utilise que des fins qui puissent nous être connues par l'expérience*»;[26] c'est ce que Kant s'est efforcé de faire à propos des races humaines. Il constate une adaptation de la race noire à ses conditions de vie, il suppose une prévoyance de la nature à cet égard, allant jusqu'à imaginer que par là sont empêchées des migrations nuisibles à l'équilibre général de l'humanité. «*Mais – ajoute-t-il– la raison, à bon droit, fait appel dans toute recherche naturelle d'abord à la théorie et ensuite seulement à la finalité.*»[27] La voie métaphysique, telle qu'il l'exposera dans la deuxième partie de la *Critique de la Faculté de juger* (1790) dans son rapport avec le principe du mécanisme universel de la nature,[28] et qui répond pour lui à un besoin fondamental de la raison humaine, ne saurait donc remettre en cause la voie théorique d'une science qui ne peut se constituer que selon la faculté de juger déterminante, prescrivant *a priori* ses lois aux choses.[29]

La définition qu'il donne de l'*Histoire naturelle* est à cet égard significative. Elle conviendrait à Buffon, auquel sans doute il songe lorsqu'il l'attribue aux grands naturalistes de son temps. Elle repose sur l'opposition entre ce qui serait une simple description de la nature, et la véritable histoire naturelle qui consiste à «*remonter l'enchaînement entre certaines dispositions actuelles des objets de la nature, telle qu'elle se présente maintenant à nous, et se contenter de poursuivre cette régression aussi loin que le permet l'analogie*».[30] Kant n'a pas ignoré que le naturaliste Buffon avait renoncé à la voie métaphysique. La distinction, énoncée au chapitre 1er de l'*Histoire des animaux*, entre les effets particuliers et les effets généraux s'identifiant avec les lois les plus générales de la nature,[31] montrait assez bien que Buffon renonçait à chercher, au delà, les causes dernières des phénomènes, qui nous demeurent inconnaissables. Kant écrit dans une réflexion d'avant 1780 : «*Buffon sucht nexus effectivos, andere finales*»,[32] c'est le grand mérite qu'il lui a reconnu dans ses premiers travaux scientifiques lorsque l'influence de Buffon sur le dévelop-

25. Kant [7] : p. 160.
26. Kant [7] : p. 128.
27. Kant [9] : p. 129.
28. Kant [10].
29. Kant [8] - Voir par exemple dans la «*déduction des concepts de l'entendement*» ces définitions de la nature. «*C'est nous-même qui introduisons l'ordre et la régularité dans les phénomènes que nous appelons Nature et nous ne pourrions pas les trouver s'ils n'y avaient pas été mis originairement par nous ou par la nature de notre esprit.*» (1ère édition, p. 140).
«*Les catégories sont des concepts qui prescrivent des lois a priori aux phénomènes, et par suite à la nature considérée comme l'ensemble de tous les phénomènes (natura materialiter spectata)*» (2ème édition, p. 141). «*La nature (considérée simplement comme nature en général) dépend de ces catégories comme du fondement originaire de sa conformité nécessaire à la loi (en qualité de "natura formaliter spectata")*» (Ibid., p. 142).
30. Kant [9] : p. 132.
31. *Histoire générale des animaux*, Chap. II, *De la reproduction en général* [1749], in Buffon [1] : p. 242. Aussi : «*Une raison tirée des causes finales ne détruira, ni n'établira jamais un système en physique*» Ibid., Chap. V, *Exposition des systèmes sur la génération*, p. 284.
32. Kant [5] : AK 09 213 27.

pement de sa propre recherche était la plus perceptible. Mais ce naturaliste qui pré-tendait tant se méfier des systèmes et ne s'appuyer que sur l'observation et sur l'expérience : *«Rassemblons des faits pour nous donner des idées»*,[33] Kant le soup-çonne parfois de donner trop à l'idée. Ainsi, à propos de courants marins de surface, il écrit dans sa *Géographie physique* : *«Buffon dans son Histoire naturelle, veut rejeter entièrement ce phénomène parce qu'il semble incompréhensible (unbegreiflich). Pourtant, l'expérience nous enseigne qu'il existe en réalité».*[34] Bientôt, selon l'expression même de l'*Anthropologie* dont l'inexactitude est significative, Buffon lui apparaît comme le *«grand auteur du système de la nature».*[35] C'est que Kant n'avait pu qu'être frappé par l'ampleur du dessein, l'exigence de cohérence systématique de ses théories, l'enchaînement des effets généraux dont Buffon dresse éloquemment le tableau dans la *Première Vue de l'Histoire naturelle.*

«La nature est le système des lois établies par le Créateur, pour l'existence des choses et pour la succession des êtres... On peut la considérer comme une puissance vive, immense, qui embrasse tout, qui anime tout... Les effets de cette puissance sont les phénomènes du monde; les ressorts qu'elle emploie sont des forces vives, que l'espace & le temps ne peuvent que mesurer & limiter sans jamais les détruire; des forces qui se balancent, qui se confondent, qui s'opposent sans pouvoir s'anéantir : les unes pénètrent & transportent les corps, les autres les échauffent & les animent; l'attraction & l'impulsion sont les deux principaux instrumens de l'action de cette puissance sur les corps bruts; la chaleur & les molécules organiques vivantes sont les principes actifs qu'elle met en œuvre pour la formation et le développement des êtres organisés.»[36]

Frappé par l'assurance souveraine de Buffon, Kant pourtant ne cesse de s'interroger, par exemple dans une réflexion des années 73-74, sur la réalité d'une quantité constante de vie dans l'univers comme l'affirme Buffon pour lequel *«les molécules organiques ne se multiplient pas, mais subsistent toujours en nombre égal, rendant la nature toujours également vivante, la terre également peuplée... À prendre les êtres en général, le total de la quantité de vie est donc toujours le même et la mort qui semble tout détruire, ne détruit rien de cette vie primitive et commune à toutes les espèces d'êtres organisés».*[37] *«Les variations naturelles* –ajoute Kant– *reproduisent toujours le premier état, les petites révolutions sont des maillons des plus grandes à l'infini.»*[38]

Cette interrogation conduit Kant à émettre des réserves à l'égard du génie de Buffon, en particulier dans l'*Anthropologie* où opposant *«l'esprit qui cherche à être inspiré»* au *«jugement qui s'efforce d'être éclairé»*, il attribue à Buffon, selon le té-moignage même de ses contemporains, *«une hardiesse à se prononcer qui fait fi des scrupules du jugement»*, une audace qui frise *«l'impertinence»* et la *«frivolité».*[39] Il est plus équitable dans une *réflexion sur l'anthropologie* : *«Je ne ferai pas de ma tête,* écrit Kant, *un vieux parchemin pour y recopier à partir d'archives de vieilles informations à moitié oubliées... Nous n'allons tout de même pas transformer notre cerveau en une galerie de peintures ou en un registre pour y retenir les noms et les*

33. *Histoire générale des animaux*, Chap. II [1749], in Buffon [1] : p. 238.
34. Kant [5] : AK 09 213 27.
35. Kant [5] : AK 07 221 21.
36. *Histoire naturelle, Première Vue!* [1749], *in* Buffon [1] : p. 31.
37. *Histoire naturelle des animaux, Le bœuf* [1753], *in* Buffon [1] : 358
38. Kant [5] : AK 14 282 01.
39. Kant [11] : p. 86.

*images des objets de la nature. Buffon risquait sa renommée contre les plates raille-ries de maints docteurs Akakia en essayant d'appliquer à tous ces phénomènes les nouvelles perspectives de la raison. Je ne le suis pas dans toutes ses audaces, mais le simple essai est...».*[40] Ici, le texte s'interrompt, mais il est facile de deviner la suite. L'allusion au docteur Akakia rappelle la diatribe de Voltaire contre Maupertuis dans le conflit qui opposa le savant malouin à König sur la paternité du principe de moindre action. Dans cette querelle où Voltaire tenta de ridiculiser avec l'homme certaines hypothèses maupertuisiennes, Kant prend toujours parti pour Maupertuis et se sert du Docteur Akakia par antiphrase pour rappeler les droits de toute recherche intellectuelle à proposer des hypothèses au risque de se tromper, à heurter les pense-menus de toute espèce pour lequels la tradition est un douillet refuge contre les nouveautés, à aller au delà de la science constituée pour fonder de nouveaux savoirs.

À cet égard, la démarche de Buffon est exemplaire et l'écho de l'*Histoire naturelle*, sans doute aussi des *Époques de la Nature* dans l'Opus Kantien, ne saurait être négligé, même si nous jugeons le miroir souvent déformant, parfois réducteur. Quelle faible image aurions-nous en effet de l'*Histoire naturelle* si nous n'en connaissions l'existence et le contenu que par le témoignage de Kant! Mais l'examen des œuvres majeures de son siècle qu'il considérait comme l'une des tâches permanentes de la philosophie, ne visait point à rendre compte ou à reproduire, mais à nourrir une recherche personnelle qui y puisait matériaux et inspiration. Nul doute que l'*Histoire naturelle* ait été de celles-là et que Kant ait considéré Buffon, comme l'un de ceux qui, dans l'histoire de la Terre et dans celle de la vie, avaient su reconnaître un ordre naturel et y découvrir des lois. Elles sont aux yeux de Kant les conditions de l'instauration d'une science nouvelle. À Newton pour la physique, à Rousseau pour l'anthropologie que Kant a réunis dans un éloge commun,[41] il convient, pour l'*Histoire naturelle*, de joindre Buffon à qui Catherine de Russie écrivait que Newton avait fait le premier pas et lui le second, comme l'un des grands initiateurs de la science moderne.

## BIBLIOGRAPHIE *

(1)† BUFFON (G. L. Leclerc de), *Œuvres philosophiques*,texte établi et présenté par Jean Piveteau, Paris, Presses Universitaires de France, 1954, XXXVII, 616p.

(2)† *Encyclopédie ou dictionnaire raisonné des sciences, des arts et des métiers* par une société de gens de lettres, tome huitième, à Neufchatel chez Samuel Fauche, 1765, 936p.

(3) FERRARI (J.), *Les sources françaises de la philosophie de Kant*, Paris, éd. Klincksieck, 1980, 360p.

40. Kant [5] : AK 15 389 06.

41. Kant [5] : AK 20 058 16 : *«Newton le premier de tous vit l'ordre et la régularité unis à une grande simplicité là où, avant lui, il n'y avait à trouver que désordre et multiplicité mal agencés, depuis ce temps les comètes vont leur cours en décrivant des orbites géométriques».*

De même, *«Rousseau le premier de tous découvrit sous la diversité des formes humaines convention-nelles la nature de l'homme dans les profondeurs où elle était cachée, ainsi que la loi secrète par laquelle, grâce à ses observations, la providence est justifiée».*

* Sources imprimées et études. Les sources sont indiquées par le signe †.

(4)    GUSDORF (G.), *Dieu, la nature, l'homme au siècle des Lumières*,Paris, Payot, 1972, 535p.

(5)†    *Kants gesammelten Schriften*, Berlin, Reiner, puis Walter de Gruyter, 1900-1983; 31 volumes parus. En abrégé AK suivi de trois nombres en chiffres arabes indiquant sucessivement le tome, la page et la première ligne de la citation.

(6)†    KANT (E.), *Histoire générale de la nature et théorie du ciel* (1755), traduction, introduction et notes par Pierre Kerszberg, Anne-Marie Roviello, Jean Seidengart, sous la coordination de Jean Seidengart, Paris, Vrin, 1984, 315p.

(7)†    KANT (E.), *L'Unique fondement possible d'une démonstration de l'existence de Dieu* (1763), in *Pensées successives sur la Théodicée et la religion*, traduction et introduction par P. Festugière, 2ème éd., Paris, Vrin, 1963 : pp. 71-192.

(8)†    KANT (E.), *Critique de la raison pure*, (1781-1787), trad. Tremesaygues et Pacaud, Paris, P.U.F., 1968, 586p.

(9)†    KANT (E.), *Sur l'emploi des principes téléologiques dans la philosophie,* in *Philosophie de l'histoire* (opuscules), trad. S. Piobetta, Paris, éditions Gonthier, 1965 : pp. 128-162.

(10)†   KANT (E.), *Critique de la faculté de juger* (1790), trad. A. Philonenko, Paris, Vrin, 1965, 308p.

(11)†   KANT (F.), *Anthropologie du point de vue pragmatique* (1798), trad. M. Foucault, Paris, Vrin, 1964, 174p.

(12)†   *Mercure de France*, dédié au Roi, mars 1751, à Paris chez André Cailleau... MDCCLI, 213p.

(13)    ROGER (J.), *Les sciences de la vie dans la pensée française du XVIIème siècle*, Paris, Armand Colin, 1963, 848p.

# 12

## BUFFON ET LES "INTERMITTENCES DE LA NATURE"

Jean SVALGELSKI [*]

Il y a quelque paradoxe à parler des "intermittences de la nature" chez Buffon. En effet, le mot "intermittence" renvoie proprement d'une part, à celui de discontinuité, d'irrégularité, d'intervalle –quoique des intervalles puissent être égaux ou inégaux comme lorsque dans la médecine on parle de fièvres intermittentes, ou des intermittences du cœur, qui bat alors de façon arythmique, et, d'autre part, au domaine moral, comme lorsque Balzac parle des intermittences du cœur, lorsqu'il dit par exemple : *«Je soupçonne l'amour... d'avoir ses intermittences. On n'aime pas de la même manière à tous moments, il ne se brode pas sur cette étoffe de la vie des fleurs toujours brillantes, enfin, l'amour peut et doit cesser».* Dans ces diverses acceptions, si nous retenons l'absence de continuité, de permanence et de régularité, il ne semble pas qu'elles puissent s'appliquer à la philosophie et à la science de la nature développées par Buffon. Il emploie le mot à propos de la manifestation épisodique du sixième sens dont sont dotés les animaux : *«... Il y a un sixième sens qui, quoiqu'intermittent, semble, lorsqu'il agit, commander à tous les autres, et produit alors les sensations dominantes, les mouvements les plus violents et les affections les plus intimes; c'est le sens de l'amour...»,* [1] mais cette intermittence amoureuse ne met pas en cause la nature elle-même. En 1749, dans son discours de la méthode, qu'il faudrait plutôt intituler "Discours de l'anti-méthode" tellement il est anti-cartésien, discours qui ouvre le premier tome de son œuvre scientifique, comme le *Discours* de Descartes, et écrit à quelque chose près, au même âge de 41 ans –ce qui dénote l'ambition fondatrice de Buffon et trace son horizon général d'étude– Buffon écrit :

«La première vérité qui sort de cet examen sérieux de la nature est une vérité peut-être humiliante pour l'homme : c'est qu'il doit se ranger lui-même dans la classe des animaux, auxquels il ressemble par tout ce qu'il a de matériel; et même leur instinct lui paraîtra peut-être plus sûr que sa raison, et leur industrie plus admirable que ses arts. Parcourant ensuite successivement et par ordre les différents objets qui composent l'univers, et se mettant à la tête de tous les êtres créés, il verra avec étonnement *qu'on peut descendre, par degrés presque insensibles, de la créature la plus parfaite jusqu'à la matière la plus informe, de l'animal le mieux organisé jusqu'au minéral le plus brut*; il reconnaîtra que ces nuances imperceptibles sont le grand œuvre de la nature; il les trouvera, ces nuances, non seulement dans les grandeurs et dans les formes, mais dans les mouvements, dans les générations, dans les successions de toute espèce.» [2]

Vingt ans après, en 1770, dans les livres de son *Histoire naturelle* consacrée aux

* Inspecteur pédagogique régional de philosophie, 11 rue Philippe Le Hardi, 21000 Dijon. FRANCE .
1. *Discours sur la nature des oiseaux* [1770], in Buffon [2], *Histoire naturelle des oiseaux*, T. VII : p. 19B.
2. *De la manière d'étudier et de traiter l'histoire naturelle* [1749] in Buffon [2], T. I : p. 46A.

oiseaux, Buffon, avant son étude sur l'autruche, écrit une petite préface relative aux *Oiseaux qui ne peuvent voler*, où il affirme que «*la nature, déployée dans toute son étendue, nous présente un immense tableau dans lequel tous les ordres des êtres sont chacun représentés par une chaîne qui soutient une suite continue d'objets assez voisins, assez semblables, pour que leurs différences soient difficiles à saisir*».[3] Et encore dans les années 1780, qui seront les dernières de sa vie, dans divers articles qui portent sur l'anhinga, l'avocette, les becs-en-ciseaux, les macareux, les pingouins par exemple, Buffon ne se lasse pas de répéter son affirmation initiale. Ainsi, à propos de l'anhinga qui nous «*offre*» l'image d'un reptile enté sur le corps d'un oiseau, Buffon écrit que

«mille autres productions de figures non moins étranges ne nous prouvent-elles pas que cette mère universelle (la nature) a tout tenté pour enfanter, pour répandre la vie et l'étendre à toutes les formes possibles? (...) ne semble-t-elle pas avoir voulu tracer d'un genre à l'autre, et même de chacun à tous les autres, des lignes de communication, des fils de rapprochement et de jonction, au moyen desquels rien n'est coupé et tout s'enchaîne depuis le plus riche et le plus hardi de ses chefs-d'œuvre jusqu'au plus simple de ses essais?»[4].

Il est inutile de multiplier davantage les citations, qu'une première lecture rend homogènes mais qu'une lecture plus strictement sémiotique rendra peut-être plus problématiques. On nous permettra d'y revenir.

Vicq d'Azyr, dans son *Éloge de Buffon*, dont il prit la place à l'Académie Française le 11 décembre 1788, lui fait honneur de manière assez critique, de n'avoir «*rien négligé de ce qui pouvait attirer sur lui l'attention générale, qui était l'objet de tous ses travaux*».[5] «*Il a voulu lier*, ajoute Vicq d'Azyr, *par une chaîne commune toutes les parties du système de la nature. Il n'a point pensé que, dans une si longue carrière, le seul langage de la raison ne pût se faire entendre à tous, et, cherchant à plaire pour instruire, il a mêlé quelquefois les vérités aux fables, et plus souvent quelques fictions aux vérités*».[6] Sans doute Vicq d'Azyr pense-t-il plus ici à Buffon auteur des *Théories de la terre* et des *Époques de la Nature* qu'à Buffon métaphysicien plus que physicien de la continuité naturelle des êtres et des choses, mais Vicq d'Azyr nous donne le prétexte pour revenir sur le paradoxe déjà signalé d'intermittences de la nature chez Buffon.

L'avant-propos des pages consacrées aux *Oiseaux qui ne peuvent voler* sont précieuses pour notre projet, et il faut alors donner le contexte des propositions citées. Il y a une chaîne continue, c'est-à-dire une suite non interrompue de quasi-similitudes, qui se relient les unes aux autres de telle sorte que leurs dissimilitudes, visibles, sont trompeuses. Il y a une dynamique différentielle de la nature. Soit. Mais Buffon poursuit : «*Cette chaîne n'est pas qu'un simple fil qui ne s'étend qu'en longueur; c'est une large trame, ou plutôt un faisceau qui, d'intervalle en intervalle jette des branches de côté pour se réunir avec les faisceaux d'un autre ordre; et c'est surtout aux extrémités que ces faisceaux se plient, se ramifient pour en atteindre d'autres*».[7] Il nous semble que Buffon en 1770 a complexifié fortement la notion de chaîne des êtres qu'il concevait en 1749 sur le mode linéaire puisqu'elle allait sans détours, sans escapades latérales, de la matière brute minérale à l'homme. L'étude des vivants relevait alors d'une géométrie à deux dimensions. Il y a le plan

3 *Oiseaux qui ne peuvent voler* [1770], *in* Buffon [2], *Histoire naturelle des oiseaux*, T.VII : p. 109A.
4. *L'anhinga* [1781], *in* Buffon [2], *Histoire naturelle des oiseaux*, T. IX, p. 308A.
5. Vicq d'Azyr [14] : p. 17B.
6. Vicq d'Azyr [14] : p. 17B-18A.
7. *Oiseaux qui ne peuvent voler* [1770], *in* Buffon [2], T. VII : p. 109A.

de la nature et il y a la chaîne des êtres ordonnée verticalement.

François Dagognet, dans son livre *Rematérialiser, matières et matérialismes*, fait cette remarque profonde que «*la science est née, pour l'essentiel, du textile et par lui...*»,[8] et dans le premier moment de sa démonstration il note en passant que Buffon fut désigné comme intendant du Jardin et du Cabinet du Roi par le chimiste du Fay qui, en tant que directeur du Jardin des Plantes, en avait vigoureusement modifié l'économie. Du Fay s'occupait de l'inspection des teintureries et il avait confié à des missionnaires la tâche de percer les secrets de la fabrication des toiles peintes nommées indiennes. Il est évident que Buffon se réfère, pour rendre compte de la continuité naturelle, à une géométrie plus leibnizienne que cartésienne, et qu'il utilise d'autres métaphores. Les vivants sont moins situés sur une chaîne qu'ordonnés de manière arborescente, et ils ne sont pas disposés à la suite les uns des autres sur un fil. Ils sont étalés, de façon décalée, sur une trame. La chaîne, si l'on veut conserver l'image, n'est plus une suite d'anneaux, mais un des composants, vertical, d'un tissu dont la trame est le composant horizontal. Si l'on veut bien nous permettre de mettre un peu de clarté dans les diverses métaphores utilisées par Buffon, nous dirions que sur la toile de la nature –après tout Buffon a décrit aussi la nature comme un tableau– se dessine l'arborescence des vivants, qui chacun dans leur ordre, en sont la chaîne et la trame. La nature est une tapisserie de haute lisse. Il y a donc un changement incontestable du registre métaphorique en 1770, dans l'œuvre de Buffon, qui est l'effet d'un changement quantitatif et qualificatif dans la connaissance de la nature. Buffon ne peut maintenir la simplicité de ses vues continuistes de 1749. J'ignore si Buffon a lu le *Dictionnaire philosophique portatif* de Voltaire, paru en 1764, mais on y trouve une critique moqueuse de la chaîne des êtres créés et de la chaîne des événements :

«L'imagination se complaît d'abord, écrit Voltaire, à voir le passage imperceptible de la matière brute à la matière organisée, des plantes aux zoophytes, des zoophytes aux animaux, de ceux-ci à l'homme (...) Cette chaîne, cette gradation continue n'existe pas plus dans les végétaux et dans les animaux (...) la prétendue chaîne n'est pas moins interrompue dans l'univers sensible. Quelle gradation, je vous prie, entre vos planètes! (...) Comment voulez-vous que dans de grands espaces vides il y aît une chaîne qui lie tout?»[9]

Les arguments dont use Voltaire sont de valeur inégale, mais sa critique n'a pas dû rester confidentielle. En tout cas, on peut faire un plan schématique des liaisons en longueur, largeur et profondeur des êtres vivants, à la suite de Buffon, pour préciser le fonctionnement nouveau de la continuité de la nature, et poser le problème, qui est central pour notre projet, des frontières, des jointures, des extrémités où se trouvent les intermittences de la nature, s'il y en a. Reprenons le texte de Buffon au point où nous l'avons laissé après les pliures et les ramifications des faisceaux des quadrupèdes et des oiseaux.[10]

Essayons de voir, pour notre part, ce que Buffon dit avoir vu, et plaçons-nous à la première extrémité du faisceau de l'ordre des quadrupèdes qui s'élève –c'est le terme de Buffon– vers le faisceau de l'ordre des oiseaux. Nous trouvons donc les polatouches (qui sont de l'ordre des rongeurs et dans le genre écureuil selon la classification de Cuvier), les roussettes et les chauves-souris (descriptions datées de 1763). Le polatouche est recouvert d'une peau plissée qui se déploie lorsque l'animal

8. Dagognet [5] : p. 130.
9. Voltaire [15], article *Chaîne des êtres créés, chaîne des événements*.
10. *Oiseaux qui ne peuvent voler* [1770], *in* Buffon [2], T. VII : pp. 109-110.

saute, membres étirés, de branche en branche. Il ne vole pas mais sa chute est retardée. «*Le polatouche,* dit Buffon, *approche en quelque sorte de la chauve-souris par cette extension de la peau qui dans le saut réunit les jambes de devant à celles de derrière (...). Il paraît lui ressembler un peu par le naturel*».[11] Quant à la chauve-souris, c'est un animal hideux, parce que ses formes ne sont pas les formes animales auxquelles nous sommes accoutumés. C'est un «*être monstre*»,[12] comme ces animaux mythiques que seraient les centaures, ou les hommes marins et les femmes marines dont J.-B. Robinet atteste l'existence et dont il a donné la description et l'image. La chauve-souris n'est qu'imparfaitement quadrupède, et elle est encore plus imparfaitement oiseau; «*ses membres ont plutôt l'air d'un caprice que d'une production régulière*».[13] Par le vol, elles se rapprochent des oiseaux, mais Buffon reconnaît qu'elles en diffèrent totalement par la conformation intérieure des organes et leur type de reproduction. Ce sont aussi des carnassiers, lorsqu'elles arrivent à entrer dans un office, elles s'attaquent aux quartiers de lard et y mangent aussi bien la viande cuite que la viande crue, fraîche que faisandée. À l'autre extrémité du faisceau des quadrupèdes qui «*se rabaisse jusqu'à l'ordre des cétacés*» –ce sont toujours les mêmes mots de Buffon–[14] on trouve les phoques, les morses et les lamantins. L'observation des lamantins faite par Buffon en 1765 est éclairante pour notre sujet, car si le morse et le phoque sont de la tribu des amphibies et de l'ordre des carnassiers, selon Cuvier, le lamantin est herbivore et de l'ordre des cétacés, quoique Buffon ne l'y voie qu'engagé à moitié. Il affirme qu'avec lui se terminent «*les peuples de la terre et commencent les peuplades de la mer*».[15] «*Ces animaux se relient aux quadrupèdes par devant et se rapportent aux cétacés par l'arrière.*»[16] En 1784, Buffon ajoute une note à son article sur les lamantins où il revient sur l'imperfection qui caractérisait toute extrémité de la chaîne des quadrupèdes comme de tous les êtres, et particulièrement sur les lamantins qui feraient «*la nuance entre les quadrupèdes amphibies et les cétacés*».[17] Ils ne sont «*informes*» que par leur aspect extérieur car par leur organisation interne ils sont «*peut-être plus parfaits que les autres*», sans parler de leur nature et de leurs mœurs éminemment sociales, signes incontestables qu'«*ils possèdent tout ce qui leur (est) nécessaire pour remplir la place qu'ils doivent occuper dans la chaîne des êtres*».[18] Il faudra se rappeler ce repentir tardif quand il faudra se prononcer sur la vitalité de la loi de continuité de la nature. Il serait trop long d'entrer dans le détail du programme, élaboré par Buffon et d'ailleurs rempli, qui énumère les liaisons affirmées dans l'espèce d'avant-propos aux *Oiseaux qui ne peuvent voler,* et déjà annoncé dans les quelques lignes qui ouvrent l'*Histoire naturelle des phoques,* mais on ne peut faire le silence sur la question des liaisons collatérales particulièrement celles qui vont du singe à l'homme, par le magot, le gibbon, le pithèque et l'ourang-outang, qui vont vers les crustacés, animaux sans vertèbres, par les tatous, et celles qui, à partir des oiseaux terrestres qui ne volent pas, comme l'autruche, le touyou, le casoar ou le dronte, vont vers les quadrupèdes.

11. *Animaux sauvages : le polatouche* [1763], *in* Buffon [2], T. V : pp. 349-350.
12. *Animaux carnassiers : la chauve-souris* [1760], *in* Buffon [2], T. V : p. 233A.
13. *Ibid.* : p. 233A.
14. *Oiseaux qui ne peuvent voler* [1770], *in* Buffon [2], T. VII : p. 109A.
15. *Animaux sauvages* [1763], *in* Buffon [2], T. V : p. 417A.
16. *Ibid.* : p. 417A.
17. *Ibid.* : p. 421B.
18. *Ibid.* : p. 421B.

Qu'est-ce que nous imaginons quand nous parlons des quadrupèdes, des oiseaux ou des poissons, se demande Buffon (art. *Les tatous*). Les uns ont des poils, les autres des plumes, les autres enfin des écailles, mais la nature est inimaginable par sa puissance et par sa richesse variationnelle. Elle se plaît à nous déconcerter par l'exception –la logique du vivant est singulière– on sait d'ailleurs qu'il n'y a que des individus pour Buffon, en bon nominaliste qu'il est. Ainsi «*les tatous, au lieu de poil, sont couverts, comme les tortues, les écrevisses et les autres crustacés, d'une croûte ou d'un têt solide; les pangolins sont armés d'écailles assez semblables à celles des poissons, les porcs-épics portent des espèces de plumes piquantes et sans barbe, mais dont le tuyau est pareil à celui des plumes d'oiseaux*».[19] Plus étonnant encore est le rapprochement fait par la nature et par Buffon entre l'autruche et les quadrupèdes comme le chameau et le porc-épic. Seule une sorte de respect humain lui a interdit de traiter de l'autruche, avoue-t-il, à la suite des animaux quadrupèdes. «*L'autruche, qui tient d'une part au chameau par la forme de ses jambes, et au porc-épic par les tuyaux piquants dont ses ailes sont armées, devait donc suivre les quadrupèdes...*»[20] On pourrait multiplier les remarques de Buffon mais on n'y a déjà que trop insisté. Elles vont apparemment dans le même sens. Et il conviendrait maintenant de revenir sur elles pour savoir si la position de Buffon est satisfaisante, de son point de vue s'entend.

Sur ce qui pourrait contrarier la logique du continu de la vie, de la nature vivante, Buffon est catégorique, et s'efforce de l'être à tout prix. Il y a des erreurs de la nature, des organes inutiles, des animaux disgraciés et informes mais ces erreurs ne sont pas vraiment erronées. Elles ne le sont que de notre point de vue. Elles renvoient à notre tenace préjugé finaliste. Elles n'ont aucune valeur épistémologique. Mais ce ne sont pas toutes les erreurs qui relèvent de notre logique imbécile et bornée. Buffon est conscient qu'il y a des erreurs de la nature qui sont authentiques dans la mesure où tout ce qui peut être est et où il faut s'attendre à tout, comme il l'a répété maintes fois dans l'ensemble de son œuvre, de la part de la nature. Ainsi, ayant tout essayé, tout ébauché, tout dessiné, la nature s'est engagée, fugitivement parfois, dans des chemins qui se sont révélés des impasses. Elle devait le faire pourtant pour emplir de ses productions le champ entier des possibles, et obéir à l'implacable loi du continu, et à l'exigence qui la suit selon laquelle il n'y a rien en vain. Les monstres sont à leur place : l'anormal est ordinaire, l'anomal est régulier. Bien plus, il y a des cas où la nature a même abandonné son ouvrage. Avec le cochon elle s'est comme dégoûtée d'elle-même et le cochon n'est pas un animal achevé. Bref, il y a eu des possibles impossibles, et il y a des impossibles qui sont, si l'on ose dire. Buffon avait fait preuve d'une rare audace en croyant avoir montré qu'il y avait un ordre du désordre, un ordre dans le désordre, justifiant ainsi les erreurs objectives de la nature. À propos du bec de l'espèce des calaos, tous les calaos n'ont pas le bec du calao-rhinocéros, observe-t-il, qui présente une énorme excroissance. Le bec du tock du Sénégal en est dépourvu : «*... ici, comme en tout, et dans ses erreurs, ainsi que dans ses vues droites, la nature passe par des gradations nuancées...*»[21] La singularité du discontinu confirme l'universalité du continu. Il y a une règle des exceptions. Cela revient à dire que, s'il est vrai que la nature a fait des erreurs, elle n'a pas lésiné non plus sur les erreurs, elle a fait toutes les erreurs

19. *Les Tatous* [1763], *in* Buffon [2], T. V : p. 363A.
20. *Oiseaux qui ne peuvent voler* [1770], *in* Buffon [2], T. VII : p. 109B.
21. *Les calaos, ou les oiseaux rhinocéros* [1780], *in* Buffon [2], T. IX : p. 96B.

possibles, et donc qu'elle a tout réussi, même ce qu'elle a raté –mais on sait que Buffon refuse toute positivité au négatif. Il a nié que les idées de privation aient un sens et, par exemple, pour lui, l'infini ne saurait être actuel. L'infini c'est du fini qui n'en finit pas de finir. Toutefois, si tout ce qui peut être a été, tout ce qui peut être n'est plus et n'est pas. Les erreurs sont de deux sortes. Elles sont par excès ou par défaut. Si elles sont justifiées, c'est qu'une loi de compensation entre en jeu dans la nature. Les défauts et les excès se compensant les uns les autres, une sorte d'équilibre s'instaure. Les espèces disparates sont à leur façon aussi parfaites que les autres. Or Buffon a dû reconnaître qu'il y avait véritablement des trous dans la chaîne des êtres, ou plus exactement que la loi de compensation n'avait pas joué exactement partout. S'il y a eu des manques il y en a encore nécessairement. Ainsi dans l'article sur les calaos, Buffon écrit :

«En considérant le développement extraordinaire, la surcharge inutile, l'excroissance superflue, quoique naturelle, dont le bec des oiseaux est non seulement grossi, mais déformé, on ne peut s'empêcher d'y reconnaître les attributs mal assortis de ces espèces disparates, dont les plus monstrueuses naquirent et périrent presque en même temps par la disconvenance et les oppositions de leur conformation».[22]

Il y a, en somme, des espèces disparates seulement en apparence, disparates superficiellement, qui tranchent le fil de la continuité de la nature vivante, à notre goût seulement, par leur configuration, mais dont un examen approfondi et interne, anatomique et physiologique, comme dans le cas des lamantins, démontre la parfaite adaptation à leur condition d'existence. Ils sont disparates esthétiquement. Et il y a des espèces vraiment disparates qui n'ont pas de place dans la chaîne des êtres, qui ne sont reliées à rien, puisqu'elles ne vivent et ne survivent surtout que parce qu'elles sont à l'écart des autres animaux et de l'homme qui les extermineraient rapidement. Nulle compensation pour elles, ou si infinitésimale qu'elle en est presque nulle. Dans l'article consacré aux calaos, dont le bec est une contradiction puisque selon Buffon «*loin d'être fait à proportion de sa grandeur, ou utile en raison de sa structure, il est au contraire très faible et très mal conformé (...) qu'il nuit puisqu'il ne sert à l'oiseau qui le porte, et qu'il n'y a peut-être pas d'exemple dans la nature d'une arme d'aussi grand appareil et d'aussi peu d'effet*».[23] Buffon cite d'autres exemples que ceux des oiseaux –il convient de noter que son histoire naturelle consacrée à ces êtres en constitue les derniers volumes, de 1770 à 1783, donc constitue ses dernières vues de la nature vivante :

«*Nous avons de semblables exemples dans les animaux quadrupèdes : les unaux, les aïs, les fourmilliers, les pangolins, etc, dénués ou misérables par la forme du corps et la disproportion de leurs membres traînent à peine une existence pénible*, toujours contrariée par les défauts ou les excès de leur organisation; la durée de ces espèces imparfaites et débiles n'est protégée que par la solitude, et ne s'est maintenue et ne se maintiendra que dans les lieux déserts où l'homme et les animaux puissants ne fréquentent pas.»[24]

La permanence de ces espèces est une fausse permanence. Le grand principe de l'intelligence de la nature, selon Buffon, consiste dans la comparaison et l'analogie, qui permettent à la fois de tenir compte des différences sans les gommer et de fonder les ressemblances sans tomber dans la stérile identité. Ce principe ne s'applique pas à l'intelligence des animaux disparates. Comparaison, compensation,

---

22. *Ibid.* : p. 96A.
23. *Ibid.* : p. 96A.
24. *Ibid.* : p. 96A.

analogie permettent sans doute «*dans les formes même les plus éloignées des relations qui les rapprochent, en sorte que rien n'est vide, tout se touche, tout se tient dans la nature*».[25] Mais c'est plus vite dit que prouvé.

Il nous semble, par conséquent, légitime d'affirmer qu'il y a des intermittences de la nature vivante pour Buffon malgré l'inlassable répétition qu'il fait du contraire, soutenu en cela essentiellement par une métaphysique et une méthodologie auxquelles il prête une valeur plus constitutive qu'heuristique. Ce soutien extra-scientifique, qui ne convient guère avec son précepte, «*rassemblons des faits pour nous donner des idées*»,[26] explique pourquoi les relations collatérales, on l'a vu, entre les quadrupèdes, les cétacés, les oiseaux, les reptiles et les invertébrés qui nous étonnent pour leur faible démonstrativité, –le tatou conduit à l'écrevisse par l'aspect de sa carapace, l'autruche conduit au chameau par ses jambes et au porc-épic par ses ailes!– ne lui posent pas de problème. Mais il y a chez Buffon une autre métaphysique, qui ne s'accorde pas avec la métaphysique du continu et des causes lentes, une métaphysique, plus mouvementée, de la fracture, et de la scission, du saut qualitatif, de la séparation et de l'écart absolu, de la «*disruption*», pour employer un terme que Buffon utilise dans le contexte géologique,[27] métaphysique de l'histoire et du devenir, de la ligne brisée, d'inspiration newtonienne (on sait que l'univers de Newton, dont Buffon accepte l'essentiel, est vide puisque l'infini de l'espace ne peut être occupé par le fini de la matière) plus que leibnizienne, où triomphe le principe selon lequel la nature ne fait pas de saut et ignore le vide. Mais il est vrai que les oppositions scientifiques sont des oppositions philosophiques radicales lors même qu'elles sont ignorées comme telles. Lorsqu'elles sont dans le même homme, ce qui est fréquent, sa pensée connaît des hésitations. Des brouillages apparaissent. Des interférences produisent des trous noirs. Quelques articles reflètent ces incertitudes. Ainsi dans la série des becs des oiseaux, la nature, selon Buffon, a parfois procédé par sauts assez brusques (art. *le maquereux* ). Mais un saut reste un saut, qu'il soit un peu brusque ou assez brusque. Ainsi encore il y a bien des oiseaux qui ne volent pas mais ils ont des ailes et il y en a qui n'ont même pas d'ailes.[28] Est-ce une interruption dans la série? Apparemment, mais selon Buffon comme il y a des quadrupèdes qui n'ont pas de pieds, ceci compense cela. Il y a une sorte d'équivalence entre le fait d'être aptère et le fait d'être apode. Une absence plus une absence dans le même genre font une présence. Mais cela ne fait pas comprendre comment on est passé de zéro à un, dans une suite prise à part.

Parmi les pages d'importance théorique essentielle de l'*Histoire naturelle* de Buffon, il y a celles qui se rapportent à la *Nomenclature des singes* (1766), où inévitablement se pose la question du lien entre le singe et l'homme. Buffon y répond de manière originale, nous semble-t-il, dans un cadre idéologique ordinaire. D'un point de vue quantitatif et physique, entre les singes c'est l'ourang-outang (étymologiquement, en malaisien, l'homme des bois) qui se rapproche le plus de l'homme. Il paraît être alors, selon Buffon, «*le premier des singes ou le dernier des hommes*»,[29] mais puisqu'il ne parle pas, il ne pense pas. Si l'homme peut faire le singe, le singe ne peut faire l'homme, car «*l'imitation suppose le dessein*

---

25. *Le cariama* [1780], *in* Buffon [2], T. IX : p. 144A.
26. *Histoire des animaux, Chap. II* [1749], *in* Buffon [2], T. III : p. 382A.
27. *Théorie de la Terre* [1749], *in* Buffon [2], T. I : p. 78B.
28. *Les pinguins* [1783], *in* Buffon [2], T.IX : p. 399A.
29. *Nomenclature des singes* [1766], *in* Buffon [2], T. VI : p. 259A.

*d'imiter».*[30] Réellement, selon Buffon, hormis la similitude extérieure et organique, le singe est en dessous du chien et de l'éléphant puisqu'il n'est même pas domesticable. Il y a une coupure qualitative infranchissable entre le singe, les animaux et l'homme, même si dans la série des quadrupèdes, le singe se situant en son milieu, une branche s'en détache latéralement pour aboutir à l'homme et à l'homme seul. Il est vrai qu'il y a des imbéciles mais, affirme Buffon, ils le sont par un défaut d'organe. *«L'imbécile a son âme comme un autre.»*[31] Il y a des sauvages, des Hottentots, mais ils parlent et ils pensent. Il y a une unité fondamentale du genre humain et, par conséquent nul passage de l'animal à l'homme. La nature seule ne peut rendre compte de la pensée humaine et de la perfectibilité propre à notre espèce. La nature seule n'aurait pu arriver jusqu'à l'homme. Il reste inexplicable. Il n'est pas une production. Il est une création. Il n'est pas un aboutissement, puisqu'il procède du milieu de la chaîne des animaux quadrupèdes. S'il est à côté des animaux, il est aussi de côté. Ce serait trop dire qu'il n'a pas été prévu par la nature, mais c'est un être surprenant et marginal. D'ailleurs, pour Buffon, le dernier effort de la nature en ligne directe, n'a pas abouti à l'homme mais à l'éléphant.

C'est pourquoi, étant comme en dehors de la chaîne des êtres, étant animal sans être tout à fait animal, nous pouvons saisir l'ensemble des points de cette chaîne et le sens de leur position comme de leur succession, dans certaines limites toutefois, car la géométrie de la nature n'est pas euclidienne comme la nôtre. Dans la *Nomenclature des singes*, Buffon insiste : *«la nature agit... en tous sens. Elle travaille en avant, en arrière, en bas, en haut, à droite, à gauche, de tous côtés à la fois».*[32] C'est pourquoi encore elle peut avoir ses intermittences, ce qui serait impossible si, très classiquement, elle n'opérait que selon la ligne droite.

On n'a envisagé jusqu'ici que la chaîne des animaux. Il resterait à examiner le cas des relations des animaux et des végétaux, des végétaux et des minéraux, puisque, dès 1749, dans l'exposé de la manière d'étudier l'*Histoire naturelle* Buffon avait formé le projet de les mettre au jour dans leur enchaînement sériel.

L'*Histoire des animaux* s'ouvre par une comparaison des animaux et des végétaux (1749). Et pour que notre exposé soit plus démonstratif, il faudrait la méditer longuement, et de même il faudrait méditer sur la cosmogonie et la géologie élaborées par Buffon. Mais ce serait beaucoup trop long. Il y faudrait un livre. On ne peut non plus traiter en quelques lignes la question de physiologie soulevée par Jean Piveteau qui porte sur la distinction entre la vie animale et la vie organique faite par Buffon, la première étant caractérisée par *«l'intermittence d'action et la seconde par la continuité d'action».*[33]

Un dernier mot.

Notre communication serait incomplète si nous ne faisions pas allusion aux analyses de Michel Foucault. Dans *Les mots et les choses*, au chapitre V qui a pour titre "Classer", il y a quelques pages placées sous le signe du continu et de la catastrophe. Michel Foucault montre que le problème de la classification des espèces implique qu'on ne pourrait le résoudre dès lors que leurs différences les isoleraient absolument les unes des autres. Il y a donc des similitudes, et donc pour les natura-

30. *Nomenclature des singes* [1766], *in* Buffon [2], T. VI : p. 261B.
31. *Nomenclature des singes* [1766], *in* Buffon [2], T. VI : p. 259B.
32. *Nomenclature des singes* [1766], *in* Buffon [2], T. VI : p. 257A.
33. Piveteau [12] : p. XX.

listes du XVIII$^e$ siècle *«il doit y avoir continuité dans la nature»*.[34]

Michel Foucault distingue deux sortes de continuité, une continuité de juxtaposition, qui est celle des systématiciens comme Linné, et une continuité de fusion, propre aux naturalistes comme Buffon ou Bonnet qui posent que la nature ne fait pas de sauts et que toute classification n'a de valeur que pédagogique. *«Au XVIII$^e$ siècle*, écrit Foucault, *la continuité de la nature est exigée par toute l'histoire naturelle... Seul le continu peut garantir que la nature se répète et que la structure, par conséquent, peut devenir caractère».*[35] Toutefois ce n'est pas si simple, et ce continu n'est pas immédiatement visible. Il y a des lacunes. Il y a des enchevêtrements. Mais ils s'expliquent par des raisons extérieures aux vivants. Ils n'ont pas les vivants eux-mêmes comme origine. Ils s'expliquent par l'histoire catastrophique de la Terre issue d'une collision et d'un arrachement stellaire, marquée par de formidables tempêtes, des éruptions de feu volcanique, des effondrements abyssaux. Des espèces ont alors disparu, particulièrement les espèces intermédiaires, ou ont été dispersées. Il y a discontinuité des événements et continuité taxinomique. *«Sous sa forme concrète et dans l'épaisseur qui lui est propre*, dit Michel Foucault, *la nature loge tout entière entre la nappe de la taxinomia et la ligne des révolutions».*[36]

Michel Foucault en déduit qu'il n'y a pas lieu d'opposer une option fixiste de la permanence des espèces, comme celle de Linné, et une option qui, comme celle de Buffon, ouvrirait un champ théorique possible à une pensée de type évolutionniste, parce qu'il y aurait une poussée continue interne aux vivants qui les pousserait les uns vers les autres.

*«Les Époques de la Nature ne prescrivent pas le* temps *intérieur des êtres et de leur continuité; elles dictent les* intempéries *qui n'ont cessé de les disperser, de les détruire, de les mêler, de les séparer, de les entrelacer. Il n'y a pas et il ne peut y avoir même le soupçon d'un évolutionniste ou d'un transformisme dans la pensée classique; car le temps n'est jamais conçu comme principe de développement pour les êtres vivants dans leur organisation interne...»*[37]

On nous pardonnera peut-être d'avoir apporté quelques nuances dans cette analyse et ajouté quelques ombres à sa clarté. Continuité de juxtaposition c'est contiguïté. Une association de proximité n'est pas un principe. Une contiguïté n'est pas vraiment une continuité. Il y a, pour Buffon, et malgré lui, continuité de juxtaposition et continuité de fusion, c'est-à-dire, du discontinu et du continu dans la nature. Cela ne devrait pas être. Cela est inintelligible. Cela est.

34. Foucault [6] : p. 159.
35. Foucault [6] : p. 160.
36. *Ibid.* : p. 163.
37. *Ibid.* : p. 163. Dans sa thèse, publiée en 1979, Bernard Balan note d'excellente façon que *«L'Échelle (des Êtres) a servi constamment d'argument contre l'idée que des espèces peuvent disparaître, que les choses ont pu être différentes de ce qu'elles sont et sans rapport direct de compossibilité avec ce qu'elles sont, c'est-à-dire que la création manque d'unité, et que l'homme n'y occupe pas forcément la position centrale que l'on croit. Dans ces conditions, le dix-huitième siècle est à la fois le siècle de l'Échelle des Êtres et de son démantèlement. Ce démantèlement s'opère sous deux formes principales : la démultiplication et la rupture.»* (Balan [1] : p. 51).

## BIBLIOGRAPHIE *

(1)      BALAN (B.), *L'ordre et le temps; L'anatomie comparée et l'histoire des vivants au XIX$^è$ siècle*, Paris, Vrin, 610p. (en particulier, 1ère partie : *la déstabilisation des hiérarchies*, chap. I, 6, «L'échelle des Êtres»; chap. III, 3, «La mort des espèces»).

(2)†     BUFFON (G. L. Leclerc de), *Œuvres complètes*, avec les suppléments et augmentées de la classification de Cuvier (précédées des éloges de Buffon par Condorcet et Vicq d'Azyr), Paris, Librairie de l'Encyclopédie du XIX$^è$ siècle, 1876, 9 vol. (Nos références renvoient à cette édition).

(3)†     BUFFON (G. L. Leclerc de), *Œuvres philosophiques*, texte établi et présenté par Jean Piveteau, avec la collaboration de Maurice Fréchet et Charles Bruneau, suivi d'une bibliographie de Buffon par Mme E. Genet-Varcin et Jacques Roger, Paris, 1954, Presses Universitaires de France, XXXVII-616p.

(4)      CANGUILHEM (G.), *La connaissance de la vie*, 1ère édition (en particulier II, *Histoire*, «La théorie cellulaire»), Paris, Hachette, 1952, 224p.

(5)      DAGOGNET (F.), *Rematérialiser, matières et matérialismes,* Paris, Vrin, 1985.

(6)      FOUCAULT (M.), *Les mots et les choses* (en particulier chap. V, «Classer», § V, «Le continu et la catastrophe»), Paris, Gallimard, 1966, 400p.

(7)      JACOB (F.), *La logique du vivant* (chap. III, «Le temps»), Paris, Gallimard, 1971, 354p.

(8)†     KANT (E.), *Critique de la raison pure* [1781], trad. fr. par Tremesaygues et Pacaud, Paris, Presses Universitaires de France, appendice à la «dialectique transcendantale», pp. 461-466.

(9)†     LEIBNIZ (G.W.), *Essais de Théodicée* [1710], «Discours préliminaire», § 70, et troisième partie, § 348.

(10)†    LEIBNIZ (G.W.), *Nouveaux Essais sur l'entendement humain* (vers 1704), Préface; Livre IV, chap. XVI, «Des degrés d'assentiment».

(11)     LOVEJOY (A.O.), *The Great Chain of Being, A Study of the History of an Idea*, Cambridge, Harvard University Press, 1936.

(12)     PIVETEAU (J.) «Introduction à l'œuvre philosophique de Buffon», *in* Buffon (3), pp. I-XXXVII.

(13)     SVAGELSKI (J.), *L'idée de compensation en France (1750-1850)* (VIII, «Science et compensation, unité de plan et compensation chez Buffon»), Lyon, L'Hermès, 1981, 340p.

(14)†    VICQ D'AZYR (F.), «Éloge de Buffon», *in* Buffon (2), T. I : pp. 15-26.

(15)†    VOLTAIRE, *Dictionnaire philosophique portatif* [1764], art. : «Chaîne des êtres créés, chaîne des événements».

---

* Sources imprimées et études. Les sources sont indiquées par le signe †.

13    # 32 746

# LA PENSÉE DE BUFFON : SYSTÈME OU ANTI-SYSTÈME?

Annie IBRAHIM *

A-t-on raison de s'accorder à dire que les philosophies du XVIIIᵉ siècle, qui sont aussi des Histoires de la Nature, fondent leur intérêt et leur valeur dans une sorte de fonction symbolique : elles seraient le lieu de la déconstruction du système en philosophie, et rien ne serait plus éloigné d'elles que l'architectonique des métaphysiques du siècle précédent? Si tel est le cas, et si l'étude de la position très paradoxale de Buffon à l'égard du statut de la notion de système en philosophie autorise une telle remarque, qu'y a-t-il en lieu et place du système, et quel style de pensée est-il à l'œuvre?

L'édifice de l'*Histoire naturelle* place Buffon dans une situation particulièrement sensible à cette interrogation : on connaît ses éloges de la méthode des physiciens, de l'observation, de l'attention portée aux faits, et son mépris des abstractions. Par exemple, à propos de Platon et de Malebranche : «*Quel plan de philosophie plus simple! quelles vues plus nobles! mais quel vide! quel désert de spéculations! Est-il bien difficile de voir que tout ce qui ne se rapporte point à un objet sensible est vain, inutile et faux dans l'application!*».[1] De ce fait, le lieu de la métaphysique serait vacant, et l'on a souvent considéré, à propos de Diderot, de Maupertuis ou de Buffon, que seule restait la trace de l'architectonique des systèmes dans leurs œuvres : trace sous la forme d'un simple appel d'opportunité, sous la forme d'un outil conceptuel ou d'un modèle théorique qui serait le moindre empêchement au développement des sciences naissantes comme l'histoire de la Terre, l'anthropologie ou la biologie. Tel Réaumur, qui est à la recherche d'un moyen de penser le phénomène de la ressemblance dans la génération des formes, et qui trouve chez Malebranche, dans la théorie métaphysique de la préformation et du développement, l'outil conceptuel qui lui faisait défaut; tel Maupertuis, devant la difficulté de penser un dispositif d'intégration du simple au composé dans l'organisme vivant, qui en trouve les éléments dans la théorie leibnizienne de la perception; tel Diderot, mis en demeure de caractériser l'activité génératrice et totalisante de la molécule, qui use de la puissance du conatus spinoziste; tel Buffon enfin, en souci de maintenir à la fois la permanence de l'espèce biologique et ses variations, qui emprunte à Sennert et à Bayle la structure du moule souple, propice à cette double conceptualisation.

Si telle est la pratique de ces textes, si telle est la pratique de Buffon dans l'*Histoire naturelle,* un double embarras, abondamment dénoncé et commenté, suscite l'idée que nous serions là, dans ces textes, en effet, au lieu où se déconstruit

---

* Professeur agrégé de philosophie, Lycée Colbert. 27, rue de Château-Landon. 75010 Paris. FRANCE.

1. *Histoire générale des animaux, Chap. V, Exposition des systèmes sur la génération* [1749], *in* Buffon [3], T. II : p.81.

le système parce que, d'abord, ces concepts métaphysiques, importés en terre étrangère comme autant de simples outils, ne peuvent être que le résultat d'un emprunt par trahison et confusion; ensuite, parce que cette confusion est une confusion de niveaux d'ordre, un mélange des ordres du réel; l'ordre du phénomène est confondu avec l'ordre de la substance, l'ordre empirique avec l'ordre métaphysique. Y a-t-il donc une relation nouvelle de la science à la philosophie qui bouleverse l'ordonnancement des anciens systèmes?

Les propos de Buffon sur l'opportunité du système dans l'*Histoire naturelle,* ont une apparence paradoxale bien connue, dont on peut rappeler ici brièvement la double formulation, selon que l'on adopte une lecture synchronique ou diachronique.

Du point de vue de l'évolution de la pensée de Buffon, la première période, celle du *Discours de la manière d'étudier et de traiter l'histoire naturelle* (1749) est caractérisée par des attaques contre le système et les «*systémateurs*» : le mot «*système*» désigne ici à la fois l'abstraction,[2] mais aussi la méthode des classificateurs[3], parce que la Nature ne procède que par degrés insensibles et parce qu'il n'y a que des individus, enfin les philosophies qui adoptent des principes théologiques et se réclament des causes finales.[4] La seconde période, celle des *Deux vues* sur *la Nature* (1764-1765), et celle des *Époques* (1778), institue une conception rationaliste de l'univers, et privilégie l'ordre que fonde une intelligence législatrice.[5] La dernière période, avec le tome II de l'*Histoire naturelle des minéraux,* affirme que nous ne pouvons connaître qu'après avoir fait des systèmes; ce sont les médiocres écrivains qui s'élèvent contre les systèmes; c'est au génie qu'il appartient de les construire.

Du point de vue d'une lecture synchronique, ce qui peut apparaître comme une oscillation de la pensée de Buffon porte essentiellement sur les points suivants : (a) L'interprétation du «*tout ce qui peut être est*»[6] : ou bien l'existence est perfection, et le possible est réel; ou bien l'existence est infinie variation, et il faut admettre la possibilité des ratés et des désordres. (b) L'uniformité du cours de la Nature, qui n'exclut pas les altérations; comment dès lors penser le rapport de l'ordre et du temps : une histoire du plan? Faut-il confondre le Tout avec l'Un? (c) Les crises des hypothèses à l'intérieur de la doctrine de Buffon : la mort possible des espèces, la dégénération, le hasard des rencontres moléculaires, les catastrophes du commencement.

Face à l'évidente surdétermination de la notion de système dans ces textes, notre propos sera d'établir des niveaux de sens et de chercher si la présence d'un sens

2. «*En fait de physique, l'on doit rechercher autant les expériences que l'on doit craindre les systèmes; j'avoue que ce serait si beau que d'établir un seul principe, pour ensuite expliquer l'univers; et je conviens que si l'on était assez heureux pour deviner, toute la peine qu'on se donne à faire des expériences serait bien inutile; mais le système de la nature dépend peut-être de plusieurs principes; ces principes nous sont inconnus, leur combinaison ne l'est pas moins; comment ose-t-on se flatter de dévoiler ces mystères sans autre guide que son imagination* ». (*Préface* à la traduction de La statique des végétaux de S. Hales [1735], in Buffon [2] : p. iv).

3. *Premier Discours : De la manière d'étudier et de traiter l'histoire naturelle* [1749], *in* Buffon [3], T. I : pp. 20-22. C'est la nomenclature de Linné qui est visée, tant pour les plantes que pour les animaux.

4. *Histoire générale des animaux, Chap. V, Exposition des systèmes sur la génération* [1749], *in* Buffon [3], T. II : p. 78.

5. Notant le caractère insolite de la collision d'une comète avec le soleil, Buffon écrit : «*Les comètes approchent quelquefois de si près le soleil qu'il est pour ainsi ]dire nécessaire que quelques-unes y tombent obligatoirement. (.. ) Il n'est pas impossible qu'il se forme quelque jour de cette même manière des planètes nouvelles*» (*Époques de la Nature, Première Époque* [1778], *in* Buffon [6] : pp. 28 et 33).

6. Cette formule est répétée fréquemment dans le *Premier Discours* [1749]; elle est également reprise de manière répétitive à l'article *Cochon* [1755]; voir en particulier Buffon [3], T. I : p. 11.

dominant permet de saisir à la fois l'enjeu de cette notion dans la pensée de Buffon, mais aussi le style de sa pensée, confrontée aux doctrines de ses contemporains, où la notion de système est caractérisée sans ambiguïté, ni équivoque, ni surdétermination.

L'inauguration d'une telle problématique se rencontre dans une lettre de Leibniz à Bourguet[7] où Leibniz, exposant à Bourguet la nature du lien entre métempsychose et essence de l'âme, évoque les expériences récentes pratiquées à l'aide du microscope, et souligne qu'on pourrait leur accorder un caractère simplement illustratif de la *Monadologie*; il convient en effet de situer les définitions du corps, de l'organisme et de l'âme à leur juste niveau, *au plan métaphysique* : le corps, loin d'être une chose, est une relation entre deux réseaux de relations, le corps et l'âme, eux-mêmes déjà unifiés. L'âme, qui fonde par son unicité l'unité de l'organisme, ne peut pas être conçue comme la transposition de l'organisme dont le concept est mixte. En liant ces remarques à ses nombreuses attaques contre l'atomisme,[8] Leibniz avait souligné de manière très claire (et Madame du Châtelet après lui),[9] qu'ou bien le point est métaphysique, et il est doué de perception (c'est la monade), ou bien c'est un atome, il est dénué de perception, et il ne pourrait appartenir à l'économie du système leibnizien.

Pourtant, c'est dans sa *Dissertation sur les monades*, que Condillac va ouvrir à nombre de ses contemporains la voie d'une *«réforme»* de la monadologie, dans le sens d'une *«adaptation»* à une épistémologie empiriste, à partir d'un mélange des ordres du réel. Là, elle remplira soit la fonction d'un schème, soit le rôle d'un idéal régulateur.[10] Condillac conclut sa *Dissertation* en condamnant la monade comme *«être de raison»* qui ne fait pas connaître les éléments des choses, car *«la force que nous éprouvons en nous-mêmes, nous ne la remarquons point comme appartenant à un être simple, nous la sentons comme répandue dans un tout composé. Elle ne peut donc nous servir de modèle pour nous représenter celle qu'on accorde à chaque monade».*[11] Ici, d'une part, Condillac transporte le point métaphysique sur l'hétérogénéité des éléments matériels saisis dans la perception; il confond point physique et point métaphysique; d'autre part, il donne une juste définition du système par Leibniz, qui interdit un tel *«transport»*. Leibniz a maintes fois répété et expliqué qu'il convenait de nommer son *«système nouveau»* celui de l'harmonie, définie comme *unitas in varietate*, où l'harmonie n'advient pas aux parties mais à la totalité, définie comme l'unité dans la variété d'un tout. Ceci parce que la *structure* du système est un ensemble de significations non définies, de lois formelles valables pour un objet quelconque, groupant des éléments et des relations dont on ne situe pas la nature, mais la *fonction*. Les modèles ou *«échantillons»* du système sont donc différents, et peuvent être choisis dans n'importe quel champ d'inhérence sensible

---

7. *«Leurs expériences sont venues à mon secours (...) Je n'oserais assurer que les animaux que Monsieur Leeuwenhoeck a rendus visibles dans la semence soient précisément ceux que j'entends; mais je n'oserais assurer qu'ils ne le soient point».* Lettre à Bourguet du 5 Août 1715, *in* Leibniz [22].

8. Leibniz [21] : II, XXVII, § 3.

9. Madame du Châtelet [8] : pp. 131-134 et 151.

10. *«L'auteur [Leibniz] a beau appuyer sur la liaison de tous les êtres de l'univers, on ne comprendra jamais qu'ils se concentrent tous dans chacun d'eux, et que le tout soit représenté si parfaitement dans chaque partie, que qui connaîtrait l'état actuel d'une monade y verrait une image distincte et détaillée de ce qu'est l'univers, de ce qu'il a été et de ce qu'il sera. Si cette représentation avait lieu, ce ne serait qu'en vertu de la force que Leibniz attribue à chaque monade; mais cette force ne peut rien produire de semblable.» (Traité des systèmes,* chap. VIII, 2ème partie, art. 5, *in* Condillac [10] : p. 163A).

11. *Traité des systèmes*, chap. VIII, 2ème partie, art. 2, *in* Condillac [10] : p. 161A-B.

(modèles biologique, juridique, mathématique, politique...).

C'est l'autorité de cette définition du système par l'harmonie, qu'aux yeux de Buffon, Leibniz partage avec Platon, et qu'il rejette, en récusant les causes finales, dans l'*Histoire des animaux*.[12] Leibniz est mis au rang des plus grands philosophes qui, certes ont «*senti*» la nécessité de la méthode, et ont voulu en donner des principes et des essais, mais qui n'ont laissé que des exemples et des suppositions hasardées. Contre la définition leibnizienne du système, Buffon propose son propre dispositif de l'idée de la relation du tout aux variétés : «*Un individu n'est qu'un tout conformément organisé dans toutes ses parties intérieures, un composé de figures semblables et de parties similaires, un ensemble de germes ou de petits individus de la même espèce, lesquels peuvent tous se développer de la même façon, suivant les circonstances, et former de nouveaux touts composés comme le premier*»;[13] où l'on voit la fiction, les images, les analogies, prendre la place qu'occupait la finalité dans les systèmes condamnés. Telle était la leçon du *Premier Discours* sur *La manière...*, qui proposait un protocole de généralisations par analogies à partir d'observations multiples. On peut parler de simple dispositif structural, et non de système dès lors que la structure se limite à résoudre le problème de la totalité et de la relation entre les éléments au plan phénoménal, dans une perspective nominaliste. En rompant avec Descartes comme avec Leibniz, Buffon s'inscrit clairement dans une épistémologie phénoménaliste, qui renonce à la recherche des causes.[14] Dans un texte des *Époques*,[15] où Buffon fait explicitement référence à Leibniz, il marque fortement cet écart entre son propre dispositif et le système leibnizien : à propos de l'origine ignée du globe terrestre, Buffon renonce à la cosmogonie mosaïque et à l'intervention de Dieu, parce qu'elles sont relatives à des systèmes qui inventent, auxquels il préfère la relation des «*effets qui arrivent tous les jours*».[16] Contre ces principes imaginaires, il propose une hypothèse qui soit conforme à l'attraction newtonienne, et qui se «*vérifie*» par ses propres expériences physiques de diffusion de la chaleur dans les corps.

Si la problématique du système chez Buffon peut se formuler dans ces termes : «*système ou anti-système?*», et si on la voit s'inaugurer dans les textes leibniziens, il est d'autant plus remarquable de voir ce même Leibniz, qui portait un grand intérêt à la physiologie expérimentale et à la médecine rationnelle, conseiller en la matière l'expérimentalisme le plus radical, et une défiance non moins radicale à l'égard des spéculations métaphysiques, dans ses travaux sur les organismes vivants. François Duchesneau propose de qualifier de «*ruse*» cette incitation à l'expérimentation physiologique,[17] et cette ruse est, bien entendu, un effet de système; elle appartient aux possibilités du système. La question est de savoir pourquoi Buffon, apparemment placé dans ce même cadre d'une confrontation entre une métaphysique de la vie et une expérimentation des vivants, ne dispose plus de cette «*ruse*». Dans le système

12. *Histoire générale des animaux, Chap. V, Exposition des systèmes sur la génération* [1749], *in* : Buffon [3], T. II : p. 76sq.

13. *Histoire générale des animaux, Chap. II, De la reproduction en général* [1749], *in* Buffon [3], T. II : p. 19.

14. «*Nos sens sont eux-mêmes les effets de causes que nous ne connaissons point. (...) Il faudra donc nous réduire à appeler cause un effet général et renoncer à savoir au-delà*» (*Premier Discours : De la manière d'étudier et de traiter l'histoire naturelle* [1749], *in* Buffon [3] : p. 57)

15. *Époques de la Nature, Premier Discours* [1778], *in* Buffon [7] : p. 9 (ou Buffon [5], T. V : pp. 11-12).

16. *Second Discours : Histoire et Théorie de la Terre* [1749], *in* Buffon [3], T. I : p. 99.

17. Duchesneau [15].

leibnizien, la *«ruse»* est rendue possible par la construction d'une architectonique disjonctive. André Robinet, dans son étude récente sur Leibniz,[18] explique précisément que la combinatoire leibnizienne organise et supporte ce système *«disjonctif»* : d'une part, *il y a des «substances corporelles»*, dont la masse divisible est un pur phénomène; d'autre part, *il n'y a pas* de substances corporelles et le corps n'est qu'un agrégat de substances; le *«d'une part... d'autre part»* se déploie à travers une infinité d'expressions le long de la loi des séries.

Pour que la notion d'un système disjonctif soit pertinente à propos de Buffon, il faudrait (1) que sa perspective phénoménaliste d'une part, et ses considérations sur Dieu d'autre part, aient partie liée, ce qui n'est pas le cas : la perspective phénoménaliste soutient toutes les réflexions de méthode, explique le ralliement à Newton, et détermine la définition buffonienne de la vérité comme certitude ou probabilité; les considérations sur Dieu, loin de donner à l'*Histoire naturelle* la forme d'une théodicée, s'inscrivent dans un déisme rationaliste, qui disparaît à partir des *Époques de la Nature*. On ne peut repérer aucune fonction de relation entre ces deux instances qui apparaissent bon gré mal gré comme deux thèmes de l'œuvre de Buffon. (2) Il faudrait que l'oscillation de la pensée de Buffon sur la valeur du système –pour le système, contre le système– soit autre chose qu'un *«ou bien... ou bien»*, selon le champ d'application envisagé. Les commentateurs de Buffon ont souvent opté pour le *«ou bien, ou bien»* : Jean Svalgelski, dans son ouvrage sur *L'Idée de compensation en France* fait observer que l'œuvre de Buffon présente *«deux manières»* d'envisager la vie : un aspect conservateur et un aspect historique.[19] Jacques Roger énumère dans le même sens, à la fin de son chapitre sur Buffon dans *Les Sciences de la vie dans la pensée française du XVIIIᵉ siècle*, les doctrines entre lesquelles Buffon a *«balancé»*, et qu'il a tour à tour ou simultanément soutenues : le mécanisme atomiste et l'attraction newtonienne, l'épigenèse et le développement, la réduction de la vie à la matière et la théorie des molécules organiques. François Dagognet propose de nommer *«molles»* ces théories, par opposition aux structures métaphysiques du siècle précédent.[20] Est-ce cela la nouvelle philosophie que Buffon se propose de constituer contre celle dont il dit qu'elle avait à tort conjugué la méthode de l'observation des faits et une métaphysique intellectualiste? S'agit-il d'un système dans lequel se pourrait opérer une disjonction du type *«ou bien, ou bien»*? S'agit-il de la théorie molle du *«ou bien, ou bien»*? S'agit-il d'un anti-système?

Pour éclairer ces questions, il convient d'examiner d'abord la *«tentation»* du système, puis de faire le point sur la question du mot *«système»* et sur celle de sa polysémie dans les textes de Buffon, enfin de chercher comment la crise du système conduit Buffon à construire une autre conception de l'Ordre dans une autre philosophie de la Nature.

Dans le discours sur *La manière d'étudier et de traiter l'histoire naturelle*, Buffon se place sous l'autorité d'Aristote, et définit l'ambition de l'*Histoire naturelle* : *«La description exacte et l'histoire fidèle de chaque chose est, comme nous l'avons dit, le seul but qu'on doive se proposer d'abord* [dans l'étude de l'histoire naturelle]*»*;[21] La

---

18. Robinet [25].
19. Svagelski [29] : chap. VIII, particulièrement pp. 185-200.
20. Dagognet [11].
21. *Premier Discours : De la manière d'étudier et de traiter l'histoire naturelle* [1749], *in* Buffon [3], T. I : p. 209.

référence à Aristote lui permet de préciser que ce projet vise à établir les ressemblances et les différences en cherchant une conjecture cohérente pour expliquer la génération des formes. Dans une période qui est marquée par un conflit aigu entre les philosophies du continu et les philosophies du discontinu, Buffon tranche dans le sens du discontinu : pour éviter l'hypothèse des germes préexistants, il convient de faire l'hypothèse des germes accumulés, dans la perspective du livre I du *De Rerum Natura* de Lucrèce, qui rapporte l'expérience originaire de la composition d'un individu par particules identiques.[22] Et Buffon : «*Il n'y a pas de germes préexistants (...)* [mais] *il y a dans la nature une infinité de parties organiques actuellement existantes, vivantes, et dont la substance est la même que celle des êtres organisés, comme il y a une infinité de particules brutes semblables aux corps bruts que nous connaissons*».[23] Buffon «*sait*» par Newton et par Leibniz que l'univers est composé d'éléments, et que seule se justifie une théorie corpusculaire de la matière. Il sait, par Sennert et par Bayle, que la seule hypothèse cohérente pour rendre compte de la génération des formes est celle de l'atome animé, que Démocrite avait le premier formulée.

Par ailleurs, depuis Étienne de Claves,[24] jusqu'aux lettres de Bourguet *Sur la formation des sels et des cristaux*,[25] l'idée d'un empilement de particules dont la structure est identique au corps organisé qu'elles constituent, sert de modèle à la conception de la matière vivante, mais permet aussi l'extension de l'hypothèse atomiste à l'organisation de toute matière, rejetant ainsi la différence entre les trois règnes. C'est en s'appuyant sur un compte rendu d'expérience que Buffon, au chapitre II de l'*Histoire générale des animaux* s'affirme partisan de la discontinuité composée de molécules organiques, à partir d'observations microscopiques qui réfutent les conclusions de Needham (chapitre VI),[26] et que Daubenton nomme «*vérification expérimentale*» à l'article «*Animalcule*» de l'*Encyclopédie*.[27] Loin de l'être, elles ne fournissent sans doute que l'image illustrative d'une hypothèse, d'une conjecture : il faut supposer, explique Buffon, que si nos yeux, au lieu de ne nous montrer que la surface des choses, pouvaient aussi nous montrer l'intérieur, il serait aussi aisé de comprendre qu'un polype est composé d'autres polypes, que de voir qu'un cube de sel marin est nécessairement composé d'autres cubes.[28] Cette option atomiste et mécaniste, assortie du rejet d'un plan préétabli préformé et du refus des causes finales devait écarter Buffon de la tentation du système de l'Ordre, et le conduire à établir la validité d'une méthode analogique et conjecturale : «*Les animaux et les plantes qui peuvent se multiplier et se reproduire par toutes leurs parties sont des corps organisés semblables aux corps organiques qui les composent,*

---

22. Énumérant les conceptions des Anciens sur les principes des corps élémentaires, Lucrèce rappelle l'homéomérie d'Anaxagore pour qui les os sont «*formés d'os infiniment petits et menus*», et qu'il en va de même pour tous les organes (Lucrèce [23] : I, vers 830-845).

23. *Histoire générale des animaux*, Chap. II, De la reproduction en général [1749], *in* Buffon [3], T. II : p. 20.

24. De Claves [9]. Gassendi s'appuie sur ce texte pour rendre compte de l'empilement invisible des particules des corps composés, à l'exception de la vie ainsi prêtée aux pierres (Gassendi [17], T. II : pp. 112sq).

25. Bourguet [1].

26. Pour l'exposé du problème, voir Roger [28]. Contre Needham, Buffon affirme que les corps mouvants observés dans la liqueur séminale ne sont pas de véritables animaux, mais des assemblages de molécules organiques.

27. *Encyclopédie* [16], T. I : p. 475.

28. Voir *Histoire générale des animaux*, Chap. II, De la reproduction en général [1749], *in* Buffon [3], T. II : p. 20.

*dont les parties primitives et constituantes sont aussi organiques et semblables, et dont nous discernons à l'œil la quantité accumulée, mais dont nous ne pouvons apercevoir les parties primitives que par le raisonnement et par l'analogie que nous venons d'établir».*[29] Contre l'esprit de système et avec la bonne physique, il faut se fonder sur les faits et s'efforcer de les lier par inductions et analogies. Mais il ne s'agit ni de faits singuliers ni de description exacte : le fait n'existe qu'en tant qu'il est pris dans une série ou combinatoire. Le fait particulier, c'est l'arbitraire; l'effet général, c'est-à-dire la seule cause que l'on puisse jamais espérer rencontrer en physique, c'est la mise en série de la répétition de faits semblables.[30] D'où les diatribes contre les abstractions, c'est-à-dire contre ce qui ne résulte pas des *«effets comparés, ordonnés et suivis»* de nos sensations; d'où aussi l'impossibilité d'un recours aux causes finales : *«En connaît-on mieux la Nature et ses effets, quand on sait que rien ne se fait sans une raison suffisante, ou que tout se fait en vue de la perfection?»*[31]

Une option pour le discontinu, pour le mécanisme et l'atomisme, assortie de telles considérations méthodologiques, ne peut qu'illustrer la critique du système entreprise par le *Discours* sur *La manière...* Le système, c'est la méthode, c'est-à-dire l'application forcée et artificielle à la nature de principes arbitraires. Ainsi en va-t-il de nombreux systèmes de botanistes, dont l'erreur de principe consiste à vouloir juger d'un tout et de la combinaison de plusieurs touts par une seule partie et par la comparaison des différences que présente cette seule partie dans les divers organismes comparés : *«Qui ne voit que cette façon de connaître n'est pas une science, et que ce n'est tout au plus qu'une convention, une langue arbitraire, un moyen de s'entendre, mais dont il ne peut résulter aucune connaissance réelle?»*[32]

Ces options philosophiques de Buffon, plutôt que de le conduire vers la tentation du système, l'orientaient davantage vers la construction de *modèles*, élaborés à partir de ces *tables de comparaison* obtenues, à partir des expériences, par généralisation et synthèse. Ainsi du dispositif des molécules organiques, ainsi de la force primitive d'attraction dans l'histoire de la Terre, ainsi du monogénisme dans l'anthropologie, ainsi du dispositif des altérations internes et externes du moule intérieur dans l'analyse du vivant. Tous sont considérés comme des *«connaissances réelles»*, parce que *«ces connaissances ne peuvent venir que des résultats de nos sensations comparés, ordonnés et suivis, [parce] que ces résultats sont ce qu'on appelle l'expérience, source unique de toute science réelle, [parce] que l'emploi de tout autre principe est un abus, et [parce] que tout édifice bâti sur des idées abstraites est un temple élevé à l'erreur».*[33]

Pourtant, lorsque Buffon revendique la nécessité d'une nouvelle philosophie, et qu'il réfléchit à la situation de la métaphysique et de la philosophie par rapport à la science, il fait l'éloge de ces philosophes qui *«se sont élevés à ce haut point de métaphysique d'où l'on peut voir les principes, les rapports et l'ensemble des*

---

29. *Ibid.*

30. *Premier Discours : De la manière d'étudier et de traiter l'histoire naturelle* [1749], *in* Buffon [3], T. I : pp. 54-55.

31. *Histoire générale des animaux, Chap. V, Exposition des systèmes sur la génération* [1749], *in* : Buffon [3], T. II : p. 79.

32. *Premier Discours : De la manière d'étudier et de traiter l'histoire naturelle* [1749], *in* Buffon [3], T. I : p. 16.

33. *Histoire générale des animaux, Chap. V, Exposition des systèmes sur la génération* [1749], *in* : Buffon [3], T. II : p. 77.

*sciences»*,[34] c'est-à-dire qui ont su se placer du point de vue de l'Un et du Tout, et non d'un point de vue de dispositifs d'intelligibilité partielle et hypothétique. Or, le thème qui reste fixe tout au long de l'œuvre de Buffon, c'est l'idée que la nature est uniforme et ordonnée, et qu'elle travaille sur un plan éternel dont elle ne s'écarte jamais.[35]

S'il y a plan et unité de plan, l'entreprise de la nouvelle philosophie ne doit-elle pas se résoudre dans l'unité du système? Il convient d'examiner, à différents moments de l'œuvre et relativement à divers champs d'application, comment cette tentative s'accomplit.

Soit l'exemple de l'évolution de la notion d'espèce dans l'*Histoire naturelle* : après avoir critiqué les entreprises hâtives de division en classes et en genres *«suivant un ordre dans lequel il entre nécessairement de l'arbitraire»*[36] et rappelé que la nature marche *«par des gradations inconnues»*[37] passant d'un genre à l'autre par des degrés imperceptibles, Buffon propose cependant dès 1749 *«une méthode instructive et naturelle»*[38] pour déterminer l'appartenance à une espèce à partir de la *«ressemblance parfaite»*[39] entre individus. Selon la quantité et la qualité des différences, on peut répartir les animaux en espèces et en genres, à condition que cette classification exprime la réalité, et qu'elle ne soit pas un simple artifice. Mais si, en 1749, le nomenclateur renonçait à toute classification en considérant que, d'une part, il n'y a que des espèces isolées, et que d'autre part la Nature procède par gradations insensibles, dans la suite il va reconnaître successivement qu'il y a des genres, des espèces, des variétés sous l'ordre inaltérable du type : *«L'empreinte de chaque espèce est un type dont les principaux traits sont gravés en caractères ineffaçables et permanents à jamais»*.[40] Le plan de la nature se réalise dans la permanence des moules intérieurs : *«Il suffit de concevoir que dans la nourriture que les êtres organisés tirent, il y a des molécules organiques de différentes espèces; que, par une force semblable à celle qui produit la pesanteur, ces molécules organiques pénètrent toutes les parties du corps organisé, ce qui produit le développement et fait la nutrition; que chaque partie du corps organisé, chaque moule intérieur, n'admet que les molécules intérieures qui lui sont propres, et qui forment par leur union un ou plusieurs petits corps organisés qui doivent tous être semblables au premier individu»*.[41] S'il y a, au lieu de germes préexistants, une matière active, toujours prête à s'assimiler, à se mouler, et à produire des êtres semblables à ceux qui la reçoivent, on a trouvé *le seul ressort et le seul sujet*.[42] Mais la tentation du système s'accomplit dans un dispositif centré sur une métaphore qui propose un modèle non automate du vivant. L'unité, la permanence et l'identité des formes ne sont pas systématiques mais seulement structurées par un modèle métaphorique. Les

---

34. *Premier Discours : De la manière d'étudier et de traiter l'histoire naturelle* [1749], *in* Buffon [3], T. I : p. 52.

35. *«La Nature ne s'écarte jamais des lois qui lui ont été prescrites; elle n'altère rien aux plans qui lui ont été tracés, et dans tous ses ouvrages elle présente le sceau de l'Éternel.»* (*De la Nature : Seconde vue* [1764], *in* Buffon [3], T. II : p. 79).

36. *Premier Discours : De la manière d'étudier et de traiter l'histoire naturelle* [1749], *in* Buffon [3], T.I : p. 13.

37. *Ibid.* : p. 13.

38. *Ibid.* : p. 21.

39. *Ibid.* : p. 21.

40. *De la Nature : Seconde Vue* [1775], *in* Buffon [3], T. XIII : p. ix.

41. *Histoire générale des animaux*, chap. IV, *De la Génération des Animaux* [1749], *in* Buffon [3], T. II : p. 54.

42. En substance dans *De la Nature : Seconde Vue* [1775], *in* Buffon [3], T. XIII : pp. iv-ix.

composantes de la matière brute elle-même sont réunies, pressées ou séparées *«selon les lois de leur affinité».*[43] Ce sont les affinités chimiques qui fournissent le modèle de l'attraction sélective des molécules organiques dirigée vers la reproduction de l'identique.

En ce qui concerne l'*Histoire de la Terre*, que ce soient les textes de 1749, ceux de la première des *Époques de la Nature* (1778), ceux de l'*Histoire des minéraux* (1783), des *Réflexions sur la loi de l'attraction* (1774), ou du *Traité de l'aimant* (1788), la même permanence est affirmée sous la forme d'un équilibre cosmique; cet équilibre est réalisé par la réunion de toutes les forces de la matière en une seule force primitive dont elles dépendent, la force d'attraction. La matière, c'est le balancement de la force expansive qui anime la matière vive et de la force attractive à laquelle obéit la matière brute, qui ordonne les phénomènes et assure leur régularité. Enfin, dans la nature vivante, la constance des espèces est assurée par l'équilibre entre deux équilibres, l'un intérieur au type par élimination des variations dans les espèces qui se reproduisent peu, l'autre extérieur du fait des obstacles réciproques que les espèces s'opposent les unes aux autres en limitant leur expansion.

C'est la compensation, l'équilibre, la symétrie, qui montrent à l'homme les es-pèces constantes et la nature invariable : *«la relation des choses étant toujours la même, l'ordre des temps lui paraît nul...».*[44] Au plan anthropologique, même ten-tation : la pensée de Buffon, d'abord frappée par de prodigieuses différences, et par la diversité des types humains dans le chapitre *De la nature de l'homme* (1749), et dans le *Discours sur la nature des animaux* (1753), s'oriente, dans le chapitre *Des variétés dans l'espèce humaine* (1777), vers le thème de l'unité de l'espèce humaine, du prototype humain, défini comme la constance d'une forme et l'identité d'une organisation. À partir d'une position monogéniste et de l'affirmation que le blanc est la couleur primitive de la nature, Buffon peut affirmer que le genre humain n'est pas composé *«d'espèces essentiellement différentes entre elles».*[45] Malgré le concours de causes extérieures et accidentelles qui produisent des variétés, l'espèce étant une, elle ne perd jamais ses véritables caractères.

Quel que soit le champ d'application de la pensée de Buffon, le thème de la per-manence du type par le moule paraît bien être le concept unifiant de sa pensée. S'agit-il pour autant du principe d'un système?

Pour tenter de répondre plus précisément, il faut revenir à des questions de mots, et à la position de Buffon sur la notion de système relativement aux définitions dont il disposait en 1750.

Les invectives de Dom Deschamps contre les philosophes de la Nature sont ici très éclairantes : pour Deschamps, leur définition du système, par exemple celle de d'Holbach,[46] montre que ces philosophes nient toute autre existence que celle des êtres physiques, que celle de ces lois qui concernent tel ou tel genre ou telle espèce d'êtres physiques. De ce fait, ils mettent la nature *«à la place du principe».* Or, les lois du Tout ne sont pas données par la simple explication du mécanisme de la na-

43. *De la Nature : Seconde Vue* [1775], in Buffon [3], T. XIII : p. xij.

44. *De la Nature : Seconde Vue* [1775], *in* Buffon [3], T. XIII : p. iv.

45. *Variétés dans l'espèce humaine* [1749], *in* Buffon [3], T. III : pp. 529-530 *«Leurs dissemblances n'étant qu'extérieures, ces altérations de nature ne sont que superficielles, et il est certain que tous ne forment que la même homme, qui s'est verni de noir sous la zone torride, et qui s'est tanné, rapetissé par le froid glacial du pôle de la sphère.»* (*De la dégénération des animaux.* [1766], *in* Buffon [3], T. XIV : pp. 311-312).

46. D'Holbach [19] : p. 59.

ture.[47] En invoquant de manière directe et répétitive l'autorité du *Parménide* de Platon, et celle de Spinoza, Dom Deschamps souffre de voir la philosophie de son temps soucieuse de faire que l'empirique l'emporte sur le spéculatif, en privilégiant des modèles d'intelligibilité scientifique, et en se souciant de leurs applications pratiques; contre cette tendance, la possibilité du système est inscrite dans un retour au métaphysique, dans une reconversion de la pensée à elle-même. Pourquoi seule cette reconversion peut-elle engendrer le vrai système? Parce que seule elle rend possible la saisie et l'explication totale du Tout. Il faut s'écarter de la complexité phénoménale et de l'empiricité pour revenir à l'intelligibilité du simple, en revenant à une distinction métaphysique qui fait défaut chez les philosophes : la distinction entre «*Tout*» et «*le Tout*», qui fait apparaître plusieurs degrés de la négation.[48] Or, dans le champ du physique, il n'y a pas de contraires; une plante n'est pas le contraire d'un animal; il y a, entre les éléments du physique une continuité sans rupture. Le Tout est bien l'ensemble des phénomènes en tant qu'ils sont conçus «*collectivement*» sous la forme d'une totalité, mais d'autre part, il se distingue des phénomènes, en tant que ses parties sont considérées de manière distributive. Autrement dit, il faut que la totalité des phénomènes, ou le monde physique, soit niée pour être rendue possible.

Or, pour le problème qui nous occupe, on sait que Maupertuis fait paraître en 1751 sous le pseudonyme de Baumann une *Dissertation de métaphysique inaugurale,* ou *Dissertation d'Erlangen*, qui intéresse Dom Deschamps , parce que Maupertuis y affirme qu'il est impossible de juger des éléments sans une idée du Tout, et qui intéresse aussi Diderot et Buffon; Diderot, qui va brandir devant Maupertuis la menace spinoziste, et va, à cette occasion situer Buffon dans la problématique de la totalité et de la construction du système. On peut résumer ainsi l'enjeu du débat et la place de Buffon dans la discussion : Maupertuis intéresse Dom Deschamps parce qu'il a clairement posé l'idée d'un prototype général des êtres à partir duquel la Nature varie le même mécanisme d'une infinité de manières différentes, ce qui signifie que les éléments ne peuvent être pensés sans une certaine idée du Tout; Maupertuis est ainsi conduit à doter les éléments matériels d'un principe d'intelligence et de désir qui leur permet de se combiner et de constituer les phénomènes.[49] Maupertuis accède ainsi, du fait de Dom Deschamps au rang des «*demi-lumières*», parce qu'il a entrevu le Tout.[50] Diderot, lui, voit la *Dissertation d'Erlangen* courir le risque des «*terribles conséquences de son hypothèse*», c'est-à-dire le risque spinoziste,[51] selon la définition qu'il donnera du Tout. Maupertuis, dans sa *Réponse* de 1756 aux *Objections* de Diderot, échappe au risque en définissant le tout comme un édifice régulier, un assemblage de parties disproportionnées, toutes chacune à leur place. Or Diderot souligne, dans la *Douzième Pensée  sur*

47. «*C'est sur la nature en grand, en total, en elle-même, prise en sa masse, prise en bloc, que je lui fais cette question; c'est sur le fini et l'infini, ces deux êtres métaphysiques tandis que les êtres finis sont physiques, que je lui demande de me satisfaire.*» (Dom Deschamps, *La voix de la raison* [12], cit. *in* Robinet [26].)
48. Une négation radicale qui permet de poser l'existence du Rien, comme contradictoire absolu du positif, vide de toute détermination, qui est aussi bien Tout, et une négation déterminée car négation faible, celle qui concerne le Tout, au plan métaphysique (voir la correspondance avec J.-B. Robinet, *in* Dom Deschamps [13]).
49. Sur ce problème, voir Ibrahim [20].
50. «*Le tout a été entrevu par le Docteur Baumann comme prototype des êtres, c'est-à-dire pour ce qu'il est en effet, puisqu'il est leur premier projet de rapport*» (Dom Deschamps [14], cit. *in* Robinet [27].)
51. Robinet [26].

*l'interprétation de la nature*, que Maupertuis a raison de faire l'hypothèse selon laquelle «*chaque degré d'erreur aurait fait une nouvelle espèce; et, à force d'écarts répétés serait venue la diversité infinie des animaux que nous voyons aujourd'hui*».[52] Hypothèse devant laquelle Buffon recule, en ne l'envisageant que dans le cadre de l'espèce : «*Il y a dans la nature un prototype général sur lequel chaque individu est modelé, mais qui semble, en se réalisant, s'altérer ou se perfectionner par les circonstances*».[53]

Si l'on regarde les occurrences du mot «*système*» sous la plume de Buffon, on peut les lire comme autant de stratégies pour échapper à ce «*risque*», et à ces modèles de la représentation du Tout qui lui étaient proposés aussi bien dans les systèmes de la Nature que dans les systèmes métaphysiques de Malebranche, de Spinoza ou de Leibniz.

En effet, l'étude de l'*Histoire naturelle*, d'après le *Premier Discours*, consiste à rassembler des échantillons et des modèles, ce qui conduit le naturaliste à vouloir «*généraliser*» ses idées, c'est-à-dire à se former une «*méthode d'arrangement*» et des «*systèmes d'explication*» dont le risque immédiat est d'inventer de faux rapports entre les productions naturelles, et de supposer un ordre qui n'est que dans notre imagination.[54] D'où l'impossibilité de faire un système général, c'est-à-dire une méthode parfaite. S'il existait, il faudrait que «*tout y soit compris*».[55] Or, le projet d'un système général est dérangé par des gradations inconnues, des nuances imperceptibles, la rencontre d'objets «*mi-partis*»[56] qu'on ne sait où placer. Le seul système auquel on puisse souscrire est le système du monde de Newton. Mais pourquoi? Parce qu'il est fondé sur l'union des mathématiques et de la physique. Mais les domaines où on peut espérer l'appliquer, sont les domaines dénués de presque toutes les qualités physiques, c'est-à-dire l'astronomie et l'optique dont les objets ont, pour ainsi dire, par eux-mêmes des propriétés *presque mathématiques*.[57]

Reste une revalorisation et un éloge du système chez Buffon, dans le deuxième tome de l'*Histoire naturelle des minéraux* paru en 1783, au chapitre *Du fer* :

«Il est aisé de sentir que nous ne connaissons rien que par comparaison, et que nous ne pouvons juger des choses et de leurs rapports qu'après avoir fait une ordonnance de ces mêmes rapports, c'est-à-dire un système.»[58]

Et plus loin :

«[Certains] écrivains n'ont d'autre mérite que de crier contre les systèmes parce qu'ils sont non seulement incapables d'en faire, mais peut-être même d'entendre la vraie signification de ce mot qui les épouvante ou les humilie. Cependant, tout système n'est qu'une combinaison raisonnée, une ordonnance des choses ou les idées qui les représentent, et c'est le génie seul qui peut faire cette ordonnance, c'est-à-dire un système en tout genre, parce que c'est au génie seul qu'il appartient de généraliser les idées

---

52. Maupertuis [24], T. II : p.164.
53. *Le cheval* [1753], *in* Buffon [3], T. IV : p. 215.
54. *Premier Discours : De la manière d'étudier et de traiter l'histoire naturelle* [1749], *in* Buffon [3], T. I : p.8.
55. *Ibid.* : p. 13.
56. *Ibid.* : p. 13.
57. Or la mise en place de la notion d'espèce, et la théorie de la génération fondée sur la métaphore du moule intérieur, échappent bien évidemment à tout réductionnisme mathématique. L'astronomie et l'optique, même si elles sont soumises à des «*anomalies*», et si elles fréquentent peu la magie, sont néanmoins plus accueillantes aux mathématiques newtoniennes (*Ibid.* : pp. 56-68.).
58. *Du fer* [1783], *in* Buffon [6], T. II : p. 344.

particulières.»[59]

Mais qu'est-ce que généraliser? C'est :«*réunir toutes les vues, (...) se faire de nouveaux aperçus, (...) saisir les rapports fugitifs, (...) former de nouvelles analogies*». C'est cela «*l'ordre systématique des choses et des faits et de leurs combinaisons respectives*».[60] Et, comme Buffon le précise lui-même à la fin de ce chapitre de l'*Histoire des minéraux*, c'est moins d'un système qu'il s'agit que d'un *grand tableau* ou d'un *vaste spectacle*.[61] Tableau ou spectacle, il s'agit d'une synthèse par analogie, que le génie pourra examiner d'un seul coup d'œil. On mesure l'écart avec la problématique du système telle qu'elle est formulée dans le débat Diderot-Maupertuis, et la nécessité de chercher quelles sont, dans les projets unificateurs et totalisants de Buffon, les crises, les faillites, les interruptions de l'Ordre qui autoriseraient à voir dans ce grand tableau ou ce vaste spectacle le projet d'un véritable anti-système.

Si nous reprenons les exemples à partir desquels nous avons réfléchi à la tentation du système, nous savons que Buffon avait certes placé sa réflexion sur la notion d'espèce vivante sous le signe d'un ordre unitaire de la Nature : Les «*naturalistes qui établissent si légèrement des familles dans les animaux et les végétaux*» ne paraissent pas avoir assez senti «*... qu'en créant les animaux, l'Être Suprême n'a voulu employer qu'une idée et la varier en même temps de toutes les manières possibles*».[62] Mais, dans la même page, il donne sa propre conception du prototype général sur lequel chaque individu est modelé, et qui semble, en se réalisant, s'altérer ou se perfectionner selon les circonstances. Marqué par son entreprise d'une histoire de la Terre, Buffon pense l'altération sur le modèle de la dégénération et de la dérivation. Pour autant que le phénomène de la génération puisse être compris à partir de l'aptitude de la molécule vivante à se mouler, assurant ainsi la constance de la morphogenèse, elle suppose que le moule ne soit pas déterminé comme un module ou une mesure, ni comme un modèle ou une forme, mais bien plutôt comme une simple figure (au sens aristotélicien du *schéma* opposé à l'*idea*). En tant que tel, le moule est doté d'une souplesse et d'une latitude qui font que l'individu qui naît de la molécule ne ressemble pas *en tout* au moule, et que l'organe qui se développe par accroissement élastique du moule n'est pas en grand ce que le moule était en petit.

C'est que la deuxième vocation de cette hypothèse est de comprendre aussi les dissemblances entre individus du point de vue de la taxinomie, et les variations liées à une histoire des espèces. L'idée d'une possible altération du moule signifie qu'avec le temps, on doit admettre l'existence de véritables germes de défectuosité, produits par la nature, et qui altèrent *jusqu'au moule,* par l'effet du climat, ou de la nourriture;[63] c'est pourquoi, à propos de l'âne et du cheval par exemple, «*on pourrait attribuer les légères différences qui se trouvent entre ces deux animaux à l'influence très ancienne du climat, ou de la nourriture, à la succession fortuite de plusieurs générations de petits chevaux sauvages à demi dégénérés, qui peu à peu auraient encore dégénéré davantage*».[64] Et, si l'on pousse cette idée de dégénération à l'extrême, quel rôle faut-il penser que jouent les désordres et surtout la mort violente

59. *Ibid.* : p.346.
60. *Ibid.* : p.346.
61. *Ibid.* : p. 350.
62. *L'asne* [1753], *in* Buffon [3], T. IV : resp. p. 382 et p. 381.
63. Voir *L'asne* [1753], *in* Buffon [3], T. IV.
64. *L'asne* [1753], *in* Buffon [3], T. IV : p. 377.

dans l'organisation des espèces? La *Seconde Vue de la Nature* (1765) et le chapitre des animaux domestiques y voient un facteur d'équilibration suscité par la vie qui se limite elle-même en se donnant des obstacles. Mais Buffon ne partagera pas cet optimisme compensatoire jusqu'à la fin de son œuvre. Lorsqu'il aborde l'*Histoire des Oiseaux* (1770), il va être amené à souligner davantage les ratés et les imperfections que l'ordre et les réussites, en particulier pour ce qui concerne les animaux primitivement apparus à la surface de la Terre, et symétriquement, pour les derniers arrivés. Ainsi, à l'article *Kamichi*, on voit une *«nature primitive»* où tout retrace *«l'image des déjections monstrueuses de l'antique limon»*;[65] de même, ces animaux édentés que l'on range parmi les paresseux sont des *«ébauches imparfaites, des monstres par défaut»*.[66] À supposer que l'on puisse maintenir l'ordre au plan de la Vie, l'histoire des vivants, elle, est l'histoire d'une altération et d'une décadence : trois conditions liées aux *«circonstances extérieures»* entraînent cette dégénération : les conditions climatiques, la nourriture et la domestication. Plus, il y a une condition interne à la vie même, qui tient au fait qu'un individu ne reproduit jamais sa propre copie. Il existe *«une dégénération plus ancienne et de tout temps immémoriale que celle causée par les altérations particulières et externes, qui paraît s'être faite dans chaque famille, ou, si l'on veut, dans chacun des genres sous lesquels on peut comprendre les espèces voisines et peu différentes entre elles»*.[67] Ainsi le vaste tableau ou le grand spectacle de l'ordre des espèces est-il brouillé par des interruptions, des désordres, des monstres, des ratés, de possibles dégénérescences. De même, dans l'univers physique, lorsque Buffon calcule le temps qu'il a fallu à la Terre pour atteindre son point de refroidissement actuel, il calcule le nombre d'années au terme desquelles s'installeront la glace et la mort, dans l'histoire des minéraux. De même encore, si, dans un espace cosmique médian, tant dans l'espace que dans le temps de la Terre, on constate des mouvements réguliers, les zones extrêmes sont affligées de défectuosités, les commencements, les fins et les limites sont désordonnés et monstrueux. Dans l'*Histoire naturelle des oiseaux*, Buffon évoque les grands quadrupèdes amphibies de la région des pôles : formes imparfaites et tronquées, incapables de figurer avec les modèles parfaits au milieu du tableau, et rejetées dans le lointain, sur les confins du monde.[68] On voit que, si la célèbre formule *«il semble que tout ce qui peut être est»* est souvent interprétée dans le sens de la logique du continu et du *«tout n'est pas possible»* (les imperfections ne peuvent se perpétuer), la relecture de son contexte nous autorise à la lire dans le sens du chapitre *De la dégénération des animaux* et de l'*Histoire naturelle des oiseaux* : il n'y a rien d'impossible; ni les imperfections, ni les ratés, ni les monstres ne sont exclus de la puissance de la nature :

«La main du créateur ne paraît pas s'être ouverte pour donner l'être à un certain nombre déterminé d'espèces; mais il semble qu'elle ait jeté tout-à-la-fois un monde d'êtres relatifs et non relatifs, une infinité de combinaisons harmoniques et contraires, et une perpétuité de destructions et de renouvellements. Quelle idée de puissance ce spectacle ne nous offre-t-il pas!»[69]

Ainsi la structure d'un éventuel système est-elle perturbée par ces variations; tant

---

65. *Le kamichi* [1780], in Buffon [5], T. VII : p. 337.
66. *L'unau et l'aï* [1765], in Buffon [3], T. XIII : p. 40.
67. *De la dégénération des Animaux* [1766], in Buffon [3], T. XIV : p. 335.
68. *Les oiseaux qui ne peuvent voler* [1770], in Buffon [5], T. I : pp. 394-397.
69. *Premier Discours : De la manière d'étudier et de traiter l'histoire naturelle* [1749], in Buffon [3], T. I : p. 11; dans le même sens, voir l'article sur *Le cochon*, in Buffon [3], t. V : pp 102-104.

du point de vue de la prodigalité actuelle de la Nature et de la répartition des espèces sur la Terre, que du point de vue de l'origine et de la formation des premiers individus, les variations accidentelles désignent autant de monstruosités. Maupertuis invoque le hasard, une combinaison fortuite, un accident, mais un accident qui se perpétue, des circonstances inattendues. Diderot invoque un jeu de dés lancés par la Nature. Buffon invoque une dégénération immémoriale et originaire. L'ordre de la théodicée n'était pas inquiété par les conceptions constituées de l'accident au XVIIᵉ siècle : ni par l'accident mécanique des anatomistes, ni bien sûr par la conception «*négative*» qu'en proposait Leibniz et qui faisait de l'accident une simple métamorphose, puisque «*tout va à l'infini dans la Nature*». Par contre, l'hypothèse de la permanence du type par le moule souple, autant parce qu'elle rend compte de la constance de la morphogenèse que de ses altérations, échappe à la conception de la matière mécaniquement agencée, et à la matière préformée et à l'atomisme. Plus, elle échappe à une philosophie de la matière qui suppose l'antagonisme entre mécanismes et vitalismes, si l'on remarque que l'opération d'organisation des corps est la résolution partielle et relative d'une situation de déséquilibre et de violence dans un dispositif renfermant des potentiels (forces organiques, forces attractives) et une certaine incompatibilité par rapport à lui-même (altérations, dégénérations, ratés, monstres). Le grand tableau ou le vaste spectacle que Buffon substitue au système se donne donc à interpréter comme un dispositif métastable que sa surtension (la violence et les désordres des commencements) fait basculer vers un état d'équilibre relatif, partiel et provisoire (il y a une mort possible des espèces et le refroidissement de la Terre est prévisible). Les structures affinitaires et analogiques que ce dispositif dissémine en faisceaux sont liées par une corrélation logique et non par une coordination substantielle.

D'après Condillac, dans le *Traité des animaux*, toutes les difficultés de la théorie de Buffon sont liées aux découpages, et Condillac se vante auprès de Buffon d'avoir l'avantage d'une méthode unitaire qui ne rencontre pas ces difficultés. Condillac, distinguant en effet trois sortes de systèmes, en condamne deux; ceux qui sont fondés sur des maximes générales ou abstraites et que l'on range parmi les «*systèmes abstraits*»; ceux qui sont constitués à partir des suppositions qu'on imagine pour expliquer les choses dont on ne saurait d'ailleurs rendre raison : ce sont des hypothèses. Enfin, les vrais systèmes, construits à partir des faits que l'expérience a recueillis, qu'elle a consultés et constatés. À quoi s'ajoute la définition proprement dite du système en métaphysique, reprise par l'*Encyclopédie* :

«Disposition des différentes parties d'un art ou d'une science, dans un état où elles se soutiennent toutes mutuellement, et où les dernières s'expliquent par les premières. Celles qui rendent raison des autres s'appellent principes et le système est d'autant plus parfait que les principes sont en plus petit nombre; il est même à souhaiter qu'on le réduise à un seul. Car de même que dans une horloge il y a un principal ressort duquel tous les autres dépendent, il y a aussi dans tous les systèmes un premier principe auquel sont subordonnées les différentes parties qui le composent.»[70]

Les "découpages" de Buffon l'empêchent d'atteindre cette définition : aux yeux de Condillac, tous les défauts d'une méthode analytique sont rassemblés chez Buffon qui construit des considérations et des échafaudages trop "mécaniques" : il éparpille et disperse tellement les ensembles qu'il ne peut pas regrouper les fragments.[71] Mais

70. Article *Système*, in *Encyclopédie*, [16], T. XV : pp. 777-781.
71. Il est intéressant de ce point de vue de remarquer qu'un étonnant malentendu fait de Buffon le précurseur de la tératologie et de la zoologie positives, aux yeux de leur fondateur Étienne Geoffroy

que sont précisément ces ensembles dissociés, et que sont ces fragments disséminés par le dispositif "mou" ou l'anti-système de Buffon? Quels objets, pour un anti-système? Certes les objets empiriques qui intéressent le naturaliste sont là, objets vivants d'une science vivante. Mais le "nouveau" dispositif de la "nouvelle" philosophie de Buffon s'en occupe fort peu. Les ensembles *théoriques* qui le constituent sont les molécules organiques, les forces organiques, les forces expansive et attractive, le moule souple, les altérations, les prototypes, la dégénération, l'espèce. Les fragments disséminés sont les images mortes de ces objets vivants, regroupés par analogies, inductions et métaphores. Un dispositif philosophique autonome organise des corrélations logiques entre ces éléments, à partir de modèles. L'ensemble ne nécessitant plus le recours au substantialisme ni à la clôture du Tout, il s'agit non d'un *système* mais d'une *enquête* sur la génération des formes; à partir des *images* fournies par l'*Histoire naturelle*. De ce point de vue, Buffon mériterait comme un éloge le titre de «*métaphysicien sans métaphysique*» que Dom Deschamps adresse à ses contemporains comme une insulte.

## BIBLIOGRAPHIE *

(1)†    BOURGUET (L.), *Lettres philosophiques sur la formation des sels et des crystaux et sur la génération et le mécanisme organique des plantes et des animaux.* Amsterdam, F. L'Honoré, 1729.

(2)†    BUFFON (G. L. Leclerc de), «Préface», *in La statique des végétaux et l'analyse de l'air* [1727], ouvrage de S. Hales traduit par Buffon, Paris, Debure l'Aîné, 1735, XVIII-408p : pp. iij-viij.

(3)†    BUFFON (G. L. Leclerc de), *Histoire naturelle, générale et particulière, avec la description du Cabinet du Roi*, Imprimerie Royale, 1749-1767, 15 vol.

(4)†    BUFFON (G. L. Leclerc de), *Histoire naturelle des oiseaux*, Paris, Imprimerie Royale, 1770-1783, 9 vol.

(5)†    BUFFON (G. L. Leclerc de), *Histoire naturelle, générale et particulière, servant de suite à.... Supplément*, Paris, Imprimerie Royale, 1774-1789, 7 vol.

(6)†    BUFFON (G. L. Leclerc de), *Histoire naturelle des minéraux*, Paris, Imprimerie Royale, 1783-1788, 5 vol.

(7)†    BUFFON (G. L. Leclerc de), *Les Époques de la Nature*, éd. critique établie et présentée par J. Roger. *In : Mémoires du Muséum National d'Histoire naturelle, Série C, Sciences de la Terre*, T. X (1962). Réimpression : Paris, Éditions du Muséum, 1988, CLII-343p.

(8)†    CHÂTELET-LOMONT (Mme G.E. du), *Institutions de physique*, Paris, Prault fils, 1740, XXI-450p.

(9)†    CLAVES (É. de), *Paradoxes ou Traittez philosophiques des pierres et pierreries*,

Saint-Hilaire : «*Du point de vue où nous apparaît notre immortel Buffon, nous serons assez avancés pour embrasser philosophiquement l'ensemble des faits naturels, les coordonner, les comparer et les ramener à des vues unitaires. Nous touchons sans doute à cette magnifique époque du progrès où déjà la proclamation de l'Unité de composition organique a conduit à la formule plus exacte, au sentiment et au développement de la pensée de Buffon, que le monde extérieur, considéré dans son ensemble est un tout infiniment varié dans la multitude de ses parties diversement coordonnées. Cette grande unité, abstraction que Buffon ne fit qu'entrevoir, est devenue l'une des pensées dominantes de notre âge scientifique, et celle autour de laquelle se rallient tous les naturalistes progressifs.*» (Geoffroy Saint-Hilaire [18] : pp. 70-71).

* Sources et études. Les sources sont distinguées par le signe †.

*contre l'opinion vulgaire*, Paris, Veuve P. Chevalier, 1635.

(10)† CONDILLAC (E. Bonnot de), *Traité des systèmes* [1749], *in Œuvres philosophiques de Condillac*, publ. par G. Leroy, Paris, Presses Universitaires de France, T. I.

(11)† DAGOGNET (F.), *Le catalogue de la vie : Étude méthodologique sur la taxinomie*, Paris, Presses Universitaires de France, 1970.

(12)† DESCHAMPS (Dom L.-M.), *La voix de la raison contre la raison du temps, et particulièrement contre celle del'auteur du Système de la Nature, par demandes et réponses*, Bruxelles, chez Georges Frick, 1770, 103p.

(13)† DESCHAMPS (Dom L.-M.), *La Vérité ou le Vrai Système* [circa 1773], manuscrit déposé à la Bibliothèque municipale de Poitiers (Ms. <145> 200), et contenant en particulier: «Tentatives sur quelques-uns de nos philosophes au sujet de la vérité, ... 3 : –Correspondance avec M. Robinet, auteur du livre intitulé *La Nature*».

(14)† DESCHAMPS (Dom L.-M.), *Observations métaphysiques, manuscrit déposé à la bibliothèque de Poitiers* (Ms. <397> 290, cinquième cahier)..

(15) DUCHESNEAU (F.), *La Physiologie des Lumières: empirisme, modèles et théories*, La Haye, Martinus Nijhoff, l982.

(16)† *Encyclopédie, ou Dictionnaire raisonné des sciences, des arts et des métiers...*, Paris, Briasson et al. (1751-1765, 17 vol.)

(17)† GASSENDI (P.), *Syntagma philosophicum, complectens logicam, physicam et ethicam*, *in Opera omnia* (6 vol. in fol.), Lyon, Laurent Anisson et J.B. Devenot, 1658, vol. I & II.

(18)† GEOFFROY SAINT-HILAIRE (É.), *Fragments autobiographiques, précédés d'études sur la vie, les ouvrages et les doctrines de Buffon*, Paris, Pillot [1838].

(19)† HOLBACH (P.-H.-D. Thiry d'), *Système de la Nature ou : Des lois du monde physique et du monde moral, par M. Mirabaud*, Londres, 1770, 2 vol.

(20) IBRAHIM (A.), «Maupertuis et le Nègre blanc», *Revue de l'enseignement philosophique*, 38, n°1 (sept.-oct. 1987) : pp. 3-16.

(21)† LEIBNIZ (G.W.), *Nouveaux Essais sur l'entendement humain* [1703-1704], publication posthume, *in Œuvres philosophiques latines et françaises de M. Leibniz*, R.E. Raspe éd., Amsterdam et Leipzig, 1764.

(22)† LEIBNIZ (G.W.), *Correspondance Leibniz-Clarke*, Paris, Presses Universitaires de France, 1957.

(23)† LUCRÈCE, *De rerum natura*.

(24)† MAUPERTUIS (P.M. Moreau de), *Dissertatio inauguralis metaphysica de universali naturae systemate*, Thèse soutenue à Erlangen sous le pseudonyme de 'Dr Baumann' [1751]. Traduit en français sous le titre *Essai sur la formation de corps organisés* [1754], puis *Système de la Nature* [1756]. Cit. *in Œuvres*, Lyon, J.-M. Bruyset, 1756, 4 vol.

(25) ROBINET (A.), *Architectonique disjonctive, automates systémiques et idéalité transcendantale dans l'œuvre de G.W. Leibniz*, Paris, Vrin, 1986.

(26) ROBINET (A.), «Le concept de demi-lumière : Deschamps, Diderot et Hegel», *in Dom Deschamps et sa métaphysique*, Paris, Presses Universitaires de France, 1974.

(27) ROBINET (A.), «Place de la polémique Maupertuis-Diderot dans l'œuvre de Dom Deschamps», *in Actes de la Journée Maupertuis* (Créteil, 1er décembre 1973), Paris, Vrin, 1975 : pp. 33-47.

(28) ROGER (J.), *Les Sciences de la Vie dans la Pensée française du XVIIIe siècle*, Paris, A. Colin, 1963.

(29) SVAGELSKI (J.), *L'idée de compensation en France, 1750-1850*, Lyon, L'Hermès, 1981.

# III

## *LA MÉTHODE,*
## *ET L'IMAGE DE LA NATURE*

## 14

#32747

# BUFFON ET L'INTRODUCTION DE L'HISTOIRE DANS L'HISTOIRE NATURELLE

Jacques ROGER *

Depuis le début du XIX<sup>è</sup> siècle, la notion d'histoire de la nature a envahi le champ de l'histoire naturelle. Le processus a été long et compliqué, et le statut présent de l'histoire dans les sciences de la nature n'est pas aussi clair qu'on pourrait le souhaiter, même s'il est vrai que la notion d'évolution s'y est généralement imposée, depuis la cosmologie jusqu'à la biologie moléculaire.

Tout le monde s'accorde à dater de la fin du XVIII<sup>è</sup> siècle cette introduction de l'histoire, et à considérer Buffon comme un des principaux acteurs de cette transformation des sciences naturelles. Il n'est donc pas question ici de faire des révélations inattendues, mais seulement d'examiner les étapes et les modalités de ce phénomène. Je n'entreprendrai pas non plus une discussion théorique de la notion même d'histoire, qui a eu elle-même une histoire longue et compliquée. Je me contenterai de préciser, chemin faisant, les distinctions nécessaires et les différents modèles d'histoire mis en œuvre.

## BUFFON ET L'HISTOIRE DE LA SCIENCE

Je voudrais commencer par une remarque préliminaire. On n'a peut-être pas assez mis en évidence la place faite par Buffon à l'histoire des sciences, en particulier dans le *Premier Discours* de 1749, dans les *Preuves de la théorie de la Terre* et dans l'*Histoire des animaux*. Ce recours à l'histoire des théories ou des observations a souvent une intention polémique, soit directement, comme dans les textes où Buffon ridiculise les théories de la terre qui font intervenir le Déluge biblique, soit indirectement, dans le *Premier Discours* et, un peu plus loin, à propos du grand problème de la génération des êtres vivants. Et ici, le rôle de l'histoire est plus complexe et plus intéressant.

Buffon remonte jusqu'à Platon et Aristote, auxquels il ajoute Pline dans le *Premier Discours*. Il saute ensuite jusqu'à Aldrovandi, qu'il critique dans le *Premier Discours*, et, dans l'histoire de la génération, à Fabrice d'Acquapendente et à Harvey, qu'il étudie longuement. Après Harvey, il cite presque tous les auteurs qui ont écrit sur la question. Ce qui frappe dans ce dernier exposé historique, c'est le recours aux textes originaux, avec leur date exacte, la précision des analyses, la fréquence des citations textuelles. Tout semble prouver une lecture directe et personnelle des textes.

* Département d'Histoire, Université de Paris I. 17, rue de la Sorbonne. 75231 Paris. FRANCE. Décédé en 1990.

*BUFFON 88*, Paris, Vrin, 1992.

Deux points sont importants : d'une part, Buffon utilise les textes du XVII<sup>è</sup>
siècle, en particulier ceux de Harvey, de Malpighi et de Leeuwenhoek, contre les
idées de ses contemporains, et contre l'emploi qu'on en faisait de son temps. Cela
est particulièrement vrai des textes de Malpighi et de Leeuwenhoek, auxquels
Buffon restitue leur caractère originel et original. Le second point, c'est que Buffon
établit une continuité de la pensée biologique depuis Aristote jusqu'à lui. Ce n'est
pas qu'il nie le progrès de la science. Il dénonce les défauts d'Aldrovandi et sait que
les observations de Malpighi sont supérieures à celles de Harvey, parce que
Malpighi utilise le microscope. Mais, s'il y a progrès, il n'y a pas rupture.

Or il est à peine besoin de rappeler que Buffon s'oppose ici à presque tous ses
contemporains. Eux aussi admettent que la science se construit progressivement et
régulièrement, mais cette construction progressive n'a commencé, selon eux,
qu'après une révolution scientifique qui a imposé la méthode de la vraie science,
c'est-à-dire d'une science anti-aristotélicienne. Dans le conflit des Anciens et des
Modernes, ils sont résolument du côté des Modernes. S'il y a désaccord entre eux,
c'est sur la date de la révolution et son auteur. Pour Fontenelle, il faut l'attribuer à
Descartes. Pour d'Alembert, à Newton. Pour Réaumur, au succès de l'esprit
d'observation, caractéristique de *«notre âge»*. En réintroduisant l'autorité
d'Aristote, Buffon va à contre-courant. Sans nier l'existence d'une histoire, voire
d'un progrès, de la connaissance scientifique, il refuse implicitement l'idée d'une
révolution scientifique fondatrice et présente une version continuiste du progrès des
connaissances. Version continuiste que nous retrouvons dans tous les aspects de
l'histoire qui apparaissent dans son œuvre.

Encore faut-il noter que cette attitude correspond à une épistémologie. Buffon ne
se contente pas de *«prendre le bon partout où il le trouve»,* comme il l'aurait dit à
Duhamel du Monceau. Il ne croit surtout pas qu'on puisse bâtir une théorie sur
quelques observations nouvelles. Une théorie doit rassembler et expliquer tous les
faits connus, d'où ils viennent. Certes, toutes les observations ne se valent pas, et il
faut en faire la critique. Mais on ne peut négliger des faits établis, sous prétexte
qu'ils le sont depuis longtemps. Lamarck aura la même attitude, qui revient à
donner la priorité au pouvoir explicatif de la théorie.

### TEMPS ET HISTOIRE DE LA NATURE AU DÉBUT DU XVIIIème SIÈCLE

Classiquement, la notion d'histoire, entendue comme succession d'événements
irréversibles, est liée à l'expérience humaine : l'homme va irrévocablement de la
naissance à la mort, et le destin des empires ou des civilisations est conçu sur le
même modèle, de Bossuet à Spengler ou Toynbee. Au contraire, la nature échappe à
l'histoire. Les mouvements astronomiques et les saisons suivent des cycles immuables, et l'opposition entre la permanence de la Nature et *«l'inconstance»* de
l'homme est un lieu commun poétique, que le XVII<sup>è</sup> siècle baroque a élevé à la dignité de thème philosophique et théologique. Pour les êtres vivants autres que
l'homme, l'individu ne compte pas et l'espèce représente la permanence : c'est un
lieu commun depuis Aristote. C'est donc elle qui sera objet de la science, et d'abord
de classification, car c'est elle qui représente l'ordre immuable de la Nature.

Reste un problème qui est d'abord philosophique, mais qui va progressivement
devenir scientifique, celui de l'origine de cet ordre. Dans l'univers éternel
d'Aristote, la question ne se pose pas. La seule question qui se pose, c'est celle du

maintien global de l'ordre à travers toutes les fluctuations locales et cycliques. L'univers d'Aristote exclut l'histoire, et il importe de le noter, car ce sera un des points de départ de Buffon. La question de l'origine se pose, par contre, chez Platon et chez Lucrèce, et l'on connaît leur réponse. Pour Platon, un ordre idéal a été imposé à la matière par un démiurge; pour Lucrèce, le *«concours fortuit des atomes»,* comme disait Robert Boyle, a produit par hasard des configurations stables. Mais il n'est pas sûr que l'ordre platonicien soit durable dès lors qu'il est engagé dans la matière : il y a dégradation nécessaire, et c'est encore une idée que nous retrouverons chez Buffon. Lucrèce est plus ambigu : il semble admettre la stabilité de l'ordre une fois réalisé,[1] mais évoque aussi la possibilité de mondes successifs, à la manière des Stoïciens, ce qui implique une dissolution possible, sinon nécessaire, de l'ordre établi.[2]

La pensée chrétienne pose l'existence d'un Dieu à la fois créateur et ordonnateur de l'Univers mais, dès les premiers Pères de l'Église, il est possible de distinguer deux traditions à propos de la "mise en ordre" du monde. Pour les uns (École d'Alexandrie, Philon, Clément, Origène, Saint Augustin), la Création a été instantanée et complète. Saint Augustin cite le livre de l'Ecclésiaste, avec un faux sens qu'il doit à Saint Jérôme : *«Qui vivit in aeternum creavit omnia simul».* Formule souvent citée à la fin du XVIIè siècle, et en particulier par les naturalistes. L'autre tradition, qui vient des Pères Cappadociens du IVè siècle, s'appuie sur les six jours de la Genèse, diversement interprétés, pour défendre l'idée d'une mise en ordre progressive de la Création. Il est dès lors possible d'imaginer que cette mise en ordre s'opère par des moyens naturels.

Ce sont en fait ces deux modèles qui se partagent la pensée du XVIIè siècle. L'idée d'une mise en ordre progressive et "naturelle" est souvent présente, surtout dans la première moitié du siècle. À partir du premier verset de la Genèse, Van Helmont esquisse une cosmogenèse chimique, où les éléments se forment par transmutation de l'eau primitive. La cosmogenèse cartésienne feint d'ignorer la Bible et réduit l'acte créateur primitif au minimum, la création de la matière et du mouvement. Le reste de la mise en ordre du monde relève de la physique.[3] Encore faut-il noter que cette mise en ordre est dirigée par les "lois du mouvement" qui, pour être des "lois de nature", n'en sont pas moins dictées par Dieu. La Nature ne crée pas l'ordre, car l'ordre est l'ordre des lois, et les structures visibles ne sont que le produit de processus réglés par ces lois. La dépendance à l'égard de Dieu est tout aussi complète que dans le cas d'une création immédiatement achevée. Simplement, et cela n'est pas négligeable, elle est d'ordre métaphysique et laisse donc une place à une "science" de la genèse des structures. D'autre part, Descartes n'oublie pas la Bible autant qu'il veut le laisser croire, et l'explication qu'il donne de la formation de la Terre laisse opportunément place à une catastrophe qui ressemble fort au Déluge biblique. Point capital sur lequel nous reviendrons. Enfin, en tout cela, il s'agit de *genèse* plutôt que d'*histoire*, dans la mesure où la description des événements passés nous conduit à la situation actuelle et ne laisse nullement prévoir des transformations ultérieures.[4]

---

1. Cf. Lucrèce [9], chant I, vers 1027-1030.

2. *Ibid.*, vers 1102-1110.

3. Cf. Descartes [6], 3ème et 4ème parties. Sur les problèmes de la théorie de la Terre au XVIIè siècle, cf. Roger [12].

4. Cf. Gohau [7] : p. 61.

À mesure que le siècle s'avance, les progrès de la philosophie mécaniciste imposent de plus en plus l'image de la Nature comme mécanisme d'horlogerie, qui doit nécessairement être complet, achevé et immuable pour pouvoir fonctionner, et ne peut que transmettre passivement l'impulsion première qu'il a reçue. Le modèle augustinien d'une Création instantanée et complète s'impose, et beaucoup plus rigide que chez Saint Augustin lui-même. Les théologiens s'en emparent avec empressement, oubliant opportunément qu'il contredit la lettre même de la Genèse. Le créationnisme fixiste va permettre le développement de la "théologie naturelle" qui régnera pendant toute la première moitié du XVIIIè siècle. De Robert Boyle à John Keill et à Voltaire, Descartes se voit reprocher d'être au moins un fauteur d'athéisme. L'ordre du monde n'est plus essentiellement l'ordre des lois, mais l'ordre des structures immuables, telles que Dieu les a voulues et créées. Avec des nuances qu'il n'est pas nécessaire d'analyser ici, la pensée de Newton, surtout après 1700, s'inscrit dans ce schéma général. Il faudrait consacrer une étude particulière à la pensée de Leibniz en ce domaine, mais elle ne jouera un rôle visible qu'à la fin du XVIIIè siècle et il semble que Buffon n'y a pas prêté attention. Nous pouvons donc dire, généralement parlant, qu'au début du siècle, il n'y a pas d'histoire de la Nature : entre la Création et la fin des temps, l'univers est aussi immuable que celui d'Aristote.

Un domaine scientifique semble pourtant résister à cette vision de la Nature, et c'est la théorie de la Terre. La géogonie cartésienne impliquait une succession irréversible d'événements, et Nicolas Sténon, en 1669, donne à ce modèle général une base précise en établissant les principes de la chronologie stratigraphique, grâce à laquelle les fossiles deviennent des documents historiques. Paradoxalement, du moins à nos yeux, le récit de la Genèse joue un rôle important dans cette naissance d'une histoire de la Terre. Descartes, nous l'avons dit, avait ménagé dans sa géogonie une catastrophe physique fort semblable au Déluge. Thomas Burnet, en 1681, donne à la "fable" cartésienne un caractère historique en s'appuyant sur le témoignage de la Genèse et d'autres cosmogonies antiques. Attesté par ces textes, le Déluge est expliqué d'autre part par un phénomène physique, le dessèchement progressif de la croûte terrestre sous l'action de la chaleur solaire. En outre, les mêmes causes produisant les mêmes effets, ce processus de dessèchement est toujours à l'œuvre et doit provoquer un jour l'embrasement final de notre globe, tel que l'Écriture le prédit. Burnet ne semble pas gêné par cette coïncidence d'une nécessité physique et d'une nécessité théologique. Sans doute y voit-il ce que Leibniz appelle le «*parallélisme harmonique des règnes de la nature et de la grâce*».[5]

Le succès de Burnet a été si considérable que les newtoniens, malgré leurs critiques, lui ont emboîté le pas, mais à leur manière : Whiston et Woodward publient à leur tour des histoires de la Terre où le Déluge biblique, expliqué par des causes physiques, joue un rôle central.[6] Une différence considérable les sépare cependant de Burnet : les causes physiques du Déluge ne relèvent plus chez eux du déterminisme des processus naturels, mais de la libre volonté de Dieu qui intervient ainsi directement dans l'histoire de la Terre. Idée qui n'a rien d'étrange dans la philosophie newtonienne. Il y a toujours histoire, et temporalité irréversible, mais

5. Burnet [5] et Leibniz [8] : p. 114.
6. Voir Whiston [13] et Woodward [14].

cette histoire est en fait indépendante de la causalité naturelle. Les théories diluvianistes qui se succéderont au XVIII<sup>è</sup> siècle, et en particulier celle de Bourguet en 1729,[7] bien connue de Buffon, n'échapperont pas à cette ambiguïté.

De toute manière, le modèle historique se trouve lié à l'idée de la création, qui pose le commencement de l'histoire, et secondairement à la perspective de l'anéantissement final, qui en marquera le terme. Ceux qui, pour des raisons philosophiques, refusent l'idée de création, doivent admettre l'éternité de l'univers, ou au moins de la matière. Le seul moyen pour eux d'intégrer un modèle historique, que l'étude des fossiles et de la stratigraphie impose de plus en plus, c'est le modèle cyclique. L'histoire que reconstitue la théorie de la Terre n'est qu'une phase d'un cycle éternel, qui doit être suivie d'une phase de signe contraire pour que le cycle puisse recommencer. C'est la solution proposée par le *Telliamed* de Benoît de Maillet, que Buffon a connu bien avant sa publication en 1748. Notons au passage que le modèle cyclique sera adopté, pour les mêmes raisons, par Herbert Spencer au XIX<sup>è</sup> siècle, et se trouve défendu aujourd'hui, en face de la cosmogonie du "big-bang", par ceux qui refusent d'y voir un commencement absolu : si notre univers est dans une phase d'expansion, cette phase a dû être précédée d'une phase de contradiction, et le cycle peut ainsi se répéter indéfiniment.

Si sommaire que soit cet exposé, il nous permet cependant de voir les choix qui s'offrent à Buffon en 1739, quand il se consacre à l'étude de l'histoire naturelle. Pour la plupart des naturalistes, l'étude du vivant ignore la temporalité, et même le temps du développement embryologique est supprimé par la théorie des germes préexistants. La théorie de la Terre offre un modèle historique, mais à forte tonalité religieuse. Les choix de Buffon auront nécessairement valeur philosophique autant que scientifique.

### BUFFON EN 1749

Le discours *De la manière d'étudier et de traiter l'histoire naturelle* qui ouvre le premier volume de l'*Histoire naturelle* ne contient aucune allusion à une histoire possible de la Nature, ni même au rôle du temps dans les processus naturels. Et la *Théorie de la Terre* qui le suit est résolument non historique. Buffon ne nie pas la temporalité des phénomènes géologiques, ni même leur très longue durée :

«Nous ne pouvons juger que très imparfaitement de la succession des révolutions naturelles (...) il nous manque de l'expérience et du temps; nous ne faisons pas réflexion que ce temps qui nous manque, ne manque point à la Nature».[8]

Ce qu'il refuse, c'est l'irréversibilité. L'histoire de la Terre est cyclique. La phase du cycle à laquelle nous assistons actuellement est marquée par l'érosion des continents et le dépôt des sédiments au fond des mers. Dans la phase précédente, nos continents formaient le fond des mers et le fond des mers actuelles constituaient les terres émergées. À la fin de la phase actuelle, on retournera à la situation précédente, même si Buffon est incapable de préciser par quel mécanisme. Dans la conclusion de la *Théorie de la Terre*, Buffon l'annonce clairement :

«Ce sont les eaux du ciel qui peu à peu détruisent l'ouvrage de la mer, qui rabaissent continuellement la hauteur des montagnes, qui comblent les vallées, les bouches des fleuves

---

7. Bourguet.[1].

8. *Preuves de la théorie de la Terre, Conclusion* [1749], *in* Buffon [2], T. I : p. 612.

et les golfes, et qui ramenant tout au niveau, rendront un jour cette terre à la mer, qui s'en emparera successivement, en laissant à découvert de nouveaux continents entrecoupés de vallons et de montagnes, et tout semblables à ceux que nous habitons aujourd'hui».[9]

Ce que Buffon retrouve ici, c'est le modèle des *Météorologiques* d'Aristote, même si les phénomènes en cause ont infiniment plus d'ampleur. Les raisons de ce choix sont multiples : volonté de ne faire intervenir que des causes actuellement observables, et donc refus des catastrophes invoquées dans les modèles historiques, surtout lorsqu'il s'agit du Déluge biblique auquel Buffon, par principe, refuse tout rôle dans la formation du relief actuel de la Terre. L'action continue des causes suppose la continuité des processus, auxquels il serait arbitraire d'attribuer un commencement absolu sur lequel l'observation ne peut rien nous apprendre. La science ne peut parler que du présent et ne peut rien dire sur les origines. On est donc ramené à l'alternative : création ou éternité. Buffon opte apparemment pour l'éternité, sans toutefois le dire clairement, et ce choix philosophique le rapproche du *Telliamed*.

L'*Histoire des animaux* n'est pas plus favorable à l'histoire que la *Théorie de la Terre*. Elle pose en principe que la seule réalité, c'est l'espèce, qui se définit par sa reproduction, c'est-à-dire par sa perpétuité. Les *«molécules organiques»* sont en nombre limité et circulent perpétuellement d'organismes en organismes. Buffon n'aborde pas la question des origines : on ne sait comment sont apparus ni les premiers *«moules intérieurs»* qui dirigent la reproduction, ni les *«molécules organiques»* elles-mêmes. Ici encore, nous sommes très près d'Aristote, si nous admettons que le "moule intérieur" joue un rôle comparable à celui de la "forme". Mais nous sommes aussi très près de Newton, et le cycle des générations est aussi immuable que les révolutions des planètes. Les individus peuvent avoir une histoire; les espèces n'en ont pas.

Ce point est mis paradoxalement en relief par la question des "variétés" dans l'espèce, et de leur origine. Comme on le sait, Buffon aborde pour la première fois la question dans l'*Histoire naturelle de l'homme*, et, comme on le sait aussi, il attribue les *«variétés dans l'espèce humaine»* à l'action des climats. Mais, d'une part, ces variétés restent à l'intérieur des limites imposées par le "moule intérieur", et donc à l'intérieur de l'espèce. Et surtout, ces variations sont toujours réversibles : *«Si l'on transportait des Nègres dans une province du nord, leurs descendants à la huitième, dixième ou douzième génération seraient beaucoup moins noirs que leurs ancêtres, et peut-être aussi blancs que les peuples originaires du climat froid où ils habiteraient»*.[10] Il n'y a donc pas d'histoire irréversible de l'espèce humaine.

Ce que Buffon exclut de son histoire naturelle, c'est le problème de l'origine et l'irréversibilité qu'il entraîne. Il se contente de prendre l'ordre du monde tel qu'il est. Mais l'idée même qu'il se fait de cet ordre est ambiguë. Dans la mesure où il s'intéresse surtout à sa "reproduction", qu'il s'agisse du vivant ou du relief terrestre, il s'intéresse plus aux processus qui assurent cette reproduction qu'aux structures qui sont ainsi reproduites. En ce sens, il se rapproche de Descartes et rend à la causalité naturelle une importance que ses contemporains tendaient à lui refuser. Qu'il conçoive cette causalité sur le modèle de la causalité physique ne peut que l'encourager à considérer les phénomènes comme réversibles. Mais la recherche de

---

9. *Théorie de la Terre* [ad finem] [1749], *in* Buffon [2], T. I : p. 124.
10. *Variétés dans l'espèce humaine* [1749], *in* Buffon [2], T. III : pp. 523-524.

la causalité naturelle peut conduire plus loin qu'il ne pensait peut-être.

Et c'est sans doute ce qui permet de comprendre pourquoi, dans la première *«Preuve»* de la *Théorie de la Terre*, Buffon semble soudain changer de modèle et pose la question de la formation des planètes, c'est-à-dire de l'origine du système solaire et de l'ordre que nous y découvrons. On sait que, pour Newton, la perfection de cet ordre excluait une origine "naturelle", c'est-à-dire due au hasard. Il fallait donc admettre que Dieu eût directement créé cet ordre et, en particulier, communiqué aux planètes la vitesse tangentielle maintenant le système en équilibre.[11] C'est cette conclusion que Buffon refuse, pour des raisons clairement philosophiques :

«Une seule chose arrête, et est en effet indépendante de cette théorie, c'est la force d' *impulsion* (...) Cette force d'impulsion a certainement été communiquée aux astres en général par la main de Dieu, lorsqu'elle donna le branle à l'Univers; mais comme on doit, autant qu'on peut, en Physique, s'abstenir d'avoir recours aux causes qui sont hors de la Nature, il me paroît que dans le système solaire on peut rendre raison de cette force d'impulsion d'une manière assez vraisemblable, et qu'on peut en trouver une cause dont l'effet s'accorde avec les règles de la Méchanique.»[12]

Texte remarquable à bien des égards, et d'abord parce qu'il substitue la question de *«l'impulsion»*, qui suppose une cause, à celle de la *«vitesse tangentielle»*, simplement conservée par inertie. On sort donc de la simple observation des phénomènes actuels. Ensuite, et surtout, par la contradiction que semble contenir la seconde phrase, qui affirme à la fois que Dieu a *«donné le branle»* à l'Univers et que l'on doit néanmoins, *«autant qu'on peut»*, chercher une cause naturelle à l'ordre du système solaire. Le *«mais»* qui sépare les deux propositions introduit en fait la coupure entre la métaphysique et la science, coupure renforcée par le *«autant qu'on peut»*, qui exclut la question de l'origine première, et va commander une méthode.

Car il ne s'agit pas de recommencer une cosmogonie à la manière de Descartes. Buffon semble appliquer à sa manière le principe newtonien de la *vera causa* [13] : il cherche une cause possible et suffisante aux régularités observées dans le système des planètes. Il ne peut rien dire de l'origine des comètes, qui ne présentent pas de régularités comparables : il faut chercher *«autant qu'on peut»*, mais pas plus. Le choc tangentiel d'une comète qui aurait arraché au Soleil la matière des planètes est une cause *possible* : les comètes sont des astres très denses, et beaucoup passent très près du Soleil. C'est aussi une cause *suffisante* pour expliquer les régularités observées (à condition de négliger certains problèmes difficiles de mécanique céleste).

Buffon semble donc utiliser la même méthode que dans la *Théorie de la Terre* : expliquer le présent par des événements passés. Cependant les différences sont notables. Dans la *Théorie de la Terre*, les causes qui ont agi dans le passé sont toujours observables, ce qui n'est pas le cas de la collision de la comète et du Soleil. L'explication de la formation des planètes a donc valeur d'hypothèse et non de théorie, comme Buffon le souligne. Mais surtout, il s'agit d'un événement unique, qui a créé une situation nouvelle et irréversible. Même si une nouvelle collision semblable

---

11. Cf. Scholie général à la fin de Newton [10], ajouté dans la 2ème éd. de 1713, et lettres à Bentley, 1692-1693. Dans certains textes, Newton semble admettre de plus que les planètes ont tendance à ralentir et que Dieu doit les relancer.

12. *Preuves de la théorie de la Terre, art. I* [1749, *in* Buffon [2], T. I : pp. 131-132.

13. Cf. règle I des *Regulae philosophandi, in* Newton [10], début du livre III.

venait à se produire –et Buffon n'évoque pas cette possibilité–, les planètes ainsi formées devraient entrer dans un système planétaire déjà existant.

L'explication de la formation des planètes présente donc des caractéristiques très particulières. Dans un monde strictement ordonné, un tel accident ne devrait pas se produire, ou bien il faudrait lui chercher des causes, par exemple, en imaginant que la trajectoire de la comète ait été perturbée par l'attraction d'une autre. Des "circonstances" locales complexes pourraient ainsi provoquer un phénomène dont le caractère aléatoire ne serait qu'apparent. Buffon n'en dit rien, et se contente d'évaluer la probabilité d'un accident qui semble relever du pur hasard. Le hasard occupe ainsi logiquement la place d'une intervention divine, en introduisant un événement extérieur à l'ordre des lois. Le hasard de Buffon utilise la comète comme le Dieu de Whiston. Seule la finalité a disparu.

Mais l'intervention d'un accident aléatoire change en fait le statut même des lois de la nature. Au lieu d'expliquer seulement le fonctionnement du système solaire, comme chez Newton, la loi de la gravitation universelle en règle maintenant la formation, comme elle le fera chez Laplace (mais Laplace ne fera pas intervenir le hasard). L'ordre des lois l'emporte ici aussi sur l'ordre des structures.

Dans un univers cyclique, la formation des planètes introduit donc un événement unique qui est un commencement absolu, mais pour une seule des structures innombrables de l'univers. Cet événement est fortuit, possible, voire probable, mais imprévisible. Cependant, ce commencement absolu a une valeur logique ou épistémologique, mais non historique. Buffon n'établit aucune continuité entre cette formation des planètes et l'histoire cyclique de la Terre qui devrait normalement la continuer. En ce sens, il ne substitue pas son hypothèse à la théorie de Leibniz, qui supposait que la Terre avait été une étoile, qui s'était éteinte et refroidie.

«Le grand défaut de cette théorie, dit Buffon, c'est qu'elle ne s'applique point à l'état présent de la Terre, c'est le passé qu'elle explique, et ce passé est si ancien et nous a laissé si peu de vestiges qu'on peut en dire tout ce qu'on voudra».[14]

Si l'hypothèse de Buffon ne prête pas le flanc à la même critique, c'est qu'elle ne prétend pas s'appliquer *«à l'état présent de la Terre»*. Ainsi, les domaines restent séparés. Mais qu'il soit un jour prouvé que cette origine hypothétique du globe terrestre a laissé des traces actuellement observables sur la Terre même, et l'hypothèse deviendra théorie. Ce jour-là, il faudra bien introduire l'histoire.

### LA MODIFICATION DES FORMES VIVANTES : DU RÉVERSIBLE À L'IRRÉVERSIBLE

Après 1749, Buffon abandonne la théorie de la Terre et se consacre à la zoologie. Au fil de l'*Histoire naturelle des quadrupèdes* (1753-1767) et de l'*Histoire naturelle des oiseaux* (1770-1783), une réflexion constante se développe sur les notions d'espèce, de genre, de famille, de variété. Sans pouvoir la suivre dans le détail, nous nous contenterons d'en signaler les tendances et les résultats majeurs.[15]

La définition de l'espèce par l'interfécondité est conservée, et la permanence de l'espèce est toujours assurée par le *«moule intérieur»*. Cependant, comme Buffon découvre de plus en plus de cas d'hybridation féconde entre formes voisines, la

---

14. *Preuves de la Théorie de la Terre, art. V* [1749], in Buffon [2], T. I : p. 196.
15. Sur cette évolution de la pensée de Buffon, cf. Roger [11] : pp. 566-577.

notion d'espèce biologique tend à s'élargir jusqu'à correspondre, dans certains cas, au genre ou à la famille. Dès lors, c'est la "variété", définie par des particularités morphologiques, géographiques ou éthologiques, qui prend valeur d'espèce zoologique. Le problème qui se pose désormais est celui de l'ampleur des variations possibles à l'intérieur de l'espèce biologique, et surtout de leur réversiblité.

La question se pose d'abord à propos des animaux domestiques. À partir d'une espèce naturelle unique, l'homme a fabriqué des espèces domestiques zoologiques différentes. Les recherches expérimentales menées sur les chèvres et les brebis montrent qu'entre ces deux espèces, les règles d'interfécondité sont très complexes. On peut, par croisement, obtenir *«une espèce de mouflon»*, c'est-à-dire, remonter peut-être au type originel. Mais on n'y parvient que par hybridation. Si les *«conditions d'existence»* imposées par la domestication à l'espèce sauvage ont pu produire les espèces domestiques, Buffon ne semble pas croire qu'un retour à la vie sauvage assurerait "naturellement" le retour à la forme d'origine. Autrement dit, les modifications introduites par la domestication sont probablement irréversibles.

Le problème est étudié dans toute son ampleur, et pour tous les animaux, dans le célèbre discours *De la dégénération des animaux*, publié en 1766. Buffon y part des variétés dans l'espèce humaine, dont il continue à affirmer qu'elles sont réversibles.[16] Renoncer à cette affirmation serait renoncer à l'unité de l'espèce humaine, que Buffon tient à défendre pour toutes sortes de raisons. Mais les animaux résistent moins que l'homme à l'action du climat ou de la domestication qui a introduit des *«altérations si grandes et si profondes»* que l'espèce d'origine peut être difficilement reconnaissable.[17] Il faut enfin envisager une *«dégénération plus ancienne et de tout temps immémoriale (...) qui paroît s'être faite dans chaque famille»* et qui a produit des espèces différentes à partir d'une *«souche principale et commune».*[18]

Buffon reconstitue ainsi un certain nombre de ces familles. Le cheval, le zèbre et l'âne en forment une; une autre rassemble l'élan, le renne, le cerf, l'axis, le daim et le chevreuil; une autre encore, le chien, le loup, le renard, le chacal et l'isatis; etc. Au total, 200 espèces de quadrupèdes sont ramenées à 38 types primitifs. Et cette fois, aucune réversibilité n'est envisagée.

Sans doute faut-il noter qu'il s'agit plus de classification que d'histoire. Buffon, qui a tant critiqué les classificateurs, offre ici une classification qu'il juge naturelle, parce qu'elle est fondée sur la communauté d'origine et non sur tel ou tel caractère morphologique arbitrairement choisi. Théoriquement, la preuve de l'appartenance de deux espèces à la même famille devrait être apportée par des expériences d'hybridation. Hormis un ou deux cas, ces expériences n'ont jamais été faites, et ce sont les ressemblances morphologiques qui sont utilisées. Les découvertes paléonto-logiques déjà faites à cette époque ne sont pas mentionnées. Néanmoins, le seul fait d'admettre des variations irréversibles dans les formes vivantes conduit Buffon à l'idée d'une histoire de la Nature. Après avoir énuméré les 38 types primitifs, il ajoute :

«Quoique ce ne soit point là l'état de la Nature telle qu'elle nous est parvenue, et que nous l'avons représentée, que ce soit au contraire un état beaucoup plus ancien, et que nous ne pouvons guère atteindre que par des inductions et des rapports presque aussi fugitifs que le

16. *De la dégénération des animaux* [1766], *in* Buffon [2], T. XIV : pp. 313-314.
17. *Ibid*:: p. 317.
18. *Ibid.*: p. 335.

Temps qui semble en avoir effacé les traces; nous tâcherons néanmoins de remonter par les faits et par les monumens encore existans à ces premiers âges de la Nature, et d'en présenter les époques qui nous paroîtront clairement indiquées».[19]

Il s'agit bien là d'un projet historique, et l'on a pu légitimement voir dans cette phrase l'annonce des *Époques de la Nature* qui ne paraîtront que douze ans plus tard. Pourtant on voit mal quels sont, dans le discours de 1766, les *«monumens»* auxquels Buffon fait allusion. Le fait est qu'il va y avoir, non pas continuité mais rupture, entre ce discours et le modèle adopté dans les *Époques*. En 1766, il ne s'agit encore que de l'histoire de quelques familles, dont l'origine reste inconnue et inexplorée. Que cette histoire soit celle d'une *«dégénération»* n'est pas pour surprendre le lecteur qui savait, depuis les *Variétés dans l'espèce humaine* de 1749, et plus encore depuis l'*Histoire naturelle du cheval*, en 1753, que l'influence d'un climat qui n'est pas le climat d'origine ne peut que faire dégénérer une espèce. Mais, pour passer de l'histoire de quelques familles de quadrupèdes à l'histoire générale de la Nature sur la Terre, il restait encore beaucoup à faire, et l'histoire que nous trouverons dans les *Époques* est d'un autre ordre que celle que suggèrent, encore timidement, les *Discours* de 1766. Mais enfin, dès 1766, il s'agit bien d'une histoire.

## LE MODÈLE HISTORIQUE

Depuis quelques années déjà, lassé de la description monotone des petits quadrupèdes, Buffon s'était plongé dans des *«réflexions sur la Nature en général»*, cherchant une sorte de théorie unifiée qui lui permît de ramener tous les phénomènes naturels, et en particulier ceux de la vie, à deux grands *«effets généraux»*, la chaleur et la gravitation, et peut-être la gravitation seule.[20] On sait comment, vers 1766, son attention fut attirée par les travaux de Dortous de Mairan, qui tendaient à prouver l'existence actuelle d'une chaleur propre du globe terrestre.[21] Immédiatement, il interpréta cette chaleur actuelle comme ce qui subsistait de la chaleur initiale de la Terre au moment où sa matière avait été arrachée au globe solaire, selon l'hypothèse de 1749. L'existence de cette chaleur fossile donnait à l'hypothèse un nouveau statut mais, en imposant l'idée d'un refroidissement constant depuis l'origine, imposait en même temps l'idée d'une histoire irréversible de la Terre et des vivants qui l'habitaient. Très vite, sans doute, Buffon réorganisa sa vision de la Nature, et tout de suite, il se posa la question du temps exigé par le refroidissement, et se lança dans une immense série d'expériences et de calculs dont il exposa les résultats dans les Tomes I et II du *Supplément,* parus en 1774 et 1775. En 1778, le tome V présentait les *Époques de la Nature.*

Je n'exposerai pas ici un système bien connu et me contenterai de quelques remarques. La première, c'est que le modèle historique est clairement revendiqué, ainsi que la continuité chronologique entre l'histoire de la Nature et celle de l'humanité. Le *Premier Discours* est parfaitement clair sur ce point. La perspective historique est en outre affirmée par la recherche d'une chronologie absolue, qui part

---

19. *Ibid.*: p. 374.

20. *De la Nature*, *Première Vue* [1764] et *Seconde Vue* [1765], *in* Buffon [2], T. XII : pp. I-XVI, et T. XIII : pp. I-XX.

21. Cf. Roger, «Introduction», *in* Buffon [4] : pp. XXVII sq.

de la formation du globe terrestre et descend jusqu'à ce moment de l'avenir où le froid anéantira toute vie à la surface du globe. Cette histoire est irréversible, comme le refroidissement lui-même. Pour présenter cette histoire, Buffon adopte le mode du récit, et il est pratiquement impossible pour un commentateur de résumer le texte sans recourir à la narration historique.

La reconstruction de l'histoire de la Terre et de la vie s'appuie sur des *«faits»* et sur des *«monuments»*. Les *«faits»* sont ceux qui prouvent l'existence actuelle d'une chaleur propre du globe terrestre, indépendante du rayonnement solaire. Ils relèvent de la géophysique plus que de la géologie proprement dite. Ce sont, entre autres, le gradient géothermique ou la température des eaux profondes des océans. Les *«monuments»* relèvent de la paléontologie, qui fait ainsi une entrée en force dans l'histoire naturelle. Les coquilles fossiles attestent, comme en 1749, la présence ancienne de la mer sur les continents actuels, mais ce qui est nouveau, c'est l'accent mis sur les fossiles qui attestent l'existence ancienne d'une température élevée dans des régions aujourd'hui tempérées ou froides : ammonites géantes, mammouth, qui sont des espèces perdues; éléphants ou rhinocéros qui ne vivent plus aujourd'hui que dans les pays tropicaux et dont on trouve les ossements en Sibérie ou en Amérique du Nord. Ce sont ces *«monuments»* qui permettent vraiment de reconstruire une histoire, et donc de donner un statut historique à l'hypothèse de 1749 et à la théorie du refroidissement.

Cependant cette théorie, qui rend l'histoire irréversible et permet théoriquement d'en calculer la durée et l'avenir, reste une théorie de physicien. Buffon n'a pas trop de peine à y intégrer les données connues de la géologie, mais la condition primitive de la Terre et la succession des événements qui la transformèrent sont reconstruites logiquement et généralement pour l'ensemble du globe, en tenant peu compte des *«circonstances»* et des histoires particulières. Ce déterminisme universel dispense Buffon des enquêtes plus précises, qui doivent permettre de reconstituer sur le terrain l'histoire locale de telle ou telle formation géologique, en étudiant la stratigraphie, la nature des roches et des fossiles, c'est-à-dire en examinant les *«documents»*. Ce qui constitue proprement la méthode historique. D'où les critiques violentes des géologues contemporains, qui multipliaient précisément les enquêtes de ce genre. Buffon est trop physicien pour être vraiment historien.

S'agissant des vivants, les *Époques* relèguent au second plan, voire négligent tout à fait, les conclusions les plus intéressantes de 1766. La *«dégénération des animaux»* disparaît au profit des migrations massives de faunes apparemment immuables, qui tentent de suivre vers le sud la température qui leur a donné naissance, et sont promises à une extinction inéluctable. Le climat façonne les formes naissantes, mais ne les modifie plus ensuite. Certes, la nouvelle théorie permet à Buffon d'exposer des idées neuves sur l'origine des *«molécules organiques»*, c'est-à-dire de la vie. Mais c'est qu'il s'agit du point précis où le vivant est le plus complètement dépendant du physico-chimique. Dans le reste de son histoire, telle que les *Époques* la décrivent, le vivant perd toute autonomie.

Buffon n'arrive pourtant pas à éliminer de son schéma général les perturbations locales. En géologie, il doit faire place à l'action des volcans, bien qu'il cherche à la minimiser et à la réduire à des règles générales. En zoologie, il doit faire une place à un accident très remarquable, qui est l'originalité de la faune d'Amérique du Sud. Le paradoxe, c'est que cette remarque très importante constitue une difficulté pour la théorie et exige une explication particulière, qui doit faire intervenir un événement contingent, le relief élevé de l'isthme de Panama qui a arrêté la migration de la faune du nord vers le sud. Partout ailleurs, et jusque dans les combinaisons spontanées de molécules organiques qui donnent naissance aux formes vivantes, le déterminisme semble régner, et c'est lui qui permet d'imaginer que, sur les autres planètes, la vie a revêtu ou revêtira les mêmes forces.

Les *Époques de la Nature* sont donc un texte plein de paradoxes. À la fin d'un siècle qui a donné à l'idée de progrès une force inconnue jusqu'alors, elles annoncent le déclin nécessaire et la mort inéluctable de la Nature vivante et de l'humanité sur la Terre. Elles transcrivent ainsi dans le domaine de la physique la notion de "dégénération" qui dominait la pensée biologique de Buffon. De même que le type primitif ne peut que "dégénérer" sous l'influence des climats étrangers, de même la chaleur primitive doit donner naissance à des êtres plus grands, plus forts et plus beaux. On peut même se demander si ce mythe de l'origine ne s'exprime pas symboliquement dans la théorie de la formation des planètes, astres obscurs et condamnés au refroidissement, nés d'un Soleil toujours chaud et toujours lumineux. Ce qui reste difficile à expliquer, c'est la persistance, dans une pensée qui se veut matérialiste, d'un mythe quasi platonicien, qui n'est pas sans rappeler Jean-Jacques Rousseau, et qui, en tout cas, oblige Buffon à ne concevoir l'histoire que sur le mode du déclin.

Le second paradoxe, c'est que ce soit une théorie physique qui conduise Buffon à l'histoire, alors que la physique de son temps ne traite que de phénomènes réversibles. Bien avant la naissance de la thermodynamique et l'énoncé de son second principe, Buffon pose le refroidissement de la Terre comme un fait fondamental. L'idée se retrouvera souvent au XIX$^{è}$ siècle, soit chez les géologues comme Élie de Beaumont, soit chez des physiciens comme Kelvin, qui l'étendra à la totalité du système solaire et au Soleil lui-même. Elle ne disparaîtra qu'avec la découverte de l'activité atomique. En attendant, elle constituera un obstacle à la théorie de l'évolution.

Le troisième paradoxe, c'est que l'existence sur la Terre d'une histoire irréversible, unique et qui ne se répétera jamais, ne semble pas contredire ouvertement chez Buffon l'idée de l'éternité de l'univers. Dirigée par un déterminisme physique, l'histoire de la Terre, avec tous les événements qu'elle comporte, y compris la vie et ses aventures, a pu ou pourra se produire d'ailleurs, et d'abord sur toutes les autres planètes du système solaire aussi bien que sur leurs satellites. Et –pourquoi pas?– partout où existent des systèmes planétaires semblables au nôtre. Ces histoires éphémères ne seraient alors que des épisodes insignifiants, des rides imperceptibles à la surface de l'océan de l'éternité. Le Soleil n'en brillerait pas moins pour être entouré de planètes mortes et glacées, témoins inanimés du hasard qui leur a donné naissance.

Mais le paradoxe le plus étrange peut-être, c'est que la théorie physique du refroidissement, qui impose un modèle historique, fait obstacle en même temps à l'emploi de la méthode historique. En géologie même, nous l'avons vu, parce qu'elle tend à substituer un schéma déductif à la reconstruction historique proprement dite. En biologie parce qu'elle tend à ignorer les particularités du vivant et les détails de son histoire. Buffon englobe l'histoire de la vie dans l'histoire générale du globe terrestre au point de n'utiliser la paléontologie que pour conforter sa théorie du refroidissement, et même d'abandonner ses recherches antérieures sur les modifications des formes vivantes, recherches limitées, certes, mais qui avaient au moins le mérite d'esquisser des phylogénies, d'expliquer des ressemblances et des différences, bref, d'ébaucher une histoire indépendante du vivant.

La réorganisation de sa pensée qui a permis à Buffon d'écrire les *Époques de la Nature* n' a donc pas eu que des effets heureux. Néanmoins, en dépit des critiques, l'ouvrage a fait date. Après lui, le modèle historique s'impose désormais dans les sciences naturelles, et bien des naturalistes du XIX$^è$ siècle, à commencer par Cuvier, voudront réécrire à leur manière des *Époques de la Nature*.

Le problème des rapports entre la science des lois –et le déterminisme– d'une part, et l'histoire –avec sa contingence– d'autre part, va occuper tout le XIX$^è$ siècle. Aujourd'hui même, où le hasard et les "turbulences" ont acquis droit de cité dans les théories scientifiques, les problèmes ne sont pas plus simples. Qu'il s'agisse de l'évolution de l'univers, de l'évolution de la vie ou de l'histoire de la Terre, les rapports entre l'histoire et la science des mécanismes ne sont pas toujours clairs. Les successeurs de Buffon devront cependant comprendre que l'infinie complexité des "circonstances" rend difficile toute reconstruction historique générale, et qu'il n'y a pas d'histoire sans méthode historique.

## BIBLIOGRAPHIE *

(1)† BOURGUET (L.), *Lettres philosophiques sur la formation des sels et des crystaux...*, Amsterdam, L'Honoré, 1729.
(2)† BUFFON (G.L. Leclerc de), *Histoire naturelle, générale et particulière*, Paris, Imprimerie Royale, 1749-1767, 15 vol., in-4°.
(3)† BUFFON (G.L. Leclerc de), *Supplément à l'Histoire naturelle*, Paris, Imprimerie Royale, 1774-1789, 7 vol., in-4°.
(4)† BUFFON (G.L. Leclerc de), *Époques de la Nature*, éd. critique par J. Roger, Paris, Muséum National d'Histoire naturelle, 1962, 2ème éd., 1988.
(5)† BURNET (T.), *Telluris Theoria Sacra*, Londres, Kettilby, 1681, in-4°.
(6)† DESCARTES (R.), *Principes de la philosophie*, Paris, Théodore Girard, 1668, in-4° (1ère éd. 1644).
(7) GOHAU (G.), *Histoire de la géologie*, Paris, La Découverte, 1987.
(8)† LEIBNIZ (G.W.), *Essai de Théodicée*, Paris, Garnier-Flammarion, 1969.
(9)† LUCRÈCE, *De Natura Rerum*, éd. et trad. par A. Ernout, Paris, Les Belles Lettres, 1984, 2 vol., in-12°.
(10)† NEWTON (I.), *The Mathematical Principles of Natural Philosophy*, tr. anglaise par Mottes, revue par F. Cajori, Berkeley, University of California Press, 1934, 2 vol., in-12°.
(11) ROGER (J.), *Les sciences de la vie dans la pensée française du XVIII$^è$ siècle*, 2ème éd., Paris, Armand Colin, 1971, in-8°.
(12) ROGER (J.), «La Théorie de la Terre au XVII$^è$ siècle», *Revue d'Histoire des Sciences*, XXVI (1973) : pp. 23-48.
(13)† WHISTON (W.), *A new Theory of the Earth*, Londres, B. Tooke, 1696, in-8°.
(14)† WOODWARD (J.), *An Essay towards a Natural History of the Earth*, Londres, R. Wilkin, 1695, in 8°.

* Sources imprimées et études. Les sources sont distinguées par le signe †.

## 15

#32 751

## L'HYPOTHÉTISME DE BUFFON :
## SA PLACE DANS LA PHILOSOPHIE DES SCIENCES
## DU DIX-HUITIÈME SIÈCLE

Phillip R. SLOAN *

En cette commémoration du bicentenaire de la mort de Buffon, il est normal de porter attention à son importance en tant que philosophe des sciences. Bien que Buffon se situe de manière critique entre le début de l'époque moderne et les contributions méthodologiques du dix-neuvième siècle, il a été ignoré dans les discussions historiques sur la méthode scientifique. Les recherches en histoire de la philosophie des sciences au dix-huitième siècle se sont surtout concentrées sur Nieuwentyt, Hume, Sénebier, Kant, Reid et Priestley, communément reconnus comme les premiers penseurs méthodologiques de l'époque.[1]

L'absence d'attention portée à Buffon en tant que théoricien de la méthode semble injustifiée. Buffon s'est suffisamment intéressé aux problèmes méthodologiques pour écrire un "Discours sur la méthode" en préface à son œuvre d'histoire naturelle, et ses positions méthodologiques, très souvent mal interprétées, ont connu un succès suffisant pour être commentées. Je pense que Buffon est d'un intérêt significatif en tant que philosophe des sciences, quoique la complexité de ses opinions ait souvent empêché ses contemporains et successeurs de pénétrer sa pensée. Le but de cette étude est de clarifier sa méthodologie.

J'exposerai d'abord en détail les changements survenus dans les conceptions méthodologiques de Buffon après sa rencontre avec la tradition leibnizienne dans les années 1730. La deuxième partie de mon exposé retracera l'évolution de sa réflexion méthodologique dans les discours théoriques des deux premiers volumes de l'*Histoire naturelle*. Je tenterai d'élucider le contexte méthodologique qui a encouragé la renaissance de Buffon en cosmologie spéculative et dans la théorie de la Terre.

### I

Dans les années 1720, la génération de Buffon s'est trouvée face au riche héritage de méthodologie scientifique qui s'était développé en Europe à la suite des

---

* Program of Liberal Studies, University of Notre Dame. Notre Dame, Indiana 46556. U.S.A.

1. Laudan [36], McMullin [40]. McMullin discute l'importance de Berkeley, Hume, Reid, Vico et Kant en tant que théoriciens majeurs de la méthode scientifique au dix-huitième siècle, mais ne fait pas mention de Buffon.

débats sur le cartésianisme et le newtonianisme.[2] Cette génération avait reçu la science de Newton par l'intermédiaire de disciples anglais qui écrivaient en latin, comme John Keill, dont les *Introductiones ad veram physicam et veram astronomiam* (1725)[3] présentaient au nom de Newton les attaques contre la *«construction du monde»*, et aussi par l'intermédiaire des premiers interprètes et commentateurs hollandais qui écrivaient en latin ou en français et qui combinaient la science de Newton avec une variante du scepticisme mitigé de Gassendi.[4] Cette philosophie des sciences accentuait l'expérimentalisme, l'anti-fondamentalisme et le refus des causes essentielles, dans le sillage d'une tradition qui s'était opposée dès avant Newton au rationalisme de Descartes. L'anti-hypothétisme de Newton fut naturellement vu comme une défense de cette même philosophie des sciences. On la préférait au rationalisme de Descartes précisément parce qu'elle était en dernier recours fondée sur un scepticisme épistémologique qui renonçait à la connaissance des causes et confinait la science dans la démonstration mathématique, dans l'expérimentation et dans la recherche des causes prochaines.

Le contexte immédiat des premières réflexions méthodologiques de Buffon consiste en une interprétation anti-théorique et expérimentaliste de la science newtonienne que nous retrouvons dans les discussions continentales des années 1720 et 1730. En 1735, Buffon publia ses premières conceptions sur la méthode scientifique dans la préface et la traduction de la *Statique des végétaux* de Stephen Hales (édité originellement en anglais en 1727). Son engagement en faveur d'un empirisme radical y est évident :

«Il ne s'agit pas, pour être Physicien, de sçavoir ce qui arriveroit dans telle ou telle hypothése [sic] en supposant, par exemple, une matiere subtile, des tourbillons, une attraction, &c. Il s'agit de bien sçavoir ce qui arrive, & de bien connoître ce qui se présente à nos yeux; la connoissance des effets nous conduira insensiblement à celle des causes, & l'on ne tombera plus dans les absurdités, qui semblent caractériser tous les systèmes.»[5]

C'est là, selon lui, la méthodologie du *«grand Newton»*, et de Bacon, Galilée, Boyle et Stahl. *«C'est celle que l'Académie des Sciences s'est faite une loy d'adopter, & que ses illustres membres Messieurs Hugens, de Reaumur, Boerhave, &c. ont si bien fait & font tous les jours si bien valoir.»[6]*

À en juger par ces énoncés et par le travail que Buffon avait choisi de traduire et de commenter, on pouvait s'attendre à ce qu'il s'alliât avec Keill et les newtoniens hollandais contre toute tentative de raviver le penchant cartésien pour la cosmologie spéculative qui construit le monde et pour les grandes synthèses scientifiques.[7] Cependant, en dix ans, Buffon s'engagea de manière frappante dans la spéculation, en réactualisant les thèses ambitieuses de William Whiston en cosmologie et les conceptions de John Woodward en géologie. Il énonça dans le même temps sa théorie discutée des molécules organiques, et proposa aussi des théories spéculatives

---

2. Brunet [9] : pp. 79-80.

3. Keill [33].

4. *Ibid.* : pp. 97-104. Voir la discussion sur l'histoire de la réception hollandaise de Buffon *in* Ruestow [45], Chap. 7.

5. *Préface du traducteur* [1735], [Buffon [10], p. v. Voir aussi la discussion des notes et révisions du texte de Hales *in* Hanks [28], Chap. 2.

6. *Préface du traducteur* [1735], [Buffon [10] : p. vi.

7. Dans cette période, Buffon fut perçu comme un défenseur véhément de la physique expérimentale, opposé à *la Physique systématique*, et à l'idée que *«l'imagination seule est un guide trop infidéle pour dévoiler sûrement les mystères de la Nature»* (Cf. Anonyme [3] : p. 417).

en géographie. Buffon devint ainsi l'un des grands faiseurs d'hypothèses et constructeurs des systèmes de son époque. Comment un tel changement a-t-il pu se produire, et surtout, comment Buffon a-t-il répondu aux principales objections d'ordre épistémologique et méthodologique qui avaient été si expressément soulevées au nom de Newton contre les excès d'un tel recours à la fabrication d'hypothèses? Pour répondre à cette question il convient d'étudier en détail un certain nombre d'événements jalonnant le développement de l'œuvre de Buffon de 1735 à 1745.

## II

En 1736, John Colson publiait les manuscrits de Newton sur le calcul infinitésimal, sous le titre : *The Method of Fluxions and Infinite Series*. Cette étude révélait à quel point Newton était l'inventeur du calcul infinitésimal, et ouvrait une ère nouvelle dans la controverse avec Leibniz concernant la paternité de l'invention. Buffon entreprit en 1737 la traduction de cette grande œuvre de Newton,[8] et la publia en 1740, prenant à cette occasion parti pour Newton contre Leibniz. Ainsi s'affirmait-il aux yeux du public comme appartenant au groupe des newtoniens français à l'Académie des Sciences, groupe qui avait déjà fortement acclamé la publication par Voltaire, en 1738, des *Élémens de la philosophie de Newton*. Mais si c'était Newton, c'était avec une différence importante.

J'ai, en d'autres occasions, discuté certains aspects de la préface de Buffon aux *Fluxions*, et son importance en tant que première formulation des objections que Buffon a soulevées ultérieurement contre l'utilisation de l'abstraction dans les sciences.[9] En résumé, dans cette préface, Buffon cherchait à répondre à la critique faite par Berkeley des fondements de l'analyse dans *The Analyst*. Berkeley avait accusé Newton d'incohérence en posant en principe la notion d'un infini réel, distinct d'une série indéfinie. Ce reproche de Berkeley s'insérait dans le contexte de sa critique plus globale des idées générales abstraites, dirigée contre l'épistémologie de Locke. Buffon accepta la plus grande partie de la critique de Berkeley, en particulier la distinction critique entre les concepts d'infini *«réel»* et d'infini *«abstrait»*, et il admit que l'on ne pouvait séparer la notion d'infini du concept d'une série spécifique de nombres.[10]

Buffon profita de cette occasion pour développer une thèse plus générale sur la relation des universels aux particuliers, n'acceptant ni la notion d'idées générales abstraites propre à Locke, ni la position nominaliste de Berkeley. La thèse de Buffon était que les concepts abstraits étaient acceptables, mais qu'ils avaient besoin d'un fondement métaphysique dans les réels particuliers.

Les réflexions de Buffon sur ce sujet furent étroitement liées à des

8. Pour cette traduction, voir Hanks [28]. Voir aussi la lettre de Montigny à Voltaire du 4 février 1738 *in* Besterman [6], T. V : p. 21. Maupertuis et Clairaut ont examiné cette traduction enregistrée le 23 décembre 1738 par l'Académie des Sciences.

9. Sloan [48].

10. «...*l'idée de l'infini n'est qu'une idée de privation, & n'a point d'objet réel (...). [L']espace, le temps, la durée, ne sont pas des Infinis réels (...). Le nombre n'est qu'un assemblage d'unités de même espèce...Mais ces Nombres ne sont que des représentations & n'existent jamais indépendamment des choses qu'ils représentent.*» (*Préface à La Méthode des fluxions et des suites infinies* de Newton [1740], *in* Buffon [17] : pp. 448B-449A).

développements parallèles dans ses recherches sur la théorie des probabilités inductives, où il chercha à résoudre certains problèmes délicats que Jacques Bernoulli avait déjà abordés dans l'*Ars Conjectandi*, œuvre posthume publiée en 1713. Ces recherches, publiées plus tard par Buffon dans son *Traité d'arithmétique morale*, fournirent des solutions au problème des probabilités inductives au moyen du concept de répétition d'une série d'essais.

Buffon termina la traduction de *La méthode des fluxions* et la présenta à l'Académie à la fin décembre 1738. Mais à cette époque, une suite d'événements encouragea des développements théoriques supplémentaires. En novembre il effectua un voyage à Cirey, ville de Gabrielle du Châtelet, pour rendre visite à Voltaire.[11] Il est probable que durant cette visite, il eut aussi des entretiens avec Gabrielle du Châtelet, qui venait de commencer les révisions de ses remarquables *Institutions de physique* en septembre. Peu après cette visite, l'ami de Buffon, Pierre de Maupertuis, s'arrêta à Cirey au début de 1739 sur la route de Bâle, puis à la mi-mars il revint de Suisse à Paris via Cirey, amenant avec lui Jean Bernoulli, et le disciple allemand de Christian Wolff, Samuel Koenig, qui présenta «*la religion des monades*» au cercle de Cirey.[12] À partir de ce moment commença l'association de Gabrielle du Châtelet et de Samuel Koenig à Cirey, une association qui dura presque toute l'année de 1739 et qui se termina par un remaniement complet des *Institutions* de Madame du Châtelet, sous la supervision de Koenig, et dans la perspective métaphysique de la philosophie Wolffienne.[13]

En 1740, année où Buffon publia sa traduction des *Fluxions* de Newton, parurent également les *Institutions de physique* "wolffianisées" de Gabrielle du Châtelet.[14] Cette œuvre remarquable se situe à un point critique dans le développement de la pensée de Buffon, et constitue la cause principale du changement décelé dans sa méthodologie scientifique après cette date. Dans son livre, Madame du Châtelet s'est efforcée d'aller au delà de l'aspect populaire de la présentation de Newton faite par Voltaire, pour analyser les questions plus fondamentales soulevées par la science de Newton en France, suite à la publication de la correspondance entre Leibniz et Clarke en français en 1720.[15]

---

11. Lettre de Buffon à Étienne Du Tour (?), 4 novembre, 1738, citée dans Hanks [28] : pp. 258-59. Buffon rentrait à Paris lorsqu'il commença à lire son mémoire sur l'amélioration de la force du bois. À cette époque Mme du Châtelet se préoccupait de recueillir les opinions de son cercle de collègues sur ses *Institutions*. Voir ses lettres à Maupertuis des 5 et 15 Novembre 1738, *in* Besterman [7], T. I, lettres 149 et 151 : pp. 268 et 270.

12. Lettre de Voltaire à Dortous de Mairan, 5 mai, 1741, citée dans Brunet [8] : p. 71.

13. Sur l'histoire complexe des *Institutions* voir Barber [5] : pp. 200-222; et l'étude de Janik [32].

14. La première copie de l'œuvre fut imprimée en septembre 1740, mais ne fut disponible qu'en décembre. Voir la lettre de Mme du Châtelet à Maupertuis, le 12 septembre, 1740, *in* Besterman [7], T. II : p. 29.

15. Voir Barber [4] : p. 94sq. Quoiqu'elle fût la compagne constante de Voltaire à cette époque, elle trouvait que l'exposé de Newton, faute de rendre suffisamment compte du débat entre Leibniz et Clarke, présentait une lacune philosophique. Voir la lettre de Mme du Châtelet à Pierre de Maupertuis, de juin 1738 *in* Besterman [6], Vol. 5 : pp. 164-67. Mme du Châtelet note qu'elle a commencé cette œuvre au moment où Voltaire terminait ses *Éléments* et que «*de plus je combatois presques toutes ses idées dans mon ouvrage* ». Voir les lettres de du Châtelet à Jean Bernoulli pour les détails le 30 mars 1739; à Maupertuis le 20 juin, 1739; à Frédéric le Grand, le 4 mars et le 25 avril 1740 *in* Besterman [7] : T. II, lettres 203, 216, 235, 237. Dans sa lettre à Frédéric le Grand du 25 avril 1740, elle indique que la préface et une version révisée de la physique étaient déjà sous presse. En plus, elle suggère qu'il ne s'agissait que d'une traduction de la *Métaphysique de Wolff* sous la direction de Koenig. Voltaire a répondu à ces déclarations dans *La Métaphysique de Newton ou parallèle des sentiments de Newton et de Leibniz* de

Il est difficile de décrire avec précision les rapports entre Gabrielle du Châtelet, Samuel Koenig, Pierre de Maupertuis et Buffon à cette époque, mais ils semblent avoir été substantiels et réguliers pendant un certain temps.[16] Vers la fin de 1740, Buffon avait minutieusement lu et loué la nouvelle synthèse de physique newtonienne et de métaphysique wolffienne de Gabrielle du Châtelet, et il est sans doute entré en contact avec Koenig à cette époque.[17] C'est à peu près à cette date que nous pouvons détecter un changement clair et décisif dans la méthodologie de Buffon.

Les *Institutions* de Madame du Châtelet sont un texte complexe, à certains égards la présentation la plus métaphysique de la science que l'on puisse trouver au cours du Siècle des Lumières en France.[18] Les premiers chapitres présentent les principaux composants de l'interprétation wolffienne de Leibniz, et énoncent les principes-clés de raison suffisante, de l'identité des indiscernables, de continuité, de la distinction entre les vérités nécessaires et contingentes, et les interprétations leibniziennes de l'espace, du temps, de l'essence, du mode et de la substance.

Dans le quatrième chapitre du traité d'introduction, Madame du Châtelet soulève la question du rôle véritable des hypothèses dans les sciences, discussion qui constitue, à ma connaissance, la première tentative de défense d'une forme de newtonianisme organisée comme un plaidoyer en faveur du raisonnement hypothétique.[19]

Commentant les excès qui entourent le débat sur l'hypothèse dans la tradition ancienne, et se séparant à la fois de Descartes, qui créa *« le goût des hipothèses »* et

1740. Voir Walters [49].

16. Buffon fut à Paris de début décembre 1739 à juin 1739 (Hanks [28] : pp. 255-56) et y revint d'août à fin septembre. Maupertuis est rentré à Paris pendant une longue période du 11 avril au début d'août (*Académie des Sciences* [51]). Mme Du Châtelet a aussi voyagé de Cirey à Paris accompagnée de Koenig en septembre 1739, après avoir terminé la plupart des révisions des *Institutions* (Barber [5] : pp. 210-212). Il est probable que Buffon et Koenig se sont rencontrés à ce moment. Voir la lettre de Buffon à Jean Jallabert du 11 janvier 1740 *in* Ritter [43].

17. *« Le premier usage que je fais de ma nouvelle vie est de vous écrire et de vous mander que j'ai vu Mr. de Buffon. Il pense et parle comme il le doit de votre ouvrage, il le trouve écrit avec clarté, ordre, netteté, précision dans les mots et les idées, enfin il trouve admirable tout ce qui est à vous dans votre ouvrage »* (Lettre de Hélvétius à Mme du Châtelet datée de décembre 1740, *in* : Besterman [7] : T. II, lettre 255, p. 36n. Évidemment, Buffon est allé à Montbard de septembre à la mi-janvier 1740-41, et n'a assisté à aucune réunion de l'Académie des Sciences entre le 3 septembre et le 18 janvier (*Académie des Sciences* [51]).

18. L'étude du manuscrit des *Institutions* par le Professeur Janik (Janik [32] : p. 100n.) conclut que les trois premiers chapitres avaient été exhaustivement révisés sous la direction de Koenig, c'est-à-dire après le début de 1739, mais d'autre part le quatrième chapitre sur les hypothèses restait apparemment inaltéré par rapport à l'œuvre originale. Ma propre étude du manuscrit (Du Châtelet [52]) ne confirme que partiellement cette conclusion. La révision du troisième chapitre et l'étude des manuscrit du quatrième chapitre ne suggèrent pas une claire distinction des dates. De plus les références aux concepts leibniziens-wolffiens du quatrième chapitre ne sont pas des interpolations.

19. Malheureusement, Mme du Châtelet remarque dans la préface qu'elle ne citera pas ses sources; ni dans cette partie, ni dans le manuscrit, il n'y a de référence à un usage antérieur de cet argument. Plus tard les commentateurs ont attribué la première défense à la préface de la *Dissertation sur la glace* de Jean-Jacques Dortous de Mairan (Dortous de Mairan [23]). Celui-ci l'a présentée à l'Académie en 1748, mais il l'avait déjà publiée en 1717. Cependant, ceci va dans le sens des "systèmes" et des entités et forces cachées plutôt que d'une défense de l'hypothétisme que l'on trouve chez du Châtelet. Le professeur Janik (Janik [32] : p. 113n) suggère que le *Discursus praeliminaris de philosophia in genere* (1728) pourrait être une source; Wolff y défendait l'utilisation des hypothèses en philosophie et en philosophie naturelle. Ce texte est en effet une source plausible des vues plus explicites développées par Mme du Châtelet, mais on ne trouve aucune référence à ce traité dans son texte.

de Newton et de ses disciples, qui firent des hypothèses *«le poison de la raison, et la peste de la Philosophie»*, Madame du Châtelet prétend que les conjectures hypothétiques sont à la fois utiles et nécessaires pour la science. Elles sont le fil conducteur qui nous guide dans toute découverte scientifique, et c'est seulement par leur utilisation que le vrai système planétaire fut découvert :

> «Les hipotheses ne sont donc que des propositions probables qui ont un plus grand, ou un moindre degré de certitude, selon qu'elles satisfont à un nombre plus ou moins grand des circonstances qui accompagnent le Phénomène que l'on veut expliquer par leur moyen  & comme un très-grand degré de probabilité entraîne notre assentiment, & fait sur nous presque le même effet que la certitude, les hipotheses deviennent enfin des verités, quand leur probabilité augmente à tel point, qu'on peut la faire moralement passer pour une certitude : & c'est ce qui est arrivé au sistème du Monde de Copernic...»[20]

Dans sa défense du rôle des hypothèses, Madame du Châtelet observe qu'elles ont été utilisées par «[les] *plus grands hommes... Copernic, Képler, Hughens, Descartes, Leibnits, M. Newton lui-même»*.[21] Elle propose ensuite une série de *regulae* pour l'emploi des hypothèses qui suffiront à éviter les excès qui leur sont attribués par la tradition contemporaine.

Sa première règle est que les hypothèses doivent toujours être compatibles avec le principe leibnizien de raison suffisante, et avec les autres principes émis dans le premier chapitre de son livre qui repose sur le *«fondement de nos connoissances»*. Sa seconde règle est que nous devons nous assurer de la validité des observations que les hypothèses essaient d'expliquer, y compris toutes les circonstances connues concernant le phénomène.[22]

Enfin elle propose un test de falsification permettant de décider entre deux hypothèses rivales :

> «Une expérience ne suffit pas pour admettre une hipothèse, mais une seule suffit pour la rejetter lorsqu'elle lui est contraire.»[23]

Cette défense des hypothèses a une autre conséquence importante pour la compréhension de Buffon. Madame du Châtelet associe généralement les *«hypothèses»* aux abstractions, désignation qu'elle utilise par opposition à la signification concrète des concepts.[24] Cette distinction leibnizienne fut utilisée explicitement par Wolff et dans les commentaires des français sur le temps et l'espace abstrait.[25] Buffon, dans la préface de *La méthode des Fluxions*, s'était de manière indépendante prononcé contre l'emploi trompeur des *«idées de privation»*.[26] L'impact évident des exposés de Madame du Châtelet sur Buffon se manifeste dans la conversion ultérieure de Buffon à l'idée d'une opposition entre les ordres de connaissance concret et abstrait. Cette conversion se laisse pressentir dès cette époque dans ses écrits.

Cette opposition épistémologique est d'une grande importance pour comprendre

---

20. Du Châtelet [24] : p. 87.

21. *Ibid.* : p. 89.

22. *Ibid.* : p. 82.

23. *Ibid.* : p. 84. Elle prend s'exemple l'observation d'un diamètre inconstant du soleil.

24. Cette différence est ainsi définie : «*Concret, le sujet dont on fait l'abstraction, et Abstrait ce que l'on sépare de ce sujet par cette abstraction* ». (*Ibid.* : p. 111n)

25. Voir la cinquième lettre à Samuel Clarke dans la correspondance Leibniz-Clarke; voir aussi Des Champs [22] : Vol. 1, Lettre 13.

26. Cf Sloan [48] .

le projet scientifique et philosophique de Buffon après cette date. Nous pouvons maintenant le suivre directement dans ses premiers discours.

### III

Après 1740, le développement de la philosophie des sciences de Buffon se laisse résumer dans les propositions suivantes :

1) Il est nécessaire d'établir une distinction nette entre les concepts seulement abstraits, qui ont le statut d'idées générales, et les concepts réels, qui sont fondés sur une série concrète et finie.

2) Cette distinction des ordres abstrait et concret se fonde sur la probabilité inductive, obtenue par répétition des observations dans une série récurrente d'événements.

3) La répétition des événements et leur degré croissant de certitude probabiliste donnent accès à un véritable ordre métaphysique de la nature. Ceci est lié à la conception leibnizienne d'une nécessité physique basée sur le principe de raison suffisante.

4) Toute science qui peut se fonder sur la récurrence d'événements empiriques peut atteindre un degré de certitude suffisant pour une interprétation réaliste de la vérité scientifique. Cette remarque peut s'étendre à la biologie, la géologie, la cosmologie et la météorologie. À partir du moment où il y a une récurrence d'événements du même genre, il est possible d'atteindre un degré de certitude maximal sur la base des informations disponibles.

5) On peut alors distinguer les simples *«hypothèses»* des *«théories physiques»* véritables, en déterminant jusqu'à quel point les théories basent leurs thèses générales et leurs conjectures sur cette séquence récurrente d'événements.

Les discours ouvrant les deux premiers volumes de l'*Histoire naturelle,* qui traitent de la méthode d'étude de l'histoire naturelle, de la théorie de la Terre, de la formation du système planétaire et de la génération des plantes et des animaux, furent composés de 1744 à 1746. Si nous examinons ces discours en portant notre attention sur les points méthodologiques que j'ai développés, nous pouvons y discerner une unité bien définie.

Je commencerai par analyser ce qui semble être chronologiquement le plus ancien texte, le second discours sur la théorie de la Terre du premier volume.[27] En se tournant vers ce domaine, Buffon peut sembler à certains avoir abandonné la méthodologie newtonienne pour s'engager dans la fabrication d'hypothèses de style

27. Dans la version publiée, le *Discours sur la théorie de la Terre* qui ouvre le second volume est daté du 3 octobre 1744. Buffon présenta son *Premier Discours* lors d'une séance publique de l'Académie des Sciences vers la fin de 1744 ou au début de 1745, et préparait sa publication pour l'été 1745. Voir sur ce point la lettre de Buffon à Jean Jallabert du 2 août 1745 publiée *in* Ritter [43] :pp.652-4. Le premier article des *Preuves de la théorie de la Terre* dans le premier volume (contenant la principale discussion théorique), est daté du 20 septembre 1745. La partie théorique du discours sur la génération du second volume est datée du 9 février 1746.

cartésien.[28] D'où l'intérêt d'étudier de près les justifications qui sont les siennes lorsqu'il s'engage dans l'étude de ce sujet disputé.

Afin de comprendre la pensée de Buffon en la matière, nous devons auparavant étudier la distinction qu'il fait entre les simples hypothèses, au sens discrédité de ce mot, associé par ses contemporains à Descartes, Burnet, Whiston, Woodward et Benoît de Maillet, et les théories fondées sur sa nouvelle conception de la méthodologie, capable de fournir un haut degré de ce qu'il nomme la «*certitude physique*». C'est ici que l'on note le plus clairement l'influence de Leibniz, Wolff, et Madame du Châtelet dans sa pensée.

Dans le discours sur la théorie de la Terre, il commence par évoquer directement les œuvres discréditées de Whiston, Burnet et Woodward. Tous utilisent

«...ces hypothèses faites au hasard, & qui ne portent que sur les fondements ruineux, n'ont point éclairci les idées & ont confondu les faits, on a mêlé la fable à la Physique; aussi ces systèmes n'ont été reçus que de ceux qui reçoivent tout aveuglément, incapables qu'ils sont de distinguer les nuances du vrai-semblable, & plus flattez du merveilleux que frappez du vrai.»[29]

Ce sont de fortes accusations et Buffon adopte immédiatement ce qui semble être les canons fondamentaux de la méthodologie de Newton dans sa réponse :

«...il ne faut pas espérer qu'on puisse donner des démonstrations exactes sur cette matière, elles n'ont lieu que dans les sciences mathématiques, & nos connoissances en Physique & en Histoire Naturelle dépendent de l'expérience et se bornent à des inductions.»[30]

Nous ne devons pas mal interpréter ses intentions. Buffon n'est pas, selon moi, un orthodoxe newtonien, et la nouveauté de son approche se révèle dans la discussion suivante. "L'expérience" et "l'induction" sont pour Buffon davantage que le raisonnement newtonien qui va des effets à des causes manifestes et mathématiquement descriptibles. L'expérience en elle-même doit avoir un caractère spécifique, c'est-à-dire qu'elle doit être une expérience sous la forme d'événements sériellement récurrents. À eux seuls, ceux-ci présentent «*à l'esprit un ordre méthodique d'idées claires et de rapports suivis & vraisemblables*».[31] Ici se trouve la clé qui permet de comprendre la volonté de Buffon de s'engager dans un renouvellement de sa théorie de la Terre apparemment discréditée. Il semble soutenir que si l'expérience est fournie sous la forme d'événements récurrents de même nature, elle peut fournir une certitude inductive plutôt qu'une conjecture, et montre sa capacité à engendrer une théorie concrète plutôt que des hypothèses abstraites. C'est une idée difficile à saisir, et son explication complète exigerait une incursion dans la théorie des probabilités de Buffon, qui se développait à la même époque.[32] Pour Buffon, l'accroissement de la probabilité inductive à travers la répétition d'essais fournit un accès à l'ordre réel des événements, ordre nécessaire et

28. Certains de ses contemporains furent prompts à voir en Buffon quelqu'un qui désertait la méthodologie newtonienne pour la "métaphysique". Ceci apparaît dans la controverse avec Alexis Clairaut sur la représentation mathématique propre de la loi d'attraction, soulevée par le discours de Buffon à l'Académie les 20 et 24 Janvier 1748. Voir Buffon [14] : pp. 493-500; Clairaut [19] : pp. 529-58; et les échanges ultérieurs, dans les *Mémoires* [1745], entre Buffon ([15] : pp. 551-52; 580-83), et Clairaut (*Ibid.* : pp. 577-578; 583-86). Pour ce débat voir également Chandler [18] : pp. 369-78.

29. *Histoire et Théorie de la Terre* [1749], *in* Buffon [17] : p. 46A.

30. *Ibid.*

31. *Ibid.*

32. J'ai présenté ailleurs les aspects du calcul des probabilités de Buffon (Sloan [48]. Voir aussi Buffon [12, 13]).

unique en vertu du principe.

Dans toute science, la pénétration de cet ordre nécessaire se fait par l'identification de phénomènes récurrents. Cela peut signifier une action périodique des marées, la récurrence des saisons, les orbites répétées des planètes, une génération du même par le même chez les plantes et les animaux, l'action continue de l'attraction gravitationnelle. Dans chacun de ces exemples, Buffon décrit cette récurrence, et émet ensuite des théories sur les événements décrits avec des adjectifs tels que *«réel»*, *«certain»*, *«physiquement vrai»*, pour souligner la certitude qu'il attribue à ses conclusions.

C'est pourquoi on peut lire dans son discours sur la théorie de la Terre :

«Je ne parle point de ces causes éloignées qu'on prévoit moins qu'on ne les devine, de ces secousses de la Nature dont le moindre effet seroit la catastrophe du monde : le choc ou l'approche d'une comète, l'absence de la lune, la présence d'une nouvelle planète, &c., sont des suppositions sur lesquelles il est aisé de donner carrière à son imagination, de pareilles causes produisent tout ce qu'on veut, & d'une seule de ces hypothèses on va tirer mille romans physiques que leurs Auteurs appelleront Théorie de la Terre (...), mais des effets qui arrivent tous les jours, des mouvements qui se succèdent & se renouvellent sans interruption, des opérations constantes et toujours réitérées, ce sont là nos causes et nos raisons...»[33]

Nous voyons ici la base du principe uniformitariste formulé par Buffon. L'observation d'événements mineurs, mais récurrents –les marées, l'action des vagues– donne accès à la cause probable véritable de la formation de la Terre :

«...les mêmes causes, qui ne produisent aujourd'hui que des changements presqu'insensibles dans l'espace de plusieurs siècles, devoient causer alors de très-grandes révolutions dans un petit nombre d'années; en effet il paroît certain que la terre actuellement sèche et habitée a été autrefois sous les eaux de la mer, & que ces eaux étoient supérieures aux sommets des plus hautes montagnes...»[34]

On peut comprendre pleinement le contexte philosophique de ce passage si l'on se tourne vers le *Premier Discours* sur *La manière d'étudier l'histoire naturelle*, qui fut de toute évidence composé peu après la *Théorie de la Terre,* mais qui la précède et lui fournit un contexte dans la publication de l'*Histoire naturelle*. On trouve surtout dans ce discours la distinction entre deux ordres de vérité, et les deux sortes de certitude accessibles à partir de ceux-là : d'une part l'ordre mathématique démonstratif, qui comprend la géométrie démonstrative, l'astronomie mathématique, et l'optique géométrique; d'autre part l'ordre empirique physique, domaine de toutes les sciences inductives, qui peuvent être ou non analysées en termes mathématiques.

Dans le renversement radical de la certitude de ces deux ordres de connaissance qu'opère Buffon, la connaissance d'ordre physique est dérivée inductivement, et est présentée par le biais du mythe de l'homme primitif qui doit tout apprendre par expérience. Mais l'ordre révélé par cette induction successive est un ordre nécessaire qui donne un réel accès à un ordre naturel prédéterminé unique. Il est lié à la succession d'événements qui se déroulent dans le temps selon le principe de raison suffisante. C'est là la voie d'accès possible à une compréhension véritable de la nature. Buffon l'affirme sans équivoque dans les passages suivants, tirés du *Premier Discours* :

«Il y a plusieurs espèces de vérité, & on a coûtume de mettre dans le premier ordre les

---

33. *Histoire et théorie de la Terre* [1749], *in* Buffon [17] : p. 56A.
34. *Ibid.* : p. 49A.

vérités mathématiques, ce ne sont cependant que des vérités de définitions; ces définitions portent sur des suppositions simples, mais abstraites, & toutes les vérités en ce genre ne sont que des conséquences composées, mais toujours abstraites, de ces définitions. Nous avons fait les suppositions, nous les avons combinées de toutes les façons, ce corps de combinaisons est la science mathématique; il n'y a donc rien dans cette science que ce que nous y avons mis, et les vérités qu'on en tire ne peuvent être que des expressions différentes sous lesquelles se présentent les suppositions que nous avons employées; ainsi les vérités mathématiques ne sont que des répétitions exactes des définitions ou suppositions... Ce qu'on appelle vérités mathématiques se réduit donc à des identités d'idées et n'a aucune réalité...; c'est par cette raison qu'elles ont l'avantage d'être toujours exactes & démonstratives, mais abstraites, intellectuelles & arbitraires.»[35]

Mais les vérités démonstratives de la mathématique et de la physique mathématique ne sont définies de cette manière que pour être distinguées du second ordre de vérités physiques :

«Les vérités physiques, au contraire, ne sont nullement arbitraires & ne dépendent point de nous, au lieu d'être fondées sur des suppositions que nous avions faites, elles ne sont appuyées que sur des faits; une suite de faits semblables ou, si l'on veut, une répétition fréquente et une succession non interrompue des mêmes événements, fait l'essence de la vérité physique : ce qu'on appelle vérité physique n'est donc qu'une probabilité, mais une probabilité si grande qu'elle équivaut à une certitude. En Mathématique on suppose, en Physique on pose & on établit; là ce sont des définitions, ici ce sont des faits; on va de définitions en définitions dans les Sciences abstraites, on marche d'observations en observations dans les Sciences réelles; dans les premières on arrive à l'évidence, dans les dernières à la certitude.»[36]

À certains égards, il semble curieux de prétendre qu'en rassemblant des faits, on atteigne la certitude, et même une certitude dépassant celle qu'on obtient en mathématiques. N'est-ce pas la forme la plus naïve d'inductivisme? Je ne n'y vois pas pour ma part une solution au problème de l'induction. Mais à la manière dont Buffon l'entend, une telle induction révèle l'ordre empirique donné comme étant le meilleur possible, celui qui sera finalement en conformité avec la raison. Telle semble être la base de l'attirance souvent floue de Buffon pour la métaphysique, et ses plaintes à propos du désintérêt de ses contemporains pour de telles considérations.[37]

Cependant, pour bien comprendre Buffon, il est important de se rendre compte qu'il se sépare de Madame du Châtelet sur un point critique. Madame du Châtelet, suivant Wolff, avait fait une distinction importante entre les références concrètes et les références abstraites des concepts scientifiques. Buffon accentue cette distinction. Les concepts abstraits n'ont aucun contact avec la réalité. C'est la raison fondamentale pour laquelle il renverse les rapports entre mathématiques et sciences physiques. C'est seulement lorsque les concepts abstraits se fondent sur la récurrence d'événements qu'ils deviennent concrets et réels. Nous ne pouvons concevoir des concepts tels que "l'homme", "les espèces", "le nombre", "l'espace", "le temps" ou "l'Homo sapiens", comme des abstractions éloignées des choses qu'elles représentent. C'est pourquoi nous lisons dans le discours sur les générations

---

35. *Premier Discours : De la manière d'étudier et de traiter l'histoire naturelle* [1749], *in* Buffon [17] : pp. 23B-24A.

36. *Ibid.* : p. 24A.

37. Voir *Seconde addition au mémoire qui a pour titre : Réflexions sur la loi de l'Attraction* [1745], Buffon [15] : p. 580; et *Premier Discours : De la manière d'étudier et de traiter l'histoire naturelle* [1749], *in* Buffon [17] : p. 23.

que les espèces doivent être définies non comme des classes abstraites mais comme des lignées concrètes d'entités récurrentes :

«Examinons de plus près cette propriété commune à l'animal et au végétal, cette puissance de produire son semblable, cette chaîne d'existences successives d'individus, qui constitue l'existence réelle de l'espèce.»[38]

Cet ensemble curieux de distinctions, sans équivalent dans les catégories habituelles de la philosophie des sciences, est l'instrument par lequel Buffon sépare les simples hypothèses des vraies *«théories»*. C'est la base sur laquelle il peut, d'une part offrir des théories spéculatives audacieuses, et d'autre part rejeter les théories abstraites non fondées sur la récurrence d'événements comme de simples hypothèses.

Si nous revenons au discours écrit un an plus tôt sur la théorie de la Terre et sur les *«preuves»* démonstratives de la théorie de la Terre qui en découlent, nous pouvons suivre l'exposé de cette thèse avec précision.

Buffon présente sa nouvelle théorie de la formation des planètes dans l'article appelé *Preuves de la théorie de la Terre.* Cette théorie discutable lui valut le reproche de spéculation vaine, de fabrication d'hypothèses, et d'erreur théologique. Mais nous devons analyser de près les préceptes méthodologiques qui étayent cette théorie à la lumière des problèmes précédemment soulevés. Dans le premier article de ce traité, Buffon étudie la question de la formation des planètes, question familière dans le débat sur les *«hypothèses»*. Il avait sous la main la théorie des comètes de de William Whiston, et en plusieurs occasions, il semble lui avoir emprunté beaucoup.[39] Le récit de Buffon postule la collision d'une comète avec le soleil, suffisante pour détacher une masse de matière représentant un six cent cinquantième de la masse du soleil, masse qui est ensuite dispersée autour de l'écliptique, et mise en rotation autour du Soleil dans le même sens par des forces naturelles. Mais suivons son raisonnement.

D'abord il décrit la récurrence de l'état présent du système planétaire comme le produit d'une action constamment récurrente et opposée des deux forces d'impulsion et d'attraction.[40] Il essaie ensuite de déterminer par le calcul les probabilités composées qu'un tel état des planètes, toutes dans le même axe et se déplaçant dans la même direction, ait pu se produire par hasard.

Avec cette probabilité cependant, Buffon pense qu'il peut, par les calculs, déterminer inductivement l'ordre nécessaire de la nature. Ces calculs sont censés suggérer la véritable cause du système, unique et uniforme, en lui procurant un fondement nécessaire. Enfin, il présente la théorie des comètes comme une explication probable de cet ordre.

Nous devons remarquer cependant les différents niveaux de son raisonnement. Il reconnaît que certaines caractéristiques de son récit sont purement *«hypothétiques»*. Cette désignation s'applique directement à la théorie de la collision cométaire, et Buffon déclare qu'il ne s'agit de rien de plus que d'une hypothèse qui semble, au

---

38. *Histoire générale des animaux, Chap. II, De la reproduction en général* [1749] *in* Buffon [17] : p. 238B.

39. Voir Jaki [31], Chap. 4.

40. La reprise de Buffon de l'inertie de Newton comme force réelle, agissant en opposition à l'attraction, est un aspect important de ses mécaniques célestes, et a été relatée par Hanks [28] dans son étude de l'œuvre de Hales. Elle correspond également à sa certitude que nous ne pouvons nous en tenir aux concepts abstraits sans une référence concrète équivalente. Voir Buffon [14] : pp. 493-500.

sens astronomique, correspondre aux effets.[41] Mais la discussion dans son ensemble se situe dans un contexte où Buffon a déjà nettement distingué les comptes rendus hypothétiques et ceux qu'il considère comme réels et physiques :

> «...nous espérons (...) mettre le lecteur plus en état de prononcer sur la grande différence qu'il y a entre une hypothèse où il n'entre que des possibilités, et une théorie fondée sur des faits, entre un système tel que nous allons en donner un dans cet article sur la formation & le premier état de la terre, & une histoire physique de son état actuel, tel que nous venons de la donner dans le discours précédent.»[42]

Sa distinction semble être la suivante. Le raisonnement des observations récurrentes et prenant en compte des observations contemporaines peut, par un calcul de probabilité, justifier le concept d'une cause vraie agissant de manière récurrente, la force constante de gravité. Cette thèse n'est pas considérée comme une «*hypothèse*». C'est ce qu'il appelerait une «*théorie*». Mais le postulat qu'une comète hypothétique à un certain moment de l'histoire a été la véritable cause du système planétaire est seulement hypothétique et, en tant qu'événement unique, non observable et non récurrent, il ne peut pas être plus que cela. Le récit cométaire cessera alors «*de paroître une absurdité*». Mais la prétention qu'il existe une vraie cause physique derrière l'unité des orbites et des mouvements est le produit d'une connaissance «*réelle et physique*» qui converge vers une certitude complète.

Une fois que l'on a compris cette double approche des questions, on est en mesure de clarifier la réflexion de Buffon sur la méthodologie. Il ne dit pas simplement qu'on a besoin d'«*hypothèses*» en sciences pour guider les spéculations. Ce serait trop vague et inadéquat pour distinguer entre une spéculation sans fondement et une méthodologie rigoureuse.[43] La distinction la plus importante est celle qui est faite entre les généralisations tirées d'un raisonnement sur le phénomène récurrent, qui permet d'obtenir une «*certitude physique*» par calcul d'une probabilité inductive, et le raisonnement sur des événements et des causes uniques et non récurrentes, qui ne peuvent être qu'hypothétiques et abstraites, et ont le statut de spéculations, éventuellement utiles. Ce sont, dans sa terminologie, des idées abstraites sans rapport avec la réalité.

En pratique, cela signifie pour Buffon que la tâche du philosophe de la nature est de chercher dans les sciences des explications en termes de propriétés récurrentes, de mécanismes causals et de relations d'objets matériels. Les principes généraux dérivés de cette forme d'induction ne sont pas des résumés descriptifs des lois du phénomène, mais un moyen d'accès au véritable ordre métaphysique du monde, qui fournit à la science

> «...cette partie si nécessaire aux physiciens, de cette métaphysique qui rassemble les idées particulières, qui les rend plus générales, & qui élève l'esprit au point où il doit être pour voir l'enchaînement des causes & des effets...»[44]

Si nous lisons les discours d'ouverture de l'*Histoire naturelle* à la lumière de ces préceptes, je pense que les arguments de Buffon sont méthodologiquement unifiés, cohérents, et définissent son projet de recherche à venir. Dès le commencement de ses recherches, Buffon n'a été en matière d'épistémologie ni un pyrrhonien, ni un

---

41. Voir par exemple *Histoire et théorie de la Terre* [1749], *in* Buffon [17] : pp. 70, 72, 78.
42. *Ibid.* : p. 65B.
43. Il accuse Burnet and Whiston d'accepter les "hypotheses" comme faits réels (*Ibid.* : p. 78).
44. *Ibid.* : p. 87A.

nominaliste, ni un antiréaliste, comme ses commentateurs l'ont souvent prétendu.[45] Aussi, sa pensée méthodologique ne peut-elle passer ni pour du conjecturalisme, ni pour du positivisme, ni pour un simple inductivisme. Il est difficile de définir ses vues au moyen d'un "isme" tiré du vocabulaire habituel de la philosophie des sciences. La pensée de Buffon n'est pas réductible à celle de Leibniz, de Descartes, de Newton ou de Locke. Buffon est Buffon.

Cependant, la force de cette méthode est sa créativité. Sur ces bases Buffon était prêt à raviver la cosmologie spéculative et la géologie historique, tout en se séparant en même temps des synthèses bibliques. Il voulait émettre des hypothèses pour guider sa recherche, et demandait ensuite que leurs tests ne dépendent pas d'expériences cruciales singulières, mais soient au contraire fondés sur une récurrence sérielle. Cette méthode n'est pas particulièrement importante pour les sciences expérimentales. Mais pour les sciences historiques, elle constitue un développement très profond. Une fois qu'il eut accompli cette transition, qu'il dit avoir effectuée dans la théorie de la Terre, dans l'analyse de la réalité des forces d'attraction, dans la théorie des générations par les molécules organiques, et dans la théorie des espèces biologiques, Buffon n'était pas décidé à abandonner ces principes face à des objections qu'il jugeait sans fondement réel. Ceci explique en partie la ténacité avec laquelle il s'est accroché à certaines de ses thèses les plus controversées, telles que la théorie des molécules organiques, à propos de laquelle il fut constamment attaqué par Haller, Spallanzani et Bonnet.

Mais si les thèses suggérées dans cette discussion sont correctes, nous pouvons également voir pourquoi Buffon ne fut pas facilement compris par ses contemporains. Il était aisé à ses lecteurs contemporains de mal interpréter ses énoncés méthodologiques de bien des façons. Son rejet de la certitude des mathématiques fut perçu comme une défense du scepticisme. Sa théorie de la Terre et du système planétaire ne fut considérée que comme une spéculation de style cartésien.[46] On interpréta sa théorie des espèces comme altérant d'une manière incohérente tous les sens reconnus du mot.[47] Son attaque contre la classification linnéenne fut jugée comme une défense d'un nominalisme inacceptable dérivé de Locke.[48] Et sa théorie des molécules organiques fut considérée comme un exemple de l'utilisation illicite des hypothèses.[49] Sa volonté de ne pas répondre ouvertement aux critiques, ou de développer ses positions dans un traité systématique sur le sujet, a donné à Buffon l'image d'un penseur incohérent et contradictoire, dont les vues changeaient constamment. Un seul commentateur parmi ses critiques premiers, Albrecht von Haller, posa la question de la fertilité de l'hypothétisme de Buffon avec sérieux, mais il fut incapable de l'apprécier dans ses fondements.[50] Il faudra attendre Emmanuel Kant pour une exploitation profonde de ces points.

45. Voir la critique *in* Anonyme [2], et Lignac [37], Vol. 2, lettre numéro 8.

46. Voir Anonyme [1] : pp. 2226-2245; Gautier [25], Vol. 2, pt. 10, obs. 8 : pp. 52-55; Condorcet [20] *in* Buffon [16] : p. 4.

47. Voir discussion *in* Sloan [48].

48. Malesherbes [35], Vol. I : pp. 57 ff.

49. Sénebier [46],vol. 2 : pp. 209-210.

50. Haller [26], pp. ix-xxii, and Haller [27], vol. 1 : pp. 95 -118.

*REMERCIEMENTS*

Je tiens à remercier Michaële Gauduchon pour la traduction de base de texte, ainsi que Bernard Reginster, Sheila Sloan et Jean Gayon. Ce projet a été financé par l'*Institute for Scholarship in the Liberal Arts* de l'Université de Notre Dame (U.S.A.). Toute erreur est la responsabilité de l'auteur.

**TEXTES CITÉS**

*BIBLIOGRAPHIE* *

(1)† Anonyme, Compte rendu de : *Histoire naturelle, in Journal de Trévoux,* octobre 1749 : pp. 2226-2245.

(2)† Anonyme, Compte rendu de : *Histoire naturelle, in Nouvelles ecclésiastiques ou mémoires, pour servir à l'histoire de la constitution unigenitus,* 6 Février 1750, pp. 21-24, et 13 février 1750 : pp. 25-27.

(3)† Anonyme, Compte rendu de : Hales (S.), *La statique des végétaux et l'analyse de l'air,* trad. Buffon (G. L.), *Journal des sçavans,* août 1735 : pp. 416-18.

(4)† BARBER (W.H.), *Leibniz in France,* Oxford, Clarendon, 1955, XI-276p.

(5) BARBER (W.H.), «Mme du Châtelet and leibnizianism : the genesis of the *Institutions de physique*», dans : W.H. Barber *et al.* (eds.) *The age of the enlightenment,* Edinburgh , Oliver and Boyd, 1967 : pp. 200-222.

(6)† BESTERMAN (T.), ed., *The complete works of Voltaire : correspondance,* 5 vol., Toronto, Toronto University Press, 1969.

(7)† BESTERMAN (T.), ed., *Les Lettres de la Marquise du Châtelet,* 2 vol., Genève, Institut et Musée Voltaire, 1958.

(8) BRUNET (P.), *Maupertuis : étude biographique,* Paris, Blanchard, 1929, 228p.

(9) BRUNET (P.), *L'introduction des théories de Newton en France au XVIII$^e$ siècle,* Paris, Albert Blanchard, 1931, VIII-355p.

(10)† BUFFON (G. L. Leclerc de), «Préface du traducteur» à : Hales (S.), *La statique des végétaux, et l'analyse de l'air,* trad. Buffon (G.L.), Paris, de Bure l'aîné, 1735. XXVI-410p.

(11)† BUFFON (G. L. Leclerc de), Préface à : Newton (I.), *La Méthode des fluxions et des suites infinies,* trad. Buffon (G.L.), Paris, de Bure l'aîné, 1740, XXX-148p.

(12)† BUFFON (G. L. Leclerc de), «Formules sur les échelles arithmétiques où l'on indique le moyen de ramener promptement de grands nombres à l'expression de l'espèce de progression dont on s'est servi», *Mémoires de l'Académie royale des Sciences* (1741), Paris, Imprimerie royale, 1744 : pp. 219-221.

(13)† BUFFON (G. L. Leclerc de), *Essai d'Arithmétique morale, Supplements à l'Histoire naturelle,* T. IV, Paris, Imprimerie royale, 1777.

(14)† BUFFON (G. L. Leclerc de), «Réflexions sur la loi de l'attraction», *Mémoires de l'Académie royale des sciences,* (1745), Paris, Imprimerie royale, 1749 : pp. 493-500.

(15)† BUFFON (G. L. Leclerc de), «Seconde addition au mémoire qui a pour titre : Réflexions sur la loi de l'Attraction», *Mémoires de l'Académie royale des*

* Sources imprimées et études. Les sources sont indiquées par le signe †.

*Sciences,* (1745), Paris, Imprimerie royale, 1749 : p. 580-583.

(16)† BUFFON (G. L. Leclerc de), *Œuvres complètes de Buffon avec les supplemens,* 9 tomes, Paris, P. Dumenil, 1835-36.

(17)† BUFFON (G. L. Leclerc de), *Oeuvres philosophiques,* texte établi et présenté par J. Piveteau, Paris, Presses Universitaires de France, 1954, XXXVI-616p.

(18) CHANDLER (P.), «Clairaut's critique of newtonian attraction : some insights into his philosophy of science», *Annals of Science,* 32 (1975) : pp. 369-78.

(19)† CLAIRAUT (A. ), «Réponse aux réflexions de M. de Buffon, sur la loi de l'attraction & sur le mouvement des apsides», *Mémoires de l'Académie royale des sciences* (1745), Paris, Imprimerie royale, 1749 : pp. 529-58.

(20)† CONDORCET (J.), «Éloge de Buffon», *in Œuvres complètes de Buffon avec les supplemens,* 9 vol., Paris, P. Dumenil, 1835-36, vol. I : pp. 1-15.

(21) COHEN (I.B.), «Hypotheses in Newton's Philosophy», *Physis,* 8 (1966) : pp. 163-84.

(22)† DES CHAMPS (J.), *Cours abrégé de la philosophie Wolffienne en forme de Lettres,* 2 vols. Amsterdam & Leipzig, 1743.

(23)† DORTOUS de MAIRAN (J.J.), *Dissertation sur la glace,* Paris, Imprimerie Royale, 1749, XXI-384p.

(24)† DU CHÂTELET-LOMONT (G.E.), *Institutions de physique,* Paris, Prault fils, 1740, XXI-450p.

(25)† GAUTIER D'AGOTY (J.), *Observations sur l'Histoire naturelle sur la physique et sur la peinture,* 6 tomes, Paris, Delaguette, 1754.

(26)† HALLER (A.von), «Vorrede», à Buffon (G.L.), *Allgemeine Geschichte der Natur nach allen ihren besondern Teilen abgehandelt,* trad.. H.F., Linck, T. I, Hamburg und Leipzig , Grund und Rolle, 1750 : pp. ix-xxii.

(27)† HALLER (A. von), «Von Nützen der Hypothesen», *in* Haller (A.von), *Tagebuch seiner Beobachtungen über Schriftsteller und über sich selbst,* Bern, 1787.

(28) HANKS (L.), *Buffon avant l'histoire naturelle,* Paris, Presses Universitaires de France, 1966, 324p.

(29) HANSON (N.R.), «Hypotheses fingo», *in* R.E. Butts et J.W. Davis, eds., *The methodological heritage of Newton,* Toronto, University of Toronto Press, 1970 : pp. 14-33.

(30)† HALES (S.), *La Statique des végétaux, et l'analyse de l'air,* trad. Buffon (G.L.), Paris, de Bure l'aîné, 1735, XVII-408p.

(31) JAKI (S.), *Planets and planetarians : a history of theories of the origins of the planetary system,* Edinburgh, Academic Press, 1978, VI-266p.

(32) JANIK (L.G.), «Searching for the metaphysics of science : the structure and composition of Madame du Châtelet's *Institutions de physique,* 1737-1740», *Studies on Voltaire and the eighteenth century,* 201 (1982) : pp. 85-113.

(33)† KEILL (J.), *Introductiones ad veram physicam et veram astronomiam,* Leyden, Verbeek, 1725.

(34) KOYRÉ (A.), «Concept and experience in Newton's scientific thought», *in* A. Koyré, *Newtonian studies,* Chicago, University of Chicago Press, 1965 : pp. 25-52.

(35)† LAMOIGNON de MALESHERBES (C.), *Observations de Lamoignon-Malesherbes sur l'histoire naturelle de Buffon et Daubenton,* 2 vol., Paris, Pougens, 1798. Réimpression : Genève, Slatkine, 1971.

(36) LAUDAN (L.), «Theories of scientific method from Plato to Mach», *History of science,* 7 (1968 ) : pp. 1-63.

(37)† LELARGE de LIGNAC (J.), *Lettres à un Ameriquain, sur l'histoire naturelle de Buffon et Daubenton,* nouv. éd., 5 tomes, Hamburg, Duchesne, 1756.

(38) LYON (J.) and SLOAN (P.R.), *From natural history to the history of nature : readings from Buffon and his critics.* Notre Dame, University of Notre Dame Press, 1981, XIV-406p.

(39)† MACH (E.), *The Science of mechanics,* 6è éd. rev., Chicago, Open Court, 1960, XXXI-634p.

(40)    McMULLIN (E.), «The Development of philosophy of science 1600-1900» *in*
        *Companion to the History of Modern Science,* R.C. Olby, G.N. Cantor, J.R.R.
        Christie, M.J.S. Hodge eds., London, Croone, 1989 : pp. 816-837.
(41)    NIDERST (A.), *Fontenelle à la recherche de lui-même,* Paris, Nizet, 1972, 684p.
(42)    POTENZ (H.), ed., *Pages choisies des grands écrivains : Fontenelle,* Paris, Colin,
        1909.
(43)†   RITTER (E.), ed., «Lettres de Buffon et de Maupertuis adressées à Jallabert», *Revue
        d'histoire littéraire de la France,* 8 (1901) : pp. 650-56.
(44)    ROGER (J.) et FISCHER (J-L), éds., *Histoire du concept d'espèce dans les sciences
        de la vie,* Paris, Fondation Singer-Polignac, 1986.
(45)    RUESTOW (E.G.), *Physics at seventeenth and eighteenth-century Leiden :
        philosophy and the new science in the university,* The Hague, Nijhoff, 1973, [ii]-
        184p.
(46)    SÉNEBIER (J.), *Essai sur l'art d'observer et de faire des expériences,* 2 vol., 2è éd.
        rev., Genève, 1802.
(47)    SLOAN (P.R.), «The Buffon-Linnaeus controversy», *Isis,* 67 (1976) : pp. 356-75.
(48)    SLOAN (P.R.), «From logical universals to historical individuals : Buffon's
        conception of biological species», *in Histoire du concept d'espèce dans les
        sciences de la vie* (Colloque international, mai 1985), J. Roger and J.-L. Fischer,
        éds., Paris, Éditions de la Fondations Singer-Polignac, 1987 : pp. 101-40.
(49)    WALTERS (R.L.), «Voltaire, Newton & the Reading Public», *in* P. Fritz and D.
        Williams, eds., *The Triumph of culture : 18th century perspectives,* Toronto,
        Hakkert, 1972 : pp. 133-155.
(50)†   WOLFF (C.), *Philosophia prima sive ontologia* (1736), *in Gesammelte Werke :
        Lateinische Schriften,* J. École & H.W. Arndt, Hildesheim éd., 1962, T. III.

*SOURCES NON PUBLIÉES*

(51)†   *Académie Royale des sciences,* Procès verbaux, Archives de l'Académie.
(52)†   DU CHÂTELET-LOMONT, (G.E.), manuscrit des *Institutions de physique,*
        Bibliothèque nationale Ms Fr. 12265.

## 16

#32 752

# THE COMMON SENSE BASIS OF BUFFON'S
## *"MÉTHODE NATURELLE"*

Scott ATRAN *

### INTRODUCTION

Buffon was a uniquely gifted encyclopedic thinker in a great encyclopedic age who worked at the cutting age of creative science. This special conjuncture of a synthetic mind at the approach of a revolutionary epoch yielded an explanatory framework that was meant to account for every law abiding thing in the universe. Here, not only would natural history merge with and enrich natural philosophy, but the regularities of minds and bodies would be subject to the same sorts of causal analyses. Through science Buffon endeavored to give reason to Being : by rooting thought in time, identifying time through the succession of species, having species originate with the microforces of heated matter, and ultimately equating the forces of heat and gravity.[1]

Buffon failed, of course, to make his point of view stick. Yet, this failure was to be a triumph for science and philosophy: for science, first, because some of his critical claims were well-formulated enough to be tested, disproven and ultimately surmounted by more successful hypotheses;[2] but also less conclusively and perhaps more compellingly for philosophy, because some very deep questions about human nature and the unified nature of the universe are still being pondered along lines of reasoning that he helped to set in place.[3] Arguably, though, his historical

---

* CREA-CNRS. 1, rue Descartes. 75005 Paris. FRANCE.

1. Buffon saw this in eschatological terms, as a quest for immortality. Ontologically speaking, the individual is nothing apart from its species, and the species is nothing other than a continuous succession of similarly structured individuals that reproduce themselves (cf *L'asne* [1753], *in* Buffon [15], T. IV : pp. 384-386). Through humankind's serially immortal body, as it were, one person's intellection of the truth could penetrate and thrive. In the first installment of *Histoire naturelle*, he laments that the mind may only grasp *«general effects»* rather than true causes (*Premier Discours* [1749], *in* Buffon [15], T. I : p. 57). Thus, *«we will never penetrate the intimate structure of things (...) the mechanism that Nature uses»* (*Histoire générale des animaux* [1749], *in* Buffon [15] T. II : pp. 33-34). But later he exults in the possibility that *«the human mind has no limits»* and may indeed be *«capable of recognizing all the powers, and discovering [in time] all the secrets of Nature !»* (*Des mulets* [1776] , *in* Buffon [17], T. III : pp. 33-34).

2. Consider the pointed criticisms of Haller [31], the experimental refutations by Spallanzani [56] and new attempts at synthesis by Lamarck [40].

3. Consider Buffon's critique of Cartesian mechanism. For Buffon, Newton's demonstration of a force [pesanteur) inexplicable as a Cartesian movement of machine parts opened the way for other principles. These principles, although not *«contrary to mechanical principles»* would undoubtedly constitute a further enrichment of the properties of the physical world (*Histoire générale des animaux* [1749], *in* Buffon [15], T II : pp. 52-53). Indeed, *«if man were to dispose of this* force pénétrante *[responsible for the attraction of heavenly bodies and the generation and growth of animals].: if only he were to have a sense relative to it, he would see deep down into matter»* ( *Nomenclature des singes* [1766], *in* Buffon [15], T. XIV : pp. 22-24). The mind-body problem, then, would be specious -a *«defect»* of Cartesian philosophy. True, throughout the first fourteen volumes of *Histoire naturelle*,

interpretation of the origin of species, in particular, and the universe, in general, remains his most enduring contribution to western thought.

With one foot grounded in Aristotle's codified folkscience and the other already moving beyond Descartes and towards Darwin, Buffon contemplated the world from precisely that juncture where common sense leaves off and counter-intuition begins. He aimed to reinforce and extend ordinary understanding of the readily visible world with extraordinary insights into a nonphenomenal universe of astronomical, microscopic and evolutionary dimensions. This encouraged explanation of the known by the unknown, which is a hallmark of modern science.

Buffon, however, was still too committed to the known to explore the unknown for its own sake. He kept his science bound to everyday intuition and visible affairs. In natural history, the principal area of intellectual effort, he pushed common sense to the limit and presided over a partial collapse of the phenomenal order. Buffon, however, did not himself oversee the truly revolutionary changes in our understanding of the order of things that such collapse implied. On the one hand, concern with underlying biological processes and unforseen historical influences could not sustain a comprehensive account of the phenomenal order that humankind ordinarily represents in folktaxonomy. On the other hand, preoccupation with that order would forestall a causal resolution of the domain of natural history in terms acceptable to natural philosophy. For it entailed accepting the separate *sui generis* natures of those morphological species, genera and families whose historical links could not be shown. That meant swelling the basic ontology of the world *ad hoc* with original and eternal configurations of supposedly universal forces that would act in intermittently special ways.

Maintaining ready access to the visible order may be essential to everyday life and even useful on occasion for science, but science cannot hope to progress to the degree it is bound to preserve intact all or even some of the phenomenal structure of things. The nondimensional image of evolution ordinarily snapped by the mind's eye only glosses the unequal fragments of causal history. This, all before Darwin failed to fully comprehend. But it was Buffon's insight that nature is the varied product of causal history that eventually made such comprehension possible at all. His method, then, was to be a way station in nature's transition from setting to subject.

## THE COMMON SENSE SETTING

Common sense is used here with systematic ambiguity to refer both to the results and processes of ordinary thinking : to what in all societies is considered, and

---

Buffon is strictly dualist : «*The soul in general has an action proper to it and independent of matter*» (*Nomenclature des singes* [1766], *in* Buffon [15], T. XIV : pp. 33). But in 1767 Buffon embarked on a series of experiments concerning the cooling of globes whose results would lead him to a unified theory of the world (Roger [53] : pp. XXVII-VIII). The findings, published in 1775 (*Histoire naturelle, générale et particulière, servant de suite à la Théorie de la terre: partie hypothétique* [1775], *in* Buffon [17], T. II), encouraged him the following year to abandon the earlier view of thought as incapable of penetrating nature's secrets (see note 1 above). Arguably, Buffon eventually came to believe that the mind was governed by the same force responsible for all the general physical effects in the universe. Although Buffon's notion of *force pénétrante* ultimately proved unacceptable to biology, his proposition that we cannot prejudge what may count as a «*physical force*» still carries a lesson : basic concepts of physical science may have to be modified in order to adequately assimilate various natural phenomena.

is cognitively responsible for the consideration of manifestly perceivable empirical fact –like the fact that grass is green (when it really is perceived to be green). As such, common sense also includes statements pertaining to what is plausibly an innately grounded, and species-specific, apprehension of the spatiotemporal, geometrical, chromatic, chemical and organic world in which we, and all other human beings, live their usual lives.

By virtue of our cerebral architecture, we are all disposed to believe that the everyday world is composed of natural chemical and biological kinds whose exemplars manifest definite colors, change in time and are locally distinguished by their relations in space. Of course, the actual realization of these cognitive dispositions depends upon the fragmented and limited experience available to us. But such experience does not so much shape our beliefs as activate our prior disposition to extend particular encounters to a generalized set of complexly related cases : to divide the world into cats and dogs, one must experience cats and dogs; but it is our cognitive disposition to categorize animals with animals and species members with species members that allows us to distinguish such experiences *qua* cats and dogs.

Regarding human beings' appreciations of living kinds in particular, two decades of intensive cross-cultural study in ethnobiology seem to reveal that people's ordinary knowledge of living kinds is spontaneously ordered as a taxonomy whose structure is unique to the domain. Lay taxonomy, it appears, is universally and primarily composed of three transitively tiered levels, which are absolutely distinct ranks : the levels of *unique beginner, basic taxa* and *life-form*.[4]

A unique beginner refers to the ontological category of plants or that of animals excluding humans.[5] Some cultures have single words to denote the botanical or zoological realm, like *«beast»* for nonhuman animals. Other cultures employ descriptive phrases, like *«hairs of the earth»* for plants.[6] Some societies use special markers, for instance numerical classifier.[7] Still others forego the use of any specific words, phrases or markers, although it seems that from an early age all humans conceptually discriminate the class of plants and the class of animals excluding humans.[8]

The basic level is logically subordinate, but psychologically prior, to the life-form level. Ideally it is constituted as a *fundamentum relationis*, that is, an exhaustive and mutually exclusive partitioning of the local flora and fauna into well-bounded morphobehavioral gestalts (which visual aspect is readily perceptible at a glance).[9] For the most part, taxa at this level correspond, within predictable limits,

---

4. Berlin *et al*. [12].

5. Before Aristotle, man was a standard for comparative appreciation of animals but was not himself an object of comparison. For most folk, as for children, humans are not *«animals»* (Kesby [39]; Carey [20]; Keil [38]). Man does not even figure in Gesner [30], although his *Historia Animalium* was the first noteworthy global classification of the vertebrates since ancient times that made use of Aristotle's higher categories. Not until Linnaeus [41] defied charges of heresy by counting *Homo sapiens* among the class (life-form) of mammals did man become a veritable object of classification. Indeed, Buffon still felt compelled to insist that : «*the first truth that comes out of a serious examination of nature, is a truth perhaps humiliating for man; it is that he must order himself with the animals*». (*Premier Discours* [1749], *in* Buffon [15], T. I : p. 12).

6. Friedberg [28].

7. Berlin *et al*. [13].

8. As indicated by studies of young Mayan and American children (Stross [58]; Dougherty [27]; MacNamara [47]). New Guinea highlanders and Indonesian natives (Hays [33]; Taylor [60], etc).

9. Hunn [34].

to those species of the field biologist that are spatially sympatric (coexisting in the same locality) and temporally nondimensional (perceived over a few generations at most).[10] At least this is the case for those organisms that are readily apparent, including most vertebrates and flowering plants. Because the frontiers of a cultural group do not always coincide with the boundaries of a set of sympatric species, partitioning can fall short of the ideal : e.g. migrating birds may be only intermittently or vaguely perceived.

But this basic folk kind also largely conforms to the modern genus, being immediately recognizable both ecologically and morphologically. This underlies much of the controversy over whether the genus[11] or species[12] constitutes the psychologically and historically primitive grouping. Thus, some ethnobiologists call basic taxa *«generics»*[13] while others term them *«speciemes»*.[14] In fact, the species-genus distinction is largely irrelevant to the common sense vision of the world. In the local world of most folk, species usually lack congeners so that species and genus are habitually coextensive. That is why I have designated the basic folkbiological kind *«generic-specieme»*.[15]

The life-form level further assembles generic-speciemes into larger exclusive groups (tree, grass, moss, quadruped, bird, fish, insect, etc.). A salient characteristic of folkbiological life-forms is that they partition the plant and animal categories into contrastive lexical fields. The system of lexical markings thus constitutes a pretheoretical *fundamentum divisionis* of features that are positive and opposed.[16] The opposition may be along a single perceptible dimension (size, stem habit, mode of locomotion, skin covering, etc.) or simultaneously along several dimensions.[17] By and large, plant life-forms do not correspond to scientific taxa, whereas animal life-forms more or less conform modern classes, save the phenomenally *«residual»* categories of *«bug»*, *«worm»*, *«insect»* and the like. Such popular invertebrate groups are exceptions because human perception of them is not as evident.

Such uniform taxonomic knowledge, under socio-cultural learning situations so diverse, likely results from certain regular and domain specific processes of human cognition, although local circumstances undoubtedly trigger and condition the stable forms of knowledge attained. Meaning for living kind terms can thus be analyzed in a fundamentally distinct way from the semantics of other object domains, such as the domain of artifacts.[18] All and only living kinds are conceived as physical sorts whose intrinsic *«natures»* are presumed, even if unknown. Consequently, the semantically typical properties that the definition of a living kind term describes may be considered necessary not merely likely - in virtue of the presumed underlying nature of that kind. For instance, we can say that a dog born legless is missing *«its»* legs because we presume that all dogs are quadrupeds *«by nature»*; but we cannot justifiably say that a legless beanbag chair is missing *«its»* legs simply because

10. Mayr [48] : p. 37.
11. Bartlett [9].
12. Diamond [26].
13. Berlin [11].
14. Bulmer and Tyler [18].
15. Atran [6].
16. Atran [3].
17. Brown [14].
18. Atran [7]; cf. Jeyifous [36].

chairs normally have legs. It is this presumption of underlying nature that underpins the taxonomic stability of organic phenomenal types despite obvious variation among individual exemplars.[19]

Despite the relative autonomy of common sense implied in the fact that folkbiological taxa are not demarcated like scientific taxa,[20] folk and scientific classifications share a basic presumption. Both are predicated on the idea that living kinds naturally fall into *«groups within groups»* by virtue of a systematic embedding of their existence determining physical properties; only, for folk it is the existence of an organism's morphological aspect and ecological proclivity that is determined, while for science it is the organism's genetic program. Throughout history, people have assumed that the primary locus of underlying properties responsible for the regular appearance of living beings occurs at roughly the level of the nondimensional species.

The ability to recognize nondimensional species may also be a cognitive trait of nonhuman species, yet only humans likely sort species in accordance with presumptions of underlying nature and then recursively apply this procedure for sorting them into higher groups. Without technical aids, hierarchical sorting procedures appear to be severely limited by constraints of memory. But through technological innovation and exploration in the course of history, greater quantity of

19. The transitive structure of grouping ranked according to their presumed underlying natures thus hardly applies to artifacts. For example, *«car-seat»* may be judged varieties of *«chair»*, but not of *«furniture»*, even though *«chair»* is normally thought of as a type of *«furniture»* (Hampton [32]). By contrast, although for ancient and modern Greek folk some instances of herbaceous mallow might resemble trees and some stunted oaks might not look like trees at all, tall-growing mallow would not be classified under *«tree»* while stunted oaks would be (Theophrastus [61] : p. 25). Similarly, among the Tobelo of Indonesia (as most other cultures) : *«one hears of a particular small sapling... "this weed [o rurubu) is a tree (o gota)'... or of the same sapling...'this is not a (member of the) herbaceous weed class, it is a tree" (o rurubu here contrasts with o gota)»* (Taylor [59] : p. 224).
The claim for universal principles of folkbiological taxonomy is not for the universal status of particular *taxa*, only for taxonomic *categories*. The categories of generic-specieme and life-form are universal. The delimitation and placement of particular taxa is not. Linked to the cross-cultural stability of the living kind conceptual domain, we find that the learning of ordinary living kind terms is remarkably easy and needs no teaching. At a limit, one need only once point to an animal (even in a zoo or book) and name it to have young children immediately classify and relationally segregate it from all other taxa. The naming might, of course, be done (and in a zoo is likely to be done) with pedagogic intent (*«this, children, is a sheep»*); however, it may just as well occur in an utterance not at all aimed at teaching (*«let's feed this sheep»*) and provide the required input. Such basic human knowledge of living kinds does not depend on teaching, nor is it gradually abstracted from experience. It is spontaneously acquired in accordance with innate expectation about the organization of the everyday biological world. In fact, there is even some recent indication that the semantic and perceptual knowledge specific to understanding of living kinds is localized in the brain (Warrington and Shallice [63]; Sartori and Job [55]). Appreciation of artifacts, too, might be governed by distinct a priori cognitive dispositions : *«even preschoolers clearly believe that artifacts tend to be human made and that natural kinds are not»* (Gelman [29] : p. 88).
20. The scientific conception of living kinds differs from the folk conception by allowing that any of the typical properties of a kind may prove to be incidental on its real nature. Bats, for example, have many of the typical properties of birds and ostriches many of the typical properties of mammals; still, bats are mammals and ostriches are birds. But even today common sense meaning is not directly tied to scientific reference. If laypeople accept modification of a folk taxon so that it better corresponds to a biological taxon, it's because the scientific taxon proves compatible with everyday common sense realism; if not, the scientific concept can usually be set aside, and the lay notion persists as a *«natural kind»* regardless. Owing to their singular morphologies and ecological roles, bats and ostriches are fairly easy to conceptually isolate and taxonomically realize. By contrast, tree, sparrow, hawk and thistle remain American folk kinds with presumed natures, just as arbre, fauvette, milan and roseau stay natural kinds for the folk of France, although they do not conform to scientific (phyletic) kinds. For this reason, I call the natural kinds of folkbiology *«phenomenal kinds»* as distinct from the *«nomic kinds»* of science (Atran [7]).

information as to number and kinds of organisms, and greater quality of information as to their relationships, were accumulated and processed by introducing additional ranks into a worldwide taxonomy.

## THE SUBJECT OF NATURAL HISTORY

To the query *«What is nature ?»* the philosophically inclined might respond : *«what there is»* or *«the totality of things»*. But there is a prephilosophical sense in which *«nature»* differs from the artificial, on the one hand, and the supernatural, on the other. From a pretheoretical standpoint, natural things, like a robin, a rock or Robert, differ from robots and the Redeemer by reason of immanent causality: that is, in virtue of those causal factors that are peculiar to the type of thing and make it whatever it is –a bird, a stone or a man. What separates Aristotle's idea of *«nature»* *(physis)* from, say, the notion of *«nature»* *(unuq)* entertained by the Bunaq of Timor is simply this : whereas humans the world over ordinarily presume each distinct living kind has its proper nature, Aristotle further assumes that all the distinct natures of folk taxonomic living kinds (as well as those nonliving sorts modeled on the living) are causally connected. That is why Aristotle's *physis* has the dual meaning of *«a given kind»* and of *«Nature»* in general.

Aristotle's primary task was to find a principle of unity underlying the diversity of ordinary phenomenal types. In practice, this meant systematically deriving each basic-level generic-specieme *(atomon eidos)* from a life-form *(megiston genos)*. It further implied combining the various life-forms by *«analogy»* *(analogian)* into an integrated conception of life.[21] Theophrastus, Aristotle's student and successor at the Lyceum, conceived of botanical classification in much the same way.

This first sustained scientific research program failed owing to a fundamental antagonism between what were effectively nonphenomenal means and the phenomenal end sought. To explain the visible order of things Aristotle had recourse to internal functions. But such functions cannot be properly understood if, as with Aristotle, they are referred primarily to their morphological manifestations. Moreover, like any folk naturalist he recognized no more than five or six hundred species. Because Aristotle geared logical division to an analysis of antecedently known kinds, he did not foresee that the introduction of exotic forms would undermine his quest for a taxonomy of analyzed entities.[22]

After Aristotle and Theophrastus, the practice of copying descriptions and illustrations of living kinds from previous sources superseded actual field experience

---

21. Aristotelian life-forms are distinguished and related through possessing analogous organs of the same essential functions (locomotion, digestion, reproduction, respiration). Thus, bird wings, quadruped feet and fish fins constitute analogous organs of locomotion. The generic-speciemes of each life-form are then differentiated by degrees of *«more or less»* with respect to essential organs. Because these organs are essential, and naturally *«for the better»*, they are necessarily adapted to the special requirements of each species' habitual environment *(bios)*. Thus, all birds have wings for moving about and beaks for obtaining nutriments; however, the predatory hawk is partially diagnosed by long and narrow wings and a sharpy hooked beak, whereas the duck-owing to its different mode of life- is partially diagnosed by a lesser and broader wing span and a flat bill. The principled classification of folk biological taxa *«by division and assembly»* *(diaïresis* and *synagogè)* ends when all taxa are defined, that is, when each generic-specieme is completely diagnosed with respect to every essential organ.

22. Atran [4].

in the schools of late antiquity. Well into the Renaissance, scholastic *«naturalists»* took it for granted that the local flora and fauna of northern and central Europe could be fully categorized under the Mediterranean plant and animal types depicted in ancient works. Herbals and bestiaries of the time were far removed from any empirical base.

Only when German, Dutch and Italian herbalists of the sixteenth and seventeenth centuries returned to nature did progress become possible. These later herbalists were once again able to ground classification in customary intuitions of natural affinity; however, they persisted in using a Latin (or latinized Greek) nomenclatural type whenever a similar local species could be attached to it. This fostered the comparison of ancient and foreign types to local forms. In addition, a series of technological innovations allowed a permanent record of the knowledge gained : the preservation of dried specimens in herbaria, the establishment of botanical and zoological gardens, advances in the art of woodcut and the invention of movable type.

Folk knowledge was thus recovered, set against standards for comparison and fixed for communication across local boundaries of time and place. Information was exchanged among different communities without loss of specificity and accumulated, and a worldwide catalogue of species could be envisaged. The problem, then, would be to systematize the welter of new forms into an overarching taxonomy that would be as psychologically convenient as folktaxonomy in providing an intellectual map of the readily visible organic world.

The first step towards a systematic global classification involved fixing the species as an eternally self-perpetuating entity. Although ecological and reproductive criteria are usually covariant indicators of local species status, only the latter would provide cross-community status to morphological groupings : the most commonly perceived features of local species would also be those that usually happened to breed ever true. The permanent filiation of locally visible types would yield sempiternal forms, and thus sanction the principle of systematic comparison and placement within higher groups extending in scope to the world at large. Species now fixed reproductively and eternally, rather than ecologically and locally, could be abstracted from context and fit into a universal morphological scheme.

This concept of the *«taxonomic»* species was originally formulated by the papal physician Andreas Cesalpino towards the end of the sixteenth century.[23] A century later, the French naturalist Joseph Pitton de Tournefort[24] introduced the taxonomic concept of genus as the ranked class immediately superordinate to that of the species. Together with the introduction of specific breeding criteria, the emergence of the genus concept was initially motivated by historical difficulties that exploration had posed for common sense. The genus was originally designed to allow the reduction of species by an order of magnitude to equivalence classes whose number and quality the mind could easily manage again (from over 6000 known species to some 600 genera).

The place of a new species in the natural order of genera would be initially determined in either of two ways : (1) By empirical intuition, that is, readily visible morphological agreement with a European representative or some other preferred

23. Cesalpino [21].
24. Tournefort [62].

type-species of the genus, or (2) by intellectual intuition, that is, analytic agreement with the generic fructification according to the number, topological disposition, geometrical configuration and magnitude of its constituent elements. But the one would ultimately be commensurate with the other, thus allowing a mathematical reduction of the new species to its associated type by reason of their common fructification. As a result, the customary surety of the folk naturalist might be rationally extended to a world-wide scale. Such was the aim of the *«natural system»*.

The genus's defining character –the fructification– was crucially a rational notion, although metaphysically sanctioned as the seat of life. It required conceptual isolation of those analytically prized characters of the visible fruit and flower that could be apodictically arranged into a preset combinatory system. The detachability and reducibility of visible parts to computable characters was, however, prima facie less warranted in the case of animals; the parts of animals immediately lend themselves to consideration as functionally interjoined organs rather than as visibly juxtaposed features.

Moreover, conservation of animal life-forms blocked attempts to dissolve animal (and therefore ultimately plant) kinds into a seamless table of rational characters. A set of generic characters proposed for an animal life-form would fail to apply to the others. Even if functionally analogous, the essential organs of each great class of animals hardly manifest similarity in their external features : no logical expression of the means for acquiring nutriment would link, say, the conformation of a mammal's teeth to the structure of a bird's beak.

The system was able to dispense with plant life-forms. They are fundamentally provincial indicators of ecological status tied up with our understanding of the way local kinds interrelate and appear to us. Devoid of local context, however, plant life-forms represent only what Linnaeus would qualify as *«lubricious»* morphological groupings. In contrast, our appreciation of vertebrate life-forms (perhaps because we ourselves are vertebrates) is not so far removed from an objective appreciation of morphological affinities between vertebrates themselves. From the Renaissance onwards, the analysis of zoological forms proceeded mostly within the framework of separate monographs treating distinct animal life-forms.[25] Special concern for these life-forms effectively ruled out a wholesale approach to animal organization from the start. But because there were initially many fewer animals to worry about than plants (wild animals especially being harder to spot in nature, to relocate for study and to examine without destroying), the problem did not seem at first compelling in face of the myriad plant forms that occupied the attention of those naturalists seeking a global system.

Also lessening the importance of the genus was the geometrical rate of exploration and discovery. Recall that the genus was introduced in an effort to cope with a number of plant species approximately one order of magnitude above that which ancient and Renaissance herbalists ordinarily faced. But once awareness of new forms had increased by yet another order of magnitude, the family became the new basis for taxonomy.

The family was itself rooted in local groupings that folk implicitly recognize but

25. From Gesner [30] to Ray [50], various *Historia Animalium* were composed of several monographs, each devoted to a single vertebrate life-form. More often zoological investigators restricted their attention to one vertebrate life-form or another, such as Rondelet [54] and Belon [10] on the fishes or birds.

seldom name, such as felines, equids, legumes and grasses. It is to such groups that Cesalpino adverts when he speaks of *genera innominata,* the groups that (in the zoological realm) Aristotle refers to as *eïde anonyma.* These «*covert*» groupings generally do not violate the boundaries of modern families, but they may cross life-forms : for example, among the family of legumes may be found herbs, vines, trees and bushes. Furthermore, unlike taxonomically arrayed generic-speciemes and life-forms, the local series of covert groupings does not cover the local environment with a morpho-ecologic quilt but is riddled with gaps. A strategy emerged for closing the gaps : by looking to other environments for similar as well as different family «*fragments*», and by using such partial series drawn from many different environments, European naturalists sought to fill the lacunae in any and all environments with a single worldwide series of families. This strategy became the «*natural method*».[26]

## A METHOD OF UNDERSTANDING

When Linnaeus finally did try to formulate a global classification of animals through various editions of the *Systema naturae* he felt obliged to preserve the life-forms in all their salient aspects : lifeforms, or classes, must be distinguished from one another by similar external diagnostics, such as manner of skin covering and mode of locomotion;[27] they need have approximately the same diversity (number and kind) of subordinate groupings; and they should be conceived as occupying equal roles in policing the overall economy of nature so as to conserve its «*proper proportions*».[28] As for the genus, although Linnaeus repeatedly emphasized that it must operate as the certain natural basis of animal as well as plant classification, he admitted that zoology had lagged behind botany in this respect.[29] In fact, only species and life-forms appeared to furnish relatively stable and uncontroversial elements of animal taxonomy.

Buffon was to become the most persistent and influential opponent of the idea of system. Like Linnaeus, however, Buffon did accept certain basic folkbiological assumptions of common sense as conditions on any adequate reflection about natural history. He agreed with Linnaeus about the purely subjective reality of botanical life-forms «*for us*» *(par rapport à nous).*[30] But he was more consistent in doubting also that zoological life-forms *as we think of them* are objectively real :

«Man has only thought (imaginé) general names in order to aid his memory (...) then

26. Atran [2].
27. Linnaeus [45] : p. 20.
28. Linnaeus [44].
29. Linnaeus [42] : p. 206.
30. By abstracting from successive perceptions, man «*will come in little time to form a particular idea of the animals that inhabit the earth, of those that reside in the water, and of those that rise in the air; and consequently, he will easily make for himself that division* [of animals] *into* Quadrupeds, Birds, Fish. *It is the same in the realm of plants : he will distinguish trees from plants* [i.e. from herbs and grasses] *very well, by their height, by their substance, or by their figure. Here is what simple inspection must necessarily give him, and which with the slightest attention he will not fail to recognize. It is also this that we must regard as real, and which we must respect as a division given* [to us] *by nature itself.*» (*Premier Discours* [1749], *in* Buffon [15], T. I : p. 32).

Similarly, Linnaeus considers such life-forms the product of our «*natural instinct*», although botanical life-forms become «*scabrous*» when devoid of ecological context (Linnaeus [43] : sec. 153, 209).

he abuses the [practice] by considering them as something real. (...) I can give example and proof of this without departing from the order of quadrupeds, which of all the animals man knows best, and to which he is consequently in a position to give the most precise designation. The name quadruped supposes that the animal has four feet. If it lacks two of these feet, like the sea-cow, (...) if it has arms and hands like the monkey, (...) if it has wings like the bat, it is no longer a quadruped; and one abuses this general designation. When one applies it to these animals. For there to be precision in words, there must be truth in the ideas they represent.»[31]

On Buffon's account, this disaccord between life-form boundaries and rigorous notions of definition amply exemplifies why there will never be a truly consistent hierarchical division of animals. For even when intuition most directly reflects nature, as in the case of life-forms, the «*nomenclaturer's*» art conspires to falsify both.

For him, intuition of a phenomenal kind does not warrant belief in the corresponding existence of a natural kind. Only in the case of species, can our intuitions be well-delimited in accordance with nature. The proof is that we can ultimately provide a material causal account of the concrete existence of species that does not depend upon our perceptions alone.[32] In other words, general terms, such as those which refer to species, may be considered to denote parts of the real world, if that reality can be given a concrete physical expression.[33]

At first blush, Buffon's initial rejection of Linnean genera proves to be somewhat misleading : «*One finds that the lynx is but a species of cat, the fox and wolf only species of dog, the civet-cat a species of badger (...) the rhinocerus a species of elephant, the donkey a species of horse, etc., and all this because a few meager relations between the number of mamma and teeth of these animals, or some slight resemblance in the form of their horns*».[34] He later points out that this manner of forming «*abstract*» genera is still employed by contemporary explorers who would simply assimilate the exotic fauna of America to the better known animals of the old world (e.g. the puma to the lion, the jaguar to the tiger, the

31. *Nomenclature des singes* [1766], *in* Buffon [15], T. XIV : pp. 17-18.

32. *Histoire générale des animaux* [1749], *in* Buffon [15], T. II : p. 3; *De la Nature. Seconde Vue* [1765], *in* Buffon [15], T. XIII : p. I.

33. Buffon's notion of a concrete general term (species] differs from that of an abstract universal term (genus) when objects denoted by the term are successively linked together in a uninterrupted causal chain. A chain comprises the continuous serial manifestation of a single historical event, namely, a genealogical lineage (Atran [5] : chap. 4).

According to Lovejoy, Buffon followed Locke in rejecting «*the concept of species*» but «*soon abandoned this position*» (Lovejoy [46] : pp. 228-229; cf. Canguilhem [19] : p. 342; Roger [52] : p. 583; Jacob [35] : p. 16; Mayr [49] : p. 334). But nowhere does Buffon deny the existence of species. The following passage seems to have confounded the commentators : «*In general the more one increases the number of divisions of natural productions, the more one approaches the truth, because in nature only individuals really exists*»; «*and*» -the passage continues- it is : «*that orders and classes exist only in our imagination (et que les genres, les ordres et les classes n'existent que dans notre imagination)*» (*Premier Discours* [1749], *in* Buffon [15], T. I : p. 38).

But species, which exist «*in succession, in renewal and in duration*» (*Histoire générale des animaux* [1749], *in* Buffon [15] : p. 3), cannot be considered merely general ideas. Note that the ideas expressed in the first two volumes of Buffon's *Histoire Naturelle* were formulated before 1746 and published together in 1748.

A further source of confusion is Adanson's misquote of the passage from the first volume of *Histoire Naturelle* to the effect that what exist are «*only individuals and genera*» (*que des individus et des genres)* (Adanson [1] : pp. CLXIIJ-CLXIV). This leads Stafleu [57] to express «*surprise*» at the privileged position that Buffon would then seem to inconsistently accord genera.

34. *Premier Discours* [1749], *in* Buffon [15], T. I : p. 40.

alpaca to the sheep, the lama to the camel). Such a *«method»* as this, therefore, amounts to no more than the popular custom of reducing the unknown to the known.[35]

But the real argument against the Linnean genus, as Buffon was ultimately to stress, turns on the idea of its *«essence»*. It certainly appears that the *lives* of the members of these distinct species do not depend on one another in the way that the life of an individual depends on the lives of other individuals of the same species, that is, as part to whole. In other words, Linnaean genera have no *«concrete»* spatial reality as reproductive communities nor temporal existence as selfperpetuating lineages. Like mathematical objects and other *«mental abstractions»*, the taxa of the Linnaean hierarchy are only *«platonic ideas»*.[36] Admittedly, if one could demonstrate that congeners are literally generated from one from the other, or from a common ancestor, then one could argue for a *«genus»* or *«family»* that would include, say, the donkey, horse and zebra, or the fox, wolf and dog.[37] But, as Kant[38] argues after Buffon, there is no evidence that such *generatio heteronyma* is anywhere to be found.[39] If essence conveys life, then genera do not seem to be essentially alive.

Yet, through his investigation of wild and domestic animals, Buffon gradually recognized that it is not always possible to verify, in fact, whether two varieties comprise really one species or two: perhaps the sheep is but a *«perfected»* form of goat, and the chamois merely a *«wild goat»*.[40] Soon after, Buffon acknowledged that one must judge species *«as much by the climate and the natural [setting] as by figure and structure»*.[41] Not until Buffon had nearly completed a study of the mammals of the old and new worlds, however, did he realize that racial varieties that had migrated far from their source might come to assume the status of distinct local species.

35. Even those sympathetic to Buffon saw the tendentiousness of the critiscism. Daubenton argued correctly that Linnaeus never meant to simply reduce congeneric species one to the other : *«Certainly the cat is not a lion, and that is not what Linnaeus wanted to say»* (*Séances des écoles normales*, T. I : 293). The anonymous reviewer of the *Bibliothèque raisonnée* (oct.-déc. 1750) also surmised that Buffon's lack of familiarity with the many more known species of plants led him to underestimate the practical value of genera in botany; and although one might debate their value as natural units, it is clear that since *«the Ancients knew neither number nor measure»*, they could hardly have treated genera as rational units in the manner of Linnaeus. Morever, the reviewer notes that while genera formed by multiple affinities *«are always superior to others that set apart and bracket together entities by means of a single characteristic»*, it is not at all evident that Linnaeus actually chose the latter (cf. Atran [8] : chap. 7, sec. 4).

36. *Premier Discours* [1749], *in* Buffon [15], T. I : pp. 37-40.

37. *L'asne* [1753], *in* Buffon [15], T. IV : p. 38.

38. Kant [37] : sec. 80.

39. Buffon's influence on Kant's opinion of the genus was decisive. But Kant did not agree that mathematical concepts were pure abstractions or that species were really constituents of nature. For him, only logic could represent the relations between pure ideas, whereas mathematics constituted the concept of time and the means to categorize experience. In line with Leibniz, Buffon held that time is composed, and reality constituted, of the succession of events. But Buffon goes further in postulating that every regular species of concrete entities that takes form in time is a constitutive unit of nautre (e.g. the species). By contrast, Kant does not accept the concept of such a concrete series as being truly *«constitutive»* of nature, even if it proves *«necessary by nature of the evidence itself»*. Such a concept is only *«regulative»* of the perceived relations of experience. As with the idea of teleology, any regulative idea operates as a mental convenience. This does not preclude that such an idea is real; but reason can never be sure it is. Only ideas arising from pure mathematics, or from other *«transcendental»* notions that represent the unification of *possible* experience (as a totality), can constitute our understanding of nature.

40. *La chèvre* [1755], *in* Buffon [15], T. V : p. 60.

41. *Animaux communs aux deux continens* [1761], *in* Buffon [15], T. IX : p. 119.

In the end, Buffon[42] would allow the possibility that a genealogical relationship could establish a real generic tie between species. But that tie would have to be grounded in more than simple intuitions of overall morphological, or even anatomical, affinities. Careful attention to detail in habitat, courtship behavior and other habits of life would prove just as important. Thus, it may turn out that while some of our «*generic*» intuitions coincide with reality (e.g. the natural kind that includes the horse, zebra and ass) some do not (e.g. the lion and tiger are judged not causally related by descent).

The practical consequences of Buffon's acceptance of genera were soon obvious. The more numerous and lesser known birds could be conveniently surveyed by describing their genera, rather than species: «*Instead of treating birds one by one, that is to say, by distinct and separate species, I shall unite several together under the same genus (...) being more or less of the same nature and of the same family*».[43] This tactic could presumably be applied to the other classes of animals and plants, the justification being that species were, after all, only relatively constant varieties that had devolved under the influence of the environment from the original prototypical species (*première souche*) of the genus. Buffon, however, did not offer a doctrine of evolution; for the new species of a genus could only be the «*degenerate*» forms of an older prototype whose essence (or *moule interieur*) is eternally fixed.[44]

Buffon's genus differs from the Linnaean genus in still one other critical respect; namely, that no principled distinction exists between the genus and the family. In the absence of a uniform set of logical diagnostics, no privileged rank above the species could be discursively isolated. For Buffon, «*genus*» and «*family*» are practically synonymous terms that denote networks of historically connected lineages.

True, Buffon sometimes uses both terms to denote groups that roughly correspond to modern genera: «*Following the apes, another family* [famille] *presents itself, which we will indicate by using the generic name (nom générique) of baboon*».[45] He also occasionally refers to a «*still smaller number of families*» that approximate modern families or orders: for instance, the *quadrumanes* which include old world apes, monkeys and lemurs.[46] But no principled and consistent distinction

---

42. *De la dégénération des animaux* [1766], *in* Buffon [15], T. XIV : p. 311 ff.

43. *Discours sur la nature des oiseaux* [1770], *in* Buffon [16], T. I : p. 20.

44. As with Aristotle, Buffon did not consider the species type as an idea in the mind of God prior to, or apart from, material existence. Unlike Aristotle, he did not view the realization of the typical traits of the (prototypical) species as a localized tendency of nature (Atran [4], [6]). He held each typical constellation of features to be the lawful product of underlying Newtonian-Boerhaavian microforces common to all members of the species. Left to its own resources, each such special configuration of underlying forces would invariably mold the available organic materials in its own characteristic way : «*The* empreinte *of each species is a type whose principal features are carved in forever ineffaceable and permanent characters*» (*De la Nature. Seconde Vue* [1765], *in* Buffon [15], T. XIII : p. IX). The typical species features that usually do appear as the mold fills itself out are actually those that should appear, all things being equal. But as things are not always equal -there being external interference in the operation of underlying forces- nature yields «*accessory touches*». As a result, «*no individual perfectly resembles another, no species exists without a great number of varieties*». Also, while the laws governing the formation of species are omnipresent and eternal, species themselves turn out to be neither constant nor everlasting. A given species arises only under certain thermal conditions (that may be different for different species) and vanishes when the planet's inevitable cooling is sufficiently advanced (*Époques de la Nature, Cinquième Époque* [1778], *in* Buffon [17], T. V : pp. 167-169).

45. *Nomenclature des singes* [1766], *in* Buffon [15], T. XIV : pp. 4-5.

46. *De la dégénération des animaux* [1766], *in* Buffon [15], T. XIV : pp. 358-363 et 373-374.

is made between genera and families, nor could there be –for the only real group is one whose species have descended from a first, spontaneously created, prototype : *«as all these species (...) have but one unique and common origin in nature, the entire genus must form but one species».*[47]

The original prototype constitutes *«the main and common trunk» (la souche principale et commune)* from which all other congeners issue as *«collateral branches»* that are formed by the effects of the environment.[48] For Buffon, genera or families are but species writ larger in space and longer in time than one is normally accustomed to; and many of the groups that initially appear as species to us are merely variants isolated by unperceived historical circumstance. Buffon's reinterpretation of the Linnaean hierarchy in *«real»* terms of spatiotemporal causality thus remains rather fragmentary and diffuse at the species, genus and family levels, although it is clear for him that no true taxa exist above the family or below the species levels.

Buffon's acceptance of animal genera or families as irreducible natural units within which speciation may occur did not lead him to propose them as a basis for a general, systematic classification. Yet, according to Adanson, it was Buffon who first encouraged the project of a comprehensive natural method of families to replace the various systems of genera : *«Nobody, as far as I know, had said before M. Buffon that it was from the consideration of the ensemble of the parts of beings that one must deduce* (déduire) *the families, or what is the same thing, the natural method».*[49] Buffon, however, explicitly rejected a *comprehensive* method of inferring a well-connected *series* of families, although he did argue that all groups, whether strictly phenomenal or also causally based, be formed by the ensemble of their external features.

Buffon's concern with historical *«proof»* of the intermittent and separate genealogical composition of morphological families effectively denied ontological status to a family *rank* : there was no guarantee that all of those families commonly accepted on the basis of the *«ensemble»* of their parts, that is, on the total habitus, would also prove to be historically well-founded descent groups. Because no systematic arrangment of families in a ranked series would be forthcoming, no systematic derivation of commonly accepted morphological genera and species could be expected. Only historical factors could be considered determinant of higher-order groupings. In the case of animals, evidence for the operation of such factors was spotty enough to warrant suspension of judgment as to the span of these groupings. In the case of plants, evidence was lacking altogether.

Buffon thus opposed the efforts of those, such as Cesalpino, Tournefort and Linnaeus, who would arbitrarily impose a rational system on nature in order to preserve the phenomenal order in the face of the welter of new plant and animal forms introduced in the Age of Exploration. Nonetheless, he was in accord with virtually all of his predecessors, from Aristotle to Ray, that *«exact description»* in natural history should be limited to an account of readily perceptible characters of external morphology. This alone would do justice to a universal intuition of natural affinity –a feeling of the kind that someone unaffected by tradition or prejudice

47. *Le mouflon* (1764), *in* Buffon [15], T. XI : p. 369.
48. *De la dégénération des animaux* [1766], *in* Buffon [15], T. XIV : p. 369.
49. Adanson [1] : pp. CLV-CLVJ.

might experience in an unpeopled earth. Detailed examination of internal anatomy
and the use of the microscope, no less than medicinal virtues, would therefore be
effectively excluded from a determination of generic pedigree no matter how
admittedly useful they might be for understanding physiological function or
generation.[50]

Although Cuvier would credit Buffon with rejecting the disastrous *«example of
botanists»* [51] by calling anatomy to the attention of naturalists, Buffon never seems
to have wavered from his early conviction that the study of anatomy [and function]
was *«a foreign object to natural history (...) or at least not its principal object».*[52]
Only for the study of man might anatomy have a primary role to play, while *«the
internal economy of an oyster, for example, must not be a part of what we have to
treat»* in natural history.[53]

The reason Buffon rejected the lessons of anatomy for natural history was that
comparative anatomy and functional analysis failed to capture all and only the
structural characteristics of readily apparent groupings of organisms. Either,
therefore, one would have to abandon the series of phenomenal groupings or accept,
as Cuvier would, that the true classes of organisms were those whose functions
operate *«by means of organs so various that their structures offer no points in
common».*[54] For Buffon, however, the construction of a unified theory of the world
was predicated on a causal resolution of phenomenal groups, which are among those
*«mid-level proportions»* of reality that natural philosophy is centered upon.
Consequently, he was ill disposed to allow the collapse of the visible order under
functional scrutiny.

Buffon, then, conceived of nature's true groups as historically interconnected

50. Cf. Tournefort [62] : p. 14; Ray [51] sec. *«De methodo plantarum in genere»*; Linnaeus [43] :
sec. 43.

51. Cuvier [24] : pp. 293-294; Cuvier [23] : p. XIX. Buffon states : *«external differences are nothing
in comparison to internal differences; the latter are, so to speak, the causes of the former...* [The
interior] *is the underlying design of nature, the constituent form, the true figure; the exterior is only the
surface or drapery; for (...) a very different exterior often covers an interior that is perfectly the same;
and coversely, the least internal difference produces very great external differences, and even changes
the natural habits, faculties and attributes of the animal»* (De la Nature. Seconde Vue [1765], in Buffon
[15], T. XIII : p. 37). For Buffon, then, comparative anatomy could be useful and sometimes even
*necessary* for a correct appreciation of natural affinities. It would show, for example, that, despite the
external similarities that mark popular groupings of animals, whales are not fishes nor are bats birds.

52. *Premier Discours* [1749], in Buffon [15], T. I : p. 30. Internal evidence would not be *sufficient*
in itself to completely sunder apparent morphological connections between, say, bats and birds or
whales and fish. Still inextricably bound to common sense, anatomy might aspire to partnership with
morphology, but not more. It could help to establish principled links in the chain of being : links that
would underscore continuity and visual overlap, rather than taxonomic juxtaposition and visual
embedding, to preserve the phenomenal order. Buffon thus *expects* that visually intermediate forms,
such as the ostrich, will doubtlessly prove to have *«other conformities of interior organization with the
quadrupeds»* and so give the lie to the prejudice of both *«popular opinions»* and those *«naturalists who
(...) impatiently suffer any derangement of their methods»* (Les oiseaux qui ne peuvent voler [1770], in
Buffon [16], T. I : pp. 396-397). Later arguing from exclusively anatomical considerations, Buffon's
erstwhile collaborator, Daubenton, would come to reject Buffon's lingering visual bias towards the
intermediate status of such groupings (Daubenton [25] : pp. XIV-XV).

53. *L'asne* [1753], in Buffon [15], T. IV : p. 5. Only with respect to man's place in the scale of being
are visual considerations *not* decisive. Morphologically speaking, man appears midway along the
quadruped section of the chain of being as a lateral offshoot around the level of the orangutang (the
elephant being at the uppermost level). Yet man differs qualitatively from all the animals, including
apes, by temperament, gestation and so forth : *«that is, by the totality of real habits that constitute what is
called nature in a particular being»* ( Nomenclature des singes [1766], in Buffon [15], T. XIV : pp. 30;
42).

54. Cuvier [22] : pp. 34-35.

lineages. But the necessary, if not sufficient, grounds for inferring that the causal criteria of such groups are met would remain palpably morphological. Still closely linked to popular notions of family-level fragments, the morphological family might provide a framework for speculation on the *«devolution» (dégénérescence)* of species and the environment's influence on living kinds. Ultimately, this framework would prove an obstacle to a truly historical picture of nature. But at this stage in the development of systematics, it functioned –as the eternal species had– as a strong positive heuristic for inquiry into the scope, limits and means of visible variation in the organic world. The ensuing research would, in turn, serve as a propaedeutic to deeper study of the anatomical, microstructural and paleontological manifestations of underlying biological processes.

## CONCLUSION

Buffon's method provided a practical framework for exploring those causal interrelations between beings that might determine morphological similarities and differences. Unlike Adanson, he insisted on historical explanation. As a result, he could not hope to provide what Adanson preferred, namely, a comprehensive survey of beings the world over that could account for all and only those similarities and differences that strike the mind at a glance –*Primo intuitu ex facie externa,* as Linnaeus[55] would say. But by privileging this everyday attachment to external morphology in an eminently visible scale of nature, Buffon also precluded a historical resolution of the chain of being.

True, like Lamarck,[56] Buffon might have opted for a global account of the

---

55. Linneaus [43] : sec. 168.

56. Lamarck [40]. Buffon nevertheless felt compelled to explain in physical terms the principle that : *«everything that can be, is»* (*Premier Discours* [1749], in Buffon [15], T. I : p. 11]. In particular, he sought to account for the existence of all readily visible forms of life. Early on in *Histoire naturelle* Buffon owned that nature eternally reproduces the various readily apprehended species (*Histoire générale des animaux* [1749], in Buffon [15], T. II). Later, domestic varieties of animal would appear as unique productions contingent on man's intervention (*La chèvre* [1755], in Buffon [15], T. V). Then, local accidents of geography and climate would condition the degeneration of species ( *De la dégénération des animaux* [1766], in Buffon [15], T. XIV ). Finally, the world would acquire a definite age : different species might thus appear at different times depending on the global thermal situation, migrate as the globe cooled, change as they adapted to local conditions, and eventually disappear, never to reappear on the planet (*Époques de la Nature,* Buffon [17], T. V). In this late phase of Buffon's career, the emergent history of species seems irreversible, contingent as it is on the age of the planet and local environmental conditions. Still, the broad outlines of that history are recurrent : the principal family *«masses»* (*souches principales)* must necessarily arise *in* different solar systems owing to the universal laws of heat and gravity.

But necessity is not restricted to the formation of higher groups, nor is chance limited to the degeneration of species. Although happenstance may determine the particular timing and sequence in the devolution of species, the general direction of physical degeneration (e.g. of large to small forms) owes to ubiquitous material conditions. Conversely, chance may enter into the formation of at least some *souches principales,* that are lateral offshoots in the chain of being. Unlike Lamarck's chain, Buffon's is not progressively formed in a strict developmental sequence (e.g. widely separated links may appear simultaneously). Real space-time, however, does crucially affect the chain's formation. The chain's continuity reveals the fundamental unity of nature's plan; but its special and unequal punctuation owes to the emergence of this plan through a changing spatio-temporal manifold. In this manifold there appear to be some glaring irregularities, which are responsible for such *«disruptions»* and *«deformations»* of nature as the anteater and the armadillo (*Les tatous* [1763], in Buffon [15], T. X : pp. 200-202). Unlike the ostrich and the bat, say, these creatures do not evince a regular continuity with other beings, but represent lateral branchings that variously link up with a variety of other forms in diverse ways (cf. *Nomenclature des singes* [1766], in Buffon [15], T. XIV : pp. 22-23).

«*ascension*» of species across all the phenomenal «*masses* » composing nature's scale rather than for a piecemeal determination of «*devolution*» of species within selected families. But this would mean introducing transcendent causes into history. Not that Buffon shyed altogether from such «*wishful thinking*» Only, try as he might, Buffon could not construct an empirical argument to show how certain families might actually be linked. For Buffon, speculation might only be sustained with independent empirical facts that could decide the matter.

In sum, Buffon was unable to span the breach in everyday understanding that he had opened. Nor could he widen and deepen it enough to allow a causally unified understanding of life in general to emerge. Yet for others to reach that understanding, he built a ladder firmly rooted in common sense –one that science could safely afford to knock away with some hazardous speculation only because it could easily be recovered and climbed again. In this way did Buffon offer humanity a ready common sense access to the largely unintuitive world of modern science.

## BIBLIOGRAPHIY *

(1)†    ADANSON (M.), *Familles des plantes*, 2 vol., Paris, Vincent, 1764.
(2)     ATRAN (S.), «Covert Fragmenta and the Origins of the Botanical Family», *Man*, 18 (1983) : pp. 51-71.
(3)     ATRAN (S.), «The Nature of Folk Botanical Life Forms», *American Anthropologist*, 87 (1985) : pp. 298-315.
(4)     ATRAN (S.), «Pretheoretical Aspects of Aristotelian Definition and Classification of Animals: The Case for Common Sense», *Studies In History and Philosophy of Science*, 16 (1985) : pp. 113-164.
(5)     ATRAN (S.), *Fondements de l'histoire naturelle. Pour une anthropologie de la science*, Bruxelles, Éditions Complexe, 1986.
(6)     ATRAN (S.), «Origin of the Genus and Species Concepts : An Anthropological Perspective», *Journal of the History of Biology*, 20 (1987) : pp. 195-279.
(7)     ATRAN (S.), «Ordinary Constraints on the Semantics of Living Kinds : A Common sense Alternative to Recent Treatments of Natural-Object Terms», *Mind and Language*, 2 (1987) : pp. 27-63.
(8)     ATRAN (S.), *Cognitive Foundations of natural history*, Cambridge, England, Cambridge University Press, 1990.
(9)     BARTLETT (H.), «History of the Generic Concept in Botany», *Bulletin of the Torrey Botanical Club*, 47 (1940) : pp. 319-362.
(10)†   BELON (P.), *L'histoire de la nature des oyseaux*, Paris, Cavellat, 1555.

---

Nor are these «*isolated species*» devolved from more regular types ( *De la dégénération des animaux* [1766], *in* Buffon [15], T. XIV : p. 373). Rather, they appear to be *sui generis* forms indigenous to South America. Possibly, the formation of their «*organic molecules south across the Andes*» (*Époques de la Nature, Cinquième Époque* [1778], *in* Buffon [17], T. V : pp. 176-177).

In brief, chance informs both general and specific elements in the chain of being. To the degree that continuity is linear, the mind may predict what must occur in the «*chain of being*»; but to the extent that such continuity is lateral and irreversible, the mind can only aspire to what nature herself displays, namely, contingent truth. With Buffon, then, the novel possibility arises that the history of species is irreversible in the world, and that nature employs both chance and necessity to form the scale of nature.

  * Sources imprimées et études. Les sources sont distnguées par le signe †.

(11)  BERLIN (B.), «Speculations on the Growth of Ethnobotanical Nomenclature», *Language and Society*, 1 (1972) : pp. 63-98.
(12)  BERLIN (B.), BREEDLOVE (D.), and RAVEN (P.), «General Principles of Classification and Nomenclature in Folk Biology», *American Anthropologist*, 75 (1973) : pp. 214-242.
(13)  BERLIN (B.), BREEDLOVE (D.), and RAVEN (P.), *Principles of Tzeltal plant classification*, New York, Academic Press, 1974.
(14)  BROWN (C.), *Language and living things: uniformities in folk classification and naming*, New Brunswick, New Jersey, Rutgers University Press, 1984.
(15)† BUFFON (G. L. Leclerc de), *Histoire naturelle, générale et particulière,* Paris, Imprimerie Royale, 1749, 1749-1767, 15 vol.
(16)† BUFFON (G. L. Leclerc de), *Histoire naturelle des oiseaux*, Paris, Imprimerie Royale, 1770-1783, 9 vol.
(17)† BUFFON (G. L. Leclerc de), *Histoire naturelle, générale et particulière, servant de suite à... Supplément*, Paris, Imprimerie Royale, 1774-1789, 7 vol.
(18)  BULMER (R.) and TYLER (M.), «Kalam Classification of Birds», *Journal of the Polynesian Society,* 77 (1968) : pp. 333-385.
(19)  CANGUILHEM (G.), *Études d'histoire et de philosophie des sciences*, Paris, Vrin, 1968.
(20)  CAREY (S.), *Conceptual change in childhood*, Cambridge, Mass., MIT Pr., 1985.
(21)† CESALPINO (A.), *De Plantis libri XVI*, Florence, Marescot, 1583.
(22)† CUVIER (G. ), *Leçons d'anatomie comparée*, T. 1, *Organes du mouvement,* Paris, Badouin, 1799.
(23)† CUVIER (G. ), *Leçons d'anatomie comparée*, T. 3, *Organes de la digestion*, Paris, Genet, 1805.
(24)† CUVIER (G. ), *Le règne animal,* 2ème éd., Paris, Verdière et Lagrange, 1828.
(25)† DAUBENTON (L.), «Introduction à l'Histoire naturelle», *Encyclopédie méthodique : histoire des animaux*, Paris, Panckoucke, 1782 : pp. I-XV.
(26)  DIAMOND (J. ), «Zoological Classification of a Primitive People», *Science*, 15 (1966) : pp.1102-1104.
(27)  DOUGHERTY (J.), «Learning Names for Plants and Plants for Names», *Anthropological Linguistics*, 21 (1979) : pp. 298-315.
(28)  FRIEDBERG (C.), *Les Bunaq de Timor et les Plantes*, T. 4, *MUK GUBUL NOR «La Chevelure de la Terre»*, Thèse d'Etat, Université de Paris V, 1984.
(29)  GELMAN (S.), «The Development of Induction within Natural Kinds and Artifact Categories», *Cognitive Psychology*, 20 (1988) : pp. 65-95.
(30)† GESNER (C.), *Histora animalium libri V,* Zurich, Froschover, 1551-1558.
(31)† HALLER (A.), *Réflexions sur le système de la génération de M. de Buffon,* Genève, Barillot et Fils, 1751.
(32)  HAMPTON (J.), «A Demonstration of Intransitivity in Natural Categories», *Cognition*, 12 (1982): pp. 151-164.
(33)  HAYS (T.), «Ndumba Folk Biology and General Principles of Ethnobotanical Classification and Nomenclature», *American Anthropologist*, 85 (1983) : pp. 592-611.
(34)  HUNN (E.), «Towards a Perceptual Model of Folk Biological Classification», *American Ethnologist,* 3 (1976) : pp. 508-524.
(35)  JACOB (F.), *La logique du vivant,* Paris, Gallimard, 1970.
(36)  JEYIFOUS (S.), *Atimodemo : semantic and conceptual development among the Yoruba,* Ph.D. dissertation, Cornell University, 1985.
(37)† KANT (I.), *Critique of judgement.* Translated from the German by J. Bernard, New York, Hafner, 1951.
(38)  KEIL (F.), *Semantic and conceptual development: an ontological perspective*, Cambridge, Mass., Harvard University Press, 1979.

(39)　KESBY (J.), «The Rangi Classification of Animals and Plants», In : *Classifications in their social contexts*, Edited by R. Ellen and D. Reason, New York, Academic Press, 1979 : pp. 33-56.

(40)† LAMARCK (J.), *Philosophie zoologique*, Paris, Dentu, 1809.

(41)† LINNAEUS (C.), *Systema naturae*, Leiden, Haak, 1735.

(42)† LINNAEUS (C.), *Systema naturae*, 4th ed., Paris, David, 1744.

(43)† LINNAEUS (C.), *Philosophia botanica,* Stockholm, G. Keisewetter, 1751.

(44)† LINNAEUS (C.), *Amœnitates academicae*, vol. 3, *Politia naturae*. Dissertation defended by T H. Wilcke. Stockholm, Salvius, 1760.

(45)† LINNAEUS (C.), *Systema naturae*, vol. 1., 12th ed., Vienna, Trattner, 1767.

(46)　LOVEJOY (A.), *The great chain of being*, Cambridge, Mass., Harvard University Press, 1964.

(47)　MACNAMARA (J.), *Names for things : a study of human learning,* Cambridge, Mass., MIT Press, 1982.

(48)　MAYR (E.), *Principles of systematic zoology*, New York, McGraw-Hill, 1969.

(49)　MAYR (E.). *The growth of biological thought*, Cambridge, Mass., Harvard University Press, 1982.

(50)† RAY (J.), *Synopsis methodica animalium quadrupedum & serpentini*, London, Smith and Walford, 1693.

(51)† RAY (J.), *Methodus plantarum emendata et aucta*, London, Smith and Walford, 1703.

(52)　ROGER (J.), *Les Sciences de la vie dans la pensée française du XVIIIᵉ siècle*, Paris, Colin, 1971.

(53)　ROGER (J.), «Introduction» in *Les Époques de la Nature*, éd. critique établie et présentée par J. Roger, *Mémoires du Muséum National d'Histoire naturelle, Série C, Sciences de la Terre*, tome X (1962). Réimpression : Paris, Éditions du Muséum, 1988.

(54)† RONDELET (G.), *De piscibus marnis libri XVIII*, Lyon, Bonhomme, 1554.

(55)† SARTORI (G.) and JOB (R.), «The Oyster with Four Legs : a Neuropsychological Study on the Interaction of Visual and Semantic Information», *Cognitive Neuropsychology*, 5 (1988) : pp. 105-132.

(56)† SPALLANZANI (L.), *Œuvres de M. L'Abbé Spallanzani*, Paris, Senebier, 1776.

(57)　STAFLEU (F.), «Adanson and the *Familles des Plantes*», *in Adanson : the bicentennial of Michel Adanson's «Familles des plantes»*, G. Lawrence ed., Pittsburgh, Hunt Botanical Library, 1963 : pp. 123-264.

(58)　STROSS (B.), «Acquisition of Botanical Terminology by Tzeltal Children», *in Meaning in Mayan languages*, M. Edmonson ed., The Hague, Mouton, 1973 : pp. 107-141.

(59)　TAYLOR (P.), «Preliminary Report on the Ethnobiology of the Tobelorese of Hamalhera, North Moluccas», *Majalah Ilmu-ilmu Sastra Indonesia*, 8 (1979) : pp. 215-229.

(60)　TAYLOR (P. ), «Covert Categories Reconsidered : Identifying Unlabeled Classes in Tobelo Folk Biological Classification», *Journal of Ethnobiology,* 4 (1984): pp. 105-122.

(61)† THEOPHRASTUS, *Enquiry into plants,* Translated from the Greek by A. Hort, London, Heinemann, 1916.

(62)† TOURNEFORT (J.), *Éléments de botanique*, Paris, Imprimerie Royale, 1694.

(63)　WARRINGTON (E.) and SHALLICE (T.), «Category-specific Access Dysphasia», *Brain*, 107 (1984) : pp. 829-854.

## 17

#32 753

# TWO COSMOGONIES
# (THEORY OF THE EARTH AND THEORY OF GENERATION)
# AND THE UNITY OF BUFFON'S THOUGHT

M.J.S. HODGE*

## I
## INTERPRETING BUFFON

There are many reasons for 1988 being an appropriate year for a collective examination of Buffon. Two centuries after his death the bicentennial of the ending of
the *Ancien Régime* will soon concern historians around the world. Within the sphere
of Buffon studies, the year of the *Colloque* has had also a special significance for
those of us who first encountered Buffon two decades ago. For it is now a quarter of
a century since the work of Professor Jacques Roger first transformed Buffon
scholarship. From that time on, to study Buffon has been to study with Professor
Roger. Like many of the presentations prepared for the *Colloque*, my own here is
profoundly indebted throughout to the fundamental contributions Professor Roger
has made to the understanding of our subject.[1]

It is a common observation concerning Buffon that his writing and thinking, taken as a whole, is without an obvious, apparent unity of purpose, doctrine or structure. This appearance is undeniable. However, it is no less apparent that there are
unities to be found, unities, indeed, of several kinds. Most manifestly, perhaps, there
are in Buffon persistent problem preoccupations. For there are persistent preoccupations with certain clusters of explanatory challenges. Among these, one finds
very prominently a persistent preoccupation with the cosmogonical problems
(macrocosmogonical and microcosmogonical problems) confronted in the theory of
the earth and the theory of generation. No less conspicuous, there is a persistent
preoccupation with natural philosophy problems concerning matter and force and
our knowledge of matter and force. One way, then, to approach the issue of the
coherence in Buffon's work as a whole, is to ask how these various unities relate to
one another, and to the preoccupations of his contemporaries and of his epoch. A
main aim of this paper is to indicate what may be involved in taking up the
coherence issue through such an approach.

Before proceeding to the pursuit of this aim, however, it will be as well to indicate what possible dangers may lie in our path when we take up any very general
questions concerning the interpretation of Buffon. These dangers often arise because

* Division of History and Philosophy of Science, Department of Philosophy, University of Leeds.
Leeds LS2 9JT. GREAT BRITAIN.
1. See Roger [10], [11] and [12]. My debts are extensive also to the studies of Phillip Sloan [9], [13]
and [14]. John Greene's classic study [6] greatly enhanced understanding of Buffon. For students
confined to English David Goodman [5] has provided a valuable introduction.

we, in the twentieth century, are always liable to perpetuate various judgements made in the nineteenth century concerning the eighteenth century.

Among the most influential of these judgements are those surrounding the question of what it is to think historically. This question has immediate relevance to the coherence issue, because Buffon's thinking attains its greatest measure of unity in his *Époques de la Nature* (1778), and it is there, likewise, that this thinking most obviously has to be designated as historical.

Consider just three judgements made by the nineteenth century about the eigh- . teenth. The first is that Buffon's century continued a seventeenth century inability to write or to theorize, indeed to think, historically. The second is that German authors led the move to historical thinking. The third is that to think historically is to think as an evolutionist, and conversely, that thinking that is not evolutionary is prevented from being so because it is not fully historical.

Now, plainly, the status of these judgements is debatable. Are they definitional stipulations, or empirical generalizations or persuasive redescriptions ? To be critical about these judgements would be to raise such queries. Equally, one could be aided in being critical by asking what ends were served by the making of these judgements in the nineteenth century. Often they seem to be promoting the cause of a new breed of professional academic historians, or the cause of German nationalism or the cause of evolution in biology.

These reflections have a direct bearing on Buffon's historiography. For the matter has been raised as to how far Buffon is an historical thinker concerning species or, indeed, concerning nature. And the assumption has apparently been made that Buffon's thinking cannot be truly historical because it is both deterministic and non-evolutionist. This assumption is, in effect, that one is historical only insofar as one anticipates Lamarck and ultimately Darwin.[2] Again, German sources, particularly Leibniz, as contrasted with English and French sources, have been sought for the historical element in Buffon's conceptualisation of species. Moreover, German authors, such as Kant, have been looked to as the ones most appreciative of the novelty and significance of this conceptualisation. Here the assumption is made that in so far as this eighteenth-century French author, Buffon, succeeds in thinking historically it is because he is mediating between earlier and later participants in a distinctively German tradition.[3]

Now, the view taken in the present paper is that we may need, eventually, to bring such assumptions to the interpretation of Buffon; but that we should see, first, how far we can go, while keeping our critical distance from any nineteenth-century approaches to Buffon and his century. More positively, this paper suggests that there is a coherent position developed in the course of the writing of the *Histoire naturelle*, and one that shows Buffon to be both less haphazard and more willing to learn new things than he has often appeared to be.

## II
### MICROCOSMOGONIES, MACROCOSMOGONIES, NATURAL PHILOSOPHY AND NATURAL HISTORY

One way to approach one kind of unity in Buffon's work is to start from the

---

2. Professeur Roger seems to come close to such an assumption. See Roger [11] : p. 578.
3. Dr. Sloan seems to come close to such an assumption. See Sloan [13].

common, and correct, observation that the *Époques de la Nature* (1778) was Buffon's unification for much that came before.[4] The unity is such, therefore, that his thinking in earlier decades was unifiable, if not actually unified, in that it could be given unity by the synthesis presented in the *Époques*. Now, one unification that is presented in the *Époques* is the integration of the two cosmogonies. In 1749, the microcosmogony, of the *molécules organiques* and the *moules intérieurs*, is not integrated with the macrocosmogony of the formation of the planets including the earth.[5] In 1778, however, the *molécules*, and hence the *moules*, are depicted as arising within the successive changes on the surface of the cooling earth, and indeed within the successive changes on the surface of any cooling planet.[6]

The centrality of the two cosmogonies for the whole project of the *Histoire naturelle* needs always to be kept in mind. As a genre of writing, natural history was not precisely defined by precedent and convention. However, it would not normally have included either the theory of the earth or the theory of generation. Buffon was, then, making a deliberate and idiosyncratic decision when he opened a work of natural history by writing not only a *Premier Discours* explicitly on natural history, but also treatises devoted to the earth, generation and man.[7]

By engaging the two cosmogonies right from the start, Buffon was refusing to segregate his natural history from his natural philosophy. For his two cosmogonies could only be read at the time as pursuing Cartesian ambitions with Newtonian resources. Most obviously was this true of the theory of the earth. Within medieval Aristotelian natural philosophy there was no theory of the earth; for there was no separating of the earth as a topic from the cosmos as a whole. It was in the new natural philosophy of Descartes that this topic had first emerged as distinct and separable. Since Descartes, the topic had been transformed in the late seventeenth century, first by Burnet and, second, by Whiston.

Burnet had rejected the contrast between an account of how God could have formed the earth, naturally and slowly, in accord with the Cartesian principles of matter in motion, and an account of how He must be believed to have done it, quickly and miraculously, in accord with Scriptural narration. Whiston, declining to reinstate anything like Descartes' contrast, had nevertheless departed from Burnet, both in taking Mosaic chronology literally, and in taking his principles of matter and motion from his mentor Newton rather than from Descartes. Whiston had moreover included in his *New Theory of the Earth* (1696) a commitment to the new *emboîtement*, encasement ('boxes-within-boxes'), theory of generation. Of all the prior theories of the earth, it is Whiston's that receives from Buffon the most extensive portrayal in 1749.[8] It is the one Buffon was most concerned to displace and replace, just as *emboîtement* was the account of generation that he sought to discredit most completely.

In both cases, in doing so, Buffon deployed resources of natural philosophy made available since Descartes and made available, more than anyone else, by Newton. To appreciate the character of this conjunction in Buffon of Cartesian

---

4. See Roger [10] et [11].

5. Again, see Roger [10] et [11].

6. Professeur Roger [10] explains that 1779 was the year the *Époques* was first published. But I follow here the custom of accepting the date the work itself bore.

7. *Premier Discours* [1749], *in* Buffon [2] : pp. 7-26.

8. *Preuves de la Théorie de la Terre, article II, Du système de M. Whiston* [1749], *in* Buffon [2] : pp. 78-82.

ambitions and Newtonian resources, we have to avoid a misleading stereotype regarding Newtonian science, a stereotype tracing, once again, to nineteenth-century views of the Enlightenment. For the nineteenth century, Newtonian science was principally –it is hardly surprising– what was then still taught : namely, the three laws of motion, the law of gravitation and their use by Laplace and Lagrange in the 1770's, in establishing the stability of the solar system. However, what we now know, thanks to a succession of twentieth-century historians, is that there is vastly more to understanding the Newtonian resources for Buffon's age than understanding the progression from the *Principia* to the *Mécanique Céleste*.[9]

This scholarship allows us to recognize in Buffon a constant commitment to several fundamental theses concerning matter and force that were broadly owing to Newtonian legacies. Three such theses can be recalled briefly here. First is the real existence of forces as powers, dynamical properties of bodies and their particles distinct from geometrical properties; second is the distinction between passive principles of motion such as the inertial force, and active principles such as the forces responsible for gravity, magnetism, electricity and the like; third is the distinction between massive action, action determined by the quantity of matter or mass, and superficial action at the surfaces of bodies.

Now, Buffon was not merely a knowing heir to these theses concerning matter and force in themselves; he was also heir to a further group of theses concerning nature herself that Newton and his followers had grounded in this natural philosophy of matter and force. One such thesis is that nature, as a perpetual worker –a phrase of Newton's often echoed in Buffon– can be understood as constituted by an economy of forces that may or may not be in conservatory balance. Two such balance issues were indeed discussed. First, Newton had taught, if there were only passive principles of motion, then motion would be constantly lost, in particle collisions especially; so the active principles ensure that this loss of motion is compensated by the recruitment of fresh motions. Second, if the attractive force of gravity were the only active force, then nature's work would tend to end in a cold, lifeless, solid clumping of matter with no heat, life or fluidity possible. Conversely, those powers in nature that are expansive and repulsive in action –the powers residing in air and heat– are ultimately responsible for counteracting the gravitational, refrigerational and consolidational stillness and death that would otherwise ensue.

Such conclusions in the understanding of nature as a whole are familiar commonplaces by the end of the 1730's, thanks especially to efforts to integrate Newton's own teachings with Boerhaave's. Buffon's familiarity with such conclusions and his assimilation of them in the years before the *Histoire naturelle* is not in doubt. That he remained committed to the revision, elaboration and vindication of such conclusions through the three decades from 1749 to 1778 is evident when we follow the entire succession of his writings from his translation (1735) of Hales's *Vegetable Staticks* to the article on the forces of nature that appeared in 1788 at the opening of the fifth volume of the *Histoire naturelle des minéraux*.[10]

---

9. For a recent introduction to the scholarship of Heimann, McGuire, McMullin, Metzger, Schofield and Thackray, see Cantor and Hodge [3].
    10. Hanks [7], and Lyon and Sloan [9].

## III
## THE SUCCESSION OF EVENTS, THE PENETRATION OF FORCES AND THE LIMITATION
## OF HUMAN KNOWLEDGE AND ACTION TO THE SURFACES OF THINGS

That such considerations were of constant and decisive significance for Buffon is evident when one sees how they were always related in his thinking to two characteristic concerns, two *idées fixes*, that he returns to again and again throughout his entire career. For these two *idées fixes* are not commonplaces shared by all his contemporaries, or even all followers of Newtonian philosophies of nature. The two lower case *idées* are *succession* and *pénétration*.

For Buffon, succession in facts, *faits* or events, *événements*, is the ground of *certitude* in *physique*, as contrasted with *évidence* in *mathématique*. This succession is therefore the ground for physical science as knowledge of what is physical rather than abstract.

Every reader of Buffon's *Premier Discours* will recall how this contrast is drawn there, and how Buffon uses it to distinguish and distance his natural history from the abstractions of the makers of natural history thesis, most obviously Linnaeus.[11] However, the historiographical interpretation of the succession idea in Buffon is still subject to difficulties. Recently and correctly, Buffon's position on this subject has been associated with similar contrasts then being drawn by several other writers who were also demarcating mathematical and physical science. However, Buffon's succession thesis has sometimes been uniquely associated with Leibniz's insistence that no such abstract entity or absolute time exists, because time is merely the relational order among temporally successive beings.[12] A unique Leibniz association is unlikely to be correct, it seems. For when Buffon is most explicit he does not talk merely of succession, as Leibniz does in talking about time, but of recurrent and uninterrupted succession. Especially does he do so in the *Premier Discours* and, in exactly in the same phrasing, when he makes his famous assertion, in the article on the Ass in 1753, that it is the recurrent and uninterrupted succession of individuals produced by reproduction that constitutes a species as a real, not an abstract, entity.[13] For this reason it is surely promising to relate Buffon on succession to discussions not of time as such, but of the relations constituting causation, including, but not only including, temporal relations.

This interpretation is confirmed by other texts, especially the *Arithmétique Morale* (published in 1777, but written, much of it, it seems, in the 1730's), that indicate that repetition and continuity in successive events were always, for Buffon, the ground not merely of avoiding abstraction in general, but also the ground for demarcating what knowable causes are available for explanatory use in physical science.[14] Most familiarly, it is always Buffon's position that we cannot know primary causes; but we can know very general effects. Such general effects are, then, secondary causes, appropriate to invoke in explanation, as is done in physical but not in mathematical science. The requirement of recurrent and unbroken succession in events is a constraining requirement on physical science as knowledge.

11. *Premier Discours* [1749], *in* Buffon [2] : pp. 7-26, and Sloan [14].
12. Lyon and Sloan [9], Sloan [13] and [14].
13. *L'asne* [1753], *in* Buffon [2] : pp. 355-356.
14. *Essai d'arithmétique morale* [1777], *in* Buffon [2] : pp. 456-488, and Lyon and Sloan [9].

However, Buffon holds throughout his career, it is a requirement that is successfully met. He is, then, always an optimist about the possibility, indeed the actuality, of a physical science that explains by means of what is not mere abstraction. He is always optimistic in this way, although denying the possibility of knowing the primary causes, the causes of the most general effects. There will be highly significant developments in Buffon's thinking in the 1760's, but one does not have to wait for that time to arrive before Buffon is an optimist about a physical science of natural causes. That optimism is there from the beginning.[15]

There is confirmation of this early and constant optimist interpretation of Buffon in the history of his other *idée fixe : pénétration*. Always, from the 1740's to the 1780's, Buffon insists that man cannot penetrate to the causes of events, if by causation is meant not general effects known by comparing particular effects with one another, but the inner forces and underlying powers that produce those effects. For our knowledge is derived from our senses and our senses only put us in touch, literally, with what any touching touches : that is, surfaces. Now, this commitment to comparison and to the senses as the sources of knowledge is strongly indicative of Buffon's debts, direct and indirect, to Locke; they are debts, moreover, so pervasive and familiar that it is, surely, not at all surprising that Buffon does not feel the need to signal them to his readers by naming Locke as their source. By the time Buffon's generation were writing in the 1740's, it went without saying that such indebtedness to Locke was ubiquitous.

Now, what Buffon does not see as commonplace is his combining of this commitment with the conviction that, thanks to Newton, we do now know that nature works, not superficially in two dimensions, but by means of a force that acts instantaneously in three dimensions. So, Buffon's pessimism about penetration is always combined with and not opposed to his optimism about a physical science that avoids mere abstraction.

In the case of the gravitational force, it is evident, from the 1740's on, why Buffon should see no irresolvable tension between this optimism and this pessimism. Two considerations seem to have been decisive. The first is that he takes Newton to have shown conclusively that the conformity of the planets' motions to Kepler's laws must be due to Newton's inverse square force with its dependency on mass. So, here, one has moved successfully from the knowledge that the senses deliver about the surfaces of the bodies whose motions constitute repeated and continuous successive facts, to a knowledge that these motions are due to a cause that is neither superficial nor successive, but penetrating and instantaneous. The second consideration is that we know from the planets' motions only that this gravitational cause is active but not how its activity operates. However, we can know from other facts, and from the analogy that they provide, that it is a single cause which must conform to the simple law that Newton has specified for it. For Buffon follows others in finding, in the lawful spreading and fading with distance of light issuing from a single source, an analogy for the gravitational action exerted by one body on another. It is for him an analogical resource that allows one to relate what is observably true in two dimensions to what must be true, but not observably so, in three dimensions.[16]

---

15. Here I am agreeing with Dr. Sloan [14] who was, in turn, disagreeing with Professor Roger [11] and [12].

16. See Buffon's writing on the law of attraction, first published in 1749 and republished in 1774, in Buffon [1], *Supplément...*, T. 1. An English translation is in Lyon and Sloan [9] : pp. 79-85.

When it came to the *moule intérieur*, Buffon did not claim that there was anything equivalent to the proof of gravitational attraction from Kepler's laws or to the analogy with light. There is only the analogy between the *moule* itself and the force of gravity. For this analogy insists that gravity is three dimensional and instantaneous, and therefore beyond the limits of our imagination, since the imagination can only conjoin ideas tracing to the impressions that the senses supply, and the senses receive only impressions of surfaces. So, an inner moulding action is as unimaginable as gravitational attraction is. But, equally, it cannot be physically impossible for that reason alone. It cannot then be objected to as a conjecture or hypothesis about the cause of what the senses acquaint us with, in the recurrent and unbroken succession of events in nutrition and reproduction.[17]

Buffon's reflection in the 1740's on the succession of effects and penetration of causes yielded, then, his most enduring convictions concerning physical science as knowledge, when knowledge was possible, and physical science as analogical conjecture, when it was not. Nor are these convictions ever abandoned. A famous passage in the essay *Des mulets* (1776) urges that our knowledge of nature can be unlimited in the future, provided appropriate observations and experiments are made.[18] But this passage is not concerned with the penetration issue and is not, therefore, retracting the earlier pessimism about penetration. Nor is it retracting, then, the reaffirmation and elaboration of the early teaching on penetration that is given in another famous passage in the article on *Nomenclature des singes* (1766), where Buffon insists that not only is man's knowing limited by the limitation of the senses to the two-dimenstional, his making is limited likewise. For man makes things by acting on material across a surface and along a linear axis, but does not act, as nature does, in three dimensions simultaneously.[19] This preoccupation of Buffon, with the geometric dimensionality of what we know and of what nature does, conditions no less a text of 1783, opening the *Histoire naturelle des minéraux*, the essay *De la figuration des minéraux*; for here he contrasts the growth of crystals, by the laying down of successive layers of material on surfaces, with the simultaneous inner moulding of nutritional material in three dimensions that is distinctive of the growth of living bodies.[20]

## IV
## PRODUCTION AND REPRODUCTION, INITIATION AND SUCCESSION

It will already be clear that Buffon's convictions concerning succession and penetration are indispensable in understanding his conceptualisation of species. However, in bringing our recognition of these two *idées fixes* to bear on that conceptualisation, we have to distinguish among various questions concerning the production and reproduction of animals and plants.

The *moule* doctrine of 1749 is an account of how parents reproduce, how offspring are produced and so how a species is perpetuated. It is not an account of how

17. *Histoire générale des animaux, Chap. II, De la reproduction en général* [1749], *in* Buffon [2] : p. 244.

18. *Des mulets* [1776], *in* Buffon [2] : p. 414.

19. *Nomenclature des singes* [1766], *in* Buffon [2] : pp. 386-393.

20. Buffon [1]. This and other articles in [1] are most easily located by using the invaluable table of contents for the 44 volumes provided in Buffon [2] : pp. 522-524.

a species is produced, is first brought into being. Buffon in 1749 undoubtedly assumes that the earth was once devoid of life; he assumes, then, that every species
reproducing today was once produced by some means or other at some time after
this planet, the earth, was first formed, even if he, Buffon, was not committing
himself in print on how such initiations of species and their reproductive
successions were produced. Beyond the rejection of *emboîtement* and what it
implies about such original productions, he is silent.

Buffon's successional analysis of the reality and identity of species does then
give him a temporal notion of what a species is, in the sense that a species is something constituted by a succession that is temporal. But this notion is not historical, in
that there is no implication that the reality and identity of species are owing to the
reality and identity of the productive initiations that originated them at particular
times and places. It is appropriate, therefore, that Buffon's successional notion of
species reality and identity has reminded recent readers both of Aristotle on the
*genos*, as a permanently persistent, indeed everlasting, sempiternal kind, and of
Hume on the person as constituted by a temporal succession of ideas.[21] In the
Buffonian, Aristotelian and Humean cases, time, but not history, is essential to the
analysis.

Conversely, therefore, we should not think that once we have found Buffon's
succession *idée* fundamental to his early thought about species, then we have found
the source of what is historical in his thought, early or late, about species. On the
contrary, what we have found, by implication, is that any historical elements in his
thinking about species must have other sources.

This conclusion is confirmed when we recognize that bringing species under the
quite general doctrine –of succession as the ground of physical knowledge that
avoids abstraction– does not in and of itself bring biparental reproduction into the
analysis, nor therefore such matters as sterile and fertile crosses. For, after all,
uniparental, asexual successions are recurrent and unbroken. Nor does the general
doctrine, in itself and as brought to bear on the reproductive successions of species
today, raise any issue of descent in past time from common or from distinct stocks,
the issue Buffon nevertheless makes decisive to the judgement, in 1753, that the ass
and the horse are distinct species. Those issues, like the issues raised by the
interaction of two parents in producing fertile offspring, are raised and resolved for
Buffon, not by the succession *idée* in and by itself, but by the *moule* doctrine in
particular. For, even in 1749, Buffon is assuming that for two putative species to be
really distinct is for them to trace to different original *moules*, distinct material
structures and powers, that initiated distinct sexual reproductive successions that
have been unable to merge into one since.

That the succession *idée*, in and by itself, did not suffice to make Buffon think
historically about everything exemplifying that *idée*, is shown also by his macrocosmogonical teaching in 1749. For the hypothesis concerning the formation of the
planets –as hot, molten material split off from the sun by a colliding comet– and the
theory of the earth are far from integrated with one another in the opening volume
of the *Histoire*.[22] Most obviously is this so, because the theory of the earth is principally about the stable, conservative effects worked by the waters of the globe in
causing both losses and compensating repairs to the overall sum of rock and land on

21. Compare Sloan [14] and Gayon [4].
22. Roger [10].

the earth's surface. The perpetuation of this stable, conservative action is, therefore, quite independent of any causation conditioned by the manner of this planet's initial production.

Now, it is the repetitive and continuous workings of these aqueous causes of change that Buffon knowingly subsumes within the ideal and the idiom of succession as the ground of any physical science of what is real and not abstract. The formation of the planet and the loss of its early heat are left unintegrated with this exercise in the science of succession, the *Histoire et théorie de la Terre*. Here, then, the history of the earth does not include the macrocosmogonical formation of an orderly solar system and habitable planet or planets from an initial chaos.

Buffon, in 1749, is, then, a long way from the synthesis of the *Époques;* for not only does he not have any integration of the microcosmogony of the *moules* with the macrocosmogony of the formation of the solar system, he also does not have any macrocosmogonical integration of the formation of the earth and the transformation of its surface leading to the present configuration of oceans and continents.

V

**GEOGRAPHY, HEAT AND NATURE**

It remains, therefore, to inquire into the reasons why Buffon's cosmogonical thinking did not remain unintegrated in these ways. Mere continued commitment to the succession and penetration themes, and mere continued preoccupation with upholding the 1749 theories for generation and the formation of the planets, would not have sufficed, themselves, to shift his thinking to the cosmogonical synthesis of the *Époques*. What helps most in making this shift intelligible to us are, by contrast, three concerns that receive quite new emphases in the 1760s : geography, heat and nature herself. Obviously, none of these topics is, as such, a complete novelty in the 1760s. However, for anyone familiar with Buffon's biography and the sequence of the *Histoire*, there can be no denying that these topics came to prominence as never before in that decade. Geography, the historical geography, that is, of the animals of the old and new worlds, comes into its own not only in the three essays of 1761, the *Animaux de l'ancien continent*, the *Animaux du nouveau monde*, and the *Animaux communs aux deux continens*, but also in a text that is the direct successor to those, the *De la dégénération des animaux* of 1766, a text that includes, in turn, a celebrated phrase providing a precedent for the title of the *Époques*.[23] As for heat, it was in 1766-67 that Buffon followed his readings in the writings of Dortous de Mairan with experiments on heat designed to elucidate the thermal history of our globe.[24] By this time, the famous essays on nature –*De la nature. Première vue* (1764) and *De la nature, Seconde vue* (1765)– had already gone beyond any earlier claims for nature in extolling the principal powers of nature, gravity and heat, as able to produce all bodily phenomena in the living world no less than in the world of brute matter.[25]

Returning a moment to Buffon's geography, the first point to make is a quite general historiographical one. For the chronicler of Western thought, geography has, one suspects, an image that is in every sense rather mundane. One does not, there-

---

23. Roger [10] : p. XXVI.
24. See Roger [10] : p. XXVII.
25. The two «*Vues*» are in Buffon [2] : pp. 31-44.

fore, expect such a chronicler to be nearly as excited by any growth of geographical consciousness as by the rise of historical consciousness. However, this indifference turns out to be misleading. For, as the very case of Buffon shows, in certain ways the rise of historical consciousness –if such an impressionistic *cliché* be allowable here– was decisively fostered by geographical concerns, since the explanatory strategies exercised in the face of geographical matters were often historical ones. It is, then, no accident at all that Buffon's historical writing about species comes principally in writing about the historical geography of the Old and the New Continents.

Thus his central concern was to explain present spatial differentiation; here he seeks to decide how much of this differentiation is due to prior spatial separation, and how much to prior spatial dispersion. Some of the differences in the faunas of the two continents, he decides, are due to the spatial separation of the places of origin of species native to the New World, as distinct from those native to the Old World. Some, however, are due to disparities in the migrations of Northern species in the New and Old Worlds; there being much less migration in the New because of the mountains of Central America.

In itself the deployment of such a dual explanatory conjecture may seem neither novel nor consequential. But Buffon did not confine himself to this conjecture alone. He eventually argued, in the *Époques*, that the South American native species are distinct from and inferior to their African counterparts because, thanks to these mountains, South America was not supplied with organic molecules by migration of life from the North, as Africa was.

No matter how one chooses criteria for what is to count as historical thinking about the natural world, what Buffon is doing here will surely have to count as genuinely historical, and to that extent will have to count as a distinctive element in the general rise of historical consciousness. Moreover, there is a significant lesson to be learned from contemplating the wider significance of this distinctive element. If historical thinking is sometimes developed in making sense of geography, and if geography is often motivated by the colonial and trading interests of all the European nations since the Renaissance, then we do not always need to find the sources of historical thinking about man and nature in such locations as a distinctive German philosophy of man and nature.

Now, Buffon's historical geography for the South American species was not initially integrated with his Newtonian philosophy of nature as a perpetual gravitational and thermal worker, nor with his succession and penetration convictions. However, such an integration is made in the *Époques*, and it is an integration that depends, more than anything else, on the new narrative and chronology for the loss of the earth's original heat, and the consequent degeneration of terrestrial nature as a lawful system of unfading gravity and fading heat. For, with this additional explanatory resource, Buffon now, in the *Époques*, ascribes the difference and the deficiency of the South American fauna to the younger, cooler age of the original formation of that land; for from that recency follows an inevitable feebleness of nature there, entailing a corresponding feebleness in the living matter produced by nature in that land.[26].

Buffon's most general convictions, concerning the constitution of nature as a perpetual worker, did not have to be rethought in making the move to this integra-

---

26. *Des Époques de la Nature, Cinquième époque* [1778], *in* Buffon [2] : pp. 174-175.

tion of geography and thermal history. The two «*Vues*» should be read, on the interpretation offered here, as indicating a growth in confidence in a Newtonian nature's powers, a growth on Buffon's part, and on the part of those others in his generation who were impressed with such contemporary developments as the greater place now accorded to electrical, magnetic and thermal activity in the overall theory of attractive and repulsive forces. For someone of Buffon's deistic, unchristian, Enlightenment, *philosophe* outlook it was to be expected that such developments should raise the prospect of reaffirming the possibility of a complete cosmogonical scheme, one not only freed from Moses, providence and miracles, but also deliberately harking back to that ultimate precedent in ateleological worldmaking and lifemaking : Lucretius's *De Rerum Natura*. To Buffon, then, it would seem that such a prospect arises not so much from a newly enhanced confidence in man's ability to achieve scientific knowledge of the natural order, but rather from a newly enhanced confidence in nature's powers to produce originally, no less than to perpetuate subsequently, the order already discerned in the solar system, in the earth and in its animal and plant species.

That the power of nature is a decisive consideration in this move to the *Époques* is shown, especially, by the insistence in this treatise on one corollary of nature's thermal decline : namely, that many productions which are today not possible were earlier within the power of causes tracing ultimately to ordinary matter and ubiquitous forces acting with greater intensity in more favourable circumstances in olden times. Most particularly is this consideration evident when one compares the *Époques* with the emphatic affirmation of spontaneous generation in the additional article on generation composed for the fourth supplementary volume of 1777.[27] These two texts taken together confirm that Buffon intended to be read as implying that when the largest quadruped and mollusc species now found as fossils were first produced, all such species could be originated, quite naturally, by spontaneous generations such as are now beyond nature's powers on earth. So, here, the question of a knowable natural order is the question of whether such ancient productions have arisen within an order that is knowable today. It is Buffon's attitude to this question that reveals so vividly what has been constant, and what not, in his thinking over the three decades since composing the opening volumes of the *Histoire*. For he is now prepared to include such productions within the scope of a physical science grounded in the recurrent and unbroken succession of observable events.

VI

**SCIENCE, NATURE, COSMOGONY AND COSMOGRAPHY**

He can include such productions in such a science because the coolings of spheres –whether of small ones in his own hand, where the primacy of touch is respected, or a large one in the heavens, reachable only by analogy– all exhibit a repeatable and continuous succession of temperatures; even if, in any one case, the succession can not be repeated in a particular sphere, say the earth, but is to be repeated in another. For this regular cooling succession entails a regular succession of organisation, of life and so of species, provided one makes, as Buffon is prepared

---

27. Buffon [1], *Supplément...*, T. IV.

to, one further assumption, and that is an assumption of thermal organisational determinism that he announces quite explicitly. The assumption, as already formulated in 1775, is that the same temperature produces everywhere the same living beings; and this Buffon evidently takes to hold true of all the planets, not merely the earth alone.[28]

This assumption came easily enough to Buffon in the 1770's. In his historical geography, he had already supposed that the New and Old worlds would have had exactly similar native organisms, where their climates and so on were exactly similar, had it not been for the differential access of migrations from the North. A main rationale for the migrational conjectures was to explain what was otherwise anomalous to a thermal determinist. Moreover, that degrees of heat should be the ultimate influences, in determining the organisation produced at different times and places, was a natural corollary of the role ascribed, in the two «*Vues*», to heat as a cause of the properties of living organisms.

Buffon's thermal determinism is, therefore, a central element in a cosmogonical synthesis that it is easy for us to misunderstand. As Professor Roger has brought out so valuably, it is tempting but incorrect for us to work with a simple dichotomy.[29] On the one hand, there would be the Aristotelian type of science where species, as forms, constitute the very order of nature. Nature is constituted by everlasting, specific natures. Here nature has no history because species, as natures, have none, and because the natural order is constituted by the orderliness of natures. On the other hand would be the Darwinian type of science where species are contingent products of the historical course of nature, with each species owing its singular origin and unique properties to the consequences of particular local circumstances.

Buffon shows us that all of Western thought cannot be mapped on to such a dichotomous scheme. Species are not, for Buffon, as intrinsic to the ultimate orderliness of nature as the gravitational force and law are.[30] And yet the thermal determinism makes any specific organisational structure an invariable consequence of what is a repeatable stage in nature's inevitable decline on one planet after another. Are we, then, to conclude that Buffon's Newtonian philosophy of nature as a perpetual worker, acting through persistent gravity and evanescent heat, has somehow kept him from being less than fully historical in his thinking about species in relation to the orderliness of nature ? Surely we are not required to draw this conclusion. Where geographical explanatory challenges and their historical resolution were integrated with the Newtonian account of the dynamic economy of nature, that account did not prevent the possibility, or indeed the actuality, of historical thinking. It was only where the geographical challenges had no equivalent –in the consideration of interplanetary comparisons– that Buffon's science of successional changes ceased to sustain a historical understanding of species origins.

Our conclusion must be, then, that it would be unhistorical for us, as historians of Buffon's epoch, to presume that in all cases Newtonian science is inevitably and intrinsically opposed to a historical understanding of nature. More positively, we may perhaps agree that, for any individual such as Buffon, we cannot decide in advance what will prove to be indispensable to our understanding of the relationship between macrocosmogonical and microcosmogonical questions. For Buffon, we

28. Roger [11] : p. 580.
29. Roger [11] : pp. 580-582.
30. Roger [11] : pp. 580.

find that, in addition to the philosophy of nature, there are two indispensable keys –geography and heat– that form a peculiar conjunction that is decisive for very specific reasons. The character and role of this conjunction in Buffon we can only recognize if we do not restrict ourselves to the usual historiographical abstractions : the conceptualisation of time, the philosophy of nature, the theory of knowledge and so on. To be sure, those abstractions are requisite, but equally they are not sufficient in the present case. Study of the present case must be allowed to show us what else is requisite, because peculiar to this case.

An enquiry into the unity of Buffon's cosmogonical thinking has, therefore, to be a study also of its singularity. For the conclusions must confirm what we already know : namely, that Buffon as unified macrocosmogonical and microsmogonical theorist had no followers. There were no *Buffoniens*. This outcome for our enquiry is, then, confirmed in turn by a glance at what happened in the next generation. None of the new breed of professional naturalists and natural philosophers –nor any amateur either– was prepared to emulate the full range of Buffon's neo-Lucretian cosmogoniacal-theoretic ambitions. Only one person, Buffon's personal *protégé,* Lamarck, worked out his own position by addressing the full scope of Buffon's. And Lamarck was sufficiently in disagreement with Buffon that we cannot count even him as a cosmogonical-theoretic successor to Buffon.

For Lamarck's most general claim about nature and life, as made quite explicit after 1800, has to be read as a response to Buffon; but it is by no means a mere re-vision or development of Buffon's own final teaching.[31] For Lamarck's most gene-ral claim is that, yes, nature –which is to say the collaboration of attractive and re-pulsive forces of gravity and heat– has indeed produced all bodies, living and lifeless, organised and otherwise, the animals and plants no less than the minerals. However, among living bodies nature can only make the simplest directly, in direct spontaneous generations from lifeless matter; the more complex have therefore been produced indirectly through the gradual complexification of these over vast eons of time. Where Buffon has nature making organic molecules from brute matter and then these molecules suddenly making animals and plants, simple and complex, Lamarck has the simplest organisms formed as intermediaries and the rest formed gradually from them. Buffon, in Lamarck's view, although correctly Newtonian about the nature of nature's agencies, is incorrect about their powers and their history. The earth's heat is constantly revived by the circulation of fire to and from an unfading sun; so nature now can do no more, and no less, than at any time in our planet's apparently unlimited past. Always obliged to begin the production of living bodies with the simplest, she has always to produce the higher forms of life by modifying the simplest in a progressive, successive production of the classes forming the two or more series of animal and plant organisation. This successive production of the several class series involves a successive production of species that are unlimitedly mutable.

Here, significantly, the historical geography of our planet and its irreversible cooling are both missing. So, paradoxically, perhaps, the two elements that did most to make Buffon's thinking about nature and life count as historical are lost on the way to Lamarck. To that extent, Lamarck may be a less historical thinker about nature and life than was Buffon. Whether or not this heretical historiographical suggestion is ultimately sustainable, we can at least agree, surely, that an inquiry

31. For this interpretation of Lamarck and his relation to Buffon, see Hodge [8].

into the unity and singularity of Buffon's thinking may help to free us from the temptation of perpetuating many things the nineteenth century had to say about Buffon's century.

## BIBLIOGRAPHY *

(1)†    BUFFON (G. L. Leclerc de), *Histoire naturelle, générale et particulière*, Paris, Imprimerie Royale, puis Plassan, 1749-1804, 44 vol.

(2)†    BUFFON (G. L. Leclerc de), *Œuvres philosophiques*, J. Piveteau ed., Paris, Presses Universitaires de France, 1954.

(3)     CANTOR (G.N.) and HODGE (M.J.S.) eds., *Conceptions of Ether. Studies in the History of Ether Theories. 1740-1900*, Cambridge, Cambridge University Press, 1981.

(4)     GAYON (J.), «L'individualité de l'espèce : une thèse tranformiste ?», this volume.

(5)     GOODMAN (D.), *Buffon's Natural History*, Milton Keynes, The Open University Press, 1959.

(6)     GREENE (J.C.), *The Death of Adam. Evolution and its Impact on Western Thought*, Ames, Iowa State University Press, 1959.

(7)     HANKS (L.), *Buffon avant l'Histoire naturelle*, Paris, Presses Universitaires de France, 1966.

(8)     HODGE (M.J.S.), «Lamarck's science of living bodies», *British Journal for the History of Science*, 5 (1971) : pp. 323-352.

(9)     LYON (J.) and SLOAN (P.R.), *From Natural History to the History of Nature : Readings from Buffon and his Critics*, Notre Dame, Indiana, University of Notre Dame Press, 1981.

(10)    ROGER (J.), *Buffon : Les Époques de la Nature. Édition critique. In :Mémoires du Muséum National d'Histoire naturelle, Série C, Sciences de la Terre*, T. X (1962). Reprinted in Paris, Éditions du Muséum, 1988.

(11)    ROGER (J.), *Les Sciences de la vie dans la pensée française du XVIIIᵉ siècle*, seconde édition, Armand Colin, Paris, 1971.

(12)    ROGER (J.), «Buffon» in *Dictionary of Scientific Biography*, C.C. Gillispie ed., New York, Scribner, 1970-80, 16 vols.

(13)    SLOAN (P.R.), «Buffon, German biology and the historical interpretation of biological species», *British Journal for the History of Science*, 12 (1979) : pp. 109-153.

(14)    SLOAN (P.R.), «From logical universals to historical individuals : Buffon's idea of biological species», *in Histoire du concept d'Espèce dans les Sciences de la vie*, Colloque international (J.L. Fischer and J. Roger eds.), Paris, éditions de la Fondation Singer-Polignac, 1986 : pp. 101-140.

Note added in proof : the Buffon scholarship of the late Professor Roger is accessible now also in his biographical study : *Buffon. Un philosophe au Jardin du Roi*, Paris, Fayard, 1989.

---

* Sources imprimées et études. Les sources sont distinguées par le signe †.

#32 754

# 18

## BUFFON ET L'IMAGE DE LA NATURE : DE L'ÉCHELLE DES ÊTRES À LA CARTE GÉOGRAPHIQUE ET À L'ARBRE GÉNÉALOGIQUE

Giulio BARSANTI *

Au XVIIIè siècle, l'image traditionnelle de la nature, "l'échelle des êtres", est progressivement remise en cause. Dans les dernières décennies du siècle, la "carte" devient le mode de représentation le plus fréquent, et l'on voit déjà apparaître "l'arbre" pourtant habituellement considéré, comme un produit de la révolution darwinienne.[1] Cette grande mutation dans la "vision du monde" des naturalistes se reflète avec une clarté particulière dans l'*Histoire naturelle* de Buffon, et les positions qu'assuma le grand naturaliste y jouèrent très probablement un rôle décisif.

### I

La représentation de l'ordre de la nature sous forme d'échelle date de l'Antiquité. Relancée à la fin du XVIIè siècle par Locke et Leibniz, elle fut ensuite reprise, entre autres par Tyson (1699), Vallisnieri (1721), Bradley (1721) et Monro (1744), avant d'être enfin représentée graphiquement par Bonnet (1745, cf. fig 1).[2] Les premiers volumes de l'*Histoire naturelle* s'en inspirent à l'évidence. Buffon l'appelle *«échelle des êtres»* ou *«échelle de la nature»*, *«chaîne des espèces»* ou *«chaîne infinie» «du grand ordre des êtres»*, ou bien encore *«suite»*. J'ai relevé soixante-dix-huit passages consacrés à cette représentation.

La première échelle donnée par Buffon[3] est encore incomplète (cf. fig. 2A), mais il ne tarde pas à la préciser : il relie le règne animal au règne végétal par l'intermédiaire d'abord du polype d'eau douce auquel il ajoute bientôt l'huître et l'ortie de mer (cf. fig. 2B et 2C),[4] puis il nuance le domaine anthropologique en introduisant diverses gradations entre les hommes blancs et les hommes noirs (cf. fig. 2D),[5] etc. Il parvient ainsi à un second schéma général, plus détaillé, qui nous permet de mieux définir sa conception (cf. fig. 2E).[6]

---

* Dipartimento di Storia, Università di Firenze. Via San Gallo. 50129 Firenze. ITALIA.

1. Pour une reconstruction d'ensemble, nous nous permettons de renvoyer à Barsanti [4].
2. Les références complètes des illustrations dans la bibliographie. Dans le cas de Buffon, les graphiques indiquent les passages de l'*Histoire naturelle* qu'ils résument.
3. *Premier Discours* [1749] *in* Buffon [12], T. I : p. 5.
4. *Histoire générale des animaux* [1749] *in* Buffon [12], T. II : pp. 8-9, 261.
5. *Variétés dans l'espèce humaine* [1749] *in* Buffon [12], T. III : pp. 378-9, 456.
6. *Discours sur la nature des animaux* [1753] *in* Buffon [12], T. IV : pp.12-14, 101.

*BUFFON 88*, Paris, Vrin, 1992.

**IDÉE D'UNE ÉCHELLE**
*DES ETRES NATURELS*

**L'HOMME**
Ourang-Outang
Singe
**QUADRUPÈDES**
Écureuil volant
Chauve-souris
Autruche
**OISEAUX**
Oiseaux aquatiques
Oiseaux amphibies
Poissons volans
**POISSONS**
Poissons rampans
Anguilles
Serpens d'eau
**SERPENS**
Limaces
Limaçons
**COQUILLAGES**
Vers à tuyau
Teignea
**INSECTES**
Gallinsectes
Tænia, ou Solitaire
Polypes
Orties de mer
Sensitive
**PLANTES**
Lychens
Moisissures
Champignons, Agariez
Truffes
Coraux et Coralloïdes
Lithophytes
Amianthe
Talcs, Gyse, Sélénites
Ardoises
**PIERRES**
Pierres figurées
Crystallisations
**SELS**
Vitriols
**MÉTAUX**
**DEMI-MÉTAUX**
**SOUFRES**
Bitumes
**TERRES**
Terre pâte
**EAU**
**AIR**
**FEU**
Matières plus subtiles

**FIG. 1.** Bonnet, *Idée d'une échelle des êtres naturels* (1745). À gauche : reproduction de l'original; à droite : reconstitution.

HOMME
ANIMAUX
VEGETAUX
MINERAUX

FIG. 2A. *HN*, II [1749] : 5.

ANIMAUX
polype d'eau douce
PLANTES

FIG. 2B. *HN*, II [1749 ] : 8-9
(et 11,17).

Chien
INSECTES
Huître
ortie de mer, polype
   d'eau douce

FIG. 2C. HN, II [1749]: 261.

Blancs
...
Tartares
Tonguses
Ostiaques
Groënlandais, Pygmées
du Nord de l'Amérique
Lappons, Samoïèdes,
Borandiens, Zembliens
...
Maures
Foules
Nègres

FIG. 2D. *HN*, III [1749] :
378-9,456,502.

HOMME
QUADRUPEDES
singe
chien
éléphant
.....
CÉTACÉS
OISEAUX
POISSONS
AMPHIBIES
REPTILES
INSECTES
huîtres
polypes
VÉGÉTAUX

FIG. 2E. *HN*, IV [1753] :
12-3, 14,101.

HOMMES
Blancs
.....
Tartares
Tonguses
Ostiaques
Groënlandais Pygmées du
   Nord de l'Amérique?
Lappons, Samoïèdes, Borandiens,
   Zembliens
.....
Maures
Foules
Nègres
ANIMAUX
QUADRUPEDES
SINGES
pongo
pithèque
gibbon
magot
BABOUINS
papion
mandrill
ouanderou
maimon
GUENONS
.....
SAPAJOUS
saïmiri
SAGOINS
maki
raton
FISSIPEDES
renards, fouines
isatis
chien
chacal
loup
éléphant
.....
rat
musaraigne
taupe
.....
CÉTACÉS
OISEAUX
POISSONS
AMPHIBIES
REPTILES
INSECTES
VERS
ZOOPHYTES
huître
ortie de mer
polype d'eau douce
.....
VÉGÉTAUX

FIG. 2F. *HN*, I [1749]
et XIV [1766].

| Chefs ou suite de genres anatomiques. | Individus qui servent de passage ou de liaison entre les différentes classes. |
|---|---|
| HOMME. | HOMME. Hom. des bois / Homme marin. |
| **Chefs des Quadrupèdes.** | **Quadrupèdes.** |
| Singe | Rat volant. |
| Ecureuil | Muscardin vol. |
| Loir | Ecureuil |
| Taupe | Taupes |
| Lapin | Phoque |
| Chien | Morse |
| Chat | Lamantin |
| Sanglier | Tatous |
| Cheval | Hippopotame |
| Hippopotame | Eléphant |
| Eléphant | Rhinocéros |
| Rhinocéros | |
| Cerf | |
| Taureau | |
| **Chefs des cétacées.** | **Cétacées.** |
| Baleine | Petits Dauphins. |
| Cachalot | Poissons cartilagineux qui ont deux ouvertures des oues placées en dessus. |
| Narval | |
| Dauphin | |
| **Chefs des oiseaux.** | **Oiseaux.** |
| Aigle | Chauve-souris. |
| Chouette | Fer à cheval |
| Héron | Autruche |
| Poule d'eau | |
| Canard | |
| Pélican | |
| Toucan | |
| Corbeau | |
| Mésange | |
| Pigeon | |
| Dindon | |
| Macareux | |
| Casoar | |
| Autruche | |
| **Chefs des amphibies.** | **Amphibies.** |
| Tortue | Serpent |
| Grenouille | Crocodile |
| Vipère | Tetrapodes |
| **Chefs des poissons.** | **Poissons.** |
| Chien de mer. | Torpille |
| Raye | Cartilagineux. |
| Anguille | Anguilles. |
| Carpe | Serpent d'eau. |
| Barbue | Poisson volant. |
| | Seche |
| | Calmar |

| Chefs des insectes. | Insectes. |
|---|---|
| Frelon | Ecrevisse |
| Papillon | Gall-insecte |
| Bupreste | |
| Cantharide | |
| Chrisoncèle | |
| Coccinelle | |
| Tipule | |
| Pslle | |
| Grillon | |
| Perce-oreille | |
| Iule | |
| Scolopendre | |
| Poux | |
| Puces | |
| Tigne | |
| **Chefs des vers.** | **Vers.** |
| Oscabrion | Nautile |
| Moule de rivière | Ver d'eau douce |
| Huitre | Ver solitaire |
| Limaçons | |
| Oursin | |
| Cœurs | |
| Pousse-pied | |
| Limace | |
| Vers de terre | |
| Ver solitaire | |
| Vers cucurbitains | |
| **Chefs des polypes.** | **Polypes.** |
| Polypes d'eau douce | Polypes d'eau douce |
| . . . à panache | |
| . . . à cornes | |
| . . . à tuyaux | |
| Grands polypes du Nord | |
| Cœur | |
| Coralines | |
| Lithophytes | |
| Mille-pores | |
| Insectes | |
| Eponges | |
| Alcions | |
| **Chefs des plantes.** | **Plantes.** |
| Herbes | Sensitive |
| Arbrisseaux | Mousles |
| Arbres | Algues |
| Champignons | Truffes |
| Algues | Conferva |
| Mousses | |
| Truffes | |

Molécules organiques ( M. de Buffon ).

**FIG. 3.** Vicq d'Azyr, *Suite des genres anatomiques* (1774). Dans l'original, cette échelle est d'un seul tenant. Nous l'avons divisée pour la rendre plus lisible.

Buffon conserve essentiellement l'attitude traditionnelle à l'égard de l'échelle. Il présuppose, comme ses prédécesseurs, que la nature *«a toujours travaillé sur un même plan»*[7] et insiste sur le caractère linéaire, continu, progressif, et hiérarchique de l'échelle. Ainsi écrit-il *«qu'il faut parcourir successivement les différents objets qui composent l'Univers»*,[8] affirmant d'une part qu'il est possible de les aligner, et d'autre part que leur succession ne présente aucune solution de continuité. Si l'homme se place *«à la tête de tous les êtres créés»*, il *«verra avec étonnement qu'on peut descendre par des degrés presqu'insensibles, de la créature la plus parfaite jusqu'à la matière la plus informe, de l'animal le mieux organisé jusqu'au minéral le plus brut»*.[9]

Je reviendrai bientôt à cette métaphore de la descente. Je voudrais tout d'abord remarquer que l'ordre proposé, s'il est comparatif, n'est jamais relatif. Si Buffon s'exprime en termes absolus (*«la créature la plus parfaite»*, *«la matière la plus informe»* ), c'est qu'il estime que la succession des degrés ne dépend pas du choix d'un point de vue. Au contraire, il pense que l'ordre demeure valable tant du point de vue de la morphologie que des points de vue de l'anatomie, de la physiologie et des comportements.[10] "Les espèces" intermédiaires sont intermédiaires à tous égards : on ne sera jamais conduit à rapprocher une espèce de plus de deux autres espèces, puisque, considérée globalement, elle ne participe que de celle qui la *«précède»* et de celle qui la *«suit»*. Ainsi Buffon, par exemple, ne se contente pas de dire qu'*«il se trouve toujours (...) un certain nombre de plantes anormales dont l'espèce est moyenne entre deux genres»*, et qu'elles *«participent de la nature des deux choses comprises dans ces divisions»*, il en arrive à les penser comme des *«objets mi-partis»*..[11] Cette conception se reflète dans sa nomenclature. Il s'en inspire lorsqu'il doit baptiser une nouvelle espèce : *«comme cet oiseau »*, écrit-il par exemple, *«tient du barbu et du toucan, nous avons cru pouvoir le nommer barbican»*.[12]

Buffon accorde donc beaucoup d'importance à la forme linéaire et à la continuité de la série, il insiste tout autant sur le caractère progressif et hiérarchique de l'échelle, même s'il inverse le sens de la lecture. Au lieu de parcourir l'échelle de bas en haut, de procéder suivant la complexité croissante de l'organisation et des prestations, il suit l'itinéraire opposé. Sa métaphore préférée est celle de la *«descente»* des espèces supérieures vers les espèces inférieures. Elle abonde dans les premiers volumes de l'*Histoire naturelle*.[13]

L'inversion du parcours ne remet en aucune façon en cause la nature hiérarchique de l'échelle. Reprenant une thèse traditionnelle, Buffon attribue aux divers corps des degrés différents de dignité : *«Nous pouvons donc légitimement nous donner le premier rang dans la Nature; nous pouvons ensuite donner la seconde place aux animaux, la troisième aux végétaux, et enfin la dernière aux*

---

7. *Premier Discours* [1749] *in* Buffon [12], T. I : p . 8.
8. *Ibid.* : p. 12.
9. *Ibid.* : p. 12.
10. *Ibid.* : p. 13.
11. *Ibid.* : pp. 13, 14, 34. Voir aussi *Discours sur la nature des animaux* [1753], *in* Buffon [12], T. IV : p. 14.
12. *Le barbican* [1780] *in* Buffon [12], T. VII : p. 132.
13. *Histoire générale des animaux, 1* [1749], *in* Buffon [12], T. II : p. 8; *Les Animaux carnassiers* [1758], *in* Buffon [12], T. VII : p. 28; *Le rat* [1758], *in* Buffon [12], t. VII : p. 278; *Le lion* [1761], *in* Buffon [12], T. IX : p. 10; *Animaux communs aux deux continens* [1761], *in* Buffon [12], T. IX : p. 126.

*minéraux».*[14] Loin de remettre en cause la nature hiérarchique de l'échelle, le parcours proposé par Buffon la met en évidence, puisqu'il fait ressortir l'appauvrissement progressif de l'organisation et des prestations. Buffon ira jusqu'à affirmer que l'on passe au cours de cette descente d'un maximum à un minimum d'animalité : *«un insecte (...) est quelque chose de moins animal qu'un chien; une huître est encore moins animal qu'un insecte, une ortie de mer, ou un polype d'eau douce, l'est encore moins qu'une huître».*[15]

Si nous complétons l'échelle décrite par Buffon en 1753 avec les éléments qui sont fournis au cours des quinze premiers volumes de l'*Histoire naturelle*, nous ob-tenons une série (cf. fig. 2F) qui n'est pas très éloignée de celle de Bonnet, mais qui se rapproche surtout de la *«Suite»* de Vicq d'Azyr (1774, cf. fig. 3) que Buffon anti-cipe, entre autres, en situant les Cétacés entre les Quadrupèdes et les Oiseaux, en y insérant les Amphibies, en excluant les Coquillages de l'ensemble des grandes classes, en plaçant les Vers sous les Insectes et en constituant les Zoophytes (les Polypes pour Vicq d'Azyr) en groupe distinct.

À partir du seizième volume de l'*Histoire naturelle* (1767), Buffon prend progressivement ses distances à l'égard de l'échelle. Cette évolution est parallèle à celle d'amples secteurs de la communauté des naturalistes. Il ne faudrait pas croire cependant que l'histoire de l'échelle s'interrompit brutalement. Nombreux sont les savants qui l'ont entre temps adoptée. Citons La Mettrie (1748), Needham (1750), Maupertuis (1750), Diderot (1751), Kant (1755). L'usage qu'en font les poètes et les intellectuels, tels Ecouchard en 1760 et Rousseau en 1762, témoigne de son immense popularité. Buffon avait en outre été dès le début soutenu par Daubenton,[16] et ce soutien ne lui avait jamais fait défaut. L'échelle trouvera en 1768 un partisan énergique en la personne de Robinet, et Bonnet en tracera une autre en 1781 (cf. fig. 4). Mais d'Alembert avait commencé à exprimer des doutes quant à sa continuité (1754), Bonnet lui-même avait mis en cause sa forme linéaire (1764) et Voltaire n'était pas loin de la considérer comme une thèse idéologique (1764).

Je reviendrai bientôt sur les causes et sur l'ampleur du désengagement de Buffon à l'égard de cette représentation. Je veux tout d'abord rappeler quels ont été les moments déterminants dans le déclin de l'échelle. En 1770, Œhme brise la *«série des êtres naturels»* et affirme que la nature se divise en deux grandes sections, l'organique et l'inorganique, qui n'ont entre elles aucun point de contact; Vicq d'Azyr, qui partage ce point de vue, trace une *«suite»* exclusivement biologique (1774); Dicquemare (1776), Blumenbach (1779) et Daubenton (1782) suivent son exemple; Lamarck, enfin, divise l'échelle biologique aussi, traçant deux *«séries graduées»* –les animaux d'une part, les végétaux d'autre part– qu'il dispose d'abord parallèlement (1785, cf. fig. 5A), puis qu'il conçoit comme divergentes, suggérant ainsi la possibilité d'un nouveau type de représentation (1786, cf. fig. 5B).

L'échelle se morcelle en segments de plus en plus courts, ou bien elle n'est con-çue qu'en fonction de l'évolution d'un seul caractère (pensons au succès qu'a connu l'échelle de l'angle facial). Elle échoue donc à figurer le système de la nature dans sa totalité.

---

14. *Histoire générale des animaux* [1749] in Buffon[12],T. II : p. 8. Il s'agit donc comme l'a justement observé Jacques Roger, d'*«un ordre de dignité décroissante»* : (Roger [48] : p. 531). La même opération est appliquée au détail du règne animal : cf. *Discours sur la nature des animaux* [1753], *in* Buffon [12], T. IV : p. 101.

15. *Histoire générale des animaux, 3* [1749], *in* Buffon [12], T. II : p. 261.

16. *Description du Cabinet du Roy 3* [1749], par Daubenton, *in* Buffon [12], T. III : p. 4.

**FIG. 4.** Bonnet, *Échelle de la nature* (1781).

*ÊTRES organiques, vivans, aſſujettis à la mort, & qui ont
la faculté de ſe reproduire eux-mêmes.*

| ANIMAUX. | VÉGÉTAUX. |
|---|---|
| 1. Les Quadrupèdes. | 1. Les Polypétalées. |
|   1. terreſtres onguiculés. |   1. thalamiflores. |
|   2. terreſtres ongulés. |   2. caliciflores. |
|   3. marins. |   3. fructiflores. |
| 2. Les Oiſeaux. | 2. Les Monopétalées. |
|   1. Terreſtres. |   1. fructiflores. |
|   2. aquatiques à cuiſſes nues. |   2. caliciflores. |
|   3. aquatiques nageans. |   3. Thalamiflores. |
| 3. Les Amphibies. | 3. Les Compoſées. |
|   1. tétrapodes teſtacés. |   1. diſtinctes. |
|   2. tétrapodes nus. |   2. tubuleuſes. |
|   3. apodes. |   3. ligulaires. |
| 4. Les Poiſſons. | 4. Les Incomplètes. |
|   1. cartilagineux. |   1. thalamiflores. |
|   2. épineux. |   2. caliciflores. |
| 5. Les Inſectes. |   3. diclynes. |
|   1. tétraptères. |   4. gynandres. |
|   2. diptères. | 5. Les Unilobées. |
|   3. aptères. |   1. fructiflores. |
| 6. Les Vers. |   2. thalamiflores. |
|   1. nus. | 6. Les Cryptogames. |
|   2. teſtacés. |   1. épiphylloſpermes. |
|   3. lithophytes. |   2. urnigères. |
|   4. zoophytes. |   3. membraneuſes. |
| |   4. fongueuſes. |

FIG. 5A. Lamarck, *Séries graduées des animaux et des végétaux* (1785, 1788).

**\* Etres organiques vivans, assujettis à la mort, & qui ont la faculté de se reproduire eux-mêmes.**

| ANIMAUX. | VÉGÉTAUX. |
|---|---|

**I. *LES QUADRUPEDES.***
1. Terreſtres onguiculés.
2. Terreſtres ongulés.
3. Marins.

**2. . . . . *LES OISEAUX.***
1. Terreſtres.
2. Aquatiques à cuiſſes nues.
5. Aquatiques nageants.

**3. . . . . . *LES AMPHIBIES.***
1. Tétrapodes.

2. Apodes.

**4. . . . . . . . . *LES POISSONS.***
1. Cartilagineux.

2. Epineux.

**5. . . . . . . . . . *LES INSECTES.***
1. Tétraptères.
2. Diptères.
3. Aptères.

**6. . . . . . . . . . . . . . *LES VERS.***
1. Nuds.
2. Teſtacés.
3. Lithophytes.
4. Zoophytes.

*Botanique. Tome II.*

**LES POLYPÉTALÉES. I.**
Thalamiflores. I.
Caliciflores. 2.
Fructiflores. 3.

**LES MONOPÉTALÉES, . . . . 2.**
Fructiflores. I.
Caliciflores. 2.
Thalamiflores. 3.

**LES COMPOSÉES. . . . . . . 3**
Diſtinctes. I
Tubuleuſes. 2.
Ligulaires. 3.

**LES INCOMPLETTES. . . . . . 4.**
Thalamiflores. I.
Caliciflores. 2.
Diclynes. 3.
Gynandres. 4.

**LES UNILOBÉES. . . . . . . . . 5.**
Fructiflores. I.
Thalamiflores. 2.

**LES CRYPTOGAMES. . . . . . . . . 6.**
Epiphylloſpermes. I.
Urnigères. 2.
Membraneuſes. 3.
Fongueuſes. 4.

**FIG. 5B.** Lamarck, *Séries graduées des animaux et des végétaux* (1786).

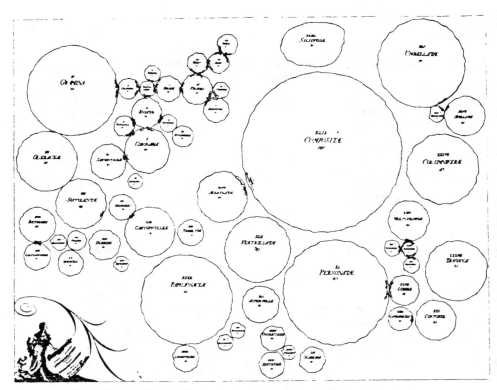

**FIG. 6.** Linné (1751), par Giseke (1789, 1792) : *Mappa, Tabula genealogico-geogra-phica affinitatum plantarum.*

## II

Dès 1755, Buffon avait adopté une solution alternative, la carte, que Donati avait proposée en 1750 sous forme de réseau et que Linné avait conçue en 1751, sous forme de *mappa geographica*. Celle-ci ne sera dessinée que beaucoup plus tard –en 1759 par Giseke– mais en suivant fidèlement les indications du naturaliste suédois (cf. fig. 6).

Le réseau et la carte géographique diffèrent graphiquement : Donati envisageait un «*tissu constitué de plusieurs fils*» et Linné un «*territoire*» qui parfois pouvait faire penser à un «*labyrinthe*». Ce sont néanmoins deux versions d'un même type de représentation. Buffon en fournit la preuve, puisqu'il semble se référer indifféremment à l'une et à l'autre et qu'il parvient même à les combiner. Sa terminologie en témoigne : il parle parfois d'un «*lacis*» ou d'une «*trame*» des affinités naturelles (il semble ainsi adopter les indications de Donati), mais d'autres fois encore, il utilise des termes plus vagues qui peuvent désigner aussi bien le réseau que la carte : il parle alors de «*groupe*», de «*tableau*» ou de «*troupe*». J'ai relevé dans l'*Histoire naturelle* trente-neuf références à la nouvelle représentation dont vingt-deux, bien qu'il ne s'agisse que de descriptions verbales, permettent de reconstituer un schéma. On y trouve à la fois des confirmations implicites des thèses de Donati ou de Linné et des apports originaux de Buffon lui-même.

La carte est introduite quand on s'aperçoit qu'il n'est pas possible de disposer les espèces les unes à la suite des autres sur une même ligne parce que *leurs diverses caractéristiques n'ont pas toutes le même niveau de complexité* et qu'il serait donc erroné d'affirmer que l'une est globalement «*supérieure*» à la précédente et globalement «*inférieure*» à la suivante. Chaque espèce ne peut plus dès lors être conçue comme l'intermédiaire entre *deux* autres espèces, puisqu'elle possède des affinités avec de *nombreux* groupes différents auxquels elle est liée par des «*rapports particuliers*».[17] En d'autres termes, on découvre *que les affinités ne se distribuent pas uniformément mais qu'elles s'entrecroisent.*[18] Buffon est parmi les premiers à découvrir cet aspect de la réalité naturelle : «*le cochon*», écrit-il, «*fait la nuance, à certains égards, entre les solipèdes et les pieds fourchus, et à d'autres égards entre les pieds fourchus et les fissipèdes*»;[19] «*le polatouche n'est (...) ni écureuil, ni rat, ni loir : (...) il participe un peu de la nature de tous trois*».[20]

---

17. Buffon ne parle pas seulement d'«*affinités*» et de «*rapports*» mais aussi de «*ressemblances*» et de «*relations*». Elles concernent la taille et la conformation, l'anatomie et la physiologie (la «*grandeur et la figure du corp*», «*les caractères apparens*», «*l'organisation intérieure*», «*les facultés*») et même le milieu et les comportements. Buffon prend en effet en considération «*l'élément*» et «*les habitudes*» aussi, c'est-à-dire «*le naturel et les mœurs*», «*les manières de vivre et d'être*». Les expressions qu'il utilise pour désigner l'affinité entre un groupe et un ou plusieurs autres groupes sont en général les suivantes : il «*participe de* [la nature de]*..*», «*fait la nuance entre..*», «*tient le milieu entre..*», «*approche de..*», «*tient de près à..*», «*se rapproche de..*», «*est intermédiaire entre..*», «*est près de..*», «*se place entre..*», «*fait le passage de...à* ».
18. Cf. par exemple White [58], T. I et Cuvier [16], T. I.
19. *Le cochon* [1755], *in* Buffon [12], T. V : p. 101.
20. *Le polatouche* [1763], *in* Buffon [12], T. X : p. 96.

Comment pourrait-on, dans ces conditions, persévérer à *«parcourir successivement les différents objets* ?» Dans les graphiques que j'ai ici reconstitués (cf. fig. 7), on ne passe pas d'une espèce à deux mais d'une espèce à trois, et l'on peut supposer que l'on pourrait passer à d'autres espèces encore. À ce propos il est significatif que l'on puisse superposer les deux dernières figures (fig. 7D et 7E): non seulement le bubale mais aussi le nil-gaut est intermédiaire entre le cerf, la gazelle et bœuf. Deux configurations sont donc possibles en fonction des caractères pris en considération. La carte permet aussi de prendre en compte des degrés différents d'affinités entre les espèces et on peut, au moins tendanciellement, quantifier les distances qui les séparent. Ainsi dans la figure 7E, les gazelles sont situées plus près du nil-gaut parce que *«quoique le nil-gaut tienne du cerf par le cou et la tête, et du bœuf par les cornes et la queue, il est néanmoins plus éloigné de l'un et de l'autre (...) que des gazelles».*[21]

Parce que les affinités s'entrecroisent, les espèces sont réunies *«en grappe».* Buffon utilise une métaphore qui me semble très efficace : *«Il semble que* [la nature], écrit-il, *ait donné des supplémens»* à certaines espèces *«en multipliant les espèces voisines».*[22] Et tandis qu'auparavant cette observation le conduisait à imaginer que parfois les degrés de l'échelle devaient être plus rapprochés,[23] il doit maintenant, pour ainsi dire, les ranger côte à côte. Chaque espèce *«est accompagnée de tant d'espèces voisines, qu'il n'est plus possible de les considérer une à une, et qu'on est forcé d'en faire un bloc».*[24] À l'exception de quelques espèces *«majeures»*, *«tous les autres* [animaux] *semblent se réunir avec leurs voisins et former des groupes de similitudes dégradées, des genres que nos Nomenclatures ont présentés par un lacis de figures dont les unes tiennent par les pieds, les autres par les dents, par les cornes, par le poil et par d'autres rapports encore plus petits».*[25]

J'ai réuni ici (cf. fig. 8) quelques exemples de ces *«blocs»*, *«groupes»* ou *«lacis»* d'espèces, qui atteignent et parfois dépassent le niveau de complexité de la carte linnéenne. On peut en effet relever deux constellations (cf. 8A et 8C) d'au moins cinq espèces.[26] Le schéma envisagé en 1780 (cf. fig. 8B) est encore plus complexe que celui de Linné, puisqu'il prévoit *l'intersection* des cercles. Le cariama, le secrétaire et le kamichi sont tous trois sans aucun doute des oiseaux de rivage, mais les deux premiers *«ont des caractères qui les rapprochent des oiseaux de proie»* et le dernier *«tient au contraire aux gallinacées».*[27] Il faut enfin remarquer que le schéma de 1782 (cf. fig. 8E) peut être superposé à deux autres schémas (cf. fig. 7D et 7E), et qu'il illustre une autre configuration encore des affinités qui relient le cerf, le bubale, le bœuf et la gazelle –auxquels s'ajoute cette fois la chèvre.

21. *Du nil-gaut* [1782], *in* Buffon [12], T. VI : p. 101. Voir. aussi *Le bouquetin, le chamois et les autres chèvres* [1764], *in* Buffon [12], T. XII : p. 149.
22. *Le rat* [1758], *in* Buffon [12], T. VII : p. 278.
23. *L'asne* [1753], *in* Buffon [12],T. IV : pp. 383-4.
24. *Le lion* [1761], *in* Buffon [12], T. IX : p. 10.
25. *Nomenclature des singes* [1766], *in* Buffon [12],T. XI : p. 29.
26. Dans la *Mappa* linnéenne seul l'ensemble des ordres V, VI, VII, IX et X, forme un tel groupe.
27. *Le cariama* [1780], *in* Buffon [13],T. VII : pp. 325-6.

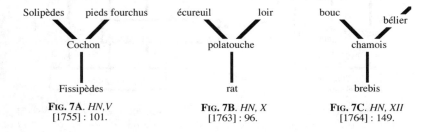

FIG. 7A. *HN,V*
[1755] : 101.

FIG. 7B. *HN, X*
[1763] : 96.

FIG. 7C. *HN, XII*
[1764] : 149.

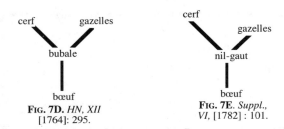

FIG. 7D. *HN, XII*
[1764]: 295.

FIG. 7E. *Suppl.,*
*VI,* [1782] : 101.

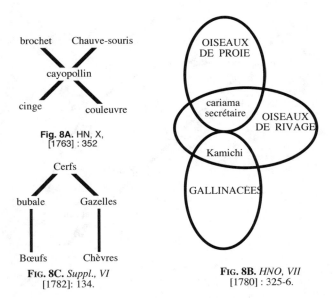

Fig. 8A. HN, X,
[1763] : 352

FIG. 8C. *Suppl., VI*
[1782]: 134.

FIG. 8B. *HNO, VII*
[1780] : 325-6.

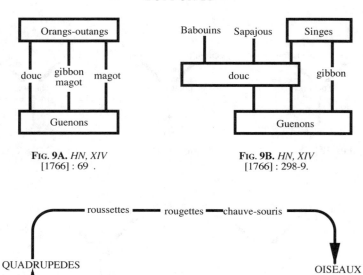

FIG. 9A. *HN, XIV*
[1766] : 69 .

FIG. 9B. *HN, XIV*
[1766] : 298-9.

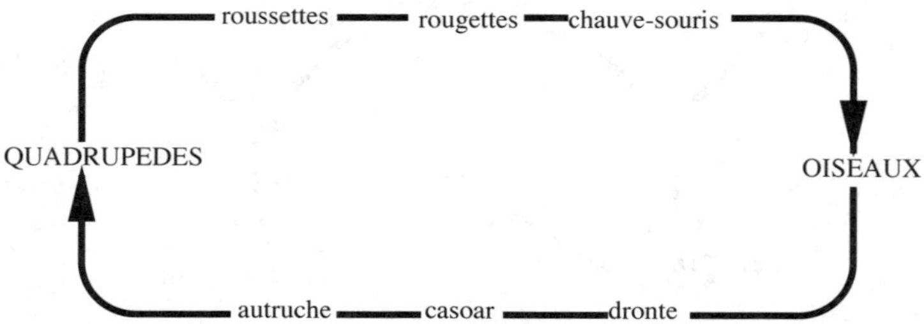

FIG. 9C. *HNO,*
[1770] : 184.

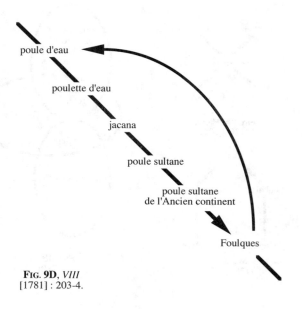

FIG. 9D, *VIII*
[1781] : 203-4.

Le cadre des affinités apparaît extrêmement complexe et Buffon rencontre d'immenses difficultés lorsqu'il tente de le délimiter une fois pour toutes. Les difficultés sont encore plus nombreuses quand sont pris en considération les rapports entre les ensembles d'espèces (les *«genres»* et les *«ordres»*), qui semblent être reliés par plus d'un chemin.[28] C'est le cas pour l'ensemble des Singes dans lequel Buffon définit trois voies des passage des Orang-outangs aux Guenons (cf. fig. 9A). Le magot est présent deux fois parce qu'il *«fait la nuance à l'égard des abajoues»*, en compagnie du gibbon, mais se situe aussi sur un autre parcours où il est intermédiaire *«à l'égard des dents canines et de l'allongement du museau».*[29] L'enchevêtrement des affinités rappelle celui représenté la même année par Rüling (1766, cf. fig. 10) : il est quasi inextricable.

Les difficultés que j'ai rencontrées lorsque j'ai voulu reconstituer la carte suivante (cf. fig. 9B) peuvent en témoigner. Bien qu'elle ne soit qu'un peu plus étendue que la précédente, elle est beaucoup plus compliquée. La représentation que je donne laisse certes beaucoup à désirer, mais elle permet de voir que le Douc, bien qu'il ait de nombreuses affinités avec les Babouins, constitue cependant le passage des Sapajous aux Guenons (les singes inférieurs) et en même temps, celui des Guenons aux Orangs-Outangs (les singes supérieurs) –passage qu'effectue sur un autre chemin, le gibbon aussi.[30] Il est intéressant de remarquer que le Douc est maintenant présenté comme l'intermédiaire entre l'Orang-outang et les Guenons, pour des caractéristiques (la longueur de la queue, l'aplatissement de la face) qui diffèrent de celle prise précédemment en considération (la conformation des fesses). Buffon se trouve évidemment dans l'obligation de *sélectionner* les affinités, qui sont trop nombreuses et trop diverses pour pouvoir être toutes retenues. Or ce choix nécessaire le met dans une situation difficile puisque, comme on le sait, il repoussait tout principe de subordination des caractères,[31] et ne pouvait donc s'appuyer que sur le contexte.

Le refus de la représentation traditionnelle, quoiqu'il demeure implicite, est néanmoins sans équivoque. Si les affinités se multiplient, mettant en contact plusieurs espèces, il n'est plus possible de *«descendre»* le long d'une échelle.[32] Ou bien, si l'on commence à descendre, on pourra remonter par un autre chemin : *«l'autruche, le casoar, le dronte* –écrit Buffon– *(...) font une nuance mitoyenne entre les oiseaux et les quadrupèdes dans un sens, tandis que les roussettes, les rougettes et les chauves-souris font une semblable nuance, mais dans un sens contraire, entre les quadrupèdes et les oiseaux»*[33] (cf. 9C). La multiplicité et l'enchevêtrement des affinités produisent une circularité des parcours qui est un trait distinctif de la carte[34] (cf. fig. 9D). Pour le confirmer, il suffit d'examiner la *«Généalogie»* de Duchesne (1766, cf. fig. 11) : le chemin qui de 1 mène à 6 se prolonge en 7 et, une fois passé par 8, 9, 10, nous reconduit en passant par 2 au point de départ.

28. *Oiseaux étrangers qui ont rapport aux aigles et aux balbuzards* [1770] *in* Buffon [13], T. I : p. 133.
29. *Les orang-outangs* [1766], *in* Buffon [12], T. XIV : p. 69.
30. *Le douc* [1766] *in* Buffon [12], T. XIV : pp. 298-9.
31. Cf. Barsanti [2], [3].
32. La métaphore de la descente apparaît dans Buffon [12], I [1749] : p. 12; II [1749] : p. 8 ; VII [1758 ] : pp. 28 et 278; IX [1761] : pp. 10 et 126. Elle n'est plus utilisée après 1761. Ce n'est pas par hasard.
33. *Le condor* [1770], *in* Buffon [13], T. I : p. 184.
34. *Oiseaux qui ont rapport à la poule sultane* [1781] *in* Buffon [13],T. VIII : pp. 203-4.

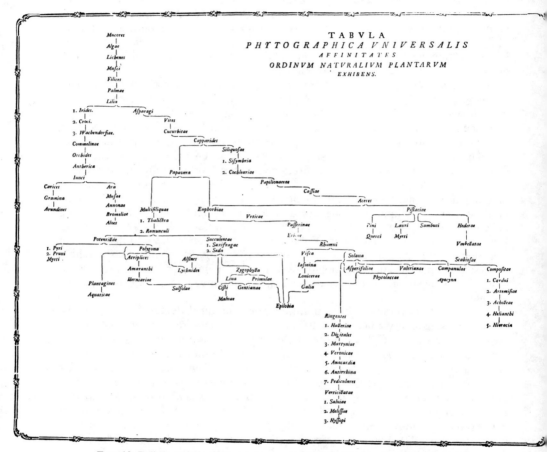

**FIG. 10.** Rüling, *Tabula phytographica universalis ordinum naturalium plantarum exhibens* (1766, 1774).

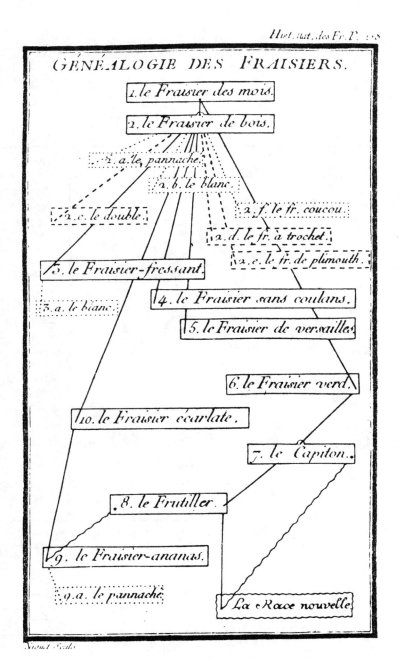

**FIG. 11.** Duchesne, *Généalogie des fraisiers* (1766).

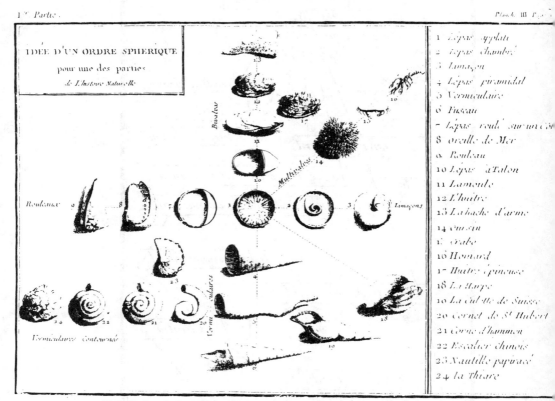

**FIG. 12.** Bernardin de Saint-Pierre, *Idée d'un ordre sphérique pour une des parties de l'histoire naturelle* (1773).

Il est significatif que Buffon, après avoir adopté cette perspective, ne dise plus, comme il le disait auparavant, espèces *«moyennes»*, *«intermédiaires»* ou *«ambiguës»*, ni même espèces *«équivoques»*, *«anomales»* ou *«irrégulières»*. Il en vient plutôt à parler d'*«espèces bâtardes»*, d'*«espèces extraordinaires»* à la forme *«bizarre»* ou *«singulière»*, de *«productions étranges»*, d'*«êtres monstres»*. Le fait est que chaque espèce, loin d'apparaître comme l'intermédiaire entre deux autres, ferait plutôt penser à un collage de plusieurs autres espèces. Ainsi le cayopollin a *«la gueule fendue comme celle d'un brochet»*, *«les oreilles de chauve-souris»*, *«la queue de couleuvre»* et *«les pieds de singe»*;[35] le secrétaire *«a, pour ainsi dire, une tête d'aigle sur un corps de cigogne ou de grue»*;[36] et l'anhinga *«nous offre l'image d'un reptile enté sur le corps d'un oiseau»*.[37]

Il est certes encore question, parfois, d'objets *«mi-partis»*, mais placés entre des espèces très éloignées, qui se situaient presque aux deux extrémités de l'échelle. La chauve-souris est *«un être monstre»* (*«à demi-quadrupède, à demi-volatile»*) *«en ce que réunissant les attributs de deux genres si différents, il ne ressemble à aucun des modèles que nous offrent les grandes classes de la Nature»*;[38] *«la Nature rapproche secrètement les êtres qui nous paroissent les plus éloignés»* par le moyen d'*«exemples rares»*, d'*«instances solitaires qu'il ne faut jamais perdre de vue, parce qu'elles tiennent au système général de l'organisation des êtres, et qu'elles en réunissent les points les plus éloignés»*.[39]

Chacune de ces *«exceptions apparentes à la Nature»*, comme il le dit ailleurs[40] semble isolée, précisément en vertu de son caractère exceptionnel. Dans les classifications *«il faut lui laisser une place isolée»*[41] parce qu'à elle seule elle constitue un *«genre à part»*.[42] Mais d'un autre point de vue, puisque son caractère exceptionnel tient à ce qu'elle possède les traits de nombreuses autres espèces, elle apparaît, à l'inverse, comme plus *«apparentée»* que les espèces communes. *«Les êtres les plus isolés dans nos méthodes, sont souvent dans la réalité ceux qui tiennent à d'autres par de plus grands rapports»*; le cariama, le secrétaire et le kamichi *«dans toute méthode d'ornithologie, ne peuvent former qu'un groupe à part, tandis que dans le système de la Nature, ces espèces sont plus apparentées qu'aucune autre avec différentes familles»*.[43]

Non seulement les petits groupes mais aussi les grandes classes s'entrecroisent. *«Dans la classe seule des quadrupèdes, et par le caractère même le plus constant et le plus apparent des animaux de cette classe, (...) la Nature varie en se rapprochant de trois autres classes très différentes, et nous rappelle les oiseaux, les poissons à écailles et les crustacés»*;[44] *«quoique tous les animaux quadrupèdes tiennent entre eux de plus près qu'ils ne tiennent aux autres êtres, il s'en trouve néanmoins un grand nombre qui font des pointes au dehors, et semblent s'élancer pour atteindre à d'autres classes de la Nature»*,[45] *«en sorte que rien n'est vide, tout se touche, tout se*

35. *Le cayopollin* [1763], *in* Buffon [12], T. X : p. 352.
36. *Le secrétaire* [1780], *in* Buffon [13], T. VII : p. 328.
37. *L'anhinga* [1781], *in* Buffon [13], T. VIII :p. 450.
38. *La chauve-souris* [1760], *in* Buffon [12],T. VIII : p. 114.
39. *L'ondatra et le desman* [1763], *in* Buffon [12], T. X : p. 8.
40. *Les tatous* [1763], *in* Buffon [12], T.X : p. 201.
41. *Le piauhau* [1778], *in* Buffon [13], T. IV : p. 588.
42. *Les jacamars* [1780], *in* Buffon [13], T. VII : p. 213. Cf. aussi : pp. 326 et 328; VIII, 1781 : p. 122; Buffon [14], VI, 1782 : p. 185.
43. *Le cariama* [1780], *in* Buffon [13], T. VII : p. 325.
44. *Les tatous* [1763], *in* Buffon [13],T. X : p. 201.
45. *Les phoques, les morses et les lamantins* [1765], *in* Buffon [12], T. XIII : p. 330.

*tient»*;[46] *«entre chacune des grandes familles, entre les quadrupèdes, les oiseaux, les poissons, la Nature a ménagé des points d'union, des lignes de prolongement, par lesquels tout s'approche, tout se lie, tout se tient».*[47]

Les schémas que j'ai pu reconstituer mettent assez bien en lumière la nouvelle perspective adoptée par Buffon. Bernardin de Saint-Pierre en donna quelques années plus tard une représentation dans son *«Idée d'un ordre sphérique»* (1773, cf. fig. 12) dont la texture ne s'écarte pas beaucoup de ce que pensait Buffon. Après avoir lié les Quadrupèdes aux Cétacés, qui dans l'échelle occupaient le degré immédiatement inférieur, en 1760 il les relie aussi aux Oiseaux et aux Poissons[48] et en 1763 il ose même les relier aux très lointains Reptiles (cf. fig. 13A).[49] Un peu plus loin dans le même volume, Buffon élabore une nouvelle représentation globale de sa carte, qui maintenant comprend une grappe de six classes (fig. 13B). Si nous superposons les deux schémas, nous découvrons une réalité encore plus complexe (cf. fig. 14). La carte ne relie pas moins de sept classes animales et certaines sont reliées de multiples façons : le passage des Quadrupèdes aux Poissons et aux Oiseaux se fait par deux voies différentes (par l'intermédiaire des castors ou des pangolins, à travers la chauve-souris ou le porc-épic). Il faut remarquer, en outre, que le pangolin apparaît deux fois et qu'il conduit aussi bien aux Poissons qu'aux Reptiles.

Dans un autre schéma général qui maintient les acquis des précédents, Buffon trace l'itinéraire qui conduit des Singes à l'homme, et un troisième passage aux Oiseaux (cf. fig. 15).[50] Cette zone sera par la suite surchargée avec l'ouverture d'un quatrième chemin au long duquel sont disposés l'autruche, le casoar, le dronte (cf. *supra*, fig. 9C).[51] Revenant à l'homme, nous observerons l'indétermination de la médiation qui n'est effectuée que par les Singes pris globalement. Buffon la précisera l'année suivante,[52] il proposera le parcours : guenons, maimon, babouins, magot, gibbon, pithèque, orang-outang. Il s'agit d'une voie parfaitement rectiligne, mais qui s'insère dans cette représentation bidimensionnelle comme l'un des nombreux chemins choisis par la nature.

Dans ce même volume consacré aux Singes, Buffon décrit une carte (cf. fig 16),[53] moins étendue que les précédentes, mais qui montre, d'une part, qu'à l'intérieur de la classe des Quadrupèdes, deux régions doivent être distinguées, car la voie parcourue par les Fissipèdes a bifurqué (vers les Pieds fourchus d'un côté, les quadrumanes et l'homme, de l'autre); mais cette carte est d'autre part pourvue d'une *«corde»*,[54] c'est-à-dire un trait qui ne passe pas par le centre mais unit deux rayons (l'homme aux Cétacés) et qui manifeste le caractère circulaire de la représentation, la faisant ressembler à une toile d'araignée.

La toile sera enrichie, dans la dernière carte, de l'ensemble des classes que Buffon a envisagées (cf. fig. 17B). Une corde est dédoublée.[55] Il semble que le tracé

46. *Le cariama* [1780], *in* Buffon [13], T. VII : p. 325.
47. *Les pingouins* [1783], *in* Buffon [13], T. IX : p. 371.
48. *Le castor* [1760], *in* Buffon [12], T. VIII : pp. 288-89.
49. *Le pangolin et le phatagin* [1763], *in* Buffon [12], T. X : p. 186.
50. *Les phoques, les morses et les lamantins* [1765], *in* Buffon [12], T. XIII : pp. 330-31.
51. *Le condor* [1770], *in* Buffon [13], T. I : p. 184.
52. *Nomenclature des singes* [1766], *in* Buffon [12], T. XIV : pp. 7-8, 12.
53. *Ibid.* : pp. 20-21.
54. C'est précisément le terme qu'emploiera Bernardin de Saint-Pierre, dont l'*«Idée»* contient trois liaisons ainsi conçues (cf. fig. 12).
55. *Les pingouins et les manchots ou les oiseaux sans ailes* [1783], *in* Buffon [13], T. VIII : pp. 371-72.

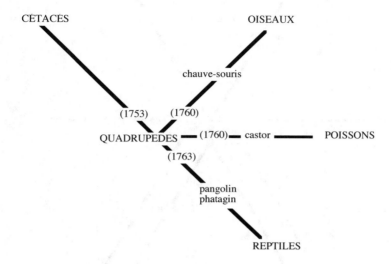

**Fig. 13A.** *HN, IV* [1753] : 13;  *HN, VIII* [1760] : 288-9; *HN, X* [1763] :186.

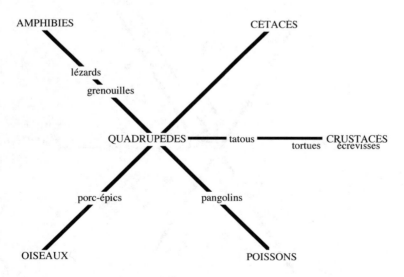

**Fig. 13 B.** *HN, X* [1763] : 200-201.

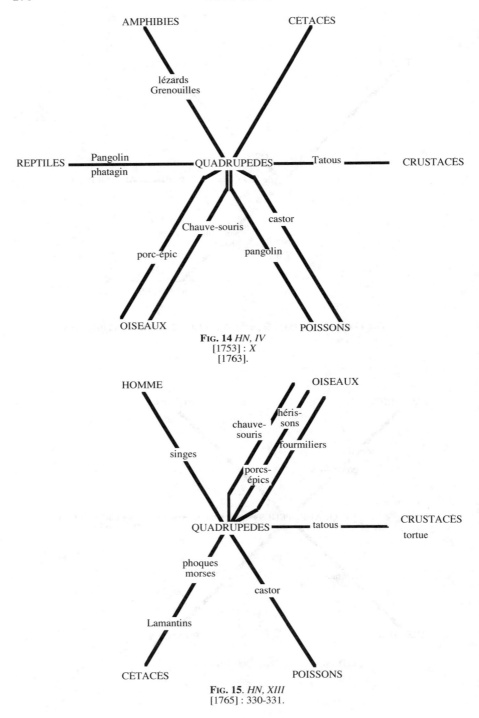

AMPHIBIES

CETACES

lézards
Grenouilles

REPTILES — Pangolin
phatagin — QUADRUPEDES — Tatous — CRUSTACES

castor

Chauve-souris

porc-épic

pangolin

OISEAUX

POISSONS

**Fig. 14** *HN, IV*
[1753] : *X*
[1763].

HOMME

OISEAUX

chauve-
souris

héris-
sons

fourmiliers

singes

porcs-
épics

QUADRUPEDES — tatous — CRUSTACES
tortue

phoques
morses

castor

Lamantins

CETACES

POISSONS

**Fig. 15**. *HN, XIII*
[1765] : 330-331.

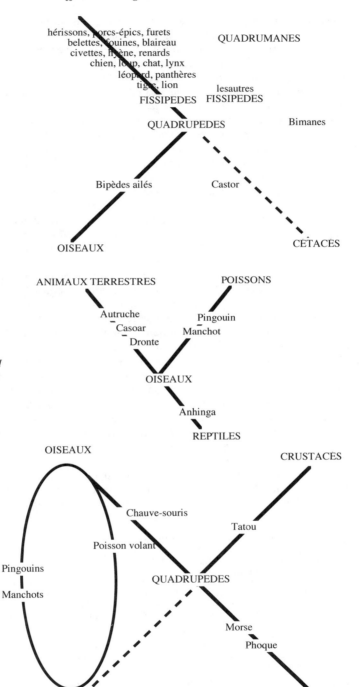

hérissons, porcs-épics, furets
belettes, fouines, blaireau
civettes, hyène, renards
chien, loup, chat, lynx
léopard, panthères
tigre, lion

QUADRUMANES

les autres
FISSIPEDES    FISSIPEDES

QUADRUPEDES

Bimanes

**FIG. 16.** *HN, XIV*
[1766] : 20-21.

Bipèdes ailés

Castor

OISEAUX

CÉTACES

ANIMAUX TERRESTRES

POISSONS

Autruche
Casoar
Dronte

Pingouin
Manchot

**FIG. 17A.** *HNO, VIII*
[1781] : 449-450.

OISEAUX

Anhinga

REPTILES

OISEAUX

CRUSTACÉS

Chauve-souris

Tatou

Poisson volant

Pingouins

Manchots

QUADRUPEDES

Morse

Phoque

**FIG.17B.** *HNO, IX*
[1783] : 371.

POISSONS

CÉTACES    d

de la carte ne puisse jamais être achevé parce que la nature *«cette mère universelle a tout tenté»*, et ses archives paraissent inépuisables.[56]

Buffon ne rejette pas explicitement l'échelle, mais son texte laisse entendre qu'il lui est désormais impossible d'en élaborer. Il n'y a plus dans la nature de hiérarchie absolue et il n'y a pas de chaîne, fût-elle la plus évidente, qui ne puisse être modifiée. Buffon affirme ainsi que *«les animaux quadrupèdes qu'on doit regarder comme faisant la première classe de la Nature vivante, et qui sont, après l'homme, les êtres les plus remarquables de ce monde, ne sont néanmoins ni supérieurs en tout, ni séparés (...) de tous les autres êtres»*.[57] Le principe qui justifiait l'échelle a été abandonné, un principe différent l'a remplacé. Buffon, qui était auparavant convaincu que la nature *«a toujours travaillé sur un même plan»*,[58] que Dieu *«n'a voulu employer qu'une idée»*,[59] et qui donc excluait d'autres plans, d'autres idées,[60] affirme maintenant que *«tout ce qui peut être, est»*.[61]

Ce principe justifie la carte comme la représentation de la réalisation de tous les types possibles. Il est significatif qu'il soit aussi au fondement de l'*«Idée»* de Bernardin de Saint-Pierre (*«la nature a fait tout ce qui étoit possible»*)..[62] Ce nouveau principe régit de nouvelles métaphores : les espèces se précédaient ou se suivaient l'une l'autre le long de l'échelle, sur la carte elles sont situées les unes à côté des autres et elles *«s'accompagnent»*.[63] Si auparavant on découvrait dans une nature unidimensionnelle un *«dessin suivi»* et on pouvait constater *«la simplicité du dessin»*,[64] on découvre maintenant dans une nature bidimensionnelle des *«mélanges»* complexes[65] et on doit admettre *«l'ambiguïté de la Nature»*.[66]

Je viens de mentionner la bidimensionnalité qui caractérise la nature conçue comme un territoire. Je n'insisterai pas parce que tous les partisans de la carte en parlent abondamment. Je préfère attirer l'attention sur une idée originale de Buffon qui fut le premier, en 1766, à concevoir la nécessité d'une représentation tridimensionnelle. La première allusion qu'il y fait est très vague,[67] mais il ne tarde pas à préciser que *«la Nature (...) ne fait pas un seul pas qui ne soit en tout sens; en marchant en avant, elle s'étend à côté et s'élève au dessus; elle parcourt et remplit à la fois les trois dimensions »*; *«elle agit donc»*, insiste Buffon, *«en tout sens, elle travaille en avant, en arrière, en bas, en haut, à droite, à gauche, de tous les côtés à la fois»*.[68]

Cette nouvelle conception sera adoptée par Hermann en 1777 : sa *Tabula affinitatum animalium* (cf. fig. 18) est un réseau conçu sur le modèle de Donati, mais dont les lignes qui *«se superposent et s'entremêlent»* se situent, comme

---

56. *L'anhinga* [1781], *in* Buffon [13], T. VIII : p. 449.
57. *Les tatous* [1763], *in* Buffon [12], T. X : p. 200.
58. *Premier Discours* [1749], *in* Buffon [12], T. I : p. 8.
59. *L'asne* [1753], *in* Buffon [12], T. IV : p. 381.
60. Comme l'impliquait le modèle de l'échelle et comme Leibniz lui-même l'avait affirmé : *«Je crois qu'il y a nécessairement des espèces qui n'ont jamais été et ne seront jamais, n'étant pas compatibles avec cette suite de créatures que Dieu a choisies (...) La* loi de la continuité *porte que la nature ne laisse point de vide dans l'ordre qu'elle suit; mais toute forme ou espèce n'est pas de tout ordre»* (Leibniz [38], III , chap. VI, § 12).
61. *L'unau et l'aï* [1765], *in* Buffon [12], T. XIII : p. 40.
62. Bernardin de Saint-Pierre [6], 1773, T. II : p. 146.
63. *De la Nature, Seconde vue* [1765], *in* Buffon [12], T. XIII : p. X.
64. *L'asne* [1753], *in* Buffon [12], T. IV : p. 381.
65. *Le chien avec ses variétés* [1755], *in* Buffon [12], T. V : p. 225.
66. *La chauve-Souris fer-de-lance* [1765], *in* Buffon [12], T. XIII : p. 228.
67. *«Son plan* [de la nature] *est nuancé par-tout et s'étend en tout sens»* : Buffon [12], XI,1766 : p. 6.
68. *Nomenclature des singes* [1766], *in* Buffon [12], T. XIV : pp. 22-23.

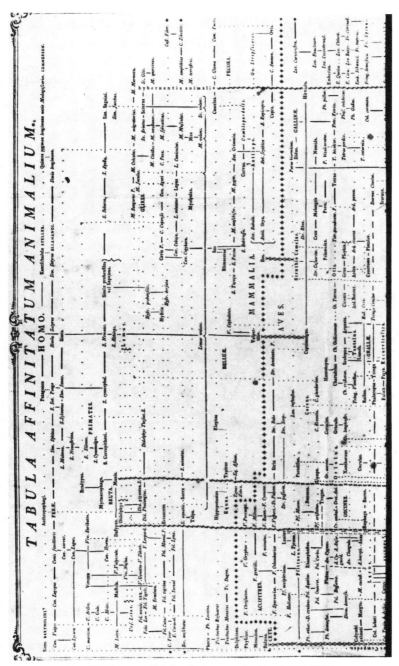

**FIG. 18.** Hermann, *Tabula affinitatum animalium* (1777, 1783).

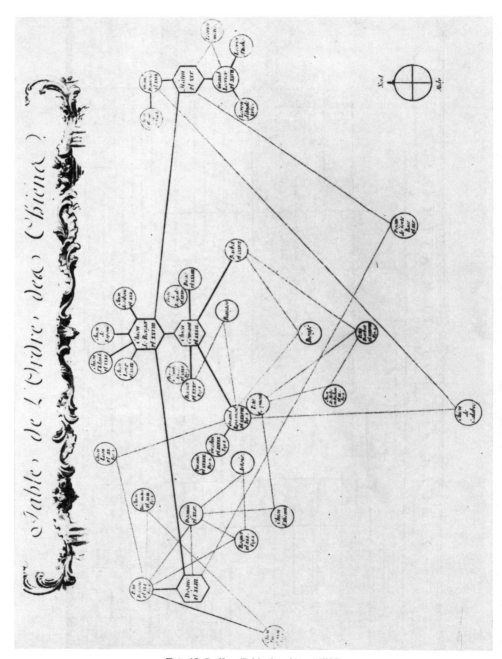

**FIG. 19.** Buffon, *Table des chiens* (1755).

l'auteur le précise, *«à des hauteurs différentes»*.[69] La *Tabula* se développe donc en profondeur aussi. Cela n'est pas immédiatement visible et Hermann s'en est pris à l'imprimeur. Il est pourtant évident que si l'on avait voulu suivre jusqu'au bout l'indication de Buffon, si l'on avait voulu rendre visible ce modèle tridimensionnel, on n'aurait pas dû demander à un imprimeur qu'il reproduise une carte, mais à un menuisier qu'il confectionne une maquette.

Buffon, que je sache, n'y a jamais pensé. Néanmoins il ne se contenta pas de décrire verbalement les cartes que j'ai reconstituées. Lui-même en dessina une : la *Table de l'ordre des chiens* (1755, cf. fig. 19), qui, bien que ce ne soit qu'une table dont la reproduction fut confiée à l'imprimeur, a cependant des caractéristiques telles qu'elle suggère plus efficacement l'existence des trois dimensions. Il s'agit d'une carte à la Linné, plutôt que d'un réseau à la Donati, la première jamais réalisée graphiquement, et la première à être orientée.

Elle est orientée parce que Buffon avait enfin découvert un *«fil d'Ariane»*, qui lui permettait de se mouvoir avec plus d'aisance dans le *«labyrinthe»* de la nature. Ce fil, c'est le phénomène de la *«dégénération»* qui, sous l'influence du climat, de l'alimentation et des changements de comportements, conduit des populations à se modifier et à donner naissance à une quantité de populations différentes. Une fois découverte *«la race primitive, la race originaire, la race mère de toutes les autres»*, dans ce cas *«le vrai chien de la nature»* (le chien de berger), Buffon disposait d'un point de départ (il n'y en avait pas dans la carte linnéenne) d'où la nature aurait procédé suivant les diverses directions indiquées.

Mais cette carte est aussi orientée d'une autre façon, car Buffon, qui a suivi à la lettre le modèle de la carte géographique, l'a pourvue d'une rose des vents. Il accomplit une opération dont je n'ai trouvé aucun autre exemple dans la littérature de l'époque : il présente son schéma comme *une carte de la distribution géographique des races canines*. *«Cette Table*, –écrit-il– *est orientée comme les cartes géographiques, et l'on a suivi, autant qu'il étoit possible, la position respective des climats»*.[70]

On peut donc y voir à travers les positions respectives du chien des Pyrénées, du chien de Calabre, du chien de Malte, etc., l'ébauche d'une carte d'Europe. Loin d'être, comme on pourrait le penser, de simples métaphores, ces modèles reflètent *«l'ordre de la nature»* (comme le disaient Morison et Vallisnieri), *«le système du monde»* (Bonnet), *«l'ordre de la création»* (Needham), *«les nœuds des choses»* (Batsch), *«la marche de la nature»* (Buffon lui-même, Lamarck, Augier). Ce sont donc bien des tableaux réalistes, même s'ils sont chargés de théorie, des illustrations objectives –quoiqu'elles ne possèdent pas toutes le même type d'objectivité. Ces images, et ce n'est pas par hasard, peuvent être utilisées à des fins de prévision. C'est un sujet que je ne peux aborder ici, mais je voudrais tout de même rappeler que Bernardin de Saint-Pierre se servait de son *«ordre sphérique»* pour prévoir quelles espèces auraient été découvertes dans les régions du globe encore inexplorées.

La nouvelle représentation se diffuse rapidement et beaucoup de naturalistes l'adoptent. Le vieux lieu commun, selon lequel l'échelle aurait été *«la figure sacrée du XVIIIᵉ siècle»*,[71] doit être repoussé; dans les années soixante-dix et quatre-vingts, la carte devient même la représentation dominante. Œhme, lui-même, admet

69. Hermann [30], 1783, p. 35.
70. *Le chien avec ses variétés* [1755], *in* Buffon [12], T. V : p. 225.
71. Lovejoy [40] : p. 184. Cf. aussi Daudin [19], [20].

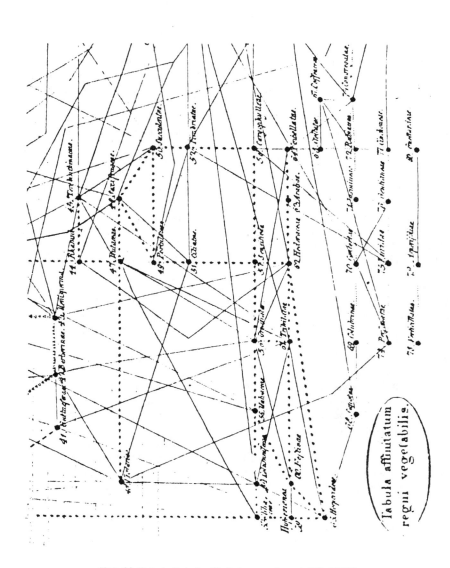

**FIG. 20.** Batsch, *Tabula affinitatum regni vegetabilis* (1802).

*«qu'on ne peut la rejeter»*;[72] à la suite de la publication de l'*Ordre sphérique* de Bernardin de Saint-Pierre (1773), Rüling repropose sa *Tabula phytographica* (1774); Daubenton se convertit au réseau (1782), Hermann consacre tout un livre à sa *Tabula affinitatum* (1783), Dupetit-Thouars envisage un *«tissu»* que l'on peut représenter par une *«carte de géographie»* (1788) et Jussieu parle lui aussi d'une *«carte géographique sur laquelle les espèces seront convenablement distribuées, comme les villages, en communes, provinces et régions»* (1789).[73] Quelques années plus tard, après que Giseke a reconstitué la *Mappa* de Linné (1789, 1792), Duchesne propose une *Table de Pythagore* (1795), Lacépède envisage un réseau (1798), Ventenat prend pour modèle la *«Mappe-monde»* (1799) et Batsch prépare une *Tabula affinitatum* (1802, cf. fig. 20), qu'il présente comme un *opus reticulatum*.

Pour mieux déterminer la position de Buffon, j'ai voulu m'assurer de la distribution et de la fréquence de ses références aux images. J'ai pu ainsi dresser un tableau (cf. fig. 25) qui pourra susciter de nouvelles réflexions. Mais je dois d'abord préciser quel est le corpus de textes que j'ai utilisé.

1° Je n'ai pas retenu toutes les pages de l'*Histoire naturelle*, et dans mon tableau, je n'ai pas adopté, comme unité de mesure, les trente-six volumes, puisque la contribution de Buffon à chacun d'eux est de quantité et de qualité inégales : il est l'unique auteur de certains volumes mais il n'a contribué qu'en partie à d'autres, n'écrivant parfois que quelques pages. Il lui arrive par ailleurs de traiter des sujets qui ne sont pas pertinents pour ma recherche et si j'avais tenu compte de ces textes le tableau n'aurait pas été significatif. 2° J'ai exclu tout d'abord les pages écrites par d'autres auteurs (Daubenton, Guéneau de Montbeillard, Allamand...). 3° J'ai aussi exclu les pages signées de Buffon mais qui furent en réalité l'œuvre de Guéneau de Montbeillard et dont la liste est donnée dans le troisième volume de l'*Histoire naturelle des oiseaux*. 4° Je n'ai pas non plus pris en compte les citations d'autres auteurs quand elles dépassent une page. En revanche j'ai conservé les paraphrases. 5° J'ai attribué à Buffon l'ensemble du dernier volume des *Supplemens* (1789), en me fiant à Lacépède qui écrit dans l'*Avertissement* qu'il a publié les manuscrits *«tels qu'ils m'ont été remis»*.[74] 6° J'ai choisi de prendre en considération l'ensemble des trois derniers volumes de l'*Histoire naturelle des oiseaux* bien que Buffon ait écrit *«ce qu'ils contiennent ne m'appartient pas en entier»*,[75] car l'aide de Bexon et de Daubenton n'est pas déterminée précisément. 7° Parmi les textes dont Buffon est l'auteur, j'ai laissé de côté la *Théorie de la Terre*, sa *Suite*, les *Époques de la Nature* et toute l'*Histoire naturelle des minéraux*.[76] Il restait 7070 pages, que je pourrais intituler l'*Histoire naturelle, générale et particulière, des vivans*, et que j'ai ordonnées selon la date de leur publication, car je ne pouvais remonter à la date de leur rédaction.

J'ai voulu, en outre, mettre en évidence la qualité et la portée de chacune des références aux images et pour ce faire j'ai utilisé quatre signes. Un point [·] indique une simple allusion ou confirmation, limitées à quelques espèces; un carré indique un passage explicite où apparaissent, dans un contexte théorique et/ou à propos de larges portions de la nature, les termes significatifs que j'ai relevés auparavant : une

72. Œhme [44] : p. 14.
73. Jussieu [31] : p. XXXV.
74. Lacépède dans Buffon [14], T. VII : p. IX.
75. *Avertissement* [1780] in Buffon [13], T. VII : p. 11.
76. Elle contient six échelles qui mériteraient une réflexion spécifique. (Cf. *De la figuration des minéraux* [1783], *in* Buffon [15], T. I : pp. 2-3, 15, 15-16; *Arrangement méthodique des minéraux* [1785], *in* Buffon [15], T. III : pp. 609-636; *Génésie des minéraux* [1786], *in* Buffon [15], T. IV : pp. 433-448).

étoile [∗] indique une description suffisamment développée et détaillée pour pouvoir être reconstituée; un cercle noir [•] une représentation illustrée graphiquement.

Mon tableau démontre (cf fig. 25) que les références à l'échelle sont de moins en moins nombreuses, qu'elles sont de moins en moins théoriques et que leur base empirique s'amoindrit. Parallèlement, à partir de 1755 et jusqu'en 1766, les références à la carte se multiplient, se rencontrent dans des contextes très théoriques, et s'appuient sur de nombreuses données empiriques. Puis, brusquement, la tension tombe. Nous en comprendrons bientôt la raison. Je ferai seulement remarquer ici que les dernières références significatives à l'échelle datent de 1766 et qu'à partir de 1780 on retrouve des références à la carte. Qu'il soit encore question d'échelle après 1766 ne doit pas nous induire en erreur. Buffon ne l'utilise alors que pour ordonner des portions très réduites du système de la nature; il le fait en ne considérant que quelques traits des espèces, et souvent il se limite même à un seul caractère; il n'affirme jamais que ces segments constituent les parties d'une échelle, le contexte démontre au contraire qu'il les considère comme les fragments de mosaïques plus complexes; et même si on fait abstraction du contexte, on s'aperçoit que, quelques pages plus loin, il les entrecroise pour construire des réseaux. Déjà auparavant, dans un texte de 1764, Buffon affirmait que le saiga «*fait la nuance*» entre les chèvres et les gazelles;[77] il semblait donc disposer les trois espèces sur une même ligne. Mais un peu plus loin, il disait que le guib, lui aussi, «*paroit intermédiaire*» entre les chèvres et les gazelles,[78] et trois pages plus tard il ajoutait que la grimme «*paroit faire la nuance entre les chèvres et les chevrotains*».[79] J'ai compté dans mon tableau trois points en faveur de l'échelle, mais il est évident que Buffon avait en tête quelque chose de plus complexe et que si l'on considère l'ensemble des affinités, le résultat est un réseau sur le modèle de celui que j'ai ici reconstitué (cf. fig. 21A).[80] De même, deux couples d'échelles envisagées en 1780[81] se combinent en cartes (cf. fig. 21B et 21C) dans lesquelles deux chemins conduisent, respectivement, aux Toucans et aux Hérons.

### III

En 1766, une troisième image fait son apparition : l'arbre. Pallas qui propose ce modèle, critique aussi bien l'échelle que la carte parce que, selon lui, elles sont toutes deux le reflet d'une même erreur fondamentale : la réalité naturelle est conçue comme un continuum. Or Pallas est convaincu du caractère discret de la nature, et s'il introduit l'arbre, c'est qu'il lui semble que c'est l'image la plus adéquate pour représenter la solution de continuité entre le règne minéral et le domaine des vivants : «*les corps organiques*, affirme-t-il, *ne suivent pas les corps bruts et ils n'ont avec ceux-ci aucune affinité, simplement ils s'appuient dessus, comme l'arbre sur le sol*». (cf. fig. 22).[82]

---

77. *Le saiga* [1764], *in* Buffon [12], T. XII : p. 198.
78. *Le guib* [1764], *in* Buffon [12], T. XII : p. 305.
79. *La grimme* [1764], *in* Buffon [12], T. XII : pp. 308-309.
80. Notons en outre que les gazelles permettent de le relier à un réseau qu'il avait précédemment décrit (cf. fig. 7D).
81. *Le barbican, Le cassican, Les hérons, Le butor, in* Buffon [13], T. VII : resp. pp. 132 et 134, 378-79 et 422.
82. Pallas [45] : pp. 23-24.

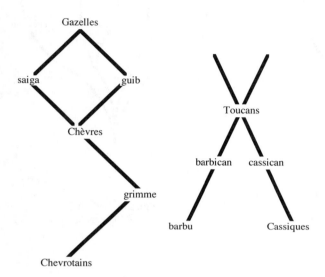

**FIG. 21A.** HN, XII [1764] : 198, 305, 308-9.

**FIG. 21B.** HNO, VII [1780] : 132, 134 .

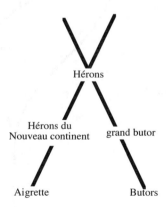

**FIG. 21 C.** HNO, VII [1780] : 378-9, 422.

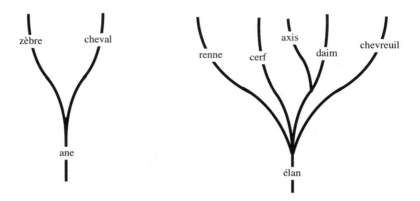

FIG. **23A**. *HN, XIV*
[1766] : 335,340.

FIG. **23B**. *HN, XIV*
[1766] : 348.

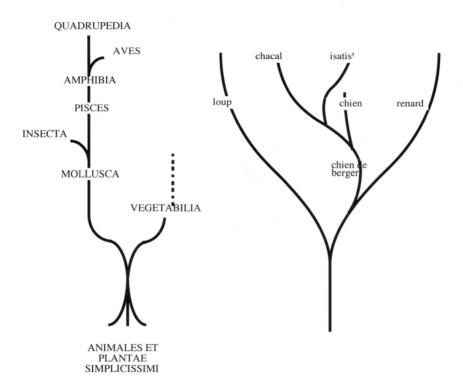

FIG. **22**. Pallas, *Arbor corporum organicum*
[1766].

FIG. **23C**. *HN, XIV*
[1766] : 350-3.

L'histoire de cette représentation est la plus complexe et l'image sera utilisée pour illustrer des conceptions différentes et parfois opposées. On sait, pour se contenter d'un seul exemple, que l'arbre s'est imposé au XIX⁰ siècle comme la meilleure représentation de l'évolution et de sa continuité. Il avait été pourtant inventé pour mettre en évidence la discontinuité et son inventeur tenta, en 1780, de réfuter toute hypothèse phylogénétique.

Certains naturalistes se montreront favorables à la nouvelle représentation. Déjà en 1764, Bonnet avait dû admettre l'existence de deux appendices latéraux de l'échelle ; en 1781 ces appendices se ramifient et il parle de *«Branches principales, qui pousseroient elles-mêmes des Branches subordonnées».*[83] Quelques années plus tard, Dupetit-Thouars parle d'un *«arbre dont les branches s'étendent de toutes parts».*[84] Mais Bonnet était resté très vague et Dupetit-Thouars, qui en réalité était un partisan de la carte, demeurait équivoque. Il faudra attendre Lamarck pour qu'un naturaliste distingue adéquatement l'arbre des deux autres représentations (1800), et ce n'est qu'en 1801 qu'Augier en dessinera un (cf. fig. 24).

Buffon adopte aussi la nouvelle représentation qu'il découvre en même temps que Pallas. Il continue à l'utiliser dans les années suivantes et il s'en sert systématiquement dans le cadre d'une hypothèse de travail bien précise. L'arbre de Buffon se compose essentiellement de quatre parties : le *«tronc principal»* qu'il appelle aussi *«souche commune»* (ou *«principale»*, *«majeure»*, *«primitive»*, *«primordiale»* ); ensuite viennent les *«tiges directes»* (ou *«principales»*, *«majeures»*, *«légitimes»* ) qu'il appelle aussi *«branches immédiates »* ou *«principales»;* enfin sont mentionnées des *«branches mineures et collatérales»* (ou *«accessoires»*, *«latérales»*, *«bâtardes»* ) qui à leur tour peuvent se subdiviser en *«rameaux et rejetons secondaires».* Dans l'*Histoire naturelle* j'ai relevé en tout vingt-quatre passages où il est question d'arbres, plus ou moins complexes; parmi ceux-ci, il y en a trois qui peuvent être reconstitués.

Je voudrais d'abord noter que Buffon, lui aussi, se sert de l'arbre pour illustrer la discontinuité de la nature. Il va même plus loin que Pallas : alors que celui-ci se souciait surtout de mettre en lumière le fossé qui sépare la nature organique de la nature inorganique et disposait tous les corps vivants sur un seul arbre, Buffon ne se borne pas, comme le fera Augier, à distinguer l'arbre du règne végétal de celui du règne animal. Il envisage autant d'arbres qu'il y a de *«familles»* animales. *La nature devient une forêt.*

Je voudrais aussi faire observer que tous les arbres sont conçus et utilisés dans le cadre de la théorie de la *«dégénération»*, et que s'ils doivent aussi permettre de représenter un tableau des affinités, leur fonction première est d'indiquer *la dérivation des espèces.* Après avoir quelque peu hésité, Buffon décide que le zèbre et le cheval proviennent de l'âne (cf. fig. 23A).[85] L'axis, lui, est intermédiaire entre le cerf et le daim, mais *«il n'est peut-être qu'une variété»* du daim (cf. fig. 23B).[86] Le chien est intermédiaire entre le loup et le renard, mais il descend du renard; le chacal est intermédiaire entre le loup et le chien, mais il provient du chien de berger; l'isatis est

83. Bonnet [10] : p. 162, note.
84. Dupetit-Thouars [26] : p. 39.
85. *De la génération des animaux* [1766], *in* Buffon [12] , T. XIV : pp. 335, 340. Il situera plus tard le czigitai et le couagga sur ce même arbre mais sans préciser à quelle place. Voir : *Addition aux articles de l'asne, du zèbre* [1776], *in* Buffon [14], T. III : p. 56; *Du kwagga ou couagga* [1786], *in* Buffon [14], T. VII : p. 85.
86. *De la génération des animaux* [1766], *in* Buffon [12], T. XIV : p. 348.

intermédiaire entre le chacal et le renard, mais il descend du chacal (cf. fig. 23C).[87]

Buffon avait pensé illustrer les étapes de la «*dégénération*» en se servant aussi de la *Table* de 1755, qu'il concevait expressément comme «*une carte géographique*», mais qu'il présentait aussi comme «*une espèce d'arbre généalogique*».[88] L'idée de généalogie était apparue pour la première fois en 1749, quand Buffon avait émis l'hypothèse «*que tous les Américains sortent d'une même souche*».[89] S'il pensa qu'une carte suffisait à l'illustrer, il dut cependant s'apercevoir que le résultat n'était pas satisfaisant : le tableau des affinités dont la carte était une bonne représentation ne correspondait pas à l'ordre de parenté, qui pouvait être précisé seulement en étudiant les caractères des «*mulets*».[90]

Le passage à l'arbre proprement dit est anticipé dans une page de 1761, lorsque Buffon rassemble pour la première fois la «*famille*» chien, loup, renard, chacal, et qu'il conçoit ces derniers comme des «*branches dégénérées*».[91] Je crois que ce passage est d'une part la conséquence de l'enrichissement des informations traditionnelles morphologiques et anatomiques par la prise en compte des données phylogénétiques, et d'autre part, l'effet de la découverte qu'il est impossible d'illustrer par une carte à la fois le point de vue des affinités et le point de vue généalogique. La carte peut reproduire les trois dimensions de *l'espace*, mais ne peut intégrer la quatrième, celle du *temps*, que seul l'arbre peut donner à voir. *L'arbre paraît ainsi la seule image possible d'une histoire*.

Mon tableau général de la distribution des trois types de représentation dans l'œuvre de Buffon démontre que cette nouvelle possibilité l'intéresse particulièrement après 1766 (cf. fig. 25).[92] On peut y constater, entre autres, que l'absence quasi totale de références à la carte est, au moins partiellement, compensée par des références à l'arbre. Mais on peut constater aussi que Buffon ne parle jamais de l'arbre avec beaucoup de conviction et qu'après 1780 les références à la carte se multiplient à nouveau. Comme tous ses contemporains il éprouve de grandes difficultés à élaborer la nouvelle image de la nature : on s'en rend compte aisément en observant le schéma de 1770 que j'ai signalé dans mon tableau par deux flèches, parce qu'il s'agit d'un compromis entre l'échelle, la carte et l'arbre, que Buffon désigne, peut-être influencé par une page de Tournefort, comme un – ensemble de «*faisceaux*» (cf. fig. 26). Les lignes verticales, qui représentent les classes, sont dénommées par Buffon «*chaînes*» ou «*suites continues*» d'espèces, mais chaque ligne n'est pas, dit-il, «*un simple fil qui ne s'étend qu'en longueur*», et doit être conçue comme «*une large* trame *ou plutôt un faisceau, qui, d'intervalle en*

---

87. *Ibid.* : pp. 350-353.
88. *Le chien avec ses variétés* [1755], *in* Buffon [12], T. V : p. 225. Duchesne [24] en 1786, et Giseke [28] en 1789, tenteront eux-aussi de se servir de la carte pour représenter une «*généalogie*».
89. *Variétés dans l'espèce humaine* [1749], *in* Buffon [12], T. III : p. 510.
90. Sur l'importance de remonter à la généalogie des "parents", voir aussi Buffon [13], I, 1770 : pp. XX-XXI.
91. *Le lion* [1761], *in* Buffon [12], T. IX : pp. 9-10.
92. Il est intéressant de remarquer que dans les pages les plus importantes parmi celles que j'ai exclues les pages qui, signées par Buffon, sont l'œuvre de Guéneau de Montbeillard, on rencontre plusieurs références à des affinités entrecroisées et à des «*assemblages*» d'espèces. (*Les perdrix, La caille, Oiseaux étrangers qui paraissent avoir du rapport avec les perdrix ou avec les cailles, in* Buffon [13], T. II : resp. pp. 396, 450, 488-89) mais il y est aussi question de la possibilité de les disposer en «*arbres généalogiques*». Si la référence principale est toujours la *Table* de 1755 («*il seroit bon de dresser pour le coq, comme je l'ai fait pour le chien, une espèce d'arbre généalogique de toutes les races*», *Le coq* [1771], *in* Buffon [13], T. I : p. 115), celle-ci n'est plus désignée comme une «*carte géographique*», les auteurs préférant utiliser des métaphores généalogiques («*la souche primitive et ses différentes branches*», «*la tige primordiale*», etc., *Ibid.*: pp. 115, 126, 129).

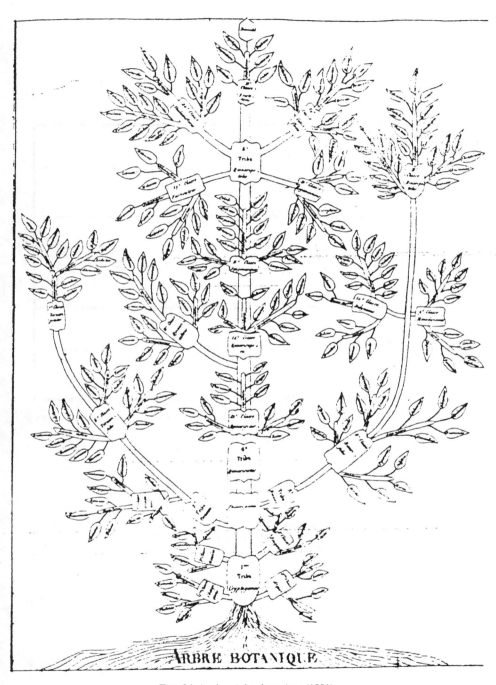

**FIG. 24.** Augier, *Arbre botanique* (1801).

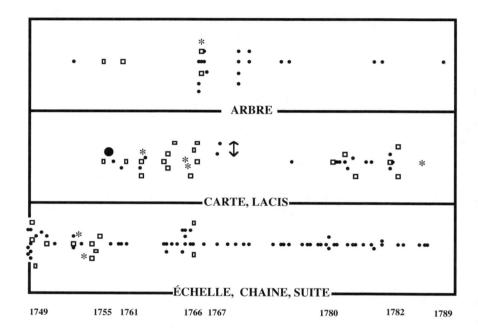

FIG. 25. Tableau général de la distribution des
trois types de représentation dans l'œuvre de
Buffon

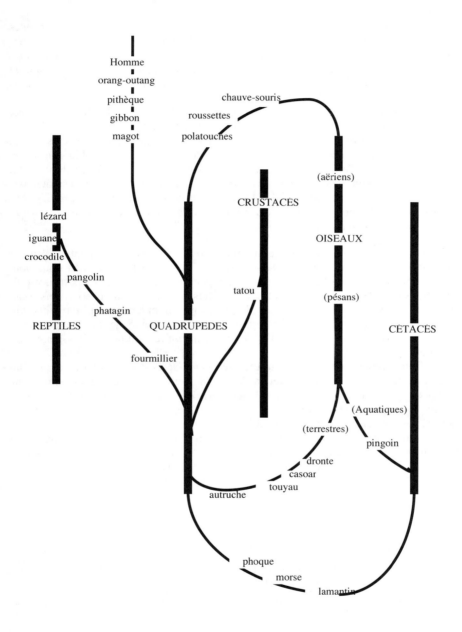

**FIG. 26.** *HNO, I*
[1770] : 394-396.

intervalle, jette des branches de côté pour se réunir avec les faisceaux d'un autre ordre».[93]

Le résultat est un *«immense tableau»*, héritier de l'échelle puisque les espèces sont disposées verticalement en fonction de leur degré de complexité, mais influencé par la carte puisque les classes sont réunies entre elles par de multiples voies (toutes les voies possibles dans le cas limite des Quadrupèdes), et s'inspirant enfin de l'arbre puisqu'une ligne peut se ramifier et donner naissance à plusieurs autres lignes.

Ce compromis relance le modèle topographique[94] et la dernière image d'ensemble que nous donne Buffon (cf. fig. 17B) est une carte. Mais, je voudrais le souligner, il continue néanmoins à penser à la troisième alternative et sa toute dernière représentation est un arbre. Il s'agit de la généalogie la plus complexe, qu'on peut interpréter comme le témoignage du dépassement définitif de la carte. Dans le dernier volume des *Supplemens*, Buffon examine à nouveau l'ensemble des chiens et, malgré le compromis des faisceaux, il ne reprend pas la carte de 1755 mais confirme l'arbre de 1766 : *«celle* [la race] *du chien de berger paroit être la souche ou tige commune de toutes les autres races».*[95]

Du point de vue des images de la nature, l'*Histoire naturelle* semble résumer toute la littérature naturaliste de la seconde moitié du XVIIIᵉ siècle. Si nous pouvions comparer notre tableau avec un tableau général des références aux trois représentations dans les œuvres de tous les naturalistes de l'époque, nous pourrions constater que, dans une très large mesure, les résultats coïncident, aussi bien en ce qui concerne la distribution que la chronologie et la fréquence. Si je puis me permettre cette métaphore, l'ontogénèse de l'*Histoire naturelle* récapitule la phylogénèse du débat européen.

Buffon exploite toutes les possibilités de l'*échelle*; il est le premier à dessiner un territoire, le premier à en orienter la *carte*, le premier à suggérer une troisième dimension; parallèlement à Pallas, il lance l'*arbre* et il est celui qui en développe le mieux les implications; enfin, il est le premier à représenter le cours de temps, la quatrième dimension, en transformant l'arbre en *généalogie*.

À la différence de ses contemporains, Buffon n'insiste pas sur ce qui oppose les trois images de la nature, et il ne justifie pas ses propres passages de l'une à l'autre. Mais il semble s'être chargé d'ouvrir les débats les plus décisifs.[96]

---

93. *Oiseaux qui ne peuvent voler* [1770], *in* Buffon [13], T. I : p. 394.

94. Il peut être intéressant de savoir que les volumes de l'*Histoire naturelle* les plus homogènes quant aux représentations du système de la nature sont : les quatre premiers (1749-1753), favorables à l'échelle, le dixième (1763), qui utilise la carte, le second volume des *Oiseaux* (1771), dans lequel c'est l'arbre qui est utilisé, le sixième volume des *Supplémens* (1782), qui de nouveau fait usage de la carte. Les volumes les plus hétérogènes et les plus ambigus, contenant des références importantes à chacune des trois représentations de la nature sont : la quatorzième (1766), le premier volume des *Oiseaux* (1770) et celui qui fut publié en 1781.

95. *Addition à l'article du chien* [1789], *in* Buffon [14], T. VII : p. 143.

96. En témoignent les nombreuses références aux choix qu'il fit, que l'on trouve aussi dans la littérature allemande, anglaise et italienne. Ces choix jettent peut-être une nouvelle lumière sur sa controverse avec Linné, qui eut un caractère beaucoup moins abstrait qu'on ne le dit habituellement et dont les phases pourraient coïncider précisément avec les tournants que nous avons identifiés (1755, 1766).

## REMERCIEMENTS

Marc Rives (Facoltà di Lettere e Filosofia, Università di Firenze) a traduit le texte italien. Cecilia Piovanelli (Dipartimento di Storia, Università di Firenze) a réalisé les graphiques. Je les remercie ici de leur attentive collaboration et de la patience dont ils ont fait preuve.

## BIBLIOGRAPHIE *

(1)† AUGIER (A.), *Essai d'une nouvelle classification des végétaux, conforme à l'ordre que la Nature paroit avoir suivi dans le règne végétal; d'où résulte une Méthode qui conduit à la connoissance des Plantes et de leurs rapports naturels*, Lyon, Bruyset Ainé et Compagnie, an XI-1801. <*Arbre botanique*: h.-t. *contra* p. 1.>

(2) BARSANTI (G.), *La mappa della vita. Teorie della natura e teorie dell'uomo in Francia 1750-1850*, Napoli, Guida, 1983.

(3) BARSANTI (G.), «Linné et Buffon : deux visions différentes de la nature et de l'histoire naturelle», *Revue de Synthèse*, 113-114 (1984) : pp. 83-111.

(4) BARSANTI (G.), «Le immagini della natura : scale, mappe, alberi 1700-1800», *Nuncius*, 3 (1988) : pp. 55-125.

(5)† BATSCH (A.J.G.K.), *Tabula affinatatum regni vegetabilis, quam delineavit, et nunc ulterius adumbratam tradit...*, Vinariae, in bibliopolio vulgo Landes-Inidustriae-Comptoir, 1802. <*Tabula affinitatum regni vegetabilis*: h.-t. *contra* p. 286>.

(6)† BERNARDIN DE SAINT-PIERRE (J.H.), *Voyage à l'Isle de France, à l'Isle de Bourbon, au Cap de Bonne Espérance, &c, avec des Observations nouvelles sur la nature et sur les Hommes*, Amsterdam, Merlin, 2 vol., 1773. <*Idée d'un ordre sphérique*: II, h.-t. *contra* p. 146.>

(7)† BLUMENBACH (J.F.), *Handbuch der Naturgeschichte*, Göttingen, bei J.C. Dieterich, 2 vol., 1779-1780.

(8)† BONNET (C.), *Traité d'insectologie, ou Observations sur les pucerons*, Paris, chez Durand, 2 vol., 1745 <*Idée d'une échelle des êtres naturels* : I, *contra* p. XXXII>.

(9)† BONNET (C.), *Contemplazione della natura [1764], tradotta in italiano e corredata di note, e curiose osservazioni dall'abate Spallanzani...*, Modena, appresso Giovanni Montanari, 2 vol., 1769-1770.

(10)† BONNET (C.), *Contemplation de la nature*, nouvelle édition corrigée et considérablement augmentée, in *Œuvres d'histoire naturelle et de philosophie*, Neuchatel, de l'imprimerie de Samuel Fauche, 10 vol., 1779-1783, vol. IV, 1781. <*Vignette* : p. 1.>

(11)† BRADLEY (R.), *A philosophical account of the works of nature. Endeavouring to set forth the several gradations remarkable in the mineral, vegetable, and animal parts of the creation. Tending to the composition of a scale of life...*, London, for W. Mears, 1721.

(12)† BUFFON (G. L. Leclerc de), *Histoire naturelle, générale et particulière, avec la description du Cabinet du Roi*, Paris, de l'Imprimerie Royale, 15 vol., 1749-1767. <*Table de l'ordre des Chiens* : V, h.-t. *contra* p. 228.>

(13)† BUFFON (G. L. Leclerc de), *Histoire naturelle des oiseaux*, Paris, de l'Imprimerie Royale, 9 vol.., 1770-1783.

(14)† BUFFON (G. L. Leclerc de), *Histoire naturelle, générale et particulière, servant de*

---

* Sources imprimées et études. Les sources sont indiquées par le signe †. Les références des images reproduites dans le texte sont indiquées entre <>.

        *suite à.... Supplément*, 7 vol., Paris, de l'Imprimerie Royale, 1774-1789.

(15)† BUFFON (G. L. Leclerc de), *Histoire naturelle des minéraux*, Paris, Imprimerie Royale, 5 vol., 1783-1788.

(16)† CUVIER (G.), *Leçons d'anatomie comparée*, Paris, Baudouin, 1800-1805, 5 vol.

(17)† D'ALEMBERT (J. Le Rond), «Cosmologie», *in Encyclopédie, ou Dictionnaire raisonné des sciences, des arts et des métiers...*, Paris, Briasson *et al*.., 17 vol., 1751-1765, T. IV, 1754 : pp. 294-297.

(18)† DAUBENTON (L.J.M.), «Avertissement. Introduction à l'Histoire naturelle. Les trois règnes de la nature. Règne animal». *in Encyclopédie méthodique. Histoire naturelle des animaux*, Paris, Panckoucke *et al*., 5 vol., 1782-1789, T. I (1782) : pp. I-XVIII.

(19)  DAUDIN (H.), *De Linné à Jussieu. Méthodes de la classification et idée de série en botanique et en zoologie (1740-1790)*, Paris, Alcan, 1927.

(20)  DAUDIN (H.), *Cuvier et Lamarck. Les classes zoologiques et l'idée de série animale (1790-1830)*, 2 vol., Paris, Alcan, 1926.

(21)† DICQUEMARE (J.F.), «Dissertation sur les limites des règnes de la nature», *in Observations sur la Physique, sur l'Histoire naturelle et sur les Arts*, VIII, 1776 : pp. 371-76.

(22)† DIDEROT (D.), «Animal», *in Encyclopédie, ou Dictionnaire raisonné....* (cf. *supra* [17]), I, 1751 : pp. 468-74.

(23)† DONATI (V.), *Della storia naturale marina dell'Adriatico. Saggio*, Venezia, appresso F. Storti, 1750.

(24)† DUCHESNE (A.N.), *Histoire naturelle des fraisiers, contenant les vues d'Economie réunies à la Botanique : et suivie de Remarques particulières sur plusieurs points qui ont rapport à l'Histoire naturelle générale*, Paris, chez Didot le jeune et C.J. Panckoucke, 1766. <*Généalogie des fraisiers*, p. 228.>

(25)† DUCHESNE (A.N.), «Sur les rapports entre les êtres naturels. Mémoire lu à la Société d'Histoire Naturelle», *in Magasin Encyclopédique*, I, 1795: pp. 289-94. <*Table de Pythagore* : h.-t. *contra* p. 289.>

(26)† DUPETIT-THOUARS (L.M.A.), «Dissertation sur l'enchaînement des êtres, lue en la séance publique du Collège des Philalèthes de Lille, du 19 Mai 1788», s.l., s.e., s.d.; extrait de *Mélanges de Botanique*, Paris, Arthrus Bertrand, 1811 : pp. 1-48.

(27)† ECOUCHARD (P.D. LE BRUN), «La nature, ou le bonheur philosophique et champêtre, poème en quatre chants...»,in : *Œuvres, mises en ordre et publiées par P.L. Ginguené...*, Paris, chez Gabriel Warée, 4 vol., 1811, T. II : pp. 289-351.

(28)† GISEKE (P.D.), *Pralectiones in ordines naturales plantarum...*, Hamburgi, impensis Benj. Gottl. Hoffmani, 1792. <*Tabula genealogico-geographica affinitatum plantarum* : 1789, h.-t. *contra* p. XVI.>

(29)† HERMANN (J.), *Affinitatum animalium tabulam brevi commentario illustratam praeside J. Hermanno... proposuit G.C. Wurtz*, Argentorati, s.e., s.d. 1777.

(30)† HERMANN (J.). *Tabula affinitatum animalium olim academico specimine edita, nunc uberiore commentario illustrata cum annotationibus ad historiam naturalem animalium augendam facientibus*, Argentorati, impensis Joh. Georgii Treuttel, 1783. <*Tabula affinitatum animalium* : h.t. *in fine*.>

(31)† JUSSIEU (A.L. de), *Genera plantarum secundum ordines naturales disposita, iuxta methodum in Horto regio parisiensis exaratam, anno 1774*, Parisiis, apud viduam Herissant, 1789.

(32)† KANT (I.), *Allgemeine Naturgeschichte und Theorie des Himmels*, Königsberg und Leipzig, 1755; trad. Fr. Paris, Vrin, 1984; trad. it. Roma, Theoria, 1987.

(33)† LACÉPÈDE (B.G.E. de), *Histoire naturelle des poissons*, Paris, chez Plassan, 5 vol., an VI-an IX (1798-1803), T. I (1798).

(34)† LAMARCK (J.B. de Monet de). «Mémoire sur les classes les plus convenables à établir parmi les végétaux et sur l'analogie de leur nombre avec celles déterminées dans le règne animal, ayant égard de part et d'autre à la perfection graduée des organes», *Mémoires de l'Académie Royale des Sciences*, Année 1785, Paris, 1789 : pp. 437-53.

(35)† LAMARCK (J.B. de Monet de), «Classes des plantes», in *Encyclopédie méthodique. Botanique. Dictionnaire de botanique*, Paris, Panckoucke *et al.*, 13 vol., 1783-1817, Vol. II (1786): pp. 29-34. <Tab. : p. 33.>

(36)† LAMARCK (J.B. de Monet de), «Discours d'ouverture du cours de Zoologie donné dans le Muséum national d'Histoire naturelle, l'an VIII de la République [1800]», réed. dans *Système des animaux sans vertèbres...*, Paris, chez Deterville, An XI, 1801 : pp. 1-48.

(37)† LA METTRIE (J. Offray de), *L'homme machine* [1748], in *Œuvres philosophiques*, Londres, 1751.

(38)† LEIBNIZ (G.W.), *Nouveaux Essais sur l'entendement humain* [1703-1704], publication posthume in *Œuvres philosophiques latines et françaises de M. Leibniz*, R.E. Raspe éd., Amsterdam & Leipzig, 1764.

(39)† LINNÉ (C.), *Philosophia botanica, in qua explicantur fundamenta botanica...*, Stockholmiae, apud Godofr. Kiesewetter, 1751.

(40) LOVEJOY (A.O.). *The Great Chain of Being. The History of an Idea*, Cambridge, Harvard University Press, 1936.

(41)† MAUPERTUIS (P.L. Moreau de), *Essai de cosmologie* [1750], in *Œuvres*, Nouvelle édition corrigée et augmentée, Lyon, J.M. Bruyset, 4 vol., 1756, T. I : pp. 1-78.

(42)† MONRO (A.), *An Essay on comparative anatomy*, London, J. Nourse, 1744.

(43)† NEEDHAM (J.T.), *Nouvelles observations microscopiques; avec des expériences intéressantes sur la composition et la décomposition des corps organisés*, Paris, L.E. Ganeau, 1750.

(44)† ŒHME (K.J.), *De serie corporum naturalium continua* [1772], réed. dans *Delectus opusculorum ad scientiam naturalem spectantium*, I, Lipsiae, apud S.L. Crusium, 1790 : pp. 1-22.

(45)† PALLAS (P.S.), *Elenchus zoophytorum sistens generum adumbrationes generaliores et specierum cognitarum succinctas descriptiones...*, Hagae Comitum, Petrus van Cleef, 1766.

(46)† PALLAS (P.S.), «Mémoire sur la variation des animaux», *Acta Academia Scientiarum Imperialis Petropolitanae*, IV (1780), vol. II : pp. 69-102.

(47)† ROBINET (J.B.), *Considérations philosophiques de la gradation naturelle des formes de l'être...*, Paris, C. Saillant, 1768.

(48) ROGER (J.), *Les sciences de la vie dans la pensée française du XVIIIᵉ siècle. La génération des animaux de Descartes à l'Encyclopédie*, Paris, A. Colin, 1963.

(49)† ROUSSEAU (J.J.), *Émile ou de l'éducation* [1762], dans *Collection complète des Œuvres*, Genève, s.e., 25 vol., 1782, VII-X.

(50)† RÜLING (J.P.), *Commentatio botanica de ordinibus naturalibus plantarum quam speciminis inauguralis loco pro summis in arte salutari honoribus d. XVII Septembr. a. 1766 in se collatis gratioso medicorum ordini offert*, Gœttingae, litteris Freder. Andr. Rosenbusch, s.d. [1766]. <*Tabula phytographica universalis affinitates ordinum naturalium plantarum exhibens* : h.-t. contra p. 36.>

(51)† RÜLING (J.P.), *Ordines naturales plantarum commentatio botanica*, Gœttingae, sumptibus vid. A. Vandenhoeck, 1774.

(52)† TOURNEFORT (J. Pitton de), *Institutiones rei herbariae*, Parisiis, Typographia regia, 3 vol., 1700-1703.

(53)† TYSON (E.), *Orang-utan, sive Homo sylvestris; or : The Anatomy of a Pygmie, compared with that of a monkey, an ape, and a man*, London, for Th. Bennet, 1699.

(54)† VALLISNIERI (A.), «Lezione accademica intorno all'ordine della progressione, e della connessione, che hanno insieme tutte le cose create...» [1721], *in Opere fisico-chimiche*, Venezia, appresso S. Coleti, 3 vol., 1733, II : pp. 284-91.

(55)† VENTENAT (E.P.), «Discours sur l'étude de la botanique», *in Tableau du règne végétal, selon la méthode de Jussieu*, Paris, de l'imprimerie de J. Drisonnier, 4 vol., An VII [1799], I : pp. I-LXXII.

(56)† VICQ D'AZYR (F.), «Table pour servir à l'histoire naturelle et anatomique des corps organiques et vivans», *in Observations sur la Physique, sur l'Histoire naturelle et sur les Arts*, IV, 1774, II : p. 477. <*Suite des genres anatomiques* : h.t. IVI.>

(57)† VOLTAIRE, «Catena degli esseri creati», *in Dizionario filosofico* [1764], trad. it. Torino, Einaudi, 1971.

(58)† WHITE (C.), *An account of the regular gradation in man, and in different animals and vegetables; and from the former to the latter (read to the Literary and Philosophical Society of Manchester, at different meetings, in the year 1795)*, London, for C. Dilly, 1799.

# IV

## *"LA NATURE EN GRAND..."*

#32755

# 19

## BUFFON ET NEWTON

Paolo CASINI *

Le portrait gravé de Newton que Buffon gardait pour tout ornement dans son cabinet de travail à Montbard est entré, grâce à Sainte-Beuve, dans la légende.[1] Hélène Metzger et Pierre Brunet ont contribué à donner corps à ce fantôme.[2] Jacques Roger a précisé la perspective en remarquant, à propos de Maupertuis et de Buffon, que ces deux promoteurs du «nouvel esprit biologique» n'avaient pas reçu une formation traditionnelle de naturaliste.[3] Ils étaient tous les deux des disciples de Newton : *«Ce n'est pas par hasard si les partisans de la nouvelle biologie (...) sont presque tous des newtoniens»*. L'étude de Lesley Hanks a fourni ensuite une vision détaillée de ce qu'on pourrait appeler la *trame* newtonienne de la formation de Buffon, dont je me bornerai à rappeler les étapes principales.

Le témoignage de Hérault de Séchelles se réfère au jeune étudiant en médecine qui *«avait découvert le binôme de Newton, sans savoir qu'il eût été découvert par Newton»*.[4] Restent aussi dans le vague les entretiens sur l'attraction que Buffon aurait eus vers 1728 à Angers avec le père oratorien Pierre de Landreville[5], en 1731 à Florence avec le mathématicien Tommaso Perelli, et à Pise *«en fort mauvais italien»* avec le père Guido Grandi.[6] Celui-ci, éditeur de Galilée, correspondant de Newton, n'acceptait pourtant pas la loi de l'inverse des carrés.[7]

Ces renseignements viennent de la correspondance de Buffon avec le mathématicien genevois Gabriel Cramer, auquel il adressait ses exercices de calcul et ses démonstrations de théorèmes géométriques. Buffon s'y professe admirateur des *Éléments de la géométrie de l'infini* de Fontenelle, sans pourtant partager sa conception de l'infini *«réel»*.[8] Les quatre lettres de 1731 ne font aucune allusion à la gravitation universelle; mais un exemplaire des *Principia mathematica* conservé à la Sorbonne porte un nom et une date : *«Buffon 1728»*.[9] Cet indice nous permet de fixer le terme *a quo* à des travaux newtoniens de Buffon, dont le terme *ad quem* est marqué par la date des *Preuves de la théorie de la Terre*, le 20 septembre 1745.[10]

C'est donc dans ce délai de 16 ans que Buffon *«entra sans hésiter –pour citer en-*

* Istituto di Filosofia, Università La Sapienza. Via Nomentana, 118. 00161 Roma. ITALIA.

1. Sainte-Beuve [41], T. IV : p. 351.
2. Metzger [30]; Brunet [2], [3], [4].
3. Roger [36] : pp. 458 et 461. Cf. aussi Solinas [42].
4. Hérault de Séchelles [27] : p. 27.
5. Hanks [26] : p. 18, note 27.
6. Weil [44] : p. 118, lettre datée de Rome, le 25 novembre 1731.
7. Casini [12] : pp. 177-78, 198 et *passim*.
8. Weil [44] : p. 108. Cf. Brunet [2], [3].
9. Hanks [26] : p. 19, note 31. Il s'agit d'un exemplaire de la troisième édition par les soins de Pemberton, voir bibliographie [32], Bibliothèque de la Sorbonne, sous la cote R. 248.
10. *Preuves de la théorie de la Terre* [1749], *in* Buffon [5], T. I : p. 167.

core une fois Sainte-Beuve– *dans la voie de Newton et dans celle des grands physiciens de cette école».[11]* Tout en se consacrant à plusieurs tâches –des curiosités mathématiques, la sylviculture, les expériences sur la *force du bois*, les rapports à
l'Académie royale des sciences–, il donna sa traduction de la *Statique des végétaux* de
Stephen Hales, ses mémoires sur les fusées volantes, sur les couleurs accidentelles,
sur la loi d'attraction (avec la polémique qui s'ensuivit entre Clairaut et lui-même),
la traduction de *La méthode des fluxions* de Newton, finalement la *Théorie de la
Terre* et les *Preuves*.

C'est une moisson assez considérable et assez diversifiée pour le futur auteur de
l'*Histoire naturelle*, même s'il ne figure pas parmi les pionniers du newtonianisme
continental. Ce phénomène qu'on n'a pas cessé d'étudier ne cache pas, sous une étiquette conventionnelle, le changement soudain d'un *paradigme*. Il s'agit plutôt d'un
processus complexe d'assimilation, dont les historiens ont reconstruit peu à peu les
différentes couches : la querelle sur le calcul, sans doute, mais aussi la dispute sur la
*Chronologie*.[12] L'une et l'autre occupèrent les deux premières décades du siècle. En
même temps, Malebranche, ses disciples de l'Oratoire, et quelques académiciens
s'intéressaient à l'*Optique*, à l'Académie des sciences, dont Newton était membre depuis 1699. La traduction de l'*Optique*, par les soins de Pierre Coste et de Pierre
Varignon, sous la haute protection du Chancelier d'Aguesseau, aida à miner la résistance des cartésiens, dont les tentatives d'adaptation des tourbillons à la théorie de
l'attraction et de compromis furent nombreuses avant 1730. Les recherches récentes
de Cohen, Hall, Guerlac et d'autres ont reculé et étendu le panorama établi il y a un
demi-siècle par Pierre Brunet.[13] On voit mieux aujourd'hui qu'à l'époque de la mort
de Newton et du fameux *Éloge* de Fontenelle la réputation des *Principia* et surtout de
l'*Optique* était très solide. C'est toutefois à la génération des Encyclopédistes qu'il
était réservé de faire du "newtonianisme" l'un des ingrédients de l'idéologie des
Lumières. L'étrange synthèse résultant d'éléments aussi différents que la libre-
pensée, l'empirisme de Locke, le matérialisme et la physique newtonienne modifiait
le caractère de chacun de ces éléments. On le constate, par exemple, en passant des
mémoires techniques de Maupertuis sur l'attraction (1732) aux *Lettres
philosophiques* de Voltaire –ce pamphlet idéologique– même si Voltaire fit sa
*«profession de foi»* entre les mains de Maupertuis, avant de mettre sur le chantier ses
*Éléments de la philosophie de Newton* (1738).[14]

Buffon, Diderot, D'Alembert, Clairaut, qui étaient à peu près du même âge, as-
sistèrent au triomphe de la thèse newtonienne sur la figure de la Terre, en 1737, et
au succès de la vulgarisation de Voltaire. Ils étudièrent les *Principia mathematica*
presque en autodidactes, avec plus ou moins de succès. Si le commentaire envisagé
par Diderot ne resta qu'un *«rêve»*,[15] les mathématiciens professionnels qu'étaient
d'Alembert et Clairaut s'attachèrent à la solution de quelques problèmes ouverts de
mécanique céleste, de géodésie et de dynamique des fluides. Buffon, nommé membre
adjoint de la section de mécanique de l'Académie des sciences en 1734, débuta plus
modestement comme traducteur. *La Statique des végétaux* de Hales avait obtenu
l'approbation du président de la Royal Society, dont Hales tâchait d'étendre la méthode à la physiologie végétale. Lesley Hanks a montré que le traducteur enrichit

11. Sainte-Beuve [41] : T. IV : p. 349.
12. Hall [24]; Manuel [28].
13. Cohen [19]; Hall [23]; Guerlac [22]; Brunet [1].
14. Casini [14]; voir aussi [12] : pp. 59-99.
15. Casini [12] : pp. 101-118.

quelques passages de l'original anglais par des citations tirées de la *Question 31* de l'*Optique* de Newton, où il est question des *«principes actifs»*, de l'éther et de la force d'attraction.[16] Hales avait fondé ses recherches concernant la montée de la sève dans les plantes et l'élasticité de l'air sur des méthodes quantitatives inspirées de Newton et de Boyle. On trouve donc pour la première fois sous la plume de son traducteur les concepts de force, élasticité, attraction-répulsion, et le grand principe de l'analogie de la nature.[17] La préface de Buffon à la *Statique des végétaux* n'est qu'un appel à la bonne méthode expérimentale, contre les systèmes, les *«anciennes rêveries»*, les tourbillons. Elle suffit à Voltaire pour désigner Buffon comme le chef du parti newtonien et s'écrier : *«Si je n'étais pas avec Mme du Châtelet je voudrais être à Montbard»*.[18]

On pourrait se demander pourquoi le mathématicien amateur qu'était Buffon décida de traduire *La méthode des fluxions* de Newton : *«a mere historical curiosity»*, qui aurait pu donner lieu à une révolution en mathématiques en 1671, mais qui n'avait plus rien à enseigner à ceux qui pratiquaient le calcul intégral.[19] S'agit-il d'un conseil de Cramer, qui fit retraduire à son tour cet ouvrage en latin?[20] Buffon justifie son travail en définissant *La méthode des fluxions* comme un classique du genre, malgré les progrès récents du calcul. L'abrégé historique dont il fit précéder sa traduction était conçu de manière à exalter l'originalité de Newton et à donner le coup de grâce à la réputation de Leibniz, trente ans après la célèbre querelle.[21] *«Une espèce de restitution à la géométrie»*, commenta naïvement le *Journal de Trévoux*.[22] Bien renseigné, Buffon est loin d'être un historien équitable. Il donne une image olympienne de son héros, qui tranche avec celle du vieillard irascible et rancunier que nous a révélé la *Correspondance*. L'abrégé est un témoignage frappant de l'emprise durable de la version officielle de la Royal Society –qui attribuait à Newton le mérite de la priorité– même après les grands travaux des mathématiciens continentaux, qui n'avaient rien appris du calcul des fluxions. Malgré sa partialité, Buffon ne partage pas la conception newtonienne de l'infini et de la limite. Il se borne à soutenir une conception désuète du nombre et du fini, qu'il reprendra sans changement dans son *Essai d'arithmétique morale,* conception suivant laquelle l'idée de l'infini *«nous vient de l'idée du fini... n'est qu'une idée de privation, et qui n'a point d'objet réel»*; ce qui comporte aussi que *«l'espace, le temps, la durée, ne sont pas des Infinis réels»*.[23] Allusion discrète aux absolus newtoniens : Buffon se sépare implicitement de Newton en ce qui concerne l'arrière-pensée théosophique de ces notions.

À part ces réserves tacites, l'apprentissage newtonien de Buffon continua après 1740 par des tentatives pour développer quelques recherches expérimentales de balistique et d'optique. Si, à propos des fusées volantes, il se rattache à la célèbre expérience mentale sur les projectiles s'affranchissant de la force de gravité et *«s'en allant*

---

16. Hanks [26] : pp. 73-100.

17. *Ibid.* : pp. 240-245.

18. Voltaire [43], T. XXXV : p. 335, lettre à Helvétius du 3 octobre 1739.

19. Hall [24] : p. 19.

20. Newton [32], préface.

21. *Préface* à *La méthode des fluxions et des suites infinies de Newton* [1740], *in* Buffon [6] : pp. 447 sq. L'abrégé s'inspire presque exclusivement du *Commercium epistolicum* et de l'ouvrage de Pemberton, cités *ibid.*

22. Journal de Trévoux, février 1741 : p. 258.

23. *Préface* à *La méthode des fluxions et des suites infinies de Newton* [1740], *in* Buffon [6] : p. 448B; voir aussi *Essai d'arithmétique morale,* § XXIV, *in* Buffon [6] : p. 474A. La polémique de Buffon contre Berkeley exigerait un commentaire à part.

*en ligne droite à l'infini dans les cieux»*, il se borne d'ailleurs à poser de façon intuitive des problèmes pratiques de balistique.[24] Dans la *Dissertation sur les couleurs accidentelles,* Buffon expose ses propres expériences curieuses sur les images rétiniennes, dont il reconnaît la nature subjective; s'il admet la possibilité de distinguer des nuances à l'intérieur des rayons du spectre solaire, ce n'est que pour réaffirmer *«la proportion donnée par Newton»* à propos des sept couleurs primitives.[25]

On a parlé de parti pris en faveur de Newton, de zèle excessif, et à propos de l'attraction, d'un *«ton qui frise le fanatisme».*[26] J'aimerais plutôt dire *«le dogmatisme»*, attitude intellectuelle assez répandue, et d'ailleurs justifiée, que Newton inspirait à ses adeptes. Malgré ce qu'elle renfermait d'irrationnel et d'absurde -du moins en apparence- la loi d'attraction suscitait une *fides implicita.* Alexis Clairaut remarque en 1747 que si beaucoup de lecteurs de Newton *«sont rebutez au premier examen et se sont flattez de détruire son système (...) d'autres lecteurs (...) ayant subi une partie de* [ses] *découvertes, & ayant trouvé tout ce qu'ils comprenoient de son système, d'accord avec la Nature, se sont peu souciez d'entendre le reste de l'ouvrage, & ils l'ont adopté sans examen».*[27]

L'attitude de Buffon n'est pas si simpliste. Il est vrai que, dans sa réplique au mémoire cité de Clairaut, il défend par principe le caractère universel de la loi d'attraction; mais, en même temps, il se préoccupe de distinguer nettement deux champs épistémologiques. Si les abstractions mathématiques s'appliquent avec succès à un domaine limité de la recherche physique, elles ne sont d'aucune utilité en zoologie, en anatomie, en physiologie, en *«histoire naturelle».*

Clairaut refit les calculs que Newton avait consacrés à la théorie du mouvement de la Lune dans les *Principia*, et s'aperçut que –si l'on s'en tenait à la loi de l'inverse des carrés– le mouvement des apsides de l'orbite du satellite aurait dû s'accomplir en 18 ans au lieu de 9 ans (comme Newton l'avait prévu). Il en conclut que la loi d'attraction devait avoir quelques variantes, et annonça avec solennité à l'assemblée publique de l'Académie des Sciences, le 15 novembre 1747, que

«l'attraction a lieu dans la Nature, mais en suivant une autre loi que celle qu'avoit établie M. Newton (...) La Lune exige sans doute une autre loi d'attraction que le carré des distances. (...) Il y a une infinité de loix à donner à l'attraction, qui différeront très sensiblement de la loi du carré pour de petites distances, & qui s'en écarteront si peu à de grandes qu'on ne pourra pas s'en apercevoir par les observations».[28]

Buffon avance plusieurs arguments en défense de l'unité et de l'universalité de la loi gravitationnelle, arguments qu'il tire des remarques de Roger Cotes et de Newton lui-même concernant les perturbations que l'attraction exercée par les masses de la Terre et du Soleil fait subir à l'orbite de la Lune. Certes, Buffon se trompe en attribuant à Newton une solution définitive du *«problème des trois corps»*, solution à laquelle travaillent à l'époque d'Alembert, Euler et Clairaut. Mais il a raison contre Clairaut sur un point essentiel :

«Exprimer la loi d'attraction par deux ou plusieurs termes, ajouter à la raison inverse du quarré de la distance une fraction du quarré quarré, au lieu de $1/xx$ mettre $1/xx + 1/mx^4$ me paroît n'être autre chose que d'ajuster une expression de telle façon qu'elle corresponde

---

24. Hanks [25]. Je fais allusion à Newton [32] : Liv. I, définition V : p. 4, repris par Buffon dans les *Preuves de la théorie de la Terre* [1749], Buffon [5], T. I : p. 140.
25. *Dissertation sur les couleurs accidentelles* [1746], *in* Buffon [8] : pp. 148-149.
26. Hanks [26] : pp. 119, 220-221.
27. Clairaut [15] : p. 330.
28. Clairaut [15] : p. 337.

à tous les cas; ce n'est plus une loi physique que cette loi représente (...) & par conséquent cette supposition, si elle étoit admise, non seulement anéantiroit la loi d'attraction en raison inverse du quarré de la distance, mais même donneroit entrée à toutes les loix possibles et imaginables : une loi en Physique n'est loi que parce que sa mesure est simple, & que l'échelle qui la représente est non seulement toujours la même, mais encore qu'elle est unique, & qu'elle ne peut être représentée par une autre échelle; or, toutes les fois que l'échelle d'une loi ne sera pas représentée par un seul terme, cette simplicité & cette unité d'échelle qui fait l'essence de la loi, ne subsiste plus, & par conséquent il n'y a plus aucune loi physique».[29]

Le 17 mai 1749 Clairaut annonça à l'Académie que de nouveaux calculs l'avaient amené à résoudre la question des apsides de la Lune *«sans supposer d'autre force attractive que celle qui suit la proportion inverse du quarré des distances».*[30] Donc son antagoniste Buffon, malgré l'arbitraire de ses calculs et malgré ses *«raisons métaphysiques»*, avait raison. Or il n'est pas difficile de constater que la certitude de Buffon ne s'appuyait ni sur des considérations *«métaphysiques»*, ni sur des preuves mathématiques : au contraire de Clairaut, il interprétait en toute rigueur l'universalité de la loi gravitationnelle, suivant à la lettre les indications méthodiques des *Regulae philosophandi* de Newton.

Cet épisode nous révèle que les *Regulae* –et surtout le principe de l'uniformité de la nature– occupent une place très importante dans la pensée de Buffon.[31] Mais, si cela est vrai, que penser des argumentations du *Premier Discours* (1749) où la nature se présente *à la fois* comme un organisme uniforme et infiniment varié, dont les nuances échappent sans cesse à la prise de nos *«systèmes»* arbitraires? Buffon combine à son tour, après plusieurs philosophes contemporains, la plénitude des formes et l'échelle des êtres.[32] Par sa critique nominaliste des classifications zoologiques de John Ray, Linné, Tournefort, il ne se borne pas à révoquer en doute toute image anthropomorphe de la nature. Il semble vouloir mettre en crise l'idée même d'uniformité :

«Nous sommes naturellement portez à imaginer en tout une espèce d'ordre & d'uniformité, & quand on n'examine que légèrement les ouvrages de la Nature, il paroît à cette première vûe, qu'elle a toujours travaillé sur un même plan : comme nous ne connoissons nous-mêmes qu'une voie pour arriver à un but, nous nous persuadons que la Nature fait & opère tout par les mêmes moyens et par des opérations semblables; cette manière de penser a fait imaginer une infinité de faux rapports entre les productions naturelles (...) Lorsque, sans s'arrêter à des connoissances superficielles dont les résultats ne peuvent nous donner que des idées incomplètes des productions & des opérations de la Nature, nous voulons pénétrer plus avant, & examiner avec des yeux plus attentifs la forme et la conduite de ses ouvrages, on est aussi surpris de la variété du dessin, que de la

29. *Réflexions sur la loi d'attraction* [1745], in Buffon [9] : pp. 497-498. Cf. aussi : «... la supposition de M. Clairaut... détruit aussi l'unité de loi sur laquelle est fondée la vérité & la belle simplicité du système de Newton » (*Ibid.* : p. 499).

30. Clairaut [17] : p. 578. Il est à remarquer que Clairaut [18] reprend en même temps sa polémique contre Buffon, auquel il ne veut concéder rien sur le plan mathématique. Cf. surtout Brunet [2].

31. Je me borne à rappeler le commentaire de la IIIè Règle («... *on ne doit point abandonner l'analogie de la nature qui est toujours simple & semblable à elle-même»*), et l'énoncé de la IVè : «*En philosophie expérimentale, les propositions tirées par induction des phénomènes doivent être regardées malgré les hypothèses contraires, comme exactement ou à peu près vraies, jusqu'à ce que quelques autres phénomènes les confirment entièrement ou fassent voir qu'elles sont sujettes à des exception»* (Newton [32], Liv. III, au début). Evidemment, à propos du problème des apsides de la lune, Buffon et Clairaut interprétaient de différentes façons l'exception en question.

32. *Premier Discours* [1749], in Buffon [5], T. I : pp. 13 sq.

multiplicité des moyens d'exécution (...)»[33]

Faut-il conclure de ces mots –et des métaphores qui suivent– que Buffon est ballotté entre deux images inconciliables de la nature, et que sa pensée est irrémédiablement incohérente?

Revenons à la distinction entre la méthode mathématique et les méthodes des autres sciences. Buffon est convaincu que la connaissance exacte et définitive des *«vraies voies de la Nature»* ne s'est réalisée que dans un seul cas privilégié, le système du monde newtonien : *«L'ordre systématique de l'Univers* –dit-il dans ses *Preuves de la théorie de la Terre– est à découvert aux yeux de tous ceux qui sçavent reconnaître la vérité».*[34] La méthode des sciences mathématiques est abstraite, conventionnelle, analytique; en revanche, dans son domaine limité, elle a réalisé *«la plus belle & la plus heureuse application»* qu'on ait jamais faite du calcul aux qualités physiques.[35] Autrement dit, Buffon, comme Diderot, estimait que le succès de la physique newtonienne était unique, et que dans le domaine des mathématiques *«les colonnes d'Hercule»* étaient posées.[36] Ainsi, l'image newtonienne du monde créé était comme renfermée sur elle-même, figée dans sa perfection et soustraite au devenir. Le principe de l'analogie de la nature, qui avait chez Newton une arrière-pensée théosophique, se réduisait à un axiome épistémologique "positif", dont on attribuait l'origine à la correspondance entre le langage humain et certains phénomènes. Buffon introduisit l'axiome de l'uniformité de la nature surtout dans ses recherches sur l'histoire de la Terre. Quant aux phénomènes biologiques, il s'efforça de concilier les deux termes de l'antinomie : la stabilité des lois et le changement des formes. On pourrait citer plusieurs textes en ce sens. Il suffira de se référer au fameux chapitre *«De l'Asne»*, où, à propos de l'anatomie comparée des vertébrés, il dit : *«L'Être suprême n'a voulu employer qu'une idée, et la varier en même temps de toutes les manières possibles».*[37] Et dans un passage au début des *Époques de la Nature*, le dilemme entre *«uniformité»* et *«variations»* se résout dans le rapport tout-parties : *«Autant* [la nature] *paroît fixe dans son tout, autant elle est variable dans chacune de ses parties».*[38]

Il ne s'agit pas, évidemment, de simples formules spéculatives, mais de l'effort pour passer d'une conception descriptive de ce qu'on appelait depuis Aristote *historia naturalis* à une première ébauche transformiste de l'évolution de la nature, qui toutefois ne pouvait pas se passer de lois. Faut-il rappeler Diderot, qui, en marge de l'*Histoire naturelle*, parla avec beaucoup de précision de la nécessité *«d'insérer l'idée de succession dans la définition de la nature»*?[39] Quel rapport y a-t-il entre cet effort et la physique mathématique? Jusqu'à quel point –plus exactement– la perspective "historique" est-elle vraiment étrangère à l'image statique de l'univers newtonien?

Quelques historiens ont insisté sur les formules théosophiques du *Scholium generale,* sur le rôle des causes finales, sur le platonisme implicite de ses vues générales, pour affirmer que Newton avait totalement refoulé la question de la formation de la Terre et du système solaire. Car il s'en tenait, comme le prouve sa lettre à

---

33. *Premier Discours* [1749], *in* Buffon [5], T. I : pp. 9-10.
34. *Ibid.* : p. 131; ces mots précèdent un exposé élémentaire des principaux phénomènes célestes qu'explique la loi de gravitation universelle.
35. *Ibid.* : pp. 56-58.
36. Diderot, *Pensées sur l'interprétation de la nature*, § IV; cf. [21], T. I V : p. 381.
37. *De l'asne* [1753], *in* Buffon [5], T. IV : p. 381.
38. *Les Époques de la Nature, Premier Discours* [1778], *in* Buffon [10] : p. 4.
39. Diderot , *op. cit.,* § LVIII, [21], T. IX : p. 94.

Thomas Burnet sur l'interprétation littérale du récit attribué à Moïse, à une vue traditionnelle de la genèse.[40] De plus, par son attitude de croyant timoré, il aurait dissuadé ses premiers disciples d'imaginer n'importe quel passé du système du monde. Ce n'est là qu'une demi-vérité, à laquelle on a juxtaposé une fausse généralisation : les nombreuses cosmogonies et histoires soi-disant «sacrées» du globe et du système planétaire qui se succédèrent entre la fin du XVII$^e$ et le début du XVIII$^e$ siècle s'inspiraient de la *«fable»* cartésienne de la formation du monde par l'effet des simples lois du mouvement et de la matière. On ne saurait discuter brièvement cette prétendue résurrection du roman cartésien de ses cendres, à une époque où il n'était désormais que l'objet d'une bataille d'arrière-garde, et les tourbillons n'étaient qu'un sujet de satire. À propos de la *Telluris theoria sacra* de Burnet, ou ses autres cosmogonies qu'il discute, Buffon ne se réfère pas à Descartes. Quant à l'extravagant William Whiston –que Buffon appelle à juste titre *«théologien controversiste plutôt que philosophe éclairé»*– c'était un newtonien irrégulier. Mais sa curieuse théorie de la comète présuppose la dynamique céleste des *Principia mathematica*.

La *Théorie de la Terre* de Buffon ne dépend pas, à son tour, de la fable carté-sienne. Son hypothèse de la comète n'a qu'un point en commun avec celle de Whiston : son origine newtonienne. En effet, Whiston et Buffon ont développé deux hypothèses tout à fait différentes à partir de la théorie cométaire du III$^e$ livre des *Principia mathematica*. Sans entrer dans les détails, je me borne à rappeler le renvoi significatif que Buffon fait à un passage de la proposition XLII de Newton. Il s'agit de la comète de 1680 qui, s'étant approchée du Soleil à son périhélie, jusqu'à un sixième du diamètre solaire, risquera dans ses futures révolutions de tomber sur le Soleil (*«incidet is tandem in corpus solis»*).[41]

Cet exemple nous montre que, là où Newton n'a formulé qu'une simple prévi-sion, basée sur le calcul et la loi d'attraction, Buffon a extrapolé toute une hypothèse –plus ou moins *«physique»*– sur la formation du système solaire. C'est justement ce type d'hypothèses physiques que Newton s'était imposé de ne pas formuler *«par défaut d'expériences»*. Quoi qu'on pense des deux attitudes et de leur fécondité relative, il faut reconnaître que le système du monde, tout statique qu'il se présentait à première vue, suggérait bien des conjectures audacieuses à propos des états antérieurs de la machine cosmique à tous les lecteurs des *Principia mathematica* qui ne partageaient ni les scrupules du pieux exégète de la Bible, ni la rigueur du mathématicien à l'égard des hypothèses. En effet, sans tenir compte de la dynamique céleste newtonienne, on ne saurait reconstruire l'histoire des extrapolations cosmologiques plus ou moins matérialistes de pionniers tels que Buffon, Wright of Durham, Lambert, Kant et Laplace.[42]

Aussi en ce qui concerne les hypothèses sur la formation de la croûte terrestre, on ne peut pas sous-estimer l'apport des *Regulae philosophandi*. Songeons, par exemple, à la formule dont Buffon se sert pour ébaucher ce qu'on a appelé depuis le *«principe des causes actuelles»* :

40. Newton [35], T. II : pp. 329-334.

41. *Preuves de la théorie de la Terre, Art. I* [1749], *in* Buffon [5], T. I : p. 135, où Buffon se réfère à Newton [31], Lib. III : p. 525; tout le contexte des *Preuves* est d'ailleurs une paraphrase d'exposés ou d'abrégés de la dynamique céleste newtonienne.

42. *«Le modèle historique que Buffon présente dans les Époques de la nature* –a remarqué récemment Jacques Roger [40]– *est (...) très complexe. En toile de fond, il y a les lois éternelles de la physique et de la mécanique céleste, et la force de la gravitation universelle, sans lesquelles rien ne serait possible (...)»*. Roger [40] : p. 54.

«Il faut prendre [notre globe] tel qu'il est, en bien observer toutes les parties, & par des inductions conclure du présent au passé; d'ailleurs des causes dont l'effet est rare, violent & subit ne doivent pas nous toucher, elles ne se trouvent pas dans la marche ordinaire de la Nature, mais des effets qui arrivent tous les jours, des mouvements qui se succèdent & se renouvellent sans interruption des opérations constantes & toujours réitérées, ce sont là nos causes & nos raisons».[43]

On ressent ici l'écho des formules newtoniennes concernant la liaison causes-effets, la procédure inductive, l'analogie de la nature; pourvu qu'on envisage les maximes méthodiques comme adaptées au sens de la durée, qu'on insère dans les *Regulae* l'idée de succession.

D'autres rapprochements seraient possibles entre les recherches ou les hypothèses de travail et la vulgate du newtonianisme : par exemple, le rôle que jouent les forces pénétrantes (attractives) dans l'hypothèse des molécules organiques; la transposition de la loi d'attraction aux forces d'affinité chimique; les expériences sur le refroidissement des boules de fer de différentes masses.[44] Je me bornerai à conclure que Buffon resta fidèle à plusieurs suggestions évidentes de la *Philosophia naturalis* newtonienne, comme l'attraction, certaines conjectures de l'*Optique* sur la structure de la matière, les indications méthodiques des *Regulae*. Il profita aussi de quelques traits qui débordaient de la vulgate. Dans l'extraordinaire rêverie cosmologique de 1764, si profondément newtonienne, on trouve une image assez insolite : «*La Nature est elle-même un ouvrage perpétuellement vivant, un ouvrier sans cesse actif, qui sait tout employer*».[45] Cette métaphore vient d'ailleurs de la tradition des livres d'alchimie dont Newton s'inspirait pour ses recherches secrètes. Il n'avait rien publié sur ce sujet, pas même le mémoire «*hypothétique*» sur la lumière –écrit en 1675, lu à la Royal Society, mais publié à titre posthume en 1757– où l'on trouve presque les mêmes mots : «*Nature is a perpetual worker, generating fluids out of solids, and solids out of fluids...*».[46]

Buffon a-t-il tiré sa métaphore du recueil de Birch? C'est possible. En tout cas, le portrait de Newton qui ornait le cabinet d'étude de Montbard n'était pas un fétiche. C'était l'image du démon familier qui amena Buffon –sinon à développer ses qualités de mathématicien– certes à poser à la nature des questions nouvelles et à formuler des hypothèses fécondes.

### BIBLIOGRAPHIE [*]

(1)     BRUNET (P.), *L'introduction des théories de Newton en France au XVIIIᵉ siècle*, Paris, A. Blanchard, 1931, 365p.

(2)     BRUNET (P.), «La notion d'infini mathématique chez Buffon», *Archeion*, 13 (1931) : pp. 24-39.

(3)     BRUNET (P.), «Buffon mathématicien et disciple de Newton», *Mémoires de l'Aca-*

43. *Second Discours* [1749], *in* Buffon [5], T. I : pp. 99.
44. Voir Metzger [30] : pp. 57-62; Solinas [42] : p. 437; d'autres communications ont été consacrées à ces thèmes au cours du Colloque *Buffon 88.*
45. *De la Nature : Première vue* [1764], *in* Buffon [5], T. XII : p. IV.
46. Newton [33], T. III : p. 251.
\* Sources imprimées et études. Les sources sont distinguées par le signe †.

*démie de Dijon*, 1936 : pp. 85-91.

(4)    BRUNET (P.), *La vie et l'œuvre de Clairaut*, Paris, Presses Universitaires de France, 1952, VIII-110p.

(5)†  BUFFON (G. L. Leclerc de), *Histoire naturelle, générale et particulière*, Paris, Imprimerie Royale, 1749-1767, 15 vol.

(6)†  BUFFON (G. L. Leclerc de), *Œuvres philosophiques*, texte établi et présenté par Jean Piveteau, Paris, P.U.F., 1954, XX-616p.

(7)†  BUFFON (G. L. Leclerc de), «Sur les fusées volantes», texte, avec une introduction et des notes, par Lesley Hanks, *Revue d'histoire des sciences et de leurs applications*, 14 (1961) : pp. 137-152.

(8)†  BUFFON (G. L. Leclerc de), «Dissertation sur les couleurs accidentelles», 15 novembre 1743, *Mémoires de l'Académie Royale des Sciences*, Paris, 1746 : pp. 147-158.

(9)†  BUFFON (G. L. Leclerc de), «Réflexions sur la loi d'attraction», 20 et 24 janvier 1748, *Mémoires de l'Académie Royale des Sciences*, Année 1745, Paris, 1749 : pp. 493-500; et «Addition...», *Ibid.* : pp. 551-552.

(10)† BUFFON (G. L. Leclerc de), *Les Époques de la nature*, édition critique prés. par J. Roger, Paris, Éditions du Muséum, 1988, 2ème éd., CLII-343p.

(11)† BURNET (T.), *Telluris theoria sacra*, Londini, G. Kettilby, 1681, 306p.

(12)  CASINI (P.), *Newton e la coscienza europea*, Bologna, Il Mulino, 1983, 253p.

(13)  CASINI (P.), «Briarée en miniature : Voltaire et Newton», *Voltaire and the English*, dans *Studies on Voltaire and the eighteenth century*, 197 (1979) : pp. 63-77.

(14)  CASINI (P.), «Maupertuis et Newton», *Journée Maupertuis*, Paris, Vrin, 1975 : pp. 113-134.

(15)† CLAIRAUT (A.C.), «Du système du monde», 15 novembre 1747, *Mémoires de l'Académie Royale des Sciences*, Année 1745, Paris, 1749 : pp. 329-364.

(16)† CLAIRAUT (A.C.), «Réponse aux réflexions de M. de Buffon», *Ibid.* : pp. 578-580.

(17)† CLAIRAUT (A.C), «Avertissement...», *Ibid.* : pp. 577-578.

(18)† CLAIRAUT (A.C.), «Réponse à la réplique de M. de Buffon», *Ibid.* : pp. 578-580.

(19)  COHEN (I.B.), «Newton, Hans Sloane and the Académie Royale des Sciences», *Mélanges Alexandre Koyré*, Paris, Hermann, 1962, 2 vol., T. I : pp. 61-116.

(20)  COOLIDGE (J.L.), *The mathematics of great amateurs*, Oxford, Clarendon Press, 1949, VIII-211p.

(21)† DIDEROT (D.), *Œuvres complètes*, p. p. H. Dieckmann, J. Proust, J. Varloot et autres, Paris, Hermann, 1975 (en cours), 33 vol. à paraître.

(22)  GUERLAC (H.), *Newton on the Continent*, Ithaca, Cornell U.P., 1981.

(23)  HALL (A.R.), «Newton in France : a new view», *History of science*, 13 (1975) : pp. 233-250.

(24)  HALL (A.R.), *Philosophers at war. The quarrel between Leibniz and Newton*, Cambridge University Press, 1981.

(25)  HANKS (L.), préface à Buffon [7].

(26)  HANKS (L.), *Buffon avant l'Histoire naturelle*, Paris, P.U.F., 1966, 324p.

(27)† HÉRAULT DE SÉCHELLES (M.J.), *Voyage à Montbard*, Paris, Solvet, an IX, 1801, XII-72p.

(28)  MANUEL (F.E.), *Newton historian*, Cambridge Mass., The Belknap Press, VIII-358p.

(29)  METZGER (H.), «Une théorie curieuse de la double réfraction chez Buffon», *Bulletin de la Société Française de Minéralogie*, 37 (1914) : pp. 162-176.

(30)  METZGER (H.), *Newton, Stahl, Bœrhaave et la doctrine chimique*, Paris, Alcan, 332p.

(31)† NEWTON (I.), *Philosophiae Naturalis Principia Mathematica*, p.p. H. Pemberton, Londini, G. and J. Innys, 1726.

(32)† NEWTON (I.), *Principes mathématiques de la philosophie naturelle*, par feue Mme La marquise du Chastellet, Paris, Desaint et Saillant, 1756.

(33)† NEWTON (I.), «An hypothesis explaining the properties of light» (1675), *The History of the Royal Society*, by Thomas Birch, London, A. Millar, 1757, 4 vol., T. III : pp. 248-270.

(34)† NEWTON (I.), *Opuscula mathematica, philosophica et philologica. Collegit, partimque latine verdit ac recensuit J. Castilloneneus*, 3 vol., Lausannæ et Genevæ, M.M. Bousquet, 1744.

(35)† NEWTON (I.), *The Correspondence*, ed. by H.W. Turnbull, J.F. Scott, A.R. Hall, L. Tilling, Cambridge, The Cambridge Un.Pr., 1959-1977, 7 vol.

(36)  ROGER (J.), *Les Sciences de la vie dans la pensée française du XVIIIᵉ siècle. La génération des animaux de Descartes à l'Encyclopédie*, Paris, A. Colin, 1963, 842p.

(37)  ROGER (J.), «Introduction» aux *Époques de la nature*, in Buffon [10] : pp. I-CLII.

(38)  ROGER (J.), «Diderot et Buffon en 1749», *Diderot Studies*, pp. 221-236.

(39)  ROGER (J.), «La théorie de la Terre au XVIIᵉ siècle», *Revue d'Histoire des Sciences*, 26 (1973) : pp. 23-48.

(40)  ROGER (J.), «Énergie, ordre et histoire dans la pensée de Buffon», *Histoire et nature*, 19/20 (1981-1982) : pp. 53-55 (résumé).

(41)† SAINTE-BEUVE, *Causeries du lundi*, Paris, Garnier, 1857, 3è éd., 15 vol.

(42)  SOLINAS (G.), «Newton and Buffon», *Vistas in Astronomy*, 22/24 (1979) : pp. 431-439.

(43)† VOLTAIRE, *Œuvres complètes*, édition Moland, Paris, Garnier, 1877-1885, 52 vol.

(44)  WEIL (F.), «La correspondance Buffon-Cramer», *Revue d'Histoire des Sciences et de leurs applications*, 14 (1961) : pp. 97-136.

(45)  WHISTON (W.), *A new theory of the earth*, London, 1696.

＃ 32756

# 20

# LE TRAITEMENT DU PROBLÈME COSMOLOGIQUE DANS L'ŒUVRE DE BUFFON

Jean SEIDENGART *

## I
### SITUATION DU PROBLÈME COSMOGONIQUE À L'AUBE DES LUMIÈRES : UN DÉBAT ENTRE LA SCIENCE ET LA RELIGION

Depuis environ une dizaine d'années triomphait dans toute l'Europe savante la science newtonienne, lorsque Buffon fit paraître en 1749 son *Histoire naturelle, générale et particulière*. Cependant les œuvres physiques de Newton laissaient pour compte les questions d'ordre proprement cosmogonique : qu'il s'agisse de la structure de l'Univers, de sa stabilité, de sa formation ou de son évolution. Sur ces points, Newton était contraint de faire appel à la théologie et aux causes finales, peu compatibles avec l'épistémologie des *Principia*. Or, le problème cosmogonique n'avait pas pour autant cessé de préoccuper l'esprit des "philosophes et des savants", c'est d'ailleurs ce que l'on peut constater si l'on se reporte à l'abondante littérature de l'époque consacrée à cette question. Ce qui caractérise les principaux ouvrages traitant de cosmogonie à l'époque de Newton, c'est leur intime liaison avec les considérations proprement théologiques. Pour s'en convaincre, il suffit de citer cette brève remarque d'un auteur aussi indépendant que d'Alembert tirée de son article *Cosmogonie* de l'*Encyclopédie* :

«De quelque manière qu'on imagine la formation du Monde, on ne doit jamais s'écarter de deux principes : 1° Celui de la création; car il est clair que la matière ne pouvant se donner l'existence à elle-même, il faut qu'elle l'ait reçue; 2° Celui d'une intelligence suprême qui a présidé non-seulement à la création, mais encore à l'arrangement des parties de la matière en vertu duquel ce Monde s'est formé. Ces deux principes une fois posés, on peut donner carrière aux conjectures philosophiques, avec cette attention pourtant de ne point s'écarter dans le système qu'on suivra de celui que la Genèse nous indique que Dieu a suivi dans la formation des différentes parties du Monde.»[1]

Que ce texte représente l'intime conviction de son auteur ou bien qu'il soit destiné à tourner la censure religieuse, dans les deux cas on ne peut que constater la profonde emprise de la pensée religieuse sur la pensée cosmogonique. Toutefois, il serait hors de propos ici de passer en revue les principaux auteurs en cette matière, il nous suffira de considérer celles des hypothèses cosmogoniques que Buffon évoque rapidement avant de présenter sa propre théorie de la formation des planètes.

---

* Département de philosophie, Université de Paris X-Nanterre. 200, avenue de la République, 92001 Nanterre Cédex. FRANCE.

1. D'Alembert [3] : pp. 292-293.

## a) Burnet, Woodward et Leibniz

Précisons d'emblée que Buffon ne portait guère d'estime à ces hypothèses, même s'il y trouva quelques matériaux pour édifier sa propre cosmogonie :

«Toutes ces hypothèses faites au hasard et qui ne portent que sur des fondements ruineux n'ont point éclairci les idées et ont confondu les faits; on a mêlé la fable à la physique.»[2]

Si Buffon évoque les hypothèses de Whiston, Burnet, Woodward, Leibniz et Scheuchzer, en fait il semble bien que seules les cosmogonies de Whiston et de Leibniz aient été véritablement prises en considération. Il voit en effet, dans la *Telluris theoria sacra* (1681) de Burnet *«un livre qu'on peut lire pour s'amuser mais qu'on ne doit pas consulter pour s'instruire».*[3] En fait Burnet, secrétaire de Guillaume III, est un théologien qui prétend concilier la cosmologie cartésienne et la Révélation biblique, mais qui manque à la fois de rigueur scientifique et de fidélité à la lettre de la Bible. Si Buffon reproche à Burnet d'avoir *«la tête échauffée de visions poétiques»*,[4] et par là même d'être un théologien hétérodoxe, il blâme le Suisse Scheuchzer *«de vouloir mêler la physique à la théologie».*[5]

De son côté Woodward, auteur de *An Essay towards the Natural History of the Earth* (1695) apparaît comme un meilleur observateur qui a le mérite d'avoir rassemblé plusieurs observations importantes, mais n'était pas aussi bon physicien qu'il était bon observateur, si bien que *«le fondement de son système porte manifestement à faux».*[6] La fausseté de son système transparaît dans le fait qu'il s'écarte à la fois des *«lois de mécanique»* et de la lettre de la *«Sainte Écriture».*[7] Buffon ne fait malheureusement que mentionner le *«fameux Leibniz»*[8] et l'esquisse de sa *Protogea*[9] dont il reprit cependant l'idée de l'origine ignée de la Terre contrairement aux vues *«préneptunistes»* de Bernard Palissy.

L'auteur qui semble avoir le plus vivement intéressé et "influencé" la pensée cosmologique de Buffon, c'est sûrement le disciple de Newton, William Whiston. Ce chapelain de l'évêque de Norwich avait publié en 1696 *A new theory of the Earth* [10] où il tentait, comme la plupart de ses compatriotes de l'époque, de concilier la science et la Révélation. Cette fois, c'est à un astronome que nous avons affaire et au sujet duquel Buffon porte un jugement nuancé :

«plus ingénieux que raisonnable (...) il explique à l'aide d'un calcul mathématique, par la queue d'une comète, tous les changements qui sont arrivés au globe terrestre.»[11]

2. *Histoire et théorie de la Terre* [1749], *in* Buffon [1], T. I : p. 35.

3. *Preuves de la théorie de la Terre, art. III, in* Buffon [1], T. I : p. 87.

4. *Histoire et théorie de la Terre* [1749], *in* Buffon [1], T. I : p. 35.

5. *Preuves de la théorie de la Terre, art. V, in* Buffon [1], T. I : p. 92.

6. *Preuves de la théorie de la Terre, art. IV, in* Buffon [1], T. I : p. 88.

7. *Preuves de la théorie de la Terre, art. V, in* Buffon [1], T. I : pp. 87-89.

8. *Preuves de la théorie de la Terre, art. V, in* Buffon [1], T. I : p. 91.

9. Leibniz [13] : p. 40; qui n'est qu'une esquisse du texte qui parut dans les *Acta eruditorum* de 1693. La *Protogea* dut attendre 1749 (année même de la parution de la *Théorie de la Terre* de Buffon) pour être éditée intégralement à Göttingen. Elle figura également dans l'édition Dutens des *Œuvres* de Leibniz (1768), avant d'être traduite en français par Bertrand de Saint-Germain en 1859. On peut consulter l'intéressant article de Catherine Pécaud, cf. [17] : pp. 282-296.

10. W. Whiston [19] connut 6 éditions successives, mais Buffon disposait de celle de 1708. Il semble ignorer ici l'existence des *Astronomical principles of Religion*. (Whiston [20]).

11. *Histoire et théorie de la Terre* [1749], *in* Buffon [1], T. I : p. 35.

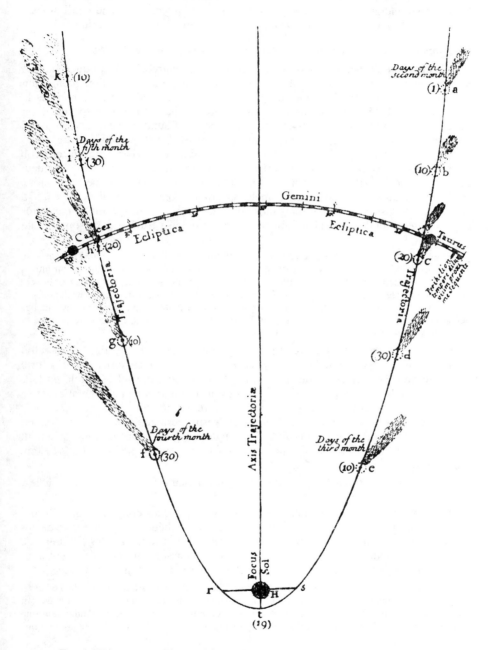

**FIG. 1** Whiston, *A new Theory of the Earth*, la rencontre de la Terre avec la Comète.

Le ton apparemment badin de cette remarque pourrait laisser entendre que Buffon ne prend guère au sérieux Whiston, mais son long compte rendu qu'il nous présente de *A new theory of the Earth* permet d'affirmer qu'il n'en est rien.

### b) L'impact de la grande comète de 1680 sur la cosmogonie de Whiston

L'astronome et théologien William Whiston avait entrepris d'expliquer, dans *A new theory of the Earth*, la formation du globe terrestre et son évolution géologique conformément aux lois de la mécanique newtonienne sans s'écarter du récit de la Genèse. Il avait été fasciné comme ses contemporains par l'apparition spectaculaire de la grande comète de 1680 observée par Flamsteed, Pound, Halley et Newton qui en rapporte les caractères particuliers dans le livre III des *Principia*.[12] Entre autres caractères, on peut signaler que cette grande comète resta visible durant environ cinq mois (de novembre 1680 à mars 1681) avec une queue atteignant une longueur de 240 millions de kilomètres, soit dix fois la longueur moyenne connue jusqu'alors. Halley pensa qu'il s'agissait d'une comète périodique dont il estima la période à 575 ans. Selon Whiston, avant le récit mosaïque, la Terre n'était qu'une comète très excentrique et totalement inhabitable. Comme le précise Buffon dans son compte rendu :

«Les comètes sont, en effet, sujettes à des vicissitudes terribles, à cause de l'excentricité de leurs orbites; tantôt comme dans celle de 1680, il y fait mille fois plus chaud qu'au milieu d'un brasier ardent, tantôt il y fait mille fois plus froid que dans la glace, et elles ne peuvent guère être habitées que par d'étranges créatures, ou, pour trancher court, elles sont inhabitées. Les planètes au contraire, sont des lieux de repos où, la distance au soleil ne variant pas beaucoup, la température reste à peu près la même, et permet aux espèces de plantes et d'animaux de croître, de durer et de multiplier.»[13]

Ce que le texte mosaïque prend pour le premier jour de la création, n'est selon Whiston, que le passage de la *«comète Terre»* à l'état de planète par une très forte diminution de l'excentricité de son orbite elliptique approchant le cercle parfait. Dans ces conditions, la planète Terre se couvrit d'une abondante végétation et se peupla d'animaux et d'humains au point d'être *«mille fois plus peuplée qu'à présent»*. La chaleur bienfaisante du noyau terrestre permettait alors aux végétaux, animaux et humains de vivre dix fois plus longtemps qu'aujourd'hui. Par un calcul assez simple, Buffon, qui trouve *«ingénieuses»* toutes ces suppositions de Whiston, précise que :

«Cette chaleur peut bien durer depuis six mille ans, puisqu'il en faudrait cinquante mille à la comète de 1680 pour se refroidir.»[14]

Whiston prend en compte dans sa cosmogonie quelques considérations d'ordre calorifique, même s'il ne dispose pas de l'appareil théorique permettant de les maîtriser sérieusement. Cette chaleur vivifiante dérégla les mœurs des habitants de la planète (animaux et humains) à l'exception des poissons qui appartiennent à un élément froid; tout se corrompit dans le péché et mérita le châtiment du déluge :

«Lorsque l'homme eut péché, écrit Whiston, une comète passa très près de la Terre, et, coupant obliquement le plan de son orbite, lui imprima un mouvement de rotation. Dieu avait prévu que l'homme pécherait, et que ses crimes, parvenus à leur comble, demanderaient une punition terrible; en conséquence, il avait préparé dès l'instant de la création une comète qui

12. Newton [15] : T. 2 : pp. 129-161.
13. *Preuves de la théorie de la Terre, art. II* [1749], *in* Buffon [1], T. I : p. 83.
14. *Preuves de la théorie de la Terre, art. II* [1749], *in* Buffon [1], T. I : p. 84.

devait être l'instrument de ses vengeances. Cette comète est celle de 1680.»[15]

Whiston qui s'appuie sur l'estimation de Halley fait remonter le cataclysme du Déluge, dont il est fait état dans le récit mosaïque, au mercredi 28 novembre 2349 avant J.C. Ce jour-là, ladite comète coupa le plan de l'orbite terrestre, alors qu'elle approchait ou revenait de son périhélie, en un point situé environ à 14 000 kilomètres de la Terre, déchaînant par son attraction les eaux des mers et des océans ainsi que les eaux situées sous la croûte terrestre. La Terre prise également dans la queue de la comète en reçut des trombes d'eau qui tombèrent pendant 40 jours et 40 nuits consécutifs. L'arche de Noé permit aux espèces embarquées à bord de survivre au Déluge. Whiston va même jusqu'à prédire la fin de notre Terre dans un déluge de feu qu'occasionnera la même comète en retardant notre planète et en augmentant considérablement l'excentricité de son orbite :

«La Terre sera emportée près du Soleil, écrit Whiston; elle y éprouvera une chaleur d'une extrême intensité; elle entrera en combustion. Enfin, après que les Saints auront régné mille ans sur la Terre régénérée par le feu, et rendue de nouveau habitable par la volonté divine, une dernière comète viendra heurter la Terre, l'orbite terrestre s'allongera excessivement, et la Terre, redevenue comète, cessera d'être habitable.»[16]

La cosmogonie de Whiston encore fort en vogue au XVIII[è] siècle n'a pas manqué d'intéresser Buffon, mais celui-ci ne lui a pas ménagé ses critiques. La plus grave d'entre elles porte sur la méthodologie employée par Whiston et qui est celle de la physico-théologie. Buffon reconnaît que ce système de Whiston *«a été reçu avec grand applaudissement»*,[17] qu'il est *«éblouissant»*,[18] qu'il fait des *«suppositions ingénieuses qui (...) ne laissent pas d'avoir un degré de vraisemblance»*.[19] Toutefois, Buffon rejette à la fois la méthode employée dans ce système ainsi que les principes dont il part, en remarquant que :

«[Whiston] a pris les passages de l'Écriture Sainte pour des faits de physique et pour des résultats d'observations astronomiques, et il a si étrangement mêlé la science divine avec nos sciences humaines, qu'il en a résulté la chose du monde la plus extraordinaire qui est le système que nous venons d'exposer.»[20]

«Toutes les fois qu'on sera assez téméraire pour vouloir expliquer par des raisons physiques les vérités théologiques (...) on tombera nécessairement dans les ténèbres et le chaos où est tombé l'auteur de ce système.»[21]

Ce rejet de toute physico-théologie est très novateur pour l'époque car il refuse de mêler les vérités de la Révélation et les vérités scientifiques dans un discours unique comme c'était le cas depuis les dernières décennies du XVII[è] siècle jusqu'au milieu du siècle suivant. Cela nous apparaîtra très clairement en analysant l'hypothèse cosmogonique de Buffon.

15. W. Whiston [19], livre IV : p. 300.
16. W. Whiston [19], livre IV, Chap. V : p. 378.
17. *Preuves de la théorie de la Terre, art. II* [1749], *in* Buffon [1], T. I : p. 86.
18. *Preuves de la théorie de la Terre, art. II* [1749], *in* Buffon [1], T. I : p. 83.
19. *Preuves de la théorie de la Terre, art. II* [1749], *in* Buffon [1], T. I : p. 82.
20. *Preuves de la théorie de la Terre, art. III* [1749], *in* Buffon [1] : p. 86.
21. *Ibid.*

## II
### UNE GENÈSE MÉCANIQUE DES PLANÈTES ET DE LEURS SATELLITES

*a) Les données du problème cosmogonique*

Comme Huygens dans son *Cosmotheoros*[22] et Newton dans le Scholie Général des *Principia*,[23] Buffon souligne que :

«Les planètes tournent toutes dans le même sens autour du soleil, et presque dans le même plan, n'y ayant que sept degrés et demi d'inclinaison entre les plans les plus éloignés de leurs orbites : cette conformité de position et de direction dans le mouvement des planètes suppose nécessairement quelque chose de commun dans leur mouvement d'impulsion, et doit faire soupçonner qu'il leur a été communiqué par une seule et même cause.»[24]

Frappé par cette remarquable régularité dans la disposition des orbes planétaires et dans la direction commune de leurs mouvements, Buffon cherche une *cause physique* de cet ordre. En cela, il s'inscrit à la suite des recherches de Maupertuis qui, dans son *Essai de cosmologie*, rédigé dès 1741, avait reproché à Newton de s'en remettre pour expliquer cet ordre remarquable, au choix de Dieu ou au hasard. Or, nous dit Maupertuis : *«L'alternative d'un choix ou d'un hasard extrême, n'est fondée que sur l'impuissance où était Newton de donner une cause physique de cette uniformité».*[25] La modernité (si l'on peut dire) de Buffon apparaît dans ce refus de faire intervenir la *«main de Dieu»* pour rendre compte scientifiquement de la formation et de la structure du système solaire. Il ne s'agit pas d'affranchir la science du joug de la religion; la théologie ne peut en elle-même accroître la connaissance scientifique, car elle ne se situe pas sur le même plan : *«On doit,* écrit-il, *autant qu'on peut, en physique s'abstenir d'avoir recours aux causes qui sont hors de la Nature».*[26] La théologie n'a donc nullement à combler les lacunes du paradigme newtonien, elle ne joue aucun rôle ancillaire à l'égard de la physique. Ce point est capital car il va à l'encontre de la démarche personnelle de Newton qui ne cesse d'affirmer que la physique ne peut se passer de l'intervention divine comme il l'écrit par exemple dans une lettre à Bentley :

«L'hypothèse qui dérive l'ordre du monde de l'action de principes mécaniques sur une matière répandue de façon égale à travers les cieux est incompatible avec mon système.»[27]

Si Buffon refuse de recourir à des causes transcendantes dans sa cosmogonie, il refuse également de remonter à l'origine absolue de la matière, de l'espace, du temps et du mouvement. Il se limite à rendre raison de la formation de la Terre et des planètes à partir de deux forces fondamentales : la force d'attraction et ce qu'il appelle la force d'impulsion, mais qui n'est pour nous que l'inertie. Au sujet de la première, citant les travaux de Galilée, Képler et Newton, Buffon écrit :

«Cette force, que nous connaissons sous le nom de pesanteur, est donc généralement répandue dans toute la matière; les planètes, les comètes, le soleil, la terre, tout est sujet à ses lois, et elle sert de fondement à l'harmonie de l'Univers; nous n'avons rien de mieux prouvé en physique que l'existence actuelle et individuelle de cette force dans les planètes, dans le

22. Huygens [9], T. XXI : p. 692.
23. Newton [15], T. II : p. 175.
24. *Preuves de la théorie de la Terre, art. I* [1749], *in* Buffon [1], T. I : p. 69.
25. Maupertuis [14], *Avant-propos* : p. 18.
26. *Preuves de la théorie de la Terre, art. I* [1749], *in* Buffon [1], T. I : p. 69.
27. Newton [16] : Lettre à Bentley du 11 février 1693, tome III : p. 244.

soleil, dans la terre et dans toute la matière que nous touchons ou que nous apercevons.»[28]

Il est frappant de voir combien Buffon renverse ici la perspective épistémologique des *Principia*. En effet, Newton avait placé l'inertie au tout début des *Principia* à titre de Définition et d'Axiome constitutifs du cadre général de sa physique[29], tandis qu'il avait pris soin de renvoyer au dernier livre, qui applique le cadre général de la mécanique aux corps du système solaire, les considérations physiques sur la gravité.[30] Cette différence épistémologique vient du fait que Newton déplorait sa propre incapacité à rendre compte des causes de la gravité : «*Je n'ai pu encore parvenir*, dit-il, *à déduire des phénomènes la raison de ces propriétés de la gravité, et je n'imagine point d'hypothèses*».[31] Buffon, au contraire, voit dans la force de gravité «*une cause générale connue*»,[32] puisqu'elle a été établie par le calcul et que les observations en ont confirmé les effets. Donc l'attraction mutuelle des corps célestes ne faisant pas problème pour Buffon, il reste à comprendre la cause physique qui a pu imprimer, conformément aux lois de la mécanique, «*une force d'impulsion en ligne droite*»[33] capable de contrebalancer la force d'attraction qui accélère les planètes et leurs satellites vers le centre de gravité du Soleil. À cette question précise mais générale, Buffon ne cherche pas de réponse globale remontant jusqu'à l'origine absolue du mouvement. Il suit l'esprit analytique de la physique newtonienne en ne visant qu'une solution locale.

Tout le problème consiste à trouver une cause commune qui ait pu communiquer cette force d'impulsion dont nous pouvons observer et calculer les effets d'aujourd'hui dans notre système solaire. À noter en outre, que cette force d'impulsion a dû arracher au Soleil la matière nécessaire à la formation des planètes et des satellites. Or, seuls des corps célestes extérieurs à l'ordre systématique du système solaire ont pu être à l'origine de cette formidable impulsion : et ces corps, ce sont les comètes. Ce qui distingue les comètes des planètes et des satellites (bien qu'elles soient soumises comme tous les corps à la force d'attraction), c'est que :

«Les comètes parcourent le système solaire dans toute sorte de directions, et [que] les inclinaisons des plans de leurs orbites sont fort différentes entre elles en sorte que (...) les comètes n'ont rien de commun dans leur mouvement d'impulsion; elles paraissent à cet égard absolument indépendantes les unes des autres.»[34]

Buffon se garde bien ici de s'inquiéter de l'origine des comètes, fidèle à sa méthode : il part des faits connus pour remonter à la formation et au premier état de la Terre, en s'appuyant sur les lois de la mécanique.

*b) L'hypothèse de la comète : une collision féconde*

Remaniant ainsi très profondément la cosmogonie de Whiston, Buffon construit son hypothèse cosmogonique en s'appuyant sur les longues analyses de Newton consacrées à la grande comète de 1680. Newton, il est vrai, n'avait lui-même jamais

---

28. *Preuves de la théorie de la Terre, art. I* [1749], *in* Buffon [1], T. I : p. 68.
29. Newton [15], Livre I, Déf. III et Axiome 1, T. I : respectivement, pp. 2-3 et p. 17.
30. Newton [15], Livre III, Théorème VII, tome 2, p. 21 et sq., et Scolie Général, p. 178 sq. Si Newton parle de la force d'attraction dans les deux premiers livres des *Principia* , ce n'est que d'un point de vue strictement mathématique (cf. Livre I, 11ème section, T. I : p. 167; et Théorème XXIX, scolie, T. I : p. 201).
31. Newton [15] : Livre III, Scolie Général, T. II : p. 179.
32. *Preuves de la théorie de la Terre, art. I* [1749], *in* Buffon [1], T. I : p. 68.
33. *Preuves de la théorie de la Terre, art. I* [1749], *in* Buffon [1], T. I : p. 68.
34. *Preuves de la théorie de la Terre, art. I* [1749], *in* Buffon [1], T. I : p. 69.

exclu qu'une comète puisse entrer en collision avec le Soleil en approchant de son périhélie : il prédit même l'inéluctable chute de la grande comète sur l'astre du jour au cours d'un de ses prochains passages en écrivant :

«La comète qui parut l'année 1680 était à peine éloignée du Soleil, dans son périhélie, de la sixième partie du diamètre du Soleil; et à cause de l'extrême vitesse qu'elle avait alors et de la densité que peut avoir l'atmosphère du Soleil, elle dut éprouver quelque résistance, et par conséquent son mouvement dut être un peu retardé, et elle dut approcher plus près du Soleil, et en continuant d'en approcher toujours plus près à chaque révolution, elle tombera à la fin sur le globe du Soleil.»[35]

Newton n'exclut pas non plus le cas où l'attraction des autres comètes freinerait considérablement ladite comète à son aphélie au point de la précipiter brusquement sur le Soleil.[36] Buffon connaît très bien ces textes de Newton qu'il cite presque littéralement ici comme pour cautionner la vraisemblance de son hypothèse.[37] Reprenant le chiffre avancé par Halley, qui estimait à 575 ans la périodicité de la grande comète de 1680, Buffon prévoit même sa chute possible sur le Soleil pour l'année 2255.[38] Ce qui signifie que dans l'esprit de la science newtonienne la chute des comètes sur le Soleil n'a rien d'exceptionnel, c'est un phénomène qui doit se reproduire relativement fréquemment. D'où le célèbre énoncé de l'hypothèse cosmogonique qui inspira encore des théories catastrophistes[39] de l'origine de notre système solaire au début de notre XXè siècle :

«Ne peut-on pas imaginer avec quelque sorte de vraisemblance qu'une comète, tombant sur la surface du Soleil, aura déplacé cet astre, et qu'elle en aura séparé quelques petites parties auxquelles elle aura communiqué un mouvement d'impulsion dans le même sens et par un même choc, en sorte que les planètes auraient autrefois appartenu au corps du soleil, et qu'elles en auraient été détachées par une force impulsive commune à toutes, qu'elles conservent encore aujourd'hui?»[40]

L'hypothèse de la collision intervient pour résoudre le problème de l'origine de la *force d'impulsion* commune aux planètes et aux satellites du système solaire. La comète fournit ainsi la cause du mouvement d'impulsion, mais encore faut-il exposer comment cette force d'impulsion a pu à la fois former les planètes et les satellites et les distribuer dans l'ordre systématique que nous observons actuellement. La comète, dit le texte, déplace le Soleil et en détache une petite portion de matière en fusion qui, en se refroidissant après s'être divisée en globes fluides, constituera les corps du système solaire. Toute la question est de savoir si cette hypothèse résout plus de problèmes qu'elle n'en pose par elle-même.

Or, la toute première objection que soulèvent les lois de la mécanique newtonienne, c'est que si la comète est tombée sur le Soleil obliquement, il semble impossible que les planètes puissent avoir le Soleil au centre ou au foyer de leurs orbites respectives. En fait, les planètes devraient avoir une trajectoire orbitale qui repasse nécessairement par le point d'où elles ont été arrachées au Soleil. Cette question avait été clairement évoquée par Newton dans ses *Principia* dont une des éditions avait même ajouté une planche pour illustrer ce cas de figure.[41]

35. Newton [15] : Livre III, Scolie Général, T. 2, pp. 171-172.
36. *Ibid.*
37. *Preuves de la théorie de la Terre, art. I* [1749], *in* Buffon [1], T. I : p. 70.
38. *Preuves de la théorie de la Terre, art. I* [1749], *in* Buffon [1], T. I : p. 70.
39. Cf. par exemple, Jeans, Jeffreys, Lyttleton, etc.
40. *Preuves de la théorie de la Terre, art. I* [1749], *in* Buffon [1], T. I : p. 69.
41. Newton, *Principia* , édition de Londres, 1728, figure 1 du Livre III.

Buffon semble d'ailleurs y faire directement allusion en reprenant la même image :

«Supposons qu'on tirât du haut d'une montagne une balle de mousquet, et que la force de la poudre fût assez grande pour la pousser au delà du demi-diamètre de la Terre, il est certain que cette balle tournerait autour du globe et reviendrait à chaque révolution passer au point d'où elle aurait été tirée.»[42]

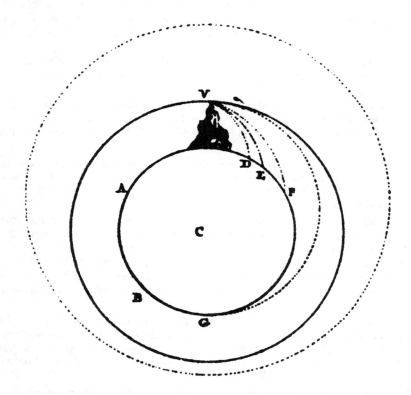

**FIG. 2 :** Newton, *Principia,* livre III, éd. 1728, Londres.

Contre cette objection imparable, dans les termes mêmes où elle est formulée, Buffon répond qu'une accélération suffisante permettrait à ce *«torrent de matière»*[43] détachée du Soleil de s'écarter définitivement du point d'impact et de suivre une orbite circumsolaire peu excentrique. Il substitue ainsi à l'image newtonienne de la balle de mousquet, celle de la fusée volante :

«Si au lieu d'une balle de mousquet, nous supposons qu'on ait tiré une fusée volante où l'action du feu serait durable et accélérerait beaucoup le mouvement d'impulsion, cette fusée (...) ne reviendrait pas au même point, comme la balle de mousquet.» [44]

Cet exemple de la fusée volante n'est pas une pure fiction de l'imagination

42. *Preuves de la théorie de la Terre, art. I* [1749], *in* Buffon [1], T. I : p. 72.
43. *Preuves de la théorie de la Terre, art. I* [1749], *in* Buffon [1], T. I : p. 71.
44. *Preuves de la théorie de la Terre, art. I* [1749], *in* Buffon [1], T. I : p. 72.

débridée de Buffon, bien au contraire, on doit se souvenir qu'il en a fabriqué et perfectionné lui-même comme il nous le rapporte dans son *Mémoire sur les fusées volantes* du 23 août 1740.[45] Toutefois, tandis que la balle de mousquet recevait une impulsion perpendiculaire à la force d'attraction, la fusée volante était tirée verticalement à partir du sol, ce qui est très différent pour le cas qui nous occupe ici. D'ailleurs Buffon semble ne pas s'en soucier lorsqu'il évoque également l'image des éruptions volcaniques du Vésuve dont les émissions de matière se succèdent en s'entre-accélérant : *«La manière*, dit-il, *dont se font les grandes irruptions des volcans peut nous donner une idée de cette accélération de mouvement dans le torrent dont nous parlons.»*[46]

Cette image un peu confuse relève d'une sorte de théorie du *bootstrap* où le torrent de matière est censé s'accélérer soi-même en se tirant *«par ses propres bottes»* si l'on peut dire!

En outre, Buffon suppose que le Soleil, d'une manière ou d'une autre, est lui-même en mouvement autour du centre de gravité du système, ou même que la force élastique de la matière lumineuse du Soleil a décuplé la force d'impulsion de la comète :

«J'avoue, dit-il, que je ne puis pas dire si c'est par l'une ou par l'autre des raisons que je viens de rapporter que la direction du premier mouvement d'impulsion des planètes a changé; mais ces raisons suffisent au moins pour faire voir que ce changement est possible, et même probable, et cela suffit aussi à mon objet.»[47]

Bref, cette accumulation d'explications possibles, diverses et variées, montre son indécision sur la question et son incapacité à rendre compte de la faible excentricité des orbites planétaires.

Mis à part cette redoutable question de la faiblesse des excentricités des orbites planétaires, Buffon infère à partir de l'hypothèse de la comète la formation des planètes, et cela de façon correcte si l'on en croit le jugement sans concession de Laplace :

«Buffon est le seul que je connaisse qui, depuis la découverte du vrai système du monde, ait essayé de remonter à l'origine des planètes et des satellites. (...) Cette hypothèse satisfait au premier des cinq phénomènes précédents; car il est clair que tous les corps ainsi formés doivent se mouvoir à peu près dans le plan qui passait par le centre du soleil, et par la direction du torrent de matière qui les a produits.»[48]

Certes, une chute *verticale* de la comète sur le Soleil serait restée stérile, tout comme un impact rasant *tangentiellement* l'orbe solaire; donc, il ne restait plus qu'une chute *oblique* qui puisse véritablement détacher un torrent de matière suffisant pour constituer les protoplanètes encore en fusion. Buffon s'appuie sur le fait que la masse totale des planètes et des satellites ne représente que 1/650ème de la masse du Soleil (ce qui est bien peu) pour faire ressortir la grande vraisemblance de son hypothèse. Il aurait été cependant indispensable de calculer la vitesse, la masse et la densité de la comète, pour déterminer si une telle collision pouvait détacher suffisamment de matière pour former les planètes. Curieusement, Buffon rejette l'étude quantitative du problème : *«Cette recherche* –dit-il– *serait ici hors de sa*

45. *Théorie des fusées volantes* [1740], *in* Buffon [2] : pp. 143-152.
46. *Preuves de la théorie de la Terre, art. I* [1749], *in* Buffon [1], T. I : p. 72.
47. *Preuves de la théorie de la Terre, art. I* [1749], *in* Buffon [1], T. I : p. 73.
48. Laplace [12], note VII : p. 464.

*place».*[49]

Buffon fait reposer son hypothèse sur l'*«énorme vitesse»* de la comète (qui s'accélère d'autant qu'elle se rapproche de son périhélie) et surtout sur *sa densité* remarquable qu'il estime *«112 000 fois plus dense que le Soleil».*[50] Toutefois, le refus de recourir au calcul et à la géométrie n'est pas une dérobade de la part de Buffon devant la difficulté, et encore moins un mépris pour la rigueur mathématique qu'il savait appliquer avec talent. En fait Buffon considère que le calcul n'ajoute aucune force probatoire à ce qui n'est au départ qu'une *conjecture.* D'ailleurs, il s'en explique clairement :

> «J'aurais pu faire un livre gros comme celui de Burnet ou de Whiston si j'eusse voulu délayer les idées qui composent le système qu'on vient de voir, et, en leur donnant l'air géométrique, comme l'a fait ce dernier auteur, je leur eusse en même temps donné du poids; mais je pense que des hypothèses, quelque vraisemblables qu'elles soient ne doivent être point traitées avec cet appareil qui tient un peu de la charlatanerie.»[51]

Sur ce point pourtant, d'Alembert se montra fort critique, reprochant à Buffon le manque de mathématiques dans son hypothèse cosmologique, comme en témoigne sa lettre à Gabriel Cramer du 21 septembre 1749 où il écrit :

> «À propos de calculs, et de géométrie, vous nous trouverez bien maltraités dans le nouvel ouvrage de M. de Buffon. Il est vrai qu'avec du calcul et de la géométrie, il n'eût peut-être pas tant hasardé de choses sur la formation de la Terre et qu'il en aurait même rayées plusieurs.»[52]

### c) La formation et la distribution des planètes

Une fois arraché au Soleil, par la comète, ce torrent de matière s'est ensuite conglobé, sous l'effet de l'attraction, en 6 planètes de grosseur et de densité inégales (bien que sur ce mode de formation, Buffon soit resté très discret). Le choc primitif a dû séparer les parties les moins denses des parties les plus denses, chassant au loin les "proto-planètes" les plus grosses et les moins denses (Saturne et Jupiter), tandis que celles d'entre elles qui sont les plus denses (Mercure, Vénus, la Terre, et Mars) n'ont pu s'éloigner aussi sensiblement faute d'une force d'impulsion suffisante pour surmonter l'attraction du Soleil. Autrement dit, tout en exposant le mode de formation des planètes, Buffon rend compte de leur distribution dans le système solaire à partir d'une relation entre la densité des planètes et leur vitesse orbitale :

> «La force d'impulsion, écrit Buffon, se communiquant par les surfaces, le même coup aura fait mouvoir les parties les plus grosses et les plus légères de la matière du Soleil avec plus de vitesse que les parties les plus petites et les plus massives (...). Mais la force d'attraction ne se communiquant pas, comme celle d'impulsion, par la surface et agissant au contraire sur toutes les parties de la masse, elle aura retenu les portions de matière les plus denses, et c'est pour cette raison que les planètes les plus denses sont les plus voisines du Soleil, et qu'elles tournent autour de cet astre avec plus de rapidité que les planètes les moins denses, qui sont aussi les plus éloignées.»[53]

Buffon jubile en pensant avoir établi fermement cette relation, bien que les chiffres qu'il avance ne s'accordent de façon satisfaisante que dans le cas de Saturne

---

49. *Preuves de la théorie de la Terre, art. I* [1749], *in* Buffon [1], T. I : p. 70.
50. *Preuves de la théorie de la Terre, art. I* [1749], *in* Buffon [1], T. I : p. 71.
51. *Preuves de la théorie de la Terre, art. I* [1749], *in* Buffon [1], T. I : p. 82.
52. D'Alembert [4] : cit. *in* Lesley Hanks [7] : p. 27.
53. *Preuves de la théorie de la Terre, art. I* [1749], *in* Buffon [1], T. I : p. 73.

et de Jupiter où les densités sont entre elles comme 67 à 94$^1/_2$, et les vitesses comme 67 à 90$^{11}/_{16}$. Il lui faut recourir à des hypothèses "ad hoc" pour sauver ladite relation dans le cas des autres planètes, en invoquant notamment la *«condensation ou la coction des planètes»* due à leur plus ou moins grande proximité de la chaleur solaire. Toujours est-il qu'il ne manque pas de critiquer la relation que Newton avait pensé établir entre la densité des planètes et le degré de chaleur qu'elles ont à supporter; ce n'est aux yeux de Buffon *«qu'une cause finale»*.[54] Le sens de cette critique témoigne une fois de plus de son esprit "positif", pourrait-on dire rétrospectivement, et qui est issu pour une bonne part de l'épistémologie cartésienne fermement implantée en France, même si le contenu de la science cartésienne était à l'époque dépassé depuis plusieurs décennies. Par conséquent, les hypothèses "ad hoc" invoquées par Buffon ont au moins le mérite d'exclure tout recours aux causes finales, et permettent de substituer à celles-ci une relation "mécaniste" entre la densité des planètes et leur vitesse orbitale.

Il reste à rendre compte du passage de l'état fluido-lumineux des "proto-planètes" à l'état solide et opaque qu'elles présentent actuellement. Contrairement à Leibniz qui pensait dans sa *Protogea*[55] que la Terre était une étoile refroidie, Buffon montre ici que : *«La matière opaque qui compose les corps des planètes fut réellement séparée de la matière lumineuse qui compose le Soleil»*.[56] Cette séparation due à la collision primitive donne un sens *physique* au récit mosaïque de la Création qui relatait le séparation de la lumière d'avec les ténèbres. Dieu n'a donc pas à intervenir directement, seules les causes secondes du refroidissement suffisent à rendre compte de ce changement d'état. Pour confirmer son hypothèse, Buffon s'appuie sur les célèbres "novae" qui, bien que lumineuses par elles-mêmes, comme toute étoile, ont fini par s'éteindre et par devenir opaques. Quelle est la cause de ce changement d'état de la matière stellaire? À cette question, Buffon répond par une image relevant de l'expérience courante : d'une part, c'est la *vitesse* qui a dû éteindre le feu du torrent de matière lumineuse (comme on éteint une chandelle en l'agitant rapidement) et d'autre part ce doit être le manque de combustible. On reconnaît au passage certaines des spéculations que Stephen Hales avait développées dans son *Vegetable Statiks* et que Buffon avait traduit et préfacé en 1735.

Il est toutefois très important de remarquer ici que Buffon établit une relation entre la *durée* de la formation du système solaire et les *phénomènes thermiques*. Certes, en 1745 Buffon ne pouvait disposer des connaissances que la thermodynamique n'a pu constituer qu'un siècle plus tard, mais il met, malgré tout, au premier plan les phénomènes calorifiques dans son hypothèse cosmogonique et cela influencera largement la pensée cosmologique de Kant et surtout celle de Laplace. Buffon reprend à Descartes[57] et à Leibniz[58] l'idée d'une origine ignée de la Terre et des planètes, mais avec Leibniz et contre Descartes il admet l'action conjuguée du feu et de l'eau dans la formation des irrégularités des surfaces planétaires. La fluidité des "proto-planètes" qui permet de rendre compte de leur forme sphérique ne peut provenir que de leur énorme chaleur primitive. On sait que Kant reprochera quarante ans plus tard à Buffon de n'avoir pas cherché d'où peut provenir cette extrême

54. *Preuves de la théorie de la Terre, art. I* [1749], *in* Buffon [1], T. I : p. 74.
55. Leibniz [13].
56. *Preuves de la théorie de la Terre, art. I* [1749], *in* Buffon [1], T. I : p. 69.
57. Descartes [5], IVème partie, début.
58. Leibniz [13], cf. note 9.

chaleur primitive des étoiles qui est la cause de leur état fluidique.[59] Kant semble ignorer dans son article de 1786 que Buffon étend, cependant, ses considérations sur les phénomènes calorifiques au Soleil et aux étoiles qui devront finir par s'éteindre et s'opacifier à leur tour, sur une durée considérablement plus grande :

«Le soleil s'éteindra probablement par la même raison, mais dans des âges futurs et aussi éloignés des temps auxquels les planètes se sont éteintes que sa grosseur l'est de celle des planètes.»[60]

Il va sans dire que cette relation entre la température et la durée des étoiles et des planètes vient rallonger considérablement l'estimation de l'âge du système solaire traditionnellement admis. D'ailleurs, on retrouvera près de trente ans plus tard, dans les *Époques de la Nature*, ce même genre de considérations sur le temps qui le conduiront à envisager des durées tellement énormes (3 000 000 d'années) qu'il n'osa pas les publier, et préféra avancer timidement le chiffre plus acceptable à l'époque de 75 000 ans pour la Terre.

### d) La rotation axiale des planètes et la formation des satellites

Il reste encore à rendre compte de la rotation des planètes et de la formation des satellites connus à l'époque, c'est-à-dire la Lune, les quatre satellites galiléens de Jupiter et les cinq satellites de Saturne, puisque les deux satellites de Mars (Deimos et Phobos) étaient encore inconnus. Buffon poursuit toujours le même schéma explicatif unique : la chute oblique de la comète qui a mis en rotation axiale les parties de matière qu'elle a détachées du Soleil. La rotation axiale des "proto-planètes" est donc due à l'obliquité de la collision à la surface du Soleil conformément aux *lois du choc* et comme l'expérience courante des boules de billard ou du jeu de la toupie peuvent en fournir l'illustration. Une cause unique est donc à l'origine de la formation des planètes, de leur révolution autour du Soleil à peu près près dans le même plan et dans la même direction, et de leur rotation axiale, lorsqu'elle est suffisamment rapide, qui a pu détacher de certaines "proto-planètes" la matière consécutive de leurs futurs satellites. Dans ce cas précis, la force centrifuge a dû l'emporter sur la force gravitationnelle. Pour confirmer ses vues, Buffon allègue le fait que :

«Les planètes qui tournent le plus vite sur leur axe sont celles qui ont des satellites; la terre tourne plus vite que Mars dans le rapport d'environ 24 à 15, la terre a un satellite et Mars n'en a point; Jupiter surtout dont la rapidité autour de son axe est 5 ou 600 fois plus grande que celle de la terre, a quatre satellites, et il y a grande apparence que Saturne qui en a cinq et un anneau, tourne encore beaucoup plus vite que Jupiter.»[61]

C'est encore le même raisonnement que Buffon applique à la formation de l'anneau de Saturne et qui fit une si grande impression sur Kant et Laplace qu'il fut à l'origine de leurs idées cosmologiques. Autrement dit, les satellites sont à leur planète principale ce que les planètes sont au Soleil. Mais ce qui caractérise cette hypothèse de Buffon, c'est que les planètes et satellites ont dû, sous l'effet de cette cause unique qu'est le choc primitif de la comète, se former presque *simultanément* et se disposer à peu près dans l'ordre actuel de notre système solaire (du moins si l'on

---

59. Kant [11] : p. 74. «*Sans chaleur, il n'y a pas de fluidité. Mais d'où est venue cette chaleur originelle? Affirmer comme Buffon qu'elle émane de l'incandescence du Soleil d'où proviendraient toutes les planètes par morcellement, ne serait qu'un pis aller de courte durée, car d'où est venue la chaleur du Soleil?*» Cité in Kant [10] : p. 264.
60. *Preuves de la théorie de la Terre*, art. *I* [1749], *in* Buffon [1], T. I : p. 75.
61. *Preuves de la théorie de la Terre*, art. *I* [1749], *in* Buffon [1], T. I : p. 76.

met à part les longues considérations sur le refroidissement de la Terre et des planètes).[62] En revanche, l'hypothèse que la tradition appelle depuis Helmholtz : l'*«hypothèse Kant-Laplace»*,[63] envisage une genèse progressive et continue du système solaire sans faire intervenir de cause perturbatrice extérieure au système.

### e) De la Théorie de la Terre aux Époques de la Nature

Près de trente années séparent la publication de la *Théorie de la Terre* (1749) de celle des *Époques de la Nature* (1779), et la question se pose de savoir quelle fut l'évolution des idées cosmologiques de Buffon durant toutes ces décennies. En fait, il est frappant de voir qu'il est resté très proche des vues qu'il avait exposées dans la *Théorie de la Terre*. Toutefois, il nous semble que trois points nouveaux se dégagent à la lecture des *Époques de la Nature*. Ceux-ci viennent non pas remanier mais consolider, préciser et amplifier l'hypothèse développée trente ans auparavant.

Le premier point que la *Théorie de la Terre* avait laissé dans l'ombre, c'est l'origine des comètes et de leur formidable force d'impulsion. Bien que la question manque à la fois cruellement de données observationnelles et d'un appui théorique précis reposant sur la physique newtonienne, Buffon hasarde avec la plus grande réserve l'idée que :

> «Les comètes de notre système solaire ont été formées par l'explosion d'une étoile fixe ou d'un soleil voisin du nôtre, dont toutes les parties dispersées n'ayant plus de centre ou de foyer commun, auront été forcées d'obéir à la force attractive de notre soleil, qui dès lors sera devenu le pivot et le foyer de toutes nos comètes.»[64]

Cette idée, qui n'a rien de scandaleux sur le plan de la mécanique rationnelle, est si ingénieuse qu'elle fut considérée comme plausible jusqu'à la fin du XIX[è] siècle. Il est frappant de voir que Buffon insiste à plusieurs reprises sur les profonds changements qui peuvent affecter les étoiles dites fixes, comme par exemple dans le cas des "novae" qui *«se sont éteintes aux yeux mêmes des observateurs»*.[65]

L'explosion d'une étoile permet ainsi de rendre compte de la très grande variété de plans des orbites cométaires. Mais il faut rendre justice du fait que l'on n'a pu comprendre la vie et la mort des étoiles avant l'instauration de la physique nucléaire et l'interprétation de l'évolution stellaire à l'aide du cycle du carbone et du cycle proton-proton.

Quant au second point qui porte sur les causes de la chaleur solaire, on ne trouve que des considérations très contestables, mais qui ne sont peut-être pas dépourvues de liaison avec le point précédent. En effet, si des étoiles explosent de temps à autre, peut-être faut-il penser que cela soit dû à un excès de chaleur? Celle-ci en tout cas est causée, d'après Buffon, *«par la pression active des corps opaques, solides et obscurs qui circulent autour d'elles* [les étoiles fixes et lumineuses comme le soleil]*»*.[66] Tout se passe comme si les rayons-vecteurs, qui relient le centre de gravité des planètes et des comètes au centre de gravité du soleil, frottaient[67] sur ce dernier, le comprimant et l'échauffant ainsi par une sorte de pression que Buffon

62. *Supplément à la théorie de la Terre. Partie hypothétique. Premier Mémoire : Recherches sur le refroidissement de la Terre et des Planètes*, in Buffon [1], T. I : pp. 337-395. *Fondements des recherches précédentes sur la température des planètes*, in Buffon [1], T. I : pp. 396-414.
63. Helmholtz [8].
64. *Des Époques de la Nature* [1778], *in* Buffon [1], T. II : p. 26.
65. *Des Époques de la Nature* [1778], *in* Buffon [1], T. II : pp. 74-75.
66. *Des Époques de la Nature* [1778], *in* Buffon [1], T. II : p. 28.
67. *Des Époques de la Nature* [1778], *in* Buffon [1], T. II : p. 29.

estime proportionnelle au nombre des corps en orbite, à leur vitesse et à leur masse. Autrement dit, tant que ces corps graviteront autour du Soleil, ils entretiendront sa chaleur. Or, comme nous avons vu que l'existence des comètes a précédé l'apparition des planètes et des satellites, elles ont donc un rôle prépondérant dans l'entretien de la chaleur solaire. Est-ce à dire que l'extinction des novae soit due au fait que plus aucun corps ne gravite autour d'elles? Sur ce point, Buffon ne donne aucune indication. Peut-il même se faire que les comètes viennent à manquer aux étoiles? Buffon laisse cette question sans réponse et se contente d'affirmer que :

«Plus les corps circulants seront nombreux, grands et rapides, plus le corps qui leur sert d'essieu ou de pivot s'échauffera par le frottement intime qu'ils feront subir à toutes les parties de sa masse.»[68]

Le dernier point enfin, certainement le plus original et le plus important de tous, c'est *la prise en compte des phénomènes calorifiques* pour constituer une *échelle de temps* permettant de donner un sens *physique* à l'évolution cosmique. Déjà, à l'époque de la *Théorie de la Terre*, les *Recherches sur le refroidissement de la Terre et des planètes* étaient assez étendues.[69] Mais on constate que trente années plus tard elles se sont enrichies de nombreuses études expérimentales effectuées dans des forges sur les corps les plus divers[70] et que leurs résultats ont été utilisés pour dater les principaux événements de la formation et de l'évolution du système solaire :

«Toutes (les planètes) au commencement étaient brillantes et lumineuses; chacune formait un petit soleil, dont la chaleur et la lumière ont diminué peu à peu et se sont dissipées successivement dans le rapport des temps, que j'ai ci-devant indiqué, d'après mes expériences sur le refroidissement des corps en général, dont la durée est toujours à très peu près proportionnelle à leurs diamètres et à leur densité.» [71]

Buffon est donc moderne non seulement parce qu'il voit dans l'histoire de la nature la dimension d'intelligibilité du réel, mais encore et surtout parce qu'il a cherché dans les phénomènes physiques le moyen de mesurer le temps de l'évolution cosmique. Malheureusement pour lui, la science des phénomènes calorifiques et thermodynamiques était encore loin de voir le jour.

D'où un décalage épistémologique énorme entre la valeur de son projet cosmogonique et celle de ses résultats positifs. Ce qui reste, malgré tout, c'est le style épistémologique de Buffon qui influença profondément et durablement la pensée cosmologique européenne du XVIIIᵉ siècle.

Cette influence s'exerça principalement sur deux des plus grands cosmologistes du XVIIIᵉ siècle : Kant et Laplace. Tous deux ont retrouvé chez Buffon ce même souci d'expliquer la formation du système du monde sans quitter le cadre fixé par la mécanique newtonienne. Kant écrivit par exemple dans sa *Théorie du ciel* de 1755 : «*M. de Buffon, ce philosophe de réputation si bien méritée*»[72] et son admiration pour lui dura toute sa vie comme en témoignent les abondantes citations qui parsèment le corpus kantien et que souligne avec vigueur la précieuse étude de M. Jean Ferrari.[73]

---

68. *Des Époques de la Nature* [1778], *in* Buffon [1], T. II : p. 30.
69. Cf. note 62.
70. *Des Époques de la Nature* [1778], *in* Buffon [1], T. II : pp. 270-334.
71. *Des Époques de la Nature* [1778], *in* Buffon [1], T. II : p. 37.
72. Kant [10], II, Chap. 2 : p. 115.
73. Ferrari [6] : pp. 112 sq et p. 296.

De son côté, Laplace, qui reste le plus grand spécialiste de la mécanique céleste de son temps, et dont l'hypothèse cosmologique survécut plus d'un siècle comme le remarquait Henri Poincaré,[74] s'est montré à la fois héritier et critique de l'hypothèse de Buffon. Comment ne pas reconnaître sous la plume de Laplace un hommage à l'œuvre cosmologique de Buffon lorsqu'il écrit : *«Buffon est le seul que je connaisse qui, depuis la découverte du vrai système du monde, ait essayé de remonter à l'origine des planètes et des satellites».*[75] Toutefois, si Laplace reconnaît que ladite hypothèse peut rendre compte du mouvement des planètes dans le même sens et à peu près dans le même plan, en revanche elle ne peut expliquer que le mouvement de rotation axiale des planètes ou des satellites soit dirigé dans le même sens que leur mouvement orbital, ni le peu d'excentricité des orbites planétaires qui est cette fois contraire à l'hypothèse. Laplace précise :

> «On sait par la théorie des forces centrales, que si un corps mû dans un orbe rentrant autour du soleil, rase la surface de cet astre, il y reviendra constamment à chacune de ses révolutions; d'où il suit que si les planètes avaient été primitivement détachées du soleil, elles le toucheraient à chaque retour vers cet astre, et leurs orbes loin d'être circulaires, seraient fort excentriques.»[76]

Certes, Buffon avait lui-même aperçu cette difficulté dès la *Théorie de la Terre*, mais son imagination scientifique l'avait cru surmontable sans aucun résidu. Il n'est donc pas surprenant que Laplace l'ait repris et critiqué sur ce point. Mais il nous semble que c'est dans cette critique même que Laplace lui a rendu hommage car c'est la seule hypothèse qui lui ait paru digne d'être évoquée, discutée et dépassée :

> «Conservons avec soin, écrit Laplace, augmentons le dépôt de ces hautes connaissances, les délices des êtres pensants.»[77]

## BIBLIOGRAPHIE [*]

(1)†    BUFFON (G. L. Leclerc de), *Œuvres complètes*, Nouvelle édition annotée et suivie d'une introduction par J.L. de Lanessan, Paris, A. Le Vasseur, 14 vol., 1884-1885.

(2)†    BUFFON (G. L. Leclerc de), *Mémoire sur les fusées volantes* du 23 août 1740, réédité par Lesley Hanks, *in Revue d'Histoire des sciences*, T. XIV, n° 2, avril-juin 1961 : pp. 143-152.

(3)†    D'ALEMBERT (J.), *Encyclopédie*, article «Cosmogonie», Paris, Le Breton, 1754, T. IV.

(4)†    D'ALEMBERT (J.), Ms. supp. 384, B.P.U. Genève.

(5)†    DESCARTES (R.), *Principia philosophiae*, Amsterdam, 1644, tr. fr., Paris, 1647.

(6)    FERRARI (J.), *Les sources françaises de la philosophie de Kant*, Paris, Klincksieck, 1979.

(7)    HANKS (L.), *Buffon avant l'Histoire naturelle*, Paris, Presses Universitaires de

---

74. Poincaré [18], préface.

75. Laplace [12], 1ère éd. 1796, T. II : p. 294; 2ème éd. : p. 344; 3ème éd. : p. 389; 4ème éd. : p. 429; 5ème éd., note VII; 6ème éd. 1835, rééd. Fayard : p. 564.

76. Laplace [12] : 6ème éd. 1835, rééd. Fayard : p. 565.

77. Laplace [12] : 6ème éd. 1835, rééd. Fayard : p. 552.

[*] Sources imprimées et études. Les sources sont indiquées par le signe †.

France, 1966.

(8)† HELMHOLTZ, *Vorträge und Reden*, 4ème éd., Braunschweig, 1896.

(9)† HUYGENS (C.), *Cosmotheoros*, 1698, in *Œuvres complètes*, publiées par la Société hollandaise des Sciences, La Haye, 1888-1950, XXII volumes, tome XXI.

(10)† KANT (I.), *Allgemeine Naturgeschichte und Theorie des Himmels*, Königsberg et Leipzig, chez Hans Petersen, 1755; éd. savante AK. T. I, pp. 215-368; tr. fr. Jean Seidengart *et al.* : *Histoire générale de la Nature et Théorie du ciel*, Paris, Vrin, 1984, 315 pages.

(11)† KANT (I.), *Über die Vulkane im Monde, Berlinische Monatschrift* [1785], *in Kant's gesammelten Schriften*, Berlin, Reiner, puis Walter de Gruyter (1900-1983 ; 31 volumes parus), vol. VIII : pp. 68-76.

(12)† LAPLACE (P.S. de), *Exposition du système du Monde*, VIème édition, Paris, éd. Bachelier, 1835, 474 pages.

(13)† LEIBNIZ (G.W.), *Protogea*, in *Acta Eruditorum* de 1683; repris et développé in *Acta Eruditorum* de 1693; édition intégrale, Göttingen, 1749; trad. fr. par Bertrand de Saint-Germain, Paris, 1859.

(14)† MAUPERTUIS (P.L. Moreau de), *Essai de Cosmologie*, Berlin, 1751.

(15)† NEWTON (I.), *Principes mathématiques de la philosophie naturelle*, 3 livres, trad. française de la Marquise du Châtelet, Paris, 1756, 2 tomes.

(16)† NEWTON (I.), *Correspondence of Isaac Newton*, edited by H.W. Turnbull, Cambridge, Royal Society University Press, 3 vols, 1959, 1961.

(17) PÉCAUD (C.), «L'Œuvre géologique de Leibniz», *in Revue générale des Sciences pures et appliquées*, Tome LVIII, n° 9-10 (1951).

(18)† POINCARÉ (H.), *Leçons sur les hypothèses cosmologiques*, Paris, Hermann, 1913, 294p.

(19)† WHISTON (W.), *A New Theory ot the Earth*, London, 1696.

(20)† WHISTON (W.), *Astronomical principles of Religion*, London, 1717 et 1726.

#32757

# 21

## LES SCIENCES DE LA TERRE AVANT BUFFON :
## BREF COUP D'ŒIL HISTORIQUE

François ELLENBERGER *

Immense sujet, exigeant ici d'être traité en raccourci, exercice toujours un peu périlleux. À supposer généreusement que l'auteur ait la vaste érudition nécessaire, encore lui faudra-t-il faire un tri, un regroupement, sauf à ne présenter qu'un simple catalogue de noms et d'œuvres multiples et très inégales. Dès ce moment, la subjectivité s'introduit, inévitablement. Acceptons cette règle du jeu et tentons une subdivision préalable en "écoles" à base géographique et linguistique. Puis, dans chacune, on essayera de trouver une dominante, et l'on donnera quelques noms d'auteurs et d'œuvres marquantes.

### I

*L'École italienne* est partie bonne première, dès la Renaissance. Les deux préoccupations majeures sont les minéraux et leur classement, et d'autre part les fossiles, vus comme un genre particulier d'objets minéraux tirés du sous-sol (très longtemps en Europe, le vocable "fossile" désignera toute chose tenue pour naturelle et prélevée sous terre). Les uns et les autres voisinent ensemble rangés dans quelques meubles au sein des musées d'histoire naturelle, médailles et curiosités variées dont la création et l'enrichissement faisaient l'objet d'une véritable rivalité entre les cités d'Italie.[1] À grands frais, on s'efforçait de décrire le contenu de ces musées dans de magnifiques volumes comportant de multiples planches gravées, aujourd'hui trésors de nos bibliothèques (la parution de certains a été différée jusqu'au début du XVIIIᵉ siècle). L'intérêt de ces collections et ces inventaires descriptifs du règne minéral n'a pas été très évident pour la science, la taxonomie y restant balbutiante. Relevons aussi un grand effort d'élaboration d'ambitieuses encyclopédies couvrant les trois règnes, notamment celle d'Ulisse Aldrovandi en 17 volumes, connue de Buffon (cf. *Premier Discours*).

Les publications pour nous les plus importantes datent du XVIIᵉ siècle et sont de présentation plus humble. Elles portent sur la véritable nature et l'origine des fossiles, et très particulièrement des "glossopètres" : pour nous, simples dents de squales fossiles, très estimées et diffusées à l'époque pour leurs propriétés "médicales" alléguées. L'école italienne oscillait dès le départ entre une origine par génération *in situ* (interprétation d'influence néo-platonicienne) et une origine marine naturelle (interprétation cadrant avec le lent déplacement des mers selon

* 7 rue du Font Garant. 91440 Bures-sur-Yvette. FRANCE.
1. Voir Impey and MacGregor [23], et Ellenberger [18] : pp. 153-156.

***BUFFON 88***, Paris, Vrin, 1992.

Aristote), sans oublier les partisans de vestiges du Déluge biblique, moins actifs qu'en terres protestantes.

Fabio Colonna en 1616,[2] Agostino Scilla en 1670,[3] Paolo Boccone en 1671,[4] argumentent tour à tour avec perspicacité contre la génération spontanée des fossiles, sans emporter la conviction. Mais de loin l'auteur le plus important est le Danois Niels Stensen, plus connu comme Nicolaus Steno (= Sténon en France), rangé ici du fait que ses deux travaux essentiels sur la Terre ont été rédigés et publiés (en latin) en Toscane.[5] En fait, Sténon est de dimension européenne et domine son siècle. Il fonde véritablement à nos yeux la science géologique, en lui donnant ses bases axiomatiques définitives. L'innovation majeure est d'avoir compris que le problème de l'origine des fossiles était inséparable de celui de la signification des couches du terrain : lesquelles sont assimilables à des "strates" de "sédiment" –deux termes de chimistes désignant des précipités lités se déposant *in vitro*. Issues d'un fluide, les strates se forment nécessairement les unes au-dessus des autres, sans autres limites latérales qu'un rebord solide préexistant, et avec une surface supérieure horizontale : observées inclinées, c'est qu'elles ont été dérangées après coup.

Sténon a de plus remarqué en Toscane une dualité globale dans les couches : un ensemble de couches argilo-sableuses, fossilifères, est venu combler des vallées d'effondrement ouvertes dans un ensemble de couches rocheuses, azoïques, plus anciennes. Ces dernières dateraient de la Création, les autres du Déluge. Cette interprétation en termes bibliques était d'importance secondaire dans son excellente géologie concrète, mais allait être accaparée et déformée par les grands diluvianistes protestants. Buffon a lu Sténon, mais il ne devait guère l'apprécier, tant pour son recours au Déluge que parce que lui-même dans son propre système rejette en fait les deux grands principes de continuité latérale et d'horizontalité nécessaires primitives des couches. Buffon a-t-il connu deux autres Italiens marquants, plus proches de lui dans le temps : –d'une part Antonio Vallisnieri (1721)[6] qui réfute Woodward et défend le long séjour de la mer sur les terres, puis son abaissement lent; –d'autre part Antonio Lazzaro Moro (1740)[7], lui aussi opposé à toute utilisation géologique du Déluge (qu'il faut laisser à la théologie) et défenseur de l'origine marine naturelle des fossiles?

## II

*L'École d'Europe centrale et nordique* (de la Suisse alémanique à la Suède) est elle aussi très dynamique dès le XVIᵉ siècle. Elle partage avec l'Italie un intérêt parfois très vif pour les collections, les grandes investigations du monde vivant et du monde minéral, la question des fossiles. Gesner publie en 1565[8] le premier lot étoffé de gravures figurant des objets du sous-sol, dont 39 fossiles (Buffon ne le mentionne

2. Colonna [10], Ellenberger [18] : pp. 188-190, et Morello [36] : pp. 64-93.

3. Scilla [44], Morello [36] : pp. 147-265.

4. Boccone [4].

5. Steno [45] et [46], Ellenberger [18] : pp. 232-316 et Morello [36] : pp. 95-145. –Contrairement à nombre d'allégations, l'œuvre géologique de Sténon n'est nullement tombée dans l'oubli (cf. Ellenberger [18] : pp. 245-248).

6. Vallisnieri [47].

7. Moro [37].

8. Gesner [21], Ellenberger [18] : pp. 160-164. –Voir Roger [43] : pp. 39-48.

qu'à propos de Botanique et de Zoologie). La principale originalité de cette "école" surtout germanique, c'est d'avoir poussé très loin l'art minier en lui donnant la dignité d'une science. Une grande figure se détache : Georg Agricola, dont les œuvres[9] sont encore très lues au XVIII<sup>e</sup> siècle. De formation humaniste, il se penche sur la mine, ses hommes, ses machines et techniques (anticipant en cela sur l'*Encyclopédie* de Diderot), dont il donne par le texte et l'image une admirable et exhaustive description. Il rénove la classification du monde des minéraux, et fera longtemps référence pour leur nomenclature. Incidemment, il fait connaître l'échelle lithostratigraphique constante et détaillée des lits surmontant les célèbres Schistes cuprifères, du Harz à la Thuringe et la Saxe, aux racines de toute la stratigraphie descriptive centre-européenne (deux siècles avant que Lehmann, Füchsel et Werner la fassent éclore).

Le XVII<sup>e</sup> siècle est en Europe centrale une époque de crise et de stagnation, du moins en géologie. Il faut attendre l'année 1693 pour que le grand Leibniz publie un texte très court, simple résumé de son livre *Protogaea* (publié seulement en 1749, mais le manuscrit semble avoir circulé).[10] Peu de textes ont eu un tel impact. Leibniz fait de la Terre un astre incandescent refroidi. Sa croûte primordiale est de type vitrifié (elle forme comme le squelette, et se voit à nu, si nous le suivons bien, dans les montagnes cristallines). La base de la Terre est le *«verre»*, qui fragmenté donne le sable (il s'agit évidemment du quartz amorphe). Le lessivage de cette croûte vitrifiée par les eaux et vapeurs chaudes a donné des sels. Ainsi sont nées les mers, leurs strates, leurs fossiles. Le basculement dans des cavités souterraines a incliné les couches, résorbé une partie des eaux, fait affleurer à sec d'anciens fonds marins. Divers événements, inondations partielles, etc., ont pu ponctuer l'histoire de la Terre après le grand déroulement initial. –Buffon a été profondément marqué par cette vision de Leibniz. Il reprend dans la *Théorie de la Terre* l'idée clef du globe incandescent liquéfié, formé après refroidissement d'une *«matière vitrifiée»;* les grès, granites, peut-être argiles, en sont *«des fragments et des scories»* (*Preuves*, art. I et V). Dans les *Époques de la Nature*, la *Protogaea* complète en main, il emprunte encore plus à Leibniz. C'est guidé par ce puissant esprit que Buffon, presque seul de son siècle, a pu se libérer du carcan de la Terre, née dans le fluide aqueux primordial, archétype "protoneptunien" commun à la Bible et à Lucrèce. (De Maillet répercute lui aussi à sa façon cette origine ignée).

En marge de l'école allemande, deux noms au moins sont à citer : Varenius et Kircher. –Bernhard Varen, dit Varenius, mort en 1650, âgé de 28 ans à peine, est le fondateur de la géographie générale moderne, et son traité[11] a joui d'une vaste et durable diffusion, amplement méritée par sa modernité économe et la solidité de l'information. (Il peut être rangé, de pair avec Leibniz, parmi les sources d'inspiration de la *Théorie de la Terre* de Buffon, qui s'y réfère explicitement à diverses reprises).[12] Varenius, allemand d'origine, s'était établi en Hollande. Son ouvrage est avant tout une description méthodique du globe, tout d'abord cosmographique (méridiens et parallèles, ceintures climatiques, etc.), puis les mers, terres,

---

9. Agricola [1], Ellenberger [18] : pp. 199-210.

10. Leibniz [27], [28] et Anonyme [2]. –Fontenelle en 1706 dans l'*Histoire de l'Académie Royale des Sciences* (pp. 10-11) donne un résumé des idées de Leibniz où figurent des données absentes du bref mémoire de 1693 et typiques de passages de la *Protogaea* posthume de 1749.

11. Varenius [48].

12. Cf. *Théorie de la Terre*, in Buffon [6], T. I : pp. 86-89 (5 références); p. 219 (*in* Art VII) ; p. 391 (*in* Art. XII) ; T. II, pp. 136 et 148 (*in* Art. XIX).

courants, vents, etc., riche à coup sûr de toutes les informations de première main
recueillies auprès des navigateurs. Mais, de plus, Varenius est très intéressé par
l'étude de la coordination et de l'interaction de tous ces phénomènes, vus dans leur
réalité géographique actuelle. Évitant toute fiction cosmogonique, il envisage aussi
le passé. Ce sont les changements récents, encore en cours, qui l'intéressent,
envisagés avec une sérénité "actualiste" qui renoue avec celle des Anciens
(Hérodote, Aristote, etc.). Vivre en Hollande l'a sensibilisé à la réalité de ces
phénomènes de déplacements des rivages, tant par submersion que par accumulation
côtière, alluvionnement, atterrissement, etc. La face de la Terre est en perpétuelle
mutation. Ainsi ont pu se creuser ou se combler des détroits, s'individualiser des
îles, que ce soit par isolement ou par l'émersion des bancs dus notamment aux
apports fluviaux. Il porte une grande attention aux mouvements des eaux marines et
décrit le fait empirique d'un déplacement général d'orient en occident, qui coexiste
avec l'intumescence et la détumescence du flux et du reflux. De plus, les courants
marins suivent des routes fixes. (On sait quel usage systématique Buffon fera de ces
trois processus). La mer, à terme, est à elle seule capable d'araser les terres avec le
temps, en les submergeant. Ce sont d'immenses modifications géographiques qu'il
postule, dues à l'action cumulée (il élude le problème de la durée) des agents
quotidiens ou petites catastrophes de type actuel. Ainsi il écrit que la mer Caspienne
était reliée à l'océan *«il y a des myriades d'années»*, et qu'un jour la mer Noire
deviendra elle aussi un lac. Pour lui, certaines montagnes, contenant des fossiles,
sont sorties de la mer, mais les plus hautes sont primitives. Ses vues sur l'action des
eaux courantes, les sources, etc. sont sommaires.

On s'étonne que Varenius soit assez rarement cité par les historiens de la
Géologie, alors que son audience a été longtemps considérable.[13] En 1794,
Desmarest résume ses idées et le tient en très haute estime.[14]

Une autre célébrité du mi-XVIIᵉ siècle, Athanasius Kircher, est aux antipodes de
Varenius. Jésuite versé dans toutes sortes de connaissances, il publie abondamment,
et notamment un gros ouvrage sur le globe terrestre envisagé tant en surface qu'en
spéculant généreusement sur sa structure et son dynamisme intérieur *(Mundus
subterraneus...*, 1665, luxueusement illustré),[15] Kircher est un Allemand, tôt fixé à
Rome. En Italie, il a été très marqué par l'expérience des séismes et la vue des volcans actifs. Il est du XVIIᵉ siècle par sa volonté de décrire le globe terrestre en tant
que *«géocosme»*, corps astral doté d'une structure interne inséparable de sa
géographie et géodynamique de surface. Cet intérieur est complaisamment imaginé,
avec un grand feu central et tout un double réseau de canaux, les uns conducteurs
vers la surface de ce feu (volcans, etc.), les autres parcourus par les eaux
(alimentation des sources, communications souterraines d'une mer à l'autre, etc.)
–sans compter de grands vides souterrains. À d'autres égards, Kircher est encore un
homme du XVIᵉ siècle : amour d'énormes livres bourrés d'un fatras hétérogène, de
références érudites, d'allégations de tous degrés de crédibilité. Avec sa présentation
attirante, le *Mundus subterraneus* (entre autres ouvrages) a atteint un public
considérable de lecteurs, pour le meilleur et le pire. Son globe terrestre a des traits
pérennes : les chaînes de montagnes principales, les unes Nord-Sud, les autres Est-
Ouest, sont primitives; elles forment le squelette solide du globe. Celui-ci a aussi

13. Selon R. Lenoble [30], *«Varenius restera, pendant tout un siècle le grand classique».* –Édition
anglaise en 1733, et française en 1755.
14. Desmarest [14], article *Varenius* : pp. 615-664.
15. Kircher [25]. Voir Roger [43] : pp. 30-31 et 37.

subi de grandes mutations, par des catastrophes ou par le déplacement naturel des mers et par diverses causes de dégradation. Mais ses idées sur l'origine des fossiles sont confuses. Tout est instable dans notre monde terrestre : Dieu seul est stable. La théologie est cependant discrète chez Kircher, tout comme la cosmogonie et le rôle du Déluge dans le bouleversement de la face de la Terre. –Buffon prend toutes ses distances vis-à-vis tant des idées que de la documentation de ce célèbre auteur.

### III

*L'École britannique*. –Brusquement apparue (en même temps que la très active *Royal Society*) dans les années 1660, elle fait preuve durant un demi-siècle d'une remarquable vitalité, dans deux domaines assez tranchés : à savoir, d'une part de grandioses "Théories de la Terre", théologico-physiques, et d'autre part une investigation souvent très poussée des faits, plus spécialement ceux concernant les fossiles et les terrains qui les contiennent. Malgré l'obstacle de la langue (l'anglais était peu lu en Europe, Buffon formant une exception, et nombre d'importantes publications n'étant ni écrites en latin, ni traduites, échappaient au public français), l'école britannique a exercé une très grande influence sur la géologie naissante du XVIIIè siècle.

Avant de passer rapidement en revue la lignée, bien connue, des "Théories de la Terre", il est indispensable de remonter à leur source première et prototype : le fameux schéma géogonique de Descartes dans la *Pars quarta* des *Principia Philosophiae* (1644).[16] Fruit suprêmement audacieux de la révolution héliocentrique, on sait comment Descartes fabrique la planète Terre, astre refroidi en grande partie, par différenciation successive d'enveloppes concentriques autour d'une matière centrale résiduelle de type solaire. À un moment donné, il imagine qu'une *«croûte de terre»* externe (le *«corps E»* de sa figure classique) s'est formée, surmontant régulièrement un espace intermédiaire occupé par deux *«corps»*, l'un liquide (eau), l'autre devenant de l'air (une sorte d'atmosphère intérieure, dirons-nous). Cette situation instable ne pouvait durer et le *«corps E»*, fissuré, s'effondre inégalement. Certaines pièces s'immergent sous les eaux, devenues nos mers; d'autres, se soutenant l'une l'autre par manque de place, forment les terres émergées et les montagnes avec leurs cavités internes postulées. La configuration actuelle de notre globe est ainsi engendrée, une fois pour toutes, par une catastrophe unique, initiale, fondatrice. Au terme d'une évolution régulière, logique, nécessaire, notre géographie est née des hasards de cette chute préparée pour ainsi dire à l'avance.

La géogonie de Descartes (qu'il a la prudence de présenter comme une pure fiction) est purement "laïque" et évite soigneusement toute allusion aux textes sacrés. Les Protestants anglais, quelque quarante ans plus tard –tant l'église anglicane, désormais officielle, que les "non-conformistes»"–voient dans la Bible l'autorité souveraine et lui vouent un véritable culte. Toute histoire de la formation de notre globe et de ses avatars doit absolument confirmer géologiquement les moindres détails de l'Écriture révélée. Il s'agit là d'une ardente obligation, intériorisée et non (ou très peu) imposée du dehors. Loin de se débarrasser ici du Déluge comme étant

16. Descartes [12] et [13] ; voir aussi Roger [43] : pp. 31-39, et Ellenberger [18] : pp. 216-224. –Voir Voir Ellenberger [18] : p. 221, sur la curieuse homologie entre la vision romancée de Francesco Patrizzi (1562) et le schéma de Descartes.

un miracle incompréhensible à la faible raison humaine et donc étranger à la
«*Physique*», il importe de bonne foi, d'une part d'expliquer rationnellement
l'événement relaté par la Bible, et d'autre part de rendre compte à sa lumière de tout
ce que la Terre peut elle-même nous apprendre sur son passé. Le résultat de
l'entreprise sera une «*Théorie de la Terre*» complète. Bien rédigée, elle passionnera
tout un public imprégné de culture biblique et en même temps fervent de science en
marche. Notons que ces grands théoriciens diluvianistes, étaient volontiers sur le
plan théologique, qu'ils fussent ou non membres du clergé, des "libéraux", des exégètes jugés peu orthodoxes et par trop rationalistes.[17]

Thomas Burnet ouvre la voie avec sa *Telluris... theoria sacra* (1681, 1689),
éditée ensuite en anglais (*The theory of the Earth...*, 1684, 1690) : ouvrage ayant
connu un énorme succès durable. L'auteur, nullement scientifique, réécrit à sa manière avec force développements le scénario de Descartes, en identifiant
l'écroulement de l'orbe solide externe à l'événement biblique du Déluge.

William Whiston est un astronome de mérite. En 1696, il publie, en réponse
critique à Burnet, *A new theory of the Earth*, fort ingénieuse construction où intervient la double approche de la Terre par une comète. La catastrophe du Déluge
est ici moins radicale et plus complexe; l'eau vient pour une part de la comète, pour
une autre du «*Grand Abîme*» intérieur (alors fort généralement admis). Sur ce fluide
dense, l'orbe externe flotte littéralement, formé de «*colonnes*» inégalement
saillantes selon leur poids spécifique (bonne intuition de l'isostasie).

John Woodward est un très grand naturaliste, un observateur de terrain méthodique et passionné. Le juger uniquement d'après les multiples invraisemblances
de sa propre théorie (*An essay towards a natural history of the Earth...*, 1695) serait
fort injuste. Il a perçu que les fossiles changent avec la lithologie, d'un lieu à l'autre.
Or, il se fait l'avocat ardent de leur origine animale et végétale naturelle (et son
plaidoyer paraît avoir été réellement influent). Il s'est imprégné des idées de Sténon,
mais ne peut le suivre sur la genèse échelonnée dans le temps des strates. Il a constaté (ou cru voir) que des plus anciennes aux plus récentes, leur densité diminue,
tout comme celle des corps fossiles contenus. La solution qu'il a trouvée, c'est celle
d'une «*dissolution*» générale qui lors du Déluge a réduit à l'état de suspension
aqueuse les roches de la Terre antérieure, et entraîné en elle tous les êtres vivants
antédiluviens. Le tout s'est déposé par ordre de gravité, en se consolidant au fur et à
mesure. Les nouvelles strates à peine formées ont subi des ruptures et déformations
variables. D'où nos montagnes.

Woodward a fait deux disciples en Suisse, tous deux également de grands
naturalistes (ou plutôt trois, car le premier en date, Johann Jakob Scheuchzer, est
souvent confondu avec son jeune frère Johann). Les Scheuchzer ont exploré en long
et en large les Alpes suisses; l'aîné a publié nombre de très intéressants mémoires,
notamment sous l'angle paléontologique. Le cadet n'a pas eu de chance avec les
siens, fait regrettable, car il avait notamment rédigé vers 1705 un remarquable texte
*De Structura montium* resté inédit, où il décrit de façon très précise et lucide les
étonnants contournements des couches alpines, notamment sur les bords du lac des
Quatre-Cantons. Heureusement, son frère a publié plus tard le très beau panorama
correspondant, minutieusement relevé,[18] date marquante dans l'histoire de la

---

17. Sur l'opposition rencontrée par Burnet et Whiston et leurs ennuis de carrière dus à leur hétérodoxie
théologique, voir Davies [11] : pp. 72-74 et 86. –Voir aussi Roger [43] : pp. 45-46.
18. Voir Carozzi et Carozzi [9], et Koch [26] : pp. 195-202.

Tectonique.

L'autre continuateur de Woodward est Louis Bourguet, qui comme les Scheuchzer fait sienne la grandiose dissolution-resédimentation diluviale. Alors que Buffon est sévère pour «*M. Scheuchzer*», il fait grand cas de Bourguet, malgré tout ce qui les sépare : non seulement le Déluge, mais aussi l'orogenèse (pour longtemps discréditée par son association initiale avec lui et avec les modèles de Terre creuse). Bourguet lui aussi est un auteur malheureux. Il n'a pu publier qu'un court résumé de l'ouvrage projeté : *Mémoire sur la théorie de la Terre*, en 1729.[19] Texte dense et riche, en progrès sur Woodward et les Scheuchzer, car l'auteur propose une théorie cohérente de la formation des chaînes de montagnes, en liaison logique avec la rotation de la Terre. La surrection des montagnes vers la fin du Déluge, en ondes coordonnées dynamiquement. De plus les montagnes, loin d'être un chaos, offrent une disposition (structurale?) constante en «*angles saillants et rentrants*», clef, pour Bourguet, de la Théorie de la Terre. Buffon s'empare de cette idée; la replaçant dans un autre contexte, il y voit la preuve de la formation initiale des vallées par les courants marins; et enfin il constate que les couches, en fait, ne sont pas superposées par ordre de gravité.

J'ai fait remarquer ailleurs[20] que seule est absurde à nos yeux l'invraisemblable contraction du temps, dans le système de Bourguet. À condition d'étaler sur des millions d'années ce qu'il a resserré sur quelques mois, c'est bien tout le cycle érosion-sédimentation concomitante-orogénèse que nous voulons y retrouver, car chez lui la variété des dépôts superposés s'explique par «*la Dissolution successive de la matière de l'Ancien Monde, & l'élévation graduelle des Couches du Nouveau*». Certes, l'idée de cette «*dissolution*» quasi instantanée n'était pas crédible, mais (avec l'exception de Gautier), en réaction, le XVIII<sup>è</sup> siècle va évacuer longtemps l'érosion en tant que processus majeur : on a «*jeté le bébé dans l'eau du bain*».

Pour en revenir à l'école britannique, il faudrait pouvoir évoquer maintenant les travaux concrets de toute une série d'excellents naturalistes. Les vues remarquablement sensées et parfois prophétiques de Robert Hooke ont malheureusement souffert de n'être publiées que tardivement et seulement en anglais.[21] On sait qu'il répugne aux catastrophes, lie la sédimentation des couches aux abaissements et soulèvements du sol par l'action supposée des tremblements de terre, interprète comme organismes marins anciens les fossiles, comparés par lui à des monuments et médailles (dès 1668), entrevoit quelque peu la transformation des espèces, bref devance souvent son temps.

Une autre très grande figure est celle de John Ray l'un des plus grands botanistes de son siècle. Buffon s'y réfère à diverses reprises. Sur la Terre et son évolution, il est partagé entre sa foi religieuse et tout ce qui résulte de toutes ses multiples et excellentes observations géologiques en Europe. En particulier, il ressent douloureusement le désaccord entre la chronologie courte biblique, avec ses événements imposés, et les longues et tranquilles durées fortement suggérées par les faits de terrain. Pour lui il est évident que les fossiles sont d'anciens êtres vivants.[22]

Telle n'est pas la conclusion à laquelle arrivent trois autres naturalistes remar-

19. Bourguet [5] : pp. 177-220. -L'affirmation de l'excavation des vallées par les courants marins avant l'émersion, se retrouve [mais dans un contexte différent] dans *Telliamed* (Maillet [35]).

20. Ellenberger [17].

21. Hooke [22] ; le premier *Discourse* (sans doute le plus important), semble avoir été lu à la Royal Society en 1667-1668. [22] : pp. 279-328.

22. Ray [41] et Wagner [49].

quables, Lister, Lhwyd et Plot, hommes de terrain mais non, ou peu, théoriciens. –
Martin Lister est surtout un spécialiste de malacologie actuelle, objet à l'époque de
la passion de riches collectionneurs se disputant à prix d'or les coquilles exotiques
rares. C'est notamment pour eux qu'il publie, entre autres, un catalogue systématique avec diagnoses des coquillages d'Angleterre (1678), puis un luxueux atlas,
merveilleusement illustré, des Mollusques en général (1685-1692).[23] Tous d'eux
comportent un appendice sur les *«pierres ressemblant à des coquillages»*.–Edward
Lhwyd en 1699 publie de son côté un remarquable ouvrage essentiellement consacré
aux fossiles britanniques, méthodiquement classifiés dans un esprit déjà linnéen, et
en partie figurés.[24] Robert Plot décrit lui aussi et figure nombre de fossiles, mais
dans le cadre de *l'Histoire naturelle* de l'Oxfordshire (1677) et du Staffordshire
(1686), beaux ouvrages comportant d'intéressantes descriptions des faits de terrain.[25]

Ces trois auteurs peuvent être donc considérés comme de grands pionniers en
Paléontologie, et, comme Woodward, entrevoient l'individualité des grandes unités
lithologiques, la spécificité de leurs fossiles, et la dissemblance de beaucoup de
ceux-ci d'avec les faunes actuelles. Mais les temps n'étaient pas mûrs pour que
puissent être acceptées, et même imaginées, les idées d'une succession temporelle
des faunes, et à plus forte raison d'Évolution. Woodward a choisi la solution du
Déluge. Eux (ce qui nous surprend de la part d'aussi excellents naturalistes) optent
pour celle de corps *sui generis* formés au sein de la roche. Ce blocage, inévitable, a
largement rendu inutile ce grand effort d'étude et description des formes fossiles,
tout comme celui des naturalistes des autres pays. Car nul ne se souciait de retrouver
d'un pays à l'autre les mêmes types et associations caractéristiques décrites et
nommées avec précision (cf. plus loin le propos négatif de Réaumur). Figurer des
fossiles pour eux-mêmes ne débouchait sur rien.

## IV

*L'École française.* –Elle naît bonne dernière, seulement au début du XVIII[è]
siècle. On peut y distinguer un courant, un mouvement collectif caractérisé par une
grande prudence dans les idées, de la modestie dans les ambitions (courant où nous
pourrons un peu plus tard loger Buffon lui-même); et d'autre part quelques personnalités originales. Commençons par celles-ci. Peut-être le plus intéressant pour nous
aujourd'hui, mais apparemment le moins influent en son temps, est l'ingénieur des
Ponts et Chaussées Henri Gautier, qui a peu et mal publié sa théorie et ses observations acquises au cours de sa vie professionnelle dans le Languedoc (1721,
1723).[26] Son système postule un modèle archaïque de globe creux à croûte mince
flottant sur le fluide intérieur. Elle peut se briser, et la dérive des fragments les accumule localement en chaînes de montagnes. Mais, s'éloignant de Burnet, Gautier
confère aux seules eaux courantes d'origine pluviale le pouvoir, au prix de longues
durées, d'approfondir les vallées et d'entraîner dans les plaines puis dans les fonds
marins toute la matière des reliefs. Les couches sédimentées dans la mer, durcies

23. Lister [32] et [33] : exemplaire de la Bibliothèque Nationale.
24. Lhwyd [31].
25. Plot [38] et [39].
26. Gautier [19], repris avec importantes additions dans Gautier [20]; voir analyse détaillée dans
Ellenberger [15] et [16], où ce pionnier capital est pour la première fois mis en lumière.

avec le temps, surgiront un jour en nouvelles montagnes tandis que les anciennes terres arasées s'effondreront en mers nouvelles. Gautier est le seul jusqu'à Hutton à proposer ainsi un cycle indéfini d'orogenèses répétitives régénérant le relief, en projetant cette vision tant dans le passé que dans l'avenir. –Les rares auteurs à prendre au sérieux ce système ont été les diluvianistes Bourguet (1729, 1742), Élie Bertrand (1752), 1766) et De Luc (1779), qui le rejettent énergiquement. Buffon, ou bien ne l'a pas lu, ou bien entend l'ignorer.

À l'inverse de Gautier, Benoît de Maillet a acquis une grande notoriété posthume avec son célèbre *Telliamed*, écrit dans la décennie 1720, imprimé seulement en 1748, mais dont le manuscrit a selon toute vraisemblance abondamment circulé. Buffon en a certainement subi l'influence profonde.[27] La place manque ici pour résumer le riche contenu de ce qui est le premier livre français consacré à la Terre sous l'angle notamment géologique. Malgré, ou à cause de ses doctrines philosophiques scandaleuses (éternité de l'Univers, immenses durées, matérialisme, origine marine des animaux terrestres et de l'Homme, etc.), ce livre a bénéficié d'un immense public de lecteurs. L'évolution de la Terre est replacée dans une vaste vision cosmique de couleur cartésienne. Elle est un soleil éteint. Sur la *«croûte de l'éponge»* de cet astre mort, de l'eau en masse, de la poussière, sont venues, dépouilles d'autres globes; roulant de plus en plus les cendres calcinées restant de l'incendie éteint, les eaux meuvent et amassent ces matières en les élevant en montagnes sous-marines primordiales (ou primitives). Mais la diminution de cette mer universelle est déjà en cours, processus d'abaissement lent qui suit son cours inexorable bien que très lent, toujours en cours sous nos yeux, et clef de la géologie de *Telliamed*. Au fur et à mesure de l'abaissement de la mer, les vagues (et dans une moindre mesure les pluies) attaquent la partie émergée; les débris s'amassent en montagnes plus basses, à leur tour attaquées, et ainsi de suite. Les organismes marins se multipliaient corrélative-ment, d'où les coquillages et autres, pétrifiés, absents toutefois dans les montagnes primitives.

De Maillet a accumulé d'excellentes remarques sur la mer; il insiste sur son pouvoir d'édifier par ses courants des rides qui deviendront de nouvelles montagnes. Il attribue pratiquement aux seuls courants marins le pouvoir d'excaver des vallées, au travers des dépôts encore mobiles. (On a dit combien Buffon s'attachera à cette idée). Il ne croit pas au dérangement ultérieur des couches, et soutient qu'elles peu-vent se former d'emblée avec n'importe quelle inclinaison. Négation pure et simple, donc, de la tectonique chez cet auteur qui apportait tant d'observations personnelles de première main. Il balaie d'autre part l'idée du Déluge universel, avec quelques sarcasmes. (Cette distanciation, en fait, était "dans l'air" en France).

Tel n'était pas le sentiment de notre troisième isolé, l'Abbé Noël-Antoine Pluche. Il se veut avant tout pédagogue, s'adressant à la jeunesse et au grand public; son œuvre principale, *Le spectacle de la nature*, en 8 volumes de petit format (1732-1750), figurait de fait dans toutes les bibliothèques du siècle. Cette sorte de petite encyclopédie universelle présentée en forme d'entretiens familiers est d'un ton particulier, réaction contre trop de rationalisme et invitation à admirer l'œuvre divine dans les infinies richesses de la Nature (sentiment proche de celui de la Théologie naturelle anglaise). À l'occasion, Pluche se montre un observateur très

---

27. Mailllet [35] ; voir aussi la traduction en anglais avec étude critique par A.V. Carozzi, *Telliamed*, University of Illinois Press, 1968, XIV-465p.

qualifié. Par exemple, il donne un relevé fort exact des couches [Auversien à Yprésien] supportant la ville de Laon (lithologie, épaisseurs, nappe aquifère). On s'étonne que Buffon n'ait pas jugé bon de faire état de cette coupe, la première publiée en France.[28] Il est vrai qu'outre, peut-être, une certaine jalousie d'auteur, il ne devait aimer ni l'apologétique souriante de Pluche, ni ses idées, notamment la place qu'il fait au bouleversement apporté par le Déluge aux couches déjà formées, qui s'effondrent, se disloquent, etc., tandis que les eaux roulent l'une sur l'autre les couches de coquillages, ainsi que des végétaux terrestres.

Voyons maintenant en quoi a consisté le "courant" auquel il a été fait plus haut référence, en quelque sorte "officiel". En 1707, le célèbre médecin Jean Astruc présente à la Société Royale de Montpellier un mémoire de répercussion durable, bien que non publié alors.[29] Il s'agit d'interpréter les *«pétrifications»* abondantes dans le sous-sol local. Astruc le traite par le biais de l'Histoire : il est constant que dans le Bas-Languedoc, les preuves abondent du retrait séculaire de la mer, toujours en cours. Les fossiles précités y trouvent une explication toute naturelle.

Mais le principal lieu où "l'École française" se constitue est l'Académie Royale des Sciences. Quelques articles mémorables sur la Terre paraissent dans les *Mémoires*, notamment écrits par Antoine de Jussieu (1718, 1721) et par Réaumur (surtout 1720); ils seront très souvent cités par la suite. Mais non moins important est le rôle joué par les chroniques annuelles rédigées par le Secrétaire perpétuel, Fontenelle, dans l'*Histoire* qui ouvre chaque volume. Il ne se contente pas de résumer brièvement les mémoires et communications reçus par l'Académie, mais y ajoute ses propres réflexions personnelles, marquées au coin du bon sens, de la prudence, et d'un discret scepticisme. On est en droit de dire que toute la géologie française du siècle des Lumières en a été influencée. Entre 1703 et 1723, l'évolution des idées de Fontenelle[30] est intéressante à suivre. Dès le début, il rejette les *«jeux de la nature»* comme explication des fossiles, mais non, *a priori*, le rôle du Déluge universel. Toutefois les observations de Saulmon en Picardie (1707) appuient l'idée de lentes avancées et retraites de la mer. En 1706, l'*Histoire* fait état des vues de Leibniz d'où il résulterait que la mer aurait jadis couvert toutes les terres, d'où les fossiles; –les eaux se retirant ensuite dans des abîmes souterrains. Fontenelle développe à son compte cette vision, en posant qu'une grande révolution générale a pu découvrir les terres émergées, suivie de révolutions particulières; les couches, s'effondrant, ont basculé, et ont même pu s'élever parfois en montagnes. Les très intéressantes observations en 1718 sur les Plantes fossiles de *«Saint-Chaumont»* [bassin houiller de Saint-Étienne], faites par A. de Jussieu,[31] inexplicables selon lui par le Déluge, plongent une fois de plus Fontenelle dans la perplexité : il n'est jamais l'homme d'une solution unique et péremptoire. Mais c'est surtout le mémoire de Réaumur sur les faluns de Touraine et les conséquences à en tirer (1720)[32] qui enthousiasme l'historien de l'Académie. Son auteur ne dit mot du Déluge. Ces amas de coquilles ne peuvent être dus qu'au séjour naturel ancien de la

28. Pluche [40], (T. III, 1735 : pp. 157-160 pour la coupe de la *«montagne»* de Laon).

29. Anonyme [2] et Astruc [3] ; le manuscrit original est daté 1707.

30. R. Rappaport a spécialement retracé cette évolution (*in litt.*).

31. Jussieu [24].

32. Réaumur [42]. Jussieu, puis Réaumur, font sortir de l'oubli le rôle de pionnier de Bernard Palissy. Mais Jussieu, suivi par Fontenelle (que Buffon répercute à son tour] crédite à tort Palissy de l'affirmation que les fossiles sont dus à un ancien séjour des mers. –Voir [18] : pp. 135-146. Voir aussi, *Ibid.* : pp. 224-232, le rôle méconnu de Gassendi, héritier très probable de la pensée de Palissy, et l'un des rares Français du XVIIe siècle (avec un peu Pierre Borel) à s'intéresser aux fossiles.

mer, et impliquent peut-être un grand courant qui de la Manche, allait vers la Rochelle, jalonné par divers gisements de fossiles fort variés (Oursins, Coquilles pétrifiées, Cornes d'Ammon, etc.). Ce qui incite Fontenelle (sa référence ici au Déluge n'est plus qu'une clause de style de pure forme) à lancer l'idée de sortes de cartes géographiques *«dressées selon toutes les Minieres de Coquillages enfoüis en terre»*.

Voici désormais ouverte ce qui sera l'une des dominantes de l'école française de la suite du siècle : une vision horizontaliste, paléogéographique des choses, où la variété des faunes dans les bassins des plaines n'implique nulle idée de succession dans le temps. Vision que développera Rouelle dans la décennie 1750, et à laquelle Desmarest restera toute sa vie attaché. On conçoit que dans cet esprit, Réaumur, dans son mémoire, ait écrit qu'à ses yeux les figurations des fossiles n'étaient déjà que *«trop multipliées»*, n'ayant guère d'utilité que leur localisation.

Après Jussieu et Réaumur, le mouvement géologique "officiel" en France paraît s'assoupir. C'est probablement dû à un déplacement d'intérêt, la grande entreprise devenant la détermination de la *figure de la Terre*. La Physique du globe devient pour un temps la préoccupation dominante, coïncidant avec le triomphe tardif de la doctrine de Newton. Le globe devient un ellipsoïde oblatif certain, apparemment solide en son entier (à quelques cavernes facultatives près). La tectonique, déjà discréditée par son association aux géogonies diluvianistes, semble devenir une impossibilité physique démontrée; on n'en parlera même plus, durant un demi-siècle. Les fossiles sont désormais, pour de bon, acceptés comme étant d'anciens organismes, mais ceux des hautes montagnes poseront un irritant problème, durable.

### CONCLUSION

Ce bref panorama de la géologie avant Buffon nous a surtout montré une grande hétérogénéité des idées sur la Terre, à chaque moment, et au sein même des "écoles" nationales que nous avons tenté de prendre pour cadre général. Il est évident qu'il n'existe pas encore de Science de la Terre organisée. De nouvelles descriptions des faits, de mieux en mieux contrôlées, sont recueillies et dûment répercutées dans des grands périodiques savants qui commencent à se multiplier; on se méfie de plus en plus des documents antérieurs. Cette méfiance sera très sensible chez un Buffon, qui préfère souvent se fier aux rapports des voyageurs récents. Il juge bon de commencer son livre par une démolition sans pitié des grandes *«Théories de la Terre»*, qui avaient apparemment conservé même dans les années 1740 un grand pouvoir de séduction. Pourquoi reprend-il alors ce même terme à son compte pour son propre ouvrage, d'un tout autre caractère? Je laisse à mon collègue Gohau le soin de répondre à cette question, en connaissance de cause, et de vous développer tout ce que la grande entreprise de Buffon a dès le départ apporté à la Géologie en formation.

## BIBLIOGRAPHIE *

(1)†     AGRICOLA (G.), *De re metallica Libri XII. Quibus Officia, Instrumenta, Machina, ac omnia denique ad Metallicam spectantia, non modo luculentissimè describuntur, sed & per effigies, suis locis insertas, adjunctis Latinis Germanisque appelationibus, ita ab oculos ponuntur, ut clarius tradi non possint. Quibus accesserunt hâc ultimâ editione, Tractatus ejusdem argumenti, ab eodem conscripti, sequentes. De Animalibus Subterraneis, lib. I. De Ortu & Causis Subterraneorum, Lib. V. De Natura eorum quaz effluunt ex Terra, Lib. IV. De Natura Fossilium, Lib. X. De Veteribus & Novis Metallis, Lib. II. Bermannus sive de Re Metallica, Dialogus, Lib. I. Cum indicibus diversis quicquid in Opera tractatum est, pulchre demonstrantibus*, Basile, Sumptibus & Typis, Emanuelis König, 1557, 708p., illustr.

(2)†     *Anonyme*, «Extrait de l'Assemblée publique de la Société Royale des Sciences, tenuë dans la grande Sale de l'Hôtel de Ville de Montpellier», *Journal de Trévoux* ou *Mémoires pour servir à l'histoire des Sciences & des Beaux Arts*, année 1708, article XXXVII, pp. 506-525. (Réédition Slatkine Reprints, Genève, 1968, année 1708, 137-142).

(3)†     ASTRUC (J.), «Mémoire sur les Pétrifications de Boutonnet. Par M. Astruc», *Histoire de la Société Royale des Sciences, établie à Montpellier, avec les Mémoires de Mathématiques et de Physique, Tirés des Registres de cette Société*, I, Lyon 1766, *Mémoires* : pp. 48-74.

(4)†     BOCCONE (P.), *Recherches et Observations Naturelles Sur la Production de plusieurs Pierres, principalement de celles qui sont de figure de Coquille, & de celles qu'on nomme Corne d'Ammon, Sur la petrification de quelques Parties d'animaux, Sur les principes des Glossopetres, Sur la Pierre etoilée, Et sur l'Embrasement du Mont Gibel ou Etna arrivé en l'an 1669*, Par Mr Boccone Sicilien, qui en a fait à diverses fois le discours & les demonstrations dans l'Académie de Mr l'Abbé Bourdelot, À Paris, Chez Claude Bardin, 1671 [1672], VIII-112p., pl. 2è édition modifiée, Amsterdam, Janson, 1674, I-136p., pl.

(5)†     BOURGUET (L.), *Lettres philosophiques sur la formation des sels et des crystaux et sur la génération & le mechanisme organique des plantes et des animaux; à l'occasion de la pierre belemnite et de la pierre lenticulaire. Avec un mémoire sur la théorie de la terre*, Amsterdam, H. L'Honoré, 1729, XLIV-220p., pl.

(6)†     BUFFON (G.L. Leclerc de), *Œuvres complètes*, mises en ordre et précédées d'une notice historique par M.A. Richard, Paris, Pourrat frères et Roret, 1835, 22 vol. in 8°.

(7)†     BURNET (Th.), *Telluris Theoria Sacra : orbis nostri originem & mutationes generales, quas aut jam subiit, aut olim subiturus est, complectens. Libri duo priores de diluvio & paradisio*, Londini, Gualt. Kettilby, 1681, 306p., illustr. - (Idem)...*Libri duo posteriores de conflagratione mundi, et de futuro rerum statu*, Londini, Gualt. Kettilby, 1689, 262p.

(8)†     BURNET (Th.), *The Theory of the Earth : Containing an Account of the Original of the Earth and of all the general changes which it hath already undergone, or is to undergo, till the Consummation of all Things. The two first books concerning the Deluge, and concerning Paradise*, London, printed by R. Norton, for W. Kettilby, 1684, 327p., illustr. – (Idem)... *The two last books, Concerning the Burning of the World, and Concerning the New Heavens and New Earth*, London, printed by R. Norton, for W. Kettilby, 1690, 224p., illustr. Réédit. par B.Willey, Southern

---

* Sources imprimées et études. Les sources sont indiquées par le signe †.

Illinois University Press, 1965.

(9)     CAROZZI (M.) et CAROZZI (A.V.), «Sulzer's antidiluvianist and catastrophist theories on the origin of mountains», *Archives des Sciences*, Genève, 40 (2), (1987) : pp. 107-143.

(10)†   COLONNA (F.), *Fabii Columnae Lyncei De glossopetris dissertatio* (publié en annexe de *Fabii Columnae Lyncei Purpura. Hoc est de purpura ab animali testaceo fusa, de hoc ipso animali, aliisque rarioribus testaceis quibusdam,* Ad Ill.mum Jacobum Sannesium Cardinalem..., Romae, 1616). Texte reproduit *in* Lister [33] : pp. 70-93 (avec traduction en italien).

(11)    DAVIES (G.L.), *The Earth in Decay - A History of British Geomorphology 1578-1878*, Amsterdam, Elsevier, 1969, XVI-390p.

(12)†   DESCARTES (R.), *Principia Philosophiae,* Amstelodami, apud Ludovicum Elzevirium, 1644, 310p., illustr. Réimpr. *in Œuvres de Descartes*, édit. Ch. Adam et Paul Tannery, T. VIII-1, 1905.

(13)†   DESCARTES (R.), *Les principes de la philosophie escrits en latin Par René Descartes. Et Traduits en François par vn de ses Amis,* Paris, Henry Le Gras, 1647, (58)-487p. Réimpr. *in Œuvres de Descartes*, édit. Ch. Adam et Paul Tannery, nouv. édit. Paris, Vrin-CNRS, T. IX-2, 1971, XXIII-362p., 20 pl.

(14)†   DESMAREST (N.), *Encyclopédie méthodique, ou par ordre de matières : Par une société de gens de Lettres, de savans et d'artistes : Géographie physique,* T. I, Paris, chez H. Agasse, an III (1794-1795), 859p.

(15)    ELLENBERGER (F.), «À l'aube de la géologie moderne : Henri Gautier (1660-1737). Première partie : Les antécédents historiques et la vie d'Henri Gautier», *Histoire et Nature*, 7 (1975) : pp. 3-58.

(16)    ELLENBERGER (F.), «À l'aube de la géologie moderne : Henri Gautier (1660-1737). Deuxième partie : la théorie de la Terre d'Henri Gautier (Documents sur la naissance de la science de la Terre de langue française)», *Histoire et Nature*, 9-10 (1976-1977) : pp. 3-154.

(17)    ELLENBERGER (F.), «Le dilemme des montagnes au XVIII[è] siècle : vers une réhabilitation des diluvianistes?», *Revue d'Histoire des Sciences*, 31 (1978) : pp. 43-52.

(18)    ELLENBERGER (F.), *Histoire de la Géologie. Tome I : Des Anciens à la première moitié du XVII[è] siècle,* Paris, Technique et Documentation-Lavoisier, 1988, 352p., 14 fig.

(19)†   GAUTIER (H.), *Nouvelles conjectures sur le globe de la terre, où l'on fait voir de quelle maniere la terre se détruit journellement, pour pouvoir changer à l'avenir de figure : comment les pierres, les mineraux, les métaux & les montagnes ont été formez; les corps étranges, comme les carcasses des animaux, les coquillages, &c. qu'on y trouve, y ont été ensevelis; le prompt retour des marées, par des abysmes dans des mers interieures où elles circulent sous sa croûte, celle de la profondeur de toutes les mers, le grand vuide qui occupe le dedans de son Globe, la hauteur de notre Atmosphere, & plusieurs autres difficultez tres curieuses que l'on y résout, dont on ne pouvait rendre aucune raison. Le tout prouvé par des experiences tres naturelles,* Par le Sieur H.G.I.D.P.E.C.D.R. [=H. Gautier, Architecte-Ingénieur, & Inspecteur des Grands Chemins, Ponts & Chaussées du Royaume], Paris, André Cailleau, 1721, (VIII)-53 pl., 1 pl. dépl.

(20)†   GAUTIER (H.), *La Bibliotheque des Philosophes et des Sçavans, tant anciens que modernes, avec les Merveilles de la Nature, où l'on voit leurs Opinions sur toute sorte de matieres Physiques; comme aussi tous les systemes qu'ils ont pû imaginer jusqu'à présent sur l'Univers, & leurs plus belles Sentences sur la Morale; et enfin les Nouvelles Découvertes que les Astronomes ont faites dans les Cieux,* Par le Sieur H. Gautier, Architecte-Ingenieur, & Inspecteur des Grands Chemins, Ponts & Chaussées du Royaume. À Paris, Chez André Cailleau..., 1723, T. I (12)-704p., 2 pl.; t. II, 678p., 4 pl., dépl.-1734, T. III [titre un peu changé], V-

546-(12)p.

(21)† GESNER (K.), *Conradi Gesneri De rerum fossilium, lapidum et gemmarum maximè, figuris & similitudinis liber : non solùm Medicis, sed omnibus rerum Natura ac Philologiae studiosis, utilis & iucundus futurus.* (Partie d'un recueil collectif : *De omni rerum fossilium genere, gemmis, lapidibus, metallis, et huiusmodi, libri aliquot, plerique nunc primum editi...*, Tiguri, excudebat Iacobus Gesnerus, 1565, 8 vol. en un).

(22)† HOOKE (R.), *Lectures and Discourses of Earthquakes, and Subterraneous Eruptions. Explicating the Causes of the Rugged and Uneven Face of the Earth; and What Reasons may be given for the frequent finding of Shells and other Sea and Land Petrified Substances, scattered over the whole Terrestrial Superficies.* Forme les pp. 277-450 des *Posthumous Works of Robert Hooke..., published by Richard Waller...*, London, Printed by S. Smith and B. Walford, 1705. Réimpr. fac-similé par Arno Press, New York, 1978, avec introductions.

(23)   IMPEY (O.) et MACGREGOR (A.), *The Origin of Museums-The Cabinet of Curiosities in Sixteenth-Century in Europe. Edited by Oliver Impey and Arthur MacGregor,* Oxford, Clarendon Press, 1985, 335p., 105 fig. (ouvrage collectif, 33 articles).

(24)† JUSSIEU (A. de), «Examen des causes des Impressions des Plantes marquées sur certaines Pierres des environs de Saint-Chaumont dans le Lionnois», *Mémoires de l'Académie Royale des Sciences,* année 1718 (paru 1719) : pp. 287-297, pl.

(25)† KIRCHER (A.), *Mundus subterraneus, in XII Libros digestus; quo divinum subterrestris mundi opificium, mira ergasteriorum in eo distributio, verbo* παντατμορφον *protei regnum, universae denique naturae majestas & divitiae summa rerum varietate exponuntur...*, Amstelodami, Apud Joannem Janssonium & Elizeum Weyerstratenn, 1665, 2 vol. en un, 29-446-9p.

(26)   KOCH (M.), *Vierteljahrsschrift der Naturforschenden Gesellschaft in Zürich,* 97 (1952) : pp. 191-202.

(27)† LEIBNIZ (G.W. von), «Protogaea autore G.G.L.», *Acta eruditorum anno MDXCIII publicata Cum S. Caesareae Majestatis & Potentissimi Electoris Saxoniae.* Lipsiae, 1693 : pp. 40-42.

(28)† LEIBNIZ (G.W. von), *Summi polyhistoris Godefridi Guilielmi Leibnitii Protogaea, sive de prima facie telluris et antiquissimae historiae vestigiis in ipsis naturae monumentis dissertatio, ex schedis manuscriptis viri illustris in lucem edita a Christiano Ludovico Scheidio,* Goettingae, Sumptibus I.G. Schmidii, 1749, 86p., 12 pl.

(29)† LEIBNIZ (G.W. von), *Protogée ou de la formation et des révolutions du globe.* Trad. franç. par Bertrand de Saint-Germain, avec introduction et notes. Paris, L. Langlois, 1859, LXIV-138p.

(30)   LENOBLE (R.), «La Géologie au milieu du XVᵉ siècle», *Conférences du Palais de la Découverte,* série D, n°27 (1954) : p. 34.

(31)† LHWYD (E.), *Lithophylacii Britannici Ichnographia, sive, lapidum aliorumque fossilium Britannicorum singulari figura insigniu; quotquot hactenus vel ipse invenit vel ab amicis accepit, distributio classica, scrinii sui lapidarii repertorium cum locis singulorum natalibus exhibens...*, Lipsiae, Sumpt. J. L. Gleditsch & Weidmann, 1699, 139p., fig., 23 pl.

(32)† LISTER (M.), *Historiae Animalium Angliae, tres tractatus - Unus de araneis. Alter de cochleis tum terrestribus, tum fluviatilibus. Tertius de cochleis marinis. Quibus adjectus est quartus de lapidibus ejusdem insulae ad cochlearum quandam imaginem figuratis...*, Londini, apud. Joh. Martyn Regiae societatis typographum, 1678, 250p., 9 pl.

(33)† LISTER (M.), *Martini Lister. Historiae sive Synopsis Methodicae Conchyliorum quorum Omnium Picturae, ad vivum delineatae, exhibetur...* (Première partie) : Londini, aere incisum, Sumptibus authoris. Susanna et Anna Lister Figuras pin.,

1685. -(Deuxième partie) *Appendix ad Librum III de Conchitis ysve Lapidibus qui quondam similitudinem cum Conchis marinis habeant..., 1688.* -(Troisième partie) *Appendix ad Historiae conchyliorum Librum IV de Buccinitis ysve Lapidibus, qui buccina omnigena valde referant...,* 1692.

(34)† LISTER (M.), «A Letter of Mr Martin Lister, written at York August 25 1671, confirming the Observations in n° 74, about Musk sented Insects; adding some Notes upon D. Swammerdam's book of Insects, and on that of M. Steno concerning Petrify'd Shell», *Philosophical Transactions*, vol. IV, 1671. London : pp. 2281-2284.

(35)† MAILLET (B. de), *Telliamed ou Entretiens d'un philosophe indien avec un missionnaire françois Sur la Diminution de la Mer, la Formation de la Terre, l'Origine de l'Homme, &c. Mis en ordre sur les Mémoires de feu de M. de Maillet.* Par J. A.G.\*\*\*. Amsterdam, Chez L'Honoré et Fils, 1748, 2 tomes en un volume, CXIX-(8)-208-231p. Réimpr. de la Troisième édition, La Haye, Pierre Gosse, publiée par Le Mascrier, 1755, *in* Corpus des Œuvres de philosophie de langue française, Paris, Fayard, 1984, 368p.

(36) MORELLO (N.), *La nascita della Paleontologia nel Seicento - Colonna, Stenone e Scilla*, Milano, Franco Angeli, 1979, 265p., fig.

(37)† MORO (L.), *De Crostacei e degli altri marini corpi che si truovano su' Monti*, Venezia, S. Monti, 1740, 2 livres en un vol., 452p.

(38)† PLOT (R.), *The Natural History of Oxford-shire, being an essay toward the natural history of England*, Oxford, Printed at the Theater, 1677, 358p., pl.

(39)† PLOT (R.), *The Natural History of Stafford-shire*, Oxford, Printed at the Theater, 1686, 450p., pl.

(40)† PLUCHE (N.A.), *Le Spectacle de la nature ou Entretiens sur les particularités de l'Histoire Naturelle qui ont paru les plus propres à rendre les Jeunes-Gens curieux et à leur former l'esprit*, Paris, Estienne frères, 8 vol. 1732-1750.

(41)† RAY(J.), *Three Physico-theological Discourses concerning I. The Primitive Chaos, and Creation of the World. II. The General Deluge, its Causes and Effects. III. The Dissolution of the World, and Future Conflagration. Wherein are largely discussed, the Production and Use of Moutains; the Original of Fountains, of Formed Stones, and Sea-Fishes Bones and Shells found in the Earth; the Effects of particular Floods, and Inundations of the Sea; the Eruptions of Volcano's; the Nature and Causes of Earthquakes*, 2d ed. very much enlarged.., London, Sam Smith at the Princes Arms, 1693, 406p., pl. Réimpr. fac-similé de la 3è édition, 1713 par Arno Press, New York, 1978.

(42)† RÉAUMUR (R.A. Ferchault de), «Remarques sur les Coquilles fossiles des quelques cantons de la Tourraine, & sur les utilités qu'on en tire», *Mémoires de l'Académie Royale des Sciences,* année 1720 (paru 1722) : pp. 400-416.

(43) ROGER (J.), «La Théorie de la Terre au XVII$^e$ siècle», *Revue d'Histoire des Sciences*, 26 (1973) : pp. 23-48.

(44)† SCILLA (A.), *La vana speculazione disingannata dal senso. Lettera risponsiva circa i corpi marini, che petrificati si trovano in varij luoghi terrestri*, Napoli, Andrea Colicchia, 1670, 168p., 28 pl. Reproduit *in* Lister [33] : pp. 153-265.

(45)† STENO (N.), *Elementorum myologiea specimen, seu musculi descriptio geometrica. Cui accedunt canis carchariaè dissectum caput, et dissectus piscis ex canum genere...*, Florentiae, Ex Typographia sub signo Stella, 1667, 123p., illustr. Le texte du... *Canis Carchariae...* (= les pp. 90-110) est reproduit *in* Lister [32] : pp. 100-142.

(46)† STENO (N.), *Nicolai Stenonis De solido intra solidum naturaliter contento dissertationis prodromus...*, Florentia, Ex typographia sub signo Stellae, 1669, 78 pl., 1 pl. dépl. –Trad. angl. avec introd. et notes par J.C. Winter et W.H. Hobbs, *Univ. of Michigan Studies Humanistic series*, XI : pp. 165-283, New York, Macmillan, 1916.

(47)† VALLISNIERI (A.), *De' corpi marini, che su' monti si trovano; della loro origine ; e dello stato del mondo avanti'l Diluvio, nel Diluvio, e dopo il Diluvio. Lettere critiche... con le annotazioni, alle quali s'aggiungono tre altre lettere critiche contra le opere del Sig. Andry, Francese e suoi giornali...* Venezia, Domenico Loviso, 1721, 254p. 2ème édit. 1728, 272p.

(48)† VARENIUS (B.), *Geographia generalis. In qua affectiones generales telluris explicantur*, Amstelodami, Apud L. Elzevirium, 1650, 3 vol. en un, 786p., fig. Nombreuses éditions ultérieures; à partir de 1672, texte revu par Newton.

(49)† WAGNER (P.H.), «Steno and Ray – Two Geologists and Men of Faith», *In* J.E. Poulsen and E. Storrason, eds., *Nicolaus Steno 1638-1686 : A Re-consideration by Danish Scientists*, Gentofte, Nordisk Insulinlaboratorium, 1986 : pp. 153-166.

(50)† WHISTON (W.), *A New Theory of the Earth, From its Original, to the Consummation of all Things. Wherein the Creation of the World in Six Days, the Universal Deluge, And the General Conflagration, as laid down in the Holy Scriptures, are shewn to be perfectly agreeable to Reason and Philosophy. With a large introductory Discourse concerning the Genuine Nature, Stile and Extent of the Mosaick History of the Creation*, London, Printed by R. Roberts for Benj. Tooke, 1696, 338p. Réimpr. fac-similé par Arno Press, New York, 1978.

(51)† WOODWARD (J.), *An Essay toward a Natural History of the Earth : and Terrestrial Bodies, Especially Minerals : As also of the Sea, Rivers and Springs. With an Account of the Universal Deluge And of the Effects that it had upon the Earth*, London, R. Wilkin, (14)-277p. Réimpr. fac-similé par Arno Press, New York, 1978.

(52)† WOODWARD (J.), *Géographie Physique, ou Essai sur l'histoire naturelle de la Terre, trad. de l'anglois par M. Noguez, doct. en médecine : Avec la Réponse aux observations de M. le Doct. Carmerarius; plusieurs lettres écrites sur la même matière, & la distribution méthodique des Fossiles...*, Paris, Briasson, XIV-391p. Édition en latin, Londres, 1714.

#32 758

## 22

# LA "THÉORIE DE LA TERRE", DE 1749

Gabriel GOHAU *

L'œuvre géologique et minéralogique de Buffon forme les deux extrémités de l'*Histoire naturelle*. Elle l'ouvre, puisque le *Premier Discours* sur *La manière de traiter l'histoire naturelle* est immédiatement suivi d'un *Second Discours* sur l'*Histoire et la théorie de la Terre*, lequel avec les dix-neuf articles de *Preuves*, constitue l'essentiel du vol. 1 de l'*Histoire naturelle* (1749). Elle la ferme évidemment avec les cinq tomes de l'*Histoire des minéraux* (1783-1788). Entre les deux, un long intervalle pendant lequel Buffon ne revient à la Terre qu'avec les volumes des *Suppléments* parus à partir de 1774. Le tome 1 (1774) contient de la physique générale. C'est dans le tome 2 (1775), avec le mémoire sur *Le refroidissement de la Terre et des planètes* qu'il renoue avec le globe. Et naturellement, le fameux tome 5 (1778) contient les *Époques de la Nature*, et des additions à la *Théorie de la Terre*.

M. Ellenberger ayant clairement montré, dans son très riche exposé, où en était le problème de la «théorie de la Terre» en 1748, je m'engagerai donc sans plus attendre dans la présentation de la *Théorie de la Terre* (1749) de Buffon. L'auteur se démarque immédiatement de ceux qui ont bâti des *«systèmes»*. Le domaine étant vaste et les faits qui le concernent *«inconnus»* ou *«incertains»*, il était *«plus aisé d'imaginer un système que de donner une théorie»*.[1] Les systématiques, ce sont les cosmogonistes anglais, Whiston, Burnet et Woodward, dont Buffon nous déclare qu'il parlera *«légèrement»*. Il les brocarde comme il a raillé Linné et les méthodistes qui ont fondé leur système botanique ou zoologique *«sur des principes arbitraires»*.

A l'inverse, *«l'historien est fait pour décrire et non pour inventer, il ne doit se permettre aucune supposition»*. Son rôle est de combiner les observations et de généraliser les faits, bref de se borner *«à des inductions»*.[2] Buffon reprend l'objectif de Newton : ne pas *«feindre d'hypothèse»*.

Plus loin, dans les articles II à IV des *Preuves*, il examine avec quelques détails, sinon une parfaite compréhension, les systèmes des trois auteurs anglais. Il ajoute, dans un article V, le survol de *«quelques autres systèmes»*. Il est intéressant de savoir qui Buffon reconnaît avoir lu, qui au contraire il ignore, néglige ou dissimule.

Il expose la conception de Leibniz qu'il ménage, tout en lui reprochant de ne s'intéresser qu'au passé de la Terre. Il évoque Jean Scheuchzer, pour sa dissertation présentée en 1708 par Fontenelle à l'Académie. Mais il ne le distingue pas de son frère Jean-Jacques, plus célèbre, il est vrai, et à qui Buffon reproche, dans sa *«plainte des poissons»* et dans sa *Physica sacra*, d'avoir mêlé *«la physique avec la*

* 2 av. Bernard Palissy. 92 210 Saint-Cloud. FRANCE.

1. *Second Discours : Histoire et théorie de la Terre* [1749], in Buffon [3] : p. 66.
2. *Ibid.* : p. 68.

*théologie».*[3]

Lui-même tient à séparer les deux préoccupations. En fait, il veut expliquer rationnellement ce que les auteurs attribuent au Déluge.

Mais pour ménager (en vain comme on sait) les théologiens sourcilleux de la Sorbonne, il affirme que *«les miracles doivent nous tenir dans le saisissement & dans le silence».*[4] Et que c'est pour respecter la Bible, qui dit explicitement que les montagnes sont antérieures au Déluge, qu'il réfute Burnet et Woodward.

La place du Déluge chez Sténon l'empêche peut-être de voir son originalité. Il ne lui consacre que quelques mots, répétant plus ou moins ce que disait Fontenelle (1708) sur l'action secondaire des *«inondations»* et des *«tremblements de terre».*[5] Mais nous aurions tort d'en être déçus car si la profonde perspicacité de Sténon était accessible au regard de Buffon, ce serait qu'elle est moins anticipatrice que nous ne le croyons. Sténon n'est si proche de nous, que parce qu'il ne l'est pas d'un lecteur de 1740.

Buffon termine par Ray, auteur de *Trois discours physico-théologiques...*, qu'il connaît sans doute aussi pour ses classifications botaniques, quoiqu'il n'en dise rien dans le *«Premier Discours sur la Manière de traiter l'Histoire naturelle».*

Pourtant, avant tous ces auteurs, il a cité Louis Bourguet, à qui il reproche son manque d'élévation. Il lui rend cependant hommage pour *«la belle et grande observation»* de la *«correspondance des angles des montagnes».* Il y reviendra dans les *Preuves* (art. IX, sur *Les inégalités de la surface de la Terre*), et donnera cette observation pour preuve que *«les courans de la mer ont donné aux montagnes la forme de leurs contours».*[6]

Au total, on voit en utilisant les données exposées par F. Ellenberger, qu'il oublie surtout Maillet et Gautier. Ainsi que Pluche. Le premier était manifestement connu de lui, car nous verrons combien sa théorie de la sédimentation des montagnes est proche de celle du *Telliamed.* Mais d'une part, il vaut toujours mieux citer ses devanciers quand on les réfute que lorsqu'on les utilise. Et d'autre part, *Telliamed*, encore à l'état de manuscrit quand Buffon achève son *Second Discours* (daté du 3 octobre 1744), n'est pas le genre de lecture que peut avouer l'Intendant du Jardin du Roi.

Pluche était aussi, sans doute, connu de lui. Mais c'était un concurrent trop direct. Et un amateur, qui prenait appui sur la Bible et s'émerveillait que l'univers fût une *«admirable machine»* agencée pour le séjour de l'homme, ne méritait pas d'être cité par un auteur qui plaçait son entreprise très au-dessus du *Spectacle de la nature.* Quant à Gautier, l'eût-il connu, directement, ou par Bourguet ou Maillet –en ce cas très imparfaitement– il n'aurait pu le comprendre. Son cartésianisme et sa théorie de la Terre creuse étaient propres à le rendre archaïque aux yeux du traducteur de Newton.

3. *Preuves de la théorie de la Terre, Article V, Exposition de quelques autres systèmes* [1749], *in* Buffon [3] : p. 197.

4. *Ibid.* : Buffon [3] : p. 203.

5. Fontenelle [14] : p. 31.

6. *Preuves de la théorie de la Terre, Article IX, Sur les inégalités de la surface de la Terre* [1749], *in* Buffon [3] : p. 324.

ORDRE - DÉSORDRE

Buffon cherche par ailleurs des lois et des régularités. S'il loue tant la théorie des angles correspondants c'est, entre autres choses, qu'elle lui offre un bel exemple d'ordre.

Ainsi, commençant par examiner la Terre, il y observe des irrégularités de relief, de distribution des matières, qui ne lui offrent *d'autre image que celle d'un amas de débris & d'un monde en ruine*. Cependant, *en y faisant plus attention, nous y trouverons peut-être un ordre que nous ne soupçonnions pas, et des rapports géné-raux que nous n'apercevions pas au premier coup d'œil*.[7]

Rien là que de très banal. N'est-ce pas ainsi que doit procéder tout scientifique : découvrir l'ordre réel sous le désordre apparent? Quelques années plus tard, Nicolas Desmarest soutient ce même point de vue dans l'*Encyclopédie*, montrant que là où l'œil voit *débris*, *ruines* et *désordre*, la science (en l'occurrence la géographie physique) reconnaît *l'ordre* et *l'uniformité*.[8] Et ce rapprochement n'est sans doute pas fortuit puisque K. Taylor a fait voir, dans une récente communication au Comité Français d'Histoire de la Géologie, une même recherche de régularités, de tendances ou de lois chez les deux auteurs.[9]

Sans doute ont-ils pu trouver d'ailleurs un soutien chez Fontenelle, qui affiche dans sa présentation des Mémoires de géologie de l'Académie des Sciences, une idée voisine. *Autant qu'on a pû creuser* [la terre] *on n'a presque vû que des ruines, des débris, de vastes décombres entassés pêle-mêle (...) S'il y a dans le globe de la terre quelque espèce d'organisation régulière elle est plus profonde*.[10]

Je dis seulement *idée voisine*, car on remarque immédiatement que le ton est plus dubitatif. L'ordre, s'il existe, est plus caché. Fontenelle songe aux couches pro-fondes, tandis que Buffon est déjà satisfait de la régularité des mouvements de la mer ou de l'air.

Pourtant, l'accent mis par ces auteurs sur l'ordre n'est pas sans incidences sur la suite de leur programme. Et précisément, on trouve chez un auteur comme Gautier, une vue toute différente. Comparant les sédiments (*répandues*) aux bancs des montagnes, il identifie les premiers à *une bâtisse qu'on vient de construire nouvellement*, alors que les seconds évoquent *une autre bâtisse qu'on a culbutée*.[11] Or le système de Gautier est le seul, à l'époque, qui fasse appel à la tectonique tangentielle.

Le rapprochement n'est pas fortuit : les bouleversements tectoniques forment des montagnes *à peu près comme une rivière qui charie des lits de glace* les entasse pêle-mêle lorsqu'elle trouve *des obstacles à leurs cours*,[12] renverse les couches, les met *sens dessus dessous, de biais et autrement*.[13] Les auteurs qui prennent en compte les mouvements orogéniques pourraient inverser la description buffonienne. Écoutons le *Discours sur les révolutions du globe* de Cuvier.

7. *Second Discours : Histoire et théorie de la Terre* [1749], *in* Buffon [3] : pp. 69-70.
8. Desmarest [11] : p. 613.
9. Taylor [23].
10. Fontenelle [15] : p. 3.
11. Gautier H., *Nouvelles conjectures sur le globe de la Terre...* [1721]. D'après Ellenberger [13] : p. 43.
12. Ellenberger [13] : pp. 117-118.
13. Ellenberger [13] : p. 43.

«Lorsque le voyageur parcourt ces plaines fécondes où des eaux tranquilles en-
tretiennent par leur cours régulier une végétation abondante (...) il n'est pas tenté de
croire que (...) la surface du globe ait été bouleversée par des révolutions et des
catastrophes, mais ses idées changent dès qu'il cherche à creuser ce sol aujourd'hui si
paisible, ou qu'il s'élève aux collines qui bordent la plaine...»14

Certes, en passant ainsi à un auteur très postérieur, nous prenons peut-être
quelques libertés avec la chronologie. Mais l'inversion des propos est si manifeste
qu'elle s'impose. En outre, le rapprochement entre Gautier et Cuvier n'est pas artificiel. La préoccupation tectonique commune les conduit à voir le dérangement, tandis
que Buffon y est insensible.

Pour lui, les couches sont disposées horizontalement. «Il n'y a que dans les
montagnes où elles soient inclinées comme ayant été formées (...) sur un terrain
penchant».15 Nous devrons attendre trente ans, et les Suppléments à l'Histoire
naturelle, pour voir Buffon citer des couches pyrénéennes «qui sont inclinées de 45,
50 et même 60 degrés» et admettre «qu'il s'est fait des grands changemens dans ces
montagnes par l'affaissement des cavernes souterraines».16

### LE SÉJOUR DE LA MER

Pour le moment les mécanismes terrestres se réduisent à peu de choses : nos continents témoignent du séjour prolongé de la mer; ces mêmes continents s'abaissent
par les pluies et leur surface «se met à leur niveau». Enchaînées, les deux observations signifient que les terres émergées sont d'anciens et de futurs fonds océaniques,
ce qui implique que, simultanément, les mers se changent en continents, en une alternance cyclique des reliefs du globe.

D'où la célèbre conclusion du Second Discours :

«Ce sont donc les eaux rassemblées dans la vaste étendue des mers qui (...) ont produit
les montagnes, les vallées et les autres inégalités de la terre (...); et ce sont les eaux du
ciel qui peu à peu détruisent l'ouvrage de la mer, (...) et qui ramenant tout au niveau,
rendront un jour cette terre à la mer qui s'en emparera successivement, en laissant à
découvert de nouveaux continens entrecoupés de vallons et de montagnes, et tout
semblables à ceux que nous habitons aujourd'hui».17

Buffon a compris que la présence des coquilles et le parallélisme des limites des
«lits de terre» prouvent que ceux-ci sont d'origine aqueuse. Trop de gens l'ont dit
avant lui pour qu'on lui en fasse gloire. Il y a pourtant quelques retardataires. Dans
l'article VIII des Preuves, Buffon après s'être appuyé sur les observations de
Réaumur (faluns de Touraine), qu'il cite d'ailleurs à travers Fontenelle, se croit
obligé d'ironiser sur une certaine «lettre italienne», dont il ne sait pas encore qu'elle
est de Voltaire.

On connaît la suite : Buffon s'excusera sur la forme en maintenant le fond, naturellement. Et Voltaire reviendra aussi plusieurs fois sur la question, variant ses explications sans jamais accepter entièrement les submersions marines.18

14. Cuvier [8] : pp. 6-9.
15. Second Discours : Histoire et théorie de la Terre [1749], in Buffon [3] : p. 79.
16. Additions et corrections aux articles qui contiennent les preuves de la théorie de la Terre [1778],
in Buffon [4] : pp. 319-320.
17. Second Discours : Histoire et théorie de la Terre [1749], in Buffon [3] : p. 124.
18. Sur les changements arrivés dans notre globe [1746], in Voltaire [24], T. 38 : pp. 565-579; Des

Ses torts ne sont pourtant pas aussi grands qu'on l'a longtemps dit, un peu hâtivement, en ne retenant que les formulations polémiques ou malicieuses. Madeleine Carozzi a, en effet, observé qu'il avait mis du soin et de la perspicacité à montrer que certaines coquilles prétendues marines étaient dulcaquicoles. L'argument venait trop tôt pour être pris en compte utilement. Pour le moment, il troublait le débat et servait la cause des quelques derniers adversaires de l'origine organique des fossiles (auxquels Voltaire n'appartenait pas).

Autre retardataire qui se convertira plus tard : le pasteur Elie Bertrand. En 1751, cet amateur éclairé croit que les *«pierres figurées»* datent de la Création.[19]

## LE CYCLE

Sur la question de l'action des *«eaux du ciel»*, Buffon reprend aussi une idée assez établie, sinon commune depuis les commentateurs médiévaux d'Aristote. Il nous intéresserait tellement plus s'il attribuait aux eaux courantes le creusement des fleuves. Mais il n'en fait rien. Après qu'il a supposé *«légitimement que le flux et le reflux, les vents, et toutes les autres causes qui peuvent agiter la mer, doivent produire par le mouvement des eaux des éminences et des inégalités dans le fond de la mer»*, il ne lui reste qu'à imaginer qu'un courant marin coule entre les inégalités *«comme coulent les fleuves de la terre»*, pour conclure que les collines s'accroîtront car les eaux y *«déposeront sur la cime le sédiment ordinaire»*, alors que les interfluves seront balayés.[20]

Bien entendu, cette vue doit sans doute beaucoup à Benoît de Maillet qui adopte aussi l'idée de sédimentation discontinue.[21] On sait que le *Telliamed* publié peu avant les premiers volumes de l'*Histoire naturelle* circulait depuis longtemps sous le manteau. Les deux thèses cependant diffèrent sur un point essentiel puisque le cycle de Maillet consiste en une alternance d'assèchements et de réhydratations du globe.

Au moins ce cycle est-il clair. Ce n'est pas le cas du cycle buffonien, qui présente une difficulté de compréhension.

Si les mers se comblent et que les continents s'arasent, le terme en sera un aplanissement qui, au mieux, fera disparaître les terres, mais ne pourra vider l'océan. L'auteur y ajoute *«un mouvement continuel de la mer de l'orient vers l'occident»*[22], déjà noté par Descartes[23] et Varenius, et qui permet à l'océan de gagner à l'ouest des continents ce qu'il perd à l'est. Mais le cycle serait alors une rotation des terres, à la façon de Buridan. C'est ce à quoi parviendra Lamarck dans l'*Hydrogéologie* avec le même moteur.[24] Seulement, Buffon n'est pas Lamarck.

Buffon propose pourtant une autre cause, encore, qu'il place d'ailleurs en tête de ses hypothèses. Les continents s'effondrent par *«l'affaissement de quelque vaste caverne dans l'intérieur du globe»*.[25] L'idée des cavernes ne lui est pas particulière : il la partage avec Leibniz et Sténon au moins. De plus, elle n'est pas occasionnelle

*coquilles et des systèmes bâtis sur des coquilles* [1768], *in* Voltaire [24], T.44 : pp. 246-249. Cf. également, Mornet [22] : pp. 23-28, et Carozzi [6].

19. Bertrand [1] : pp. 74-83. Également Carozzi [7].
20. *Second Discours : Histoire et théorie de la Terre* [1749], *in* Buffon [3] : pp. 87-88.
21. De Maillet [20] : pp. 30-31.
22. *Second Discours : Histoire et théorie de la Terre* [1749], *in* Buffon [3] : p. 97.
23. Descartes [10] : IVᵉ partie, art. 53.
24. Lamarck [18]
25. *Second Discours : Histoire et théorie de la Terre* [1749], *in* Buffon [3] : p. 96.

chez lui, car il y revient quelques pages plus loin pour expliquer la naissance de la Méditerranée,[26] et il la réutilisera dans les additions et dans les *Époques.*

Néanmoins, la thèse sera mieux à sa place, alors, puisque les *Époques de la Nature* présentent une histoire irréversible de la Terre tandis qu'ici, le retour cyclique des mêmes événements exige que les processus soient reproductibles à l'infini. En va-t-il ainsi du remplissage de cavités? On peut se le demander, d'autant que Buffon sait que la Terre n'est pas creuse.

L'interrogation n'est pas simple futilité d'historien. Comme on sait que Buffon édifiera trente ans plus tard un système à déroulement linéaire, avec une origine et un terme, il est légitime de s'attarder sur la conception cyclique qu'il ébauche dans la *Théorie de la Terre,* pour se demander si elle est au cœur de sa pensée, ou s'il ne s'agit pas d'un simple effet de style, destiné à conclure le *Second Discours* sur une perspective. Buffon n'est pas Hutton, ni même Maillet : il ne s'intéresse pas à la restauration du globe.

## ACTUALISME

Peut-être plus que cyclique, sa théorie est-elle d'abord anhistorique. Certes les deux sont liés. L'histoire étant une séquence irréversible d'événements, le cycle répétitif en est exclu. L'historien des religions Mircea Eliade a même vu dans le retour éternel du cycle la manifestation de la résistance des sociétés primitives à concevoir une histoire, qui leur apparaissait comme une chute, un déclin.[27]

Mais l'absence d'histoire n'appelle pas obligatoirement la périodicité. Chez Buffon, elle semble plutôt liée à la démarche inductive, déjà soulignée, et à l'actualisme qui s'en dégage.

L'actualisme buffonien a été plusieurs fois examiné, notamment par J. Piveteau et P. Pruvost, qui ont pris appui sur le passage suivant :

«Des causes dont l'effet est rare, violent et subit ne peuvent pas nous toucher, elles ne se trouvent pas dans la marche ordinaire de la Nature, mais des effets qui arrivent tous les jours, des mouvements qui se succèdent et se renouvellent sans interruption, des opérations constantes et toujours réitérées, ce sont là nos causes et nos raisons.»[28]

On doit toutefois ajouter que si les causes sont *«constantes»*, les effets peuvent être variables. Reprenant un argument de Bourguet (quoique sans référence) selon qui les lois *«qui l'ont* [notre globe] *formé et qui le conservent sont encore les mêmes aujourd'hui»*, alors qu'elles ne produisent plus des changements aussi considérables,[29] Buffon remarque que la Terre *«devait être au commencement beaucoup moins solide qu'elle ne l'est devenue»*, en sorte que les révolutions y produisaient des effets plus grands.[30]

Mais l'actualisme n'est-il pas l'application au passé des lois de l'état présent -«présent, clé du passé»- suivant la formule connue? En sorte que le problème ne se pose que lorsqu'on est décidé à remonter assez loin vers les premiers âges. Si Deluc, le premier, parle de *«causes actuelles»*,[31] c'est qu'en 1790 la question des causes, ou

26. *Ibid.*, Buffon [3] : p. 9.
27. Eliade [12].
28. *Second Discours : Histoire et théorie de la Terre* [1749], *in* Buffon [3] : p. 99.
29. Bourguet [2] : p. 185.
30. *Second Discours : Histoire et théorie de la Terre* [1749], *in* Buffon [3] : p. 77.
31. Deluc [9] : p. 216.

des circonstances, des premiers dépôts du globe se pose de façon impérieuse aux observateurs qui ont ces *«archives de la nature»* sous les yeux.

Or Buffon n'est pas tenté de remonter à un passé ancien. *«Le grand défaut de cette théorie*, dit-il à propos de Leibniz, *c'est qu'elle ne s'applique point à l'état présent de la terre, c'est le passé qu'elle explique, et ce passé est si ancien et nous a laissé si peu de vestiges qu'on peut en dire tout ce qu'on voudra».*[32]

Plus loin, il précise à propos de sa théorie qu'il prend *«la terre dans un état à peu près semblable à celui où nous la voyons»* et ne se sert *«d'aucune des suppositions qu'on est obligé d'employer lorsqu'on veut raisonner sur l'état passé du globe terrestre».*[33]

La remarque est d'autant plus intéressante qu'elle concerne l'*«hypothèse»* de Buffon *«sur ce qui s'est passé dans le temps* [du] *premier état du globe».*[34] C'est-à-dire celle de l'*Article I* des *Preuves : De la formation des planètes.* Buffon entend souligner, à la fois, que sa théorie sur l'état actuel du globe est *«indépendante»* de cette hypothèse, mais qu'elle établit, dans l'ordre de *«la production des couches ou lits de terre»*, une observation qui fait *«voir la liaison et la possibilité du système»* qu'il a proposé.[35]

Ce système, chacun le connaît. Sans doute, sera-t-il réexaminé avec la cosmogonie buffonienne. On le nomme hypothèse de la comète car il propose d'imaginer *«avec quelque sorte de vraisemblance, qu'une comète tombant sur la surface du soleil, aura déplacé cet astre, et qu'elle en aura séparé quelques petites parties»* qui sont les planètes du système solaire.[36]

Buffon part de ce que les planètes *«tournent toutes dans le même sens autour du soleil, et presque dans le même plan».* Et quoiqu'il affirme que *«cette impulsion a certainement été communiquée aux astres en général par la main de Dieu»*, il se dépêche d'ajouter qu'on doit *«en Physique s'abstenir d'avoir recours aux causes qui sont hors de la Nature»* et propose *«une cause dont l'effet s'accorde avec les règles de la Méchanique».*[37] Ce sont évidemment ces subtilités dont Descartes usait déjà dans les *Principes de la Philosophie*, qui ne plairont pas aux censeurs de la Faculté de théologie.

Néanmoins, pour me limiter à mon domaine, et ne pas trop interférer avec d'autres exposés, ce qui me frappe dans l'hypothèse, c'est qu'elle est largement indépendante du reste de la *Théorie de la Terre*, alors qu'elle annonce les lignes essentielles des *Époques de la Nature.* C'est une sorte de bombe à retardement. Le célèbre ouvrage de 1778 n'aura qu'à dérouler une à une les conséquences de l'hypothèse cométaire pour en tirer la succession irréversible des six ou sept époques.

Le plus curieux est que la distinction de deux ordres de montagnes, *«hautes montagnes qui tiennent par leur base à la roche intérieure du globe»* et *«éminences qui ont été formées par le sédiment de la mer»*,[38] qui sera une addition décisive, en 1778,

---

32. *Preuves de la théorie de la Terre, Article V, Exposition de quelques autres systèmes* [1749], *in* Buffon [3] : p. 196.
33. *Preuves de la théorie de la Terre, Article VII, Sur la production des couches ou lits de terre* [1749], *in* Buffon [3] : p. 233.
34. *Ibid.*
35. *Ibid.*
36. *Preuves de la théorie de la Terre, Article I, De la formation des planètes* [1749], *in* Buffon [3] : p. 133.
37. *Ibid.*, Buffon [3] : pp. 131-132.
38. *Additions à l'article des inégalités de la surface de la Terre, § III, Sur la formation des montagnes*

est en germe dans cette hypothèse.

Les *«montagnes composées de matières vitrescibles»* qui *«tiennent immédiate-ment à la roche intérieure du globe»*[39] donneront à Buffon le moyen d'intégrer la distinction faite par Lehmann en 1756 des montagnes primitives et secondaires, tout en lui gardant sa spécificité, puisque les hautes élévations dérivent, pour lui, de *«l'action du feu primitif»* .

Or cette distinction peut apparaître aussi comme une conséquence directe de l'hypothèse de la comète. Dès 1749, Buffon admet que le globe est *«un sphéroïde de matière vitrifiée»*,[40] réduite en sable par l'agitation de l'eau et de l'air. Si l'idée ne vient de lui, il n'a guère pu la prendre que chez Leibniz.

Le génie de Buffon est donc, soit d'avoir anticipé sur une division des mon-tagnes, initiée par Marsigli, De Maillet et Moro, pour ne pas remonter à Sténon, et reprise à partir de la fin des années 1750 par une série d'auteurs (Lehmann, Arduino, Rouelle, D'Holbach), en supposant une cristallisation du globe avant tout dépôt stratifié et fossilifère; soit d'avoir su adapter, après coup, cette distinction à un schéma *«plutoniste»* qu'il avait avancé incidemment et presque par mégarde, dès 1745 (*Art. I* des *Preuves*, daté du 20 septembre 1745).

Ce qui est visible, en tout cas, c'est l'avantage qu'en tirera Buffon. Car les deux classes de montagnes, chez Lehmann, correspondent aux deux événements bibliques de la Création et du Déluge, tandis que l'auteur des *Époques de la Nature* peut, par réactivation de l'hypothèse trentenaire, se débarrasser de toute référence mosaïque.

Ce qui paraîtra paradoxal au lecteur moderne c'est que Buffon construise un sys-tème anhistorique lorsqu'il est essentiellement neptunien, et qu'il esquisse une his-toire en devenant plutoniste. Alors que nous savons qu'une ou deux générations après lui, le plutoniste Hutton élaborera un modèle de fonctionnement terrestre dont toute histoire est exclue, pendant que la géognosie wernérienne neptunienne fixe la méthodologie de la géologie historique -ainsi que vient de le rappeler avec force Rachel Laudan.[41]

Mais c'est peut-être tout simplement que l'opposition entre le neptunisme et le plutonisme, postérieure à la mort de Buffon, ne s'applique pas rétrospectivement sans infinies précautions. Est-il besoin de dire que le plutonisme buffonien n'a de rapport aucun avec celui de Hutton? C'est au plus un paléoplutonisme,[42] qui sou-ligne que l'actualisme de Buffon -pour autant que ce mot aussi ait une quelconque si-gnification rétroactive- ne s'applique pas à sa reconstitution du lointain passé de la Terre. Preuve encore que l'actualisme au XVIIIᵉ siècle est un peu la mesure de la ti-midité des auteurs à remonter le temps.

Finalement, pour dire les choses de façon un peu provocante ou irrespectueuse à l'égard du grand homme, ne pourrait-on prétendre que l'œuvre de 1749 doit ses as-pects les moins systématiques... au fait que Buffon ne dispose pas encore des bases du système dont il rêve, et qu'il réalisera trente ans plus tard d'une façon tout aussi imprudente que les devanciers qu'il raille dans le tome I? Alors, il quittera la marche

[1778], *in* Buffon [4] : pp. 311-312.

39. *Addition à l'article de la production des couches ou lits de terre, § II, Sur la roche intérieure du Globe* [1778], *in* Buffon [4] : p. 282.

40. *Preuves de la théorie de la Terre, Article VII, Sur la production des couches ou lits de terre* [1749], *in* Buffon [3] : pp. 259.

41. Laudan [19].

42. Gohau [16] : pp. 95-96.

inductive rétrograde pour adopter l'ordre direct, historique, de la narration.

En 1749, l'histoire est encore inapparente. Elle est en germe, si l'on peut parler comme les préformistes, dans cet *Article I* si détonant, mais qui possède un trait marquant, déjà, de l'histoire : à savoir sa contingence. (Du moins si l'on accepte la thèse de Cournot, selon qui tout cheminement historique mêle hasard et nécessité).

Ce qui d'ailleurs débouche sur une interrogation qui formera ma conclusion, brève –ne serait-ce que parce que je l'ai abondamment développée ailleurs. Quoique la contingence ne soit pas le désordre, il n'empêche que la recherche de l'ordre caché –par laquelle s'ouvre le *Second Discours*- est toujours entravée par la nature même des choses, dès lors qu'on s'adresse à un objet d'étude qui est l'aboutissement (provisoire) d'une histoire. Les géologues, dès la fin du XVIII$^e$ siècle, commenceront de s'en apercevoir. Les biologistes suivront quand ils prendront conscience que la vie a son histoire.

Terminons par deux citations caractéristiques de biologistes évolutionnistes contemporains qui montrent qu'il n'y a pas de processus historique sans hasard. François Jacob, après Michel Foucault et Henri Daudin note que *«ce qui sépare radicalement de toute pensée antérieure l'évolutionnisme de Darwin et de Wallace c'est la notion de contingence appliquée aux êtres vivants».*[43] Et son ami Jacques Monod soutenait la même thèse quand il affirmait *«l'imprévisibilité de la biosphère».*[44]

## BIBLIOGRAPHIE *

(1)† BERTRAND (E.), «Mémoires sur la structure intérieure de la Terre», 1752, *in Recueil de divers traités sur l'histoire naturelle de la terre et des fossiles*, Avignon, L. Chambeau, 1766, 552p.

(2)† BOURGUET (L.), *Lettres philosophiques sur la formation des sels et des cristaux et sur la Génération et le Mécanisme organique des plantes et des animaux, à l'occasion de la Pierre Bélemnite et de la Pierre lenticulaire. Avec un mémoire sur la théorie de la terre*, Amsterdam, F. L'Honoré, 1729, XLIV, 220p.

(3)† BUFFON (G. L. Leclerc de), *Histoire naturelle, générale et particulière*, T. I, Paris, Imprimerie Royale, 1749, 612p.

(4)† BUFFON (G. L. Leclerc de), *Histoire naturelle, générale et particulière, servant de suite à... Supplément*, T. V, Paris, Imprimerie Royale, 1778, 599p.

(5)† BUFFON (G. L. Leclerc de), *Œuvres philosophiques*. Texte établi et présenté par J. Piveteau, avec la collaboration de M. Fréchet et C. Bruneau, Paris, Presses Universitaires de France, 1954, XL-616p.

(6) CAROZZI (M.), «Voltaire's Attitude toward Geology», *Archives des Sciences*, 36 (1983) : pp. 1-145.

(7) CAROZZI (M.) et (A.V.), «Elie Bertrand's changing theory of the Earth», *Archives des Sciences*, 37 (1984) : pp. 265-300.

(8)† CUVIER (G.), *Discours sur les révolutions de la surface du globe*, 3è éd., Paris, Dufour et d'Ocagne, 1825, 400p.

(9)† DELUC (J. A.), «Lettres à Delamétherie. 8è lettre sur quelques points

43. Jacob [17] : p. 170.
44. Monod [21] : p. 58.
* Sources et études. Les sources sont distinguées par le signe †.

fondamentaux relatifs à l'histoire ancienne de la Terre», *Observations sur la physique*, 37 (1790) : pp. 209-219.

(10)† DESCARTES (R.), *Principes de la Philosophie, in Œuvres Complètes...*, éd. Adam-Tannery, Réédition Paris, CNRS, Vrin, 1971-1976, T. IX-2, 362p.

(11) DESMAREST (N.), «Géographie physique», *in Encyclopédie ou Dictionnaire raisonné...*, Paris puis Neuchâtel, 1751-1765, T. VII (1757) : pp. 613-626.

(12) ELIADE (M.), *Le mythe de l'éternel retour*, rééd. Paris, 1969, 187p.

(13) ELLENBERGER (F.), «À l'aube de la géologie moderne : Henri Gautier (1660-1737). Deuxième partie : la théorie de la Terre d'Henri Gautier (Documents sur la naissance de la science de la Terre de langue française)», *Histoire et Nature*, 9-10 (1976-1977) : pp. 3-154.

(14)† FONTENELLE (B. Le Bovier de), «Dissertation latine sur *l'Origine des Montagnes* ou sur la Formation de la Terre, par Jean Scheuchzer, docteur en médecine à Zuric», *Histoire de l'Académie Royale des Sciences avec les Mémoires...*, Paris, année 1708 : pp. 30-31.

(15)† FONTENELLE (B. Le Bovier de), «Sur des empreintes de plantes et de pierres», *Histoire de l'Académie Royale des Sciences avec les Mémoires...*, Paris, année 1718 : pp. 3-6.

(16) GOHAU (G.), *Histoire de la Géologie*, Paris, La Découverte, 1987, 259p.

(17) JACOB (F.), *La logique du vivant*, Paris, N.R.F., 1970, 354p.

(18)† LAMARCK (J.-B. de), *Hydrogéologie ou Recherches sur l'influence qu'ont les eaux sur la surface du globe terrestre; sur les causes de l'existence du bassin des mers, de son déplacement et de son transport successif sur les différens points de la surface du globe; enfin sur les changemens que les corps vivans exercent sur la nature et l'état de cette surface*, Paris, Agasse, Maillard, an X-1802.

(19) LAUDAN (R.), *From Mineralogy to Geology. The foundations of a science 1650-1830*, Chicago, Londres, Chicago Univ. Press, 1987, 276p.

(20)† MAILLET (B. de), *Telliamed ou Entretiens d'un philosophe indien avec un missionnaire françois sur la diminution de la mer, la formation de la terre, l'origine de l'homme, etc.*, mis en ordre sur les mémoires de feu M. de M*** par J.A. Guer, avocat, Amsterdam : L'Honoré et Fils, 1748, 2 vol., C XIX, 208 et 231p. (Rééd. *in* Corpus des œuvres de philosophie en langue française, Paris, Fayard, 1984).

(21) MONOD (J.), *Le hasard et la nécessité. Essai sur la philosophie naturelle de la biologie moderne*, Paris, Le Seuil, 1970, 197p.

(22) MORNET (D.), *Les sciences de la nature en France au XVIIIè siècle : Un chapitre de l'histoire des idées*. Paris, A. Colin, 1911, 290p.

(23) TAYLOR (K.), «Les lois naturelles de la Géologie du XVIIIè siècle», *Travaux du Comité Français d'Histoire de la Géologie*, 3è série, 2 (1988) : pp. 1-28.

(24)† VOLTAIRE, *Œuvres de Voltaire*, avec préfaces, avertissements, notes, etc., par M. Beuchot, 70 vol., Paris, Lefèvre, Werdet et Lequien, 1829-1834.

## 23

#32 759

# L'«HISTOIRE NATURELLE DES MINÉRAUX» OU BUFFON GÉOLOGUE UNIVERSALISTE

Lucien LECLAIRE *

Conformément à un vœu formulé par Newton lorsqu'il tentait d'évaluer l'âge de la Terre à partir de la vitesse de son refroidissement, Buffon entreprit toute une série d'expériences sur le refroidissement de sphères taillées dans plus d'une vingtaine de substances naturelles –y compris des métaux et notamment le fer– et chauffées dans ses forges près de Montbard. La qualité de ses travaux expérimentaux est démontrée par les calculs que l'on peut faire aujourd'hui, à partir des données numériques obtenues par Buffon lui-même. Ces données permettent d'approcher de très près la densité et les coefficients de chaleur spécifique, voire de conductibilité thermique pour le fer. Les résultats de ces expériences sur la propagation de la chaleur dans les substances naturelles sont rigoureusement consignés dans l'*Introduction à l'histoire naturelle des minéraux, Partie expérimentale* (1774-1775). Ces expériences ont considérablement influencé la pensée de Buffon et semblent bien avoir été déterminantes dans l'élaboration d'une nouvelle histoire de la Terre, datée, que l'on trouve dans *Les Époques de la Nature* (1778). Très vraisemblablement, ce sont encore ces expériences qui sont à l'origine de réflexions très profondes sur le rôle du Temps et de la durée en Histoire Naturelle et tout particulièrement en Géologie.

## I
## L'IMPORTANCE DE L'HISTOIRE NATURELLE DES MINÉRAUX
### DANS L'ŒUVRE DE BUFFON

De 1783 à 1788, Buffon publie cinq volumes in-4° traitant essentiellement de ce qu'il appelle *l'Histoire Naturelle des Minéraux*. Dans le dernier, publié via *«l'imprimerie des Batimens du Roi»* on trouve aussi son fameux *Traité de l'Aimant*. Cette œuvre est notamment consacrée à la description des propriétés physiques comme : la densité, la dureté, la fusibilité et la combustibilité de même que les propriétés de surface et la répartition géographique mondiale –telle qu'elle était connue à l'époque– de plus d'une centaine d'espèces minérales pures ou de minerais et roches; jusques et y compris des produits biogéniques comme les perles et le corail. On passe ainsi des métaux précieux et semi-précieux à la pierre à aiguiser, des spaths fluors au lapis-lazuli, des différents états naturels du fer au charbon.

Il expose ensuite leur mode de formation dans un chapitre particulier. Buffon, en effet, ne pouvait se priver de mettre en regard l'impressionnante quantité de données

---

* Laboratoire de Géologie, Muséum national d'histoire naturelle. 43, rue Buffon. 75005 Paris. France. Décédé en 1991.

*BUFFON 88*, Paris, Vrin, 1992.

rassemblées ou acquises par ses soins et sa théorie générale présentée dans *Les Époques de la Nature.* C'est ce qu'il fait dans un remarquable discours intitulé «*Génésie des minéraux*» dans lequel il développe ses conceptions sur les conditions et modalités de formation des espèces minérales préalablement décrites. Celles-ci sont d'une remarquable cohérence.

La logique de la pensée de Buffon le conduit, enfin, à proposer la première classification génétique des espèces minérales, de même que leur «*filiation*». Il s'ensuit une *Table Méthodique des Minéraux* en six ordres et un certain nombre de classes, reprise et complétée par son *Arrangement des Minéraux en table méthodique rédigée d'après la connaissance de leurs propriétés naturelles.* Cette classification n'a pas complètement perdu toute actualité. Par ailleurs, il se penche aussi sur la géométrie des formes cristallines et dans sa *Table de la forme des cristallisations,* tente une première classification minéralogique par la géométrie des faces cristallines. Il s'agit là d'une première approche des systèmes cristallins qui sera reprise, avec le succès que l'on sait, par Haüy.

Bien que cette œuvre soit très méconnue et appelle une analyse beaucoup plus substantielle, nous focaliserons notre attention sur un point particulier, mais très important comme nous le verrons par la suite, qui se trouve dans l'*Introduction à l'Histoire des Minéraux.* Cette introduction comporte deux volets. Le premier, théorique, traite des *Eléments,* en deux parties, respectivement intitulées *De la lumière, de la chaleur et du feu,* et *De l'air, de l'eau et de la Terre.* L'autre volet est constitué par la *Partie Expérimentale* en treize mémoires. Buffon accorde à ceux-ci la plus grande importance, notamment aux trois premiers mémoires :

«Je commencerai par la partie expérimentale de mon travail, parce que c'est sur les résultats de mes expériences que j'ai fondé tous mes raisonnements, et que les idées même les plus conjecturales et qui pourraient paraître trop hasardées, ne laissent pas d'y tenir.»[1]

Outre ses *Observations et expériences faites dans la vue d'améliorer les canons de la Marine* (dixième mémoire), qui permettent à Buffon de rendre compte au Ministre concerné des raisons de l'éclatement prématuré de nombre des pièces d'artillerie embarquées, il conduit aussi de très minutieuses mesures sur *la force du bois* (onzième mémoire) dans le but de mieux connaître sa résistance à la rupture et de proposer des traitements pour la renforcer (douzième mémoire) et, simultanément, pour vérifier la règle de Galilée, considérée comme fondamentale s'agissant de la résistance des solides en général et des bois en particulier : «*La résistance est en raison inverse de la longueur, en raison directe de la largeur, et en raison double de la hauteur*».[2] S'adressant à des chênes soigneusement repérés, il étudie le comportement de poutres de tailles variables, sous des charges croissantes, en fonction du temps, jusqu'à la rupture. Toutes les mesures sont consignées dans des tableaux, toujours exploitables aujourd'hui.

Ces mesures lui permettent d'adapter la règle de Galilée aux solides élastiques comme le bois en reprenant l'observation de Bernoulli selon laquelle : «*dans la rupture des corps élastiques, une partie des fibres s'allonge, tandis que l'autre partie se raccourcit, pour ainsi dire, en refoulant sur elle-même*».[3] C'est toujours le point de

---

1. *Introduction à l'histoire des minéraux, Partie expérimentale* [1774], *in* Buffon [6], T. I : pp. 143-144.
2. *Onzième Mémoire : Expériences sur la force du Bois* (1775), *in* Buffon [6], T. II : p. 177.
3. *Ibid.* : p. 177.

départ du développement des équations rendant compte de l'élasticité des matériaux en physique moderne. Il est clair que Buffon, et pas seulement à des fins d'applications, s'intéresse particulièrement à la physique de la matière en soumettant des lois, plus ou moins théoriques, et antérieurement formulées, aux données expérimentales rigoureuses.

Mais cette démarche de Buffon obtient le plus de retentissement lorsqu'il se lance dans l'étude expérimentale de la propagation de la chaleur dans la matière et mobilise dans ce but la puissance industrielle de ses forges et la qualité de ses quatre cents ouvriers. Les résultats obtenus et les observations qui les accompagnent ont modifié la pensée même de Buffon. Ils sont devenus, pour reprendre un mot très juste d'Ellenberger, le socle de sa «*géogonie*»;[4] ils ont été la source de profondes méditations sur la notion de Durée et de Temps en Histoire naturelle.

## II
### DE LA PENSÉE DE NEWTON AUX FORGES DE BUFFON

«Les puissances de la nature, autant qu'elles nous sont connues, peuvent se réduire à deux forces primitives, celle qui cause la pesanteur, et celle qui produit la chaleur.»[5]

Ainsi commence la première partie des *Eléments,* intitulée : *De la Lumière, de la Chaleur et du Feu,* partie qui fait l'objet de considérations théoriques découlant, pour partie, de la pensée de Newton dont Buffon s'inspire, et pour le reste, d'observations personnelles et d'expériences; et qui illustre tout l'intérêt qu'il portait à la chaleur et au feu. Leur rôle en tant qu' *«éléments fondamentaux»* est mis en exergue dans *Les Époques de la Nature.*

Mais pourquoi cet intérêt? Pourquoi un tel abîme entre «*La Théorie de la Terre*» (1749), essai quasi-métaphysique et «*Les Époques de la Nature*» (exposées pour la première fois en 1773), modèle scientifique et cohérent? Bon nombre d'exégètes de l'œuvre de Buffon s'accordent pour reconnaître qu'il s'est passé quelque chose de capital dans la pensée de notre grand homme dans cet intervalle de temps.

On sait l'importance qu'accordait Buffon à ses expériences (voir ci-dessus), mais en fait, à quelles expériences plus particulièrement? Il convient de préciser maintenant qu'il s'agissait très précisément de la mesure du temps de refroidissement, d'abord du fer taillé en boulets de diamètre croissant, puis d'autres métaux, minéraux et roches, eux aussi taillés en boulets. Ces expériences, au nombre de près de soixante-dix, étalées sur une durée de six ans, ont été essentiellement conduites dans ses forges. Pourquoi distraire ainsi du temps et de l'argent tout aussi importants, dit-on, pour le seigneur de Montbard?

Au risque d'une analyse trop superficielle, empruntant des raccourcis trop réducteurs, on peut penser que Buffon nous donne lui-même la réponse : «*Un passage de Newton a donné naissance à ces expériences...*»[6]

Ce passage des *Principia mathematica,* cité en latin dans le premier mémoire de la partie expérimentale, fait état des réflexions du physicien sur le temps de refroidissement de la Terre (50 000 ans) en prenant comme modèle un globe de fer,

4. Ellenberger, communication personnelle.
5. *Des éléments, Première partie : De la lumière, de la chaleur et du feu* [1774], *in* Buffon [6], T. I : p. 1.
6. *Premier Mémoire : Expérience sur les progrès de la chaleur dans les corps* [1774], *in* Buffon [6], T. I : p. 152.

qui, mathématiquement, devait se refroidir en raison directe de son diamètre, c'est-à-dire en un temps directement proportionnel à ce dernier. Mais cet autre grand homme semblait penser que notre planète, même toute en fer, mais corps très gros, n'avait dû se refroidir qu'en raison moindre de son diamètre, faisant intervenir des causes cachées ou inconnues *(causae latentes)* :«*... Suspicor tamen* [écrit Newton, cité par Buffon] *quod duratio caloris ob causas latentes in minori ratione quam ea diametri»*. Mais ce n'était là qu'une suspicion; aussi Newton ajoutait-il : «*Et optarîm rationem veram per experimenta investigari»*. Buffon coupe précisément la citation à cet endroit, et enchaîne :

> «Newton désirait donc qu'on fit les expériences que je viens d'exposer; et je me suis déterminé à les tenter, non-seulement parce que j'en avais besoin pour des vues semblables aux siennes, mais encore parce que j'ai cru m'apercevoir que ce grand homme pouvait s'être trompé en disant que la durée de la chaleur devait n'augmenter par l'effet des causes cachées, qu'en moindre raison que celle du diamètre : il m'a paru au contraire, en y réfléchissant, que ces causes cachées ne pouvaient que rendre cette raison plus grande au lieu de la faire plus petite.»[7]

Connaissant la personnalité de Buffon, à quel défi répondait-il, quelle était sa motivation? Même si tout de suite après, il n'ose apparemment croire à l'erreur de Newton en attribuant avec magnanimité la faute à un copiste qui aurait commis la coquille suivante : *majori ratione,* de la main de Newton, devenant *minori ratione* de la main du copiste.

Quand exactement Buffon a-t-il pris conscience du problème? On ne peut répondre ici à cette question. Ce qui est probable, c'est que Buffon n'a dû entreprendre ses expériences qu'après 1768, date à laquelle il commence sa carrière de maître de forges à Montbard, mais ceci reste à vérifier. Maître de forges... mais pour quoi faire? Investissement et modernisation pour accroître les revenus du seigneur de Montbard, ou pour des recherches et expériences en vue de satisfaire et vérifier Newton? Sans doute a-t-il voulu, ou a-t-il été conduit à développer simultanément l'outil de taille et de puissance industrielles et la recherche scientifique; l'un faisant progresser l'autre et vice versa.

Retenons, à propos de précision des balances, cette réflexion de portée générale figurant dans le huitième mémoire *(Expériences sur la pesanteur du feu et sur la durée de l'incandescence)* : *«L'un des plus grands moyens d'avancer les sciences, c'est de perfectionner les instruments».*[8] Par ailleurs, rappelons nous cette autre réflexion de Léon Bertin à propos de *«Buffon, homme d'affaires»* : *«Il est un adage français qui dit que la pensée tue l'action (...) Chez lui* [Buffon], *la pensée guide l'action et l'action retentit sur la pensée...».*[9]

On ne peut que souligner ici la modernité de la pensée de Buffon qui a su développer, au sein d'un complexe industriel performant, des recherches fondamentales.

---

7. *Ibid.* : p. 153.
8. *Huitième Mémoire : Expériences sur la pesanteur du feu et sur la durée de l'incandescence* [1775], *in* Buffon [6], T. II : p. 9.
9. Bertin [4] : p. 87.

### III
### DES FORGES À LA PHYSIQUE DE LA MATIÈRE :
### ÉTUDE DES «PROGRÈS» DE LA CHALEUR

Buffon, à la suite de Newton, avait très certainement compris qu'au plan mathématique et physique, lorsqu'on fait refroidir ensemble des sphères taillées de diamètres variables, dans une même matière homogène et isotrope, chauffées à la même température, le temps de refroidissement est proportionnel au rayon, c'est-à-dire au diamètre. En effet, on peut aisément démontrer que si la quantité de chaleur emmagasinée lors de la chauffe des sphères d'une même matière à une même température, dépend de la masse donc du volume, c'est-à-dire du cube du rayon, la déperdition de chaleur lors du refroidissement (le flux de chaleur perdue) dépend de la surface de la matière au contact avec l'air, donc du carré du rayon. Le temps de refroidissement des sphères est alors proportionnel au rapport $R^3/R^2$, c'est-à-dire de R, donc du diamètre. Mais la question posée, au moins pour le fer, était refroidissement en raison directe du rayon, en raison moindre ou plus grande du rayon?

Dans le premier mémoire de la *Partie Expérimentale : Expériences sur le progrès de la chaleur dans les corps,* Buffon rend compte de son approche du problème. Il définit d'abord un protocole expérimental très rigoureux. Il choisit de faire forger et battre deux séries de 10 boulets de fer (fer en provenance de la forge de Chamesson, près de Châtillon-sur-Seine), boulets dont le diamètre varie régulièrement par demi-pouce, avec comme diamètre minimum 1/2 pouce et maximum 6 pouces. Seule l'une des deux séries sera chauffée à blanc (les 10 boulets en même temps), l'autre constituant une série de référence, restant à la température ambiante (environ 10° C). La mesure du temps de refroidissement se fera en deux étapes : première mesure, lorsque l'on peut toucher les boulets à la main sans se brûler, deuxième étape, lorsque, tenant le boulet de référence d'une main et son double chauffé de l'autre, on estime qu'ils sont à la même température, c'est-à-dire à la température ambiante. Buffon a délibérément écarté l'usage du thermomètre, inapproprié selon lui pour ce type d'opération, d'où les appréciations tactiles. Gageons que Buffon a dû se brûler plus d'une fois .

La valeur de ces expériences dépendait, non seulement de la finesse des appréciations tactiles mais aussi et beaucoup, de la précision dans la taille des boulets. Le diagramme de la figure 1, reconstitué par nous à partir des données du *Premier Mémoire* est édifiant à cet égard. Ce fut un véritable travail d'orfèvre dont on peut constater la précision, non sans quelque étonnement. L'un des moyens de contrôle utilisé par Buffon était la pesée de précision. Il faisait limer les boulets trop *«forts»*.

Le calcul de la densité du fer (Fig. 2) à partir du tableau des pesées effectuées par Buffon, en fonction du diamètre, donne 7,76; on admet aujourd'hui une densité variant de 7,78 à 7,85 en fonction de la pureté. C'était donc une première approche, quasiment statistique et très précise, de l'une des propriétés physiques du fer : sa densité.

Le temps de chauffe, comme le temps de refroidissement, se sont avérés effectivement linéairement proportionnels au diamètre (Fig. 3). Et le temps de refroidissement est en raison plus grande que le diamètre (Fig. 4 et 5). Buffon avait

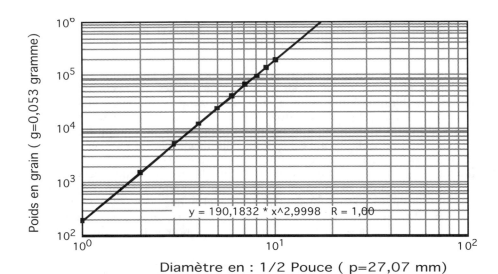

**FIG. 1.** Test de la précision de la taille des boulets de fer. La pente de la droite de régression linéaire dans le référentiel logarithmique adopté est théoriquement 3 (cube du rayon ou du diamètre); on trouve : 2,9998 à partir des données expérimentales de Buffon (*Premier Mémoire*).

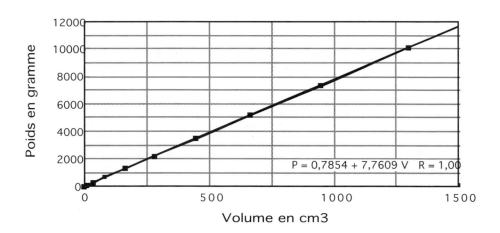

**FIG. 2.** Expression de la densité du fer à partir du poids et du diamètre des 10 boulets de fer préparés pour les expériences de Buffon (*Premier Mémoire*). Cette densité (7,7609) est représentée par la pente de la droite de régression linéaire.

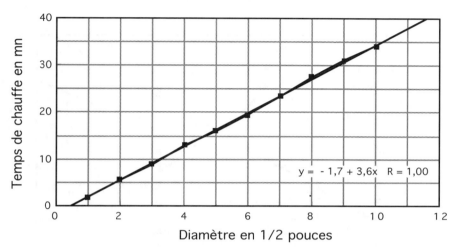

**FIG. 3.** Temps de chauffe ( à blanc ) des 10 boulets de fer en fonction du diamètre d'après les données expérimentales de Buffon (*Premier Mémoire*).

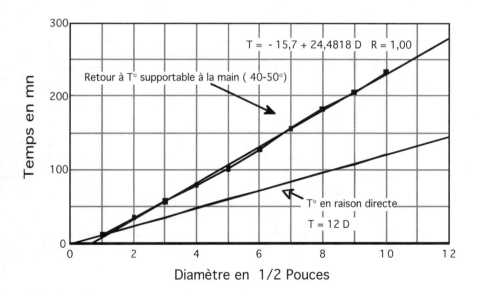

**FIG.** 4. Mesure du temps de refroidissement en fonction du diamètre jusqu'à une température supportable au toucher d'après les données de Buffon. (*Premier Mémoire*).

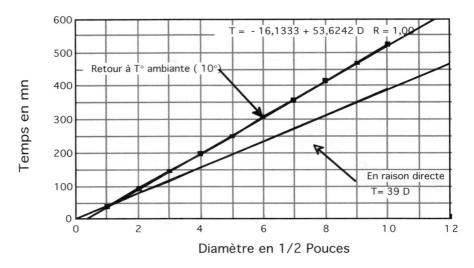

**FIG.** 5. Temps de refroidissement des 10 boulets de fer jusqu'au retour à la température ambiante d'après les données de Buffon (*Premier Mémoire*).

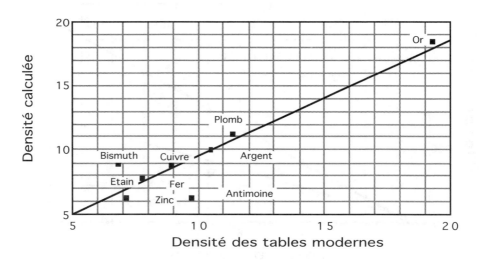

**FIG.** 6. Comparaison entre les densités calculées selon les données de Buffon (*Deuxième Mémoire*) et celles que l'on trouve dans les tables modernes pour les métaux du tableau 1. Seuls le bismuth et l'antimoine posent problème sans doute en raison d'impuretés et de difficultés dans la taille des boulets.

| MÉTAUX | T° DE DIFFUSION | DENSITÉ | C x D |
|---|---|---|---|
| Antimoine | 630 | 9,70 | 0,330 |
| Bismuth | 273 | 6,80 | 0,349 |
| Etain | 232 | 7,30 | 0,421 |
| Plomb | 327 | 11,34 | 0,363 |
| Argent | 960 | 10,50 | 0,592 |
| Zinc | 419 | 7,14 | 0,683 |
| Or | 1063 | 19,3 | 0,606 |
| Cuivre | 1083 | 8,92 | 0,838 |
| Fer | 1530 | 7,80 | 0,987 |

**TABLEAU 1 :** Classement de métaux en fonction de la vitesse décroissante de leur refroidissement selon Buffon (*Deuxième Mémoire : Suite des expériences sur le progrès de la chaleur dans les différentes substances minérales* [1774], in Buffon [6], T.I : p. 293). Trois constantes physiques spécifiques ont été mises en regard (CxD : produit de la chaleur spécifique par la densité). Les valeurs sont extraites des tables modernes.

raison. Les diagrammes des figures 2 à 5 sont, comme celui de la figure 1, construits à la manière moderne, à partir des données numériques du *Premier mémoire*.

Ce qu'il ne savait sans doute pas, c'est que la pente de la droite de refroidissement est déterminée par une constante spécifique de la matière pour ce qui concerne la propagation de la chaleur, qui dépend essentiellement du produit de la densité et de la chaleur spécifique : la conductibilité thermique. À partir des données de Buffon, on peut d'ailleurs calculer la chaleur spécifique du fer, et ainsi approcher sa valeur moyenne de 0,987 actuellement admise pour des températures modérées.

Mais Buffon, sachant que la Terre n'était pas faite que de fer, a poursuivi ses expériences sur la propagation de la chaleur dans la matière en s'adressant à d'autres métaux, y compris l'or (Tableau 1) et à d'autres substances comme la porcelaine, le marbre, la craie et même la glaise, en tout, plus d'une vingtaine. Les résultats de ces expériences sont exposés dans le *Deuxième Mémoire* (sur «*Le progrès de la chaleur dans les différentes substances minérales*»).Les temps de refroidissement d'un boulet d'un pouce de diamètre, pour chaque substance, sont rassemblés et comparés dans ce qu'il appelle : *Table des rapports du refroidissement des différentes substances minérales*. Encore une fois, la qualité des travaux de préparation des boulets est mise en évidence quand on compare la densité calculée à partir des mesures de Buffon à la densité admise de nos jours (Fig. 6) pour les métaux du Tableau 1.

Ces expériences sont l'occasion de réflexions et d'observations sur la fusibilité, la ductilité et la calcination des substances qu'il étudie. Contrairement à ce que l'on semblait penser à son époque, il affirme que la propagation de la chaleur dans les métaux n'est pas directement dépendante de la densité. Sa démonstration repose sur un classement des métaux en fonction de leur vitesse de refroidissement, du plus rapide, l'antimoine, au plus lent, le fer, comparée avec la densité de chacun d'eux (cf. tableau 1) : «*Le progrès et la durée de la chaleur dans les métaux ne suivent donc pas l'ordre de leur densité*».[10]

Buffon propose de mettre ce classement en relation avec la fusibilité de ces substances. On sait, aujourd'hui, que ce n'est pas exact et que son classement correspond à peu près à l'ordre croissant du produit de la densité par la chaleur spécifique, c'est-à-dire à la conductibilité thermique (Tableau 1). Ses expériences, étalées sur six années de travail, l'ont donc conduit à caractériser, pour la première fois de manière systématique, et à ordonner les substances naturelles selon leur conductibilité thermique. Cette propriété de la matière a peut-être été intuitivement perçue par Newton lorsqu'il invoque les *causas latentes,* même s'il le fit, sans doute, pour atténuer la vertigineuse plongée dans le temps qu'impliquaient ses calculs. Buffon, par l'expérience, a contribué à ouvrir la voie de la thermodynamique, dont les bases théoriques seront formulées un peu plus tard, par Carnot notamment.

## IV
### DU MAÎTRE DE FORGES AU THÉORICIEN DE LA TERRE

Il n'est pas douteux que les expériences et les observations sur le refroidissement des substances naturelles ont eu un retentissement important sur la pensée de Buffon. Ainsi, par exemple, s'agissant du refroidissement de verre et de métal fondu, déclare-t-il, dans *Les Époques de la Nature* :

«Comparons les effets de cette consolidation du globe de la Terre en fusion à une masse de métal ou de verre fondu, lorsqu'elle commence à se refroidir : il se forme à la surface de ces masses,des trous, des ondes, des aspérités; et au dessous de la surface, il se fait des vides, des cavités, des boursouflures, lesquelles peuvent nous représenter ici les premières inégalités qui se sont trouvées sur la surface de la terre et les cavités de son intérieur.»[11]

C'est ce type d'observation et d'extrapolation qui va le conduire à soutenir sans réserve l'incroyable théorie des cavernes à laquelle il fait jouer un rôle considérable dans la troisième des *Époques de la Nature*. Lorsque «*les eaux jusqu'alors réduites en vapeurs (...) se sont condensées et ont commencé à tomber sur la Terre brûlante*»,

«[elles se sont] ouvert des routes souterraines, elles ont miné les voûtes des cavernes, les ont fait s'écrouler et <que> par conséquent ces mêmes eaux se sont abaissées successivement pour remplir les nouvelles profondeurs qu'elles venaient de former. Les cavernes étaient l'ouvrage du feu; l'eau dès son arrivée a commencé par les attaquer; elle les a détruites et continue de les détruire encore. Nous devons donc attribuer l'affaissement des eaux à l'affaissement des cavernes, comme à la seule cause qui nous

---

10. *Second Mémoire : Suite des expériences sur le progrès de la chaleur dans les différentes substances minérales* [1774], in Buffon [6], T. I : p. 289.
11. *Des Époques de la Nature, Seconde Époque* [1778], in Buffon [6], T. V : p. 71.

soit démontrée par les faits.»[12]

Par ailleurs, dans l'esprit de Buffon, les tremblements de terre, localement associés aux volcans, sont principalement dus à l'effondrement des cavernes :

«Dès les premiers moments de l'affaissement des cavernes, il s'est fait des violentes secousses qui ont produit des effets tout aussi violents et bien plus étendus que ceux des volcans.»[13]

C'est encore dans l'effondrement des cavernes que Buffon cherche le mécanisme de la séparation des continents et, notamment de la submersion atlantique. Il va d'ailleurs jusqu'à faire explicitement référence à la légende de l'Atlantide :

«La submersion en est peut-être encore plus moderne que celle du continent de l'Islande, puisque la tradition paraît s'en être conservée; l'histoire de l'île Atlantide, rapportée par Diodore et Platon, ne peut s'appliquer qu'à une très grande terre qui s'étendait fort au loin à l'occident de l'Espagne.»[14]

Plus tard, cette théorie inspirera Jules Verne auteur de «*Voyage au Centre de la Terre*».

L'observation des phénomènes liés au refroidissement de boules de verre et de métal va aussi le conduire à définir, par analogie, le mode de formation des montagnes et chaînes de montagnes, donc à se pencher sur l'orogenèse :

«comparons (...) la Terre en fusion à une masse de métal ou de verre fondu : il se forme à la surface (... ) des ondes, des aspérités (...) nous aurons dès lors une idée du grand nombre de montagnes, de vallées.»[15]

Ses réflexions sur la chaleur vont être transposées à l'échelle de la Terre et l'amèneront à aborder, sans doute pour la première fois, le bilan thermique de notre planète en comparant l'importance de la déperdition de chaleur en raison du refroidissement –on dit aujourd'hui le flux de chaleur– au flux thermique d'origine solaire. Il va même jusqu'à discuter du rôle éventuel de la variation de l'inclinaison de l'axe de rotation de la Terre sur le plan de l'écliptique, influence qu'il rejette. Il s'ensuit des considérations sur les climats et la paléoclimatologie. C'est ainsi, par exemple, qu'il sera conduit à considérer les régions polaires comme les premières habitables au cours du refroidissement de la Terre et après la condensation de la vapeur d'eau atmosphérique, après le grand déluge.

Mais on peut penser que, pour l'époque, le retentissement le plus considérable des expériences dans les forges sur la pensée de Buffon, a été, après Newton, la prise de conscience de la durée des Temps géologiques, avec la recherche d'un calendrier de l'histoire de la Terre. C'est ce qui constitue, notamment, une différence marquante entre ses écrits sur *La Théorie de la Terre* et les *Époques de la Nature*. Il faut se souvenir qu'en ces temps là encore, l'âge de la Terre le plus communément accepté s'apparentait à celui assigné par l'Archevêque Usher qui, vers 1640, avait calculé que notre planète avait été créée le 26 octobre de l'an 4004 avant Jésus-Christ, à 9 heures du matin; un âge biblique naturellement. Or Buffon change complètement l'échelle des temps en osant publier une estimation de l'ordre de la centaine de milliers d'années mais en n'osant pas divulguer l'ordre de grandeur du million d'années, auquel ses réflexions l'avaient fait parvenir. Ses expériences sur les boulets de fer ont été déterminantes :

---

12. *Des Époques de la Nature, Troisième Époque* [1778], *in* Buffon [6], T. V : pp. 95-97.
13. *Des Époques de la Nature, Quatrième Époque* [1778], *in* Buffon [6], T. V : p.146.
14. *Des Époques de la Nature, Sixième Époque* [1778], *in* Buffon [6], T. V : p. 193-94.
15. *Des Époques de la Nature, Seconde Époque* [1778], *in* Buffon [6], T. V : p. 71.

| ÉPOQUE | ÂGE PUBLIÉ | ESTIMATION NON PUBLIÉE (manuscrits) |
|---|---|---|
| 1ère époque : *Lorsque la terre et les planètes ont pris leur forme.* | 0 | 0 |
| 2ème époque : *Lorsque la matière s'étant consolidée a formé la roche intérieure du globe ainsi que les grandes masses vitrescibles qui sont à la surface.* | 2936 ans | 117 440 ans |
| 3ème époque : *Lorsque les eaux ont couvert nos continents.* | 25 000 ou 26 000, puis : 35 000 ans | 700 000 à 1 000 000 ans |
| 4ème époque : *Lorsque les eaux se sont retirées et que les volcans ont commencé d'agir.* | 50 000 à 55 000 ans | 2 000 000 ans |
| 5ème époque : *Lorsque les éléphants et autres animaux du midi ont habité les terres du nord.* | 60 000 ans | — |
| 6ème époque : *Lorsque s'est faite la séparation des continents.* | 65 000 ans | — |
| 7ème époque : *Lorsque la puissance de l'homme a secondé celle de la Nature* [i.e. âge du XVIIIè siècle]. | 75 000, puis 100 000 ans | 600 000 à 10 000 000 ans |

**TABLEAU 2.**

«Or, nous avons démontré, par les expériences du premier mémoire, qu'un globe de fer, gros comme la Terre, pénétré de feu seulement jusqu'au rouge, serait plus de quatre-vingt-seize mille six cent soixante-dix ans à se refroidir (....) il résulte qu'en tout il faudrait environ cent mille ans pour refroidir au point de la température actuelle un globe de fer gros comme la Terre.»[16]

Les calculs de Buffon s'apparentent à ceux que l'on peut faire à partir de l'équation issue du test de régression linéaire sur ses propres données numériques (Fig. 4).

C'est ainsi qu'est né le premier calendrier de l'histoire de la Terre établi en fonction de données expérimentales reproductibles donc scientifiques. Jacques Roger a clairement reconstitué les estimations de Buffon, dans les diverses versions manuscrites et publiées des *Époques de la Nature*.[17] L'essentiel tient dans les chiffres du tableau ci-contre, où l'origine des temps est prise à la fin de la première époque.

C'est donc cette approche expérimentale méthodique qui amena Buffon à élaborer la première échelle chronologique des temps géologiques. L'établissement de cette première chronologie «absolue» des événements ayant marqué l'histoire de la Terre depuis son origine n'a pas été sans poser problème à Buffon, comme le montre la lecture des manuscrits non publiés faisant apparaître que *Buffon raisonnait déjà en millions d'années*. Évoquant la prise en compte de ce qu'il appelle les causes latentes de Newton, il écrit :

«Et cela seul aurait augmenté dix fois plus notre échelle et m'aurait donné 10 millions d'années au lieu de 600 000 pour notre époque.»[18]

C'est, sans doute, au fil de ces calculs et expérimentations que lui est venue cette merveilleuse pensée :

«Ce qui recule encore les limites du temps qui semble fuir et s'étendre à mesure que nous cherchons à le saisir.»[19]

Mais il semble bien qu'il ait été très impressionné par ses résultats et c'est avec beaucoup de prudence qu'il s'en tient à une chronologie courte, obtenue au début, sans les corrections :

«Plus nous étendrons le temps et plus nous approcherons de la vérité et de la réalité de l'emploi qu'en a fait la nature, néanmoins il faut raccourcir autant qu'il est possible pour se conformer à la puissance limitée de notre intelligence.»[20]

## V
### BUFFON ET LE TEMPS EN HISTOIRE NATURELLE

La vérification expérimentale de l'hypothèse de Newton et ses travaux sur la conductibilité thermique de la matière ont donc considérablement influencé la pensée

---

16. *Huitième Mémoire : Expériences sur la pesanteur du feu et sur la durée de l'incandescence* [1775], *in* Buffon [6], T. II : pp. 35-36.

17. Roger [13] : pp. LX-LXVII.

18. *Des Époques de la Nature* [Manuscrit], *Première Époque* [1774-1776], reproduit *in* Roger [13] : pp. 39-40.

19. *Huitième Mémoire : Expériences sur la pesanteur du feu et sur la durée de l'incandescence* [1775], *in* Buffon [6], T. II : p. 36.

20. *Des Époques de la Nature* [Manuscrit], *Première Époque* [1774-1776], reproduit *in* Roger [13] : p . 40.

de Buffon. On est tenté d'affirmer qu'il fait figure de pionnier pour avoir, de cette manière, contribué à développer le concept de temps et la notion de durée en histoire naturelle. Il s'exprime sans ambiguïté sur ce sujet :

«Tout s'opère parce qu'à force de temps tout se rencontre (...) Le grand ouvrier de la nature, c'est le temps, (...) par degré, par nuances, par succession, il fait tout.»[21]

Il faut fouiller les archives du monde, tirer des entrailles de la Terre les vieux monuments (...) C'est le seul moyen de fixer quelques points dans l'immensité de l'espace et de placer un certain nombre de pierres numéraires sur la route éternelle du Temps.[22]

«La Nature (...) en l'observant de près (...) on s'apercevra (...) qu'elle se prête (...) à des combinaisons nouvelles, à des mutations de matière et de forme; et (...) si nous l'embrassons dans son étendue, nous ne pourrons douter qu'elle ne soit aujourd'hui très différente de ce qu'elle était au commencement et de ce qu'elle est devenue dans la succession des temps.»[23]

En étudiant sa théorie de la Terre à la lumière de ses méditations, on s'aperçoit que pour Buffon, il est clair que l'évolution terrestre a eu un commencement et aura une fin; l'écoulement du temps est vectoriel, irréversible et s'opère entre ces deux bornes. Mais il conçoit aussi que le déroulement du temps puisse être marqué par des actions répétées qui se renouvellent, donc cycliques, à l'œuvre actuellement comme par le passé, donc prévisibles dans le futur :

«L'évolution terrestre, écrit Buffon, ne comporte que "des mouvements lents qui se succèdent et se renouvellent sans interruption", que des "opérations constantes et toujours réitérées. Pour juger de ce qui est arrivé et même de ce qui arrivera, nous n'avons qu'à examiner ce qui arrive". Rien n'autorise à s'écarter des "effets qui arrivent tous les jours". La géologie, comme l'histoire humaine, est la résurrection du passé à la lumière du présent.»[24]

La hardiesse de la pensée de Buffon, confinant pour l'époque à la témérité, a failli lui causer des ennuis. Il y eut une première alerte en 1752, au cours de laquelle, sur invitation des théologiens de la Sorbonne, il corrigea certains points de sa *Théorie de la Terre*, voire même se rétracta sur d'autres. Dès la publication des *Époques de la Nature,* les théologiens de la Sorbonne s'émeuvent à nouveau et le 15 novembre 1779 Buffon écrit de Paris à Guéneau :

«Je mets donc pour le moment présent mon salut dans la fuite et je pars dimanche pour arriver à Montbard... Il n'y a pas encore de dénonciation en forme et par écrit, et je ne pense pas que cette affaire ait d'autre suite fâcheuse que celle d'en entendre parler et de m'occuper peut-être d'une explication aussi sotte, aussi absurde que la première qu'on me fit signer il y a trente ans.»[25] (Buffon avait 72 ans).

On sait par ailleurs que, pendant longtemps, Buffon a été réfractaire aux idées du mathématicien et philosophe Maupertuis, son ami, qui pensait que : *«à force d'écarts répétés serait venue la diversité des animaux que nous voyons aujourd'hui».* Constatons qu'il y avait dans cette pensée le germe de la théorie de l'évolution et du transformisme. C'est, sans doute, comme suite à ses très longues méditations sur le Temps qu'il finira par s'y rallier. Lamarck, pour qui Buffon avait une grande estime, reprendra son concept *«d'espèces analogues»* et développera le

21. *Cit. in* Bourdier [5], resp. : p. 71 et p. 86.
22. *Des Époques de la Nature, Première Époque* [1778], *in* Buffon [6], T.V : p. 1.
23. *Ibid.* : pp. 2-3.
24. *Cit in* Bertin [3] : p. 18.
25. *Cit. in* Bourdier [5] : pp. 44-45.

Transformisme.

S'agissant de l'Histoire de la Terre, A.G. Werner (1750-1817) proposera, dans sa «*Nouvelle histoire de la Terre*», cinq époques, qui ne sont pas sans certaines analogies avec celles de Buffon, bien que basées sur un grand nombre d'observations de terrain. Dans le même temps, J.H. Hutton dans sa *Theory of the Earth* soutient que, dans la nature, avec le Temps, de petites causes finissent par produire de grands effets; mais il n'adopte pas la notion d'écoulement linéaire, vectoriel, du Temps. Pour lui, on ne peut pas penser à un commencement, pas plus qu'à une fin : «*no vestige of a beginning, no prospect of an end*».[26]

Puis Charles Lyell, dans son fameux ouvrage «*Principles of Geology*» (1830) reprend les idées de Buffon en énonçant le principe de l'Uniformitarisme ou principe des «*Causes actuelles*» : le passé de la Terre est une succession de phénomènes exactement comparables à ceux qui s'exercent de nos jours. Ce faisant, il combat le «*Catastrophisme*» de Cuvier, écrivant en substance : *si l'on est convaincu de l'immense durée des Temps géologiques, les catastrophes deviennent superflues et tout peut s'expliquer par une évolution lente : évolution et non révolution, actualisme et non catastrophisme.* Plus tard, en 1885, A. de Lapparent ironisera sur l'importance donnée au Temps par l'école uniformitariste en paraphrasant Archimède : «*Laissez-moi du temps et je rendrai compte de tous les phénomènes*».[27]

Ce combat d'idées sur la notion, le rôle et l'importance du Temps et de la durée en histoire naturelle, ayant suscité beaucoup de passion, n'existait pas dans la pensée de Buffon qui, en fait, les avait réunies pour une bonne part, et dont certaines n'ont fait l'objet, par la suite, que d'une reprise, sans doute excessive et extrémiste parce que traitées séparément et indépendamment.

Une nouvelle approche de l'âge de la Terre, ayant toujours comme point de départ le modèle d'un globe initialement en fusion et se refroidissant inexorablement, fut tentée par Lord Kelvin, célèbre physicien qui faisait autorité en son temps. Dans ses calculs vont entrer deux principaux paramètres, le flux de chaleur perdu par la Terre évalué à partir de mesures du gradient géothermique et une estimation de la conductibilité thermique moyenne des matériaux terrestres. On retrouve Buffon. Hypothèses de départ : une température initiale de 2 000°, un globe homogène et isotrope. Dans une première évaluation, il estime que l'âge de la Terre ne peut dépasser 100 millions d'années. Plus tard, une révision de ses calculs le conduit à penser que l'âge de la Terre devait se situer entre 20 et 40 millions d'années, plutôt plus proche de 20 millions (1899). Un siècle après, c'est, à peu près, l'ordre de grandeur obtenu par Buffon. Mais la rusticité du modèle de départ, la grande incertitude sur sa représentativité, même approximative, de la Terre, n'ont pas échappé à la vigilance et à la rigueur de géologues aussi éminents que A. de Lapparent, qui dans le doute, écrit :

«Ce qu'on sait, c'est que la succession si variée des couches sédimentaires et l'incessante transformation des faunes et des flores ont dû exiger un temps considérable. Ce n'est pas trop, sans doute, de l'évaluer en millions d'années. Mais ce résultat admis, le nombre des millions devient à peu près indifférent, vu l'incertitude des données qui servent à l'établir.»[28]

Par ailleurs, ce même éminent géologue semble totalement ignorer les expé-

26. Hutton [9], T.I : p. 200.
27. Lapparent [11] : p. 6
28. Lapparent [12] : p. 1956.

riences de Buffon.

Bien sûr, on sait aujourd'hui que le globe n'est pas plus de nature homogène qu'isotrope et que, de plus, il dispose d'une source d'énergie interne entretenue par la désintégration radioactive d'éléments comme l'uranium 238 et 235, le thorium 232 et le potassium 40...; ces mêmes radionucléides ont permis de dater l'âge de la Terre (4,5 milliards d'années) de même que les principaux événements ayant marqué son histoire. L'approche faite par Newton, Buffon et Kelvin s'est donc avérée incorrecte, tout en étant l'une des très rares possibles en ces temps-là. Mais elle était d'un intérêt considérable car elle a suscité une prise de conscience de *«l'immensité de l'espace»* et de *«la route éternelle du Temps»* à une époque où : *«Nobles, magistrats, abbés, femmes du monde, tout le monde s'y met. La passion gagne les villages où les bateleurs de la science électrifient les populations»*.[29]

À travers cette œuvre trop méconnue qu'est l'*Histoire naturelle des minéraux*, on prend conscience, sans doute là mieux qu'ailleurs, de la formidable capacité de synthèse de Buffon, de son énorme savoir et de son goût pour expérimenter, le tout valorisé par un indéniable talent d'écrivain. C'est ce qui lui a permis de séduire, sinon tous ses pairs, du moins les grands et les moins grands de ce monde. Comme le rappelle Condorcet dans son hommage à Buffon, il sut : *«au lieu de combattre l'homme ignorant et opiniâtre (...) lui inspirer le désir de s'instruire»*.[30] Il sut aussi se doter d'un instrument de taille industrielle, certainement moins dans un but de production rentable que pour conduire ses recherches. Il apparaît ainsi non seulement comme un savant, mais, parmi les scientifiques de l'époque, comme un précurseur. C'est en ce sens que le règne du maître de forges, seigneur de Montbard, fut une étape d'importance dans l'histoire de la Géologie, comme dans l'histoire de l'évolution de la pensée humaine.

## BIBLIOGRAPHIE *

(1)    ALLÈGRE (C.), *De la Pierre à l'Étoile*, Paris, A. Fayard, 1 vol.
(2)    BEDIER (J.) et HAZARD (P.), 1949. *Littérature française*, T. 2, *le XVIIIᵉ siècle*, Paris, Larousse, 1985.
(3)†   BERTIN (L.), *Géologie et Paléontologie*, Paris, Larousse, 1942.
(4)    BERTIN (L.), «Buffon, homme d'affaires», *in* R. Heim [8] : pp. 97-104.
(5)    BOURDIER (F.), «Principaux aspects de la vie et de l'œuvre de Buffon», *in* R. Heim [8] : pp. 15-86.
(6)†   BUFFON (G. L. Leclerc de), *Histoire naturelle, générale et particulière, servant de suite à... Supplément*, Paris, Imprimerie Royale, 1774-1789, 7 vol.
(7)    DUCHÉ (J.), *Histoire du Monde*, T. III, *L'âge de raison*, Paris, Flammarion, 1963.
(8)    HEIM (R.) éd., *Buffon*, Paris, Muséum National d'Histoire Naturelle, collection «Les Grands Naturalistes Français», 1952.
(9)†   HUTTON (J.), *Theory of the Earth, with Proofs and Illustrations*, Edinburgh, 1795, 2 vol.
(10)   LAPPARENT (A. de), «La Géologie, son histoire, sa méthode», *Revue des questions scientifiques* (Bruxelles, Vromant), avril 1881 : pp. 1-38. .

29. Duché [7] : p. 552.
30. Bédier et Hazard [2] : p. 74.
* Sources imprimées et études. Les sources sont distinguées par le signe †.

(11)     LAPPARENT (A. de), «Le Rôle du Temps dans la Nature», *Revue des questions scientifiques* (Bruxelles, Vromant), avril 1885 :.pp. 5-32.
(12)     LAPPARENT (A. de), *Traité de Géologie,* Paris, Masson et Cie , 1906.
(13)†   ROGER (J.), *Buffon. Les Époques de la Nature. Edition critique. In : Mémoires du Muséum National d'Histoire naturelle, Série C, Sciences de la Terre,* Tome X (1962). Réimpression : Paris, Éditions du Muséum, 1988.

*#32760*

# 24

## THE *ÉPOQUES DE LA NATURE* AND GEOLOGY DURING BUFFON'S LATER YEARS

Kenneth L. TAYLOR *

### INTRODUCTION

Buffon's treatise *Des Époques de la Nature* is not only one of the best-known scientific books of the second half of the eighteenth-century, it is also among the most accessible. Besides the existence of many editions of Buffon's *Histoire Naturelle*, for which the *Époques* may be regarded as providing a culminating general framework, several separate editions of the *Époques* have appeared within the last century. A recent one intended for a large public, and still available, was ably edited by our colleague Gabriel Gohau.[1] The definitive scholarly edition with extensive commentary and analysis was published in 1962 by Jacques Roger. It is good news that this volume, long out of print, has now been reissued.[2]

In fact, a great deal that anyone might wish to know about the *Époques* and its place in the science of its day has already been said by Professor Roger. Together with my keen appreciation of the honor of being invited to speak to this gathering about Buffon's *Époques*, comes the knowledge that this famous text is inescapably linked in our minds with our colleague who has so superbly presented and interpreted it. Inevitably, a considerable part of what I have to say must be a partial digest of what we have already learned through Jacques Roger, supplemented by valuable insights from others such as Dr. Gohau.[3]

For the historian considering Buffon's *Époques de la Nature* in relation to geology's contemporary development, a number of seemingly contradictory thoughts present themselves. The *Époques* represents perhaps the ultimate example of the *genre* of the Theory of the Earth, yet at the same time it was a work on some counts out of touch with the latest pertinent scientific trends and developments. The *Époques* is hailed, with justification, as a landmark in the history of geological discourse, yet some of its fundamental theses were repudiated by most of the leading practitioners of the nascent geological science. Certain elements of the *Époques* certainly exercised a large influence on geological thinking in the years and decades subsequent to its publication, yet one senses that the ablest of those involved in the kinds of problems Buffon addressed tended to regard the *Époques*, taken as a whole,

* Department of History of Science, University of Oklahoma, 601 Elm Street. Norman, OK 73019. U.S.A.
1. Buffon [9].
2. Buffon [8].
3. See especially Buffon [8], but also Roger [36], [37], and [38]; and Gohau [21]. For the sake of economy, references are omitted in this paper for a number of fundamental points concerning the *Époques de la Nature*, which the reader can readily find established in Jacques Roger's modern critical edition [8].

as an artistic masterpiece worthy of admiration and preservation, but not of emulation. One is even drawn to the idea that the author of the *Époques de la Nature* was, during the century's closing decades, for geology at least, at once both a central and a marginal figure. Buffon was credited with a grand achievement in evoking a coherent account of the Earth, and was complimented with manifest sincerity through widespread adoption of certain critical parts of his conception and terminology; yet at the same time he was widely viewed, among peers best situated to judge, as clinging to some indefensible theories and as following an outmoded style of scientific inquiry.

Just how much real contradiction there is in this sort of assessment of Buffon's *Époques* can be debated. I believe one finds, in taking a close look at the historical situation, that the apparently antithetical claims I have just mentioned are generally confirmed, but also reconciled; or if not altogether reconciled, at least the seemingly contradictory nature of these observations is greatly diminished. This resolution comes chiefly through our recognition that Buffon and his geological contemporaries spoke to rather different constituencies, and did not share quite the same views on some fundamental questions, such as the ways geological knowledge should be sought and framed, or the character of original and meritorious geological research. It will be part of my objective today to identify some of the main points that differentiated Buffon from many of the geologists of his time, as well as to recognize the ground they held in common.

### THE *ÉPOQUES DE LA NATURE* IN BUFFON'S GEOLOGICAL *ŒUVRE*

The *Époques de la Nature* was undoubtedly Buffon's most thoroughly-considered geological work, the result of his mature reflection. With a 1778 imprint and placed on sale in 1779, the book came three decades after the *Théorie de la Terre,* and embodied some momentous shifts of perspective and emphasis from that earlier book, which was itself a major landmark in geological literature. While the *Théorie* and the *Époques* are Buffon's two geological works that are usually remembered, it is worth bearing in mind that about one quarter of the 36 quarto volumes of *Histoire naturelle* have a geological character. Two volumes of the *Supplément* (I, 1774; II, 1775) were presented as expansions on the *Théorie de la Terre,* and can be seen even more aptly as preludes to the *Époques.* These included treatments of the action of heat and water on mineral substances, and Buffon's studies of the cooling of molten metals, with application of the results to the cooling of the planets, including Earth. Then, several years after the appearance of the *Époques,* the *Histoire naturelle des minéraux* was published in five volumes (1783-1788), articulating detailed views on minerals and rocks, as well as the processes of their formation and alteration. So the *Époques,* which constitutes only part of one volume, is not, strictly speaking, Buffon's last word geologically.[4]

I think it is also worth noting that the subject matter of the *Époques de la*

---

4. Buffon [7]. Besides *Des Époques de la Nature* (pp. 1-254), *Notes justificatives des faits rapportés dans les Époques de la Nature* (pp. 495-599), and *Explication de la carte géographique* (pp. 601-615), this volume includes *Additions et corrections aux articles qui contiennent les Preuves de la théorie de la Terre, depuis la page 127 jusqu'à la fin de ce volume* (pp. 255-494).

While in a certain sense virtually all of Buffon's *Histoire Naturelle* was a work to which his subordinates contributed anonymously, it is thought that the *Histoire naturelle des minéraux* in particular was the result of collaborative effort.

*Nature* is cosmogonical, botanical, zoological, and anthropological, as well as geological. Buffon's intentions, I dare say, transcended these categories. His main aim was to reset natural history in a global framework enabling comprehension of the mineral, plant, and animal furniture of the world, including humankind. It is appropriate to see the *Époques* as both more and less than what one might expect of most late eighteenth century geological works. It is more, in the sense of being a complete sequential account of the whole of nature, from the planets to man. It is less, by virtue of the way numerous geological topics and issues, and especially details of investigatory procedures, are subordinated in the presentation of his sequential tableau.

I have found a somewhat surprisingly low level of discussion of Buffon's *Époques* in the geological literature from the score of years following its publication. And apart from those few scientists like Romé de l'Isle, who took Buffon to task on a single issue (the Earth's central heat),[5] the public reactions of critics in the geological arena were generally lacking in passion. Some of Buffon's most avid critics (notably Royou, Feller, and Barruel) were principally concerned about the religious implications of the *Époques*, and resorted to the scientific arena of debate for essentially strategic reasons. Geological writers who mentioned Buffon directly were often careful to mix their criticism with praise. Such is the tenor of even the head-on critiques by Philippe Bertrand and by Marivetz and Goussier in 1780.[6] Somewhat later, when Desmarest devoted a large space in his *Géographie physique* to Buffon, he expressed practically no judgments upon the lengthy extracts from the *Époques* printed there;[7] one has to turn to other articles of the same compendium to see Desmarest's hostility to, for instance, Buffon's theory that submarine currents were important geomorphological agents.[8] One senses in Desmarest, and I think in a number of his contemporaries, a genuine but somewhat diffuse and qualified respect for Buffon, coupled not only with opposition to particular parts of the Buffonian theory but also with reservations about the speculative totality of the *Époques*.[9] Because of this tendency toward a certain reserve regarding Buffon, long

5. This is not to say that Romé de l'Isle's private opinion was equivocal. In a 1784 letter to de Saussure he referred to «*l'ignorante éloquence*» of Buffon (Romé de l'Isle [2] ).
6. In his assessment of the *Époques*, Deluc offered his judgment that Buffon's *Histoire naturelle*, «*en tant que GÉNÉRALE est défectueuse; mais elle n'en est pas moins, comme PARTICULIÈRE, un trésor de faits & de beautés*» (Deluc [11], T. V : p. 611).
7. Desmarest [13], T. I : pp. 72-121. No doubt Desmarest implied a judgment, however, in referring to the *Époques* as «*cette espèce de cosmogonie*» (p. 72). The major parts of the excerpts of Buffon's works, in Desmarest's collection, are from *Théorie de la Terre* (pp. 72-86) and *Époques de la Nature* (pp. 94-121). The rest (pp. 86-94) comes from Buffon's discussions of the geographical distribution of quadrupeds, in Vol. IX of the *Histoire naturelle* [1761], *Animaux communs aux deux continens*. Desmarest's selections from Buffon's work were republished in Naigeon [29], T. III : pp. 801-836.
8. Desmarest [13], for example T. I : p. 325 (*Maillet*), and T. II : pp. 292-295 (*Allier*).
9. Indeed, one can find denigrations of Buffon's place in science, recorded privately by reputable contemporaries. Freshfield records this passage of a letter by H.B. de Saussure (unfortunately not dated in Freshfield's biography) : «*I have often had occasion to speak of M. de Buffon with members of the Academy. They do justice to the beauty of his style, but they think nothing of him as a man of science : they look on him neither as a physicist, nor a geometrician, nor a naturalist. His observations they account very inexact and his systems visionary. Perhaps jealousy enters into their judgment. M. de Buffon has, no doubt, excited it by his brilliancy : but it is certain his character also arouses hostility;...*» (Freshfield [17] : p. 93). Another highly adverse view of Buffon's standing in the intellectual world of his time was expressed by Marmontel [28], T. II : pp. 240-241. Such opinions, especially of a Marmontel, need certainly to be judged carefully in light of prevailing intellectual frictions and factionalism. While this kind of testimony to Buffon's inferior status among intellectual peers must not be dismissed, it seems to me that it tends to underestimate Buffon's role in forming the period's climate of scientific discourse.

established as an icon in French science, the explicitly-stated opinions of geologists on the *Époques* are probably an insufficient basis for gauging the place of the *Époques* in the geology of the time. The fact, for example, that a number of geological writers quickly adopted the notion of identifying particular terrestrial phenomena with distinct epochs counts for something.[10] But so also does the refusal of most in the geological world, for another generation, to follow Buffon in seeing the primary rocks as igneous in origin. In the end, what other geologists *did* once *Des Époques de la Nature* was loose in the world matters as much as, if not more than, what they said about Buffon's treatise.

The main outlines of the *Époques* are probably familiar to most in this audience. The elegantly phrased *Premier Discours* acknowledges the difficulties in acquiring reliable knowledge of Nature's past, and compares the procedures of natural history with those of civil history. Buffon holds that, in keeping with sound philosophy, we must base our reasoning on what we know to be true from immediate experience and reliable evidence. And it is only in our own days, he says, that a sufficient knowledge has been gained of the Earth's materials and organization to reveal clearly nature's past stages, and to permit *«the night of time»* to be penetrated.[11] He offers a group of selected facts about the globe's present condition, and about monuments or relics of the past, in a manner suggesting a sort of inductive inference of historical consequences from empirical knowledge. The chief conclusion is that the Earth was originally an incandescent ball of hot material, and is still in a long process of progressive cooling; the generation and differentiation of the globe's visible parts have resulted naturally from that irreversible cooling process. The *Premier Discours* ends with remarks on Genesis, where Buffon seeks to disarm religious opponents, insisting on the irrelevance to scientific inquiry of the Bible's literal language, and offering assurances that his system is consistent with properly interpreted Scripture.

The seven epochs which follow the *Premier Discours* tell the Earth's story from its generation out of matter torn from the sun by a comet, down to the present age, which witnesses mankind's rise to a position of major influence in nature. In the second epoch, the Earth's first physiographic inequalities appeared in the vitrescible

10. Philippe Bertrand and Étienne-Claude Marivetz, for instance. See also Haidinger [23], Launay [25], Soulavie [41] and [40], esp. T. I and IV.

Roger [8] (pp. XL-XLI) has noted the employment, during the 1750s, of the term *époques* in a geological sense by Boulanger, Deslandes, Élie Bertrand, and Buffon himself; and he has called attention to Desmarest's apparent effort to claim credit for the expression by his use of it in a 1775 presentation (Desmarest [12] ). Roger's point, that naturalists were coming during this period to regard it as normal to speak of events in the Earth's history as marking *époques*, is illustrated in a letter from Desmarest to the Duc de La Rochefoucauld in 1769 : discussing the means of determining whether the Baltic Sea level has really been in decline, Desmarest prescribed a systematic combination of relevant data from both the Mediterranean and the Baltic Seas :

*«Or ces preuves Etant combinées avec celles qu'on pourroit recueillir sur les bords de la baltique seroient bien plus convainquantes que la simple dispute de Suede. Mais pour recueillir ces preuves, il faut savoir distinguer leur caractere propre : Savoir demeler cet ordre de faits d'avec les autres, Savoir les chercher ou ils sont et cela tient à la distinction des Epoques qu'on n'a pas Encore pense a introduire dans l'étude de l'histoire naturelle»* (Desmarest [12])

Although Desmarest's remark suggests that the assemblage of geological data according to chronological order was still a novelty, evidently he and La Rochefoucauld already shared a vocabulary for it.

One pretender to invention of the idea of geological *époques* who seems to have been overlooked is the Belgian physician Robert de Limbourg. In a complaint published in 1780 (Limbourg [27] : p. 335n), Limbourg indicated his belief that Desmarest and Buffon had stolen the notion of geological epochs from a paper he had presented in 1774 (Limbourg [26] ).

11. *Époques de la Nature, Premier Discours* [1778], *in* Buffon [7] : p. 5.

or glassy materials congealing on the surface. In the third epoch, as cooling progressed, condensing vapors created a universal ocean in which animal life grew, and great horizontal beds of calcareous rock were formed from organic debris. Systematic currents further shaped the submarine terrain. These currents, to a large extent governed by tidal action, continued to form the submarine terrain and the forms of shorelines as, in the fourth epoch, the universal ocean gradually retreated, and volcanoes came into action. In the fifth epoch, large animals suited to tropical conditions lived in northern lands which have since become far too cold to sustain them, a result of the globe's continuing refrigeration. The separation of the continents took place during the sixth epoch, forming two major land masses, the old and new continents, divided by two great oceans oriented north-to-south. The general east-to-west movement of the seas further affected the configuration of the land. Finally, in the seventh epoch, man, who had been witness to convulsive changes in the Earth brought on by inundations, earthquakes, and volcanoes, succeeded in establishing a high and learned culture. All this was lost in an age of barbarism, but with the restoration of the sciences over the last thirty centuries has at last come human knowledge and power sufficient to master nature, perhaps to the extent of soon controlling the climate.

The ways in which this remarkably ambitious and coherent work differs from the earlier *Théorie de la Terre* have tended to overshadow the very real continuities in Buffon's geological thought. And just as the *Époques* reveals notable consistencies as well as some important reversals in Buffon's own geological thinking, there is a mixture of the conventional and the exceptional in the *Époques* when compared with what was going on in geological science at the time. In what remains of this brief talk, I will try to identify a few of the more interesting aspects of the geological outlook displayed in the *Époques*, to comment on how Buffon's approach and positions related to the ideas discernible among other geologists of the time, and to remark where appropriate on the consistency or change of course in Buffon's own views. I hope this will contribute a little to our understanding of how Buffon was situated respecting the significant changes that were occurring in geology during the later part of his life.

## HISTORY AND THE *ÉPOQUES DE LA NATURE*

The key to the conceptual and rhetorical unity of *Des Époques de la Nature* is its historical character. Although in the *Premier Discours* there is at least a *pro forma* line of reasoning from effects to causes, this book is essentially a narration of events, a continuous story of connected epochs from beginning to present. Perhaps it is true that, logically speaking, the causes of the events are as important as their sequential narration. But it is the sequence that dominates and distinguishes the presentation. Past events, their causes, and evidence of the surviving effects of change are impressively integrated. A telling measure of the supremacy of the historical narrative is that geological evidence or processes are not raised for their own sake; they serve to illuminate a set of events.

Buffon's cosmogonical hypothesis explaining the main line of events in the *Époques* had appeared long before, in the first article of the *Preuves* to the *Théorie de la Terre*. But that idea –of the planet's origins in stellar material torn away from the sun by a comet– remained isolated in the *Théorie*; it found no natural connection there with a geological vision focused on the relations between observed regular effects and the natural processes that produced them, a vision centered not on events but on an almost atemporal network of ordered causes and effects. Now, in the *Époques*, the comet hypothesis is fully exploited. Also brought forward to play a vital role is its implicit corollary, that the Earth has progressively cooled from its initial molten state. In the *Théorie*, the transformation of Earth from an incandescent ball to a watery, fertile globe had been a neglected interlude, as if the Earth's fiery origins were divorced from that book's real business. In the *Époques* Buffon retains much that he had said in the *Théorie* about the geological potency of water. So the *Époques* chronicles a world in which the progressive diminution of an intrinsic terrestrial heat shares the stage, from the third epoch on, with water. Both heat and water function geologically in important ways.

One naturally asks what brought Buffon to shift his perspective so radically between these two famous treatises, from a position akin to that of a cyclic steady-state to an emphasis on directional change, and from an evocation of geological processes almost completely oriented around water to a story of terrestrial change anchored in dissipation of the Earth's supposed central heat. Jacques Roger has argued persuasively that a central reason lies in Buffon's study of living things, where he increasingly found difficulty in recognizing an underlying reality of natural kinds seated in the synchronic relations among individuals; so Buffon turned instead to continuity in time as the unifying basis of species. Our attention has been directed to Dortous de Mairan's revisions of his study on terrestrial heat as the probable source of Buffon's embrace of the secular cooling of the globe.[12] Buffon's geological reorientation, on this interpretation, was guided mainly by non-geological considerations. This is entirely plausible. Indeed, the hypothesis of the Earth's inner heat, although an age-old option for theorists of the Earth, was widely seen in the later eighteenth century as having important geological and mineralogical disadvantages, and it is easy to believe that Buffon needed reasons of another kind to adopt it. However, there were things afoot in geology, and perhaps elsewhere besides, that would lend support to his commitment to directional change in the Earth.

The traditions of the Theory of the Earth had, since the seventeenth century, embraced a chronicling of the Earth's origins and subsequent changes, to account for its present state. Buffon's focus, in the *Théorie de la Terre*, on cyclic change and maintenance of equilibrium in terrestrial processes, had constituted in some ways a departure from the center of those traditions. As has been mentioned, the *Théorie* had included something almost like a lapse of logic in positing the Earth's igneous origins but in neglecting to link that initial condition with the water-dominated sequel. These ideas could hardly be made whole without an adjustment toward a directionalist position. Furthermore, the activities and ideas of other geological thinkers during the third quarter of the century included prominent historical components. Some of these figures had a discernible influence in Buffon's formulation of the *Époques*. Nicolas-Antoine Boulanger is a notable instance; an outstanding feature of Boulanger's unpublished *Anecdotes de la Nature,* from which Buffon appropriated substantial chunks, is its explanation of particular physiographic changes in terms of specific catastrophic inundations.[13] Buffon's exploita-

---

12. Roger, *in* Buffon [8] : pp. XXII ff.; also Haber [22] : pp. 115-117.
13. See Roger [35]; also Bledstein [6].

tion of Boulanger's work, incidentally, was one case among many where Buffon utilized others' ideas while ignoring important ways in which they contradicted his own theory.[14]

Buffon was also clearly impressed by the temporal schematization of distinct rock masses advocated by Johann Gottlob Lehmann and others.[15] While Lehmann is cited in the *Époques*, one notices that Buffon did not refer to his chemist compatriot Guillaume-François Rouelle, whose development of a somewhat similar scheme dividing rocks in terms of character and presumed age was important for some of Buffon's younger contemporaries.[16] To the extent that one can say Lehmann's and Rouelle's views represented historical systems, these implied the fundamental structuring of the landforms during a primitive period, with subsequent additions and changes of secondary significance. The *Époques* of Buffon took up a similar view. While I cannot tell whether Buffon paid attention to Rouelle, one can say that he was not apt to be ignorant of what was well known among others interested in similar problems. (In fact, a review of all the geologically-oriented volumes of the *Histoire Naturelle* makes it hard to avoid the conclusion that Buffon was extraordinarily well informed.) In any case, Buffon was responsive to the work of at least some geological writers who tried to put things in chronological order and sought to relate known effects to past events.[17]

To this it can be added that Buffon's adoption of a temporal perspective may also have been supported by an interest in antiquarian and anthropological ideas. The framing in chronological terms of accounts of human beliefs and institutions evidently held some appeal for Buffon; this is exemplified again in his unacknowledged borrowing from Boulanger, and, eventually, and quite openly, from Jean-Sylvain Bailly.

Before leaving the theme of history, let me add a few observations on the sort of temporal understanding one finds in the *Époques*. One of the more startling features for which the book has ever since been noted, is its pretension to an absolute chronology. Each of the seven epochs was assigned a more or less precise duration. The Earth's age was set at 75 000 years, and terrestrial life could be expected to freeze out after 93 000 more. Study of the surviving manuscript of the *Époques* has shown that Buffon privately entertained a chronological vision far bolder than the one he published. But even the conservative figures printed in the *Époques* were unusual. Among the many geological writers of the late eighteenth century who considered that the Earth's history demanded a relatively lengthy time scale, the

14. Boulanger made frequent use of the term *époque*, sometimes referring to a period of time, but on other occasions using the word's older meaning of a fixed moment or chronological reference point. Boulanger, unlike Buffon, did not believe the Earth would submit to any attempt to date its past; we must be content with the less bold but more nearly attainable goal of fixing the relative order of some comparatively recent events. The empirical methods at our disposal for establishing successive events, or revolutions, Boulanger thought, become weaker as we press further back in time. In addition, Boulanger believed the Earth passed through enormous cycles of generation and decay, so the recovery of real origins was to him impossible.

15. Buffon's references to Lehmann are in the *Notes justificatives* — 2nd epoch, n. 16; 3rd epoch, n. 23 (Cf. *Notes justificatives des faits rapportés dans les Époques de la Nature* [1778], *in* Buffon [7] : pp. 495-599).

16. On Rouelle, see Rappaport [31], and Ellenberger [14].

17. While the *Époques* obviously displayed sensitivity to temporal ordering of terrestrial phenomena, Buffon here showed significantly less emphasis upon the *distribution, arrangement or disposition* of the Earth's surface components and features than one sees in the earlier *Théorie de la Terre*. It seems to me, however, that among many late-eighteenth-century geologists, distribution and disposition of materials and structures were the object of a great deal of attention.

normal thing was to speak in euphemisms, such as *«a long series of ages»*.[18] The replacement of such euphemisms with specific, large numbers, in the *Époques* was not soon copied by many others. But it is not unlikely that Buffon was the object of some silent gratitude, within the geological brotherhood, for demonstrating that the conventional time boundaries could be contradicted openly in a publication of such high visibility and repute. Such gratitude need not have required agreement that Buffon or anyone else really possessed yet any precise means of chronometric calculation.

The *Époques*, with its status as an official publication written by a distinguished public figure, thus served the important role of legitimizing candidly naturalistic treatment of subjects that were still sensitive. This applied not just to the time scale, but more generally to an exclusively physical, nonprovidentialist discussion of the Earth's formation and subsequent alteration.[19]

The history found in Buffon's *Époques* is irreversible, continuous, and complete. This might all seem unremarkable, but in contemporary geology options of a different kind were receiving increasing attention. The main phases of change in Buffon's *Époques* do not repeat themselves. The great universal ocean of the third and fourth epochs starts to form, advances, and then retreats; these things happen once, and are done with. But some of the more narrowly-focussed geological investigations of the period were turning up evidence of more complex sets of changes than would readily fit into Buffon's system of universal phases of change. Some evidence made it seem necessary to envision successive retreats and advances of the sea. The suggestion was being made, in other words, that changes in the relations of land and sea were historically *reversible*.[20] It is true that such a conclusion was not a challenge to a temporal *logic* of unrepeated, distinct events. But it was seen at the time as undercutting, or at least as complicating, systems like Buffon's that included the progressive diminution of a universal Ocean.[21]

While geological investigations of the 1770s and 1780s were beginning to indicate a succession of marine incursions and retreats, alternatives to a strictly continuous geological history were also being developed. The best known case was Desmarest's analysis of the Auvergne lavas, in three successive epochs.[22] Desmarest's paper, presented in the 1770s, gave evidence of temporal distinctions among geological events without connecting them historically. That is, the geologically identifiable epochs were separated by intervals unaddressed by this geological

18. This point was made by Rappaport [32] : p. 65.

19. Our esteemed colleague Goulven Laurent quite correctly pointed out, at the Colloque Buffon, that no assessment of Buffon's *Époques* would be complete without recognizing also its remarkable integration of the history of living beings with the history of the Earth (including its emphasis on the correlation of faunal and climatic change, and the implication of organic extinctions). One may find this facet of Buffon's framework of thinking, along with some others, receiving greater appreciation a generation later, in the early nineteenth century, than immediately following publication of the *Époques*.

20. Besides the case of Desmarest [12] mentioned below, see Fortis [16], Bertrand [5], Soulavie [39], and Lamanon [24]. Another interesting instance is that of Lavoisier; see Rappaport [33] : pp. 254-257.

21. A reviewer of Fortis' report on the sequence of volcanic and marine rocks in the Roncà Valley called attention to the way this observation contradicted claims made by Leibnitz *« & d'autres Savans, après lui»*, to the effect that volcanoes acted only after the Earth's universal inundation. With evidence that the theoretically expected sequence was reversed, the reviewer took a jab at geological systems : *«Après ces observations curieuses & plusieurs autres que l'Abbé Fortis a faites dans cette vallée, on ne peut nier que les flots de la mer n'ayent recouvert ces débris des volcans. Systêmes, que devenez-vous?»* (Anonymous [3] ).

22. Desmarest [12].

research.

This novel procedure –of reconstructing past geological events in their proper chronological order, without fusing them into a historical continuity– is one we can see retrospectively as holding the promise of advancing geology to a historical level not found in Buffon's *Époques*. Although it is not entirely clear how conscious anyone was of it at the time, the determination of past events on the basis of field evidence represented a significant step beyond Buffon's sort of history. In Buffon's narrative, events are brought about not so much by the combination of circumstances that precede them, as by the laws governing the processes underlying them. This outlook has been called *genetic*, or even *embryological*, as distinct from *historicist*.[23]

History which is the outcome of rules effecting changes that are, as it were, programmed, is presumably best learned about by consideration of those very rules and their logical consequences. So it is that in spite of some important gestures in the *Époques* towards a recognizably historical method of research, the mode of geological investigation revealed there is far from fully historical. Notwithstanding Buffon's engaging comparison of terrestrial phenomena with archives, and his discussion of natural monuments as historical data, his method was not basically an archival method. As Gabriel Gohau has argued, Buffon makes use of geological vestiges as archives in order to supplement an incomplete knowledge of the laws governing the order of events.[24] Otherwise, these vestiges are not archives, but illustrations of the rules. In the *Époques*, the monuments (that is, the geological evidence), are usually not so much *analyzed* to determine specific events to which they testify, as they are *assigned* to the epochs and operations that theory says produced them.

The *Époques* is far from atypical in these respects. Geological research of an archival type which resulted in historical propositions involving discontinuity and complex repetitions of events was relatively new. Buffon's *Époques* was in certain ways a distillation of ideas and attitudes just beginning to be displaced. But another aspect of Buffon's history, namely its completeness, had been on its way out of style among geological specialists for a bit longer. To the majority of the serious geological investigators of the 1770s and 1780s, an assured outline of the Earth's entire history must have appeared premature, if not presumptuous. To those trying to extract some orderly conclusions from the rocks of the Massif Central, the Pyrenées, the Italian Pre-Alps, or the Montmartre quarries, the fullness of the *Époques'* account of the Earth's history was not a very useful model.[25] The determinedly narrative character of the *Époques* almost certainly did encourage a historical conception in the overall scientific climate where these field studies were done, but to most it was evident that only a more modestly limited historical reconstruction was feasible, for the present.

I wish to mention one last aspect of Buffon's manner of talking about historical change, a feature of his approach that was situated within the mainstream of eighteenth century geology. I am thinking here of the distinction between *regular* and *accidental* processes, which corresponds pretty closely to the difference between

23. Oldroyd [30] : esp. pp. 193 and 227-28; Gohau [18], [20] and [21].
24. Gohau [21] : pp. 103-105.
25. Investigators whose work bears consideration from this viewpoint include Desmarest, Faujas de Saint-Fond, Pasumot, Soulavie, Palassou, Picot de Lapeyrouse, Ramond, Dietrich, de Saussure, Dolomieu, Pralon and Lamanon.

constructive and destructive geological change.

Something from the heart of this idea survives even to this day, I think, in the peculiar mentality of a certain tourist who, on seeing the Grand Canyon for the first time, was heard to exclaim : «*My God, look at all the damage that river has done!*» A comical notion to us, an attitude very much like this apparently was current in the eighteenth century. Buffon gave expression to it in speaking of the horizontal strata or the corresponding angles of valleys as regular features, while treating certain others pointedly as disruptions or even disfigurements. The causes of the one were ordered, uniform, and normal, those of the other were disorderly, irregular, and accidental. Volcanoes were commonly thought of as producing confused, distorted effects. A favorite geographical theme of the period, to the effect that natural barriers formerly existing at places like Gibraltar and the Bosporus were breached at some time with important topographic consequences, frequently was discussed in language suggesting a deterioration in an original continuity, a break in the natural order. In treating volcanoes or physiographic rifts this way Buffon was certainly not excluding these things from nature, but he was demarcating accidental processes from regular ones, putting them in a separate category. Whether these processes of disfigurement were regarded by Buffon as of a different level of interest to science than the processes of order, or were seen only as especially problematic because less susceptible to scientific understanding in terms of a fixed order, is unclear to me.

Buffon's profession of this deep-seated distinction between regular and accidental processes is evidently tied to his commitment to an essentially a-tectonic geology : the Earth's surface was figured in its basic form by regular causes, and whatever later alterations have occurred are either superficial or destructive. A truly tectonic system required that deformations be comprehended as constructive, something Buffon and many others of his time were unready to accept. Here it is pertinent to note also that the concept of an *époque* as a sustained period bounded at each end by dislocating events could serve as a convenient way of minimizing the discomfort many scientists felt in the presence of natural change, inevitably associated with disorder. Naturalists committed to the highly problematic aim of discovering the Earth's history might understandably find it easier to deal with relatively stable intervals of time than to come to grips with intervening episodes of change. In any case, the interconnections of this idea of geological disfigurement with other components of the period's scientific mentality have not yet been fully explored.[26]

## VOLCANOLOGY IN THE *ÉPOQUES DE LA NATURE*

It may be that by a closer look at one particular aspect of the *Époques* some useful points of comparison with contemporary geology can be made. Let us consider briefly, then, what Buffon says about volcanoes –their causes, their effects, and their place in the structure and history of the Earth.

We learn about the place of volcanoes in nature's economy and history in the fourth epoch. Buffon held volcanoes to be a phenomenon of significant but somewhat restricted scope in the Earth's history. They are caused by inflammation of pyrites and bituminous materials through fermentation requiring the presence of water.

---

26. On the idea of accidents in eighteenth century geology, see Rappaport [34]. On the association between a focus on accidents and a historical or archival geology, see Gohau [19], and [21] : p. 104.

No volcano could exist until after the generation of these fermentable and inflammable materials, in large subterranean cavities. Their generation necessitated, first, the prolonged existence of the universal ocean, furnishing acidic components to form salts and iron for pyrites, and secondly the slow, progressive lowering of the universal ocean, revealing lands where plant life came to flourish. In course of time, vast quantities of decaying vegetable matter accumulated, destined for volcanic fuel.

Buffon accorded also a minor, ephemeral role in volcanic action to mineral substances sublimated from the Earth's interior by its intrinsic heat. He suggested that the first volcanic action came about by fermentation of these sublimated minerals in combination with detritus from the ocean. And Buffon thought that continuous emanations of electricity, the base of which he identified with the Earth's inner heat, had a role as a *«general cause»* of subterranean explosions associated with earthquakes and volcanoes, complementary to the *«particular causes»* seated in the effervescence of pyritic and combustible matter.

Notwithstanding his remarks about this combination of general and particular causes, however, the chapter makes plain that for Buffon the main run of volcanic activity owed nothing to the Earth's internal heat; the Earth's original incandescence and its later volcanic episodes are two entirely distinct things.

Quite important to Buffon's volcanology were his presuppositions regarding subterranean structures in mountain regions. Volcanoes *occur in* mountains, and with negligible exceptions do not *produce* them. Mountain ranges owe their existence primarily to the blistering and wrinkling of the globe's surface upon its initial congelation from a molten state. The elevations so formed overlie groups of huge internal cavities, associated with networks of vertical cracks *(fentes perpendiculaires)* and horizontal passages. These cracks and passageways serve several ends, such as the accumulation of fermentable minerals, the percolation of water to sustain the minerals' fermentation, and the downward transmission of volcanic force, from the relatively shallow vacuities where volcanic fires burn, into deeper chambers. The great force of volcanic explosions, Buffon said, comes not directly from a volcanic fire but from the juncture of that fire with large volumes of subterranean water.

As the ocean retreated progressively, revealing ever larger masses of land, volcanoes went extinct through removal of their water supply, while new ones were kindled in turn. In this way volcanic activity has migrated with the shoreline; in principle there has been a historical correlation between a region's emergence from the ocean and its period of volcanism. Buffon classed volcanic rocks as derivative, the result of alterations to one degree or another of other rock types acted upon by the heat and force of the volcano. Worldwide, the total mass of volcanic ejecta is small by comparison with calcareous rocks, and minute when compared with the overwhelming bulk of vitrescible rock. Locally, however, volcanic products can cover considerable areas, in places even filling entire valleys.

Volcanoes represented a growth area in geology since the 1750s, especially as a result of new recognition of the effects of extinct volcanoes.[27] What correspondence is there between the volcanologies of the *Époques* and of Buffon's contemporaries concerned about these phenomena ? On looking at the *components* of the foremost theories in late eighteenth century volcanologies, the correlation is high. Prevalent opinion was pretty much in agreement with Buffon on the ephemeral causes (that is, exhaustible fuel), the shallow focus, and the limited extent of volcanic action.

27. See especially Ellenberger [15].

The same is true regarding the derivative character and limited mass of volcanic ejecta, the probable subterranean connections among volcanoes, and the necessary involvement somehow in the volcanic process of water; hence the general arrangement of volcanoes near the sea. Nor was there anything remarkably uncommon in Buffon's tendency toward a somewhat functionalist interpretation of volcanic structures and operations.[28]

So although Buffon's volcanic theory no doubt has some peculiarities of detail, it was rather conventional when analyzed into its components. Real differences between Buffon and his serious volcanological contemporaries lay mainly in the big picture, not in minutiae, and over the tenability of an integrated volcanological system that depended on the truth of each of a number of essential components. Buffon took the main elements of common, but often rather provisional ideas about volcanoes, and built them into a broad dynamic and historical scheme that accounted for the distribution of observed volcanoes and volcanic products. In doing this Buffon could not easily treat individual components of the theory as uncertain; yet that was precisely what it seems to me other volcanological observers of the late eighteenth century often did do.[29]

What we encounter in this volcanological case is, I think, representative of the broader situation in comparing the *Époques* with the work of geologists active in the years around 1779. Volcanological research was being done, frequently, in a spirit of uncertainty about volcanic dynamics and the situation of volcanoes in the larger rock structure. It was not uncommon for investigators to pose their questions narrowly, thus limiting the dependence of field-based conclusions on speculations not susceptible to test. Reports on the disposition and composition of locally-delimited lavas, for example, were frequently formulated deliberately to minimize their reliance on any particular causal hypothesis. These research reports thus tended, evidently, to be only pieces of a larger puzzle still in need of solution. Buffon's book, on the other hand, presented volcanological knowledge as a puzzle that had been solved.

### CONCLUSION

Buffon's *Époques* presents geological knowledge in a form reflecting a certain conception of what readers needed or wanted to know. It is unsurprising that this form, which was in a sense encyclopedic, emphasized answers more than unresolved questions. The *Époques* was an enormously stimulating, integrated synthesis. By its nature it was not, however, an invitation to research on fundamentally uncertain difficulties. The drift among the emerging group of volcanological investigators, and I think within francophone geology generally, was in the opposite direction, toward formulation of relatively narrow problems which could be studied empirically. Without rejecting Buffon's commitment to an interpretive framework of historical development subject to the operation of fixed natural laws, many geological thinkers of Buffon's later years did not think that this approach had yet yielded up

28. Volcanological writers of the immediate period whose works stand as a basis of comparison include Della Torre, Fougeroux de Bondaroy, Desmarest, Brydone, Hamilton, Strange, Ferber, Fortis, Faujas de Saint-Fond.
29. Examples include Desmarest, Dietrich, Gioeni, Montlosier, Soulavie, Spallanzani, Breislak, and especially Dolomieu.

very many reliable answers. In many cases, the body of evidence pertaining to the narrower problems being posed came to be addressed through procedures of geological fieldwork. Fieldwork of course was practiced by people who placed a high value on new facts. The *Époques de la Nature*, however, had manifestly been written by an author who looked on the discovery of new facts as an inferior basis for claim to scientific merit, when compared with the originality involved in putting together an imaginative and comprehensive synthesis.[30]

In certain ways the differences between Buffon and many of his geological contemporaries, when the *Époques* appeared, reflect the differences in concept, tone, and audience between the ambitious grandeur of a general, philosophical Natural History on one hand, and a group of inquisitive, geographically focussed studies on the other. There was a perceptible distance between the *Époques* sense of science as a coherent story, and the investigative arena of the emerging geology. The geological world of 1779 was perhaps better prepared to see as its model the Buffon who had earlier written the empirically cautious, highly phenomenological *«De la Manière d'étudier et de traiter l'histoire naturelle»*, than the Buffon of the confidently rational *Des Époques de la Nature*.

## ACKNOWLEDGEMENTS

Research support for this paper was provided by the University of Oklahoma Office of Research Administration and by the National Science Foundation, research grant number SES- 8719713.

## BIBLIOGRAPHY *

### UNPUBLISHED SOURCES

(1)† DESMAREST (N.), Letter to Duc Louis-Alexandre de La Rochefoucauld, 15 May 1769, Bibliothèque Municipale de Besançon, Ms 1441, fol. 297-298.

(2)† ROMÉ DE L'ISLE (J.B.L.), Letter to Horace Bénédict de Saussure, 6 December 1784, Bibliothèque Publique et Universitaire de Genève, Archives de Saussure, n° 9, fol. 175-176.

### PUBLISHED SOURCES

(3)† ANONYMOUS, [Notice on FORTIS, Della Valle vulcanico-marina di Roncà], *Observations sur la physique*, 14 (1779) : p. 507.

(4)† ACADÉMIE IMPÉRIALE DES SCIENCES DE SAINT-PÉTERSBOURG, *Mémoires présentés à l'Académie Impériale des Sciences pour répondre à la question minéralogique proposée pour le Prix de MDCCLXXXV*, St Pétersbourg, De l'Imprimerie de l'Académie Impériale des Sciences, 1786, [II]-101-161p. (2

---

30. Cf. Roger's remarks on Buffon's idea of *«genius»*, and on Buffon's intellectual isolation (Roger, *in* Buffon [8] : resp. p. XCIII and p. CXIII).

* Sources imprimées et études. Les sources sont distinguées par le signe †.

prefatory pages, unpaginated, followed by Launay [25] and Soulavie [41] ).

(5)† BERTRAND (P. M), «Mémoire sur les volcans de Tourves en Provence», *Observations sur la physique,* 15 (1780) : pp. 36-38.

(6) BLEDSTEIN (M. A.), *Nicolas-Antoine Boulanger : An Eighteenth Century Naturalist and Historian,* Ph.D. Dissertation, New York University, 1977 (University Microfilms International, n° 77-21268). Two parts : 226p.; III-612-IIp.

(7)† BUFFON (G.L. Leclerc de), *Histoire naturelle, générale et particulière... Supplément,* T. V Paris, De l'Imprimerie Royale, 1778, VIII-615-XXVIII p.

(8)† BUFFON (G. L. Leclerc de), *Les Époques de la Nature,* Édition critique avec le manuscrit, une introduction et des notes par J. Roger. *In : Mémoires du Muséum National d'Histoire Naturelle, Série C, Sciences de la Terre,* Tome X, Paris, Éditions du Muséum, 1962, CLII-343p. Réimpression : Paris, Éditions du Muséum, 1988.

(9)† BUFFON (G. L. Leclerc de), *Des Époques de la Nature,* Introduction et notes par Gabriel Gohau. Paris, Éditions Rationalistes, 1972, XXVI-227p.

(10) CIANCIO (L.), «Alberto Fortis and the Study of Extinct Volcanoes of Veneto (1765-1778)», paper delivered at *XIIIth Symposium of the International Commission on the History of Geological Sciences,* Padua, 1 October 1987.

(11)† DELUC (J.A.), *Lettres physiques et morales sur l'histoire de la terre et de l'homme, adressées à la Reine de la Grande Bretagne,* La Haye, De Tune, and Paris, V. Duchesne, 1779, 5 vol. in 6°.

(12)† DESMAREST (N.), «Extrait d'un mémoire sur la détermination de quelques époques de la nature par les produits des volcans, & sur l'usage de ces époques dans l'étude des volcans», *Observations sur la physique,* 13 (1779) : pp. 115-126. [Read in 1775.]

(13)† DESMAREST (N.), *Encyclopédie méthodique. Géographie-physique,* Paris, Chez H. Agasse, an III [1794]-1828, 5 vol.

(14) ELLENBERGER (F.), «L'Enseignement géologique de Guillaume-François Rouelle (1703-1770)», *in Comunicaciónes Cientificas, V Reunión Cientifica, International Commission on the History of Geological Sciences,* Madrid, Ibérica, 1974 : pp. 209-221.

(15) ELLENBERGER (F.), «Précisions nouvelles sur la découverte des volcans de France : Guettard, ses prédécesseurs, ses émules clermontois», *Histoire et nature,* n° 12-13 (1978) : pp. 3-42.

(16)† FORTIS (G. B. [Alberto]), *Della Valle vulcanico-marina di Roncà nel territorio Veronese. Memoria orittografica,* Venezia, Nella Stamperia di Carlo Palese, 1778, LXXp.

(17) FRESHFIELD (D.W.). *The Life of Horace Benedict de Saussure.* With the collaboration of Henry F. Montagnier, London, Edward Arnold, 1920, XII-479p.

(18) GOHAU (G.), «Du Système du monde à l'histoire de la terre», *Travaux du Comité Français d'Histoire de la Géologie,* n° 19 (1979) : pp. 1-8.

(19) GOHAU (G.), «Idées anciennes sur la formation des montagnes», *Cahiers d'histoire et de philosophie des sciences,* Nouvelle série, n° 7 (1983), 86p.

(20) GOHAU (G.), «La Naissance de la géologie historique : les "Archives de la Nature"», *Travaux du Comité Français d'Histoire de la Géologie,* Deuxième série, 4 (1986) : pp. 57-65.

(21) GOHAU (G.), *Histoire de la géologie,* Paris, Éditions La Découverte, 1987, 259p.

(22) HABER (F.C.), *The Age of the World : Moses to Darwin.* Baltimore, The Johns Hopkins Press, 1959, XI-303p.

(23)† HAIDINGER (K.), *Systematische Einteilung der Gebirgsarten,* Wien, Christian Friedrich Wappler, 1787, 82p.

(24)† LAMANON (R. de Paul de), «Description de divers fossiles trouvés dans les carrières de Montmartre près Paris, & vues générales sur la formation des pierres gypseuses», *Observations sur la physique,* 19 (1782) : pp. 173-194.

(25)† LAUNAY (L. de), *Essai sur l'histoire naturelle des roches, précédé d'un exposé systématique des terres & des pierres. Ouvrage présenté à l'Académie Impériale des Sciences de St. Pétersbourg, en suite du programme qu'elle a publié en 1783*, St. Pétersbourg, De l'Imprimerie de l'Académie Impériale, 1786, 101 p. [Published in (4)] Also published separately : Bruxelles, Lemaire, and Paris, Cuchet, 1786, LXXVI-150 p.

(26)† LIMBOURG (R. de), «Mémoire pour servir à l'histoire naturelle des fossiles des Pays-Bas», *Mémoires de l'Académie Impériale et Royale des Sciences et Belles-Lettres de Bruxelles,* 1 (1777) : pp. 363-410. [Read 7 February 1774].

(27)† LIMBOURG (R. de), «Lettre à MM. les rédacteurs», *L'Esprit des journaux,* 9ème année (1780), 2 février : pp. 331-336.

(28)† MARMONTEL (J. F.), *Mémoires*, edited by Maurice Tourneux. Paris, Librairie des Bibliophiles, 1891, 3 vol.

(29)† NAIGEON (J.A.), *Encyclopédie méthodique. Philosophie ancienne et moderne,* Paris, Panckoucke-H. Agasse, 1791-an II, 3 vol.

(30) OLDROYD (D. R.), «Historicism and the Rise of Historical Geology», *History of Science,* 17 (1979) : pp. 191-213 and 227-257.

(31) RAPPAPORT (R.), «G.-F. Rouelle : An Eighteenth-Century Chemist and Teacher», *Chymia* 6 (1960) : pp. 68-101.

(32) RAPPAPORT (R.), «Problems and Sources in the History of Geology», *History of Science,* 3 (1964) : pp. 60-77.

(33) RAPPAPORT (R.), «Lavoisier's Theory of the Earth», *The British Journal for the History of Science,* 6 (1973) : pp. 247-260.

(34) RAPPAPORT (R.), «Borrowed Words : Problems of Vocabulary in Eighteenth-Century Geology», *The British Journal for the History of Science,* 15 (1982) : pp. 27-44.

(35) ROGER (J.), «Un Manuscrit inédit perdu et retrouvé : Les anecdotes de la nature, de Nicolas-Antoine Boulanger», *Revue des sciences humaines,* 71 (1953) : pp. 231-254.

(36) ROGER (J.), «La Théorie de la terre au XVIIᵉ siècle», *Revue d'histoire des sciences,* 26 (1973) : pp. 23-48.

(37) ROGER (J.), «Le Feu et l'histoire : James Hutton et la naissance de la géologie», *in Approches des Lumières : Mélanges offerts à Jean Fabre,* Paris, Éditions Klincksieck, 1974 : pp. 415-429.

(38) ROGER (J.), «The Cartesian Model and Its Role in Eighteenth-Century 'Theory of the Earth'», in *Problems of Cartesianism,* T. M. Lennon, J. M. Nicholas, and J. W. Davis, eds., Kingston and Montreal, McGill-Queen's University Press, 1982 : pp. 95-125.

(39)† SOULAVIE (J.L. Giraud), «La Géographie de la nature, ou distribution naturelle des trois règnes sur la terre...», *Observations sur la physique,* 16 (1780) : pp. 63-73.

(40)† SOULAVIE (J.L.Giraud), *Histoire naturelle de la France méridionale,* Paris, 1780-1784, J.-Fr. Quillau, 8 vol.

(41)† SOULAVIE (J.L. Giraud), *Les Classes naturelles des minéraux et les époques de la nature correspondantes à chaque classe. Ouvrage qui a remporté le second accessit sur la question proposée par l'Académie Impériale des Sciences de St. Pétersbourg, pour le prix de 1785,* St. Pétersbourg, De l'Imprimerie de l'Académie Impériale des Sciences, 1786, 161p. [Published in (4)].

# 25

#32761

## BUFFON, LAVOISIER AND THE TRANSFORMATION OF FRENCH CHEMISTRY

Arthur DONOVAN *

Although not himself a chemist, Buffon was intensely interested in chemical theory, and as an advocate of the Newtonian concept of attraction, he profoundly influenced the development of French chemistry in the latter half of the eighteenth-century. Yet nothing defines the character of Buffon's program for scientific research more sharply than the difference between his image of chemistry and that of Lavoisier. Indeed, the Chemical Revolution, which was completed in all its essentials prior to Buffon's death, can be seen as in effect, and perhaps in design, a radical turning away from Buffon's approach to the explanation of chemical phenomena.

Today we are just beginning to grasp the profound significance of this historic rupture. We are beginning to see that the achievement of Lavoisier and his collaborators, far from being merely an episode of theory change within an established discipline, represented the triumph of a new model of experimental science. According to this new view, the chemical revolution appears as the pivotal event in the transformation of eighteenth century natural philosophy, a transformation that gave birth to the conception and organization of science that flourished in the nineteenth and twentieth centuries. A history that focuses on this shift, which constituted nothing less than a Second Scientific Revolution, should emphasize the contrast between Buffon, one of the great theorists in the Old Regime of philosophical naturalism, and Lavoisier, the architect of the new order of scientific disciplines.

Although this essay will emphasize the methodological and conceptual differences between Buffon's and Lavoisier's approaches to chemistry, the links that connect their views also deserve attention. Both men were prominent Parisian *philosophes* and both drew upon and contributed to the tradition of enlightenment that informed their age. Buffon, Lavoisier's senior by 36 years, was a member of the generation that made Newtonianism and philosophical naturalism central doctrines in the High Enlightenment. Lavoisier, a leading scientist in the last generation of *philosophes* to reach maturity before the fall of the Old Regime, took for granted attitudes towards scientific knowledge that Buffon and his contemporaries had struggled to legitimize. His responsibility, he believed, was to find still better ways to gain more precise and more reliable knowledge about the natural world. Seen in this perspective, the differences between the methodological and conceptual approaches employed by Buffon and Lavoisier appear not as a synchronic confrontation, but rather as different stages in an evolving intellectual tradition.

It may seem paradoxical to speak of revolutionary change within an enduring

* Department of Humanities. US Merchant Marine Academy. Kings Point, N. Y. 11024-1699. U.S.A.

*BUFFON 88*, Paris, Vrin, 1992.

tradition, but doing so offers certain interpretative advantages. On the one hand, such an approach enables us to identify what was a real revolution in the methods and standards of science, while on the other hand, it locates this revolution within the larger cultural tradition of the Enlightenment, a tradition that at different stages in its development encompassed both the older and the newer conceptions of science. This approach to the problem of scientific change is in fact historical, not paradoxical, for it acknowledges that all traditions that survive do so by constantly revaluing and transforming the facts, concepts, and theories that constitute their cognitive content. And in the final decades of the eighteenth century it was the Enlightenment, a complex and long-lived tradition of central importance in the history of science, that gave birth to the Second Scientific Revolution.

The differences between Buffon's and Lavoisier's scientific programs are nicely illustrated by the way each of them reacted to Stephen Hales'*Vegetable Staticks*, a Newtonian treatise published in 1727. Hales gave his book a rambling title of the sort common in eighteenth-century England : *Vegetable Staticks : Or, An Account of some Statical Experiments on the Sap in Vegetables : Being an Essay towards a Natural History of Vegetation. Also, a Specimen of an Attempt to Analyse the Air, By a great Variety of Chymio-Statical Experiments...* Buffon, in his 1735 French translation of Hales' book, reduced this to the brisker *La Statique des Végétaux et l'Analyse de l'Air,* a title that highlights the importance of the experiments on gases for which Hales' work is primarily remembered. And in Buffon's well-known preface to this translation, Hales' book is presented as a model of the experimental method, the only method by which reliable knowledge of nature can be obtained.

«C'est par des Expériences fines, raisonnées & suivies, que l'on force la Nature à découvrir son secret; toutes les autres méthodes n'ont jamais réussi (...) C'est cette méthode que mon auteur a suivie; c'est celle du grand Newton; c'est celle que Messieurs de Verulam, Galilée, Boyle, Stahl ont recommandée et embrassée; c'est celle que l'Académie des Sciences s'est faite une loy d'adopter, que ses illustres membres Messieurs Huygens, de Réaumur, Boerhaave, &c. ont se bien fait et font tous les jours se bien valoir; en un mot c'est la voye qui a conduit de tout temps, & qui conduit encore aujourd'hui les grands hommes.»[1]

One must be careful, however, not to assume that this hortatory statement on the importance of experiment provides an accurate description of how Buffon actually went about constructing his own theories. Lesley Hanks, in her detailed study of Buffon's earliest scientific work, argues that it was the speculative rather than the experimental parts of Hales's book that Buffon found most impressive, and she sees Hales'work as being important to Buffon primarily because it was one source of his commitment to the Newtonian concept of attraction.[2]

Buffon followed the Newtonians, and especially Newton's Dutch disciples,[3] in arguing that the experimental evidence for attraction provides sufficient warrant for rejecting Cartesian conceptual models and accepting instead those proposed by the Newtonians, and it is noteworthy that Descartes is not mentioned in the Preface to Buffon's translation of Hales. But while a disciple of Newton, Buffon was a compa-

---

1. *La Statique des végétaux... Préface du traducteur* [1735], in Buffon [4] : pp. 5-6.
2. Hanks [10] : p. 37, p. 90.
3. See Brunet [2].

triot of Descartes,[4] and he never doubted that by the proper use of our rational faculties we can construct systematic and comprehensive accounts of the causes of natural phenomena. Thus while Buffon acknowledged that experiments provide reliable points of departure for such system building, he believed reason alone provides the means by which theoretical systems can be constructed and verified.[5]

Although not himself a bold or innovative experimenter, Buffon was a daring speculator and an important theorist. In 1733, having just completed an extended tour abroad, he began looking for a way to establish himself as a scientist. At this stage Buffon was an ambitious opportunist, as Condorcet later characterized him, and he evidently realized he could make a name for himself by becoming a proponent of Newtonianism in France. On a more practical level, he seized on a well-publicized concern over the quality of French timber available for building naval ships and began to study various aspects of forestry.[6] Consideration of these two issues directed him to Hales *Vegetable Staticks*, and that work in turn informed and reinforced his commitment to Newtonian attraction.[7] By the end of the 1730s Voltaire was identifying Buffon as one of the most prominent Newtonians in France, and it was not long before the concept of attraction had been elevated to dogmatic status in Buffon's thought.[8]

Newtonianism was not a simple faith, however, and Buffon rejected many associations that Newton and his disciples championed, even while extending their claims in other ways. Most notorious in his own time was his exclusion of teleology and theology, whether natural or revealed, from natural philosophy.[9] To this radical naturalism Buffon added radical empiricism, especially in denying that mathematics should be granted a privileged role in theory construction and appraisal.[10] These were bold and contentious positions, and in adopting them Buffon demonstrated that he was a daring Newtonian and not a mere fellow-traveler.[11] The principle of attraction remained central to his Newtonian faith, however, and it was this principle that he endeavored to apply, by means of carefully chosen analogies, to both biology and chemistry.[12]

Buffon's influence on the development of chemical theory in France flowed directly from his doctrinaire commitment to the universal applicability of Newton's precise formulation of gravitational attraction. In 1747, years after Buffon had established his credentials as a Newtonian, A.C. Clairaut, another prominent French Newtonian, proposed that certain astronomical anomalies might best be explained by supposing that in some circumstances the force of gravitational attraction acts at a higher power than $1/r^2$. Buffon found this suggestion scandalous and for two years the two scientists carried on a noisy and in the end inconclusive controversy. One effect of this debate was to reinforce Buffon's faith in the universality of Newtonian

4. See Hanks [10] : p. 100; Vartanian [23].
5. Hanks [10] : pp. 99-100; for Buffon's experiments on heated iron balls, see Buffon [3].
6. Hanks [10] : p. 6.
7. Roule [21] : pp. 25-29.
8. Hanks [10] : pp. 90-91.
9. Hanks [10] : p. 83, p. 92.
10. Hanks [10] : p. 92; Hankins [9]; Wohl [25]; Roger [20] : p. 28.
11. On Buffon's influence on Diderot, see Roger [19].
12. Hanks [10] : p. 92, p. 95; Roger [18].

gravitation, and in 1765 he explicitly insisted that the theory of gravity was the key that would unlock the mysteries of chemistry.[13]

Buffon began his 1765 prescriptive statement on chemistry with an unambiguous insistence on the conceptual adequacy of the theory of gravitation :

«Les loix d'affinité par lesquelles les parties constituantes de ces différentes substances se séparent des autres pour se réunir entre elles, & former des matières homogènes, sont les mêmes que la loi générale par laquelle tous les corps célestes agissent les uns sur les autres; elles s'exercent également & dans les mêmes rapports des masses & des distances : un globule d'eau, de sable ou de métal agit sur un autre globule comme le globe de la Terre agit sur celui de la Lune...»[14]

This general law could be used to explain the diverse phenomena studied by chemists by factoring in the shapes assumed by the particles that enter into combination.

«Toute matière s'attire en raison inverse du carré de la distance, & cette loi générale ne paroît varier, dans les attractions particulières, que par l'effet de la figure des parties constituantes de chaque substance; parce que cette figure entre comme élément dans la distance.»[15]

Buffon, exhibiting characteristic self-assurance, then explained that Newton had suspected the law of gravitation could explain chemical phenomena but had not grasped the crucial role played by the shape of the constituents.

«Newton a bien soupçonné que les affinités chimiques, qui ne sont autre chose que les attractions particulières dont nous venons de parler, se faisoient par des loix assez semblables à celle de la gravitation; mais il ne paroît pas avoir vu que toutes ces loix particulières n'étoient que de simples modifications de la loi générale, & qu'elles n'en paroissoient différentes que parce qu'à une très petite distance la figure des atomes qui s'attirent, fait autant plus que la masse pour l'expression de la loi, cette figure entrant alors pour beaucoup dans l'élément de la distance.»[16]

Buffon, having proposed this conceptual bridge as a way of linking the theory of gravitational attraction and the chemical theory of elective attractions, then said he looked forward to rapid advances in the understanding of matter : *«D'après ce principe, l'esprit humain peut encore faire un pas, & pénétrer plus avant dans le sein de la Nature (...) C'est (...) à cette théorie que tient la connoissance intime de la composition des corps bruts».*[17]

Buffon found a willing and able chemical disciple in his fellow Burgundian Guyton de Morveau. The two men first met in 1762, but it was not until two years later that Guyton became interested in chemistry. Guyton's first book, *Digressions académiques,* was published in 1772. The book's first part contains an extended discussion of phlogiston; the second is an attempt to pursue Buffon's research program by studying solutions and crystallization, the goal being to relate chemical affinities

13. For a summary of the Clairaut controversy, see Thackray [22] : pp. 157-158. Buffon's 1765 statements concerning chemistry were published in his *Seconde Vue* [1765], which appeared at the beginning of volume 13 of the *Histoire naturelle;* see Buffon [4] : pp. 35-41. On the historic importance of this text, see Metzger [16] : pp. 57-65.

14. Buffon [4] : p. 39.

15. *Ibid.,* italics in original.

16. *Ibid.*

17. *Ibid.*; note the similarity of Buffon's language to that of Venel [24].

to the shapes of the constituent particles. Following the publication of Guyton's book, Buffon initiated a correspondence with the author, and Guyton was soon basking in the light of Buffon's approbation. In his second book, *Elémens de Chymie, Théorique et Pratique*, published in 1777, Guyton called Buffon *«le Newton de la France»* and added that *«quoique Newton n'ait pas vu clairement ce qui se passoit dans les affinités chymiques, ce qu'il étoit réservé à M. de Buffon de nous révéler».*[18]

The prominent chemist P.J. Macquer was an older and somewhat less single-minded proponent of the Buffonian program for chemistry. His *Elémens de Chimie*, published in three volumes between 1749 and 1751, provided a reserved and balanced discussion of Stahlian and Newtonian theoretical approaches. But in his popular *Dictionnaire de Chymie,* which first appeared in 1766, the year following Buffon's declaration of his Newtonian agenda for chemistry, Macquer was quite forthright in his advocacy of the Buffonian research program.

«Il nous resteroit (...) à examiner quels sont les effets que peut produire la pesanteur des corps dans leurs combinaisons & décompositions, c'est-à-dire dans toutes les opérations chymiques. C'est-là sans contredit l'objet le plus important & le plus décisif pour la théorie générale de la chymie; (...) on ne peut guère se refuser à croire que ces différents phénomènes [of chemistry] ne sont que les effets d'une même force, telle, par exemple, que la gravitation réciproque de ces petits corps les uns sur les autres, laquelle se trouve modifiée de beaucoup de manières différentes, par leur grandeur, leur densité, leur figure, l'étendue, l'intimité de leur contact, ou la distance plus ou moins petite à laquelle ils puissent s'approcher.»[19]

Macquer's adoption of the Buffonian program for chemistry made this speculative philosophical doctrine central to the French chemical tradition. It is therefore hardly surprising that in 1771 Buffon used his considerable patronage to have Macquer appointed to the chemistry professorship at the Jardin du Roi. In the end, as historians of eighteenth-century chemistry have frequently observed, the Buffonian program contributed little to the advancement of chemical knowledge. Maurice Crosland has written that *«Buffon made very little direct contribution to chemistry»*, and that *«it was sheer impudence for Buffon to come along and say that the obscurity of chemistry was largely due to the fact that little attempt had been made to generalize its principles.»*[20] And Arnold Thackray has pointed out that while *«the late 1770s and the 1780s were the heroic days of Newtonian chemistry»*, the program was ultimately unsuccessful.[21] By contrast, the program that Antoine Lavoisier constructed and followed during these same decades, which did have revolutionary consequences, owed little to the Newtonian/Buffonian concentration on the study of elective attractions.

The difference between the research programs of Buffon and Lavoisier is nowhere more evident than in the roles they assign to experiment. Buffon's reading of Hales' book has already been characterized; we must now see what this work meant to Lavoisier when he first decided to make a name for himself in chemistry.

In 1792, as the turmoil of political revolution made the pursuit of science increasingly difficult, Lavoisier drafted a brief history of his contributions to chemis-

18. Guyton de Morveau [8], T.1 : p. 51; T.2 : p. 5.
19. Macquer [14], T.2, article *«Pesanteur»* : pp. 191-93.
20. Crosland [5] : p. 427.
21. Thackray [22] : p. 214.

try. The antiphlogistic chemistry evolved, he suggested, from a series of experiments he made two decades earlier on the weight gained by metals when they are calcined in air. At that point in his life, he recalled, «*j'étais jeune; j'étais nouvellement entré dans la carrière des sciences; j'étais avide de gloire.*»[22] Lavoisier, like Buffon at the beginning of his career, was looking for an opportunity to distinguish himself through the study of nature, and again like Buffon, he fashioned his distinctive program for scientific research largely out of materials he found in Stephen Hales' *Vegetable Staticks*.[23]

Arguably the most famous document in the history of the Chemical Revolution is the private research memorandum Lavoisier wrote when opening a new laboratory notebook in February, 1773. In this memo Lavoisier made the astonishing prediction that the research program he proposed to follow would bring about «*une révolution en physique et en chimie*».[24] But equally impressive to the student of scientific method is Lavoisier's insistence that experiment must play a central role in elucidating the ways air enters into chemical reactions. And as his repeated references to Hales reveal, it was Hales'experiments on air that provided Lavoisier with his point of departure : «*Cette façon d'envisager mon objet m'a fait sentir la nécessité de répéter d'abord et de multiplier les expériences qui absorbent de l'air, afin que, connaissant l'origine de cette substance, je pusse suivre ses effets dans toutes les différentes combinaisons*».[25]

Unlike Buffon, who after publicly praising Hales'experimental method returned to the more expansive pleasures of speculative natural philosophy, Lavoisier actually made the practice of experimental science central to his chemical investigations. It was Hales' experiments and his interpretations of them, rather than his Newtonian generalizations, that held Lavoisier's attention : «*M. Hales n'a point eu de résultats exacts dans la plupart de ses expériences, (...) il s'est trouvé dans presque toutes une source d'erreurs qu'il ne connaissait pas, et qu'il sera nécessaire de les répéter un jour avec des précautions particulières*».[26] And, Lavoisier argued, it was only by closely marrying experiment and interpretation, by repeatedly linking together these two avenues to knowledge, that one can establish true and reliable understanding of chemical phenomena. As Lavoisier insisted in his *Réflexions sur le phlogistique* : «*Il est temps de ramener la chimie à une manière de raisonner plus rigoureuse, de dépouiller les faits dont cette science s'enrichit tous les jours de ce que le raisonnement et les préjugés y ajoutent; de distinguer ce qui est de fait et d'observation d'avec ce qui est systématique et hypothétique*».[27] His specific target in this passage was the phlogiston theory of the Stahlians, but one cannot help wondering whether implicitly Lavoisier may not also have been aiming his shafts at the speculative chemical theories of the Newtonian and Buffonian chemists.

A good case can be made for seeing Lavoisier's contributions to transforming

22. Lavoisier [12], T.2 : p. 102.
23. Cf. Guerlac [7].
24. Berthelot [1] : p. 48.
25. *Ibid.* : p. 49.
26. Lavoisier, *Opuscules physiques et chimiques*, reprinted in Lavoisier [12], T.1 : p. 457; see also the entire discussion in Part I, chapter 3, *Expériences de M. Hales sur la quantité de fluide élastique qui se dégage des corps dans les combinaisons et dans les décompositions*.
27. Lavoisier [12], T.2 : p. 640.

French chemistry and initiating the Second Scientific Revolution as fundamentally methodological.[28] It is enough for our present purposes, however, to point out how greatly Lavoisier's program for chemistry differed from that of Buffon and the different ways each of these scientists read Hales' *Vegetable Staticks*. Unfortunately, the available evidence does not indicate whether Lavoisier was in fact explicitly seeking to discredit the Buffonian program for chemistry. We do know, however, that Lavoisier was shrewd enough not to enter into avoidable controversies and that he did not categorically reject chemical explanations based on elective attractions. What he did instead was to displace such accounts from the center of chemical research and send them floating off on a sea of transcendent abstraction. As Lavoisier wrote in the Preface to his *Traité* :

«Cette loi rigoureuse, dont je n'ai pas dû m'écarter, de ne rien conclure au-delà de ce que les expériences présentent, et de ne jamais suppléer au silence des faits, ne m'a pas permis de comprendre dans cet ouvrage la partie de la chimie la plus susceptible, peut-être, de devenir un jour une science exacte : c'est celle qui traite des affinités chimiques ou attractions électives (...) La science des affinités est d'ailleurs à la chimie ordinaire ce que la géométrie transcendante est à la géométrie élémentaire, et je n'ai pas cru devoir compliquer par d'aussi grandes difficultés des éléments simples et faciles, qui seront, à ce que j'espère, à la portée d'un très grand nombre de lectures.»[29]

It was, I suggest, sentiments such as these, here presented with delicious irony, that drove a wedge between experimental science and speculative natural philosophy and in the end made chemistry the first of the autonomous, modern, experimentally-based scientific disciplines.

On July 19th, 1788, Thomas Jefferson, then in Paris, wrote James Madison a long letter full of scientific news. Notice of Buffon's recent death will have already reached America, Jefferson wrote, yet his scientific views still command respect. *«Speaking one day with Monsieur de Buffon on the present ardor of chemical enquiry, he affected to consider chemistry but as cookery, and to place the toils of the laboratory on a footing with those of the kitchen.»* Jefferson, practical as always, objected, saying chemistry is far too useful to be dismissed in this manner. It is true, however, that *«It's principles are contested. Experiments seem contradictory : their subjects are so minute as to escape our senses; and their result too fallacious to satisfy the mind. It is probably too soon to propose the establishment of system. The attempt therefore of Lavoisier to reform the Chemical nomenclature is premature.»*[30]

Lavoisier, of course, was well aware of *«l'état d'imperfection où est encore la chimie»*, and he acknowledged that *«cette science présente des lacunes nombreuses, qui interrompent la série des faits, et qui exigent des raccordements embarrassants et difficiles. Elle n'a pas, comme la géométrie élémentaire, l'avantage d'être une science complète et dont toutes les parties sont étroitement liées entre elles.»*[31] Yet he also trusted his experimental method, which Buffon scorned as cookery, and in

---

28. See Donovan [6], McEvoy [13], and Perrin [17], in special issue of *Osiris* [1988].
29. Lavoisier [12], T.1 : pp. 5-6.
30. Jefferson [11], T.13 : p. 381. Note that Buffon also denied the possibility of developing a science of crystals; see Metzger [15] : pp. 70-72.
31. *Traité*, in Lavoisier [12], T.1 : 5.

the end proved Jefferson wrong. For while not all the concepts and theories Lavoisier proposed survived, the experimental method he made central to chemistry and the principles of nomenclature he and his collaborators employed in formulating a new language for chemistry proved to be progressive, corrigible, and enduring. If Lavoisier did not make chemistry a science according to the image of science held by Buffon and Jefferson, he did succeed in transforming it in a way that became paradigmatic for the experimental sciences of the nineteenth and twentieth centuries.

## ACKNOWLEDGEMENTS

The research on which this essay is based was supported in part by grants from the National Science Foundation's Program in the History and Philosophy of Science and the National Endowment for the Humanities' Research Division.

## BIBLIOGRAPHY *

(1)      BERTHELOT (M.), *La révolution chimique* : Lavoisier, Paris, Alcan, 1890.

(2)      BRUNET (P.), *Physiciens Hollandais et la méthode expérimentale en France au XVIIIè siècle*, Paris, Albert Blanchard, 1926.

(3)†    BUFFON (G. L. Leclerc de), *Buffon. Les Époques de la Nature*, édition critique, by J. Roger, *in Mémoires du Muséum National d'Histoire naturelle*, Série C, Sciences de la Terre, T. X (1962). Reprinted in : Paris, Éditions du Muséum, 1988.

(4)†    BUFFON, *Œuvres Philosophiques*, Jean Piveteau, éd., Paris, Presses Universitaires de France, 1954.

(5)      CROSLAND (M.P.), «The Development of Chemistry in the Eighteenth Century», *Studies on Voltaire and the Eighteenth Century*, 24 (1963) : pp. 369-441.

(6)      DONOVAN (A.), «Lavoisier and the Origins of Modern Chemistry», *Osiris*, Second Series, vol. 4, *The Chemical Revolution : Essays in Reinterpretation*, Philadelphia, History of Science Society, 1988 : pp. 213-231.

(7)      GUERLAC (H), «The Continental Reputation of Stephen Hales», *in* H. Guerlac, *Essays and Papers in the History of Modern Science*, Baltimore, The Johns Hopkins University Press, 1977 : pp. 27-284.

(8)†    GUYTON DE MORVEAU, *Elémens de chymie, théorique et pratique, Redigés dans un nouvel ordre, d'après les découvertes modernes, pour servir aux Cours publics de l'Académie de Dijon*, 3 vol., Dijon, 1777.

(9)      HANKINS (T.), *Jean d'Alembert. Science and the Enlightenment*, Oxford, Clarendon Press, 1970.

(10)     HANKS (L.), *Buffon avant l'"Histoire Naturelle"*, Paris, Presses Universitaires de France, 1966.

(11)†   JEFFERSON (T.), *The Papers of Thomas Jefferson*, Julian P. Boyd, ed., 20 vol., Princeton, Princeton University Press, 1950-1982.

* Sources imprimées et études. Les sources sont distinguées par le signe †.

(12)† LAVOISIER (R.), *Œuvres de Lavoisier*, J.B. Dumas, ed., vols 1-4; Edouard Grimaux, ed., vol. 5-6, Paris, Imprimerie Impériale, 1862-1893.

(13) McEVOY (J.), «Continuity and Discontinuity in the Chemical Revolution», *Osiris*, Second Series, vol. 4, *The Chemical Revolution : Essays in Reinterpretation*, Philadelphia, History of Science Society, 1988 : pp. 195-213.

(14)† MACQUER (P.J.), *Dictionnaire de chymie*, 2 vol., Paris, 1766.

(15) METZGER (H.), *La Genèse de la science des cristaux*, Paris, Alcan, 1918.

(16) METZGER (H.), *Newton, Stahl, Boerhaave et la doctrine chimique*, Paris, Blanchard, 1930.

(17) PERRIN (C.E.), «Research Traditions, Lavoisier, and the Chemical Revolution», *Osiris*, Second Series, vol. 4, *The Chemical Revolution : Essays in Reinterpretation*, Philadelphia, History of Science Society, 1988 : pp. 53-81.

(18) ROGER (J.), «Chimie et biologie : des "molécules organiques" de Buffon à la "physico-chimie" de Lamarck», *History and Philosophy of the Life Sciences*, 1 (1979) : pp. 43-64.

(19) ROGER (J.), «Diderot et Buffon en 1749», *Diderot Studies*, 4 (1963) : pp. 221-236.

(20)† ROGER (J.), ed., *Un autre Buffon*, Paris, Hermann, 1977.

(21) ROULE (L.), *Buffon et la description de la nature*, Paris, 1924.

(22) THACKRAY (A.), *Atoms and Powers, An Essay on Newtonian Matter Theory and the Development of Chemistry*, Cambridge, Mass., Harvard University Press, 1970.

(23) VARTANIAN (A.), *Diderot and Descartes. A Study of Scientific Naturalism in the Enlightenment*, Princeton, Princeton University Press, 1953.

(24)† VENEL (G.F.), art. «Chymie», *in Encyclopédie, ou Dictionnaire raisonné des sciences, des arts et des métiers, par une société de gens de Lettres*, Denis Diderot and Jean D'Alembert, eds, vol. 3, Paris, 1753 : pp. 408-447.

(25) WOHL (R.), «Buffon and his Project for a New Science», *Isis*, 51 (1960) : pp. 186-199.

# V

*LA "MATIÈRE VIVANTE"*

## 26

# 32762

# BUFFON ET LE VITALISME

Roselyne REY *

L'examen des rapports de Buffon et du vitalisme requiert deux précautions liminaires : d'abord éviter une formulation sans doute un peu rapide[1] qui conduirait à se demander si Buffon était ou n'était pas vitaliste; une telle approche pourrait même passer pour paradoxale, eu égard aux aspects cartésiens de la pensée de Buffon et poserait aussi des problèmes chronologiques, notamment par rapport à la constitution du vitalisme en tant que courant.[2] Ensuite, il serait sans doute insuffisant de ramener ces rapports à un problème de réception de l'œuvre de Buffon par les vitalistes. Il n'est évidemment pas sans intérêt d'étudier ce que ces derniers pensent de Buffon, ce qu'ils lui empruntent et comment ils l'utilisent, mais on ne saurait se contenter de définir leurs relations selon une temporalité linéaire où Buffon précéderait les vitalistes. L'échelonnement de ses œuvres, ne serait-ce qu'entre la date de 1749 et celle du *Supplément à l'Histoire naturelle* (1774-1789) nous invite à la prudence. Entre ces deux moments, ont été publiés non seulement les articles de l'*Encyclopédie* d'inspiration vitaliste, mais des textes importants comme les *Recherches Anatomiques sur la position des Glandes et de leur action* (1751), *les Recherches sur les Maladies Chroniques* (1775), tous deux de Bordeu, la *Nova Doctrina de Functionibus corporis humani* (1774) de Barthez, dont le *Journal de Médecine, Chirurgie et Pharmacie* avait largement rendu compte. En outre, Louis La Caze, qui joua un grand rôle dans la formation immédiate des idées vitalistes, notamment par sa critique du modèle mécaniciste dès 1749 dans le *Specimen Novi Medicinae Conspectus*, en avait publié une version française étoffée en 1755, sous le titre *Idée de l'Homme Physique et Moral* dont, comme nous le montrerons, Buffon pourrait bien avoir eu connaissance. Ainsi, un ensemble de thèmes communs peuvent être dégagés entre Buffon et la première vague de vitalistes, représentés essentiellement par les Encyclopédistes tandis que les années 1780 marqueraient presque le moment du bilan, celui où les idées sur la génération, les molécules organiques sont largement critiquées : ainsi de Sèze renvoie dos à dos le système des animaux spermatiques et celui des molécules organiques, comme également chimériques. Il faudra élucider ces deux moments, préciser leurs caractéristiques.

Cependant, il y aurait une autre façon d'aborder ces rapports : c'est peut-être moins les idées de Buffon qui sont en jeu que la façon dont il se situe par rapport à deux grandes traditions de la philosophie biologique, la tradition newtonienne et la

* CNRS. Centre Alexandre Koyré, Muséum national d'histoire naturelle, Pavillon Chevreul. 57 rue Cuvier. 75005 Paris. FRANCE.

1. Telle est l'opinion de Piveteau : «*Sur la nature même de la vie, il se range dans l'école vitaliste*» (Introduction à Buffon » [10] : p. 30].

2. Sur ce point, voir Rey [19].

tradition leibnizienne dont les vitalistes se sont nourris. Buffon serait alors une médiation décisive, une voie de transmission essentielle dans la réinterprétation du
newtonianisme et dans la relecture de Leibniz: il se situerait au cœur d'une tentative
d'articulation des deux, il en constituerait le temps fort : la compréhension de ces
deux traditions en serait changée par l'interprétation que Buffon en donne et c'est là,
dans ce creuset, dans cette relecture qu'il faut situer les rapports de Buffon avec les
vitalistes.

Si l'on ne peut éviter de glisser de la question "Buffon et le vitalisme" à celle de
"Buffon et les vitalistes", il faut peut-être clarifier ce que l'on entend par là,
proposer une définition minimum, selon quatre critères principaux :

1) La vie ne peut être expliquée par les lois de la mécanique ordinaire, quelle que
soit par ailleurs la définition qu'on en donne : que la vie soit un principe vital différent de la sensibilité et de l'âme, une inconnue mathématique qu'on est obligé de
postuler pour rendre compte de certains effets, comme le voulait Barthez, ou qu'elle
soit une propriété de la matière.

2) La vie n'est pas le résultat de l'organisation et le clivage essentiel dans la nature doit se faire non entre le brut et l'organisé, mais entre la vie et la mort. Ceci
nous conduit à réfléchir à la définition de la mort chez Buffon, et aux tensions que
cette définition entretient avec le thème de la chaîne des êtres.

3) Il y a chez les vitalistes une véritable conception de l'organisme, envisagé selon un point de vue synthétique, comme interaction de chaque partie avec toutes les
autres et avec l'ensemble. Dans quelle mesure Buffon participe-t-il de cette conception et à partir de quand ?

4) Un quatrième critère que nous n'explorerons pas ici faute de temps, devrait
nous conduire à une confrontation sur les rapports du physique et du moral, notamment à une théorie des passions et de la pensée qui pourrait déboucher sur le
matérialisme.[3]

# I
## MÉCANISME ET SCIENCES DE LA VIE : LE «*PARADIGME NEWTONIEN*»

Une partie des physiologistes du XVIIIe siècle est fascinée par le désir de trouver
dans le domaine du vivant une loi générale et une force susceptible d'expliquer tous
les phénomènes, qui soit l'équivalent de l'attraction newtonienne. Or, dans la
XXXIème Question de l'*Optique*, Newton lui-même envisageait la possibilité d'une
telle extension :

«Car c'est une chose connue que les corps agissent les uns sur les autres par des
attractions de gravité, de magnétisme et d'électricité; et de ces exemples qui nous indiquent le
cours ordinaire de la nature, on peut inférer qu'il n'est pas hors d'apparence qu'il ne puisse y
avoir encore d'autres puissances attractives, la nature étant très conforme à elle-même.»[4]

Si cet élargissement de l'idée d'une «*force quelconque par laquelle les corps
tendent réciproquement les uns vers les autres, quelle que soit leur cause*»,[5] est soigneusement distinguée d'une réintroduction des qualités occultes et si cet élargisse-

---

3. Pour une discussion sur les convictions de Buffon, on peut consulter les lettres inédites produites par
Bourdier [7], pp. 186-192, et pour une synthèse argumentée allant dans le sens d'un matérialisme de
Buffon, Roger [21], pp. 248-269.
4. Newton [18], Livre III, Question 31 : p. 534.
5. *Ibid.*

ment est d'abord envisagé pour les phénomènes chimiques, il est clair que pour Newton cette idée d'un principe agissant à distance s'applique *«à tous ou presque tous les corps grossiers qui existent dans la nature»* [6] et la XXXIème Question évoquait même un prolongement possible avec le fonctionnement des glandes,[7] signe explicite que cette force concernait la physiologie. Dans ce qui va constituer un véritable paradigme newtonien en biologie, pour reprendre une formule de T.S. Hall,[8] Buffon apporte une contribution non négligeable. C'est sans doute sous la caution de cette XXXIème Question que Buffon va proposer l'idée de forces pénétrantes qui dans la nutrition comme dans la reproduction assurent, avec le moule intérieur, la permanence de la forme, en permettant l'incorporation de la matière organique animale. Il y a chez Buffon une véritable obsession de cette pénétration dans la profondeur, le cœur intime des choses qui se dérobent pourtant sans cesse à nos yeux, et qui fonde en partie le procès intenté à ce sens imparfait qu'est la vue. Ainsi, parce que la validité de la loi d'attraction dépasse la surface, la superficie désespérante des choses, pour atteindre chaque particule de matière dans sa masse, elle va jouer un rôle déterminant dans la physiologie buffonienne.

«Il existe dans la nature des forces comme celle de la pesanteur qui sont relatives à l'intérieur de la matière et qui n'ont aucun rapport avec les qualités extérieures des corps, mais qui agissent sur les parties les plus intimes et qui les pénètrent dans tous les points (...) Il est donc évident que nous n'aurons jamais d'idée nette de ces forces pénétrantes, ni de la manière dont elles agissent, mais en même temps il n'est pas moins certain qu'elles existent et que c'est par leur moyen que se produisent la plus grande partie des effets de la Nature, et qu'on doit en particulier leur attribuer l'effet de la nutrition et du développement.»[9]

Ce sont ces mêmes forces aidées de la notion de moule intérieur qui expliquent pourquoi il y a attraction du même par le même, qui fait que *«chaque moule intérieur n'admet que les molécules organiques qui lui sont propres»*[10] : *«sorte de principe de sélection qui non seulement opère un tri dans la nourriture entre le brut et l'organique, mais qui reconnaît que ce qui lui est propre est ce qui lui est analogue selon une loi d'affinité».*[11] Un exemple entre autres : dans les phénomènes de reconstitution de tissu osseux après fracture, intervient une loi de sélection par affinité sans laquelle le tissu osseux ne serait qu'une masse informe et inorganisée.

Or cette recherche d'une légitimation newtonienne à l'existence de forces à l'œuvre dans la Nature est reprise en physiologie pour justifier le principe vital, qui n'est d'ailleurs lui-même qu'une des formes possibles du vitalisme. On doit ici rappeler le célèbre texte de Barthez, qui assimile le statut du principe vital à celui d'une cause expérimentale, la plus générale qui soit, pour expliquer les phénomènes de santé et de maladie chez les êtres vivants, et qui proclame son indifférence à l'égard de son nom : *«La chose qui se trouve dans les êtres vivants et qui ne se trouve pas chez les morts; nous l'appelerons Âme, Archée, Principe Vital, X, Y, Z comme les quantités inconnues des géomètres. Il ne nous reste qu'à déterminer la*

---

6. *Ibid.* : p. 549.

7. *«C'est par le même principe qu'une éponge suce l'eau et que les corps des animaux, les glandes selon leur différentes natures et configurations tirent différents jus du sang..»* *Ibid.* : p. 560.

8. Hall [14].

9. *Histoire générale des animaux, Chap. III, De la nutrition et du développement* [1749], *in* Buffon [9], T. II : p. 45.

10. *Histoire générale des animaux, Chap. IV, De la génération des animaux* [1749], *in* Buffon [9], T. II : p. 54.

11. *Ibid.* : p. 55. Buffon ne recourt pourtant jamais à l'idée d'un psychisme élémentaire des molécules organiques, à la différence de Maupertuis.

*valeur de cette inconnue dont la supposition facilite, abrège le calcul des phénomènes».*[12] Ainsi, le Principe Vital peut constituer dans les sciences de la vie l'équivalent de la force d'attraction dans les sciences physiques. On cherche du moins à lui assigner le même statut épistémologique et dans le Discours préliminaire des *Nouveaux Éléments de la Science de l'Homme*, Barthez s'étend longuement sur la nature newtonienne de sa méthode, jouant quelque peu sur le sens du mot calcul, car il n'est nullement question de mathématisation.[13] Tout aussi nettement, les *Considérations Générales* de Bichat qui ouvrent l'*Anatomie Générale* se situent dans cette perspective : *«Newton remarqua, l'un des premiers, que quelque variables que fussent les phénomènes physiques, tous se rapportaient cependant à un certain nombre de principes. Il analysa ces principes, et prouva surtout que la faculté d'attirer jouait, parmi eux, le principal rôle (...). Pour mettre au même niveau, sous ce rapport, ces deux classes de sciences* [c'est-à-dire les physiques et les physiologiques], *il est évidemment nécessaire de se former une juste idée des propriétés vitales».*[14] Il se pourrait bien cependant que, de Buffon à Bichat, le sens de la référence newtonienne ait changé : chez le premier, il s'agit d'une extension de la force d'attraction à d'autres domaines que la physique, qui peut s'accompagner d'un enrichissement du concept d'attraction; chez le second, qui ne se réfère pas au principe vital, mais qui, comme tous les vitalistes, oppose les lois vitales aux lois physiques, il s'agit d'un transfert de méthodologie plutôt que de concept : imiter la démarche newtonienne, elle-même soumise à une certaine lecture, en allant des faits, des phénomènes expérimentaux à la cause qui permet de leur trouver des lois et de les unifier. Sur ce point, le "paradigme newtonien" que Buffon déplace vers le terrain de la physiologie, subit à son tour une sensible inflexion avec les vitalistes.

Cependant, le recours à une, ou des forces analogues à la force d'attraction, est évidemment aussi corollaire de l'insuffisance des explications mécaniques classiques, tant sous leur forme cartésienne que sous la forme que leur ont donnée les deux principaux représentants du iatro-mécanisme, Boerhaave et Hoffmann. Par exemple, le principe de sélection des molécules dans la nutrition ne peut plus être expliqué à l'aide des métaphores du crible ou du filtre, mais suivant une tout autre logique. Buffon à de multiples reprises procède à une critique sans ambages du iatromécanisme :

«vouloir expliquer l'économie animale et les différents mouvements du corps humain, soit celui de la circulation du sang, ou celui des muscles etc, par les seuls principes mécaniques auxquels les modernes voudraient borner la philosophie, c'est précisément la même chose que si un homme pour rendre compte d'un tableau se faisait boucher les yeux et nous racontait tout ce que le toucher lui ferait sentir sur la toile du tableau.»[15]

Il y a inadéquation entre l'objet même qu'il s'agit de connaître et la méthode utilisée et comme il le dit ailleurs, il y a encore plus incompatibilité, différence radicale :

«Les vrais ressorts de notre organisation ne sont pas ces muscles, ces veines, ces artères, ces nerfs que l'on décrit avec tant d'exactitude et de soin; il existe comme nous l'avons dit des forces intérieures dans les corps organisés *qui ne suivent pas du tout les lois de la mécanique grossière que nous avons imaginée et à laquelle nous voudrions tout réduire* : au

12. Barthez [1], T. I : 16 des Notes.
13. *Ibid.* : p. 7.
14. Bichat [3], *Considérations générales* : p. XXXVII.
15. *Histoire générale des animaux, Chap. IV, De la génération des animaux* [1749], *in* Buffon [9], T. II : p. 61.

lieu de chercher à connaître ces forces par leurs effets, on a tâché d'en écarter jusqu'à l'idée. On a voulu les bannir de la philosophie.»[16]

Cette critique du réductionnisme mécaniciste en médecine est d'autant plus intéressante qu'elle intervient dès 1749, c'est-à-dire à un moment où le mécanicisme est très largement hégémonique, et qu'elle ne se fait pas au nom d'une quelconque position symétrique comme le serait l'animisme, qui poussant à l'extrême la passivité de la matière, est obligé de faire assumer à l'âme toutes les fonctions, y compris les fonctions organiques. Or c'est précisément dans cet espace théorique, ni mécaniste, ni animiste que se situe le vitalisme et plus exactement encore, pour reprendre ici une formule leibnizienne, dans la réflexion sur ce qu'est le *«méchanisme organique»*. Deux solutions sont en effet possibles, et Buffon est celui qui permet d'aller de l'une à l'autre, sans que sa position soit totalement dépourvue d'ambiguïté: ou bien il s'agit seulement de dire que le *«méchanisme organique»* ne suit pas les lois ordinaires de la mécanique, et comme le dit Leibniz, que *«Quoique tout dans la matière ait une explication mécanique, tout ne s'y explique pas d'une manière matérielle, c'est-à-dire à l'aide de ce qui est purement passif dans les corps, ou bien en s'appuyant sur les principes purement mathématiques de l'arithmétique et de la géométrie»*,[17] et Buffon ne nous semble pas très éloigné de cette position; ou bien, seconde alternative, le constat des limites des explications mécaniques conduit à l'énoncé de la spécificité absolue des lois vitales. Or Buffon ne renonce pas au mécanisme et propose plutôt une extension de son sens au delà des principes de la mécanique, telle qu'elle est définie à l'époque; dans la mesure où les principes mécaniques ne sont autre chose que *«des effets généraux de la nature»*,[18] découverts par l'expérience, *«toutes les fois qu'on découvrira soit par des réflexions, soit par des comparaisons, soit par des mesures ou des expériences un nouvel effet général, on aura un nouveau principe mécanique qu'on pourra employer avec autant de sûreté & d'avantage qu'aucun autre»*.[19] Une autre précision fournie par Buffon dans son *Discours sur la Nature des Animaux* renforce l'idée qu'il ne va pas aussi loin que certains vitalistes dans la revendication de la spécificité absolue des phénomènes du vivant : un des arguments le plus fréquemment invoqués par les vitalistes est l'absence de proportionnalité entre l'effet et la cause; lorsque *«l'épine de Van Helmont»*[20] déclenche le cortège des phénomènes inflammatoires, la fièvre, les réactions de tout l'organisme, il y a manifestement disproportion. Or Buffon retourne l'argument en rétorquant que dans la Nature, il y a un grand nombre de cas où le principe d'égalité de l'action et de la réaction est contredit, comme lorsqu'une étincelle met le feu à une poudrière ou

16. *Histoire naturelle de l'homme, Chap. III, De la Puberté, in* Buffon [9], T. II : p. 486 (Souligné par nous).

17. Leibniz [16] : p. 14. (ce volume reprend l'ensemble de la discussion entre Stahl et Leibniz). Buffon n'est pas très éloigné des idées de Leibniz lorsque, défendant son recours à des forces pénétrantes par analogie avec la force de pesanteur, il conclut : *«Je n'ai donc fait que généraliser les observations, sans avoir rien avancé de contraire aux principes mécaniques, lorsqu'on entendra par ce mot ce que l'on doit entendre en effet, c'est-à-dire les effets généraux de la nature»* (*Histoire générale des animaux, Chap. III, De la nutrition et du développement, in* Buffon [9], T. II : p. 53); cependant, par une explication non matérielle, Leibniz entend la forme, ce que ne fait pas Buffon.

18. Voir *Histoire générale des animaux, Chap. III, De la nutrition et du développement, in* Buffon [9], T. II : p. 53.

19. *Ibid.* : p. 52.

20. Van Helmont, souvent cité par les vitalistes, fait remarquer qu'une simple épine enfoncée dans la chair provoque non seulement une inflammation et une douleur locales, mais une réaction de tout l'organisme, frissons, fièvre, malaise général, parfois danger pour la vie, ce qui ne peut s'expliquer par les lois mécaniques de la circulation et de l'obstruction.

qu'un léger frottement produit une décharge électrique qui se propage à un grand nombre de personnes et à une grande distance.[21] C'est la conception du mécanisme qui est ici jugée étriquée et réductrice, bien plus que le principe même d'un mécanisme propre aux êtres vivants.

Dans ces conditions, on pourrait reprendre la question du moule intérieur et des forces pénétrantes, dans la perspective du *«méchanisme organique»* défini par le très leibnizien Bourguet. Sans entrer dans le détail des relations de Leibniz et de Bourguet d'une part, de Bourguet et de Buffon de l'autre, qui ont déjà été étudiées,[22] il suffira d'indiquer quel glissement Buffon fait subir à la notion de moule intérieur et comment à partir de là, certains vitalistes "travaillent" la notion. Bourguet est à la fois partisan de la préexistence des germes et défenseur du *«méchanisme organique»* : *«quelque puissance que l'on attribue aux Âmes ou aux rectrices il est impossible d'éviter d'admettre les lois du mécanisme puisque ces Âmes ou ces Intelligences ne peuvent ni en suspendre, ni en empêcher l'effet, que par le moyen de ces mêmes lois».*[23] En essayant de clarifier les différentes acceptions possibles du moule, et en lui opposant de nombreuses difficultés, Bourguet dans ses *Lettres philosophiques* préparait le terrain à la solution retenue par Buffon. Bourguet rattachait étroitement cette image à la technè humaine, n'envisageant que trois modèles possibles :

«1. Celui d'un cachet qui ne peut avoir lieu ici. 2. Celui des filières que quelques-uns emploient. 3. Ceux dont se servent les fondeurs. Ces auteurs tiennent que les deux dernières espèces se trouvent réunies dans les parties des Animaux qui en engendrent d'autres.»[24]

En fait ce n'est pas de ce côté, nous semble-t-il, que Buffon s'est orienté pour définir sa propre conception du moule intérieur; rendu plus vigilant, peut-être grâce aux critiques de Bourguet, à l'égard des problèmes suscités par la détermination du sexe ou la forme du corps tout entier, Buffon reprend le long travail de Bourguet sur la formation des fossiles, qui fait intervenir l'image d'une forme moulée dont le moule aurait disparu : *«moule intérieur»* à la fois matériel et invisible, effacé par l'ouvrage du temps et de la Nature, les *«coquilles»* pourraient bien avoir joué un rôle dans la genèse de la notion, en un sens moins mécanique que celui de Bourguet proposait :

«Les pierres de ce genre sont des dépouilles des corps de plantes ou d'animaux pétrifiés dont quelques uns ont été moulés dans les parties de ceux dont les croûtes sont pétries, comme par exemple dans le *creux* des coquilles.»[25]

On voit en quoi cette explication peut partiellement répondre à l'obsession buffonienne de la profondeur et de l'intériorité que nous avons déjà évoquée, mais aussi en quoi elle fait l'économie de ce qui dans l'image ressortirait à une mécanique trop stricte. Pourtant, dans le passage qui se fait de Buffon aux vitalistes, la notion de moule intérieur sera bien ramenée, comme le faisait Bourguet, à un mécanisme à la fois fruste et peu compatible avec les faits, et sera sévèrement critiquée et finalement abandonnée au profit d'une multiplication des forces intérieures.

---

21. *Discours sur la nature des animaux* [1753], *in* Buffon [9], T. IV : p. 16.
22. Voir Roger [20] : 375-378, 546 et *passim*.
23. Bourguet [8] : p. 130.
24. *Ibid*. : p. 97.
25. *Ibid*. : p. 12. (souligné par nous)

Le texte le plus significatif peut-être est celui de Jean-Charles Grimaud, professeur de physiologie à Montpellier qui rédigea en 1785 et 1786 deux *Mémoires sur la nutrition*, en réponse à une question de l'Académie des Sciences de Saint-Pétersbourg, ainsi formulée : il s'agissait de savoir comment se font la nutrition et l'accroissement dans les parties dépourvues de vaisseaux et *«s'il faut qu'il y ait encore une autre force propre à la substance animale, laquelle fasse parvenir les sucs nourriciers à tous les points des parties»*.[26] À cette question, Grimaud répondait en dédoublant pour ainsi dire les forces en *«force motrice vitale»* et *«force digestive ou altérante»* : la première répond au problème de l'introduction des aliments à l'intérieur des corps, dans tous les points de la masse; la seconde, plus intéressante dans la perspective d'un héritage buffonien où se conjuguent forces pénétrantes et moule intérieur, transforme la matière en un aliment doué de qualités nouvelles qui permettent l'assimilation à un organe. Cette opération se fait, selon Grimaud, *«d'une manière sur laquelle nous ne pouvons absolument former aucune conjecture raisonnable parce que, réduits par nos moyens d'opération à n'agir que sur la surface, tout ce qui se passe à l'intérieur des corps, tout ce qui dépend de la masse, tout ce qui pénètre la pleine et profonde solidité de la substance, nous est de tout point incompréhensible»*.[27] On reconnaît ici le même désir que chez Buffon d'aller au-delà du visible, avec les mêmes justifications épistémologiques de la notion de force. Ce type de forces se multiplie en effet vers la fin du XVIII$^e$ siècle, au point que Vicq d'Azyr se verra accuser de créer autant de forces et de propriétés qu'il y a de fonctions[28] et il est clair que la démarche relève beaucoup plus de Buffon que de Haller, dans la mesure où ce dernier se distingue par sa volonté de les localiser strictement dans les différentes parties du corps, sur la base d'une expérimentation rigoureuse. Or les forces pénétrantes de Buffon, comme la force digestive de Grimaud sont diffuses dans tout le corps.

C'est la même logique d'une présence co-extensive à toutes les parties du corps qui prévaut dans la conception des forces vitales selon Blumenbach : *«il n'est pas une seule fibre dans le corps vivant, quelque déliée qu'on la suppose, qui soit totalement dépourvue de force vitale»*,[29] écrit-il dans ses *Institutions Physiologiques* publiées en 1787 et traduites en français en 1797. Certes, il y a bien différenciation des forces selon leur lieu, leur manifestation et leur fonction en ce qui concerne les quatre premières forces définies par Blumenbach, c'est-à-dire la force cellulaire ou contractilité, la force musculaire, la force nerveuse ou sensibilité et la force de vie propre pour les différentes sécrétions, mais ce n'est pas le cas de la force de formation ou *Bildungstrieb* :

> «Je me suis chaque jour de plus en plus convaincu qu'il est dans les corps organisés une force particulière aussi ancienne et aussi durable qu'eux en vertu de laquelle ils revêtent par la génération, la forme qui leur convient, la conservent par la nutrition (...) Pour la distinguer des autres forces vitales, je l'ai appelée force de formation.»[30]

Fonctionnant à la fois dans la reproduction et la nutrition, la force de formation

---

26. Grimaud [13], T. I : p. VI.

27. *Ibid.* : p. 24; ailleurs Grimaud écrit : *«La force digestive pénètre l'intérieur des corps, et son action se déploie pleinement sur la totalité de leur substance; son objet ou sa fin est de changer sa constitution physique, sans changer leurs rapports de distance»* (p. 159).

28. Vicq d'Azyr [26]; Ses *Discours sur l'anatomie* (T. IV), suscitent, de la part de J.L. Moreau, de telles critiques.

29. Blumenbach [4] : p. 2.

30. *Ibid.* : p. 299. Pour une étude des rapports entre Buffon et la biologie allemande, voir Sloan [24].

(*nisus formativus*) est justiciable du même type d'argumentation que précédemment : «*J'ai ainsi désigné d'une manière abstraite non la cause des phénomènes dont je voulais donner une idée, mais l'effet soutenu de leur durée et de leur universalité. Nous employons à peu près de la même manière les termes d'attraction et de gravitation pour exprimer les forces dont les causes sont encore ensevelies dans les plus profondes ténèbres*».[31] Dès lors qu'il n'y a plus de moule intérieur assurant la permanence des formes et l'organisation, et que la génération est conçue dans un cadre épigénétiste, c'est au *Bildungstrieb* qu'il appartient d'assurer la formation, l'ordre, la régularité.

Sans poursuivre au-delà de ces quelques maillons, l'examen de la façon dont les vitalistes de la fin du siècle ont pu s'emparer des idées buffoniennes, il faut remarquer que d'autres, médecins du même courant, évaluaient très différemment la démarche de Buffon : Paul-Victor de Sèze, par exemple, dans ses *Recherches sur la Sensibilité* de 1786, faisait éclater les ambiguïtés et les difficultés de la pensée de Buffon sur le problème des forces intérieures :

«elles retiennent dans leur communication un caractère trop semblable aux forces mécaniques; d'ailleurs, s'il faut admettre une force occulte, pourquoi rejeter la puissance plastique des anciens?»[32]

On constate une critique tout à fait analogue chez l'auteur du *Système Physique et Moral de la femme*, Pierre Roussel, grand admirateur de Bordeu, préférant à tout prendre que Buffon en revînt à la faculté génératrice des anciens, à l'âme architecte ou aux natures plastiques de Cudworth plutôt que de choisir «*d'expliquer une chose obscure par une chose qui répugne*»,[33] qui de surcroît lui paraissait laisser une grande place à l'arbitraire et au hasard. Interprétant la métaphore du moule intérieur en son sens le plus matériel et le plus mécanique, il faisait sienne la critique de Bonnet dans les *Considérations sur les corps organisés* : si la génération se fait à partir du superflu renvoyé de toutes les parties du corps, ce superflu n'a pu entrer dans les moules et par conséquent prendre une forme.

Ainsi, les divergences d'appréciation des vitalistes sur les forces pénétrantes et le moule intérieur mettent en évidence les difficultés de la théorie de Buffon, particulièrement la fragilité d'une interprétation non mécanique de la notion de moule, ainsi que les ambiguïtés de l'analogie avec l'attraction newtonienne. Elles montrent que la question de la nature de la différence entre le mécanique et le vivant, la machine et l'organisme, ne peut être clairement tranchée à ce niveau de l'analyse.

## II
### CHAÎNE DES ÊTRES, DEGRÉS DE VITALITÉ ET DIVISIONS DE LA NATURE

Le principe de plénitude et de continuité qui caractérise la chaîne des êtres ne concerne pas seulement les espèces vivantes et leur classification, mais aussi la façon de penser la distinction de la vie et de la mort dans la Nature. Une tension est clairement perceptible dans l'œuvre de Buffon sur ce point : d'un côté, en effet, il insiste sur les nuances insensibles qui se trouvent dans la nature et sur le caractère

31. Blumenbach [4] : p. 300.
32. De Sèze [23] : p. 111.
33. Roussel [22] : p. 227.

artificiel des divisions des naturalistes : *«il y a des êtres qui ne sont ni animaux, ni végétaux, ni minéraux»*, écrit-il par exemple dans l'*Histoire des Animaux*,[34] et la possibilité est toujours préservée qu'il y ait des êtres intermédiaires inconnus de nous qui fassent la transition là où nous croyons qu'il y a des sauts brusques. Si le passage du minéral brut au végétal vivant obéit au même principe de continuité, selon des gradations insensibles, il est évident que la rupture entre la vie et la mort ne peut plus être conçue de la même façon. On ne peut davantage résoudre la difficulté en établissant une variation de niveau d'analyse ou de point de vue entre ce qui se passe pour la Nature, en grand, à l'échelle des règnes et ce qui se passe à l'intérieur du monde vivant ou même de l'individu. Car, même du point de vue qui nous concerne, du point de vue de l'homme, Buffon a cette formule étonnante : *«Nous commençons à vivre par degrés et nous mourons de même»*.[35] Loin d'insister sur le caractère irréversible de la mort, comme le fera par exemple Ménuret de Chambaud dans l'article *Mort* de l'*Encyclopédie*,[36] les articles de Buffon consacrés à la vieillesse et à la mort, comme d'ailleurs ceux qui traitent de la nutrition, qui leur sont symétriques, semblent plus préoccupés par l'idée d'un processus graduel d'accroissement et de déclin, comme si avant de mourir en totalité, comme tout, ce qu'évidemment Buffon ne nie pas, l'individu mourait par parties, par pièces et par morceaux. Cette idée sera retrouvée un peu plus tard par un autre vitaliste, Bichat, qui aborde à la fois le vieillissement différentiel des tissus et essaie de préciser l'ordre de connexion du cerveau, du cœur et du poumon, en établissant expérimentalement la chronologie de leurs morts respectives.[37] Avec Bichat, comme avec Buffon, on est en présence d'une vision parcellarisée, atomisée, différenciée de la mort, presque envisagée comme processus : cette vision n'exclut pas le sens du moment définitif, elle le précède pour chercher à le comprendre et à en faire un objet d'étude. Ainsi, elle le désacralise, lui ôte peut-être son mystère pour le réintroduire dans les lois générales de la Nature et contribuer à ce discours apaisé sur la vieillesse et la mort qui est aussi celui de Buffon.[38] Tel est un des pôles de la pensée buffonienne.

Mais d'un autre côté, toute la théorie des molécules organiques repose bien sur la différence radicale de la vie et de la mort; on connaît la célèbre formule de Buffon

«Il me paraît que la division générale qu'on devrait faire de la matière est *matière vivante* et *matière morte*, au lieu de dire matière organisée et matière brute : le brut n'est que le

---

34. *Histoire générale des animaux*, Chap. VII, *Réflexions sur les expériences précédentes* [1749], *in* Buffon [9], T. II : p. 388.

35. *Histoire naturelle de l'homme*, Chap. VI, *De la vieillesse et de la mort* [1749], *in* Buffon [9], T. II : p. 579.

36. *Encyclopédie* [12], article *Mort* (Ménuret) : *«La mort absolue irrévocablement décidée»* est caractérisée *«non seulement par la cessation des mouvements, mais encore par un état des organes tels qu'ils sont dans une impossibilité physique de les renouveler»*. (T. X : p. 719a).

37. Bichat [2]; dans la deuxième partie des *Recherches*, Bichat étudie successivement l'influence de la mort d'un organe, par exemple le cœur, sur les autres, notamment les poumons et le cerveau, (pp. 121-253).

38. *«Pourquoi donc craindre la mort, si l'on a bien vécu pour n'en pas craindre les suites ? pourquoi redouter cet instant, puisqu'il est préparé par une infinité d'autres instants du même ordre, puisque la mort est aussi naturelle que la vie et que l'une et l'autre nous arrivent de la même façon, sans que nous le sentions, sans que nous puissions nous en apercevoir ?»* (Histoire naturelle de l'homme, Chap. VI, De la vieillesse et de la mort [1749], *in* Buffon [9], T. II : p. 579). Pour une étude d'ensemble, voir le livre de Claudio Milanesi, *Mort apparente, mort imparfaite. Médecine et mentalité au XVIIIème siècle* (Milanesi [17]).

mort.»[39]

Cette affirmation se retrouve sous des formes diverses, par exemple dans *De la Nature*, *Première Vue*, où Buffon oppose la nature brute, «*hideuse et mourante*», à la nature travaillée par la main de l'homme, «*agréable et vivante*».[40] Il évoque aussi cette circulation générale de particules organiques toujours subsistantes, par rapport à laquelle la mort n'est qu'une dissolution du tout que constitue l'individu, un changement de forme : «*circulant continuellement de corps en corps, elles animent tous les êtres organisés. Le fonds des substances vivantes est donc toujours le même; elles ne varient que par la forme*».[41] En une formule qui n'est pas exempte de difficultés d'interprétation, Buffon insiste sur la réalité de cette distinction : «*le vivant et l'animé, au lieu d'être un degré métaphysique des êtres est une propriété physique de la matière*».[42] La théorie des molécules organiques, fondée sur cette distinction radicale, est reprise dans plusieurs articles de l'*Encyclopédie*, rédigés par Ménuret et Fouquet, elle est adoptée par La Caze et Bordeu. La Caze, par exemple, fait expressément référence à «*tout ce que M. de Buffon, aussi ingénieux que profond dans toutes ses recherches physiques, est parvenu à découvrir et constater solidement au sujet de l'existence et de quelques-unes des principales propriétés de ces parties élémentaires qu'il a fait connaître sous le nom de molécules organiques vivantes*».[43]

Toute l'épistémologie médicale des vitalistes, toute leur critique du réductionnisme mécaniciste repose sur cette différence de nature entre le vivant et le mort : c'est elle qui justifie le primat accordé à l'observation sur l'expérimentation qui, par définition, altère l'intégrité naturelle de son objet d'étude, dérange les conditions normales d'exercice de la vie; c'est elle aussi qui explique les réticences à l'égard de l'observation cadavérique comme moyen d'investigation et plus tard à l'égard de l'anatomie pathologique, ou les réserves à l'égard d'une chimie accusée de produire des artefacts en analysant les fluides hors de l'organisme vivant. Ce n'est pas l'organisation qui détermine la vie, l'arrangement ou la mise en ordre des parties dans l'espace qui la produit, mais il faut se représenter le corps vivant comme constitué de particules élémentaires vivantes. L'article *Œconomie Animale* affirme :

«Le corps humain est une machine de l'espèce de celle qu'on appelle statico-hydraulique composée de solides et de fluides, dont les premiers éléments communs aux plantes et aux animaux sont des atomes vivants ou molécules organiques... cette machine ainsi formée ne diffère de l'homme vivant que par le mouvement et le sentiment, phénomènes principaux de la vie, vraisemblablement réductibles à un seul primitif; on y observe même avant que la vie commence ou peu de temps après qu'elle a cessé, une propriété singulière, la source du mouvement et du sentiment, attachée à la nature organique des principes qui composent le corps, ou plutôt dépendante d'une union telle de ces molécules que Glisson a le premier découverte et appelée irritabilité et qui n'est dans le vrai qu'un mode de la sensibilité.»[44]

On retrouve les mêmes idées dans les articles *Inflammation, Pouls, Sensibilité, Spasme*, etc. En empruntant à Buffon la théorie des molécules organiques, les vita-

---

39. *Histoire générale des animaux, Chap. II, De la reproduction en général* [1749], in Buffon [9], T. II : p. 39. (en italique dans le texte)

40. *De la Nature, Première Vue* [1764], in Buffon [9], T. XII : p. VIII.

41. *De la Nature, Seconde Vue* [1765], in Buffon [9], T. XIII : p. VIII.

42. *Histoire générale des animaux, Chap. I, Comparaison des animaux et des végétaux* [1749], in Nuffon [9], T. II: p. 17.

43. La Caze [15] : p. 75.

44. *Encyclopédie* [12], Tome IX, Article *Œconomie animale* : p. 361a-b.

listes retiennent surtout l'idée d'une matière vivante qui tend en permanence à s'organiser, susceptible de degrés et de modes de sensibilité différents, mais finalement toujours active par elle-même, douée d'une autonomie de mouvement, et qui par conséquent n'a pas besoin de la "forme" ou de l'âme pour expliquer les principaux phénomènes de l'organisme. Atomisme biologique, ou pour reprendre une formule de F. Duchesneau à propos de Maupertuis, *«monadologie physique»*, cette conception se représente la substance organique vivante comme partout présente dans la nature, en quantité infinie selon l'*Histoire des Animaux*, en quantité déterminée selon le texte plus tardif de la *Seconde Vue* de la Nature. Ces idées rejoignent la célébration de la vitalité de la Nature inépuisable, toujours agissante, jamais oisive.[45] Bordeu, proche de Buffon sur ce point, réunit en une étrange filiation l'atomisme antique, les monades leibniziennes et les molécules organiques. Rappelant les différentes hypothèses sur les éléments des corps, il écrit dans ses *Recherches sur les Maladies Chroniques* :

«De ce nombre sont, par exemple, les idoles d'Hippocrate, les atomes d'Épicure, les formes substancielles d'Aristote, les monades de Leibniz, les formes et les molécules organiques de Buffon. Quoi qu'il en soit, il n'y a aucun sujet de douter que les parties du corps vivant ne soient toutes douées de la faculté sensible.»[46]

La relative désinvolture avec laquelle Bordeu traite les différences entre les systèmes montre à notre avis un certain déplacement des enjeux et des centres d'intérêt par rapport à Buffon, ou du moins une focalisation sur des aspects un peu différents. En effet, une fois acquise l'hétérogénéité radicale de la vie et de la mort, l'attention va se porter désormais sur les degrés de sensibilité présente dans tous les points de l'organisme. Or, sur ce point encore, les vitalistes vont croiser tout à la fois la pensée de Buffon et la chaîne des êtres. Après l'avoir examinée dans la perspective de la distinction du brut et de l'organique et de la différence des trois règnes, voici qu'il faut à présent s'interroger sur la distinction du végétal et de l'animal et plus précisément sur sa translation, sa traduction sur le terrain de l'homme. Car si la supériorité de l'animal sur le végétal ou simplement sa différence vient de ce que le premier jouit d'une multitude de *«rapports avec des objets extérieurs»*[47] grâce à ses sens, et à sa capacité de se mouvoir, il ne s'ensuit pas que cette forme de vie, ou si l'on veut, de sensibilité diffuse du végétal, ne soit pas aussi présente dans l'homme. Lorsque Buffon analyse ce qu'il appelle les *«deux parties de l'économie animale»*,[48] l'une agissant perpétuellement, sans interruption (respiration, circulation), l'autre par intermittence (l'action des sens, le mouvement), il en arrive à cette formule frappante : *«le végétal n'est dans ce sens qu'un animal qui dort»*,[49] et si par une pure abstraction, nous parvenions à dépouiller l'animal le plus parfait de cette partie de son économie qui vit par intervalle, il posséderait une vie végétale et n'aurait plus aucun signe de vie animale. Bien loin que le sommeil doive être considéré comme une image de la mort suivant une vision traditionnelle, il est, par son intermittence même, *«le premier état de l'animal vivant et le fondement de la vie»*[50]: il révèle précisément l'aptitude de l'être vivant à changer naturellement,

45. *De la Nature. Première Vue* [1764], Buffon [9], T. XII : p. III.
46. Bordeu [5] : pp. 353-354.
47. *Histoire générale des animaux, Chap. I, Comparaison des animaux et des végétaux* [1749], *in* Buffon [9], T. II : p. 2.
48. *Discours sur la Nature des animaux* [1753], *in* Buffon [9], T. IV : p. 7.
49. *Ibid.* : p. 8.
50. *Ibid.* : p. 8.

spontanément d'état, il est aussi le premier état ou degré de la vie parce qu'il est celui du fœtus et la forme d'existence minimale d'un grand nombre d'êtres organisés. Or la postérité de cette distinction entre les deux vies est immense en physiologie et elle passe d'abord par la manière dont les vitalistes s'en sont saisis parce qu'ils y ont vu un des sens possibles de ces degrés de sensibilité différents dans l'organisme. C'est d'abord Grimaud qui établit une différence entre des «forces extérieures» tournées vers la vie de relation, et des «forces intérieures» occupées de la vie végétative, de la nutrition et de la digestion. Mais c'est plus nettement encore Bichat qui fonde toutes les distinctions de sa physiologie et sa classification des fonctions sur la différence entre une vie animale (dépendante de la conscience) et une vie organique (automatique, régulière, indépendante de la volonté) : c'est même le propos de toute la première partie des *Recherches Physiologiques sur la vie et la mort* que d'explorer leurs différences.[51] Il y a là une fécondité indéniable de la pensée de Buffon qui n'a pas échappé à Flourens. Mais cet accueil fait aux idées buffoniennes n'était possible que chez les vitalistes à cause d'une part du postulat d'un clivage fondamental entre la vie et la mort, d'autre part à cause d'une assimilation de la vie à la sensibilité conçue comme propriété générale de la matière vivante, susceptible de degrés et de manifestations différenciées. Le commentaire critique que Cabanis fait de cette distinction, chimérique selon lui, de la matière vivante et morte, fait éclater au grand jour les différentes orientations de lecture que permettent la pensée de Buffon comme celle des vitalistes : pour Cabanis, ce qui est en jeu dans cette critique, c'est la possibilité d'échafauder un matérialisme radical : la chaîne qui va de la matière vivante à la matière morte est ininterrompue, *«la matière inanimée est capable de s'organiser, de vivre, de sentir»*,[52] et sans doute aussi de penser. La distinction des deux matières peut conduire à réintroduire deux substances, à substantialiser le principe vital. C'est bien dans ce sens que s'oriente Barthez dont les écrits majeurs sont contemporains de Cabanis, et qui distingue le principe vital à la fois de la sensibilité et de l'âme. Pour les vitalistes de la première vague, la génération des Encyclopédistes, la rupture se fait assurément, comme dans les textes de Buffon, entre le vivant et le mort et prend le sens d'un refus du réductionnisme mécaniciste. Mais cela n'exclut pas à leurs yeux la possibilité que la chaîne unisse la sensibilité à la pensée et cela aussi pouvait être tiré du texte de Buffon.

Dans cette tentative de bilan des relations de Buffon et du vitalisme, il reste un point à examiner, un problème à résoudre, issu directement de la théorie des molécules organiques : comment penser le tout que constitue l'organisme vivant et qui n'est pas un simple agrégat de molécules organiques, ou pour le formuler avec quelque provocation, y a-t-il une pensée de l'organisme chez Buffon ?

Il y a certes la conception d'un tout agencé selon une loi de combinaison qui intervient au moment de la génération puis dans le processus d'accroissement par intussusception :

«Le corps entier sera composé de parties à la vérité toutes organiques, mais différemment organisées; et plus il y aura dans le corps organisé des parties différentes du tout et différentes

---

51. Bichat [2], Article 1er : Division générale de la vie en animale et organique et subdivision de celles-ci en deux ordres de fonctions (pp. 11-15), et Articles 2 à 7 consacrés aux différences des deux vies par rapport à la forme des organes, à leur mode et leur durée d'action, l'habitude, le moral, les forces vitales (pp. 16-83).
52. Cabanis [11] : p. 421.

entre elles, plus l'organisation de ce corps sera parfaite et la reproduction sera difficile.»[53]

Mais la question se repose de manière plus aiguë en face d'un individu tout formé; alors que les vitalistes, notamment Bordeu et Ménuret, vont s'intéresser à la façon dont les vies particulières des différents organes se constituent, par voie d'intégration et de hiérarchie, en une vie générale, supérieure à la somme de ses parties, cette préoccupation semble moins présente, chez Buffon, tout au moins dans ses premiers textes. Certes, dans le chapitre *«De la Puberté»* de l'*Histoire naturelle de l'Homme*, Buffon se livre à un long développement sur *«ces correspondances dans le corps humain sur lesquelles cependant roule une grande partie du jeu de la machine animale»*,[54] par exemple les organes de la voix et ceux de la génération et sur le problème des sympathies, que celles-ci soient ou non assurées par les connexions nerveuses. Il en profite pour revenir sur l'insuffisance des lois de la mécanique grossière pour les expliquer. Mais somme toute, on ne voit pas que Buffon aille ici au-delà des topiques de la Médecine. En fait, il faut attendre le texte introductif des *Animaux Carnassiers* de 1758 pour trouver une vision plus nette de l'organisme, et pour le voir développer un certain nombre d'idées sur le rôle du diaphragme comme pivot de l'économie animale, sur le jeu de forces qui se contrebalancent mutuellement etc. toutes idées qui se trouvaient exprimées par La Caze dès le *Specimen* de 1749, reprises et amplifiées dans l'*Idée de l'Homme Physique et Moral* de 1755 dont Ménuret de Chambaud, médecin vitaliste, se fait l'écho dans l'*Encyclopédie*. Ménuret, dithyrambique à l'égard de La Caze, affirme même dans l'article *Œconomie Animale* que *«le savant auteur du discours sur les Animaux Carnassiers, qui est le premier morceau du septième volume de l'histoire du cabinet du Roi a formellement adopté le système d'œconomie animale que nous venons d'exposer»* et il ajoute : *«cet écrit doit aussi être consulté»*.[55] Une telle affirmation, publique et solennelle, dans un tel ouvrage, mérite d'être prise au sérieux; en effet, alors que les remarques sur la respiration au début de l'*Histoire naturelle de l'Homme* pouvaient aisément conduire à des développements sur le diaphragme comme pivot de l'économie, on les y chercherait en vain à cette date.[56] Alors que la célèbre comparaison de l'organisme à un essaim d'abeilles avait été formulée par Bordeu et Maupertuis dès 1751,[57] et que Buffon ne pouvait guère l'ignorer, il paraît presque la refuser à la fin du *Discours sur la Nature des Animaux*, lorsqu'il évoque les sociétés animales, celle des abeilles notamment et qu'il ne voit dans l'essaim d'abeilles, qu'une figure géométrique et régulière, *«qu'un résultat mécanique et assez imparfait qui se trouve souvent dans la nature et que l'on*

---

53. *Histoire générale des animaux, Chap. III, De la Nutrition et du développement* [1749], *in* Buffon [9], T. II, : p. 48.

54. *Histoire naturelle de l'homme, Chap. III, De la puberté* [1749], *in* Buffon [9], T. II : p. 486.

55. *Encyclopédie* [12], T. XI, Article *Œconomie animale* : p. 366b.

56. *Histoire naturelle de l'Homme, Chap. II, De l'Enfance* [1749], *in* Buffon [9], T. II, chapitre dans lequel Buffon explique les premiers effets de la respiration (p. 446). On peut opposer à ce texte le chapitre III de l'*Idée de l'homme physique et moral* où, traitant de la convulsion générale qui produit la première inspiration qui provoque la contraction du diaphragme, La Caze écrit : *«Tous ces changements s'opèrent d'abord et sont ensuite entretenus par l'action du diaphragme sur toute la masse intestinale, par la réaction de cette masse sur le diaphragme et par l'action et la réaction qui se fait constamment entre l'organe extérieur et toutes les parties internes»* (La Caze [15], p. 125). L'organe extérieur est l'enveloppe générale du corps, elle constitue un des trois pôles d'action et de réaction dans l'organisme, les deux autres étant la région épigastrique (incluant le diaphragme) et le cerveau.

57. Bordeu [6], T. I : p. 187; analyse de la comparaison dans l'*Encyclopédie* [12], article *Observation* (Ménuret), T. XI : p. 318b. Pour une discussion plus détaillée de l'apport des vitalistes à la notion d'organisme, voir Rey [19] : pp. 315-354.

*remarque même dans ses productions les plus brutes»*,[58] les cristaux, les pierres, les sels. Ainsi, ni en 1751, ni même en 1753, Buffon n'a une définition claire de l'organisme à proposer, il faut attendre 1758, et donc si l'on en croit Ménuret, la lecture de La Caze, pour trouver une réflexion plus étoffée sur l'organisme comme tout :

> «Pour que le sentiment soit au plus haut degré dans un corps animé, il faut que ce corps fasse un tout lequel soit non seulement sensible dans toutes ses parties, mais encore composé de manière que toutes ses parties aient une correspondance intime, en sorte que l'une ne puisse être ébranlée sans communiquer une partie de cet ébranlement à chacune des autres. Il faut de plus qu'il y ait un centre principal et unique auquel puisse aboutir ces différents ébranlements, et sur lequel comme sur un point d'appui général et commun se fasse la réaction de tous ces mouvements.»[59]

Tout au long de ce texte, Buffon reprend des idées exprimées par La Caze, en particulier celle d'un point d'appui par rapport auquel s'exerce un jeu de forces opposées : ce point central est le diaphragme qui partage le corps en deux moitiés, et ceci nous renvoie à la théorie des centres d'action et de réaction énoncée par La Caze. Certes, certains aspects, comme le rôle du diaphragme a une origine plus lointaine, notamment dans le duumvirat de Van Helmont,[60] mais il reste que, chemin faisant, la notion d'organisme a pris une consistance et une importance dans la pensée de Buffon qu'elle n'avait pas au début et qui est au contraire un des traits distinctifs du vitalisme au XVIIIᵉ siècle.

Ainsi, l'on voit que la question des rapports de Buffon et du vitalisme ne se borne pas à un problème univoque de réception, que Buffon joue le rôle de véhicule, de médiation de courants de pensée qu'il amplifie et réinterprète. En redéfinissant la place de l'homme dans la nature et en en faisant la clef de tout processus de connaissance, Buffon a créé les conditions nécessaires pour proposer une définition du vivant désacralisée, détachée d'un cadre religieux, et pareillement distanciée des lois de la physique : dans ce double écart pouvait naître et se développer le vitalisme, procéder à ses propres élaborations autour de la notion de sensibilité, penser le concept d'organisme au point de nourrir en retour, dans un dialogue mutuel et actif, la réflexion de Buffon. Dans ce qui est aussi un passage de l'histoire naturelle à une biologie qui ne dit pas encore son nom, le *«travail de l'œuvre de Buffon»* n'en finit pas de se poursuivre dans la pensée des sciences de la vie. Ce sont les difficultés de cette œuvre, ses tensions internes et ses ambiguïtés –nous n'acceptons pas de parler de confusion– qui ont permis aux vitalistes de s'en nourrir et de s'interroger.

## BIBLIOGRAPHIE[*]

(1)†	BARTHEZ (P.J.), *Nouveaux Éléments de la Science de l'Homme*, Paris, Goujon et Brunot, 1806.

58. *Discours sur la Nature des Animaux* [1753], *in* Buffon [9], T. IV : p. 99.

59. *Des Animaux Carnassiers* [1758], *in* Buffon [9], T. VII : p. 9. Le rôle du diaphragme est développé dans le même chapitre : pp. 10-12.

60. Van Helmont [25], Duumviratus : p. 349.

[*] Sources imprimées et études. Les sources sont indiquées par le signe †.

(2)† BICHAT (X.), *Recherches Physiologiques sur la vie et la mort* [1ère édition an VIII), Verviers, Éd. Gérard et Cie, 1973.

(3)† BICHAT (X.), *Anatomie Générale appliquée à la physiologie et à la médecine*, Paris, Brosson et Gabon, 1801.

(4)† BLUMENBACH (J.F.), *Institutions Physiologiques*, trad. et augmentées de notes par J.F. Pugnet, Lyon, J.T. Raymann, 1797 (1ère éd., 1787).

(5)† BORDEU (T.], *Recherches anatomiques sur la position des Glandes et leur action* [1751], *in Œuvres complètes*, Paris, Caille et Ravier, 1806.

(6)† BORDEU (T.), *Recherches sur les Maladies Chroniques*, Paris, Ruault, 1775.

(7)† BOURDIER (F.) et FRANÇOIS (Y.), «Lettres inédites de Buffon», *in Buffon*, R. Heim éd., Paris, Muséum National d'Histoire Naturelle, collection «Les Grands Naturalistes Français», 1952.

(8)† BOURGUET (L.), *Lettres Philosophiques sur la formation des sels et des cristaux et sur la génération et le méchanisme organique des plantes et des animaux, à l'occasion de la pierre belemnite et de la Pierre lenticulaire, avec un mémoire sur la théorie de la terre*, Amsterdam, F. L'Honoré, 1729.

(9)† BUFFON (G.L. Leclerc de), *Histoire Naturelle, générale et particulière*, Paris, Imprimerie Royale, 15 vol. in 4°.

(10)† BUFFON (G.L. Leclerc de), *Œuvres philosophiques*, éditées par J. Piveteau, Paris, Presses Universitaires de France (Corpus des Philosophes Français), 1954.

(11)† CABANIS (P.J.G.), *Rapports du Physique et du Moral de l'Homme* [1ère édition an X], éd. du Dr Cerise, Paris, Fortin, Masson et Cie, 1843.

(12)† *Encyclopédie ou Dictionnaire Raisonné des sciences,des arts et des métiers*, par une société de gens de lettres, mis en ordre et publié par M. Diderot, et quant à la partie mathématique par M. D'Alembert (...), Paris, Briasson, David, Le Breton, Durand puis Neufchâtel, S. Faulche, 1751-1765, 17 vol. + les planches.

(13)† GRIMAUD (J.C.), *Mémoires sur la Nutrition*, Montpellier, Martel aîné, 1789, 2 vol.

(14) HALL (T.S.), «On biological analogs of Newtonian paradigms», *Philosophy of Science*, 35 (1968) : pp. 6-27.

(15)† LA CAZE (L.), *Idée de l'Homme Physique et Moral*, Paris, Guérin et Delatour, 1755.

(16)† LEIBNIZ (G.W.), *Doutes et Objections, in* G.E. STAHL, *Œuvres Médico-Philosophiques et Pratiques*, trad. et comm. par T. Blondin, Paris, Baillière, 1864, T. VI.

(17) MILANESI (C.), *Mort apparente, mort imparfaite. Médecine et mentalité au XVIIIème siècle*, Paris, Payot, 1991, 268p.

(18)† NEWTON (I.), *Optique*, trad. par M. Coste, Amsterdam, 1720.

(19) REY (R.), *Naissance et Développement du vitalisme en France de la deuxième moitié du XVIIIème siècle à la fin du Premier Empire*, Thèse, Université de Paris-I, 1987, 3 vol.

(20) ROGER (J.), *Les Sciences de la Vie dans la Pensée française du XVIIIème siècle*, Paris, Armand Colin, 1971.

(21) ROGER (J.), *Buffon*, Paris, Fayard, 1989.

(22)† ROUSSEL (P.), *Système Physique et Moral de la Femme, ou Tableau Philosophique de la Constitution, de l'état organique, du Tempérament, des Mœurs et des Fonctions propres au sexe*, Paris, Vincent, 1775.

(23)† SÈZE (P.V. de), *Recherches Physiologiques et Philosophiques sur la Sensibilité et la Vie Animale*, Paris, Prault, 1786.

(24) SLOAN (P.H.), «Buffon, German Physiology and the Historical Interpretation of Biological Species», *The British Journal for the History of Science*, 12 (1979) : pp. 109-133.

(25)† VAN HELMONT (J.B.), *Ortus Medicinae*, Amsterdam, L. Elzevir, 1648.

(26)† VICQ D'AZYR (F.), *Œuvres*, recueillies et publiées avec des notes (...) par J.L Moreau de la Sarthe, Paris, L. Duprat-Duverger, an XIII, 6 vol.

#32963

## 27

# ORGANIC MOLECULES REVISITED

Phillip R. SLOAN *

«Il y a bien peu d'hypothèses qui ne détrompassent bientôt leurs auteurs, s'ils voulaient voir la nature telle qu'elle est. Je n'ai jamais compris comment Buffon avait pu soutenir les molécules organiques; quoi que je comprenne fort bien comment il avait pu les imaginer, et s'amuser à les faire manœuvrer. On suit avec intérêt un roman ingénieux, mais quand ce système fut attaqué par les sages critiques de Bonnet et de Spallanzani, quand l'auteur put réfléchir sur son ensemble et ses conséquences vraiment absurdes, je ne puis croire à sa sincérité, lorsqu'il continue de l'adopter, car il n'a pas pris la peine de le défendre.»[1]

Buffon's theory of the *molécules organiques* and the *moules intérieurs*, first presented to the reading public in the second volume of the *Histoire naturelle* in 1749, is one of the best known, and in retrospect, perhaps the most fanciful appearing of Buffon's theoretical ventures. Particularly in Buffon's claims to have verified this theory by experiments and microscopic observations, his theory met a chorus of trenchant critique, beginning with the first critical attacks by Joseph Lelarge de Lignac, Albrecht von Haller and Martin Ledermüller, through the criticisms of Lazzaro Spallanzani, Charles Bonnet, and Abraham Trembley.[2] To the degree that Buffon claimed to verify this theory by experimental proof, the historical accounts of Rostand,[3] Gasking,[4] Roger,[5] and Castellani[6] have repeated these criticisms, and one can generally conclude that the scholarly tradition has concluded that either the observations were faulty, the instruments deficient, or the interpretations demonstrative of excessive *a priori* theorizing.

But these received analyses leave several nagging difficulties when examined closely. It is surprising that in the face of the widespread opposition to the theory of the *molécules organiques* and in the face of sustained attacks on the quality of the experimental findings from numerous quarters, neither Buffon, nor more puzzling John Turberville Needham, were willing to abandon their most important claims, – this in spite of the fact that Buffon and Needham were very quickly on opposite sides of critical theological and philosophical issues others associated with the *molécule* theory.[7] Needham fits no convenient categories in this case. Needham was understandably anxious, as a Catholic priest, to dissociate himself from the charges

---

* Program of Liberal Studies, University of Notre Dame, Notre Dame. Indiana 46556. U.S.A.

1. Sénebier [42], vol. 2 : pp. 209-210.

2. Lelarge de Lignac [31], Pt. III, Lettre 11 ; Haller [29] ; Ledermüller [30] ; Spallanzani [45]; Bonnet [5]; on Trembley's opposition, I am indebted to the researches of Virginia Dawson [54].

3. Rostand [41].

4. Gasking [26], chap. 11.

5. Roger [40] : p. 697.

6. Castellani [16], [17], [19]; Similar conclusions on a more limited level have been drawn by Dawson [54]. For a differing interpretation, see Farley [21], Chap. 2.

7. Roe [39].

of materialism and irreligion which increasingly surrounded Buffon's own work, interpretations which Needham perceived had been unwittingly reinforced by his original explanation of the experiments in terms of the existence of productive forces in nature capable of producing living matter. Nonetheless, Needham would not accept the easy solution to his predicament and admit that there were deficiencies in the experimental design itself. Instead he became involved in an acrimonious debate with a fellow priest, Spallanzani, and alienated from a former friend and philosophical anti-materialist, Charles Bonnet, over these questions.[8]

Recent critical historiography would tempt one to see in this conflict an excellent case-history demonstrating the inconclusiveness of experiment, the theory-ladenness of observations, and the role of sociological and political factors in scientific debates, particularly demonstrating the degree to which expectations can determine observations.[9] The following discussion suggests that this strong case for predetermination of theory on observation cannot be supported, and that the Buffon experiments can be interpreted in ways which support a claim of careful, quality work in the conduct of these experiments. To demonstrate this point, I will approach the controversy through a close examination of the experimental design and the technical instrumentation. This study will not seek to expound upon the better-known aspects of Buffon's theory of generation, which I will presume are known to most readers,[10] but will be concerned with the observational and experimental issues that were claimed to verify this theory. Attention to this aspect of the debate reveals several puzzling details surrounding the Buffon-Needham experiments, and illuminates novel dimensions in the controversy surrounding Buffon's theory. It also explains the tenacity with which Buffon, and also Needham, maintained the central claims of this theory in the face of potent criticism.

I

Buffon's theory of the *molécules organiques* and its accompanying concept of the *moule intérieur* was initially expounded in the first five chapters of the second volume of the *Histoire naturelle,* in a treatise signed with the completion date of February 9, 1746.[11] In a second part of this treatise, dated May 17, 1748, Buffon reported in detail on the experiments carried out to confirm the central claims of this theory. John Turberville Needham's independent accounts, first given in his published letter to Martin Folkes of November 23, 1748, and subsequently in remarks appended to the 1750 French translation of this letter to Folkes give strong, if not always universal, confirmation of Buffon's discussion.[12]

8. See especially the recent analysis of this controversy and the collection of letters in Mazzolini and Roe [32].

9. See for example, Shapin and Schaffer [43], and more generally Engelhardt and Caplan [20]. Some parallels to the Buffon case can be drawn from aspects of the Pasteur-Pouchet controversy, as analyzed by Farley and Geison [22].

10. See Roger [40], pt. III, Chap. 2 for discussion.

11. This dating is also confirmed by the sealed letter deposited with the Académie des Sciences on May 17, 1748 (Buffon [52]).

12. Needham [36], [37]. This appends extended notes as commentary to the Folkes letter. The latter treatise also contained a French translation of Needham's 1745 treatise on the reproduction in the squid (Needham [35]). Buffon claims in the *Histoire naturelle* account that Needham was present at his spermatic bodies experiments, and this is directly attested to by Needham in unequivocal terms in his

By Buffon's explicit account, his theory of generation via the *molécules* and *moules* had been formulated a-priori, developed purely out of his reading, conversations and reflections on the issue of generation prior to any attempt to test its main assumptions.[13] Critics could read such confessed a-priorism as underlying the general deficiencies of Buffon's experiments. But such a-priorism must not be misread. Buffon was a critical and self-reflective scientific methodologist whose sophistication in this area has rarely been appreciated.[14] His unusual scientific methodology involved the dual process of formulation of hypotheses, followed by the testing of these through recurrent observations on concrete phenomena. Consequently, if there is any consistency between theory and practice in Buffon's work, we must examine closely the evidence Buffon summoned subsequently to justify the claim that his theory of the *molécules* and *moules* was supported with absolute certainty at the experimental level.[15]

Three detailed records give a reasonably clear insight into the conduct of the controversial experiments in support of Buffon's theory of generation by the *molécules* and *moules,* which he carried out in cooperation with various collaborators in Paris in the spring of 1748.[16] Buffon's published account describes these experiments, conducted primarily with the aid of his associate Louis Marie Daubenton, and at other times in the company of Needham. At least minor assistance was also provided by the botanist Thomas-François Dalibard and the naturalist Philibert Guéneau de Montbeillard.[17] Supplementing the *Histoire naturelle* account is Buffon's paper on the female semen, dated May, 1748 and published in the *Mémoires de l'Académie* in 1752.[18] This paper adds crucial details on the experiments not otherwise accessible. To these two sources, we can add the independent account supplied in Needham's notes in his *Nouvelles observations*, which Buffon explicitly claimed supplied accurate details on these experiments.[19]

Needham's presence in Paris during the conduct of these experiments is particularly important, not simply for his active role in the collaboration. More significantly, Needham had brought with him to France an improved microscope, and it was with this new instrument that Buffon was to conduct his experiments. As Buffon reports this :

«[Needham] had been recommended to me by M. Folkes, President of the Royal Society of London. Having made a friendship with him, I believed that I could do no better than to

---

1748 letter to Martin Folkes (Needham [36] : pp. 641-43) However, Needham denied in 1750 (Needham [37] : p. 203n) that he had been present at the spermatic bodies experiments. In this denial, Needham does not challenge Buffon's reports, and considers his results compatible with everything Buffon had written in 1749, even though he notes the theoretical differences now existing between them. He then later reaffirmed his accord with Buffon on the observational issues and suggests that he was indeed present at the spermatic bodies experiments in his notes to the translation of Spallanzani's *Nouvelles observations microscopiques* (Spallanzani [46], vol. 1 : p. 167). On the bulk of the evidence, I must conclude that Needham was indeed present at the experiments as Buffon reported. The reasons for his subsequent denial are probably associated with his nervousness over the materialist debate growing up around these experiments. On the Buffon-Needham relations see esp. Milliken [55], Chap. 6.

13. *Histoire générale des animaux, Chap. V* [1749], *in* Buffon [14] : p. 168.

14. Sloan [44].

15. *Histoire générale des animaux, Chap. X* [1749], *in* Buffon [14] : p. 332.

16. The most reliable source for the dating is to be found in Needham [36], pp. 640-644.

17. *Histoire générale des animaux, Chap. VI* [1749], *in* Buffon [14] : p. 171.

18. *Découverte de la liqueur séminale...*[1748], Buffon [13]. See also Fouchy [24]). Buffon read this memoir to the Académie on December 14, 1748. Académie [51].

19. See unpublished letter of Buffon to (John Hill?), 1 October, 1750 (Buffon [53]). Buffon there affirms that Needham's *Nouvelles observations microscopiques* (Needham [37]) provided the details

communicate my ideas to him. As he had an excellent microscope, more usable and superior to any of my own, I asked him to lend it to me to conduct my experiments. I read him the entire portion of my work which I had completed, and I spoke to him at the same time that I believed I would be able to find the true reservoir of the female semen... Mr. Needham gave consideration to these ideas, and he had the graciousness to lend me his microscope, and he even wished to be present at some of my observations...»[20]

This comment unfolds a matter of distinct significance for our understanding of the full detail of these experiments, both jointly as conducted by Needham and Buffon, and in their separate studies on the generation problem, all of which seem to have been conducted with this same microscope.

The often-reproduced woodcut by Jacques de Sèves from the opening of Buffon's treatise on generation introduces us to one of the important details at issue (Plate 1). I draw particular attention to the microscope illustrated. This is a depiction of the John Cuff compound microscope, designed by the great London optician, which was introduced in 1744, and which in several novel design features set the construction standard for compound microscopes for the next fifty years. This microscope is on a stable mount; it has a sensitive fine-focus; it comes with several accessories; and by comparison with other popular compound microscopes, such as those constructed on the Culpeper tripod design, it is remarkably easy to use with a clear stage for manipulation. It is, however, an instrument designed typically for observations with a maximum linear magnification of around 100 diameters, and even at this power the well-known spherical and chromatic aberrations which plagued compound microscope design before the nineteenth century become prominent.[21] Resolution is particularly weak at these high powers.

But was this the instrument utilized in these experiments ? It would seem on initial reading that this was the case.[22] Furthermore, Buffon describes the experiments as having been made with a *microscope double,* suggesting a French

missing from the *Histoire naturelle* account.

20. *Histoire générale des animaux, Chap. VI* [1748], *in* Buffon [14] : p. 170.

21. See the reports of detailed tests on eighteenth century compound microscopes in Bradbury [8] and Bracegirdle [6]. For one specimen of a Cuff-type, made by Passement of Paris in 1760, Bracegirdle found the maximum magnification to be 98x with resolving quality of three on a five-point scale [1 highest); another specimen, made by Cuff himself in 1750, had a maximum magnification of 92x with a resolving quality of two. Similar values were obtained by P.H. Van Cittert, who also found strong chromatic aberrations in his antique specimens at these magnifications (Van Cittert [48] as cited in Bradbury [8] : p. 119). The highest magnifications I have located in the literature reported in subsequent tests have been those of D.E. Frison, who reports measurements made on a specimen of a Cuff microscope capable of 270x and a resolution of 1/500 mm, the best results I have found reported (D.E. Frison [25] as reported in J.E. McCormick [33] : p. 156). These results, at least in magnification, do agree with values given for a Cuff-style microscope, manufactured by Passement in Paris, as supplied with the anonymous *Description et usage du Microscope* bound with Needham's 1750 *Nouvelles observations microscopiques*. This treatise gives a theoretical value for the magnification with the number one lens of 248 diameters. My own repetitions of Needham's and Buffon's observations with an exact replica version of 1757 Cuff compound scope replicated by *Replica Rara Ltd.* from a microscope in possession of David Wallis of Kent, England gave a maximum magnification of 181x, and was unable to resolve the striations on butterfly wing scales, a traditional resolution test object, with any satisfaction.

22. See woodcut in Ledermüller [30] : plate 15, depicting Buffon looking through a Cuff compound scope. Two specimens of Cuff compound microscopes are attributed to Buffon's ownership. One instrument, lacking the main body, is on display in the library of the Muséum national d'Histoire naturelle in Paris. From my examination of this specimen, I found it to lack any identifying marks, but it appears to be a British manufacture Cuff scope. However, this microscope has six rather than five objective lenses as reported in Buffon's 1748 article, and the first lens does not approach the reported 1/50th inch focal length. The second Cuff microscope on display in the museum at Buffon's forge in Montbard, is engraved with the signature «*De Fremont ingénieur du Roi au Louvre*» and is a French copy showing design features probably dating it from the 1760's or later.

**PLATE 1.** Detail of Jacques de Sèves' plate in the second volume of Buffon's *Histoire naturelle* depicting an unnamed individual observing through the compound Cuff microscope. Courtesy Yale University Library.

equivalent of the designation *«double constructed microscope»* typically used in English works of the time to denote the true compound microscope.[23] The deficiencies of the compound microscope, known to all expert microscopists of the day, readily permitted critics to conclude that the Buffon experiments were *«a new proof of the ease with which the human mind can be seduced and deceived»*.[24] Lazzaro Spallanzani, in his well-known replication of the experiments, assumed that the Cuff compound microscope was utilized in the Buffon experiments, an instrument which he saw as having the deficiency that *«the object observed is never seen so distinct, or with its outlines so well defined as with a perfect microscope formed of a single lens»*.[25]

The attacks by Spallanzani, and previously by Ledermüller, supplemented by the theoretical critiques of Charles Bonnet and Albrecht von Haller, directed at both the deficiencies of the instrument and the experimental design, have seemed decisive, and were accepted as such by Buffon's contemporaries.[26] The deficiencies of the compound microscope of the eighteenth century have also suggested to more recent commentators that the alleged observations of minute moving animalcules in the infusions apparently originating by natural causes, of the female seminal bodies, and of the common particles in plant and animal tissues, were illusory.[27] Detailed examination of this conclusion raises several difficulties.

The first difficulty in this received account is encountered in an interesting table of optical data published in 1752 in Buffon's article on the female semen in the *Mémoires de l'Académie*.[28] This article first reported to the scientific world the most controversial of all of Buffon's claims, the detection of bodies, apparently analogous to the spermatozoa in male animals, taken from the Graffian follicule of female dogs, sheep and cows. More immediately of interest, this paper is also the only location where one can determine the technical data on the microscope used in the Buffon-Needham experiments.

In this article, Buffon compares the performance of the microscope used in the experiments to the data supplied by Henry Baker for specimens of Leeuwenhoek microscopes housed at the Royal Society of London.[29] He then supplies a table of technical specifications *«pour le microscope dont je me suis servi»* (Table I).

Our attention is drawn to three interesting aspects of this table. First, the data are given only for a single lens at each level of magnification, not for a combination of lenses as we might expect for a compound scope. Furthermore the data are compared exclusively with the values obtainable from single-lens Leeuwenhoek microscopes. We also see that the focal lengths are remarkably short, and that the resultant magnifications are extremely high for a microscope of the period. The

---

23. See Baker [2], chap. 2. This language immediately led others to assume that the compound microscope was that employed in the experiments. See Spallanzani [L.] 1776, *Osservazioni intorno al vermicelli spermatici*, *in* Castellani [18], pp. 602-603. See also Ledermüller [30] : p. 25. Ledermüller's erroneous conclusion was repeated in the outstanding treatise by Gleichen [27] : p. 16. Gleichen's excellent plates and his careful replication of the experiments constitute the most impressive of the attacks on Buffon and Needham I have encountered.

24. Gleichen [27] : p. 17.

25. Spallanzani [45] : pp.132-33.

26. See Sénebier's introduction to his translation of Spallanzani [47], Vol. I : pp. LXIV-LXV.

27. In the brief survey by Belloni [4], Buffon's and Needham's observations are seen as prime examples of illusory observations made with the defective instruments of the period.

28. *Découverte de la liqueur séminale*...[1748], *in* Buffon [13].

29. Baker [1]. Unfortunately, the Royal Society collection of Leeuwenhoek's microscopes disappeared in the early decades of the nineteenth century. See Ford [23], Chap. 4.

number-one lens computes by contemporary calculations to 500 rather than 400x, a magnification literally impossible with any resolution quality using the Cuff compound microscope of the period. Finally, Buffon explicitly states that these are the optical values for the microscope he and Needham actually used.[30]

| Lentilles | Longueur du foyer de l'objet | Augmentation du diamètre de l'objet | Augmentation de la surface |
|---|---|---|---|
| 1 | 1/50 | 400 | 160 000 |
| 2 | 1/20 | 160 | 25 600 |
| 3 | 8/100 | 100 | 10 000 |
| 4 | 18/100 | 44 | 1936 |
| 5 | 3/10 | 26 | 676 |
| 6 | 1/2 | 16 | 256 |

**Table I**

Further light is shed on this issue if we turn to Needham's earlier 1745 paper on reproduction in the squid, reporting on microscopic work carried out prior to his contact with Buffon.[31] In the second part of this important paper, Needham described remarkable experiments on the pollen of various flowers and he also supplied outstanding copper plates to accompany his reports. Woodcuts are not, to be sure, photographs, but by means either of the camera lucida, the solar microscope, or by a well-known technique of drawing while looking through the microscope itself, very accurate sketches of objects could be made from which accurate copper plates could then be prepared. By Needham's report, pollen grains taken from the common lily and other species of flowers showed the remarkable ability to explode when moistened, emitting clouds of minute dynamic dancing particles.The diagrams supplied with this paper are worthy of close attention.

Plate 2 depicts in the left-hand illustration individual pollen grains as they appeared under his number-three lens, and on the right there is a magnified view of a single pollen grain under his highest power number-one lens, with the cloud of microscopic particles emitted. One notes the great detail revealed on the surface of the pollen grain itself and the detailed depiction of the cloud of small granules. The plate represents both magnifications and degree of resolution not possible with the Cuff compound scope. Repeating these experiments, I have found that this plate and Needham's descriptions correspond very closely to my own observations at 590x with a high-resolution achromatic compound microscope.

As we explore this issue, we also find another interesting coincidence. The table of data supplied by Buffon for his microscope in the 1748 paper, and described as the microscope exclusively employed by himself and Needham in these experiments, exactly repeats a similar table of technical data published in a 1740 paper by Henry Baker, published in the *Philosophical Transactions* for 1744.

30. «*On voit par la comparaison des ces Tables, que le plus fort microscope de M. Leeuwenhoek ne fait pas plus d'effet que la seconde lentille du mien; & comme j'ai toûjours observé les animaux spermatiques avec la première...*» (*Découverte de la liqueur séminale...*[1748], *in* Buffon [13] : p. 228).

31. Needham [35] : 69ff.

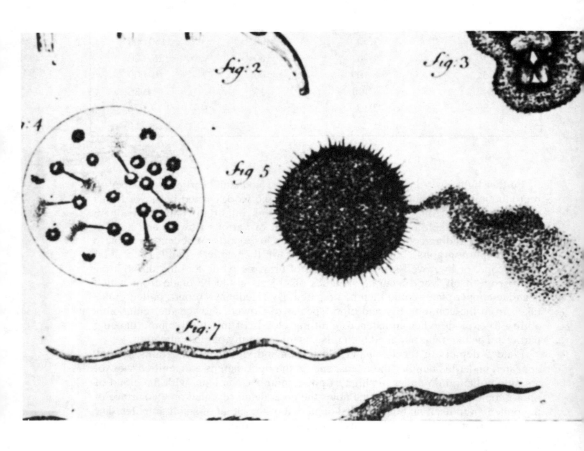

**PLATE 2.** Individual pollen grains of the common lily as depicted by Needham's plate [Needham (35), Plate 5] showing the view under his third lens on the left, and under his highest power first lens on right with the cloud of motile particles being ejected. Courtesy Lilly Library, Indianapolis, Indiana.

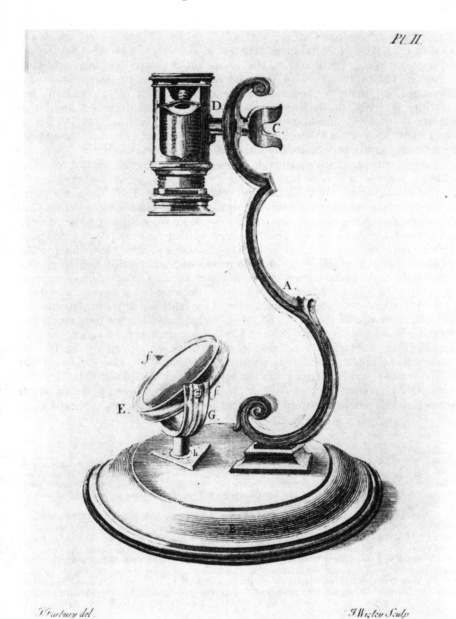

*Pl. II.*

*J Farbury del.*   *J Wigley Sculp*

**PLATE 3.** The Scroll-mounted Wilson screw-barrel microscope depicted by Henry Baker ([Baker [2]) manufactured by John Cuff for Martin Folkes that exactly matched the specifications given by Buffon for his microscope.

However, Baker's data are presented as values obtained from a new *single-lens* microscope made by John Cuff for Martin Folkes of the Royal Society which was superior, on Baker's reports, in all respects to any of the Leeuwenhoek scopes available to him.[32] Furthermore, the Baker article describes this new Cuff microscope to be a modification of the popular Wilson Screw-Barrel single-lens microscope, originally a hand-held simple microscope of great popularity and versatility that was the basis for a wide variety of sophisticated single-lens microscopes of the eighteenth century. The traditionally hand-held Wilson Screw-Barrel microscope (Plate 3) was improved by several manufacturers by the addition of a reflecting mirror and a stabilizing stand allowing vertical use.[33]

Assembling these details together, it seems reasonable to conclude that Needham had in his possession a single lens instrument remarkably similar, and possibly the very same instrument, made for Martin Folkes by Cuff.[34] Thus, the experiments were evidently conducted with this microscope, rather than the compound Cuff microscope pictured in the famous *Histoire naturelle* woodcut and assumed to be the instrument used by Buffon and Needham by their critics and all subsequent commentators.[35] Furthermore, all indications show this to have been a microscope capable of remarkably high magnification power with outstanding resolution. This immediately explains the quality of the 1745 Needham observations, and strongly suggests that Buffon's and Needham's experiments were being carried out with an instrument which was possibly unequalled in quality by any other instrument available in Europe at the time, and seems to have rivalled the best single lens microscopes available up to the 1820s.[36] Most important, this microscope was from all indications superior to the simple microscope employed in the famous experiments by Spallanzani.[37] Judging from Spallanzani's woodcuts supplied with his 1765 treatise, and from an illustration supplied later by Spallanzani of his own microscope in a later work of 1780, he was evidently utilizing a variant of the Lyonnet aquatic microscope, an instrument incapable of the short focal-length,

---

32. Baker [1].

33. It is necessary to be aware of an important detail in the construction of the Wilson microscope — namely that it has two lenses, and is therefore a «double» microscope, but one of these lenses is purely for the condensation of the light, and viewing is typically through a single lens. The only exception is when a compounding eyepiece is also added to the simple Wilson scope to give a wider field of vision at low powers.

34. Folkes was the direct intermediary on the initial contact between Buffon and Needham, and it is to Folkes that Needham wrote his original letter describing the experiments. See *Histoire générale des animaux, Chap. VI* [1749], *in* Buffon [14] : p. 170.

35. Ledermüller [30], directly cited the 1748 paper by Buffon, but failed to detect the identity of Buffon's values with those given by Baker in his earlier article for the Cuff single-lens microscope.

36. The single-lens scope, still the preferred instrument for many of the outstanding microscopists of the early nineteenth century, had developed to remarkable quality by the 1830's. A single-lens Dollond microscope from the early nineteenth century at the University Museum of Utrecht is reported by Van Cittert [48] to have the maximal power of 480x. Ford ([23] : p. 128) reports testing nineteenth century single-lens microscopes of 1000x.

37. See Spallanzani [45] : pp. 137-138. Spallanzani speaks both here and in his 1780 *Dissertazioni de fisica animale e vegetabile* of using a "Leeuwenhoek-style" microscope, although he also acknowledges using for convenience a compound microscope (Spallanzani [46], I : p. 137). From the description supplied, it is unlikely that he was utilizing a scope of the classical Leeuwenhoek style, and the microscope depicted in his *De fenomeni della circolazione osservata* (1773) is a Lyonnet simple microscope used primarily for aquatic studies at the time, and is capable only of low magnifications. Spallanzani never seems to have considered the possibility that Needham and Buffon were also using a single-lens microscope, and even one superior to his own. See his *Osservazioni e sperience intorno al vermicelli spermatici dell'uomo, e degli animali....* (1776), *in* Castellani [18] : pp. 602-603.

high-resolution work permitted by the Wilson Screw-Barrel design.[38]

Thus, rather than concluding that the experiments of Buffon and Needham, even at their most controversial, demonstrate the use of faulty instruments, poor techniques or even outright fabrication, I would propose instead that the observations must be considered very carefully, and were probably non-reproducible by Buffon's and Needham's opponents precisely because of the inferiority of their critic's instruments. If this is the case, the parties in the ensuing controversy would surely have talked past one another, but they did so for identifiable technical reasons. It is now necessary to seek an interpretation of these observations which takes these technical details fully into account.[39]

II

To set the backdrop for this we must move ahead historically eighty years in time to the observations of the British botanist Robert Brown and the controversy which eventually came to surround Brown's observations of Brownian motion. By the early 1820s, the microscope was in an important period of development. Single-lens microscopes, difficult to use, but capable of outstanding resolution when manufactured by the best lens-makers, were still the instrument of necessity for high quality observations at high magnifications. But the technical problems of the compound microscope were finally yielding to the efforts of Joseph Jackson Lister, Gianbattisti Amici, Vincent Chevalier and others. Amici's use of sequences of achromatic doublets successively arranged to cancel optical errors made possible the practical development of the powerful compound microscope, and an instrument of this design was available to at least one of the participants in the controversy with Robert Brown, the French botanist Adolphe Brongniart, son of the famous geologist and later holder of the botany chair at the Muséum national, who utilized an early Amici achromatic scope of 1050x.

The nineteenth-century controversy surrounding Brown's work was not immediately connected to the organic molecule theory or the earlier work of Buffon and Needham. Its context was related to attempts to understand in detail the mechanism of plant fertilization, and specifically the role of pollen in fertilization. Needham's rare 1745 paper had, however, dealt in part with plant fertilization, and this seems to have led at least a few workers to return to the Buffon-Needham experiments.[40]

In 1826, Brongniart, published his account of plant fertilization, utilizing observations with the new powerful Amici achromatic microscope.[41] Brongniart was also aware of Needham's 1745 report on the emission of a cloud of motile

38. See plates *in* Castellani [18] : pp. 17, 24.

39. An obvious difficulty facing my thesis is that neither Buffon nor Needham corrected the claims that they were utilizing the Cuff compound scope. Thus in his notes to Spallanzani's 1769 treatise, where Spallanzani repeats his claim to have used the Leeuwenhoek microscope primarily, Needham makes no comments of any kind on the microscope utilized by he and Buffon (Spallanzani [46], I : p. 137). However, Spallanzani had not accused Buffon and Needham in this work of using the Cuff compound, a claim which he only made later. Buffon himself seems to have abandoned further interest in microscopic work after these experiments,

40. See for example Bakewell [3] : pp. 213-14. Bakewell considered Needham's 1745 paper very rare and generally unknown. Robert Brown seems to be drawing either upon the *Histoire naturelle* accounts, or the reports in intermediary sources, rather than on direct acquaintance with Needham's paper.

41. Brongniart [9].

particles from ruptured pollen grains, and knew that subsequent observers –John Hill and Wilhelm Gleichen– had considered these particles analogous to the spermatozoa in animals.[42] Brongniart repeated the Needham 1745 experiments on pollen grains to view the alleged dynamic granules, and found these to be as Needham generally described, emitted in a cloud from the individual pollen particles, and possessed of motion resembling that of infusoria, except that the movements were random.[43] Brongniart's plate (Plate 4) can be compared with Needham's to show the remarkable similarity between the two sets of observations:

With the use of the camera lucida, drawings and size estimates of these particles at his highest magnification were made, locating them in the range of 2.1-1.4 microns for the different plant species, an important size range because this places them below the minimum dimensions needed to demonstrate Brownian motion.[44]

In 1828 Brown published his own results, based on an extended series of microscopic studies, which contradicted some of Brongniart's claims, and with this an open controversy was joined. Utilizing in his case both a high-quality simple microscope made by Joseph Bancks of London, capable of approximately 320x with excellent resolution, and a more powerful simple scope designed by John Dollond, Brown accidentally extended the range of the problem.[45] Claiming that his various experiments had demonstrated that these particles were to be found not only in the emissions from pollen grains, but were also present in other organic and inorganic materials, Brown stunned the scientific world by claiming that this proved «*the general existence of active molecules in organic and inorganic bodies*». From this he drew a controversial conclusion :

«Reflecting on all the facts with which I had now become acquainted, I was disposed to believe that the minute spherical particles or molecules of apparently uniform size (...) were in reality the supposed constituent or elementary molecules of organic bodies, first so considered by Buffon and Needham, then by Wrisberg with greater precision, soon after and still more particularly by [Otto] Müller, and, very recently, by Dr. Milne Edwards (...) I now, therefore, expected to find these molecules in all organic bodies; and, accordingly, on examining the various animal and vegetable tissues, whether living or dead, they were always found to exist.»[46]

Brown then extended these studies to dead organisms, and subsequently to petrified wood, glass, rock, and metals. Summarizing his findings, «*in every mineral which I could reduce to a powder, sufficiently fine to be temporarily suspended in water*» he found the same molecules of approximately equal size, all capable of rapid motion.[47]

---

42. *Ibid.* : pp. 40-41.

43. *Ibid.* : p. 49.

44. See *Ibid.* : p. 51. Brownian motion typically requires particles less than 4 microns. All size measurements by Brongniart place them within this range. See also Van der Pas [49] : p. 145.

45. Brown [11]. Complete details on Brown's scope are somewhat unclear. From his own report, the scope used initially for the observation of the Brownian motions was a Bancks single-lens microscope with a lens of 1/32 in focal length. This would, by the standard 10 inch distance presently used to compute magnifications, yield a value of 320x. However, detailed examination of the existing microscopes in possession of Kew Gardens and the Linnean Society of London by B.J. Ford have given values of only 132x (Ford [23], chap. 10). However, this would be insufficient for clear observation of the Brownian motion. Details on the Dollond scope are not given by Brown, but he reports that his Dollond scope was more powerful than his Bancks instrument.

46. Brown [11] : 363.

47. *Ibid.* : p. 365.

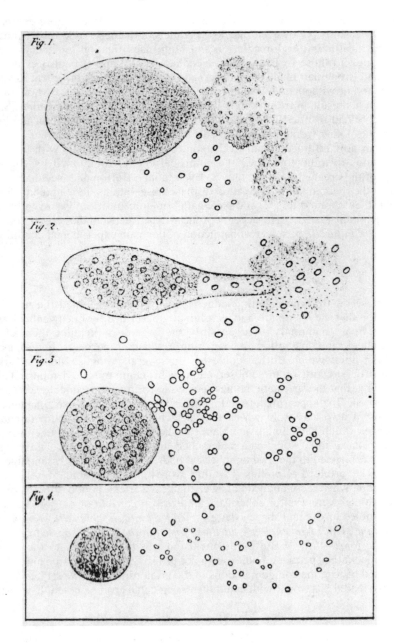

**PLATE 4.** Adolphe Brongniart's plate (Brongniart [10]) depicting exploding pollen grains emitting clouds of motile particles. Courtesy University of Pennsylvania Library.

The full story of the controversy generated by Brown's observations exceeds the limits of this study.[48] However, the close parallels of the observations by Brongniart and Brown, utilizing high-resolution and high magnification nineteenth century microscopes, to those of Buffon and Needham is striking. It is also evident that Brown and Brongniart made these observations without any of the intent to verify a prior theory, or without expectations as to the results. In retrospect, Brown was able to see that his results were strikingly like those described by Buffon earlier. Similar instruments had resulted in similar conclusions within very different theoretical frameworks. Other workers were also able to achieve similar results.[49]

We can now return in detail to the controversial experiments with these later observations in mind to review the empirical claims summoned by Buffon in support of the organic molecule theory. Even though Buffon and Needham did not agree on the theoretical interpretation of these observations, they agreed generally on what they claimed to see, and Needham's mature position was even closer to Buffon's on this matter.[50] The account of these experiments in the second volume of the *Histoire naturelle* permits reconstruction of the main experimental conditions.

## III

The first series of experiments conducted by Buffon concerned the test of the assumption that the spermatic bodies originally described by Leeuwenhoek in the semen of male mammals were possibly the organic molecules themselves.[51] Leeuwenhoek and his followers had interpreted the spermatic bodies as true animals, a point which Buffon contested on several grounds. Most remarkable about Buffon's reports on these observations is his claim to have demonstrated two points. First, that the spermatic bodies seemed to form from filamentous structures in the semen, first appearing as small spheres arranged along these filaments, like the beads of a rosary, from which they detached, taking with them thread-like appendages which had some resemblance to the tails described by Leeuwenhoek. Secondly, these tails were readily detached after a short period, and were not integrally connected to the oval or spherical bodies, nor were they essential to their motion. The primordial bodies, in other words, were capable of self-motion. Furthermore, when these alleged tails were detached after a period of hours or days, what remained were oval or spherical globules still capable of motion, but which also resembled in size and shape *«those pretended animals which are seen in oyster water on the sixth or seventh day, or those found in the jelly of roasted veal at the end of the fourth day»*.[52] Buffon's conclusion was that contrary to the claim of Leeuwenhoek, the spermatic bodies were not properly considered true animals, but represented instead the conglomerations of the primordial *molécules* (Plate 5).

As we read this account with care, interesting details can be noted. If we assume

---

48. See especially Brongniart [10] ; Brown [12]; and references contained in the useful historical studies by Goodman [28], and Van der Pas [49, 50].

49. See Bakewell [3]. Bakewell utilized a simple microscope for his repetitions of the experiments.

50. On the discrepancies, in those accounts, see note 12 *supra*.

51. The microscopic studies were made on dead human beings, dogs, rabbits and sheep with essentially the same results.

52. *Histoire générale des animaux, exp. VIII* [1749], *in* Buffon [14] : p. 184.

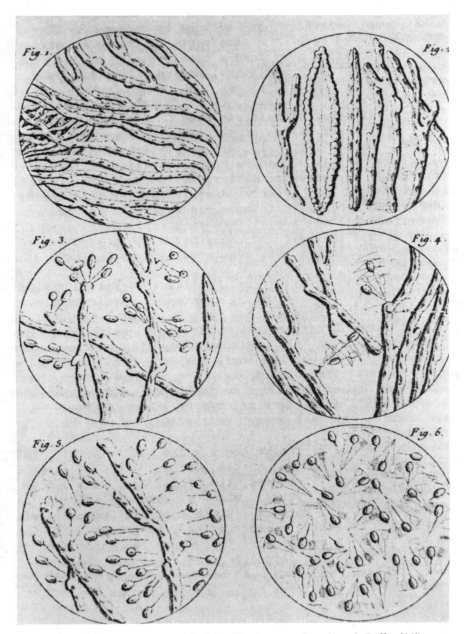

**PLATE 5.** De Sèves'plate from Buffon's *Histoire naturelle*, volume 2 (Buffon [14]) depicting the formation of spermatozoa in male semen. Courtesy Yale University Library.

that these studies are being made at a magnification on the order of 500x with excellent resolution, Buffon was clearly capable of seeing spermatozoa, and also bodies *smaller* than spermatozoa. He speaks of these spermatic bodies breaking down into smaller bodies as the tails were lost and these minute bodies appearing after several hours or days without the tails, were often possessed of rapid horizontal vibratory motion, sometimes described as *«trembling, restless motion»* and at others as possessing slow, propagatory motion.[53] Although it seems difficult to reconcile Buffon's claims about the shedding of the tails with anything known about spermatozoa, it is more important to emphasize his recognition of smaller spherical bodies, resulting from the breakdown of the spermatic animals. It is *these* particles Buffon viewed as the first conglomerates of the *molécules organiques,* the analogues of bodies observed later in the infusions. The descriptions offered are all compatible with the hypothesis that Buffon was in fact observing bodies, probably bacteria, moving under the Brownian motion described under similar circumstances by Robert Brown in the next century.[54]

A further detail to be noted in his description of these experiments is that he is basing them on material taken from either the epididymus or testicles of male animals at varying times after death, and the observations were carried out over extended periods of time when decomposition processes could easily have begun.[55]

The second set of experiments are the most controversial and would initially seem to defy any conclusion other than illusory observation or technical error. Buffon claims to have discovered the presence of the *same* spermatic bodies in female mammals he had previously found in the male, meaning both tailed and non-tailed bodies. These experiments were made under apparently exacting conditions. Samples of fluid were extracted from the interior of the enlarged Graffian follicules present on the ovaries of dogs and rabbits in heat, and on Buffon' detailed report, elaborated further in his *Mémoires* paper of 1748, the initial experiments were carried out with the assistance of Needham and Daubenton, who were sufficiently sceptical that they repeated the experiments with a new slider and made ten repetitions of the observation before agreeing to the conclusion (Plate 6).[56] It is difficult in retrospect to make sense of what they claimed to see in this case.[57] But once again, if we are considering observations made at very high magnification and resolution, the entities under observation could have been bacteria, organelles, or cellular fragments within the fluid of the ovarian follicle that were small enough to display Brownian motions. Robert Brown, for example, found his active molecules in every kind of organic tissue :

53. *Ibid, exp. XVIII* : p. 194.

54. Buffon [*Ibid.*] points out that in the original report in his 1677 letter to Lord Brouncker of the Royal Society [*Phil. Trans.*, 141 : p. 1041), Leeuwenhoek acknowledged the presence of small globular bodies in addition to the spermatic animals in the seminal fluid. Mention of these was eliminated, however, in the revised account in Leeuwenhoek's works.

55. Gleichen [27] reports, on repeating these experiments, that he obtained from the epididymus a milk-like liquor filled with small globules rather than tailed spermatozoa. He concludes that Buffon had never even seen true spermatozoa for this reason.

56. On Needham's somewhat inconsistent report on these experiments, see note 12 above.

57. Wilhelm Gleichen [27], who repeated these observations, was inclined to interpret these as the products of accidental fertilization by a male, since the female mammals studied by Buffon were in heat. Without attempting to repeat the experiments exactly, he concludes that because others have been unsuccessful in repeating the observation, *«il est absolument hors de doute qu'on ne doit pas trouver d'animalcules spermatiques dans les testicules des femelles»* (p. 58).

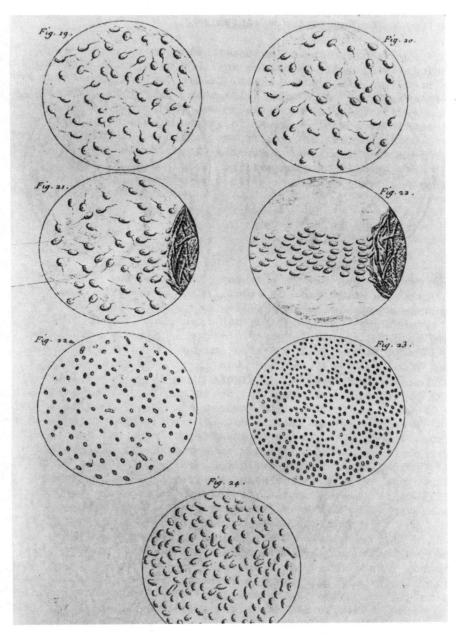

**PLATE 6.** Buffon's plate showing the analogous spermatic bodies in female "semen" taken frome the Graffian follicule. *Fig. 23* depicts the moving globules found in water infusions of the fluid from the follicle of a female cow taken from the isolated uterus an unspecified time after death (Courtesy Yale University Library).

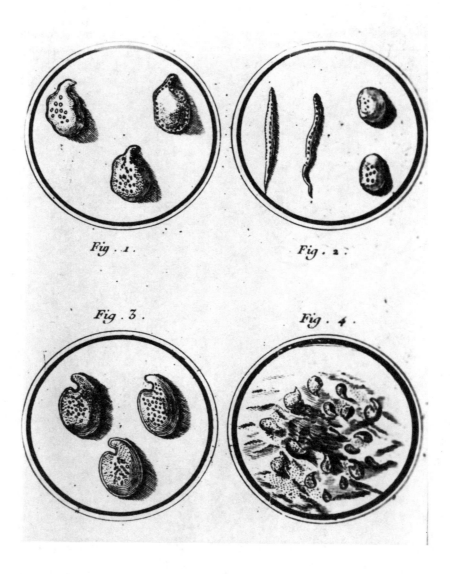

**Plate 7.** Spallanzani's plate of infusory animals (Spallanzani [46], Plate 1) depicting animalcules in infusions. Figure four shows the smaller background bodies revealed in much greater detail in Gleichen's copper plates (Gleichen 27). Courtesy Regenstein Library, University of Chicago.

«on examining the various animal and vegetable tissues, whether living or dead, [molecules] were always found to exist; and merely by bruising these substances in water, I never failed to disengage the molecules in sufficient numbers to ascertain their apparent identity in size, form, and motion, with the smaller particles of the grains of pollen.»[58]

The final series of experiments were those given most attention by Spallanzani, Bonnet and subsequent commentators –the experiments demonstrating the alleged spontaneous origin of animalcules in various infusions. In the initial experiments, reported in detail by Needham, and in summary by Buffon in the *Histoire naturelle,* various infusions of *«more than twenty different species of plants»* and the flesh of different species of animals were prepared, heated, and incubated for several days. All demonstrated after incubation of four or five days *«organic particles in motion»,* some of which were in motions which could be observed for months, others which ceased shortly afterward to move.[59]

Repeating a similar set of observations, I have found these accounts to generally accord with my own under magnifications in the order of 500x, and my experiments revealed small spherical bacteria, often in rapid Brownian motion. But more directly relevant is the degree to which these experiments were also reproduced in the eighteenth century by at least one worker who can be documented to have utilized a microscope of similar quality to that employed by Buffon and Needham. The Prussian microscopist Wilhelm Friedrich von Gleichen-Russworm's careful repetitions of the experiments represent a superior version of the Spallanzani experiments, but with very different results.[60] Utilizing a Wilson simple scroll-mounted microscope similar, at least in design, to that employed by Buffon and Needham, and by his report capable of 500x, he obtained striking results, which he carefully illustrated with colored camera lucida drawings. Furthermore, he sided as a result with Needham and Buffon rather than Spallanzani on the origin of these bodies in the infusions.[61]

As Gleichen carefully reproduced his drawings from his microscopic images (Plate 7), the various infusions were commonly found to contain globules of different sizes. From his plates there is little difficulty in identifying various amoeba, paramecia, tintinnids, and in the background small oval particles, described as often in some kind of rapid motion. If we can assume that these are, at least in part, drawings of bacteria in the solutions, the reports of common vital bodies, typically capable of spontaneous motions, are compatible with Buffon's reports on the organic molecules.

The striking convergence of the reports of Gleichen, Brown and Brongniart with those of Buffon and Needham suggests that when a similar quality of microscopic observations was attained, the discrepancy in observational reports was markedly diminished. Spallanzani, not Buffon and Needham, was the technically– handicapped party in this debate, and it is not even evident that bacteria could have been seen with his instruments. The drawings supplied by Spallanzani, when compared with those of Gleichen, strongly suggest that Spallanzani's infusory animals are probably protozoans, considerably larger in size than the particles of

58. Brown [11] : p. 363.
59. *Histoire générale des animaux, Chap. VIII* [1749], *in* Buffon [14] : p. 255.
60. Gleichen [27].
61. *Ibid.* : p. 177. Gleichen fortunately supplied a table of technical specifications on his microscope. These report a range of 16-500x for his various single lenses.

concern to Buffon and Needham.[62] Gleichen's plates, by comparison, illustrate both the bodies illustrated by Spallanzani, but also much smaller particles in the solutions.

The evidence supplied by the foregoing analysis suggests that Buffon and Needham were indeed justified in refusing to yield ground in the face of Spallanzani's criticisms. If their observations cannot be seen to *imply* the organic molecule theory or the theory of spontaneous generation, they at least were *consistent with* Buffon's interpretation of it, wherein invisible atomic and molecular particles formed into minute visible primordia, capable of spontaneous motions. Furthermore, the likelihood that the observations were strongly determined by prior expectations does not seem warranted by the comparative results. Needham and Buffon agreed generally on these observational issues at the same time that they differed between themselves over the theoretical interpretation and alleged implications of their experiments.


IV


The ensuing controversy over the published claims of Buffon and Needham reached the level of open acrimony, mutual charges of dishonesty, and claims of observational deception as the century progressed. Needham and Spallanzani, fellow clerics beginning from a point in the 1750's of mutual respect, ended all communication in 1780 in a spirit of distinct bitterness.[63] Bonnet, Voltaire, Spallanzani, Sénebier, Gleichen, Ledermüller, Albrecht von Haller, d'Holbach, and Moscati were drawn into this debate. With others generally, if not exclusively, unable to repeat Buffon's and Needham's results, it is little wonder that by 1780s the weight of scientific opinion had clearly shifted in favor of the critics. The experiments of Needham and Buffon, and the organic molecule theory Buffon erected upon them, became a classic example of *a priori* science and faulty "hypothesis-making".[64]

However, the later history of this controversy, as we have seen it move into the debate over Brownian motion, suggests that the Buffon-Needham experiments are to be faulted only by being too advanced for their historical era, raising observational difficulties which others could not, for identifiable technical reasons, resolve. The controversy over the organic molecule theory and its surrounding experiments presents a classic case in scientific dispute, resembling in at least some respects the famous Pasteur-Pouchet controversy of a century later.[65] There too, through the failure of both parties to discern the importance of the details of the experimental conditions –the resistance of spores of certain microorganisms to boiling– the result was an acrimonious debate which was decided in favor of Pasteur well in advance of compelling evidence for his theoretical claims.

---

62. Gleichen concluded from the evidence supplied in Spallanzani's treatise and plates that the plates were badly made, and that Spallanzani must have been using the «*microscope composé, auquel les plus fortes lentilles ne sont pas bien propres*» (*Ibid.* : p. 176).

63. See especially the analysis of this controversy in Mazzolini and Roe [32] : «Introduction».

64. See Sénebier [42], Vol. 2 : pp. 209-210.

65. Farley and Gieson [22]; McMullin [34] : esp. pp. 88-91.

## ACKNOWLEDGEMENTS

I wish to acknowledge the assistance of Dr. James B. McCormick, providing access to Replica Rara and antique eighteenth century microscopes utilized in this study. I wish also to acknowledge the assistance received from Dr. Gerard L. E. Turner of the History of Science Museum at Oxford who allowed me to examine antiques in the Oxford collection, and M. Yves Laissus of the Muséum National d'Histoire Naturelle, who permitted me to examine the specimen of the Cuff compound microscope belonging to Buffon in possession of the Muséum. Minor research assistance was received from the Institute for Scholarship in the Liberal Arts of the University of Notre Dame. I have also appreciated critical comments from Ernan McMullin and Shirley Roe on an earlier version of this paper.

## BIBLIOGRAPHY

*PUBLISHED SOURCES* *

(1)†    BAKER(H.), «An account of Mr. Leeuwenhoek's microscopes», *Philosophical Transactions of the Royal Society of London* (1740) (published 1744) : pp. 503-519.

(2)†    BAKER (H.), *The Microscope made easy*, 5th ed. London, Dodsley, 1749, reprinted by Science History Publications, Chicago, 1987.

(3)†    BAKEWELL (R.), «An account of Mr. Needham's original discovery of the action of the pollen of plants; with observation on the supposed existence of active molecules in mineral substances», *Magazine of Natural History*, 2 (1829) : pp. 1-9.

(4)    BELLONI (L.), «Micrografia illusoria e "animalcula"», *Physis*, 4 (1962) : pp. 65-73.

(5)†    BONNET (C.), *Considérations sur les corps organisés*, 9 Vols. Amsterdam, Marc-Michel Rey, 1762.

(6)    BRACEGIRDLE (B.), «The performance of seventeenth- and eighteenth-century microscopes», *Medical History* 22, (1978) : pp. 187-195.

(7)    BRACEGIRDLE (S.), *The Evolution of the microscope*, Oxford, Pergamon, 1967, X-357p.

(8)    BRADBURY (S.), «The quality of the image produced by the compound microscope : 1700-1840», *Proceedings of the Royal Microscopical Society*, 2 (1967) : pp. 151-173.

(9)†    BRONGNIART (A.), «Mémoire sur la génération et le développement de l'embryon dans les végétaux phanérogames», *Annales des sciences naturelles*, 1ère série, n°12 (1827) : pp. 14-53, 145-72, 225-96.

(10)†    BRONGNIART (A.), «Nouvelles recherches sur le pollen et les granules spermatiques des végétaux», *Annales des sciences naturelles*, (lst ser.) 15 (1828) : pp. 381-401.

(11)†    BROWN (R.), «A brief account of microscopical observations made in the months of June, July, and August 1827, on the particles contained in the pollen of plants; and on the general existence of active molecules in organic and inorganic bodies», *Edinburgh New Philosophical Journal*, 5 (1828): pp. 358-71.

(12)†    BROWN (R.), «Additional remarks on active molecules», *Edinburgh New Philosophical Journal*, 8 ( 1829-30) : pp. 41-46.

* Sources imprimées et études. Les sources sont indiquées par le signe †.

(13)† BUFFON (G. L. Leclerc de), «Découverte de la liqueur séminale dans les femelles vivipares et le réservoir qui la contient», *Mémoires de l'Académie Royale des Sciences, Année 1748*, Paris, 1752 : pp. 211-28.

(14)† BUFFON (G. L. Leclerc de), «Histoire générale des animaux», *in Histoire naturelle, générale et particulière, avec la description du cabinet du roi,* T. II, Paris, Imprimerie royale, 1749.

(15)† BUFFON (G. L. Leclerc de), *Œuvres complètes de Buffon*, Éd. J.L. Lanessan, suivie de la correspondance générale de Buffon, recueillie et annotée par M. Nadault de Buffon, Paris, A. Le Vasseur, 1884-1885. *Correspondance* : Vols 13-14.

(16) CASTELLANI (C.), «I rapporti tra Lazzaro Spallanzani e John T. Needham», *Physis* 15 (1973) : pp. 73-106.

(17) CASTELLANI (C.), «L'origine degli infusori nella polemica Needham-Spallanzani-Bonnet», *Epistème*, 3 (1969) : pp. 214-241.

(18) CASTELLANI (C.), ed., *Opere scelte di Lazzaro Spallanzani*, Torino, Unione tipografico-editrice, 1978.

(19) CASTELLANI (C.), «The problem of generation in Bonnet and Buffon : a critical comparison», *in Science, medicine and society in the Renaissance: essays to honor Walter Pagel*, A. Debus ed., 2 vols., New York, Science History publications, 1972 : pp. 265-88.

(20) ENGELHARDT (H.T.) and CAPLAN (A.L.), eds., *Scientific controversies*, Cambridge, Cambridge University Press, 1987; X-639p.

(21) FARLEY ( J.), *The spontaneous generation controversy from Descartes to Oparis*, Baltimore, Johns Hopkins University Press, 1977, X-225p.

(22) FARLEY (J.) and GIESON (G.), «Science, politics and spontaneous generation in nineteenth century France : The Pasteur-Pouchet debate», *Bulletin of the history of medicine*, 48 (1974) : pp. 161-98.

(23) FORD (B.J.), *Single lens : the story of the simple microscope,* New York, Harper and Row, 1985, X-182p.

(24)† FOUCHY (J.P. de), «Sur la liqueur séminale découverte dans les ovaires des femelles vivipares», *Histoire de l'Académie Royale des Sciences, Année 1748*, Paris 1752 : pp. 41-45.

(25) FRISON (D.E.), *Verzameling Historische Microscopen*, Antwerp, Koninklijke Maatschappij, 1971.

(26) GASKING (E.), *Investigations into generation : 1651-1828,* Baltimore and London, Johns Hopkins University Press, 1967, 192p.

(27)† GLEICHEN-RUSSWORM (W.), *Dissertation sur la génération, les animalcules spermatiques et ceux d'infusions.* anon.trans., Paris, Digeon, 1799, 238p.

(28) GOODMAN (D.C.), «The discovery of brownian motion», *Epistème*, 6 (1972) : pp. 12-29.

(29)† HALLER (A.von.), *Réflexions sur le système de la génération de M. De Buffon,* Genève, Barrilot et fils, 1751, 67p.

(30)† LEDERMÜLLER (M.F.), *Physikalische Beobachtungen deren Saamenthiergens...*, Nurnberg, Monath, 1756, 26p.

(31)† LELARGE DE LIGNAC (J.), *Lettres à un Ameriquain sur l'Histoire naturelle de Mr. de Buffon*, 4 vol, new ed., Hambourg, 1756.

(32) MAZZOLINI (R.) and ROE (S.), *Science against the unbelievers : the correspondence of Bonnet and Needham, 1760-1780*, Oxford, Voltaire Foundation, 1986, XIX-409p.

(33) McCORMICK (J.E.), *Eighteenth-century microscopes : synopsis of history and workbook,* Chicago, Science Heritage Press, 1987.

(34) McMULLIN (E.),«Scientific controversy and its termination», *in* Engelhardt (H. T.) and Caplan (A.L.) eds., *Scientific controversies,* Cambridge, Cambridge University Press, 1987 : pp. 49-91.

(35)† NEEDHAM (J.T.), *An account of some new microscopical discoveries founded on an examination of the calamary...*, London, F. Needham, 1745, VIII-126p.

(36)† NEEDHAM (J.T.), «A summary of some late observations upon the generation, composition, and decomposition of animal and vegetable substances», *Philosophical Transactions of the Royal Society of London,* 490 (1749) : pp. 615-66.

(37)† NEEDHAM (J.T.), *Nouvelles observations microscopiques avec des découvertes intéressantes sur la composition & la décomposition des corps organisés*, Paris, Ganeau, 1750, XVIII-524p.

(38) ROE (S.A.), «Buffon and Needham : Diverging Views on Life and Matter». See this volume.

(39) ROE (S.A.), «John Turberville Needham and the generation of living organisms», *Isis,* 74 (1983) : pp. 159-84.

(40) ROGER (J.), *Les Sciences de la vie dans la pensée française du XVIII<sup>e</sup> siècle*, 2nd. ed. Paris, Armand Colin, 1971.

(41) ROSTAND (J.), «Les expériences de l'Abbé Spallanzani sur la génération animale (1765-1780)», *Archives internationales d'histoire des sciences,* 14 (1951) : pp. 412-42.

(42)† SÉNEBIER (J.), *Essai sur l'art d'observer et de faire des expériences,* 3 vols., 2nd. ed. rev., Geneva, J.J. Paschoud, 1802.

(43) SHAPIN (S.) and SCHAFFER (S.), *Leviathan and the air pump : Hobbes, Boyle and the experimental life*, Princeton, Princeton University Press, 1985, XIV-440p.

(44) SLOAN (P.R.), «L'hypothétisme de Buffon : sa place dans la philosophie des sciences du XVIII<sup>e</sup> siècle» (this volume).

(45)† SPALLANZANI (L.), *Tracts on the nature of animals and vegetables,* trans. J. Dalyell, Edinburgh, W. Creech and A. Constable, 1799. VII-394p. (Translation of the *Opuscoli de fisica animale e vegetabile,* Modena, 1776).

(46)† SPALLANZANI (L.), *Nouvelles recherches sur les découvertes microscopiques et la génération des corps organisés*, 2 vols., traduit de l'italien par M. l'abbé Regley... avec des notes... par M. de Needham, London and Paris, Lacombe, 1769 (Translation of *Dissertazioni due dell'abate Spallanzani,* Modena, 1765).

(47)† SPALLANZANI (L.), «Opuscules de phvsique animale et végétale», 2 vols., traduit de l'italien par J. Sénebier, Paris, Duplain, 1787 (translation of *Opuscoli di fisica animale e vegetabile,* Modena, 1776).

(48) VAN CITTERT (P. H.), *Descriptive catalogue of the collection of microscopes in charge of the Utrecht University Museum*, London, 1934, 110p.

(49) VAN DER PAS (P.), «The early history of the Brownian motion», *Actes du XI<sup>e</sup> Congrès international d'histoire des sciences,* 8 (1971) : pp. 148-58.

(50) VAN DER PAS (P.), «The discovery of the Brownian motion», *Scientiarum historia,* 13 (1971) : pp. 27-35.


UNPUBLISHED SOURCES

(51)† Académie des Sciences. Procès-verbaux de Séances de l'Académie des Sciences. *Archives de l'Académie,* Paris.

(52)† BUFFON (G. L. Leclerc de), «Letter on Generation, deposited with the Secretaire de l'Académie des Sciences, dated May 17, 1748. *Archives de l'Académie des Sciences*, Fonds Buffon.

(53)† BUFFON (G. L. Leclerc de), Letter of Buffon to (John Hill?), dated October 1, 1750. *Archives de l'Académie des Sciences*, Fonds Buffon.

(54)† DAWSON (V). «The Limits of observation and the hypotheses of Buffon and Bonnet», unpublished manuscript (personal communication), pp. 1-35.

(55)     MILLIKEN (S.), *Buffon and the British*, unpublished doctoral dissertation, Department of History, Columbia University, 1965, VIII-488p.

# BUFFON AND NEEDHAM :
# DIVERGING VIEWS ON LIFE AND MATTER

Shirley A. ROE [*]

1749 marks a key point in eighteenth-century theories of generation. For in that year, the century's most controversial account of the generation of life was published. I am referring, of course, to Buffon's *Histoire naturelle,* volume two of which contained the celebrated *Histoire des animaux.* In this work, Buffon challenged the prevailing theory of preexistent germs and presented instead a startling new theory of generation based on active matter. Buffon claimed that all living organisms are composed of a particular kind of organic matter which he called «*organic molecules*» *(molécules organiques vivantes)* or «*organic particles*» *(parties organiques vivantes).* In higher organisms, these organic particles unite into off-spring through the action of the «*internal mold*» *(moule intérieur).* At the micro-scopic level, these active organic particles combine spontaneously together to form tiny living organisms. What was so new -and so provocative- about Buffon's theory was its substitution of active matter and material forces for preexistent germs and preformed structures in the process of reproduction. The considerable controversy that ensued over Buffon's views was in large part because his theory seemed to open the door to materialism.

One of the striking things about books published on generation during the thirty years after 1749 is the fact that they almost all give Buffon's theory a place of pro-minence, usually in order to criticize it. I think one can make an even stronger point here, for I would claim that nearly every naturalist or commentator on biological subjects during this period formulated his views in direct response to those of Buffon. One has only to think of the great preformationists -Charles Bonnet, Albrecht von Haller, Lazzaro Spallanzani- and that savagely witty preformationist ally -Voltaire- to realize the kind of impact Buffon's views had. And one must not forget the positive impact Buffon had on Denis Diderot (and other materialists) and, of course, on Buffon's collaborator, John Turberville Needham.

Let us consider the example of Charles Bonnet. As a young Swiss naturalist who had recently discovered parthenogenesis in aphids, Bonnet first read the second volume of Buffon's *Histoire naturelle* while in the midst of composing his own preformationist treatise on generation. The effect on him was immediate and profoundly devastating, for Bonnet delayed publishing his theory of generation for twelve years. He eventually recovered his confidence but only after his friend and compatriot, Albrecht von Haller, had discovered seemingly conclusive proof of preexistence in developing chick eggs. Bonnet left no doubt where his sentiments lay in the work that he finally published, where he boldly titled one of his chapters,

[*] Department of History. University of Connecticut. Storrs. CT 0626. U.S.A.

*«Que les observations sur la formation du Poulet achèvent de détruire le systême des molécules organiques».*[1]

Bonnet was not alone in his initial dismay at Buffon's new, and seemingly irrefutable, challenge to the theory of preformation. Nor was he alone in seeking the means to disprove Buffon's theory. In 1751 the aging Réaumur, in the company of Lelarge de Lignac, had repeated some of Buffon's and Needham's observations. Réaumur concluded that Buffon had been mistaken in thinking that microorganisms generate spontaneously and are not true animals.[2] (We know very little about these observations, by the way, because neither Réaumur nor Lignac ever published any particulars). Bonnet was naturally delighted with Réaumur's observations, as he was with Spallanzani's even more detailed refutation fourteen years later.

Albrecht von Haller, to cite another example, published a critique of Buffon's views on generation in 1751.[3] Haller then converted back to the theory of preformation (after a brief flirtation with epigenesis) largely in response to the materialist implications of Buffon's theory.[4] Voltaire, another proponent of preformation, began his steady stream of writings critical of biological materialism after encountering the theories of Buffon and Needham in the mid-1760s.[5] Finally, there is Diderot, who was the most important among those who reacted positively (although critically as well) to Buffon's views. Diderot's steady shift further and further toward biological materialism in fact began when, imprisoned at Vincennes in 1749, he read the first volumes of Buffon's *Histoire naturelle.*[6]

Documenting fully the reception of Buffon's *Histoire naturelle* is a task beyond my more limited focus. The question that I would like to address here is why so many naturalist felt so compelled to disprove Buffon's theory of generation. What was it that seemed so startling and even dangerous about Buffon's views ? I think the answer is not hard to find, for everyone seemed to be disturbed by the clear assumption Buffon made that life and matter are closely tied together. As he remarked in the concluding sentence to the first chapter of the *Histoire des animaux, «le vivant & l'animé, au lieu d'être un degré métaphysique des êtres, est une propriété physique de la matière».*[7] If life could be shown to be a physical property of matter, then could there be any defense against materialism ?

Equally startling about Buffon's theory is that it was based on new observational evidence drawn from the teeming, active world of living beings revealed by the microscope. This new evidence was gathered in the spring of 1748 in collaboration with John Turberville Needham, and in the company of Daubenton and other naturalists. What Buffon and Needham claimed was that they had seen spermatic animalcules form in seminal fluids drawn from both male and female animals. They also found that infusions made from seeds (the equivalent of seminal fluid in plants) produced a multitude of microorganisms. Buffon concluded that they had observed the organic particles in action –that they had witnessed the spontaneous formation of living *«organized bodies» (corps organisez)* out of the random combinations of

---

1. Bonnet [1], T. 5 : p. 303. The work was his *Considérations sur les corps organisés* [1762]. On Bonnet's reactions to Buffon see also Mazzolini and Roe [6] : pp. 24-30.

2. See Mazzolini and Roe [6] : pp. 29-30; 191 n. 2; 224 n. 6.

3. See Haller [5].

4. See Roe [11] and [12].

5. See Roe [14].

6. See Roger [16] : p. 596.

7. *Histoire générale des animaux, Chap. I, Comparaison des animaux et des végétaux* [1749], *in* Buffon [2], T. II : p. 17. See also Roger [15] : p. LXVIII.

active organic particles. It was this evidence, as well as the materialist implications of Buffon's theory, that prompted such a strong reaction among Buffon's contemporaries.

What I will do in this paper is to follow the theme of the relationship of life to matter in the views of Buffon and of his collaborator Needham. Their brief period of joint observations was to have a major influence on both of them. I will begin by looking at how they came to work together and at the impact their observations had on the theories of generation that each of them proposed. Next I will follow their diverging views on the implications of their theories. In particular, I will examine their attitudes toward spontaneous generation and materialism. Finally, I will conclude with a brief discussion of their views on cosmogony, another area in which Buffon and Needham both agreed and disagreed in ways that are intimately connected with their views on generation and on the relationship between life and matter.

### THE COLLABORATION

The facts of the Buffon-Needham collaboration are fairly straightforward, although the accounts given by the two of them differ somewhat in emphasis.[8] Needham moved to Paris in May 1746, where, upon the recommendation of Martin Folkes, President of the Royal Society, he made the acquaintance of Buffon. Needham had just published his first book, *An Account of Some New Microscopical Discoveries* (1745), in which he had described observations he made on the milt-vessels of squid. It may have been the fact that Needham opposed the animalculist theory of preformation in this book that prompted Buffon to discuss the subject of generation with him. Buffon had been contemplating the whole question of generation for some time, especially in conversations with Maupertuis. In early 1746, prior to meeting Needham, he wrote down an account of his own theory of generation; and it is this account, dated «*6 février 1746*», that forms the first five chapters of Buffon's *Histoire des animaux*. Buffon apparently read this account to Needham, probably in late 1747 or early 1748, and the two decided to pursue microscopical observations together.[9]

Where the accounts of Buffon and Needham differ somewhat is in their descriptions of which of the two of them suggested what course of observations to follow. Buffon gave the impression in the *Histoire des animaux* that after writing his theory down, he thought of the idea of looking at seminal fluids and at seeds with a microscope to observe organic particles in action. He was only in need of a convenient way to do this, and the presence in Paris of Needham, who possessed an excellent microscope, was all Buffon needed to commence his observations. My suspicion, however, is that Needham was far more responsible for suggesting the kinds of observations that they might make than Buffon admitted. After all, it was Needham who had published microscopical observations on spermatozoa and milt-vessels in squid. Needham had also made observations on dog semen in London with John Hill

8. *Histoire générale des animaux, Chap. VI, Expériences au sujet de la génération* [1749], *in* Buffon [2], T. II : pp. 168-171; Needham [8] : pp. 633-644; Needham [9] : pp. 202-203n and 208-209n.
9. *Histoire générale des animaux, Chap. VI, Expériences au sujet de la génération*, and *Chap. VIII, Comparaison de mes observations avec celles de M. Leuwenhoek* [1749], *in* Buffon [2], T. II : resp. p. 170 and p. 256; Needham [8] : pp. 633, 640; Roger [16] : pp. 498, 543, 552-554; Fellows and Milliken [4] : pp. 100-102; Roe [13] : pp. 160-162; Mazzolini and Roe [6] : pp. 15-17.

and on a seed infusion that Hill had given him.[10] Needham was interested himself in the nature of microscopic beings, and he thought that they were probably only one step above simple *«machines»* on the scale of being. I think it is quite likely that Buffon read his theory to Needham and that Needham suggested some of the observations they might pursue, especially those on seed infusions. As he remarked in his account of their discussion together,

«When, for a further Proof, I instanced Mr. Hill's Seed-Infusion, wherein many Bodies were seen to move in a manner very different from Atoms in a fermenting Liquid, and yet not so seemingly spontaneous as microscopical Animalcules, he added, that in his System it must be so; that these were detached organical Parts, and that the Seeds, and particularly the Germs of Seeds in Plants, must necessarily abound with them more than any other Substances. Thus did our Enquiry commence upon Seed-Infusions, from a Desire Mr. de Buffon had to find out the organical Parts, and I, if possible, to discover which among these moving Bodies were strictly to be look'd upon as Animals, and which to be accounted mere Machines.»[11]

Thus, although it was the occasion of Buffon's reading his theory of generation to Needham that prompted them to think of collaborating together, it was very likely Needham who suggested many of the observations they would make, especially those on infusions.

The one area of research that seems to have come entirely from Buffon was the idea of looking for animalcules in *«seminal fluids»* drawn from female animals. Needham always gave Buffon full credit for this idea and, in a later account, claimed that he was not even present at these particular observations.[12] This presents an interesting contradiction with Buffon's account, for Buffon claimed that not only was Needham present when they first examined fluids from a female dog, but that he repeated the observation then and there to make sure that Buffon had not mixed up the slide they were examining with one taken from a male dog.[13]

Whether or not the idea of looking at seed infusions came from Needham and at female fluids came from Buffon, it is quite clear in their accounts of these observations and in the theories of generation the two proposed that Buffon was far more interested in the observations on male and female seminal fluids than he was in those made on infusions. (Only one of the forty-six observations Buffon presented dealt with infusions). Likewise, Needham's real interest was the reverse, for it was the infusion observations that formed the basis for his own theory, which was quite distinct from Buffon's. Buffon gave Needham credit for having made many more infusion observations than he had and acknowledged that *«les idées que je lui ai données sur ce sujet, ont plus fructifié entre ses mains qu'elles n'auroient fait entre les miennes».*[14]

Let me turn now to the question of what use Buffon and Needham each made of their joint observations. What effect did these observations have on the theories they were both developing on generation ? Here is where one of the most marked differences between Buffon and Needham may be seen. For Buffon's attitude toward their observations was that what they saw simply confirmed –albeit to a striking degree–

10. Needham [8] : p. 632; Needham [9] : p. 182n.
11. Needham [8] : p. 634.
12. Needham [9] : p. 203n.
13. *Histoire générale des animaux, Chap. VI, Expériences au sujet de la génération* [1749], *in* Buffon [2], T. II : pp. 202-204.
14. *Histoire générale des animaux, Chap. VIII, Réflexions sur les expériences précédentes* [1749], *in* Buffon [2], T. II : p. 256.

the theory he had already proposed. If all animals and plants are made up of organic particles and if new offspring are formed out of these particles, then finding active microscopic bodies in seminal fluids and in seed infusions is exactly what one would expect.

That Buffon viewed the microscopic observations they performed as simply confirmatory is borne out by a remark he made in the *Supplément* to the second volume of the *Histoire naturelle*, which appeared in 1777. Here he claimed that further observations on microscopic beings would really not be very useful, for, as he put it, *«les découvertes qu'on peut faire au microscope se réduisent à bien peu de chose, car on voit de l'oeil de l'esprit & sans microscope, l'existence réelle de tous ces petits êtres dont il est inutile de s'occuper séparément».*[15] In other words, once one had seen that active microscopic beings form from freed organic particles in seminal fluids and in infusions, there was little point in making any further observations on them. The existence of these *«small beings»*, predicted by the theory, was confirmed. True to his word, Buffon never made any further observations on microscopic beings.

Yet the observations made with Needham had more of an impact on Buffon's theory than he was willing to admit. The evidence for this lies in the fact that the theory of generation presented in the chapters of the *Histoire des animaux* written before the observations differs from the theory as presented in the later chapters. What is different is that it is only in the second half, that is, in the chapters written at the conclusion of the collaboration with Needham, that one finds any discussion of the spontaneously active nature of freed organic particles (I am indebted to Jacques Roger for pointing this key fact out to me). So the observations made with Needham added a whole new dimension to Buffon's theory. One can even speculate that it was not so much the observations themselves but the influence of Needham's ideas on material activity that prompted Buffon's new emphasis on spontaneous combinations among organic particles. Roger has also pointed out that in the final *Récapitulation* chapter of the *Histoire des animaux* much of the language Buffon used to describe material activity clearly reflects the influence of Needham.[16] Yet, principally for reasons of priority, Buffon presented the collaborative observations as simply confirming what he had already believed about generation, thereby downplaying any influence that Needham or their observations may have had on his thinking.

When we turn to Needham and to the effect the joint observations with Buffon had on him, we find a very different story. Since I have described this story in some detail elsewhere, I shall only summarize it here.[17] The important point for our purposes is that Needham's entire theory of generation was built upon the observations he made with Buffon and on further ones he made on his own after Buffon left Paris for Montbard in May. Needham began their observations seeking to confirm Buffon's ideas and only slowly began to diverge from this course to develop his own different theory of generation.

Many of the observations Needham carried out on infusions of seeds and other animal or vegetable matter were made in the presence of Buffon. But a considerable number were made on his own, both on infusions they made together that he took

15. *Addition à l'article des Variétés dans la génération* [1777], *in* Buffon [2], *Supplément*, T. 4 : p. 338.
16. Roger [16] : p 555.
17. See Roe [13]; Mazzolini and Roe [6] : pp. 10-23.

home for closer observation and on infusions he made after Buffon had departed for the country. In particular it was a series of new observations made on infusions of pulverized wheat that formed the basis for Needham's theory of the vegetative force. These observations showed Needham an active world of interconversion, where plant-like filaments arose, only to disappear after releasing animal-like moving bodies (Needham was most likely viewing a common water fungus that reproduces by sending out filamentous structures that release zoospores into the water). Needham was enthralled with his new observations, for he thought he had seen the vegetative force in action and the conversion of microscopic plants into microscopic animals.

Needham briefly described these new observations to Buffon the night before he was to leave Paris. Most of Needham's observations were made after Buffon left, so he probably gave him a very abbreviated account.[18] Buffon seems to have taken little notice of them, referring only briefly to them in the *Histoire des animaux*.[19] But Needham was concerned enough about the novelty of what he had seen and about his priority in having made these unusual observations to deposit an account of them in a sealed letter, dated June 9, 1748, with the Académie des Sciences.[20] He may also have been prompted by the fact that on May 17 (just over three weeks earlier) Buffon had deposited his own sealed letter describing his theory and their joint observations.[21] What seems to have been a congenial collaboration also apparently had its competitive edge.

### ACTIVE MATTER AND SPONTANEOUS GENERATION

Let me turn now to the implications of Buffon's and Needham's theories -and in particular to their differing views on spontaneous generation and materialism. It is important to remember that there were several common elements to their two theories. First, Buffon and Needham were united in their opposition to theories of preexistence and to the limited view of generation preformationist thinking had dictated. Even more important, they were united in their belief in the existence of active matter and in the role it played in life processes, especially generation. As Needham remarked, both of their theories derived «*from this one Principle, THAT THERE IS A REAL PRODUCTIVE FORCE IN NATURE; in which we had both long since agreed, however we may have differed in explaining that Action*». Whether it was Buffon's active organic particles or Needham's vegetative force, «*the Principle from which we depart*», Needham concluded, «*is intirely the same*».[22] This common element, the reliance on active matter, was the reason for much of the heated and critical reactions to the theories of Buffon and Needham. And it is in their responses to these criticisms that we can see most clearly the differences between their views on the relationship of life to matter.

Let me begin with the issue of spontaneous generation. In the eighteenth cen-

18. Needham [8] : p. 644.

19. *Histoire générale des animaux, Chap. VIII, Réflexions sur les expériences précédentes*, and *Récapitulation* [1749], *in* Buffon [2], T. II : resp. p. 304 and p. 424. These references were probably added after the date Buffon noted at the end of the *Histoire des animaux* [27 mai 1748].

20. See Mazzolini and Roe [6] : pp. 18, 338-339, where this sealed letter is reproduced.

21. Roger [16] : p. 543 n. 85; the letter is reproduced in Buffon [3], T. XIII : pp. 54-56.

22. Needham [8] : pp. 644-45; emphasis in original.

tury, the term most often used was *«equivocal generation»*, the word *«equivocal»* implying chance origins. Usually the term was used for theories that permitted the accidental emergence of life out of decomposing organic material. In Needham and Buffon's day, most people were opposed to the idea of equivocal generation, believing instead that organisms originate in regular, nonaccidental (*«univocal»*) ways, either from seeds or eggs, or viviparously from parent organisms. Most also believed that all generation proceeds from preexistent germs fashioned by God at the Creation. The theories of Buffon and Needham clearly threatened this comfortable view. Many who opposed Buffon's and Needham's theories did so because both theories seemed to allow microscopic organisms to arise by chance -on Buffon's theory through random combinations of stray organic particles, and on Needham's, through the operation of the productive vegetative force. And allowing for chance to operate in generation, especially in conjunction with active matter was nothing short of materialism.

Needham went to great lengths in all of his publications to claim that his theory, contrary to what one might think, did not in fact support equivocal generation. (I will explain his reasoning in a moment). Buffon, however, was more than willing to admit the existence of spontaneous generation. As he remarked (in the second half of the *Histoire des animaux*), *«il y a peut-être autant d'êtres, soit vivans, soit végétans, qui se produisent par l'assemblage fortuit de molécules organiques, qu'il y a d'animaux ou de végétaux qui peuvent se reproduire par une succession constante de génération; c'est à la production de ces espèces d'êtres, qu'on doit d'appliquer l'axiome des Anciens; CORRUPTIO UNIUS, GENERATIO ALTERIUS».*[23]

Buffon believed that the regularity observed in normal generation was due to the presence of an internal mold, which organizes organic particles sent off from parts of the parent's body into the new offspring. The internal mold is responsible as well for the continuation of the species through time. Yet this regularity in some kinds of generation did not preclude the possibility of non-regular, fortuitous generation-in fact, the existence of active organic particles in nature virtually demanded that spontaneous generation occur. Whenever organic particles become freed up from internal molds, they naturally combine together to form the *«organized beings»* that one finds in seminal fluids, in infusions, and in other animal and vegetable substances. As he remarked, *«tous les prétendus animaux microscopiques ne sont que des formes différentes que prend d'elle-même, & suivant les circonstances, cette matière toûjours active & qui ne tend qu'à l'organisation».*[24]

Buffon claimed, however, that these moving *«organized beings»* observed with the microscope are not true animals. They really do not behave or look like animals, he pointed out; and they are always found exactly where one would expect them if one believes in the existence of active organic particles. Furthermore, Buffon claimed that there is no clearly distinct category *«animal»* in nature anyway, for all organisms form a continuum on the chain of being. Nature, for example, passes by imperceptible degrees from plants to animals, via such intermediate organisms as the freshwater polyp. Microscopic beings belong neither to the animal nor the plant kingdom. Rather, Buffon believed, we ought to place them on the mineral-plant border as the first level of organization that organic particles assume.[25]

23. *Histoire générale des animaux, Chap. IX, Variétés dans la génération des animaux* [1749], *in* Buffon [2], T. II : p. 320; emphasis in original.
24. *Histoire générale des animaux, Récapitulation* [1749], *in* Buffon [2], T. II : p. 424.
25. *Histoire générale des animaux, Chap. VIII, Réflexions sur les expériences précédentes* [1749], *in*

Buffon reaffirmed his belief in spontaneous generation in 1777 in the *Supplément* to the *Histoire naturelle*. Here he spoke of small organized bodies that exist only *«par une génération spontanée»* and that *«remplissent l'intervalle que la Nature a mis entre la simple molécule organique vivante & l'animal ou le végétal»*.[26] Buffon even speculated that if all life were destroyed on earth, active organic molecules would recombine into new organisms, some of which could reproduce. Thus new species, similar to the old ones would eventually repopulate the world.[27] Furthermore, Buffon suggested that brute matter can become active living matter through the action of heat under certain conditions. This is an idea he proposed again two years later in his *Époques de la Nature* (1779).[28]

When we turn to Needham we find a very different attitude toward spontaneous generation. Needham always denied that his was a theory of equivocal, fortuitous generation. Even though he believed that microscopic organisms could be produced from decomposition, he maintained that this always occurs in a lawful, regular way, not in an equivocal one. Citing the same classical quotation as Buffon had, Needham drew from it different conclusions. As he stated, *«no Axiom, how much soever it may have been exploded, is more true than that of the Antients, CORRUPTIO UNIUS EST GENERATIO ALTERIUS; though they drew it from false Principles, and so established it as to render Generation equivocal»*.[29]

Needham's principal defence against equivocal generation was to claim that even in infusions, where microscopic organisms arise from decomposing matter, there is a lawful, regular process of generation rather than a fortuitous, accidental one (as on Buffon's theory). Needham felt he had evidence for lawful generation at the microscopic level, for, he pointed out, whenever he infused a particular substance, the same sequence of microorganisms was produced. Furthermore, different infused substances produced identifiably different sequences of microscopic beings. Thus the vegetative force, Needham concluded, operates in regular ways prescribed by God, never in equivocal or accidental ways. As he wrote to Charles Bonnet, *«J'ai pourtant eu soin de ne jamais donner dans l'absurdité de la generation equivoque; en augmentant les puissances de la matiere, je les presente toujours (...) comme subordonnées au dieu, et astreintes à des loix invariables»*. [30]

For Needham, as for many of his contemporaries, the question of spontaneous, or equivocal, generation was inextricably bound with that of materialism. That active matter could form together in chance, accidental ways to produce living organisms, was one of the principal tenets of eighteenth-century materialism. Thus one of Needham's major goals was to show that even though his theory supported –and even proved– the existence of active matter, it did *not* support materialism.

Needham discussed materialism in all of his publications on generation. He argued throughout his career that allowing material activity to exist does not preclude either lawfulness in nature or the existence of a divine Creator. God organized and prescribed to nature the laws under which it operates. Thus even if these laws dictate

Buffon [2], T. II : p. 263.

26. *Addition à l'article des Variétés dans la génération* [1777], *in* Buffon [2], *Supplément*, T. 4 : p. 340.

27. *Addition à l'article des Variétés dans la génération* [1777], *in* Buffon [2], *Supplément*, T. 4 : pp. 358-66.

28. See Roger [15] : pp. LXVII-LXVIII.

29. Needham [8] : p. 638; in original.

30. Letter of 3 August 1765, *in* Mazzolini and Roe [6] : p. 221; see also : pp. 21-23 and Roe [13] : pp. 172-73.

a role for active matter in generation, this does not mean that matter itself, without God, could be responsible for the world around us. Needham also argued that animals higher than microorganisms (in later works called *«vital beings»* by Needham) and human beings possess additional sensitive and intellectual powers that are based on immaterial, not material, principles.[31]

The question of Buffon's attitude toward materialism is a far more difficult one to address. But there are some things we can say with certainty. Buffon was clearly not concerned about the possible tie between his theory of generation and materialism. In none of his writings on generation does he discuss materialism at all (in marked contrast to Needham). Furthermore, his willingness, first, to embrace the idea of active organic particles spontaneously and fortuitously combining together into living forms, second, to claim that brute matter can pass into living matter under certain physical conditions, and, third, to propose a hypothetical repopulating of the globe though material activity leave no doubt of Buffon's leanings. Jacques Roger has shown how Buffon moved during the course of his career from a deistic concept of nature and of God to a reliance on nature alone.[32] Buffon was always extremely cautious in discussing anything having to do with the origin of life on earth, the nature of human beings, and the existence and definition of the human soul. His caution was due undoubtedly to his desire to protect his position at the Jardin du Roi and to the fact that the early volumes of the *Histoire naturelle* had been condemned by the Sorbonne. But I think we can conclude that Buffon's own views were far more daring than those he published and that he was most likely a materialist.

### FURTHER RELATIONS BETWEEN BUFFON AND NEEDHAM

It is often assumed that Buffon and Needham had no further direct contact with one another after their brief collaboration in 1748. This is not the case, for even though Needham left Paris in 1751 to assume the life of a traveling tutor and did not live there again until the years 1766 to 1769, he visited Paris on a number of occasions and was in contact with Buffon several times in the 1760s.[33] Furthermore, Needham's last major book, which was on cosmogony, opens with a lengthy letter addressed to Buffon that begins with Needham remarking on the discussions the two of them had often had concerning the book of Genesis and the creation of the world.[34]

Of course we do not know the content of these discussions, but we can get a sense of what issues they might have agreed or disagreed about from looking at the two works Buffon and Needham published after these discussions on cosmogony. The works I am referring to are Needham's *Nouvelles recherches physiques et métaphysiques sur la nature et la religion* (1769) and Buffon's *Époques de la Nature*, which, although not published until 1779, was, as we know from Roger, conceived

---

31. See Roe [13] : pp. 171-177; Mazzolini and Roe [6] : pp. 71-76.

32. See Roger [15] : pp. LXXI-LXXIII, XCVII-CXIV.

33. See Mazzolini and Roe [6] : p. 192 n. 5. Several of Needham's unpublished letters from this period were written from Paris.

34. Needham [10] : p. 1. The letter was dated 27 March 1767. See also Mazzolini and Roe [6] : pp. 115-116.

of during the 1760s.[35] So it was during the years that Buffon and Needham were in contact again that both of them turned to cosmogony. What is most interesting for our purposes here is that Buffon's and Needham's theories on the origins of the earth agreed and differed in ways that are very similar to the ways their theories of generation agreed and differed.

One of the most important similarities between their theories is that they both offered naturalistic accounts of the development of the earth, that is, they both looked to natural causes rather than miraculous events to explain the genesis of the physical earth. They also both used six (or seven) *«epochs»* or *«periods»* to describe the successive events occurring on the forming earth, although Needham tied these much more directly to Mosaic *«days»* than did Buffon. And they both incorporated the idea of a central expansive heat as a major causal factor in the earth's history. Some of these similarities later led Needham to accuse Buffon of having borrowed the principal features of his new cosmogony from Needham, a charge that I think carries little weight but that was understandable for Needham to make.[36]

But it is the differences between the two theories that are of most importance here. There were certainly some geological differences; for example, Needham believed in a universal Deluge whereas Buffon did not, and Needham criticized Buffon's theory of mountain building.[37] Yet, more interestingly, just as in their attitudes toward spontaneous generation and materialism, Buffon and Needham differed here in their attitudes toward the implications of a purely naturalistic cosmogony. As one would expect, Buffon was not at all troubled by allowing the earth and the life on it to develop from natural forces and causes. Roger has argued convincingly that even though Buffon discussed the origin of life on earth only indirectly in the *Époques* there is no doubt that he believed that life had arisen spontaneously, through natural causes.[38] Buffon did devote a few pages to arguing that his cosmogony did not contradict the book of Genesis, but principally by showing that the Mosaic account is not particularly relevant for geology.

Needham, of course, wrote his own book on cosmogony long before the *Époques* appeared. He could very well have known about some of Buffon's ideas from their conversations in the 1760s. But Needham was just as disturbed by the implications of Buffon's earlier theory of the earth, which he had presented in 1749 along with his theory of generation. As he wrote to Bonnet, he had decided to set forth his own theory of the earth *«pour obvier aux mauvaises consequences, que les Impies tirent tous les jours de la sienne* [Buffon's] *contre la chronologie de Moyse»*.[39] Needham's principal goal was to offer a cosmogony based on natural developmental causes but within a clear framework of revealed religion, or, as he put it, to present an account based on principles drawn from *«la Physique dirigée par la révélation»*.[40] The letter addressed to Buffon that opens Needham's book on cosmogony begins with a discussion of why revealed religion is so much better than deism. What a contrast with the opening of Buffon's *Époques,* which begins with a comparison of earth history with civil history, as Buffon lays the foundations for building his theory of the earth on natural evidence alone. But Needham's principal

35. Roger [15] : pp. XV-XXXI.
36. See Mazzolini and Roe [6] : pp. 125-128.
37. See Mazzolini and Roe [6] : pp. 116-117.
38. Roger [15] : pp. LXVII-LXVIII.
39. Letter of 28 October [September] 1779 *in* Mazzolini and Roe [6] : p. 310; see also : pp. 108-22.
40. Needham [10] : p. 27.

concern was to retain a framework of revealed religion for cosmogony -something Buffon had no interest in doing. Needham, however, was just as concerned about the atheistic and materialist implications of a totally naturalistic cosmogony as he had been about the implications of a theory of generation based on active matter alone.

As we have seen, Buffon welcomed spontaneous generation, active matter, and a naturally developing earth, paying only lip service to God and Genesis. Needham, by contrast, felt the need to build God into both generation and cosmogony in a fundamental way. Attracted by active matter and natural causes, and just as opposed as Buffon to preformed germs and a statically created world, Needham nevertheless shared many of the same concerns of the preformationists. Buffon seems to have always been willing to go one step farther. Despite his reticence on his own possibly atheistic and materialist beliefs, Buffon provided the foundation for those who were more willing to draw the obvious implications.

In conclusion, we can see now why Buffon and Needham made such interesting collaborators. Drawn to one another in the late 1740s and again in the 1760s by their similar developmental and naturalistic views of nature, and by the desire of each of them to systematize our understanding of the natural world, the two nevertheless parted ways in significant respects. Both in theory of generation and in cosmogony, Buffon and Needham reflect the deep-seated concerns and conflicts of their age. Generation theory and cosmogony were the two great questions of the eighteenth century, and Buffon and Needham were two of the century's most provocative and controversial figures.

## BIBLIOGRAPHY *

(1)†    BONNET (C.), *Œuvres d'histoire naturelle et de philosophie*, Neuchâtel, Samuel Fauche, Libraire du Roi, 1779-1783, 18 vol.

(2)†    BUFFON (G. L. Leclerc de), *Histoire naturelle, générale et particulière, avec la description du cabinet du roy*, Paris, De l'Imprimerie Royale, 1749-1789, 31 vol.

(3)†    BUFFON (G. L. Leclerc de), *Correspondance générale*, recueillie et annotée par H. Nadault de Buffon, *in Œuvres complètes*, edited by J.L. de Lanessan. Paris, A. Le Vasseur, vols. 13 and 14, 1884-1885.

(4)    FELLOWS (O.) AND MILLIKEN (S.), *Buffon*, New York, Twayne Publishers, 1972.

(5)†    HALLER (A.), *Réflexions sur le systême de la génération, de M. de Buffon*, Geneva, Barrillot et Fils, 1751.

(6)†    MAZZOLINI (R.) AND ROE (S.), *Science Against the Unbelievers : The Correspondence of Bonnet and Needham, 1760-1780*, vol. 243 of *Studies on Voltaire and the Eighteenth Century*, Oxford, The Voltaire Foundation, 1986.

(7)†    NEEDHAM (J. T.), *An Account of Some New Microscopical Discoveries*, London, F. Needham, 1745.

(8)†    NEEDHAM (J. T.), «A Summary of some late Observations upon the Generation, Composition, and Decomposition of Animal and Vegetable Substances», *Philosophical Transactions of the Royal Society of London*, 45 (1748) :

* Sources imprimées et études. Les sources sont distinguées par le signe †.

pp. 615-666.

(9)† NEEDHAM (J. T.), *Nouvelles observations microscopiques, avec des découvertes intéressantes sur la composition & décomposition des corps organisés,* Paris, Louis-Etienne Ganeau, 1750.

(10)† NEEDHAM (J. T.), *Nouvelles recherches physiques et métaphysiques sur la nature et la religion, avec une nouvelle théorie de la terre, et une mesure de la hauteur des Alpes,* London and Paris, Lacombe, 1769. (Vol. II of Spallanzani [17]).

(11) ROE (S.), «The Development of Albrecht von Haller's Views on Embryology», *Journal of the History of Biology,* 8 (1975) : pp. 167-190.

(12) ROE (S.), *Matter, Life, and Generation : Eighteenth-Century Embryology and the Haller-Wolff Debate,* Cambridge and New York, Cambridge University Press, 1981.

(13) ROE (S.), «John Turberville Needham and the Generation of Living Organisms», *Isis,* 74 (1983) : pp. 159-184.

(14) ROE (S.), «Voltaire versus Needham: Atheism, Materialism, and the Generation of Life», *Journal of the History of Ideas,* 46 (1985) : pp. 65-87.

(15) ROGER (J.), *Buffon : Les Époques de la Nature. Édition critique. In : Mémoires du Muséum National d'Histoire naturelle,* Série C, Sciences de la Terre, tome X (1962), Reprinted *in :* Paris, Editions du Muséum, 1988.

(16) ROGER (J.), *Les Sciences de la vie dans la pensée française du XVIII$^e$ siècle : la génération des animaux de Descartes à l'Encyclopédie,* Paris, Armand Colin, 1963, 1971. (References are to the 1963 edition).

(17)† SPALLANZANI (L.), *Nouvelles recherches sur les découvertes microscopiques, et la génération des corps organisés.* Traduit de l'Italien par M. l'abbé Regley, London and Paris, Lacombe, 1769.

#32 765

# 29

## BUFFON ET LA PHYSIOLOGIE

François DUCHESNEAU [*]

Le XVIIIᵉ siècle est sans doute le siècle où se forme la physiologie comme discipline scientifique. C'est alors qu'elle conquiert par étapes une autonomie de plus en plus marquée par rapport à l'anatomie, science descriptive des structures du vivant. C'est aussi la période où se développent divers modes d'analyse des fonctions et où se dévoilent les ressources instrumentales de la chimie pour opérer cette analyse. Enfin, et ce point est capital, s'affrontent en ce temps de vastes constructions théoriques que l'on a pu inscrire sous l'étiquette d'une alternative entre mécanisme et vitalisme.

Le siècle s'ouvre avec la confrontation de l'animisme de Stahl et de l'iatromécanisme sous ses formes les plus élaborées, celles que l'on trouve chez Boerhaave, Hoffmann et Baglivi. Mais si ces théoriciens divergent sur les entités théoriques auxquelles l'explication doit se référer, il s'en faut de beaucoup qu'ils divergent de façon aussi notable sur les modèles micromécanistes qui leur servent à rendre compte de la base structurale des fonctions. La différence principale tient à la conception du mode d'opération du vivant. Dans un cas, celui de l'animisme, les caractéristiques téléologiques de l'activité fonctionnelle sont tenues pour irréductibles aux principes mécaniques, voire antinomiques par rapport à ceux-ci. Dans l'autre cas, il suffit de concevoir une complexification indéfinie et une intégration émergente des micromécanismes pour écarter l'hypothèse d'une contravention à la norme d'intelligibilité géométrico-mécanique. Le problème est globalement celui d'une représentation adéquate des causes de l'autonomie fonctionnelle du vivant, d'une représentation adéquate de l'intégration dynamique des processus impliquant une pluralité de microstructures.

Un changement majeur se produit dans l'économie du problème lorsqu'Albrecht von Haller (1708-1777), dans ses mémoires de 1752 sur les parties sensibles et irritables[1], délimite la propriété d'irritabilité, spécifique aux fibres musculaires, par rapport à la structure plus englobante du réseau neuro-cérébral. Ce faisant, Haller recueille l'héritage des analystes qui, avant lui, s'étaient penchés sur les propriétés fonctionnelles des microstructures, comme Baglivi.[2] Mais il se présente aussi comme le protagoniste d'un mécanisme ouvert à l'extension du modèle newtonien des forces spécifiques, et il est prêt à justifier l'usage de principes analogues à la propriété d'attraction pour rendre compte de phénomènes complexes à caractéristiques fonctionnelles. Le modèle épistémologique newtonien s'intègre alors de plein droit aux théories physiologiques, avec toute la marge de jeu que comporte un tel modèle,

---

[*] Université de Montréal. Case postale 6128, Succursale A. Montréal. Québec H3C 357. CANADA.
1. Haller [16].
2. Baglivi [1] et Grmek [14].

suivant le découpage descriptif que l'on opère des phénomènes fonctionnels complexes.[3] Haller a définitivement ouvert la boîte de Pandore des principes analogiques en physiologie et il a attribué à la fibre, conçue comme microstructure élémentaire, comme unité de fonction vitale, un principe de dynamisme propre. Or, pour des raisons complexes, qui tiennent à ses options métaphysiques pour une bonne part, mais aussi aux positions méthodologiques d'un expérimentateur scrupuleux, hostile aux hypothèses spéculatives que ne saurait garantir une induction suffisante à partir des phénomènes, Haller va faire coexister dans sa théorie des éléments de construction hétérogènes. Mais, après tout, n'était-il pas de bon aloi pour un successeur de Huygens et de Newton d'admettre une certaine incohérence spéculative dans le maniement de modèles partiellement incompatibles, pour autant que ces modèles recélaient la promesse de fécondes recherches expérimentales? Dans sa théorie, Haller associe donc comme principes, des propriétés fonctionnelles de microstructures, telle l'irritabilité, et des propriétés émergentes du système complexe, telle la sensibilité; surtout, il oscille de façon combien significative, sur la question du processus de structuration organique. Parti du préformationnisme animalculiste de son maître Boerhaave, il flirte un certain temps avec l'épigenèse sous l'influence de Buffon; il revient pour finir à un préformationnisme oviste étayé par ses observations et ses inférences sur la prétendue continuité de l'appareil foetal du poulet par rapport aux membranes vitellines.[4] À partir de ce moment, Haller n'aura de cesse de ruiner par la critique les spéculations physiologiques de Buffon, jugées pernicieuses. Le point de divergence fondamental portera sur la possibilité d'étendre le modèle mécaniste de type newtonien de façon à y inclure des forces spécifiques de structuration organique complexe. Les analogies se fondent sur les modèles que suggèrent des phénomènes typiques; et il est manifeste que les phénomènes de la génération, de la nutrition, de l'accroissement, de la reproduction, voire ceux du dépérissement, constituent la pierre de touche des différences théoriques en jeu dans ce contexte.

L'impressionnante construction hallérienne des *Elementa physiologia corporis humani* (1757-1766) dominera les controverses et les essais théoriques jusqu'au début du XIX[è] siècle. Ce qui ne signifie nullement qu'on ait affaire à un paradigme exclusif. Comme nous l'avons signalé dans la *Physiologie des Lumières*,[5] Haller se trouve immédiatement confronté à des modèles antagonistes, ceux de Buffon, de Needham ou de C.F. Wolff sur les questions d'épigenèse; celui de Whytt sur les rapports de l'irritabilité et de la sensibilité et sur les phénomènes de sensibilité relatifs à des segments de réseau nerveux architectoniquement subordonnés. Déjà chez Whytt, mais de façon de plus en plus marquée par la suite, le modèle newtonien sert à justifier le recours à des principes explicatifs qui échappent au cadre de l'intelligibilité géométrico-mécanique.

La destinée ultérieure de la physiologie en Allemagne sera caractérisée par le rétablissement de l'épigenèse, d'abord avec la *Theoria generationis* (1759) de Caspar Friedrich Wolff (1733-1794).[6] L'influence de Buffon et de ses modèles se fait nettement sentir sur C.F. Wolff. Conçues selon des analogies newtoniennes très ouvertes, les forces pénétrantes s'exerçant sur la matrice que constitue le moule intérieur ne laissent pas de suggérer la *vis essentialis* et la loi de formation organique par expansion végétative générale. Dans les deux cas, c'est l'intervention de causes

---

3. Duchesneau [12] et Hall [15].
4. Haller [18] et Roe [19].
5. Duchesneau [12] : pp. 171-234 et pp. 277-311.
6. Wolff [21].

accessoires sur la structure essentielle qui doit expliquer la production des appareils organiques plus spécialisés.

À la fin du siècle, la grande école allemande de physiologie autour de Johann Friedrich Blumenbach (1752-1840) tirera avantage des schémas wolffiens dans une tentative pour réinterpréter le système de physiologie et les modèles proposés par Haller. À la base de la structuration intervient un principe vital, le *Bildungstrieb* ou *nisus formativus*, commandant tous les effets architectoniques dont dépendent les structures complexes intégrées et les propriétés fonctionnelles de type hallérien.[7] Le *Bildungstrieb* incarne, comme détermination interne, le projet architectonique lui-même, sans qu'on puisse lui assigner de conditions suffisantes dans les facteurs matériels prévalant dans et sur l'organisme. Cette forme de vitalisme nous semble étrangère à l'héritage de Buffon, mais la thèse plus buffonienne d'une autonomie de la production des êtres vivants par rapport aux lois régissant les phénomènes de la matière inanimée perdure ici néanmoins. Persiste aussi la distinction d'une structure de base définissant le niveau végétatif de l'animalité, par rapport aux appareils périphériques définissant le niveau plus spécifique de l'activité sensitivo-motrice. Par contre, l'analogie étroite se trouve rompue entre la génération des structures et leur croissance : pour Blumenbach, la génération est une fonction étrangère aux processus mécaniques; il n'en est pas de même de la croissance, qui apparaît comme une fonction de type mécanique, subordonnée au plan architectonique qu'incarne le *Bildungstrieb*.

Si nous prenons en compte les orientations de la physiologie en France après Haller, il est aisé de constater que certaines thèses de Buffon y impriment une marque plus nette, même si, au point de départ, l'organicisme de Théophile de Bordeu (1722-1776) tirait son origine plus directement d'une tradition médicale dont les racines se trouvent chez Stahl. Mais l'idée s'impose de plus en plus d'une activité organogénétique autonome par rapport aux déterminations strictement mécaniques. Bordeu ne conçoit-il pas l'organisme comme la résultante d'une somme de structures élémentaires de type polypal ou végétal et corrélativement comme la résultante des forces en équilibre et en interaction intervenant sur des structures elles-mêmes composées d'éléments organisés? Par contre, la sensibilité vient jouer un rôle polymorphe aux commandes de l'activité fonctionnelle pour tous les organes, suivant des réseaux qui dépassent nettement les structures propres de l'appareil neurocérébral. Or, cette activité fonctionnelle dépend originairement du dispositif des fibres primordiales. La structuration de ces fibres suppose à son tour quelque cause adéquate : la fibre nerveuse agissant comme moule organique sera appelée à jouer ce rôle, en assurant la croissance coordonnée des diverses parties élémentaires de l'organisme, et leur corrélation fonctionnelle.[8] La thèse de Bordeu consiste à postuler une *machina nervosa* de base dont le rôle architectonique et régulateur est hypostasié à partir d'inférences multiples. Celles-ci reposent sur l'analyse des phénomènes physiologiques décrits selon leurs enchaînements et leurs corrélations fonctionnelles.

Par la suite, le projet vitaliste de Paul-Joseph Barthez (1734-1806) nous écarte de ce modèle, pour autant qu'il s'agit de rattacher directement les phénomènes fonctionnels à des entités théoriques sous forme de principes vitaux, ou plutôt d'activités régulatrices dépendant du principe vital.[9] Ainsi se trouverait court-circuitée toute réfé-

---

7. Blumenbach [5] et Haller [16].
8. Bordeu [7] et [8].
9. Barthez [2].

rence à une mécanique, même spéciale. La structure est acceptée comme simple canevas d'une activité physiologique qui y émerge et s'y déploie suivant ses propres
lois. Ces lois sont essentiellement celles des «synergies» et des «sympathies» liant
les processus vitaux par delà les dispositifs micromécanistes que les physiologistes
antérieurs tendaient à postuler comme conditions nécessaires et suffisantes des effets
émergents. Si l'on tente d'établir ici quelque rapport avec les analyses de Buffon, ce
ne peut être que dans la mesure où l'auteur de l'*Histoire naturelle* cherchait à esquisser une description analytique des phénomènes physiologiques dans leur enchaînement et leur relative subordination, par delà les normes étroites du structuralisme de
type boerhaavien. L'importance de la description des processus dans leur signification fonctionnelle globale est aussi caractéristique d'une démarche comme celle de
Barthez, démarche qui par ailleurs se distingue par la vacuité de ses explications cau-
sales, réduites au mieux à une codification des séquences fonctionnelles que
l'expérience suggère.

Revenant aux présupposés de stricte corrélation structure-fonction développés par
l'organicisme, Xavier Bichat, au tournant du XIX$^e$ siècle, repensera toutefois le
projet de base de l'*anatome animata* en proposant un modèle d'analyse original, axé
sur la connexion nécessaire des dispositifs organiques dans la production de
séquences fonctionnelles intégrées. Comme Flourens l'a jadis signalé[10], Bichat
reprend et développe la thèse de Buffon d'une dualité des systèmes de vie, selon qu'il
s'agit des opérations se rattachant aux appareils de la vie organique ou de celles qui
correspondent à l'activité des appareils de la vie de relation. Le projet physiologique
est celui de repérer expérimentalement les séquences régulières caractéristiques des
fonctions de ces deux vies.[11] Les divers types de tissus fournissent un canevas de
base pour une combinatoire de propriétés physiologiques élémentaires, dites
propriétés vitales; mais ces propriétés se trouvent identifiées par le repérage de
rapports spécifiques stimulus-structure-opération. Les fonctions se rattachent aux
propriétés comme les phénomènes dérivent de principes, c'est-à-dire de
caractéristiques générales représentant l'activité spécifique qui résulte des divers
arrangements organiques, dans un ordre de complexité croissante. Dans l'*Anatomie
générale*[12], l'analyse du canevas tissulaire et des modes d'organisation découlant de sa
diversification et de sa complexification forme le thème d'une recherche portant sur
les systèmes généraux de l'économie. Ce canevas fournit la base de l'assimilation-
désassimilation et sert aux combinaisons structurales dont dépendent des fonctions
plus complexes (y compris celles de la vie de relation). La *«force expansive»* qui
assure la nutrition est un principe *«analogue»* à ceux auxquels on rapporte les
opérations dans les structures plus complexes. La notion *«régulatrice»* d'intégration
gouverne alors la conception des divers paliers d'organisation, mais elle reste ouverte
à des déterminations empiriques portant sur les systèmes intégrés et les opérations
architectoniques et fonctionnelles qui s'y rattachent.[13] Plus que l'allégeance à un
système dit *«vitaliste»*, ce qui retient l'attention dans ce type de doctrine, c'est le
modèle d'analyse mis en avant, un modèle qui s'attaque au problème central d'une
théorie de type hallérien, celui du rapport entre dispositifs organiques élémentaires et
séquences déterminées de phénomènes fonctionnels au niveau de l'organisme
architectoniquement structuré. Prolongeant un schéma originairement suggéré par

10. Flourens [13] : p. 45 sq.
11. Bichat [3].
12. Bichat [4].
13. Duchesneau [12] : p. 476.

Buffon, Bichat esquisse une typologie des intégrations structuro-fonctionnelles à partir d'un canevas tissulaire de base où se déploie le processus fondamental d'assimilation-désassimilation.

Que conclure de ce rapide tableau, sinon que Buffon intervient de façon incidente à un moment stratégique du développement des théories physiologiques? Ce moment est celui où Haller parachève le modèle microstructuraliste et micromécaniste en y articulant des propriétés fonctionnelles conçues selon l'analogie des principes newtoniens. Mais l'analyse hallérienne achoppe sur la question du mécanisme même de formation des structures architectoniquement reliées de l'organisme. Jouant de l'analogie avec les principes newtoniens, Buffon propose un modèle mécanique susceptible d'éclairer ce type de processus organogénétique. Et certes, sur deux plans, cette construction paradigmatique influera sur la destinée ultérieure des théories physiologiques : elle imposera de prendre en compte le processus fonctionnel de l'assimilation-désassimilation dans l'organogenèse et elle orientera l'analyse vers la dépendance structurale des appareils de la vie de relation par rapport à ceux de la vie organique, eux-mêmes conçus à partir d'un canevas d'éléments structuraux dotés de propriétés fonctionnelles.

Pour éclairer la part prise par Buffon à la mise en valeur de cette problématique, il importe de revenir sur la conception du modèle mécaniste et sur l'idée de l'organisme que propose l'*Histoire naturelle*.

Buffon pose l'épigenèse comme un fait; et dans l'hypothèse destinée à en rendre compte, il envisage la nécessité d'une homologie de structure entre organismes, parties composantes et molécules organiques. Aussi attribue-t-il à la molécule une fonction liée à la structuration résultante, un pouvoir fonctionnel déterminé. Lorsqu'il corrobore le fait de la reproduction par les observations de Needham sur les anguillules du blé ergoté ou sur les petites «machines» dans la semence du calmar, ou par ses propres observations sur les animaux spermatiques, conçus comme molécules ou premiers agglomérats de molécules, Buffon suit ce schéma d'interprétation épigénétique, quitte à faire intervenir le mécanisme spécifique du moule intérieur en vue de garantir la complexification organogénétique d'un niveau à l'autre d'homologie structurale :

«Tous les animaux, mâles ou femelles, tous ceux qui sont pourvus des deux sexes ou qui en sont privés, tous les végétaux, de quelques espèces qu'ils soient, tous les corps en un mot vivants ou végétants, sont donc composés de parties organiques vivantes qu'on peut démontrer aux yeux de tout le monde; ces parties organiques sont en plus grande quantité dans les liqueurs séminales des animaux, dans les germes des amandes des fruits, dans les graines, dans les parties les plus substantielles de l'animal ou du végétal, et c'est de la réunion de ces parties organiques, renvoyées de toutes les parties du corps de l'animal ou du végétal, que se fait la reproduction, toujours semblable à l'animal ou au végétal dans lequel elle s'opère, parce que la réunion de ces parties organiques ne peut se faire qu'au moyen du moule intérieur, c'est-à-dire dans l'ordre qui produit la forme du corps de l'animal ou du végétal.»[14]

Conjuguant le fait de l'épigenèse avec les modalités successives d'organogenèse, Buffon tient les molécules organiques pour distinctes dans leur forme des organismes complexes qui en résultent. Ainsi les animalcules spermatiques seraient des sortes de machines naturelles, premiers assemblages de molécules organiques, se distinguant des caractères de l'animalité globale, puisqu'au contraire des animaux, ces corps

---

14. *Histoire générale des animaux, Chap. VIII* [1749], *in* Buffon [9] : p. 566.

mouvants sont doués d'un mouvement permanent, déterminé de façon constante sans différenciation de membres et d'organes; ils ne semblent ni se reproduire par voie de génération ni entrer sous des catégories particulières. Buffon en infère que des paliers de structuration interviennent dans la reproduction des organismes :

«Cela m'a fait soupçonner qu'en examinant de près la nature, on viendrait à découvrir des êtres intermédiaires, des corps organisés qui, sans avoir, par exemple, la puissance de se reproduire comme les animaux et les végétaux, auraient cependant une espèce de vie et de mouvement; d'autres êtres qui, sans être des animaux et des végétaux, pourraient bien entrer dans la constitution des uns et des autres; et enfin d'autres êtres qui ne seraient que le premier assemblage des molécules organiques...»[15]

S'il existe des formes intermédiaires de complexité variée, si la reproduction de l'organisme global implique l'intégration de telles formes, le processus épigénétique est le fait irrécusable contre lequel tout préformationnisme vient achopper.

Or, comment le processus épigénétique peut-il faire apparaître des structures organiques d'intégration supérieure? À ce problème la théorie des moules intérieurs tente de fournir une solution épistémologiquement satisfaisante. La question qui nous intéresse se réduit à rechercher le *«moyen caché que la Nature peut employer pour la reproduction des êtres»*,[16] *«la mécanique dont se sert la Nature pour opérer la reproduction»*.[17] La réponse devra indiquer un moyen *«qui dépende des causes principales, ou du moins qui n'y répugne pas»*.[18] Ce qui équivaut à lui accorder un statut d'hypothèse, puisqu'il s'agira de déterminer un modèle de mécanisme, non directement révélé par les phénomènes, mais ayant suffisamment de rapports avec les autres effets de la nature pour apparaître bien fondé. N'oublions pas en effet que pour Buffon, l'explication causale consiste à rattacher un effet spécifique à un effet général susceptible d'en expliquer la genèse par le jeu d'analogies empiriquement corroborables? Dans cette perspective, Buffon écarte certaines formes d'hypothèses : celles qui n'expliquent rien, telle la doctrine des germes emboîtés, celles qui ont pour objet des causes finales (absence de positivité au niveau de l'explication), celles qui se présenteraient comme des axiomes absolus, du type des principes mathématiques. Si l'on se contente de rechercher un modèle probable pour interpréter la corrélation des phénomènes, l'hypothèse projette une intelligibilité provisionnelle sur les phénomènes à expliquer, mais cette anticipation ne vaut que sous réserve d'observations ou d'inférences fondées sur des observations qui la confirment. Dans le cas de l'hypothèse du moule intérieur, ces inférences relèvent de deux catégories : 1) les suggestions analogiques tirées de l'observation des phénomènes organiques eux-mêmes; 2) le cadre d'une physique expérimentale déjà vouée à l'allégeance envers la théorie corpusculaire de la matière, comme envers le modèle newtonien d'explication mécaniste. Interprétons ainsi la formule : *«Par la question même il est donc permis de faire des hypothèses et de choisir celle qui nous paraîtra avoir le plus d'analogie avec les autres phénomènes de la Nature»*.[19] Cette formule semble s'appliquer adéquatement à l'hypothèse du moule intérieur.

Le modèle du moule intérieur relève bien d'une hypothèse : *«De la même façon que nous pouvons faire des moules par lesquels nous donnons à l'extérieur du corps telle figure qu'il nous plaît, supposons que la Nature puisse faire des moules par les-*

15. *Ibid.* : p. 569.
16. *Histoire générale des animaux, Chap. II* [1479], *in* Buffon [9] : p. 243A.
17. *Ibid.* : p. 243B.
18. *Ibid.* : p. 243A.
19. *Ibid.* : p. 243A.

quels elle donne non seulement la figure extérieure, mais aussi la forme intérieure, ne serait-ce pas un moyen par lequel la reproduction pourrait être opérée ?»[20] On peut relever deux fondements à l'hypothèse du moule intérieur : 1) elle repose sur un jeu d'analogies avec les qualités intérieures des corps dans la physique corpusculaire de type newtonien, en particulier en ce qui a trait à la force d'attraction; 2) elle s'appuie sur des «faits» significatifs, faisant l'objet de généralisation analogique : tendance de la nature à l'organisation, activité assimilatrice de l'organisme (à rapprocher de celle de la chaleur fermentative), et surtout assimilation de la nutrition et du développement. L'hypothèse du moule intérieur se construit en outre sur l'élargissement de la représentation mécaniste des forces à l'œuvre dans les processus vitaux à expliquer. Buffon réserve sa position en soulignant qu'il explique le développement et la reproduction par les principes mécaniques reçus, par la force pénétrante de la pesanteur, et, étape analogique, par *«d'autres forces pénétrantes qui* [s'exercent] *dans les corps organisés, comme l'expérience nous en assure».*[21]

Il faut bien saisir dans cette démarche qu'elle met en cause le modèle mécaniste de type cartésien dans son application à l'être vivant. Ce modèle se trouvait résumé par la formule : *«il faut rendre raison de tout par les lois de la mécanique, et il n'y a pas de bonnes explications que celles qu'on en peut déduire».*[22] Les iatromécanistes de la génération de Malpighi, puis ceux de la génération de Boerhaave et de Hoffmann, avaient travaillé en se référant à un tel modèle.[23] Le postulat de base de ce mouvement semblait être de n'admettre que des explications par propriétés géométrico-mécaniques conçues comme propriétés réelles : étendue, impénétrabilité, mouvement, figure extérieure, divisibilité, pouvoir de communiquer le mouvement par impulsion, élasticité conforme à l'expérience du ressort. Fidèle à l'esprit de l'épistémologie lockienne, Buffon va «phénoménaliser» ces propriétés : les principes sont désormais des qualités perçues comme caractéristiques générales d'un ordre de phénomènes. Mais alors, de tels principes apparaissent comme relatifs à notre expérience des réalités matérielles. La démarche de Buffon consiste donc 1) à réduire les principes mécaniques reconnus comme notions communes par les mécanistes à n'être que des représentations de qualités sensibles; mais 2) à reconnaître comme explicatives, les seules qualités sensibles qui peuvent faire l'objet d'une généralisation correspondant à l'aspect empirique constant d'un ensemble intégré de phénomènes. Dans ces conditions, il suffit qu'une propriété apparaisse comme constante dans la représentation des effets naturels, pour qu'on lui reconnaisse le statut de principe : tel est le cas, selon Buffon, de l'attraction dans la physique de Newton. D'où certaines conséquences : 1) la liste des principes est relative aux corrélations que l'on a pu établir entre phénomènes similaires; 2) la recherche d'une explication causale des propriétés sensibles elles-mêmes n'aboutira qu'à identifier les effets généraux dans les limites de l'expérience; 3) on peut étendre l'explication si l'on peut identifier des corrélations de phénomènes révélatrices de constantes à des paliers de complexité plus ou moins grande : *«Il me semble* – affirme Buffon– *que la philosophie sans défaut serait celle où l'on n'emploierait pour cause que des effets généraux, mais où l'on chercherait en même temps à en augmenter le nombre en tâchant de généraliser les effets particuliers».*[24] Dans un

20. *Ibid.* : p. 243B.
21. *Ibid.* : p. 243B.
22. *Histoire générale des animaux, Chap. III* [1479], *in* Buffon [9] : p. 249A.
23. Duchesneau [12].
24. *Histoire générale des animaux, Chap. III* [1479], *in* Buffon [9] : p. 249B.

passage des développements consacrés à la génération, Buffon procède à une critique de l'iatromécanisme selon une telle perspective méthodologique :

«Car vouloir... expliquer l'économie animale et les différents mouvements du corps humain, soit celui de la circulation du sang ou celui des muscles, etc. par les seuls principes mécaniques auxquels les modernes voudraient borner la philosophie, c'est précisément la même chose que si un homme pour rendre compte d'un tableau, se faisait boucher les yeux et nous racontait tout ce que le toucher lui ferait sentir sur la toile du tableau; car il est évident que, si ni la circulation du sang, ni le mouvement des muscles, ni les fonctions animales ne peuvent s'expliquer par l'impulsion, ni par les autres lois de la mécanique ordinaire, il est tout aussi évident que la nutrition, le développement et la reproduction se font par d'autres lois.»[25]

Faut-il croire cependant que Buffon professe une doctrine de l'hétérogénéité radicale des principes d'explication lorsqu'il s'agit des phénomènes physiologiques? On ne peut aller jusque là. Les lois, en effet, traduisent les constantes auxquelles se réduisent les effets phénoménaux : ainsi le moule intérieur que Buffon suppose, correspond-il à un microsystème de forces pénétrantes, de forces spécifiques d'attraction par conséquent, intervenant non simplement en fonction des surfaces mais en fonction des masses et de leurs structures internes. Contrairement aux apparences, Buffon suppose une continuité analogique des principes lorsqu'il s'agit de concevoir des forces aptes à produire l'intégration des structures organiques et des processus résultants. La critique du mécanisme en physiologie est donc assortie d'une clause selon laquelle les effets physiologiques doivent répondre à des principes de type mécanique, identifiés comme constantes empiriques. L'insistance porte sur des «forces d'affinité» dont le mode d'action ressemble à celui de l'attraction et par lesquelles des parties analogues tendraient à se combiner et à s'organiser. Tel est le groupement supposé des molécules suivant l'affinité «mécanique» des parties dans le moule. La spécificité des lois physiologiques tient au fait que les processus mécaniques au plan «moléculaire» reflètent les constantes que l'analyse révèle au niveau macroscopique des processus vitaux. Ce jeu d'analogies s'exprime dans l'image même du moule intérieur.

La métaphore du *«moule intérieur»* implique l'idée d'une structure endogène minimale regroupant des fonctions *«moléculaires»* dont l'effet serait la structure de l'organe ou de l'organisme résultant. Rien d'étonnant, dans ces conditions, à ce que cette structure minimale assure la réplication reproductive de l'organe ou de l'organisme. Si image et métaphore il y a, ce mode de représentation s'intègre à une stratégie d'explication rationnelle. Le problème de Buffon était de concevoir comment le processus épigénétique peut aboutir à des structure organiques complexes en supposant un minimum d'organicité au point de départ (représenté par les molécules organiques). À supposer que les propriétés dynamiques de la matière organisée soient inhérentes à la molécule organique même, c'est la structuration dont il faut rendre compte. Ne pouvait-on naturellement attribuer cette structuration à une disposition «régulière» de molécules qui permît à leurs dispositions dynamiques spéciales de s'exercer dans le sens de la structuration?

Il n'est pas douteux qu'en procédant de la sorte Buffon se trouve entraîné dans des difficultés qu'il n'a pas les moyens de résoudre. L'un des problèmes, sans doute le plus essentiel, porte sur le mécanisme aboutissant à une disposition régulière de molécules telle qu'elle détermine la structuration organique. L'hypothèse du moule

25. *Histoire générale des animaux, Chap. IV* [1479], *in* Buffon [9] : p. 252.

intérieur repose non seulement sur une version newtonienne modifiée de la philosophie corpusculaire, mais aussi sur les suggestions analogiques tirées de l'observation des phénomènes vitaux. Ces suggestions vont dans le sens d'admettre des pouvoirs d'organisation, d'assimilation, voire de coordination, dont les conditions déterminantes échappent en dernier ressort à l'analyse. Buffon mentionne ainsi le pouvoir reproducteur de la graine d'orme conçue comme moule et il en infère une tendance générale de la nature à l'organisation, et donc à la vie. Il rattache aussi la reproduction à l'assimilation-désassimilation et il consacre un chapitre entier sous le titre «De la nutrition et du développement» à poursuivre les implications d'une telle analogie présumée.[26] C'est ainsi qu'on arrive à l'assertion cruciale que le développement ne peut s'opérer par la seule addition des molécules organiques aux surfaces : «*au contraire il s'opère par une susception intime et qui pénètre la masse*».[27] Pour expliquer cette intussusception, Buffon postule une forme constante du moule, qui reçoit et intègre de nouvelles parties organiques dans l'ordre et suivant les caractéristiques spécifiques résultant de l'agencement de ses propres parties. Par ailleurs, contre tous les modèles strictement géométrico-mécaniques de la sécrétion et par conséquent de la nutrition, il fait valoir «*qu'il n'y a que les parties organiques qui restent dans le corps de l'animal ou du végétal, et que la distribution s'en fait au moyen de quelque puissance active qui les porte à toutes les parties dans une proportion exacte, et telle qu'il n'en arrive ni plus ni moins qu'il ne faut pour que la nutrition, l'accroissement ou le développement se fassent d'une manière à peu près égale*».[28] L'organisme sélectionne les parties organiques dont il a besoin au cours du processus de développement, mais aussi, par inférence analogique, au cours du processus de formation même; il possède aussi le pouvoir de disposer ces parties dans une proportion reflétant la microstructure minimale en vue de maintenir l'intégrité de l'organisation.

Par inférence, lorsqu'il s'agit de la reproduction du moule intérieur, la même disposition fonctionnelle est postulée : «*car il suffit que dans le corps organisé qui se développe, il y ait quelque partie semblable au tout, pour que cette partie puisse un jour devenir elle-même un corps organisé tout semblable à celui dont elle fait actuellement partie*».[29] À partir de ce modèle de base, Buffon distingue, comme l'on sait, deux modes d'organisation des parties : ou bien il s'agit de composition par parties homogènes, ou bien il s'agit de faire intervenir un mécanisme combinatoire plus complexe qui aboutisse à une organisation de parties hétérogènes par les structures qu'elles définissent et par les opérations qui en découlent. Mais cette diversité se reflète dans le type même de microstructure impliqué dans le moule intérieur, car dans les deux cas, celui de l'organisation additive de parties homogènes et celui de l'organisation intégrative de parties fonctionnellement hétérogènes, c'est le même processus causal qui permet l'expansion, la réplication et éventuellement la diversification interne de l'organisme primordial schématisé par le moule intérieur. Ainsi Buffon affirme-t-il l'uniformité des processus qui interviennent sur cet organisme «schématique». Le même modèle de processus d'assimilation-désassimilation s'applique à la nutrition, au développement et à la reproduction.

Que conclure de cette brève incursion dans les rapports complexes entre les hypothèses de Buffon et la théorie physiologique? Etudiant la théorie de la génération,

---

26. *Histoire générale des animaux, Chap. III* [1479], *in* Buffon [9] : pp. 246A-250B.
27. *Ibid.* : p. 246A-B.
28. *Ibid.* : p. 247A.
29. *Ibid.* : pp. 248B-249A.

Jacques Roger a signalé avec raison les difficultés de la position mécaniste lorsqu'il s'agit pour Buffon de rendre compte de phénomènes vitaux.[30] La thèse du moule intérieur, en particulier, se démarque mal par rapport à une doctrine du développement de structures préexistantes; avons-nous affaire à un épigénétisme cohérent, lorsque les propriétés vitales élémentaires se trouvent rapportées aux molécules organiques et qu'en même temps la structuration organique primordiale se fait instantanément sous l'influence du moule? «*La nature vivante,* telle que Buffon la présente en 1749, *est donc doublement ordonnée, par les molécules organiques, qui excluent le passage du brut à l'animé, et par les moules intérieurs, qui maintiennent dans les espèces vivantes un ordre que ne peut troubler l'apparition spontanée d'êtres accidentels et éphémères*».[31] Il y aurait là une postulation indépassable d'ordre qui bloquerait en quelque sorte toute progression dans l'explication causale des phénomènes vitaux. Certes, cette postulation serait relative à notre nature et à nos moyens de connaissance, mais elle n'en traduirait pas moins un rationalisme des Lumières restreignant en quelque sorte *a priori* l'analyse des phénomènes vitaux sous l'aspect de leur devenir intrinsèque.

N'est-ce pas trop peu accorder à l'épistémologie empiriste de Buffon? En effet, le constat de l'ordre est à situer au niveau de l'expérience des phénomènes. La recherche des causes de cet ordre se conçoit dans les limites d'une appréhension d'effets généraux. Ainsi donc, il n'est question que de repérer des constantes dans les processus de structuration organique. L'ordre qui se révèle à l'observation de surface portant sur ces processus est analogiquement projeté dans l'hypothèse du moule intérieur. Mais cette hypothèse remplit un rôle de représentation schématique, et non d'explication causale à proprement parler. Il n'y a pas de lois spécifiques du moule intérieur. Par contre, dans le cadre d'analyse que Buffon s'est donné, l'analyse de l'organisation physiologique à laquelle on peut procéder, se réfère constamment à une schématisation structurale de l'ordre intégré du vivant. Il ne s'agit plus d'expliquer cet ordre par recours à des modèles géométrico-mécaniques réducteurs. Buffon postule que les caractéristiques de l'ordre observable peuvent seules déterminer la constitution d'un modèle provisoirement explicatif, suivant des formes de projections analogiques qui n'ont qu'une valeur heuristique relative. En contribuant à ruiner le recours au géométrisme abstrait des modèles microstructuralistes, en développant les ressources des analogues de l'attraction newtonienne, en tentant de saisir l'ordre fonctionnel des structures plus ou moins spécialisées et leur dépendance par rapport au processus générique d'assimilation-désassimilation, en rattachant celui-ci à des combinaisons moléculaires et à des effets structuraux émergents, Buffon a illustré un moment critique dans le développement des théories physiologiques. Il a attiré l'attention des physiologistes sur la nécessité de concevoir des méthodes d'analyse autonomes pour rendre compte des processus-clés du développement organique.

30. Roger [20].
31. Roger [20] : p. 557.

## BIBLIOGRAPHIE *

(1)† BAGLIVI (G.), *Opera omnia medica-practica*, 6ème éd., Parisiis, apud Claudium Rigaud, 1704.

(2)† BARTHEZ (P.J.)., *Nouveaux Éléments de la science de l'homme*, Montpellier, J. Martel aîné, 1778.

(3)† BICHAT (X.), *Recherches physiologiques sur la vie et la mort*, Paris, Brosson, Gabon et Cie, an VIII.

(4)† BICHAT (X.), *Anatomie générale appliquée à la physiologie et à la médecine*, Paris, Brosson, Gabon et Cie, 1801, 3 vol.

(5)† BLUMENBACH (J.-F.), *Ueber den Bildungstrieb und das Zeugungsgeschäfte*, Goettingen, J.-C. Dieterich, 1781.

(6)† BLUMENBACH (J.-F.), *Institutiones physiologiae*, Goettingae, apud J.C. Dieterich, 1786.

(7)† BORDEU (T. de), *Recherches anatomiques sur la position des glandes et leur action*, Paris, G.-F. Quillau père, 1751.

(8)† BORDEU (T. de), *Recherches sur le tissu muqueux ou l'organe cellulaire, et sur quelques maladies de poitrine*, Paris, P.-F. Didot le jeune, 1767.

(9)† BUFFON (G. L. Leclerc de), *Œuvres complètes, avec la nomenclature linnéenne et la classification de Cuvier, revues... et annotées par M. Flourens*, Paris, Garnier frères, 1853-1855, 12 vol.

(10)† BUFFON (G. L. Leclerc de), *Œuvres philosophiques*, éd. par J. Piveteau. Paris, Presses Universitaires de France, 1954.

(11) DUCHESNEAU (F.), «Malpighi, Descartes, and the Epistemological Problems of Iatromechanism», *in* Righini-Bonelli (M.-L.) and Shea (W.R.) (eds.), *Reason, Experiment, and Mysticism in the Scientific Revolution*, New York, Science History Publications, 1975 : pp. 111-130 et 301-302.

(12) DUCHESNEAU (F.), *La Physiologie des Lumières : empirisme, modèles et théories*, La Haye, Martinus Nijhoff, 1982.

(13)† FLOURENS (P.), *Histoire des travaux et des idées de Buffon*, 2e éd. revue et augmentée (1850), Genève, Slatkine Reprints, 1971.

(14) GRMEK (M.D.), «La notion de fibre vivante dans l'école iatrophysique», *Clio medica*, 5 (1970) : pp. 297-318.

(15) HALL (T.S.), «On Biological Analogs of Newtonian Paradigms», *Philosophy of Science*, 35 (1968) : pp. 6-27.

(16)† HALLER (A. von), «De partibus corporis humani sensilibus et irritabilibus», *Commentarii Societatis regiae scientiarum gottingensis*, ad annum 1752, 2 (1753) : pp. 114-158.

(17)† HALLER (A. von), *Elementa physiologiae corporis humani*, Lausannæ, sumptibus M.M. Bousquet et sociorum (Bernae, sumptibus Societatis typographicae), 1757-1766, 8 vol.

(18)† HALLER (A. von), *Sur la formation du cœur dans le poulet; sur l'œil; sur la structure du jaune*, Lausanne, M.M. Bousquet, 1758, 2 vol.

(19) ROE (S.A.), *Matter, Life and Generation : Eighteenth-century embryology and the Haller-Wolff debate*, Cambridge, Cambridge University Press, 1981.

(20) ROGER (J.), *Les Sciences de la vie dans la pensée française du XVIIIᵉ siècle*, 2ème éd. Paris, A. Colin, 1971.

* Sources imprimées et études. Les sources sont distinguées par le signe †.

(21)† WOLFF (C.F.), *Theorie von der Generation* (1764), *Theoria generationis* (1759), Hildesheim, G. Olms, 1966.

#32 766

# 30

## L'ÉVOLUTIONNISME, NOBLE CONQUÊTE DU CHEVAL À TRAVERS BUFFON

François POPLIN *

«L'âne &le cheval viennent-ils donc originairement de la même souche? (...)

Cette question, dont les physiciens sentiront bien la généralité, la difficulté, les conséquences (...) demande (...) que nous considérions la Nature sous un nouveau point de vûe. Si, dans l'immense variété que nous présentent tous les êtres animés qui peuplent l'Univers, nous choisissons un animal, ou même le corps de l'homme pour servir de base à nos connoissances, & y rapporter, par la voie de la comparaison, les autres êtres organisés, nous trouverons que, quoique tous ces êtres existent solitairement, & que tous varient par des différences graduées à l'infini, il existe en même temps un dessein primitif & général (...) : le corps du cheval, par exemple, qui du premier coup d'œil paroît si différent du corps de l'homme, (...) n'étonne plus que par la ressemblance (...).

Dans ce point de vûe, non seulement l'âne & le cheval, mais même l'homme, le singe, les quadrupèdes & tous les animaux, pourroient être regardés comme ne faisant [qu'un]. On pourra dire (...) que l'homme & le singe ont eu une origine commune comme le cheval & l'âne (...) & même que tous les animaux sont venus d'un seul animal, qui, dans la succession des temps, a produit, en se perfectionnant & en dégénérant, toutes les races des autres animaux.

(...) S'il étoit une fois prouvé (...), s'il étoit acquis que dans les animaux, & même dans les végétaux, il y eût, je ne dis pas plusieurs espèces, mais une seule qui eût été produite par la dégénération d'une autre espèce; s'il étoit vrai que l'âne ne fût qu'un cheval dégénéré, il n'y auroit plus de bornes à la puissance de la Nature, et l'on n'auroit pas tort de supposer que d'un seul être elle a sû tirer avec le temps tous les autres êtres organisés.

Mais non, il est certain, par la révélation, que tous les animaux ont également participé à la grâce de la création, que les deux premiers de chaque espèce & de toutes les espèces sont sortis tout formés des mains du Créateur, & l'on doit croire qu'ils étoient tels alors, à peu près, qu'ils nous sont aujourd'hui représentés par leurs descendans.»[1]

Tels sont les principaux traits, avec cette chute qui sonne comme un rappel à l'ordre établi et qui, sachant la tiédeur des sentiments religieux de Buffon, tient aussi de : "Ne dites pas que Midas a des oreilles d'âne". En disant cela, on dit que Midas a des oreilles d'âne. Malgré les manques de l'époque, au premier rang desquels l'absence de fossiles, Buffon a su voir comme par dessus les murs limitant son champ d'observation. Si l'étincelle est retombée devant une autre muraille, celle de l'état d'esprit environnant, elle a du moins préparé les lumières à venir. L'idée était lancée. Voilà un passage qui donne à penser que quelque chose dans Buffon engageait l'évolutionnisme, était évolutionniste au moins en puissance.

* Laboratoire d'Anatomie comparée, Muséum National d'Histoire Naturelle. 57, rue Cuvier. 75005 Paris.FRANCE.
1. *L'Asne* [1753], *in* Buffon [1], T. IV : pp. 378-383.

L'était-il vraiment? Ce serait un débat douteux, parce qu'il ouvrirait la porte à la croyance. Assez vite, on y déraperait de *–pensait-il l'évolution?* à : *–croyait-il en l'évolution?*, en passant par l'étape intermédiaire ambiguë de *–pensait-il qu'il y avait une évolution?* Plutôt que d'entrer dans cette discussion délicate, je m'attacherai à ceci : cette page ayant été écrite à propos du cheval, qui est le grand héros du bestiaire buffonien, ne tient-elle pas au cheval même, à l'image mentale que nous en avons? Dans cette direction de pensée, le débat précédent se trouve comme pris au piège : ou bien Buffon est évolutionniste et il y a lieu de scruter pourquoi il l'est à propos de cet animal, ou bien il ne l'est pas et il est d'autant plus urgent de se demander ce que le cheval a de si dynamisant pour lui imposer une semblable inspiration transformiste.

Ce n'est pas dans l'article *Cheval* que se trouve cette page, mais dans *L'Asne* qui fait suite. Buffon a les deux espèces en vue quand il écrit, et c'est de l'écart de l'une à l'autre que naît cette perspective. Il y a là une différence significative, qui *fait signe* de quelque chose; elle le fait de manière particulièrement forte pour la raison que voici. La baleine et le canari s'imposent au premier regard comme deux formes si différentes qu'elles "n'ont rien à voir entre elles", qu'elles "ne sont pas comparables", comme disent ces expressions traditionnelles si pleines de sens. Deux chats siamois, au contraire, s'imposent comme la répétition de la même forme, et cette uniformité est platitude et monotonie. La comparaison, pour eux, tombe d'elle-même, faute de variation à considérer. Entre ces deux extrêmes, le cheval et l'âne sont au point intermédiaire optimal entre altérité et ipséité pures, où l'on voit au mieux qu'ils participent d'un même fond, mais qu'ils ne se confondent pas.

Quand nous regardons un cube, nous en prenons par l'œil droit et par l'œil gauche deux images qui sont dans le même rapport : comparables et irréductibles l'une à l'autre. Il s'agit de deux vues du même objet, mais de forme différente, et, quand notre cerveau tente de les amener en coïncidence se produit l'effet relief. Notre esprit fait la même opération avec l'image du cheval et celle de l'âne. Il en dégage un être synthétique, avec une mise en relief qui le fait sortir du plan des deux figures élémentaires. Comparer, c'est voir en profondeur.

Cette perspective, selon quel axe s'organise-t-elle? Buffon nous le dit : avec le temps. Pourquoi? Ne pourrait-on penser par exemple que dans des contrées loin-taines vivraient des intermédiaires parfaits, mi-ânes, mi-chevaux (des "hippiones", au lieu qu'on décrive des hémippes et des hémiones), qui, dans les pays plus proches, se feraient davantage ânes et chevaux? Il faut laisser l'exposé d'un schéma qui correspond si peu à l'expérience. Il n'y a guère que le temps pour agencer la profondeur de champ née de la stéréoperception. C'est l'enchaînement même des générations qui invite à la comprendre ainsi, car c'est sur fond de déroulement génétique qu'apparaît la notion de forme synthétique. Or, rien ne rattache mieux notre esprit au temps que la succession des générations.

Entre baleine et canari, rien ne se produit; entre chats siamois, les générations se succèdent nombreuses et si uniformes, à notre échelle, qu'elles ne produisent rien de nouveau. Le croisement de l'âne et du cheval, lui, apporte de la nouveauté, avec un être qui n'est ni tout à fait comme son père, ni tout à fait comme sa mère. À partir de ce constat d'une variation, un lien avec la reproduction se fait dans notre en-tendement, selon deux modalités conjointes.

La première procède de l'analogie entre l'être synthétique de la stéréo-perception et le mulet, qui en est le simulacre. Le fait que cet animal soit produit sous la condition du passage à la génération suivante nous met en tête que l'être de synthèse lui aussi tient au lignage. Ce ne peut être du côté de la descendance, puisque la voie est condamnée par la stérilité de l'hybride; ce sera donc, au rebours, du côté de l'ascendance : l'âne et le cheval ne pouvant produire l'espèce synthétique, c'est, à l'inverse, elle qui les a produits.

La seconde modalité joue de manière plus profonde et rigoureuse. L'écart particulier du cheval à l'âne, voisinage remarquable dans le domaine de la forme, comme il a été dit, correspond à une relation tout aussi remarquable dans le courant des générations : à la fois l'hybride est la preuve vivante que ses parents sont comme de la même espèce, féconds entre eux, et, par son impuissance à produire à son tour, la preuve qu'ils sont comme d'espèces différentes. Puisque le curieux statut de ressemblance du cheval et de l'âne se reflète dans leurs liens de reproduction, puisqu'il apparaît ainsi dans le cours des générations, c'est qu'il s'y est constitué, dans un passé plus ou moins lointain –ou qu'il s'y constitue pour l'avenir : on retrouve ici la balance entre l'amont et l'aval du courant génétique. Au lieu d'une évolution divergente à partir d'un Alpha originel, on pourrait penser à une évolution convergente vers un Oméga final; le cheval et l'âne seraient en train de fusionner. Dans l'abstrait, rien n'impose une solution plus que l'autre. Elles sont symétriques, équivalentes en force, et s'impliquent réciproquement; aussi les voit-on coexister dans le schéma teilhardien. Ce qui nous pousse à choisir la première, c'est peut-être l'inclination générale, et comme naturelle, de notre esprit à aller du simple au complexe; c'est, de manière plus fondamentale, le fonctionnement même de la nature dans la croissance des êtres. Au cours de la vie, leur développement va vers la différenciation, et cela oriente vers l'évolution divergente. Dans cette inspiration, les animaux comptent pour beaucoup, mais plus encore les végétaux, parce que la pousse annuelle et le renouvellement du feuillage font penser aux générations. L'entendement fait ainsi le passage de l'individu à la lignée. C'est du reste ce qui nous fait parler d'arbre généalogique. En somme, l'évolution divergente est un phénomène dont nous avons quantité d'images vivantes sous les yeux, et l'inclination naturelle invoquée plus haut ne l'est qu'au sens où elle réfléchit ce qui s'observe dans la nature.

Ainsi le mulet ne se contente-t-il pas de nous présenter une évocation plus ou moins réussie de l'être de la synthèse comparative. Surtout, il rend sensibles les liens de parenté des deux espèces génitrices, il en donne la mesure. Et à travers ce rapport génétique, en rapport avec lui, il y a le rapport établi par la comparaison. Ressemblance et ascendance se trouvent ainsi coordonnées. Ces rapports, où forme et lignée s'intriquent, ne sont pas donnés immédiatement à notre conscience. Ils n'en sont pas moins expressifs en nous, et la communication qu'ils établissent entre forme et parenté transparaît à l'emploi confusionnel, du ressort du lapsus, que nous faisons de termes tels que *parent* et *proche*. Ils vont et viennent sans cesse, dès que nous ne les surveillons plus, du registre de la ressemblance à celui de l'alliance.

Sans aller chercher les hybrides, nous faisons à longueur de vie un exercice qui nous entraîne à saisir un ancêtre commun à partir de deux formes proches : lorsque nous recherchons à travers deux frères la physionomie de leur père. Les éléments communs orientent vers le portrait cherché, et là aussi la question d'écart optimal entre en compte. Si l'on nous présente deux personnages dont l'un est comme un bantou et l'autre comme un esquimau, nous avons peine à imaginer un même père. À l'opposé, le spectacle de deux jumeaux vrais revient à ne voir qu'un frère; ne dégageant qu'une image, ils empêchent de saisir les traits pertinents par recroisement avec une autre, ils ne permettent pas la mise en perspective. C'est, bien sûr, cet exercice qui alimente le plus ordinairement la recherche stéréo-rétrospective de l'ancêtre commun, et non pas le spectacle de l'hybride, mais celui-ci offre l'avantage d'ouvrir au delà de l'espèce, d'élargir le champ en dehors "du même sang".

Nous déchiffrons le visage des deux frères l'un par l'autre, et faisons cette opération pour bien d'autres choses. Plutôt, elle se fait en nous, sans que nous ayons à y réfléchir. Ces phénomènes de lecture du corps par le corps à travers la comparaison, de l'être par l'être, relèvent de la perception profonde, inconsciente. Quand nous voyons une main à six doigts, ou une personne affligée d'un bec de lièvre, notre être se révulse, à commencer par notre être physique. Cela ne nous porte pas d'abord à des considérations intellectuelles, mais à une réaction profonde, viscérale. Elle naît de la confrontation de ce corps monstrueux au nôtre, vécu comme normal. Et tout aussi fortement, un bel être met en nous le sentiment de la grâce. Ce qui compte avant tout dans cela, c'est la différence. C'est elle qui nous marque, qui se marque en nous, avant même que nous la remarquions.

Buffon a donc eu, par le jeu du décalage entre âne et cheval, la vision stéréoscopique de leur ascendance commune, intégrée par rapport au temps. À partir de cette différentielle asino-caballine, il a fait l'intégration à l'échelle du Règne animal, et même du monde vivant. Il était mathématicien, et formé au raisonnement du calcul intégral. À chaque fois qu'il envisage un groupe plus compréhensif, à chaque fois l'ancêtre commun, le point d'origine recule, jusqu'à ce qu'il n'y ait *«plus de bornes à la puissance de la Nature, &* [à ce que] *d'un seul être elle sache tirer avec le temps tous les êtres organisés».*[2]

La question qui se présente maintenant est la suivante : pourquoi le couple âne-cheval, et non pas le mouton et la chèvre, ou le porc et le sanglier, ou le chien et le loup, ou le singe et l'homme, ou tant d'autres que l'on peut mettre par deux et qui auraient fourni la même différentielle au départ du raisonnement? Il faut entrer dans l'organisation du plan d'exposé des animaux. Ils se trouvent rangés en deux cycles, les domestiques puis les sauvages. Les premiers sont par ordre de nombre des doigts : cheval et âne (1), puis bœuf, brebis et chèvre (2), puis cochon, sanglier et chien (4). Le chat, qui peut compter pour pentadactyle par sa main, précède immédiatement les animaux sauvages,[3] comme il lui convient dans la pensée de Buffon. À cette jonction pourrait venir l'homme, avec ses cinq doigts, et l'on aurait ainsi, aux deux extrêmes de la série, le cheval, solipède, et nous-mêmes. Cette conception est encore plus sensible dans la phrase de Daubenton, dont les travaux anatomiques sous-tendent ce qu'écrit Buffon : *«(...) il se trouve que le cheval et les autres solipèdes sont* (les animaux) *qui diffèrent le plus* (de l'homme), *comme le singe et les autres animaux à cinq doigts sont ceux qui y ressemblent le plus».*[4]

Buffon a reporté l'homme en tête, devant les animaux domestiques. Il aurait pu ranger ceux-ci dans l'autre ordre, de 5 à 1, et conserver ainsi l'enchaînement numérique. Au lieu de cela, il garde l'ordre ascendant, et fait un *da capo* avec la *coda*. De la sorte, l'homme se trouve au contact du cheval; les extrêmes se touchent.

Restons d'abord à la pure logique anatomique, de 1 à 5 doigts, et admettons

---

2. *Ibid.* : p. 382.

3. Il est même rangé avec eux dans l'édition originale. L'homme y est traité dans les tomes second et troisième, les animaux domestiques dans les quatrième et cinquième. Le chat se trouve relégué au début du sixième, qui ouvre la série des animaux sauvages. Sur l'attitude de Buffon à l'égard du chat, voir Poplin (2).

4. *Description du cheval*, [1753], *in* Buffon [1], T. IV : p. 259.

qu'un génie de l'évolutionnisme vienne demander à Buffon une page à son goût parlant d'un des couples de la série. Notre auteur va-t-il la faire à propos de l'homme, en faisant intervenir le singe dont parle Daubenton? Impensable, à l'époque. C'est au contraire à l'autre bout de la chaîne (à l'antipode, peut-on dire en songeant qu'elle est bâtie sur la structure du pied), que Buffon va allumer le petit foyer expérimental, en frottant l'un contre l'autre les deux bons bois que sont le cheval et l'âne. Loin de l'homme, on ne risque pas trop que le feu s'étende jusqu'à sa divine image.

Mais, en même temps, voici que Buffon éprouve le besoin de ranger à côté de notre espèce l'animal dont il sent qu'il a le plus de rapport avec nous. Il le dit clairement : il commence par les animaux domestiques parce qu'ils nous sont le plus proches. Et parmi eux, le proxissime est celui dont le corps "du premier coup d'œil paraît si différent du corps de l'homme".[5] Il faudrait exposer ici en détail ce qui nous rend le cheval presque intime sans que nous nous en rendions bien compte. Cela procède de l'anthropomorphisme de complémentarité pour la part la plus apparente, et d'une correspondance subtile tenant au langage.

La complémentarité est celle des deux appareils locomoteurs. Depuis l'aube de la vie, le monde des animaux cherche à conquérir le mouvement, et son histoire est marquée de libérations telles que la sortie des eaux. Dans notre lignée, la conquête n'est pas des plus brillantes : si nous marchons bien, nous courons avec peine, nous sautons mal, nous nageons peu, nous ne volons pas. Pour aller plus loin, plus vite, plus haut, plus profond, nous recourons à des artifices et prolongeons notre organisme d'appareils locomoteurs de notre confection, capables de nous véhiculer. Nous avons commencé par demander ce service à l'animal. En ce domaine, et pour ce qui concerne nos civilisations, la solution de loin la meilleure a été l'alliance avec le cheval, et cette combinaison est restée idéale, au point qu'elle demeure la référence première pour toute locomotion véhiculaire (on continue de voir le cheval dans l'automobile, par exemple, et jusque dans la fusée). Elle est ressentie en termes de fusion corporelle : c'est la centaurisation. Il faudrait plusieurs pages pour développer ce thème à sa dimension véritable. L'un des effets de ce long et étroit cheminement commun est de nous mettre en relation de conjonction et non pas d'opposition avec le cheval : il y a une tauromachie, il n'y a pas d'hippomachie. Quand nous parlons d'être en guerre avec le cheval, c'est au sens où *«il partage avec (nous) les fatigues de la guerre et la gloire des combats».*[6] En bref, il nous accompagne et nous transporte; nous marchons avec lui et par lui.

En outre, il nous semble que nous conversons avec lui. La mobilité de ses lèvres nous émeut imperceptiblement, en nous rejoignant au plus intime de notre être culturel : le langage. Nous ne disons et n'entendons pas seulement les mots, nous les faisons et les lisons aussi. Nous les faisons par des mouvements de prononciation lisibles sur la bouche (et sur toute la face où rayonne l'expression). Cela est particulièrement sensible aux sourds, mais les personnes qui entendent s'aident aussi de ce moyen. Elles s'en rendent compte en voyant un film dont le son est décalé, ou traduit d'une langue étrangère. À noter que ce déchiffrement relève d'une lecture corporelle, là encore, dont les variations s'agencent suivant le temps, au lieu d'être parallèles et hors du temps comme dans la comparaison anatomique. En cela, le langage se rapproche de la parenté, qui se développe au fil des générations.

5. *L'asne* [1753], *in* Buffon [1], T. IV : p. 379.
6. *Le cheval* [1753], *in* Buffon [1], T. IV : p. 174.

Le cheval fait comme s'il parlait; nous le percevons comme un être qui parlerait une langue étrangère. Aussi n'est-il pas surprenant que nous lui reconnaissions une bouche, et qu'il soit, avec l'âne, bien entendu, le seul de nos animaux dans ce cas. De plus, c'est par sa bouche que notre main lui parle, et comme cette bouche est son organe de préhension et d'appréhension tactile du monde, en un mot sa main, nous lui parlons ainsi de la main à la main. Il y a de l'écriture dans l'emploi des rênes, et les diverses manières de les tenir sont comme les différentes façons de manier la plume : des styles. Ce sujet de la communication avec le cheval, transformation de la communication entre humains, est un des plus beaux qui soient, et ne peut se penser qu'à travers le transformisme. Dans le domaine sonore, une autre circonstance intervient : le bruit du galop réplique le bruit du cœur, le premier que nous entendons dans le sein maternel; et c'est du côté de notre mère que se fait l'apprentissage de la langue –la langue maternelle, comme dit si bien le français, ainsi que beaucoup d'autres.

Même au titre du simulacre, cette ambiance langagière nous met dans une situation d'interlocution avec le cheval, de conjonction en miroir. Il nous réplique, et, par là, devient notre réplique.

Les éléments qui viennent d'être présentés permettent de rendre compte d'un rapport intime où tout ce qui concerne le cheval nous concerne dans la profondeur, où tout discours sur le cheval revient à l'homme. Dans cette situation, nous sommes enclins à faire la transformation de l'homme dans le cheval, à franchir l'énorme espace de différence qui nous sépare de lui. Nous y sommes d'autant plus disposés que ne joue pas la répulsion que nous avons pour le singe, trop proche en similitude : on résout ce paradoxe en pensant aux pôles des aimants. Or, parcourir cet espace est justement la vocation de l'esprit transformiste.

En cela, le passage de notre main à la main du cheval est un exemple-type, un raccourci fulgurant de l'évolution. Aussi convient-il d'examiner ce que Buffon a dit.

Il se penche en principe sur l'autopode, c'est-à-dire sur ce qui correspond à notre main et notre pied; mais il s'en tient à la première, ce qui, déjà est significatif : il garde ainsi ce qui fait l'essentiel de l'homme, et quand il constatera l'identité constitutionnelle avec le cheval, il n'en dégagera que plus fortement l'assimilation de celui-ci à nous. Dans le *Discours sur la nature des animaux* , dans le même tome que *L'asne* dans l'édition originale (1753), il fait état d'un principe de différenciation périphérique en vertu duquel l'homme et le cheval sont très loin l'un de l'autre par leurs extrémités :

«La partie intérieure (est) à peu près (la même); mais la partie extérieure, l'enveloppe est fort différente (...). Les plus grandes différences sont aux extrémités, & c'est par les extrémités que le corps de l'homme diffère le plus du corps de l'animal (...). En comparant les membres de l'animal avec ceux de l'homme, nous reconnoîtrons encore aisément que c'est à leurs extrémités qu'ils diffèrent le plus, rien ne se ressemblant moins au premier coup d'œil que la main humaine & le pied d'un cheval».[7]

Là, il écrit seul, et se concentre sur la forme, l'aspect extérieur, ce qui correspond à la notion de *«premier coup d'œil»* : le dehors des choses. Plus loin, dans l'article *L'asne*, il subit l'influence de Daubenton qui a établi dans la *Description du cheval* [8] le rapport entre la constitution squelettique de la main de l'homme et celle des solipèdes, et son discours s'inverse. Il rapproche l'homme du

7. *Discours sur la nature des animaux* [1753], *in* Buffon (1), T. IV : pp. 10-11.
8. *Description du cheval*, [1753], *in* Buffon [1], T. IV : pp. 362-366.

cheval aussi fortement qu'il les séparait :

«Que l'on considère, comme l'a remarqué M. Daubenton, que le pied d'un cheval, en apparence si différent de la main de l'homme, est cependant composé des mêmes os, & que nous avons à l'extrémité de chacun de nos doigts, le même osselet en fer à cheval qui termine le pied de cet animal; & l'on jugera si cette ressemblance cachée n'est pas plus merveilleuse que les différences apparentes».[9]

Faut-il crier au double langage? Résolument, oui. Buffon tient successivement celui de la forme, puis celui de la structure, et c'est bien pourquoi le cheval et l'homme sont à la fois la même chose et le contraire. On retrouve la notion d'extrêmes qui se touchent, et l'on voit la raison du classement hésitant, à bascule, de la série des espèces de 1 à 5 doigts.

Dans le *Discours*, Buffon envisage la forme et privilégie les différences, sans trop se soucier de la communauté de plan, alors que dans *L'asne*, Daubenton, avec son «*pour savoir ce que c'est, il faudroit au moins en avoir disséqué*»,[10] le met en présence de la structure, des homologies. Par là, Buffon est pénétré de la constance profonde; il l'exprime par «*les mêmes os, le même osselet*». Il ne s'agit plus de formes animales différentes, mais d'un même animal *à travers les espèces*. Ainsi ouvert au jeu de l'homologie, c'est-à-dire de la structure, qui prime la forme, Buffon, dès que va s'y ajouter l'analogie, la "parenté" de forme, va voir son sentiment de rapprochement homme-cheval s'emballer. Cela se produit avec la confrontation commune de la troisième phalange, et d'autant plus qu'elle est «*en fer-à-cheval*». En effet, la convergence aurait pu se faire sur une forme anodine, mais elle s'établit sur le pied du cheval (dont la phalange unguéale est comme l'empreinte intérieure), ce qui donne un auto-entraînement par jeu de mots et de formes, activant la ressemblance comme à la puissance deux.

Il vaut la peine de regarder ce qu'écrit Daubenton.[11] C'est un vaste sujet que celui du nombre des doigts, car il retentit et sur notre mathématique profonde, et sur l'agencement que nous percevons des animaux, donc sur notre propre intégration au monde vivant. La place manque pour développer, mais il faut au moins faire apparaître ceci : le cheval, qui a un doigt, n'est pas perçu comme tel, mais avant tout comme ayant un pied indivis (*solipède* ne veut pas dire *monodactyle*, mais est la contraction de *solidipède* ). Comme tel, il incarne l'unité, et cela ouvre sur diverses choses, dont la monarchie. Aujourd'hui, nous savons que le doigt du cheval est notre majeur, et que ses deux stylets représentent l'index et l'annulaire. Pour Daubenton, il correspond à la fusion de ces trois doigts, et les stylets au pouce et à l'auriculaire. De la sorte, Daubenton trouve chez le cheval tous les éléments de l'homme. Il lui prête notre main. Dans l'ordre du nombre, l'opération revient à énoncer que la main du cheval, qui fait un, contient trois et, avec les stylets, vaut cinq comme la nôtre. Ainsi s'opère dans l'esprit de Daubenton et de Buffon la transformation qui conduit d'une extrémité à l'autre de la série animale du cheval à l'homme.

Là-dessus arrive la troisième phalange et la communauté de forme qu'elle instaure. Aux «*yeux du corps*», selon l'expression de Buffon,[12] cette dernière n'est pas des plus marquantes, mais elle va se trouver grossie aux «*yeux de l'esprit*» comme

---

9. *L'asne* [1753], *in* Buffon [1], T. IV : pp. 380-381.
10. *Description du cheval*, [1753], *in* Buffon [1], T. IV : p. 263.
11. *Loc. cit.*, notes 4 et 8.
12. *De la manière d'étudier et de traiter l'histoire naturelle* [1749], *in* Buffon [1], T. I : p. 60.

par trois lentilles à la fois : le fait que cette analogie aille dans le sens de l'homologie (synergie d'enthousiasme), l'influence puissante de l'anthropomorphisme dont il a suffisamment été parlé, et la localisation particulière du petit os. En l'occurrence, il est tentant de dire que pour Buffon l'homme et le cheval se ressemblent jusqu'au bout des doigts; il est plus juste de dire : à partir du bout des doigts, comme d'un foyer qui irradie. C'est que le bout des doigts, avec le bout des lèvres, contient le fin du fin de l'homme –et ce sont aussi des zones de sensibilité exquise chez le cheval.

Quand on considère, à la surface de notre cerveau, la projection des aires sensorielles, on observe une sorte d'anamorphose de notre corps, un curieux bonhomme déformé, doté de mains aux doigts énormes et de lèvres hypertrophiées elles aussi. Cela reflète l'importance du langage et de l'activité manuelle, de la bouche qui parle et de la main qui agit. L'image mentale que nous avons de nous épouse les mêmes amplifications. Les lèvres et les doigts sont deux hauts-lieux de ce que nous sommes, deux densifications de notre être, et tout ce qui les intéresse retentit en nous à cette échelle. C'est ce qui fera l'ampleur du débat autour de la reconnaissance de l'intermaxillaire chez l'homme par Goethe : cette controverse tombera sur un point névralgique; c'est, de même, ce qui fait tirer à Daubenton et Buffon tant de conséquence d'une si petite partie que la phalange unguéale.

Prenons maintenant l'expression si courante en hippisme : "L'homme fait corps avec le cheval" et voyons-la du point de vue des homologies. Les mêmes parties se répondent du corps de l'homme au corps du cheval, on passe de l'un à l'autre sans changer de structure, par de simples transformations. Il s'agit du même corps; l'homme fait corps avec l'animal en ce sens aussi. Pour que cela fût établi, il fallait que les deux corps fussent mis en rapport étroit, pour lancer la comparaison. Le cheval y était prédestiné par son intimité avec nous, et les deux sens de la phrase, en cela, se coordonnent, à ceci près que notre rapprochement n'est pas fait que de la complémentarité centauréenne, on l'a vu. C'est de manière plus large qu'en esprit le cheval fait corps avec nous. C'est l'image mentale du cheval dans son rapport à nous qui a allumé dans la pensée de Buffon l'étincelle de génie transformiste.

Son texte cité au début de ces pages montre que s'il n'a pas été habité en permanence par l'idée d'évolution, il a été visité par elle. Force est bien de constater qu'elle a trouvé à s'exprimer, à prendre forme en lui, fût-ce à son corps défendant (et avec ce corps le corps social et religieux environnant). Elle s'est heurtée aux idées établies, celles des Écritures saintes. Les productions de la Nature ont dû reculer devant les textes sacrés. On assiste à la lutte de la plus culturelle des histoires, la religion, contre l'histoire naturelle. Ce qui se joue en cette deuxième moitié du XVIIIè siècle, et qui se jouera de manière plus serrée encore au suivant, c'est la parole des Écritures contre celle des ossements. Il y a un génie propre de l'écriture, quelle qu'elle soit. Aussi ne surprendra-t-il pas de voir un esprit de formation littéraire partisan d'un Buffon conforme à l'Écriture, c'est-à-dire fixiste, et un paléontologue dégager ce qui peut le faire considérer comme un évolutionniste en puissance. Il l'était dans toute la mesure des matériaux dont il pouvait disposer et des contraintes de son temps. Il l'était même beaucoup plus que ceux de nos contemporains qui le sont sans se demander pourquoi ni comment, et qui souscrivent au transformisme comme à une vérité révélée. Avec quelques fossiles d'ancêtres du cheval et de l'âne classés par ordre chronologique, et Daubenton pour continuer de l'aider, il le serait devenu en actes. Comme il était enclin aux variations lentes et continues (*«Le grand ouvrier de la Nature est le Temps : comme il marche toujours d'un pas égal, uniforme et réglé, il ne fait rien par sauts; mais par degrés, par nuances, par succession; il fait tout»*),[13], on aurait probablement fait l'économie du catastrophisme de Cuvier.

Le rôle du cheval dans l'évolutionnisme ne tient pas particulièrement à Buffon. C'est une donnée anthropozoologique étendue : –nous pensons à lui quand nous nous situons dans le monde organisé, présent ou passé. Aussi le voit-on régulièrement invoqué à titre d'exemple du transformisme, des premiers manuels scolaires aux plus épais traités de Paléontologie; la série évolutive de son extrémité digitée est un blason de cette discipline. Le cheval est le compagnon du discours sur nos origines. La réciproque est si vraie que l'on fait le plus grand cas de son propre lignage : le livre des origines du cheval (*studbook*) a été le premier mis sur pied. De même pour l'inverse  : il est associé aussi à nos fins dernières. Ce thème du cheval de la dernière extrémité mériterait plus de place ici, et un recueillement permettant d'envisager dans la même méditation les tombes de cavaliers des steppes protohistoriques, l'Apocalypse, le cheval hurlant de Guernica et le convoi funèbre du Président John Fitzgerald Kennedy. Il y aurait rupture de ton avec Buffon, qui laisse cette gravité, et dont le cheval est fait pour la guerre fraîche et joyeuse. Qu'il suffise de dire que le cheval est associé dans notre esprit profond au dernier cheminement, et que la fusion centauréenne y prend, en miroir de l'origine commune, valeur d'union vers l'Oméga teilhardien; en quoi l'idée d'unité inhérente au cheval intervient comme un opérateur puissant.

Tout cela, donc, n'est pas propre à Buffon, mais sa clairvoyance et la limpidité de son écriture le mettent mieux que quiconque en position d'exprimer les choses, même celles qui ne sont pas encore pleinement parvenues à sa conscience. Elles trouvent à se dire en lui.

«C'est une créature qui renonce à son être pour n'exister que par la volonté d'un autre.»[14]

*Un autre* désigne le cavalier, donc un homme. Son propre autre est ordinairement un homme, et *être* dans le cas présent. La créature, ayant un être humain, est assimilée à un homme, ce qui convient à la capacité de renoncement. Le raccourci *«C'est une créature qui n'existe que par la volonté d'un autre»* rend cela plus sensible. Buffon parle d'une créature versatile, mi-cheval, mi-homme, ou les deux à la fois. Et l'on peut inverser la phrase en pensant, dans le rôle de la créature, à un jeune homme qui ne songerait qu'au cheval et se laisserait accaparer par lui.

«Le cheval semble vouloir se mettre au dessus de son état de quadrupède en élevant sa tête; dans cette noble attitude il regarde l'homme face à face.»[15]

Sous les yeux du lecteur se joue la transformation non plus seulement de l'extrémité des membres, mais de tout le corps et tout l'être, avec l'accession à la verticalité. Ce passage à la bipédie est inscrit au fond de nous, et lorsqu'on demande à plusieurs personnes de dessiner un cheval debout, certaines le font sur ses quatre pieds et d'autres cabré, comme il convient respectivement au cheval et à l'homme. Cela mène à reconnaître trois attitudes, *couché*, *debout*, et *tout debout*, qui recouvrent trois grands stades de l'évolution des vertébrés, et dont le dernier, par le caractère absolu de son intitulé, présente la condition posturale de l'homme comme un

---

13. *Les animaux sauvages* [1756], *in* Buffon [1], T. VI : p. 60.
14. *Le cheval* [1753], *in* Buffon [1], T. IV : p. 174.
15. *Le cheval* [1753], *in* Buffon [1], T. IV : p. 175.

état parfait. Cet enchaînement rejaillit dans l'énigme proposée à Œdipe, mais l'idée de perfection retranche du mythe l'épisode du bâton de vieillesse, qui serait celui du cheval fourbu. Elle ne garde que ce qui parallélise ontogenèse humaine et phylogenèse de la famille la plus étendue et la plus directe de notre espèce, celle des êtres *«qui ont de la chair et du sang»* –comme dit Buffon–[16], et des mamelles, et du poil, et de la voix. Ces mammifères, ces animaux vrais, couvrent idéalement l'espace de la course la plus stricte à la station la plus parfaite, qui libère la main et la parole; les deux bornes en sont et demeurent le cheval et nous. Il était prédisposé à nous accompagner en esprit dans l'émergence de l'évolutionnisme, l'évolution ayant opéré cette verticalisation.

Regarder l'homme face à face, c'est devenir son autre en miroir, son *alter ego*, debout comme lui. Dans notre imagerie mentale, le dessin d'enfant par exemple, l'animal est fondamentalement vu de profil, sur ses quatre membres et l'homme de face et dressé. La phrase de Buffon envisage le cheval comme un homme, en une saisissante évocation de l'évolution. Dans cette formule qui eût pu rester mysté-rieuse, ou le fruit d'une fantaisie, ce raccourci de l'hominisation se trouve à la fois comme une prophétie et comme le symbole même de ce que le cheval suggère en nous l'essentiel de cette histoire. Quand nous lisons avec la grille de notre corps le corps du cheval et réciproquement, c'est elle qui émerge et tente de se faire jour par les moyens d'expression dont nous pouvons disposer. Cette histoire, dont le cheval était le révélateur à travers l'homme Buffon, pointe sous la plume de l'auteur, atten-dant sa suite de fossiles ordonnés pour devenir l'évolution enfin constituée et recon-nue.

> «La plus noble conquête
> que l'homme ait jamais faite
> est celle de ce fier et fougueux animal qui partage avec lui les fatigues de la guerre & la
> gloire des combats.»[17]

La troisième partie est en 6/8, c'est-à-dire au galop. Le style étant l'homme même, le cheval étant le mouvement même, l'allure transparaît dans l'écriture, et le cheval trouve à s'exprimer à travers Buffon. Cette fois, c'est d'image mentale sonore qu'il s'agit, mais le jeu porte toujours sur les homologies de l'appareil locomoteur, sur le pied et la main, en même temps qu'il coordonne le geste et la parole.

Par la vieille et bonne définition *les animaux courent*, le véritable roi des animaux, le coursier par excellence est le cheval. Course dans l'espace, course dans le temps : n'y aurait-il pas transposition de l'une à l'autre, et le cheval ne devrait-il pas son rôle d'enseigne de l'évolutionnisme à l'importance et à la beauté de ses évo-lutions? Cette hypothèse séduisante rencontre une difficulté : le déplacement, ce changement dans l'espace (il ne s'agit pas de la variation biogéographique) est sans changement de forme; ne serait-il pas mieux l'équivalent d'une fixité? À cela s'ajoute que nous nous représentons mal l'écoulement du temps : tantôt nous disons *au cours du temps*, tantôt *à travers*, avec le même sens, alors qu'*au fil de l'eau* ne coïncide pas avec *à travers la rivière*; un bâton flottant sur un cours d'eau peut-être perçu comme mobile ou au contraire comme entraîné passivement par l'eau, etc. Pourtant, les paléontologues disent d'une forme vivante qu'elle *bouge*, pour *évolue*. Cela ouvre une meilleure perspective, dans laquelle l'hippologie permet de faire un

---

16. *Discours sur la nature des animaux* [1753], *in* Buffon (1), T. IV : p. 9.
17. *Le cheval* [1753], *in* Buffon [1], T. IV : p. 174.

bon pas : *allure* (les allures naturelles du cheval sont le pas, le trot et le galop) prête de nos jours à une confusion, une sorte de lapsus collectif (allure = apparence, aspect extérieur) qui met en correspondance forme et mouvement. La forme, comme la course, se réalise au cours du temps. Le transformisme se trouve suggéré par l'animé de cette façon, et le cheval y excelle. Buffon n'y sera pas resté insensible. *«Dans un être animé, la liberté des mouvements fait la belle Nature»* [18] : dans une telle phrase, sous le premier sens, se trouve quelque chose du principe qui vient d'être dit.

Si celui-ci est juste, on devrait voir les transformistes faire appel, pour leurs exemples, à des êtres mobiles, et les fixistes à des êtres peu remuants. Le difficile est ici de considérer les espèces en soi, indépendamment de tout enchaînement dans le temps : les coquillages sont utilisés volontiers par Lamarck, par exemple, mais parce que la stratigraphie livre leurs formes dans l'ordre historique. Buffon, lui, écrit sa page sur l'âne et le cheval hors du temps; il n'a à sa disposition qu'un paysage plat d'espèces présentes, mais il perçoit que la comparaison peut dégager la distance des points de séparation dans le passé.

L'évolution comme conquête de la connaissance n'est pas que celle des lignées, de la généalogie des espèces. Elle est celle du déploiement dans le temps et l'espace de leurs rapports perceptibles, hors du temps et de l'espace, dans leur constitution. C'est cela que Buffon amorce. Le cheval était particulièrement disposé à ce jeu avec nous, car à la fois il est dans des rapports étroits qui l'assimilent à nous, et à une distance frappante. À la fois proche et lointain, il incite à parcourir l'intervalle, par une opération qui est dans l'esprit même du transformisme. Elle met les deux termes en correspondance homologique, de sorte que conquérir ainsi, par la connaissance, le cheval, revient à nous conquérir de même. C'est bien la plus noble conquête que nous pouvons faire, puisqu'elle se ramène au *connais-toi toi-même* des Anciens.

C'est bien ainsi que notre langue l'entend, quand elle parle de *la plus noble conquête de l'homme*, parachevant Buffon. Car il n'a pas écrit ces mots, et le fait que même des personnes extrêmement avisées ne s'en aperçoivent pas montre bien que le génie de la langue procède par des voies inconscientes. Buffon a écrit : *«La plus noble conquête que l'homme ait jamais faite»*. Le Buffon de la légende, celui de notre inconscient collectif français, recourt à une formulation où s'opère, une fois de plus, la mise en équivalence de l'homme et du cheval : *«de l'homme»* peut signifier que l'homme est l'agent de la conquête, ou qu'il en est l'objet. Dans le premier sens, direct, l'homme conquiert le cheval; dans le second,[19] réfléchi, le cheval est l'occasion pour l'homme de se conquérir lui-même. C'est cela aussi qui se trouve dit. Il faut en passer par l'autre qu'est ce superbe animal pour revenir à soi.

Que serions-nous dans un monde sans aucun animal et où les hommes seraient tous identiques comme des frères jumeaux? Que serait ce paradis de platitude, où nous serions tous confondus, en un fixisme achevé? Où nous aurions perdu, avec la différence, le principe même de la comparaison?

«Comme ce n'est qu'en comparant que nous pouvons juger que nos connaissances roulent même entièrement sur les rapports que les choses ont avec celles qui leur ressemblent ou en diffèrent, & que s'il n'existoit point d'animaux, la nature de l'homme seroit (...)

---

18. *Le cheval* [1753], *in* Buffon [1], T. IV : p. 175.

19. Jules Renard a laissé dans ses manuscrits (voir (3), vol. 2, p. 86) ceci : *«La plus noble conquête que le cheval ait faite est celle de l'homme, cet animal»*. Au delà de la note humoristique, cette phrase montre en œuvre le processus de réciprocité. Elle montre aussi que son auteur était un lecteur attentif de Buffon.

incompréhensible...»[20]

## BIBLIOGRAPHIE [*]

(1)†    BUFFON (G. L. Leclerc de), *Histoire naturelle, générale et particulière,* Paris,
        Imprimerie Royale, puis Plassan, 1749-1804, 44 vol. in-4°.

(2)     POPLIN (F.), «Buffon, Pasumot et le sommeil paradoxal du chat», *Mémoires de
        l'Académie des Sciences, Arts et Belles-Lettres de Dijon,* T. 130 (1991) : pp. 297-
        308.

(3)     RENARD (J.), *Œuvres, textes établis, présentés et annotés par Léon Guichard ,*
        Paris, Gallimard, coll. La Pléiade, 2 vol., 1970 et 1971, 1056 et 1058p.

20. *Discours sur la nature des animaux* [1753], *in* Buffon [1], T. IV, p. 3.
[*]   Sources imprimées et études. Les sources sont distinguées par le signe †.

#32767

# 31

## L'INDIVIDUALITÉ DE L'ESPÈCE : UNE THÈSE TRANSFORMISTE?

### Jean GAYON *

Il est des notions qui irritent l'épiderme philosophique de façon singulière. Les notions d'"espèce" et d'"individu" sont de celles qui n'en finissent pas de brouiller la frontière entre le langage des fondations logiques de la rationalité et celui de l'empirie. Tout naturaliste qui s'interroge sur le concept d'espèce en vient tôt, ou tard, à s'engager dans la querelle des universaux. Tout philosophe méditant l'individualité doit faire face aux paradoxes que lui impose la connaissance empirique des phénomènes de la vie.

Nous voulons, dans cette savante célébration historienne, convier le lecteur à une promenade épistémologique désinvolte. Buffon y aura sa place, en relation avec certaines spéculations évolutionnistes contemporaines sur le concept d'espèce.

Dans un texte intitulé «*Une solution radicale au problème de l'espèce* (1974),[1] Michael Ghiselin, biologiste et historien d'obédience darwinienne, a proposé que les espèces biologiques soient considérées, non comme des classes, mais comme des individus, c'est-à-dire des choses particulières, des entités spatio-temporellement délimitées. Dans l'esprit de l'auteur, cette proposition avait valeur de réponse philosophique aux difficultés inextricables du concept d'espèce dans le darwinisme contemporain. Ghiselin mentionnait au passage que l'idée n'était pas nouvelle, et qu'elle remontait au moins à Buffon. Cette indication historique est au demeurant laconique, marginale, et n'est ni explicitée, ni référencée.

Il nous a semblé opportun d'explorer la suggestion, et de chercher à comprendre ce que pourrait bien signifier une problématique buffonienne de l'espèce exprimée dans le langage de l'individualité. Comme on le verra, l'entreprise a quelque fondement, à la fois dans la lettre même de certains textes de l'*Histoire naturelle*, et dans l'appareil logico-ontologique subtil au moyen duquel Buffon a pensé la singularité de l'espèce biologique.

Nous analyserons d'abord deux termes du parallèle qui vient d'être suggéré entre l'évolutionnisme moderne et Buffon : la thèse de l'individualité de l'espèce sera d'abord considérée dans le contexte du darwinisme contemporain, puis dans les significations possibles qu'elle pourrait avoir dans l'œuvre de Buffon. S'il s'avérait que le parallèle fût épistémologiquement sérieux, et qu'il ne tombât point sous l'objection du sophisme du précurseur, il faudrait admettre que l'interprétation de l'espèce comme individu n'est pas intrinsèquement liée à la représentation transformiste et darwinienne des espèces. Cette suspicion nous amènera à douter que le concept d'individu rende compte de la structure logique du concept

* Département de philosophie, Université de Bourgogne. 2, Bd Gabriel. 21000 Dijon. FRANCE.
1. Ghiselin [9].

darwinien de l'espèce, et à évoquer une hypothèse alternative. Cette hypothèse permettra en retour de mieux apprécier le schéma logique sous-jacent aux discussions complexes de Buffon sur l'espèce.

I

## L'INTERPRÉTATION INDIVIDUALISTE DE L'ESPÈCE DANS LA THÉORIE ÉVOLUTIONNISTE CONTEMPORAINE

Il est essentiel de rappeler le contexte contemporain dans lequel s'est formée et développée la thèse selon laquelle les espèces biologiques sont des individus.

Près d'un demi-siècle après son émergence, il apparaît que la théorie synthétique de l'évolution, autrement dit la version moderne du néo-darwinisme, n'a pas réussi à développer un concept de l'espèce biologique qui incorpore l'ensemble des phénomènes regroupés sous ce mot. Bien loin d'être le concept central et unificateur de la théorie synthétique, le concept d'espèce n'a cessé d'organiser une querelle constitutive. On peut très schématiquement résumer cinquante ans de controverses ininterrompues en disant qu'il y a fondamentalement trois concepts de l'espèce dans la théorie évolutionniste moderne.[2] Ces trois concepts se sont élaborés de manière successive.

La doctrine orthodoxe originelle, connue sous le nom de «*concept biologique de l'espèce*», a été formulée par Ernst Mayr en 1942 :

«Les espèces sont des groupes de populations naturelles actuellement ou potentiellement interfécondes, et reproductivement isolés d'autres groupes semblables.»[3]

Cette définition est une reformulation, dans le langage populationnel, d'une vieille définition opératoire abondamment utilisée par Buffon et d'autres naturalistes du dix-huitième siècle : la définition par le critère mixiologique. Un aspect fondamental de cette définition, constamment rappelé par E. Mayr et son école,[4] est qu'elle est non-dimensionnelle : –elle n'implique aucune référence directe au temps ou à l'espace. C'est pourquoi le concept biologique de l'espèce devient de plus en plus indistinct à mesure qu'on l'applique à des points du temps ou de l'espace plus éloignés les uns des autres. Ce caractère non-dimensionnel du concept biologique de l'espèce interdit d'interpréter celle-ci comme un continuum temporel; ceci signifie qu'en toute rigueur on ne devrait pas parler de l'âge d'une espèce, ni de son origine, de sa durée de vie ou de sa mort.[5]

À ce concept non-dimensionnel et opératoire de l'espèce, le paléontologue George Gaylord Simpson a opposé la définition de l'espèce comme lignée. Cette définition est connue sous le nom de «*concept évolutif de l'espèce*» (1961).

«Une espèce évolutive est une lignée (une séquence généalogique (ancêtres-descendants) de populations évoluant de manière séparée avec son rôle et ses tendances évolutives et unitaires propres.»[6]

Cette définition met l'accent sur la continuité temporelle de l'espèce et son autonomie évolutive. L'aspect mixiologique (l'isolement reproductif) n'est alors qu'un effet de cette autonomie évolutive.

2. Nous empruntons cette analyse, dans ses grandes lignes, à Kitcher [12]. Voir aussi Rosenberg [20].
3. Mayr [14] : p. 120.
4. Mayr [15] : pp. 14, 16, 225; Bock [1] : pp. 28-29.
5. Bock [1] : p. 29.
6. Simpson [21] : p. 153.

Enfin les écologistes ont objecté aux deux définitions précédentes qu'elles négligent la partition écologique de l'espace qui fonde à la fois l'isolement reproductif et l'autonomie temporelle de l'espèce. D'où un troisième concept de l'espèce, communément appelé *«concept écologique de l'espèce»*, et qui met l'accent sur l'association étroite entre l'isolement des lignées évolutives et les zones adaptatives distinctes qu'elles exploitent. Ce concept de l'espèce est manifestement multidimensionnel.[7]

Les trois concepts de l'espèce que nous venons de rappeler ont en commun un même rejet de toute conception essentialiste de l'espèce. Ces trois définitions, développées successivement, se sont toutes révélées opératoirement équivoques, et non exhaustives. Il ne saurait être question ici d'exposer ces difficultés. Le point qui nous importe est le suivant : la théorie synthétique a échoué à construire un concept de l'espèce comme classe naturelle. Ceci signifie qu'il n'existe aucune propriété nécessaire et suffisante qui permette de décider si une collection quelconque d'organismes mérite ou non le nom d'espèce. La théorie évolutionniste moderne n'est donc pas loin de suggérer, en contradiction avec ses ambitions les plus explicites et les plus cruciales, que la notion d'espèce est une fiction verbale.

C'est dans ce contexte que M. Ghiselin a proposé, en 1969 et 1974, *«la solution radicale»* désormais largement popularisée.[8] Celle-ci consiste à dire que les espèces ne sont pas des classes, mais des individus, c'est-à-dire des *choses* particulières. Ce ne sont pas des classes, car les espèces n'ont pas d'instance, mais seulement des parties ou des constituants. Ce sont des individus, car ce sont des entités qui ont une existence spatialement et temporellement déterminée; elles sont désignables plutôt que définissables, et susceptibles à ce titre de recevoir un nom propre. Une espèce est donc logiquement comparable à une entité telle que "la France", ou "la société Renault" *:* "la France" et "Renault" sont des entités qui ont des parties, non des instances (des exemples); elles sont spatio-temporellement délimitées; elles reçoivent un nom propre, et non un nom commun. Ces arguments de nature logique sont plus ou moins inspirés de l'essai métaphysique du philosophe anglais Strawson sur *Les Individus*.[9] Soit dit en passant, Strawson concluait son livre en disant que les seuls candidats raisonnables au statut d'individu, c'est-à-dire *«ce qui existe fondamentalement»*, étaient *«les corps matériels»* et *«les personnes»*.

Ghiselin faisait par ailleurs observer que la représentation des espèces comme individus s'accorde bien avec trois notions darwiniennes fondamentales : (1) l'idée que les espèces se transforment (car seules des choses singulières changent, non des classes, qui sont par nature non temporelles et non spatiales); (2) l'ampleur de la variation intraspécifique (car elle rend beaucoup d'espèces indéfinissables par un ensemble de caractères partagés par *tous* les individus); (3) enfin le fait que les espèces interagissent (e.g. prédation, compétition). Cependant, ces considérations darwiniennes ne constituent que la périphérie rhétorique de l'argument. Il est essentiel de noter que le cœur de l'argument de Ghiselin était de nature logico-métaphysique. Conscient que le mot même d'espèce a d'abord été un terme technique de philosophie enveloppant plus ou moins confusément l'héritage du problème des universaux, Ghiselin s'est efforcé de clarifier le langage du biologiste

---

7. Van Valen [25] : pp. 233-234; mais on peut aussi penser aux réflexions de Cuénot dans son livre de 1936 sur *L'espèce* [4]. Cuénot cependant n'utilisait pas cette expression. Sur les implications et les difficultés des trois concepts modernes de l'espèce que nous avons rappelés, voir Rosenberg [20].

8. Ghiselin [8], [9].

9. Voir Strawson [23].

en le confrontant à celui de la logique des prédicats. Dans cette perspective, l'espèce du biologiste n'a pas le statut d'une CLASSE d'objets qui partageraient la même propriété (le même «prédicat»), mais celui d'une CHOSE singulière. Autrement dit l'espèce des biologistes n'est pas une *espèce* au sens philosophique du terme (*eïdos*), mais exactement le contraire : - elle est un *individu*, c'est-à-dire, pour reprendre une célèbre définition de Leibniz (*Discours de Métaphysique*, § 8), un sujet logique, qui admet des prédicats, mais ne peut être lui-même prédicat d'aucun autre. Bref, la thèse selon laquelle les espèces biologiques sont des individus signifie, ni plus, ni moins, qu'elles sont réelles; affirmation qui exprime parfaitement la conviction profonde de tous les synthétistes, par delà leurs désaccords sur le contenu du concept.

Telle est donc la thèse de Ghiselin, thèse dont l'argument crucial relève de la philosophie de la logique. Cela étant, l'assertion selon laquelle les espèces sont des individus s'est, depuis 1974, largement diffusée dans le discours évolutionniste. On ne s'étonnera pas qu'elle ait engendré beaucoup de confusion, comme il arrive toujours lorsque les sciences de la vie se reconnaissent dans une thématique de l'individualité. Nous nous contenterons d'indiquer trois effets théoriques remarquables de la thèse de l'individualité de l'espèce.

Le premier effet théorique découle directement de la thèse de Ghiselin, au sens précis qu'elle avait au départ. Dans cette optique, la thèse signifie que les espèces sont des singularités historiques, et qu'il ne faut par conséquent pas espérer qu'on puisse formuler des lois absolument générales à leur propos. À la différence des sciences physico-chimiques, qui peuvent prétendre avoir affaire à des classes naturelles d'objets, la biologie n'arrive jamais à formuler des régularités et des lois sans exception : ni des lois concernant la totalité des espèces, ni des lois concernant même telle ou telle espèce.[10] La thèse de l'individualité de l'espèce enveloppe de la sorte une appréciation globale des sciences de la vie : la biologie dans sa totalité est une discipline qui a, et aura toujours, l'allure d'une étude de cas. (Remarquons que cette conséquence s'accorde merveilleusement bien avec le cadre conceptuel du darwinisme, mais contrairement à une affirmation courante, ce lien au darwinisme, ou même à l'évolutionnisme en général, n'est pas intrinsèquement nécessaire).

En second lieu, Ghiselin a soutenu que sa proposition fournissait une *«solution radicale»* aux problèmes nés du concept biologique de l'espèce, et nombreux sont les biologistes et les épistémologues qui ont abondé dans ce sens. Or, il nous faut constater ici que c'est là une croyance étrange qui relève de quelque chose comme la psychologie des profondeurs. La thèse de l'individualité de l'espèce se réduit en effet à dire que les espèces sont des entités spatio-temporellement délimitées. Or, le trait le plus important du concept *«biologique»* de l'espèce, talentueusement diffusé par Ernst Mayr, et peu ou prou repris par la plupart des synthétistes, est que c'est un concept non-dimensionnel, c'est-à-dire ni spatial ni temporel. En conséquence, la *«solution (philosophique) radicale»* de Ghiselin n'est pas un dépassement des difficultés du concept biologique de l'espèce, mais son refoulement pur et simple. Il est étrange, que dans les innombrables discussions qui se sont développées sur l'individualité de l'espèce, cette contradiction flagrante n'ait pas été remarquée.

Le troisième effet théorique, bien prévisible, tient à l'utilisation même du mot "individu". Il eût été naïf de croire que la notion de l'individualité de l'espèce conserverait longtemps son sens logico-métaphysique précis et raffiné (l'*ens*

10. Rosenberg [20] : Chap. 7, § 9.

*[annotation manuscrite : But it is an implicit axiom.]*

*singularis* des scolastiques). Le terme d'*individu*, après tout, a d'autres connotations autrement plus fortes, pour le biologiste comme pour l'anthropologue. Individu (individuum) est la traduction latine exacte du grec *atomos*, c'est-à-dire étymologiquement *«quelque chose qui ne se divise pas»*. Or cette notion négative a toujours reçu deux interprétations : ou bien l'individu est le concept d'une totalité irréductible, ou bien il est le concept de la partie ultime (la particule). Autrement dit, le terme d'individu n'exprime pas seulement l'un des aspects de l'opposition classique entre "holisme" et "atomisme", il enveloppe l'opposition elle-même dans ses deux termes constitutifs. Rien d'étonnant dans ces conditions à ce que la proposition *«les espèces sont des individus»* ait été comprise de deux manières qui reflètent cette dualité de sens du terme *«individu»* : chez certains, les écologues surtout, elle a bien vite exprimé la vieille idée selon laquelle les espèces seraient des totalités intégrées ou des *«superorganismes»*;[11] chez d'autres, les paléontologues surtout, elle a signifié qu'à l'échelle des temps géologiques les espèces peuvent être traitées comme des populations de particules dont le comportement est réglé par des processus opérant à un niveau trans-spécifique (par exemple : sélection d'espèce, et *«species drift»*).[12] Ces réinterprétations de la thèse de l'individualité de l'espèce concourent de la manière la plus explicite à une vision hiérarchique de l'évolution. De telles représentations sont évidemment en opposition avec la représentation singulariste et non hiérarchique de l'évolution caractéristique du darwinisme orthodoxe, dont se réclamait Ghiselin.[13]

En résumé, l'assertion que *«les espèces sont des individus»* est une proposition élégante dans sa formulation logicienne initiale. Toutefois, en pratique, elle a engendré dans la philosophie évolutionniste une confusion qui rappelle nombre de débats classiques sur l'individualité biologique. Il convient maintenant de nous tourner vers Buffon.

## II
### ESPÈCE ET INDIVIDUALITÉ CHEZ BUFFON

Dans cette seconde partie de notre analyse, nous montrerons que non seulement la thèse de l'individualité de l'espèce est présente dans l'œuvre de Buffon, mais qu'elle s'y instaure en vertu d'une démarche épistémologique étrangement comparable à celle de l'évolutionnisme synthétiste pris comme un tout. Notre propos en l'occurrence ne sera pas de déceler une précursion, mais une structure argumentaire comparable, en réponse à un même problème empirique; l'analogie nous semble assez forte pour considérer que la question évolutionniste est secondaire dans le débat en question. Bien entendu, la démonstration exige de prendre en compte les particularités du vocabulaire philosophique de Buffon, et la chronologie des textes.

Rappelons d'abord deux textes célèbres, qui circonscrivent, non une thèse, mais un problème central dans la conception buffonienne de l'espèce.

Le premier texte est tiré du *Premier Discours* figurant en tête du premier tome de l'*Histoire naturelle* en 1749 :

«Il n'existe réellement dans la Nature que des individus, et les genres, les ordres et les

11. La notion de *«pool génique intégré»* illustrerait bien ce point.
12. Voir Gould [10], Stanley [24].
13. Voir Gayon [7].

classes n'existent que dans notre imagination.»[14]

Dans cette déclaration, le point le plus remarquable est l'absence du mot "espèce". Dans sa liste des fictions naturalistes, Buffon n'inclut pas l'espèce. Ceci s'accorde bien avec l'affirmation constante que les espèces des êtres vivants sont réelles,[15] qu'elles sont des CHOSES, pour autant qu'on les considère dans la temporalité,[16] qu'elles subsistent d'elles-mêmes,[17] qu'elles constituent «[le] *point le plus fixe que nous ayons en Histoire naturelle»*,[18] et qu'elles doivent à ce titre –elles et non la classification linnéenne– organiser de manière suffisante le plan de l'histoire naturelle de la vie. Mais par ailleurs, comme Buffon identifie l'existence réelle et l'individualité, on est bien obligé de s'interroger sur la relation exacte entre espèce et individualité, et de se demander si, à la limite, la terminologie philosophique de Buffon ne le contraindrait pas à admettre que les espèces vivantes sont des individus.

Assurément, Buffon ne dit jamais les choses ainsi, car son concept d'individu n'est pas seulement logique, mais implique aussi la notion de totalité organisée : «*un individu n'est qu'un tout uniformément organisé dans toutes ses parties intérieures»*[19] Aussi bien, si les molécules organiques peuvent être organisées comme des individus, les espèces ne le peuvent pas, car leur choséité se limite à la continuité temporelle d'une généalogie :

«l'espèce est (donc) un mot abstrait et général, dont la CHOSE n'EXISTE qu'en considérant la Nature dans la succession du temps.» (nous soulignons)[20]

Il existe cependant un autre texte, lui aussi fort connu, où Buffon s'aventure à présenter l'espèce comme un individu. Il s'agit des déclarations très étranges qui figurent en tête de la *Seconde vue* de 1765 :

«Un individu, de quelque espèce qu'il soit, n'est rien dans l'Univers; cent individus, mille ne sont rien; les espèces sont les seuls ÊTRES dans la Nature; êtres perpétuels, aussi anciens, aussi permanents qu'elle; que pour mieux juger nous ne considérons plus comme une COLLECTION ou une SUITE d'individus semblables; mais comme un TOUT indépendant du nombre, indépendant du temps; un tout toujours vivant, toujours LE MÊME; un tout qui a été compté pour UN dans les ouvrages de la création. (...) Le temps lui-même n'est relatif qu'aux individus, aux êtres dont l'existence est fugitive; mais celle des espèces étant constante, leur permanence fait la durée...à chacune [la Nature] a donné les moyens d'être, & de durer tout aussi longtemps qu'elle.» (nous soulignons)[21]

---

14. *Premier Discours» : De la manière d'étudier et de traiter l'histoire naturelle* [1749], *in Buffon* [3] : p. 19A.

15. «*Examinons de plus près cette propriété commune à l'animal & au végétal, cette puissance de produire son semblable, cette chaîne d'existences successives d'individus, qui constitue l'existence réelle de l'espèce; (...)». Histoire générale des animaux, Chap. II, De la reproduction en général* [1749], *in* Buffon [3] : p. 238B.

16. «*Ce n'est ni le nombre ni la collection des individus semblables qui fait l'espèce, c'est la succession constante & le renouvellement non ininterrompu des ces individus qui la constituent». L'asne* [1753], *in* Buffon [3] : p. 355B.

17. «Les espèces d'animaux ou de végétaux ne peuvent donc jamais s'épuiser d'elles-mêmes, tant qu'il subsistera des individus l'espèce sera toûjours toute neuve, elle l'est autant aujourd'hui qu'elle l'était il y a trois mille ans; toutes subsisteront d'elles-mêmes, tant qu'elles ne seront pas anéanties par la volonté du Créateur». *Histoire générale des animaux, Récapitulation* [1749], *in* Buffon [3] : p. 289B.

18. *L'asne* [1753], *in* Buffon [3] : p. 356A.

19. *Histoire générale des animaux, Chap. II, De la Reproduction en général* [1749], *in* Buffon [3] : p. 238B.

20. *L'asne* [1753], *in* Buffon [3] : p. 356A.

21. *De la Nature. Seconde vue* [1765], *in* Buffon [3] : p. 35A-B.

Poursuivant dans cette ligne de pensée, Buffon construit une fiction :

«Faisons plus, mettons aujourd'hui l'espèce à la place de l'individu; nous avons vu quel était pour l'homme le spectacle de la Nature, imaginons qu'elle en serait la vue pour un être qui représenterait l'espèce humaine entière. (...) Le millième animal dans l'ordre des générations est pour lui le même que le premier animal. Et en effet, si nous vivions, si nous subsistions à jamais, si tous les êtres qui nous environnent subsistaient aussi tels qu'ils sont pour toujours, & que tout fût perpétuellement comme tout est aujourd'hui, l'idée du temps s'évanouirait & L'INDIVIDU DEVIENDRAIT L'ESPÈCE..» (nous soulignons)[22]   *Exactly .*

Ce texte a toujours beaucoup embarrassé les historiens, car il est assez tardif, relativise la notion historique de l'espèce comme succession d'individus, et semble ramener Buffon vers les rivages de l'aristotélisme, alors même que sa représentation concrète de l'espèce mettait simultanément de plus en plus l'accent sur la contingence historique et géographique de celle-ci.[23]

Les deux textes que nous avons évoqués suffisent à convaincre que le problème de l'individualité de l'espèce dans la pensée buffonienne peut *au moins* être posé, quitte à conclure qu'il pourrait ne s'agir que d'un problème, et non d'une thèse. Nous montrerons toutefois qu'il s'agit bien d'une thèse, produite dans une situation théorique très semblable à celle des débats d'aujourd'hui sur le concept d'espèce. Notre argument ne repose sur aucune source bibliographique inusuelle; il repose sur une distinction entre deux styles caractéristiques dans lesquels Buffon approche le problème de l'espèce. On peut en effet assez facilement dissocier les textes dans lesquels Buffon exprime sa représentation concrète et empiriquement située de l'espèce, et les textes qu'il interroge sur les schémas logiques sous-jacents à la catégorie d'espèce. Bien entendu, on retrouve les mêmes termes dans les deux contextes, mais dans un cas ils sont utilisés de manière opératoire et désignative, dans l'autre ils sont interrogés dans leur signification philosophique.

Considérons d'abord les représentations concrètes de l'espèce, telles qu'elles apparaissent dans le développement de l'œuvre de Buffon. Jacques Roger en a donné un tableau dont la clarté demeure un point de référence pour tous les historiens.[24] Nous nous en inspirons ici librement.

Dans les premiers tomes de l'*Histoire naturelle*, en 1749, Buffon est surtout préoccupé de récuser la méthode classificatoire de Linné : celle-ci est présentée comme abstraite, arbitraire, stérile.[25] L'*Histoire naturelle* ne doit pas être «*un système général*», fondé sur la considération d'un petit nombre de caractères dans les espèces, la juste méthode consiste dans une description aussi exhaustive que possible des organismes. Dans ce contexte, la reconnaissance des espèces repose sur «*les ressemblances & les différences (...) non seulement d'une partie mais du tout ensemble*».[26] En 1753, Buffon croit trouver un critère sûr de reconnaissance des espèces dans la stérilité des hybrides.[27] Ce critère mixiologique lui suggère une alternative à la vieille définition philosophique de l'espèce comme collection d'individus semblables : la continuité générative est désormais l'élément décisif du concept d'espèce, en sorte que la ressemblance n'est pas l'essentiel : l'âne et le cheval se ressemblent sans doute beaucoup, et donnent une progéniture hybride,

22. *Ibid.* : pp. 35B-36A.
23. Voir par exemple *Animaux communs aux deux continens* [1761], *in* Buffon [2], T. IX.
24. Roger [19] : pp. 567-577.
25. *De la manière d'étudier et de traiter l'histoire naturelle* [1749], *in* Buffon [3]: pp. 9B-13B.
26. *Ibid.* : p. 13B.
27. Voir en particulier *Le cheval* [1753], et *L'asne* [1753].

mais celle-ci est stérile. Aussi la ressemblance est-elle au mieux une conséquence de la succession des individus dans la génération.[28]

Mais, très vite, le critère mixiologique perd de sa clarté. Car certains hybrides sont féconds, et la stérilité peut être partielle ou temporaire. Mais surtout, Buffon prend conscience de l'ampleur de la variation, en particulier chez des animaux comme le chien. C'est pourquoi au critère équivoque d'interfécondité se substitue celui d'origine commune:[29] la notion de succession ne suffit plus, car les «*successions d'individus*», comme aime à dire Buffon au pluriel, peuvent diverger vers des formes dégénérées, et reconverger vers la plénitude de la race originelle. Enfin, dans des textes comme ceux sur *Le loup*[30] ou sur les *Animaux communs aux deux continens*, Buffon s'intéresse de plus en plus ouvertement à la distribution géographique, à l'habitat et aux mœurs, ce qui le conduit à spatialiser et temporaliser la question de l'origine. Évoquant les animaux séparés par des barrières géographiques telles que les océans, Buffon envisage l'hypothèse que les conditions locales aient, avec le temps, «*dénaturé*» les animaux. Mais, ajoute-t-il :

«Cela ne doit pas nous empêcher de les considérer aujourd'hui comme des animaux d'espèces différentes : de quelque cause que vienne cette différence, qu'elle ait été produite par le temps, le climat & la terre, ou qu'elle soit de même date que la création, elle n'en est pas moins réelle: la Nature, je l'avoue, est dans un mouvement de flux continuel; mais C'EST ASSEZ POUR L'HOMME DE LA SAISIR DANS L'INSTANT DE SON SIÈCLE, & de jeter quelques regards en arrière & en avant, pour tâcher d'entrevoir ce que jadis elle pouvait être, & ce que dans la suite elle pourroit devenir.» (nous soulignons)[31]

Nous arrêterons là l'évocation des représentations concrètes de l'espèce chez Buffon. Définition mixiologique, définition par la lignée générative, définition par la communauté d'origine, enfin définition géographique et écologique. Buffon n'a rien fait d'autre que mettre en œuvre toujours plus scrupuleusement le précepte méthodologique formulé dès les premières pages du premier tome de l'*Histoire naturelle* :

«la vraie méthode (...) est la description complète et l'histoire exacte de chaque chose en particulier.»[32]

Ce précepte l'a mené à enrichir peu à peu le contenu empirique de la notion d'espèce, et à multiplier les critères. Il est intéressant de noter que la démarche de la théorie synthétique au vingtième siècle n'a guère été différente. Dans les deux cas, on s'est acheminé vers le constat final qu'aucune définition opératoire de l'espèce ne pouvait prétendre recouvrir toutes les situations dans lesquelles le naturaliste s'estime fondé à parler d'"espèce"; dans les deux cas aussi, l'historien observe une transformation analogue du concept de l'espèce : d'un concept non-dimensionnel (inter-fécondité), on passe d'abord à l'intégration du temps (notion de lignée d'individus), puis à celle de l'espace géographique et de l'espace écologique (cf. *supra*, §I). Enfin, dans les deux cas, l'échec des définitions empiriques appelle une réflexion radicale sur le statut logique du concept d'espèce.

Venons-en précisément à l'aspect logique de la réflexion de Buffon sur l'espèce. À ce point de l'analyse, il est opportun de revenir au texte insolite de 1765, que

28. *L'asne* [1753], *in* Buffon [3] : pp. 355B-356A.
29. *Le mouflon* [1764], *in* Buffon [2], T. XI : p. 365.
30. *Le loup* [1758], *in* Buffon [2], T. VII.
31. *Animaux communs aux deux continens* [1761], *in* Buffon [3] : 382B.
32. *De la manière d'étudier et de traiter l'histoire naturelle* [1749], *in* Buffon [3] : p. 14B.

nous avons déjà cité (Cf. *supra*, n. 21 et 22). Ce texte relativement tardif, où le naturaliste philosophe considère explicitement l'espèce selon la catégorie de l'individu, donne la structure logique complète de l'espèce buffonienne. Trois interprétations du statut logique de l'espèce s'y succèdent :

1) l'espèce comme *«collection d'individus semblables»;*

2) l'espèce comme *«suite»* (ou succession) *«d'individus semblables»;*

3) l'espèce comme un *«tout»* indépendant du nombre et du temps, un être *«permanent».* Notons que c'est à l'occasion de ce troisième concept que Buffon envisage l'espèce comme *«individu».*

Le passage du premier au troisième concept s'effectue par deux dénégations enchaînées : *«les espèces sont les seuls Êtres dans la Nature (...) que pour mieux juger nous ne considérons plus comme une collection ou une suite d'individus semblables; mais comme un tout indépendant du nombre, indépendant du temps».*[33] Examinons ces deux dénégations, de nature fondamentalement philosophique.

La première dénégation, autrement dit le passage du concept d'espèce comme *«collection d'individus semblables»* à celui de l'espèce comme *«suite»* ou succession ininterrompue est l'un des leitmotiv les plus constants dans la pensée naturaliste de Buffon. Comme l'a rigoureusement établi Phillip Sloan,[34] on peut créditer Buffon d'avoir opéré la difficile transition du vieux concept scolastique d'espèce (l'espèce au sens de classe logique, par exemple lorsque la langue populaire dit "une espèce de...", au sens banal de : "une sorte de...") au concept moderne d'espèce biologique, entendue comme entité temporelle existant au sens plus strict du terme, c'est-à-dire comme CHOSE physique. Phillip Sloan indique un texte inséré dans *L'asne*, où cette transition est formulée de la manière la plus explicite :

«Un individu est un être à part, isolé, détaché, et qui n'a rien de commun avec les autres êtres, sinon qu'il leur RESSEMBLE, au lieu qu'il en diffère : tous les individus SEMBLABLES, qui existent sur la surface de la terre, sont regardés comme composant L'ESPÈCE DE ces INDIVIDUS...»

Dans cette première phrase, *«espèce»* est pris au vieux sens de classe logique d'objets. Mais immédiatement après, Buffon poursuit :

«Cependant, ce n'est ni le nombre ni la collection des individus semblables qui fait l'espèce, c'est la succession constante et le renouvellement non interrompu de ces individus qui la constituent (...). C'est en comparant la Nature d'aujourd'hui à celle des autres temps, et les individus actuels aux individus passés, que nous avons pris une idée nette de ce que l'on appelle espèce, et la comparaison du nombre et de la ressemblance des individus n'est qu'une idée accessoire et souvent indépendante de la première.»[35]

Buffon pose donc que, chez les êtres vivants, et chez eux seulement, la relation de ressemblance doit être subordonnée à celle de succession : deux individus peuvent se ressembler beaucoup et ne pas appartenir à la même espèce (par exemple un âne et un cheval);[36] deux individus peuvent grandement différer et appartenir à la même lignée spécifique (par exemple un barbet et un levrier).[37] On ne saurait assez insister sur le nœud que Buffon tranche ainsi, en étant pleinement conscient des

33. Cf. *supra* n. 21.
34. Sloan [22] : pp. 122-123.
35. *L'asne* [1753], *in* Buffon [3] : pp. 355B-356A.
36. *L'asne* [1753], *in* Buffon [3] : p. 356A.
37. *Ibid.*

implications logiciennes du débat. Peu après dans le même texte sur *L'asne*, il invite solennellement à ne plus parler d'*«espèces minérales»*,[38] car le fer ou le plomb, par exemple, ne sont que des CLASSES d'objets qui se ressemblent (donc des espèces au sens scolastique du terme); ceci signifie, corrélativement, que Buffon réserve désormais la catégorie d'*espèce* à des êtres naturels dont la mise en ordre implique que l'opération logique de classification soit subordonnée à la relation sérielle de succession (c'est-à-dire, dans le contexte du naturalisme du XVIII$^e$ siècle, les animaux et les végétaux, et eux seuls).

Cette présentation du concept buffonien de l'espèce éclaire les raisons profondes de son opposition à la classification linnéenne. Même lorsque, plus tardivement, Buffon intégrera des éléments de classification dans son *Histoire naturelle*, le thème de la subordination de la classification à l'ordre historique de la succession demeurera. Ce constat nous amène à une première conclusion quant au parallèle entre la thèse moderne de l'individualité de l'espèce et la conception buffonienne de l'espèce. Par sa nouvelle définition de l'espèce, Buffon pose celle-ci comme singularité historique. Or, d'une singularité on ne peut réaliser qu'une étude de cas. De fait, l'*Histoire naturelle*, à la différence du *Système de la Nature* de Linné, se présente essentiellement comme une longue suite d'études de cas. Il y a une résonance évidente entre ce choix épistémologique et la thèse moderne que les espèces sont des individus. L'une des principales implications de cette thèse est en effet que les sciences biologiques n'ayant pas affaire à des classes naturelles d'objets, mais seulement à des singularités historiques, ne peuvent jamais accéder à des lois et des généralisations sans exception.

Il nous reste maintenant à comprendre le passage buffonien de l'espèce comme succession d'individus à l'espèce comme un *«tout»* permanent et atemporel, que le naturaliste désigne, dans le texte de la *Seconde vue*, et à vrai dire en cette seule occasion, comme *«individu»*.[39] Dans ce texte crucial, ce passage est présenté comme une fiction. La fiction n'est pas en l'occurrence une production arbitraire de l'imagination, mais un artifice qui, dans la veine de la démarche cartésienne classique, a pour fonction d'introduire une notion décisive, mais inaccessible à l'observation directe : le moule intérieur. Nous nous contenterons ici de pointer le schéma logique selon lequel Buffon produit la fiction –en l'occurrence l'hyperbole– de l'individualité de l'espèce.

Dans le fameux texte de la *«Seconde vue»*, on relève une série de trois termes de relation : ressemblance, succession, permanence. Il semble difficile, ici, de ne pas penser à Hume : dans le *Traité de la Nature humaine* (I, IV, 2), *«ressemblance»* et *«succession»* sont données comme les deux relations naturelles immédiates entre idées; mais l'identité, encore appelée *«l'existence continue et ininterrompue»*,[40] est présentée comme une *«fiction imaginative»*,[41] par laquelle l'esprit se représente *«un changement dans le temps sans variation ni interruption de l'objet»*.[42] (souligné par Hume). La notion d'identité est ainsi pour Hume une notion paradoxale. Elle résulte d'une authentique synthèse de la ressemblance et de la succession. Elle est, précise Hume, une *«idée intermédiaire entre unité et nombre»*. Nous ne pouvons ici documenter l'hypothèse d'une influence directe de la philosophie humienne sur la

38. *L'asne* [1753], in Buffon [3] : pp. 356A-B..

39. *De la Nature. Seconde vue* [1765], in Buffon [3] : p. 35A. Cf. *supra* n. 22.

40. Hume [11] : p. 295.

41. Hume [11] : p. 289.

42. Hume [11] : p. 290.

conception buffonienne de l'espèce. Mais pour peu que l'on ait égard aux multiples textes dans lesquels Buffon a pensé la relation logique entre individu et espèce, on ne peut manquer de reconnaître un même vocabulaire et une même question : philosophiquement, la succession à elle seule ne suffit pas à fonder l'idée d'une CHOSE qui dure. Si les espèces biologiques sont bien des êtres, les seuls êtres de la Nature, il faut, au moins fictivement, engendrer leur identité. Il faut accomplir ce que Kant appelera le paralogisme de substantialité. Il faut en bref franchir le pas de la logique à l'ontologie. Tel est le contexte conceptuel philosophique dans lequel Buffon évoque l'espèce comme un *«individu»*, comme totalité *«subsistante»*. On s'en convaincra aisément en relisant le fragment de la *Seconde vue* que nous avons reproduit plus haut.

En résumé, on trouve donc chez Buffon deux thèses qui ne nous semblent pas fondamentalement distinctes des deux sens que nous avions discernés dans la formule moderne selon laquelle *«les espèces sont des individus»* : 1°) Les espèces sont des singularités temporelles (des *«successions»*); cette thèse signifie que dans l'étude des espèces vivantes, l'histoire naturelle ne va jamais au-delà de l'étude de cas; aucune ressemblance, de quelque point de vue que ce soit, ne suffit à nous assurer que nous avons défini d'authentiques *classes naturelles* d'êtres vivants; seule la continuité généalogique, dûment observée, nous permet de reconnaître des collections d'êtres vivants comme des *espèces*. 2°) Buffon assume une hyperbole ontologique de cette singularité des collections d'êtres vivants : –les espèces sont des totalités. Assurément, ces totalités sont données dans la pensée buffonienne comme *«permanentes»*, tandis qu'elles sont dans l'évolutionnisme moderne en constante transformation, et susceptibles de naître et de mourir.[43] Mais ceci signifie justement que la thèse de l'individualité de l'espèce n'est pas par soi-même une thèse intrinsèquement liée à une représentation darwinienne de l'histoire de la Nature. Il est tout à fait remarquable qu'à deux siècles de distance, dans des contextes empiriques fort différents, la notion d'espèce biologique ait suscité une même dérive de la philosophie naturelle vers l'ontologie.

### III
#### UN AUTRE SCHÉMA LOGIQUE POUR LE CONCEPT D'ESPÈCE

Le résultat le plus manifeste de notre enquête est que l'interprétation logique de l'espèce comme individu est passablement indifférente à l'alternative entre fixisme et transformisme. De là résulte qu'on ne rend pas compte de l'originalité de la notion darwinienne de l'espèce en disant que les espèces sont des individus.

En guise de conclusion, nous évoquerons une autre interprétation possible du statut logique de l'espèce sous hypothèse darwinienne. Nous nous inspirons d'une analyse de Czeslaw Nowinski, épistémologue polonais regretté, dans une étude légèrement antérieure à la proposition de M. Ghiselin.[44] L'analyse est passée à peu près inaperçue, peut-être car après avoir été publiée en polonais,[45] elle l'a été en français et non en anglais. Peut-être aussi parce qu'elle est plus aride, et moins récupérable dans une perspective ontologique. Il nous semble cependant qu'elle éclaire grandement à la fois le concept darwinien d'espèce et le concept buffonien,

---

43. Eldredge [6].
44. Nowinski [16]
45. Nowinski [17].

dans leur intelligibilité propre.

L'originalité logique du concept darwinien d'espèce tient tout entière dans l'unique diagramme figurant dans l'édition originale de *L'origine des espèces*, très précisément dans le chapitre sur la sélection naturelle.[46] Il s'agit bien entendu du diagramme purement spéculatif qui représente la classification dans l'optique d'une dérivation généalogique intégrale des êtres vivants, et sous hypothèse de sélection naturelle. Nous avons accoutumé de considérer cette représentation arborescente de l'histoire de la vie comme une banale évidence. Ce n'était pas là l'avis de Darwin qui, commentant le diagramme, estimait qu'il représentait une question fort délicate. La structure logique sous-jacente à ce diagramme est de fait très subtile, si l'on oublie un instant l'évidence propre à l'image de l'arbre. Le diagramme exprime en effet deux idées différentes en même temps : d'une part celle d'une généalogie commune des espèces; d'autre part l'idée que l'histoire des espèces est une accumulation de différenciations (divergence des caractères). Ces deux notions renvoient à deux opérations logiques différentes : la généalogie est une relation d'ordre (au sens que les logiciens donnent à ce mot), la notion de différence relève de la pensée classificatoire. Or, précisément, Darwin conçoit la généalogie comme différenciation, et réciproquement assigne à la classification le but de restituer la généalogie.

De là résulte la structure logique très particulière du concept darwinien de l'espèce. D'un côté l'espèce désigne une CLASSE d'individus ou de populations; c'est là l'aspect extensionnel de l'espèce. D'un autre côté l'espèce signifie une PLACE déterminée dans un système de relations historiques. Or aucun de ces deux aspects n'a isolément de sens dans la conception darwinienne de l'espèce. Une espèce n'est pas seulement un ensemble de caractères morpho-physiologiques (autrement dit une classe); elle n'est pas non plus seulement une série généalogique. Pour utiliser le vocabulaire de Buffon dans *Seconde vue*, elle ne se réduit ni à une *«collection»*, ni à une *«suite»*. La notion d'espèce est donc à la fois une classe d'individus ou de populations, et un anneau dans la chaîne des relations historiques entre les organismes. C'est pourquoi l'espèce darwinienne doit être logiquement pensée dans une structure de *classes-relations* entre organismes. Cette structure a quelque chose de très particulier dans le cas de l'espèce. On connaît en effet d'autres entités qui peuvent être présentées comme résultant d'une fusion de l'opération d'emboîtement des classes et de la notion de relation d'ordre. La notion de nombre en est un exemple classique. Dans ce cas, comme l'a bien montré Jean Piaget, la construction de la structure de classe-relation (le nombre) exige que l'on fasse abstraction des qualités des objets.[47] Dans la notion darwinienne d'espèce, qui est aussi une structure de classe-relation, c'est exactement le contraire : il faut *«saisir* [les] *qualités en leur ressemblance* et *en leur différence»*.[48]

Par conséquent, la représentation darwinienne de l'espèce exige de voir ensemble la continuité des transformations et la discontinuité des formes. Quiconque fait abstraction de l'un ou l'autre de ces éléments manque le point crucial de la représentation darwinienne.

L'application de cette analyse aux spéculations modernes sur l'individualité de

---

46. Darwin [5], pl. *contra* p. 119. Ce diagramme, qui est l'unique figure insérée dans l'ouvrage, est discuté au Chap. 4 ["principe de divergence"], et au Chap. 13 ["classification"].

47. Piaget [18].

48. Nowinski [16] : p. 870. Voir aussi Gayon [7].

l'espèce montre immédiatement le point faible de cette interprétation. Dire que les espèces sont des individus, c'est d'abord dire qu'*elles ne sont pas des classes d'individus partageant des caractères communs, et insister sur l'unique élément de la continuité temporelle*. C'est ainsi qu'on en vient à dire qu'une espèce est une entité spatio-temporellement limitée, ce qui est sans doute vrai, mais ne nous semble avoir guère plus d'intérêt que de dire qu'un train d'ondes électromagnétiques qui se diffracte, se réfracte, s'altère, et se propage dans l'univers est un *individu* parce que ce train d'ondes est une *entité spatio-temporellement limitée*. Ce langage des *entités* ouvre la voie à toutes les antinomies de l'individualité. Il me semble préférable de dire que l'espèce biologique est un *processus* qui requiert d'être pensé à la fois comme classe et comme relation d'ordre. C'est au nom d'un paralogisme de substantialité qu'on désigne la singularité historique de l'espèce comme "individualité". Il est raisonnable, comme le suggérait Strawson dans son essai métaphysique sur les *Individus* (1959) de réserver l'appellation d'individu à deux types de choses particulières : les corps et les personnes.[49] Une espèce n'est ni un corps ni une personne.

La même analyse logique éclaire également la réflexion buffonienne et lui donne un relief particulier. Buffon, avons-nous vu, a voulu penser l'espèce à la fois comme classe ET comme succession d'individus, subordonnant le premier aspect au second : l'espèce est désignable comme «collection» numérique d'individus, dont la similitude ne fait sens toutefois que par rapport à leur continuité dans une série généalogique. Mais ce qui vaut de la catégorie naturaliste de l'espèce ne vaut pas de la classification systématique des êtres vivants. Lorsque dans les textes tardifs comme l'«*Histoire naturelle des oiseaux*», Buffon adopte finalement la représentation ramifiée de la Nature vivante, et les images de la *«trame»*, du *«faisceau»*, de *«l'arbre»*, c'est précisément dans une optique purement classifiante, et en dehors de toute considération de généalogie : la ramification buffonienne n'est pas temporelle, autrement dit elle n'exprime que le système des différences, pas la différenciation au sens darwinien de "divergence". Du point de vue temporel, les espèces demeurent des lignes erratiques indépendantes. Autrement dit, la généalogie n'exprime que la continuité indéfinie de l'espèce, et non un processus indéfini de différenciation.[50] C'est la raison pour laquelle, de manière très cohérente, Buffon s'autorise exceptionnellement, comme dans la *«Seconde vue»* (1765), à hypostasier la continuité temporelle en identité individuelle.

S'il est douteux que Buffon ait eu une représentation évolutionniste des espèces, à tout le moins doit-on lui reconnaître d'avoir eu une compréhension philosophique rigoureuse des implications logiques et ontologiques de ses propres conceptions de naturaliste.

49. Strawson [23].

50. *Oiseaux qui ne peuvent pas voler* [1770], *in* Buffon [3] : pp. 471A-B. Dans ces pages, les images de trame, de ramification, de réseau, s'appliquent à une représentation strictement logique des affinités entre espèces. Il va sans dire qu'indépendamment de ces représentations de la classification dans son ensemble, Buffon admet une différenciation réelle limitée, dans le cadre de ce que les systématiciens appellent depuis Linné la *«famille»*. Sur toutes ces images de la classification, voir dans ce volume la contribution fascinante de Giulio Barsanti.

## BIBLIOGRAPHIE *

(1)†   BOCK (W.J.), «The synthetic theory of macroevolutionary change. –A reductionistic approach», *in* J.H. Schwartz and H.B. Rollings eds., *Models and methodologies in evolutionary theory, Bulletin of the Carnegie Museum of Natural History*, 13 (1979) : pp. 20-69.

(2)†   BUFFON (G. L. Leclerc de), *Histoire naturelle, générale et particulière...*, Paris, Imprimerie Royale, puis Plassan, 1749-1804, 44 vol.

(3)†   BUFFON (G. L. Leclerc de), *Œuvres philosophiques*, texte établi et présenté par J. Piveteau avec la collaboration de M. Fréchet et C. Bruneau, Paris, Presses Universitaires de France, Corpus général des philosophes français, T. XLI-1, 1954.

(4)†   CUÉNOT (L.), *L'Espèce*, Paris, Doin, 1936.

(5)†   DARWIN (C.), *On the Origin of Species*, 1ère éd., London, Murray, 1859.

(6)†   ELDREDGE (N.), *Unfinished Synthesis : Biological Hierarchies and Modern Evolutionary Thought*, New York, Oxford University Press, 1985.

(7)   GAYON (J.), «Critics and Criticisms of the Modern Synthesis : the Viewpoint of a Philosopher», *in Evolutionary Biology*, 24 (1989), M.K. Hecht ed., New York, Plenum Press Co : pp.1-49.

(8)   GHISELIN (M.T.), *The Triumph of the Darwinian Method*, Chicago, The University of Chicago Press, 1969.

(9)†   GHISELIN (M.T.), «A Radical Solution to the Species Problem», *Systematic Zoology*, 23 (1974) : pp. 536-544.

(10)†   GOULD (S.J.), «The meaning of punctuated equilibrium and its role in validating a hierarchical approach to macroevolution», in R. Milkman ed., *Perspectives in Evolution*, Sunderland, Mass., Sinauer Associates, 1982.

(11)†   HUME (D.), *Traité de la nature humaine*, trad. fr. par A. Leroy, Paris, Aubier-Montaigne, 1968.

(12)   KITCHER (Ph.), *Species*, Cambridge, Mass., M.I.T. Press, 1985.

(13)†   LEIBNIZ (G.W.), *Discours de Métaphysique* [1ère éd. 1686].

(14)   MAYR (E.), *Systematics and the Origin of Species*, New York, Columbia University Press, 1942.

(15)†   MAYR (E.), *Populations, espèces et évolution*, Paris, Hermann, 1974.

(16)   NOWINSKI (Cz.), «Biologie, théories du développement et dialectique», in J. Piaget éd., *Logique et connaissance scientifique*, Paris, Pléiade, 1967 : pp. 862-892.

(17)   NOWINSKI (Cz.), *Le Concept d'espèce en biologie* (en polonais), Varsovie, 1965.

(18)   PIAGET (J.), *Introduction à l'épistémologie génétique*, Paris, Presses Universitaires de France, 1949, T. I.

(19)   ROGER (J.), *Les Sciences de la vie dans la pensée française du XVIIIᵉ siècle*, Paris, Armand Colin, 1963.

(20)   ROSENBERG (A.), *The Structure of Biological Science*, Cambridge, Massachussets, M.I.T Press, 1985.

(21)†   SIMPSON (G.G.), *Principles of Animal Taxonomy*, New York, Columbia University Press, 1961.

(22)   SLOAN (P.R.), «From logical universals to historical individuals : Buffon's idea of biological species», *in Histoire du concept d'espèce dans les Sciences de la vie, (Colloque international, Paris 1985)*, Paris, Éditions de la Fondation Singer-

* Sources imprimées et études. Les sources sont distinguées par le signe †.

Polignac, 1987 : pp. 101-140.
(23)† STRAWSON (P.F.), *The Individuals*, London, Methuen, (1959).
(24)† STANLEY (S.M.), «A Theory of Evolution above the species level», *Proceedings of the National Academy of Sciences*, 72 (1975) : pp. 646-650.
(25)† VAN VALEN (L.), «Ecological Species, Multispecies, and Oaks», *Taxon*, 25 (1976): pp. 233-239.

# 32

## LINNÉ CONTRE BUFFON :
## UNE REFORMULATION DU DÉBAT STRUCTURE-FONCTION

Hervé LE GUYADER *

### INTRODUCTION

Dès son *Premier Discours de la manière de traiter l'histoire naturelle*, Buffon exprime vigoureusement son désaccord avec le projet et les travaux de Linné. Curieusement, ce point a été souvent traité de manière ambiguë par les commentateurs. Certains, comme Cuvier, le passent sous silence; d'autres cherchent plutôt à "excuser" ce qu'ils appelleraient volontiers un trait d'obscurantisme du grand homme. Flourens, par exemple, nous révèle ingénument qu'«*il ne faut pas oublier que lorsqu'il* [Buffon], *écrivait ce Discours, premier chapitre de son grand ouvrage, il n'était pas encore naturaliste*».[1]

Pourtant, l'ensemble de son œuvre, et certains faits marquants comme sa brouille avec Daubenton plaident pour une continuité dans la pensée de Buffon. Plus significatif encore : les bases scientifiques de son antagonisme avec Linné, parais-sent scander l'histoire de la biologie, des balbutiements de l'anatomie comparée jusqu'à l'actuelle anatomie moléculaire. Elles correspondent donc, en biologie, à un des *invariants de la pensée conceptuelle* qui réapparaissent quels que soient les hommes et les techniques. C'est l'histoire de cet invariant que nous nous proposons de retracer.

### I
### UNE TAXONOMIE, OU UNE ÉCOLOGIE ?

Dans ce *Premier Discours*, on rencontre sous la plume de Buffon une phrase stu-péfiante –«*étrange*» dit Flourens– et tellement caricaturale que, paradoxalement, elle semble résumer à elle seule les idées de Buffon sur les fondements de la taxonomie : «*Ne vaut-il pas mieux faire suivre le cheval qui est solipède, par le chien qui est fissipède, et qui a coutume de le suivre en effet, que par un zèbre qui nous est peu connu, et qui n'a peut-être d'autre rapport avec le cheval que d'être solipède?*».[2] Il paraît nécessaire de suivre pas à pas le raisonnement qui mena Buffon à écrire une telle phrase.

Tout commence par les critiques du travail de Linné, celui qui a fait qu'«*actuellement la botanique elle-même est plus aisée à apprendre que la*

---

\* Laboratoire de Biologie cellulaire 4, Bâtiment 444. Université Paris-Sud. 91405 Orsay-Cedex. FRANCE.
1. Flourens, *in* Buffon [3], T. I : p. 6, note 1.
2. *De la manière d'étudier et de traiter l'histoire naturelle* [1749], *in* Buffon [3], T.I : p. 18.

*nomenclature, qui n'en est que la langue».*[3] Il est vrai que le système sexuel que Linné appliquait à la botanique avait, même à l'époque, de quoi surprendre. Ainsi, dans sa deuxième classe, on trouve pêle-mêle l'olivier, la véronique, l'utriculaire, la sauge, le poivrier... C'est pourquoi Buffon pouvait se permettre de souligner le danger *«de s'assujettir à des méthodes trop particulières, de vouloir juger du tout par une seule partie, de réduire la nature à de petits systèmes qui lui sont étrangers».*[4] Plus précisément, l'illustre naturaliste remarque que *«le grand défaut de tout ceci est une erreur de métaphysique dans le principe même de ces méthodes. Cette erreur consiste à méconnaître la marche de la nature, qui se fait toujours par nuances, et à vouloir juger d'un tout par une seule de ses parties».*[5]

On pourrait donc croire que Buffon ne fait que dénoncer avec vigueur le principe de n'employer, chez l'animal, qu'*un seul* caractère (*«les dents, les ongles ou ergots»*)[6]. En fait, sa critique est encore plus radicale : pour lui, Linné commet l'impardonnable erreur de ne tenir compte que de la structure des organismes. Et c'est pourquoi il propose de suivre un tout autre raisonnement, où se trouve privilégiée la fonction. Ce dernier consiste à considérer en premier lieu *«les objets qui nous intéressent le plus par les rapports qu'ils ont avec nous»*, puis à passer *«jusqu'à ceux qui sont les plus éloignés et qui nous sont étrangers».*[7] Pour les quadrupèdes, ceci revient à étudier en premier lieu les animaux domestiques, puis ceux de nos contrées, pour terminer par les exotiques. Anthropocentrisme? Assurément... mais ce n'est pas une explication suffisante. Car comment ranger les organismes à l'intérieur des groupes? Comment rendre ceux-ci cohérents? La réponse de Buffon est claire : *«Ne vaut-il pas mieux ranger, non-seulement dans un traité d'histoire naturelle, mais même dans un tableau ou partout ailleurs, les objets dans l'ordre et dans la position où ils se trouvent ordinairement, que de les forcer à se trouver ensemble en vertu d'une supposition?».*[8]

Mais essayons de voir plus loin que l'anthropocentrisme de Buffon. On peut se demander si, en fait, il ne se "débarrasse" pas immédiatement des animaux domestiques pour mieux étudier de véritables situations écologiques non dénaturées. N'écrit-il pas dans *Les animaux sauvages* : *«Dans les animaux domestiques, et dans l'homme, nous n'avons vu la nature que contrainte, rarement perfectionnée, souvent altérée, défigurée, et toujours environnée d'entraves ou chargée d'ornements étrangers»*;[9] puis, plus loin : *«les animaux sauvages et libres sont peut-être, sans même en excepter l'homme, de tous les êtres vivants les moins sujets aux altérations, aux changements, aux variations de tout genre».*[10]

Ainsi, en classant tout d'abord les animaux familiers et les animaux d'élevage, puis ceux d'Europe et enfin ceux du Nouveau Monde, Buffon se définit plusieurs critères d'ordonnance : relative proximité vis-à-vis de l'Européen pour les mœurs et la situation géographique puis, dans chacun de ces groupes, pour les animaux sauvages, situation au sein d'une chaîne alimentaire : les *«carnassiers»* d'abord, les

---

3. *Ibid.* : p. 8.
4. *Ibid.* : p. 4.
5. *Ibid.* : p. 10.
6. *Ibid.* : p. 10.
7. *Ibid.* : p. 17.
8. *Ibid.* : p. 18.
9. *Les animaux sauvages* [1756], *in* Buffon [3], T. II : p. 505.
10. *Ibid.* : p. 508.

herbivores ensuite.[11]

En ce sens, la lecture de son œuvre, ainsi qu'un brin d'imagination permet de comprendre que, de manière bien maladroite, Buffon voulait tout simplement grouper les animaux qui, dans la nature, ont des contacts entre eux, y vivent de manière interdépendante. C'est pourquoi, en classant les organismes selon leurs situations, Buffon se présente à nous comme l'un des véritables précurseurs de l'écologie et de la biogéographie. Et on pourrait en donner de nombreux exemples, de la sensibilité de Buffon à l'*«économie animale»* : renouvellement et contrôle des populations, chaînes alimentaires, adaptation au milieu...

Comme tout cela paraît loin de Linné! Toutefois, Buffon écrit : *«Le seul et le vrai moyen d'examiner la science est de travailler à la description et à l'histoire des différentes choses qui en font l'objet».*[12] Ainsi, il conçoit que, pour la compréhension de chaque animal, il est indispensable d'en donner d'une part une description précise (forme, grandeur, poids...), d'autre part une *«histoire»* (c'est-à-dire : génération, nombre de petits, éducation, instinct, lieux d'habitation, nourriture...) Ceci sera réservé à Buffon, cela sera le travail de Daubenton. Ceci correspond à l'écologie, à l'éthologie de l'animal; cela traite des caractères qui pourraient être utilisés pour les systèmes et méthodes. En un mot ceci traite de la *fonction* de l'animal dans son biotope, cela traite de sa *structure*.

Linné avait choisi de classer exclusivement suivant la structure. Buffon paraît opter résolument pour la fonction. Néanmoins, dédaigne-t-il totalement le volet ”structure”? *A priori* oui, et c'est vraisemblablement une des explications de la brouille avec Daubenton, le minéralogiste-anatomiste; mais non pourtant, pour les problèmes de fond : pour la définition du concept d'espèce, pour l'intuition d'un plan identique chez différents animaux (voir par exemple le chapitre sur l'âne), pour la vision d'une anatomie comparée. Et n'écrit-il pas, de manière contradictoire, dans *De la génération des animaux* : *«le cheval, le zèbre et l'âne sont tous trois de la même famille;... on peut les regarder comme faisant qu'un même genre...».*[13]

Alors? Le cheval doit-il être suivi du chien ou du zèbre? Buffon vient de goûter au paradoxe structure-fonction.

## II
## “STRUCTURE-FONCTION” OU “FONCTION-STRUCTURE” ?

En France, les héritiers directs de Buffon sont principalement Georges Cuvier et Étienne Geoffroy Saint-Hilaire. En effet, en 1788, à la mort de Buffon, Georges Cuvier a 19 ans. Il vient de terminer ses études à l'Université Caroline, près de Stuttgart. Il y a suivi, entre autres, les cours du botaniste Kerner et du zoologiste Kielmeyer; ce dernier lui apprend l'art de la dissection et lui fait lire l'*Histoire naturelle* de Buffon. Malheureusement –ou heureusement pour la biologie–, Cuvier ne trouve pas de place au service du Duc de Wurtemberg. Pour gagner sa vie, il s'expatrie et part comme tuteur du fils de la noble famille protestante d'Héricy, qu'il accompagne en Normandie. C'est là que l'abbé Tessier le remarquera, puis Geoffroy le fera venir à Paris, au Muséum, début d'une foudroyante carrière.

---

11. *Les animaux carnassiers* [1758], *in* Buffon [3], T. II : p. 552.
12. *De la manière d'étudier et de traiter l'histoire naturelle* [1749], *in* Buffon [3], T.I : p. 12.
13. *Histoire des animaux, Chap. IV, De la génération des animaux* [1749], *in* Buffon [3], T. I : p. 454.

Cette même année, Étienne Geoffroy Saint-Hilaire a 16 ans. Il a été tonsuré il y a un an, vient d'entrer au Collège de Navarre et s'apprête à suivre, entre autres, les cours de physique de Brisson et ceux de botanique de Bernard de Jussieu. Dans deux ans, il sera admis au Collège du Cardinal Lemoine, où il fera la rencontre-clé de sa carrière, celle de René-Just Haüy, récent fondateur de la cristallographie moderne, à laquelle il fut vite initié. Remarquons immédiatement que, par l'intermédiaire d'Haüy, nous remontons à Daubenton qui fut également, ne l'oublions pas, géologue-minéralogiste. Car c'est sur la recommandation de ce dernier qu'un cristallographe fut nommé en 1793 à la chaire des Mammifères et Oiseaux du Muséum.

On sait qu'un profond antagonisme opposa Cuvier et Geoffroy ; il culmina lors de la célèbre controverse de 1830 à l'Académie des Sciences. Il n'est pas question de rappeler ici des faits déjà largement commentés par ailleurs,[14] mais plutôt de voir comment les pensées de Geoffroy et Cuvier s'enracinent dans l'œuvre de Buffon.

Trois principes résument la méthode de Geoffroy en anatomie comparée :

- *Le principe de l'unité de composition organique*, qu'on trouve formulé, dès 1796, dans un mémoire sur les Makis :

«... Il semble que la nature s'est renfermée dans de certaines limites, et n'a formé tous les êtres vivants que sur un plan unique, essentiellement le même dans son principe, mais qu'elle a varié de mille manières dans toutes ses parties accessoires».[15]

- *Le principe des connexions* : des organes de même origine embryologique peuvent, suivant les organismes, varier de forme et de fonction; le seul invariant reste la position relative, la dépendance mutuelle, la connexion des organes entre eux.

- *Le principe du balancement des organes* :

«un organe normal ou pathologique n'acquiert jamais une prospérité extraordinaire sans qu'un autre de son système ou de ses relations n'en souffre dans une même raison».[16]

Grâce à ce principe, les organes rudimentaires, que l'on dédaignait auparavant, prennent toute leur importance, puisqu'ils deviennent des marqueurs de connexions organiques.

En fait, à partir de ces *principes structuraux,* Geoffroy tente de fonder ce qu'il appelle une *théorie de l'analogie,* et sa *Philosophie anatomique* de 1818[17] prend prétexte de l'étude des organes respiratoires des poissons et des vertébrés supérieurs pour l'étayer. Pourtant, dans la planche 7 qui illustre cet ouvrage, on trouve sous le titre *Poumons* aussi bien de véritables poumons de goéland et d'oie que des branchies de carpe. Ainsi, si au moment de l'énoncé du principe des connexions, l'anatomiste-cristallographe précise bien que la fonction peut varier chez deux organes analogues, il ne l'applique pas avec assez de maîtrise : dans la pensée de Geoffroy, il y a une certaine ambiguïté à propos des rapports structure-fonction.

Cette ambiguïté trouve son apogée en 1824 dans un *Mémoire sur l'organisation des insectes* où Geoffroy tient un raisonnement qui nous apparaît aujourd'hui pour le moins osé. En effet, après avoir étudié l'organisation générale de ces invertébrés

14. Voir sur ce sujet en particulier Appel [2] et Le Guyader [11].
15. Geoffroy Saint-Hilaire [5] : p. 20, et commentaires dans Le Guyader [11].
16. Geoffroy Saint-Hilaire [7], *Discours préliminaire* : p. xxxiij.
17. Geoffroy Saint-Hilaire [6].

et avoir interprété qu'*«on trouve chez les insectes, à la fois contenus dans le même tube, non seulement leur moëlle épinière, mais tous les organes abdominaux»*,[18] il en tire des conclusions pour le moins déraisonnables : *«De ces faits, il y a à conclure que les insectes sont des animaux* vertébrés *: (...) tout animal habite en dedans ou en dehors de sa colonne vertébrale».*[19] Ainsi Geoffroy, le premier anatomiste qui, par le principe des connexions, a su aller au delà de la fonction jusqu'au véritable plan de l'animal, a été trompé par la difficile relation structure-fonction, en poussant trop loin une analogie qui n'est ici que fonctionnelle. En fait, il a manqué à Geoffroy de nommer les deux concepts qu'il avait découverts, à savoir l'analogie et l'homologie.

La base de la pensée de Cuvier se trouve exprimée par son principe des corrélations :

«Heureusement l'anatomie comparée possédait un principe qui, bien développé, était capable de faire évanouir tous les embarras : c'était celui de la corrélation des formes dans les êtres organisés, au moyen duquel chaque sorte d'être pourrait, à la rigueur, être reconnue par chaque fragment de chacune de ses parties.»[20]

Est-ce une négation de la pensée de Buffon? Certainement pas; c'est plutôt, par l'intermédiaire de celui-ci, un retour à Tournefort, avec l'apport du principe de subordination des caractères formulés par les Jussieu. En effet, cette approche de type physiologique, comme le souligne Piveteau,[21] a mené Cuvier à comprendre que les relations entre les divers organes sont telles qu'en étudier un éclaire les autres, et cela lui fait résoudre momentanément le problème du tout et des parties :

«Tout être organisé forme un ensemble, un système unique et clos, dont les parties se correspondent mutuellement, et concourent à la même action définitive par une réaction réciproque. Aucune de ces parties ne peut changer sans que les autres changent aussi; et par conséquent chacune d'elles, prise séparément, indique et donne toutes les autres».[22]

Cette dernière phrase, comparée au principe de balancement des organes, met particulièrement bien en valeur l'opposition de pensée qui sépare les deux zoologistes. Comme le souligne d'ailleurs Mayr,[23] Cuvier soutient que la fonction détermine la structure, tandis que Geoffroy estime que la structure détermine la fonction. Curieusement, ceci les fit tous deux passer à côté d'une théorie satisfaisante de l'évolution.

En effet, la loi des corrélations a été poussée à l'extrême par Cuvier, trop loin, et c'est elle principalement qui l'amena à son fixisme : car comment peut-il y avoir changement d'un organe sans altérer la bonne ordonnance de l'ensemble de l'organisme? Il écrivait d'ailleurs à Mertrud : *«Toutes les parties d'un corps vivant sont liées; elles ne peuvent agir qu'autant qu'elles agissent toutes ensemble : vouloir en séparer une de la masse, c'est la reporter dans l'ordre des substances mortes».*[24]

Par contre, l'étude de la structure entraîne Geoffroy à considérer les origines embryologiques de divers organes, à comparer embryologie et anatomie comparée, et à

18. Geoffroy Saint-Hilaire [8] : p. 8.
19. Geoffroy Saint-Hilaire [8] : p. 8.
20. *Discours sur les révolutions de la surface du globe*, in Cuvier [4], T. I : p. 47.
21. Piveteau [14].
22. *Discours sur les révolutions de la surface du globe*, in Cuvier [4], T. I : p. 47.
23. Voir Mayr [12].
24. Cit. *in* Piveteau [14] : p. 344.

arriver à un certain *«transformationnisme»*[25] dont la séquence est la suivante : changements dans l'environnement (en particulier dans la composition en oxygène de l'atmosphère), entraînant des changements dans la structure, se traduisant par des changements dans la fonction.

C'est au botaniste Lamarck que sera réservé l'honneur d'établir la bonne séquence : un changement dans la fonction *doit* précéder un changement dans la structure. Ce point sera repris et développé plus tard par Darwin, avec le succès que l'on connaît. Ainsi, à partir du travail de Buffon, nous voyons deux filiations s'organiser : l'une, prenant appui sur la cristallographie, passe par Daubenton, Haüy et Geoffroy ; en biologie végétale, elle correspond aux pensées de Goethe et d'Alphonse-Pyrame de Candolle; elle s'éteindra en France, après la mort d'Étienne Serres et trouvera sa continuité en Allemagne et en Grande-Bretagne. L'autre, privilégiant la fonction, verra sa continuité assurée par les écoles françaises de physiologie (Magendie, Cl. Bernard) et de microbiologie (Pasteur).

## III
### DE L'ANALOGIE À L'HOMOLOGIE, DE L'ANATOMIE À LA GÉNÉTIQUE

En 1848, quatre ans après la mort de Geoffroy, R. Owen clarifiait la situation plus ou moins confuse dans laquelle Cuvier et Geoffroy avaient laissé l'anatomie comparée. En fait, il terminait le travail que ce dernier avait déjà bien avancé, en définissant explicitement les concepts d'*homologie et d'analogie* :

«Sont homologues deux structures qui, prises dans des êtres différents, conservent la même organisation fondamentale -le même plan- et les mêmes connexions essentielles avec les organes avoisinants et ce, malgré les variations d'aspect de ces structures».[26]

Par contre, on appelera analogues deux organes ayant comme seul point commun d'avoir la même fonction.

En fait, Owen reprend le principe des connexions et s'en sert pour définir une homologie qui est donc structurale, et que Geoffroy avait ramenée à une identité d'origine embryologique. Ainsi cette homologie (l'analogie de Geoffroy ) relie l'anatomie comparée à l'embryologie.

Tout naturellement, l'homologie mène à l'unité de plan que l'on retrouve au moins chez les vertébrés. C'est ainsi qu' Owen développa le concept de l'*archétype*, et en donna une définition, une consistance toute platonicienne :

«Le but principal du philosophe anatomiste, dans ses recherches sur les relations homologiques du squelette vertébré, a toujours été la découverte de l'exemplaire, ou de l'idée originale, qui a présidé à la construction de ce squelette en un mot, d'un archétype auquel on puisse rapporter toutes les modifications variées des classes, des genres et des espèces (...). En appelant cette figure "idéale", je ne veux point dire qu'elle soit le pur produit de l'imagination, j'emploie ce terme dans le sens de Platon, comme ayant rapport aux prototypes ou moules éternels dans lesquels ce philosophe imaginait que la matière destinée à la production des êtres vivants était injectée.»[27]

En fait, le principal mérite de la définition de l'homologie d'Owen est d'avoir une réelle *opérationalité;* il y a à la fois le concept, et sa pratique opératoire. Son

25. Tort [18] : p. 21.
26. Owen [13] : p. 28.
27. Owen [13] pp. 369 et 375.

défaut est d'être si séduisante qu'elle semble donner vie à cet archétype sorti du ciel de Platon. Mais que pouvait-on concevoir d'autre à l'époque?

Puis l'arrivée de Darwin fit évoluer la situation. Pourtant, les relations de ce dernier avec le concept d'homologie sont loin d'être simples. En effet, l'existence même de l'homologie est tout d'abord un des principaux maillons qui l'amènent à la théorie de l'évolution.[28] Puis, tout à coup, la situation se renverse : c'est maintenant le fait de l'homologie qui trouve une explication dans l'existence des relations phylogénétiques. C'est ainsi qu'après Darwin l'homologie trouve une tout autre définition. Pour Simpson par exemple, *«l'homologie correspond à une ressemblance due à un héritage venant d'un ancêtre commun».*[29] Mais en devenant explicatif, le concept perd toute opérationalité. Il entraînera bien sûr la mort de l'archétype, mais il compliquera énormément le travail de l'anatomiste. Même récemment, Hennig,[30] tout en reprenant à son tour de manière constructive le concept d'homologie, résume la difficulté de la tâche : pour lui, des caractères homologues doivent être considérés comme des étapes de la transformation d'un même caractère original; après avoir précisé que, par *«transformation»,* il se réfère aux processus historiques de l'évolution, il admet que cette définition ne peut seulement avoir qu'une importance théorique car il est impossible de déterminer directement le critère essentiel de deux caractères homologues, c'est-à-dire leurs relations phylogénétiques.

Y aurait-il un problème, dans la définition de ce concept? Certainement, et la discussion qui clôt le récent livre *L'ordre et la diversité du vivant* est là pour nous le prouver. Dupuis y certifie, en effet, que *«Pour ce qui est d'une théorie objective et d'une mise en œuvre pratique mais informée de l'homologie, cette lacune ne peut se trouver comblée dès aujourd'hui».*[31]

Mais, sans vouloir bien sûr résoudre le problème, divers acquis de la biologie moderne permettent de reformuler certaines questions.

En effet, résumons la situation post-darwinienne : l'homologie a permis de donner naissance à un tryptique, l'anatomie comparée, l'embryologie et la phylogénie. Et n'oublions pas qu'avec le néo-darwinisme, le post-darwinisme s'est adjoint le post-mendélisme, et par là l'ensemble de la génétique. Actuellement, on assiste à un certain renversement de situation : les rapports entre l'anatomie comparée et l'embryologie paraissent beaucoup plus complexes que soupçonnés, tandis que l'apport de la génétique apparaît comme déterminant.

Ainsi que le rappelle Dupuis :

«nous commençons à savoir que des situations homologues peuvent être réalisées dans un individu, et *a fortiori* dans une lignée, par des voies en partie différentes et des moyens vicariants. Il est troublant de constater qu' un même os, par exemple, peut être réalisé par tel ou tel cartilage ou par telle ou telle lignée cellulaire différente, de sorte que les cheminements historiques entre l'origine des caractères et sa réalisation sont davantage des réseaux que des lignes».[32]

À l'inverse, des relations entre génétique moléculaire, biologie cellulaire et anatomie comparée paraissent se tisser de plus en plus. Comme le dit Jacob :

«Si la naissance de l'anatomie offre un grand intérêt, ce n'est pas seulement à cause de

28. Voir entre autres Sneath and Sokal [16].
29. Simpson [15] : p. 78.
30. Hennig [9].
31. Dupuis, *in* Tassy [17] : p. 246.
32. *Ibid.* : p. 242.

l'époque qui est fascinante. C'est aussi que la biologie moderne se trouve dans une situation assez semblable. (...) De même que l'anatomie comparée s'est efforcée de définir les relations de structure et de fonction entre espèces, de même l'anatomie moléculaire comparée cherche à esquisser les chemins suivis par l'évolution, notamment ceux qui n'ont pas été jalonnés par des fossiles».[33]

Une analyse de la situation montre que ce n'est pas par abus de langage que Jacob utilise le terme d'*«anatomie moléculaire comparée»*. En effet, si les enzymes remplacent le scalpel, les divers problèmes théoriques qui se posent en anatomie classique ressurgissent également à l'échelle moléculaire, modulés évidemment par les particularités du niveau étudié.

C'est ainsi qu'on retrouve le concept d'homologie appliqué aux acides nucléiques (et par conséquent aux protéines) : sont homologues des gènes qui dérivent d'un gène ancestral commun. Soulignons le fait essentiel que, cette fois-ci, le concept redevient opérationnel, étant donné que le séquençage permet de vérifier si un alignement est possible ou non. Le problème est-il résolu pour autant? Certes non : le dilemme structure-fonction réapparaît une fois de plus, de différentes manières, compliqué par le fait que la dimension temporelle a une constante présence.

En effet, le séquençage des gènes de structures (ou des protéines qui en dérivent), a donné naissance au concept d'*«horloge moléculaire»,* qui postule que le taux de substitution des nucléotides (ou respectivement des acides aminés) se fait à vitesse constante. De nombreux travaux ont été consacrés à ce sujet,[34] et plusieurs constatations méritent d'être faites.

- chaque molécule semble évoluer à son propre rythme. Ainsi, si l'on calcule pour diverses protéines l'U.E.P. (*unit evolutionary period*, c'est-à-dire le temps nécessaire pour obtenir un taux de 1% de divergence entre deux protéines homologues), on se rend compte que les vitesses sont très différentes : par exemple pour l'hémoglobine il est de $5,8.10^6$ années, pour le cytochrome C de $20.10^6$ années. Ainsi semble-t-il exister entre gènes une certaine indépendance évolutive, du point de vue des substitutions nucléotidiques.

- l'hypothèse gradualiste mérite discussion : elle est acceptable pour certaines molécules (ou fractions de molécules, suivant les cas) très ou assez conservées, qui, évoluant alors selon une "horloge moléculaire", répondent au modèle neutraliste et sont alors utiles pour établir des phylogénies. Mais les travaux de Wilson et de ses collaborateurs ont montré que l'évolution par substitution dans les gènes de structure paraît découplée de l'évolution morphologique. En effet, la vitesse de substitution est apparemment plus grande pour des protéines qui présentent une évolution de leurs fonctions. De plus, il semble que l'essentiel de l'évolution morphologique soit dû à des variations de phénomènes régulatoires, sous-tendus par des réarrangements génétiques, plutôt qu'à des substitutions nucléotidiques.

Or il est évident qu'en décrivant les substitutions de nucléotides ou d'acides aminés, on s'intéresse uniquement à la facette "structure". Une analyse serrée permettrait d'ailleurs de définir, au niveau moléculaire, l'utilisation des principes de Geoffroy : unité de plan, principe des connexions –pour chaque nucléotide, mais aussi pour les exons et les introns. Au contraire, parler de réarrangement génétique

---

33. Jacob [10] : pp. 62 et 66.
34. Wilson, Carlson, and White [20].

ou de phénomène régulatoire ne peut se faire que par rapport à la fonction. D'ailleurs, c'est à ce niveau qu'on peut découvrir un équivalent du principe de balancement des organes, pour les pseudogènes par exemple.[35] Mais il manque évidemment, malgré quelques tentatives, l'équivalent d'un principe des corrélations de Cuvier. En fait, la biologie moléculaire actuelle est principalement structurale, et œuvre à la Daubenton ou à la Geoffroy .

D'ailleurs, certains travaux actuels de biologie du développement, tels ceux sur *Caenorhabditis elegans,* semblent, de ce point de vue, d'une importance capitale. En effet, ce petit nématode de 959 cellules se construit suivant une généalogie cellulaire entièrement déterminée. Or, en décrivant les lignées cellulaires,[36] on a pu déceler la réitération de différents *patterns* qui semblent codés génétiquement, comme le montre l'existence de mutants hétérochroniques. C'est, avec la découverte des gènes homéotiques chez la Drosophile, un cas simple où une relation gène/processus dynamique a pu être démontrée. C'est pourquoi, avec Dupuis, il est permis de postuler que ce seront des progrès en biologie du développement qui feront évoluer le concept d'homologie, et par là le dilemme structure/fonction.

Il est significatif de constater que le concept d'homologie s'applique essentiellement soit au niveau de l'organisme, soit au niveau de la molécule. Ici, le néo-darwinisme, basé sur le couple mutation/sélection, nous donne un élément d'explication : c'est l'organisme qui subit principalement la pression de sélection, c'est le gène qui subit principalement la pression de mutation. On peut même trouver des exemples théoriques ultimes simples pour lesquels n'intervient qu'une des deux pressions : suivant la théorie neutraliste, il existe des gènes qui ne supportent que la pression de mutation. Suivant la théorie des catastrophes, certaines formes peuvent apparaître indépendamment de leur substrat. C'est pourquoi l'étude du passage du génotype au phénotype, c'est-à-dire l'embryologie et le développement, paraît maintenant essentielle : en effet, *c'est par la fonction des gènes dont on connait la structure que s'établit la structure des organes dont on connaît la fonction.*

## CONCLUSION

Ainsi le dilemme structure/fonction, révélé par l'évolution du concept d'homologie, est-il indéniablement enraciné dans l'œuvre de Buffon. N'est-ce pas d'ailleurs lui qui, en privilégiant la facette "fonction", a imprimé cette originalité à la biologie française qui, de Cuvier à Monod et Jacob, en passant par Pasteur et Boivin, a toujours été attirée par la dynamique des processus?

Notre enquête nous a mené de l'organisme au gène, puis à la biologie du développement. Ici encore, Buffon fait figure de précurseur : dans le chapitre II de l'*Histoire des animaux,* intitulé *De la reproduction en général* il médite sur l'importance des petits «*touts*», puis sur une hypothétique existence de «*molécules organiques*», enfin sur ce concept *a priori* si étrange de «*moule intérieur*» qui construit l'organisme par le jeu de «*forces pénétrantes*» :

«De la même façon que nous pouvons faire des moules par lesquels nous donnons à l'extérieur des corps telle figure qui nous plait, supposons que la nature puisse faire des moules par lesquels elle donne non-seulement la figure extérieure, mais aussi la forme

35. Voir par exemple Watson *et al.* [19].
36. Ambros and Horvitz [1].

intérieure, ne serait-ce pas un moyen par lequel la reproduction pourrait être opérée?»[37]

La biologie moderne a remplacé le terme de *«moule intérieur»* par celui de *«champ morphogénétique»*, concept pour la compréhension duquel il reste encore un long chemin à parcourir.

## BIBLIOGRAPHIE[*]

(1)†    AMBROS (V.), HORVITZ (H.R.), «Heterochronic mutants of the nematode *Caenorhabditis elegans*», *Science,* vol. 226 (1984) : pp. 409-416.

(2)    APPEL (T. A.), *The Cuvier-Geoffroy debate. French biology in the decades before Darwin,* New York, Oxford University Press, 1987, 305p.

(3)†    BUFFON (G. L. Leclerc de), *Œuvres complètes*, éditées et annotées par P. Flourens, Paris, Garnier, 1853-1855, 12 vol. in 8°.

(4)†    CUVIER (G.), *Recherches sur les ossements fossiles*, 2ème éd., Paris, Dufour et d'Ocagne, 1825.

(5)†    GEOFFROY SAINT-HILAIRE (É.), «Mémoire sur les rapports naturels des *Makis lemur* L. et description d'une espèce nouvelle de Mammifère», *Magazine Encyclopédique,* I (1796) : pp. 20-50.

(6)†    GEOFFROY SAINT-HILAIRE (É.), *Philosophie anatomique,* vol. I : *Des organes respiratoires*, Paris, Méquignon-Marvis, 1818. (Réimpression anastatique, Bruxelles, Culture et civilisation, 1968).

(7)†    GEOFFROY SAINT-HILAIRE (É.), *Philosophie anatomique, 2ème vol. : des monstruosités humaines*, Paris, Méquignon-Marvis, 1822. (Réimpression anastatique, Bruxelles, Culture et civilisation, 1968).

(8)†    GEOFFROY SAINT-HILAIRE (É.), *Mémoires sur l'organisation des Insectes*, Paris, Crevot, 1824.

(9)†    HENNIG (W.), *Phylogenetic Systematics*, Urbana, University of Illinois Press, 263p.

(10)    JACOB (F.), *Le jeu des possibles*, Paris, Fayard, 1981, 135p.

(11)    LE GUYADER (H.), *Théories et histoire en biologie*, Paris, Vrin, 1988, 245p.

(12)    MAYR (E.), *The growth of Biological Thought*, Cambridge, Harvard University Press, 1982, 974p.

(13)†    OWEN (R.), *Report on the Archetype and Homologies of the Vertebrate Skeleton*, Londres, Voorst, 1848. ( Trad. Paris, Baillière, 1855).

(14)    PIVETEAU (J.), «Le débat entre Cuvier et Geoffroy Saint-Hilaire sur l'unité de plan et de composition», *Revue d'Histoire des Sciences*, 3 (1950 ) : pp. 343-363.

(15)†    SIMPSON (G.G.), *Principles of Animal Taxonomy,* New York, Columbia University Press, 1961, 247p.

(16)†    SNEATH (P.H.), SOKAL (R.R.), *Numerical Taxonomy*, San Francisco, W.H Freeman and Co, 1973, 573p.

(17)†    TASSY (P.), éd., *L'ordre et la diversité du vivant : Quel statut scientifique pour les classifications biologiques?*, Paris, Fayard, Fondation Diderot, 1986, 288p.

(18)†    TORT (P.), *La querelle des analogues : Geoffroy Saint-Hilaire, Cuvier. (Précédée des Dernières pages sur la philosophie naturelle* [par] *Goethe*, Plan de la Tour, Éd. d'aujourd'hui, coll. "Les Introuvables", 1983, 301p.

---

37. *Histoire générale des animaux, Chap. II, De la reproduction en général* [1749] *in* Buffon [3] , T. I : p. 443.

[*] Sources imprimées et études. Les sources sont distinguées par le signe †.

(19)†   WATSON (J.D.), HOPKINS (N.H.), ROBERTS (J.W.), STEITZ (J.A.), WEINER
(A.M.), *Molecular biology of the Gene,* vol. 1, 4ème éd., Menlo Park, The
Benjamin / Cummings Publ. Co, 1987, 744p.
(20)†   WILSON (A.C.), CARLSON (S.S.), WHITE (T.J.), «Biochemical Evolution»,
*Annual Review of Biochemistry*, 46 (1977) : pp. 573-639.

#32 769

## 33

# DE BUFFON À LA SYSTÉMATIQUE PHYLOGÉNÉTIQUE : L'EXPRESSION DE LA DIVERSITÉ ET LE POUVOIR DES CLASSIFICATIONS

Philippe JANVIER *

Il est paradoxal de présenter une communication sur la systématique à l'occasion d'un colloque consacré à Buffon qui était notoirement hostile aux classifications. Cependant, certaines phrases du grand naturaliste laissent entrevoir les raisons profondes de ce rejet, à savoir les implications phylogénétiques des classifications. Par exemple, en 1753, il met en garde les naturalistes qui *«établissent si légèrement des familles»* d'animaux et de végétaux car, dit-il, s'il y a de bonnes raisons de faire de tels regroupements, cela impliquerait que toutes les espèces descendent d'une espèce ancestrale et, ainsi, il n'y aurait pas de limite à la *«puissance de la Nature»*. Il conclut par une curieuse antiphrase en écrivant que (si les classifications sont justifiées) l'on n'aurait pas tort de supposer qu'avec suffisamment de temps (la Nature) aurait développé toutes les formes organisées à partir d'un type primordial.[1] Avec le recul de plus de deux siècles, de tels arguments ressemblent fortement à une autocensure : par leur hiérarchie, les classifications montrent l'ascendance commune qui, bien entendu, est réfutée par les Écritures! En plaçant ces remarques de Buffon dans le contexte d'un débat moderne, nous pourrions dire qu'il a entrevu l'importance de la structure, du *pattern*, dans l'évaluation des processus qui l'ont produit.

Lamarck n'a pas eu besoin de saisir le message de son maître, il était sans doute en communion d'idée avec lui depuis de longues années sur ce point, et c'est lui qui, profitant d'une époque plus libre, a exprimé le message évolutionniste de la classification en allant au delà de la simple idée d'une échelle des êtres. Toutefois, Lamarck a eu la malencontreuse idée de séparer la *«distribution générale»* des êtres vivants de la classification proprement dite, initiant ainsi, comme l'a montré P. Tassy,[2] la dichotomie entre phylogénie et classification. C'est cette tradition qui a perduré en dépit des aménagements de la *«New Systematics»*,[3] jusqu'à ce que Hennig[4] propose sa *Systématique Phylogénétique*, plus connue de nos jours sous le nom de "Cladistique" ou "Cladisme".

Mon but n'est pas ici de faire un historique de la systématique, mais plutôt d'analyser les apports théoriques et pratiques de la Systématique Phylogénétique à la Biologie comparative depuis le début des années 1970 et d'envisager quelques

---

* UA 12 du CNRS, Institut de Paléontologie, Muséum National d'Histoire Naturelle, 57 rue Cuvier. 75005 Paris. FRANCE.
1. *L'asne* [1753], *in* Buffon [4].
2. Tassy [29].
3. Huxley [12].
4. Hennig [9].

perspectives d'avenir pour cette méthode.

# I
## LES TROIS SYSTÉMATIQUES

Il existe actuellement trois méthodes pour classifier les êtres vivants : la Systématique Évolutionniste, considérée comme un héritage de Darwin, mais dont on trouve les racines dans Lamarck,[5] la Systématique Numérique, ou Phénétique, née dans les années 1960, mais qui s'est trouvé un "un grand ancêtre" en la personne d'Adanson (1727-1806), et enfin la Systématique Phylogénétique, qui a été formulée par Hennig en 1950, bien que l'on puisse aussi lui trouver quelques obscurs précurseurs.[6]

La systématique évolutionniste telle qu'elle a longtemps été pratiquée n'est somme toute qu'un aménagement d'une systématique pré-évolutionniste en fonction des besoins de la théorie darwinienne de l'évolution, à savoir la transformation progressive dans la descendance. Ces besoins étaient principalement l'expression de la relation d'ancêtre à descendant et du degré de divergence morphologique ou écologique. En créant des classes, dont beaucoup coïncidaient avec des catégories usuelles pré-linnéennes (poissons, reptiles), la systématique évolutionniste pouvait ainsi, sans trop bouleverser des classifications traditionnelles, exprimer l'idée d'un enchaînement de taxons rythmé par l'apparition de spécialisations qui faisaient diverger un taxon par rapport à son groupe ancestral. D'autre part, l'absence de règles précises dans l'usage de la hiérarchie linnéenne permettait de moduler le rang des taxons en fonction du degré -estimé de manière quasi-intuitive- de la divergence morphologique ou écologique par rapport à leur groupe ancestral. L'exemple classique du rang familial des Hominidés (Homme) par rapport aux "Pongidés" (grands singes) illustre bien ce besoin d'exprimer une divergence que certains ont même exagérée jusqu'à attribuer à l'homme le rang d'un Règne : les Psychozoa.[7]

Au cours de la première moitié de ce siècle, et jusque dans les années 1960-70, on a noté une nette différence entre la pratique de la Systématique Évolutionniste par les Paléontologues, toujours à la recherche de groupes ancestraux, et par les néontologistes, soucieux d'exprimer dans la classification l'ampleur de la divergence morphologique et écologique entre les espèces. La pratique paléontologique des quarante dernières années a également ajouté à la Systématique Évolutionniste la notion de lignées continues, considérées comme le fruit d'une observation empirique. Combien de genres ou de familles fossiles sont en fait une succession d'espèces ou de genres dont le principal caractère commun est de se succéder dans le temps!

En somme, la Systématique Évolutionniste a largement contribué à transformer une classification pré-évolutionniste fondée sur les caractères intrinsèques des organismes (classification linnéenne, par exemple) en un arbre évolutif comprenant des taxons ancestraux et des taxons descendants. Malheureusement, elle a aussi largement contribué à faire naître l'idée que la systématique est passive, qu'elle ne fait qu'exprimer de manière impressionniste des idées nées de la seule observation des mécanismes écologiques (spéciation, etc.) ou des données paléontologiques les

5. Tassy [29].
6. Müller [16].
7. Huxley [13].

plus complètes ("lignées", etc.).

La Systématique numérique, ou Phénétique, a, la première, tenté d'établir des règles précises de la construction des classifications, même si ces règles n'étaient que statistiques et quantitatives. Il s'agit en effet d'un pari sur la distribution d'un très grand nombre de caractères pris au hasard sur les organismes, pour découvrir une organisation hiérarchique. Malheureusement, cette prise en compte aveugle de toutes sortes de ressemblances –y compris celles qui sont dues à des absences de caractères, ou caractères privatifs– conduit souvent à des répartitions contradictoires, celles-là mêmes qui ont mené Adanson aux portes de la folie après l'échec de ses *«Familles des plantes»*.[8] Sous sa forme originelle, la Systématique phénétique semblait peu apte à restituer une hiérarchie qui puisse témoigner de l'histoire évolutive des taxons. Toutefois, une certaine convergence avec la Systématique Phylogénétique est apparue sous la forme de la Cladistique Structurale (*«Pattern cladistics»*), dont le principe est une recherche de la congruence maximale des distributions de caractères, en excluant toutefois l'utilisation de caractères privatifs.[9]

La Systématique Phylogénétique est née, d'une part, du besoin de trouver une base unique et objective pour l'établissement des classifications, et d'autre part de la constatation que toutes les ressemblances n'ont pas la même signification historique. En ce qui concerne le premier point, Hennig proposa que la classification soit le reflet fidèle de la phylogénie. Ainsi, la hiérarchie des taxons devait-elle être établie à partir de l'ordre d'apparition des caractères qui les définissent, du plus général au plus particulier. Cet ordre d'apparition étant un fait historique, donc unique, les classifications devenaient ainsi, théoriquement, plus objectives, à condition que la phylogénie des groupes correspondants soit sinon connue, du moins cernée au plus près. Le gros du travail du systématicien devenait alors la construction phylogénétique. Jusqu'à Hennig, la construction phylogénétique était fondée, comme la classification évolutionniste, sur le degré de ressemblance générale qui est censé, dans la tradition de la Théorie Synthétique, être le reflet de la proximité génétique, donc de la parenté. Hennig a clairement montré que la ressemblance morphologique, éthologique, biochimique, entre deux taxons pouvait être le fait de trois causes : 1) le partage de caractères hérités d'un ancêtre commun propre à ces *seuls* deux taxons (synapomorphie); 2) le partage de caractères hérités d'un ancêtre commun à ces deux taxons, mais qui est aussi l'ancêtre d'un autre taxon portant également ce caractère ou l'ayant secondairement perdu (symplésiomorphie); 3) le partage de caractères qui n'existaient pas chez l'ancêtre commun de ces seuls deux taxons et, donc, sont apparus indépendamment chez chacun de ces taxons (convergences ou homoplasies).

Ces trois types de ressemblances permettaient ainsi de définir respectivement trois types de taxons : monophylétiques, paraphylétiques et polyphylétiques, dont seuls les premiers : –les taxons monophylétiques ou clades– devaient être pris en compte dans une classification polyphylétique, car eux seuls ont une histoire propre qui n'est pas, en même temps, une partie de l'histoire d'un autre taxon de rang inférieur, comme c'est le cas pour les taxons paraphylétiques. Quant aux taxons polyphylétiques, ils étaient déjà rejetés comme "non naturels" par la Systématique Évolutionniste.

8. Adanson [1]; Nelson [17].
9. Nelson and Platnick [18]; Patterson [21].

Cependant, certains caractères ne sont pas forcément "uniques" à un taxon donné, mais c'est seulement leur état qui peut être propre à un taxon ou à un ensemble de taxons. En Systématique Phylogénétique, seuls les états dérivés, ou apomorphes, témoignent de la monophylie d'un taxon, mais comment déterminer l'état d'un caractère? Pour ce faire, on dispose actuellement de trois critères principaux : la comparaison dite "extra-groupe", le critère chronologique ou paléontologique, et le critère ontogénétique. La comparaison extra-groupe repose sur le principe suivant : de deux caractères partagés par deux taxons, celui qui se rencontre aussi dans un troisième taxon apparenté à ces derniers est plésiomorphe pour eux. Ainsi, le membre à cinq doigts est-il plésiomorphe pour les Mammifères car largement représenté chez d'autres Tétrapodes non-Mammifères. Le critère paléontologique suppose que plus un caractère est ancien (autant que les fossiles le montrent), plus il est plésiomorphe. Bien que globalement fiable, ce critère souffre de nombreuses exceptions. Enfin, le critère ontogénétique est fondé sur la loi de von Baer selon laquelle les états de caractères les plus généraux (plésiomorphes) apparaissent avant les états de caractères les moins généraux au cours du développement ontogénétique. Là encore, on trouve de nombreuses exceptions, mais elles sont relativement mineures. Tous ces aspects techniques de la Systématique Phylogénétique ont été exposés en détail dans de nombreux ouvrages (malheureusement en majorité en langue anglaise)[10], ainsi que dans quelques articles de vulgarisation.[11] L'article de C. Dupuis[12] sur la propagation des idées de Hennig est aussi d'une importance capitale.

Ainsi, la Systématique Phylogénétique n'est-elle pas seulement une nouvelle mode venant bouleverser des classifications dont beaucoup s'accommodaient fort bien. C'est avant tout une méthode de reconstitution des relations de parenté, donc un moyen indirect d'appréhender l'histoire de la vie. De ce fait, il est clair que toute activité de la biologie comparative et même de la biologie générale faisant appel à l'histoire de la vie (ce que certains appellent maintenant la *«biologie historique»*) ne pourra plus se passer de la Systématique Phylogénétique.

## II
### BREF HISTORIQUE DE LA SYSTÉMATIQUE PHYLOGÉNÉTIQUE

Bien qu'esquissées dès 1947 dans des notes spécialisées[13], les idées de Hennig ne sont apparues sous leur forme achevée qu'en 1950,[14] mais c'est en 1966[15] que la traduction anglaise de son livre en permet une vaste diffusion. La Systématique Phylogénétique a alors des porte-parole privilégiés, comme l'entomologiste suédois L. Brundin[16] ou l'ichthyologiste américain G. Nelson[17], ce qui explique l'introduction précoce de cette méthode en entomologie, ichthyologie et paléoichtyologie, puis assez rapidement dans l'ensemble de la Paléontologie des Vertébrés.

10. Nelson and Platnick [18]; Wiley [33]; Brooks *et al.* [2]; Schoch [28].
11. Patterson [22]; Janvier *et al.* [14]; Janvier [15].
12. Dupuis [6].
13. Hennig [10].
14. Hennig [9].
15. Hennig [11].
16. Brundin [3].
17. Nelson [19].

Enfin, ce n'est que dans les années 1980 que la Botanique en a soudain adopté la méthode avec un enthousiasme stupéfiant.[18]

C'est surtout entre 1973 et 1982 qu'ont eu lieu la plupart des débats de fond sur la Systématique Phylogénétique, débats souvent très animés voire polémiques. Ses opposants se répartissent globalement en deux groupes, d'une part, les paléonto-logues qui lui reprochent sa défiance à l'égard de la chronologie (le critère paléonto-logique n'était en effet pour Hennig, qu'un critère «*accessoire*» ), et d'autre part, les biologistes, en particulier les écologistes et les généticiens, pour qui la ressemblance est unique et toujours significative d'une parenté privilégiée.

Dans l'ensemble, les controverses autour de la Systématique Phylogénétique sont maintenant éteintes, sauf dans les pays où l'on ne la découvre que maintenant, et la plupart de ses opposants ou bien se sont ralliés à certains de ses aspects (en particulier les techniques de construction des phylogénies et d'analyse des caractères), ou bien continuent de considérer que la biologie historique ne peut être qu'empirique et n'a que faire d'une approche *a priori* théorique.[19] Parmi ces derniers on trouve hélas beaucoup de paléontologues, mais encore aussi des écologistes et quelques généticiens.

Vers la fin des années 1970 est survenu un curieux phénomène sociologique par lequel certains opposants à la Systématique Phylogénétique ont tenté de la discréditer sur un plan idéologique. En effet, la logique de la démarche hennigienne est fondée en grande partie sur le principe dit de parcimonie ou d'économie d'hypothèses, impliquant que l'on choisisse l'hypothèse de relations phylogénétiques supportée par le plus grand nombre de caractères dérivés partagés (synapomorphies) et donc impliquant le moins de convergences possibles. Chaque hypothèse ainsi proposée peut être rejetée ultérieurement au profit d'une hypothèse encore plus parcimonieuse, permettant ainsi une approche de plus en plus serrée de la réalité historique. Du fait qu'une telle hypothèse phylogénétique est toujours argumentée, elle est accessible à la réfutation. Ce principe de l'alternance des conjectures et réfutations a été considéré comme conforme aux conceptions du philosophe Karl Popper[20] quant au mécanisme de la découverte scientifique et certains ont -sans doute un peu abusivement et surtout agressivement- clamé que seule la Systématique Phylogénétique était "réellement scientifique". Mais la philosophie de salon ne s'est pas arrêtée là. À la même époque, Eldredge et Gould ont proposé une théorie relative aux mécanismes de l'évolution, la théorie des équilibres ponctués,[21] où la Systématique Phylogénétique n'intervenait du reste que dans une présentation sommaire de la phylogénie d'un groupe de Trilobites servant d'illustration à cette théorie. Halstead, farouche opposant à la Systématique Phylogénétique a alors tenté de montrer que cette théorie saltationniste de l'évolution était inspirée d'une conception révolutionnaire de l'histoire du monde, dont on trouve les racines dans Engels et que, puisque la Systématique Phylogénétique était la force d'appoint à cette théorie, elle procédait d'un complot marxiste destiné à subvertir l'enseignement de la biologie dans le monde occiden-tal.[22] Quant à Popper, philosophe assez clairement hostile au marxisme, il n'a pas jugé nécessaire d'intervenir dans ce débat. Paradoxalement, c'est en U.R.S.S. que la

18. Voir la série d'articles publiés dans *Cladistics*, 1 (4) (1985).
19. Vorobjeva [31], Vorobjeva [32].
20. Popper [26]; Platnick and Gaffney [24].
21. Eldredge et Gould [7].
22. Halstead [8].

Systématique Phylogénétique est le moins bien reçue[23] –probablement parce qu'elle facilite la critique des hypothèses phylogénétiques et que des autorités scientifiques tiennent à échapper à ces critiques. Il en a été, du reste, de même en France, où la biologie est très centralisée et où les premiers rejets de cette méthode n'avaient d'autres motivations que la protection de théories peu économiques en hypothèses *ad hoc!*

Une seconde attaque contre la Systématique Phylogénétique a été liée à l'apparition de certaines conceptions -connues sous le nom de "cladistique structurale", ou "cladistique transformée", où les théories sur les mécanismes de l'évolution (par exemple la sélection naturelle) sont considérées comme inutiles *a priori* dans la construction des phylogénies. Certains vont même jusqu'à prétendre qu'une bonne classification n'a pas à se justifier par une référence à la théorie sur la réalité de l'évolution, la distribution des caractères homologues se suffisant à elle-même. On devine tout de suite le parti que les milieux créationnistes pouvaient tirer au premier degré de telles conceptions, ce qu'ils ont fait avec la bénédiction (et sans doute l'aide active!) de ceux-là mêmes qui dénonçaient le parfum marxiste de la Systématique Phylogénétique.[24]

En fait, la Cladistique Structurale ne diffère que très peu de la Systématique Phylogénétique hennigienne, sinon par son rejet de tout jugement évolutionniste *a priori* et son approche essentiellement statistique des distributions de caractères. En cela, elle rejoint la Systématique Numérique, ou Phénétique (que personne n'a jusqu'alors accusée de fixisme!). Elle n'en diffère que par le fait qu'elle ne prend pas en compte les absences de caractères (caractères privatifs), même lorsque la paléontologie ou la comparaison avec les autres groupes semblent indiquer que ces absences sont le fait de disparitions secondaires. Seule l'ontogénie, reflet objectif et irréversible de l'histoire des structures, est considérée comme un indicateur fiable de polarité des caractères. Le mérite des cladistes structuraux est certainement d'avoir clairement dissocié le cladogramme, unique schéma de distribution des caractères, des arbres phylogénétiques, comprenant éventuellement des ancêtres réels ou hypothétiques. Ces arbres, multiples pour un seul cladogramme, doivent eux-mêmes être distingués des scénarios qui intègrent des données chronologiques et biogéographiques. Ainsi, toute théorie sur la réalité de l'évolution ou sur son mécanisme doit-elle intervenir *a posteriori* –et non *a priori*– dans cette démarche structurale, voire "structuraliste".

Enfin, une étape importante et assez récente de l'histoire de la Systématique Phylogénétique fut son alliance avec la biogéographie historique. Le biogéographe L. Croizat[25] avait, avec sa "Panbiogéographie", entrevu l'importance d'une approche statistique de la congruence des tracés biogéographiques (répartitions superposées de nombreux taxons), mais ce sont les ichtyologistes américains D. Rosen et G.

23. Tatarinov [30]; Vorobjeva [31], [32]. Les actes d'un colloque intitulé *Travaux sur la morphologie animale* (Moscou, Nauka, 1985, 303p., en russe), par exemple, ne font pratiquement aucune allusion à la Systématique Phylogénétique, et la seule contribution occidentale que l'on y trouve est celle de W.J.Bock, dont on connaît les virulentes attaques contre cette méthode (voir notamment *Systematic Zoology,* 22 (1974) : pp. 375-392). Le livre récent de L.P. Tatarinov, *Essai sur la théorie de l'évolution* (Moscou, Nauka, 1987, 250p. en russe), ne fait pas non plus la moindre allusion aux débats désormais historiques sur,la Systématique Phylogénétique, alors que sont consciencieusement cités des travaux occidentaux récents sur la systématique évolutionniste. (Depuis la rédaction de cette note, les choses ont bien changé dans l'ex-U.R.S.S., et de nombreux ouvrages ont été publiés sur la Systématique Phylogénétique).

24. Halstead [8].

25. Croizat [5].

Nelson qui y apportèrent la logique de la Systématique Phylogénétique, postulant que la phylogénie d'un taxon devait être soit une conséquence de l'histoire géographique et géologique de son aire de répartition, soit le résultat de dispersions aléatoires qui, de ce fait, ne sont pas historiquement analysables.[26] Dans le premier cas, des structures phylogénétiques statistiquement congruentes pour des taxons nombreux et écologiquement indépendants doivent produire un schéma de l'histoire géographique (fragmentation, apparition de barrières). C'est ainsi qu'est née la biogéographie historique analytique, plus connue sous le nom de biogéographie par vicariance.

Contrairement à ce que l'on pouvait espérer au début des années 80, cette discipline n'a pas eu de développement spectaculaire, et cela non pas à cause d'un échec, mais, d'une part, parce qu'elle nécessite des structures de recherche difficiles à réunir, sauf peut-être dans de grands musées, (nombreux chercheurs travaillant avec la même méthode sur des taxons différents de la même région géographique) et d'autre part, parce que beaucoup de problèmes paléogéographiques, qu'elle aurait pu résoudre, le sont déjà par une approche empirique de la géologie mobiliste. Les seuls problèmes importants qui demeurent en paléogéographie concernent les périodes antérieures à la fragmentation de la Pangée (Trias), périodes qui n'ont guère laissé d'empreintes biogéographiques dans la Nature actuelle, à l'exception de quelques troublants tracés trans-pacifiques.

III<br>LA SYSTÉMATIQUE PHYLOGÉNÉTIQUE AUJOURD'HUI ET DEMAIN

Actuellement, plus de la moitié des révisions de taxons publiées dans les revues internationales de biologie comparative ou de paléontologie sont fondées sur la Systématique Phylogénétique. La situation est un peu différente à l'échelle française en raison de la concentration des pouvoirs de décision en matière de recherche scientifique. En effet, le rejet souvent affectif de cette méthode entre 1975 et 1985 – voire jusqu'à nos jours– a fait prendre à la recherche phylogénétique française un retard considérable et irrattrapable dans ce domaine. Pis encore, certains "décideurs" de la recherche scientifique, indécis, inquiets des conséquences de leur conservatisme, en viennent maintenant à rejeter en bloc tout intérêt pour les recherches phylogénétiques et systématiques. Mais une biologie qui ne maîtrise pas la logique de la diversité est condamnée à longue échéance, car elle se coupe de sa principale source d'informations.

Dans les pays anglo-saxons, on assiste à un développement stupéfiant des techniques informatiques permettant d'assister l'analyse phylogénétique. Il existe actuellement plusieurs logiciels dits de parcimonie qui permettent d'analyser des centaines de caractères sur de très nombreux taxons. En France, bien entendu, ces recherches ne sont conduites que grâce à des initiatives personnelles, en dehors de tout grand programme tapageur. Ces logiciels s'adaptent maintenant à l'analyse de la diversité des protéines et ouvrent un champ nouveau à la phylogénie moléculaire qui sort enfin des calculs de "distances" nés d'une approche phénéticienne, mais aussi très imprégnée de tradition évolutionniste.

Après des débuts décevants dans les années 1970, la phylogénie moléculaire a

26. Rosen [27]; Nelson and Rosen [20].

maintenant saisi le fil de la Systématique Phylogénétique en l'adaptant à ses problèmes propres (orthologie, paralogie, xénologie, etc.) que ne connaissait guère la morphologie. Curieusement, on assiste maintenant à un vif débat entre partisans des "distances" génétiques et partisans des analyses de parcimonie, proches de l'analyse hennigienne.[27] Ce débat se superpose ainsi à l'ancien débat entre morphologistes partisans de la Systématique Évolutionniste et de la Systématique Phylogénétique. L'analyse des distances procède en effet de la Phénétique ou, au mieux, de la Systématique Évolutionniste, mais n'est pas à proprement parler une analyse phylogénétique.

Pendant des années, la phylogénie moléculaire a consisté à corroborer la plupart des résultats de la morphologie comparative. Actuellement, des équipes ont mis au point des méthodes d'analyse testées avec succès sur des groupes dont la phylogénie était déjà bien corroborée par l'analyse des caractères morphologiques. Grâce à ces méthodes, elles vont pouvoir se lancer à l'assaut de taxons si anciens ou si divergents que la morphologie ou l'embryologie restent impuissantes à en restituer les relations de parenté (Métazoaires, Protistes, Procaryotes, Algues, Virus, etc.).

C'est vers la fin des années 1970 que la botanique a découvert la Systématique Phylogénétique, en y intégrant ses problèmes propres, tels que l'hybridation ou la polyploïdie.[28] La "Botanique Cladistique" a connu un essor fulgurant aux U.S.A., en Suède et en Grande-Bretagne[29], avec un enthousiasme dû sans doute au fait qu'elle passait presque directement de l'ère linnéenne à l'ère hennigienne, sans avoir réellement connu la Systématique Évolutionniste. Cette lacune est sans doute due à deux raisons : d'une part, les néo-darwiniens ont toujours évité le monde végétal qui ne semblait guère adaptable au modèle de la sélection naturelle; d'autre part, il existait en Botanique une forte tradition de Systématique Numérique préfigurant l'aspect statistique de l'analyse des caractères que l'on retrouve dans la Systématique Phylogénétique.

Beaucoup de biologistes et de paléontologues considèrent à tort que la construction de phylogénies, la "Phylogénétique", est un simple jeu de l'esprit, tandis que la tâche noble de la biologie évolutive est la recherche des processus et des mécanismes de l'évolution. Ce point de vue est surtout développé en France, pays à forte tradition positiviste où seule compte l'observation directe des mécanismes. La Phylogénétique (acceptons cet anglicisme!) est effectivement indépendante –en principe– de toute théorie a priori sur les mécanismes générateurs de la diversité; cependant, les phylogénies restent le seul test possible de toute théorie évolutionniste, elles sont le cadre rigide dans lequel les écologistes, embryologistes, généticiens pourront construire des modèles relatifs à la création de la forme, la transmission des caractères ou la survivance des taxons.

Dans un article rédigé en 1982,[30] je m'étais risqué à faire quelques prédictions sur l'avenir de la Systématique Phylogénétique, dont certaines se sont effectivement réalisées. Ici, je me risquerai à nouveau à prédire un développement de la Phylogénétique en tant que discipline à part entière, du moins dans certains pays moins dirigistes que la France. Il se formera des équipes de recherche comprenant des botanistes, des zoologistes, des biogéographes, peut-être même des

---

27. Patterson [23].
28. Platnick and Funk [25].
29. Voir la série d'articles publiés dans *Cladistics*, 1 (4), 1985.
30. Janvier [15].

géophysiciens, travaillant sur des problèmes de relation de parenté entre des taxons et de leurs relations biogéographiques.

Il serait regrettable que la science fondamentale française manque cette occasion, d'autant que l'organisation de la recherche de ce pays est parfaitement préadaptée à la phylogénétique, même s'il n'existe guère de volonté d'un tel développement. En effet, la Phylogénétique nécessite peu de moyens lourds mais plutôt des moyens de communication et d'information. En outre, elle doit absorber beaucoup de données brutes et, par là, permet d'exploiter les compétences de chercheurs relativement âgés, dont l'expérience et les connaissances sont une mine de données factuelles inégalable. Ainsi, ces chercheurs de plus de quarante-cinq ans, dont il est de mode de dire qu'ils sont un poids pour la recherche de pointe, retrouveraient-ils une place honorable dans la science.

## CONCLUSION

La classification que s'autorisait Buffon était à la fois traditionnelle, intuitive et utilitaire. Celle de Linné était structurelle et hiérarchisée. Avec Hennig, elle devient un langage exprimant l'histoire de la diversité de la vie. Quel peut donc être le but d'une Classification Phylogénétique? En quoi est-elle préférable aux autres types de classification? Avant tout, nous l'avons vu, elle est indissociable de la phylogénie, formant avec elle ce tout que l'on peut appeler maintenant la Phylogénétique. La Phylogénétique n'est pas une science fondamentalement historique, contrairement à la biologie historique (paléontologie et biologie évolutives), elle n'est pas empirique mais hypothético-déductive. En cela, elle peut avoir plusieurs finalités, la principale étant simplement la connaissance, connaissance indirecte de l'histoire de la vie dans sa structure et non dans ses processus. Ses relations avec les autres disciplines de la biologie sont du même ordre que les relations entre l'histoire et l'économie, l'ethnologie, la sociologie : c'est une base factuelle dont on ne peut se couper au risque de perdre beaucoup de temps en effectuant, par exemple, des recherches redondantes. Pour moi, la connaissance est déjà un but honorable, à condition que l'on admette que la biologie est autre chose que de la pharmacie! Signe des temps, la Fondation Nobel organise au cours de ce même été 1988, un Symposium international consacré aux méthodes et résultats actuels de la Phylogénétique et portant le superbe titre de *The Hierarchy of Life* (la Hiérarchie de la Vie). Il est triste que, la même année, en France, des chercheurs du CNRS aient reçu le conseil amical mais ferme de ne plus mentionner le mot "phylogénie" dans leurs rapports!

## BIBLIOGRAPHIE

(1)     ADANSON (M.), *Familles et plantes*, Paris, Vincent, 1763-1764, 2 vol.
(2)     BROOKS (D.R.), CAIRA (J.N.), PLATT (T.R.) et PRITCHARD (M.R.), *Principles and Methods of Phylogenetic Systematics : A Cladistics Workbook*, Lawrence, University of Kansas Museum of Natural History special publication, 12, 1984, 351p.

(3)     BRUNDIN (L.), «Application of the phylogenetic principles in systematics and evolutionary theory», in *Current Problems of Lower Vertebrate Phylogeny* (T. Orvig ed.), Novel Symposium 4, Almqvist and Wiksell, Stockholm, 1968 : pp. 473-495.

(4)     BUFFON (G. L. Leclerc de), *Histoire naturelle générale et particulière*, avec la description du Cabinet du Roy, Paris, Imprimerie Royale, 1753, vol. IV, VIII-544p.

(5)     CROIZAT (L.), *Panbiogeography*, Caracas, publié par l'auteur, 1958, vol. 1, 1018p., vol. 2a+b, 1731p.

(6)     DUPUIS (C.), «Permanence et actualité de la systématique : la *systématique phylogénétique* de W. Hennig (Historique, discussion, choix de références)», *Cahiers des Naturalistes*, nouvelle série, 34 [1] (1978 ) : pp. 1-69.

(7)     ELDREDGE (N.) and GOULD (S.J.), «Punctuated equilibria : an alternative to phyletic gradualism», in *Models in Paleobiology* (T.J.M. Schopf ed.), San Francisco, Freeman, Cooper, 1972 : pp. 82-115.

(8)     HALSTEAD (L.B.), «Popper : good philosophy, bad science ?», *New Scientist*, 1980 : pp. 215-217.

(9)     HENNIG (W.), *Grundzüge einer Theorie der phylogenetischen Systematik*, Berlin, Deutscher Zentralverlag, 1950, 370p.

(10)    HENNIG (W.), «Probleme der biologischen Systematik», *Forschungen und Forschrift*, 21-23 (1947) : pp. 276-279.

(11)    HENNIG (W.), *Phylogenetic Systematics*, Traduit de l'allemand par R. Zangerl et D. Wight Davis, Urbana, University of Illinois Press, 1966, VIII, 263p.

(12)    HUXLEY (J.), *Evolution. The Modern Synthesis*, 2è ed., Londres, Georges Allen and Unwin Ltd, (1943), 645p.

(13)    HUXLEY (J.), «Evolutionary processes and taxonomy with special references to grades», *in Systematics of To-Day* (O. Hedberg ed.), Uppsala Universitets Arskrift, 6 (1958); 31-38, 370p.

(14)    JANVIER (P.), TASSY (P.), et THOMAS (H.), «Le Cladisme», *La Recherche*, 11 (1980) : pp. 1396-1406.

(15)    JANVIER (P.), «Cladistics : Theory, purpose, and evolutionary implications», in *Evolutionary Theory. Paths into the Future* (J.W. Pollard ed.), Chichester, J. Wiley and Sons, 1984 : pp. 39-75.

(16)    MÜLLER (F.), *Für Darwin*, Leipzig, Engelmann, 1864, 254p.

(17)    NELSON (G.), «Cladistic analysis and synthesis : principles and definitions, with a historical note on Adanson's *Famille des Plantes* (1763-1764)», *Systematic Zoology,* 28 (1979) : pp. 1-21.

(18)    NELSON (G.) and PLATNICK (N.), *Systematics and Biogeography. Cladistics and Vicariance*, New York, Columbia University Press, 1981, 564p.

(19)    NELSON (G.), «Comments on Hennig's "phylogenetic systematics" and its influence on ichthyology», *Systematic Zoology*, 21 (1972 ) : pp. 364-374.

(20)    NELSON (G.) and ROSEN (D.E.), *Vicariance Biogeography : A Critique*, New York, Columbia University Press, 1987, 229p.

(21)    PATTERSON (C.), «Morphological characters and homology», *in Problems of Phylogenetic Reconstruction* (K.A. Joysey et A.E. Friday eds.), Systematic Association Special Volume 21 (1982) : pp. 212-214.

(22)    PATTERSON (C.), «Cladistics», *Biologist*, 27 (5) 1980 : pp. 234-240.

(23)    PATTERSON (C.), *Molecules and Morphology in Evolution : Conflict or Compromise ?* Cambridge, Cambridge University Press, 1981, 541p.

(24)    PLATNICK (N.) and GAFFNEY (E.S.), «Systematics : a Popperian perspective», *Systematic Zoology*, 26 (1977) : pp. 360-365.

(25)    PLATNICK (N.I.) and FUNK (V.A.), eds., *Advance in Cladistics,* vol. 2, New York, Columbia University Press, 1983, 218p.

(26)    POPPER (K.R.), *Conjectures and Refutation : The Growth of Scientific Knowledge*,

New York, Harper and Row, 2è ed., 1965, XII, 417p.

(27)    ROSEN (D.E.), «Vicariant patterns and historical explanations in biogeography». *Systematic Zoology*, 27 (1978) : pp. 159-188.

(28)    SCHOCH (R.M.), *Phylogeny Reconstruction in Paleontology*, New York, Van Nostrand Reinhold Co., 1986, 351p.

(29)    TASSY (P.), «Lamarck and Systematics», *Systematic Zoology*, 30 [2] (1981) : pp. 198-200.

(30)    TATARINOV (L.P.), «The significance of paleontology for herpetology», *Vertebra Hungarica,* 21 (1982) : pp. 241-243.

(31)    VOROBJEVA (E.I.), «Phylogenetic criteria in paleoichthyology», *Roczniki Nauk Rolniczych*, 100 [3] (1983) : pp. 241-243.

(32)    VOROBJEVA (E.I.), [«Aspects phylogénétiques de la paléoichthyologie»], *Ichthyologia*, Belgrade, 12 (1980) : pp. 83-91 (en russe).

(33)    WILEY (E.O.), *Phylogenetics. The Theory and Practice of Phylogenetic Systematics*, New York, John Wiley and Sons, 1981, 439p.

# 32770

## 34

# ÉVOLUTION DES CONCEPTS DE L'ESPÈCE
# ET DE LA FORMATION DES ESPÈCES

Jean CHALINE [*]

Au delà de l'approche biologique qui nous propose des processus et des mécanismes pouvant expliquer concrètement la réalisation des organismes depuis le programme génétique, de l'œuf à l'adulte au travers des contraintes du développement, la paléontologie, avec la dimension temporelle qu'elle seule maîtrise, apporte des données complémentaires indispensables permettant de comprendre l'origine des espèces et leur devenir, les modalités et les rythmes des changements évolutifs. Elle est la seule aussi à nous révéler le déroulement historique de l'évolution du vivant tel qu'il s'est réalisé dans les temps géologiques. C'est donc à la lumière de cette double approche qu'il faut considérer les concepts de l'espèce et de leur formation.

### UNE RECONSIDÉRATION DE LA NOTION D'ESPÈCE !

Le concept d'espèce a connu, au cours des temps, bien des vicissitudes qui reflètent des conceptions philosophiques et des *épistémè* souvent très divergentes.[1]

### La conception essentialiste de l'espèce

La plus ancienne conception, qui se réfère à l'*Eïdos* de Platon, est celle d'une croyance en l'existence d'un nombre limité de types permanents réels et universels qui se reproduisent immuablement identiques à eux-mêmes. Cette conception "essentialiste" de l'espèce a abouti au point de vue paléontologique à une conception "typologique" où tout individu un peu différent d'un autre devient le type d'une nouvelle espèce. Cette conception reprise par le Christianisme (Saint Augustin) a été radicalisée après la Réforme, la fixité et la constance des espèces étant élevées au rang de dogme. C'est celle qui a guidé Linné dans l'élaboration de sa classification des êtres vivants, qui devait être le fidèle reflet de la création; ce sera aussi celle de Cuvier.

### La conception nominaliste de l'espèce

Une autre conception qualifiée de "nominaliste", héritée de l'école médiévale d'Occam, ne reconnaît que l'existence des individus, les espèces étant considérées comme des concepts humains pratiques, mais n'ayant aucune réalité objective.

* Centre de Paléontologie et Géologie sédimentaire (U.A. CNRS 157), Laboratoire de Préhistoire et Paléoécologie du Quaternaire de l'E.P.H.E., Centre des Sciences de la Terre de l'Université de Bourgogne. 6 Bd.Gabriel. 21100 Dijon. France.
1. Mayr [17].

Buffon (1749-1804),[2] après avoir partagé cette conception nominaliste au début de ses recherches, est le premier à avoir introduit dans le concept d'espèce la notion d'interfécondité comme critère de délimitation et de séparation des espèces, notion qui sera reprise dans le concept d'espèce biologique de la *Théorie synthétique*. Il admet cependant globalement la conception essentialiste, chaque espèce étant caractérisée par un "moule organique" propre. Il se distinguera de Linné, dont il fut un adversaire acharné, par sa vision de l'espèce qui pour lui correspond à une entité naturelle et bien réelle, en contraste avec le genre linnéen, construction purement arbitraire.

La conception nominaliste a été celle de Lamarck et d'Étienne Geoffroy Saint-Hilaire entre autres. Sans doute aussi a-t-elle été en partie celle de Darwin, qui considérait que les espèces évoluent et qu'elles ne peuvent donc être définies, sinon sous des désignations arbitraires. Par ailleurs, Darwin a développé une conception proche de l'actuelle impliquant l'isolement reproductif par des mécanismes d'isolement éthologique.

*La conception d'espèce biologique de la Théorie synthétique*

Il faudra attendre 1942 pour voir se dégager le concept *«d'espèce biologique»* de Mayr intégrant le critère d'interfécondité et sa conséquence, l'isolement reproductif : *«l'espèce correspond à un ensemble de populations naturelles interfécondes et isolées au point de vue reproductif de tout autre groupe analogue»*.[3]

Le concept d'isolement reproductif est issu de la pensée populationnelle et récemment Lambert *et al.*[4] ont montré qu'il avait ses insuffisances et proposé de le remplacer par le *«concept de reconnaissance»*, celui de la reconnaissance spécifique des partenaires sexuels (S.M.R.S. de Paterson).[5] Par les signaux de reconnaissance les individus s'identifient les uns les autres, autrement dit les espèces se définissent elles-mêmes par les propriétés des organismes (et non des populations) que sont les systèmes de reconnaissance de l'accouplement qui changent de façon discontinue et non pas continue.

Les espèces sont donc une conséquence d'un système de relations et de communications mâle-femelle, opérationnel entre les organismes individuels, permettant l'interfécondité et qui intervient génération après génération.

Le concept d'espèce biologique est donc fondé sur une propriété biologique réelle, la reconnaissance des partenaires sexuels dans un système relationnel, avec comme conséquence secondaire l'isolement reproductif avec les autres espèces.

Dans une perspective évolutive, c'est la reconnaissance des partenaires qui définit les lignées reproductives, accessoirement plus ou moins bien isolées des autres lignées. C'est la reproduction qui donne à une lignée sa continuité permettant l'évolution, l'isolement reproductif garantissant l'espèce contre des mélanges de patrimoines génétiques entre espèces apparentées.

Une autre définition de l'espèce mettant en avant l'aspect sélectionniste est celle de Ghiselin (1974), considérant l'espèce comme *«la plus grande unité dans l'économie naturelle où intervient une forte compétition reproductive entre les*

2. Buffon [3].
3. Mayr [15] : p. 120.
4. Lambert, Michaux, and White [13].
5. Paterson [18]

*partenaires».*[6]

## L'intégration de la dimension temporelle dans la notion d'espèce

Cette intégration du temps a été ressenti comme une nécessité par de nombreux paléontologistes, mais les solutions proposées ont insisté sur des aspects complémentaires de l'espèce et n'ont pas fait l'unanimité.

Pour Simpson, l'espèce évolutive correspond à *«une lignée (une séquence de populations d'ancêtres-descendants) évoluant séparément des autres avec son unité évolutive et ses tendances propres».*[7] Il avait bien compris que les espèces paléontologiques (chronoespèces et paléoespèces) correspondaient à un découpage arbitraire des lignées en segments.

Hennig, dans son approche de systématique phylogénétique étend la définition pour y inclure le critère géographique, l'espèce correspondant alors à *«un complexe de communautés interfécondes vicariantes et étant limitée dans le temps par les processus de spéciation».*[8] La durée temporelle de l'espèce est effectivement limitée entre les processus de son individualisation et de sa disparition. Il s'agit de l'extension temporelle d'une communauté reproductive avec un pool génétique intégré pour laquelle Bonde (1981) a suggéré le nom de *«bio-espèce temporelle».*[9]

Van Valen introduit une définition éco-adaptationniste, l'espèce correspondant à *«une lignée (ou un ensemble de lignées étroitement apparentées) occupant une zone adaptative suffisamment différente de celles des autres lignées au sein de sa répartition géographique et qui évolue séparément des autres lignées qui sont géographiquement extérieures».*[10]

Wiley considère l'espèce comme *«une lignée unique de populations d'organismes ancêtres-descendants qui maintiennent leur identité par rapport aux autres lignées,* [qui] *a ses propres tendances et son propre devenir historique».*[11] L'espèce évolutive implique que de tels segments entre deux spéciations ne peuvent être subdivisés en unités naturelles, les subdivisions devant être considérées comme des populations ou des chrono-sous-espèces.

## Une conception spatiale et temporelle de l'espèce

Pour le biologiste, l'espèce observée dans l'instantané de l'actuel a trop tendance à être considérée comme une entité statique. On a trop tendance à oublier que la biosphère actuelle, avec ses deux millions d'espèces vivantes, correspond à une coupe, à travers un énorme câble, du vivant constitué par au moins deux millions de brins, chaque brin correspondant à une lignée spécifique.

C'est-à-dire que, pour tout évolutionniste qui prend en compte la donnée essentielle qu'est le temps, l'espèce doit être considérée à la fois dans sa dimension spatiale (géographique avec implications écologiques), sa répartition sur le globe à un instant donné (l'actuel pour le biologiste) et dans sa dimension temporelle, continuité assurée par l'enchaînement des générations. Cette nouvelle perspective change

6. Ghiselin [10] : p. 540.
7. Simpson [19] : p. 153.
8. Hennig [12] : p. 64.
9. Bonde [1].
10. Van Valen [20] : p. 236.
11. Wiley [22] : p. 22.

obligatoirement la façon de concevoir l'évolution. L'espèce devient une entité dynamique qui fluctue dans un continuum spatial et temporel, elle devient une unité historique qui évolue.

De ces réflexions il ressort que la notion d'espèce biologique peut être étendue dans le domaine temporel, sous la forme *«d'un continuum dans le temps et dans l'espace entre des groupes de populations naturelles qui, à chaque instant du continuum spatio-temporel, sont interfécondes (c'est-à-dire qu'elles partagent des systèmes de relations de reconnaissance identiques entre partenaires) et sont isolées au point de vue reproductif de tout autre groupe analogue»*,[12] ce que j'avais appelé en 1979 l'espèce holobiologique.

Les données des rongeurs, et notamment des campagnols[13] et des souris,[14] prouvent que l'espèce spatio-temporelle existe, qu'elle a une réalité contrôlable par les méthodes statistiques (unité des espèces morphologiques fossiles, et discontinuités entre morpho-espèces) pour les tronçons fossiles et testable sur le terrain pour les survivants actuels des lignées par les méthodes biochimiques et chromosomiques.

Ces notions vont permettre d'élaborer une nouvelle façon de concevoir la formation des espèces, phénomène de base de l'évolution.

### *Une reconsidération de la conception de la formation des espèces!*

De la conception de la génération spontanée aux modèles de spéciations modernes, les conceptions de la formation des espèces constituent l'un des problèmes les plus complexes de l'évolution, les modèles étant difficiles à tester en raison de la durée des processus et mécanismes en jeu. Bien que Darwin[15] ait intitulé son ouvrage *De l'origine des espèces*, il n'a pas réellement proposé de modèle de formation des espèces, la seule divergence graduelle lui semblant suffire à expliquer cette origine.

La notion spatio-temporelle de l'espèce a des implications importantes dans le problème de la formation des espèces.

Tout d'abord l'espèce a un "début" lorsqu'un groupe d'individus, ou de populations, acquiert une nouvelle autonomie par la mise en place de nouveaux signaux de reconnaissance et d'un isolement reproductif avec les individus de l'espèce souche.

Elle a ensuite une certaine "durée" qui correspond à l'extension du pool génétique de l'espèce dans le temps : la nouvelle espèce est devenue une lignée spécifique, plus ou moins complexe, plus ou moins subdivisée en sous-espèces spatiales aux divers instants successifs de son existence.

Enfin la lignée spécifique a une "fin" qui correspond à son extinction. Il va de soi que, pendant sa durée de vie, il y a une continuité de génération en génération entre les populations successives qui assurent la transmission du pool génétique de l'espèce. Ce pool génétique va subir des mutations qui s'accumuleront, parfois silencieusement (mutations neutres) ou se répercuteront sur l'organisme au cours du développement, mais il n'y aura pas de discontinuité majeure, si bien que l'on restera globalement dans le même pool génétique, de l'apparition à l'extinction de

---

12. Chaline [4], [5], [6], Chaline et Mein [8].
13. Chaline [1987].
14. Bonhomme et Thaler [2].
15. Darwin [9].

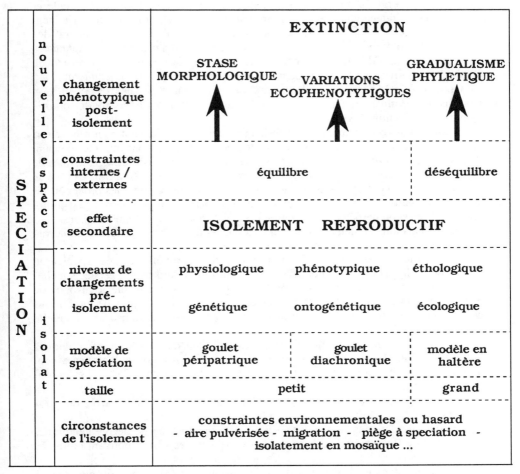

**FIG. 1.** Modèle de formation d'espèce spatial et temporel. Ce modèle intègre la notion spatiale et temporelle de l'espèce et les conceptions traditionnelles de la spéciation *stricto sensu* des biologistes et de la spéciation phylétique des paléontologistes. Une nouvelle espèce trouve souvent son origine dans un isolat résultant de circonstances aléatoires ou de contraintes de l'environnement. Du fait que leurs effectifs sont réduits, des modifications peuvent se produire dans ces isolats et se réaliser à n'importe quel niveau d'organisation du vivant, du génétique à l'éthologique. Ces modifications ont pour effet secondaire de créer un isolement reproductif avec la forme souche qui empêchera toute interfécondité avec elle, si l'espèce dérivée revient en contact (sympatrie) avec l'espèce-mère. Mais dans cette nouvelle conception, les modifications ne s'arrêtent pas avec l'acquisition de l'isolement reproductif, la paléontologie et la biologie prouvant qu'elles continuent jusqu'à l'extinction de la nouvelle espèce. Ces modifications à l'intérieur d'une lignée spécifique correspondent, soit aux variations réversibles et répétitives (variations écophénotypiques itératives), soit à l'évolution graduelle (gradualisme phylétique), soit enfin aux stases morphologiques qui n'impliquent pas de stabilité aux autres niveaux d'organisation de l'espèce (chromosomique, biochimique, écologique, etc.).

l'espèce. De ce fait la lignée spécifique doit être considérée comme une seule et même espèce, indépendamment de l'ampleur des modifications qui interviennent dans son histoire. Cela signifie que les espèces paléontologiques, en général des espèces morphologiques (morpho-espèces), correspondent à des coupes instantanées dans le continuum de la lignée spécifique, à des degrés évolutifs à l'intérieur de celui-ci, lorsqu'il se modifie plus ou moins considérablement au cours du temps.

On arrive donc à une nouvelle conception de la formation des espèces où l'on peut distinguer plusieurs phases successives dans l'histoire de l'espèce, de son origine à son extinction (Fig.1).

Il faut tout d'abord admettre, et cela semble évident si l'on veut bien prendre en compte l'aspect temporel de l'espèce, que toutes les modifications qui interviennent dans l'espèce tout au long de sa durée par le biais des processus et mécanismes de divergence doivent être considérées comme constituant la spéciation. Cette vue s'oppose à la conception habituelle des biologistes qui restreignent les processus de spéciation à ceux qui aboutissent seulement à l'isolement reproductif. C'est-à-dire que l'espèce est en perpétuelle formation ou transformation de sa naissance à sa disparition. Analysons en détail les principales phases de cette nouvelle vue de la formation des espèces ainsi que leurs caractéristiques.

La première phase de différenciation d'une nouvelle lignée spécifique correspond à la période qui aboutit à l'isolement reproductif avec l'espèce souche. Toutes les données biologiques et paléontologiques suggèrent que les isolats de populations, notamment ceux qui se trouvent en périphérie des aires de répartitions des espèces remplissent les conditions favorables à la formation d'une nouvelle espèce. Pourquoi?

- Parce que les isolats périphériques subsistent dans des conditions écologiques limites pour l'espèce et présentent de ce fait des variations morphologiques exceptionnelles. De plus, ils se trouvent souvent en bordure ou dans des niches écologiques nouvelles.

- Parce que les faibles effectifs renferment seulement une partie du pool génétique.

- Parce que dans les faibles effectifs joue le phénomène de dérive génétique, c'est-à-dire de fluctuations au hasard des fréquences des gènes, pouvant entraîner soit la disparition, soit la fixation d'un caractère particulier.

- Parce que dans les isolats intervient la consanguinité dont on sait, notamment chez l'homme, qu'elle favorise la fixation d'un caractère par doublement des gènes de même nature; c'est l'exemple bien connu du menton des Habsbourg!

Tous ces processus font que les isolats sont des ensembles propices à l'apparition et à la fixation de nouveaux caractères qui pourront être à l'origine d'une nouvelle espèce. Mais il faut bien savoir que le devenir normal des isolats est généralement l'extinction et que ceux qui donnent naissance à de nouvelles espèces sont des accidents rares, rares certes, mais qui existent comme le prouvent les archives paléontologiques.

À quels niveaux peuvent se manifester les modifications induites dans les isolats? La réponse est claire : – à n'importe quel niveau d'organisation du vivant : au niveau génique, par la fixation d'une mutation, l'activation d'une ancienne mutation apparue il y a longtemps à l'état neutre, ou par une recombinaison différente des gènes lors d'une reproduction; au niveau des gènes de régulation, par un changement d'environnement génique ou l'intervention de conditions locales du milieu; au niveau des chromosomes, par des altérations des recombinaisons chromosomiques lors de la formation des cellules sexuelles; au niveau biochimique, par l'expression de nouvelles protéines ou enzymes; au niveau physiologique, par des modifications du métabolisme ou de certaines fonctions de l'organisme, parfois sous l'intervention des conditions de milieu; au niveau du développement, par une altération des itinéraires de développement qui aboutira à une forme nouvelle. Si l'apparition d'un nouveau caractère se produit lors d'un tel phénomène, le résultat sera souvent amplifié par l'altération du développement; au niveau morphologique, c'est le résultat direct cumulé des changements précédents; au niveau écologique, par un changement de niche écologique favorisé ici par le fait que l'isolat se situe dans les conditions limites de l'espèce; au niveau du comportement, par des modifications des systèmes de reconnaissance des partenaires sexuels lors des accouplements.

Les modifications peuvent intervenir à un (ou plusieurs) niveau(x) d'organisation du vivant et cette divergence, si elle est importante et si l'isolat revient en contact avec l'espèce souche, aura une conséquence secondaire, celle d'entraver le croisement des individus isolés avec les anciens membres de la communauté-mère spécifique. C'est ainsi que se développe ce que l'on appelle l'isolement reproductif qui permet à l'isolat de devenir la souche d'une nouvelle lignée spécifique autonome. Notons au passage que les modifications induites dans les isolats sont souvent d'ampleur fort variable, ce qui explique pourquoi dans la nature actuelle les isolements entre les espèces ont une large variation, des isolements nets à ceux qui sont plus ou moins efficaces et imparfaits. Cette première phase de la formation des espèces est l'objet privilégié des recherches des biologistes.

Notons au passage la confirmation de cette importante notion de hiérarchie des niveaux d'organisation du vivant qui permet de comprendre pourquoi une modification touche tel niveau et non tel autre; les propriétés des niveaux supérieurs étant souvent partiellement indépendantes de celles des niveaux inférieurs.

La deuxième phase correspond à la période qui suit l'acquisition de l'isolement reproductif au cours de laquelle apparaissent des modifications qui jalonnent l'histoire de la lignée spécifique. Elle est l'objet privilégié des recherches des paléontologistes car elle se déroule dans les temps géologiques. Les archives paléontologiques montrent que les lignées peuvent stagner ou évoluer selon trois modalités principales qui sont respectivement : la stase morphologique, les variations réversibles répétitives et l'évolution graduelle (gradualisme phylétique).

Les stases morphologiques existent et peuvent avoir des durées variables souvent longues de plusieurs millions d'années. Mais que signifie une stase morphologique? Une simple stabilité de la morphologie de l'organisme qui n'implique en rien une stabilité des autres niveaux d'organisation. Or l'expérience des espèces actuelles prouve que la stabilité morphologique peut s'accompagner d'une modification au niveau chromosomique ou biochimique, c'est le cas chez les espèces dites jumelles. Comme seule la morphologie est fossilisable dans les archives paléontologiques, nous ne serons pas en mesure de savoir si les stases morphologiques s'accompagnent, ou non, de stases aux autres niveaux d'organisation. Malgré tout, les stases semblent prouver l'existence d'un grand équilibre entre les contraintes internes des organismes et le milieu.

Les variations réversibles répétitives constituent une modalité très particulière de survie. Sur une variabilité morphologique potentielle très grande contenue dans le patrimoine génétique, seule une partie de la variation s'exprime en fonction des conditions locales de l'environnement. Si le milieu change la variation morphologique changera aussi, mais ces variations seront réversibles si le milieu revient aux conditions initiales d'environnement. Il s'agit là d'un mécanisme simple d'adaptation souple aux environnements fluctuant rapidement.

La troisième modalité est celle de l'évolution graduelle. Maintenant clairement démontré, le gradualisme phylétique correspond à l'évolution graduelle et irréversible d'une lignée spécifique. Le taux de variation graduelle peut varier fortement au cours de l'histoire de la lignée sous l'action, notamment, des fluctuations du milieu, qui semblent alors jouer le rôle de stimulus modulant le rythme évolutif.

Les variations réalisées par évolution graduelle sont souvent si grandes que les paléontologistes l'ont qualifiée de formation d'espèces temporelle (spéciation phylétique). Et c'est cette modalité qui a été privilégiée dans la Théorie synthétique des années quarante, bien que les stases aient été reconnues sous la distinction de formes bradytéliques.

L'un des problèmes soulevés par le débat du gradualisme phylétique contre les équilibres ponctués est celui d'évaluer l'importance respective de ces modalités. Elle varie selon les groupes, les contraintes structurelles et fonctionnelles des types d'organisation, les milieux qu'ils fréquentent et les circonstances. Chez les rongeurs et les ammonites, le gradualisme est fréquent, chez les mollusques gastéropodes la stase ou les variations réversibles répétitives sont abondantes. Dans certains groupes, comme les rongeurs campagnols, le gradualisme phylétique est responsable de la plus grande part du changement morphologique, dans d'autres cas au contraire presque tout le changement morphologique se réalise dans l'isolat lors de la différenciation de la nouvelle lignée avant l'acquisition de l'isolement reproductif.

Ce qu'il faut retenir, c'est que tous les cas sont possibles et que tous les intermédiaires entre les types extrêmes existent : il y a une très grande diversité dans la réalisation du changement évolutif qui peut se réaliser, avant, ou après l'isolement reproductif, et combiner successivement les trois modalités décrites plus haut. Le gradualisme peut en effet succéder à une stase et inversement.

Si l'on veut bien admettre la dimension temporelle de l'espèce, ces trois modalités du devenir des lignées spécifiques suggèrent clairement que les modifications postérieures à l'isolement reproductif ne peuvent pas être séparées des changements initiés dans l'isolat souche et qu'elles peuvent être considérées comme des phases tardives de la spéciation.

Cette conception nouvelle fait de l'espèce une entité spatio-temporelle dynamique en perpétuelle formation ou transformation. Elle a l'avantage de synthétiser en un seul phénomène, les processus et mécanismes, approchés par les biologistes et les modalités et rythmes détectés par les paléontologistes qui, ne travaillant pas aux mêmes niveaux d'organisation, ni aux mêmes échelles temporelles, ont parfois cru, à tort, que leurs travaux s'excluaient mutuellement alors qu'ils étaient complémentaires !

## DE NOUVEAUX MODÈLES DE FORMATION DES ESPÈCES

Les modèles de formation des espèces sont multiples. Ils dépendent des contraintes structurelles et fonctionnelles des organismes, des conditions de l'environnement et des circonstances dues aux hasards de l'histoire de la Terre.

Les modèles classiques de formation d'espèces sont les modèles géographiques où une population ancestrale est scindée en deux ou plusieurs parties aux effectifs plus ou moins grands par une barrière infranchissable.

### Le modèle en haltère[16]

Si la population ancestrale est coupée en deux parties à peu près égales par une barrière géographique (océan, montagne) n'ayant plus l'occasion de se rencontrer ultérieurement, il y a une divergence souvent graduelle des deux ensembles selon les régions. Dans ce cas l'isolement reproductif n'a aucune signification, ni utilité, puisque les deux populations n'auront plus jamais de contacts! Ce modèle dit en haltère existe, mais n'est pas très fréquent dans la documentation paléontologique.

### Le modèle de spéciation péripatrique[17]

Si la population ancestrale est scindée en parties très dissemblables au point de vue des effectifs, on aboutit au modèle de formation d'espèce par goulot d'étranglement spatial des effectifs (péripatriques), où des isolats périphériques peuvent donner naissance à de nouvelles espèces selon les modalités décrites précédemment. Le cas extrême de ce modèle est celui où il y a un seul individu isolé qui donne naissance à une nouvelle espèce; c'est le cas de l'individu fondateur. Pour une raison souvent due au hasard, un individu se trouve transplanté dans une autre région et une autre niche écologique. La mort sanctionne le plus souvent un tel déplacement, mais dans certains cas, notamment chez les drosophiles des îles Hawaï, le phénomène de fondation a réussi.

### Spéciation par monstres prometteurs?

Il existe également des formations d'espèce qui ne font pas intervenir d'isolement géographique, mais des modifications internes brutales des organismes. Les mutations de grande ampleur, les monstres prometteurs de Goldschmidt,[18] souvent évoqués pour expliquer l'origine de nouvelles espèces sont, l'expérience le montre, généralement mortelles pour les individus et peu propices à l'origine d'une nouvelle lignée spécifique.

Les mutations chromosomiques accompagnent souvent les spéciations et on peut se demander avec White[19] si elles ne sont pas à l'origine d'un certain nombre de divergences spécifiques par des mécanismes d'incompatibilité d'appariements des chromosomes lors de la méiose.

Les altérations chronologiques des itinéraires de développement ontogénétique

---

16. Mayr [16].
17. *Ibid.*
18. Goldschmidt [11].
19. White [21].

qui se fixeraient rapidement à l'état stable double (homozygote) semblent offrir des possibilités pour expliquer de grandes divergences morphologiques, la formation d'une nouvelle espèce, à condition qu'elles interviennent dans des groupes à faibles effectifs. Cela a peut-être été le cas chez les hominidés ancestraux.[20]

*Les spéciations instantanées*

Les spéciations instantanées existent cependant, mais chez les végétaux où elles sont communes, par la multiplication brutale du nombre de chromosomes.

*Le modèle de spéciation temporelle*

La prise en considération de la dimension temporelle de l'espèce a révélé l'existence d'un modèle de formation d'espèce temporel, où l'isolat ne se développe pas à la périphérie de l'aire de répartition de l'espèce, mais dans le temps.[21] Ce phénomène, sans doute plus fréquent qu'on ne le croit, intervient lorsqu'une espèce se trouve dans un environnement qui lui devient très défavorable. L'espèce se fragmente en isolats résiduels propices à l'enclenchement, selon les processus évoqués plus haut, de modifications à n'importe quel niveau d'organisation qui peuvent aboutir à l'initiation d'une nouvelle lignée spécifique. Ici encore l'isolement reproductif perd de sa signification et de son intérêt par son inutilité, l'espèce souche ayant disparu.

Ce qu'il faut retenir, c'est que les modèles de formation des espèces sont multiples et peuvent combiner des processus et mécanismes variés.

## CONCLUSION

Dans l'histoire des idées relatives à la notion d'espèce, Buffon a joué un rôle important en introduisant, pour la première fois, la notion d'interfécondité, comme critère de délimitation et de séparation des espèces. Ce concept a été définitivement intégré dans celui d'espèce biologique de Mayr dans la Théorie synthétique. En outre, il semble devoir jouer un rôle renforcé dans la définition de l'espèce, si l'on accorde l'importance que Paterson suggère, à son concept de reconnaissance (S.M.R.S.). Précurseur en bien des domaines, Buffon l'était aussi dans la compréhension de l'espèce.

## BIBLIOGRAPHIE

(1)     BONDE (N.), «Problems of Species Concepts in Paleontology», *in International Symposium on Concept and Method in Paleontology*, Barcelona, *Acta Geologica Hispanica* 16 [1/2] (1981) : pp. 19-34.
(2)     BONHOMME (F.) et THALER (L.), «L'évolution de la souris», *La Recherche*, n°199 (1988) : pp. 606-616.

20. Chaline, Marchand, Berge [7].
21. Laurin [14].

(3)    BUFFON (G.L. Leclerc de), *Histoire générale et particulière...*, Paris, Imprimerie Royale, puis Plassan, 44 vol.

(4)    CHALINE (J.), «Les rongeurs du Pléistocène moyen et supérieur de France», *Cahiers de Paléontologie*, Paris, Éditions du C.N.R.S., 1972, 410p.

(5)    CHALINE (J.), «Le concept d'évolution polyphasée et ses implications», *Géobios*, 17 (1984) : pp. 783-795.

(6)    CHALINE (J.), «Arvicolid Data (Arvicolae, Rodentia) and Evolutionary Concepts», *Evolutionary Biology*, 21 (1987) : pp. 237-310.

(7)    CHALINE (J.), MARCHAND (D.), et BERGE (C.), «L'évolution de l'homme : un modèle gradualiste ou ponctualiste?», *Bulletin de la Société Royale Belge d'Anthropologie et Préhistoire*, 97 (1986) : pp. 77-97.

(8)    CHALINE (J.) et MEIN (P.), *Les Rongeurs et l'évolution*, Paris, Doin, 1979, 235p.

(9)    DARWIN (C.), *On the Origin of Species by Means of Natural Selection, or the Preservation of Favored Races in the Struggle for Life*, London, Murray, 1859.

(10)   GHISELIN (M.), «A Radical Solution to the Species Problem», *Systematic Zoology*, 23 (1974) : pp. 536-544.

(11)   GOLDSCHMIDT (R.), *The Material Basis of Evolution*, New Haven, Yale University Press, 1940.

(12)   HENNIG (W.), *Grundzüge einer Theorie der phylogenetischen Systematik*, Berlin, Deutscher Zentralverlag, 1950, 370p.

(13)   LAMBERT (D.M.), MICHAUX (B.), and WHITE (C.S.), «Are Species self-defining?», *Systematic Zoology*, 36 (1987) : pp. 196-205.

(14)   LAURIN (B.), «Un test du "bottleneck effect" (Stanley, 1978) chez les Rynchonelles jurassiques (brachiopodes)», *in Modalités, rythmes et mécanismes de l'évolution biologique : gradualisme phylétique ou équilibre ponctués?*, J. Chaline éd., Paris, Éditions du C.N.R.S., 1983 : pp. 155-164.

(15)   MAYR (E.), *Systematics and the Origin of Species*, New York, Columbia University Press, 1942, 334p.

(16)   MAYR (E.), «Change of Genetic Environment and Evolution», *in Evolution as a Process*, J. Huxley and E.B. Ford, eds, London, Allen and Unwin : pp. 157-180.

(17)   MAYR (E.), *The Growth of Biological Thought*, Cambridge, Harvard University Press, 1982, 974p.

(18)   PATERSON (H.E.A.), «The Recognition Concept of Species», *in Species and Speciation*, E. Vrba ed., Pretoria, Transvaal Museum Monograph, 4 (1985) : pp. 21-29.

(19)   SIMPSON ( G.G.), *Principle of Animal Taxonomy*, New York, Columbia University Press, 1961, 245p.

(20)   VAN VALEN (L.), «Ecological Species, Multispecies, and Oaks», *Taxon*, 25 (1976): pp. 233-239.

(21)   WHITE (M.), *Modes of Speciation*, San Francisco, Freeman, 454p.

(22)   WILEY (E.), «The Evolutionary Species Concept Reconsidered», *Systematic Zoology*, 27 (1978) : pp. 17-26.

# L'ESPÈCE EXISTE-T-ELLE ?
## QUESTION AUX PALÉONTOLOGUES ET AUX PHILOSOPHES

Michel DELSOL et Janine FLATIN *

Chacun sait l'apport des travaux de Buffon au problème du concept d'espèce. Nous allons revenir sur des discussions récentes, relatives à ce sujet.

Depuis longtemps, les auteurs se sont demandé si l'espèce avait un statut ontologique et, dans ce cas, quel était ce statut. Certains, par exemple, ont dit que l'espèce devait être considérée comme un individu; d'autres, au contraire, qu'elle n'était que le produit de l'esprit des hommes. Aujourd'hui, les naturalistes disent qu'il existe des espèces biologiques et, reprenant une phrase de Mayr, ils admettent en général que *«les espèces sont des groupes de populations naturelles interfécondes qui sont reproductivement isolées d'autres groupes semblables»*.[1]

Récemment, ce problème a été relancé, mais de façon indirecte, par la discussion entre les gradualistes et les ponctualistes. Il est évident que, si l'espèce apparaît brusquement et si la spéciation lente n'est qu'une exception, l'on sera amené à penser que l'espèce est un individu et l'on sera tenté par une conception qui s'apparente (qu'on le veuille ou non) au concept que Mayr nomme "essentialiste" ou "typologique".

Nous reprenons ici l'étude de ce problème, mais en l'abordant sous un aspect particulier : l'hybridation. Pour l'aspect historique de la question, nous renvoyons au colloque *Histoire du concept d'espèce dans les sciences de la vie*, et notamment aux articles de Mme Anne Diara et de Jean-Louis Fischer.[2] Le titre de cet exposé étant un peu trop schématique pour un problème immensément complexe, je vais d'abord situer le sujet. Trois points méritent d'être précisés au départ.

**1**. L'existence, *ici et maintenant*, d'espèces biologiques bien caractéristiques au sens de Mayr ne fait de doute pour personne. Ces espèces peuvent être monotypiques, c'est-à-dire homogènes, même si elles ont une répartition très vaste comme l'espèce de canard décrite, il y a longtemps déjà, par L'Héritier dans son cours; ou bien, elles peuvent être polytypiques, c'est-à-dire composées de plusieurs sous-espèces.

**2**. La question que nous voulons soulever ici est tout autre. Nous nous demandons si le passage d'une espèce à l'autre –au niveau de l'interfécondité– est graduel au point que la coupure entre deux espèces voisines sera due à la décision du classificateur, ou bien si ce passage est "net" au point que la barrière entre ces deux

---

* Laboratoire d'Étude du Développement post-embryonnaire des Vertébrés inférieurs, École Pratique des Hautes Études et Laboratoire de Biologie générale de la Faculté catholique des Sciences de Lyon, 25 rue du Plat, 69002 Lyon. FRANCE.

1. Mayr [18] : p. 24.
2. Diara [6] : Fischer [10].

espèces est due sans contestation possible à la nature des choses.

Les auteurs qui soutiennent cette deuxième hypothèse ont été bien représentés autrefois par Goldschmidt et Schindewolf, et plus récemment par certaines thèses ponctualistes. Nous croyons utile de citer quelques lignes de ces derniers auteurs; nous avons choisi comme exemple un article de Eldredge paru dans *La Recherche* en 1982 car les opinions qui y sont exprimées sont très claires et il y a même un passage qui nous permettra d'analyser le problème discuté dans cet article. Cet auteur écrit :

«Cette notion est basée sur l'observation simple, connue depuis longtemps par les paléontologistes, que chaque espèce nouvelle apparaît brusquement dans les séries fossiles, puis persiste inchangée sur de longues périodes (5 à 10 millions d'années ou même davantage). Puis, une espèce donnée est brusquement, sans transition, remplacée par une autre espèce. (...) En outre, cette évolution par équilibres intermittents soutient l'idée que chaque espèce est une entité individuelle, délimitée dans le temps par une origine, une histoire et une fin.»[3]

Toujours dans le même article, Eldredge précise :

«Mais, en opposition radicale à cette conception "abstraite" de l'espèce, figure une conception "naturaliste", selon laquelle les espèces sont des entités biologiques réelles. Cette conception est en fait très ancienne, bien antérieure au néo-darwinisme et même à Darwin : elle était connue des premiers naturalistes du XVIIIᵉ siècle. Comme preuve de la réalité objective de l'espèce, on cite souvent l'observation suivante faite par des ethnologues : des indigènes de Nouvelle-Guinée, complètement ignorants de la biologie moderne, reconnaissent dans leur île des "sortes" d'animaux et de plantes exactement identiques aux espèces reconnues par les systématiciens.»[4]

Cet article est particulièrement significatif pour nous aider à distinguer ce que nous voulons dire de ce que nous ne voulons pas dire. Nous trouvons parfaitement normal de penser que, lorsque ces indigènes dénomment des espèces, ils reconnaissent en effet des espèces biologiques, c'est-à-dire des ensembles qui se sont séparés au cours des temps; ils reconnaissent donc les extrémités actuelles des lignées. Ceci, toutefois, ne prouve pas que ces lignées soient apparues brusquement. Nous voulons dire, dans cet article, en nous basant sur la série des arguments classiques des synthéticiens, que les espèces se sont constituées lentement, par exemple après un isolement géographique. Nous pensons aussi que, après de longues périodes d'isolement, elles sont devenues tellement différentes que scientifiques et profanes savent les distinguer. Le fait que ces espèces soient bien caractéristiques aujourd'hui ne prouve rien en faveur du gradualisme ou du ponctualisme.

Nous n'ignorons nullement que l'auteur cité ne tiendrait peut-être plus le même propos aujourd'hui car sa position nous paraît maintenant plus nuancée –et il est toujours parfaitement permis à un homme de science de changer d'avis– mais c'est la position bien exprimée dans les textes cités plus haut que nous voulons discuter ici car il semble qu'elle est parfois admise aujourd'hui encore par certains auteurs.

**3.** Les synthéticiens admettent toujours que le passage d'une espèce à l'autre est lent, hormis l'exception des polyploïdes ou certains cas particuliers définissables au coup par coup, mais ils insistent sur le fait que la vitesse de spéciation peut changer d'une lignée à l'autre ou même d'une période à l'autre dans une même lignée. Ainsi, il y a plus de 40 ans, Simpson consacrait à ces changements de vitesse un chapitre

---

3. Eldredge [9] : pp. 622-623.
4. *Ibid*. : p. 622.

entier de l'un de ses principaux ouvrages : *Tempo and mode in Evolution*. Il y estimait même que, dans certains cas, ces vitesses pouvaient varier de 1 à 15.[5]

Utilisant une argumentation génétique, certains auteurs –Dobzhansky,[6] Mayr,[7] Ayala,[8] Pasteur ,[9] Carson[10]– ont suggéré qu'au moment où s'effectue la spéciation, il y a une phase rapide que ces auteurs décrivent de l'un à l'autre avec quelques différences. Nous ne discuterons pas ici de ce problème génétique qui est trop éloigné de notre spécialité; de toute façon, le point essentiel réside dans le fait que ces auteurs estiment que le changement qui se réalise est graduel et se produit grâce à des mutations classiques. C'est à partir de ce point de vue, essentiel à notre propos, que nous allons nous demander si oui ou non l'espèce existe comme une entité réelle ou n'existe que comme une phase de l'histoire d'une lignée.

Dans les pages qui suivent, nous allons essayer de montrer qu'à partir des observations des zoologistes on peut établir que les espèces se croisent souvent entre elles dans la nature et que leur isolement sexuel se réalise progressivement.

I

**LES CROISEMENTS DANS LA NATURE**

On a beaucoup discuté de cette question au cours du XIX[è] siècle. L'article de Fischer cité plus haut en traite. Nous allons l'examiner en prenant nos exemples essentiellement dans le groupe des Amphibiens mais nous insisterons sur le fait que les mêmes observations ont été réalisées également à peu près à tous les niveaux dans la nature. Des exemples cités, nous éliminerons tous les cas où l'on a reconnu de la polyploïdie.

Dans le tome II de l'ouvrage *Les problèmes de l'espèce dans le règne animal*, un chapitre est consacré à la notion d'espèce chez les Amphibiens Urodèles et l'auteur[11], Gasser, a réservé cinq pages à l'hybridation naturelle; ce seul fait est significatif. Nous allons citer quelques exemples tirés de ce travail paru en 1977 et d'autres plus récents.

*Triturus blasii* a longtemps été pris pour une espèce déterminée alors qu'il s'agit en réalité du produit d'un croisement entre *Triturus marmoratus* et *Triturus cristatus*. Une étude publiée par Vallée en 1959[12] a révélé que cet hybride est assez rare dans les zones de sympatrie; sur 1314 tritons collectés, il n'a trouvé que 4,7 % de *Triturus blasii*. Il a observé que les femelles F1 étaient partiellement fertiles alors que les mâles étaient totalement stériles. Il n'a pas observé de *back-cross* mais des études biométriques ont suggéré l'existence de croisements déjà anciens et de portée limitée. De toute façon l'hybride ne s'est pas fixé en tant que type autonome. De son côté, cependant, Arntzen a signalé dans un travail récent[13] que l'hybridation entre ces deux tritons était fréquente dans des mares de Mayenne puisque sur 44 animaux capturés il a dénombré 35 hybrides. *Triturus helveticus* et *Triturus vulgaris* se

5. Simpson [21] : p. 193.
6. Dobzhansky [7] : p. 304
7. Mayr [19].
8. Ayala [2].
9. Pasteur [20].
10. Carson [5].
11. Gasser [11].
12. Vallée [23].
13. Arntzen [1].

croisent également dans la nature mais leurs hybrides sont beaucoup plus rares. Curieusement, les deux couples d'espèces ont des distances génétiques comparables.

Les croisements entre les espèces de tritons américains *Taricha torosa, Taricha rivularis* et *Taricha granulosa* ont été l'objet de nombreux travaux malheureusement interrompus par le décès de leur auteur, Twitty. Les deux premières espèces sont allopatriques et la troisième cohabite avec elles. D'après Twitty[14], les formes sympatriques se croisent rarement; il en a cependant observé au moins un cas typique. Il faut noter que, en laboratoire, cet auteur a fabriqué 200 000 hybrides de ces trois espèces. Replacés dans des ruisseaux contrôlés, ces hybrides se sont développés normalement sans mortalité plus importante que chez les non-hybrides et on a pu observer des F1 et des F2 avec, dans quelques cas, des anomalies chromosomiques.

Les espèces *Batrachoseps attenuatus* et *Batrachoseps pacificus* cohabitent sans se reproduire entre elles dans une ou deux stations observées mais la plupart du temps dans les zones où elles sont en contact elles s'hybrident librement. Ce cas est particulièrement intéressant car on se trouve en présence d'espèces dont certaines populations s'hybrident alors que d'autres populations ne le font pas.[15]

*Desmognathus fuscus* et *Desmognathus ochrophaeus* présentent dans le sud des Appalaches des ressemblances telles que l'on peut penser que, dans cette zone, elles s'hybrident ou bien se sont hybridées dans le passé.[16]

Un énorme travail a été consacré à *Plethodon glutinosus* et *Plethodon jordani*. Ces espèces existent dans de très nombreuses localités nord-américaines; dix-sept mille ont été étudiées. Dans les zones d'hybridation, on rencontre parfois des foules d'hybrides. Mais ici encore, comme dans le cas de *Batrachoseps* cité plus haut, on a observé des variations géographiques pour les croisements; il y a, d'une zone de contact à l'autre, tous les termes de passage entre la présence occasionnelle de quelques hybrides ou, au contraire, des populations totalement hybrides avec absence virtuelle de membres typiques de l'une ou l'autre espèce originelle.

Les différences de comportement d'hybridation d'une région à l'autre ont été souvent signalées dans d'autres groupes. Il serait intéressant d'en approfondir l'étude pour savoir si elles sont dues à un fait de polymorphisme ou à une action du milieu. On pourrait citer encore d'autres exemples chez les Urodèles mais nous nous limiterons dans notre énumération à ceux évoqués ci-dessus.

Les observations naturelles sont évidemment plus difficiles à préciser que les faits expérimentaux en laboratoire et on ne sait pas en général si les hybrides sont fertiles ou stériles. Dans un groupe donné, il est aussi difficile de savoir le pourcentage d'espèces qui se croisent et de celles qui ne se croisent pas. Le groupe des Urodèles est cependant particulièrement intéressant de ce point de vue car on en possède une liste mondiale réalisée en 1974 par Gorham[17]. Cet auteur a dénombré un peu plus de 300 espèces d'Urodèles. Si l'on tient compte des données que nous venons de résumer et du fait qu'évidemment beaucoup d'espèces ont été décrites mais peu ont été étudiées dans la nature, on peut estimer qu'au moins 10 % des Urodèles peuvent se croiser en donnant une descendance fertile ou stérile.

14. Twitty [22].
15. Hendrickson [14].
16. Martof et Rose [17].
17. Gorham [13].

Les faits reconnus chez les Anoures sont plus complexes car, dans ce groupe, Gorham a signalé 2 905 espèces déjà décrites. On ne peut donc plus ici citer les cas connus espèce par espèce comme on l'a fait pour les Urodèles. Nous croyons utile de reproduire, pour étayer notre opinion, quelques lignes de A. Dubois, qui illustrent bien cette question. Cet auteur écrit :

«Il est probable que des techniques fines d'étude des chromosomes devraient permettre aussi d'obtenir des données de cet ordre.

L'hybridation dans la nature entre espèces différentes d'Anoures est un phénomène fréquent, ce qui s'explique à la fois par la compatibilité génétique élevée qui subsiste en général entre espèces voisines, et par la fréquente imperfection des mécanismes d'isolement pré-reproducteur. Des hybrides ont été signalés dans de nombreux groupes entre espèces largement sympatriques et habituellement bien isolées. Habituellement les hybrides ainsi produits sont très rares et, même s'ils ne manifestent pas d'infériorité adaptative particulière, ils sont rapidement "dilués" dans les populations, ne participent pas de manière significative à la reproduction et ne sont donc vraisemblablement pas à l'origine de phénomènes notables d'introgression. De nombreux cas ont été signalés chez les Anoures où deux espèces habituellement isolées par suite de différences dans leurs habitats se trouvent réunies par la création de milieux artificiels intermédiaires, notamment dans des zones modifiées ou perturbées par l'homme : il peut s'ensuivre dans ces milieux une large hybridation entre les deux espèces. (A.P. Blair, 1941; Thornton, 1955, 1960; Wasserman, 1957; Mecham, 1960; Volpe, 1960; Lee, 1967; Main, 1968; Pettus et Post, 1969; Brown, 1971; Brown et Brownell, 1971; Jones, 1973; etc.)..»[18]

Dans le même article, Dubois explique ce que deviennent ces hybrides et il décrit plusieurs situations possibles. Il se peut par exemple que l'hybridation se produisant sans difficulté et étant suivie d'introgression, deux sous-espèces apparaissent réunies par une zone comportant de nombreux individus hybrides. Ces deux sous-espèces réussissant toujours à se croiser pourront constituer à la longue une espèce monotypique avec des clines de caractères. Il y aura en somme fusion des deux espèces en une seule. *Rana esculenta* est le produit du croisement de *Rana lessonae et Rana ridibunda*, espèces originelles encore actuellement isolées tandis que *Rana esculenta* a tendance à constituer une espèce nouvelle.

Dans d'autres cas, les deux espèces coexistent et sont *«reliées par une zone de sympatrie généralement étroite où l'hybridation peut se produire mais où l'introgression est toujours nulle ou très limitée».*[19]

Un peu plus loin dans cet article, Dubois donne la clef de la difficulté sur laquelle nous butons pour définir ces unités floues que sont les espèces : la cohésion relative de certains génotypes. Ceci permet de comprendre que l'on puisse dire en même temps *«il y a des espèces»*, comme nous l'avons fait au début de cet article, et *«il n'y a pas d'espèce "en soi"»*.

Nous venons en effet de voir que parfois, chez les espèces qui s'hybrident, l'hybridation peut à la longue aboutir à la constitution d'une espèce nouvelle, c'est-à-dire d'un pool génétique nouveau tandis que, dans d'autres cas, les deux espèces co-existent l'une à côté de l'autre tout en s'hybridant dans une zone de chevauchement.

On peut estimer avec Dubois et avec les auteurs qu'il cite que, dans ce deuxième cas

«les deux pools géniques sont suffisamment différenciés pour ne pouvoir tolérer une

---

18. Dubois [8] : p. 228.
19. *Ibid.* : p. 229.

intrusion mutuelle des gènes de l'un dans l'autre. Ce phénomène traduit la cohésion du génotype (Mayr, 1975), lequel n'est pas un assemblage aléatoire de gènes mais une unité fonctionnelle intégrée et harmonieuse. Bigelow (1965) (...) insiste sur le fait que l'interfécondité entre deux formes n'implique nullement la possibilité d'un flux génique entre elles, et que seule l'existence d'un tel flux génique traduit l'absence d'isolement génétique entre les deux ensembles de populations (et non d'individus) et donc permet de considérer qu'elles appartiennent à une même espèce».[20]

Rappelons que nous sommes restés au niveau des Amphibiens mais que des zones d'hybrides sont très connues dans de nombreux groupes zoologiques. Dans le numéro de septembre 1987 de la revue *Évolution*, Woodruff et Gould en ont décrit une dont la constitution a pu être suivie ces quelques décennies entre deux espèces de Gastéropodes.[21]

Tous ces exemples sont particulièrement intéressants à étudier car ils mettent en évidence la progressivité de la spéciation. On peut dire en somme qu'il y a un stade où deux espèces déjà constituées mais entrant en contact peuvent fusionner génétiquement pour constituer une forme nouvelle ou, au contraire, peuvent se croiser mais sans perdre leur identité réciproque car celle-ci est trop forte pour disparaître.

Face à cette observation capitale et souvent oubliée, il faudrait alors savoir si le passage d'une espèce constituée, mais ouverte à une espèce assez fermée pour tolérer des hybridations sans risque de création d'une espèce nouvelle, a été l'objet d'une révolution génétique. Nous n'aborderons pas ce problème ici puisque nous voulons demeurer au plan de la zoologie.

## II
### LA PROGRESSIVITÉ DE L'ISOLEMENT SEXUEL APRÈS LA SPÉCIATION

On peut maintenant se poser une autre question : on pourrait penser que la période pendant laquelle se réalise l'isolement génétique d'une espèce est lente ou rapide mais que l'espèce, une fois isolée, représente une structure caractéristique qui, très vite, ne peut plus se croiser avec les espèces voisines. On pourrait penser en somme que le critère du croisement, une fois l'espèce constituée, sera facile à utiliser. Il n'est est rien. Deux types de recherches –l'une de 1972 portant sur *Bufo*, l'autre plus récente (1984) portant sur le genre *Drosophila*– vont nous le montrer.

Les espèces du genre *Bufo* sont répandues dans le monde entier, sauf en Océanie. Dans son ouvrage de 1972, Blair[22] estimait qu'il y avait environ 200 espèces dans ce genre dont l'existence est assez ancienne puisqu'elle est signalée dès l'Oligocène. Les *Bufo*, comme l'ensemble des Anoures, constituent un groupe assez stable. On en a rassemblé les espèces en unités inférieures au genre, dénommées "groupes". Blair a effectué des croisements par insémination artificielle en laboratoire suivant une méthode bien connue chez les Amphibiens. Comme toujours dans ce cas, il n'a pu qu'exceptionnellement suivre l'évolution des hybrides jusqu'à l'âge adulte; on sait qu'il est extrêmement difficile d'élever ces animaux au-delà de la métamorphose, en laboratoire. Malgré cela et malgré le fait que ces observations soient uniquement des résultats obtenus en laboratoire, l'intérêt de ce travail est évident. Dans l'appendice de son énorme ouvrage sur *Bufo*, Blair

20. *Ibid.* : pp. 229-230.
21. Woodruff and Gould [24].
22. Blair [3].

## Hybridations effectuées entre groupes d'espèces de Bufo de l'Amérique du Nord et de l'Amérique centrale

| Femelles | | Mâles | | Femelles | | Mâles | |
|---|---|---|---|---|---|---|---|
| cognatus | 3 | boreas | 100 | boreas | 4 | canaliferus | L |
| punctatus | 1 | marmoreus | 100 | marmoreus | 2 | canaliferus | L |
| valliceps | 8 | canaliferus | 96 | punctatus | 1 | canaliferus | L |
| Sμ marmoreus | 2 | valliceps | 93 | alvarius | 1 | bocourti | L |
| valliceps | 8 | cognatus | 92 | americanus | 6 | occidentalis | L |
| cognatus | 3 | marmoreus | 91 | valliceps | 8 | coccifer | L |
| punctatus | 1 | cognatus | 88 | canaliferus | 1 | bocourti | L |
| marmoreus | 2 | alvarius | 87 | coccifer | 2 | bocourti | L |
| boreas | 4 | alvarius | 83 | valliceps | 8 | boreas | L |
| alvarius | 1 | marmoreus | 82 | occidentalis | 1 | boreas | L |
| alvarius | 1 | cognatus | 81 | occidentalis | 1 | cognatus | L |
| americanus | 6 | boreas | 80 | coccifer | 2 | cognatus | L |
| americanus | 6 | alvarius | 80 | bocourti | 1 | cognatus | L |
| punctatus | 1 | bocourti | 79 | occidentalis | 1 | alvarius | L |
| cognatus | 3 | valliceps | 73 | occidentalis | 1 | marmoreus | L |
| americanus | 6 | valliceps | 72 | bocourti | 1 | marmoreus | L |
| valliceps | 8 | marmoreus | 68 | valliceps | 8 | punctatus | L |
| boreas | 4 | punctatus | 67 | cognatus | 3 | punctatus | L |
| boreas | 4 | cognatus | 66 | alvarius | 1 | punctatus | L |
| americanus | 6 | marmoreus | 66 | marmoreus | 2 | punctatus | L |
| boreas | 4 | marmoreus | 63 | valliceps | 8 | debilis | L |
| americanus | 6 | bocourti | 61 | coccifer | 2 | debilis | L |
| boreas | 4 | valliceps | 59 | alvarius | 1 | debilis | L |
| americanus | 6 | punctatus | 54 | cognatus | 3 | americanus | L |
| canaliferus | 1 | marmoreus | 53 | punctatus | 1 | americanus | L |
| Sμ marmoreus | 2 | bocourti | 49 | valliceps | 8 | quercicus | L |
| punctatus | 1 | boreas | 47 | canaliferus | 1 | quercicus | L |
| marmoreus | 2 | cognatus | 36 | cognatus | 3 | quercicus | L |
| cognatus | 3 | bocourti | 33 | marmoreus | 2 | quercicus | L |
| coccifer | 2 | punctatus | 33 | bocourti | 1 | valliceps | G |
| cognatus | 3 | canaliferus | 32 | bocourti | 1 | coccifer | G |
| Sμ punctatus | 1 | valliceps | 31 | boreas | 4 | occidentalis | G |
| americanus | 6 | coccifer | 29 | boreas | 4 | coccifer | G |
| punctatus | 1 | debilis | 28 | cognatus | 3 | coccifer | G |
| Sμ occidentalis | 1 | valliceps | 27 | alvarius | 1 | coccifer | G |
| canaliferus | 1 | valliceps | 26 | marmoreus | 2 | coccifer | G |
| canaliferus | 1 | cognatus | 25 | marmoreus | 2 | occidentalis | G |
| cognatus | 3 | alvarius | 25 | marmoreus | 2 | boreas | G |
| americanus | 6 | canaliferus | 25 | punctatus | 1 | occidentalis | G |
| americanus | 6 | quercicus | 25 | punctatus | 1 | coccifer | G |
| valliceps | 8 | alvarius | 22 | debilis | 3 | valliceps | G |
| coccifer | 2 | valliceps | 21 | debilis | 3 | boreas | G |
| Sμ americanus | 6 | cognatus | 19 | debilis | 3 | cognatus | G |
| valliceps | 8 | occidentalis | 17 | debilis | 3 | alvarius | G |
| cognatus | 3 | occidentalis | 15 | debilis | 3 | punctatus | G |
| alvarius | 1 | valliceps | 14 | bocourti | 1 | boreas | G |
| boreas | 4 | bocourti | 13 | canaliferus | 1 | alvarius | G |
| cognatus | 3 | debilis | 10 | coccifer | 2 | alvarius | G |
| alvarius | 1 | boreas | 9 | bocourti | 1 | punctatus | G |
| americanus | 6 | debilis | 8 | canaliferus | 1 | americanus | G |
| boreas | 4 | americanus | 7 | bocourti | 1 | americanus | G |
| boreas | 4 | debilis | 7 | occidentalis | 1 | quercicus | G |
| marmoreus | 2 | debilis | 7 | occidentalis | 1 | coccifer | N |
| punctatus | 1 | alvarius | 4 | canaliferus | 1 | boreas | N |
| valliceps | 8 | bocourti | 4 | canaliferus | 1 | punctatus | N |
| Fμ valliceps | 8 | americanus | 3 | occidentalis | 1 | punctatus | N |
| coccifer | 2 | marmoreus | 3 | occidentalis | 1 | debilis | N |
| canaliferus | 1 | coccifer | 3 | punctatus | 1 | quercicus | N |
| coccifer | 2 | boreas | 2 | occidentalis | 1 | americanus | N |
| coccifer | 2 | americanus | <1 | alvarius | 1 | quercicus | N |
| canaliferus | 1 | debilis | 1 | alvarius | 1 | americanus | N |
| occidentalis | 1 | canaliferus | L | debilis | 3 | americanus | N |
| coccifer | 2 | canaliferus | L | marmoreus | 2 | americanus | N |

donne des résultats qui portent sur un millier d'expériences (22 pages de tableaux) et, par conséquent, sur un nombre considérable de croisements.

À partir de cet ensemble et en reprenant certains de ces tableaux, nous avons cherché à classer les résultats de cet auteur dans un ordre décroissant. Nous avons ainsi obtenu un répertoire général dans lequel nous avons indiqué le nom des groupes croisés; le nom de la femelle est suivi d'un chiffre qui indique le nombre d'espèces essayées dans chaque croisement (sans toutefois préciser ces espèces). Puis l'on trouve horizontalement le nom du groupe du mâle suivi d'un chiffre ou d'une lettre qui exprime les résultats du croisement. Ceux-ci ne correspondent pas au résultat moyen obtenu mais, pour chaque type de croisement, au meilleur résultat obtenu, c'est-à-dire le stade maximum de développement atteint dans les divers lots de têtards hybrides étudiés. Ces résultats figurent donc sous les formes suivantes :

- s'il y a un chiffre, il correspond au pourcentage d'œufs qui se sont développés jusqu'à la fin de la métamorphose;
- s'il y a une lettre, elle correspond au stade atteint par ces œufs, à savoir :
L = développement stoppé à l'état têtard;
N = développement stoppé au stade neurula;
G = développement stoppé au stade gastrula.

De plus, le signe $S\mu$ signifie que, dans ce croisement, les descendants mâles étaient stériles alors que le signe $F\mu$ signifie que, dans ce croisement, les descendants mâles étaient fertiles en *back-cross*.

De ce tableau, on peut tirer les enseignements suivants. 1) les espèces de *Bufo* et même les espèces appartenant à des groupes différents d'espèces de *Bufo* ne présentent pas les unes vis-à-vis des autres un isolement sexuel semblable mais, au contraire, on observe un decrescendo caractéristique de cet isolement sexuel; 2) ce phénomène est tellement marqué qu'entre certaines espèces on a observé des développements atteignant la fin de la métamorphose pour 100 % des œufs fécondés artificiellement.

Évidemment, ces observations ne sont pas aussi intéressantes, pour définir des parentés d'espèces, que si elles portaient sur des résultats observés dans la nature; mais, en cette matière, le biologiste fait ce qu'il peut, exactement comme le paléontologiste fait ce qu'il peut lorsqu'il estime, en se basant sur des courbes de Gauss, que les fossiles qu'il étudie ont pu se croiser. Chaque science utilise les données qu'il peut rassembler; le chercheur doit savoir, à partir de ces éléments, construire des synthèses prudentes.

Un autre travail portant sur le genre *Drosophila* et publié dans *Evolutionary biology*[23] nous paraît éclairer encore mieux la question posée. En effet, à l'inverse de ce qui se passe chez les Amphibiens, on peut facilement élever les hybrides sur plusieurs générations et évaluer leur capacité de reproduction entre eux ou en *back-cross* avec leurs parents. Dans son introduction, l'auteur qui travaille à Melbourne rappelle que l'on a mis longtemps à prendre conscience du nombre de croisements pouvant exister entre les différentes espèces de drosophiles. D'après lui, en 1922, on en aurait connu qu'un seul et en 1934 deux autres. En 1952, Patterson et Stone en décrivent 101. Paru en 1984, l'article de Bock représente une mise au point d'une grande précision qui permet une remarquable réévaluation de ces pourcentages. D'après cet auteur, il y aurait actuellement 1500 espèces connues du genre *Drosophila* mais beaucoup de ces espèces ne sont décrites que d'après des

23. Bock [4].

spécimens de collections entomologiques. Il semble que 300 espèces aient été réellement étudiées et élevées en laboratoire mais les essais d'hybridation n'ont pas toujours été faits ou du moins signalés. Bock a entrepris l'analyse de ceux qui ont été publiés; il a subdivisé les résultats d'hybridation en plusieurs groupes ou sous-groupes :

- groupe 1 : production de larves seulement;
- groupe 2 : production de pupes seulement;
- groupe 3 : production d'un petit nombre d'adultes F1, en général femelles, qui meurent avant que l'on ait pu effectuer des tests de fertilité;
- groupe 4 : production correcte ou abondante de sujets F1 que l'on subdivise à leur tour en 3 catégories : 4a = femelles seulement; 4b = femelles et mâles présents mais ces derniers sont souvent stériles ou déficients en nombre; 4c = mâles stériles seulement;
- groupe 5 : présence d'adultes fertiles des deux sexes.

Avec cette nomenclature, l'auteur a pu classer les observations de 266 types de croisements; il a obtenu 299 résultats analysables :

- 21 croisements ont donné seulement des larves (groupe 1);
- 25 croisements ont donné seulement des pupes (groupe 2);
- 43 croisements ont donné des F1 adultes mais dont les tests de fertilité n'ont pas toujours pu être réalisés (groupe 3);
- 170 croisements ont donné des F1 en production correcte ou abondante (groupe 4) dont 18 dans le groupe 4*a*, 8 dans le groupe 4*c*, 144 dans le groupe 4*b*.
- 40 croisements ont donné des adultes fertiles des deux sexes (groupe 5).

Il faut préciser que tout ceci a été observé en laboratoire. Pour les espèces décrites, on ne connaît jusqu'ici que huit croisements observés dans la nature.

Il ne faut évidemment pas s'étonner du fait qu'il y a moins de résultats dans le groupe 5 (40) que dans le groupe 4 (170). En effet, les espèces du groupe 5 puisqu'elles se croisent parfaitement en laboratoire, sont probablement encore capables de se croiser dans la nature; les populations de ce type sont alors considérées comme de la même espèce.

Les faits observés correspondant, on le voit, à des travaux considérables permettent de répondre sans hésitation à la question posée au début de la deuxième partie de ce travail : lorsqu'une espèce est isolée, elle peut encore sans doute pendant de très longues périodes se croiser plus ou moins bien avec les espèces voisines et donc dans ce cas donner des hybrides parfaitement féconds.

Ces recherches mettent en évidence une progressivité de la perte de possibilité de croisement. Certes, elles ont été réalisées en laboratoire mais il serait bien étonnant que l'expérimentation montrant cette progressivité révèle un phénomène qui ne correspondrait pas à une certaine réalité.

Ce dernier exemple à lui seul donne sérieusement à réfléchir sur la définition de l'espèce.

### III
### DISCUSSION ET CONCLUSION

De ces observations se dégagent des réponses à certains problèmes mais aussi de nouvelles questions.

**1.** On remarque tout d'abord que les observations des zoologistes confirment la vieille thèse classique des gradualistes. Deux points à ce sujet doivent être discutés.

A) Les résultats décrits mettent en évidence l'aspect progressif de l'isolement sexuel. Qui plus est, ils en précisent le détail et permettent de reconnaître les phases de cet isolement.Dans les cas où les croisements donnent des hybrides fertiles, on se demande si l'on ne devrait pas réunir les espèces en une seule. Dans d'autres cas, le croisement entraîne une fusion si complète qu'il se crée un pool génétique nouveau qui atteint partiellement ou complètement le rang d'espèces plus ou moins isolées; c'est *probablement* –nous soulignons l'aspect encore dubitatif de ce mot– ce qui se produit dans des populations de *Rana esculenta*. Dans d'autres cas encore, il se produit des zones d'hybrides dans des régions de recouvrement de l'aire de répartition des deux espèces mais le pool génétique des deux espèces constitue une unité bien structurée et il peut y avoir introgression ou seulement formation d'hybrides stériles. Enfin, rappelons que les observations réalisées chez *Bufo* et chez *Drosophila* démontrent que, lorsque les espèces sont bien constituées et bien définies par les morphologistes classificateurs, leur isolement sexuel complet paraît se faire en suivant une lente progression.

B) Les grandes difficultés que nous avons pour reconnaître et définir les espèces biologiques permettent de prédire que l'on doit aboutir logiquement à de fréquents changements dans les classifications. Or, c'est exactement ce qui se produit et tous les types de changements possibles ont été observés. Dans certains cas, on découvre qu'il y a plusieurs espèces là où l'on n'en avait reconnu qu'une seule. C'est ce qui se produit avec les espèces jumelles et, ici encore, ces phénomènes considérés jadis comme rares apparaissent aujourd'hui comme fréquents (Paramécies). Parfois, on découvre qu'une espèce est, en réalité, composée de deux sous-espèces ou qu'une sous-espèce peut elle-même être divisée en deux sous-espèces. Le scorpion *Androctonus australis* L. a par exemple été divisé en *Androctonus australis hector* et *A.a. garzonii*.[24] En sens inverse, il arrive que deux populations considérées comme deux espèces séparées soient réunies en une seule espèce parce que l'on découvre qu'elles se croisent parfaitement bien. Il y a aussi parfois des transformations complexes. Des auteurs japonais ayant repris ces dernières années l'étude des croisements de *Bufo* de leur pays avec ceux des autres régions du monde ont détaché des sous-espèces de *Bufo bufo* pour en faire des sous-espèces de *Bufo torrenticola japonicus*.[25]

La "valse" des espèces et sous-espèces montre bien que l'on peut passer de l'une à l'autre et suggère de ce fait que la thèse qui prétend que la spéciation se réalise par la transformation d'une sous-espèce en espèce correspond très probablement au réel. En somme, tous ces faits confirment l'une des idées classiques des synthéticiens selon laquelle la formation des espèces (macro-évolution de Simpson) correspondrait à une simple addition de transformations analogues à celles qui font les sous-espèces (micro-évolution).

C) Il ne faudrait pas que cette constatation entrave notre désir de classification. Il est évident qu'il reste nécessaire de classer et que, sans classification, il n'y a pas de science possible. Tous les naturalistes sont d'accord sur ce point. Cependant les faits rappelés établissent la fragilité, la subjectivité et le caractère provisoire de tous les critères utilisés pour essayer de définir les espèces; ne démontrent-ils pas en réalité

24. Goyffon et Lamy [12].
25. Kawamura *et al.* [15].

l'aspect flou du concept même d'espèce ?

**2.** L'existence d'un passage graduel d'espèce à espèce est bien suggéré par les faits que nous avons décrits mais ceci ne veut pas dire que des sauts ne pourraient pas exister. Certes, comme on ne les a encore jamais vus, cette thèse porte à sourire et d'ailleurs un article récent de la revue américaine *Biology and Philosophy*[26] traite de cette discussion et l'illustre par une caricature où l'on voit un professeur écrire sur un tableau au sujet des sauts entre espèces : «*There, a miracle occurs*».

Cependant, rien n'est impossible en biologie, et de plus, en sciences (sauf en mathématiques), on ne démontre jamais l'impossible. On peut supputer l'inexistence, estimer que plus l'exploration est complète et négative, plus la présomption d'inexistence est confirmée, mais on ne peut démontrer l'inexistence.

Alors, j'aimerais demander aux paléontologistes s'ils peuvent vraiment affirmer que, dans certains cas, ils peuvent démontrer qu'il y a eu dans l'histoire des espèces des sauts brusques ou bien si, chaque fois qu'ils découvrent une rupture dans leurs phylogenèses, ils ne pourraient pas l'interpréter par une absence de documents ou une invasion d'une espèce nouvelle.

Je vais plus loin et je leur demande si, avec leurs méthodes et même en utilisant au maximum la biométrie, ils peuvent réellement explorer les mécanismes et les détails de la spéciation telle que nous la révèlent les quelques faits que je viens de décrire. Est-ce que leur espèce est bien l'espèce biologique de Mayr ?

**3.** Enfin, il paraît important maintenant d'attirer l'attention sur l'aspect relatif des coupures entre espèces et sur le fait que l'espèce n'est pas une "essence" comme auraient pu le croire certains philosophes. Une image fera comprendre ce que nous voulons dire. Imaginons une île allongée d'ouest en est sur 1 000 kilomètres et peuplée par une espèce de rongeurs R totalement panmictiques. Imaginons que cette île se casse en deux au kilomètre 100 à partir de l'ouest. En théorie, après cette cladogenèse, deux espèces différentes R' et R'' se réaliseront, R' se situant par exemple dans la partie ouest. Les sujets situés au kilomètre 200, à ce moment-là dans la partie est, appartiendront à la population R''. Si l'île s'était coupée au kilomètre 300 toujours à partir de l'ouest, les mêmes sujets situés au kilomètre 200 auraient alors appartenu à la population R'. C'est le hasard qui a déterminé la coupure et fait des sujets habitant au kilomètre 200 des individus R' ou des individus R''. Qui plus est, suivant le niveau de la coupure, les populations R' et R'' seront différentes par le nombre; on pourrait démontrer que, de ce fait, leur génome et leur évolution après la spéciation seront également différents. Elles deviendront alors R''' et R''''. Les conditions naturelles –climat, température, etc.– joueront aussi pour modifier dans un sens ou dans un autre les sujets du kilomètre 200.

Il n'y a donc pas de catégories "essentielles", de devenir "essentiel"... Dans la nature, tout est fonction des circonstances et, à ces circonstances, il faut rattacher la nature du génome de départ des sujets du point 200, issu lui-même d'une longue série de hasards depuis l'origine de la vie.

Il en est évidemment de même sur le plan historique. Nous ignorons de quand datent les premières populations hybrides issues de *Rana lessonae* et de *Rana ridibunda* qui ont donné *Rana esculenta*; mais il y a certainement eu une époque où ces populations n'étaient que des hybrides alors qu'elles tendent aujourd'hui à devenir des *Rana esculenta* bien délimitées. On pourrait tenir le même raisonnement

---

26. Kellogg [16].

pour toutes les anagenèses. Nous sommes tous d'accord sur ce sujet.

C'est le hasard qui a fait l'espèce; nous sommes également, je crois, tous d'accord là-dessus mais alors ne faudrait-il pas clairement reconnaître qu'il n'y a pas "d'essence" de l'espèce.

On en arrive en somme à penser que l'espèce n'existe pas "en soi". Certains en ont conclu au nominalisme de la nature, d'autres ont refusé cette conception. L'analyse du lien entre une vue de la spéciation et une conception philosophique nous paraît complexe et nous ne sommes pas sûrs qu'elle puisse être traitée aussi vite. On comprend alors le titre de cet exposé, un titre auquel le scientifique ne peut donner que des éléments de réponse. L'espèce existe-t-elle "en soi", a-t-elle le statut d'une réalité ? C'est une question que nous posons au philosophe.

## BIBLIOGRAPHIE

(1)　　ARNTZEN (J.W.), «Note sur la coexistence d'espèces sympatriques de tritons du genre *Triturus*», *Bulletin de la Société Herpétologique de France,* 37 (1986) : pp. 1-8.

(2)　　AYALA (F.J.), «Genetic differentiation during the speciation process», *Evolutionary Biology,* 8 (1975) : pp. 1-78.

(3)　　BLAIR (W.F.), *Evolution in the genus Bufo,* University of Texas Press, Austin and London, 1972, 459p.

(4)　　BOCK (I.R.), «Interspecific Hybridization in the Genus *Drosophila*», *Evolutionary Biology,* 18 (1984) : pp. 41-70.

(5)　　CARSON (H.), "The unit of genetic change in adaptation and speciation», *Annual Review of the Missouri Botanical Garden.,* 63 (1976) : pp. 210-223.

(6)　　DIARA (A.), «Les espèces sont-elles filles de la nature ou du naturaliste?», *in Histoire du concept d'espèce dans les sciences de la vie,* Colloque international organisé par la Fondation Singer-Polignac (Paris, Mai 1985), Paris, Fondation Singer-Polignac, 1987 : pp. 269-283.

(7)　　DOBZHANSKY (Th.), *Génétique du processus évolutif,* traduit de l'anglais par Y. Guy, Parus, Flammarion, 1977, 583p.

(8)　　DUBOIS (A.), «Les problèmes de l'espèce chez les Amphibiens Anoures» *in Les problèmes de l'espèce dans le règne animal, Mémoires de la Société de Zoologie,* Paris, 39 (1977) : pp. 161-284.

(9)　　ELDREDGE (N.), «La macroévolution», *La Recherche,* n°133 (1982), pp. 616-626.

(10)　FISCHER (J.L.), «Espèce et hybrides : à propos des léporides», *in Histoire du concept d'espèce dans les sciences de la vie,* Colloque international organisé par la Fondation Singer-Polignac (Paris, Mai 1985), Paris, Fondation Singer-Polignac, 1987 : pp. 253-268.

(11)　GASSER (F.), «La notion d'espèce chez les Amphibiens Urodèles», *in Les problèmes de l'espèce dans le règne animal,* C. Bocquet et J. Génermont, M. Lamotte éds, T. II, *Mémoire n°99 de la Société Zoologique de France,* 1977 : pp. 285-333.

(12)　GOYFFON (M.) et LAMY (J.), «Une nouvelle sous-espèce d'*Androctonus australis* L. (scorpion, *Buthidae*), *Bulletin de la Société Zoologique de France,* 98 (1973) :) pp. 137-14.

(13)　GORHAM (S.W.), *Checklist of World Amphibians,* New Brunswick, Canada, Lingley Printing Co Ltd.

(14)　HENDRICKSON (J.R.), «Ecology and systematics of salamanders of the Genus *Batrachoseps, University of California Publications in Zoology,* 54 (1954) :

pp. 1-46.

(15)    KAWAMURA (T.), NISHIOKA (M.) AND UEDA (H.), «Inter- and Intra-specific Hybrids among Japanese, European and American Toads», *Sci. Rep. Lab. Amphibian Biol.*, Hiroshima Univ., 4 (1980) : pp. 1-125.

(16)    KELLOGG (D.E.), «"And then a Miracle Occurs". Weak Links in the Chainopf Argument from Punctuation to Hierarchy», *Biology and Philosophy*, 3 (1988) : pp. 3-28».

(17)    MARTOF (B.S.) AND ROSE (F.L.), «Geographic variation in southern populations of *Desmognathus ochrophaeus*», *Amer. Middl. Nat.*, 69 (1963) : pp. 376-425.

(18)    MAYR (E.), *La Biologie de l'Évolution*, Paris, Hermann, 1981, 176p.

(19)    MAYR (E.), «Processes of Speciation in Animals», *in Mechanisms of Speciation*, Barigozzi ed., New York, Alan R. Liss, 1982, pp. 1-19.

(20)    PASTEUR (G.), «Speciation and Transpecific Evolution», *in Mechanisms of Speciation*, Barigozzi ed., New York, Alan R. Liss, 1982, pp. 511-538.

(21)    SIMPSON (G.G.), *Rythme et modalité de l'Évolution*, trad. P. de Saint-Seine, Paris, Albin Michel, 1950, 356p.

(22)    TWITTY (V.C.), «Fertility of *Taricha* species hybrids and viability of their offspring», *Proceedings of the National Academy of Sciences*, 51 (1964) : pp. 156-161.

(23)    VALLÉE (L.), «Recherches sur *Triturus blasii de l'Isle,* hybride naturel de *Triturus cristatus* Laur. x *Triturus marmoratus* Latr.», *Mémoires de la Société Zoologique de France*, 31 (1959) : pp. 1-95.

(24)    WOODRUFF (D.S.) AND GOULD (S.J.), «Fifty years of interspecific hybridization : genetics and morphometrics of a controlled experiment on the land snail *Cerion* in the Florida Keys», *Evolution*, 41 (1987) : pp. 1022-1045.

# VI

*DE L'ANIMAL À L'HOMME*

#32 772

# 36

## LES LIMITES DE L'ANIMALITÉ ET DE L'HUMANITÉ SELON BUFFON ET LEUR PERTINENCE POUR L'ANTHROPOLOGIE CONTEMPORAINE

Franck TINLAND *

Le deuxième tome de l'*Histoire naturelle générale et particulière* juxtapose à l'*Histoire générale des animaux* l'*Histoire naturelle de l'homme*.

Celui-ci vient donc prendre place dans le prolongement d'une étude générale sur l'animal, et en même temps occupe, par rapport aux espèces dont la description suivra, une place singulière : la première. Place d'autant plus singulière qu'il faudra attendre dix-sept ans pour que le quatorzième tome présente la *Nomenclature des singes*, que l'on eût pu s'attendre à trouver au voisinage de ce qui est écrit sur notre espèce. Ainsi, en tout cas, Linné avait ordonné les choses, inaugurant le *Systema naturae* par l'inventaire des primates, en tête desquels figure *homo sapiens*.

Buffon n'avait certes pas les mêmes raisons que le naturaliste suédois de veiller à situer à leur place respective *l'anthropos* et les «*anthropomorpha*». Mais la distribution que retient l'*Histoire naturelle* n'en a pas moins pour effet de rendre plus sensible la question posée par l'intégration de l'homme dans un tableau général des formes vivantes, c'est-à-dire par la "naturalisation" de l'homme, ou plus exactement par la considération de l'homme en tant qu'espèce naturelle.

Cette question se pose dans un contexte qui détermine ses termes aussi bien que ceux des réponses possibles. Rappeler ce contexte est impératif, tout à la fois pour comprendre le discours (voire les ambiguïtés du discours) de Buffon et pour situer certains de nos propres débats sur le fond qui en a vu l'émergence, et qui, à sa manière, en éclaire la signification.

Ce qui est en jeu, en relation avec le projet et l'ordre de l'*Histoire naturelle*, c'est moins la place de l'Homme dans la nature que sa position et son statut par rapport aux autres espèces vivantes, et notamment par rapport à celles dont la forme est évocatrice de la forme humaine. L'interrogation, nous le verrons, est plus pressante que ce que nous pourrions présupposer sur la base de notre propre manière de voir les choses. Elle conduit à se demander à quoi il est possible de reconnaître un homme, c'est-à-dire un vivant manifestant les traits caractéristiques de l'humanité.

Évoquer ces traits caractéristiques, c'est opposer de façon massive animalité et humanité : cette bipolarité implique, dans sa formulation même, que la différence entre les "bêtes" et l'homme soit d'une autre nature que celle qui sépare le loup et le chien, le lion et l'agneau, le renard et le corbeau... Cette opposition soulève des questions d'autant plus vives que sont plus ténues les distinctions qui, dans l'organisation générale du corps, donnent visibilité à la différence de l'homme et du

* Département de philosophie, Université Paul Valéry-Montpellier III. B.P. 5043, 34000 Montpellier. FRANCE.

*BUFFON 88*, Paris, Vrin, 1992.

singe.

Or nous ne pourrions comprendre les conditions dans lesquelles se posent ces questions sans évoquer d'abord deux écarts entre le contexte dans lequel Buffon le rencontre et ce qui constitue notre propre horizon.

Le premier de ces écarts réside dans la sous-estimation systématique des différences d'organisation entre l'homme et les vivants qui lui ressemblent le plus (allant de pair avec la surestimation des écarts entre ceux-ci et "les autres").

Le second tient à l'absence de perspective évolutionniste conduisant à penser ces différences à partir d'une divergence progressivement accentuée dans la succession des moments d'un même devenir.

Paradoxalement peut-être, ce sont là autant de raisons permettant de comprendre que pour Buffon et ses contemporains, la question des limites entre l'animalité et l'humanité est telle que l'on puisse avoir des doutes sur l'appartenance de telle ou telle créature à un "règne" ou à l'autre.

Il y a, en effet, des êtres de nature incertaine, au statut mal défini, à propos desquels il est permis de se demander s'ils sont hommes, bêtes ou créatures intermédiaires. Autrement dit, et pour schématiser les choses, les frontières ne sont pas, ici, reculées dans ce passé vieux de quatre ou cinq millions d'années où vivaient "Lucie" et ses semblables australopithèques. Ces frontières sont contemporaines. C'est au hasard de rencontres toujours possibles au coin d'un bois ou dans une fête foraine que peut naître une interrogation sur la nature de tel ou tel être anthropomorphe, c'est-à-dire se poser la question : «à quoi reconnaît-on un homme?».

Cette question en introduit une autre, dont les résonances métaphysiques, théologiques, idéologiques sont immédiatement perceptibles : que présupposent les critères de distinction sur lesquels se fonde le jugement d'appartenance ou d'exclusion à l'égard de l'humanité? Qu'est-ce qui, au plus intime de ce que nous sommes, constitue le fondement d'une dignité qui s'exprime parfois sous la forme du souvenir selon lequel Dieu fit l'homme à son image et semblance?

La rencontre des êtres incertains, en lesquels se brouille la limite entre animalité et humanité, peut être anticipée sous deux cas de figure. L'un renvoie à la déchéance d'un homme enlisé dans une condition analogue à celle de la bête. L'autre est relatif à l'approche de l'humanité par un animal anthropomorphe. La limite est alors ce vers quoi tendent d'une part l'homme lorsque les circonstances le maintiennent au voisinage de l'animalité et d'autre part la bête dont la forme ou le comportement imitent le corps ou les conduites humaines. Ces deux cas de figure sont rarement confondus. Mais ils donnent naissance –chez C. Linné notamment– à deux entrées distinctes dans les dernières éditions du *Systema naturae*. L'une sous le nom d'*Homo ferus*, l'autre sous le nom d'*Homo sylvestris*. Dans le premier cas, il s'agit d'hommes ensauvagés, maintenus au degré zéro d'humanité par leur isolement à l'égard de tout contact humain; hommes-loups ou hommes-ours dont les cas font l'objet de témoignages répétés. Dans le second cas, l'expression est donnée pour la traduction du terme malais d'orang-outang, et recouvre ce que d'autres auteurs ont désigné par les mots d'*Homo nocturnus*, de *Troglodyte* ou de *Chacrelas*. Linné regroupe sous ces appellations d'origines diverses ce qu'il est possible d'identifier comme singes anthropoïdes des quatre espèces que nous avons appris à clairement distinguer, et d'autres créatures que, en dehors des albinos, nous aurions quelque mal à bien déterminer.

À quoi il convient d'ajouter que, en marge de l'œuvre du naturaliste suédois, lorsque les frontières deviennent ainsi vagues et incertaines, il est loisible d'envisager la multiplication de chaînons intermédiaires. Ce qui se profile alors, derrière cette suggestion de continuité d'une gradation progressive entre la bête brute et l'homme de plein exercice, c'est le statut des peuplades qui hantent les confins des terres habitées : hottentots ou pygmées des contrées brûlantes de l'Afrique, esquimaux et lapons des espaces glacés, au voisinage des pôles.

Tel est le cadre dans lequel Buffon rencontre la question de l'homme et de son identité. Ce cadre, c'est celui, incontournable même s'il est négligé, de la classification linnéenne, sur lequel nous ne reviendrons pas. C'est aussi et surtout celui de l'anatomie comparée. Celle-ci a en effet joué un rôle essentiel dans la réduction – voire l'excès de réduction– de l'écart entre l'*anthropos* et les *anthropomorpha*.

Trois grandes figures dominent ici la problématique qui est la nôtre. Deux sont celles de prédécesseurs un peu anciens, mais toujours cités en référence, Nicolas Tulp et Edward Tyson. La troisième est celle du plus proche collaborateur de Buffon : Daubenton, auteur en 1764 d'un important mémoire sur *Les différences de situation du grand trou occipital dans l'homme et dans les animaux*.

Nicolas Tulp, médecin hollandais qui sert de modèle à Rembrandt pour la *Leçon d'anatomie*, a eu l'occasion de décrire en 1641 l'un des premiers anthropoïdes ramenés en Europe, un chimpanzé en provenance d'Angola et décrit sous le nom de *Satyrus indicus*. Cette description est présentée dans un recueil d'*Observations médicales* ne comportant aucune autre référence à des créatures non humaines.

Tulp souligne que, tandis que les oreilles et la poitrine sont de forme humaine (féminines, plus précisément), il serait difficile de trouver entre les bras et les jambes du satyre et ceux de l'homme plus de différence qu'il n'y en a entre un œuf et un autre œuf... Et l'anatomiste donne ici le crédit de son autorité à une représentation des grands singes conduisant à une sous-estimation de l'écart entre eux et l'homme, principalement du point de vue de la posture et du mode de locomotion.

Un demi-siècle plus tard, en 1699, E. Tyson se livre, lui, à une dissection minutieuse d'un autre chimpanzé, qualifié d'orang-outang, et mort en Angleterre peu après y avoir été amené. Tyson se livre à une étude comparative très poussée de l'anatomie de ce grand singe –dont le squelette figure toujours dans les collections du *British Museum*– et de celle de l'homme d'une part, des singes ordinaires (*monkeys* et non *apes*) d'autre part.

Cette comparaison tripolaire est assez bizarrement associée à un long commentaire philologique concernant l'identification des créatures anthropomorphes qui peuplent les littératures anciennes : Pygmées, cynocéphales, satyres, sphinx, pans et aegipans.[1]

L'anatomiste anglais, qui s'était intéressé aux Zoophytes et aux dauphins, est un spécialiste des créatures incertaines. Il est un partisan résolu de la *Grande Chaîne des Êtres*, c'est-à-dire d'une continuité non seulement graduelle mais hiérarchique permettant de passer des plantes aux animaux, des animaux à l'homme, et de prolonger la continuité des formes visibles vers les créatures purement spirituelles qui peuplent l'invisible.

Ainsi le *Pygmée* –puisque tel est le nom retenu en dernière analyse– apparaît comme un anneau (*link*) intermédiaire entre le singe et l'homme.

Il n'en demeure pas moins qu'il ne saurait y avoir de nature mixte, associant animalité et humanité : aucune âme semblable à l'âme humaine ne saurait habiter ce

1. Cf. L'*Essai philologique* joint à l'ouvrage de Tyson [11].

corps qui n'a part qu'à la nature animale.

Tyson avoue cependant sa surprise, son admiration devant l'extrême ressemblance du cerveau de son Pygmée et du cerveau humain. Et ce n'est pas le seul point sur lequel il accentue la similitude et contribue par là à anthropomorphiser le singe. Il penche pour la bipédie du Pygmée en bonne santé, et souligne l'analogie entre son larynx et celui de l'homme.

Il faudrait situer les effets de cet admirable travail d'anatomie sur le fond des légendes qui accompagnent l'arrivée en Europe de ces étonnantes créatures. Des récits de navigateurs, plus ou moins évoqués par des auteurs comme Gassendi et Rousseau, rapportent que si les *«hommes des bois»* ne parlent pas, c'est pour éviter, aux dires des indigènes, d'être contraints au travail : la privation de parole est rapportée à une ruse, non à une incapacité...

Malgré lui, E. Tyson contribue à introduire le doute sur la possibilité d'une transition entre les formes humaines et animales d'existence. Il faut attendre le mémoire de Daubenton pour que soient précisées les bases ostéologiques de la différence posturale entre l'homme et les grands singes. Encore le collaborateur de l'*Histoire naturelle générale et particulière* croit-il bon d'ajouter que les orangs-outangs et autres chimpanzés sont *«disposés par leur conformation à prendre l'attitude et l'allure des autres animaux et celles de l'homme»*.[2]

C'est donc sous le signe d'une sous-estimation de l'écart morphologique entre l'homme et ceux que Linné qualifiait d'*anthropomorpha* que s'ouvre la question de la *«naturalisation de l'homme»*. Linné lui-même avait écrit dans *Fauna Suecica* : *«on trouve des singes moins velus que l'homme, au corps érigé, qui marchent comme lui sur deux pieds et rappellent la forme humaine dans l'usage qu'ils font de leurs mains et de leurs pieds»*.[3] Il prolonge ce tableau par la mention de la deuxième espèce du genre *Homo*, celle qui apparaît dans la dixième édition du *Systema naturae* sous le nom de *Troglodytes* ou *Homo sylvestris*.

Tel est le contexte dans lequel Buffon se trouve confronté à la question la plus aiguë que pose l'intégration de l'homme dans l'*Histoire naturelle générale et particulière*.

Le fait que ces suggestions de continuité s'inscrivent dans le cadre d'une pensée fixiste n'enlève rien à l'acuité de cette question. Celle-ci sera, certes, par la suite transposée dans le cadre de la recherche du Rubicon dont le franchissement inaugurerait l'avènement du règne humain, ce à quoi il convient, bien sûr, d'ajouter les craquements qui vont bientôt, et au cours de la parution de l'œuvre de Buffon, se faire entendre au cœur de cet ordre qui associe continuité et hiérarchie dans l'immuabilité des espèces vivantes.

Buffon recueille donc la question de la différence fondatrice de l'humanité en l'homme sur la base tout à la fois de l'extrême ressemblance morphologique entre lui et les autres grands primates, de l'irréductibilité de ses aptitudes, et des menaces de dérivation.

Ce sont là trois faces d'une même question : celle de la variabilité et des variétés présentées par l'espèce humaine. Revenons un instant sur ces points.

L'accentuation de la ressemblance entre les animaux anthropomorphes et l'homme est soulignée en ces termes dans la *Nomenclature des singes* :

«On verra dans l'Histoire de l'orang-outang que si l'on ne faisait attention qu'à sa

2. Daubenton [4] : p. 3.
3. Linné [7], T.I : p. 3.

figure on pourrait également regarder cet animal comme le premier des singes ou le dernier des hommes, parce que, à l'exception de l'âme, il ne lui manque rien de ce que nous avons et parce qu'il diffère moins de l'homme pour le corps qu'il ne diffère des autres animaux auxquels on a donné le même nom de singe.»[4]

Autrement dit, les anthropoïdes sont, au physique, plus proches de l'homme qu'ils ne le sont des autres espèces de singes. Cette proximité est non réduite, mais confortée par l'observation du comportement. Et Buffon s'exprime ici en témoin oculaire :

«L'orang-outang que j'ai vu marchait toujours debout sur ses deux pieds, même en portant des choses lourdes. Son air était assez triste, sa démarche grave, ses mouvements mesurés, son naturel doux et très différent de celui des autres singes (...) j'ai vu cet animal présenter sa main pour reconduire les gens qui venaient le visiter, se promener gravement avec eux et comme de compagnie. Je l'ai vu s'asseoir à table, déployer sa serviette, s'en essuyer les lèvres, se servir de la cuiller et de la fourchette pour porter à la bouche, verser lui-même sa boisson dans un verre, le choquer lorsqu'il y était invité, aller prendre une tasse et une soucoupe, l'apporter sur la table, y mettre du sucre, y verser du thé, le laisser refroidir pour le boire.»[5]

On comprend dès lors que le moindre soupçon d'une possibilité de dérivation d'une forme à partir d'une autre, d'une espèce à partir d'une autre fasse surgir la menace d'une filiation conduisant à transgresser la frontière qui sépare humanité et animalité. Cette menace est en fait explicitement évoquée par Buffon à propos de l'hypothèse de la "dégradation" telle qu'elle est suggérée par la ressemblance du cheval et de l'âne :

«Si l'on admet une fois qu'il y ait des familles dans les plantes et dans les animaux, que l'âne soit de la famille du cheval et qu'il n'en diffère que parce qu'il a dégénéré, on pourrait dire également que le singe est de la famille de l'homme, que c'est un homme dégénéré, que l'homme et le singe ont une origine commune, comme le cheval et l'âne».[6]

Cette perspective rejoindrait celle de Diderot, écrivant dans le *Rêve de d'Alembert* :

«Qui sait si ce bipède déformé, qui n'a que quatre pieds de hauteur, qu'on appelle encore dans le voisinage du pôle un homme, et qui ne tarderait pas à perdre ce nom en se déformant un peu davantage n'est pas l'image d'une espèce qui passe?»[7]

Mais, précisément, Buffon n'évoque l'hypothèse de la dégénération et le jeu des familles que pour aussitôt les rejeter, et conjurer la menace de cette continuité de l'homme au singe. Il lui oppose sa très ferme conviction, jamais reniée, selon laquelle il y a une différence de nature entre l'homme et les animaux. Cette différence doit être cherchée non dans l'organisation du corps, mais dans la présence en l'homme –et l'absence en l'animal– de l'âme.

La naturalisation de l'homme se heurte là à une limite absolue. Plus les similitudes organiques sont mises en évidence, et plus l'irréductibilité de l'homme à son corps et à ce qui le situe dans la mouvance de l'*Histoire naturelle* est accentuée. Le corps animal est, en l'homme, pénétré d'un *«souffle divin»* et si le Créateur

«eut fait la même faveur, je ne dis pas au singe, mais à l'espèce la plus vile, à l'animal qui nous paraît le plus mal organisé, cette espèce serait bientôt devenue la rivale de l'homme. Vivifiée par l'esprit, elle eut primé sur les autres. Elle eut pensé, elle eut

---

4. *Nomenclature des singes* [1766], *in* Buffon [2], T. XIV : p. 30.
5. *Ibid.* : p. 53.
6. *Histoire naturelle de l'âne* [1753], *in* Buffon [2], T.IV : p. 382.
7. Diderot [5] : p. 302.

parlé».[8]

La conclusion est dépourvue de toute ambiguïté. On peut certes trouver des hommes d'une extrême rusticité, vivant quasiment comme des bêtes, et il y a des animaux tels que l'orang-outang qui sont capables d'une extrême civilité, grâce, bien entendu à l'imitation des actions[9] des hommes civilisés. Il est clair que le chimpanzé initié à la cérémonie du thé (à l'occidentale...) paraît, dans le texte de l'*Histoire générale et particulière* plus humanisé que le hottentot dont voici «*l'espèce*» :

«la tête couverte de cheveux hérissés ou d'une laine crépue, la face voilée par une longue barbe, surmontée de deux croissants de poils encore plus grossiers, qui, par leur largeur et leur saillie raccourcissent le front et lui font perdre son caractère auguste, et non seulement mettent les yeux dans l'ombre, mais les enfoncent et les arrondissent comme ceux des animaux, les lèvres épaisses et avancées, le nez aplati, le regard stupide et farouche, les oreilles, le corps et les membres velus, la peau dure comme un cuir noir ou tanné, les ongles longs, épais et crochus; une semelle calleuse en forme de corne sous la plante des pieds, et pour attributs du sexe, des mamelles longues et molles, la peau du ventre pendant jusqu'aux genoux, les enfants se vautrant dans l'ordure et se traînant à quatre pieds, le père et la mère assis sur leurs talons, tous hideux, tous couverts d'une crasse empestée».[10]

Mais il ne faut pas s'y tromper : même en assombrissant encore le tableau –car *«il y a plus loin de l'homme dans l'état de pure attente (...) à l'hottentot que de l'hottentot à nous*— l'intervalle qui sépare le singe et l'homme est infranchissable. Le plus déshérité des hommes agit humainement, l'orang-outang reproduit non pas des *actes* mais des *actions* humaines.[11] Dans l'intervalle que délimitent ces deux termes, il faut loger un abîme, que voile la ressemblance : *«Quelque ressemblance qu'il y ait donc entre l'hottentot et le singe, l'intervalle qui les sépare est immense, puisqu'à l'intérieur, il est rempli par la pensée, et en dehors, par la parole».*[12]

D'un seul mouvement se trouvent ainsi affirmées à la fois l'unité du genre humain et la discontinuité entre nature humaine et nature animale. Buffon, sur ce point, s'avère cartésien –tout en recueillant un apport essentiel de l'anthropologie rousseauiste.

Certes, il refuse la notion d'état de nature, corrélative chez l'auteur du *Discours sur l'origine et le fondement de l'Inégalité parmi les hommes* de l'artificialité de la société établie sur la base d'un Contrat. L'existence sociale, familiale d'abord, a un fondement naturel, et les hommes n'ont jamais ni nulle part pu vivre dans cette situation de dispersion et d'auto-suffisance qui définit l'état de nature selon Rousseau. La lenteur de croissance et de maturation chez l'enfant, la dépendance prolongée, qui rend inéluctable le long commerce avec la mère et fait nécessairement naître une communication fondée sur le langage, donnent à la société son ancrage dans la nature.

Mais Buffon s'accorde avec Rousseau sur le fait que la marque propre de l'homme, ce en quoi se reconnaît *«la spiritualité de son âme»*,[13] c'est la perfectibi-

8. *Nomenclature des singes* [1766], *in* Buffon [2], T. XIV : p. 32.

9. Sur l'imitation et ses limites, cf. notes 10 et 16.

10. *Nomenclature des singes* [1766], *in* Buffon [2], T. XIV : p. 31.

11. *«L'orang-outang qui ne parle ni ne pense a néanmoins le corps, les membres, les sens, le cerveau et la langue entièrement semblables à l'homme, puisqu'il peut faire ou contrefaire toutes les actions humaines et (...) cependant il ne fait aucun acte de l'homme.»* (*Nomenclature des singes* [1766], *in* Buffon [2], T. XIV : p. 61).

12. *Ibid.* : p. 32.

13. J.J. Rousseau [9] : p. 142.

lité. Celle-ci donne tout son sens à la condition initiale de l'enfant dans la famille :

«La nécessité de la longue habitude des parents à l'enfant produit la société au milieu du désert. La famille s'entend par signes et par sons, et ce premier rayon d'intelligence entretenu, cultivé, communiqué, a fait ensuite éclore tous les germes de la pensée (...). C'est une langue qui deviendra bientôt plus étendue si la famille augmente et qui toujours suivra dans sa marche tous les progrès de la société».[14]

Ce dénuement natif, dont Kant reprendra le thème pour en souligner le rapport à la liberté, contraste fortement avec la vigueur du singe, signe de son enfermement dans l'animalité :

«A l'égard du singe, dont il s'agit ici de décider la nature, quelque ressemblant qu'il soit à l'homme, il a néanmoins une si forte teinture d'animalité qu'elle se reconnaît dès le moment de sa naissance; car il est à proportion plus fort et plus formé que l'enfant, il croît beaucoup plus vite. Les secours de la mère ne lui sont nécessaires que pendant les premiers mois; il ne reçoit qu'une éducation purement individuelle et par conséquent aussi stérile que celle des animaux. Il est donc animal».[15]

C'est sur cette opposition de l'éducation qui est qualifiée de *«purement indivi-duelle»* et de celle qui transmet à l'individu un patrimoine qui, issu des générations antérieures, se prolongera bien au delà de sa propre existence, que repose ici l'essentiel : la possibilité d'exploiter les dons naturels dans le sens d'un dépassement de ce qui est lié à l'organisation naturelle du corps. En effet, pour l'enfant

«ses parents lui communiqueront non seulement ce qu'ils tiennent de la Nature, mais encore ce qu'ils ont reçu de leurs aïeux et de la société dont ils font partie; ce n'est plus une communication faite par les individus isolés qui, comme les animaux, se bornent à transmettre leurs facultés. C'est une Institution  (...) dont le produit fait la base et le lien de la société».[16]

L'histoire humaine, histoire de l'humanité, prend appui dans l'histoire naturelle tout en révélant la vocation de l'espèce à vivre autrement que d'une vie purement animale. L'éducation, avec ce qu'elle présuppose comme communication à la fois entre les individus et entre les générations apparaît ici à la fois comme le signe et comme la condition de la différence entre l'animal et l'homme. Elle prend place à la charnière de l'organisation corporelle et de ce qui, en l'homme, excède le corps : *«il semble»* –ajoute Buffon– *«que l'effet principal de l'éducation soit moins d'instruire l'âme ou de perfectionner ses opérations spirituelles que de modifier les organes ma-tériels et de leur procurer l'état le plus favorable à l'exercice du principe pensant»*.[17]

L'éducation actualise les potentialités du corps, apte à devenir le lieu en lequel se manifeste l'action d'un principe supérieur, dont le singe est dépourvu... au point de ne pouvoir même imiter l'homme, si du moins on prend cette imitation au sens le plus fort, qui implique conscience et projet.

«Le singe nous imite-t-il parce qu'il veut ou bien parce que sans le vouloir, il le peut? (...) Le singe ayant des bras et des mains s'en sert comme nous, mais sans songer à nous... L'imitation suppose le dessein d'imiter; le singe est incapable de former ce dessein, qui demande une suite de pensées et, par cette raison, l'homme peut, s'il le veut, imiter le singe, et le singe ne peut pas même vouloir imiter l'homme».[18]

La leçon de l'histoire naturelle est alors des plus claires. Il faut savoir déchiffrer,

14. *Nomenclature des singes* [1766], *in* Buffon [2],  T. XIV : p. 36.
15. *Ibid.* : p. 37.
16. *Ibid.* : p. 36.
17. *Ibid.* : p. 33.
18. *Ibid.* : p. 39.

utiliser, admirer l'œuvre du Créateur. Celui-ci n'a en effet *«pas voulu faire pour le corps de l'homme un modèle absolument différent de celui de l'animal; il a compris sa forme, comme celle de tous les animaux, dans un plan général».*[19]

L'homme, partie intégrante du plan général de la création, est donc une créature comparable aux autres, il offre prise à la comparaison, et de là provient la possibilité de le connaître. En effet,

«comme ce n'est qu'en comparant que nous pouvons juger, que nos connaissances roulant même entièrement sur les rapports que les choses ont avec celles qui leur ressemblent ou qui en diffèrent, et que, s'il n'existait point d'autres animaux, la nature de l'homme serait encore plus incompréhensible, après avoir considéré l'homme en lui-même, ne devons-nous pas nous servir de cette voie de comparaison?»[20]

Il faut donc examiner la nature des animaux, étudier *«l'économie animale»,* *«saisir les ressemblances, rapprocher les différences»* pour aller vers la *«science importante dont l'homme est l'objet»,* et par là même découvrir que *«l'âme, la pensée, la parole ne dépendent pas de la forme et de l'organisation du corps».* Ainsi *«rien ne prouve mieux que c'est un don particulier fait à l'homme seul, puisque l'orang-outan qui ne parle ni ne pense a néanmoins le corps, les membres, les sens, le cerveau et la langue entièrement semblables à l'homme».*[21] La comparaison de l'animal à l'homme ramène donc la nature de celui-ci à son véritable principe, différent du corps et de son organisation propre.

Il reste alors à examiner les conséquences de la spécificité ainsi mise en évidence, et notamment les conséquences pratiques qui concernent la vie en société. Sans doute celle-ci a-t-elle, nous l'avons souligné, un fondement naturel. Mais en elle-même, elle dépend moins des *«convenances physiques»* que des *«relations morales».* L'ordre social n'est pas quelque chose de donné, même s'il répond à une condition d'espèce. Il doit être établi et maintenu en référence à des normes que l'homme a la capacité de penser. D'où, aussi sa responsabilité, et le discours de Buffon, mêle ici ce qui relève du constat et ce qui relève du jugement normatif :

«L'homme a senti que, seul, il ne saurait se suffire, ni satisfaire par lui-même à la multiplicité de ses besoins. Il a reconnu l'avantage qu'il aurait à renoncer à l'usage illimité de sa volonté pour acquérir un droit sur la volonté des autres. Il a réfléchi sur l'idée du bien et du mal. Il l'a gravé au fond de son cœur à la faveur de la lumière naturelle qui lui a été départie par la bonté du créateur.»[22]

Et, en conséquence,

«il lui appartient de comprendre qu'il n'est tranquille, qu'il n'est fort, qu'il n'est grand que parce qu'il a su commander à lui-même, se dompter, se soumettre et s'imposer des lois; l'homme, en un mot, n'est homme que parce qu'il a su se réunir à l'homme.»[23]

Telle est l'ultime marque de la différence d'essence entre l'humanité et l'animalité : cette souveraineté sur soi rompt toute continuité hiérarchique permettant d'affirmer que les grands singes sont plus près de la dignité humaine que les espèces plus éloignées en organisation. S'il n'y avait qu'une différence de degré de l'animal à l'homme, l'orang-outang apparaîtrait comme une sorte de vice-roi de la création. Mais ce n'est pas le cas : *«S'il y avait un degré par lequel on a pu descendre de la*

---

19. *Ibid.* : p. 32.
20. *Discours sur la nature des animaux* [1753], *in* Buffon [2], T. IV : p. 3.
21. *Nomenclature des singes* [1766], *in* Buffon [2], T. XIV : p. 30.
22. *Discours sur la nature des animaux* [1753], *in* Buffon [2], T. IV : p. 96.
23. *Ibid* . : p. 96.

*nature humaine à celle des animaux, si l'essence de cette nature consistait en entier dans la forme de son corps et dépendait de son organisation, ce singe se trouverait plus près de l'homme que d'aucun animal : assis au second rang des êtres, s'il ne pouvait commander en premier, il ferait au moins sentir aux autres sa supériorité et s'efforcerait de ne pas obéir».*[24] Il faut bien alors reconnaître que les analogies corporelles ne conduisent nullement l'anthropomorphe à ce second rang des êtres : *«ni elles ne le rapprochent de la nature de l'homme, ni même elles ne l'élèvent au-dessus de celle des animaux».*

Linné reprenait à son compte le privilège adamique d'avoir à nommer toutes les autres créatures et marquait par là une différence que ne suffisait pas à rendre manifeste la place accordée au premier d'entre les primates. Buffon ne s'attribue pas la tâche de traduire l'ordre de la nature à travers son projet taxinomique. Mais il tient d'autant plus à remettre sur le même plan toutes les autres espèces qu'il s'efforce de neutraliser les menaces d'excessive naturalisation impliquées dans l'irruption possible du devenir dans l'ordre hiérarchique de l'échelle des êtres.

Sur ce point ses disciples, ceux qui collaboreront aux rééditions et compléments de l'*Histoire générale et particulière,* seront fidèles à son intention, au demeurant conforme au spiritualisme ambiant.[25] Cuvier et Étienne Geoffroy Saint-Hilaire s'associeront à l'hommage communément rendu à Buffon pour avoir fondé la spécificité de l'homme au delà de ce qui est de l'ordre des seules différences que repère la systématique zoologique.[26]

Ce n'est toufefois pas dans cette direction qu'il conviendrait de rechercher les échos ou les rejetons du seigneur de Montbard dans l'anthropologie contemporaine.

Si nous voulions reprendre la question initiale : *«à quoi reconnaît-on un homme?»* en conservant le regard pointé sur les repères constitués par l'œuvre de Buffon, il faudrait sans doute prendre acte d'abord du déplacement des coordonnées par rapport auxquelles cette question prend sens.

L'*Histoire naturelle* demeure tributaire de la provocation issue d'une vision anthropomorphisante des pongos et autres orangs-outangs : la question est bien, alors, de savoir où passe réellement la frontière qui nous sépare de la pure animalité. Rappelons que Rousseau lui-même hésitait sur la véritable nature de créatures –vraisemblablement des gorilles– dont l'existence était attestée par les récits de voyageurs ou pirates ayant fréquenté les forêts africaines.[27]

24. *Nomenclature des singes* [1766], *in* Buffon [2], T. XIV : p. 70.
25. Latreille. *«Nous touchons à la fin de l'histoire de ces animaux, dont la vue, au premier instant, a fait élever dans l'âme un sentiment d'humiliation. Nous avons d'abord cru apercevoir dans la brute un rival de notre espèce ; mais en rentrant en nous-mêmes, cette idée s'est sur le champ évanouie, et nous avons reconnu que le singe n'avait que la forme matérielle de l'homme, n'était qu'un animal, d'un instinct simplement supérieur à celui des autres quadrupèdes, et n'ayant que le masque de l'espèce humaine. Pleins de reconnaissance, nous nous sommes prosternés devant cet être suprême qui nous pénétra d'un souffle divin et qui ne donna qu'à nous une petite portion de sa sublime intelligence»,* in édition Sonnini de l'*Histoire naturelle, générale et particulière,* imp. F. Dufart, An VII-1808. T. XXXV *Nomenclature des singes* (Buffon [3] : p. 158).
26. Saint-Hilaire et Cuvier : «Histoire naturelle des Orangs-outangs», *Magazine Encyclopédique* , 1795, Tome III -reproduit sous le titre : «Mémoire sur les Orangs-outangs» par Latreille dans le Tome XXXV de l'éd. de l'*Histoire naturelle, générale et particulière...* par Sonnini (avec comme référence le *Journal de Physique*).
27. Rousseau [9] : pp. 208 sq. Rousseau fait notamment référence aux récits de A. Battel, S. Purchas, J. Merolla –reproduits dans l'*Histoire générale des voyageurs* et constamment cités par les auteurs de l'époque. Ces textes sont à l'origine des termes Pongo, Jocko [ou Enjocko], d'origine africaine, mais associés à celui d'Orang-outang (d'origine malaise). Il convient à ce propos de rappeler que le Gorille (le Pongo) ne sera clairement et définitivement décrit et identifié que par Th.

Le déferlement de la vague transformiste, pressentie et refoulée par Buffon, conduit à reporter l'attention vers un passé lointain, reculé, aujourd'hui, pour nous de près de quatre millions d'années, et à envisager la réponse en termes de divergence évolutive, elle-même de sens inversé par rapport à ce qu'évoque le terme de dégénération.

Il n'en demeure pas moins que la question elle-même ne peut se ramener à une interrogation sur les implications d'une continuité temporelle substituée à une parenté morphologique affirmée avec plus ou moins de nuances.

Sans doute hésiterions-nous à nous contenter de l'évocation d'un *«souffle divin»* venant animer en l'homme, et en l'homme seul, l'organisation vivante et donner un fondement métaphysique à la singularité de notre espèce. À l'opposé, il faudrait plutôt rappeler l'impulsion donnée par les travaux de Daubenton à des recherches précises sur la relation entre station droite et squelette crânien pour souligner l'importance, constamment soulignée par l'anthropologie contemporaine, de la bipédie, et son attribution à tout le genre *homo* et à lui seul, et pour introduire la remarque, peu conforme à la description donnée par Buffon de son singe *«mondain»*, d'André Leroi-Gourhan selon laquelle nous *«étions préparés à tout, sauf à admettre que nous avons débuté par les pieds».*[28] Les aptitudes singulières de l'homme présupposent cette organisation ostéomusculaire sur la base de laquelle s'opère une différenciation morphologique et surtout fonctionnelle bien plus marquée que ne le laissent supposer la plupart des descriptions de *«l'homme des bois»* au temps de Buffon et dans le cours même de l'*Histoire naturelle*. Du même coup, se trouve relativisée la portée des remarques sur le sens de l'opposition entre extrême ressemblance physique et *«l'intervalle immense... rempli, à l'intérieur, par la pensée, et, au dehors, par la parole»*.

Toutefois, en deçà de ce souci "métaphysique" qui court à travers l'interrogation de Buffon sur les limites de l'animalité et de l'humanité, il convient de méditer sur les perspectives ouvertes par notre auteur dans deux directions.

La première est celle de l'horizon temporel qui se profile à l'arrière-plan du présent et par rapport auquel il convient de situer ce qui est devenu. Certes nous sommes loin des échelles de temps rendues familières par nos cosmogonies : soixante-quatorze mille huit cent trente-deux ans pour la formation de la Terre selon l'*Histoire des minéraux*, tandis que la durée totale de cette *«belle nature»* tient en cent soixante-huit mille ans selon les *Époques*. Mais même si les spéculations de Buffon, argumentées à partir d'observations empiriques relatives, par exemple, au refroidissement de sphères métalliques, nous paraissent timides au regard de notre propre chronologie, elles représentent par rapport aux six mille ans du comput sacré, en lesquels Bossuet faisait encore tenir l'histoire du monde, un formidable recul des commencements.[29] Nous sommes largement redevables à Buffon de ce qui apparaît

---

Savage, en 1847, dans «Notice of the external characters and habits of *Troglodytes Gorilla*, a new species of Orang, from the Gaboon rives» (Savage [10]).

28. *«Nous étions préparés à tout admettre, sauf d'avoir débuté par les pieds»* (Leroi-Gourhan [6] : p. 97).

29. Buffon, commentant le récit de la Genèse, identifie les «jours» de la création à des *«espaces de temps»* d'inégale longueur et correspondant chacun à l'une des *«époques de la nature»* : *«L'Historien sacré ne détermine pas la durée de chacun (...). Pourquoi donc se récrier si fort sur cet emprunt de temps que nous ne faisons qu'autant que nous y sommes forcés par la connaissance démonstrative des phénomènes de la nature? Pourquoi vouloir nous refuser ce temps, puisque Dieu nous le donne par sa propre parole et qu'elle serait contradictoire ou inintelligible si nous n'admettions pas l'existence de ce premier temps antérieur à la formation du monde tel qu'il est»* [depuis la *création* de l'Homme] (*Époques de la Nature* [1778], in Buffon [2], *Supplément*, T. V : p. 34.) Les calculs de Buffon

comme une révolution des cadres de la représentation aussi importante, en matière de chronologie, que la révolution copernico-galiléenne en matière cosmologique.

Même si l'homme n'apparaît que dans la septième et dernière des *Époques de la Nature*, il a eu, depuis qu'il fut le premier témoin des mouvements encore convulsifs d'une Terre en train de s'apaiser, le temps de développer sur de longs millénaires les fruits de son industrie et de sa science.

Ainsi a-t-il pu imposer sa marque sur la nature même, et Buffon jette les bases d'une histoire humaine de la nature qui va jusqu'à la modification des climats par l'action des hommes. Cette histoire n'est d'ailleurs pas dépourvue d'ambiguïté. L'homme est bien celui par lequel la Nature s'adoucit et s'ennoblit : *«Qu'elle est belle cette nature cultivée ! que par les soins de l'Homme elle est brillante et pompeusement parée ! Il en fait lui-même le principal ornement, il en est la production la plus noble !»*[30] Mais sur le fond d'un refroidissement inéluctable qui voue la Terre à une stérilité finale et situe la période *«tempérée»* qui est la nôtre comme une sorte de milieu optimal en lequel s'inscrit la parenthèse de notre collaboration aux harmonies naturelles, l'homme est capable de tourner ses forces contre lui-même et *«lorsque la fumée de la gloire s'est dissipée, de voir d'un œil triste la terre dévastée, les arts ensevelis... sa puissance réelle anéantie».*[31]

Ces considérations doivent le conduire à faire effort pour soumettre la Nature à *«l'effort pour perfectionner sa propre nature et se doter du meilleur gouvernement possible»*.

D'où aussi la deuxième perspective ouverte par l'auteur de l'*Histoire naturelle, générale et particulière* : l'homme introduit dans le devenir de la nature les modalités particulières qui caractérisent le devenir de son espèce, l'histoire de l'humanité. Si cette histoire est possible, c'est sur la base du rapport de l'éducation à l'organisation singulière de l'être humain.

Ce rapport, nous l'avons vu, présuppose la faiblesse initiale du petit homme et la lenteur de sa croissance : de là résulte cette dépendance prolongée qui constitue le fondement naturel de la société humaine et naît spontanément une forme de communication doublement originale. En effet, elle relie les individus par le jeu des signes échangés dans la parole, et, elle relie les générations à travers la transmission d'un patrimoine qui se présente comme tradition.

Ainsi l'humanité se développe-t-elle dans un temps singulier par rapport à celui qui voit pour l'essentiel la répétition du type propre à chacune des espèces animales. L'homme ne devient humain –nonobstant la condition métaphysique de ce devenir– que dans le commerce avec ses semblables, commerce lui-même susceptible (pour le meilleur et pour le pire) d'une variation indéfinie selon les lieux et les temps.

Entre l'organisation corporelle et la spiritualité de l'âme vient prendre place cette production d'un monde humain qui permet à la même espèce de se différencier sans perdre son unité, en fonction tout à la fois des conditions physiques, climatiques et des "relations morales".

L'anthropologie de Buffon apparaît ainsi comme une anthropologie ouverte, im-

---

conduisent à une durée totale de la Terre égale à 168 000 ans [60 à 65 000 avant l'avènement de la *«Nature vivante»* actuelle, 15 000 après et 93 000 ans entre le moment présent et la glaciation ultime - encore que l'Homme puisse avoir une influence bénéfique sur l'évolution du climat- cf. *Époques de la Nature, Ibid.,* pp. 67 et 174. La durée de l'histoire humaine est de l'ordre de grandeur de ce que permet le calcul des généalogies bibliques, mais la prudence oratoire de Buffon ne l'empêche pas d'excéder manifestement les 6000 à 8000 ans traditionnels (Cf. *Époques de la Nature , Ibid.,* p. 230).

30. *De la nature : Première Vue* [1764] *in* Buffon [2], T. XII : p. XIII.

31. *Ibid.* : p. XV.

p̣liquant la variabilité des relations de l'homme à l'homme et des hommes à la nature sur la base des interactions qui naissent tout à la fois de la communication interhumaine et des activités industrieuses au sein de l'habitat commun. On mesurera la portée de cette "naturalisation" limitée par contraste avec la "naïveté" d'un Linné énumérant d'un seul souffle les caractéristiques somatiques de chaque race, des traits de caractère, et des modes de gouvernement : couleur de la peau, paresse et destination à être gouverné par la volonté arbitraire de maîtres sont associés dans la même description de l'homme africain...

Ce ne sera donc pas ternir la portée de l'hommage justement rendu à Buffon que de reconnaître d'une part la distance qui nous sépare de l'*Histoire naturelle*, les incertitudes et variations qui émaillent son œuvre, le caractère à la fois convenu et facile du recours à un principe "métaphysique" pour consolider le "privilège humain", et d'autre part l'ouverture qu'il dégage en direction d'une nouvelle vision de ce que nous sommes devenus et de ce que nous pouvons devenir dans un monde rendu perméable au changement, lieu d'un devenir auquel l'homme participe.

Ce serait peut-être alors du côté de la complexité des relations entre l'homme et le reste de la création, du côté des ambiguïtés de son appartenance –distanciation à l'égard de la nature, de l'entrecroisement du monde humain et de l'organisation naturelle en une multiplicité d'interfaces irréductibles à une analyse trop linéaire ou trop théorique, qu'il faudrait se tourner pour être sensible à la modernité du seigneur de Montbard. La naturalisation de l'homme fait apparaître un reste irréductible, mais en même temps conduit à en délimiter le lieu, à en reconnaître les limites, à en souligner les dépendances. Après avoir tant opposé Nature et Histoire, nous sommes, en cette fin du XXᵉ siècle, devenus plus sensibles à ces dernières.

## BIBLIOGRAPHIE *

(1)† BOSSUET (J.B.), *Discours sur l'histoire universelle* (1681), rééd., Paris, Garnier-Flammarion, 1966.

(2)† BUFFON (G. L. Leclerc de), *Histoire naturelle, générale et particulière, avec la description du Cabinet du Roy*, Paris, Imprimerie Royale, 1749-1767, 15 vol. + 5è volume du *Supplément* édité en 1778.

(3)† BUFFON (G.L. Leclerc de), *Histoire naturelle, générale et particulière...*, Nouvelle édition Sonnini, Paris, Dufart, An VII-An IX, 42 vol. (comprend de nombreuses additions au texte de Buffon, notamment indiquées par P.A. Latreille).

(4)† DAUBENTON (L.), «Sur les différences de la situation du grand trou occipital dans l'homme et dans les animaux», *Mémoires de l'Académie Royale des Sciences*, 1764 : pp. 568-575.

(5)† DIDEROT (D.), *Entretiens avec d'Alembert : Le Rêve de d'Alembert*, rééd. in *Œuvres philosophiques*, Paris, Garnier, 1956.

(6) LEROI-GOURHAN (A.), *Le Geste et la parole*, T. I, Paris, Albin Michel, 1946.

(7)† LINNÉ (C.), *Fauna Suecica*, Stockholm, 1735, 2 vol.

(8)† LINNÉ (C.), *Systema naturae*, 10è édition, Stockholm, 1758, 2 vol.

(9)† ROUSSEAU (J.J.), *Discours sur l'origine et les fondements de l'inégalité* (y compris : Notes) in *Œuvres complètes*, tome III, Gallimard (La Pléiade), 1970 : pp. 112-223.

* Sources imprimées et études. Les sources sont distinguées par le signe †.

(10)†   SAVAGE (Th.), «Notice of the external characters and habits of *Troglodytes Gorilla*, a new species of Orang, from the Gaboon rives», *Journal of natural History* (Boston), 5 (1847) : pp. 417-442.

(11)†   TULP (N.), *Observationes medicae*, Amsterdam, Elzevir, 1641, 279p.

(12)†   TYSON (E.), *Orang-outang, sive homo sylvestris, or the anatomy of the Pygmee compared with that of a monkey, an ape and a man; to which is added a Philological Essay concerning the Cynocephali, the Satyrs and Sphinges of the ancients, wherein it will appear that they are all either apes or monkeys, and not men, as formerly pretended*, Londres, 1699 (108 + 58p.).

#32 773

## 37

# DES MŒURS DES SINGES :
# BUFFON ET SES CONTEMPORAINS

Jorge MARTINEZ-CONTRERAS *

Deux siècles après la mort de Buffon, et à la lumière de la théorie de l'évolution, c'est immédiatement après l'anthropologie qu'une histoire naturelle encyclopédique devrait nécessairement situer l'étude des primates autres que l'homme, si elle accordait, comme Buffon, une place prépondérante à l'homme. Pourtant, Buffon a relégué l'étude des primates dans les derniers volumes des *«quadrupèdes»* de son *Histoire naturelle,* en dépit de ses propres observations, en dépit aussi de la classification de son rival Linné qui les plaçait au premier rang à côté des hommes (d'où leur nom, tiré du latin *primas*, celui qui est au premier rang), en dépit enfin de sa conception de l'échelle de la nature.

Naturaliste, physicien, mathématicien, Buffon s'est penché sur toutes sortes de problèmes scientifiques et techniques, comme la liste des conférences de ce colloque le laisse clairement apparaître. Mais il fut aussi un philosophe, préoccupé notamment par les limites de nos connaissances, les causalités premières et la spécificité de l'homme au sein de la nature.

Nous chercherons à préciser quelle fut sa contribution au développement de la primatologie, en analysant l'interaction de ses engagements métaphysiques avec ses observations et descriptions du comportement des animaux, surtout celles des primates, face auxquels la spécificité humaine devrait se dégager de façon plus nette.

Buffon fut un éthologue avant la lettre -pour reprendre un terme introduit au milieu du XIXᵉ siècle par Isidore Geoffroy Saint-Hilaire[1]- car il s'efforçait de décrire les mœurs des animaux dans leur milieu naturel, soit en les observant lui-même, soit en reproduisant avec soin les descriptions des autres naturalistes, des voyageurs et des chasseurs.

Expérimentateur osé, il n'hésita pas à combiner cette habileté avec celle de l'observateur, en introduisant des objets ou d'autres animaux dans le champ perceptif de ceux qu'il étudiait, afin de provoquer des changements dans leur comportement ou d'en dégager d'autres, qu'il supposait à l'état virtuel.

Nous voudrions d'emblée illustrer ce point par un exemple. Buffon a analysé la transmission des rapports morphologiques et des traits de comportement dans quatre générations successives de canidés issus du croisement initial d'une louve et d'un chien. Il les appelait *«chiens-mulets»*, c'est-à-dire chiens hybrides, bien qu'il sût dès le départ que leur cas ne correspondrait pas à sa définition, puisqu'il s'agissait d'une

---

* Departamento de Filosofía, Universidad Autónoma Metropolitana-Iztapalapa. Ave. Purísima y Michoacán. Iztapalapa. 09340 México, D.F. MEXIQUE.
1. Voir Saint-Hilaire [7].

descendance fertile.[2] L'expérience commença avec un mâle et une femelle issus du premier accouplement et deux chiots engendrés par ceux-ci. Le propriétaire des animaux se posait la question toute *«buffonienne»* de savoir si *«l'espèce ne dégénérera pas, et s'ils ne reviendront pas de vrais loups ou de vrais chiens».*[3] Pour savoir si, à la longue, les caractères du loup ou du chien prédomineraient, Buffon les laissa se reproduire entre eux sans les contraindre dans leur nourriture ou leur habitat, situation qu'il avait pourtant désignée en 1766 comme l'un des mécanismes de la dégénérescence des espèces domestiquées.[4] Il observa lui-même les trois premières générations et fut informé de la fin tragique de la quatrième par Le Roy, lieutenant des chasses royales à Versailles et auteur du fameux livre *Lettres sur les animaux*.[5] Buffon se demanda, en particulier, d'où ces animaux tiraient leurs comportements de chasse et de ceux que nous appelons aujourd'hui de *«territorialité»*. Pour le savoir, il n'hésita pas à les confronter à d'autres chiens, et expliqua la peur que le chien-mulet mâle produit sur les autres chiens par l'odeur de loup qu'il aurait gardée. De même, pour observer comment ces canidés poursuivent et tuent leurs proies, il lâcha un chat parmi la meute. Celui-ci ayant réussi à monter sur un arbre, Buffon coupa la branche pour le voir tomber et être tué par l'un des chiens, avant même de toucher terre. Les animaux ne voulurent cependant pas le manger. Remarquons au passage que notre naturaliste, qui n'aimait guère les chats, donnait à manger des chatons à d'autres carnassiers. Quant au dernier survivant de la quatrième génération, il s'agissait d'un mâle, confié à Le Roy, et qui semblait montrer, à l'affût, des comportements semblables à ceux du loup, lequel n'attaque jamais sa proie que par derrière. Emmené par Le Roy à la chasse au sanglier, il mourut du premier coup, tué par la bête qu'il avait attaquée frontalement! On sait aujourd'hui que c'est au contact de leurs parents que chiens et loups apprennent comment attaquer différents animaux.

On voit sur cet exemple comment Buffon ne conçoit une transformation des espèces que dans le cas d'une dégénérescence à partir de leur création originelle. La domestication est pour lui intervention artificielle, produisant des effets réversibles et jamais une espèce nouvelle.

Au delà des observations et des manipulations du naturaliste, ce sont cependant les questions du philosophe sur la spécificité de la nature humaine que nous soulignerons dans son étude des primates.

Buffon a consigné ses observations sur les singes tout au long de sa présence à la tête du Jardin du Roi, soit durant près de cinquante ans. Sa première description d'un chimpanzé date en effet de 1740, tandis que les notes et additions posthumes publiées par Lacépède parurent en 1789. La *«Nomenclature des singes»* fut ainsi rédigée au milieu de cette longue période, les volumes XIV et XV de son *Histoire naturelle* ayant été respectivement publiés en 1766 et 1767.

Depuis le seizième siècle, des singes d'espèces inconnues en Europe arrivaient en provenance des colonies d'outre-mer, pour y être vendus ou donnés en cadeau aux puissants de l'époque. Il s'agissait en général de jeunes animaux arrachés à leur mère par des chasseurs. Malgré leur valeur, ces animaux étaient transportés sans qu'aucune précaution soit prise concernant leur confort ou leur diète. La plupart mouraient en

---

2. *«La faculté de produire ensemble des individus féconds, [est] ce qui fait le caractère essentiel et unique de l'espèce»; Le Chat* [1756], *in* Buffon [1] : T. VI : p. 16.
3. *Chiens-mulets provenant d'une louve et d'un chien braque* [1789], *in* Buffon [3], T. VII : p. 162.
4. *Le chien* [1789], *in* Buffon [3], T. V : p. 193.
5. Voir Le Roy [9].

route et l'on retrouvait leurs peaux desséchées ou une partie de leur squelette sur les marchés. Lorsqu'ils arrivaient vivants, ils ne survivaient en général pas plus d'un an, victimes de maladies pulmonaires. La jeunesse et la courte vie des spécimens connus à l'époque expliquent en partie les nombreuses erreurs de classification qui furent commises.

En 1766, Buffon en reconnaissait trente-cinq espèces, dont trente-deux sur lesquelles il n'avait aucun doute. Il proposait d'y ajouter le loris, le cayapollin et le tarsier, ce qui est correct, mais aussi la sarigue, le marmosa et le phalanger qui appartiennent en réalité à d'autres ordres (Précisons que l'on reconnaît aujourd'hui au moins 189 espèces de primates).[6]

De la classification hiérarchique que donne Buffon de ces espèces, le moins que l'on puisse dire est qu'elle est *sui generis*. Son refus d'employer les termes «*genre*», «*famille*» et «*classe*» de façon hiérarchique et systématique le pousse à utiliser ces termes comme synonymes, et parfois de façon incohérente. Ainsi, parle-t-il des singes comme de «*la classe entière de ces animaux*», mais les primates du Nouveau Monde, qui en font partie, sont divisés à leur tour en deux classes.[7] En fait, il constitue cinq groupes de primates : trois groupes pour l'Ancien Monde, avec deux «*animaux intermédiaires*» entre ces trois groupes, et deux groupes pour le Nouveau Monde.

Le premier groupe contribue à la confusion terminologique car il reçoit le nom de «*singes*» comme le groupe tout entier. Il faut rappeler ici que le terme de *primate* existait déjà dans le *Systema naturae* de Linné. La confusion vient de ce que Buffon voulait que le vocable français «*singe*» fût l'équivalent de l'anglais «*ape*» qui désigne aujourd'hui les pongidés, et que le mot «*guenon*» fût l'équivalent de «*monkey*» (mot qui provient probablement du portugais «*macaco*»).

Les «*singes*» sont donc pour Buffon les animaux sans queue, à face aplatie, dont les dents, les doigts et les ongles ressemblent à ceux de l'homme et qui, comme lui, marchent debout sur deux pieds.[8] Les membres de cette «*classe*» sont l'*orang-outang*,[9] le *pongo* (que nous appelons précisément aujourd'hui orang-outan, ou *Pongo pygmeus*) et le gibbon qualifié de «*difforme*»,[10] ainsi que le «*pithèque*», jadis évoqué par Aristote et dont Buffon affirme l'existence bien qu'il ne l'ait jamais vu (et pour cause : il s'agit du petit du magot ou cynocéphale).

C'est d'ailleurs le magot qui occupe chez Buffon la place intermédiaire entre les «*singes*» et le groupe suivant, celui des babouins ou papions. En effet, la courte queue sans vertèbres du magot est pour Buffon une différence importante par rapport au babouin, mais son long museau les rapproche. Quant aux babouins, il en distingue trois espèces : le babouin proprement dit, le mandrill et l'ouanderou, qui est en fait un macaque *(Macaca sylenus)*.

Viennent ensuite les *guenons*, qui regroupent huit espèces de macaques et de cercopithécidés (singes verts, par exemple) ainsi que quelques autres variétés. En fait, les macaques n'ont pas la longue queue non préhensile des cercopithécidés, ainsi nommés par les Grecs qui en avaient reconnu deux espèces.

L'animal intermédiaire que Buffon place entre les babouins et les guenons, le *maimon*, est en fait le macaque à queue de cochon, dont l'appendice sans poil suffit

---

6. Napier [10] : p. 7.
7. *Nomenclature des singes* [1766], *in* Buffon [1], T. XIV : p. 13.
8. *Ibid.* : p. 2.
9. Buffon écrit «*orang-outang*»; on écrit parfois aujourd'hui «*orang-outan*».
10. *Nomenclature des singes* [1766], *in* Buffon [1], T. XIV : pp. 4 et 7.

pour que Buffon lui confère une place aussi remarquable. Nous ne pouvons que rappeler à ce sujet le mépris que Buffon semble adresser aux naturalistes préoccupés par la systématique, ces *«nomenclateurs»*, dit-il, qui présentent les genres *«par lacis de figures dont les unes se tiennent par les pieds, les autres par les dents, par les cornes, par le poil et par d'autres rapports encore plus petits»*,[11] alors qu'il prend un si petit appendice comme élément distinctif fondamental.

La *«différence dans le genre»* (sic)[12] entre les singes d'Amérique et ceux de l'Ancien Monde réside dans le fait que les premiers n'ont pas d'abajoues ni de callosités sur les fesses, et que la cloison de leur nez est plus large, caractère devenu aujourd'hui essentiel pour leur classification.[13] Buffon distingue ensuite les *sapajous* ou *sajous* (le singe-araignée, le hurleur, les cébidés, comme les capucins, etc.) qui ont la queue préhensile, et les *sagouins* (tamarins, ouistitis, etc.) qui ne l'ont pas. Ce seul critère n'est plus aujourd'hui considéré comme suffisant car il existe des cébidés ou *sapajous* à queue non préhensile.

Buffon a enfin reconnu diverses espèces et genres de prosimiens, dont les lémuriens et les tarsiers, mais il n'était pas en mesure de les réunir et critiquait même cette façon d'agir chez les *«nomenclateurs»*.

Buffon n'a -semble-t-il- décrit aucune espèce nouvelle de singe. Il existe cependant deux espèces dont le nom est demeuré associé à celui de Buffon dans la tradition primatologique : le *tarsier de Buffon (tarsius syrichta)* des Philippines, et le *macaque de Buffon (macaca fascicularis)* ou macaque mangeur de crabes.[14]

La classification involontaire que Buffon fait des singes est un mélange de méthodes utilisées par les classificateurs de l'époque (par exemple Linné), mais il n'a pas recours aux différences des dents, élément si important lorsqu'on veut distinguer les singes du Nouveau Monde, ceux de l'Ancien Monde, et les deux derniers des prosimiens. Son effort s'inspire en réalité d'un mélange de pensée scientifique et de pensée totémique. Cette dernière se manifeste souvent chez Buffon dans des classifications où il n'y a pas de case vide, parce que peuplées d'*animaux intermédiaires*. Ce thème pourrait être le sujet d'une autre communication.

Nous analyserons maintenant les observations du naturaliste sur les mœurs des primates, en ne considérant que les espèces observées directement par lui.

Comme la plupart des naturalistes de son temps, Buffon confondait dans une *«seule et même espèce»* les petits de deux différentes espèces de pongidés : orang-outan et chimpanzé, qu'il dénommait *jocko*. D'autre part, il assimilait sous le nom de *pongo* les adultes de ces deux mêmes espèces, mais traitait les petits et les adultes comme deux espèces distinctes, la grande différence de taille étant pour lui un important critère de classification. L'orang-outan mâle adulte de l'Asie de l'Est porte une sorte de visière des deux côtés de la tête, son prognathisme est très prononcé et il acquiert une coloration (brune) plus foncée que celle (rousse) des petits de son espèce; de plus un énorme goître se développe avec l'âge. Le chimpanzé adulte manifeste lui aussi de grandes différences par rapport à ses petits : la taille d'abord, mais plus particulièrement un crâne qui s'éloigne beaucoup de celui de l'homme par son prognathisme, par ses grosses canines et par la charnière osseuse, sur laquelle s'attachent les muscles de la mâchoire. Des exemplaires adultes avaient déjà été

11. *Ibid.* : p. 29.
12. *Ibid.* : p. 13.
13. Napier and Napier [11] : *passim*.
14. *Ibid.* : pp. 320 et 211 respect.

décrits du temps de Buffon, mais il ne semble pas qu'il les ait vus lui-même.

Buffon avait emprunté les noms de *jocko* et de *pongo*[15] à Andrew Battell (1589-1614) qui avait vécu prisonnier dans une région de l'Afrique Occidentale tropicale. On pourrait penser, d'après les descriptions que Battell fait de ces animaux, qu'il avait peut-être observé des gorilles, bien que ce primate n'ait été décrit scientifiquement qu'au milieu du dix-neuvième siècle, par Isidore Geoffroy Saint-Hilaire.[16]

De fait, les petits de ces deux espèces de pongidés confondus sous le nom de *jocko*, sont très proches l'un de l'autre, et ressemblent en outre de façon très frappante aux bébés humains. Isidore Geoffroy Saint-Hilaire[17] ne manquera pas de remarquer ce phénomène quelques décennies après Buffon, ce qui orienta sa recherche vers des ressemblances encore plus primitives, comme celles que manifestent entre eux les embryons des mammifères. On sait d'ailleurs aujourd'hui que l'information génétique contenue dans nos 46 chromosomes homologues exprime une ressemblance de plus de 98 % avec celle des 48 chromosomes homologues des pongidés.

Cependant, à l'âge adulte, ces primates s'éloignent beaucoup de l'homme, physiquement, mais aussi éthologiquement. Un fait illustre cette divergence, que Buffon aurait certainement remarqué s'il avait eu la possibilité de l'observer : la nature non domestique des singes se manifeste de façon très frappante quel qu'ait été leur apprivoisement; on apprivoise temporairement mais on ne domestique pas des animaux qui, n'étant pas domestiques à l'origine, vivent parmi nous privés de leur liberté. En effet, rien de plus dangereux, savons-nous aujourd'hui, qu'un chimpanzé devenu adulte. Quelle différence avec ces petits chimpanzés que l'on voit s'attacher aux humains, demander et rendre des gestes de tendresse, imiter l'homme, apprendre à se servir de ses ustensiles, etc!

Parmi ces animaux sauvages que sont les singes, Buffon considère l'orang-outan, (taxon dans lequel il inclut notre chimpanzé), comme le plus intéressant des primates par la place qu'il lui accorde et par la collection encyclopédique des récits le concernant :«*Ce sont de tous les singes,* dit-il, *ceux qui ressemblent le plus à l'homme, ceux qui par conséquent sont les plus dignes d'être observés*».[18]

Buffon et Daubenton signalent en détail les affinités et les différences morphologiques les plus intéressantes entre l'orang-outan et l'homme, car ce primate est considéré comme le plus ressemblant, mais non nécessairement le plus proche de l'homme: «*L'orang-outang ressemble plus à l'homme qu'à aucun des animaux, moins qu'aux babouins et aux guenons, (...) en sorte qu'en comparant cet animal avec ceux qui lui ressemblent le plus, avec le magot, le babouin et la guenon, il se trouve encore avoir plus de conformité avec l'homme qu'avec ces animaux dont les espèces cependant paraissent être si voisines de la sienne, qu'on les a toutes désignées par le nom de singes*».[19]

À partir de cette étonnante ressemblance, Buffon se pose un problème, qui constitue l'un des aspects des débats actuels sur le «*langage*» (et de façon moins marquée, sur l'«*intelligence*») des primates : –l'affinité morphologique et physiologique entre les pongidés et l'homme implique-t-elle une affinité intellectuelle, aussi

15. En fait, *engéco* et *pongo*. Voir Purchas [12].
16. Voir Saint-Hilaire [7] et [8].
17. Voir Saint-Hilaire [7].
18. *Les orang-outangs ou le pongo et le jocko* [1766], *in* Buffon [1], T. XIV : p. 44.
19. *Ibid.* : p. 62.

primitive que l'on voudra, mais affinité tout de même? Aussi lisons-nous, à propos de l'orang-outan :

«Toutes les parties du corps, de la tête et des membres, tant extérieures qu'intérieures sont si parfaitement semblables à celles de l'homme qu'on ne peut les comparer sans admiration, et sans être étonné que d'une conformation aussi pareille et d'une organisation qui est absolument la même il n'en résulte pas les mêmes effets. Par exemple, la langue et tous les organes de la voix sont les mêmes que dans l'homme, et cependant l'orang-outang ne parle pas; le cerveau est absolument de la même proportion, et il ne pense pas; y a-t-il une preuve plus évidente que la matière seule, quoique parfaitement organisée, ne peut produire ni la pensée ni la parole qui en est le signe, à moins qu'elle ne soit animée par un principe supérieur?»[20]

Descartes avait le premier exprimé cette identification de la pensée et de la parole, si bien développée depuis par la philosophie analytique. Mais si Buffon ne semble pas partager beaucoup d'idées avec l'auteur du *Discours de la méthode*, on voit que pour lui aussi l'homme, bien que créé avec un arrangement de *molécules organiques vivantes* semblable à celui des autres animaux supérieurs, surtout ceux qui lui ressemblent tellement, possède une nature métaphysique différente.

Buffon distingue bien pensée et intelligence mais ce n'est pas aux primates qu'il attribue la première place dans ce domaine. L'intelligence est mesurable, selon lui, à la longueur de la période enfantine, et c'est l'éléphant qui a l'apanage du plus long apprentissage :

«Parmi les animaux (...), quoique tous dépourvus du principe pensant, ceux dont l'éducation est plus longue sont aussi ceux qui paraissent avoir le plus d'intelligence; l'éléphant, qui de tous met le plus longtemps à croître, et qui a besoin des secours de sa mère pendant toute la première année, est aussi le plus intelligent de tous.»[21]

Le chimpanzé observé par Buffon, et appelé par lui *«orang-outang»*, était un enfant singe mesurant moins de deux pieds. Buffon pensait qu'il marchait toujours debout, même lorsqu'il portait des choses lourdes et, s'appuyant sur cette croyance, ainsi que sur des commentaires semblables d'autres naturalistes, il a sans doute généralisé ce trait de comportement à l'ensemble du groupe des *«singes»*. En réalité les chimpanzés marchent toujours sur leurs quatre mains *sauf*, justement, lorsqu'ils portent des objets ou qu'ils essaient de voir loin. Le chimpanzé en question avait été dressé et le naturaliste remarque que *«le signe et la parole suffisaient pour faire agir notre ourang-outan»*,[22] alors que les macaques et les babouins étaient dressés au fouet. L'animal accompagnait les gens en leur prenant la main, s'asseyait à table, déployait sa serviette, s'essuyait les lèvres, utilisait une cuiller et une fourchette, se servait à boire et buvait dans un verre, etc. Bref, il réalisait tous les tours auxquels nous sommes maintenant habitués, et que certains qualifient de marques d'intelligence, et d'autres, de singeries. On lui avait appris à boire du vin, qu'il aimait beaucoup, ainsi que les bonbons qu'il mangeait à profusion. Ce régime et le froid de Londres le tuèrent en quelques mois.

Un autre *«orang-outang»* observé par M. de la Brosse, que cite Buffon, avait été saigné une fois qu'il se trouvait malade. Aussi, *«toutes les fois qu'il se trouva depuis incommodé, il montrait son bras pour qu'on le saignât, comme s'il eût su*

---

20. *Ibid.* : p. 61. Lanessan dira cent ans après : *«il pense beaucoup plus que ne le dit Buffon»*, in Buffon [4], T. X : p. 116, note.
21. *Nomenclature des singes* [1766], in Buffon [1], T. XIV : p. 37.
22. *Ibid.* : p. 53.

*que cela lui avait fait du bien».*[23]

On sait maintenant que les trois pongidés les plus proches de l'homme, c'est-à-dire dans l'ordre le plus probable, le chimpanzé, l'orang-outan et le gorille ne sont pas tous capables des mêmes apprentissages. Le chimpanzé est celui qui manipule le mieux les objets et le seul à utiliser des instruments dans la vie sauvage. Buffon ne pouvait pas le savoir, mais il avait la claire intuition –sans doute attribuable à sa grande expérience d'observateur des animaux domestiques– que les animaux apprennent en fonction de, et grâce à, certaines habiletés ou dons naturels. Presque tous sont capables d'une «*éducation*» plus ou moins longue pour acquérir «*tout ce qui leur est nécessaire pour l'usage du reste de la vie*».[24] Il appelait cela un apprentissage individuel, ce qui expliquait pourquoi les animaux, en particulier les plus intelligents et les plus attachés à l'homme, peuvent être dressés. L'homme seul est susceptible d'un apprentissage de «*l'espèce*», c'est-à-dire de cultiver son esprit pendant une longue période, ce qui crée son attachement à la famille et, par delà celle-ci, à l'espèce. Ainsi, l'apprentissage individuel chez les animaux permet à Buffon de poser un problème contemporain, celui de savoir chez les espèces élevées par l'homme ce qui est naturel et ce qui est appris :

«Si l'on veut reconnaître ce qui appartient au propre [à l'orang-outang], et le distinguer de ce qu'il avait reçu de son maître, si l'on veut séparer sa nature de son éducation, qui en effet lui était étrangère, puisqu'au lieu de la tenir de son père et mère, il l'avait reçue des hommes, il faut comparer ces faits, dont nous avons été témoins, avec ceux que nous ont donnés les voyageurs qui ont vu ces animaux dans l'état de nature, en liberté et en captivité.»[25]

Mais Buffon ne fut pas en mesure, ni au sujet des primates, ni d'aucun autre animal, d'établir ce qui appartient à leur nature et ce qui provient de leur apprentissage.

En ce qui concerne les orangs-outans proprement dits, qui semblent arriver en Europe en plus grand nombre que les chimpanzés, Buffon a puisé à deux sources. Les descriptions des naturalistes tels que Bontius et Vosmaër lui fournissent d'une part des informations précises et vérifiables sur la morphologie et le comportement de ces primates en captivité. Les récits des voyageurs, que Buffon a collectionnés en très grand nombre, sont par contre succincts ou confus dans leurs descriptions anatomiques, mais indiquent souvent des traits de comportement qui nous permettent aujourd'hui de les identifier plus facilement que ne pouvait le faire Buffon. Ainsi l'orang-outan décrit par Vosmaër[26] peut effectivement être reconnu comme tel grâce à la complaisance mise à souligner la manière de faire son lit en paille mais aussi sa tendance à se couvrir. Quelques décennies plus tard, Frédéric Cuvier remarquera cette tendance à se couvrir la tête chez l'animal en captivité, mais ne pouvant l'expliquer, se gardera de l'interpréter de façon anthropomorphique.[27] Il en est de même d'un autre comportement qui étonnait par sa ressemblance avec ceux des humains : la pudeur. Allamand, admirateur et correspondant de Buffon à Amsterdam, s'est donné la peine de chercher un observateur sérieux qui ne fût point un voyageur ou un chasseur enclin à se laisser porter par son imagination. Ainsi demanda-t-il à un médecin, M. Relian, chirurgien à Batavia, s'il était vrai que les orangs-outans femelles devenaient

23. *Ibid.* :p. 56.
24. *Ibid.* : p. 34.
25. *Ibid.* : p. 55.
26. *Additions aux articles des singes* [1789], *in* Buffon [3], T. VII : p. 26.
27. Voir Cuvier [5].

honteuses lorsqu'on regardait leurs organes sexuels. La réponse du médecin, que Buffon cite dans son supplément posthume publié par Lacépède en 1789, confirme que ces animaux sont «*fort honteux*» lorsqu'on les regarde trop.[28] En fait, tous les primates, mais aussi les félins, entre autres animaux, n'aiment guère être regardés en face.[29] On pense aujourd'hui que les primates tentent d'imposer leur domination sur leurs congénères par le regard, ce qui leur évite en général de «*passer à l'action*», et que les félins fixent leur proie avant de l'attaquer.

On est donc bien loin des sentiments de pudeur attribués à l'époque aux orangs-outans. Relian poursuit sa description par des faits précis sur leur habitat et sur leur diète, et remarque, par exemple, que les orangs ne crient que très rarement, ce que signale Vosmaër lui aussi[30] et qui est confirmé par les primatologues contemporains. Relian les distingue clairement des hommes, selon des critères qui ne peuvent que recevoir l'accord d'Allamand et de Buffon : «*Si ces animaux, écrit-il, ne faisaient pas une race qui se perpétue, on pourrait les nommer monstres de la nature humaine. Le nom d'hommes sauvages qu'on leur donne leur vient du rapport qu'ils ont extérieurement avec l'homme, surtout dans leurs mouvements et dans une façon de penser qui leur est particulière et qu'on ne remarque point dans les autres animaux (...) (ces animaux ne doivent pas être comparés) aux sauvages des terres inconnues*».[31]

On voit que Relian a lu Buffon, pour qui même les Hottentots, décrits sous une lumière fort péjorative par celui-ci- sont plus proches de l'homme européen que ne le sont les orangs-outans des hommes les plus primitifs, car ces hommes démunis de tout ne le sont cependant pas de la parole. Finalement, Relian rêve d'une approche éthologique des orangs qui ne s'est concrétisée qu'au vingtième siècle : il aimerait, dit-il, «*observer ces hommes sauvages dans les bois, sans être aperçu*, [être] *témoin de leurs occupations domestiques*».[32]

Tous les naturalistes et philosophes de l'époque n'insistent pas autant que Buffon, me semble-t-il, sur le fait qu'il existe une différence essentielle entre les anthropoïdes et l'homme, malgré leur ressemblance si frappante. Quelques décennies avant que Linné ne classât les hommes parmi les primates, l'anatomiste anglais Tyson avait disséqué un petit chimpanzé (qu'il appelait lui aussi «*orang-outang*»).[33] Buffon et Daubenton connaissaient l'étude de Tyson. Ils firent grand cas de la longue liste de traits semblables entre l'homme et le chimpanzé, et signalèrent qu'il s'agissait certainement d'un petit singe de la même espèce que celui qu'avait observé Buffon en 1740 et dont les dépouilles, envoyées de Londres dans de l'eau-de-vie, furent ensuite examinées par Daubenton.[34] Quels que soient les exemples de ressemblance en corps et en comportement qu'on lui a signalés, Buffon n'a jamais changé d'avis quant à la spécificité absolue de l'homme par rapport au reste des animaux,

---

28. *Additions aux articles des singes* [1789], *in* Buffon [3], T. VII : p. 9.

29. «*Ils ne regardent jamais en face la personne aimée. (...) Et par cette convenance de naturel, <le Chat> est moins incompatible avec l'homme, qu'avec le chien dans lequel tout est sincère*». *Le chat* [1756], *in* Buffon [1], T. VI : p. 4.

30. *Additions aux articles des singes* [1789], *in* Buffon [3], T. VII : p. 27.

31. *Ibid.* : pp. 9-10.

32. *Ibid.* : p. 10.

33. Voir Tyson [14].

34. «*Je n'ai vu que la peau bourrée [pl. 1] et la plus grande partie du squelette du Jocko que l'on montrait à Paris, en 1740 : il mourut l'année suivante à Londres où il fut ouvert. On le rapporta ici dans de l'eau-de-vie, et on le mit au Cabinet : dans la suite on a fait bourrer la peau et préparer le squelette*». Daubenton [6] : p. 72.

spécificité d'un être spirituel dont la parole est la manifestation la plus claire. Le Buffon philosophe, qui postule l'existence d'un univers spirituel intérieur inaccessible à l'observateur, prédomine ici sur le Buffon naturaliste, qui voudrait ne voir en l'homme qu'un animal supérieur.

Ainsi, la physionomie de l'homme n'exprime ni ne peut exprimer toute sa nature spirituelle, sa profondeur intérieure, et cela est vrai dans les cas les plus extrêmes, comme chez les imbéciles, alors que chez les animaux, il y a une exacte correspondance entre leur morphologie, leur comportement et leur nature. C'est justement les cas du second groupe de primates, les babouins ou papions, et de cet animal intermédiaire, le magot, qui se montrent, dès le premier abord, très éloignés de l'homme et même des «*singes*» de Buffon, c'est-à-dire des pongidés :

> «Dans l'homme la physionomie trompe, et la figure du corps ne décide pas de la forme de l'âme; mais dans les animaux on peut juger du naturel par la mine, et de tout l'intérieur par ce qui paraît au dehors : par exemple en jetant nos yeux sur nos singes et nos babouins, il est aisé de voir que ceux-ci doivent être plus sauvages, plus méchants que les autres, il y a les mêmes différences, les mêmes nuances dans les mœurs que dans les figures.»[35]

Buffon s'intéresse d'abord au comportement de l'un des primates les plus connus dans la tradition scientifique occidentale, dénommé aujourd'hui *Macaca sylvana* : c'est le magot ou «*singe de barbarie*» d'Afrique du Nord, animal qui fut introduit à Gibraltar. Il a été étudié notamment par Aristote et Pline. Buffon et Daubenton en ont possédé un pendant plusieurs années. Ce macaque s'habitue, comme certains autres congénères de la Chine et du Japon, à des climats assez froids. Celui de Buffon était gardé l'hiver dans une chambre sans feu. Mais malgré cette longue cohabitation, Buffon ne comprend pas grand chose au comportement de cet animal, ce qui n'a rien d'étonnant car il l'observe isolé et attaché :

> «Quoiqu'il ne fut pas délicat, il était toujours triste et souvent maussade; il faisait également la grimace pour marquer sa colère ou montrer son appétit; ses mouvements étaient brusques, ses manières grossières et sa physionomie encore plus laide que ridicule; pour peu qu'il fût agité de passion, il montrait et grinçait des dents en remuant la mâchoire (...) il aimait à se jucher pour dormir, sur un barreau, sur une patte de fer; on le tenait toujours à la chaîne, parce que malgré la longue domesticité, il n'en était pas plus civilisé, pas plus attaché à ses maîtres; il avait été mal éduqué, car j'en ai vu d'autres de la même espèce, qui en tout étaient mieux, plus connaissants, plus obéissants, même plus gais et assez dociles pour apprendre à danser, à gesticuler en cadence, et à se laisser tranquillement vêtir et coiffer.»[36]

En fait, Buffon s'attache plus ici au dressage, ou à son absence, qu'au comportement spontané de l'animal pour expliquer des attitudes dont il nous disait par ailleurs qu'elles reflètent sa nature.

Buffon qui n'était aucunement gêné, comme tous les naturalistes de son temps, pour décrire en détail la forme et la dimension des organes sexuels des animaux, ainsi que la façon de s'accoupler chez certaines espèces, fut cependant choqué lorsqu'il observa un autre singe mâle solitaire, en l'occurrence un babouin. Notre naturaliste, qui pensait que les animaux sont incapables de nous cacher leur vraie nature, qualifia le magot de moins agressif que le babouin parce qu'il nous ressemble plus, alors que le babouin nous apparaît comme une bête féroce parce qu'il l'est effectivement. Ainsi, pour décrire le comportement du babouin, écrit-il :

---

35. *Le papion ou le babouin proprement dit* [1766], *in* Buffon [1], T. XIV: pp. 133-134.
36. *Le magot* [1766], *in* Buffon [1] : p. 109.

«[Celui que j'ai vu vivant] n'était point hideux, et cependant il faisait horreur : grinçant continuellement des dents, s'agitant, se débattant avec colère, on était obligé de le tenir enfermé dans une cage en fer, dont il remuait si puissamment les barreaux avec ses mains, qu'il inspirait la crainte aux spectateurs; (...) il paraît continuellement excité par cette passion qui rend furieux les animaux les plus doux; il est insolent, lubrique, et affecte de se montrer dans cet état, de se toucher, de se satisfaire seul aux yeux de tout le monde; et cette action, l'une des plus honteuses de toute l'humanité et qu'aucun animal ne se permet, copiée par la main du babouin, rappelle l'idée de vice et rend abominable l'aspect de cette bête, que la Nature paraît avoir particulièrement vouée à cette espèce d'impudence; car dans tous les autres animaux et même dans l'homme, elle a voilé ces parties; dans le babouin au contraire, elles sont tout à fait nues et d'autant plus évidentes que le corps est couvert de longs poils; il a même les fesses nues et d'un rouge couleur de sang, les bourses pendantes, l'anus découvert, la queue toujours levée; il semble faire parade de toutes ces nudités, présentant son derrière plus souvent que sa tête, surtout dès qu'il aperçoit des femmes, pour lesquelles il déploie une telle effronterie, qu'elle ne peut pas naître que du désir le plus immodéré. (...) Le babouin est non seulement incorrigible, mais intraitable à tous autres égards.»[37]

Un siècle après la mort de Buffon, en pleine époque victorienne, on sera beaucoup plus pudibond que notre naturaliste, non seulement face à des comportements qualifiés d'obscènes mais même à la simple anatomie sexuelle des singes.

Dans l'édition de Lanessan[38], où les gravures de de Sève ne sont malheureusement pas reproduites, on trouve par contre des gravures en couleur, dont celle du gorille peint par Werner à la demande d'Isidore Geoffroy Saint-Hilaire[39] –trois décennies auparavant. Or, non seulement cet animal était inconnu de Buffon, mais en plus les organes génitaux en avaient été gommés, faisant de lui, involontairement, un étrange hybride.

En ce qui concerne macaques et babouins, il faut dire que, en troupe, ils sont généralement calmes et ne s'excitent que dans les conflits périodiques que provoquent les déplacements de hiérarchie liés ou non à la possession de femelles en rut. Lorsqu'ils vivent en contact avec les hommes, ils agissent avec eux comme s'ils étaient leurs congénères, et emploient une gestuelle innée destinée à transmettre des messages que l'on doit replacer dans leur contexte originel pour les interpréter.

Le sens de certaines mimiques nous est plus immédiatement accessible que d'autres, et Buffon attribue à la «*passion*» (peut-être la peur, la menace ou la combinaison des deux, suivant le cas) le fait de grincer des dents ou de les montrer. Mais les gestes qualifiés d'«*obscènes*» suscitent au contraire une réprobation toute anthropomorphique. Les cultures humaines distinguent, dans leurs jeux sexuels, un code policé et un code obscène; en Occident, les manifestations qualifiées d'«*obscènes*» sont perçues comme plus primitives, plus animales.

Anthropomorphique, Buffon l'a certainement été, allant jusqu'au sexisme, si je puis dire, comme il apparaît dans cette phrase où il explique que les oiseaux se servent de leur voix «*au point de paraître en abuser, et ce ne sont pas les femelles qui (comme on pourrait le croire) abusent le plus de cet organe : elles sont, dans les oiseaux, bien plus silencieuses que les mâles*».[40]

Il est certain que l'explication, plus que la description du comportement des animaux, et surtout des pongidés, induit spécialistes et profanes à deux extrêmes an-

37. *Ibid.* : p. 130.
38. Voir Buffon [4], T. X : p. 152 (E. Travières, peintre).
39. Voir Saint-Hilaire [7].
40. *Discours sur la nature des oiseaux* [1770], *in* Buffon [2], T. I : pp. 26-27.

thropomorphiques : certains voient en eux des comportements fondamentalement semblables aux nôtres, que l'on pourrait *«traduire»* à condition de décoder leur système de communication interspécifique; c'est le syndrome du gorille *Koko*. L'interprétation contraire postule l'existence d'une différence de nature entre eux et nous, différence bien plus grande que nos ressemblances morphologiques et génétiques ne le laisseraient supposer, ou même infranchissable : c'est la thèse Descartes-Buffon-Chomsky-Davidson, pour ne citer que quelques noms célèbres; cet abîme s'ouvre sur la présence ou l'absence de la parole, donc de la pensée.

Pour conclure, je voudrais dire que Buffon n'est certainement pas cartésien au sens strict du terme, car il se veut moniste et s'efforce de ne laisser aucune place à une substance pensante.

Évoquant le problème de l'épigenèse, Jacques Roger a signalé que Buffon *«n'envisage pas l'intervention possible d'un principe spirituel»*.[41], bien que sa théorie mécaniste soit mise en échec lorsqu'il s'agit d'expliquer l'existence d'une matière première vivante, irréductible à la matière brute. Aussi a-t-il dû se contenter *«de constater l'existence d'une matière vivante, dont il n'explique encore ni l'origine ni la nature»*.[42]

De façon isomorphique, Buffon peut-il encore moins expliquer l'origine de la pensée et de la parole au moyen d'une méthode réductionniste qui descendrait jusqu'aux forces pénétrantes de la pesanteur et de la chaleur; il n'y aurait alors pas de différence essentielle entre l'homme et l'animal, et on pourrait même concevoir une gradation au niveau de l'échelle de la nature dans la possession du pouvoir de penser (ce qui constitue, je crois, la position de Tyson). Buffon a donc toujours recours au *«Créateur»*, mais si les louanges continuelles qu'il adresse à celui-ci sont surtout destinées à apaiser, pour des raisons compréhensibles, les théologiens de la Sorbonne, l'engagement métaphysique de notre naturaliste est profond et inaltérable, quels que soient les faits dont il a à rendre compte. Il affirme sa conviction que l'homme a été créé pensant, qu'il ne l'est pas devenu, et que ceci vaut pour le génie comme pour l'imbécile, pour l'Européen comme pour le Hottentot vivant dans sa crasse. C'est pourquoi, de même que Descartes projette l'existence d'un automate parfait pour mieux faire ressortir la spécificité humaine, Buffon pose l'hypothèse d'un être autre que l'homme qui posséderait comme lui la parole :

> *«[Si le créateur] eût fait la même faveur [celle de la parole], je ne dis pas au singe, mais à l'espèce la plus vile, à l'animal qui pour nous paraît le plus mal organisé, cette espèce serait bientôt devenue la rivale de l'homme; vivifiée par l'esprit elle eût primé sur les autres; elle eût pensé, elle eût parlé; quelque ressemblance qu'il y ait donc entre l'Hottentot et le singe, l'intervalle qui les sépare est immense, puisqu'à l'intérieur, il est rempli par la pensée et au dehors par la parole.»*[43]

Puisque cet animal hypothétique n'a pas été créé et qu'il est exclu que la *«dégénérescence»* suffise à le produire un jour, on peut conclure que l'homme restera le seul et unique être pensant.

Si Buffon, cet homme si sensible aux honneurs et qui savait si bien soigner son ego, était parmi nous, il serait sans doute heureux de constater que ses pages parfois désordonnées sur les primates ont néanmoins posé des problèmes qui nous divisent

---

41. Voir Roger [13] : p. 556.
42. *Ibid.* : p. 557.
43. Voir Buffon [1], T. XIV : p. 32.

toujours autant.

## BIBLIOGRAPHIE *

(1)† BUFFON (G. L. Leclerc de), *Histoire naturelle, générale et particulière*, Paris, Imprimerie Royale, 1749-1767, 15 vol., in 4° (en part. : T. V (1755); T. VI (1756); T. XIV (1766).

(2)† BUFFON (G. L. Leclerc de), *Histoire naturelle des oiseaux*, Paris, Imprimerie Royale, 1770-1783, 9 vol., in 4° (en part. : T. I, 1770, XXIV).

(3)† BUFFON (G. L. Leclerc de), *Histoire générale et particulière... Supplément*, Paris, Imprimerie Royale, 1774-1789, 7 vol., in 4° (en part. : T. VII, 1789 posth., XX-364p.

(4)† *Œuvres complètes de Buffon*, (suivi de sa correspondance), J.L. Lanessan éd., Paris, A. Le Vasseur éd., 1884-1885, 14 vol., 160 pl. coul., 8 portr.; (illus. : Meunier, Susemihl, E. Travières, P.L. Oudard, J.C. Werner).

(5)† CUVIER (F.), «Description d'un ourang-outang, et observations sur ses facultés intellectuelles», *Annales du Muséum d'Histoire Naturelle*, 16 (1810) : pp. 46-65.

(6)† DAUBENTON (L.J.), «Description du *Jocko*» in (1), T. XIV : pp. 72-73.

(7)† GEOFFROY SAINT-HILAIRE (I.), *Histoire naturelle générale des règnes organiques, principalement étudiés chez l'homme et les animaux*, Paris, Masson, 1854-1862, 3 vol.

(8)† GEOFFROY SAINT-HILAIRE (I.), «Note sur le gorille», *Annales de Sciences Naturelles Zoologiques*, (1851) : pp. 154-157, et pl. 7.

(9)† LE ROY (Ch. G.), *Lettres sur les animaux*, nouvelle éd. aug., Nuremberg, Paris, chez Saugrain Jeune, 1781, 380p.

(10) NAPIER (J.), *The Roots of Mankind*, Washington, Smithsonian Institution Press, 1970, III, 240p.

(11) NAPIER (J.), and NAPIER (P.H.), *A Handbook of Living Primates*, Londres et New York, Academic Press, 1967, XIV-456p.

(12)† PURCHAS (S.), *Haklyutus Posthumus, or Purchas his Pilgrimes : Contayning a History of the World, in Sea Voyages & Lande Travells by Englishmen and others* (etc.), Londres, 1625-1636, 5 vol.

(13) ROGER (J.), *Les sciences de la vie dans la pensée française du XVIII^e siècle*, 2^è éd., Paris, A. Colin, 1971, 849p.

(14)† TYSON (E.), *Orang-utan, Sive Homo Sylvestris,* or : *The Anatomy of a Pygmie Compared with that of a Monkey, an Ape and a Man. To which is added a Philological Essay Concerning the Pygmies, the Cynocephali, the Satyrs, and Sphinges of the Ancients* (etc.), London, Th. Bennet, 1699.

* Sources imprimées et études. Les sources sont indiquées par le signe †.

## 38

#32 774

# LE COMPORTEMENT ANIMAL ET L'IDÉOLOGIE DE DOMESTICATION CHEZ BUFFON ET CHEZ LES ÉTHOLOGUES MODERNES

Richard W. BURKHARDT, Jr. *

*«S'il n'existoit point d'animaux, la nature de l'homme seroit encore plus incompréhensible...»*[1] C'est en ces mots que, dans l'*Histoire Naturelle*, le comte de Buffon, commençant à tourner son attention vers les animaux, souligne la position prééminente de l'homme dans la nature.[2]

On sait bien que la comparaison de l'homme et des animaux n'est pas née avec Buffon. Descartes, dans son *Discours de la méthode*, avait identifié *«deux moyens très certains»* pour *«reconnaître la différence essentielle qui existe entre les hommes et les bêtes»*. Le premier moyen repose sur l'existence d'un langage unique à l'homme, celui-ci communicant avec ses semblables par paroles ou par signes. Le second –plus général– est fondé sur l'hypothèse que les actions variées des animaux ne témoignent pas de la présence en eux de cet *«instrument universel»* qu'est la raison.[3] Suivant l'exemple de Descartes (à défaut de le citer), Buffon soutient que c'est l'âme, le principe spirituel de l'homme, qui permet à l'homme de penser et de communiquer avec ses semblables. Mais plus que Descartes, il insiste sur le pouvoir matériel que cette supériorité de l'esprit donne à l'homme. Il démontre l'existence de celle-ci en se fondant sur la capacité unique qu'a l'homme de se perfectionner. Il la justifie aussi en invoquant la domestication des animaux. Bien qu'on puisse trouver dans le dualisme cartésien de l'âme et du corps une justification de l'exploitation des animaux comme instruments[4], Descartes lui-même ne semble pas avoir élaboré une doctrine sur la question de l'empire de l'homme sur les animaux.[5] Pour Buffon, au contraire, c'est là un thème de première importance. *«C'est par la supériorité de Nature»*, écrit-il, *«que l'homme règne & commande; il pense, & dès-lors il est maître des êtres qui ne pensent point».*[6] De toutes les espèces du règne animal, insistait Buffon, seul l'homme dompte et domestique les autres.

Il n'est pas surprenant que la manière dont l'homme s'est défini et a identifié sa place dans la Nature, en particulier la manière dont il a conçu la culture, la

* Department of History, University of Urbana-Champaign, Gregory Hall, Urbana, Illinois 61801. U.S.A.

1. *Discours sur la nature des animaux* [1753] *in* Buffon [1], T. IV : p. 3.

2. Pour Buffon, comme Jacques Roger a bien dit, *«L'homme doit être mis au centre de la nature et au centre de la science, dont la dignité est de le servir».* Voir Roger [27] : p. 531.

3. Descartes [11], T. I : pp. 629-631.

4. Voir Canguilhem [5] : p. 111; et Midgley [25] : p. 217.

5. Sauf quelques références faites en passant. Voir *Lettre au marquis de Newcastle* du 23 novembre 1646, *in* Descartes [11], T. III, p. 693. *«Ce n'est pas que je m'arrête à ce qu'on dit, que les hommes ont un empire absolu sur tous les autres animaux...».*

6. *Les animaux domestiques* [1753], *in* Buffon [1], T. IV : p. 170.

modification et l'amélioration de la terre, ait affecté, et ait souvent été affectée par, des discussions sur le comportement des animaux et sur les différences entre animaux domestiques et animaux sauvages. En même temps, cette distinction entre animaux domestiques et animaux sauvages s'est trouvée réfléchie dans une controverse, toujours actuelle, sur les "hommes sauvages" et les "hommes civilisés". Ainsi remarque-t-on les propos de Charles Darwin dans son journal de voyage, lorsqu'il vit les indigènes de la Terre de Feu pour la première fois : *«je ne me figurais pas combien est complète la différence qui sépare l'homme sauvage de l'homme civilisé, différence certainement plus grande que celle qui existe entre l'animal sauvage et l'animal domestique, ce qui s'explique d'ailleurs par ce fait que l'homme est susceptible de faire de plus grands progrès».* Quatre ans plus tard, revenant à la fin de son journal sur les hommes sauvages, il les décrivait comme des hommes *«dont les signes et expressions sont moins intelligibles pour nous que ceux des animaux domestiques...»* [7]

Le but de cet article est d'explorer quelques unes des manières dont le comportement animal figure dans l'*Histoire naturelle* de Buffon. Je ferai ensuite quelques comparaisons entre les efforts de Buffon à cet égard et certains aspects des travaux de deux chercheurs qui ont étudié le comportement animal au vingtième siècle : le zoologiste américain Charles Otis Whitman et l'éthologiste autrichien Konrad Lorenz.

Mon intention n'est pas de faire de Buffon un précurseur des éthologues modernes. L'identification des précurseurs, comme le Professeur Canguilhem l'a si bien expliqué, repose sur une erreur fondamentale quant aux principes de l'histoire de la science. [8] Je m'intéresse particulièrement aux approches de Buffon, Whitman, et Lorenz du point de vue de la construction et de l'interprétation de leurs données scientifiques, et des contextes différents de leurs entreprises.

Il n'est bien sûr pas surprenant qu'il existe de considérables différences entre Buffon d'une part et Whitman et Lorenz de l'autre. Ces naturalistes sont séparés chronologiquement par le fossé conceptuel de la théorie darwinienne. Mais ils sont aussi séparés par un fossé méthodologique, en ce que Buffon s'est plus particulièrement intéressé au comportement des animaux domestiques, tandis que les éthologues du vingtième siècle ont pour la plupart préféré dédaigner celui-ci au profit du comportement des animaux sauvages. Dans les écrits de Konrad Lorenz, il apparaît que c'est l'espèce à l'état sauvage, vivant en liberté et laissant voir l'entière variété de ses instincts naturels, qui commande le plus grand respect. Mais il semble que cette attitude ait aussi existé chez Buffon. L'on peut par ailleurs noter que l'un des premiers usages du mot "éthologique" en un sens moderne se trouve chez Isidore Geoffroy Saint-Hilaire. Geoffroy l'emploie dans son *Histoire naturelle générale des règnes organiques* lors de sa discussion des effets de la domestication sur le comportement. [9]

---

7. En 1832, Darwin écrit : *«I would not have believed how entire the difference between savage & civilized man is. It is greater than between a wild & domesticated animal, in as much as in man there is greater power of improvement»* (Darwin [10] : p. 119). En 1836, il précise : *«Men... whose very signs & expressions are less intelligible to us than those of the domesticated animals; who do not possess the instinct of those animals, nor yet appear to boast of human reason, or at least of arts consequent on that reason. I do not believe it is possible to describe or paint the difference of savage & civilized man. It is the difference between a wild & tame animal...»* (Darwin [10] : p. 428). Sur l'importance de cette observation pour *La Descendance de l'homme* de Darwin, voir Conry [7] : p. 175. Voir aussi Durant [13] : p. 286.

8. Canguilhem [6] : pp. 20-23.

9. Geoffroy Saint-Hilaire [17], T. III : pp. 480-481. *«Les variations éthologiques, c'est-à-dire*

La citation célèbre de Buffon, *«Rassemblons des faits pour nous donner des idées»*,[10] s'applique assez bien à ses propres écrits. Si nous devons apprécier à leur pleine mesure les idées de Buffon sur le comportement animal, nous devons éviter de nous limiter aux plus célèbres de ses *Discours* généraux. Nous ne devons pas seulement lire son *Discours sur la nature des animaux*, mais aussi toute sa production littéraire étalée sur plus de trente ans, et presque autant de livres. Ses articles sur le castor, l'éléphant, le pigeon, le chien, le cheval, l'outarde, le perroquet, et les singes –pour n'en citer qu'une partie– sont riches en observations qui illustrent la pensée de l'auteur sur la nature animale. Si nous devons saisir l'essentiel de la *pratique* de Buffon en tant que naturaliste et apprécier ce que *l'histoire* d'un animal signifiait pour lui, nous devons porter notre attention non seulement sur les articles particuliers dans lesquels il a exposé ses *«grandes vues»*, mais aussi sur les centaines d'autres qu'il a écrits sur les mammifères et les oiseaux. En examinant ces *histoires*, dans lesquelles Buffon explore non seulement la nature et le comportement des animaux, mais aussi le pouvoir qu'a l'homme d'influencer et de changer ces derniers, nous trouvons les idées qui caractérisent la pensée de Buffon sur la nature de l'homme et de l'animal.[11]

Dans son *Discours sur la nature des animaux,* Buffon explique qu'il existe une *«différence essentielle & infinie qui doit se trouver entre eux* [les animaux] *& nous»*.[12] La différence capitale doit se trouver au niveau de l'âme de l'homme, principe spirituel entièrement distinct du principe animal, ce dernier étant purement matériel, dépendant uniquement de l'organisation physique du corps. *Pensée* et *réflexion* ne sont possibles qu'avec l'aide d'une âme, et ne sont donc présentes que chez l'homme. L'animal partage avec l'homme un certain *«sens interieur»* qui conserve les ébranlements des effets des organes des sens. Mais les animaux restent des êtres purement matériels : *«nous ne pouvons pas douter que le principe de la détermination du mouvement ne soit dans l'animal un effet purement mécanique, & absolument dépendant de son organisation»*.[13]

Buffon ne pensait pas que ce système dépouillait l'animal de tout. Bien qu'il ait parlé de machine animale, il ne voyait pas les animaux comme des *«insensibles automates»* : *«... bien loin de tout ôter aux animaux, je leur accorde tout, à l'exception de la pensée & de la réflexion; ils ont le sentiment, ils l'ont même à un plus haut degré que nous ne l'avons...»*[14] Il leur accordait, par exemple, les sentiments du plaisir, de la douleur, de la peur, de l'horreur, de la colère, de l'amour, et de la jalousie. Il leur attribuait une espèce d'orgueil et une sorte d'ambition. Il ne leur attribuait pas le pouvoir de penser, mais il admirait le talent que certains montraient pour l'imitation,[15] et admettait qu'ils sont capables d'apprendre : *«Ils sont suscep-*

---

relatives au naturel, aux instincts, aux habitudes, ne sont, chez les animaux, ni moins multipliées ni moins remarquables que les variations organologiques et biologiques, et peut-être même est-ce ici que se rencontrent les effets, sinon les plus importants en eux-mêmes, du moins les plus frappants, de l'influence modificatrice de la domesticité. Si elle a fait varier le type et notablement altéré l'ordre normal des fonctions, elle a, on peut le dire, entièrement changé le naturel des animaux que l'homme s'est soumis».

10. *Histoire générale des animaux, I* [1749], *in* Buffon [1], T. II : p. 18.

11. Voir Roger [27] : pp. 558-559, et Duchet [12] : pp. 229-249.

12. *Discours sur la nature des animaux* [1753], *in* Buffon [1], T. IV : p. 30.

13. *Ibid.*: p. 23.

14. *Ibid.*: p. 41. *«Ce que les animaux possédaient est ce qui resterait à l'homme s'il n'était pas muni d'une âme».* Voir *Ibid.*: p. 77.

15. *Ibid.*: pp. 78-83.

*tibles & capables de tout, excepté de raison...»*[16]

L'on pourra se demander si Buffon était tout à fait sincère lorsqu'il attribuait l'état unique de l'homme à la possession d'une âme immatérielle. Son *Discours sur la nature des animaux,* après tout, est immédiatement précédé dans le quatrième volume de l'*Histoire naturelle* par la célèbre discussion avec les Députés & Syndics de la Faculté de Théologie.[17] Lorsque Charles-Georges Leroy lui présenta son livre de 1769 sur les comportements animaux, publié sous l'anonymat *«d'un physicien de Nuremberg»,* on attribue à Buffon la réponse suivante : *«Il est bien différent de faire parler les animaux à Nuremberg, ou de les faire parler à Paris».*[18] Mais même si l'on détecte dans les écrits plus tardifs des passages où Buffon ne semble pas insister sur l'idée que l'âme est l'élément qui distingue l'homme de l'animal, il n'y a aucun doute sur la sincérité de la foi de Buffon en la supériorité de l'homme sur l'animal.[19] Après avoir soutenu dès le début de son *Histoire naturelle* que l'homme occupe la place prééminente dans la nature, Buffon entreprit dans le reste de son œuvre d'explorer ce que Jacques Roger appelle *«un ordre de dignité décroissant».*[20] Il est remarquable à cet égard que la première espèce animale étudiée par Buffon fut le cheval : *«la plus noble conquête que l'homme ait jamais faite..., une créature qui renonce à son être pour n'exister que par la volonté d'un autre...»*[21]

Nous pouvons nous demander, étant donné sa préoccupation de la dignité de l'homme dans l'univers, si Buffon était capable de donner une description réaliste du comportement animal. Lorsqu'il commence avec les animaux qui sont les plus utiles à l'homme, peut-on s'attendre à une compréhension du comportement des animaux sauvages, ou à une patience suffisante pour assembler les détails qu'exige l'écriture de leurs *histoires?*

L'attaque célèbre de Buffon contre les études de Réaumur sur les abeilles peut suggérer autre chose.[22] *«Que penser* –écrit-il à cette occasion– *de l'excès auquel on a porté le détail de ces éloges? car enfin une mouche ne doit pas tenir dans la tête d'un Naturaliste plus de place qu'elle n'en tient dans la Nature; & cette république merveilleuse ne sera jamais aux yeux de la raison, qu'une foule de petites bêtes qui n'ont d'autre rapport avec nous que celui de nous fournir de la cire & du miel».* Mais Buffon fit savoir que ce n'était pas la description exacte de la génération, de la multiplication, et des métamorphoses des insectes qui le gênaient. *«Tous ces objects,* admettait-il, *peuvent occuper le loisir d'un Naturaliste».* Ce qu'il trouvait répréhensible était plutôt la leçon théologique que Réaumur et ses alliés tiraient de

---

16. *Ibid.:* p. 86.

17. L'on peut noter, par contre, que Buffon a déjà accepté le dualisme cartésien dans son *Histoire naturelle de l'homme* [1749] (*in* Buffon [1], T. II : pp. 430-441).

18. Leroy [19] : p. viii.

19. Comme J. Roger l'a indiqué ([26] : p. 538), Buffon n'a basé son argumentation de la supériorité de l'homme ni sur des principes métaphysiques, ni sur un appel à la religion, mais uniquement sur l'observation.

Il est intéressant de noter que plus tard, lorsqu'il a traité des raisons pour lesquelles l'homme avait le don de la parole et les animaux ne l'avaient pas, Buffon a attribué cette différence non à l'existence de l'âme humaine, mais plutôt au développement lent de l'enfant et à la présence des parents qui prennent soin de lui. Buffon a suggéré que les animaux n'ont pas développé de langage parce qu'ils restent aussi longtemps dans la société de leurs parents. Voir *Le perroquet* [1779], *in* Buffon [2], T. VI : pp. 69-70.

20. Roger [27] : p. 531.

21. *Le cheval* [1753], *in* Buffon [1], T. IV : p. 174.

22. En fait, l'œuvre de Réaumur elle-même critique des auteurs antérieurs qui ont attribué trop d'intelligence aux abeilles, ou trop de finalité à leurs actions. Voir, par exemple Réaumur [26], T. I : pp. 18-26; T. V : pp. xiii-xiv.

leurs observations :

«Lequel en effet a de l'Être suprême la plus grande idée, celui qui le voit créer l'Univers, ordonner les existences, fonder la Nature sur des loix invariables & perpétuelles, ou celui qui le cherche & veut le trouver attentif a conduire une république de mouches, & fort occupé de la manière dont se doit plier l'aile d'un scarabée?» [23]

En fait, Buffon a reconnu que des facteurs temporels autant que de dignité entrent en compte dans l'entreprise d'un naturaliste. Ce n'est pas une petite tâche que d'écrire "l'histoire" d'un animal. Car après s'être occupé de la nomenclature d'une espèce, après avoir décrit ses caractéristiques physiques, il faut encore décrire son comportement, ce qui exige un temps considérable. Ainsi écrit-il en 1771 :

«Comment donc pourrions-nous dans un court espace de temps, voir tous les animaux dans toutes les situations où il faut les avoir vus pour connoître à fond leur naturel, leurs moeurs, leur instinct, en un mot, les principaux faits de leur histoire?» [24]

Le problème, tel qu'il l'explique plus à fond dans son article sur l'outarde, est que ce que l'on trouve dans un musée n'est que *«la Nature morte, inanimée, superficielle»*. Il remarque aussi que

«si quelque Souverain ayant conçu l'idée vraiment grande de concourir à l'avancement de cette belle partie de la science, en formant de vastes ménageries, & réunissant sous les yeux des Observateurs, un grand nombre d'espèces vivantes, on y prendrait encore des idées imparfaites de la Nature; la plupart des animaux intimidés par la présence de l'homme, importunés par ses observations, tourmentés d'ailleurs par l'inquiétude inséparable de la captivité, ne montreroient que des moeurs alterées, contraintes & peu dignes des regards d'un Philosophe, pour qui la Nature libre, indépendante, & si l'on veut sauvage, est la seule belle Nature».[25]

À travers toute l'*Histoire naturelle*, Buffon a cherché à décrire en termes généraux le comportement typique de chaque espèce. S'il était, comme Flourens l'a décrit plus tard, quelque peu enclin à introduire *«quelque chose d'artificiel dans ses admirables peintures»*, en opposant par exemple la magnanimité du lion à la violence du tigre[26], il a la plupart du temps évité l'anecdote ainsi que la description du comportement d'un animal individuel en des circonstances inhabituelles. Il a plutôt présenté ce que Charles-Georges Leroy appelait *«l'uniformité ordinaire* [de la marche de l'animal]».[27] En traitant de divers oiseaux, par exemple, il a indiqué ce qu'ils mangeaient, leur période migratoire, et les caractéristiques de leur chant. Il a aussi décrit leur importance pour l'homme, en accordant une grande importance à la question de savoir si l'homme avait réussi à les domestiquer, et aussi s'ils étaient bons à manger.

*«De bonnes descriptions* –écrit Buffon dans son article sur les tatous et ailleurs– *constituent la seule manière correcte d'étudier la nature.*[28] Il a personnellement

---

23. *Discours sur la nature des animaux* [1753], *in* Buffon [1], T. IV : pp. 92-95. Il est aussi vrai que Buffon montra un dédain caractéristique pour tout ce qui est petit. Voir *Plan de l'ouvrage* [1770], *in* Buffon [2], T. I : p. xix.

24. *L'outarde* [1771], *in* Buffon [2], T. II : p. 3. Le temps n'a peut-être pas été un problème que Buffon ressentait comme capital en 1753 lorsqu'il publia son premier volume sur les mammifères. Mais 18 ans plus tard, alors qu'il avait subi une maladie sérieuse et qu'il s'attaqua à l'écriture de l'*Histoire naturelle des oiseaux*, le temps devint pour lui une considération moins passagère. Voir *Plan de l'ouvrage*, I [1770], *in* Buffon [2], T. I : p. xx.

25. *L'outarde* [1771], *in* Buffon [2], T. II : p. 202.

26. Flourens [14] : pp. 185-186.

27. Leroy [19] : p. 7.

28. *Les tatous* [1763], *in* Buffon [1], T. X : p. 202.

observé certains oiseaux et mammifères.[29] Il s'est aussi préoccupé de savoir quels observateurs méritaient d'être pris en considération.[30] Ainsi dans le cas du castor, il écrit :

«Nous tâcherons de ne citer que des témoins judicieux, irréprochables, & nous ne donnerons pour certains que les faits sur lesquels ils s'accordent : moins portés peut-être que quelques-uns d'entre eux à l'admiration, nous nous permettrons le doute, & même la critique, sur tout ce qui nous paroîtra trop difficile à croire».[31]

Ou dans le cas de l'hyène :

«On a dit qu'elle savoit imiter la voix humaine, retenir le nom des bergers, les appeler, les charmer, les arrêter, les rendre immobiles; faire en même temps courir les bergères, leur faire oublier leur troupeau, les rendre folles d'amour, &c... Tout cela peut arriver sans hyène; et je finis pour qu'on ne me fasse pas le reproche que je vais faire à Pline, qui paroît avoir pris plaisir à compiler & raconter ces fables».[32]

Buffon se plaisait à identifier et discréditer des fables telles que celle du "chant du cygne" –«*les cygnes, sans doute, ne chantent point leur mort*».[33] Mais arrivé à l'éléphant, il dut admettre que même après avoir rejeté les contes fantastiques qui abondent à son sujet, que «*il reste encore assez à l'éléphant, aux yeux mêmes du philosophe, pour qu'il doive le regarder comme un être de la première distinction...*»

Buffon tenta d'écrire l'histoire de l'éléphant «*sans admiration ni mépris*». Il le considéra d'abord «*dans son état de nature lorsqu'il est indépendant & libre, & ensuite dans sa condition de servitude ou de domesticité, où la volonté de son Maître, est en partie le mobile de la sienne*».[34]

L'éléphant, écrit-il, est privé de la puissance de réfléchir, comme tout autre animal, mais il s'approche autant de l'homme en intelligence qu'il est possible à la matière d'approcher de l'esprit. L'éléphant manifeste l'intelligence du castor, l'attachement du chien, la dextérité du singe, et ajoute à cela ses propres caractéristiques de taille, de force, et de longévité. Son cerveau est relativement petit, mais avec sa trompe magnifique, avec tant de sensations qui se combinent et qui se renforcent au même endroit, l'éléphant obtient la capacité d'acquérir des idées, et Buffon remarque en cette bête une remarquable réminiscence.[35]

L'article sur l'éléphant nous fournit une bonne base pour discuter les idées de Buffon sur l'étendue et les limites de la domination de l'homme sur les animaux. Le tempérament de l'éléphant, selon Buffon, est fonction des activités de l'homme dans l'environnement de la bête. Buffon croyait, par exemple, qu'en Afrique l'éléphant est moins sauvage qu'en Asie, parce qu'il a moins à craindre : les Noirs sont simplement des ennemis moins dangereux. En Asie, particulièrement à Ceylan, l'éléphant est plus courageux et plus intelligent, peut-être à cause du dressage que les

---

29. Buffon éleva quelques oiseaux lui-même, comme par exemple la crécerelle. Voir *La cresserelle* [1770], *in* Buffon [2], T. I : p. 284. Voir aussi *L'effraie* [1770], *in* Buffon [2], T. I : p. 368.

30. Concernant l'éléphant, Buffon a cité *«les voyageurs les moins suspects»*. Voir *L'éléphant* [1764], *in* Buffon [2], T. XI : p. 80. Pour ce qui est des oiseaux, il prenait plaisir à citer par exemple Charles-Georges Leroy, qui avait décrit l'article sur la *Fauconnerie* pour l'*Encyclopédie*, Baillon, pour ses observations sur l'eider. Voir *Le faucon* [1770], *in* Buffon [2], T. I : pp. 266-267; *Le canard siffleur* [1783], *Ibid.*, T. IX : p. 171.; *Le tadorne* [1783], *Ibid.*, T. IX : p. 214; et *L'eider* [1783], *Ibid.*, T. IX : pp. 109-110.

31. *Le castor* [1760], *in* Buffon [1], T. VIII : pp. 286-287.

32. *L'hyène* [1761], *in* Buffon [1], T. IX : p. 279.

33. *Le cygne* [1783], *in* Buffon [2], T. IX : p. 29.

34. *L'éléphant* [1764], *in* Buffon [1], T. XI : p. 10.

35. *Ibid.*: pp. 1-2, 53-56.

éléphants asiatiques reçoivent.[36]

Mais bien que la volonté de l'éléphant puisse être contrôlée par celle de l'homme, c'est l'individu que l'homme a réduit en esclavage, non l'espèce. L'éléphant ne se reproduit pas en captivité : «*l'espèce demeure indépendante et refuse constamment d'accroître au profit du tyran*». Buffon croyait que «*l'indignation de ne pouvoir s'accoupler sans témoins, plus forte que la passion même*» interdisait à l'éléphant de se reproduire en captivité.[37]

Envisagée de manière plus générale, les réflexions de Buffon sur la domestication montrent qu'il considérait la maîtrise que l'homme a de lui-même, la réalisation de la société et de l'humanité, et la maîtrise de la nature comme des réalités dépendantes les unes des autres. Buffon voyait l'homme "sauvage" comme étant peu au-dessus de l'état animal, incapable d'apprécier la nature[38] : il «*n'existoit pour la nature que comme un être sans conséquence, une espèce d'automate impuissant, incapable de la réformer ou de la seconder...*»[39] Ce qui démontrait le mieux selon lui «*la distance immense qui se trouve entre l'homme sauvage et l'homme policé*», c'était d'abord «*les conquêtes de celui-ci sur les animaux*»[40]: «*On n'a trouvé des animaux domestiques que chez les peuples déjà civilisés*»[41] C'est, en quelque sorte, en se domestiquant lui-même et en domestiquant les animaux que l'homme s'est humanisé.

En discutant l'apprentissage par imitation dont sont capables certains animaux, Buffon écrit que «*l'espèce, comme celle du chien, devient réellement supérieure aux autres espèces d'animaux, tant qu'elle conserve ses relations avec l'homme...*»[42] Mais en d'autres occasions, telles que dans son article sur le castor, il adopte une perspective différente :

«Autant l'homme s'est élevé au-dessus de l'état de nature, autant les animaux se sont abaissés au-dessous; soumis et réduits en servitude, ou traités comme rebelles et dispersés par la force, leurs sociétés se sont évanouies, leur industrie est devenue stérile, leurs foibles arts ont disparu; chaque espèce a perdu ses qualités générales, & tous n'ont conservé que leurs propriétés individuelles, perfectionnées dans les uns par l'exemple, l'imitation, l'éducation, & dans les autres par la crainte & par la nécessité où ils sont de veiller continuellement à leur sûreté».[43]

La nature équivoque des pensées de Buffon sur la nature de la domestication –ano-

---

36. *Ibid.*: pp. 39-40.
37. *Ibid.*: pp. 15-17. Les spéculations de Buffon sur la manière dont les éléphants s'accouplent [pp. 61-63] et son opinion selon laquelle«*le petit éléphant ne tette qu'avec la trompe*» [p. 60] s'avérèrent fausses, et il se corrigea plus tard dans des additions à son article sur l'éléphant.
38. *Le perroquet* [1779], *in* Buffon [2], T. VI : p. 65.
39. *Animaux communs aux deux continens* [1761], *in* Buffon [2], T. X : pp. 103-104. Voir aussi *Le castor* [1760], T. VIII : p. 285.
40. *L'agami* [1778], *in* Buffon [2], T. IV : p. 501. «... *il s'est aidé du chien, s'est servi du cheval, de l'âne, du bœuf, du chameau, de l'éléphant, du renne, etc. Il a réuni autour de lui les poules, les oies, les dindons, les canards et logé des pigeons; le Sauvage a tout négligé ou plutôt n'a rien entrepris, même pour son utilité ni pour ses besoins, tant il est vrai que le sentiment du bien-être, & même l'instinct de la conservation de soi-même, tient plus à la société qu'à la Nature, plus aux idées morales qu'aux sensations physiques !*»
41. *Animaux du nouveau monde* [1761], *in* Buffon [1], T. IX : p. 85. Voir aussi *Discours sur la nature des animaux* [1753], *in* Buffon [1], T. IV : p. 96, où Buffon a dit : «*cette réunion est de l'homme l'ouvrage le meilleur, c'est de sa raison l'usage le plus sage. En effet, il n'est tranquille, il n'est fort, il n'est grand, il ne commande à l'Univers que parce qu'il a sû se commander à lui-même, se dompter, se soûmettre & s'imposer des lois; l'homme en un mot n'est homme que parce qu'il a sû se réunir à l'homme*».
42. *Le perroquet* [1779], *in* Buffon [2], T. VI : p. 72.
43. *Le castor* [1760] *in* Buffon [1], T. VIII : p. 282.

blissement ou esclavage?– apparaît dans tous ses écrits. Lorsqu'il traite des perroquets, il affirme : *«Nous pouvons donc ennoblir tous les êtres en nous approchant d'eux, mais nous n'apprendrons jamais aux animaux à se perfectionner d'eux-mêmes».*[44] Et dans son *Discours sur la nature des oiseaux,* il va jusqu'à dire que la présence d'hommes dans leur environnement rend leur chant plus agréable à entendre.[45] Mais dans son article sur la dégénération des animaux il écrit : *«on sera surpris de voir jusqu'à quel point la tyrannie peut dégrader, défigurer la Nature : on trouvera sur tous les animaux esclaves les stigmates de leur captivité & l'empreinte de leurs fers; on verra que ces plaies sont d'autant plus grandes, d'autant plus incurables, qu'elles sont plus anciennes...».*[46] Toutefois l'on ne peut dire que Buffon se soit contredit en traitant la domestication comme une force à la fois anoblissante et dégénératrice. C'était pour lui une question de perspective. En discutant du pigeon domestique, il explique par exemple que les *«races esclaves»* du pigeon sont *«d'autant plus perfectionnées pour nous, qu'elles sont plus dégénérées, plus viciées pour la Nature».*[47]

Un siècle avant Darwin, Buffon maintient que les animaux domestiques sont sujets à de plus grandes altérations que les animaux sauvages.[48] Il indiqua aussi que c'est en fait dans leur comportement plus que dans leurs caractéristiques physiques que les animaux ont été le plus affectés par leur domestication. Non seulement leur tempérament a été rendu moins sauvage, mais –dit-il– *l'état de domesticité semble rendre les animaux plus libertins, c'est-à-dire moins fidèles à leur espèce; il les rend aussi plus chauds & plus féconds...».*[49] Dans la nature, si deux espèces proches ne s'accouplent pas, c'est là une bonne indication de la distinction qui existe entre elles. L'état domestique change cet état des choses. *«Il sembleroit* –écrit Buffon dans son article sur les mulets– *(...) que le moyen le plus sûr de rendre les animaux infidèles à leur espèce, c'est de les mettre comme l'homme en grande société, en les accoutumant peu-à-peu avec ceux pour lesquels ils n'auroient sans cela que de l'indifférence ou de l'antipathie».*[50] En parlant du canard musqué, il nota son exceptionnelle fécondité, et aussi que le mâle de cette espèce *«ne dédaigne pas* [les femelles] *des espèces inférieures».*[51]

En traitant de l'oie domestique, Buffon parle des changements de ses proportions et couleurs, et remarque que *«la servitude paroît l'avoir trop affoiblie; elle n'a plus la force de soutenir assez son vol pour pouvoir accompagner ou suivre ses frères sauvages, qui, fiers de leur puissance, semblent la dédaigner et même la méconnaitre».*[52] De même, dans le cas du canard domestique, il écrit : *«la constitution s'est altérée & les individus portent toutes les marques de la dégénération; ils sont foibles, lourds et sujets à prendre une graisse excessive; les petits trop délicats, sont difficiles à élever».*[53]

Frédéric Cuvier a critiqué Buffon pour avoir présenté l'animal comme n'étant

44. *Le perroquet* [1779], *in* Buffon [2], T. VI : p. 72.

45. *Discours sur la nature des animaux* [1770], *in* Buffon [2], T. I : pp. 21-22.

46. *De la dégénération des animaux* [1766], *in* Buffon [1], T. XIV : p. 317.

47. *Le pigeon* [1771], *in* Buffon [2], T. II : p. 496.

48. *De la dégénération des animaux* [1766], *in* Buffon [1], T. XIV : p. 326. Voir aussi p. 324, et *Le chien,* T. V [1755] : p. 193.

49. *De la dégénération des animaux* [1766], *in* Buffon [1], T. XIV : p. 350.

50. *Des mulets* [1776], *in* Buffon [3], T. III : pp. 13-14.

51. *Le canard musqué* [1783], *in* Buffon [2], T. IX : p. 153.

52. *L'oie* [1783], *in* Buffon [2], T. IX : p. 36. Voir aussi *Le perroquet, Ibid.,* T. VI [1779] : p. 76.

53. *Le canard* [1783], *in* Buffon [2], T. IX : p. 153.

rien de plus qu'une machine organisée. Très correctement, Cuvier rapporte le propos de Buffon selon lequel *«l'homme change l'état naturel des animaux en les forçant à lui obéir, & en les faisant servir à son usage».*[54] Mais il suggère à tort que c'était là la seule origine que Buffon assignait à la servitude des animaux. Cuvier soutenait en fait que la domesticité est fonction de l'instinct social déjà présent chez certains animaux. Buffon ne l'eût pas contredit sur ce point, car il estimait que l'instinct de certains animaux les rendait plus aptes à vivre dans la société de la race humaine. Il voyait par exemple dans l'agami le parfait compagnon ailé pour l'homme,[55] jugeant par ailleurs que le faucon par contre ne l'était pas.[56] Il était clair pour lui que le succès de l'homme dans le dressage des animaux était fonction de son aptitude à diriger les instincts naturels de l'animal.[57]

Un phénomène important pour l'éthologie moderne est celui de l'empreinte. L'*Histoire naturelle des oiseaux* de Buffon contient des références au fait que les oisillons de certaines espèces s'attachent parfois à des oiseaux d'une espèce différente comme s'il s'agissait de leur mère.[58] Il ne s'agit pas de montrer ici que Buffon a découvert le phénomène de l'empreinte. Au contraire, Buffon présente le phénomène comme un moyen d'accoutumer une espèce sauvage à la basse-cour, où elle peut ensuite être domestiquée.

Dans chacun de ses rôles, à la fois comme seigneur de Montbard et Intendant du Jardin du Roi, Buffon commandait à la fois aux hommes et à la nature. La représentation qu'il s'est faite de la place de l'homme dans la nature est généralement celle d'un optimiste. Il a décrit l'homme comme allant vers *«cette perfection glorieuse, qui est le plus beau titre de sa supériorité, & qui seule peut faire son bonheur».*[59] Et s'il a maintenu que *«la Nature est plus belle que l'art»* [60], il a vu néanmoins dans la domestication animale une réalisation de premier ordre : *«l'or & la soie ne sont pas les vraies richesses de l'Orient : c'est le chameau qui est le trésor de l'Asie».*[61]

Les contraintes temporelles et spatiales de cette étude ne permettent pas de passer en revue les idées sur le comportement animal des successeurs et contemporains de Buffon en France aux XVIIIè et XIXè siècles. Nous mentionnerons seulement Charles-Georges Leroy, lieutenant des chasses des parcs de Versailles et de Marly, qui disait faire son cours de philosophie dans les bois, et qui a précisé ce qu'il fallait

---

54. Cuvier [9]. La citation est tirée des *Animaux domestiques* [1753], *in* Buffon [1], T. IV : p. 169.

55. *L'agami* [1778], *in* Buffon [2], T. IV : pp. 501-502.

56. *Le faucon* [1770], *in* Buffon [2], T. I : pp. 251-252. Voir aussi *Le tadorne* [1783], *Ibid.*, T. IX : pp. 215-216.

57. *Le perroquet* [1779], *in* Buffon [2], T. VI : p. 68. Voir aussi *L'éléphant* [1764], Buffon [2], T. XI : pp. 2-3, sur la domestication du chien.

58. *La perdrix grise* [1771], *in* Buffon [2], T. II : p. 413 : « [Les petits] *suivront cette étrangère comme ils auroient suivi leur propre mère...»* Cet article fut écrit par Montbeillard. Voir aussi *Le tardone, Ibid.,* T. IX [1783], où Buffon cite Baillon, et *Le canard, Ibid.,* T. IX [1783] : pp. 118-119, écrit par Buffon.

59. *Le perroquet* [1779], *in* Buffon [2], T. VI : p. 68. Buffon remarque en même temps : *«Quel regret ne devons-nous pas avoir à ces âges funestes où la barbarie a non seulement arrêté nos progrès, mais nous a fait reculer au point d'imperfection d'où nous étions partis?»*

60. *Le cheval* [1753], *in* Buffon [1], T. V : p. 175.

61. *Le chameau et le dromadaire* [1764], Buffon [1], T. XI : pp. 239-240.

faire *«pour que nous eussions l'histoire complète d'un animal »*.[62] Nous mentionnerons aussi Frédéric Cuvier, qui, chargé en 1804 de la ménagerie du Muséum d'Histoire naturelle, a beaucoup écrit sur les comportements des animaux sauvages et domestiques.[63] Nous délaisserons aussi Charles Darwin; Yvette Conry a bien montré que l'économie de la domestication a une fonction structurelle constitutive dans *La Descendance de l'homme*.[64] L'essai dans lequel Francis Galton a suggéré que l'homme a peut-être épuisé le stock d'animaux domesticables est également digne d'examen, ainsi que les activités de la Société d'Acclimatation de Paris, qui, elle, était plus optimiste sur les conquêtes futures.[65] Nous nous tournerons plutôt vers les œuvre du zoologiste américain Charles Otis Whitman et du naturaliste autrichien Konrad Lorenz.

Au début du XXè siècle, Whitman était chef du département de biologie à l'Université de Chicago et directeur du Marine Biological Laboratory à Woods Hole, dans le Massachussetts.[66] Il est généralement considéré comme un fondateur de l'éthologie moderne pour avoir promu l'idée que *«l'instinct et la structure doivent être étudiés du point de vue commun de la descendance phylétique»*.[67] Bien qu'il fût partisan des théories de l'évolution, il n'adhérait cependant pas strictement au darwinisme. Néanmoins, il s'accordait avec Weismann pour dire que les traits acquis ne peuvent être transmis aux futures générations. Il niait donc que l'instinct puisse être interprété comme une *«intelligence déchue»*. Au contraire : *«l'instinct précède l'intelligence à la fois par ontogénie et par phylogénie, et il a fourni la structure qu'utilise l'intelligence»*. L'instinct est donc *«le véritable germe de l'esprit»*.[68] Bien qu'il n'ait pas développé longuement le sujet, il a exprimé l'opinion que *«dans la race humaine, l'action instinctive caractérise la vie du sauvage, alors qu'elle occupe une position de moins en moins en relief dans les races plus intellectuelles»*.[69]

Les travaux de Whitman présentent de nombreux points d'intérêt, en particulier ses techniques d'utilisation du phénomène de l'empreinte afin de réaliser des croisements entre différentes espèces de pigeons. Nous nous intéresserons ici cependant à sa réflexion sur les effets comportementaux particuliers de la domestication, consistant dans la modification ou dans l'élimination des comportements instinctifs rigides spécifiques à chaque espèce d'animaux sauvages. Whitman voyait là un événement libérateur, qui donne un aperçu accéléré de l'évolution de l'intelligence à partir de l'instinct dans des conditions naturelles.

Afin de voir comment l'instinct a évolué vers l'intelligence, Whitman maintenait qu'il était nécessaire d'expérimenter sur des animaux à instincts complexes de caractère automatique incontesté. Il voyait dans le pigeon un cas parfaitement approprié, car les pigeons possèdent des instincts complexes, et peuvent être étudiés de manière comparative. Whitman réalisa une expérience dans

62. Leroy [19] : p. 7. *«Je voudrais, par exemple,... pour que nous eussions l'histoire complète d'un animal, qu'après avoir rendu compte de son caractère essentiel, de ses appétits naturels, de sa manière de vivre, etc., on cherchât à l'observer dans toutes les circonstances qui peuvent mettre des obstacles à la satisfaction de ses besoins : circonstances dont la variété rompt l'uniformité ordinaire de sa marche, et le force à inventer de nouveaux moyens».*
63. Voir Cuvier [8] : pp. 35-36.
64. Conry [7] : p. 175.
65. Galton [15]; Geoffroy Saint-Hilaire [16] : pp. 10-11.
66. Sur Whitman, voir Burkhardt [4].
67. Whitman [29] : p. 328.
68. *Ibid.*: p. 329.
69. *Ibid.*: p. 311.

laquelle il étudia les réactions du pigeon voyageur sauvage (*Ectopistes migratorius*), de la tourterelle rieuse (moins sauvage, *Streptopilia risoria*), et du biset domestique (*Columba livia domestica*) lorsque l'on place leurs œufs immédiatement hors de leurs nids. Il détermina que seul le biset, le plus domestique des trois espèces, reprenait jusqu'à deux œufs placés en dehors du nid. Il expliqua ces résultats de la manière suivante :

«Dans les conditions de domestication, l'action de la sélection a été suspendue, avec pour conséquence que la rigueur de la coordination instinctive qui interdit l'action inhabituelle ou originale est réduite. Non seulement la porte du choix est ouverte, mais des opportunités et provocations plus diverses sont présentes, et donc les mécanismes internes et les stimuli externes se concertent pour favoriser une plus grande liberté d'action».[70]

Whitman n'a pas estimé que les conséquences de la domestication étaient antithétiques avec la nature. Il supposa au contraire que «*la domestication ne fait qu'accumuler les opportunités de la nature et concentre donc les résultats en une forme accessible à l'observation*». Libres des rigueurs de la sélection naturelle, les instincts deviennent plus «*plastiques et propices à la modification par l'homme, mais c'est la porte ouverte à travers laquelle le grand éducateur, Expérience, entre et réalise chaque merveille de l'intelligence*».[71]

Konrad Lorenz a souvent identifié Whitman comme l'un des trois grands pionniers de l'éthologie. Il l'a de plus cité en de nombreuses occasions lorsqu'il voulait montrer que la domestication donne une plus grande liberté d'action, et provoque donc le déclin de l'instinct et le développement de l'intelligence.[72] En dépit de cela, il a lui-même développé une réflexion très sombre de la domestication.

Né en Autriche en 1903, fils d'un chirurgien orthopédique, Lorenz laissa entrevoir un amour précoce de la nature auquel il ajouta des études professionnelles de zoologie, médecine, et psychologie. Son développement intellectuel fut marqué par la biologie darwinienne, l'intérêt du médecin et du généticien pour l'eugénique, et un environnement social et économique dans lequel l'idée d'un déclin de la civilisation était fort populaire. Ses propres études du comportement instinctif des canards et des oies le conduisirent à une analogie entre la domestication et la mauvaise santé. Son éducation l'amena à penser que la société moderne et le phénomène de domestication, qui vont de pair, sont la cause d'une dégénérescence génétique, affectant à la fois le physique et le comportement.[73]

Dans son article de 1935, *Les compagnons comme facteurs dans l'environnement de l'oiseau*, Lorenz discute un grand nombre de sujets, y compris le phénomène de l'empreinte, qu'il présente non comme une technique mais comme un phénomène particulier qui nécessite une analyse, et doit être mis en rapport avec le comportement inné et acquis.[74] Il met aussi en relief l'importance de l'étude des formes à l'état sauvage, et non domestiquées, car les formes domestiques exhibent des «*mutations du comportement fixe comparable à celles qui se manifestent dans la morphologie*». Il maintient que les espèces domestiques varient d'une manière «*fort*

70. *Ibid.*: pp. 335-336.
71. *Ibid.*: pp. 336-338.
72. Lorenz [22] : pp. 362-363, et [23], II : p. 173.
73. Weindling [28] : p. 310. Dans son étude de l'eugénique de Weimar, Weindling se réfère à des études biologiques de la domestication, citant l'ouvrage de Richard Goldschmidt, *Die Lehre von der Vererbung*, 2 vols. [Berlin, 1927] : pp. 203-217.
74. Lorenz [20] : pp. 163-173, 378-379. Lorenz insistait que le phénomène de l'empreinte est en fait très différent de l'apprentissage.

*peu prévisible dans leur performance de leur comportement instinctif»*, tout comme les animaux malades.

Lorenz ne discuta pas la dégénérescence humaine dans son article de 1935, bien qu'il y ait exprimé l'idée que les Européens étaient génétiquement plus divers que les Noirs ou les Chinois, ce qu'il interprète comme une indication que les Européens représentent un stade plus avancé de domestication que les autres races.[75] Au cours des années suivantes par contre, Lorenz soutint que la civilisation moderne, la domestication humaine, et la dégénérescence raciale sont liées.[76] Par exemple, dans un article de 1940 sur *Les changements du comportement spécifiques à chaque espèce causés par la domestication*, il proposa l'hypothèse qu'il existe un facteur de la vie domestique civilisée qui provoque des mutations.[77] Il parla aussi des éléments cancéreux de la société qui devaient être éliminés, et il fit l'éloge du mouvement Nordique comme ayant été *«guidé émotivement, depuis des temps immémoriaux, contre la 'domestication' des êtres humains»*.[78] Après la guerre il cessa d'utiliser la terminologie de la Rassenpolitik nazie, mais il continua à dire que *«les êtres humains exhibent toute une échelle de caractéristiques qui les distinguent des animaux libres et que nous partageons avec les animaux domestiques»* –une idée qu'il attribuait à Schopenhauer– et il continua à voir la dégénérescence génétique comme une menace de premier ordre pour l'homme moderne et civilisé.[79]

Ce n'est pas le lieu ici d'examiner les différentes traditions d'eugénique qui ont existé en Autriche ou en Allemagne dans l'entre-deux guerres, ou la base idéologique commune à Lorenz et aux nazis. Nous ne pouvons que noter sa préoccupation tout au long de sa carrière pour la dégénérescence du comportement, et la comparaison de celle-ci avec le phénomène de la domestication. Nous conclurons plutôt par quelques brefs commentaires sur le but de l'histoire de la science.

Dans son livre sur *l'Agression*, Lorenz écrit :

«La vérité scientifique est universelle, parce que le cerveau humain la découvre seulement; il ne la fait pas comme il fait l'art. (...) La vérité scientifique est abstraite d'une réalité qui existe en dehors et indépendamment du cerveau humain. Cette réalité étant la même pour tous les êtres humains, tous les résultats scientifiques corrects s'accordent toujours entre eux, quel que soit le milieu politique ou national dans lequel ils ont été conçus».[80]

Cette conception de Lorenz n'est pas commune chez les historiens de la science moderne. Aujourd'hui, l'on tend plutôt à regarder la science comme un élément de la culture humaine, et non une collection de vérités arrachées à une réalité extérieure. Le but de l'histoire de la science devient dès lors ce que le professeur Canguilhem a appelé *«l'historicité du discours scientifique»*.[81]

Si nous comparons les observations faites par Buffon, Whitman, et Lorenz sur les animaux domestiques, nous trouvons qu'ils ont utilisé souvent les mêmes types de faits et exemples. Buffon ne possède aucun concept comparable à l'idée de Lorenz sur les *«mécanismes innés de déclenchement»*, mais il a traité en termes généraux du changement du comportement animal lors de la domestication, en particulier dans le

75. *Ibid.*: p. 312.
76. Voir Kalikow [18] : p. 66.
77. Lorenz [21].
78. *Ibid.*: pp. 71; cited in Kalikow [18] : p. 66.
79. Lorenz [23] : II, p. 164.
80. Lorenz [24] : p. 275.
81. Canguilhem [6] : p. 17.

cas de l'accouplement et de la fécondité. Il a montré la même préférence esthétique pour les formes sauvages dont Lorenz a fait preuve deux siècles plus tard. Il a aussi noté quelques faits concernant le phénomène de l'empreinte. Néanmoins, les interprétations et les pratiques que Buffon, Whitman, et Lorenz ont fondées sur ces données communes sont caractéristiques d'espaces-temps culturels différents. Ces auteurs ont développé une vision de la nature et de la place de l'homme en celle-ci qui était évidemment liée à leurs intérêts scientifiques mais aussi sociaux et politiques. Dans les analogies qu'ils ont choisies et utilisées, ils n'ont pu que puiser dans les ressources culturelles de leur époque. Jacques Roger a observé avec perspicacité que pour Buffon, «*... la science cessait d'être simplement connaissance ou ignorance du monde tel qu'il est; elle devenait connaissance du monde par l'homme....*» [82] Ce n'est pas tout investigateur qui a vu sa propre entreprise en de tels termes. Mais l'histoire des études sur le comportement animal, de Buffon aux éthologues de notre siècle, peut nous enseigner que, tout particulièrement dans ses efforts de se comprendre en comprenant les animaux, l'homme n'a pas simplement fait progresser son savoir relatif aux animaux et l'espèce humaine, il a aussi enregistré, consciemment ou inconsciemment, les possibilités et contraintes de son propre contexte social et historique.

## BIBLIOGRAPHIE [*]

(1)†    BUFFON (G. L. Leclerc de), *Histoire naturelle, générale et particulière*, Paris, Imprimerie Royale, 1749-1767, 15 vol. in-quarto.

(2)†    BUFFON (G. L. Leclerc de), *Histoire naturelle des oiseaux*, Paris, Imprimerie Royale, 1770-1783, 9 vol. in-quarto.

(3)†    BUFFON (G. L. Leclerc de), *Histoire naturelle, générale et particulière, Supplément*, Paris, Imprimerie Royale, 1774-1789, 7 vol. in quarto.

(4)    BURKHARDT (R. W., Jr.), «Charles Otis Whitman, Wallace Craig, and the biological study of behavior in America, 1898-1925», *in The American Development of Biology*, R. Rainger, K. Benson et J. Maienschein, eds., Philadelphia, University of Pennsylvania Press, 1988 : pp. 185-218.

(5)    CANGUILHEM (G.), *La Connaissance de la vie*, Deuxième édition, Paris, Librairie philosophique J. Vrin, 1967, 198p.

(6)    CANGUILHEM (G.), *Études d'histoire et de philosophie des sciences*, Paris, Librairie philosophique J. Vrin, 1968, 394p.

(7)    CONRY (Y.), «Le statut de *La Descendance de L'homme et la sélection sexuelle*», *in De Darwin au Darwinisme : science et idéologie*, Yvette Conry, éd., Paris, Librairie philosophique J. Vrin, 1983 : pp. 167-186.

(8)†    CUVIER (F.), «Essai sur la domesticité des mammifères», *Mémoires du Muséum d'histoire naturelle*, 13 (1825) : pp. 406-455.

(9)†    CUVIER (F.), *Supplément à l'Histoire naturelle, générale et particulière, de Buffon, offrant la description des mammifères et des oiseaux les plus remarquables découverts jusqu'à ce jour...* Paris, F.D. Pillot, 1831-1832, 2 vols.

(10)†    DARWIN (C.), *Charles Darwin's diary of the voyage of H. M. S. "Beagle"*, Nora

---

82. Roger [27] : p. 535.

[*] Sources imprimées et études. Les sources sont indiquées par le signe †.

Barlow, ed., Cambridge, Cambridge University Press, 1933, xxx-451p.

(11)† DESCARTES (R.), *Œuvres philosophiques*, Ferdinand Alquié, éd., Paris, Garnier Frères, T. I, 1963; T. III, 1973.

(12)  DUCHET (M.), *Anthropologie et histoire au siècle des Lumières*, Paris, François Maspéro, 1971, 502p.

(13)  DURANT (J. R.), «The ascent of nature in Darwin's *Descent of Man*», *in The Darwinian Heritage*, David Kohn, ed., Princeton, Princeton University Press, 1985 : pp. 283-306.

(14)† FLOURENS (P.), *De l'instinct et de l'intelligence des animaux*, 4ème éd., Paris, Garnier frères, 1861, 331p.

(15)† GALTON (F.), «The first steps toward the domestication of animals», *Transactions of the Ethnological Society of London*, new series, 3 (1865) : pp. 122-138.

(16)† GEOFFROY SAINT-HILAIRE (I.), *Acclimatation et domestication des animaux utiles*, 4ème édition, Paris, Librairie agricole de la maison rustique, 1861, xvi-534p.

(17)† GEOFFROY SAINT-HILAIRE (I.), *Histoire naturelle générale des règnes organiques*, Paris, Victor Masson et Fils, 3 vols., 1854-1862. Tome III, 1862, 539p.

(18)  KALIKOW (T.), «Konrad Lorenz's ethological theory : explanation and ideology, 1938-1943», *Journal of the History of Biology*, 16 (1983) : pp. 39-73.

(19)† LEROY (C.-G.), *Lettres philosophiques sur l'intelligence et la perfectibilité des animaux, avec quelques lettres sur l'homme*, Paris, Bossange, Masson et Besson, 1802, xx-328p.

(20)† LORENZ (K.), «Der Kumpan in der Umwelt des Vogels», *Journal für Ornithologie*, 83 (1935) : pp. 137-213, 289-413.

(21)† LORENZ (K.), «Durch Domestikation verursachte Störungen arteigenen Verhaltens», *Zeitschrift für angewandte Psychologie und Charackterkunde*, 59 (1940) : pp. 2-81.

(22)† LORENZ (K.), «Die angeborenen Formen möglicher Erfahrung», *Zeitschrift für Tierpsychologie*, 5 (1943) : pp. 235-409.

(23)† LORENZ (K.), «Part and Parcel in Human Societies» [1950], *in* Lorenz, *Studies in Animal and Human Behavior*, 2 vols., Cambridge, Massachussetts, Harvard University Press, 1970-1971, vol. 2 : pp. 115-195.

(24)† LORENZ (K.), L'*Agression*, Paris, Flammarion, 1969, 285p.

(25)  MIDGLEY (M.), *Beast and Man*, Ithaca, Cornell University Press, 1978, xxii-377p.

(26)† RÉAUMUR (R. A. Ferchault de), *Mémoires pour servir à l'histoire des insectes*, 6 vol. Paris, Imprimerie Royale, 1734-1742.

(27)  ROGER (J.), *Les sciences de la vie dans la pensée française du XVIIIè siècle*, Paris, Armand Colin, 1963. 842p.

(28)  WEINDLING (P.), «Weimar Eugenics : The Kaiser Wilhelm Institute for Anthropology, Human heredity and Eugenics in Social Context», *Annals of Science*, 42 (1985) : pp. 303-318.

(29)† WHITMAN (C. O.), «Animal behavior», *Biological Lectures, Woods Hole 1898*, (1899) : pp. 285-338.

## 39

# 32 775

# LA VALEUR DE L'HOMME : L'IDÉE DE NATURE HUMAINE CHEZ BUFFON

## Claude BLANCKAERT *

La réflexion philosophique que Buffon a portée sur l'homme et les caractéristiques de sa nature forme le fil conducteur de toute l'*Histoire naturelle*. Cette réflexion s'enrichit de volume en volume.[1] L'ensemble constitue un système qui témoigne sous de multiples points de vue de la primauté incontestable de notre espèce. Jacques Roger a pu ainsi conclure que *«la science de la nature, au lieu de faire sortir l'homme de lui-même et de l'amener par l'admiration aux pieds de la divinité, doit le ramener à lui-même, et à lui-même en tant qu'homme moral, en tant qu'être unique et supérieur par essence».*[2]

## I

### L'HOMME SELON LA NATURE : BUFFON, LECTEUR DE JOHN LOCKE

L'idée de nature humaine est un thème central de la pensée politique et morale au moins depuis Hobbes et les théoriciens du droit naturel. L'origine en est le maître-mot, qui doit délivrer aussi bien la nature de l'homme que la genèse de ses connaissances, de ses langues ou de ses institutions. Il s'agit de poursuivre la série régressive des phénomènes complexes jusqu'à l'identité qui la fonde, selon l'hypothèse d'une liaison causale entre les divers moments de sa manifestation.[3] Se dégage alors comme une nécessité formelle et en quelque façon *«historique»*, la fiction du premier homme, le degré zéro de toute représentation pour qui le jugement n'est encore qu'une faculté passive, non articulée, capable seulement d'affirmer son existence sensible. Dès 1749, évoquant cette sorte d'*«Adam épistémologique»* (G. Gusdorf),[4] Buffon a tenté l'analyse de l'entendement dans un texte qu'il qualifie de *«récit philosophique»* :

*«Comment nos premières connoissances arrivent-elles à notre âme? N'avons-nous pas oublié tout ce qui s'est passé dans les ténèbres de notre enfance? Comment retrouverons-nous la première trace de nos pensées? N'y a-t-il pas même de la témérité à vouloir remonter jusque là? Si la chose étoit moins importante, on auroit raison de nous*

---

* CNRS. Centre Alexandre Koyré, Muséum national d'histoire naturelle, Pavillon Chevreul. 57 rue Cuvier. 75005 Paris. FRANCE.

1. Sur les sources, voir Duchet [12] : en particulier pp. 230-231.

2. Roger [25] : p. 531.

3. Voir Cassirer [9] : en particulier Chap. I, II et III; Hubert [18], en particulier : pp. 166-190; Leclerc [21] : pp. 217 sq.

4. Gusdorf [14] : p. 375.

blâmer; mais elle est peut-être, plus que toute autre, digne de nous occuper : et ne sait-on pas qu'on doit faire des efforts toutes les fois qu'on veut atteindre à quelque grand objet? J'imagine donc un homme tel qu'on peut croire qu'étoit le premier homme au moment de la création, c'est-à-dire un homme dont le corps et les organes seroient parfaitement formés, mais qui s'éveilleroit tout neuf pour lui-même et pour tout ce qui l'environne.»[5]

Chacun accomplit pour soi ce parcours à la fois unique et universel qui trouve dans la nature sensitive et relationnelle de l'homme son principe d'actualisation. Epuré et comme soustrait à l'influence modificatrice des médiations culturelles, l'enfant ensauvagé, l'*Homo ferus* de Linné, gagne en valeur paradigmatique. Il incarne l'homme du premier matin, que la seule nature aurait marqué de son empreinte. Sur ce thème précis, Buffon assurément appuie les interrogations du siècle. Il les prolonge même en livrant par avance à Rousseau le fruit de ses méditations sociales.

«L'homme sauvage est en effet de tous les animaux le plus singulier, le moins connu, et le plus difficile à décrire; mais nous distinguons si peu ce que la nature seule nous a donné, de ce que l'éducation, l'imitation, l'art et l'exemple, nous ont communiqué, ou nous le confondons si bien, qu'il ne seroit pas étonnant que nous nous méconnussions totalement au portrait d'un sauvage, s'il nous étoit présenté avec les vraies couleurs et les seuls traits naturels qui doivent en faire le caractère. Un sauvage absolument sauvage, tel que l'enfant élevé avec les ours, dont parle Conor, le jeune homme trouvé dans les forêts d'Hanovre, ou la petite fille trouvée dans les bois en France, seroit un spectacle curieux pour un philosophe; il pourroit, en observant son sauvage, évaluer au juste la force des appétits de la nature; il y verroit l'âme à découvert, il en distingueroit tous les mouvements naturels, et peut-être y reconnoîtroit-il plus de douceur, de tranquillité et de calme que dans la sienne; peut-être verroit-il clairement que la vertu appartient à l'homme sauvage plus qu'à l'homme civilisé, et que le vice n'a pris naissance que dans la société.»[6]

Le «*sauvage absolument sauvage*» réalise à distance une expérience des fondements comme la pure expression de la table rase originaire, de cette cire vierge d'inscription sociale postulée par le regard généalogique. Buffon semble en attendre la révélation d'un état passé et proprement dépassé.

Toutefois l'épanchement buffonien tourne court. L'homme sauvage, dans sa version radicale, n'exhibe en rien la vérité de l'homme. Il en est plutôt la caricature animale ou dépravée. S'il révèle la force des automatismes corporels, il ne présente aucun des signes tangibles de la supériorité de l'espèce, réaffirmée avec force tout au long de l'*Histoire naturelle*. À la différence de La Mettrie qui précise dans l'*Homme machine* (1748) que «*des Animaux à l'Homme, la transition n'est pas violente*»[7], Buffon a signifié dès le discours «*De la nature de l'homme*», la «*distance immense*» existant entre les facultés proprement humaines et celles des bêtes. Dorénavant des arguments de faits établissent que l'homme «*fait une classe à part*».[8]

1. L'homme domine la terre et fait servir les animaux à ses propres fins. Il n'y a donc pas de rapport de participation entre lui et eux sinon des rapports d'exploitation. Si l'homme se soumet l'animal, c'est qu'il a un projet raisonné. Il réfléchit son acte, associe des idées, se projette dans l'avenir. La force n'y fait rien lorsqu'on la compare à l'ingéniosité. Donc l'homme pense son acte, l'animal le vit

---

5. *Des sens en général* [1749], *in* Buffon [4] : p. 214. L'exposé en première personne suit pp. 215-219.

6. *Variétés dans l'espèce humaine* [1749], *in* Buffon [4] : p. 297. Sur les cas d'ensauvagement signalés dans ce texte, voir le dossier rassemblé par Tinland [29] et [30] : 1ère partie, Chap. II.

7. La Mettrie [20] : p. 78.

8. *De la nature de l'homme* [1749], *in* Buffon [4] : p. 47.

seulement au présent. C'est là le premier caractère anthropologique déduit d'une comparaison objective des comportements.

2. Le second en dérive, c'est le langage. *«L'homme rend par un signe extérieur ce qui se passe au dedans de lui; il communique sa pensée par la parole : ce signe est commun à toute l'espèce humaine; l'homme sauvage parle comme l'homme policé, et tous deux parlent naturellement, et parlent pour se faire entendre.»*[9] L'animal ne parle pas. La langue mobilise et implique une suite d'idées. Les animaux n'en sont pas capables. Ils sont privés du même coup de la troisième caractéristique anthropologique, à savoir la faculté d'invention, et donc de la perfectibilité d'espèce.

3. L'invention est la forme même de toute liaison. Elle compose en effet la libre réflexion, qui s'oppose à l'instinct machinique, aux stéréotypes de pensée; la différence entre les individus, condition de toute innovation; enfin la possibilité de finaliser la suite des raisonnements. L'innovation suppose un but et la mise en œuvre des moyens appropriés pour y parvenir.[10] À son tour, la perfectibilité d'espèce implique la faculté d'invention et la transmission, par l'éducation et grâce au langage, du patrimoine de l'humanité. Par le canal des générations, l'individu accède à la mémoire de son espèce, il devient le relais entre le passé et le futur.[11]

Ces trois caractères différentiels de l'homme, la pensée, le langage et la perfectibilité, sont eux-mêmes subordonnés à un autre trait distinctif de notre espèce, à savoir la sociabilité qui les comprend tous et les justifie : *«toutes les actions qu'on doit appeler humaines, sont relatives à la société».*[12]

Pour Buffon, la société est *«fondée sur la Nature»*. Elle repose sur des impératifs physiques, ceux qui intéressent la perpétuation et la reproduction d'une espèce parmi les plus démunies. L'éducation des jeunes, leur longue dépendance physiologique sans égale dans les espèces animales, même chez celles qui sont apparemment au plus proche de sa constitution physique, la rendent pareillement nécessaire.[13] L'affirmation de la sociabilité native de l'homme n'isole pas Buffon parmi les théoriciens du siècle. Montesquieu l'a soutenue en 1748 dans l'*Esprit des lois* et l'hypothèse contractualiste n'est pas si répandue.[14] Néanmoins la démarche naturaliste a deux effets immédiats facilement compréhensibles. D'abord l'isolement de notre espèce est restauré et l'homme est nettement distingué sous le rapport de ses qualités objectives.

Ensuite la démarche buffonienne règle à son profit exclusif la question d'origine. Le thème, aussi mobilisateur soit-il chez les penseurs politiques, se trouve déconsidéré. Il avait, rappelons-le, pour fonction de mettre en évidence, dans l'ordre de la représentation, la condition naturelle de l'homme, de donner littéralement à voir selon divers procédés fictionnels l'état de nature irrémédiablement disparu ou altéré. Or, pour Buffon, la nature de l'homme est toujours visible, totalement présente à l'observation conduite selon le principe comparatiste. L'impératif du questionnement et les modalités de son application cessent de valoir pour un schème théorique dans lequel viendraient s'encadrer toutes les allégories des premiers âges.

---

9. *Ibid.* : pp. 44-45.

10. *Ibid.* : pp. 45-46.

11. *De la Nature. Seconde vue* [1765], *in* Buffon [7] : p. 36; *Le perroquet* [1779], *in* Buffon [5],T. 63, an IX : pp. 24 sq.

12. *Nomenclature des singes* [1766], *in* Buffon [5], T. 35, an IX : p. 50.

13. *Ibid.* : pp. 45 sq.; *Discours sur la nature des animaux* [1753], *in* Buffon [7] : p. 346.

14. Sur cette problématique, voir Ehrard [13] : pp. 472 sq. et Hubert [18] : pp. 191 sq.

Si l'homme vit naturellement dans un corps politique solidarisé par les liens familiaux et la coopération des individus, il devient inutile d'imaginer la genèse idéale de l'ordre social.

Si l'homme parle parce qu'il pense, s'il communique son expérience et ses sentiments, il porte nécessairement avec soi le lexique de son action et la grammaire de son articulation. L'hypothèse d'une invention arbitraire des langues est dès lors refoulée, et avec elle toutes ses pseudo-élucidations.

Si les faits prouvent que l'ordre humain, tel qu'en lui-même, répond aux impératifs de survie d'une espèce qui tient de son éducation seule sa place éminente dans l'économie naturelle, ce sera encore une genèse trompeuse que d'imaginer l'homme solitaire. À peu d'années près, Rousseau préconisera d'écarter tous les *«faits»*[15] pour retrouver en pensée l'état de nature. Censurant le *«plus fier censeur de notre humanité»*, Buffon ne cessera d'affirmer que les *«faits»* sont là et qu'ils touchent bien *«à la question».*[16] L'individu isolé est une exception; cette exception rentre dans la chaîne des principes comme une singularité presque pathologique prouvant, par contraste, la règle de la sociabilité humaine :

«Ainsi cet état de pure nature où l'on suppose l'homme sans pensée, sans parole, est un état idéal, imaginaire qui n'a jamais existé; la nécessité de la longue habitude des parens à l'enfant, produit la société au milieu du désert; la famille s'entend et par signes et par sons, et ce premier rayon d'intelligence, entretenu, cultivé, communiqué, a fait ensuite éclore tous les germes de la pensée.»[17]

Et Buffon de préciser dans l'article des *«animaux carnassiers»* que *«la fille sauvage ramassée dans les bois, l'homme trouvé dans les forêts d'Hanovre, ne prouvent pas le contraire».*[18]

Ainsi la société précède-t-elle l'individu, ou mieux l'individuation, au lieu d'en procéder. Le sujet humain ne déposera en faveur de son universelle humanité que dans le cadre de son exercice social. Isolé, il perd même accès à l'héritage culturel du genre humain. L'homme naturel n'est donc pas le principe atomisé du corps social ou politique. Positivement, il n'est rien qu'une créature aliénée, dénaturée. La théorie de la génération des idées n'aura rien à apprendre de son examen.[19] Avec Buffon, l'homme policé, *«citoyen civilisé»*, est d'emblée rétabli dans sa dignité proportionnelle :

«Peut-on dire de bonne foi que cet état sauvage mérite nos regrets, que l'homme animal farouche fut plus digne que l'homme citoyen civilisé? [...]. Si cela est, disons en même temps qu'il est plus doux de végéter que de vivre, de ne rien appéter que de satisfaire son appétit, de dormir d'un sommeil apathique que d'ouvrir les yeux pour voir & et pour sentir; consentons à laisser notre âme dans l'engourdissement, notre esprit dans les ténèbres, à ne nous jamais servir ni de l'une ni de l'autre, à nous mettre au dessous des animaux, à n'être enfin que des masses de matière brute attachées à la terre.»[20]

De là découlent deux conséquences majeures. La première, c'est que l'homme est

15. Rousseau [26] : p. 158.

16. *«Lorsqu'on veut raisonner sur des faits, il faut éloigner les suppositions, & se faire une loi de n'y remonter qu'après avoir épuisé tout ce que la Nature nous offre»* (*Les animaux carnassiers* [1758], *in* Buffon [7] : p. 373).

17. *Nomenclature des singes* [1766], *in* Buffon [5], T. 35, an IX : p. 48.

18. *Les animaux carnassiers* [1758], *in* Buffon [7] : p. 374.

19. *Le perroquet* [1779], *in* Buffon [5], T. 63, an X : p. 25.

20. *Les animaux carnassiers* [1758], *in* Buffon [7] : p. 373.

naturellement social et qu'il est d'autant plus «*naturel*» qu'il est mieux intégré à la collectivité. La seconde dérive de celle-ci en la modulant. Certes, la biologie dicte toujours à l'espèce les lois de son association. La famille, même réduite à la plus précaire des parentèles représentera la cellule sociale-type, la base irréductible du collectif.[21] Mais cette société nucléaire ne trouve pas plus son principe fixe de cohérence dans la simple continuité des générations que dans l'agrégat forcé de ses membres. Buffon rappelle, en parlant des Américains, que la froideur du sentiment décide pour eux du lien social :

«Ils aiment foiblement leurs pères & leurs enfans; la société la plus intime de toutes, celle de la même famille, n'a donc chez eux que de foibles liens; la société d'une famille à l'autre n'en a point du tout dès-lors nulle réunion, nulle république, *nul état social.*»[22]

La «*société froide*» de la famille américaine rencontre son accentuation opposée dans la description peu flattée du peuple arabe.

«Les Arabes sont demeurés pour la plupart dans un *état d'indépendance* qui *suppose le mépris des lois* : ils vivent comme les Tartares, *sans règle, sans police, et presque sans société*; le larcin, le rapt, le brigandage, sont autorisés par leurs chefs : ils se font honneur de leurs vices; ils n'ont aucun respect pour la vertu, et de toutes les conventions humaines ils n'ont admis que celles qu'ont produites le fanatisme et la superstition.[23]

Ainsi la solidarisation du corps social nécessite-t-elle autre chose que la relation de simple convenance physique ou l'intérêt de rapine. La horde primitive ou la troupe brutale sont également stigmatisées : l'élément de moralisation leur manque. Buffon distingue donc implicitement deux types de groupements humains : la petite société sauvage qui ne dépend, pour ainsi dire, que des exigences naturelles d'une part; d'autre part, la société policée, juridiquement organisée, où le droit qualifie le devoir. D'un type de société à l'autre, il y a bien sûr un principe de continuité. Mais, passé le terme initial de toute humanisation, se rallier l'homme, c'est, pour Buffon, établir un pacte d'association nécessaire et donner au devoir d'auto-organisation ses titres juridiques. Le corps politique apparaît pour assurer la protection des personnes et garantir la propriété.

Dans l'état de civilisation, l'interdépendance des membres du corps social s'oppose alors terme à terme à la juxtaposition des individus qualifiés d'*indépendants* qui fait le fond de la troupe sauvage. Buffon certainement perçoit l'état civilisé dans toute sa dimension holistique, avec son potentiel évolutif propre, ses régulations internes, ses institutions. Mais la civilisation rend témoignage aussi de la conversion de l'homme. L'apparition du droit public impose à l'homme d'allier ses forces au lieu de les opposer, d'abdiquer sa volonté souveraine, de canaliser ses passions, autrement dit de se domestiquer lui-même. Le couple antithétique du sauvage et du civilisé n'est pas un faux partage. Buffon manifeste clairement son choix :

«Parmi les hommes, la société dépend moins des convenances physiques que des relations morales. L'homme a d'abord mesuré sa force & sa foiblesse, il a comparé son ignorance & sa curiosité, il a senti que seul il ne pouvoit suffire ni satisfaire par lui-même à la multiplicité de ses besoins, *il a reconnu l'avantage qu'il auroit à renoncer à l'usage illimité de sa volonté pour acquérir un droit sur la volonté des autres*, il a réfléchi sur l'idée du bien & du mal, [...], il a vû que la solitude n'étoit pour lui qu'un état de danger & de guerre, il a cherché la sûreté & la paix dans la société, il y a porté ses forces & ses lu-

21. *Ibid.* : pp. 374-375.
22. *Animaux communs aux deux continens* [1761], *in* Buffon [7] : p. 381. Nous soulignons.
23. *Variétés dans l'espèce humaine* [1749], *in* Buffon [4] : p. 256. Nous soulignons.

mières pour les augmenter en les réunissant à celles des autres : cette réunion est de l'homme l'ouvrage le meilleur, c'est de sa raison l'usage le plus sage. *En effet il n'est tranquille, il n'est fort, il n'est grand, il ne commande à l'Univers que parce qu'il a sû se commander à lui-même, se dompter, se soûmettre & s'imposer des loix*; l'homme en un mot n'est homme que parce qu'il a sû se réunir à l'homme.»[24]

Bien des passages de Buffon coïncident avec cette citation pour attester l'équation de l'humanisation et de la civilisation. L'état de droit la réfléchit. Sous la condition restrictive pour chacun et néanmoins nécessaire pour tous de l'interrelation des hommes, ce qui est en jeu c'est la naissance d'un sujet rationnel et moral, conscient de ses tâches fondatrices. La contemplation de l'homme «*d'origine*», animal solitaire ou élément indépendant d'un ensemble mal lié, ne peut en rien éclairer son avènement social. En identifiant l'homme naturel et l'homme (vraiment) social, Buffon déplace le problème philosophique : si cet établissement de la collectivité sous la garantie du droit public consacre l'humanité des hommes en les réunissant, l'institution de la loi sera strictement réciproque de l'émergence d'une nature humaine rationnelle. Cette institution dépend en effet d'un calcul d'intérêt. C'est une autre manière de conclure que la nature et l'artifice, souvent divisés par les philosophes, s'accordent dans une seule et même manière d'affirmation de soi. L'homme purement sauvage, s'il existe, n'est homme que par procuration. C'est encore une simple chose, un *objet* de la nature assujetti aux lois de la matière et non un *sujet* dans la nature.[25] Toute l'argumentation buffonienne récuse l'hypothèse que l'individuation soit une donnée irréductible et première de la théorie sociale, ainsi que le postulent les thèses contractualistes et les «*robinsonnades*» du siècle. Le sujet politique apparaît en son temps, dans son cadre institutionnel. Lorsque, *a contrario*, par les vicissitudes de son histoire, l'homme perd ce privilège auto-conféré, le droit est bafoué et, avec lui, la nature humaine elle-même : dans les siècles de barbarie,

«L'homme d'abord replongé dans les ténèbres de l'ignorance, a pour ainsi dire *cessé d'être homme*. Car la grossièreté, suivie de l'oubli des devoirs, commence par relâcher les liens de la société, la barbarie achève de les rompre; *les loix méprisées ou proscrites*, les mœurs dégénérées en habitudes farouches, l'amour de l'humanité, quoique gravé en caractères sacrés, effacé dans les cœurs; l'homme enfin sans éducation, sans morale, réduit à mener une vie solitaire & sauvage, n'offre *au lieu de sa haute nature*, que celle d'un être dégradé au-dessous de l'animal.»[26]

Pour Buffon, le droit civil qui règle les conflits entre les particuliers est inhérent à l'instauration de la civilisation, elle-même liée à l'appropriation privée du sol. Le droit n'est donc, à proprement parler, ni conventionnel (i.e. arbitraire) ni négociable, mais il sera considéré relativement à un certain état historique du rapport de l'homme à la nature, et, au premier chef, à sa propre nature. Dans la «*Septième Époque de la Nature*», Buffon ébauchera la généalogie de l'âge politique des peuples en lui donnant ses raisons de nécessité économiques.

«Les premiers hommes, témoins des mouvemens convulsifs de la Terre, encore récens & très-fréquens, n'ayant que les montagnes pour asiles contre les inondations, chassés souvent de ces mêmes asiles par le feu des volcans, tremblans sur une terre qui trembloit sous leurs pieds, *nus d'esprit* & de corps, exposés aux injures de tous les élémens, victimes de la fureur des animaux féroces, dont ils ne pouvoient éviter de devenir la proie;

---

24. *Discours sur la nature des animaux* [1753], *in* Buffon [7] : p. 346. Nous soulignons.
25. *Le lièvre* [1765], *in* Buffon [7] : p. 364.
26. *Les Époques de la Nature* [1778], *in* Buffon [6] : p. 210. Nous soulignons.

tous également pénétrés du sentiment commun d'une terreur funeste, *tous également pressés par la nécessité*, n'ont-ils pas très promptement cherché à se réunir, d'abord pour se défendre par le nombre, ensuite pour s'aider & travailler de concert à se faire un domicile & des armes? Ils [...] s'en sont tenus-là tant qu'ils n'ont formé que de petites nations composées de quelques familles, ou plutôt de parens issus d'une même famille, comme nous le voyons encore aujourd'hui chez les Sauvages qui veulent demeurer Sauvages, & qui le peuvent, dans les lieux où l'espace libre ne leur manque pas plus que le gibier, le poisson & les fruits. Mais dans tous ceux où l'espace s'est trouvé confiné par les eaux ou resserré par les hautes montagnes, *ces petites nations devenues trop nombreuses ont été forcées de partager leur terrein entr'elles*, & c'est de ce moment que la Terre est devenue le domaine de l'homme; il en a pris possession par ses travaux de culture, & *l'attachement à la patrie a suivi de très-près les premiers actes de sa propriété : l'intérêt particulier faisant partie de l'intérêt national, l'ordre, la police & les lois ont dû succéder*, & la société prendre de la consistance & des forces.»[27]

On connaît, grâce aux travaux de Jacques Roger, l'influence des *Anecdotes de la Nature* de Nicolas-Antoine Boulanger sur la peinture buffonienne de la première communauté humaine.[28] Mais la «*sociologie*» de Buffon confesse d'autres liens, peut-être aussi obligeants, vis-à-vis de la pensée politique de John Locke. À cause de ses traits généraux, l'épistémologie de Buffon a souvent été annexée à l'empirisme lockien[29] avant que Phillip Sloan n'en relativise l'importance.[30] Cependant le rapport au *Deuxième traité du gouvernement civil*, ouvrage cardinal du libéralisme anglais, paru en 1690 et vulgarisé dès la fin du XVIIe siècle par l'intermédiaire des protestants français expatriés, paraît manifeste. Peu d'auteurs l'ont, semble-t-il, souligné.[31] Buffon, en règle générale, est avare de ses sources. De prime abord, il semble s'opposer à la philosophie politique de Locke et n'y trouver rien qui alimente, sinon par opposition, sa propre doctrine. En effet, à partir du moment où l'état de nature est qualifié de «*fable*»[32], la problématique du droit naturel, celle du moins qui tient avec Locke que la loi prescrite à l'homme dérive des maximes primitives de la droite raison, est relativement barrée.[33] Mais Locke n'est pas Rousseau. Pour lui, l'état de nature est d'abord caractérisé par la liberté parfaite, l'égalité et l'indépendance. Plus que la solitude d'un sauvage auto-suffisant, l'indépendance dénote en fait la dispersion empirique des hommes dans l'espace, le manque de liens sociaux conventionnels et l'absence de la possession privée des terres. Buffon s'accorde parfaitement sur ce principe avec Locke. Lorsque celui-ci écrit : «*au commencement, toute la terre était une* Amérique»[34], le premier lui fait écho. Les Américains

«sont encore, tant au moral qu'au physique, dans l'état de pure nature; ni vêtemens, ni religion, ni société qu'entre quelques familles disposées à de grandes distances, peut-être au nombre de trois ou quatre cents carbets, dans une terre dont l'étendue est quatre fois plus grande que celle de la France. Les hommes, ainsi que la terre qu'ils habitent, paroissent être les plus nouveaux de l'Univers.»[35]

---

27. *Ibid.* : pp. 205-206. Nous soulignons.
28. Voir Roger [24] : pp. XXXIV sq. et LXXVI-LXXVII
29. À vrai dire, l'intertexte buffonien est nettement plus complexe. Voir la thèse de Dougherty [11].
30. Sloan [27] : particulièrement pp. 362 sq.
31. Hoffmann [17] : 4ème partie, Chap. 4.
32. *Les animaux carnassiers* [1758], *in* Buffon [7] : p. 373.
33. Locke [22] : Chap. II.
34. *Ibid.*, § 49 : p. 103. Cf. aussi § 41 : p. 98.
35. *Époques de la Nature, Sixième Époque* [1778], *in* Buffon [6] : p. 192.

Mais l'emprunt se diversifie. Vraisemblablement, c'est Locke qui a inspiré à Buffon la matière même de son argumentation initiale sur la nécessité de la société conjugale et parentale. Ses termes sont parfaitement explicites. Ils trouveront leur traduction *«naturaliste»* chez Buffon, ainsi qu'on l'a vu : les descendants d'Adam

«naissent tous enfants, faibles et inadaptés, dépourvus de connaissance ou d'entendement. Pour suppléer aux insuffisances de cette condition imparfaite, jusqu'à ce que le progrès qui accompagne la croissance et l'âge les ait effacées, la loi de la nature a soumis *Adam* et *Eve* et, à leur suite, tous les parents, *à l'obligation de protéger, de nourrir et d'éduquer les enfants* qu'ils ont engendrés...»[36]

Mais Buffon emprunte plus encore. Les catégories de la philosophie politique lockienne sont démarquées dans l'*Histoire naturelle*. Chez les deux auteurs, la première société à base familiale n'équivaut pas à une société politique. Il y a pour Locke deux types de groupements humains.[37] Les hommes peuvent rester dans l'état de nature si, par delà leur réunion parfaitement avérée, ils restent individuellement juge et partie dans les litiges publics, conformément au droit naturel. Tant qu'aucune autorité séparée, habilitée à prévenir les infractions et à statuer sur leur sanction, n'est instituée, la communauté des hommes, *«quel que soit leur nombre, quels que soient les liens qui les unissent»*, conserve les rapports primitifs des individus. L'indépendance prime l'intégration. En revanche, la société politique ou civile, autrement nommée policée ou civilisée par Buffon, instaure de nouveaux rapports de pouvoirs. L'exécutif et le législatif ne sont plus concentrés dans les seules mains du citoyen, mais chacun renonce à ses prérogatives et se plie, par convention et association volontaire, à la décision majoritaire. Il y a donc bien deux formes d'organisation sociale : dans la première l'individu possède une mesure primitive de jugement qui n'empêche d'ailleurs nullement les exactions et les abus. Dans la seconde, le corps social gagne en cohérence pour la plus grande sûreté des individus et, à maints égards, pour la plus grande jouissance de la propriété. Dans un cas, le principe de contiguïté garantit la liberté naturelle et l'expression de tous les rapports de force; dans l'autre, le principe de continuité solidarise les membres du corps politique par des enjeux communs de défense, des intérêts de confort, des priorités économiques.[38] C'est une leçon instructive pour Buffon. Celui-ci condense les formules lockiennes pour porter plus haut l'exigence de l'intérêt public :

«Toute nation où il n'y a *ni règle, ni loi, ni maître*, ni société habituelle, est moins une nation qu'un assemblage tumultueux d'hommes *barbares* et *indépendants*, qui n'obéissent qu'à leurs *passions particulières*, et qui, ne pouvant avoir un *intérêt commun*, sont incapables de se diriger vers un même but et de se soumettre à des usages constants, qui tous supposent une suite de desseins raisonnés et approuvés par le plus grand nombre.»[39]

L'anthropologie buffonienne sera donc normative. Il y a pour la nature humaine une manière d'être dans le *«Vrai»* et de multiples manières de persévérer dans *«l'Erreur»*. Tout le chapitre des *«Variétés dans l'espèce humaine»* peut se lire selon ce plan de clivage. En fait Buffon tient deux discours : le premier porte à l'*actif* de l'homme qu'il se civilise lui-même, selon une scansion évolutive qui nuance du

36. Locke [22], § 56 : p. 105. Voir aussi le Chap. VII, §§ 77 et suivants.
37. *Ibid*. Par exemple §§ 89-90 : pp. 124-125, et Chap. IX.
38. Locke résume cette position dans les §§ 123-124, [22] : pp. 146-147.
39. *Variétés dans l'espèce humaine* [1749], *in* Buffon [4] : p. 296. Nous soulignons.

moins au plus le passage de la société sauvage à la société policée.[40] Le second introduit une solution de continuité entre les deux états et porte au *passif* du Sauvage l'incapacité qu'il manifeste d'entrer de plein droit dans l'ordre humain de la civilisation. C'est pourquoi, chez Buffon, le bon sens empirique interfère avec l'analytique de l'Origine jusqu'à l'annuler, au moins dans la forme de son questionnement rousseauiste. Il n'y a pas à extrapoler au ciel des idées l'état de *«pure nature»* : c'est un *«état connu»*.[41] Enfin et surtout, avec Buffon, l'archétype de toute humanité, donnée naturelle et indistinctement produit historique, devient l'homme policé : étant destiné, par décret de nature, à la vie communautaire, l'homme trouve dans la formation sociale la plus développée son véritable brevet de naturalisation et sa puissance d'affirmation. Il faut dès lors réinterroger l'idée que Buffon se fait de l'individu et de sa situation dans la nature. Dans l'*Histoire naturelle de l'Homme*, l'individu-valeur, la personne au sens économique, juridique et moral, se dégage du collectif, sur ce fond indifférencié qui le précède toujours. Mais il y a plus significatif pour nous : il appartient à l'individu, au sein de cette communauté, de faire *valoir* son excellence par son activité. Un parcours somme toute conforme à des ambitions, une biographie !

## II
### UNE PROBLÉMATIQUE D'ENTREPRENEUR

*«Le siècle des lumières a besoin de croire à la nature humaine»* (Jean Ehrard).[42] Buffon n'y croit sans doute pas moins que Locke, Rousseau ou Diderot. Mais l'idée qu'il avance de la nature humaine présuppose l'élément social et le facteur temporel. La nature humaine n'est pas au point de départ, elle est plutôt le terme relatif d'une histoire. Si bien que l'ontologie buffonienne réfute, par ses caractères propres, la logique classique de l'être capitalisant ses attributs et vivant de son acquis. La perfectibilité d'espèce, pour se concrétiser, oblige le passage à l'*acte*. Elle s'actualise et dépend de son potentiel d'activation, lui-même conditionné par un certain rapport au monde, à la société; elle implique qu'on soit, en dépit des prédicats constitutifs et inaliénables, plus ou moins homme, à raison du pouvoir d'affirmation de soi. Aussitôt distingué, le sauvage est strictement refoulé dans le non-être de la bestialité. Possèderait-il en *«puissance»* et comme en dépôt, la faculté de raison et le germe de toute perfectibilité, encore serait-il vrai de constater que *«soit stupidité, soit paresse, ces hommes à demi-brutes, ces nations non policées, grandes ou petites, ne font que peser sur le globe sans soulager la Terre, l'affamer sans la féconder, détruire sans édifier, tout user sans rien renouveler».*[43]

Ce procès d'actualisation de la raison humaine, répond d'une double finalité : 1) L'homme doit se *«produire»* lui-même comme homme; 2) l'homme doit *«seconder»* la nature pour la faire exister. La priorité de l'*Homo faber*, qui maximise son être en construisant un monde identique à soi, capable de renvoyer tous les signes de son hégémonie, est partout illustrée dans l'*Histoire naturelle* :

«Fait pour admirer le Créateur, il commande à toutes les créatures; vassal du Ciel, roi

40. *Les animaux carnassiers* [1758], *in* Buffon [7] : p. 374.
41. *Ibid.* : p. 374.
42. Ehrard [13] : p. 252.
43. *Les Époques de la Nature, Septième Époque* [1778], *in* Buffon [6] : pp. 211-212.

de la Terre, [l'homme] l'ennoblit, la peuple & l'enrichit; *il établit entre les êtres vivans l'ordre, la subordination, l'harmonie*; il embellit la nature même, il la cultive, l'étend & la polit.»[44]

Maîtriser le chaos, l'indéterminé, par la technique et la pensée projetée sur le globe entier, tel est le projet d'entrepreneur de l'homme selon Buffon. La terre promise, c'est le champ domestique et la campagne riante, là où le *«devenir-monde»* du concept a laissé sa marque, celle du travail rationnel. L'empire sur la nature se conquiert de haute lutte, il se conserve *«par des soins toujours renouvelés; s'ils cessent, tout languit, tout s'altère, tout change, tout rentre sous la main de Nature.»*[45] La nature cultivée et domestiquée sera considérée par Buffon comme la projection ou l'empreinte matérielle et tangible d'une même rationalisation de soi. Par un paradoxe philosophique significatif le sujet ne préexiste pas à cette relation de maîtrise, à l'empire qu'il acquiert par son activité de transformation de l'environnement. Buffon est explicite sur ce point : *«Qu'elle est belle cette nature cultivée ! que par les soins de l'homme elle est brillante & pompeusement parée! Il en fait lui-même le principal ornement, il en est la production la plus noble».*[46] Lorsque l'homme intervient dans le monde, il convertit un réel indéterminé ou hostile en totalité finalisée pour soi. Avant cette intervention, le monde n'a pas même de sens appréciable et la nature semble ne pas se soutenir d'elle-même. C'est, selon les mots de Buffon, un marécage fangeux couvert de bois mort, de plantes parasites, tous *«fruits impurs de la corruption»*, de la pourriture; une jungle inextricable servant de repaire aux *«insectes vénéneux»* et aux *«animaux immondes»*. Bref, un espace de désolation que l'homme seul pourra justifier en l'abolissant, qui insulte autant au Créateur qu'à l'histoire *humaine* de la nature :

«Nulle route, nulle communication, nul vestige d'intelligence dans ces lieux sauvages; l'homme, obligé de suivre les sentiers de la bête farouche, s'il veut les parcourir; contraint de veiller sans cesse pour éviter d'en devenir la proie; effrayé de leurs rugissemens, saisi du silence même de ces profondes solitudes, il rebrousse chemin & dit : *la Nature brute est hideuse & mourante; c'est Moi, Moi seul qui peux la rendre agréable & vivante.»*[47]

Ce pronom personnel peut valoir pour l'homme générique, il s'avère encore conforme à la trajectoire privée de Georges-Louis Leclerc. Ne cherchons pas de déterminismes simples entre la biographie de Buffon et sa traduction théorique. Néanmoins il y a un isomorphisme de contexte que Lesley Hanks avait d'ailleurs noté : *«Il nous vante la puissance et la gloire de l'homme, et nous pensons à l'énergie et au brillant de Buffon lui-même, agriculteur et grand seigneur».*[48]

L'homme qui quitte Dijon en 1728 *«pour valoir quelque chose et être estimé,* selon ses mots, *au niveau de son mérite»,*[49] se met en scène, manifestement. Faire valoir pour mieux jouir, augmenter le profit, aller de l'avant vers la prospérité : Buffon n'a cessé de répéter que le pouvoir sur les choses est la seule grandeur, partant la seule légitimité; que la dénaturation de l'homme n'est pas irrémédiable, non plus que

44. *De la Nature. Première vue* [1764], *in* Buffon [7] : p. 33. Nous soulignons.
45. *Ibid.*: p. 34.
46. *Ibid.*: p. 34. Nous soulignons.
47 *Ibid.*: p. 34. Nous soulignons. Cette idée est reprise des auteurs antérieurs, en particulier de J. Evelyn [1662]. Voir Hanks [15] : pp. 191-192 et 271-272.
48. Hanks [15] : p. 192.
49. Buffon, cité dans Hanks [15] : p. 18.

ses progrès. L'homme qu'il incarne à son avantage justifie, par ses tâches terrestres, ce mélange d'ambition, d'opportunisme rapace, d'intelligence avivée par l'action dont nous parlent tous ses biographes. À l'instar de Buffon, il doit être industrieux, homme de terrain, habile gestionnaire du patrimoine. C'est pourquoi Buffon, financier avisé, architecte paysagiste, agronome, industriel dont la fortune relative dit assez l'habileté,[50] se réfléchit sur le mode de l'universel. Dans l'*Histoire naturelle*, la dimension biographique gagne en densité conceptuelle. L'égocentrisme, ou mieux l'anthropocentrisme de Buffon, n'efface donc pas nécessairement la grande force théorique du propos. L'humanisme philosophique de Buffon recouvre très exactement la pratique d'*entreprise* telle qu'elle se développe à partir du XVIᵉ siècle avant de trouver chez Cantillon sa rationalisation théorique.[51] Parce qu'elle intègre une conduite à l'incertain et donc un calcul du risque à prendre, l'entreprise s'oppose à toute relation d'objets statique. Rien n'est assuré. Irréductible à toute activité préréglée, elle repose sur le jugement qui, par anticipation mentale, «*met en forme*» le réel immédiat, l'ordonne pour ajuster des moyens donnés en vue d'une fin à produire. La série des opérations qui définit l'entreprise implique une rationalité d'autant plus aiguë, plus ferme, qu'elle est moins assurée. Elle mobilise non seulement l'entendement comme faculté des rapports mais également le savoir technique de la situation. Se conduire en «*connaissance de cause*» implique qu'on maîtrise au mieux de son intérêt, les diverses variables afférentes au projet. Hélène Vérin a montré que cette stratégie de l'action repose sur la séparation du vouloir et du pouvoir. Elle a pour objectif de les faire coïncider :

«Le sujet entrepreneur n'existe que par la distance marquée du réel prédonné et de l'objet de son entreprise. Son activité est la réduction de l'un en l'autre, et c'est dans la conduite réglée de cette réduction qu'il acquiert la conscience de soi comme sujet agissant, c'est-à-dire comme agent de sa propre réalisation, de son autonomisation par rapport à l'extériorité diverse, séparée, scindée, éclatée, multiple du réel. En quoi le "réel" est également son invention.»[52]

Le producteur buffonien entreprend lui-aussi de subvertir l'inhumaine alliance des choses, d'objectiver un ordre policé là où règnent le désordre et la corruption. L'homme inscrit sa forme dans la matière des objets. Par sa capacité à transmuer ce désordre, il détourne à son profit les multiples déterminismes partiels jusqu'à produire cette écriture humaine du monde que Buffon se plaît à déchiffrer : «*l'homme, maître du domaine de la terre, en a changé, renouvelé la surface entière...*»[53] Cette domination objective appartient à l'histoire : «*Lisez Tacite, sur les mœurs des Germains, c'est le tableau de celles des Hurons, ou plutôt des habitudes de l'espèce humaine entière sortant de l'état de nature*».[54] Le sauvage n'a pas su s'y inscrire, partant il s'interdit de «*seconder la nature*».

Par cette problématique, la théorie de la connaissance est elle-même modifiée. L'entrepreneur buffonien oppose à la dichotomie classique du sujet et de l'objet l'information réciproque qui naît de l'action. Le projet précède l'objet, la réalisation anticipe l'intégration cognitive. Buffon n'a pas esquivé la difficulté du problème génétique posé par cette logique des relations. Bien sûr l'homme de savoir est capable

50. Bertin, *Buffon homme d'affaires*, in [8] : pp. 87-104.
51. Cf. Vérin [31].
52. Vérin [31] : p. 258.
53. *De la Nature. Première vue* [1764], in Buffon [7] : p. 34.
54. *Les Époques de la Nature, Septième Époque* [1778], in Buffon [6] : p. 207.

de gérer au mieux de son intérêt un monde déjà pacifié et soumis au crible de ses codes techniques. Il bénéficie du capital des connaissances humaines dont il est le dépositaire historique. Mais s'il doit être enseigné, quel a été, dans la régression analytique des générations, son premier instituteur? Selon Buffon, l'homme a toujours l'initiative, non par le préalable d'une *«conscience»*, mais par le bénéfice du risque. En agissant sur la matière, par sa prise technique, il fait du monde l'instrument de sa gloire. L'homme est fils de ses œuvres; il acquiert dans l'épreuve pratique l'assurance de son être : *«C'est sur ce tronc de l'arbre de la science que s'est élevé le trône de sa puissance : plus il a su, plus il a pu; mais aussi, moins il a fait, moins il a su.»*[55] On voit ainsi que l'action, le savoir et le pouvoir sont en relation d'intégration évolutive.

Dans l'*Histoire naturelle de l'Homme,* Buffon a adapté les solutions les plus conventionnelles qui avaient cours au XVIIIᵉ siècle en matière de théorie de la connaissance. Cartésien dans le discours *«De la nature de l'homme»,* il tempère dans l'article *«Des sens en général»* le primat du sujet comme il est d'usage dans les doctrines empiristes. L'intuition de l'âme, consubstantielle à l'être, n'est donc pas si patente : l'allégorie de l'homme venant au monde *«l'ame aussi nue que le corps», «sans connoissance et sans défense»*[56] tissait ses motifs pour mieux disputer à la pensée ses qualités natives ou ses idées *«innées».* Il reste pourtant que la problématique de l'entrepreneur s'accommode aussi mal de la passivité du sujet que de sa supériorité inaliénable. Buffon affirme, à sa manière, l'inadéquation de l'alternative philosophique[57] : dans la dialectique du geste et de la pensée, où cause et effet, juxtaposés, sont en mutuelle médiation, il n'y a pas à vrai dire d'antériorité du concept. Assurément, sans l'idée, l'acte ne serait rien, sinon un banal mouvement réflexe. Les animaux en sont capables.[58] Mais la pensée, à son tour, ne serait rien sans le geste qui l'accompagne, la matérialise, la double en la portant plus avant. Buffon en fait s'intéresse à leur combinatoire, à l'échange initial qui associe l'homme et la nature en les différenciant progressivement. La rationalité elle-même devient dérivée, elle dépend des modalités d'insertion de l'homme dans la nature. Caractérisé par sa faculté d'ordre, celui-ci doit expérimenter le monde pour découvrir ses propres forces, pour découvrir sa *valeur.* Pour Buffon, la domestication de l'animal symbolise cette étrange catalyse. L'homme anoblit la bête brute, il y conquiert réciproquement l'assurance de sa véritable place dans l'univers : *«En multipliant les espèces utiles d'animaux, l'homme augmente sur la terre la quantité de mouvement & de vie, il ennoblit en même-temps la suite entière des êtres & s'ennoblit lui-même en transformant le végétal en animal & tous deux en sa propre substance qui se répand ensuite par une nombreuse multiplication.»*[59] Dans le discours *De la nature de l'homme,* Buffon retient ce critère au tout premier rang des signes distinctifs de sa noblesse native :

«On conviendra que le plus stupide des hommes suffit pour conduire le plus spirituel des animaux; il le commande et le fait servir à ses usages, et c'est moins par force et par adresse que par supériorité de nature, et parce qu'il a *un projet raisonné, un ordre d'actions,*

55. *Ibid.* : p. 207. Nous soulignons.
56. *De la Nature. Seconde vue* [1765], *in* Buffon [7] : p. 36.
57. Roger [25] : p. 538; Hanks [15] : pp. 229-230.
58. *Nomenclature des singes* [1766], *in* Buffon [5],T. 35, an IX : p. 41.
59. *Les Époques de la Nature, Septième Époque* [1778], *in* Buffon [6] : p. 217.

et une suite de moyens par lesquels il contraint l'animal à lui obéir.»[60]

L'homme entrepreneur est ainsi explicitement mis en avant dans la définition de l'espèce. La domestication agit comme révélateur : elle relève l'animal de sa stricte nullité physique;[61] elle authentifie par ailleurs le droit de conquête de l'homme :

«L'homme peut donc non seulement faire servir à ses besoins, à son usage, tous les individus de l'univers; mais il peut encore, avec le tems, changer, modifier et perfectionner les espèces; c'est même le plus beau droit qu'il ait sur la nature.»[62]

Avec la domestication s'ouvre significativement l'espace de toute civilisation.

«Sans le bœuf, les pauvres et les riches auroient beaucoup de peine à vivre, la terre demeureroit inculte, les champs et même les jardins seroient secs et stériles; c'est sur lui que roulent tous les travaux de la campagne; il est le domestique le plus utile de la ferme, le soutien du ménage champêtre; il fait toute la force de l'agriculture; autrefois il faisoit toute la richesse des hommes, et aujourd'hui il est encore la base de l'opulence des états, qui ne peuvent se soutenir et fleurir que par la culture des terres et par l'abondance du bétail.»[63]

La sujétion de l'animal établit, dans l'élément empirique d'une pratique, le rapport le plus spécifique qui soit de l'action humaine à sa vérité. Elle suppose un travail, donc du temps; un projet raisonné, donc une concaténation mentale apte à lier les étapes de sa réalisation; un savoir technique, donc un capital de gestes appris, puis transmis; une pensée investigatrice, curieuse, avide de nouveautés; une connaissance des mœurs animales et, au-delà, une appréhension rationnelle des mécanismes de la nature. À maints égards, l'*Histoire naturelle* confirme l'intuition baconienne : «*Science et puissance humaines aboutissent au même, car l'ignorance de la cause prive de l'effet. On ne triomphe de la nature qu'en lui obéissant; et ce qui dans la spéculation vaut comme cause, vaut comme règle dans l'opération.*»[64] Rien ne laisse percer dans l'œuvre que l'ordre des richesses préexiste vraiment au labeur et à l'intelligence capables de le faire exister.[65] La vision buffonienne de l'homme dans le monde est peut-être exaltée; elle est en tout cas tragique et conflictuelle. L'homme se bat, «*il ne règne que par droit de conquête*». Il crée la richesse, il optimise son acte en fonction d'impératifs aussi utilitaires que rentabilistes : «*Avoir transformé une herbe stérile en blé, est une espèce de création dont cependant il ne doit pas s'enorgueillir, puisque ce n'est qu'à la sueur de son front et par des cultures réitérées qu'il peut tirer du sein de la terre ce pain souvent amer, qui fait sa subsistance.*»[66] Moraliste de l'effort, Buffon s'interdit d'exalter absolument la grandeur de l'homme. Celui-ci se juge à l'acte, au plan concerté des pratiques d'appropriation, au canon de

---

60. *De la nature de l'homme* [1749], *in* Buffon [4] : p. 44. Nous soulignons.

61. L'exemple de la brebis est parfaitement édifiant. «*Il paroît donc que ce n'est que par notre secours et par nos soins que cette espèce a duré, dure et pourra durer encore : il paroît qu'elle ne subsisteroit pas par elle-même*». La brebis, à ce titre, représente l'animal domestique typique, «*auquel il semble que la nature n'ait, pour ainsi dire, rien accordé en propre, rien donné que pour le rendre à l'homme.*» (*La brebis* [1755], *in* Buffon [5], T. 23, an VIII : pp. 63 et 65.

62. *Le chien avec ses variétés* [1755] *in* Buffon [5], T. 23, an VIII : p. 177.

63. *Le bœuf* [1753], *in* Buffon [5], T. 23, an VIII : pp. 13-14.

64. Bacon [1] : p. 101.

65. Cette alternative finaliste relève des interprétations possibles de l'activité entrepreneuriale. Voir Vérin [31] : pp 131 sq. Buffon, il est vrai, peut écrire dans *De la Nature. Première vue* : « [l'homme] met au jour, par son art, tout ce qu'elle receloit dans son sein» (Buffon [7] : p. 34). Mais il s'agit d'un argument plus rhétorique qu'assertif. Dans le contexte, la «*nature brute hideuse et mourante*» balance immédiatement cette phrase.

66. *Le chien avec ses variétés* [1755], *in* Buffon [5], T. 23, an VIII : p. 177. Nous soulignons.

sa rationalité instrumentale. L'homme n'est que ce qu'il se fait être, au terme d'un processus d'émergence long et d'ailleurs réversible. C'est sous-entendre que l'existence précède chronologiquement l'essence.

«C'est donc par les talens de l'esprit & non par la force & par les autres qualités de la matière, que l'homme a sû subjuguer les animaux : dans les premiers temps *ils devoient être tous également indépendans*, l'homme, devenu criminel & féroce, étoit peu propre à les apprivoiser, il a fallu du temps pour les approcher; pour les reconnoître, pour les choisir, pour les dompter, *il a fallu qu'il fût civilisé lui-même pour savoir instruire & commander*, & l'empire sur les animaux, comme tous les autres empires, n'a été fondé qu'après la société [i.e. la société policée]. C'est d'elle que l'homme tient sa puissance, c'est par elle qu'il a perfectionné sa raison, exercé son esprit & réuni ses forces, auparavant l'homme étoit peut-être l'animal le plus sauvage & le moins redoutable de tous.»[67]

L'ordre politique répond de l'ordre économique et vice-versa. La situation en tous points anomale du sauvage dans ce dispositif devient patente. Il y a pour Buffon deux humanités comme il y a deux grands types de sociétés, l'un progressif, l'autre statique et animalisé. Quand il parle en termes génériques de l'homme, Buffon identifie sa nature avec la figure sublimée de l'entrepreneur civilisé. Le parcours déficitaire du sauvage s'éclaire dans sa différence axiologique; dégénéré par écart régressif à sa propre nature, il représente l'antithèse de la valeur, l'impuissance, donc le non-être :

«Comparez en effet la Nature brute à la Nature cultivée; comparez les petites nations sauvages de l'Amérique avec nos grands peuples civilisés; comparez même celles de l'Afrique qui ne le sont qu'à demi; voyez en même temps l'état des terres que ces nations habitent, *vous jugerez aisément du peu de valeur de ces hommes* par le peu d'impression que leurs mains ont faites sur leur sol.»[68]

La vie du sauvage est finalement comparable à celle de l'enfant, lequel ne pense pas et mérite sous ce rapport l'épithète d'imbécile.[69] L'équivalence accablante déporte enfin le sauvage en deçà de sa propre humanisation :

«L'homme imbécille & l'animal sont des êtres dont les résultats & les opérations sont les mêmes à tous égards, parce que *l'un n'a point d'ame*, & que *l'autre ne s'en sert point*; tous deux manquent de la puissance de réfléchir, & n'ont par conséquent ni entendement, ni esprit, ni mémoire, mais tous deux ont des sensations, du sentiment & du mouvement.»[70]

Répandu sur le sol dont il ne se sépare pas, le sauvage imbécile s'assimile à l'espace au lieu de le dominer. Possédé par la terre, il rétrocède son humanité comme pour mieux démentir en lui le dualisme substantiel de l'*Homo duplex* et le privilège de l'âme :

«L'homme sauvage n'ayant point d'idée de la société, n'a pas même cherché celle des animaux. Dans toutes les terres de l'Amérique méridionale, les Sauvages n'ont point d'animaux domestiques; ils détruisent indifféremment les bonnes espèces comme les

---

67. *Les animaux domestiques* [1753], in Buffon [7] : p. 352. Nous soulignons.
68. *Les Époques de la Nature, Septième Époque* [1778], in Buffon [6] : p. 211. Nous soulignons.
69. «*Cet état de l'enfance imbécille, impuissante, dure long-temps*» (*Discours sur la nature des animaux* [1753], in Buffon [7] : p. 346).
70. *Ibid.* : p. 334. Nous soulignons. Voir aussi *Nomenclature des singes* [1766], in Buffon [5], T. 35, an IX : p. 44.

mauvaises; ils ne font choix d'aucune pour les élever & les multiplier...»[71]

La philosophie de l'homme de Buffon avoue des complicités certaines avec la rationalisation contemporaine de la passion compensatrice ou de l'intérêt bien compris.[72] Buffon est activiste. Il n'est quant à l'homme ni optimiste, ni pessimiste. Si l'homme se réalise pratiquement à travers l'entreprise, celle-ci fournit le modèle parfait de la conduite de soi rationnelle, érigée en norme de la dynamique civilisationnelle. L'ennemi intime de l'humaine raison est désigné : c'est la passion débridée ou amorphe, l'abandon de l'âme, qui favorise l'expression des pulsions corporelles au détriment de tout projet rationnel suivi. Quand Buffon compare le sauvage à l'animal, il les confond sous les espèces de l'esclavage du corps, du caprice et de l'aliénation de la volonté. Le sauvage est *«vicieux»* parce qu'il ne sait pas différer sa jouissance. En quoi il sera *«tumultueux»*, imprévisible. Aux *passions* de l'âme, Buffon objecte une passion supérieure, régulatrice, l'*intérêt* tant individuel que collectif, facteur de prévisibilité, de ténacité, de cohérence et d'esprit de méthode. Il associe l'intérêt privé et l'intérêt national, parce que le moindre progrès technique dont l'homme arrache le principe à une nature rebelle témoigne d'un effort concerté et poursuivi opiniâtrement dans le cours des générations. Présupposant la coopération durable des individus, la civilisation adoucit les mœurs. L'amélioration des espèces animales et végétales réalise cette alchimie obscure, qui fait de l'auto-domestication de l'homme la condition de possibilité et l'enjeu dernier de la maîtrise empirique de la nature. Buffon parle même de *«civiliser»* les espèces.[73] Au XVIIIe siècle, l'intérêt, ou la recherche du profit, est considéré comme une passion, mais une passion différente. Bienfaisante, elle justifie l'assomption de tout volontarisme : *«L'intérêt est censé participer de ce qu'il y a de meilleur en chacun des deux types : on reconnaît en lui à la fois la passion de l'amour de soi ennoblie et maîtrisée par la raison, et la raison orientée et animée par l'amour de soi».*[74] Se dompter soi-même signifie encore qu'on réprime les passions pour favoriser l'accès de l'homme à un niveau supérieur de rationalité. Le sujet entreprend de se penser lui-même comme pensée. Il y découvre, celée dans son être, sa *«vérité»*. Buffon s'enquiert alors du sauvage pour mieux le comparer, sur un mode autoréférentiel, à l'emblème de toute humanité, l'homme blanc civilisé, parangon du *«Beau et du Vrai»*.[75] La norme d'intelligibilité que produit cette idéologie d'entrepreneur va dorénavant lever unilatéralement l'énigme du sauvage : sa figure abstraite et valorisée depuis le XVIe siècle,[76] déjà rabaissée à travers la caractérologie des relations missionnaires,[77] n'a pour Buffon rien de *«naturel»*. De *solution* qu'il était pour la philosophie politique, le sauvage devient avec Buffon un *problème* anthropologique, sinon le problème central de la nouvelle science de l'homme : pourquoi le sauvage a-t-il échoué à franchir le seuil de l'histoire?

Buffon est incontestablement monogéniste; mais sa position est conforme à son idéologie : *«l'être surgit de l'activité de la raison, d'où la nécessité de poser que "la*

71. *Les Époques de la Nature, Septième Époque* [1778], *in* Buffon [6] : p. 217.
72. Hirschman [16]. Hirschman parle d'un paradigme de l'intérêt.
73. *Les Époques de la Nature, Septième Époque* [1778], *in* Buffon [6] : pp. 217-220. *«De temps en temps on acclimate, on civilise quelques espèces étrangères ou sauvages».*
74. Hirschman [16] : p. 44.
75. *Variétés dans l'espèce humaine* [1749], *in* Buffon [4] : p. 319.
76. Julien [19] : Chap. VII.
77. Cf. Blanckaert [3].

*raison est naturellement égale dans tous les hommes". (...) Affirmer que l'exercice de la raison n'est autre chose que l'affirmation de soi comme être, affirmation absolue de soi, implique l'égalité de tous devant la raison.»*[78] Installé dans cette évidence, qui autorise toutes les dérives dénégatoires,[79] Buffon ne se penche sur l'égalité *idéale* des conditions initiales que pour mieux apprécier et comprendre les inégalités *réelles* qui divisent les nations; des inégalités toujours contestées, réversibles, et qui ne sauraient porter qu'en elles-mêmes les raisons de leur accentuation ou de leur nivellement. C'est pourquoi Buffon condamne les Nègres de Sierra-Leona qui *«n'ont aucun goût que celui des femmes, et aucun désir que celui de ne rien faire»*, et qui, de ce fait, laissent la terre en jachère :

«Ils demeurent très souvent dans des lieux sauvages et dans des terres stériles, tandis qu'il tiendroit qu'à eux d'habiter de belles vallées, des collines agréables et couvertes d'arbres, des campagnes vertes, fertiles, et entrecoupées de rivières et de ruisseaux agréables; mais tout cela ne leur fait aucun plaisir; ils ont la même indifférence presque sur tout.»[80]

Les Lapons *«dégénérés»* motivent un même refus : ils sont *«sans courage, sans respect pour soi-même...»* ; *«ce peuple abject n'a de mœurs qu'assez pour être méprisé».*[81] Si le sauvage apathique ne veut rien, il n'agira pas, ne créera rien et par conséquent il ne progressera pas. Buffon peut donc réaffirmer, sous ce chef de conformité, l'unité de l'espèce humaine et rétablir, dans son cadre, toutes les distances relatives entre les divers groupes barbares et leur modèle civilisé. Dans le chapitre des *«variétés dans l'espèce humaine»*, les mots *«paresse»*, *«vice»*, *«superstition»* reviennent avec insistance témoigner du volontarisme buffonien et de ses jugements de valeur. Tous se subordonnent chez Buffon à la nouvelle vision de la nature humaine comme *«civilisation»* progressive.

*L'Histoire naturelle de l'homme* répond à une interrogation spécifique de l'Europe des Lumières. Buffon fait ici cause commune avec l'européocentrisme des philosophes. Il confirme le type d'ancrage spatio-temporel que les Encyclopédistes réservaient pareillement à notre espèce, en particulier à travers leurs réflexions sur la pensée technique.[82] Toutefois sa problématique d'entrepreneur lui fait obligation de repenser la connivence de l'homme et du monde. Les situations locales, géographiques et humaines, déterminent en meilleure part la réalité vécue et l'actualisation des virtualités des hommes. Des hommes, le pluriel est maintenant important. Il donne tout son sens à l'expression abstraite d'Helvétius, selon qui *«on ne naît point, mais [...] on devient ce qu'on est».*[83] Autant de *«devenirs»* particuliers, autant d'histoires, créeront autant d'humanités. Déjà l'activisme buffonien avait forgé le concept de l'Homme élevé à sa plus haute puissance. Il incombera à l'anthropologie d'approfondir ces divisions, d'en mesurer l'écart à la norme pour en mieux rendre raison. Un savoir de l'homme *«en situation»*, soucieux des effets de contexte, va deve-

78. Vérin [31] : p. 258.
79. Cf. Sloan [28].
80. *Variétés dans l'espèce humaine* [1749], *in* Buffon [4] : pp. 279-280.
81. *Ibid.* : p. 226.
82. *«L'homme encyclopédique* mine *la nature entière de signes humains; dans le paysage encyclopédique, on n'est jamais seul; au plus fort des éléments, il y a toujours un* produit *fraternel de l'homme : l'objet est la signature humaine du monde»* (Barthes [2] : p. 90.
83. Helvétius, *De l'Homme*, section II, Chap. XV, cité *in* Desné [10] : p. 188.

nir indispensable. En tout cas, sans amenuiser la distance toujours maintenue entre la pensée et le principe corporel de l'action, Buffon installe nécessairement l'âme dans la nature.[84] Qu'il ait été idéaliste dans la mouvance cartésienne ou plus catégoriquement matérialiste, comme il paraît d'après la lettre de Buffon à Du Tour de janvier 1739,[85] devient presque indifférent.[86]

En effet, n'admettant pas de définition par propriétés intrinsèques et inaliénables, la formule de l'épistémologie humaniste de Buffon installe d'entrée de jeu l'homme dans l'élément du *virtuel,* dans l'univers des *possibles.* Si l'individu se choisit, si par ses actes il opère sa propre valorisation, nul attribut spécifique abstrait, pas même la raison, la liberté ou la perfectibilité, n'anticipe vraiment le concept de l'homme. Les attributs attachés à l'espèce sont révocables et, on l'a vu, le renoncement peut les nuancer jusqu'à les oblitérer absolument.

## BIBLIOGRAPHIE *

(1)†    BACON (F.), *Novum Organum* [1620], trad. M. Malherbe et J.-M. Pousseur, Paris, Presses Universitaires de France, 1986.

(2)    BARTHES (R.), «Les planches de l'Encyclopédie», *in Nouveaux essais critiques*, Paris, Seuil, coll. Points, 1972 : pp. 89-105.

(3)    BLANCKAERT (Cl.), éd., *Naissance de l'ethnologie? Anthropologie et Missions en Amérique, XVI<sup>e</sup>-XVIII<sup>e</sup> s.,* Paris, Cerf, 1985.

(4)†    BUFFON (G. L. Leclerc de), *De l'homme*, Paris, Maspero, 1971.

(5)†    BUFFON (G. L. Leclerc de), *Histoire naturelle, générale et particulière*, éd. par C.S. Sonnini, Paris, Dufart, an VIII-1808, 64 vol.

(6)†    BUFFON (G. L. Leclerc de), *Les Époques de la Nature*, éd. critique établie et présentée par J. Roger. In : *Mémoires du Muséum National d'Histoire naturelle, Série C, Sciences de la Terre*, tome X (1962). Réimpression : Paris, Éditions du Muséum, 1988.

(7)†    BUFFON (G. L. Leclerc de), *Œuvres philosophiques*, texte établi et présenté par J. Piveteau, Paris, Presses Universitaires de France, 1954.

(8)    *Buffon,* Paris, Muséum National d'Histoire naturelle, 1952.

(9)    CASSIRER (E.), *La philosophie des lumières*, trad. P. Quillet, Paris, Fayard, 1966.

(10)    DESNÉ (R.), éd., *Les matérialistes français de 1750 à 1800*, Paris, Buchet-Chastel, 1965.

(11)    DOUGHERTY (F.), *La métaphysique des sciences. Les origines de la pensée scientifique et philosophique de Buffon en 1749*, Thèse de doctorat, Université de Paris I, 1980.

(12)    DUCHET (M.), *Anthropologie et histoire au siècle des Lumières*, Paris, Maspero,

---

84. Roger [23] : p. 255.

85. *Lettres inédites de Buffon, in* [8] : pp. 188-190.

86. Cf. les remarques de Buffon dans *Nomenclature des singes* [1766] : «*L'ame, en général, a son action propre et indépendante de la matière; mais comme il a plu à son divin auteur de l'unir avec le corps, l'exercice de ses actes particuliers dépend de la constitution des organes matériels; (...); il semble même que l'effet principal de l'éducation soit moins d'instruire l'ame ou de perfectionner ses opérations spirituelles, que de modifier les organes matériels, et de leur procurer l'état le plus favorable à l'exercice du principe pensant.*» (Buffon [5], T. 35, an IX : p. 44)

* Sources imprimées et études. Les sources sont distinguées par le signe †.

1971.

(13)   EHRARD (J.), *L'idée de nature en France dans la première moitié du XVIII^e siècle*, rééd. Genève-Paris, Slatkine, 1981.

(14)   GUSDORF (G.), *Dieu, la nature, l'homme au siècle des Lumières*, Paris, Payot, 1972.

(15)   HANKS (L.), *Buffon avant l'«Histoire naturelle»*, Paris, Presses Universitaires de France, 1966.

(16)   HIRSCHMAN (A.O.), *Les passions et les intérêts. Justifications politiques du capitalisme avant son apogée*, trad. P. Andler, Paris, Presses Universitaires de France, 1980.

(17)   HOFFMANN (P.), *La femme dans la pensée des Lumières*, Paris, Ophrys, 1977.

(18)   HUBERT (R.), *Les sciences sociales dans l'Encyclopédie*, Genève, Slatkine Reprints, 1970.

(19)   JULIEN (Ch.-A.), *Les voyages de découverte et les premiers établissements (XV^e-XVI^e s.)*, Brionne, G. Montfort, 1979.

(20)†  LA METTRIE, *L'homme-machine* [1748], in *Œuvres philosophiques*, T. I, Paris, Fayard, 1987.

(21)   LECLERC (G.), *Anthropologie et colonialisme*, Paris, Fayard, 1972.

(22)†  LOCKE (J.), *Deuxième traité du gouvernement civil* [1690], trad. B. Gilson, Paris, Vrin, 1967.

(23)   ROGER (J.), «Buffon et la théorie de l'anthropologie», in *Enlightenment Studies in honour of L.G. Crocker*, A.J. Bingham and V.W. Topazio eds., Oxford, 1979 : pp. 253-262.

(24)   ROGER (J.), «Introduction», in Buffon (6) : pp. IX-CXLIX.

(25)   ROGER (J.), *Les sciences de la vie dans la pensée française du XVIII^e siècle*, 2^e éd. Paris, A. Colin, 1971.

(26)†  ROUSSEAU (J.-J.), *Discours sur l'origine et les fondements de l'inégalité parmi les hommes* (1754), Paris, Garnier-Flammarion, 1971.

(27)   SLOAN (P.R.), «The Buffon-Linnaeus Controversy», *Isis* 67 (1976) : pp. 356-375.

(28)   SLOAN (P.R.), «The Idea of Racial Degeneracy in Buffon's *Histoire Naturelle*», *Studies in Eighteenth-Century Culture*, vol. 3, *Racism in the Eighteenth Century*, Cleveland and London, The Press of Case Western Reserve University, 1973 : pp. 293-321.

(29)   TINLAND (F.), éd., *Histoire d'une jeune fille sauvage trouvée dans les bois à l'âge de dix ans*, Bordeaux, Ducros, 1970.

(30)   TINLAND (F.), *L'homme sauvage. Homo Ferus et Homo Sylvestris*, Paris, Payot, 1968.

(31)   VÉRIN (H.), *Entrepreneurs, entreprise. Histoire d'une idée*, Paris, Presses Universitaires de France, 1982.

## 40

#32776

# LA PSYCHOLOGIE DE BUFFON
## À TRAVERS LE TRAITÉ *DE L'HOMME*

Paul MENGAL *

Il peut paraître paradoxal de parler de la psychologie de Buffon dans la mesure où ce terme n'appartient pas au lexique buffonien. En 1749, date de publication du traité *De l'Homme,*[1] le mot "psychologie" n'a fait qu'une entrée discrète dans la langue française. La première occurrence remonte probablement à 1690, date à laquelle Pierre Dionis publie *L'Anatomie de l'homme.*[2] Il y définit l'anatomie comme partie de l'anthropologie décrivant le corps de l'homme alors que la psychologie, qui en constitue la seconde partie, décrit les propriétés de l'âme. Cette façon de définir la psychologie est un emprunt à une tradition allemande instaurée dès la fin du XVIè siècle par O. Cassmann[3] qui tenait le terme «*Psuchologia*» de son maître R. Goclenius,[4] l'inventeur du mot en 1590. En 1745, paraît la traduction abrégée de la «*Psychologia Empirica*» de Christian Wolff sous le titre *Psychologie ou Traité de l'âme contenant les connaissances que nous en donne l'expérience.*[5] Enfin, l'Académie n'en consacrera l'usage dans la langue que dans l'édition de 1762 de son dictionnaire.

Il ne faut donc pas s'étonner de voir le terme "psychologie" absent des œuvres importantes qui marquent les étapes essentielles des deux grands débats sur la question de l'âme au XVIIIè siècle. Le premier de ces débats oppose les tenants d'une conception matérialiste de la pensée aux spiritualistes, alors que le second porte sur la question de l'âme des bêtes. À ces débats, Buffon ne fut certes pas indifférent, mais la prudence extrême dont il fit preuve en ces matières nous conduit à parler de son ambiguïté. Buffon est ambigu dans la mesure où son discours le plus explicite est manifestement spiritualiste alors que sur chaque point particulier il se montre toujours, discrètement il est vrai, du côté des adeptes du matérialisme. Mais l'ambiguïté se situe également du côté de ses critiques et détracteurs. Il fut largement épargné par les théologiens chrétiens si prompts à se déchaîner en ce milieu du XVIIIe siècle mais fut férocement attaqué par certains apologistes. Double discours

---

* Département de Philosophie, Université de Paris XII-Val de Marne. Av. du Général de Gaulle. 94010 Créteil. FRANCE.

1. *L'histoire naturelle de l'homme* est une partie des second et troisième volumes de l'*Histoire naturelle,* dans l'édition originale de l'Imprimerie Royale, Paris, 1749. Ce texte est traditionnellement cité comme traité *De l'homme,* usage auquel nous nous conformons ici. Il existe deux éditions contemporaines de ce texte : *De l'homme,* avec une introduction de M. Duchet, Paris, Maspero, 1971; et *De l'homme,* avec une introduction de J. Rostand, Paris, Vialetay, 1971, avec 20 gravures d'époque. C'est cette dernière édition que nous citons.

2. Dionis [14].

3. Cassmann [9].

4. Goclenius [19]. Il y aura deux rééditions, en 1594 et en 1597.

5. Wolff [39]. Il en est paru un abrégé anonyme intitulé : *Psychologie ou traité de l'âme, contenant les connaissances que nous en donne l'expérience,* Amsterdam, 1745.

du côté de Buffon qui engendre des attitudes opposées chez ses critiques : attitude indulgente chez ceux qui se satisfont du préambule au traité *De l'homme* ou des réponses aux théologiens de la Sorbonne, mais attitude impitoyable chez ceux qui ont su lire entre les lignes et détecter infailliblement d'autres errements au delà des propositions condamnables. Certes, Buffon fut condamné par les théologiens de la Sorbonne à deux reprises, mais ces attaques furent sans commune mesure avec celles qui se déchaînèrent contre Bayle, Voltaire, La Mettrie, Rousseau, Helvétius ou d'Holbach, pour ne citer que les cibles les plus connues. Pourtant, le mouvement apologétique atteint son point culminant entre 1750 et 1780, comme l'a montré Albert Monod.[6] On ne relève durant cette période, en dehors des articles de journaux, que huit ouvrages critiques[7] concernant l'œuvre de Buffon alors qu'il s'en publie annuellement plus d'une cinquantaine et parfois davantage (près de cent en 1770) sur d'autres questions. De plus, les trois-quarts de ces ouvrages critiques concernent les *Époques de la Nature*, paru en 1778, et ne nous intéressent pas ici. Restent donc les trois livres relatifs à l'*Histoire naturelle* mais qui portent presque uniquement sur les thèses développées dans la *Théorie de la Terre*.

En août 1750, les trois premiers volumes de l'*Histoire naturelle* sont déférés à la Sorbonne qui nomme des commissaires pour les examiner. À l'assemblée du 1er avril 1751, Tamponnet, doyen des examinateurs des nouveaux livres contre la religion, rend compte des deux premiers volumes de l'*Histoire naturelle*. De ces volumes, les théologiens extraient quatorze propositions qui leur paraissent condamnables. De ces propositions, les quatre premières concernent la théorie de la Terre, les cinq suivantes se rapportent à la question de la vérité et, enfin, les cinq dernières proviennent du traité *De l'homme*. En voici le texte :

*«Proposition X* : L'existence de notre âme nous est démontrée, ou plutôt nous ne faisons qu'un, cette existence et nous;

*Proposition XI* : L'existence de notre corps et des autres objets extérieurs est douteuse pour quiconque raisonne sans préjugé; car cette étendue en longueur, en largeur et profondeur, que nous appelons notre corps, et qui semble nous appartenir de si près, qu'est-elle autre chose sinon un rapport de nos sens?

*Proposition XII*: Cependant nous pouvons croire qu'il y a quelque chose hors de nous, mais nous n'en sommes pas sûrs, au lieu que nous sommes assurés de l'existence réelle de tout ce qui est en nous; celle de notre âme est donc certaine, et celle de notre corps paraît douteuse, dès qu'on vient à penser que la matière pourrait bien n'être qu'un mode de notre âme, une des ses façons de voir.

*Proposition XIII* : Elle [notre âme] verra d'une manière bien plus différente encore après notre mort, et tout ce qui cause aujourd'hui des sensations, la matière en général, pourrait bien ne pas plus exister pour elle alors que notre propre corps qui ne sera plus rien pour nous.

*Proposition XIV* : [L'âme est] impassible par son essence.»[8]

Selon l'arrêt, ces propositions sont qualifiées ainsi: *«les unes s'écartent de la foi, les autres insinuent vraiment le doute et attestent des opinions qui ne s'accordent guère à la religion chrétienne».*[9] Buffon répond le 12 mars 1751 et fera figurer le texte de sa réponse en tête de volume IV de l'*Histoire naturelle* qui paraît en 1753.

---

6. Monod [28].

7. Voir Barruel [1], Duhamel [15], Feller [16] et [17], Le Large de Lignac [23] et [24], Royou [30], Sainte-Marthe [31].

8. Le texte des *XIV propositions* a été publié dans Féret [18] : pp. 430-434.

9. *«...quarum aliae fide aberrant, aliae vero dubia insinuant et astruunt opiniones quae cum religionis christianae placitis minus congruunt»*, in P. Féret [18].

Cette curieuse inversion dans la chronologie où la réponse apparaît avant la question est due au fait, analysé par J. Stengers,[10] que Buffon, pour toute réponse, se contente de signer un texte tout exprès préparé par les théologiens. Il se trouve alors dégagé des accusations portées contre lui en affirmant que son hypothèse sur la formation des planètes n'était qu'une pure supposition philosophique. Il réfute ensuite l'accusation de pyrrhonisme et répond sur la question de l'âme :

«Il n'est pas vrai que l'existence de notre âme et nous ne soit qu'un, en ce sens que l'homme soit un être purement spirituel et non un composé de corps et âme. L'existence de notre corps et des autres objets extérieurs est une vérité certaine, puisque non seulement la foi nous l'apprend, mais encore la sagesse et la bonté de Dieu ne nous permettent pas de penser qu'il voulut mettre les hommes dans une illusion perpétuelle et générale, que, par cette raison, cette étendue en longueur, largeur et profondeur, notre corps, n'est pas un simple rapport de nos sens.

En conséquence, nous sommes très sûrs qu'il y a quelque chose hors de nous; et la croyance que nous avons des vérités révélées présuppose et renferme l'existence de plusieurs objets hors de nous; et on ne peut croire que la matière ne soit qu'une modification de notre âme; même en ce sens que nos sensations existent véritablement, mais que les objets qui semblent les exciter n'existent point réellement.

Quelle que soit la manière dont l'âme verra dans l'état où elle se trouvera après la mort, jusqu'au jugement dernier, elle sera certaine de l'existence des corps et en particulier du sien propre, dont l'état futur l'intéressera toujours, ainsi que l'Écriture nous l'apprend.

Quand j'ai dit que l'âme était impassible par son essence, je n'ai prétendu dire rien autre chose, sinon que l'âme, par sa nature, n'est pas susceptible des impressions extérieures qui pourraient la détruire; et je n'ai pas crû que, par la puissance de Dieu, elle ne pût être susceptible des sentiments de douleurs que la foi nous apprend devoir faire dans l'autre vie la peine du péché et le tourment des méchants.»[11]

Les propositions remarquées par les théologiens placent Buffon sous le coup d'une triple accusation : avoir contrevenu aux textes bibliques, et en particulier à la Genèse, en ce qui concerne l'origine de la Terre et sa conformation actuelle, avoir soutenu des positions *«pyrrhoniennes»* sur la question de la vérité et enfin avoir pris quelques libertés quant à l'existence réelle du monde matériel ou, en d'autres mots, s'être écarté de ce cartésianisme revu par Malebranche qui est devenu, en ce milieu du XVIIIᵉ siècle, la philosophie officielle de l'Église catholique française. Mais dans cette affaire, on ne souffle mot d'un éventuel matérialisme de Buffon. On serait fondé à croire que Buffon a voulu se montrer tellement prudent dans cette introduction qu'il a fini par tenir des propos jugés excessifs par les théologiens. À tant craindre d'être jugé matérialiste, il met en doute l'existence réelle des corps et c'est cela qu'on lui reprochera!

Il est vrai que la parution des premiers volumes de l'œuvre de Buffon, et en particulier *L'Histoire naturelle de l'homme*, s'inscrit dans un creux par rapport aux deux sommets que constituent, dans l'histoire des conceptions matérialistes de l'âme d'une part, les parutions de l'*Histoire naturelle de l'âme*[12] et de *L'homme-machine*[13] de La Mettrie et d'autre part, celle de la thèse de l'abbé de Prades soutenue en Sorbonne le 18 novembre 1751.[14] Ces événements et les scandales qui les

---

10. Stengers [33].

11. Les réponses de Buffon ont été publiées par ses soins dans l'introduction au volume IV de l'édition originale de l'*Histoire naturelle*. Voir Buffon [7].

12. La Mettrie [21].

13. La Mettrie [22].

14. L'abbé de Prades soutient sa thèse le 18 novembre 1751 et obtient le titre de docteur sans difficultés apparentes. C'est seulement le 15 janvier 1752 que la censure est portée. Le Pape Benoît

accompagnèrent, incitèrent bien sûr Buffon à la méfiance mais, de plus, les précautions prises rendirent ses juges plus tolérants.

Buffon avait écrit à l'abbé Le Blanc, le 23 juin 1750 : *«J'ai tout fait pour ne pas mériter et pour éviter les tracasseries théologiques, que je crains beaucoup plus que les critiques des physiciens ou des géomètres».*[15] Cette lettre est donc écrite près de six mois avant que la Sorbonne n'ouvre le dossier Buffon et les précautions prises par celui-ci n'évoquent probablement que l'introduction prudente au traité *De l'homme* et non les réponses aux accusations non encore formulées. Par ailleurs, si Buffon s'attend à d'éventuelles *«tracasseries théologiques»*, c'est qu'il est conscient que les précautions oratoires de son introduction ne suffiront peut-être pas à masquer certaines positions prises dans le corps de l'ouvrage. Dans une lettre à Étienne-François du Tour, en date du 6 janvier 1739, Buffon déclarait :

«J'ai aussi lu avec un très grand plaisir votre *Systheme de L'ame* et je l'ai ensuitte fait lire a plusieurs de mes amis sans en nommer L'autheur; je sens et ils conviennent tous qu'il faut beaucoup d'esprit pour faire un pareil ouvrage, mais en meme temps les analogies sont tirées de si loin et de choses si peu connues que Leur ensemble ne fait pas un corps de vraisemblance assez complet; il est aisé de voir que vous avez médité longtemps sur cette matiere et La façon dont plusieurs traits sont amenes presuppose un long travail de réflexion et Surement vous n'avez pas fait cet ouvrage en quinze jours, mais faire des Systhemes sur cette matière, c'est bâtir sur le sable; et toutes les recherches que l'on a faites et que l'on fera n'ont eu et ne pourront avoir qu'un résultat plus obscur que la première idée que nous en avons; [bien des gens croient avec vous que l'ame est materielle, que la pensee est un résultat, comme le son, d'une organisation particulière]; bien des gens ont cherché comment se produisoit le son et on la trouvé, mais on cherchera en vain comment se fait la pensée, parce que de La meme façon que le bout du doigt ne peut se toucher Luy meme, que l'œil ne peut pas se voir luy meme, La pensée ne peut pas se comprendre elle meme; [ce qui meme est une grande preuve de son matérialisme puisqu'elle suit, à cet égard, la nature des corps qui ne pouvant agir (...) eux-meme agissent sur leurs voisins]. Ces remarques n'empechent pas que votre ouvrage n'ait bien son mérite [et je vous trouve un homme admirable d'avoir si bien amener à votre sujet des passages balourds du plus vieux des livres]; on doit meme vous faire compliment sur le style qui m'a paru très bon; aies la bonte de me marquer ce que vous souhaitez que je fasse de votre manuscrit; [je crois que vous risqueriez trop à le faire imprimer et je n'ose vous le conseiller] (...)».[16]

Les phrases entre crochets sont, sur l'original, recouvertes d'un raturage d'une en-cre différente. Nous ne devons qu'au savoir-faire d'un conservateur du Muséum d'Histoire Naturelle d'avoir pu déchiffrer ces lignes. Dans une lettre au même du Tour, du 16 février 1739, on lit encore :

«je vous renvoie aussi votre traitte sur l'ame, il y auroit dequoy en faire un très joly roman mais il faudroit prendre partout le ton Ironique.»[17]

Buffon écrit ces lettres l'année même où il accède au poste d'Intendant du Jardin du Roi et où l'*Histoire naturelle* n'est encore qu'un projet, mais déjà son attitude philosophique est claire ainsi que sa prudence future, si l'on en juge par les conseils donnés à son ami.

Pourtant, les "signes" du matérialisme ne manquent pas dans l'œuvre de Buffon.

XIV, le 22 mai 1752, frappe la thèse d'un bref. L'abbé de Prades est exilé et prend un poste de lecteur laissé vacant par La Mettrie à la cour de Frédéric de Prusse.
    15. Voir Stengers [33] : p. 120.
    16. Voir Bertin, Bourdier *et al.* [2] : p. 189.
    17. Voir Bertin, Bourdier *et al.* [2] : p. 191.

Son adhésion à la thèse de la génération spontanée et le matérialisme implicite qu'elle recèle ont été suffisamment soulignés par J. Roger[18] et il n'y a pas lieu d'y revenir. Sur le plan de la théorie de la connaissance, Buffon se prononce en faveur d'une méthode d'explication scientifique tout entière fondée sur la causalité naturelle refusant par là-même toute évocation d'une surnature et donc toute forme de transcendance. Cette attitude le conduit à expliquer le supérieur par l'inférieur, ce qui lui fera situer l'homme par rapport à l'animal d'une manière jugée répréhensible par certains de ses contemporains. Enfin, son sensualisme, moins radical que celui de Condillac qui le lui reprochera dans le *Traité des animaux*,[19] s'étale sans dissimulation tout au long de l'*Histoire naturelle de l'homme*. Le chapitre intitulé *Du sens de la vue*[20] est, à cet égard, exemplaire. Dans le débat ouvert par Locke, énonçant le problème de Molyneux,[21] sur les rôles respectifs de la vue et du toucher dans la construction du monde, Buffon se garde de prendre parti mais se montre néanmoins bien informé de la question, si l'on en juge par le long commentaire qu'il donne à l'opération de Chesselden. Mais il y a plus, la fiction du premier homme qui *«s'éveillerait tout neuf pour lui-même et pour tout ce qui l'environne»*[22] et qui découvre et construit le monde à partir de ses informations sensorielles ne doit rien à la statue de Condillac.[23] Cependant Buffon se satisfait, pour construire le monde, des informations sensorielles, du seul "sensorium", à l'inverse de Condillac qui pressent bien davantage l'interaction nécessaire entre "sensorium" et "motorium" ainsi que l'indique la remarque sur la difficulté qu'avait l'aveugle de Chesselden[24] à diriger son regard ou encore l'importance accordée au sens du toucher *«parce que c'est lui qui instruit les autres»*.[25] Enfin sur la question du langage, Buffon met en évidence l'aspect de communication :

«C'est en effet par ce sens (l'ouïe) que nous vivons en société, que nous recevons la pensée des autres, et que nous pouvons leur communiquer la nôtre.» [26]

La fonction de représentation du langage n'est donc pas mise au premier plan comme elle l'est généralement chez les philosophes idéalistes pour lesquels, selon l'adage proposé par Bonald : *«L'homme pense sa parole avant de parler sa pensée»*.[27] Cette position expliquerait l'étonnement de Buffon devant le fait, rapporté dans le chapitre *Du sens de l'ouïe*, d'un sourd-muet de naissance qui, ayant recouvré l'ouïe à vingt-quatre ans, se serait mis à parler dans un délai de quelques mois.[28]

C'est ce matérialisme-là qui a peut-être échappé aux docteurs de Sorbonne mais non à quelques apologistes tout aussi attentifs que virulents et qui s'en prendront tout à la fois à Buffon et à ses censeurs trop timorés à leur goût. Deux journaux catholiques ont fait, à cette époque, une large place à l'*Histoire naturelle* : le *Journal de Trévoux* et les *Nouvelles Ecclésiastiques*. Ces journaux ne peuvent évidemment être placés sur le même plan même s'ils sont l'un et l'autre catholiques. Le *Journal de*

---

18. Roger [29].
19. Voir Condillac [11] : pp. 317sq.
20. Voir Buffon [8] : pp. 147-171.
21. "Le problème de Molyneux" se trouve dans Locke [25 ] : pp. 99-100.
22. *Histoire naturelle de l'homme : Du sens de l'ouïe* [1749], *in* Buffon [8] : pp. 199-204.
23. Condillac [10].
24. Condillac [10] : p. 201.
25. Condillac [10] : p. 265.
26. *Histoire naturelle de l'homme : Du sens de l'ouïe* [1749], *in* Buffon [8] : p. 184.
27. Bonald [3] : p. 12.
28. *Histoire naturelle de l'homme : Du sens de l'ouïe* [1749], *in* Buffon [8] : pp. 184-185.

*Trévoux* est dirigé par les Jésuites alors que les *Nouvelles Ecclésiastiques* sont l'instrument du Jansénisme.[29] Le *Journal de Trévoux* est une publication autorisée alors que les *Nouvelles Ecclésiastiques* seront clandestines mais néanmoins publiées sans interruption de 1728 à 1803 (la clandestinité cesse en 1791). Il faut encore brièvement rappeler qu'au moment de la publication de l'*Histoire naturelle*, l'Église de France est secouée par l'affaire des "convulsionnaires",[30] et que le mouvement janséniste prend une tournure politique qui se caractérise par un anti-parlementarisme. C'est dans cette ambiance que vont se développer les critiques et les attaques contre Buffon.

Le *Journal de Trévoux* consacrera sept articles à l'*Histoire naturelle* entre septembre 1749 et janvier 1754.[31] Ceci montre l'importance qu'il accorde à l'ouvrage. Un seul article, publié en mars 1750, concerne le traité *De l'homme*. Le ton général est plutôt celui de l'éloge mais on relèvera cependant qu'après s'être félicité de ce que Buffon ait si clairement distingué l'homme de l'animal, le journaliste consacre de longues pages à pourfendre le matérialisme de La Mettrie.[32] S'agit-il d'une charge déguisée contre Buffon dont le matérialisme diffus n'a pu échapper au lecteur? L'ambiguïté est cette fois dans le camp du critique d'autant qu'en décembre 1753, le journal commente ainsi la soumission de Buffon : «*Dans une déclaration si précise et si sincère, M. de Buffon donne aux Docteurs un gage de son orthodoxie, et aux Philosophes un exemple de soumission*».[33] Tout différent est le style du journaliste des *Nouvelles Ecclésiastiques*, probablement Jacques Fontaine, connu sous le nom d'abbé de La Roche qui rédigea, quasiment seul, le périodique de 1732 à 1761. L'attaque est portée à la fois contre Buffon, contre la Sorbonne et contre les autres revues jugées trop conciliantes. La *Lettre du 6 février 1750* dénonce :

«Le livre dont nous nous croyons aujourd'hui obligés de faire connaître le venin a pour titre *Histoire naturelle générale et particulière*... Ce livre s'annonce avec tous les dehors qui peuvent lui donner la réputation. (...) Le *Journal des Savants* en a fait les plus grands éloges. Les journalistes de Trévoux en donnent aussi une haute idée; et s'ils y font apercevoir quelques taches, ils se hâtent aussitôt des les effacer.»[34]

En 1754, c'est l'ambiguïté de Buffon lui-même qui est dénoncée :

«Voilà ce qui s'appelle dire le oui et le non; affirmer et nier tout à la fois. L'âme a un empire souverain sur les passions; on le dit avec une emphase qui ne permet pas d'en douter. Le moment d'après on vous dit avec encore plus d'emphase, que ce sont les passions qui tyrannisent l'âme, jusqu'à lui faire désirer de n'être plus.»[35]

Et plus avant, la dénonciation de l'ambiguïté est associée à l'accusation de matérialisme :

«Qu'on lise avec attention le Discours de Mr. de Buffon, on verra que l'on nous y mène au Matérialisme avec des nuances qui ne sont pas insensibles. Il faut cependant avertir qu'il règne dans tout ce discours une espèce de désordre nécessaire à l'auteur, pour couvrir sa marche, il ne suit pas son sujet par des raisonnements qui naissent l'un de l'autre. Quelquefois il se fait des objections qui ne sont pas celles qu'il devrait se faire. Et quelquefois aussi, pour se débarrasser d'une difficulté pressante, il se jette à l'écart. Il fait

---

29. Voir Taveneaux [34].
30. Voir Maire [27].
31. Les œuvres de Buffon sont évoquées dans le *Journal de Trévoux* aux dates suivantes : sept., oct. et nov. 1749; mars et juin 1750; déc. 1753 et janv. 1754.
32. Voir *Journal de Trévoux* [40], mars 1750 : pp. 585-587.
33. Voir *Journal de Trévoux* [41], décembre 1753 : p. 101.
34. Cité dans *Nouvelles Ecclésiastiques* [41], juillet 1754 : p. 101.
35. Voir *Nouvelles Ecclésiastiques* [41], juillet 1754 : pp. 103-104.

des descriptions vives. Il étourdit son lecteur, et lui fait perdre de vue son premier objet. Veut-il affirmer? Veut-il nier? Les paradoxes ne lui coûtent rien. Demandez-lui des preuves de ce qu'il dit; il n'en a point. Pour prouver que la matière a des sensations et des passions, il prouve qu'elle peut être organisée et ébranlée de telle ou telle façon; et rien de plus.»[36]

Quant à la Sorbonne, dénommée la "carcasse", et ses théologiens, ils sont l'objet de la plus grande virulence :

«Nous n'invitons point la Faculté de Théologie à conjurer de nouvel orage. Elle n'est plus capable de rien enfanter qui puisse consoler l'Église. (...) On vient de voir à quoi le zèle de ces Messieurs a abouti par rapport à l'Histoire naturelle de M. de Buffon. Cet académicien s'est moqué d'eux, et ils le méritaient.»[37]

Lorsque Buffon publie les premiers volumes de l'*Histoire naturelle*, plus d'une dizaine d'ouvrages ont déjà paru sur la question de l'âme des bêtes.[38] On aurait donc pu s'attendre à ce que Buffon prît position dans ce débat. En fait, il se limite à donner son point de vue sur la question sans faire aucune référence aux œuvres de ses contemporains. Dans l'introduction de l'*Histoire naturelle de l'homme*, sa position est claire : seul l'homme possède une âme et les animaux en sont donc totalement dépourvus. Buffon s'interroge :

«pourquoi vouloir retrancher de l'Histoire naturelle de l'homme, l'histoire de la partie la plus noble de son être? pourquoi l'avilir mal à propos et vouloir nous forcer à ne le voir que comme un animal, tandis qu'il est en effet d'une nature très-différente, très-distinguée et si supérieure à celle des bêtes, qu'il faudrait être aussi peu éclairés qu'elles le sont pour pouvoir les confondre?»[39]

Il ajoute ensuite : «*On conviendra que le plus stupide des hommes suffit pour conduire le plus spirituel des animaux...*»[40] Et il conclut en faisant remarquer «*... la distance immense que la bonté du Créateur a mise entre l'homme et la bête*»; «*l'homme est un être raisonnable, l'animal est un être sans raison*».[41] Pourtant, comme l'a fait remarquer Hester Hastings, si Buffon refuse l'âme aux bêtes, il ne leur accorde pas moins la sensibilité. Il s'oppose donc à Descartes avec lequel il semble cependant se montrer en plein accord dans cette même introduction. Mais il y a plus: aux déclarations si nettes de Buffon, on peut opposer les nombreux propos admiratifs qui émaillent les descriptions de l'*Histoire générale des animaux*. H. Hastings en a dressé le catalogue dans l'ouvrage qu'elle a consacré à l'âme des bêtes.[42] Que ce soit dans les articles *Le chien* ou *Le cheval*, ou encore dans les descriptions des grands singes, Buffon accorde aux animaux sensations et passions après les avoir cependant réduits à de simples machines :

«Otons-nous l'entendement, l'esprit et la mémoire : ce qui nous restera, sera la partie matérielle, par laquelle nous sommes animaux; nous aurons encore des besoins, des sensations, des appétits; nous aurons de la douleur et du plaisir; nous aurons même des passions; car une passion, est-elle autre chose qu'une sensation plus forte que les autres,

36. Voir *Nouvelles Ecclésiastiques* [41], juillet 1754 : p. 106.
37. Voir *Nouvelles Ecclésiastiques* [41], juillet 1754 : p. 105.
38. Parmi les textes les plus connus, citons Bougeant [4], Boullier [5], Macy [26], tous publiés avant l'*Histoire naturelle*.
39. *Histoire naturelle de l'homme : De la nature de l'homme* [1749], *in* Buffon [8] : p. 9.
40. *Histoire naturelle de l'homme : De la nature de l'homme* [1749], *in* Buffon [8] : p. 10.
41. Buffon [8] : p. 15.
42. Voir Hastings [20].

et qui se renouvelle à tout instant?»[43]

Cette ambiguïté n'a pas échappé au journaliste des *Nouvelles Ecclésiastiques* qui fustige Buffon :

«Voilà, comme l'on voit, des textes d'où il résulte bien clairement que le Néophyte de la Sorbonne met les sensations et les passions dans la matière. Quand on lit son livre, on est tenté de croire qu'il veut faire regretter à l'homme d'être homme. Tantôt il élève l'âme et lui donne un empire souverain sur son corps. Tantôt il la dégrade, et laisse à penser si le sort des animaux n'est pas plus heureux que le nôtre. Extrême en tout, il donne dans des écarts si grands, qu'il outrage continuellement; mais que souvent on ne peut le concilier avec lui-même».[44]

On a pu constater que, dans les débats sur la question de l'âme, Buffon n'est certes pas absent mais qu'il s'y engage à pas feutrés, plus soucieux de maintenir sa respectabilité que de prendre des positions qui le placeraient en posture délicate au regard des autorités morales de son époque. Cependant, malgré cette discrétion, sa psychologie est en rupture complète avec les formes tardives du cartésianisme, mais assez proches des conceptions de l'âme qui se sont développées en Angleterre, au début du XVIIIe siècle. Buffon fut lecteur de John Toland (1670-1722) dont le livre, *Christianity not mysterious* [45] est cité dans une lettre du 16 février 1739 à Du Tour.[46] Cet ouvrage fut condamné par le parlement de Dublin à être brûlé. Toland était un catholique irlandais, converti à l'anglicanisme, champion de la libre-pensée et ses conceptions matérialistes étaient bien connues. Dans cette même lettre, Buffon évoque un ouvrage de Matthew Tindal (1657-1733), *Christianity as old as creation, or the gospel a republication of the religion of nature* ,[47] où l'on retrouve les thèses de Samuel Clarke sur la religion naturelle. Ces lectures montrent à quel point Buffon devait être informé des débats qui avaient agité les milieux philosophiques anglais au tout début du XVIIIe siècle. Rappelons simplement que c'est au cours de ces querelles sur la nature de l'âme que le mot "psychology" fait son apparition dans la langue anglaise, notamment dans le différend qui oppose entre 1702 et 1720 le médecin "mortaliste" et matérialiste William Coward (1656/57-1725)[48] à John Broughton[49] et à John Turner.[50]

S'intéresser à la psychologie de Buffon nous conduit évidemment à analyser les quatre chapitres du traité *De l'homme* consacrés à la périodisation de la vie humaine. Le titre des deux premiers, intitulés *De l'enfance* et *De la puberté*, pourraient laisser croire que Buffon s'y montre un précurseur de la psychologie du développement. En fait, un examen de leur contenu permet d'écarter rapidement cette hypothèse. Dans la partie de *«De l'enfance»*, Buffon aborde dix-sept thèmes différents[51] et consacre, en

---

43. *Discours sur la nature des animaux* [1763], *in* Buffon [7], T. IV : p. 77.

44. Voir *Nouvelles Ecclésiastiques* [41], décembre 1753 : p. 103.

45. Toland [36].

46. Bertin [2] : p. 191-192.

47. Tindal [35].

48. Coward avait tout d'abord publié, sous le pseudonyme d'Estibius Psychalethes, un texte prouvant la mortalité de l'âme. Voir Coward [12].

49. Coward s'attira la réponse de John Broughton, le chapelain du Duc de Marlborough, voir Turner [6].

50. John Turner était vicaire à Greenwich, voir Turner [38].

51. Les thèmes abordés dans le chapitre "De l'enfance" sont les suivants dans leur ordre d'apparition : la respiration, la vision, le sourire, la taille et le poids, les soins à la naissance, le maillotage, le sommeil, le balancement, l'alimentation, la dentition, la couleur des cheveux, les pleurs, la sensibilité au chaud et au froid, la mortalité infantile, la croissance, le choix des nourrices et le langage.

moyenne, deux ou trois paragraphes à chacun d'eux. Ces thèmes se succèdent sans aucun ordre apparent et évoquent davantage la puériculture que la psychologie de l'enfant. En effet, les faits et remarques mentionnés par Buffon ne concernent que la première année de la vie de l'enfant et sont, pour la plupart, relatifs au domaine du développement physique du nouveau-né et des soins corporels. Il ne nous paraît pas très intéressant de dresser le catalogue exhaustif des sujets développés et de relever les nombreuses "erreurs" de Buffon en ces matières. Qu'il nous suffise d'indiquer qu'il ne fait que reproduire les habituelles observations, les préjugés les plus tenaces et les pratiques les plus curieuses qui sont communément répandus à son époque dans les traités de puériculture. La *Paedotrophia* de Scévole de Sainte-Marthe[52] avait fourni, dès la fin du XVIᵉ siècle, un modèle longtemps imité. Ce n'est qu'en 1760 que Desessarts[53] en fera une critique décisive qui reléguera l'ouvrage au rang des curiosités.

Il apparaît, par contre, beaucoup plus intéressant de souligner que la question du développement mental est totalement absente des réflexions de Buffon. Son concept de développement est d'ailleurs toujours synonyme d'accroissement quantitatif. Ce qui rend impossible la construction du concept de développement intellectuel, c'est l'absence, maintes fois soulignée, de la notion d'évolution tant sur le plan phylogénétique qu'au niveau de l'ontogenèse. Mais il faut y ajouter que Buffon n'est pas très perméable à l'idéologie du progrès dans laquelle on trouve une forme politique et sociale de la thèse de la récapitulation qui jouera un rôle considérable dans la constitution de l'embryologie de la raison. Le temps de Buffon est celui de la dégradation : «*Tout change dans la Nature, tout s'altère, tout périt; le corps de l'homme n'est pas plutôt arrivé à son point de perfection, qu'il commence à déchoir...*».[54] C'est par ces mots que débute le chapitre intitulé *De la vieillesse et de la mort*. Le contraste est saisissant avec la pensée d'un Turgot qui compare le mouvement des sociétés vers la justice et la raison au progrès individuel vers la pensée rationnelle.[55] Passant sans transition de la prime enfance à l'adolescence, dans laquelle il ne veut voir que le moment de l'éveil à la sexualité,[56] Buffon omet totalement de s'intéresser aux transformations profondes qui affectent la manière d'appréhender le monde entre ces deux périodes de la vie, ce dont toutefois on ne peut lui tenir rigueur. Curieusement, le mot "éducation" est totalement absent des deux chapitres intitulés *De l'enfance* et *De la puberté*. Buffon n'aurait-il pas tiré toutes les conclusions de son matérialisme ou serait-il tellement désireux d'affirmer son appartenance à l'aristocratie qu'il ait fait sien le principe selon lequel la noblesse se transmet par le sang et la bourgeoisie par l'éducation.[57]

Plutôt que de vouloir à tout prix saluer en Buffon le précurseur de la science contemporaine de l'homme, il conviendrait de ne voir en lui qu'un personnage de transition, maintenant des positions traditionnelles, mais hasardant parfois, et toujours prudemment, quelques hypothèses novatrices.

---

52. Sainte-Marthe [32].

53. Desessarts [13].

54. *Histoire naturelle de l'homme : De la vieillesse et de la mort* [1749], *in* Buffon [8] : p. 115.

55. Turgot [37].

56. Buffon aborde successivement dans ce chapitre : la circoncision, la castration, la puberté selon le sexe et le climat, l'hymen, la virginité, l'état de mariage, la fureur utérine, la stérilité et l'âge de procréation. Les quelques indications physiologiques sont noyées dans un ensemble d'anecdotes à caractère anthropologique.

57. Buffon se distingue en cela de tous les auteurs "matérialistes" qui depuis Locke jusqu'à Helvétius ont fait large place à l'éducation.

**BIBLIOGRAPHIE** *

(1)† BARRUEL (Abbé A., Société de Jésus), *Les Helviennes ou Lettres provinciales philosophiques*, Amsterdam et Paris, Laporte, 1781; rééd. 1784, 1785, 1788, 1812 et 1823.
(2) BERTIN (L.), BOURDIER (F.) *et al.*, *Buffon*, Paris, Muséum d'Histoire Naturelle et Publications françaises, 1952.
(3)† BONALD (L. de), *Législation Primitive considérée dans les derniers temps par les seules lumières de la raison, suivie de plusieurs traités et discours politiques*, Paris, Le Clère, 1802.
(4)† BOUGEANT (G.H.), *Amusement philosophique sur le langage des bestes*, Paris, Gissey, 1739.
(5)† BOULLIER (D.R.), *Essai philosophique sur l'âme des bêtes*, Amsterdam, Changuignon, 1728.
(6)† BROUGHTON (J.), *Psychologia : or an account of the nature of the rational soul*, London, Bosville, 1703.
(7)† BUFFON (G.), *Histoire naturelle, générale et particulière*, Paris, Imprimerie Royale, 1749-1767, 15 vol.
(8)† BUFFON (G.), *De l'Homme*, avec une introduction de J. Rostand, Paris, Vialetay, 1971, avec 20 gravures d'époque.
(9)† CASSMANN (O.), *Psychologia anthropologica sive animae humanae doctrina...*, Hanoviae, impensis P. Fischeri Fr., 1596.
(10)† CONDILLAC (Abbé É. de), *Traité des sensations* [1754],Paris, Fayard, Corpus des Œuvres de philosophie en langue française, 1984.
(11)† CONDILLAC (Abbé É. de), *Traité des animaux* [1755], Paris, Fayard, Corpus des Œuvres de philosophie en langue française, 1984.
(12)† COWARD (W.), *Second thoughts concerning human soul, demonstrating the notion of human soul, as believ'd to be a spiritual immortal substance, united to the human body, to be a heathenish invention, and not a consonant to the principles of philosophy, reason and religion; last the ground only of many absurd and superstitious opinions, abominable to the reformed Churches, and derogatory in general to true Christianity*, London, 1702.
(13)† DESESSARTS (J.L.), *Traité de l'éducation corporelle des enfants en bas âge, ou Reflexions pratiques sur les moyens de procurer une meilleure condition aux Citoyens*, Paris, chez Jean Thomas Hérissant, 1760.
(14)† DIONIS (P.), *L'anatomie de l'homme suivant la circulation du sang et les dernières découvertes*, Paris, L. d'Houry, 1690.
(15)† DUHAMEL (Abbé J.R.A.), *Lettres d'un philosophe à un Docteur de Sorbonne sur les explications de M. de Buffon*, Strasbourg, Schmouck, s.d. (1751); rééd. 1754.
(16)† FELLER (F. de), *Examen critique de l'Histoire naturelle de M. de Buffon, par M. Flexier de Reval*, Luxembourg, 1773.
(17)† FELLER (F. de), *Examen impartial des Époques de la Nature de M. de le Comte de Buffon, par l'abbé F. D. de F.*, Luxembourg, Chevalier, 1780.
(18)† FÉRET (P.), *La faculté de théologie de Paris et ses docteurs les plus célèbres*, Paris, A. Picard, 1909, T. VI, *Époque moderne*.

* Sources imprimées et études. Les sources sont distinguées des études par le signe †.

(19)† GOCLENIUS (R.), *PSUCHOLOGIA, hoc est hominis perfectione, animo et inprimis ortu hujus, commentationes ac disputationes quorumdam Theologorum et Philosophorum nostrae aetatis, quos proxime sequens praefationem pagina ostendit, Philosophiae studiosis lectu jucundae et utilis*, Marpurgi, ex officina Egenolphi, 1590.

(20)    HASTINGS (H.), *Man and Beast in French Thought of the Eighteenth century*, Baltimore, The Johns Hopkins Press, 1936.

(21)† LA METTRIE (J. Offray de), *Histoire naturelle de l'âme*, Amsterdam, 1745.

(22)† LA METTRIE (J. Offray de), *L'homme-machine*, Amsterdam, Elie de Luzac, 1748.

(23)† LE LARGE de LIGNAC (Abbé J.), *Lettres à un Amériquain sur l'Histoire naturelle, générale et particulière de M. de Buffon*, Hambourg, 1751, 5 vol.

(24)† LE LARGE de LIGNAC (Abbé J.), *Suite des Lettres à un Américain sur les IV^e et V^e volumes de l'Histoire naturelle de M. de Buffon, et sur le Traité des animaux de M. l'abbé de Condillac*, Hambourg, 1756, 4 vol.

(25)† LOCKE (J.), *Essai philosophique concernant l'entendement humain*. Traduit de l'anglais par M. Coste, 5ème éd., Amsterdam et Leipzig, J. Schreuder et Pierre Mortier le Jeune, 1755.

(26)† MACY (Abbé), *Traité de l'âme des bêtes, avec des réflexions physiques et morales*, s. l., 1737.

(27)    MAIRE (C.L.), *Les convulsionnaires de Saint-Médard. Miracles, convulsions et prophéties à Paris au XVIIIe siècle*, Paris, Gallimard et Julliard, 1985.

(28)    MONOD (A.), *De Pascal à Chateaubriand. Les défenseurs français du Christianisme de 1670 à 1802*, Paris, Alcan, 1916.

(29)    ROGER (J.), *Les sciences de la vie dans la pensée française du XVIII^e siècle*, Paris, Armand Colin, 1971.

(30)† ROYOU (T.) , *Le monde de verre réduit en poudre ou analyse et réfutation des Époques de la Nature de M. le Comte de Buffon*, Paris, J.G. Mérigot le Jeune, s.d.

(31)† ROYOU (T.), *Lettre de l'abbé Royou à M. de Loménie, décardinalisé, moitié de gré, moitié de force, mais toujours archevêque de Sens*, Paris, "L'ami du Roy", 1791.

(32)† SAINTE-MARTHE (Scévole de), *S.S. Paedotrophiae libri tres*, P. 1584, IV-60p.

(33)    STENGERS (J.), *Buffon et la Sorbonne*, Bruxelles, Éd. de l'Université de Bruxelles, 1974.

(34)    TAVENEAUX (R.), *La vie quotidienne des Jansénistes*. Paris, Hachette, 1973.

(35)† TINDAL (M.), *Christianity as old as creation, or the gospel a republication of the religion of nature*. London, 1730.

(36)† TOLAND (J.), *Christianity not mysterious, or a treatise shewing that there is nothing in the Gospel contrary to Reason, nor above it; and that no Christian Doctrine can be properly call'd a mystery*. London, 1696.

(37)† TURGOT (A. M. R.), *Seconde Ébauche de Discours sur l'Histoire universelle, in* G. Schelle éd., *Turgot, œuvres et documents avec biographie et notes*, Paris, 1913-1933, 5 vol.

(38)† TURNER (J.), *A brief vindication of the separate existence and immortality of the soul from a late author Second Thoughts*, 1702.

(39)† WOLFF (C.), *Psychologia Empirica*, Frankfurt et Leipzig, Renger, 1732.

*PÉRIODIQUES*

(40)† *JOURNAL DE TRÉVOUX,* ou *Mémoires pour servir à l'histoire des sciences et des beaux-arts*, Trévoux puis Paris, 1701-1767, 265 vol.

(41)† *NOUVELLES ECCLÉSIASTIQUES* ou *Mémoires pour servir à l'histoire de la Constitution Unigenitus.* Parution clandestine de 1713 à 1791, puis Utrecht, jusqu'en 1803.

#32 777

# 41

## LE HASARD CHEZ BUFFON :
## UNE PROBABILITÉ «ANTHROPOLOGIQUE»

Charles LENAY *

Il s'agit ici d'étudier ce que Buffon entendait sous la notion de hasard, non pas dans son *Histoire naturelle* où elle jouait pourtant parfois un rôle explicatif important, mais plutôt dans sa théorie de la connaissance, en liaison avec ses calculs de probabilité ou de certitude.

La plus grande partie de l'œuvre probabiliste de Buffon se trouve réunie dans un article intitulé *«Essai d'arithmétique morale»,* publié dans le quatrième volume des *Suppléments à l'Histoire naturelle* paru en 1777.[1] Il est bien connu que cet essai est en grande partie formé du rassemblement de divers textes écrits dans la jeunesse de Buffon, au long des années 1730 et 40, donc avant qu'il n'entreprenne son *Histoire naturelle.*[2] À première vue, il semble composé d'éléments assez hétéroclites (critique du caractère arbitraire des mathématiques, définitions des certitudes morales et physiques, paradoxe de Saint-Pétersbourg, valeur de l'argent, probabilités géométriques, problème de l'existence de l'infini, mesures arithmétiques et géométriques...), mais le fait est que Buffon jugea bon de rassembler ces sujets dans une même continuité. Jacques Roger, et tout dernièrement Ernest Coumet, ont plaidé pour une unité profonde de leurs problématiques. Alors que Roger y reconnaissait le problème de l'application des mathématiques à la connaissance de la nature, Coumet montrait de façon convaincante que l'ensemble des questions abordées s'organisent plus précisément comme le développement du thème général de la mesure.[3] Mon travail, qui ne porte que sur la partie proprement probabiliste de l'essai, tendra pourtant à conforter cette thèse d'une unité du texte de Buffon, puisque l'on montrera qu'il s'agit là d'un problème de mesure des choses incertaines, et même, de mesure de l'ignorance humaine. Il y a dans ce texte une discussion profonde du problème des probabilités *a priori* que l'on peut donner avant toute expérience; un problème fondamental pour Buffon qui accordait une place centrale à la méthode de l'induction dans sa philosophie de la connaissance.

Commençons en remarquant un paradoxe qui saute aux yeux à la lecture d'ensemble de l'*Essai d'arithmétique morale* : comment, alors qu'il dénonce abondamment le pouvoir des mathématiques à décrire le réel, Buffon peut-il dans le même essai, accorder une telle confiance au calcul des probabilités, et même, lui demander de fonder toute sa théorie de la connaissance? Comment, alors qu'il af-

* Centre Benjamin Franklin. Université de Technologie de Compiègne. 60206 Compiègne. FRANCE.
1. Voir Buffon [6] et [7].
2. Voir la présentation de Roger in Buffon [7] : pp. 25-31.
3. Communication à paraître.

firme la supériorité de l'expérience sur la raison calculatrice, peut-il en même temps demander au calcul des probabilités de commander à la crainte et à l'espérance?

En essayant de résoudre ces questions, on comprendra que l'originalité de Buffon, dans ses travaux sur les probabilités, s'inscrit dans le cadre de la formation de sa pensée, en particulier à la rencontre de sa philosophie de la connaissance et de sa conception naturaliste sur la position de l'homme dans la nature.

Le moment le plus caractéristique de cette apparente contradiction est certainement sa vigoureuse dénonciation des jeux de hasard. En effet, un des objets de l'*Essai d'arithmétique morale* est de *«donner un puissant antidote contre le mal épidémique de la passion du jeu»*.[4] Pour cela Buffon pensait pouvoir s'appuyer sur une explication mathématique rigoureuse.

*«Ceci n'est point un discours de morale vague, ce sont des vérités précises de métaphysique que je soumets au calcul...»*[5]

Mais comment cette injonction morale peut-elle se fonder sur un calcul? *«la crainte et l'espérance sont des sentiments et non des déterminations; (...); et dès lors doit-on leur donner une mesure égale, ou même leur assigner aucune mesure!»*.[6] D'autant que Buffon n'hésite pas à affirmer quelques pages plus loin que :

*«...le sentiment n'est en général qu'un raisonnement implicite moins clair, mais souvent plus fin, et toujours plus sûr que le produit direct de la raison.»*[7]

Pourtant Buffon reconnaissait avoir une telle confiance dans le calcul des probabilités qu'il se répondait à lui-même :

*«A cela je réponds, que la mesure dont il est question ne porte pas sur les sentiments, mais sur les raisons qui doivent les faire naître, et que tout homme sage ne doit estimer la valeur de ces sentiments de crainte ou d'espérance que par le degré de probabilité.»*[8]

Mais, pour pouvoir s'appuyer sur la raison dans la dénonciation des jeux de hasard, Buffon devait estimer détenir une *explication simple* des phénomènes en question. En effet, pour lui, l'emploi des mathématiques ne pouvait se concevoir que dans des conditions très restreintes. Paradoxalement, la présentation de ces restrictions occupait une grande partie de cet *Essai d'arithmétique morale*. Il faut donc commencer par rappeler brièvement ces arguments pour montrer dans quelles conditions précises le calcul des probabilités devait trouver ses fondements.

# I
## LE POUVOIR DES MATHÉMATIQUES

En disciple de Locke, Buffon reconnaissait que nos sens, bien qu'essentiellement limités, étaient nos seuls instruments pour connaître le monde. Tout ce qu'ils pouvaient nous donner était une connaissance relative et incertaine qui dépendait tout autant de leur propre nature que des causes externes de leurs activités. Nous ne pouvons connaître que les effets et non les causes. Comme il l'affirmait dans sa

---

4. *Essai d'arithmétique morale*, XI [1777], *in* Buffon [7] : p. 44.
5. *Essai d'arithmétique morale*, XII [1777], *in* Buffon [7] : p. 44.
6. *Essai d'arithmétique morale*, IX [1777], *in* Buffon [7] : p. 40.
7. *Essai d'arithmétique morale*, XIII [1777], *in* Buffon [7] : p. 46, ou Buffon [6], T. IV : p. 71 (voir aussi pp. 73-74).
8. *Essai d'arithmétique morale*, IX [1777], *in* Buffon [7] : p. 40.

fameuse introduction à l'*Histoire naturelle,* il nous faut :

> «avouer que les causes nous sont & nous seront perpétuellement inconnues, parce que nos sens étant eux-mêmes les effets de causes que nous ne connoissons point, ils ne peuvent nous donner des idées que des effets, & jamais des causes; il faudra donc nous réduire à appeler cause un effet général, & renoncer à sçavoir au delà.»[9]

Face à la connaissance imparfaite de l'expérience, les mathématiques permettent d'atteindre l'évidence, mais les vérités de la géométrie ou de l'arithmétique ne peuvent rien nous apprendre sur le réel, ce ne sont que des évidences intellectuelles de convention.

> «Les vérités qui sont purement intellectuelles, comme celles de la Géométrie, se réduisent toutes à des vérités de définition; il ne s'agit, pour résoudre le problème le plus difficile, que de le bien entendre...»[10]

Il faut donc toujours agir avec les suppositions des mathématiques, *«en ne leur donnant réellement que leur vraie valeur, c'est-à-dire, en les prenant pour des abstractions et non pour des réalités».*[11] Dans le cas contraire, on risquerait de *«porter dans la réalité des ouvrages du Créateur, les abstractions de notre esprit borné».*[12] C'est ce que Buffon avait dénoncé avec la vigueur que l'on sait à propos des classifications qui créent des limites artificielles dans la nature. Par exemple, en dénonçant les conventions arbitraires de la géométrie, Buffon pensait pouvoir montrer très simplement l'impossibilité de la quadrature du cercle. Ce ne serait que dans certains cas très particuliers, où l'on peut prétendre donner une explication des phénomènes par des causes simples, que l'on pourra réaliser une des rares unions des mathématiques et de la physique. Cela est rare parce que :

> «Il faut pour cela que les phénomènes que nous cherchons à expliquer, soient susceptibles d'être considérés d'une manière abstraite, & que de leur nature ils soient dénuez de presque toute qualité physique, car pour peu qu'ils soient composez, le calcul ne peut plus s'y appliquer.»[13]

C'est certainement parce que pour Buffon, les nombres n'avaient de sens que dans un rapport étroit avec les choses qu'ils représentent, que leur usage devait être limité. Une équation mathématique efficace dans sa description de l'enchaînement des phénomènes devait renvoyer à une sémantique précise des propriétés ainsi mises en relation. Cette attitude est bien caractérisée dans la controverse qui l'opposa à Clairaut en 1748 et 1749 à propos de la loi de la gravitation. On y voit que pour lui, une analogie étroite devait toujours exister entre les rapports des grandeurs qui mesurent les qualités physiques et les équations qui expriment leurs liaisons. Et il ajoutait que seules l'astronomie et l'optique étaient des objets suffisamment simples pour se prêter à une telle mathématisation. La complexité des autres sciences de la nature ne pouvait la permettre. Pour éviter de devoir y faire des conventions arbitraires, la bonne manière d'étudier l'histoire naturelle consiste donc à s'attacher surtout à faire des *descriptions* exactes avec des mesures précises en évitant de présupposer trop vite quelque système explicatif.

Chaque observation nous permet de décrire un phénomène, un effet de la nature, mais pour atteindre une loi, un effet général qui explique les effets particuliers, il

9. *«De la Manière d'étudier et de traiter l'histoire naturelle»* [1749], *in* Buffon [8] : p. 25.
10. *Essai d'arithmétique morale, XXXI* [1777], *in* Buffon [7] : p. 82.
11. *Essai d'arithmétique morale, XXXI* [1777], *in* Buffon [7] : p. 83.
12. *«De la Manière d'étudier et de traiter l'histoire naturelle»* [1749], *in* Buffon [8] : p. 9.
13. *«De la Manière d'étudier et de traiter l'histoire naturelle»* [1749], *in* Buffon [8] : p. 25.

faut répéter les observations. Phillip Sloan a montré chez Buffon, la prétention d'atteindre la certitude physique de ces effets généraux par induction probabiliste sur les séries d'observations récurrentes.[14] Or, pour permettre une telle certitude, il faut que la probabilité soit une quantité objectivement mesurable.

Ainsi, pour Buffon, quand on ne peut développer une démonstration mathématique comme en astronomie, il faut se contenter de rassembler des observations. Quand on ne peut faire de calcul fondé sur des causes simples, on doit se tenir aux effets observés et à leurs probabilités. Mais ces probabilités sont elles-mêmes les résultats de calculs! Dans un de ces passages souvent cités de son discours *«De la Manière d'étudier et de traiter l'histoire naturelle»*, Buffon écrivait :

> «la vraie méthode de conduire son esprit dans ces recherches, c'est d'avoir recours aux observations, de les rassembler, d'en faire de nouvelles, & en assez grand nombre pour nous assurer de la vérité des faits principaux, & *de n'employer la méthode mathématique que pour estimer les probabilités* des conséquences qu'on peut tirer de ces faits.»[15]

Il n'y a donc pas seulement l'astronomie et l'optique qui soient susceptibles d'une mathématisation rigoureuse. L'estimation des probabilités autorise, elle aussi, l'emploi de la méthode mathématique. Mais dès lors, quelle est l'explication par des causes simples qui permet de faire ces calculs? Comment peut-on dire que les conventions sur lesquelles ils se fondent sont suffisamment justifiées alors que justement il s'agit du domaine de l'incertain?

Le calcul des probabilités était pour Buffon une discipline limite des mathématiques. Ses axiomes seraient tirés, non pas de simples abstractions intellectuelles comme le nombre en arithmétique ou le point en géométrie, mais de la *relation* de notre raison avec le réel. On va voir que l'impossibilité d'atteindre les *«choses elles-mêmes»*, qui expliquait l'absence d'adéquation nécessaire entre les mathématiques et la nature, servait précisément ici de fondement à un calcul mathématique. Le hasard est posé comme dû à notre ignorance des causes des phénomènes observés, et Buffon ne doutait pas que la probabilité en soit la juste mesure.

Pour le comprendre revenons au cas des jeux de hasard.

## II
### LE PROBLÈME DE L'ÉGALITÉ DES CHANCES

D'après Buffon, les raisonnements et les sentiments des joueurs seraient fondamentalement vicieux et non fondés parce que :

> «Lorsqu'un jeu de hasard est par sa nature parfaitement égal, le joueur n'a nulle raison pour se déterminer à tel ou tel parti; car enfin, de l'égalité supposée de ce jeu, il résulte nécessairement qu'il n'y a point de bonnes raisons pour préférer l'un ou l'autre parti; (...) aussi la logique des joueurs m'a paru tout à fait vicieuse.»[16]

Ce que Buffon condamne ici chez les joueurs, c'est leur croyance en une bonne étoile ou à une chance particulière. Ils oublient que, puisque le jeu est égal, le choix des paris est indifférent. Toute l'argumentation morale de Buffon se place donc dans le cadre d'une équité du jeu. Ceci représente une forme de renversement par rapport

---

14. Voir la communication de Sloan dans cet ouvrage (pp. 201-216).

15. *De la Manière d'étudier et de traiter l'histoire naturelle* [1749], *in* Buffon [8] : p. 26. Nous-soulignons.

16. *Essai d'arithmétique morale*, X [1777], *in* Buffon [7] : p. 42.

aux conceptions antérieures qui furent à l'origine du calcul des probabilités. En effet, on pensait alors que si les contrats sur l'aléatoire, comme ceux passés entre des joueurs, étaient vicieux, c'était plutôt par manque d'équité. Et c'est à travers la recherche des conditions de juste équilibre entre les partis que furent établis les principes du calcul des probabilités.[17] Pour Buffon, au contraire, les raisonnements des joueurs ne seraient vraiment irraisonnables que si l'équité était admise. Dans le cas contraire, leurs choix seraient peut-être bien fondés. Ils essaieraient de sentir ce que Buffon appelait la bonne *«pente du hasard»*, la tendance du jeu. Ils parieraient avantageusement dans le sens de la probabilité la plus favorable. Or, sur quelle base justifier l'équité? Buffon reconnaissait tout à fait que la longue observation des résultats devait indiquer, par leurs fréquences, la réalité du rapport des chances :

«il est souvent possible de reconnaître par l'observation, de quel côté l'imperfection des instruments du sort fait pencher le hasard. Il ne faut pour cela qu'observer attentivement et longtemps la suite des événements.»[18]

Ainsi, *a posteriori,* on doit pouvoir reconnaître au moins approximativement la probabilité d'un événement.

Mais il est théoriquement, et pratiquement, nécessaire de déterminer une équité *a priori*. Théoriquement, parce que c'est là un problème de fondement de la théorie des probabilités, au moins à cette époque : si l'on ne peut pas poser au départ que les divers cas possibles, et leurs combinaisons, soient équiprobables, comment réaliser les premiers calculs de chance? Et, comment justifier le calcul d'induction de phénomènes généraux à partir des observation particulières? Mais aussi pratiquement, comment pourrait-on dénoncer les jeux de hasard s'il fallait d'abord jouer? On ne peut compter sur une expérience pour fonder l'injonction de ne pas faire cette expérience. Ou bien le travail moraliste de Buffon ne sert à rien. Remarquons d'ailleurs que la rigueur de sa dénonciation des jeux de hasard était peut- être l'effet de quelque déboire qu'il aurait subi dans sa jeunesse insouciante.[19] On en trouve quelques échos dans sa correspondance. Par exemple, lors du voyage qu'il effectua en France et en Italie en compagnie de Lord Kingston[20] et de son précepteur Nathaniel Hickman, de passage à Bordeaux en 1731, il écrivait à son ami Richard de Ruffey :

«Le jeu est ici la seule occupation, le seul plaisir de tous ces gens; on le joue gros, et, en ce temps de carnaval, sous le masque. Le jeu ordinaire est les trois dés; mais ce qu'il y a de plus singulier, c'est que chaque masque apporte ses dés et son cornet. Il faut être bien bête pour donner dans un pareil panneau.»[21]

Comment ne pas tomber dans de tels panneaux? Comment reconnaître au premier coup d'œil que le jeu est égal? Ou encore, comment mesurer le hasard sans multiplier les épreuves?

On a vu que pour faire un calcul justifié, il faut être capable de développer une explication suivant des causes simples. Or pour Buffon, ceci était possible dans le cas des jeux de hasard. En effet :

«Dans les hasards que nous avons arrangés, balancés et calculés nous-même, on ne doit

---

17. Coumet [12], [13].

18. *Essai d'arithmétique morale, XI* [1777], *in* Buffon [7] : p. 42.

19. On sait que Buffon dut quitter rapidement la ville d'Angers en 1731, à la suite d'un duel où il semble qu'il tua son adversaire. Histoire d'amour ou de jeu?

20. Lord Evelyn Pierrepont, second duc de Kingston (1711-1773).

21. Lettre de Buffon à Ruffey du 22 janvier 1731, Bordeaux, *in* Buffon [9] : pp. 7-8 (lettre n°6 d'après Hanks [17]).

pas dire que nous ignorons les causes des effets : nous ignorons à la vérité la cause immédiate de chaque effet particulier; mais nous voyons clairement la cause première et générale de tous les effets.»[22]

La cause première c'est la structure du jeu, et le hasard est uniquement dû à notre ignorance des causes secondes de chaque événement particulier.

«J'ignore, par exemple, et je ne peux même pas imaginer en aucune façon, quelle est la différence des mouvements de la main, par exemple, pour passer ou ne pas passer dix avec trois dés, ce qui néanmoins est la cause immédiate de l'événement, mais je vois évidemment par le nombre et la marque des dés qui sont ici les causes premières et générales que les hasards sont absolument égaux.»[23]

En effet, une des conventions nécessaires pour pouvoir développer tout calcul de rapport de chances, c'est de pouvoir compter les cas également possibles. C'est là une question très difficile qui parcourt toute l'histoire du calcul des probabilités, et Buffon ne faisait pas œuvre originale en commençant par rapporter cette équipossibilité à une égale indifférence. Il semblait ainsi se placer dans le cadre subjectiviste classique tel qu'il avait été défini par Jacques Bernoulli.[24]

Mais, si l'ignorance du joueur explique bien le *«hasard pour lui»* de l'événement, elle ne permet pas d'assurer l'égalité des chances d'obtenir chaque face du dé. Si l'équité doit entraîner l'indifférence, on ne voit pas que l'indifférence puisse entraîner cette équité.

Cette question était explicitement présente dans l'essai et Buffon tentait tout d'abord de répondre à l'aide de diverses considérations sur les symétries des instruments du sort. Par exemple, il faut supposer que les...

«...dés qui sont les instruments du hasard, soient aussi parfaits qu'il est possible, c'est-à-dire, qu'ils soient exactement cubiques, que la matière en soit homogène, que les nombres y soient peints et non marqués en creux, pour qu'ils ne pèsent pas plus sur une face que sur l'autre.»[25]

Mais de telles conditions, sans cesse proposées dans les ouvrages théoriques sur les probabilités[26] sont-elles suffisantes? Buffon en doutait. Les joueurs ne risquent-ils pas d'avoir dans leurs gestes quelques régularités inconscientes qui favorisent tel ou tel événement?

«de quelque manière que l'on puisse varier le mouvement et la position des instruments du sort, il est impossible de les rendre assez parfaits pour maintenir l'égalité absolue du hasard; il y a une certaine routine à faire, à placer, à mêler les billets, laquelle dans le sein même de la confusion produit un certain ordre, et fait que certains billets doivent sortir plus souvent que les autres.»[27]

Et même en amont, lors de la fabrication des instruments du sort, *«en les assemblant chez l'ouvrier on suit une certaine routine, le joueur lui-même en les mêlant a sa routine; le tout se fait d'une certaine façon plus souvent que d'une*

22. *Essai d'arithmétique morale*, X [1777], *in* Buffon [7] : p. 41.
23. *Essai d'arithmétique morale*, X [1777], *in* Buffon [7] : pp. 41-42.
24. Bernoulli [3] : p. 14.
25. *Essai d'arithmétique morale*, XI [1777], *in* Buffon [7] : p. 42.
26. Par exemple, Bernoulli écrivait : «...*pour chacun des dés les cas sont manifestement aussi nombreux que les bases, et ils sont tous également enclins à échoir; car à cause de la similitude des bases et du poids uniforme des dés il n'y a point de raison, pour qu'une des bases soit plus encline à échoir que l'autre..».* Bernoulli [3] : p. 42.
27. *Essai d'arithmétique morale*, XI [1777], *in* Buffon [7] : p. 43.

*autre».*[28]

Ainsi Buffon pose sérieusement une des questions essentielles de l'application du calcul des probabilités. Une question autour de laquelle les débats sont toujours actifs parmi les chercheurs ou les utilisateurs. Mais contrairement à ce qui se fera dans les traditions fréquentistes ou subjectivistes, il ne cherche pas à résoudre le problème des probabilités *a priori* en le rejetant par des interdits spécifiques, ou en admettant une pure subjectivité des probabilités.

Le sens de la recherche de Buffon semblait plutôt être d'objectiver l'ignorance, ou du moins d'en donner une mesure objective. C'est en effet ce problème de la détermination *a priori* des conditions d'équité que Buffon tentait de résoudre à l'aide du jeu de franc-carreau : à cette occasion, il donnait des règles pour construire avec une certitude géométrique un jeu équitable.

### III
### PROBABILITÉS GÉOMÉTRIQUES

La résolution du problème de l'équité était donc un des objectifs du jeune Georges-Louis Leclerc qui, alors âgé de 25 ans, revenait de voyage et présentait en 1733 son premier mémoire à l'Académie des Sciences. D'après les registres de l'Académie, il présenta un autre mémoire sur le même sujet en 1736. Ces deux mémoires ont disparu. Le seul texte que l'on possède est celui qui compose l'article XXIII de l'*Essai d'arithmétique morale* que je vais analyser ici. Buffon écrit que le but de son travail est d'introduire pour la première fois les considérations géométriques dans le calcul des probabilités. Mais, comme le remarque Lesley Hanks qui a étudié ce texte avec une attention particulière, Buffon s'attache toujours dans ses calculs à mettre en place l'égalité des chances favorables et défavorables, plutôt que d'évaluer directement différentes probabilités.[29] Il s'agit ici de tenir compte de la forme des choses avec lesquelles on joue et de la soumettre à la mesure et au calcul pour établir des conditions d'équité. C'est effectivement ce que remarquaient Maupertuis et Clairaut dans leur rapport à l'Académie en 1733 :

«Jusqu'icy pour la détermination des parties dans les jeux de pur hasard l'on n'a fait entrer que la considération des nombres, parce que dans la plupart de ces jeux, tout se réduit à certains nombres des cas avantageux et des cas désavantageux, indépendamment de la *figure des choses avec lesquelles on joue*.»[30]

Dans sa forme la plus simple, le jeu de franc-carreau se joue en jetant en l'air une pièce ronde dans une chambre pavée de carreaux égaux d'une forme quelconque. L'un des joueurs parie que la pièce chevauchera deux carreaux, l'autre parie qu'elle tombera à «*franc-carreau*». D'après Buffon, pour rendre égaux les sorts, il suffit de faire en sorte que les surfaces qui correspondent aux deux situations possibles soient égales.[31] Voilà donc la condition essentielle de l'équité.

---

28. *Essai d'arithmétique morale, XI* [1777], *in* Buffon [7] : p. 43.

29. «*Quelle que soit la pensée qui ait pu guider Buffon, il est probable, du moins, que le point de départ n'était pas ce désir de faire usage de la géométrie qu'il professe dans son introduction. C'est après coup seulement que l'on arrive à mettre ainsi le doigt sur l'originalité de son travail*», Hanks [17] : p. 44.

30. «Rapport des commissaires nommés par l'Académie [Maupertuis et Clairaut]», *Registres de l'Académie*, séance du 25 avril 1733, f.81 r°-v°. Nous soulignons.

31. «*...pour rendre égal le sort de ces deux joueurs, il faut que la superficie de la figure inscrite, soit égale à celle de la Couronne, ou ce qui est la même chose, qu'elle soit la moitié de la surface totale du*

Et elle est reconnaissable avant toute épreuve par la simple mesure des surfaces.

Ce raisonnement pour être valide doit se faire sur le postulat que chaque unité de surface a la même probabilité de recevoir le centre de la pièce. Mais, ce qui est particulièrement étonnant dans le jeu de franc-carreau, c'est qu'il s'agit tout aussi bien d'un jeu d'adresse que d'un jeu de chance. Le hasard de l'événement n'est que le résultat de la maladresse des joueurs. Comment l'analyse des conditions de symétrie des instruments du sort peut-elle être traitée dans le cadre d'un jeu où la plus ou moins grande habileté à viser le centre d'un carreau donne l'avantage à l'un ou l'autre joueur? Bien sûr, la difficulté de viser est largement augmentée du fait que le joueur jette sa pièce en l'air. Mais comment admettre l'uniformité de la répartition des probabilités sur le plan? Devrons-nous simplement conclure que Buffon s'est donné une probabilisation *a priori* de l'espace? Une probabilisation arbitraire ou bien dépendante seulement de considérations subjectives?

C'est là, me semble-t-il, que Buffon se montrait particulièrement clairvoyant. En effet, il est un élément du jeu qui est de première importance: le plan doit être recouvert complètement et régulièrement par les carreaux. Ce qui est présupposé à travers cette condition, c'est que les joueurs étant incapables de viser un carreau en particulier, ils ne le sont plus du tout de viser telle ou telle partie d'un carreau. Un raisonnement, ou un calcul, mené en un lieu du plan, peut être déplacé en un autre lieu sans que cela ne change rien à son résultat. C'est grâce à cette idée que l'emploi des probabilités continues par Buffon peut être justifié. En effet, affecter une probabilité à un point du plan n'a aucune signification précise, surtout pour Buffon qui refusait de croire à l'existence d'un infini actuel. Il faut donc, dirons-nous d'une façon moderne, introduire une fonction qui permette de décrire l'espace que l'on veut probabiliser. Or, le problème que Poincaré mettra bien en évidence en 1902, est que cette fonction est indéterminée ou arbitraire.[32] Mais, comme le remarqua Deltheil en 1926, dans de nombreux cas on peut faire disparaître cette indétermination «*...en s'imposant la condition nouvelle que* le résultat du calcul doit rester inchangé par un déplacement d'ensemble de la figure. *Ce point de vue rattache les probabilités géométriques à la* théorie de la mesure *des ensembles*».[33]

Dès lors, la probabilité est égale au «*rapport des mesures des ensembles correspondant aux cas favorables et aux cas possibles*».[34]

Contrairement au tir à la cible où l'on devrait supposer une répartition décroissante des impacts à partir du centre visé, la répétition parfaite du pavage et la maladresse des joueurs permettent de justifier une équiprobabilité sous-jacente du plan. Buffon en était si conscient qu'il se refusait à poursuivre ses calculs dans les cas où les formes géométriques des carreaux n'auraient pas permis un pavage exhaustif.

«Je n'ai pas fait le calcul pour d'autres figures, parce que celles-ci sont les seules dont on puisse remplir un espace sans y laisser des intervalles d'autres figures.»[35]

C'est à l'occasion de ces recherches sur la probabilité géométrique que Buffon inventa le fameux problème de l'aiguille que l'on jette sur un plan régulièrement parqueté.[36] La résolution de cette question nécessitait un calcul intégral assez

---

carreau», *Essai d'arithmétique morale*, XXIII [1777], in Buffon [7] : p. 61.

32. Poincaré [21] : pp. 200-207.

33. Deltheil [14] : p. 13, souligné dans le texte. Il s'agit de la *définition descriptive* de la mesure des ensembles de Borel et Lebesgue.

34. Deltheil [14] : p. 61.

35. *Essai d'arithmétique morale*, XXIII [1777], in Buffon [7] : p. 61.

36. Pour une aiguille de longueur 2*l*, et un écartement entre les parallèles équidistantes de 2*a*, on a une

"subtil" qu'il résolvait avec une grande intuition des symétries en jeu.[37] Bien que ce calcul roule sur les mêmes principes que dans le cas de la pièce, il intervient un postulat supplémentaire sur la répartition continue de la probabilité des angles de rotation de l'aiguille par rapport à son centre.[38] Ainsi, avec les probabilités géométriques, Buffon ouvrait tout un champ de recherche qui allait très largement se développer à travers les travaux de Cauchy, Crofton ou Lebesgue, et qui fait maintenant l'objet de la géométrie intégrale.

En fait, on rencontrait déjà des figures géométriques dans des calculs de probabilités dans un article d'Edmund Halley publié dès 1693.[39] Mais la géométrie ne jouait là qu'un rôle pédagogique de représentation de problèmes de durée de vie et d'annuités pour deux personnes ou plus. L'emploi de la géométrie à ce titre de moyen de représentation de probabilités complexes ou composées est aussi largement présent dans le mémoire de Thomas Bayes qui parut seulement en 1764.[40]

On trouve aussi un manuscrit de Newton datant probablement des années 1664-1666 où est proposé le problème du jet d'une balle au centre d'un cercle divisé par ses rayons en deux parties inégales dans le rapport de $2/\sqrt{5}$. Il s'agissait seulement pour lui de montrer que les rapports de probabilité peuvent parfois être non rationnels.[41] Newton se montrait aussi préoccupé par des questions semblables à celles de Buffon, et proposait le problème de la détermination *a priori* des probabilités d'après la forme du dé:

«si un dé n'est pas un corps régulier mais quelque chose comme un parallélépipède de faces inégales, il doit être possible de trouver de combien un lancé est plus facilement obtenu qu'un autre.»[42]

Bien que ces manuscrits n'aient été publiés que plus tard, c'est certainement à la suite de Newton que Thomas Simpson tenta, en 1740, de donner les probabilités des différentes faces d'un dé irrégulier.[43]

Mais revenons à Buffon. On remarquait tout à l'heure que c'est seulement l'ignorance pour le joueur des causes précises de chaque épreuve qui fait que le résultat est un hasard pour lui. Maintenant, avec le jeu de franc-carreau, on voit comment une *mesure* de cette ignorance peut s'établir. Dans les autres jeux, comme les dés, les cartes ou les urnes, l'ignorance fournit le hasard, mais ce sont les symétries des instruments du sort qui fournissent les justifications des rapports des chances. Ici, l'ignorance justifie non seulement le hasard, mais elle donne aussi le moyen de construire géométriquement l'équité (sur la base d'une maladresse suffisante qui justifie l'équipartition continue et constante des chances).

L'ignorance du joueur se concrétise par sa maladresse. Plus qu'une impossibilité de *connaître*, c'est une impossibilité humaine d'*agir* précisément qui rend compte du *hasard*. Plutôt que d'un *hasard subjectif*, il vaudrait donc mieux parler pour Buffon d'un hasard humain, ou *anthropologique*. Le hasard est relatif à l'homme, mais cet homme est un être naturel et non pas l'homme abstrait d'une faculté de

probabilité de l'existence d'un point d'intersection (pour $l < a$) égale à $p = 2l / \pi a$.

37. Pour une analyse de ces calculs, voyez Hanks [17].

38. Borel [4] : pp. 55-62, les n° 31-33.

39. Voir Halley [16].

40. Voir Bayes [1].

41. Voir Sheynin [22] : pp. 218-219.

42. «...*if a die bee not a regular body but a Parallelipipedon or otherwise unequall sided, it may bee found how much one cast is more easily gotten than another*». Newton [19] : pp. 58-61.

43. Simpson [23] : pp. 67-70.

connaître externe à la nature comme il tendait déjà à l'être chez Jacques Bernoulli et comme il allait l'être pour Laplace. Chez Buffon, on peut clairement distinguer le lanceur maladroit, et le naturaliste mathématicien qui l'observe. L'ignorance du joueur, le "hasard pour lui" dû à sa maladresse, devient une ignorance connue, bien définie pour le naturaliste, et elle lui donne même un hasard "réel" précisément mesurable. Il serait néanmoins certainement peu approprié de parler de hasard objectif. Bien qu'il s'agisse d'un hasard réel pour un homme réel, il reste que ce n'est qu'un hasard relatif à l'homme dans sa pratique et qui ne justifie de calcul que pour des probabilités humaines.

Cette relativité humaine de la connaissance comme de la nature, cette volonté générale de tout rapporter et subordonner à l'homme, s'exprimait sur de multiples sujets dans l'*Essai d'arithmétique morale*.

## IV
### LE «*HASARD RELATIF*» DE BUFFON

Tout d'abord, comme on l'a vu, cette mesure des choses incertaines devait s'appliquer à la formation même des connaissances humaines, c'est-à-dire aux *certitudes* physiques et morales que l'on peut tirer de l'expérience et de l'analogie. L'expérience[44] est une forme de rapport entre l'homme et la nature et, d'après Buffon, comme tout rapport elle est susceptible de mesure :

«Toutes nos connaissances sont fondées sur des rapports et des comparaisons, tout est donc relation dans l'Univers; et dès lors tout est susceptible de mesure, nos idées mêmes étant toutes relatives n'ont rien d'absolu.»[45]

La certitude physique, qui est de toutes la plus certaine, «*n'est néanmoins que la probabilité presque infinie qu'un effet, un événement qui n'a jamais manqué d'arriver, arrivera encore une fois*».[46] Pour calculer cette certitude Buffon donne une méthode dont le principe est que «*chaque épreuve augmente au double la probabilité du retour de l'effet, c'est-à-dire la certitude de la constance de la cause*».[47] Et, il n'hésite pas employer l'exemple célèbre de la probabilité que le soleil se lèvera demain matin.[48] On ne rentrera pas dans le détail des fondements bien fragiles d'une telle recherche sur la probabilité des causes par l'observation des effets.[49] Notons seulement que face au problème clé des probabilités *a priori* qui se pose toujours dans ce genre de raisonnement, Buffon adopte sans hésiter une équipartition des probabilités dans l'ignorance. On retrouve d'ailleurs ce type de calcul en divers endroits de l'*Histoire naturelle* comme dans les «*Preuves de la Théorie de la Terre*» où, à propos de la disposition des planètes sur le plan de l'écliptique avec une inclinaison inférieure à 7,5°, il montre «*que ce n'est pas par*

---

44. «*Expérience*» est bien sûr à entendre ici comme la connaissance empirique qui résulte de l'observation, et non pas comme dans la démarche «*expérimentale*».

45. *Essai d'arithmétique morale, XXV* [1777], *in* Buffon [7] : p. 68.

46. *Essai d'arithmétique morale, III* [1777], *in* Buffon [7] : p. 33.

47. *Essai d'arithmétique morale, X* [1777], *in* Buffon [7] : p. 42.

48. *Essai d'arithmétique morale, VI* [1777], *in* Buffon [7] : p. 36.

49. Pour comprendre le calcul de Buffon, il faut supposer qu'il pose que la probabilité de chaque lever, au cas où il n'aurait pas de cause, c'est-à-dire au cas où il serait le fruit du hasard, resterait chaque matin de 1/2 [voir aussi Bru [5] : pp. 75-76]. Laplace proposa une solution (de type bayésien) différente de celle de Buffon. Voir Laplace [18] : pp. 45-46.

hasard qu'elles se trouvent toutes 6 ainsi placées».[50] Pour Buffon, il semble clair que, comme au jeu de franc-carreau, l'hypothèse du hasard débouche sur une équipartition, ici une équiprobabilité des arcs sur les 180° du demi-cercle.[51]

Dans le cas de la certitude morale qui se fonde sur l'analogie et les témoignages, les probabilités ne peuvent être du même ordre que pour la certitude physique. Il faut donc déterminer une valeur de la probabilité qui permette de savoir quand l'on peut s'estimer certain, et quand il faut rester dans le doute. Or, une telle valeur doit être suffisamment fondée pour servir à prendre des décisions raisonnables et commander au sentiment. C'est encore relativement à l'homme que Buffon élaborait ce critère : ce serait la probabilité de la mort d'un homme bien portant dans la journée. Comme dans la pratique on n'a *«nulle crainte de la mort dans les vingt-quatre heures»*, bien que l'événement ait une probabilité de 1/10 000,

«j'en conclus, que toute probabilité égale ou plus petite, doit être regardée comme nulle, et que toute crainte ou toute espérance qui se trouve au-dessous de dix mille, ne doit ni nous affecter ni même nous occuper un seul instant le cœur ou la tête.» [52]

Un dix-millième, c'est, d'après Buffon, à peu près la probabilité de mourir dans la journée pour un homme de 56 ans. Cette probabilité n'est pas arbitraire, au contraire elle est induite des tables de mortalité. Elle donne une valeur objective à la mesure de notre certitude morale. La crainte subjective de la mort est donc objectivement mesurée par l'espérance de vie moyenne dans la population. Comme l'écrit Jacques Roger :

«Buffon relie donc probabilité et statistique, et mesure notre crainte de la mort par rapport à la probabilité «objective de notre mort subite.»[53]

Ce problème de la recherche d'une probabilité si petite, ou si grande, qu'elle puisse être prise comme une certitude, est un problème crucial du calcul des probabilités et de ses applications. Par exemple, Jacques Bernoulli dans son *ars conjectandi* remarquait déjà :

«Il serait donc utile que l'autorité du Magistrat établît pour la certitude morale des limites déterminées; par exemple que fût résolue la question de savoir si 99/100 de certitude suffisent pour donner la certitude, ou s'il est exigé 999/1000.»[54]

Là encore, Buffon participait à une problématique qui se prolongera jusqu'à nos jours comme le montre par exemple la *«loi unique du hasard»* d'Émile Borel.[55]

Cette façon de ne définir les probabilités que relativement à l'homme se trouve aussi bien caractérisée par la façon dont Buffon résolvait le paradoxe de Saint-Pétersbourg qui lui fut proposé pour la première fois en 1731 par Gabriel Cramer. Il s'agit d'un jeu de pile ou face, où l'on gagne dès que "pile" apparaît, et où l'on convient de doubler le gain à chaque épreuve tant que "pile" n'est pas apparu. Le problème est celui de la mise initiale. Le calcul donne une espérance infinie, il

50. Voir *«Preuves de la Théorie de la terre»* [1749], *in* Buffon [9] : T. I : pp. 69-70.

51. «...*on trouve qu'il y a 24 contre un que 2 planètes se trouvent dans des plans les plus éloignés et par conséquent 24 $^5$ ou 7 962 6244 à parier contre un, que ce n'est pas par hasard qu'elles se trouvent toutes 6 ainsi placées...* ». *Ibid.* : p. 70.

52. *Essai d'arithmétique morale, VIII* [1777], *in* Buffon [7] : p. 38.

53. *Préface, in* Buffon [7] : p. 30.

54. Bernoulli [3] : p. 28; voir aussi : pp. 17-18.

55. *«La loi unique du hasard»* : *«Cette loi consiste simplement en ce que* les phénomènes dont la probabilité est suffisamment petite ne se produisent jamais...» Borel [4] : n°9 : p. 12. Voir aussi : n°93 : pp. 180-182.

faudrait donc miser une somme d'argent infinie.[56] Buffon admettait la justesse du calcul, mais pour lui, cela ne devait pas nécessairement entraîner sa vérité: personne ne donnerait même quelques écus pour un tel jeu, le calcul n'est tout simplement pas fondé sur les bonnes conventions. Il suffit de chercher d'autres règles qui permettent d'aboutir à une solution qui ne heurte pas le bon sens. Buffon propose diverses méthodes de calcul de la décision raisonnable à prendre. Toutes ces solutions sont fondées sur cette approche des probabilités à la fois relative à l'homme et réaliste, que je viens de caractériser.

Premièrement, le calcul doit se faire en fonction des risques réels encourus et non des risques abstraits d'un jeu virtuel poursuivi à l'infini. En vertu du principe que l'on vient de donner, si la probabilité de l'événement est inférieure à 1/10 000, elle doit être regardée comme nulle. Dans le cas contraire, on pourrait parier équitablement avec le joueur qu'il sera mort avant d'avoir regagné sa mise. C'est cette idée que Buffon avait développée dès 1731 et qu'il répétait encore dans une lettre à Laplace en 1774 : «*toutes les fois qu'une probabilité excède 1/10 000, elle est, relativement à nous, parfaitement égale à zéro*».[57]

Secondement, dans le cadre d'une théorie de la décision, tout bon entrepreneur sait qu'il doit calculer ses risques en fonction de sa propre fortune, et non en fonction d'une espérance mathématique abstraite. L'infini actuel n'existe pas, *«Une somme infinie d'argent est un être de raison qui n'existe pas»*.[58] S'il fallait attendre le vingt-neuvième lancer, on devrait mettre en jeu plus que tout l'argent qui existe en France. On doit donc plutôt estimer la valeur de la mise initiale en fonction de la fortune réelle des joueurs. C'est d'ailleurs la solution que Daniel Bernoulli publia en 1738 en lui donnant une formalisation mathématique plus poussée.[59] Buffon en proposait plusieurs raisons basées sur la base d'une étonnante conception de la *«valeur»* de l'argent. Tout d'abord, l'avantage d'un gain n'est pas égal au désavantage de la perte de la même somme d'argent parce que la perte *«fait toujours plus de peine qu'un gain égal ne nous fait de plaisir»*. Surtout, il ne faudrait jamais risquer son nécessaire. Et puis, à partir d'une certaine somme on ne pourrait plus dire qu'en la doublant, on double notre richesse : le joueur *«ne doit pas compter que mille millions d'écus, lui serviront au double de cinq cent millions d'écus»*. Ainsi, dans la suite des épreuves, l'espérance diminue sans cesse.

Buffon prétendit aussi avoir réalisé l'expérience pratique de faire jeter deux mille quarante-huit fois une pièce par un enfant, il observa que le gain moyen était de cinq écus.[60] Ce résultat s'accordait bien avec le calcul et les considérations précédentes, pourvu que l'on admette aussi que le temps pour gagner 10 écus serait démesurément grand.

Le passage le plus caractéristique de l'homme moral abstrait à l'homme physique naturel se trouve dans l'interprétation que Buffon donnait des tables de mortalité. Il avait déjà publié en 1749, à la fin de son article sur l'*Histoire naturelle de l'homme*, un long chapitre intitulé *«De la vieillesse et de la mort»* où il donnait des tables de mortalité humaine qu'il devait à Dupré de Saint-Maur. En 1777, à la suite

---

56. L'espérance est : E = [1/2 x 1] + [1/4 x 2] + [1/8 x 4] + [1/16 x 8] + [1/32 x 16] + ... Ce qui est équivalent à : E = 1/2 + 1/2 + 1/2 + 1/2 + 1/2 + ..., c'est-à-dire une somme infinie.

57. Lettre de Buffon à Laplace du 21 avril 1774, *in* Buffon [10] : p. 1019, souligné dans le texte.

58. *Essai d'arithmétique morale, XVII* [1777], *in* Buffon [7] : p. 52.

59. Voir : Bernoulli [2].

60. *Essai d'arithmétique morale, XXIII* [1777], *in* Buffon [7] : p. 53. Ce type d'expérience réelle à une époque où elles étaient particulièrement rares, est une autre originalité de Buffon.

de l'*Essai d'arithmétique morale,* il reprenait ces tables en les développant. Pour chaque âge, il calculait la durée de vie probable (l'espérance de vie). Un tel travail n'avait pas une grande originalité en soi. Depuis Graunt,[61] Petty,[62] ou surtout Halley,[63],

l'analyse des tables de mortalité était bien connue. Mais Jacques Roger fait remarquer que contrairement à ses devanciers qui s'intéressaient surtout aux problèmes socio-économiques des rentes viagères, des assurances-vie (et ajoutons, des causes de mortalité), Buffon en naturaliste, cherchait à faire l'histoire de la vie et de la mort pour l'espèce humaine en tant qu'entité biologique.

«Après avoir fait l'histoire de la vie & de la mort par rapport à l'individu, considérons l'une et l'autre dans l'espèce entière.»[64]

Bien que limitée à un maximum de 100 ans, la durée de vie est particulièrement variable pour l'homme, et si l'on s'attache à *«connaître les degrés de ces variations et à établir par des observations quelque chose de fixe sur la mortalité des hommes à différents âges»,*[65] il faut procéder à l'étude des populations. En effet, pour l'espèce, la mortalité obéirait à une loi régulière (quand Buffon rencontra des irrégularités dans ses données, il n'hésita pas à *«lisser»* la courbe). Ce qui est un hasard du point de vue de chaque individu reste néanmoins déterminé pour l'ensemble de l'espèce que le naturaliste observe en tant que telle.

Ceci est certainement une pièce à apporter au dossier du problème de l'individualité de l'espèce chez Buffon dont Jean Gayon nous donne dans ce volume une profonde analyse.[66] Buffon cherchait la durée de vie *naturelle* de l'espèce et non celle d'une classe particulière d'individus sociologiquement définie. C'est ce qui le conduisait à rejeter les données de Deparcieux qui avait travaillé sur la durée de vie des rentiers. S'agissant d'*«hommes d'élite»,* leur durée de vie moyenne ne pouvait être représentative.

Dès lors, Buffon n'était plus loin de considérer le phénomène statistique comme une donnée en tant que telle. Le hasard subjectif pour l'homme des accidents qu'il rencontre, devient un hasard statistique réel pour l'espèce humaine. C'est ce type d'approche que l'on retrouvera chez Malthus et à l'origine des réflexions de Darwin.

## CONCLUSION

Ernest Coumet a montré la relation profonde qui existait à l'origine du calcul des probabilités entre le problème des partis et les contrats aléatoires. Les probabilités sont nées au cœur de la problématique des décisions de l'homme raisonnable dans un monde et un avenir incertain.[67] Buffon appartient tout à fait à cette tradition.

Quelle est donc son originalité? Dans son éloge de Buffon, Condorcet doutait beaucoup de son existence:

«Mais on doit encore ici à M. de Buffon, sinon d'avoir répandu une lumière nouvelle sur cette partie des mathématiques et de la philosophie, du moins d'en avoir fait sentir l'utilité,

---

61. Voir Graunt [15].
62. Voir Petty [20].
63. Voir Halley [16].
64. *Des probabilité de la durée de la vie* [1777], *in* Buffon [6], T. IV : p. 588.
65. *De la vieillesse et de la mort* [1749], *in* Buffon [7] : p. 112.
66. Voir l'article de J. Gayon dans ce volume.
67. Voir Coumet [12)]

peut-être même d'en avoir appris l'existence à une classe nombreuse qui n'aurait pas été en chercher les principes dans des ouvrages des géomètres, enfin, d'en avoir montré la liaison avec l'histoire naturelle de l'homme.»[68]

Il me semble que la dernière sentence rachète ce qu'il peut y avoir d'ironie critique dans cet "éloge" entre guillemets. En effet, c'est bien par la liaison avec «l'histoire naturelle de l'Homme» que le travail probabiliste de Buffon dépasse la simple vulgarisation et acquiert son originalité.

Dans l'*Homo duplex*, Buffon pose une profonde différence entre la nature spirituelle de la pensée, et la nature matérielle du corps. Mais, si cette coupure permet d'expliquer le hasard, par ignorance envers les vraies causes de la nature matérielle, une telle coupure semble aussi être chez Buffon le résultat d'un processus naturel. C'est ce qu'enseigne toute son anthropologie. Comme Claude Blanckaert l'a remarqué, la question de savoir, si en dernier ressort, Buffon croyait en un principe spirituel indépendant de la matière n'a pas tant d'importance puisqu'il donne par ailleurs tous les éléments d'une généalogie naturelle des facultés morales qui le caractérisent.[69] Le relativisme humain que Buffon emprunte à son époque se trouve donc objectivisé par les actions des hommes. L'opposition entre l'homme et la nature se trouve naturalisée et l'ignorance elle-même peut être mesurée à l'aide des probabilités.

## BIBLIOGRAPHIE *

(1)† BAYES (T.), *Essai en vue de résoudre un problème de la doctrine des chances* [1764], traduction et Postface de J.P. Clero, Paris, *Cahiers d'Histoire et de Philosophie des Sciences*, nouvelle série, n°18, 1988, 168p.

(2)† BERNOULLI (D.), «Specimen theoriae novae de mensura sortis», *Commentarii Academiae Scientiarum Imperialis Petropolitanae, vol. v ad annos 1730 et 1731,* Petropolis, Mémoires de l'Académie des Sciences de St Pétersbourg, vol. V (1738) : 175-192. Traduction du latin en anglais par L. Sommer, «Exposition of a new theory on the measurement of risk», *Econometrica*, 22 (1954) : pp. 23-36.

(3)† BERNOULLI (Jacques), *Jacques Bernoulli & l'ars conjectandi* [1713], traduction de Norbert Meusnier, Mont St-Aignan, I.R.E.M., 1987, 155p.

(4)† BOREL (É.), *Le Hasard* [1ère éd. 1914], seconde édition revue et augmentée, Paris, Presses Universitaires de France, 1948, 248p.

(5) BRU (B.), «Statistique et bonheur des hommes», *Revue de Synthèse,* janv.-mars 1988: pp. 69-95.

(6)† BUFFON (G. L. Leclerc de), *Supplément à l'Histoire naturelle,* Paris, Imprimerie Royale, 7 vol., in 4°, 1774-1789..

(7)† BUFFON (G. L. Leclerc de), «Essai d'arithmétique morale» in *Un autre Buffon,* Jacques-Louis Binet et Jacques Roger éds., Paris, Hermann, 1977 : pp. 32-91.

(8)† BUFFON (G. L. Leclerc de), *Œuvres philosophiques*, texte établi et présenté par Jean Piveteau, *Corpus Général des Philosophes Français, Auteurs modernes, T. XLI,* Paris, Presses Universitaires de France, in 4°, 1954, 616p.

(9)† BUFFON (G. L. Leclerc de), *Œuvres complètes*, Nouvelle édition annotée et suivie

---

68. Condorcet [11] : p. XVJ.
69. Voir l'article de C. Blanckaert dans ce volume, pp. 577-594.
* Sources imprimées et études. Les sources sont distinguées par le signe †.

d'une introduction par J.L. Lanessan, Paris, A. Le Vasseur (14 vol., 1884-1885), T. XIII : «Correspondance» recueillie et annotée par Nadault de Buffon, Paris, 1885, gr. in-8°.

(10)† BUFFON (G. L. Leclerc de), *Lettre de Buffon à Laplace*, Montbard, 21 avril 1774, communiquée par Mme la marquise de Colbert-Chabanais, in *Comptes Rendus Hebdomadaires de l'Académie des Sciences,* T. 88 (1879) : p. 1019.

(11)† CONDORCET (M.J.A., marquis de), «Éloge de M. le Comte de Buffon», *in Histoire de l'Académie Royale des Sciences de Paris, année 1788,* Paris, 1788, in 4° : pp. 50-84.

(12) COUMET (E.), «Le problème des paris avant Pascal», *Archives internationales d'histoire des sciences,* 18 (1965) : pp. 245-272.

(13) COUMET (E.), «La théorie du hasard est-elle née par hasard?», *Annales, Économies, Sociétés, Civilisations,* n°3, mai-juin 1970 : pp. 574-598.

(14) DELTHEIL (R.), «Probabilités géométriques» in Borel (É.) *Traité du calcul des probabilités et de ses applications,* T. 2, fasc. 2, Paris, in 8°, 124p.

(15)† GRAUNT (J.), *Natural and Political Observations Mentioned in a following Index, and made upon the Bills of Mortality,* 5ème ed., London, 1676, repris *in* Petty, W., *The Economic Writings, together with the Observations upon the Bills of Mortality more probably by Captain John Graunt,* ed. C.H. Hull, 2 vol., Cambridge, 1899, 1662

(16)† HALLEY (E.), «An Estimate of the Degrees of the Mortality of Mankind, drawn from curious Tables of the Births and Funerals at the City of Breslau; with an Attempt to ascertain the Price of Annuities upon Lives», *Philosophical Transactions,* XVII (1693) : pp. 596-610, et 654-656bis.

(17) HANKS (L.), *Buffon avant l'«Histoire naturelle»,* Paris, Presses Universitaires de France, 1966, 293p.

(18)† LAPLACE (P.-S.), *Essai philosophique sur la théorie des probabilités,* (1814), Paris, Ch. Bourgeois éd., 1986, 313p.

(19)† NEWTON (I.), *Mathematical Papers,* Cambridge, D.T. Whiteside, 1967. Pour ses manuscrits sur les probabilités géométriques, voir vol. I (1664-1666) : pp. 58-62.

(20)† PETTY (W.), *Five Essays in Political Arithmetick,* London, 1687.

(21)† POINCARÉ (H.), *La Science et l'hypothèse,* 1902, réédition, Flammarion, 1968, 252p. (pp. 191-214 : passage sur les probabilités arbitraires repris de : *Les méthodes nouvelles de la mécanique céleste,* Paris, 1899).

(22) SHEYNIN (O.B.), «Newton and the Classical Theory of Probability», *Archive for History of Exact Sciences,* Vol. 7, 1970 : pp. 217-243.

(23)† SIMPSON (T.), *A treatise on the nature and laws of chance,* s.l., (London), printed by E. Cave, 1740, in-4°, 85p.

# VII

*LE RETENTISSEMENT DE BUFFON*

## 42

# LES ÉDITIONS DE L'*HISTOIRE NATURELLE*

Paul-Marie GRINEVALD *

L'histoire des éditions de l'*Histoire naturelle* de Buffon a été l'objet d'un excellent article d'Alain-Marie Bassy dans l'*Art du livre à l'Imprimerie nationale*.[1] Toutefois, l'approche nouvelle qu'offre la bibliographie matérielle permet d'aller un peu plus loin dans la connaissance de cette histoire, directement liée à celle de l'Imprimerie Royale. De plus, les travaux de Suzanne Tucoo-Chala sur le libraire-éditeur Charles-Joseph Panckoucke[2] donnent quelques précisions quant à l'édition par ce dernier des œuvres complètes de Buffon, sous l'appellation à l'Hôtel de Thou.

Malheureusement, malgré une recherche dans l'ensemble des archives concernant l'Imprimerie Royale, nous n'avons pas réussi à trouver d'éléments très nouveaux sur les rapports de Buffon avec cet établissement, même dans le fonds du château de Saint-Fargeau concernant la famille Anisson-Duperon qui administra cette imprimerie durant le XVIIIè siècle. Il y a là des lacunes archivistiques qui sont certainement définitives.

Nous verrons pourquoi et comment l'Imprimerie Royale réalisa l'*Histoire naturelle*, puis sa distribution et enfin les différentes éditions qui sortirent de cet établissement.

## POURQUOI BUFFON A-T-IL CHOISI L'IMPRIMERIE ROYALE POUR ÉDITER SON HISTOIRE NATURELLE ?

La réponse à cette question est contenue dans l'histoire de l'Imprimerie Royale. Créée en 1640 par Louis XIII et Richelieu comme instrument de propagande royale et religieuse, l'établissement se développe rapidement au point d'être au XVIIIè siècle le plus grand atelier typographique d'Europe. Installé sur deux étages dans la grande galerie du bord de l'eau au Louvre, l'Imprimerie Royale comprend environ 17 presses, des magasins à papier et une fonderie où depuis 1700 sont fondus les nouveaux caractères "Romain du roi", gravés par Philippe Grandjean.

À côté des arrêts, des édits et des ordonnances, l'Imprimerie Royale imprime un grand nombre d'ouvrages d'ordre historique et scientifique, parmi lesquels nous retiendrons ici *Institutiones rei herbariae* par Pitton de Tournefort (3 vol. in-4°, 1700), les *Mémoires de l'Académie Royale des sciences* depuis 1714 et les *Mémoires pour servir à l'histoire naturelle des insectes* de Réaumur (6 vol. in-4°, 1734-1742). Les

---

* Imprimerie Nationale. 27, rue de la Convention. 75015 Paris. FRANCE.

1. Bassy [1].
2. Tucoo-Chala [10].

éditions scientifiques prennent une place de plus en plus grande dans la production de l'*Imprimerie Royale*, s'inscrivant dans le mouvement général qui anime le siècle. Il est à noter que pour celles-ci, on a choisi le format in-quarto, le plus commode pour la composition des mémoires de mathématiques.

Quand Buffon met en chantier son *Histoire naturelle*, il a déjà publié par l'Imprimerie Royale, dans les *Mémoires de l'Académie des Sciences*, et a pu apprécier l'excellence de la qualité typographique de ses impressions. De plus, l'œuvre de Réaumur est là, prête à former la partie de l'histoire naturelle qui l'enchante le moins et se présente comme un modèle, en tout cas pour Jacques Anisson-Duperon qui dirige l'établissement depuis 1733. Mais ce qui est certainement le plus important, c'est l'absence de privilège qui caractérise les éditions de l'Imprimerie Royale. Relevant directement de la Maison du Roi, seul le ministre avait compétence au nom du Roi pour donner l'autorisation d'impression à l'Imprimerie Royale, supprimant de ce fait toute demande de privilège auprès de la direction de la librairie. Buffon, intendant du Jardin du Roi, protégé par Maurepas, obtient sans problème cette autorisation, d'autant que son *Histoire naturelle* s'inscrit dans le cadre d'une description du Cabinet du Roi commandée par ce ministre. Buffon rend d'ailleurs hommage à son protecteur en ces termes : «*Combien n'en devons-nous pas au Ministre éclairé sous les ordres duquel nous avons l'honneur de travailler : homme d'État, homme de Guerre, homme de Lettres, il est et seroit tout supérieurement! Il a eu la bonté d'entrer avec nous dans le détail de notre travail, il nous a guidés par ses lumières, aidés de ses avis, et nous a procuré les secours qui nous étoient nécessaires pour avancer notre ouvrage*».[3] On sait que cette protection n'était pas inutile face aux attaques, particulièrement des théologiens de la Sorbonne.

Buffon prend prétexte de cette faveur du Roi, pour expliquer le retard de la publication du tome VI dans son avant-propos : «*Comment prévenir les obstacles qu'on a fait naître sous nos pas, ils se sont multipliés malgré la voix du public et le silence des autres, qui n'ayant pas entrepris leur Ouvrage que pour satisfaire plus pleinement au devoir de leurs places, et ne prétendant pas en tirer d'autre gloire, sont demeurés tranquilles, et ont attendu de l'effet du temps et de la protection dont le Roi veut bien les honorer*».[4] Propos amplifiés par Lamarck au sujet de sa *Flore française*, dont Buffon avait justement favorisé l'impression à l'Imprimerie royale; Lamarck faisant justement remarquer au lieutenant général de Police d'Hémery de «*ce que l'on m'a d'abord objecté dans les bureaux que mon ouvrage n'avoit point de privilège, j'ai répondu que c'étoit l'usage pour les livres imprimés à l'Imprimerie Royale, la protection du Roi étant le meilleur privilège dont ils puissent être honorés*».[5]

### QUELLES SONT LES RAISONS QUI RETARDÈRENT LA PARUTION DES PREMIERS VOLUMES DE L'HISTOIRE NATURELLE ?

Nommé intendant du Jardin du Roi en 1739, c'est dès l'année suivante qu'il met en chantier cette vaste fresque sur la nature qui devait d'abord être une description

3. *Avant-propos* [1756], *in* Buffon [3], T. VI : p. iv.
4. *Ibid.* [3], T. VI, 1756 : Avant-Propos : iij).
5. Archives nationales, Ms O$^1$ 610, 2° Dossier n° 260. Lettre de Lamarck au Lieutenant général de police d'Hémery.

du Cabinet du roi, pour faire suite aux célèbres ouvrages réalisés sous Louis XIV, connus sous le nom de Cabinet du Roi.[6] En effet, dans l'avertissement au tome VII des *Oiseaux*, paru en 1780, on peut lire que cela fait *«quarante ans que j'* [Buffon] *écris l'Histoire naturelle»*. Toutefois, la remise de copie à l'Imprimerie Royale intervint au cours de l'hiver 1745-1746. Les dates exactes de composition et d'impression semblent plus difficiles à déterminer.

Dans une lettre à Gabriel Cramer du 30 Mai 1748, Buffon écrit qu'il y a *«près de la moitié d'un volume de mon histoire naturelle d'imprimée, on en aura certainement 2 volumes au mois de décembre»*.[7] Mais dans l'avant-propos du tome VI, paru en 1756, il explique que le premier volume était terminé en 1746, le second en 1747 et qu'ils n'ont paru qu'en 1749 avec le troisième, ajoutant que *«différentes circonstances ont de même retardé la publication du quatrième volume jusqu'en 1753, et celle du cinquième jusqu'en 1755»*.[8] Face aux difficultés que soulèvent ses thèses, Buffon n'hésite pas à retarder la parution du tome IV pour y reproduire les 14 questions de la Sorbonne et ses réponses.

L'Imprimerie Royale, pas plus que les artistes et les collaborateurs de Buffon ne sont en cause dans ce retard. Buffon prend le soin de le signaler en ces termes : *«On ne doit pas nous imputer des délais qui ont été forcés : toute entreprise considérable* (il pense certainement à l'*Encyclopédie* qui est condamnée) *a ses difficultés, qu'on ne peut vaincre que peu à peu, et qu'on est encore heureux de surmonter avec le temps. Nous avions prévû celles qui pouvaient venir de la chose même, nous les avions aplanies d'avance par un travail de plusieurs années; mais comment prévenir les obstacles qu'on a fait naître sous nos pas, ils se sont multipliés malgré la voix du public* (il pense au succès immédiat des 3 premiers volumes épuisés en 6 semaines) *et le silence des auteurs»*.[9] Les problèmes que rencontre son ami Diderot l'incitent à la prudence quoique l'*Histoire naturelle* soit une entreprise officielle alors que l'*Encyclopédie* est une œuvre privée.

### COMMENT LES VOLUMES ÉTAIENT-ILS FABRIQUÉS ?

Malgré les capacités de l'Imprimerie Royale, elle compose et imprime en cinq à six mois un volume comme ceux de l'*Histoire naturelle*. Buffon est d'ailleurs réaliste quand il prévoit donner trois volumes en deux ans dans son projet initial. L'édition est publiée à la moyenne de deux volumes par an.

Pour mieux expliquer le processus de fabrication, prenons pour exemple, un volume de taille moyenne comme le tome 18 ou troisième des *Oiseaux*. Ce volume comporte 628 pages ou 78 feuilles et demie au format in-quarto, soit quatre pages par côté de feuille de façon qu'une fois pliée, elle donne un cahier de 8 pages.

La composition est faite à l'aide du caractère "Romain du Roi" gravé par Philippe Grandjean. Le texte est en corps 14 ou saint-Augustin Tournefort, 8e alphabet, et les notes en corps 11 ou cicéro Alexandre du six et demi, selon la détermination du spécimen de l'Imprimerie Royale.[10] Un rapide calcul du nombre moyen de signes à la page nous permet d'estimer à environ 1 256 000 signes de ce

---

6. Sauvy [9].
7. Nadault de Buffon [6], T. I : 57 (Lettre XXXIII).
8. *Loc. cit.* n. 3, T. VI : p. iij.
9. *Loc. cit.* n. 3, T. VI : p. iij.
10. *Épreuve des caractères de l'Imprimerie Royale gravés par M. Grandjean, Alexandre et Luce* [5].

volume, et donc d'évaluer à 126 jours le temps de sa composition à raison de 1100 signes à l'heure et pendant 9 heures par jour. À ce temps s'ajoute celui du tirage qui est d'environ 36 jours pour 500 exemplaires (ce chiffre est indicatif, en référence à d'autres publications du même ordre à l'Imprimerie Royale).[11] Il faut donc 162 jours ou 6 mois pour composer et imprimer un volume comme le tome 18 de l'*Histoire naturelle*. On ne tient pas compte de l'illustration qui est tirée à part.

Pour l'édition in-quarto, l'Imprimerie Royale emploie un papier raisin écu ou carré fin d'Auvergne, filigrané à la marque de Thomas Dupuy. Il s'agit de l'un des plus importants papetiers de la région d'Ambert dont la manufacture comprend sept moulins.[12]

L'illustration est de deux types. La plus importante et la mieux connue comprend les 2183 planches de cuivre gravées qui se répartissent de la manière suivante : 1 portrait, 2 frontispices, 32 vignettes bandeaux pour les têtes de volume, 1098 planches et 3 cartes pour les éditions in-quarto; 1 portrait, 1 frontispice, 665 planches et 4 cartes pour l'édition in-douze et 1008 planches dont 973 d'Oiseaux et 35 animaux divers pour l'édition in-folio des Oiseaux enluminés. Cette illustration est l'œuvre principalement de Jacques de Sève avec l'aide de Buvée l'américain, de Madeleine Basseporte (pl. 9 du tome III), de Jean-Baptiste Oudry qui dessina le cheval, modèle du genre qui ouvre l'*Histoire naturelle des animaux quadrupèdes* (pl. 1 du tome IV), de Nicolas Blakey et Edme Bouchardon pour les frontispices qui ont une grande signification comme le souligne Alain-Marie Bassy.[13] On ne compte pas moins de cinquante-cinq graveurs pour l'ensemble du travail, dont le fils de De Sève, Jean-Eustache. En ce qui concerne l'édition enluminée de l'*Histoire des Oiseaux,* les 973 planches représentant 1239 oiseaux sont l'œuvre de François-Nicolas Martinet *«ingénieur, dessinateur et graveur du Cabinet du Roi»*, peintes sous la direction de Edme-Louis Daubenton, fils du collaborateur de Buffon.[14]

La deuxième est l'illustration typographique qui orne les débuts de texte et les fins de chapitre. Il s'agit de petites vignettes gravées en relief et qui, de ce fait, sont intégrées dans la forme d'impression. Ces ornements sont d'abord pris dans l'ensemble des vignettes gravées sur bois utilisées pour les œuvres de Réaumur, de Tournefort, de l'Académie des Sciences, et sont l'œuvre de quatre graveurs, savoir Papillon, le plus célèbre d'entre eux, Caron, Beugnet qui signe aussi la vignette de la page de titre, et Vincent Lesueur (1668-1743) qui signe V. ou V.L.S. Leurs motifs sont en partie figuratifs. À partir de 1760, les vignettes bois sont remplacées par les vignettes typographiques dont les poinçons sont gravés par René-Louis Luce pour l'Imprimerie Royale. Les vignettes de Luce peuvent se composer entre elles, comme un puzzle, multipliant ainsi les motifs tant géométriques que figuratifs. Dans l'édition in-douze, les ornements ont été pratiquement supprimés dans un souci d'économie.

---

11. Rychner [8], T. II : pp. 42-61. Sur une presse à bras du XVIII$^e$ siècle, il faut compter un tirage recto toutes les 15 secondes environ, soit pour une journée de 9 heures 1080 feuilles. En se basant sur une fabrication de 500 exemplaires, nous avons pour le tome 18 qui comprend 78 feuilles et demie, 39 250 feuilles à tirer. Diviser par le nombre de feuilles par jour, on obtient 36 jours de tirage.

12. Briquet [2].

13. *Loc. cit.* n. 1 : pp. 177-178.

14. Ronsil [7].

## QUEL ÉTAIT LE PRIX DE FABRICATION ?

Bien qu'il existe un tarif des publications de l'Imprimerie Royale, il est assez difficile de résoudre ce problème. En 1777, le directeur de l'Imprimerie Royale fit établir un nouveau tarif pour les publications avec l'aide de deux experts jurés. Celui-ci nous indique qu'une feuille entière écu ou carré fin d'Auvergne (papier employé pour l'*Histoire naturelle*) est payée 9 livres 10 sous les cent (papier, composition et tirage compris). Le prix du tirage des planches de cuivre est lui de 2 livres 10 sous les cent pour une feuille in-quarto.[15] Ces chiffres nous permettent de calculer le prix de revient d'un exemplaire. Selon ces chiffres et les caractéristiques du tome 18, nous trouvons 10 livres pour la composition et l'impression auxquelles s'ajoutent 16 sous pour le tirage des illustrations, et 4 livres 10 sous pour une reliure en veau, soit un prix de revient de 15 livres 6 sous. Celui-ci ne comprend pas les frais pour la réalisation des dessins et des gravures que Buffon payait de ses deniers.[16] Sauf erreur de notre part dans les calculs, on peut constater qu'avec un prix de vente variant de 15 à 17 livres suivant les volumes, l'Imprimerie Royale pas plus que Buffon ne tiraient bénéfice de cette entreprise.

Le système de vente des livres de l'Imprimerie Royale est peu connu. À partir de 1767, le libraire Panckoucke installé à l'hôtel de Thou devient le libraire attitré de cet établissement, et ce jusqu'aux premières années du XIX$^è$ siècle. En 1767, Panckoucke vend les 15 premiers volumes reliés pour la somme de 255 livres, savoir 17 livres le volume. Quant aux 13 premiers volumes de l'édition in-12°, Panckoucke les vend en souscription à 32 livres 10 sous, mettant ainsi l'ouvrage à la portée d'un public plus large.[17]

## DISTRIBUTION DE L'OUVRAGE ?

Tous les livres réalisés à l'Imprimerie Royale pour le compte du Gouvernement étaient soumis à une distribution gratuite. Le roi s'octroyait ainsi un nombre variable d'exemplaires pour cette distribution qu'effectuait le directeur de l'Imprimerie Royale après avoir soumis au ministre un état de distribution. Ce dernier renvoyait cette liste munie de son approbation en marge avec les éventuelles corrections.

L'ouvrage était présenté au roi par l'auteur. Buffon ne manquait pas d'accomplir cette tâche honorifique. En 1783, la maladie de Buffon obligea Anisson-Dupéron à demander au ministre de remplacer l'auteur pour la présentation du tome 9 des Oiseaux.[18]

Pour l'*Histoire naturelle*, 350 exemplaires étaient ainsi déposés au «*Dépôt du roi*» pour la distribution, dont «*50 exemplaires à l'auteur et 3 pendant le cours de l'impression*».[19] Buffon était au début chargé de la distribution aux savants de

15. Duprat [4] *Histoire de l'Imprimerie Impériale*, Paris, T. I., 1861 : pp. 127-128.

16. *Loc. cit.* n. 1 : p. 180. Buffon payait à de Sève 24 livres pour une planche et une vignette de tête de volume, parfois 36 livres pour certaines. Il y eut quelques frais de déplacement (84 livres pour la ménagerie de Versailles]) : Muséum, Ms. 218.

17. *Loc. cit.* n. 2 : pp. 116-117.

18. Arch. nat., O$^1$ 610, 1er dossier n° 77.

19. Arch. nat., O$^1$ 610, 1er dossier, n° 4, 14, 19, 35, 37, 42, 48, 66, 71, 76, 78, 83, 99, 114 et 115.

l'Europe, et recevait pour cela un nombre plus élevé d'exemplaires (89 pour le tome 18).

La distribution comprenait en général 148 personnes y compris les académies et ordres divers, ainsi que 24 bibliothèques. Outre le roi et la reine, la liste comprend essentiellement des ministres, des personnes de l'entourage du roi et des princes étrangers comme l'impératrice de Russie, Catherine II. Parmi les savants se trouvaient messieurs Folk, Hans Sloane, Murdoch, Needham, Collinson, Smith, King, Mortimer, Bernoulli, Turner, Duhamel, Montigny, de l'Isle, Fouchy, Jussieu, Daubenton, Nadault, Malesherbes, Robinet, Moreau, Randon de la Tour, Bougainville, Hamilton et les docteurs Jurin, Haler et Parson. Il y a aussi les académies des sciences de Pétersbourg, de Londres, de Prusse et d'Edimbourg, ainsi que deux universités des Etats-Unis d'Amérique.[20]

### LES ÉDITIONS DE L'IMPRIMERIE ROYALE

Il est assez difficile de déterminer avec exactitude le nombre d'éditions et de réimpressions effectuées par l'Imprimerie Royale, principalement à cause du chevauchement de celles-ci.

En dehors même des éditions de Panckoucke, on peut estimer à 7 ou 8 le nombre d'éditions sorties des presses de l'Imprimerie Royale, pour ce qui concerne les quinze premiers volumes. Il n'en va pas de même pour les volumes de supplément, l'*Histoire naturelle des minéraux* et l'*Histoire naturelle des oiseaux*. Cette dernière comporte quatre éditions comme le souligne l'avertissement du tome 22 : *«on l'a imprimé sous quatre formats : 1° Grand in-folio avec les planches enluminées, en grand papier, 2° Petit in-folio avec les planches enluminées, petit papier, 3° In-quarto avec d'autres planches en noir, et des renvois aux planches enluminées, 4° In-douze avec planches en noir, et les mêmes renvois».*[21]

Buffon a pris le parti de corriger son *Histoire naturelle* par des suppléments plutôt que par une refonte complète des volumes, bien qu'il existe une édition où les suppléments sont réunis à leurs articles. On peut établir de la manière suivante la liste de ces éditions :

- 1ère édition avec des errata (36 vol. in-4°, 1749-1789).
- 2ème édition sans errata (36 vol. in-4°, 1749-1789).
- 3ème édition sans les descriptions de Daubenton et avec pour titre *Œuvre complète de Buffon* (36 vol. in-4°, 1749-1789).
- 4ème édition avec les descriptions (72 vol. in-12°, 1752-1789).
- 5ème édition sans les descriptions (71 vol. in-12°, 1762-1789).
- 6ème édition sous le titre d'*Œuvre complète de Buffon* (54 vol. in-12°, 1770-1789).
- 7ème édition sans les descriptions et avec les suppléments réunis à leurs articles (36 vol. in-4°, 1774-1789).
- 8ème et 9ème (sic) éditions : l'*Histoire naturelle des Oiseaux,* enluminées (10 vol. in-folio de 33 cm ou 15 vol. grand in-folio de 47 cm, 1771-1786).

---

20. *Loc. cit.* n. 18.
21. *Loc. cit.* n. 3, T. XXII, avertissement : p. iij.

Cette liste est imparfaite, d'autant que nous ne savons pas si l'Imprimerie Royale gardait les formes d'impression ou recomposait. Cette dernière solution ne semble être le cas que pour le changement de format de l'édition.

Notre étude ne prétend pas combler tous les manques concernant l'édition de l'*Histoire naturelle* de Buffon, d'autant que nous n'avons pas abordé les éditions réalisées par le libraire Panckoucke, ni même les multiples éditions qui virent le jour, des morceaux choisis aux œuvres complètes, durant le XIXe siècle. Cette question sera traitée dans un travail ultérieur. Cette bibliographie matérielle permet de mieux cerner la réalité de cette œuvre dont le succès auprès du public ne cessa d'augmenter, et de constater que le souci de Buffon était avant tout de voir paraître les volumes dans un intérêt scientifique plutôt que mercantile.

## BIBLIOGRAPHIE *

(1)     BASSY (A.-M.), «L'œuvre de Buffon», *in L'Art du livre à l'Imprimerie nationale*, Paris, Imprimerie nationale, 1974 : pp. 171-189.

(2)     BRIQUET (C.-M.), *Les Filigranes. Dictionnaire historique des marques du papier*, Leipzig, Verlag Von Karl W. Hiersemann, 1923. 4 vol. (2ème édition).

(3)†    BUFFON (G. L. Leclerc de), *Histoire naturelle, générale et particulière*, Paris, Imprimerie Royale, 1749-1789. (1ère édition avec errata).

(4)     DUPRAT (F.-A.), *Histoire de l'Imprimerie impériale*, Paris, Imprimerie impériale, 1861.

(5)†    *Épreuve des caractères de l'Imprimerie royale gravés par MM. Grandjean, Alexandre et Luce*, Paris, Imprimerie Royale, 1760.

(6)†    NADAULT de BUFFON, *Correspondance de Buffon*, Paris, Réédition, Slatkine, Genève, 1971. (Réimpression de l'édition Le Vasseur, Paris, 1885.)

(7)     RONSIL (R.), *L'Art français dans le livre des Oiseaux*, Paris, Éditions du Muséum, 1957. (*Mémoires du Muséum...*, Nouvelle série, A, Zoologie, T. XV, fascicule 1.).

(8)     RYCHNER (J.), «Le Travail de l'atelier», *in Histoire de l'édition française*, Paris, Promodis, 1984, «Le livre triomphant».

(9)     SAUVY (A.), «L'Illustration d'un règne, le Cabinet du Roi», *in L'Art du livre à l'Imprimerie nationale*, Paris, Imprimerie nationale, 1974 : pp. 103-127.

(10)    TUCOO-CHALA (S.), *Charles-Joseph Panckoucke et la librairie française, 1736-1798*, Pau-Paris, Marrimpouey et Jean Touzot, 1977, 558p.

* Sources imprimées et études. Les sources sont distinguées par le signe †.

## 43

#32779

# BUFFON SOUS LA RÉVOLUTION ET L'EMPIRE

Pietro CORSI *

J'aimerais ici reconstruire dans ses lignes fondamentales le débat, direct ou indirect, qui s'ouvrit sur la figure et l'œuvre de Buffon pendant les années révolutionnaires et sous l'Empire. L'exercice me semble présenter un intérêt qui déborde le cadre commémoratif d'un centenaire. En effet, s'interroger sur le destin de l'œuvre de Buffon pendant les années d'or des sciences naturelles françaises, ce n'est pas simplement jeter un coup d'œil sur ce qui est arrivé après sa mort, mû par le désir de compléter notre aperçu de ses activités : cet exercice, je l'espère, va nous révéler certains aspects du développement de la science moderne, et surtout de la culture scientifique moderne, que l'historiographie des sciences a souvent oubliés.

En d'autres circonstances, j'ai attiré l'attention sur l'importance des débats sur l'œuvre de Buffon pour une réévaluation critique de divers mythes qui ont caractérisé l'interprétation de l'œuvre de Lamarck.[1] Le désir de légitimer l'histoire des sciences par sa contribution à l'histoire nécessaire des cadres épistémologiques de la science moderne a souvent fait oublier l'articulation complexe des cadres historiques, qui sont faits d'épistémologie mais aussi d'événements plus dramatiques, et parfois tout à fait ordinaires (comme des considérations politiques, des rivalités ou des amitiés personnelles), et en dernière analyse la portée considérable des événements historiques ou institutionnels. Ma contribution consistera à vous présenter les débats sur l'histoire naturelle qui ont caractérisé les années suivant la mort de Buffon dans un cadre plus riche.

Les historiens des sciences qui se sont penchés sur la question, et plus généralement ceux qui ont étudié les formidables années de l'histoire civile et scientifique de la France, ont presque toujours été d'accord pour admettre que dès avant sa mort physique, le 16 avril 1788, Buffon avait été déjà un personnage intellectuellement isolé, et sans poids dans le développement des sciences naturelles. L'opposition de Buffon à la systématique linnéenne, ou aux formes de plus en plus sophistiquées que les idées du grand ennemi suédois avaient pris dans les mains des linnéens européens, n'avait visiblement réussi à produire aucun résultat permanent, même chez ses élèves et collaborateurs. Ces derniers avaient fini par concéder que les systèmes de classification, avec leur architecture complexe, étaient des maux nécessaires. Buffon lui-même enfin, dans son *Histoire des Oiseaux* avait fait des concessions à ses opposants, comme le Professeur Jacques Roger et plus récemment Phillip Sloan l'ont bien remarqué. De plus, dans la dernière décennie de la vie de Buffon, calmement et sans bruit, le fidèle Daubenton avait pris ses distances par rapport à son maître; en exerçant une protection bienfaisante sur

* Università di Cassino.ITALIA.
1. Corsi [4], Chap. 1, et Corsi [5].

les élèves de Gouan, le chef de l'école linnéenne de Montpellier, il avait donné la preuve de son autonomie scientifique aussi bien que politique. De plus, il avait assisté son ami Lacépède dans sa révision critique de la systématique zoologique, en aménageant la partie ichtyologique de l'*Histoire naturelle*.[2]

Ainsi, les dernières années de Buffon ne furent pas des années faciles, dans un monde qui se convertissait rapidement à des idées philosophiques et scientifiques contraires aux présupposés de son œuvre. Les historiens qui ont parlé d'une dissolution du modèle buffonien d'histoire naturelle après la mort de Buffon, ont eu évidemment raison de remarquer les changements épistémologiques, et plus généralement conceptuels, qui ont caractérisé les sciences de la vie, et les disciplines traditionnellement cultivées dans le vaste domaine de l'histoire naturelle, dans les années de la Révolution et de l'Empire. Le grand débat sur la réforme de l'histoire naturelle qui dans les années 1793-1800 a animé les revues scientifiques et littéraires françaises a très clairement exprimé le désir et la détermination de s'émanciper de la tutelle de Buffon, et d'abolir le caractère littéraire de l'histoire naturelle buffonienne pour inaugurer –comme on le répétait de plus en plus– un *«style sévère»* dans la discipline, et pour emprunter à la philosophie de Condillac les références méthodologiques capables d'élever l'histoire naturelle au rang des sciences exactes.

Certaines réactions à la nouvelle de la mort de Buffon, et l'éloge funèbre prononcé par Condorcet, nous donnent un aperçu des critiques soulevées contre le naturaliste décédé. Dans une lettre à son ami Pfaff de juin 1788, Georges Cuvier, jeune et encore inconnu, accueillit la nouvelle de la mort de Buffon avec une sorte de soulagement cruel : *«Les naturalistes ont enfin perdu leur chef; cette fois, le comte de Buffon est mort et enterré»*.[3] Quelques mois après, le 17 novembre 1788, dans une considération sommaire du développement des sciences naturelles de John Ray à son époque, Cuvier s'exprima d'une façon plus modérée, mais non moins critique en substance :

«L'ouvrage de Buffon contient beaucoup de choses sur l'histoire naturelle générale, mais à mon avis, c'est en cela qu'il brille le moins. Son principal mérite est le style et la manière agréable dont il sait peindre les plus petites choses. Dans les articles généraux il s'abandonne trop à son imagination, et au lieu d'étudier son object avec un sang froid philosophique, il bâtit hypothèse sur hypothèse, qui en définitive ne conduisent à rien ni lui ni le lecteur».[4]

Si la façon de s'exprimer du jeune Cuvier peut paraître cruelle ou excessivement sévère, on doit se rappeler qu'il s'agissait d'une communication privée, qui nous donne les premières impressions d'un jeune homme enthousiaste pour la réforme de l'histoire naturelle à l'annonce de la mort de Buffon.

Bien plus médités, et pour cela bien plus cruels, furent les mots publics prononcés par Condorcet à l'Académie, dans l'éloge de son confrère. Le portrait scientifique et humain qu'il dresse de Buffon reflète la haine personnelle qu'une partie importante de la philosophie et de la culture françaises contemporaines a dû éprouver à son endroit. À entendre M. de Condorcet, Buffon n'était pas un homme très agréable d'un point de vue personnel; il avait *«un caractère où il ne se rencontrait aucune de ces qualités qui repoussent la fortune»*. Par ailleurs –

---

2. Daubenton [10]; Lacépède [19]; Daudin, [13]; Roger [23]; Hahn [16] et [17]; Appel [2] et [3]; Gillispie [16]; Sloan [24].

3. Lettres de Georges Cuvier à C.M. Pfaff de juin 1788, *in* Cuvier [7] : p. 49.

4. *Ibid.* : p. 72.

poursuivait Condorcet–, en un siècle *«où l'esprit humain s'agitant dans ses chaînes, les a relâchées toutes et en a brisé quelques-unes, où toutes les opinions ont été examinées, toutes les erreurs combattues, tous les anciens usages soumis à la discussion, où tous les esprits ont pris vers la liberté un essor inattendu, M. de Buffon parut n'avoir aucune part à ce mouvement général».*[5]

Buffon avait très tôt compris que le grand public n'aimait pas le doute scientifique, n'avait pas la patience de comprendre la marche lente et parfois pénible de la recherche. Il avait offert à ses contemporains des systèmes grandioses mais dépourvus de fondement sérieux. Ainsi –continuait Condorcet– dans un contexte de connaissances inexactes et insuffisantes, Buffon avait bâti une *Théorie de la Terre*, ce qui était téméraire en son temps, comme au demeurant cela *«le serait aujourd'hui».* De plus, dans les *Époques de la Nature*, œuvre dans laquelle on s'attendait à ce qu'il répondît aux critiques nombreuses adressées à ses conceptions, Buffon *«semble redoubler de hardiesse à proportion des pertes que son système a essuyées, le défendre avec plus de force, lorsqu'on l'aurait cru réduit à l'abandonner, et balancer par la grandeur de ses idées, par la magnificence de son style, par le poids de son nom, l'autorité des savants réunis, et même celle des faits et des calculs».*[6]

De bonnes choses, Buffon en avait aussi faites, bien sûr, comme de s'être fait assister de Daubenton pour les descriptions et les tables anatomiques de son *Histoire des quadrupèdes*. Daubenton, naturaliste célèbre, ajoutait Condorcet,

«lui laissant la gloire attachée à ces descriptions brillantes, à ces peintures des mœurs, à ces réflexions philosophiques qui frappent tous les esprits, se contentait du mérite plus modeste d'obtenir l'estime des savants par des détails exacts et précis, par des observations faites avec une rigueur scrupuleuse, par des vues nouvelles qu'eux seuls pouvaient apprécier».

Mais ce dernier "éloge" -entre guillemets- tourne aussi en critique : –Buffon a très tôt craint que les descriptions soigneuses de Daubenton ne distraient les lecteurs de l'*Histoire naturelle* de la vision d'ensemble qu'il voulait transmettre; c'est pourquoi Buffon cessa d'employer Daubenton pour les volumes sur l'*Histoire des oiseaux*.[7]

Ayant dénié toute valeur scientifique et philosophique aux œuvres de Buffon, Condorcet se trouvait obligé de reconnaître les mérites réels de celui-ci. C'est grâce à lui *«que l'histoire naturelle devint une connaissance vulgaire; elle fut pour toutes les classes de la société, ou un amusement, ou une occupation; on voulut avoir un cabinet comme on voulait avoir une bibliothèque».* Le succès de l'*Histoire naturelle* eut des conséquences durables pour la discipline, en dirigeant de nouveaux talents vers la recherche, en créant un marché d'objets et de livres scientifiques qui permit à ces talents de se dédier complètement à la recherche. L'autre grand mérite de Buffon avait été l'effort pour agrandir le Jardin des Plantes et le Cabinet du Roi, aidé en cela par Daubenton et un petit groupe de savants. La constitution d'importantes collections à Paris contribua d'une façon très importante à l'avancement de la discipline.[8] Sans le dire, Condorcet semblait voir dans les mérites de Buffon les pré-conditions qui auraient contribué à le faire oublier comme

5. Condorcet, «Éloge de M. le comte de Buffon», *cit. in* Sonnini de Manoncourt [25], vol. 22 (1799) : pp. 7-42.
6. *Ibid.* : p. 32.
7. *Ibid.* : pp. 18-19.
8. *Ibid.* : pp. 35-36.

autorité scientifique. Les faits recueillis par les nouvelles générations de naturalistes, les collections de plus en plus nombreuses, les récits des voyages de découverte avaient complètement changé la face de l'histoire naturelle. Personne n'aurait plus accepté l'idée qu'un seul homme pût embrasser d'un seul coup d'œil l'ensemble de nos connaissances sur la nature. Ce que Condorcet voulait, ce que Cuvier et de nombreux naturalistes voulaient à la fin des années quatre-vingts, et au commencement des années quatre-vingt-dix, c'était une réforme radicale de l'histoire naturelle, sa transformation en un ensemble de disciplines qu'on aurait dû appeler "sciences naturelles". Plus de rhétorique, plus d'hypothèses, plus de vues grandioses, plus de systèmes.

Les opinions si crûment mais si clairement exprimées par Condorcet caractérisent bien le débat sur la réforme de l'histoire naturelle dans les années de la Révolution. Très souvent, dans la littérature de l'époque, on ne trouve pas de références exactes ou explicites à Buffon et à son style en histoire naturelle. Il suffit néanmoins de se rappeler les pages de Condorcet et de Cuvier que nous avons citées, ou de lire le discours introductif de Millin au volume des *Actes de la Société d'histoire naturelle*, ou encore les éloges de Daubenton et de Bruguières par Cuvier, pour apercevoir le chiffre polémique, le sujet du débat sur la réforme de l'histoire naturelle : Buffon et son école.[9]

La lecture systématique du *Magasin encyclopédique*, de la *Décade philosophique*, du *Journal de Physique*, nous permet de reconstruire des discussions très vives sur le rôle des hypothèses et des systèmes dans les sciences naturelles, sur le besoin de spécialiser les différentes branches de l'histoire naturelle, d'introduire dans le langage de la discipline une précision et une rigueur jusqu'alors propres seulement aux domaines physico-mathématiques. De descriptif, le langage de l'histoire naturelle devait se transformer en un outil analytique. La philosophie de Condillac, et une lecture critique des textes théoriques de Linné, devaient offrir le modèle pour procéder à une réforme du langage de la science. Bien sûr, la réforme ne s'arrêtait pas au niveau stylistique : la science, comme Condillac l'avait enseignée, était une langue bien ordonnée; mais la clarté de cette langue pouvait s'obtenir seulement si les objets de la recherche avaient été examinés dans leurs parties constitutives et dans leurs relations réciproques.

Les grands résultats atteints par Lavoisier et ses collaborateurs en chimie, par Haüy en cristallographie, par Vicq d'Azyr et Cuvier en anatomie comparée, par Daumas, Chaussier, Duméril et d'autres dans l'étude du corps humain, étaient dus à leur capacité de traduire des observations soigneuses dans un vocabulaire univoque. Si possible, l'équivoque de la langue ordinaire, les noms d'usage populaire ou traditionnel devaient être abandonnés, pour leur préférer des noms tout à fait nouveaux, composés de racines grecques ou latines.[10]

Si le projet de réforme de l'histoire naturelle ne paraît pas avoir été favorable aux prédilections descriptives et au culte du beau style voué par Buffon et ses élèves, la situation institutionnelle dans les sciences naturelles n'était pas plus favorable à la vieille garde. Lorsque le 23 août 1790, on érigea dans le Jardin la statue de Linné voulue par Millin et par d'autres membres de la Société d'Histoire Naturelle, ce fut le symbole de la perte de contrôle de l'institution par les Buffoniens, et aussi d'un état d'incertitude et de division intestine dans le groupe

---

9. Millin [21]; Cuvier [8].
10. Corsi, *The Age of Lamarck*, [4] : pp. 23-39.

d'élèves et collaborateurs auxquels Buffon avait confié le Jardin. La création du Muséum d'histoire naturelle en 1793, et l'établissement de l'Institut National en 1795, donnèrent beaucoup d'avantages et de pouvoir aux réformateurs. De plus, les rédacteurs de la *Décade* et du *Magasin encyclopédique* favorisaient ouvertement les réformateurs, tandis que le front des collaborateurs, amis ou admirateurs de Buffon était divisé en plusieurs groupes, à leur tour divisés par des rivalités intestines.[11]

Daubenton, que tout le monde considérait comme le chef spirituel de l'histoire naturelle parisienne après la mort de Buffon, était un homme respecté par les réformateurs comme par les Buffoniens inébranlables comme Lacépède, Sonnini de Manoncourt et Virey, et il n'était pas disposé à s'opposer aux plans de réforme. Dans ses leçons à l'École Normale, et dans des écrits publiés avant sa mort en 1800, il défendait une position très nuancée, mais ouverte à la réforme. Il n'acceptait plus le modèle buffonien, et s'opposait aux considérations historico-génétiques et aux cosmologies en général, mais il s'opposait aussi à l'extrémisme des nomenclateurs, parmi lesquels il finit par ranger même son ami Haüy. Il ne voyait pas l'utilité d'abandonner les noms traditionnels des pierres, des plantes et des animaux, qui faisaient partie de la culture populaire de la France, pour introduire des mots grecs ou latins.[12]

Des autres collaborateurs et vieux amis de Buffon, Lacépède était peut-être le seul qui, par son autorité et sa position, aurait pu réorganiser les forces éparses de l'École buffonienne, après la mort de Daubenton. Mais Lacépède évita le lourd héritage. Comme on le sait très bien, et comme le Professeur Hahn nous l'a enseigné, il évita aussi toute polémique, et après 1802, il se dédia avec un intérêt presque exclusif à ses devoirs d'administrateur de la Légion d'honneur, et à ses intérêts historiques et littéraires. En dépit de la sévérité que Cuvier avait montrée contre les disciples de Buffon, Lacépède l'admirait et favorisait son élection au poste de secrétaire perpétuel de la première classe de l'Institut. À la mort de Lacépède, Cuvier écrivit son éloge, où il montrait clairement qu'il avait oublié la générosité du vieux naturaliste.[13]

Lamarck, ancien protégé de Buffon, n'était pas homme à tolérer d'être considéré comme le disciple ou le continuateur de qui que ce soit. Quand, après la publication de l'*Hydrogéologie* et des *Recherches sur l'organisation des corps vivans,* en 1802 il fut invité par Sonnini de Manoncourt à devenir le défenseur de l'interprétation buffonienne de l'histoire naturelle à l'intérieur du Muséum, il ne répondit pas, et continua à se plaindre que personne ne voulût le prendre au sérieux. De plus, quand on fit remarquer à Lamarck que sa théorie de la production du calcaire des coquilles était reprise de Buffon, il observa que les idées nouvelles ne sont pas la propriété de celui qui les a pensées le premier, mais de celui qui les a développées d'une façon systématique.[14]

L'examen sommaire que nous avons fait jusqu'ici de la fortune de Buffon pendant la Révolution et dans les premières années de l'Empire, paraît ainsi nous avoir conduit à la conclusion que nous critiquions au commencement de notre conférence, à savoir que l'école buffonienne serait morte avec son chef : l'école avait perdu l'enthousiasme des principaux collaborateurs de Buffon, elle avait perdu

---

11. Hahn [17]; Appel [2].
12. Daubenton [11] et [12].
13. Hahn [17] et [18].
14. Sonnini de Manoncourt [25], vol. 65 (1803) : p. 27; voir Anderson [1]; Lamarck [20].

du poids au niveau institutionnel, et elle était en train de perdre le droit de défendre ses vues dans les revues spécialisées que Cuvier et ses amis au Muséum et à l'Institut venaient de fonder. Il nous reste pourtant à examiner les activités d'un groupe d'anciens collaborateurs de Buffon qui s'est révélé d'un grand intérêt pour l'histoire de la culture scientifique française et européenne de la période considérée. Il s'agit d'hommes qui n'ont jamais aspiré à se substituer à leur chef à la tête des sciences naturelles, et qui pendant la Révolution ont été exclus ou sont restés en dehors des institutions scientifiques officielles.

Ce groupe d'admirateurs et d'anciens collaborateurs de Buffon jugea à juste titre que Buffon et son école avaient beaucoup perdu de leur pouvoir. Mais il lui restait encore, presqu'intacte, l'affection de ce vaste public auquel leur maître avait appris à voir, dans la nature et dans son histoire, un domaine infini de contemplation morale et de merveilles. Après la Terreur, lorsque reprirent les activités culturelles et éditoriales, ce public se montra désireux d'acheter les œuvres de Buffon et de ses continuateurs, ces mêmes œuvres que les réformateurs de l'histoire naturelle avaient condamnées comme symboles d'une période pour toujours révolue dans l'histoire des sciences. C'est précisément le succès des éditions des œuvres de Buffon qui se succédèrent sans cesse –de l'édition de Sonnini de Manoncourt en particulier, de la *Théorie de la Terre* de Jean-Claude de Lamétherie, du *Nouveau Dictionnaire d'histoire naturelle*, édité de 1803 à 1804 par Julien-Joseph Virey– qui peut expliquer l'acharnement d'un Cuvier contre les disciples d'une école et contre les continuateurs d'un style scientifique qu'il ne se lassait pas de déclarer morts tous les deux mois.[15]

Dans mon livre sur Lamarck, et dans un colloque sur l'histoire du concept d'espèce, organisé il y a quelques années à Paris par M. le Professeur Jacques Roger, j'ai déjà eu l'occasion de décrire les tentatives faites par Cuvier pour s'opposer aux activités éditoriales de Sonnini de Manoncourt et de ses lieutenants, tout particulièrement Virey et Denys de Montfort.[16] Dans le *Prospectus* du *Dictionnaire des sciences naturelles*, une œuvre qui dans le titre même, exprimait l'intention de s'opposer au *Nouveau Dictionnaire d'histoire naturelle* de Sonnini et Virey, Cuvier invita ses lecteurs à se méfier des amateurs. L'histoire naturelle était devenue populaire, et en conséquence elle était devenue aussi *«l'objet des spéculations intéressées»*. Dans une phrase qu'il vaut la peine de citer entièrement, Cuvier exprima toute sa colère contre ces hommes sans titres qui avaient vaincu les réformateurs sur le marché des livres scientifiques :

«Pendant que des vrais naturalistes, pénétrés de reconnaissance pour les travaux de ses prédécesseurs, mais sentant combien ils sont encore insuffisants, méditoient sur les nouvelles bases à établir et recueilloient dans le silence les faits propres à les appuyer, des auteurs moins difficiles, et par conséquent plus féconds, produisoient à l'envi des ouvrages qui portent l'empreinte de la manière dont ils ont été composés. Retirés dans leurs cabinets, seulement avec des livres, renonçant à l'observation, dénués même pour la plupart des moyens d'observer, ils ont cru enrichir le *système de la nature* en remplissant ce vaste catalogue de phrases recueillies de toutes parts, sans comparaison, sans examen des autorités dont elles provenoient, et en les accompagnant d'une foule de citations discordantes et souvent contradictoires».[17]

Le *Prospectus* par lequel Cuvier annonçait le *Dictionnaire des sciences*

15. De Lamétherie [14].
16. Corsi [6].
17. Cuvier, «Prospectus», *in* Cuvier [9], vol. I (1816) : pp. VII-VIII.

*naturelles* parut vers la fin de l'année 1803. À cette date, Sonnini de Manoncourt avait déjà publié le soixante-quatrième volume de son édition des œuvres de Buffon, commencée en 1799, et achevée en 1808. L'édition, comme Sonnini le déclarait, avait été entreprise pour *«faire revivre* [l'] *école* [de Buffon], *que des profanes ont prétendu avilir».* Le succès de l'entreprise convainquit Sonnini de transformer l'édition en un *Cours complet d'histoire naturelle,* grâce à l'addition d'œuvres par Lacépède, De Lamétherie, Denys de Montfort, Latreille, Virey et Sonnini lui-même.

Sonnini n'était pas disposé à accepter des leçons de la part de Cuvier. Il utilisa le soixante-cinquième volume de son édition de Buffon pour monter une attaque directe contre Cuvier et son *Prospectus* :

«Dernièrement encore, dans une annonce répandue avec affectation, je ne sais quel pédagogue, voulant transformer sa férule en sceptre de domination, et décochant vers moi tous les traits de son animosité, soutint qu'à lui seul appartenoit le droit de parler d'histoire naturelle. Les sciences sont-elles donc matière à privilèges exclusifs; et parce qu'on est payé pour les enseigner, sera-t-il défendu de s'en occuper à d'autres qui ne le sont pas? Le public éclairé ne fait aucune différence entre le savant en place et le savant isolé, et il ne les juge que d'après leurs productions et nullement d'après leur morgue, ou leurs prétentions présomptueuses.»[18]

Sonnini ne dénia pas que les sciences naturelles avaient progressé considérable-ment dans les dernières années, ni que parmi les professeurs du Muséum il y en avait de valables, par exemple, Lamarck et Lacépède. Mais il y en avait aussi bien plus qui cherchaient à bâtir leur fortune personnelle en affirmant que le vrai maître de l'histoire naturelle française n'avait rien fait d'utile, et se proclamaient être les fondateurs de la science, tandis que Buffon avait été, au mieux, un rhétoricien d'effet. Les critiques adressées à Buffon étaient ainsi motivées par des raisons moins scientifiques qu'il pouvait paraître à première vue :

«Ces hommes nouveaux cherchoient à se venger de l'état de contrainte où ils avaient été retenus; et, le *rapporteur,* la loupe et le compas à la main, se flattant de découvrir la constante précision et l'exacte régularité de la géométrie dans les opérations de la Nature, se plaignoient aigrement de ce que Buffon n'avait pas su mesurer l'angle de la machoîre des animaux, apercevoir quelques points grenus de leur peau, ni compter les plumes d'un oiseau, les écailles d'un poisson ou le poil de la crinière d'un quadrupède».[19]

Dans plusieurs passages, Sonnini et Denys De Montfort critiquaient la mode de nommer les objets naturels avec les noms grecs ou latins préférés par les réforma-teurs de l'histoire naturelle : *«Quand on écrit pour la société, on doit lui parler son langage, et ne pas affecter d'être étranger au milieu d'elle; on doit désirer de se faire entendre de tous et abandonner une nomenclature greco-gothique qui ne peut qu'embrouiller toute chose»,* remarquait de Montfort, avant de donner une série d'exemples de barbarie linguistique tirés des œuvres de Cuvier.[20]

On ne doit pas penser, toutefois, que cette édition des œuvres de Buffon, comme d'autre part les autres entreprises dirigées par Sonnini ou Virey, étaient caractérisées par le sectarisme ou l'intempérance verbale. Au contraire, Sonnini n'empêcha pas Virey de faire des remarques favorables sur Cuvier, auquel on reconnaissait le titre de meilleur anatomiste de l'époque, et de reconnaître le besoin

18. Sonnini de Manoncourt [25], vol. 65 (1802) : p. 37.

19. *Ibid.* : pp. VII-VIII.

20. Denys de Montfort, *Histoire naturelle générale et particulière des mollusques, in* Sonnini de Manoncourt [25], vol. 87 (1802) : p. 35.

d'étudier soigneusement la production scientifique des réformateurs de l'histoire naturelle. De plus, Sonnini et les buffoniens qui l'entouraient faisait souvent preuve de tolérance aristocratique envers leurs opposants. Ils ne voulaient pas dénier que les systèmes de classification, l'emploi de l'anatomie comparée, l'élaboration de nouvelles techniques d'analyse des produits de la nature, contribuaient à l'avancement de la science. Ils déniaient avec force, toutefois, que les techniques et les détails constituaient le seul but de l'histoire naturelle.

En premier lieu, l'étude de la nature ne pouvait pas se limiter à un catalogue d'objets morts. L'étude des mœurs des animaux, la reconstruction des âges de la nature, la contemplation des forces qui réglaient l'ensemble de l'univers évoquaient la dimension philosophique et morale inaltérable de l'histoire naturelle. En second lieu, le culte du détail risquait de faire oublier le rôle que les théories et les grandes conceptions de la nature jouent dans l'observation scientifique. C'est pour cette dernière raison que ce groupe de buffoniens appuya les spéculations de Lamarck, même s'ils craignaient la saveur matérialiste de certains passages des *Recherches* de 1802, ou acceptèrent de discuter les théories de De Lamétherie, de Bertrand, de Patrin et de Poiret.

Pendant les années de la Révolution et de l'Empire, Sonnini de Manoncourt et ses collaborateurs continuèrent à fournir au public de Buffon le genre d'œuvres auquel il s'attendait; ils continuèrent à maintenir vivant le goût pour les cosmogonies et les cosmologies, pour les théories de la Terre et de la vie, et celles de la nature dans son ensemble. Chez certains auteurs comme Étienne Geoffroy Saint-Hilaire, la défense de Buffon et de certaines de ses intuitions ont pris l'allure d'un plaidoyer en faveur de la liberté des hypothèses dans les sciences, et en faveur de la pleine reconnaissance du rôle des théories générales et des hypothèses dans le développement de la science.

J'espère avoir réussi à vous convaincre que, contrairement à ce que l'on répète souvent, les écrits de Buffon et les activités de plusieurs de ses disciples et continuateurs, ont exercé une influence significative sur la scène scientifique et culturelle française. L'édition Sonnini des œuvres de Buffon, et surtout le *Nouveau dictionnaire d'histoire naturelle*, eurent une remarquable diffusion en France et en Europe. La diffusion des idées de Virey, peut-être le plus intéressant des buffoniens du début du dix-neuvième siècle, mérite l'attention des historiens de la science et de la culture scientifique du siècle passé. Auprès du public français des premières décennies du siècle passé, le succès des œuvres de Buffon ne connut pas de crises.

J'aimerais conclure ma contribution avec un témoignage direct de la préoccupation qu'un savant des années quarante exprima pour la fortune de Buffon chez les lecteurs français. Dans sa préface au *Dictionnaire universel d'histoire naturelle*, Charles d'Orbigny, examinant le développement des sciences naturelles en France, remarquait :

«Buffon dictait des écrits éblouissants des pompes de style, et qui, déjà souvent critiqués pour le fond, ne devoient guère qu'à leur mérite littéraire le rang qu'ils conservent dans l'estime publique. Cependant (quelque incompréhensible que cela puisse paraître dans l'état actuel des sciences) beaucoup d'hommes, désireux d'acquérir des connaissances scientifiques, en sont encore à les épouser dans les œuvres des naturalistes de cette époque.[21]

En d'autres termes, d'Orbigny reconnut, comme nous le reconnaissons aujourd'hui, que Buffon était devenu une part essentielle et inéliminable de la

---

21. D'Orbigny [22] : pp. II-III.

culture française contemporaine.

## BIBLIOGRAPHIE *

(1)    ANDERSON (E.), «La collaboration de Sonnini de Manoncourt à l'*Histoire naturelle de Buffon*», *in Studies on Voltaire and the Eighteenth Century*, 120 (1974) : pp. 329-358.

(2)    APPEL (T.A.), *The Cuvier-Geoffroy Debate and the Structure of Nineteenth Century French Zoology*, thèse de Ph. D., Princeton University, 1975.

(3)    APPEL (T.A.), *The Cuvier-Geoffroy Debate. French Biology in the Decades before Darwin*, New York and Oxford, Oxford University Press, 1987.

(4)    CORSI (P.), *Oltre il mito. Lamarck e le scienze naturali del suo tempo*, Bologna, Il Mulino, 1983. Trad. angl. sous le titre : *The Age of Lamarck. Evolutionary Theories in France, 1790-1830,* Berkeley, Los Angeles and London, University of California Press, 1988.

(5)    CORSI (P.), «Models and Analogies for the Reform of Natural History. Features of the French Debate, 1790-1800», *in Lazzaro Spallanzani e la biologia del Settecento : teorie, esperimenti, istituzioni scientifiche*, Giuseppe Montalenti et Paolo Rossi eds., Firenze, Leo S. Olschki, 1983 : pp. 381-396.

(6)    CORSI (P.), «Julien-Joseph Virey, le premier critique de Lamarck», *in Histoire du concept d'espèce dans les sciences de la vie*, S. Atran *et al.* éds, Paris, Fondation Singer-Polignac, 1987 :  pp. 176-187.

(7)†   CUVIER (G.), *Lettres de Georges Cuvier à C.M. Pfaff sur l'histoire naturelle, la politique et la littérature, 1788-1792...,* trad. de Louis Marchant, Paris, Victor Masson, 1858.

(8)†   CUVIER (G.), «Extrait d'une Notice biographique sur Bruguières, lue à la société philomatique, dans sa séance générale du 30 nivôse an VII», *Magasin encyclopédique*, cinquième année, vol. 3 (1799) : pp. 42-57; *Recueil des éloges historiques lus dans les séances publiques de l'Institut royal de France*, Paris et Strasbourg, F.G. Levrault, 3 vol., 1819-1827, vol. 1 : pp. 37-80.

(9)†   CUVIER (G), *Dictionnaire des sciences naturelles [...],* 5 vol. publiés (1804-1806) dans la nouvelle édition, les trois premiers volumes étant une réimpression de l'édition de 1804-1805, Strasbourg, F.G. Levrault, 64 vol., 1816-1845.

(10)†  DAUBENTON (L.-J.-M.), «Introduction à l'histoire naturelle», *in Encyclopédie méthodique. Histoire naturelle des animaux*, Paris, Panckoucke, vol. I, 1782 : pp. i-xv.

(11)†  DAUBENTON (L.-J.-M.), «Sur la nomenclature méthodique de l'*Histoire naturelle*» [1795], *Séances des Écoles Normales*, 1 (1800) : pp. 425-444.

(12)†  DAUBENTON (L.-J.-M.), *Tableau méthodique des minéraux, suivant leurs différentes natures, et avec des caractères distinctifs, apparens ou faciles à reconnoître*, Paris, Huzard et Villiers, 1799.

(13)   DAUDIN (H.), *De Linné à Jussieu : méthodes de classification et idée de série en botanique et en zoologie (1740-1790)*, Paris, F. Alcan, 1926.

(14)†  De LAMÉTHERIE (J.-C.), *Théorie de la Terre*, Paris, Maradam, 3 vol., 1795.

(15)   GILLISPIE (Ch. C.), *Science and Polity in France at the End of the Ancien Régime*, Princeton, Princeton University Press, 1980.

* Sources imprimées et études. Les sources sont distinguées par  le signe †.

(16)   HAHN (R.), *The Anatomy of a Scientific Institution : The Paris Academy of Sciences, (1666-1803)*, Berkeley, Los Angeles, and London, University of California Press, 1971.

(17)   HAHN (R.), «Sur les débuts de la carrière scientifique de Lacépède», *Revue d'histoire des sciences*, 27 (1974) : pp. 347-353.

(18)   HAHN (R.), « L'autobiographie de Lacépède retrouvée», *Dix-huitième siècle*, 7 (1975) : pp. 49-85.

(19)†  LACÉPÈDE (B.-G.-É.), *Histoire naturelle des poissons*, Paris, Plassan, 5 vol., 1798-1803.

(20)†  LAMARCK (J.-B. de), *Hydrogéologie ou recherches sur l'influence qu'ont les eaux sur la surface du globe terrestre; sur les causes de l'existence du bassin des mers, de son déplacement et de son transport successif sur les différents points de la surface du globe; enfin sur les changements que les corps vivans exercent sur la nature et l'état de cette surface*, Paris, Agasse, 1802.

(21)†  MILLIN (A.L.), *Discours sur l'origine et les progrès de l'histoire naturelle en France, servant d'introduction aux "Mémoires de la Société d'histoire naturelle"*, Paris, Creuze, 1792.

(22)†  ORBIGNY (Ch. d'), «Avertissement», *in Dictionnaire Universel d'histoire naturelle* (13 vol., 1841-1849), Paris, Au bureau principal des éditeurs (M. Renard, Martinet et Cie), vol.I, 1841.

(23)   ROGER (J.), *Les Sciences de la vie dans la pensée française du XVIIIᵉ siècle*, Paris, A. Colin, 1963.

(24)   SLOAN (P.R.), «The Buffon-Linnaeus Controversy», *Isis*, 67 (1976) : pp. 356-375.

(25)†  SONNINI DE MANONCOURT (C.-N.-S.), éd., *Histoire naturelle, générale et particulière, par Leclerc de Buffon. Nouvelle édition, accompagnée de notes, dans lesquelles les supplémens sont insérés dans les premier texte, à la place qui leur convient. L'on y a ajouté l'histoire naturelle des quadrupèdes et des oiseaux découverts depuis la mort de Buffon, celle des reptiles, des poissons, des insectes et des vers; enfin, l'histoire des plantes dont ce grand naturaliste n'a pas eu le temps de s'occuper. Ouvrage formant un cours complet d'histoire naturelle*, Paris, F. Dufart, 127 vol., 1798-1808.

(26)†  VIREY (J.-J.), éd., *Nouveau Dictionnaire d'histoire naturelle appliquée aux arts [...]*, Paris, Déterville, 24 vol., 1803-1804.

# 44

## BUFFON AND THE NINETEENTH CENTURY
## FRENCH ANTHROPOLOGISTS

### Joy HARVEY *

At the conclusion of the evolutionary debates which took place within the
Société d'Anthropologie de Paris in 1870, Paul Broca ended his defense of
transformism with a quote from Buffon :

«The human mind has no limits. It extends as far as the universe unrolls. Man can and
must attempt everything. In time everything can be known.»[1]

From the mid to late nineteenth-century, the great naturalist Buffon was frequently cited by French anthropologists linked to the Société d'Anthropologie de
Paris and its school. These citations were used to endorse or to criticize a particular
view of the human species and of biology in general which combined arguments
about the origin of life, human races and animal species. Scientists who held this
view developed an evolutionism which interpreted Buffon as the predecessor of
both Lamarck and Darwin. Unlike the English evolutionists who (with the exception
of Richard Owen) were monogenists, this group of evolutionists advocated polygenism, that is, the multiple origin of life along with the more special case of multiple
human origins.

Although the history of this society has been discussed elsewhere by myself and
others, a quick review of this history helps to demonstrate why Buffon was invoked
by this group of anthropologists. There were two possible explanations. One is that
Buffon's analysis of "man" provided a model for the methods as well as the conceptual background for the French anthropologists who sought to create a new field in
this period. The other is that Buffon provided a justification for linking spontaneous
generation to polygenism which allowed the development of a reworked evolutionary system. Although both explanations have validity, I will examine closely the
attempts of nineteenth-century anthropologists to invoke Buffon on behalf of polygenist evolutionary ideas.

Did Buffon's work actually have an influence upon these anthropologists, or was
he simply a convenient ancestor? The problem of influence is a curiously difficult
one because it involves not only explicit citations to the work of some predecessor,
but often the more subtle (and possibly more influential) implicit references as well.
If imitation is the sincerest flattery, such flattery does not require crediting one's
sources. In many cases, the adoption of terminology or style of argument often pre-

* 19 Arlington Street. Cambridge, Massachusets 02140. U.S.A.

1. «J'aime mieux me pénétrer de ces belles paroles de Buffon : "L'esprit humain n'a point de bornes, il
s'étend à mesure que l'univers se déploie. L'homme peut donc et doit tout tenter. Il ne lui faut que du
temps pour tout savoir."». Broca [6] : p. 242. He does not give a reference to Buffon here, but Roger
[33] : p. 565 uses this quote and cites to Buffon (Des mulets [1776]; see Buffon [10], T. III : pp. 33-34).

sents clearer guides to the sources than any explicit mention. Nevertheless, I will begin with direct citations to Buffon by the nineteenth-century anthropologists, although I will give a brief indication of the more indirect use of his ideas and methods.

Although Buffon's ideas on race were monogenist, his concept of variation and hybridity lent themselves, as we shall see, to polygenist conclusions. Many arguments about monogenism versus polygenism, such as that between John Bachman and Samuel Morton in America in the early 1850s, had centered on the issue of fertile hybrids.[2] The study of hybrids and the possibility of successful breeding of animals across species boundaries had served as a point of departure for Paul Broca's interest in race.[3] A discussion of his experiments on the rabbit/hare hybrid (léporid) before the Société de Biologie had been censored by that society's president when these discussions were extended to human races. A reaction against this decision had led to the formation of the Société d'Anthropologie de Paris in 1859.[4]

The application of the example of a sometimes fertile hybrid such as the mule to the case of human racial cross-breeding had been a basic argument in the polygenist program as it was developed by the American "school" of polygenists who followed the Philadelphia craniologist Morton.[5] Not surprisingly, this 'school' was also cited by Paul Broca and other earlier founders of the Société d'Anthropologie de Paris.[6] Equally importantly, the experiments on hybrids were believed to provide a clue to the problem of species, as Robert Olby has recently pointed out.[7] If hybrids across species barriers were not invariably infertile, then the production of such hybrids might explain the origin of new species. The existence of interfertile hybrids was therefore seen as important to both monogenist and polygenist before Charles Darwin moved the discussion of species origins into another arena.[8]

An influential chairholder at the Muséum d'Histoire Naturelle, Isidore Geoffroy Saint-Hilaire, had joined the dissenting group of young members of the Société de Biologie, many of them physicians like Paul Broca. Geoffroy, as I have discussed elsewhere took an active part in the new anthropological society hoping to re-open the issue which Cuvier had so successfully ruled out of order : the existence of fossil man.[9] Geoffroy, himself, a strong believer in the unity of human races had begun a classification of human varieties which cited Buffon as a worthy predecessor. To Geoffroy, Buffon represented the early attempts to classify human varieties, in spite

2. For a discussion of the American school and its arguments on hybridity see Stanton [37].

3. Paul Broca explains this in the introduction to his reprinted articles on hybridity. See Broca [7]. His articles on human hybridity were also republished by the Anthropological Society of London as a book in 1864.

4. Harvey [19].

5. The best known discussions of Nott and Gliddon [24], [25] are still Stanton [37] and Stocking [38].

6. Nott and Gliddon [24] and a few years later Nott and Gliddon [25] in which George Gliddon's article on polygenism appeared. The first book was dedicated to Samuel G. Morton who had just died. The authors, editors saw their books as an extension of Morton's work on human classification.

7. Olby [26] : pp. 258-262.

8. Although I have no space to extend this discussion here, it is worth noting that Darwin wisely separated the two arguments (of hybridity and fecundity) by pointing out that close kinship between varieties or sub-species did not prevent the inability of the two groups to cross-reproduce, whereas even widely separated species (within the cat family or wolf and dog) were known to reproduce. He saw a potential confusion between discussions of relatedness of species and their lack for interfertility, pointing out that closely related variants often failed to interbreed for simple physiological reasons or a difference in the timing of the fertility cycle, especially in plants. Darwin [12] : pp. 244 ff.

9. See Harvey [20].

of Buffon's explicit rejection of the enterprise of classification.[10]

Isidore Geoffroy's death in 1862 meant that his place as the major spokesman for the Muséum within the new Société d'Anthropologie was taken by his student Armand de Quatrefages who had been encouraged to teach "anthropology" at the Muséum in spite of Quatrefages' own preference for natural history. From this point on, and for the rest of his life, Quatrefages remained the primary counter-weight in the Société d'Anthropologie, opposing the society's advocacy of polygenism, evolution, and spontaneous generation, while remaining on excellent terms with Paul Broca, the major force behind that advocacy.

Broca, although an avowed polygenist, insisted that the Society itself stood for open debate on all scientific questions, taking no official stand on any question. Nevertheless, in spite of Broca's disclaimers, this group of physicians-turned-anthropologists for the most part believed that the three origin questions : the origin of life, the origin of species and the origin of race, were closely interconnected. Both in the Société de Biologie and the Société d'Anthropologie they had argued for a reformulated consideration of these topics. Although the Société de Biologie had rejected this reconsideration, the new anthropological society became a forum for advocates of polygenism in race, spontaneous generation and, eventually polygenist evolutionism.

I have argued elsewhere that an alliance between scientific positivists, who followed Emile Littré and the scientific materialists directly influenced by Carl Vogt, helped bring these questions before the Société d'Anthropologie. Although positivism had formally declared that it would not consider origin questions for which there were no «*hard facts*», many of the physician-anthropologists (most notably Georges Pouchet, Eugène Dally, and the statistician Louis-Adolphe Bertillon) believed the facts were sufficient to uphold both polygenist and evolutionary arguments.[11]

The scientific materialists who joined the Société d'Anthropologie in the mid 1860s shared with the scientific positivists a strong anti-clerical and pro-republican sentiment, as I have discussed elsewhere. They included most notably the prehistoric archeologist Gabriel de Mortillet, the social evolutionist Charles Letourneau, and the linguist Abel Hovelacque, later including the embryologist Mathias Duval.[12]

Both the scientific positivists and the scientific materialists turned to Buffon's basic building blocks of life, "organic molecules" in the search for justification of their positions. Georges Pouchet, who published his book, *De la pluralité des races humaines* in 1858, saw in Buffon an authoritative endorsement of both spontaneous generation and polygenism. Pouchet published his book a year before the creation of the Société d'Anthropologie, just before the publication of his father, Felix Pouchet's work on heterogenesis which advocated spontaneous generation with a strong vitalistic component. In the elder Pouchet's view, lower forms of life spontaneously generated in the modern world derived from the disintegration of some higher form of living being which at its death released organic molecules, a

---

10. Geoffroy Saint-Hilaire [16] : p. 125.

11. See Harvey [20]. Georges Pouchet who supported evolutionary arguments in the second edition of this book on plural races dropped out of the Société d'Anthropologie at the time of the evolutionary debates for reasons which may have had more to do with his fight with the administrators of the Muséum d'Histoire Naturelle or the need to ingratiate himself with his mentor Charles Robin.

12. For the later importance of this group in the Société d'Anthropologie see Harvey [19].

concept quite similar to that of Buffon.[13] The son endorsed his father's description of living molecules continuously formed from decaying organic matter and extended this to provide a coherent basis for the parallel development of separate lines of organic development. These parallel lines culminated in similar, but distinct human species having no common ancestor.[14] In his discussions of spontaneous generation, he followed Lamarck's adoption of the Leibnizian term "monad" which he used in the same sense as Buffon had used "organic molecule". (I call attention to this use by Pouchet some years before Haeckel adopted the same term. The next year, Richard Owen also used the term "monad" in his review of Darwin's *Origin of species*.[15])

Although not a founding member of the Société d'Anthropologie, Georges Pouchet was one of the first members as that group expanded beyond its original nineteen in 1859. His view of human races as species offered these young enthusiastic physicians a non-biblical, scientific explanation for human differences. It also provided a reasoned explanation for the view of "inferior" human groups which the American School of polygenists, Samuel Morton, Josiah Nott, and George Gliddon had recently popularized.[16]

In Georges Pouchet's view of species development, it was no more difficult to assume that millions of germs were created every day than to assume that a single living cell was produced at the beginning of the planet's existence. As he put it :

«Does it cost more to admit that a simple cell is formed one day endowed with its own life and with a latent life which it can diffuse... than to admit that similar cells are formed every day?»[17]

While Lamarck, he continued, had hypothesized that «*the product of some agitating force*» had been single and indefinite, «*according to us, it is multiple and defined*».[18] Citing Buffon as one of his major authorities for spontaneous generation, Georges Pouchet insisted in a footnote that :

«Buffon has said (*Suppléments*, T. IV : p. 335) that this manner of generation is not only the most frequent but the most ancient, that is to say the first, the most universal.»[19]

By 1864, in the second edition of his book on polygenism, Georges Pouchet declared himself a transformist, an evolutionist who emphasized, like Clémence Royer, Darwin's first French translator before him), the importance of the French natural history tradition as a source for evolutionary arguments.[20] Pouchet described Buffon's definition of species at the end of his life as no longer «*that defined entity in which Cuvier believed*» which could be described at beginning at one geological

---

13. Pouchet [30].
14. Pouchet [29]. It is important to note that the publisher of this book had also published Félix Pouchet's *Hétérogénie* [28] and advertised that book on the page facing his son's title page [29].
15. Owen [27].
16. For a discussion of this polygenist school by its leading advocates see Gliddon [17]. George Stocking [38] has analyzed polygenism. See, however, Gould [18] for a more generous look at Morton's craniology.
17. «*En coûte-t-il davantage pour admettre qu'une simple cellule s'est formée un jour, douée d'une vie propre et de plus, d'une vie latente qu'elle peut diffuser avec le temps et dans des circonstances données, autour d'elle? En coûte-t-il plus d'admettre cela que de semblables cellules sont chaque jour formées*». Pouchet [29] : p. 168.
18. «*Seulement dans l'hypothèse de Lamarck le produit de ces forces est unique et indéfini, et selon nous il est multiple et défini*». Pouchet [29] : p. 169.
19. Pouchet [29] : p. 171.
20. Pouchet [30].

moment and ending at another. Buffon, said Pouchet, proclaimed in his final works that «*the notion of species could be comprehended by man only at a single instant of his (entire) century*» and that this was only «*an expression of an ambient milieu*».[21] Pouchet adopted Buffon's image of the limited time period of human life which could not allow human beings to witness species change. Species, Pouchet remarked, are seen as fixed for the same reason that we have believed the sun to be fixed in one place. Too long a time period is required in order for human beings to perceive either solar displacement or species transformation.[22]

Pouchet compared Buffon to Étienne Geoffroy Saint-Hilaire and Lamarck, suggesting that they all provided a backdrop of evolutionary ideas against which one should read Darwin but he criticized Darwin for failing to recognize the importance of Etienne Geoffroy's contributions. Like many French scientists, he felt uneasy about Darwin's reliance upon chance for his evolutionary theory. Nevertheless, Georges Pouchet, like Broca after him, regarded Darwin's sound scientific arguments as providing a renewed opportunity for French scientists to obtain a hearing for the earlier French evolutionists. Pouchet based his transformist and racial views squarely on the French natural history tradition.[23]

Another of the scientific positivists linked to the new anthropology, Eugène Dall,y had dedicated his translation of Thomas Henry Huxley *Man's Place in Nature* to Paul Broca, and lauded Émile Littré and scientific positivism throughout his lengthy introduction to Huxley's book. His introduction, which was as long as Huxley's book, placed Darwinism within French science and philosophy of science. Dally saw Buffon as an important predecessor who had emphasized the significance of time in the development of species.[24] Dally's translation of Huxley's book, followed by his defense of that book before the Société d'Anthropologie set off the evolutionary debates of 1869 and 1870.[25]

During the evolutionary debates, Paul Broca, founder, secretary general of the Société d'Anthropologie, ("soul" of the society, as his later disciples called him), hailed Buffon. Broca saw Buffon as anticipating his own view of the origin of life as «*multiple in time, multiple in space*».[26] Broca's earliest anthropological work on rabbit-hare hybrids had been undertaken in support of polygenism. In 1870, before his own Société d'Anthropologie, he advocated a reformulated concept of evolution as «*polygenist transformism*». For this reformulation he, like Georges Pouchet, found Buffon very useful as an "ancestor" and framed his arguments on behalf of polygenist transformism using Buffon's terms.

Broca argued that the limitations of Darwinian transformism could be seen most clearly when one examined the problem of the origin of life. Darwin's doctrine, since it traced the organic world to a few distinct sources, said Broca, might best be

---

21. «*Buffon dans ses derniers travaux proclame que la notion de l'espèce ne peut être saisie par l'homme que dans l'instant de son siècle et qu'elle n'est que l'expression du milieu ambiant*». Pouchet [30] : pp. 168-9.

22. Pouchet [30] : p. 193.

23. But see Richard Owen's review of Darwin's *Origin of Species* (Owen [27]) which in the process of attacking Darwin also explicitly supports the French tradition including Geoffroy and Lamarck. The differences in the implications of such criticisms depended upon the national identity of the critic. In France one could mix Geoffroy, and Lamarck with Darwin and still consider oneself a Darwinist, as Clémence Royer, Dally, and other writers did.

24. Dally [11] : p. 31.

25. See Harvey [20].

26. Broca [6].

designated *«oligogenic transformism»*.[27] Only the German scientists had insisted on *«unitary»* transformism from a *«monad»* best represented as a protozoan. This was the only form of evolutionary thinking he considered to be a truly *«monogenist transformism»*. Broca traced his own view of multiple, parallel evolution to Buffon. The two doctrines, monogeny and oligogeny were, Broca said, *«the first degrees of evolution»*. But he added, *«It is possible to conceive of a third degree which merits the name of polygenist transformism whose conception appears to go back to Buffon»*. Broca quoted Buffon to prove his claim :

«The two hundred species whose history we have given can be reduced to a small enough number of families or principal sources from which it is not impossible that all others have issued.» [28]

This quotation from Buffon was to become the most widely invoked by the French evolutionists. Broca continued with his own interpretation of why Buffon appeared at one time as a monogenist and another point as a polygenist, touching lightly on Buffon's advocacy of a kind of evolutionism.

«Until [the beginning of the nineteenth century], the principle of the fixity of species had not been formulated as dogma, as we have seen it become since. It was generally accepted but not too much weight was attached to it. This was why Buffon might be seen, according to a momentary inspiration, admit it, or reject it disdainfully when he wished to prove that classification and methods are necessarily arbitrary, illusory, and harmful to the progress of natural history, or to explain evolution of living forms and the serial placement of living things.» [29]

Here, however, Broca detected an apparent contradiction. Monogenism could lead believers in the fixity of species towards transformism, as he believed it had led Buffon to argue for environmental change in species. Yet, on the other hand Broca thought that a belief in multiple organic molecules logically led to polygenism and eventually to a polygenist transformism "in germ".

«This same Buffon could without the least scandal propose the idea that *"all species which can be grouped in the same family seem to have come from a common source"*. Nevertheless it is clear that the hypothesis of transformism was contained in germ in this remark of Buffon.» [30]

The power of the environment to change human races, which Buffon had endor-

---

27. Broca [6] : p. 181.

28. *«Il est permis de concevoir un troisième degré qui méritait le nom de* transformisme polygénique *et dont la conception parut remonter jusqu'à Buffon. C'est lui qui a dit en parlant des quadrupèdes, "Les deux cents espèces dont nous avons donné l'histoire peuvent se réduire à un assez petit nombre de familles ou souches principales dont il n'est pas possible que toutes les autres soient issues"»*. Broca [6] : p. 191 (quoted from *De la Dégénération des Animaux* [1766], *in* Buffon [9], T. XIV : p. 358).

29. *«Ce fut donc seulement au commencement de ce siècle que les naturalistes purent se hasarder à poser dans la science le problème immense des origines de la vie, de son développement et de sa répartition sur le globe. Jusqu'alors le principe de la fixité de l'espèce n'avait pas été, comme on l'a vu depuis érigé en dogme. Il était généralement accepté, mais on n'y attachait pas beaucoup de prix; et c'était ainsi qu'on a vu Buffon l'admettre ou le rejeter tour à tour suivant les inspirations du moment, le proclamer solennellement lorsqu'il voulait défendre la majesté de la nature et le rejeter dédaigneusement lorsqu'il voulait prouver que les classifications et les méthodes sont nécessairement arbitraires, illusoires et nuisibles aux progrès de l'histoire naturelle. Ce même Buffon avait pu sans provoquer le moindre scandale émettre la pensée que toutes les espèces groupées dans une même famille semblent être sorties d'une souche commune. Le mot famille n'avait pas pour lui la même acception que pour nous; ses familles différaient peu de nos genres. Il est clair, néanmoins, que l'hypothèse du transformisme était contenue en germe dans cette remarque de Buffon ; mais elle n'aspirait pas encore à expliquer l'évolution des formes de la vie et la disposition sériaire des êtres, elle ne menaçait aucune doctrine philosophique et elle avait pu se produire sans faire ombrage à personne»*. Broca [6] : p. 181.

30. Broca [6] : p. 181.

sed, Broca argued, could be extended to «*produce in other natural groups specific differences*». In Broca's eyes, if only arguably in Buffon's writings, few classical species differed as much as human races.[31] But in its earlier form, this «*transformism in germ*» could be proposed without upsetting any preconceived philosophical concepts since species change «*menaced no philosophical doctrine and could be produced without giving umbrage to anyone*».[32]

Like Georges Pouchet, polygenists had endorsed a view of life created over time. Pouchet had called it «*multiple and defined*», a phrase which Broca reformulated proposing that the origin of life was «*multiple in time, multiple in space*». Broca added that as long as the origin of life was not attributed to a supernatural cause, there was no need to assume life arose at any one moment in the history of the earth.

Following Broca's lead during the transformist debates of the early 1870s, Louis-Adolphe Bertillon, statistician for the city of Paris, repeated Broca's insistance of unlimited generation. Why, he asked, was it necessary to limit the development of life to one period of time or to «*a few meters of space*»?[33]

Answering both Broca and Bertillon, Armand de Quatrefages insisted as always on setting the record straight on the great eighteenth-century naturalist. Quatrefages objected to the view Broca had given of Buffon as «*upholding in turn immutability or fixity of species by chance so to speak according to the needs of the moment*».[34] He objected as well to the manner in which Broca had portrayed Cuvier and his school as having «*only fastened on the fixity of species for sake of argument*». Nor did he believe that Isidore Saint-Hilaire's doctrine of limited variability was only «*a sort of compromise*». To Quatrefages this was a misreading of the historical record and a misrepresentation of the position of both Buffon and Quatrefages' teacher Isidore Saint-Hilaire.

The explanation for Buffon's changing view of species fixity, Quatrefages insisted, derived from his changing perspective as it shifted from a morphological to a physiological point of view.

«He first believed in absolute fixity of characters in their most indefinite variability. At that epoch he was in reality a transformist.»[35]

As Buffon came to realize the need for a physiological idea of species, said Quatrefages, he developed ideas «*close to those of Cuvier himself*».

Here Quatrefages appears to have read into the development of Buffon's thought, the same changing perspectives of natural history occurring in Quatrefages' own practice. Precisely at this moment within the Muséum, morphological explanations began to give way to physiological descriptions as Hervé Le Guyader has recently demonstrated.[36]

By the end of his life, Buffon, according to Quatrefages «*comprehended*

---

31. Broca [6] : pp. 173-174.
32. Broca [6] : p. 191 ff.
33. Bertillon [1].
34. Bertillon [1].
35. «*Buffon fut d'abord exclusivement morphologiste. De là résultent les deux variations extrêmes qu'on trouve dans ses premiers écrits. Il crut d'abord à la fixité absolue des caractères plus tard à leur variabilité presque indéfinie. À cette époque, il fut en réalité transformiste* [my emphasis]. *Mais à mesure qu'il observe davantage, Buffon comprit la nécessité de faire intervenir les notions physiologistes dans l'idée d'espèce. C'est alors qu'il émit les opinions qu'il professa jusqu'à la fin et qu'il formula dans des définitions qui reviennent à très peu près à celle de Cuvier lui-même ou qui, du moins, reproduisent les mêmes opinions fondamentales*» (Quatrefages [31] : p. 23).
36. See Le Guyader [23].

*perfectly the differences which separate race and species».* For Quatrefages, Buffon appeared as a very different ancestor than Pouchet, Broca, or the later polygenists portrayed him. In Quatrefages' interpretation, Buffon was a professed monogenist just as he himself was, and which he believed most naturalists were, careful to discriminate between race and species :

«This distinction of species and race is more and more confirmed by all other studies completed in this period. That is why almost all naturalists more and more affirm the ideas of Buffon.» [37]

Ending with a frontal attack against the explicit polygenism with which Broca had saddled Buffon, Quatrefages continued :

«As for monogenism of which there was incidental question here whether or not it was a scientific doctrine, I limit myself to reminding you that this is what Buffon, Humboldt and Müller advocated.» [38]

In Quatrefages eyes, Buffon's changing ideas as he developed monogenist theories of race served as *«a beautiful example of a genius correcting... his own errors».*[39] Mathias Duval, later director of the Laboratoire d'Anthropologie (also founded by Paul Broca) and lecturer at the École d'Anthropologie, writing on Darwinism published in 1884, objected to Quatrefages'*«too theoretical interpretation»* which credited Buffon with a far clearer understanding of the differences between races and species than he could possibly have had.[40]

I might add that Broca's own view of human races also changed over time. Claude Blanckaert in his magisterial analysis of polygenism and monogenism has interpreted Broca as a *«fixiste»* who was willing to obliterate the concept of species but held on to the race concept as his only certainty.[41] Such an interpretation, although accurate for the early Broca overlooks the revision of his concept of race in the last years of his life. Broca came to believe that human races were also involved in a changing, time-dependant, process.[42] In Broca's interpretation of polygenism just before his death, he described human races as multiple and species-like in the past but moving towards a contemporary or future unity. This view anticipates the statements of his student Paul Topinard who also interpreted multiple present races melding to produce a future monogenism. (George Stocking, on the other hand, has described this as Topinard's distinctive contribution).[43] Quatrefages' praise of Buffon might well apply to Broca, for like Buffon his real genius was revealed by his flexibility of mind.

A less laudatory view of Buffon was offered by Clémence Royer, Darwin's French translator, admitted to the Société d'Anthropologie de Paris during the transformist debates of 1870.[44] Although Clémence Royer had functioned as the primary interpreter of Darwin to the Société d'Anthropologie, she continued to promote

37. *«Cette distinction de l'espèce et et de la race s'est de plus en plus confirmée par toutes les études accomplies depuis cette époque. Voilà pourquoi la presque totalité des naturalistes a de plus en plus affirmé les idées de Buffon».* Quatrefages [31] : p. 241.

38. Quatrefages [31].

39. *«C'est un bel exemple à citer du génie se corrigeant lui-même et arrivant à la vérité, instruit qu'il est par ses propres erreurs».* Quatrefages [31] : p. 241.

40. Duval [14] : p. 108.

41. Blanckaert [4].

42. Broca [8] : p. 708.

43. Stocking [38].

44. See letter of Clémence Royer to Paul Broca sending copies of her second edition of Darwin to him and the Société, expressing her regret at her initial unacceptability as a member of the society. Cited in Harvey [21]. This article also explains her later role in the Société.

Lamarck along with Darwin. Like Pouchet, she wrote articles on Lamarck in 1868 for Émile Littré's positivist journal *La Philosophie positiviste*.[45] For Royer, Buffon was simply a precursor of both Lamarck and Darwin who was too cautious to admit his true evolutionary conclusions.

Analyzing Buffon in an article on Darwinism in Dechambre's *Dictionnaire encyclopédique des sciences médicales* in 1883, she emphasized Buffon's changing views on species and variation.[46] At first she depicted him as a *«grand seigneur»* happy to occupy his leisure with natural history, gradually *«turning away from the vulgar world»* becoming more serious about intellectual matters as he went about his daily work at the Jardin du Roi. She described him slowly enriching his knowledge about animal and plant species and in the process accepting mutability. Like Broca (and Topinard after her), she quoted the passage on the mule, and also the selection from *Dégénération des animaux*, cited by Broca above, in which Buffon suggested the derivation of species from a few sources.[47]

Yet Clémence Royer blamed Buffon's retention of the *«religious dogma of his day»* for his inability to accept progressive change, and she slapped his wrist for this. It appears to have been Buffon's emphasis on degeneration as a source for species change which she primarily disliked. On the other hand she commended his emphasis, in anticipation of Lamarck, on the importance of climate as a source of variation. Hailing him as predecessor of both Lamarck and Darwin, she chided him for his hesitancy to go further down *«the road»* of evolution, even vacillating about the limits of variability, as she saw it, when he feared the anti-biblical implications of his thinking.

«Variability breaks the limits of species, or genus or orders; it is therefore unlimited. Or else Genesis had lied which Buffon still would not say whatever he may have thought.»[48]

Her interpretation made no mention of Buffon's concept of organic molecules which she adopted as an early life form, calling them *«monads»*, following Lamarck as Pouchet had done. Nor did she formally admit how much her endorsement of spontaneous generation, central to her concept of evolution, depended upon views derived from Buffon.[49]

In a later article on evolution, Royer again discussed Buffon, although here she pointed out that his emphasis on degeneration of animals and plants in the New World allowed him, as she put it to *«remain in accord with biblical dogma»*.[50] It was this insistence on degeneration which she felt made him *«pass beyond the modern theory of evolution»*. Nevertheless she quoted his comments, as both Broca and Pouchet had, on the *«principal and common source»* of modern species, and the *«small number of families, or principal sources, from which two hundred modern species could be derived»*. Like Pouchet and Broca (and Topinard whom by this time she may also have read), she believed that *«Lamarck, Darwin and Haeckel*

---

45. Royer [34].
46. Royer [35].
47. Royer [35] : p. 706.
48. *«N'est-il pas aisé encore de saisir chez Buffon même jusque dans cette évolution vers la doctrine de la mutabilité, l'influence du dogme régnant?»* Royer [35] : p. 705. *«La variabilité franchissait ainsi les limites de l'espèce, du genre, de l'ordre; elle était donc illimitée ou la Genèse lui avait menti ce que Buffon n'aurait voulu dire encore qu'il y eût pensé».* Royer [35] : p. 706. *«Les théories de Lamarck et de Darwin, bien comprises ne vont pas plus loin que ces aperçus généraux de Buffon et ne sont venues y ajouter que des vues de détail sur les causes et les lois de la variabilité».* Royer [35] : p. 706.
49. For a discussion of Royer's monism see Blanckaert [3]; Harvey [21].
50. Royer [36].

*have only confirmed these views of Buffon and drawn out their consequences».*[51]
Unlike her colleagues, she insisted that Buffon saw something invariable and fixed
underneath what she called the *«caprice»* of variability. Therefore, although she was
willing to designate Buffon as one of the fathers of evolutionary thinking, she did
not claim him with the same enthusiasm as Broca had done, preferring to focus her
attention upon Lamarck as Darwin's predecessor.

Paul Topinard, disciple, student, and self-proclaimed inheritor of Broca's
mantle was the anthropologist who ardently followed Broca in his adoption of
Buffon as the true ancestor, not only of evolution, but of the entire field of
anthropology. In an important lecture for the École d'Anthropologie in 1882, two
years after Broca's death, Topinard hailed *«Buffon, anthropologist».*[52] The
anthropological school, the *École d'Anthropologie*, had been founded following the
evolutionary debates in the Société d'Anthropologie by Broca and his close
associates. Its first teaching staff was drawn from those who like Broca had
supported polygenist transformism. It continued throughout the 80s and 90s to play
a role in the reception of evolutionary ideas, offering public lectures on evolution
and courses which discussed craniological and archaeological techniques along with
the evolutionary significance of anthropology.[53]

Although Topinard's point of view borrowed much from Broca's earlier discussions of *«polygenist transformism»*, Topinard was primarily intent on showing how
Buffon's concepts of race echoed (or prophesied) his own view of a past polygeny
and a future mixed and single human race. He acclaimed him : *«Buffon... the head
of this new school as Étienne Geoffroy Saint-Hilaire presented him; Buffon, the precursor of both Lamarck and Darwin».*[54]

In Topinard's desire to establish his own priority for the interpretation of Buffon
as an evolutionist, he ignored earlier discussions by Georges Pouchet, Clémence
Royer and even his mentor/teacher Broca. Instead he quoted Flourens, the ardent
anti-Darwinist who had produced a new edition of Buffon in the early 1850s :

«Anthropology has risen from the great thought of Buffon; up until then man had been
studied only as an individual. Buffon was the first who has studied him as a species.»[55]

Topinard began by examining Buffon's changing views of species.

«[He] originally believ[ed] in a succession of similar individuals which perpetuate
themselves; the species descends from a prototype whose mold is conserved [Buffon's moule
intérieur]. Notable variations are produced in its womb which by persisting take the name of
races. Conservation is safeguarded by the fecundity of unions between individuals of the
same species while the unions between individual species are directly or indirectly sterile.»[56]

Topinard insisted on the constant emphasis by Buffon on the importance of reproductive succession which Buffon himself called the marvel of nature which will

51. *«Lamarck, Darwin et Haeckel n'ont fait que confirmer ces aperçus de Buffon et en tirer toutes leurs conséquences.»* (Royer [36] : p. 463).

52. Topinard [39].

53. Harvey [19].

54. *«Avec Buffon vous allez assister à des phénomènes psychologiques non moins curieux :... Buffon, que je considère au contraire comme le chef de cette nouvelle école ainsi que l'avait pressenti Ét. de Saint-Hilaire; Buffon, le précurseur à la fois de Lamarck et de Darwin».* Topinard [39] : p. 35.

55. *«L'anthropologie, dit Flourens, surgit d'une grande pensée de Buffon; jusque-là l'homme n'avait été étudié que comme individu; Buffon est le premier qui l'ait étudié comme espèce».* Topinard [42] : p. 39. This is not referenced but is probably from Flourens [15], something which may indicate that it is the Flourens edition he uses.

56. Topinard [39] : p. 39.

renew and maintain the species.[57]

The traditional view of Buffon, said Topinard, described him as passing through stages moving from original idea of species as fixed to one of mutability, (which was exactly the reverse of Quatrefages' interpretation). Topinard took issue with this tradition, arguing that Buffon had never insisted on immutability of species even in his early years but spent his life trying to examine the limits of variation, even trying to produce fertile crosses between wolf and dog.[58] According to Topinard, Buffon believed that climate and human intervention had created domesticated varieties and also led to their degeneration which required strange races to re-elevate them. Topinard also pointed out that Buffon saw human races as varieties.[59]

He quoted Buffon on the importance of succession and time as essential parts of the definition of species :

«It is the constant succession and uninterrupted renewal of individuals which constitutes species... Species is an abstract and general word, a thing which exists only by regarding nature over the succession of time.»[60]

Why, said Topinard, did Buffon insist on the genealogy of species? «*Because the variability of characters is raised by this to its (real) value*». Again he quoted Buffon on the difficulty of demonstrating species production by degeneration although «*philosophically one could hardly doubt it*».

«Because if some species has been produced by degeneration from another if the species of the donkey came from the species of horse that could be done only successively and by degrees.»[61]

According to Topinard, Buffon was prevented from extending this argument further by the absence of obvious modern intermediaries and so continued to admit a barrier between species preventing species crossing.[62]

Topinard then discussed what had been called the «*third aspect* (manière) *of Buffon on species* «*an attenuation of the second, an incomplete return to the first*». But to Topinard there was no actual change between the first and second analysis of the species problem... He claimed Buffon saw some species as well-established and only slightly variable, further removed from neighboring species like the man or the elephant, while others were less «*noble*» and so more variable like the members of the dog (canis) family.[63] Topinard commented «*Up to the end of his life, Buffon debated the same problem : where does variability stop, does it have a limit?*»

Quoting Buffon on domesticated animals, Topinard chose the most telling selection :

57. Topinard [39] paraphrasing from *Histoire naturelle des animaux* [1749], *in* Buffon [9], T. II : p. 3.

58. Topinard [39] : p. 41.

59. «*Les climats et l'action de l'homme sont les causes de ces variétés et font ainsi dégénérer le prototype; pour y remédier, il faut relever celui-ci en le mettant en présence de races étrangères*». Topinard [39] : p. 41 ff.

60. «*C'est la succession constante et le renouvellement non interrompu de ces individus qui constituent l'espèce. L'espèce est un mot abstrait et général dont la chose n'existe qu'en considérant la nature dans la succession des temps*». Topinard [39], quoted from Buffon [9].

61. Topinard [39] : p. 42 :«*...Car si quelque espèce a été produite par la dégénération d'un autre, si l'espèce de l'âne vient de l'espèce du cheval, cela n'a pu se faire que successivement et par nuances*». Quoted from *De l'asne* [1753], Buffon [9], T. IV : p. 358-359.

62. Topinard [39] : p. 43.

63. Topinard references this to *Époques de la Nature*, [1778], *in* Buffon [10], T. V : p. 185.

«If one admits once that there are some families in plants and in animals, that the ass is from the family of the horse and that it differs only because it has degenerated, one could say equally that the monkey is from the family of man, that it is a degenerated man, and that the man and the monkey have had a common origin as has the horse and ass, so that in animals as in vegetables there has been a single source that even all the animals have come from one animal who in the succession of time has produced by perfecting and degenerating all the races of the other animals.»[64]

To Topinard this was«*the doctrine of transformism such as Haeckel professes in our own time*»... although he went on to admit that Buffon «*frightened by his audacity hastens to run through the sacred formula*» :

«But no, it is certain by Revelation that all animals have equally participated in the grace of creation and that the two first of each species have been formed by the hand of the Creator.»[65]

Unlike Royer, Topinard did not censure Buffon for this invocation of Biblical authority. Instead he simply interpreted this as «*a bow towards the powerful Church*» which «*even Lamarck was required to make after the Revolution...*»

From Buffon's 1766 article on *Dégénération*, Topinard gave once again the often-cited quotation on the limited number of families or «*principle sources*» from which all species had issued.[66] This is the quotation which both Broca and Clémence Royer put to such good use in their advocacy of polygenist transformism. Topinard followed this with Buffon's invocation of time :

«Although nature shows herself always and constantly the same..., she admits some sensible variations, she receives some successive alterations, she prepares some new combinations some mutations of form and matter... being today very different from what she was at the beginning and to which she has become over the course of time.»[67]

As a typical anti-clerical scientist of the early Third Republic, Topinard was convinced that Buffon was like all enlightened thinkers of the eighteenth century seeking non-miraculous explanations. Therefore Topinard insisted that Buffon's references to Heaven or Revelation served the same purpose that he believed it did with Lamarck, to signal an important statement to follow, to provide emphasis.[68] Moreover, Topinard argued, if Buffon could say what he did after the strictures laid upon him by the Theological faculty of the Sorbonne, «*what might he not have written if he were free?*»[69]

Topinard insisted on the role of Buffon in the development of Lamarck's evolutionary writings, emphasizing that he was more than a teacher for Lamarck :

«One is permitted to conclude that the illustrious French naturalist of the second half of the eighteenth century, venerated by Goethe, the two Geoffroy Saint-Hilaire, Flourens and M. de Quatrefages, belongs in fact to the transformist school. Buffon is not only the precursor of

64. Topinard cites *De l'asne* [1753], *in* Buffon [9], T. IV : p. 382. (Note that Jacques Roger [33], p. 580, uses this quotation to quite another purpose to show why this conclusion can't be drawn.).

65. Topinard [39], quoting *De l'asne* [1753], *in* Buffon [9], T. IV : p. 383.

66. *De la dégénération des animaux* [1766], *in* Buffon [9], T. XIV : p. 358.

67. «*Bien que* [la Nature] *se montre toujours et constamment la même..., elle admet des variations sensibles, elle reçoit des altérations successives, elle se prête à des combinaisons nouvelles, à des mutations de forme et de matière... étant aujourd'hui très différente de ce qu'elle était au commencement et de ce qu'elle est devenue dans la suite des temps*». Quoted by Topinard [39] : p. 46 from *Les Époques de la Nature* [1778], Buffon [10], T. V : p. 3. Topinard has changed some words, as indicated here by underlining.

68. Topinard [39] : p. 47.

69. Topinard [39] : p. 46.

Lamarck, he was his direct inspiration.»[70]

Topinard gave a final quote from Buffon to signal the extent to which he was truly Lamarck's precursor, although this quotation appears to support extinction which Lamarck denied, a contradiction which did not seem to trouble Topinard :

«Can one be more convinced that the imprint of the form (of animals) is not unalterable? That those with a nature a great deal less constant than that of man can vary and even change absolutely with time? For the same reason those species least perfect, most delicate, most weighty, the least active, least protected, have already disappeared or are disappearing.»[71]

But Topinard did not limit himself to a link between Buffon and Lamarck. Buffon's analysis pointed, according to Topinard towards Darwin as well. Buffon's discussion of the way that *«less prepared and perfected species»* have disappeared over time, links him to Darwin's concept of natural selection. Topinard continued :

«This time [for Buffon] it is no longer only transformation of species which he discusses but also natural selection in favor of the most fit animals in the struggle for survival. Buffon is not the precursor of Lamarck only, he is the precursor of Darwin.»[72]

Topinard insisted that his interpretation of Buffon as both Lamarck and Darwin's precursor had priority over that of his colleagues in the Société d'Anthropologie, especially Abel Hovelacque, the linguist and scientific materialist who had published similar conclusions about Buffon and Darwinism. He was silent about his own debt to his teacher, Paul Broca and his other colleagues.[73]

While I have limited myself here to the citations to Buffon on issues of race and evolution, I want to emphasize that Buffon was routinely cited in other contexts among the anthropologists. The importance which Buffon had given to geographical and climatic influences, his use of statistics in demonstrating human life span, his discussions of human populations living under extreme conditions were often referred to by Paul Broca, and Louis-Adolphe Bertillon, the demographer in the Société d'Anthropologie, and a little later by Broca's last student, Léonce Manouvrier.[74] The prehistorians also claimed Buffon as one of their own. As late as 1901, Buffon was cited as the first prehistoric archaeologist by a student of Gabriel de Mortillet in the pages of the Bulletin of the Société d'Anthropologie.[75]

Yet the implicit debts were even greater. Neither Pouchet or Clémence Royer, discuss their debt to Buffon's organic molecules. The experiments on hybridity Broca first carried out on hares and rabbits and later extended to corn (maize), echoed Buffon's experiments on wolf and dog hybrids, although he did not emphasize that source. Discussion of human characteristics, human speech and even

70. Topinard [39] : p. 55.

71. Topinard [39] : p. 47. Although Topinard does not says so, this is apparently a citation from *Animaux des deux continens*.

72. *«Cette fois ce n'est pas seulement de la transformation des espèces qu'il s'agit, mais aussi de la sélection naturelle en faveur des animaux les plus avantagés dans la lutte pour l'existence. Buffon n'est pas le précurseur de Lamarck, il est le précurseur de Darwin»* (Topinard [39] : p. 47).

73. Abel Hovelacque, Topinard's scientific materialist *«friend and colleague»* had published an article on this topic in 1882 in *Revue des Sciences*, but in a footnote (p. 46, footnote 3), Topinard insisted on priority over Hovelacque, since, he insisted, he had included these ideas in his course at the Ecole in 1878-79. This type of priority claim especially with unacknowledge credit to Broca may have added fuel to the break between Topinard and the scientific materialists (including Hovelacque) within the École which occurred only 5 years later and resulted Topinard's exclusion from the Société and the School.

74. For example Louis-Adolphe Bertillon wrote the articles on *«acclimatement»* and *«méséologie»* for Dechambre's medical encyclopedia [13] and later Léonce Manouvrier wrote *«milieu»* for the *Dictionnaire Encyclopédique d'Anthropologie, explaining Bertillon's term* (See Bertillon [2]).

75. Bloch [5].

the interest in colonial peoples can all be found in Buffon long before the Société
d'Anthropologie institutionalized these approaches to create a new human science.

Even more importantly, the nineteenth-century anthropologists did not articulate
their deepest debt to Buffon : his insistence that there was a strong link between
physical, mental, and social aspects of the human being. The explanation of the social by the biological which became a hallmark of the Société d'Anthropologie was
first clearly illustrated in Buffon's study of Arctic peoples.

Even Buffon's solicitation of information was echoed in Paul Broca's well
known *Instructions on Anthropology* for the colonial doctors, naval surgeons, and
travelers of the time, many of whom became corresponding members of the Society.
An editor of Buffon's letters in the 1880s, J.L. de Lanessan was a member of the
Société d'Anthropologie (often praised by the scientific materialists), regretted that
more of Buffon's letters soliciting materials from around the world, had not survived.

«It is unfortunate that we don't have a greater number of those letters which Buffon wrote
to travelers, to officers of our navy, to doctors in our colonies, soliciting them to send
"curiosities" that is to say, natural history specimens, and asking for information on such and
such a question about which he was studying [l'objet de ses études]... all which appeared to
him to be proper methods by which to increase the collections with which he was charged.»[76]

The greatest debt which the Société d'Anthropologie owed to Buffon may have
been in providing a model for an international scientific community which drew
upon the colonial physicians, naval officers, and the international travelers who provided so much important information and who regularly corresponded with that society.

In summing up, I would like to suggest that Buffon provided a reflecting mirror
in which individuals in different periods have seen the image of their own opinions.
Buffon's changing views lend themselves to a variety of interpretations, in support
of monogenism, polygenism, fixity of species, transformism, racial differences, as
supporting or opposing classification. Pouchet, Broca, Quatrefages, Royer, and
Topinard used the same quotations to quite different purposes, each maintaining that
they are reporting upon the TRUE Buffon.

An illuminating contrast between the interpretations in different centuries by
scholars with different agendas is provided by Jacques Roger's completely different
interpretation of the same passages by Buffon cited above.[77] Where the nineteenth-
century anthropologists like Broca saw Buffon's organic molecules as an endorsement of spontaneous generation, not just at the beginning of the development of the
earth, but in the modern era, Jacques Roger has insisted on Buffon's change of
mind. In contrast to Buffon's earlier insistence upon spontaneous generation as a
feature of organic molecules, (which, we have seen, the nineteenth-century
evolutionists hailed as a basis for polygenist transformism), Roger points out that
Buffon in *Les Époques de la Nature* , limited spontaneous generation of life to the
earliest, and hottest period of the earth.[78]

In the same way, Jacques Roger employs the Buffon quotation which appears to
derive all families from a few sources as an explanation by Buffon as to why he
cannot accept such a view of family and must insist on classification as a pure con-

76. Lanessan [22] : p. ix.
77. Roger [33].
78. Roger [32].

venience. Topinard on the other hand, as we have seen, along with Broca, Royer, and Pouchet, quoted the same passage to indicate how close Buffon was to a transformist view. The qualification which Buffon added, in Topinard's eyes, simply illustrated how frightened Buffon had become of his own logical conclusions.

The failure to be careful about editions of Buffon, does not provide a sufficient explanation for widely different interpretations, since some of these anthropologists carefully cite the same editions of Buffon, in some cases the same editions that Roger has used. Lanessan, who was admired and often quoted by the members of the Société d'Anthropologie, was the late nineteenth-century editor of Buffon's works and correspondence, whom Roger has described as producing the best edition until the modern day.[79] Perhaps we can never disentangle the real Buffon from the historical interpretation each generation in turn provides.

## BIBLIOGRAPHY *

(1)† BERTILLON (L.-A.),«Valeur de l'hypothèse du transformisme», *Bulletin de la Société d'Anthropologie de Paris*, 2ème série, T. V (1870) : pp. 488-528.

(2)† BERTILLON (L.-A.) et al., *Dictionnaire Encyclopédique des Sciences Anthropologiques*, 2 vols s.d., [1890].

(3) BLANCKAERT (C.) «L'anthropologie au féminin : Clémence Royer (1830-1902)», *Revue de Synthèse,* 102 (1982) : pp. 23-38.

(4) BLANCKAERT (C.), *Monogénisme et polygénisme en France de Buffon à Broca (1749-1880)*, Thèse de Doctorat de 3ème cycle, Université de Paris 1, Panthéon-Sorbonne, Avril 1981, 521p.

(5)† BLOCH (A.), «L'homme préhistorique d'après Buffon», *Bulletin et Mémoires de la Société d'Anthropologie de Paris*, 5ème série, T. II (1901) : pp. 291-292.

(6)† BROCA (P.), «Sur le transformisme», B*ulletin de la Société d'Anthropologie de Paris*, 2ème série, T. V (1870) : pp. 167-239.

(7)† BROCA (P.), «Introduction aux mémoires sur l'hybridité», *Mémoires d'Anthropologie* , Paris, Reinwald et Cⁱᵉ, T. III (1877) : pp. 321-5.

(8)† BROCA (P.), «Discours banquet commémoratif», *Bulletin de la Société d'Anthropologie de Paris* , 3ème série, T. II (1879) : pp. 708ff.

(9)† BUFFON (G. L. Leclerc de), *Histoire naturelle, générale et particulière...*, Paris, de l'Imprimerie Royale, 1749-1767, 15 vols.

(10)† BUFFON (G. L. Leclerc de), *Histoire naturelle, générale et particulière, servant de suite à.... Supplément*, Paris, de l'Imprimerie Royale, 1774-1789, 7 vols.

(11)† DALLY (E.), «Introduction», *in* T.H. Huxley, *De la place de l'homme dans la nature*. Traduit par E. Dally, Paris, J. B. Baillière et fils, 1868 : pp-1-95.

(12)† DARWIN. (C.), *On the Origin of Species*, (1859), facsimile of the First Edition, Cambridge (M.A.), Harvard University Press, 1964, VII-513p.

79. Roger [32] : p. 584.
* Sources imprimées et études. Les sources sont distinguées par le signe †.

(13)† DECHAMBRE (A.), *Dictionnaire Encyclopédique des Sciences Médicales*, Paris, G. Masson and P. Asselin, 1864-1889.

(14)† DUVAL (M.), *Le Darwinisme*, Paris, A. Delahaye et E. Lecrosnier,1886, LX-576p.

(15)† FLOURENS (P.), *Histoire des travaux et des idées de Buffon*, 2ème éd., Paris, Hachette, 1850, 360p.

(16)† GEOFFROY SAINT-HILAIRE (I.), «Sur la classification des races humaines», *Mémoires de la Société d'Anthropologie de Paris*, 1 (1860-1863) : pp. 125-144.

(17)† GLIDDON (G.),"The Monogenists and the Polygenists», *in Indigenous Races of the Earth*, J.C. Nott and George Gliddon, Philadelphia, Lippincott, 1857.

(18) GOULD (S.J.), *Mismeasure of Man*, New York, Norton, 1981.

(19) HARVEY (J.), «Races specified, evolution transformed : The social context of scientific debates originating in the *Société d'Anthropologie de Paris* 1858-1902», Ph Diss., Harvard University, 1983.

(20) HARVEY (J.), «L'Évolution transformée", *Histoires de l'anthropologie : XVI-XIX^e siècles,* B. Rupp-Eisenreich ed., Paris, Klincksieck, 1984 : pp. 387-410.

(21) HARVEY (J.), «Strangers to each other : male and female relationships in the life and work of Clémence Royer», *in Uneasy careers and intimate lives*, P. Abir-Am and D. Outram eds., New Brunswick (N.J.), Rutgers University Press, 198è : pp. 147-171, 322-330.

(22)† LANESSAN (J. L. de), «Préface», *in Correspondance de Buffon,* Paris,1885 (Reprinted Slatkine, Geneva 1971), ixp.

(23) LE GUYADER (H.), «Linné contre Buffon ou : une reformulation du débat, structure-fonction», *in Buffon 88*, this volume.

(24)† NOTT (J.) and GLIDDON (G.), *Types of mankind.* Philadelphia, Lippincott, Grambo, 1854, lxxvi-738p.

(25)† NOTT (J.) and GLIDDON (G.), *Indigenous races of the earth*, Philadelphia, J.B. Lippincott, 1857, xxiv-656p.

(26) OLBY (R.), Appendix to Chapter 6 «Speciation by hybridity» *in Origins of Mendelism,* 2nd ed., Chicago, Chicago University Press, 1985, xv-310p.

(27)† OWEN (R.).[Unsigned review], «Darwin on the Origin of Species», in D. Hull *Darwin and his critics,* Cambridge (Mass.), Harvard University Press, 1973 : pp. 175-204.

(28)† POUCHET (F.), *Hétérogénie ou traité de la génération spontanée,* Paris, J.B. Baillière et fils, 1859, xxxii-672p.

(29)† POUCHET (G.), *De la pluralité des races humaines*; Paris, J.B. Baillière et fils, 1858, vi-211p.

(30)† POUCHET (G.), *De la pluralité des races humaines*, Paris, V. Masson, 2ème éd., 1864, 8-234p.

(31)† QUATREFAGES DE BRÉAU (A. de), «Discussion», *Bulletin de la Société d'Anthropologie de Paris*, 2ème série, T. V, (1870) : pp. 239-242, 312-317.

(32) ROGER (J.), «Buffon, Georges Louis Leclerc, Comte de», *Dictionary of Scientific Biography*, C. Gillispie ed., New York, Scribners, T. II, 1970 : pp. 576-584.

(33) ROGER (J.), «Buffon», *Les sciences de la vie dans la pensée française du dix-huitième siècle*, Paris, Armand Colin, 1963, Chapter 2 : pp. 527-584.

(34)† ROYER (C.), «Lamarck : sa vie, ses travaux et son système», *La Philosophie Positiviste,* 3, n°2 (1868) : pp. 173-205; 3, n°3 (1868) : pp. 333-372; 4, n° 1 (1869) : pp. 5-30.

(35)† ROYER (C.), «Darwinisme», in A. Dechambre, *Dictionnaire Encyclopédique des Sciences Médicales* (Paris, G. Masson and P. Asselin), vol. XXV, série 1, 1883 : pp. 698-767.

(36)† ROYER (C.), «Évolution», *in Dictionnaire Encyclopédique des Sciences Anthropologiques,* L.A. Bertillon *et al.,* eds. s.d. [1890], T. I : pp. 461-467.

(37) STANTON (W.), *The leopard's spots : scientific attitudes toward race in America 1815-1859,* Chicago, University of Chicago Press, 1960.

(38)  STOCKING (G.), «The persistence of polygenist thought in post-Darwinian anthropology», *in Race, culture, and evolution, essays in the history of anthropology* (Chapter 3), New York, Free Press, 1968 xi-354p.
(39)†  TOPINARD (P.), «Buffon, anthropologiste : leçon du 21 mars 1882, École d'Anthropologie», *Revue d'Anthropologie*, 2ème série , T. VI (1883) : pp. 35-55.

# 32 781

45

# BUFFON AND HISTORICAL THOUGHT IN GERMANY AND GREAT BRITAIN

Peter Hanns REILL *

Historians of historical writing increasingly recognize that a profound transformation in historical thought, understanding and practice took place during the late Enlightenment.[1] The most important centers for this change were Scotland and Protestant Germany. Scotland emerged in the last half of the eighteenth-century as the acknowledged center for exciting and innovative historical writing, producing such famous figures as Robertson, Ferguson, Smith, and Millar. In Germany, though Herder and Winckelmann were acquiring European reputations, the most important developments were made by a number of lesser known professional scholars who laid the theoretical and methodological foundations for the elaboration of what later would be called Historicism.[2] The discipline of history, however, was not the only one to have been transformed during the last half of the eighteenth-century. Historians of science are also pointing to an equally important change that took place in the natural sciences, especially in the fields of the life sciences, chemistry, and geology.[3] In them the prevailing explanatory models were criticized and alternate ones proposed. Natural scientists in France, Scotland and Germany formulated new concepts of matter, recast scientific explanatory procedures, and advocated a philosophy of science which blurred the mind-body duality. In all, a new idea of the order of things was proposed in which active forces were reintroduced into nature : in effect, nature was re-vitalized or re-moralized. Though both shifts occurred at approximately the same time, little has been done to probe the possible linkages between them.[4] This failure is explicable partly by the natural biases of standard histories of disciplines with their almost inbuilt tunnel vision and partly by the persistence, especially amongst historians, of the assumption that a radical breech exists and existed between the methods, procedures, and operating principles of the cultural and natural sciences, the *Geisteswissenschaften* and *Naturwissenschaften*.

Whatever validity this distinction may have had in the late nineteenth century when it was elaborated and accepted as a self-evident proposition, it does violence to the Enlightenment as a whole and especially to the intellectual dynamics of the late

* Department of History. University of California. Los Angeles. CA 90024. U.S.A.

1. For the eighteenth-century as whole see Bödeker [4] and Neff [27].

2. I have argued this position in [34].

3. See the following works, all of which point to a shift in scientific sensibilities during the last half of the century : Moravia [25] and [26], Roger [41] and [42], Schofield [47], Vartanian [53].

4. I have dealt with the interconnections between history and the sciences in the following articles : Reill [32], [35], [36], [37], [38]. For a slightly later period see Orr [30]. The relation between science and literature in Germany during the late eighteenth century is receiving increasing attention. See : Humboldt [20], Moravia [26], Nisbet [28] and [29], Picardi [31], Salmon[43], Thomé [51], Zimmermann [55].

Enlightenment. History and the natural sciences, rather than being separated, were intimately related and over the period were drawn ever closer together. The connection between them was twofold. On the most general level, each participated in a movement of renewal, generated by an increasing ambivalence towards the ruling precepts of the early eighteenth-century and the social-political order these precepts helped to authorize. On a more specific level, the relation went beyond the simple parallelism of shared aspirations and dissatisfactions. The two were symbiotically joined, linked in an endeavor to evolve a new science of humanity in which earlier antinomies established by the elaboration of mechanistic science and social science were to be healed. In this specific relationship the conceptual reordering of the natural sciences preceded that of history and, in effect, made the latter possible.

The mid-century shift in the natural sciences which re-moralized nature allowed historians to translate the assumptions and methods of these newly constituted sciences into the moral sciences, to effect, what I would like to call, the *«naturalization»* of these disciplines. The goal of the reforming historians of Scotland and Germany became the elaboration of a *«natural history»* of human endeavors.[5] Herder expressed this attitude in his definition of universal history. *«The whole of human history is a pure natural history of human powers, actions, and drives located in space and time.»*[6] This naturalization of human history supported a conscious program to make history equal in its truth-claims to other leading sciences, sometimes, in fact, to see history as the basic form of all scientific explanation.[7] In this endeavor, the most influential scientific model employed by late eighteenth-century historians was provided by Buffon and his subsequent interpreters -in Germany by Blumenbach, Sömmerring, and Georg Foster, in Scotland by the physiologists Cullen, Black and John Hunter. They amplified, extended and sometimes modified Buffon's original positions but retained, I believe, the larger outlines of his approach. Simply said, this Buffonian vision of science served as the starting point and guiding inspiration for the reconstruction of late Enlightenment historical thought and practice in Scotland and Germany. It provided a model with distinct elective affinities to the problems historians faced and it carried the positive associations of being the most advanced scientific thinking of the era.

Given the restraints of space, it would be impossible to chart adequately the full extent that Buffon's scientific principles -taken in the broadest context- had upon the restructuring of late Enlightenment historical thought. Instead, I would like to discuss briefly three areas where Buffon's impact was especially evident. They are his concept of scientific system, his ideas about change over time, and his general epistemological and methodological principles. In so doing, I will, for reasons of convenience and economy, assume a close familiarity with Buffon's work and his general scientific, philosophical, and epistemological ideals.

Perhaps the easiest way to begin this discussion is with a quote. In his *Principles of Moral and Political Science,* published in 1792, Adam Ferguson described the material world as a system of *«signs and expressions»*, created by God, but calling for human interpretation.

«It is a magnificent but regular discourse, composed of parts and subdivisions, proceeding, in the original or creative mind, from generals to particulars; but in the

5. This is the stated goal of Ferguson, Robertson and Smith as well as Herder and Schlözer.
6. *«Die ganze Menschengeschichte is eine reine Naturgeschichte menschlicher Kräfte, Handlungen und Triebe nach Ort und Zeit.»* (Herder [17], vol. II, Book 13, part IV : p. 151).
7. I have argued this position *in* [33].

observer, to be traced by a laborious induction from the indefinite variety of particulars, to some notion of the general mold of forms in which they are cast.»[8]

Included in this vast semiotic field were the past actions and creations of mankind, which, Ferguson believed, had to be deciphered if understanding of the human condition were desired. Herder agreed and called for the development of «*semiotics of the soul*».[9] It was the historian's task to order and make sense of these signs, to place them within a system of meaning, and to evolve an adequate way of presenting these hard-won insights.

In late eighteenth-century language this call clearly implied that history was to be made a scientific discipline, for to systematize was to scientize. To quote Ferguson again, «*the love of science and the love of system are the same*».[10] But what constituted this system? Ferguson described the nature of this system and the connection of its parts as follows :

«parts that constitute the system of nature, like the stones of an arch, support and are supported; but their beauty is not of the quiescent kind. The principles of agitation and of life combine their effects in constituting an order of things, which is at once fleeting and permanent... The whole is alive and in action : the scene is perpetually changing; but in its changes exhibits an order more striking than could be made to arise by mere position or description of any forms entirely at rest.»[11]

In effect, the system applicable to history was one that dealt with living matter. The German historian August Ludwig Schlözer approached the problem of defining a system in an analogous manner. As Ferguson, Schlözer drew a distinction between two types of ordering procedures, which he called an *Aggregate* and a *System*. An *Aggregate* arises when «*the whole human race is cut up in parts, all of these parts numbered, and the available information about each is correctly presented*».[12] Such a view of history was, however, unsatisfactory. «*A picture cut up into parts in which each part is treated separately does not give a living representation of the whole*.»[13] This cut-up picture corresponded to Ferguson's order of stones in an arch. Both described a mechanistic principle of order and explication. One had to go beyond mechanism, Schlözer argued, and create a true system. This is achieved by looking at things with «*a generalizing vision that encompasses the whole; this powerful vision transforms the aggregate into a system, brings all the states of the earth together in a unity*».[14] The vision Schlözer was describing was modeled upon Buffon's description of the generalizing view of the natural historian, which encompasses everything in one glance.[15] The goal for both was to establish a «*Realzusammenhang*», a real connection, that would make clear the «*natural, immediate, and obvious connections*» between events.[16]

In these assertions, the attentive reader of Buffon cannot miss the echoes of his strong voice. Buffon's critiques of superficial empiricism and of mechanism (both

8. Ferguson [10], vol. I : p. 275.
9. Herder [17], vol. I, Book 5, Part 4 : p. 184.
10. Ferguson [10], vol. I : p. 278.
11. Ferguson [10], vol. I : p. 174.
12. Schlözer [46], vol. I : p. 15.
13. Schlözer [46], vol. I : p. 15.
14. «...*Einer allgemeine Blick, der das Ganze umfasst : dieser mächtige Blick schafft das Aggregat zum System um, bringt alle Staaten des Erdkreises auf eine Einheit* ». Schlözer [46], vol. I : p. 19.
15. «...*les grandes vues d'un génie ardent qui embrasse tout d'un coup d'œil* .» (*Premier Discours : De la manière d'étudier et de traiter l'histoire naturelle* [1749], *in* Buffon [7] : p. 10; Buffon [5] : p. 4)
16. Schlözer [46], vol. I : p. 46.

concentrating, in his eyes, only on the external, immediately perceptible) were taken up and joined to his attack upon the efficacy of hypothetical or abstract reasoning. His plan for constructing a natural system describing real relations was adopted and complemented by his call for proceeding from outward signs to inner reality, designed to achieve a comprehension of the unseen, active and penetrating forces of living nature and ultimately to acquire an apprehension of the *«general mold of forms»*, the English translation of the *moule intérieur*. The conjunction between Buffon's ideas and the evolving historical sciences was made possible by the assumption that a basic analogy existed between the subjects of historical inquiry and the organized bodies of natural history and the life sciences, an analogy Buffon himself made in both the *Premier Discours* and the *Époques*.[17] The question, of course, was how this analogy and its imperatives could be translated from natural history to human history. What constituted the parts of a natural system of history?

The answer late Enlightenment Scottish and German historians adopted paralleled Buffon's ideal classificatory procedures; that is, they sought to mediate between the dual operations of investigating structure and process. Structural analysis located the object of inquiry within the total field of external and internal synchronic relations, while the inquiry into process dealt with the *«history of the species»*,[18] with what we would call diachronic analysis. In Herder's terminology, the two approaches were represented by the figures of place (*Ort* ) and time (*Zeit*). The category of place or structural investigation included a further Buffonian mediation, namely between nature and nurture. It thus incorporated both the reciprocal-action model that described the relations or *rapports* between an organized body and its habitus and the identification of the hidden, active forces residing in and constituting the social body. According to the first assumption, every social body (from the individual to a culture or civilization) was influenced by the physical and social environment in which it existed. Thus, historians would look to climate, soil, geography, social and economic organization, government, religion, "opinions", and culture as those elements which form and limit the body social. Those constituent parts that we would consider specifically historical elements (e.g. social structure, economic organization and culture) were treated as *«acquired characteristics»* or habits. They were ingrained determinants that defined the *«characteristics»* of a social body, but were not ontologically established qualities. They could be changed.

These external categories did not directly imprint themselves upon the *«organized body»*. Rather they were redirected or mediated by the active principles residing within that body. These active powers were seen as analogues to the specific forces in an individual body. Sometimes they were defined as the principles of an activity (e.g. commerce, language) or as the spirit of a group (middle class). In cultures as a whole –seen as analogues to varieties within a species– these powers were considered to reside in those people or groups whose activities were hidden from normal observation, omitted by traditional historical discourse. Schlözer provides us with an insight into which groups the late Enlightenment historians considered active. Expanding on the Buffonian theme of conjunction and universal interconnection, Schlözer exclaimed :

«All peoples of the world have always been connected with one another, though in most cases very indirectly... The universal historian does not seek, as had previously

17. *Premier Discours : De la manière d'étudier et de traiter l'histoire naturelle* [1749], *in* Buffon [7] : p. 37; *Les Époques de la Nature, Premier Discours* [1778], *in* Buffon [6] : p. 3.
18. Buffon [5], vol. I : p. 20.

been done, for these connections along highways, where armies and conquerors have marched to the beat of the drum, but rather along byways, where merchants, apostles, and travellers silently and unobtrusively have wandered.»[19]

Apostles, traders, travellers, along with craftsmen and farmers, scholars, writers, artists and poets did the real work that kept the body alive and hence were equivalent to the "hidden" active powers in an organized body.[20] On the other hand, the more conventional subjects of historical writing -nobles, monarchs, and warriors– represented the external characteristics of a state's history : to concentrate on them alone was to fall into the dual dangers of Linnaean classificatory procedures and mechanistic analysis; both had elevated the obvious and often most superficial aspect of an organized body to an essential characteristic.

This concept of system appeared adequate to apprehend an *«organized body»* at any given moment. However, it also could produce a vision in which stasis was considered normal, change an aberration. To counter this, late Enlightened historians such as Herder, Ferguson, and Schlözer, to name but three, opted for what we would call an *«open system»*. In their definition of matter they included the idea of self-generating motion. Living matter was seen as containing an immanent principle of self-movement whose sources lay in the *«active»* powers residing within matter. These drives or powers were thought to act directionally. Hence all organized bodies were, as Ferguson called them, *«progressive natures»*. *«Progressive natures are subject to the vicissitudes of advancement or decline, but are not stationary, perhaps in any period of their existence. Thus, in the material world, subjects organized, being progressive, when they cease to advance, begin to decline...»* By analogy, intelligence and human society were also *«progressive natures»*, continually advancing or declining, and should be analyzed as such. Unlike stationary (mechanical) bodies which *«are described by the enumeration of co-existent parts... subjects progressive are characterized by the enumeration of steps, in the passage from one form of state or excellence to another»*. This explanation is clearly modeled upon Buffon's theory of epigenesis, a point made even clearer by Ferguson's assumption that none of these steps was more privileged than another, none more revealing than the other. *«The natural state of a living creature includes all its known variations, from the embryo and the foetus to the breathing animal, the adolescent and the adult, through which life in all its varieties is known to pass.»*[21] But not all progressive development was continuous. At critical junctures it proceeded through a series of changes, "revolutions" in which outward form was altered drastically, followed by gradual development in the newly formed shape. This idea of creation and subsequent formation approximates Buffon's description of the spontaneous generation of life

---

19. *«Alle Völker des Erdbodens sind immer mit einander in Verbindung gewesen, obgleich die meisten sehr mittelbar (...) Die Gänge dieser Verbindung aber suche der Weltgeschichtforscher ja nicht bloss, wie bisher geschehen, auf Herrstrassen, wo Conquerantern und Armeen unter Paukenschall marschieren; sondern auf Nebenwege, wo unbemerkt Kaufleute, Apostle, und Reisende, schleichen»* (Schlözer [46], vol. II : pp. 272-273.

20. These groups were to be the focus of historical research, while those who profited from them without contributing to society were relegated to minimal importance. Rulers, generals, aristocrats were, as a rule treated with disdain. Here Schlözer and Herder, though bitter enemies agreed, though Schlözer probably would not have gone as far as did Herder in the assertion that *«die beruhmtesten Namen der Welt sind Würger des Menschengeschlechts, gekrönte oder nach Kronen ringende Henker gewesen»*. Herder [17], Book 9, Sec. IV. A wholescale skepticism about court, cabinet, and military history was developed even when the courts and cabinets, the rulers, aristocrats, and generals still wielded immense power and authority.

21. Ferguson [10], vol. I : pp. 190-192.

and then its further epigenetic development. The critical transitions in this process were marked by «*astonishing revolutions in almost the whole economy of its system.*»[22] The image often used for these revolutions was metamorphosis. Schlözer confirmed these views. «*The best periodization in the history of states is, without a doubt, the genetic, which details the step-like growth and decline of states (their metamorphoses).*»[23]

What late eighteenth-century historians found so fascinating about the Buffonian idea of epigenesis was that it assumed the dual existence of individuality and regular order, without collapsing one upon the other. The "progression" or "degeneration" of a social body was not arbitrary. Rather, it followed a pattern analogous to that of all living entities. These patterns were directed by the internal mold or what the Germans called the «*Grundformen.*» These formative principles, hidden within the depths of organized matter, served as regulative principles, prototypes, *Urforms*, or informing ideas, to use some of the terms employed in late eighteenth-century historiography. The regulative patterns which they controlled became the functional equivalents of general laws. They insured the ordered step-by-step progression or regression of a social body. But these patterns differed from axiomatic laws, for they were not sufficient to account adequately for individual appearances. They dealt only with form, not with specific manifestations, not with the multiplicity of life.

In history, these patterns of change were assumed universal because they were founded upon inherent human drives. However, since drives could only be understood in relation to an object, so too could these descriptive forms only have meaning when placed within a context. As in the world of nature, then, these forms were "empty", that is, they could never predict the specifics of any organic entity (a fish's fin and a bird's wing may be related in function, but have very little resemblance to each other. Internal organs having the same function are even more different). Christian Gottlob Heyne portrayed this assumption in a review explaining the differences and similarities between various mythic traditions. All mythic traditions derive «*from the human drives of sociability, curiosity, desire to know, dependence on authority and predilection for the marvelous and the unusual; drives that are modified in manifold ways, almost infinitely, according to the degree of ignorance or culture present in every people, every era, and in every class of people. The instrument is always the same, but the tones are, according to tuning, combination and compounding, infinitely manifold.*»[24] Thus, the laws of history were directional markers that allowed one to use the tools of analogy and comparison to explicate similar forms. Real history had to unite the form with the content and in so doing preserve both the unity and diversity of historical analysis.

Given this interplay between regular form and individual uniqueness, historians

---

22. Blumenbach [3], vol. I : p. 203.

23. «*Die besten Abtheilungen in den Staatengeschichten sind unstreitig die genetischen, die den stuffenmässigen Anwachs und Verfall der Staaten [ihre Metamorphosen] bestimmen*». (Schlözer [46], vol. II : p. 358.

24. «*Alles dies gehet aus den Trieben des Menschen zur Geselligkeit, Neugier und Wissgier, Anhänglichkeit an Autorität und Vorliebe für das Wunderbare und Ausserordentliche, aus; Triebe, die sich bey jedem Grade der Unwissenheit und der Cultur in jedem Volk, Zeitalter, in jeder Menschenclasse, unendlich mannigfaltig modificiren. Das Instrument ist eines und dasselbe, aber die Töne sind, nach Stimmung, Verbindung und Mischung unendlich mannigfaltig*». (Heyne [18] : p. 1319). The harmonic references are clear, though the naturalistic ones, perhaps not so. It should be remembered that *Mischung* in late eighteenth-century German was primarily a chemical term meaning a chemical combination of elements, the opposite of what the word today implies. For an excellent study of how the term was translated into early nineteenth-century aesthetics see : Kapitza [23].

of the late Enlightenment could venture into areas of inquiry where documentary evidence was slim, if non-existent. The early history of peoples, the history of religion, of myth, of ritual, even of language were fields they cultivated with enormous energy, driven on by the allure of analogical reasoning and guided by assumptions founded upon the idea of «*progressive development*» such as the temporal primacy of poetry over prose. The results were certainly mixed, but all believed they could undertake such generalizations precisely because of the time and situation-bound nature of each formulation. Thus, for example, poetic effusions could still be grasped as «*individual*» or «*original*» products of a specific society, results of the active human spirit restructuring the external world. This insight encouraged late Enlightenment historians to use poetry as a tool to probe a culture's characteristics, even to reflect upon the political history of the society in which it appeared. From Homer's epics through the Niebelungenlied, the troubadours, Ossian, and the Roman Carmina, historians attempted to extract historical meaning from them based upon the assumption of the relation between the general and the specific. In this sense Niebuhr's magisterial *History of the Roman Republic* can be viewed as the culmination of late Enlightenment historiography.[25]

The analogy of the step-like «*progression*» of organized bodies was also applied to individual subjects such as art (Winckelmann),[26] economics (Smith), or religions (Semler, Spittler),[27] to problems such as colonization (Schlözer, Heeren),[28] or relations of dominance between males and females (Millar),[29] and to specifically human activities such as language (Schlözer, Adelung, Herder, Humboldt).[30] And, of course, the most common example was to extend the analogy of organized bodies to nations and civilizations (Adelung, Herder, Robertson, Ferguson).[31]

According to these explanatory procedures, specific content could only be apprehended by investigating the action and interaction of an entity -be it an individual, a language, or a nation- existing within a specific environmental context. Historical understanding was seen as combining a sense for the formal pattern of development with an acute awareness of the unique force field of historical and environmental determinants existing at a given moment. Synchronic and diachronic studies were to nourish each other. Schlözer summed this idea up in his definition of history and synchronic studies, called statistics by late eighteenth-century German historians. «*A history is a continuously moving statistics, a statistics is a halted history.*»[32]

These specific positions, derived from Buffon and his followers, were constructed upon the interpretative figures of mediation. These, in turn, were authorized and unified by the wholescale appropriation of Buffon's epistemology and what, for want of a better term, can be called his fundamental mental stance, that which pre-figured his whole project. Both provided a convincing and compelling justification for the type of mediating explanations late Enlightenment historians favored. The epistemology

---

25. Not only did Niebuhr use the Roman Carmina in this way, his whole model was built upon that proposed by Enlightenment historians : the reliance upon comparison and analogical reasoning, the interaction between culture and habitus and the step-like *Ausbildung* of the state form central features of his work. See Reill [32].

26. See Winckelmann [54].

27. See Semler [48], Spittler [49].

28. See Heeren [16], Schlözer [45].

29. See Millar [24].

30. See Adelung [1], Herder [17], Humboldt [20], Schlözer [44].

31. See Adelung [2], Ferguson [8], Herder [17], Robertson [39] and [40].

32. Schlözer [46], vol. I : p. 11.

offered a theory of understanding founded upon similarity, and conjunction rather than upon identity and separation. It proposed a methodology of investigation and a procedure of explanation in which analogical reasoning and comparative analysis were considered as primary. Understanding was made possible through sympathy and «*intuition*», procedures that were sanctioned by assuming a correspondence between observer and observed; that is, by collapsing the strict distinction made in mechanistic science between mind and body, subject and object.

Buffon's epistemology and methodology were very quickly adopted by historians, especially as expanded and elaborated upon by later natural scientists such as Blumenbach and Sömmerring. Comparative analysis became the most accepted procedure of historical research and proof by analogy was elevated to a prime position. Comparisons and analogies authorized the explanatory procedures upon which the stage theories of Scottish historians were grounded, enabled German historians to probe the distant past where documents were lacking, supported ideas about the primacy of poetic composition in all «*primitive*» societies, and led to the major historical reevaluations mentioned above.

The resemblance between object and observer induced a number of historical theorists such as Ferguson and Johann Christoph Gatterer to propose a thorough going theory of intuitive understanding that was founded upon Buffon's critiques of simple empiricism and mathematical reasoning. In the case of the former both Ferguson and Gatterer paraphrased Buffon's mocking description of the mere «*collector of words*». With respect to the latter, they repeated Buffon's contention that mathematical proofs were, as Ferguson remarked, «*a species of disguised tautology, in which a subject repeated in the form of a predicate is affirmed to itself*».[33] Gatterer developed these ideas in his important article «*Von der Evidenz in der Geschichtkunde*».[34] which reaffirmed Buffon's claim of history's primacy over «*abstract*» and hypothetical reasoning. As Buffon, Gatterer argued that history was concerned with obtaining insight into «*individual things*». History's objectivity was insured because of the similarity between the observing historian and the object of inquiry. Present, sensate experience served as the reservoir that enabled one to comprehend the past through an act of imaginative re-experiencing. The historian, Gatterer argued, should strive to create an «*ideal present*» in which the gap separating the past and the present could be bridged by an act of poetic recreation. «*This understanding sees nothing as past or future, nothing as abstract; rather everything is present and individual. It is intuitive knowledge* [anschauende Erkenntnis].»[35]

The widescale adoption of Buffon's mental stance, his pre-figuring imperative, played a more subtle but perhaps even greater role in establishing the contours of late Enlightened historical thought. Its most compelling aspect was to elevate paradox or combination between opposing pairs to a primary mode for structuring reality. It is most obvious formulation was made in Buffon's characterization of the contradictory qualities necessary for a natural historian. If nature was unity in diversity, then the natural historian was committed both to a close investigation of the diversity of individual empirical phenomena and to the cultivation of creative

---

33. Ferguson [10], vol. I : p. 79.
34. Gatterer [14].
35. Gatterer [14] : p. 20. The term *anschauende Erkenntnis* was used by Kästner as the equivalent of *coup d'œil* in Buffon [5].

scientific imagination.[36] Though the breech between poetic imagination and close attention to the particular could never be healed, the proposed answer was to do both at once, allowing the interaction between them to produce a higher form of understanding than provided by discursive, formal logic. This formulation refused to assume the possibility of knowing directly that which united the antinomies, the extended middle that lay between both extremes. In effect, Buffon's pre-figuring assumptions challenged the universal applicability of binary systems of logic, which assume that the distance between signified and signifier can be collapsed, that reason can look at the world and it would look back reasonably. Buffon and the late Enlightenment historians who followed him reintroduced the opacity between sign and signified. As the Ferguson quote beginning this discussion illustrates, they sought to create a new *«semiotics»* that was founded upon a ternary system of signs containing the significant, the signified, and an intermediary *«conjuncture»*. The conjuncture, *«internal mold» «prototype»* or *«Urform»* was both real, yet impossible to define.[37] It could never be seen, grasped or directly identified : it was forever shrouded in Cimmerian darkness. Its existence was attested to through the observation of phenomena, external manifestations of its *«modifications»*. At best one could gain an insight into its nature by moving progressively from one of its limits to another in a pulsating or alternating process, enhancing, thereby, the understanding of the *«inner connection»* between significant and signifier.[38]

Historians' acceptance of this pre-figuring mental stance can be seen in Schlözer's definition of history and his description of the generalizing vision the historian was to employ. These were reinforced by works written by Herder, Gatterer, Ferguson and Arnold Heeren that dealt with the question of the connection between imagination, research and historical reconstruction. This line of inquiry, which dealt with the very nature of historical thinking and representation, reached its culmination in Wilhelm von Humboldt's classic essay, *«On the Tasks of the Historian»* [*Ueber die Aufgabe des Geschichtsschreibers*], written in 1821 and supposedly marking the theoretical beginning of German historicism. Rather than being the beginning of a new idea of history, it represents the distillation of late Enlightenment thought about history, derived in a large part from the assumed analogy between history and natural history. Humboldt focused upon the problem of combining creative imagination with precise research, related it to the problem of historical representation and evolved a theory of historical understanding that, despite the seventy-two years that separated his essay from the first volume of the *Histoire naturelle,* corroborated Buffon's basic assumptions. In Humboldt's essay, the same

---

36. Buffon defined these qualities as follows : *«l'on peut dire que l'amour de l'étude de la Nature suppose dans l'esprit deux qualités qui paroissent opposées, les grandes vues d'un génie ardent qui embrasse tout d'un coup d'œil, & les petites attentions d'un instinct laborieux qui ne s'attache qu'à un seul point»* (*Premier Discours : De la manière d'étudier et de traiter l'histoire naturelle* [1749], in Buffon [7] : p. 10).

37. These are but some of the terms coined in the eighteenth-century to characterize the unseen and unseeable middle realm which assures the unity between the specifics. The people most associated with each are Buffon, Robinet, and Goethe, but all or similar terms were used. Thus, in Ferguson's works quoted above, preferred the image of internal mold, while the French often chose prototype.

38. Perhaps the best visual representation of this position would be that of a magnetic or electrical field bounded by opposite poles, in one sense constituting the field, yet connected and separated by it at the same time. Goethe, who shared this scientific ideal described his process of thought, showing in his very language the mediation between various extremes. *«Denn hatte ich doch in meinem ganzen Leben, dichtend und beobachtend, synthetisch, und dann wieder analytisch verfahren, die Systole und Diastole des menschlichen Geistes war mir, wie ein zweites Atemholen, niemals getrennt, immer pulsierend »* (Goethe [15] : p. 91).

interpretative «*topoi*» form the core of his argument. These included the following: that there is a basic analogy between natural and human history, that synchronic and diachronic analyses must be correlated, that concentration upon outward phenomena and the use of the techniques of aggregation were insufficient for historical understanding, that one must proceed from outer form to inner powers, that these powers were joined in an internal «*Mittelpunkt*», that this middle point could not be apprehended by reason, formal philosophy, or simple empiricism, and that its perception as well as all historical understanding was built upon the creative interplay between active investigating force [*forschenden Kraft*] and the object to be investigated [*des zu erforschenden Gegenstandes*], between creative imagination and precise analysis of the particular. «*The deeper the historian is able to perceive humanity and its activities through genius and study, the more he realizes the goal of his activity.*»[39] These positions supposedly confirmed the two primary principles that the object of historical analysis was first «*the wonder of creation*», and its step-like «*formation*», and second that the task of historical representation was a «*creative imitation of nature*», an imitation of its «*organic form*».[40] In effect, in this essay Humboldt completed a project initiated by the mid-eighteenth-century historians of Scotland and Germany that drew its arguments, methods, and epistemology from the restructuring of the sciences begun by Buffon and carried through by like-minded natural scientists. To the extent that this re-structuring of historical thought and practice can be considered «*modern*», it owes a great deal to the creative translation of a model of science that was not specifically «*German*» and certainly not anti-Enlightened.

## BIBLIOGRAPHY *

(1)†　　ADELUNG (J.C.), *Mithridates oder die allgemeine Sprachkunde*, Berlin, Voss, 1806, 1809, 1812, 1813, 1816, 1817, 6 vol.

(2)†　　ADELUNG (J.C.), *Versuch einer Geschichte der Cultur des menschlichen Geschlechts*, Leipzig, Hertel, 1782, 4 vol.

(3)†　　BLUMENBACH (J.F.), *Elements of Physiology*, trans. by Ch. Caldwell, Philadelphia, Thomas Dobson, 1795, 2 vol.

(4)　　　BÖDEKER (H.), IGGERS (G.), KNUDSEN (J.), REILL (P.), eds., *Aufklärung und Geschichte : Studien zur deutschen Geschichtswissenschaft im 18. Jahrhundert,* Veröffentlichungen des Max-Planck-Instituts für Geschichte, Göttingen, Vandenhoeck und Ruprecht, 1986.

(5)†　　BUFFON (G. L. Leclerc de). *Allgemeine Historie der Natur*, trans. by Abraham Gotthelf Kästner, Hamburg und Leipzig, Grund und Holle, 8 vol. in 4°, 16 parts, 1750.

(6)†　　BUFFON (G. L. Leclerc de), *Buffon. Les Époques de la Nature. Edition critique*, by J. Roger, *in* Mémoires du Muséum National d'Histoire naturelle, Série C, Sciences de la Terre, T. X (1962). Reprinted *in* : Paris, Éditions du Muséum, 1988, CLII-343p.

39. Humboldt [19] : p. 588.
40. Humboldt [19] : p. 597.
* Sources imprimées et études. Les sources sont distinguées par le signe †.

(7)† BUFFON (G. L. Leclerc de). *De la manière d'étudier & de traiter l'Histoire Naturelle* [1749], Reprint of original edition, Paris, Bibliothèque Nationale, 1986.

(8)† FERGUSON (A.), *An Essay on the History of Civil Society*, Duncan Forbes ed., Fdinburgh, 1966.

(9)† FERGUSON (A.), *Institutes of Moral Philosophy*, Edinburgh, 1769.

(10)† FERGUSON (A.), *Principles of Moral and Political Science*, 2 vol. Edinburgh, 1792.

(11)† FERGUSON (A.), *Versuch über die Geschichte der bürgerlichen Gesellschaft*, trans. by H. Medick with an introduction by H. Medick and Z. Batscha, Frankfurt, Suhrkamp, 1986.

(12)† GATTERER (J.C.), *Handbuch der Universalhistorie*, Göttingen, Vandenhoeck und Ruprecht,1761.

(13)† GATTERER (J.C.), «Vom historischen Plan», *in Allgemeine historische Bibliothek*, vol. 1, Halle, J.J. Gebauer 1767-1770, 16 vol. in 8°.

(14)† GATTERER (J.C.). «Von der Evidenz in der Geschichtkunde», *in Die Allgemeine Welthistorie die in England durch eine Gesellschaft von Gelehrten ausgefertigt worden*, D.F. Boysen ed., Halle, 1 (1767) : pp. 3-38.

(15)† GOETHE (J.), *Die Schriften zur Naturwissenschaft, in : Deutsche Akademie der Naturforscher Leopoldina*, Leipzig, vol. 9, 1976.

(16)† HEEREN (A.L.), *Historische Werke*, vol. 6, Göttingen, Vandenhoeck und Ruprecht, 1823.

(17)† HERDER (J.G), *Ideen zur Philosophie der Geschichte der Menschheit*, 2 vol. Berlin und Weimar, Aufbau Verlag, 1965, 2 vol.

(18)† HEYNE (C.G.), Review *in : Göttingische Anzeigen von gelehrten Sachen*, Göttingen, Vandenhoeck und Ruprecht, 1790 : pp. 1328-1330.

(19)† HUMBOLDT (W.), «Ueber die Aufgabe des Geschichtschreibers», *in Wilhelm von Humboldt Werke*, A. Flinter und K. Giel eds., Stuttgart, J.G. Cotta, 1980, vol. I : pp. 583-609.

(20)† HUMBOLDT (W.), *Ueber die Verschiedenheit des menschlichen Sprachbaues und ihren Einfluss auf die geistige Entwicklung des Menschengeschlechts, in :Wilhelm von Humboldt Werke*, A. Flinter und K. Giel eds., Stuttgart, J.G. Cotta, 1980, vol. III : pp. 368-756.

(21) IGGERS (G.), *New Directions in European Historiography*, Middletown, Wesleyan University Press, 1984.

(22) IGGERS (G.), *The German Conception of History*, Middletown, Wesleyan Univ. Press, 1968.

(23) KAPITZA (P.), *Die Frühromantische Theorie der Mischung : Münchener Germanistische Beiträge*, vol. 4, Werner Betz und Hermann Kunisch eds, Munich, Max Hueber Verlag, 1968.

(24)† MILLAR (J.), *Observations Concerning the Distinction of Ranks in Society*, London, J. Murray, 1771.

(25) MORAVIA (S.), *Beobachtende Vernunft: Philosophie und Anthropologie in der Aufklärung*, Frankfurt, Ullstein, 1977.

(26) MORAVIA (S.), «From "Homme Machine" to "Homme Sensible" : Changing Eighteenth-Century Models of Man's Image», *Journal of the History of Ideas,* 39 (1978) : pp. 45-60

(27) NEFF (E.), *The Poetry of History*, New York, Columbia University Press, 1947, 258p.

(28) NISBET (H.B.), *Goethe and the Scientific Tradition*, London, University of London, 1972.

(29) NISBET (H.B.), *Herder and the Philosophy and History of Science*, Cambridge, Modern Humanities Research Association, Dissertation Series vol. 3, 1970.

(30) ORR (L.), *Jules Michelet : Nature, History, and Language*, Ithaca, Cornell University Press, 1976.

(31)    PICARDI (E.), «Some Problems of Classification in Linguistics and Biology, 1800-1830», *Historiographia Linguistica*, 4 (1977).

(32)    REILL (P.H.), «Barthold Georg Niebuhr and the Enlightenment Tradition», *German Studies Review*, 3 (1980) : pp. 9-26.

(33)    REILL (P.H.),«Bildung, Urtyp and Polarity : Goethe and Eighteenth-Century Physiology», *Goethe Yearbook*, 3 (1986) : pp. 139-148.

(34)    REILL (P.H.), *The German Enlightenment and the Rise of Historicism*, Berkeley, Los Angeles and London, University of California Press, 1976, X-308p.

(35)    REILL (P.H.), «History and the Life Sciences at the Beginning of the Nineteenth Century : Wilhelm von Humboldt and Leopold von Ranke», *in The Shape of History: Leopold von Ranke and the Historical Discipline*, G. Iggers and J. Powell eds., Syracuse (N.Y.), Syracuse University Press, 1989 : pp. 21-35.

(36)    REILL (P.H.), «Die Geschichtswissenschaft um die Mitte des 18. Jahrhunderts», *in Wissenschaften im Zeitalter der Aufklärung*, R. Vierhaus ed., Göttingen, Vandenhoeck und Ruprecht, 1985.

(37)    REILL (P.H.), «Narration and Structure in Late Eighteenth-Century Thought», *History and Theory*, 25 (1986) : pp. 286-298.

(38)    REILL (P.H.), «Science and the Science of History in the Spätaufklärung», *in : Aufklärung und Geschichte : Studien zur deutschen Geschichtswissenschaft im 18. Jahrhundert*, Bödeker *et al.*, eds., Göttingen, Vandenhoeck und Ruprecht, 1986 : pp. 430-451.

(39)†    ROBERTSON (W.), *The History of Scotland during the Reigns of Queen Mary, and of King James VI till his Accession to the Crown of England with a review of the Scottish History previous to that Period*, London, 1762, 2 vol.

(40)†    ROBERTSON (W.), *The History of the Reign of the Emperor Charles V with a View of the Progress of Society in Europe from the Subversion of the Roman Empire to the Beginning of the Sixteenth Century*, London, printed by W. W. Strahan for W. Strahan..., 1769, 3 vol.

(41)    ROGER (J.), «The Mechanistic Conception of Life», *in God and Nature: Historical Essays on the Encounter between Christianity and Science*, David C. Lindberg and Ronald L. Numbers, eds., Berkeley and Los Angeles, University of California Press, 1986 : pp. 277-295.

(42)    ROGER (J.), *Les Sciences de la vie dans la pensée francaise du XVIII$^e$ siècle*, 2nd ed., Paris, Armand Colin, 1971.

(43)    SALMON (P.), «The Beginnings of Morphology : Linguistic Botanizing in the 18th Century», *Historiographia Linguistica*, 1 (1974) : pp. 313-339.

(44)†    SCHLÖZER (A.L.), *Allgemeine nordische Geschichte*, Halle, J.J. Gebauer, 1771.

(45)†    SCHLÖZER (A.L.), *Versuch einer allgemeinen Geschichte der Handlung und Seefahrt in den ältesten Zeiten*, Rostock, Im verlag der Koppischen Buchhandlung, 1761.

(46)†    SCHLÖZER (A.L.), *Vorstellung seiner Universal Historie*, Göttingen, Vandenhoeck und Ruprecht, 1772, 2 vol.

(47)    SCHOFIELD (R.), *Mechanism and Materialism : British Natural Philosophy in the Age of Reason*, Princeton, Princeton University Press, 1970.

(48)†    SEMLER (J.S.), *Zur Revision der kirchlichen Hermeneutik und Dogmatic,* Halle, Schwetschke und Sohn, 1788.

(49)†    SPITTLER (L.T.), *Grundriss der Geschichte der Christlichen Kirche, in Sämmtliche Werke,* K. Wächter ed., vol. 2, Stuttgart und Tübingen, J. G. Cotta, 1827-1837.

(50)    THIENEMANN (A.), «Die Stufenfolge der Dinge, der Versuch eines natürlichen Systems der Naturkörper aus dem achtzehnten Jahrhundert : Eine historische Skizze», *Zoologische Annalen : Zeitschrift für Geschichte der Zoologie*, 3 (1909).

(51)   THOMÉ (H.), *Roman und Naturwissenschaft : Eine Studie zurVorgeschichte der deutschen Klassik*, Regensburger Beiträge zur deutschen Sprach-und Literatur-wissenschaft, Reihe B, vol. 15, Frankfurt, Peter Lang, 1978.

(52)   VARTANIAN (A.), «Trembley's Polyp, La Mettrie, and 18th Century French Materialism», *Journal of the History of Ideas*, 11 (1950).

(53)   VARTANIAN (A.), *L'Homme Machine : A Study in the Origins of an Idea*, Critical edition with an introductory monograph und notes by Aram Vartanian, Princeton, Princeton University Press, 1960.

(54)   WINCKELMANN (J.J.), *Geschichte der Kunst des Altertums*, Darmstadt, Wissen-schaftliche Buchgesellschaft, 1972.

(55)   ZIMMERMANN (R.), *Das Weltbild des Jungen Goethe : Studien zur Hermetischen Tradition des Deutschen 18. Jahrhunderts*, Munich, 1969, 2 vol.

# 46

#32 782

## BUFFON EN AMÉRIQUE

John C. GREENE [*]

La réception et l'influence de l'*Histoire naturelle* du comte de Buffon en Amérique du Nord dépendent d'une manière étonnante des activités et des idées de deux américains célèbres, qui furent tous deux ambassadeurs à Paris, et gagnèrent le respect et l'admiration du peuple français : Benjamin Franklin et Thomas Jefferson. Lorsque Buffon commença en 1749 la publication de son œuvre monumentale, l'on considérait, en Europe comme en Amérique, que l'étude de l'histoire naturelle consistait entièrement à nommer, à classer et à décrire les productions de la Nature, tâche très agréable. La contribution des Américains se limitait à l'envoi de spécimens des trois règnes de la nature aux savants de l'Ancien Monde, tout particulièrement à ceux de la Métropole, c'est-à-dire la Grande Bretagne. Ayant leur propre continent à explorer, ils se contentaient de fournir à leurs confrères européens les matières premières, laissant à ceux-ci le soin d'intégrer ces matières dans des traités systématiques.[1]

Le comte de Buffon introduisit dans cette entreprise historico-naturelle paisible une étonnante idée nouvelle : la nature ne serait pas un produit achevé, mais un système de matière en mouvement, un système caché de lois, d'éléments et de forces, qui donne naissance à un univers changeant de phénomènes échappant à toute classification catégorique. Le but de l'histoire naturelle, déclare Buffon, est d'abord de découvrir des uniformités dans la façon dont la nature se présente à l'expérience des sens, puis de former des hypothèses expliquant que ces uniformités résultent nécessairement de la mise en œuvre du système caché de la nature. Ces idées furent annoncées dans l'essai préliminaire de l'*Histoire naturelle* et démontrées dans les théories de Buffon sur la terre, l'origine du système solaire et l'origine de la race humaine. Elles s'épanouirent dans les années 1760 lorsqu'il entreprit d'expliquer les ressemblances et les différences entre les quadrupèdes de l'Ancien Monde et ceux du Nouveau Monde par l'hypothèse que les animaux de l'Ancien Monde étaient passés aux Amériques et y avaient dégénéré par les effets d'un climat, d'un sol et d'une alimentation différents. Les quadrupèdes du monde, conclut-il dans ce texte, se ramènent à un nombre relativement réduit de familles, au sein desquelles ils sont apparentés par un ancêtre commun.[2]

Il semble peu probable cependant que ce soit pour ces idées audacieuses que la jeune *American Philosophical Society* nomma Buffon membre correspondant en

---

* Department of History, The University of Connecticut. 241, Glenbrook Road. Storrs, CT 06269-2103. U.S.A.

1. Voir Greene [6] : Chap. 1.
2. Voir Greene [7] : Chap. 5.

1768. L'élection de Buffon comme membre de cette Société a plus vraisemblablement résulté d'une suggestion de son président, Benjamin Franklin, qui était alors Conseiller de la *Royal Society* à Londres et s'affairait à proposer des hommes de science européens pour la société qu'il avait aidé à fonder.[3]

Franklin devait beaucoup à Buffon, qui avait suggéré à Thomas François Dalibard de traduire en français son livre *Experiments and Observations on Electricity*, et de tenter l'expérience proposée par Franklin pour tirer de l'électricité du ciel. Grâce à l'exécution réussie de cette expérience, Franklin devint immédiatement célèbre, et il reçut un accueil enthousiaste des savants français lors de sa première visite à Paris en 1767. Il n'est donc pas étonnant que le nom de Buffon soit en tête de la liste des savants étrangers proposés à l'*American Philosophical Society* par son président.

C'est à ce moment précis que l'évaluation des écrits de Buffon subit un changement profond en Amérique britannique. En 1766, dans le quatorzième tome de l'*Histoire naturelle*, Buffon avait entrepris d'expliquer les ressemblances et les différences entre les animaux des Amériques et ceux de l'Ancien Monde. Il ne s'était malheureusement pas limité à comparer et à imputer les différences aux influences de l'environnement. Emporté par son talent littéraire, par son zèle à discréditer le portrait de l'homme naturel de Rousseau, et par une confiance excessive dans les récits des voyageurs, il prit le parti de l'Ancien Monde civilisé contre le Nouveau Monde cru et sauvage. Il affirma que la faune européenne était supérieure en taille et en force, et dressa un triste tableau des indigènes et des animaux américains, ainsi que de la progéniture dégénérée des bêtes européennes introduites en Amérique, expliquant de manière purement spéculative les insuffisances de la nature américaine par l'excès du froid et de l'humidité.

Plus tard Buffon se montra capable d'accepter les remarques d'Américains qui connaissaient mieux les faits que lui. Mais, en 1766, l'idée que la nature du Nouveau Monde était nettement inférieure se révéla si agréable aux idéologues européens qu'il n'y eut pas moyen de l'arrêter dans son élan. Cette hypothèse fut reprise par divers auteurs, dans le but de comprendre les colons européens installés en Amérique : –Corneille de Pauw dans les *Recherches philosophiques sur les Américains* (1768-1769), –l'abbé Raynal dans son *Histoire philosophique et politique des établissements des Européens dans les Indes* (1770), –et l'écrivain écossais William Robertson dans son *History of America* (1777). Répétée et transformée, cette idée perdit vite le contact avec la réalité. Dans le même temps, les colons de l'Amérique du Nord s'unissaient pour constituer un peuple unique, opposé à la politique coloniale britannique. Le sens de la nation se manifesta bientôt dans un orgueil croissant pour tout ce qui était américain, non seulement les principes de gouvernement républicains, mais aussi le paysage et tout ce qui y avait trait. Ainsi, la scène était-elle dressée pour une confrontation dramatique entre les partisans du Nouveau Monde et ceux de l'Ancien Monde, qui s'appuyaient sur la théorie buffonienne de la dégénération de la nature aux Amériques.[4]

Heureusement pour Buffon, dont la réputation scientifique était en jeu, il put accéder, à partir de 1776, à des informations plus correctes sur l'Amérique du Nord grâce à deux Américains aussi célèbres que lui, Benjamin Franklin et son successeur

3. Falls [4] : pp. 37-47; Hindle [8] : Chap. 7; voir *Early Proceedings of the American Philosophical Society* [3] : pp. 17-19.
4. Chinard [2] : pp. 27-57; Gerbi [5] : Chap. 1-4.

à Paris, Thomas Jefferson. Représentant de la Pennsylvanie à Londres à partir de 1770, Franklin avait correspondu avec Buffon, et lui avait envoyé un exemplaire du premier tome des *Transactions* de l'*American Philosophical Society*. En réponse Buffon offrit à la Société quelques tomes de son *Histoire naturelle des oiseaux*, qui arrivèrent à Philadelphie en décembre 1774, accompagnés d'un mémoire de Daubenton *Sur la méthode de préserver les oiseaux*, envoyé à la requête de Buffon, qui demanda en même temps qu'on lui fasse parvenir *«quelques productions naturelles de la Pennsylvanie»* pour le Cabinet Royal. Lors de son arrivée à Paris en 1776, Franklin, envoyé spécial du Congrès des États-Unis, se mit en contact avec Buffon. Il fit son possible pour persuader le comte que ses descriptions du continent américain, de son sol, de son climat et de ses habitants (animaux et humains) n'étaient pas entièrement correctes. Franklin s'appuyait sur sa renommée d'observateur scientifique des phénomènes météorologiques et humains. Ses dons de diplomate –ceux-là mêmes qui lui permirent d'assurer l'alliance militaire franco-américaine de 1778– facilitèrent la conversion de Buffon à son point de vue.

L'on ne connaît pas la nature exacte de l'échange d'idées et de renseignements entre Buffon et Franklin, mais les résultats apparaissent dans le *Supplément* de Buffon à son essai *Variétés dans l'espèce humaine*, publié pour la première fois en 1749 et revu et corrigé à la lumière d'informations nouvelles en 1778. Tandis qu'en 1749 Buffon avait décrit les tribus indiennes comme *«toutes également stupides, également ignorantes et également dénuées d'art et d'industrie»* et les avait caractérisées dans ses essais ultérieurs comme une *«espèce d'automate impuissant, incapable de réformer ou de seconder* [la nature]*»*,[5] en 1778, il discuta l'opinion de de Pauw, Peter Kalm et d'autres détracteurs de l'Amérique, en appelant les indigènes *«des hommes nerveux, robustes et même plus courageux que l'infériorité de leurs armes à celles des Européens ne sembloit le permettre»*.[6] En se basant sur *«un témoignage respectable, par le célèbre Franklin»*, il assura ses lecteurs que *«dans un pays où les Européens se multiplient si promptement, où la vie des naturels du pays est plus longue qu'ailleurs, il n'est guère possible que les hommes dégénèrent»*.[7]

Buffon avait ainsi retiré son accusation de dégénération contre les indigènes de l'Amérique, mais sans soustraire les animaux à la même accusation et sans renoncer à la théorie fondamentale de l'influence de l'environnement sur la force animale. Ses imitateurs n'avaient pas non plus cessé de répéter et d'amplifier ses premières allégations, qui s'étaient trouvées renouvelées dans la contribution de Pauw au *Supplément* de l'*Encyclopédie*, publié en 1776, et dans l'édition de 1774 de l'*Histoire philosophique* de l'abbé Raynal.

Néanmoins, sous l'influence de Franklin, les rapports entre les savants français et l'*American Philosophical Society* devenaient de plus en plus cordiaux. Neuf savants français, y compris Daubenton, Condorcet et Lavoisier avaient été nommés membres correspondants en 1775, alors que Franklin était toujours en Amérique. Beaucoup d'autres, y compris le marquis de Chastellux et le marquis de Barbé-Marbois, furent nommés peu après la reprise des réunions de la Société après la fin de l'occupation britannique de Philadelphie. En décembre 1779 la Société approuva l'envoi d'une lettre à Buffon pour le remercier du *«don magnifique de* [son] *œuvre*

5. *Variétés dans l'espèce humaine* [1749], *in* Buffon [1], T. XI : p. 201; *Animaux communs aux deux continens* [1761], *in* Buffon [1], T. IV : p. 582.

6. *Additions à l'histoire naturelle de l'homme* [1778], *in* Buffon [1], T. XI : p. 284.

7. *Additions à l'histoire naturelle de l'homme* [1778], *in* Buffon [1], T. XI : pp. 286-287.

*intitulée "Histoire naturelle des Oiseaux",... à laquelle* [avait] *été ajoutée par* [sa] *générosité deux tomes de gravures seules».* Dans la même lettre, la Société promettait d'envoyer en échange le deuxième tome des *Transactions* de la Société.[8] Chastellux et Barbé-Marbois furent évidemment très heureux de leur élection à la Société, et de l'accueil qui leur était réservé en Amérique. Il semble que Chastellux ait arrangé, par l'intermédiaire du comte de Vergennes, des dons de livres de la part du Roi Louis XVI à l'Université de Pennsylvanie et au Collège de William and Mary. Le don de trente-six titres en cent tomes, qui arrivèrent à Philadelphie avec Barbé-Marbois le 14 Juillet 1784, comprend trente-et-un tomes de l'*Histoire naturelle* de Buffon, par conséquent tout ce qui était alors publié.[9]

À l'avènement de l'indépendance américaine, les compatriotes de Franklin, notamment Thomas Jefferson, auteur de la Déclaration de l'Indépendance, avaient entrepris de défendre le continent américain contre les allégations de Buffon et d'autres écrivains européens. Patriote ardent, Jefferson n'était pas moins qualifié que Franklin pour entreprendre cette tâche, car depuis très longtemps il procédait à des observations météorologiques quotidiennes, classait les plantes et les animaux de la Virginie, étudiait les Indiens et leurs langues, et collectait des renseignements sur le continent nord-américain. Lorsqu'en 1780 il reçut un exemplaire des questions que posait le marquis de Barbé-Marbois, de la part du gouvernement français, sur les institutions, la population, le climat, la flore et la faune des États américains, Jefferson saisit cette occasion pour réfuter les accusations portées contre son pays natal. Se servant des notes qu'il préparait depuis des années, il écrivit en 1781 un manuscrit intitulé *Notes on the State of Virginia,* et commença à le faire circuler parmi ses amis, en cherchant leur aide pour le rendre aussi complet et exact que possible. Il en envoya un exemplaire à Barbé-Marbois au printemps de 1782, mais Jefferson continua de revoir et d'étendre le manuscrit, surtout la partie qui traitait de l'histoire naturelle du Nouveau Monde, sans se douter qu'il serait bientôt à Paris, où il pourrait discuter directement avec Buffon.

Une fois à Paris, Jefferson fit imprimer les *Notes.* Il transmit des exemplaires à ses amis et pria le marquis de Chastellux d'en donner un à Buffon, à qui il envoya aussi une énorme peau de panthère qu'il avait achetée dans un magasin de Philadelphie peu avant de s'embarquer pour la France. Jefferson et Chastellux rendirent bientôt visite à Buffon dans son domaine de Montbard. Sentant que Buffon demeurait sceptique envers ses arguments, Jefferson continua de lui offrir des peaux, des cornes et des os d'animaux américains jusqu'à ce que Buffon promît de corriger quelques-unes de ses erreurs dans le prochain tome de l'*Histoire naturelle*, mais le comte mourut avant d'honorer sa promesse.[10]

Dans ses *Notes on the State of Virginia,* Jefferson critiqua la description de la faune américaine faite par Buffon, discussion qui marque le contraste entre deux tempéraments scientifiques. Jefferson appartenait à ce qu'Étienne Geoffroy Saint-Hilaire, dans sa controverse avec Georges Cuvier, appelait l'*école des faits.* Jefferson se méfiait de la spéculation théorique, croyant plutôt que *«la recherche patiente des faits, et une comparaison et une combinaison circonspecte constituent le travail ingrat auquel l'homme est sujet de par son Créateur, s'il veut obtenir une*

---

8. *Early Proceedings of the American Philosophical Society*, réunion du 10 décembre 1779, [3] : p. 104.

9. Thompson [14].

10. Malone [10], T. I, Chap. 6; T. II, Chap. 6.

*science sûre».*[11] Buffon, d'autre part, quoiqu'il se souciât de bien connaître les faits, était fondamentalement porté à la conjecture. Avide de connaître la cause, il présentait les faits de la nature comme *nécessaires*, c'est-à-dire comme étant le résultat inévitable de l'opération d'un système caché de lois, d'éléments et de forces. Contre le créationnisme statique de Jefferson et de ses contemporains, Buffon proposait une vue dynamique et causale de la nature. Le temps, insistait-il, était *«le grand ouvrier de la nature»*, qui procédait lentement, mais inéluctablement par les changements de l'environnement pour produire *«des familles projetées par la Nature et produites par le temps».*[12] Quelle bêtise! –répliquait Jefferson :

«Chaque race d'animaux semble avoir reçu de son Créateur certaines lois d'extension au moment de sa formation (...) Ils ne peuvent ni tomber au-dessous de ces limites, ni s'en élever au-dessus. La position intermédiaire qu'ils peuvent prendre dépend du sol, du climat, de l'alimentation, d'un choix soigné de générateur. Mais toute la manne du ciel n'élèverait jamais la souris à la taille du mammouth».[13]

Jefferson démontra d'une manière convaincante que la créature connue sous le nom de mammouth n'était point l'éléphant, comme le pensaient Buffon et Daubenton, mais une créature *sui generis*, adaptée au climat froid. Quant à la théorie de Buffon sur les effets de la chaleur et de l'humidité sur les formes animales, Jefferson insistait sur le manque de données sûres concernant l'humidité et la température relatives des pays européens et américains et apportait de bonnes raisons de douter de la validité de la théorie.

La question principale n'était pourtant pas la fixité ou la mutabilité des espèces, ni l'explication des ressemblances et différences entre les animaux de l'Ancien Monde et ceux du Nouveau Monde. La question était plutôt de savoir si, en fait, les animaux et les indigènes d'Amérique étaient de taille ou de force inférieure à ceux de l'Eurasie, et dans ce domaine Jefferson l'emportait. Sur chaque point il démontrait que les accusations de dégénération portées par Buffon ne pouvaient pas être soutenues, en s'appuyant largement sur les données de Buffon même, mais tout en essayant de ne pas l'offenser. Buffon, déclara-t-il, *«était le mieux informé de tout naturaliste qui ait jamais écrit».* S'il s'était trompé sur les animaux américains, ce n'était ni par mégarde ni par méchanceté, mais probablement parce que son jugement avait été corrompu par sa *«plume embrasée».*[14] Toutefois, sur la question plus vaste des relations génétiques entre les espèces de l'Ancien et du Nouveau Monde, le temps donna raison à Buffon. Les taxonomistes modernes estiment que le loup gris, le castor, le renard rouge, l'ours brun, le bison, la fouine, le lynx et d'autres mammifères cités par Buffon sont essentiellement les mêmes de chaque côté de l'Atlantique, et l'on a démontré l'existence de liens terrestres entre les hémisphères oriental et occidental du type postulé par Buffon pour expliquer ces ressemblances.

L'*Histoire naturelle* de Buffon figurait aussi dans le premier discours américain important sur l'origine des races humaines, prononcé devant les membres de l'*American Philosophical Society* en février 1787, par le révérend Samuel Stanhope Smith, professeur de philosophie morale au Collège de New Jersey (devenu plus tard l'Université de Princeton). Le but principal de Smith, était de justifier la

---

11. Jefferson [9].
12. *L'asne* [1753], *in* Buffon [1], T. VIII : p. 520.
13. Jefferson [9] : p. 47; voir aussi Martin [11].
14. Jefferson [9] : p. 64.

doctrine biblique de l'unité de l'espèce humaine en montrant que les différences de morphologie et de tempérament entre les races résultaient plutôt du milieu. Sur ce point, mais probablement pas sur d'autres, il était en accord avec Buffon. Comme Buffon, Smith pensait que le climat était une cause première de la diversité raciale, mais il alla bien plus loin que Buffon en analysant le rôle des coutumes sociales, de structure des classes et des influences culturelles en général dans la détermination de la forme et de la couleur de plusieurs types humains.[15]

La Société devant laquelle Smith fit son discours n'avait pas oublié Buffon. Bien que le comte ait été nommé membre correspondant en 1768, ce n'est qu'en 1785 qu'on lui envoya son certificat de membre. Fin mars 1787, leur président, le vénérable Benjamin Franklin, reçut une lettre de Buffon lui annonçant que Thomas Jefferson lui-même avait délivré le certificat. Franklin répondit en envoyant à Buffon des spécimens d'une plante extrêmement rare de la Caroline du Nord, appelée la «dianoée gobe-mouches» *(Dionaea muscipula)*. Au mois de juillet, Buffon l'en remercia dans ces termes :

«Je vous ai toujours de nouvelles obligations de ce que vous songiez quelquefois à moi et qu'au milieu de vos grandes occupations vous portiez l'attention jusqu'à envoyer des graines et des plantes rares pour le Jardin du Roi. (...) Je serois bien charmé d'avoir quelques détails sur le progrès de votre nouvelle académie, à laquelle vous avez daigné m'agréger. Je viens de finir mon Histoire naturelle des Minéraux, et, si elle n'avoit pas cet ouvrage ou qu'il lui manquât quelque volume, je serois très empressé de les lui offrir».[16]

Moins d'un an plus tard Buffon mourait, non sans avoir préalablement envoyé à Franklin soixante-neuf tomes de l'édition in-douze de l'*Histoire naturelle*. Franklin ne lui survécut guère. Ainsi se termina un chapitre de l'histoire des rapports scientifiques franco-américains.

Le temps imparti ne nous permet pas une description de l'influence ultérieure de l'*Histoire naturelle* de Buffon aux États-Unis. Il suffit de dire qu'en général l'œuvre inspira des recherches semblables à celles entreprises par Franklin et Jefferson avant la mort de Buffon. L'on écrivit maint et maint traité pour démontrer que les conditions de la vie en Amérique pouvaient conduire à la santé, à la longévité et à la multiplication rapide des populations. En janvier 1800, lorsque le Congrès des États-Unis projeta un nouveau recensement du peuple américain, les membres de l'*American Philosophical Society*, dont Jefferson était le président, présentèrent un mémoire qui insistait sur l'importance de recueillir des renseignements «*pour déterminer l'effet du sol, du climat des États-Unis sur les habitants; et pour ce faire, il fallait définir des tranches d'existence, et vérifier le nombre d'habitants dans chacune; à partir de quoi l'on pouvait calculer la durée ordinaire de la vie dans ces États, les risques de la vie pour chaque période de la vie et la croissance relative de la population*». Ces données, disaient les rédacteurs, montreraient sans doute «*que sous l'influence conjointe du sol, du climat et de l'occupation, la durée de la vie humaine dans cette partie de la terre se trouvera au moins égale à ce qu'elle est ailleurs; et que la population s'augmente avec une rapidité inégalée d'ailleurs*».[17] Il est évident que les tables de survie rédigées par Buffon et ses calomnies sur le climat et le sol des Amériques n'avaient cessé de provoquer des recherches pour réfuter ses affirmations.

15. Smith [13].
16. Falls [4] : pp. 43-45.
17. *Early Proceedings of the American Philosophical Society*, Réunion du 17 janvier 1800 [3] : pp. 290-294.

Quant à la théorie de Buffon sur la modification lente des formes animales sous l'influence de l'environnement, on la perdit de vue dans le brouhaha de la lutte pour défendre l'honneur de la faune américaine. Trente ans au moins après la mort de Buffon, les naturalistes américains le connaissaient non pas comme le penseur audacieux qui avait introduit une approche dynamique, causale et proto-évolutionniste de l'histoire naturelle, mais plutôt comme l'écrivain qui avait diffusé un déluge de critiques sans fondement sur les productions naturelles américaines. En justifiant de manière pseudo-scientifique ses préjugés contre la nature brute et en faveur de la société civilisée, Buffon a fait obstacle à l'accueil de ses idées scientifiques importantes. Pendant un certain temps, le système linnéen de désignation, de classement, et de description des plantes et des animaux fut bien plus utile aux américains que ce que Jefferson appela le *«non-système»* de Buffon. À la longue, pourtant, la vision audacieuse de la nature proposée dans le chef-d'œuvre de Buffon a finalement repris force et a mené à l'œuvre de Charles Darwin. Mais c'est là une autre histoire.

## BIBLIOGRAPHIE *

(1)†    BUFFON (G.L.Leclerc de), *Œuvres complètes de Buffon... suivies de la correspondance générale de Buffon, recueillie et annotée par M. Nadault de Buffon*, Nouvelle édition, par J. L. Lanessan, Paris, Librairie A. Pilon, A. Levasseur, Succr., 1884-1885, 14 vol.

(2)     CHINARD (G.), «Eighteenth-Century Theories on America as a Human Habitat», *Proceedings of the American Philosophical Society*, 91 (1947) : pp. 27-57.

(3)†    *Early Proceedings of the American Philosophical Society* (1744-1738). Publié comme IIIème partie (supplément) aux *Proceedings of the American Philosophical Society*, 22 (1885), III-875p. [pagination séparée].

(4)     FALLS (W.), «Buffon, Franklin et deux Académies américaines», *The Romantic Review*, 29 (1938) : pp. 37-47.

(5)     GERBI (A.), *The Dispute of the New World. The History of a Polemic, 1750-1900*, Traduit de l'italien par J. Moyle, Pittsburgh (Penn.), University of Pittsburgh Press, 1973, XVIII-700p.

(6)     GREENE (J.), *American Science in the Age of Jefferson*, Ames (Iowa), Iowa State University Press, 1984, XIV-484p.

(7)     GREENE (J.), *The Death of Adam. Evolution and Its Impact on Western Thought*, Ames, Iowa State University Press, 1959, 398p.

(8)     HINDLE (B.), *The Pursuit of Science in Revolutionary America 1735-1789*, Chapel Hill (North Car.), University of North Carolina Press, 1959, 398p.

(9)†    JEFFERSON (T.), *Notes on the State of Virginia*, édité avec Introduction et Notes par William Peden, Chapel Hill (NC), University of North Carolina Press, 1955, XXV-315p.

(10)    MALONE (D.), *Jefferson and His Time*, 6 tomes, Boston, Little Brown and Company, 1948-1981.

(11)    MARTIN (E.), *Thomas Jefferson : Scientist*, New York, Collier Books, 1961, 246p.

(12)    ROSENGARTEN (J.G.), «The Early French Members of the American Philosophical Society», *Proceedings of the American Philosophical Society*, 46 (1907) : pp. 87-93.

* Sources imprimées et études. Les sources sont distinguées par le signe †.

(13)    SMITH (S.S.), *An Essay on the Causes of the Variety of Complexion and Figure in the Human Species*, Philadelphia, 1787, 111p.

(14)    THOMPSON (C.), «The Gift of Louis XVI», *The Library Chronicle*, (University of Pennsylvania Library), 2 (1934) : pp. 37-67.

# VIII

## *BIBLIOGRAPHIE DE BUFFON (1954-1991)*

# ESSAI DE BIBLIOGRAPHIE

# 32 785

Marie-Françoise LAFON *

Nous avons tenté, peut-être avec témérité, de mettre en évidence l'empreinte de Buffon dans la littérature et la presse par les ouvrages et articles qui lui ont été consacrés ou l'ont concerné depuis 1954.

À cette date tout avait été dit, de façon magistrale, par Madame Émilienne Genet-Varcin et Monsieur Jacques Roger dans la bibliographie parachevant l'édition des *Œuvres philosophiques* de Buffon du Corpus général des philosophes français.

Nous constatons que, depuis lors, tout en suscitant un intérêt sans cesse renouvelé, l'œuvre même de Buffon n'a fait l'objet que de rares et partielles rééditions ou traductions.

Si ce travail imparfait comporte des lacunes, nous nous en excusons beaucoup, tant auprès des auteurs que des lecteurs.

Avouons, enfin, qu'il n'aurait pu être réalisé sans l'accord de Monsieur Roger Chartier, directeur du Centre Koyré et les conseils de Monsieur Jean Gayon, professeur d'Histoire et de Philosophie des Sciences à l'Université de Bourgogne (Dijon); nous leur exprimons notre vive gratitude.

* C.N.R.S. Centre Alexandre Koyré. Muséum National d'Histoire Naturelle, Pavillon Chevreul. 57 rue Cuvier. 75005 Paris. FRANCE.

*BUFFON 88*, Paris, Vrin, 1992.

# I
## INÉDITS, RÉÉDITIONS, TRADUCTIONS DE BUFFON

### CORRESPONDANCE

«Une lettre inédite de Buffon», présentée par M. Chabrillat et P. Huard, *in Comptes Rendus du 84ème Congrès des Sociétés Savantes de Paris et des départements, Dijon 1959, Section Sciences*, Paris, Gauthier-Villars, 1960 : pp. 35-36. [Lettre à un inconnu, du 15 mai 1780].

«La Correspondance Buffon-Cramer», présentée par F. Weil, *Revue d'Histoire des Sciences et de leurs Applications*, 14 (1961) : pp. 97-136. [17 lettres dont 12 inédites, 9 de Buffon et 3 de Cramer].

*Correspondance générale*, recueillie et annotée par H. Nadault de Buffon, 2 vol., Genève, Slatkine Reprints, 1971, 459 et 435p. Réimpression de l'édition de J. L. de Lanessan, Paris, A. Le Vasseur, 1884-1885 (*in Œuvres complètes*).

«Lettere di Buffon a Lesbia Cidonia [1778-1783]», *in Studi francesi*, Torino, 21 (1977) : pp. 469-476. [Reproduction et commentaires par G. Bergamini de huit lettres à la comtesse Grismondi. Cf. Bergamini].

### RÉÉDITIONS (ÉDITIONS PARTIELLES, MORCEAUX CHOISIS, ILLUSTRATIONS)

*La nature, l'homme, les animaux,* Textes précédés d'une préface à Buffon par Roger Heim et suivis du *Voyage à Montbard* par Hérault de Séchelles. Illustrations de De Sève pour l'édition originale de 1749-1789, Paris, Club des Libraires de France, 1957, XVIII-640p.

Isaac NEWTON, *La Méthode des Fluxions et des Suites Infinies,* traduit et préfacé par M. de Buffon, Paris, Blanchard, 1966, XXXII-150p. Fac-similé de l'édition de Paris, Debure l'aîné, 1740.

*Discours sur le style*, Introduction et notes de P. Battista, Roma, Signorelli, 1968, 64p.

*Des manuscrits de Buffon. Avec des fac-similés de Buffon et de ses collaborateurs*, éd. et ann. par P. Flourens, Genève, Slatkine Reprints, 1971, VI-XCVI-300p.

*De l'homme,* présentation et notes de Michèle Duchet, Paris, Maspero, 1971, 408p.

*Des Époques de la nature*, précédé d'un *Premier Discours*, Introduction et notes de G. Gohau, Paris, Éditions rationalistes, 1971, XXV-229p.

*De l'homme. Histoire naturelle*, Introduction de J. Rostand. Biographie de Buffon par D. Oster, Paris, Vialetay, 1971, XX-339p.

*Histoire naturelle de Buffon. Mise en ordre d'après le plan tracé par lui-même et dans laquelle on a conservé religieusement le texte de l'auteur, ornée de figures de Jacques de Sève*, 10 volumes, *Histoire des Quadrupèdes* (4 vol.), *Histoire des Oiseaux* (5 vol.), *Œuvres diverses, extraits* (1 vol.), Paris, Union Française d'Édition, 1971-1978.

*L'Histoire naturelle : Extraits*, Paris, Tallandier, 1975, 235p.

*Un autre Buffon,* textes réunis par Jacques-Louis Binet et Jacques Roger, Préface de Jacques-Louis Binet, Introduction et annotation de Jacques Roger, Paris, Hermann, 1977, 200p. [Contient, dans l'ordre : *Essai d'arithmétique morale, De la vieillesse et de la mort, Observations sur les couleurs accidentelles et sur les ombres colorées, Discours de réception à l'Académie, Comparaison des animaux et des végétaux, Le cheval* ].

*Discours sur le style*, Introduction et notes de C.E. Pickford, Department of French, University of Hull, 1978, XXI-49p. [Fac-similé de l'édition de Paris, Imprimerie Royale, 1753].

*Les Époques de la Nature*. Édition critique avec le manuscrit, une introduction et des notes par Jacques Roger, Paris, Éditions du Muséum national d'Histoire naturelle, Série C, Sciences de la Terre, T. X, 1962, CXLIX-343p. Réimpression : Paris, Éditions du Muséum, Paris, 1988.

*Histoire naturelle*, Textes choisis et présentés par J. Varloot, avec des extraits du *Voyage à Montbard* d'Hérault de Séchelles, Paris, Gallimard, 1984, 352p.

*De la manière d'étudier et de traiter l'Histoire naturelle*, Paris, Société des Amis de la Bibliothèque Nationale, 1986, 75p.

*BUFFON 1788-1988*, Études par S. Benoit, J. Dorst, R. Fiszel, J. Garcia, P.-M. Grinevald, Y. Laissus, J. Piveteau, B. Rignault, P. Taquet et textes de Buffon : *Discours prononcé à l'Académie françoise par M. de Buffon le jour de sa réception; De la manière d'étudier et de traiter l'Histoire naturelle; De la Nature : Première et Seconde Vue; Des Époques de la Nature : Septième et Dernière Époque*, Paris, Imprimerie Nationale Éditions, 1988, 295p.

*Des Hirondelles et de quelques oiseaux connus, méconnus ou inconnus* décrits par le comte de Buffon et Dado, Fontfroide, Éditions Fata Morgana, 1988, 103p.

*Histoire naturelle de l'homme et des animaux*, Paris, J. de Bonnot, 1989, 493p. [Fac-similé de l'édition de Paris, Imprimerie royale, 1749].

*Les Oiseaux de Buffon*, Paris, Imprimerie nationale, Muséum national d'Histoire naturelle, 1990. [Classeur comportant huit gravures].

*Les oiseaux les plus remarquables par leurs formes et leurs couleurs...*, Paris-Louvain, Duculot, 1990. Textes de Buffon. Reproduction de 79 lithographies de E. Traviès.

## TRADUCTIONS EN LANGUES ÉTRANGÈRES

### Allemand

*Hunde, die wir lieben*, Text von A. Barbou, gefolgt von d. *Porträt des Hundes* von Buffon, aus d. Franz von R. Nave, Zürich, Stuttgart, Wien, A. Müller, 1972, 140p.

*Katzen, die wir lieben*, Text von A.E. Brehm und G.L. Leclerc Graf von Buffon, aus d. Franz von R. Nave, Zürich, Stuttgart, Wien, A. Müller, 1973, 142p.

### Anglais

«The "Initial Discourse" to Buffon's *Histoire naturelle* : the first complete English translation [by] John Lyon», [Avec introduction par le traducteur : pp. 133-144], *Journal of the History of Biology*, 9 (1976) : pp. 133-181.

### Italien

*Storia naturale. Primo Discorso : Sulla maniera di studiare la storia naturale. Secondo Discorso : Storia e teoria della Terra*. Trad. ital., annotazioni a cura di Marcella Renzoni, Torino, P. Boringhieri, 1959, XXXI-581p.

*Epoche della Natura*, Torino, P. Boringhieri, 1960, 299p.

*Teoria della natura*, introduzione, traduzione a cura di Giulio Barsanti, Roma, Napoli, Edizioni Theoria, 1985, 210p.

## II
### ÉTUDES

ABRAHAM (P.) et DESNÉ (R.), *Histoire littéraire de la France,* Paris, Éditions sociales, 1976, T.V et VI, 485 et 525p. [Nombreuses références à Buffon].

ACKERKNECHT (E.H.), «George Forster, Alexander von Humboldt, and Ethnology», *Isis,* 46 (1955) : pp. 83-95. [Influence de Buffon sur Forster : p. 85].

ADAM (A.), *Le mouvement philosophique dans la première moitié du XVIIIè siècle,* Paris, Société d'Édition d'Enseignement Supérieur, 1967, 286p. [Chapitre III : La philosophie de la Nature, l'*Histoire naturelle* de Buffon : pp. 75-79].

AKSENOV (G.P.), «Concept de la matière vivante, de Buffon à Vernadsky», (En russe), *Voprosy Istorii Estestvoznanija i Tekniki,* S.U.N., 1988, n°1 : pp. 57-66, résumé en anglais.

ALBRITTON (C.C.) Jr., *The Abyss of Time : Changing Conceptions of the Earth's Antiquity after the Sixteenth Century,* San Francisco, Freeman, Cooper and Co, 1980, 251p. [R. Hooke, Th. Burnet, B. de Maillet, Buffon, J. Hutton, W. Smith].

ALBRITTON (C.C.) Jr., *Catastrophic Episodes in Earth History,* London, New York, Chapman and Hall, 1989, xvii-221p.

ALBURY (W.R.) and OLDROYD (D.R.), «From Renaissance mineral studies to historical geology, in the light of Michel Foucault's "The Order of Things"», *British Journal for the History of Science,* 10 (1977) : pp. 187-215. [Sur l'*Histoire naturelle des minéraux* de Buffon : pp. 199-200].

ALDRIDGE (A.O.), *Benjamin Franklin et ses contemporains français,* Paris, Marcel Didier, 1963, 248p. [À la demande de Buffon, J.F. Dalibard traduit en 1752 l'ouvrage de Franklin sur l'électricité. Une deuxième édition augmentée fut publiée en 1756 : pp. 21-22].

ALTIERI BIAGI (M.L.), «Scelte Linguistiche e Stilistiche di Lazzaro Spallanzani», *in Lazzaro Spallanzani e la biologia del Settecento,* Atti del Convegno, Reggio Emilia, Modena, Scandiano, Pavia, 23-27 marzo 1981, a cura di Giuseppe Montalenti e Paolo Rossi, Firenze, Leo S. Olschki Editore, 1982 : pp. 155-175. [Sur la correspondance et l'œuvre de Buffon : pp. 159, 164n, 165, 171, 172].

ANDERSON (E.), «Some possible sources of the passages on Guiana in Buffon's "Époques de la Nature"», *Trivium,* 5 (1970) : pp. 72-84; 6 (1971) : pp. 81-91.

ANDERSON (E.), «More About Some Possible Sources of the Passages on Guiana in Buffon's "Époques de la nature"», *Trivium,* 8 (1973) : pp. 83-94; 9 (1974) : pp. 70-80.

ANDERSON (E.), «La collaboration de Sonnini de Manoncourt à l'"Histoire naturelle" de Buffon», *in Studies on Voltaire and the Eighteenth Century,* Genève, The Voltaire Foundation, vol. 120 (1974) : pp. 329-358.

ANDERSON (L.), *Charles Bonnet and the order of the Known,* Dordrecht, D. Reidel Publishing Company, 1982, xv-159p. [Désaccord entre Bonnet et Buffon sur la génération et la taxonomie].

ANGELET (C.), «Die romantische Landschaft und der Mythos des primitiven Menschen», *Deutsche Vierteljahrsschrift,* Stuttgart, 55 (1981) : pp. 204-215. [Rousseau, Buffon].

ANTOINE (G.), «Jacob. Un utile contresens sur Buffon», *in Vis-à-vis ou le double regard critique,* Paris, Presses Universitaires de France, 1982 : pp. 53-64.

ARBAULT (J.), «Buffon, mathématicien», *in Bicentenaire de Buffon : 1788-1988, Mémoires de l'Académie des Sciences, Arts et Belles-Lettres de Dijon, 1987-1988* (pub. 1989), T. 128 : pp. 111-115.

ARLAND (M.), LÉLY (G.) et MAILLARD (R.), «Buffon (G.L. Leclerc de) Discours sur le style», *in Dictionnaire des Œuvres, de tous les temps et de tous les pays,* Paris,

Laffont-Bompiani, 1983, T. 2 : pp. 380-381; 7ᵉ réimpression, 1990.

ARLAND (M.), LÉLY (G.) et MAILLARD (R.), «Buffon (G.L. Leclerc de) Histoire natu-relle générale et particulière», *in Dictionnaire des Œuvres, de tous les temps et de tous les pays,* Paris, Laffont-Bompiani, 1983, T. 3 : pp. 539-540; 7ᵉ réimpression, 1990.

ATRAN (S.), *Fondements de l'histoire naturelle : Pour une anthropologie de la science,* Bruxelles, Éditions Complexe, 1986, 244p. [Description, classification, notion d'espèce dans l'œuvre de Buffon].

ATRAN (S.), «Origin of the Species and Genus Concepts : An Anthropological Perspective», *Journal of the History of Biology,* 20 (1987) : pp. 195-279.

ATRAN (S.), «The Early History of the Species Concept : An Anthropological Reading», *in Histoire du concept d'espèce dans les sciences de la vie (Colloque international, Paris 1985),* Paris, Éditions de la Fondation Singer-Polignac, 1987 : pp. 1-36. [Buffon : pp. 7, 33].

ATRAN (S.), *Cognitive Foundations of Natural History : Towards an Anthropology of Science,* Cambridge, Cambridge University Press, Éditions de la Maison des Sciences de l'Homme, 1990, XII-360p.

AUROUX (S.), «D'Alembert et les Synonymistes», *Dix-Huitième Siècle,* 16 (1984) : pp. 93-108. [Mentionne la participation de Buffon à l'*Encyclopédie méthodique* dont l'article «Attachement, Amitié» porte la signature (*Encyclopédie méthodique,* Grammaire et Littérature, T. I., Liège et Paris, Panckoucke et Plomteux, 1782, p. 271)].

AZOUVI (F.), «Homo duplex», *in Festschrift für Jean Starobinski, Gesnerus,* vol. 42 (1985) nᵒˢ 3-4 : pp. 229-244. [L'«Homo duplex» *du Discours sur la nature des animaux* de Buffon : pp. 229, 238-241].

BACHTA (A.), «Note sur l'"Essai de Cosmologie" de Maupertuis : une cosmologie ou une physique? *in Comptes Rendus du 108ᵉ Congrès national des Sociétés Savantes, Grenoble, 1983, Section Sciences,* Paris, Comité des Travaux Historiques et Scientifiques, 1983 : pp. 87-98. [Maupertuis recourt à la physique comme Buffon, Lambert et Kant : pp. 87, 92, 95, 96].

BAKER (K.M.), «Les débuts de Condorcet au secrétariat de l'Académie royale des Sciences (1773-1776)», *Revue d'Histoire des Sciences et de leurs Applications,* 20 (1967) : pp. 229-280. [Buffon, opposé à un projet d'association avec les Académies pro-vinciales : p. 273].

BAKER (K.M.), *Condorcet. From Natural Philosophy to Social Mathematics,* Chicago, London, University of Chicago Press, 1975, XIV-558p. [Sur la rivalité qui oppo-sait Buffon à d'Alembert et Condorcet notamment à l'Académie des Sciences : pp. 36, 38, 42, 44; Condorcet critique de l'*Essai d'Arithmétique morale* : pp. 198, 241].

BAKER (K.M.), *Condorcet. Raison et politique,* Paris, Hermann, 1988, 623p. [Traduit de l'anglais (Chicago, 1975) par Michel Nobile].

BALAN (B.), «Premières recherches sur l'origine et la formation du concept d'économie ani-male», *Revue d'Histoire des Sciences,* 28 (1975) : pp. 289-326. [Rôle de Buffon : pp. 293-294].

BALAN (B.), *L'ordre et le temps. L'anatomie comparée et l'histoire des vivants au 19ᵉ siècle,* Paris, Vrin, 1979, 610p. [Le concept d'économie animale dans l'*Histoire naturelle* : pp. 95-96; la *Théorie de la Terre* et les *Époques de la Nature* : pp. 115-117; la «Dégénération des animaux» : pp. 118-123, 140-141; la «Destruction des espèces» : pp. 123-124; les «Anciennes espèces» : pp. 134-135].

BARRANDE (J.M.), «Réflexions sur la question du volcanisme dans l'œuvre de Buffon», *Philosophie,* 8 (1979) : pp. 89-101.

BARSANTI (G.), *Dalla Storia naturale alla storia della natura : saggio su Lamarck,* Milano, G. Feltrinelli, 1979, 263p. [Importance prépondérante de Buffon].

BARSANTI (G.), «L'homme et les classifications : aspects du débat anthropologique dans les sciences naturelles de Buffon à Lamarck», *in Studies on Voltaire and the Eighteenth Century,* The Voltaire Foundation, vol. 192 (1980) : pp. 1158-1164.

BARSANTI (G.), *La mappa della vita. Teorie della natura e teorie dell'uomo in Francia 1750-1850,* Napoli, Guida editori, 1983, 250p. [Nombreuses références à Buffon].

BARSANTI (G.), «Linné et Buffon : Deux images différentes de la nature et de l'histoire naturelle», *in Studies on Voltaire and the Eighteenth Century,* Oxford, The Voltaire Foundation, vol. 216 (1983) : pp. 306-307.

BARSANTI (G.), «Linné et Buffon : Deux visions différentes de la nature et de l'histoire naturelle», *Revue de Synthèse,* 105 (1984) : pp. 83-111.

BARSANTI (G.), «L'Uomo tra "storia naturale" e medicina, 1700-1850», *in Misura d'uomo. Strumenti, teorie e pratiche dell'antropologia e della psicologia sperimentale,* Firenze, Istituto e Museo di Storia della Scienza, 1986 : pp. 11-49.

BARSANTI (G.), «Le Immagini della natura : scale, mappe, Alberi 1700-1800», *Nuncius,* 3, fasc. 1 (1988) : pp. 55-125. [Sur l'*Histoire naturelle* de Buffon : pp. 66-67, 84-87, 89-91, 102, 103, 109].

BARSANTI (G.), «L'Orang-Outan déclassé (Pongo wurmbii Tied.). Histoire du premier singe à hauteur d'homme (1780-1801) et ébauche d'une théorie de la circularité des sources», *Bulletins et Mémoires de la Société d'Anthropologie de Paris,* numéro spécial, *Histoire de l'Anthropologie : Hommes, Idées, Moments,* sous la direction de C. Blanckaert, A. Ducros, J.J. Hublin, T. 1, nouvelle série, n° 3-4 (1989) : pp. 67-104. [Buffon : pp. 68n, 75 («*l'orang-outang*» de Buffon), 85n (le joko)].

BARSANTI (G.), «Storia Naturale Delle Scimmie 1600-1800», *Nuncius,* 5, fasc. 2 (1990) : pp. 99-165. [Critique de Linné : pp. 135-138; Les singes dans l'*Histoire naturelle* de Buffon : pp. 138-144].

BARTHÉLEMY (G.), *Les Jardiniers du Roy. Petite histoire du Jardin des Plantes de Paris,* Le Vey Clécy, Le Pélican, 1979, 295p.

BASSY (A.-M.), «À l'heure des grandes synthèses : l'œuvre de Buffon à l'Imprimerie royale : 1749-1789, *in Art du Livre à l'Imprimerie nationale,* Paris, Imprimerie nationale, 1973 : pp. 171-189.

BASSY (A.-M.), «Le texte et l'image», *in Histoire de l'Édition Française,* H.-J. Martin et R. Chartier éds., T. II, *Le Livre Triomphant : 1660-1830,* Paris, Promodis, 1984 : pp. 140-161. [Illustrations de l'*Histoire naturelle* de Buffon : pp. 142, 154, 159].

BEATTY (J.), «What's in a Word? Coming to Terms in the Darwinian Revolution», *Journal of the History of Biology,* 15 (1982) : pp. 215-239. [Sur la définition des espèces chez Buffon : pp. 218-219, 228].

BECK (H.), *Alexander von Humboldt,* Band I : *Von der Bildungsreise zur Forschungsreise 1769-1804,* Wiesbaden, Franz Steiner Verlag, 1959, 303p. [Buffon et l'*Histoire naturelle* : pp. 32, 129, 172, 225].

BECK (H.), *Geographie. Europäische Entwicklung in Texten und Erläuterungen,* Freiburg, München, Verlag Karl Alber, 1973, 510p. [Chap. VI : «Buffon et la géographie pré-classique»].

BEDDALL (B.G.), «"Un Naturalista Original" : Don Félix de Azara, 1746-1821», *Journal of the History of Biology,* 8 (1975) : pp. 15-66. [Sur Buffon : pp. 15, 34-45, 59-61, 65-66].

BEDDALL (B.G.), «The Isolated Spanish Genius. Myth or Reality? Félix de Azara and the Birds of Paraguay», *Journal of the History of Biology,* 16 (1983) : pp. 225-258. [Sur Buffon : pp. 227, 229, 232, 233, 243, 249, 251, 257].

BEDINI (S.A.), *Thomas Jefferson, Statesman of Science,* New York, Macmillan, London, Collier Macmillan, 1990, XVII-616p. [Opinions différentes de Jefferson et de Buffon au sujet des Indiens d'Amérique].

BELAVAL (Y.), «De la Métaphysique à la Théorie de la Connaissance», *Dix-Huitième Siècle,* 11 (1979) : pp. 249-256. [Sur Buffon : pp. 251-252].

BELAVAL (Y.), «Préliminaire de D'Alembert», *Dix-Huitième Siècle,* 16 (1984) : pp. 9-16. [Comparaison du style de D'Alembert avec celui de Voltaire et de Buffon : p. 13].

BELHOSTE (J.F.), «Une Sylviculture pour les forges XVIè-XIXè siècle», *in Forges et Forêts. Recherches sur la consommation proto-industrielle de bois*, D. Woronoff éd., Paris, Éditions de l'École des Hautes Études en Sciences Sociales, 1990 : pp. 219-261. [Méthodes de Buffon : pp. 243, 245].

BELLEC (P.) et LAISSUS (Y.), *Buffon 1707-1788. Les Siècles de Buffon* : Exposition à la Médiathèque spécialisée, Cité des Sciences et de l'Industrie, Paris, 1988, 24p.

BÉNICHOU (C.) et BLANCKAERT (C.), «Le Dictionnaire d'Anthropologie de L.F. Jehan : apologétique et histoire naturelle des races dans la France de 1850», *in Histoires de l'Anthropologie (XVIè-XIXè siècles), Colloque La Pratique de l'Anthropologie aujourd'hui, 19-21 novembre 1981, Sèvres*, présenté par Britta Rupp-Eisenreich. Paris, Klincksieck, 1984 : pp. 353-386. [Critique du sensualisme de Buffon et de la théorie de la dégénération : pp. 370-373, mais accord sur l'éducabilité des races : p. 375].

BÉNICHOU (C.) et BLANCKAERT (C.) dir., *Julien-Joseph Virey, naturaliste et anthropologue,* Paris, Vrin, 1988, 286p. [Influence importante de Buffon sur Virey].

BENOIT (S.), «Les forges de Buffon», *Monuments historiques,* n° 107 (1980) : pp. 53-64.

BENOIT (S.), «L'approvisionnement en minerai de fer de la grande forge de Buffon (Côte-d'Or) : premier bilan d'une recherche historique», *Revue scientifique du Bourbonnais et du Centre de la France (Moulins),* T. 100 (1987) : pp. 175-193.

BENOIT (S.), «La consommation de combustible végétal et l'évolution des systèmes techniques», *in Forges et Forêts. Recherches sur la consommation proto-industrielle de bois,* D. Woronoff éd., Paris, Éditions de l'École des Hautes Études en Sciences Sociales, 1990 : pp. 87-150. [Buffon maître de forges : pp. 91-92; Mémoire à l'Académie des Sciences, en 1739, «Sur la conservation et le rétablissement des forêts» : p. 117].

BENOIT (S.) et PEYRE (Ph.), «L'apport de la fouille archéologique à la connaissance d'un site industriel : l'exemple des forges de Buffon (Côte-d'Or)», *L'Archéologie industrielle en France,* 9 (1984) : pp. 5-18.

BENOIT (S.) et RIGNAULT (B.), «Une fouille de sondage dans un atelier industriel des XVIIIè et XIXè siècles aux forges de Buffon (Côte-d'Or)», *Mémoires de la Commission des antiquités du département de la Côte-d'Or,* 32 (1982) : pp. 109-112.

BENOIT (S.) et RIGNAULT (B.), *La Grande Forge de Buffon,* Association pour la sauvegarde et l'animation des Forges de Buffon, 1990, 111p.

BERBELICKI (W.), «Profrawki l noty stasizica do *Epok natury* Buffona [Buffon]», *Biuletyn biblioteki Jagiellonskiej (Cracovie),* 14.1 (1963) : pp. 17-19.

BERGAMINI (G.), «Lettere di Buffon a Lesbia Cidonia [1778-1783]», *in Studi francesi, Torino,* 21 (1977) : pp. 469-476. [Reproduction et commentaires de 8 lettres de Buffon à la comtesse Paolina Secco Suardo Grismondi, auteur de poèmes dont une partie fut publiée sous le nom de Lesbia Cidonia. Ces lettres datées des 25 avril, 18 mai, 9 décembre 1778, 1er janvier, 13 août 1780, 1er septembre 1781, 23 janvier 1782, 30 juin 1783 se trouvent dans les éditions Lanessan (Paris, Le Vasseur, 1885) et Slatkine (1971) de la correspondance de Buffon. Elles ne figurent pas dans l'édition Hachette de 1860, à l'exception de celle du 1er janvier 1780].

BERINGER (C.C.), *Geschichte der Geologie und des geologischen Weltbildes,* Stuttgart, Ferdinand Enke Verlag, 1954, VII-158p.

BERNARDI (W.), «Spallanzani e il Dibattito Italiano sulla Generazione», *in Lazzaro Spallanzani e la biologia del Settecento*, Atti del Convegno, Reggio Emilia, Modena, Scandiano, Pavia, 23-27 marzo 1981, a cura di Giuseppe Montalenti e Paolo Rossi, Firenze, Leo S. Olschki Editore, 1982 : pp. 201-212. [Interprétation par Spallanzani de la théorie de l'épigenèse de Needham et Buffon : pp. 201, 205-206, 208-210].

BERNARDINI (G.), «Buffon, la storia della natura e la storia degli uomini», *Studi settecenteschi (Pavie),* n<sup>os</sup> 7-8 (1985-86, publ. 1987) : pp. 167-189.

BERNIER (R.), *Aux sources de la biologie. Vol. II. Les théories de la génération après la Renaissance : La cytologie et la génétique.* Frelighsburg, Québec, Éditions Orbis Publishing, 1986, VII-422p. [Extraits des œuvres, avec notes explicatives, de 34 auteurs dont Buffon].

BERTRAND (J.), *L'Académie des Sciences et les Académiciens de 1666 à 1793,* Amsterdam, B.M. Israël, 1969, IV-435-IXp. [Réimpression de l'édition de 1869, Paris, J. Hetzel].

BIED (R.), «Le Monde des Auteurs», *in Histoire de l'Édition Française,* H.-J. Martin et R. Chartier éds., T. II, *Le Livre Triomphant : 1660-1830,* Paris, Promodis, 1984 : pp. 589-605. [Buffon et l'*Encyclopédie méthodique* : p. 590].

BINET (J.L.), «Préface», *in Un autre Buffon,* J.-L. Binet et J. Roger, éds., Paris, Hermann, 1977, 200p.

BIREMBAUT (A.), «L'enseignement de la minéralogie et des techniques minières», *in Enseignement et diffusion des sciences en France au XVIII<sup>e</sup> siècle,* R. Taton éd., Paris, Hermann, 1986 : pp. 365-418. [À partir de 1745 Daubenton enseigne la minéralogie au Jardin du Roi à la demande de Buffon à qui François Viel dédiera en 1780 le *Plan et élévation d'un cabinet d'histoire naturelle...* : p. 367].

BIRN (R.), «Le livre prohibé aux frontières : Bouillon», *in Histoire de l'Édition Française,* H. J. Martin et R. Chartier éds., T. II, *Le Livre Triomphant : 1660-1830,* Paris, Promodis, 1984 : pp. 334-341. [Buffon, lecteur du *Journal encyclopédique* de Pierre Rousseau : pp. 335, 338].

BITTERLI (U.), «Auch Amerikaner sind Menschen. Das Erscheinungsbild des Indianers in Reiseberichten und kulturhistorischen Darstellungen vom 16. zum 18. Jahrhundert», *in Die Natur des Menschen. Probleme der Physischen Anthropologie und Rassenkunde (1750-1850),* herausgegeben von Gunter Mann und Franz Dumont, Stuttgart, New York, Gustav Fischer Verlag, 1990 : pp. 15-29. [Selon Buffon : dégénération des animaux du Nouveau Monde mais non des Indiens].

BLANCKAERT (C.), *Monogénisme et polygénisme en France de Buffon à P. Broca (1749-1880),* Doctorat de troisième cycle (Philosophie et Histoire des sciences), Université de Paris I, 1981, dactyl. 4 vol., IX-502p.

BLANCKAERT (C.), «Réflexions sur la détermination de l'espèce en anthropologie (XVIII<sup>e</sup>-XIX<sup>è</sup> siècle)», *in Documents pour l'histoire du vocabulaire scientifique,* Publications de l'Institut National de la Langue Française, Centre National de la Recherche Scientifique, n° 4, 1983 : pp. 43-80. [Sur Buffon : pp. 47-49, 51, 52, 62].

BLANCKAERT (C.) éd., *Naissance de l'ethnologie? : Anthropologie et missions en Amérique, XVI<sup>è</sup>-XVIII<sup>è</sup> siècle,* textes rassemblés et présentés par Claude Blanckaert, Paris, Éditions du Cerf, 1985.

BLANCKAERT (C.), «Les vicissitudes de l'angle facial et les débuts de la craniométrie (1765-1875)», *Revue de Synthèse,* 108 (1987) : pp. 417-453. [Le climat et autres facteurs externes à l'origine, selon Buffon, des différences morphologiques raciales : p. 424].

BLANCKAERT (C.), «On the Origins of French Ethnology : William Edwards and the Doctrine of Race», *in Bones, Bodies, Behavior : Essays on Biological Anthropology,* History of Anthropology, vol. 5, G.W. Stocking Jr., ed., Madison, University of Wisconsin Press, 1988 : pp. 18-55. [L'origine des races selon Buffon : pp. 28, 30, 33, 36, 45].

BLANCKAERT (C.), «Story et History de l'ethnologie», *Revue de Synthèse,* 109 (1988) : pp. 451-467. [Anthropologues buffoniens : p. 460; Buffon : p. 464n].

BLANCKAERT (C.), «J.J. Virey, observateur de l'homme (1800-1825)», *in Julien-Joseph Virey, Naturaliste et Anthropologue,* sous la direction de Claude Bénichou et Claude Blanckaert, Paris, Vrin, 1988 : pp. 97-182. [Virey, disciple de Buffon].

BLANCKAERT (C.), «L'Anthropologie en France, le Mot et l'Histoire (XVI$^e$-XIX$^e$ siècle)», *Bulletins et Mémoires de la Société d'Anthropologie de Paris,* numéro spécial, *Histoire de l'Anthropologie : Hommes, Idées, Moments,* sous la direction de C. Blanckaert, A. Ducros, J.J. Hublin, T. 1, nouvelle série, n° 3-4 (1989) : pp. 13-43. [L'homme de Buffon : pp. 16, 19, 21, 26-29, 33, 37, 38].

BLANCKAERT (C.), «L'indice céphalique et l'ethnogénie européenne : A. Retzius, P. Broca, F. Pruner-Bey (1840-1870)», *Bulletins et Mémoires de la Société d'Anthropologie de Paris,* numéro spécial, *Histoire de l'Anthropologie : Hommes, Idées, Moments,* sous la direction de C. Blanckaert, A. Ducros, J.J. Hublin, T. 1, nouvelle série, n° 3-4 (1989) : pp. 165-202. [Sur Buffon : pp. 171-172].

BLANCKAERT (C.), «La "Théologie Naturelle" de Louis-François Jéhan (1803-1871). Sciences, Apologétique, Vulgarisation», *Nuncius,* 5, fasc. 2 (1990) : pp. 167-204. [Critique de Buffon dont Jéhan s'inspire néanmoins dans le fond et la forme : pp. 196-200].

BLIAKHER (L.I.), «M.V. Lomonosov i krizis metafiziki v opisatel' nom estestvoznannii serediny 18 v». [M.V. Lomonosov et la crise de la métaphysique dans la science naturelle descriptive du milieu du 18$^e$ siècle (en russe)], *Voprosy Istorii Estestvoznanija i Tekniki,* 12 (1962) : pp. 132-141. [Comparaison de l'idée d'évolution dans les œuvres de Buffon, Diderot et Lomonosov].

BOCHNER (S.), «Einstein between Centuries», *Rice University Studies,* 65 (1979) : pp. 1-54. [Problème de l'âge de la Terre].

BODENHEIMER (F.S.), «Zimmermann's Specimen Zoologiae Geographiae Quadrupedum, a remarkable zoogeographical publication of the end of the 18$^{th}$ century», *Archives internationales d'Histoire des Sciences,* 8 (1955) : pp. 351-357. [Théories de Buffon sur les origines des êtres vivants, leurs migrations et leur avenir : pp. 354, 356].

BOEHM (D.) and SCHWARTZ (E.), «Jefferson and the Theory of Degeneracy», *American Quaterly,* 9 (1957) : pp. 448-453. [Sur l'opposition de Jefferson à la théorie de Buffon au sujet de la dégénération de la faune américaine].

BOISSARD (H.), «La propriété de Daubenton à Montbard et les jardins potagers de Buffon au cours des deux cents dernières années», *Les Amis de la cité de Montbard,* n°27 (1978) : pp. 1-6.

BORK (K.B.), «Cross-channel currents : Eighteenth-Century French-language responses to British theories of the Earth», *Histoire et Nature,* n$^{os}$ 19-20 (1981-1982) : pp. 37-49. [Critique des théories britanniques par Buffon en 1749 : pp. 43-45].

BORNBUSCH (A.H.), «Lacépède and Cuvier : A comparative Case Study of Goals and Methods in Late Eighteenth-and Early Nineteenth-Century Fish Classification», *Journal of the History of Biology,* 22 (1989) : pp. 141-161. [L'*Histoire naturelle des Poissons* de Lacépède, suite de l'*Histoire naturelle* de Buffon : pp. 143-159].

BONNEFOY (C.), «Le Buffon imaginaire», *Les Nouvelles Littéraires,* n° 2601 (8 sept. 1977) : p. 8.

BOURDE (A.J.), *Agronomie et Agronomes en France au XVIII$^e$ siècle,* Paris, Service d'Édition et de vente des productions de l'Éducation Nationale, 1967, 3 vol. : 1740p. [Activités de Buffon à Montbard (création d'une pépinière, expériences sur le bois) dont les résultats furent communiqués au Ministère de la Marine et à l'Académie des Sciences : vol. 1, pp. 238-242; Importance du Jardin du Roi sous l'administration de Buffon : vol. 3, pp. 1541-1544].

BOURDIER (F.), «Trois siècles d'hypothèses sur l'origine et la transformation des êtres vivants (1550-1859)», *Revue d'Histoire des Sciences et de leurs Applications,* 13 (1960) : pp. 1-44. [Buffon : pp. 2, 16-21, 39].

BOURDIER (F.), «Lamarck et Geoffroy Saint-Hilaire face au problème de l'évolution biologique», *Revue d'Histoire des Sciences et de leurs Applications,* 25 (1972) : pp. 311-325. [Buffon, cité par Geoffroy : p. 318].

BOURDIER (F.), GUÉDÈS (M.), LAISSUS (Y.), LEGÉE (G.) et THÉODORIDÈS (J.), «Introduction bibliographique à l'histoire de la Biologie», *Histoire et Nature,* n° 5-6 (1974-1975), 195p. [Buffon, pp. 25, 68, 70-72, 110, 119].

BOURSIN (J.L.), *Les structures du hasard,* Paris, Éditions du Seuil, 1966, 190p. [L'*Essai d'arithmétique morale,* "l'aiguille de Buffon" : pp. 16-17, 115-116, 119-121].

BOUVEROT (D.), «Et si nous relisions Buffon, "le style est l'homme même"», *in Mélanges de langue et de littérature française offerts à Pierre Larthomas,* Préf. de J.P. Seguin, Paris, École Normale Supérieure de Jeunes Filles, 1985 : pp. 61-66.

BOWLER (P.J.), «Preformation and Pre-existence in the Seventeenth Century : A Brief Analysis», *Journal of the History of Biology,* 4 (1971) : pp. 221-244. [Opposition de Buffon à la théorie de "l'emboîtement" : p. 223].

BOWLER (P.J.), «Bonnet and Buffon : Theories of generation and the problem of species», *Journal of the History of Biology,* 6 (1973) : pp. 259-281.

BOWLER (P.J.), «Evolutionism in the Enlightenment», *History of Science,* 12 (1974) : pp. 159-183. [Sur les théories de Buffon : pp. 159, 161, 169, 172, 176].

BOWLER (P.J.), *Evolution : The History of an Idea,* Berkeley, University of California Press, 1989, xvi-432p. [Sur Buffon : pp. 20, 35-39, 72-77, 79, 92-93].

BRADLEY (M.), «The Financial Basis of French Scientific Education and Scientific Institutions in Paris, 1790-1815», *Annals of Science,* 36 (1979) : pp. 451-491. [Destin du Jardin des Plantes sous l'impulsion de Buffon et après sa mort].

BRAHIMI (D.), «La sexualité dans l'anthropologie humaniste de Buffon», *Dix-Huitième Siècle,* 12 (1980) : pp. 113-126.

BREMNER (G.), «Buffon and the Casting out of Fear», *in Studies on Voltaire and the Eighteenth Century,* Oxford, The Voltaire Foundation, vol. 205 (1982) : pp. 75-88.

BREMNER (G.), «L'impossibilité d'une théorie de l'évolution dans la pensée française du XVIIIᵉ siècle», *Revue de Synthèse,* 105 (1984) : pp. 171-179. [Lutte de l'homme contre la dégénération de la nature : pp. 172-175].

BRET (P.), «Buffon, ou le dimanche d'un siècle», *L'Histoire,* n° 114 (1988) : pp. 93-95.

BRIAN (É.), «La foi du géomètre. Métier et vocation de savant pour Condorcet vers 1770», *Revue de Synthèse,* 109 (1988) : pp. 39-68. [Critique de Buffon par Condorcet : pp. 43, 63].

BRIFFAUD (S.), «Naissance d'un paysage. L'invention géologique du paysage pyrénéen à la fin du XVIIIᵉ siècle», *Revue de Synthèse,* 110 (1989) : pp. 419-452. [La stratigraphie des montagnes observée par Buffon : p. 430].

BROBERG (G.) ed., *Linnaeus : Progress and Prospects in Linnaean Research,* Stockholm, Almqvist and Wiksell International and Pittsburgh, Hunt Institute for Botanical Research, 1980, 318p. [Buffon, critique de Linné].

BROC (N.), «Peut-on parler de Géographie humaine au XVIIIᵉ siècle en France?», *Annales de Géographie,* 78 (1969) : pp. 57-75. [Buffon : pp. 62-65].

BROC (N.), *Les montagnes vues par les géographes et les naturalistes de langue française au XVIIIᵉ siècle,* Paris, Bibliothèque nationale, 1969, 298p. [*Théorie de la Terre* et *Époques de la Nature* : pp. 16-20, 47, 50, 51-54, 59, 63-64; les montagnes dans l'œuvre de Buffon : hauteur ( pp. 78-79, 82-83, 91), structure (pp. 101-104), origine (pp. 124, 128-134, 144), érosion (pp. 148-151, 164, 167), climat (pp. 177-180), glaciers (p. 208)]. 2ᵉ édition sous le titre *Les Montagnes au Siècle des Lumières,* Paris, Éditions du Comité des Travaux Historiques et Scientifiques, 1991, 300p.

BROC (N.), «Voyages et géographie au XVIIIᵉ siècle», *Revue d'Histoire des Sciences et de leurs Applications,* 22 (1969) : pp. 137-154. [Sur la*Théorie de la Terre* de Buffon : p. 142].

BROC (N.), *La Géographie des Philosophes. Géographes et Voyageurs français au XVIII$^e$ siècle,* Paris, Ophrys, 1975, 595p. [Rôle de Buffon, intendant du Jardin du Roi et académicien : pp. 21, 43, 71; la *Théorie de la Terre* : pp. 177-178, 181-182, 193-201; hydrographie : pp. 211, 215-216; géographie humaine : pp. 219-221, 229; le plutonisme : pp. 421-423, 438; l'homme dans les *Époques de la Nature* : p. 453].

BROWNE (J.), *The Secular Ark : Studies in the History of Biogeography,* New Haven, London, Yale University Press, 1983, x-273p. [Vues de Buffon sur la création].

BROWNE (J.), «Georges-Louis Leclerc, comte de Buffon (1707-1788)», *Endeavour,* 12 (1988) : pp. 86-90.

BROWNING (J.D.), «Le Développement du Journalisme en Amérique Espagnole : La "Gazeta de Guatemala"», *Dix-Huitième Siècle,* 12 (1980) : pp. 309-326. [Buffon, admiré comme naturaliste mais condamné pour ses opinions sur le Nouveau Monde : p. 313].

BRU (B.), «Statistique et Bonheur des Hommes», *Revue de Synthèse,* 109 (1988) : pp. 69-95. [Critique des idées de Buffon concernant les probabilités : pp. 71, 75, 76, 90].

BRUNET (L.), «À propos d'une idole... ataraxique. Quelques variations sur le style [Stendhal, Renan, Buffon]», *in Défense de la Langue Française,* 31 (1966) : p. 19-22.

BUFFETAUT (É.), *Des fossiles et des hommes,* Paris, Robert Laffont, 1991, 329p. [Chap. 6 : Monsieur de Buffon et l'inconnu de l'Ohio : pp. 70-85. Impact de la *Théorie de la terre* et des *Époques de la Nature*].

*BUFFON et son «Histoire naturelle», in Histoire et Prestige de l'Académie des Sciences 1666-1966,* Exposition du Musée du Conservatoire des Arts et Métiers organisée à l'occasion du Tricentenaire de l'Académie des Sciences, décembre 1966-mai 1967, Paris, Musée du Conservatoire National des Arts et Métiers, 1966 : pp. 146-149.

*BUFFON 1977, L'Arithmétique morale, l'Histoire naturelle, Buffon,* Exposition, Paris, Chapelle de la Salpêtrière, 20 juin-8 juillet 1977 mise en place par J.L. Binet et F. Rawyler. [Catalogue publié à l'occasion du bicentenaire de la publication de l'*Essai d'arithmétique morale*].

*BUFFON (G.L. Leclerc de), Geometrical Probability and Biological Structures, Buffon's 200th Anniversary : Proceedings of the Buffon Bicentenary Symposium on Geometrical Probability, Image Analysis, Mathematical Stereology, and their Relevance to the Determination of Biological Structures,* Paris, 1977, R.E. Miles and J. Serra eds., Berlin, New York, Springer-Verlag, 1978, XII-338p.

*BUFFON (G.L. Leclerc de), Mélanges 1980, Actes du 51ème Congrès de l'Association bourguignonne des Sociétés savantes,* Montbard, Association des Amis de la Cité de Montbard, 1981, 128p.

*BUFFON 1788-1988,* Dossier de Presse, Imprimerie nationale, 1988, 9 feuillets.

*BUFFON, Célébration du bicentenaire de la mort de Buffon.* Exposition au Muséum du 16 mars au 31 juillet 1988. *Revue du Palais de la Découverte,* 16 (1988), n° 157 : pp. 54-55.

*BUFFON 1788-1988,* Études par S. Benoit, J. Dorst, R. Fiszel, J. Garcia, P.-M. Grinevald, Y. Laissus, J. Piveteau, B. Rignault, P. Taquet et textes de Buffon : *Discours prononcé à l'Académie françoise par M. de Buffon le jour de sa réception; De la manière d'étudier et de traiter l'Histoire naturelle; De la Nature : Première et Seconde Vue; Des Époques de la Nature : Septième et Dernière Époque,* Paris, Imprimerie Nationale Éditions, 1988, 295p.

*BUFFON et les sciences naturelles au XVIII$^e$ siècle,* Catalogue de l'exposition organisée à la Bibliothèque municipale de Saint-Omer, 23 juillet-23 novembre 1988, Saint-Omer, la Bibliothèque, 1988.

BUICAN (D.), *La Révolution de l'Évolution,* Paris, Presses Universitaires de France, *Histoire,* 1989, 339p. [Buffon : pp. 46-52, 58-60].

BURKE (J.G.), «Romé de l'Isle and the Central Fire», *in Actes du XII$^e$ Congrès international* *d'Histoire des Sciences (Paris, 1968)*, T. VII, «Histoire des Sciences de la Terre et de l'Océanographie», Paris, Blanchard, 1971 : pp. 15-17. [Opposition aux théories de Dortous de Mairan, Buffon et Bailly].

BURKHARDT (R.W.) Jr., «Lamarck, Evolution and the Politics of Science», *Journal of the History of Biology*, 3 (1970) : pp. 275-298. [Rôle favorable de Buffon : pp. 278-279].

BURKHARDT (R.W.) Jr., «The Inspiration of Lamarck's Belief in Evolution», *Journal of the History of Biology,* 5 (1972) : pp. 413-438. [Comparaison avec Buffon : pp. 429-430].

BURKHARDT (R.W.) Jr., *The Spirit of System. Lamarck and Evolutionary Biology,* Cambridge, Mass., and London, Harvard University Press, 1977, 285p. [Nombreuses références à Buffon].

BURKHARDT (R.W.) Jr., «Lamarck and Species», *in Histoire du concept d'espèce dans les sciences de la vie (Colloque international, Paris 1985),* Paris, Éditions de la Fondation Singer-Polignac, 1987 : pp. 161-180. [Buffon : pp. 162-166, 175n, 179].

BUTTERFIELD (H.), *The origins of modern science : 1300-1800,* London, G. Bell and Sons, 1957 (Réédition révisée de l'édition de 1949). [Les théories de Buffon : pp. 203-205].

BUTTS (R.E.) ed., *Kant's Philosophy of Physical Science : Metaphysische Anfangsgründe der Naturwissenschaft, 1786-1986,* Dordrecht, Boston, Lancaster, D. Reidel, 1986, XII-363p. [L'*Histoire naturelle* de Buffon, source d'informations sur Newton pour Kant].

BYNUM (W.F.), «The Anatomical Method, Natural Theology, and the Functions of the Brain», *Isis,* 64 (1973) : pp. 445-468. [Sur la *nomenclature des singes* de Buffon : p. 467].

BYNUM (W.F.), BROWNE (E.J.) and PORTER (R.) eds., *Dictionary of the History of Science,* London, The Macmillan Press, 1981, 494p. [Sur Buffon : pp. 6, 18, 63, 70, 79, 85, 94, 125, 131, 144, 154, 166, 182, 200, 234, 396, 422].

CALLENS (S.), *Mesures et Image de l'Homme : Buffon, Cuvier, Quetelet,* preprints, Paris, Marseille, Centre d'Analyse et de Mathématique sociales, Série Histoire du Calcul des Probabilités et de la Statistique, n° 3, mars 1989, 12p. (et 9 feuillets non paginés).

CALLOT (É.), *La philosophie de la vie au XVIII<sup>e</sup> siècle étudiée chez Fontenelle, Montesquieu, Maupertuis, La Mettrie, Diderot, d'Holbach, Linné,* Paris, Éditions Marcel Rivière, 1965, 438p. [Influence de Maupertuis sur Buffon : pp. 155, 173, 191; influence de Buffon sur Diderot : pp. 258, 264, 266, 308n; comparaison entre Buffon et Linné : pp. 369-371].

CALLOT (É.), *Les étapes de la biologie. Histoire de la biologie illustrée par la vie et les textes des plus grands naturalistes,* Paris, Genève, Champion, Slatkine, 1986, 440p. [Buffon : pp. 161-175].

CANGUILHEM (G.), *La Connaissance de la Vie,* Paris, Vrin, 1965, 198p. [Théorie des "molécules organiques" et du "moule intérieur" : pp. 52-53. La *Théorie de la Terre* et les *Époques de la Nature* : pp. 54-56. L'atomisme biologique de Buffon face à l'atomisme psychologique de Hume : pp. 57-58. La notion de milieu en biologie dans l'œuvre de Buffon : pp. 130-132, 145, 149].

CAPPELLETTI (A.J.), *Introducción a Condillac,* Maracaibo, Universidad del Zulia, 1973, 431p.

CAREY (S.W.), *Theories of the Earth and Universe : A History of Dogma in the Earth Science,* Stanford, California, Stanford University Press, 1988, XVIII-413p. [Influence des théories de Buffon : pp. 46, 48, 58, 72, 90].

CAROZZI (A.V.), «Lamarck's Theory of the Earth : Hydrogéologie», *Isis,* 55 (1964) : pp. 293-307. [Lamarck, mentor du fils de Buffon à travers l'Europe et correspondant du Jardin du Roi : p. 294; Influence de la *Théorie de la Terre* de Buffon : p. 297].

CAROZZI (A.V.), Introduction in B. de Maillet : *Telliamed or Conversations between an*

*Indian Philosopher and a French Missionary on the Diminution of the Sea.*
Translated and edited by A.V. Carozzi, Urbana, University of Illinois Press, 1968,
XIV- 465p.

CAROZZI (M.), «Les Pélerins et les Fossiles de Voltaire», *Gesnerus,* 36 (1979) : pp. 82-97.
[Polémique entre Buffon et Voltaire].

CAROZZI (M.), «Voltaire's Geological Observations in "Les singularités de la Nature"», *in
Studies on Voltaire and the Eighteenth Century,* Oxford, The Voltaire
Foundation, vol. 215 (1982) : pp. 101-119. [Son opposition aux théories de
Buffon].

CAROZZI (M.), *Voltaire's Attitude toward Geology,* Genève, Société de Physique et
d'Histoire naturelle, 1983, 146p., (extr. des *Archives des Sciences,* vol. 36, fasc.
1, 1983 : pp. 1-145).

CAROZZI (M.), «Bonnet, Spallanzani and Voltaire on Regeneration of Heads in Snails : a
Continuation of the Spontaneous Generation Debate», *in Festschrift für Jean
Starobinski, Gesnerus,* 42 (1985) : pp. 265-288. [Buffon, critiqué par Bonnet sur
ses théories des «molécules organiques» et du «moule intérieur» : p. 271 et par
Voltaire au sujet de la formation des montagnes : pp. 279-280, 283].

CARRAT (H.G.) et COMBLE (J. de la), «Sur l'Histoire des Sciences de la Terre dans le
Morvan», *in Comptes Rendus du 109ᵉ Congrès National des Sociétés Savantes,
Dijon, 1984,* Section d'Histoire des Sciences et des Techniques, Paris, Comité des
Travaux Historiques et Scientifiques, 1984 : pp. 35-50. [Retentissement des
*Époques de la Nature* : pp. 37-38].

CASINI (P.), «Le "Newtonianisme" au Siècle des Lumières. Recherches et Perspectives»,
*Dix-Huitième Siècle,* 1 (1969) : pp. 139-159. [Buffon, adepte des théories de
Newton : p. 153].

CASSIRER (E.), *La Philosophie des Lumières,* (1ᵉ éd. all., Tübingen, 1932), Paris, Fayard,
1966, 352p. [Buffon : pp. 67, 79-80, 104-106].

CASTELLANI (C.), «The problem of generation in Bonnet and in Buffon : a critical comparison», *in Essays to Honor Walter Pagel,* Allen G. Debus ed., New York, Science
History Publications, 1972, T. 2 : pp. 265-288.

CASTELLANI (C.), «Spermatozoan Biology from Leeuwenhoek to Spallanzani», *Journal of
the History of Biology,* 6 (1973) : pp. 37-68. [Contribution de Buffon : pp. 39-41,
48-55, 56-62, 63-67].

CASTELLANI (C.), «Lazzaro Spallanzani Nei Suoi Rapporti con la Scienza e la Cultura del
Settecento», *in Lazzaro Spallanzani e la biologia del Settecento,* Atti del
Convegno, Reggio Emilia, Modena, Scandiano, Pavia, 23-27 marzo 1981, a cura
di Giuseppe Montalenti e Paolo Rossi, Firenze, Leo S. Olschki Editore, 1982 : pp.
21-44. [Spallanzani critique les méthodes et les théories de Buffon : pp. 25-27
mais utilise ensuite l'expérimentation pour étudier la génération : pp. 29-30].

CASTELLANI (C.), «La réception en Italie et en Europe du *Saggio di Osservazioni micro-
scopiche* de Spallanzani (1765)», trad. de l'italien par R. Rey, *Dix-Huitième
Siècle,* 23 (1991) : pp. 85-95. [L'ouvrage de Spallanzani, critiquant la théorie de
la génération de Needham et Buffon, froidement accueilli].

CASTRIES (Duc de), *La Vieille Dame du Quai Conti. Une histoire de l'Académie française,*
Paris, Librairie Académique Perrin, 1978, 478p. [Buffon, élu en 1753 au premier
fauteuil après Languet de Gergy, archevêque de Sens. Son successeur fut Vicq
d'Azyr en 1788 : pp. 215, 428, 445, 446, 472].

CAULLERY (M.), *French Science and its Principal Discoveries since the Seventeenth
Century,* New York, Arno Press, 1975, XI-229p. [Évolution des sciences naturelles sous l'impulsion de Buffon : pp. 7, 34, 37, 46, 57-59, 103].

CHABRILLAT (M.) et HUARD (P.), «Une lettre inédite de Buffon», *in Comptes Rendus du
84ᵉ Congrès des Sociétés savantes de Paris et des départements, tenu à Dijon en
1959, Section Sciences,* Paris, Gauthier-Villars, 1960 : pp. 35-36.

CHAÏA (J.), «Jacques-François Artur (1708-1779), premier médecin du Roi à Cayenne, correspondant de Buffon, historien de la Guyane», *in Comptes Rndus du 87ᵉ Congrès National des Sociétés savantes (Poitiers 1962), Section Sciences,* 1963 : pp. 37-46.

CHAÏA (J.), «À propos des voyages en Guyane (en 1772 et 1775) de Sonnini de Manoncourt, collaborateur de Buffon», *in Comptes Rendus du 103ᵉ Congrès National des Sociétés savantes (Nancy 1978), Section Sciences,* 1978, fasc. 5 : pp. 253-261.

CHALON (J.), «Découvrez... Buffon», *Le Figaro littéraire,* n° 1627 (23-24 juillet 1977).

CHANDLER (P.), «Clairaut's Critique of Newtonian Attraction : Some Insights into his Philosophy of Science», *Annals of Science,* 32 (1975) : pp. 369-378. [Controverse entre Clairaut et Buffon, défenseur de Newton et de sa théorie sur l'attraction lunaire : pp. 369-370, 373-378].

CHARLTON (D.G.), *New Images of the Natural in France,* Cambridge, Cambridge University Press, 1984, ix-254p. [Nombreuses références sur les théories émises par Buffon dans l'*Histoire naturelle*].

CHARNAY (D.), «Le style de Buffon», *Le Spectacle du Monde,* 314 (mai 1988) : pp. 80-84.

CHARTIER (R.), «Les livres de voyage», *in Histoire de l'Édition Française,* H.-J. Martin et R. Chartier éds., T. II, *Le Livre Triomphant : 1660-1830,* Paris, Promodis, 1984 : pp. 216-217. [Apport de ces ouvrages à l'*Histoire naturelle de Buffon* : p. 217].

CHARTIER (R.), *Les Origines culturelles de la Révolution française,* Paris, Éditions du Seuil, 1990, 245p. [Sur Buffon : pp. 15, 107, 111-112].

CHARTIER (R.) et MARTIN (H.-J.) éds., en collaboration avec D. ROCHE et J.-P. VIVET, *Histoire de l'Édition française,* T. II, *Le Livre triomphant : 1660-1830,* Paris, Fayard, Cercle de la Librairie, 1990, 909p. [Reprise de l'édition de Promodis (1984) avec révision de certains textes et de la bibliographie. Voir MARTIN et CHARTIER].

CHAUNU (P.), *La civilisation de l'Europe des Lumières,* Paris, Arthaud, 1971, 667p. [L'histoire de la Terre et les *Époques de la Nature* : pp. 272-273].

CHORLEY (R.J.), DUNN (A.J.) and BECKINSALE (R.P.), *The History of the Study of Landforms : or the Development of Geomorphology,* vol. I : *Geomorphology before Davis,* London, New York, Methuen and Co Ltd and John Wiley and Sons Inc., 1964, xvi-678p. [Compatibilité entre les théories de Buffon et la Genèse : pp. 13-15, 99].

CHOUILLET (J.), *La Formation des idées esthétiques de Diderot,* Paris, Armand Colin, 1973 , 642p. [Influence importante de Buffon sur Diderot dans l'«Interprétation de la Nature», différences sur les notions de déisme et d'anthropocentrisme].

CHOUILLET (J.), *L'esthétique des Lumières,* Paris, Presses Universitaires de France, 1974, 231p. [L'esthétique dans l'œuvre de Buffon : pp. 6, 14, 158; son influence sur les encyclopédistes : p. 175].

CHOUILLET (J.), *Diderot,* Paris, Société d'édition d'enseignement supérieur, 1977, 346p. [Buffon, Diderot et l'*Encyclopédie* : pp. 35, 67, 114-115, 134, 148].

CHURCHILL (F.B.), «The History of Embryology as Intellectual History», *Journal of the History of Biology,* 3 (1970) : pp. 155-181. [Analyse de la thèse de doctorat ès Lettres de J. Roger : *Les Sciences de la vie dans la pensée française du XVIIIᵉ siècle. La génération des animaux de Descartes à l'Encyclopédie* (Paris, Armand Colin, 1963) pp. 156-165. Buffon : pp. 162-164].

CIORANESCU (A.), *Bibliographie de la littérature française du dix-huitième siècle,* Paris, Éditions du Centre National de la Recherche Scientifique, 1969, T. I, x-760p. [Bibliographie de Buffon : pp. 416-425].

CIRY (R.) et GRAS (P.), «L'Hôtel de l'Académie de Dijon», *in Mémoires de l'Académie des Sciences, Arts et Belles-Lettres de Dijon,* 1976-1978 (pub. 1979), T. 123 : pp. 385-429. [Dons de Buffon à l'Académie].

COHEN (C.), *La Genèse de Telliamed, Benoît de Maillet et l'histoire naturelle à l'aube des Lumières,* Thèse de doctorat (Littérature et linguistique française et latine), Université de Paris III, 1989, dactyl. 2 vol., 573p. [Influence de Benoît de Maillet sur Buffon].

COHEN (C.), «L'"Anthropologie" de Telliamed», *Bulletins et Mémoires de la Société d'Anthropologie de Paris,* numéro spécial, *Histoire de l'Anthropologie : Hommes, Idées, Moments,* sous la direction de C. Blanckaert, A. Ducros, J.J. Hublin, T. 1, nouvelle série, n° 3-4 (1989) : pp. 45-55. [Comparaison avec Buffon : pp. 47, 51, 53, 54].

COHEN (I.B.), «A Note Concerning Diderot and Franklin», *Isis,* 46 (1955) : pp. 268-272. [L'ouvrage de Franklin sur l'électricité fut traduit par Dalibard en 1752 à la demande de Buffon : p. 268].

COHEN (I.B.) ed., *Album of Science : From Leonardo to Lavoisier, 1450-1800,* New York, Charles Scribner's Sons, 1980, XIII-306p. [Buffon : pp. 193-195, 232, 249].

COHEN (I.B.), *Revolution in Science,* Cambridge, Mass., London, Belknap Press of Harvard University Press, 1985, xx-711p. [Apport de l'œuvre de Buffon : pp. 206-207, 276-277, 595].

COLEMAN (W.), «Lyell and the "Reality" of Species : 1830-1833», *Isis,* 53 (1962) : pp. 325-338. [Buffon (Différences entre les quadrupèdes du Nouveau Monde et de l'Ancien) : p. 332].

COLEMAN (W.), *Georges Cuvier, Zoologist. A Study in the History of Evolution Theory,* Cambridge, Mass., Harvard University Press, 1964, x-212p.

COLEMAN (W.), «Limits of the Recapitulation Theory : Carl Friedrich Kielmeyer's Critique of the Presumed Parallelism of Earth History, Ontogeny, and the Present Order of Organisms», *Isis,* 64 (1973) : pp. 341-350. [Comparaison avec les théories de Buffon, Hutton, de Maillet, La Métherie : p. 346].

COLP (R.) Jr., «Confessing a Murder. Darwin's First Revelations about Transmutation», *Isis,* 77 (1986) : pp. 9-32. [Buffon et les théologiens de la Sorbonne : p. 10].

COLTON (J.), «From Voltaire to Buffon : further observations on nudity, heroic and otherwise», *Studies in Honor of Horst Woldemar Janson,* New York, H.-N. Abrams; Englewood-Cliffs (New Jersey), Prentice-Hall, 1981 : pp. 531-548.

COMAS CAMPS (J.), *Buffon, 1707-1788, precursor de la antropologia física*, México, Cuadernos del Instituto de Historia, 1958, 31p.

CONLON (P.M.), *Le Siècle des Lumières. Bibliographie chronologique,* T.VI : 1748-1752, Genève, Droz, 1988, XXIII-562p. [1749 : début de parution de l'*Histoire naturelle*].

CONLON (P.M.), *Le Siècle des Lumières. Bibliographie chronologique,* T. VII : 1753-1756,Genève, Droz, 1990, XXVII-562p.

CONRY (Y.), «L'Idée d'une "Marche de la Nature" dans la Biologie prédarwinienne au XIXᵉ siècle», *Revue d'Histoire des Sciences,* 33 (1980) : pp. 97-149. [Fidélité de Lamarck à Buffon : p. 99].

CONTADES (A. de), *Hérault de Séchelles ou la Révolution fraternelle,* Paris, Librairie Académique Perrin, 1978, 256p. [Sur Buffon : pp. 25, 30-33, 37, 215].

CORNELL (J.F.), «From Creation to Evolution : Sir William Dawson and the Idea of Design in the Nineteenth Century», *Journal of the History of Biology,* 16 (1983) : pp. 137-170. [Buffon, rejoint par Erasmus Darwin et Lamarck : p. 141].

CORNELL (J.F.), «Analogy and Technology in Darwin's Vision of Nature», *Journal of the History of Biology,* 17 (1984) : pp. 303-344. [Idées de Buffon sur la transformation des espèces : pp. 306, 310].

CORSI (P.), «The Importance of French Transformist Ideas for the Second Volume of Lyell's *Principles of Geology*», *British Journal for the History of Science,* 11 (1978) : pp. 221-244. [Même définition de l'espèce chez Geoffroy Saint-Hilaire et Buffon : pp. 229-230].

CORSI (P.), «Models and Analogies for the Reform of Natural History. Features of the French Debate, 1790-1800», *in Lazzaro Spallanzani e la biologia del Settecento,* Atti del Convegno, Reggio Emilia, Modena, Scandiano, Pavia, 23-27 marzo 1981, a cura di Giuseppe Montalenti e Paolo Rossi, Firenze, Leo S. Olschki

Editore, 1982 : pp. 381-396. [L'Histoire naturelle après Buffon. Réédition de son œuvre par Sonnini de Manoncourt de 1798 à 1808].

CORSI (P.), *Oltre il Mito. Lamarck e le scienze naturali del suo tempo*, Bologna, Il Mulino, 1983, 433p. Trad. angl. ss. le titre *The Age of Lamarck : Evolutionary Theories in France, 1790-1830*, par Jonathan Mandelbaum, Berkeley, University of California Press, 1988. [L'histoire naturelle après Buffon. Réformes induites par ses successeurs, anciens collaborateurs ou adversaires].

CORSI (P.), «Julien-Joseph Virey, le premier critique de Lamarck», *in Histoire du concept d'espèce dans les sciences de la vie, (Colloque international, Paris 1985)*, Paris, Éditions de la Fondation Singer-Polignac, 1987 : pp. 181-192. [Buffon : pp. 182, 184-187].

COULET (H.), «Diderot et le problème du changement», *Recherches sur Diderot et sur l'Encyclopédie*, n° 2 (1987) : pp. 59-67. [Dieu et l'ordre de la nature : points communs et divergences de vues entre Buffon et Diderot : p. 61].

COURTÈS (F.), «Georges Cuvier ou l'origine de la négation», *Journées d'études organisées par l'Institut d'Histoire des Sciences de l'Université de Paris pour le bicentaire de la naissance de G. Cuvier (30 et 31 mai 1969), Revue d'Histoire des Sciences et de leurs Applications*, 23 (1970) : pp. 9-27. [La cosmologie de Buffon : pp. 16-20].

COWAN (C.F.), «The Daubenton's and Buffon's Birds», *Journal of the Society for the Bibliography of Natural History*, 5 (1968) : pp. 37-40.

CRÈVECŒUR (H. Saint-John de), *Lettres d'un cultivateur américain*, Genève, Slatkine, 1979, 2 vol., xxiv-422, 400p. [Admirateur de Buffon].

CROMBIE (A.C.), «P.L. Moreau de Maupertuis, F.R.S. (1698-1759), précurseur du transformisme», *Revue de Synthèse*, 78 (1957) : pp. 35-56. [L'évolutionnisme de Buffon : pp. 46-48; discussion entre Buffon et Bonnet sur les théories de Maupertuis : p. 55].

CUVIER (G.), *Chimie et sciences de la nature. Rapports à l'Empereur sur les progrès des sciences, des lettres et des arts depuis 1789*. II, Présentation et Notes sous la direction de Y. Laissus, Paris, Belin, 1989, 333p. [Importance de l'*Histoire naturelle* : pp. 165, 222, 247, terminée par Lacépède pour les poissons et les reptiles : pp. 223-225].

CVERAVA (G.K.), «D.A. Golicym et la défense de Buffon», [en russe], *Voprosy Istorii Estestvoznanija i Tekhniki*, 3 (1983) : pp. 80-86.

DANIEL (G.), *Le style de Diderot. Légende et structure*, Genève, Droz, 1986, 468p. [Influence de Buffon].

DANNENFELDT (K.H.), «Europe Discovers Civet Cats and Civet», *Journal of the History of Biology*, 18 (1985) : pp. 403-431. [Description par Buffon : p. 417].

DARNTON (R.), *The Business of Enlightenment. A Publishing History of the Encyclopédie 1775-1800*, Cambridge (Mass.), London, The Belknap Press of Harvard University Press, 1979, xiv-624p. [Buffon cité dans l'*Encyclopédie* : pp. 10-11; Buffon et Panckoucke, aspects pécuniaires de l'édition de l'*Histoire naturelle* : pp. 17, 122, 404, 408].

DASTON (L.J.), «Probabilistic Expectation and Rationality in classical Probability Theory», *in Papers in Honor of Erwin N. Hiebert*, edited by Joseph W. Dauben, *Historia Mathematica*, 7 (1980) : pp. 234-260. [Sur l'*Essai d'arithmétique morale* de Buffon : pp. 249-250].

DASTON (L.J.), *Classical Probability in the Enlightenment*, Princeton, Princeton University Press, 1988, xviii-423p. [Le calcul des probabilités dans l'œuvre de Buffon : l'*Essai d'arithmétique morale* : pp. 90-95; les *Probabilités de la durée de la vie* : pp. 86, 184, 301, 302, 348; crédibilité des témoignages : pp. 330-331].

DAVIES (G.L.), *The Earth in Decay, A History of British Geomorphology, 1578-1878*, London, Macdonald and Co, 1969, xvi-390p. [Parmi les sources principales de la bibliographie, la traduction anglaise de 1785 (2ᵉ édition) de l'*Histoire naturelle de Buffon* : p. 358].

DAWSON (V.P.), *Nature's Enigma : The Problem of the Polyp in the Letters of Bonnet, Trembley and Réaumur*, Philadelphia, American Philosophical Society, 1987, 266p. [La querelle entre Réaumur et Buffon, ses répercussions : pp. 36, 179, 187, 190, 247-248].

DAWSON (V.P.), «The Limits of Observation and the Hypotheses of George Louis Buffon and Charles Bonnet», *in Beyond the History of Science : Essays in Honor of Robert E. Schofield*, Elizabeth Garber ed., Bethlehem (Penn.), Lehigh University Press, London, Toronto, Associated University Presses, 1990 : pp. 107-125.

DEACON (M.), *Scientists and the Sea 1650-1900. A Study of marine science,* London, New York, Academic Press, 1971, XVI-445p. [Sur Buffon : pp. 204, 206-207, 210].

DEAN (D.R.), «James Hutton and his Public, 1785-1802», *Annals of Science*, 30 (1973) : pp. 89-105. [Comparaison des théories géologiques de J. Hutton et de Buffon : pp. 94-95, 98-99].

DEAN (D.R.), «The Age of the Earth Controversy : Beginnings to Hutton», *Annals of Science,* 38 (1981) : pp. 435-456. [Les théories géologiques de Buffon : pp. 450, 452-453, 455].

DE BEER (Sir Gavin), «Jean-Jacques Rousseau : Botanist», *Annals of Science*, 10 (1954) : pp. 189-223. [J.-J. Rousseau, admirateur de Buffon qui l'a mentionné dans le quatrième volume de l'*Histoire naturelle* : pp. 211-212, 219].

DELAPORTE (F.), *Le second règne de la nature : Essai sur les questions de la végétalité au XVIIIè siècle,* Paris, Flammarion, 1979, 242p. [Influence de Hales sur son traducteur : pp. 91-97, 100. La génération selon Buffon : p. 147].

DELAPORTE (F.), «Theories of Osteogenesis in the Eighteenth Century», *Journal of the History of Biology,* 16 (1983) : pp. 343-360. [Critique de la théorie de la génération de Buffon par Haller : p. 357].

DELAUNAY (A.), «Ce que Buffon ne savait pas», *Plaisir de France,* (Paris) n° 119 (1960) : pp. 20-27.

DELON (M.), «Le Prétexte Anatomique», *Dix-Huitième Siècle,* 12 (1980) : pp. 35-48. [Anatomie sexuelle dans l'*Histoire naturelle* : p. 36. Aspect philosophique : p. 40].

DELON (M.), «Savoir totalisant et Forme éclatée», *Dix-Huitième Siècle,* 14 (1982) : pp. 13-26. [Hommage de l'*Encyclopédie* à l'*Histoire naturelle* : p. 14. Allusion aux *Époques de la Nature* : p. 24].

DELON (M.), *L'idée d'énergie au tournant des Lumières (1770-1820),* Paris, Presses Universitaires de France, 1988, 521p. [L'énergie dans le style de Buffon et dans ses théories].

DELON (M.), MAUZI (R.) et MENANT (S.), *Littérature française*, T. 6, *De l'Encyclopédie aux Méditations*, Paris, Arthaud, 1989, 2è édition révisée (1ère en 1984), 479p. [Troisième partie : Grandes Œuvres, Grands Auteurs, chapitre III : Buffon : pp. 305-319].

DE RIDDER (M.), «L'ornithologie à travers les âges», *Bulletin de la Société des Naturalistes et Archéologues de l'Ain* , n° 78 (1964).

DESNÉ (R.), *Les matérialistes français de 1750 à 1800.* Textes choisis et présentés par Roland Desné, Paris, Éditions Buchet-Chastel, 1965, 296p. [Sur Buffon : pp. 130-132, 200, 201].

DESTOMBES (M.), «De la chronique à l'histoire : le globe terrestre monumental de Bergevin (1784-1795)», *Archives internationales d'Histoire des Sciences,* 27 (1977) : pp. 113-134. [Ce globe, commandé par Louis XVI pour l'éducation de son fils, fut réalisé avec la participation de Buffon pour les tables de la déclinaison et de l'inclinaison magnétiques : pp. 118, 122, 134].

DEVÈZE (M.), «La crise forestière en France dans la première moitié du XVIIIè siècle et les suggestions de Vauban, Réaumur, Buffon», *Actes du 88è Congrès National des Sociétés savantes (Clermont-Ferrand, 1963)*, 1964 : pp. 595-616.

DHOMBRES (N.) et (J.), *Naissance d'un nouveau pouvoir : sciences et savants en France (1793-1824),* Paris, Payot, 1989, 938p. [Influence posthume de Buffon : pp. 179, 393, 550, 593; Bonaparte lecteur de l'*Histoire naturelle* : p. 652, son amitié avec Lacépède : pp. 728-729, nomination de Daubenton au Sénat en décembre 1799 : p. 729].

DIDEROT (D.), *Éléments de Physiologie,* Édition critique, avec une introduction et des notes par Jean Mayer, Paris, Didier, 1964, 387p. [L'introduction mentionne ce que l'œuvre de Diderot doit à l'*Histoire naturelle* de Buffon].

DIDIER (B.), *Le 18ᵉ siècle (III), 1778-1820,* Paris, Arthaud, 1976, 389p. [Buffon : pp. 65-69].

DIECKMANN (H.), «The First Edition of Diderot's *Pensées sur l'interprétation de la nature*», *Isis,* 46 (1955) : pp. 251-267. [Idées de Buffon sur la vie organique : p. 251].

DIECKMANN (H.), «Natural History from Bacon to Diderot : A Few Guideposts», *in Essays on the Age of Enlightenment in Honor of Ira O. Wade,* edited by Jean Macary, Genève, Paris, Droz, 1977 : pp. 93-112. [Polémique entre Buffon et Linné, attitude de Daubenton : pp. 94-95 ; les théories de Buffon : pp. 100-104; influence sur Diderot : pp. 108-109].

DI MEO (A.), «Macquer e Buffon : Una controversia scientifica del Settecento», *Cultura e Scuola,* 29 [116] (1990) : pp. 240-260.

DIXON (B.L.), *Diderot, philosopher of energy : the development of his concept of physical energy, 1745-1769, in Studies on Voltaire and the Eighteenth Century,* Oxford, The Voltaire Foundation, vol. 255 (1988). [Influence de Buffon : pp. 49-59, 101].

DOETSCH (R.N.), «Lazzaro Spallanzani's Opuscoli of 1776», *Bacteriological Reviews,* 40 (1976) : pp. 270-275. [Buffon et Spallanzani].

DORÉ (A.), «Buffon, précurseur des mathématiques économiques : *Essai d'arithmétique morale*», *Actes du 51ᵉ Congrès de l'Association bourguignonne des Sociétés Savantes, Montbard 1980,* Montbard, Association des Amis de la Cité de Montbard, 1981 : pp. 38-42.

DORST (J.), «Buffon, un génie du XVIIIᵉ siècle, un précurseur du nôtre», *La Revue des Deux Mondes,* Paris, n°6 (1988) : pp. 105-110.

DOUGHERTY (F.W.P.), «Buffon's Gnoseological Principle», *Zeitschrift für Allgemeine Wissenschaftstheorie,* 11 (1980) : pp. 238-253.

DOUGHERTY (F.W.P.), *La Métaphysique des Sciences, les origines de la pensée scientifique et philosophique de Buffon en 1749,* Doctorat de troisième cycle (Histoire), Université de Paris I, 1980, dactyl., VII-669p.

DOUGHERTY (F.W.P.), «Buffons Bedeutung für die Entwicklung des anthropologischen Denkens im Deutschland der zweiten Hälfte des 18. Jahrhunderts», *in Die Natur des Menschen. Probleme der Physischen Anthropologie und Rassenkunde (1750-1850),* herausgegeben von Gunter Mann und Franz Dumont, Stuttgart, New York, Gustav Fischer Verlag, 1990 : pp. 221-279.

DUCHESNEAU (F.), «Haller et les théories de Buffon et C.F. Wolff sur l'épigenèse», *History and Philosophy of the Life Sciences,* 1 (1979) : pp. 65-100.

DUCHESNEAU (F.), «The role of hypotheses in Descartes' and Buffon's theories of the earth», *in* Thomas M. Lennon (et al. eds), *Problems of Cartesianism,* Kingston, Mc Gill-Queen's University Press, 1982 : pp. 113-125.

DUCHESNEAU (F.), *La physiologie des Lumières. Empirisme, Modèles et Théories,* The Hague, Boston, London, Martinus Nijhoff Publishers, 1982, XXI-611p. [Nombreuses références à Buffon, notamment dans le chapitre VII : «Monades, Molécules organiques et ordre physiologique : De Maupertuis et Buffon à Haller» : pp. 235-311].

DUCHESNEAU (F.), *Genèse de la théorie cellulaire,* Montréal, Paris, Bellarmin, Vrin, 1987, 388p. [Buffon et la théorie des "molécules organiques" : pp. 11, 36].

DUCHET (M.), *Anthropologie et Histoire au Siècle des Lumières : Buffon, Voltaire,*

*Rousseau, Helvétius, Diderot,* Paris, Maspéro, 1971, 562p. [L'anthropologie de Buffon (pp. 229-280), comparée à celle de Voltaire (pp. 294-299), de Rousseau (pp. 329-334), d'Helvétius (pp. 377-378, 381), de Diderot (pp. 415-417, 423-424)]. Version abrégée : Paris, Flammarion, 1978, 446p.

DUCLAUX (M.), «Buffon, the Naturalist», *in The French Ideal,* New York, Freeport, Books for Libraries Press, 1967 : pp. 233-274. [Réimpression de l'édition de 1911, London, Chapman and Hall : The French Ideal : Pascal, Fénelon and other essays].

DUCROS (A.) et (J.), «De la découverte des Grands Singes à la Paléo-Éthologie humaine», *Bulletins et Mémoires de la Société d'Anthropologie de Paris,* numéro spécial, *Histoire de l'Anthropologie : Hommes, Idées, Moments,* sous la direction de C. Blanckaert, A. Ducros, J.J. Hublin. T. 1, nouvelle série, n° 3-4 (1989) : pp. 301-320. [Buffon : pp. 305, 307-308].

DUJARRIC de la RIVIÈRE (R.), *Buffon : sa vie, ses œuvres, pages choisies,* Paris, Peyronnet, 1971, 122p.

DULMET (F.), «Buffon, 1707-1788. La jeunesse d'un surdoué», *Écrits de Paris,* n° 490 (1988) : pp. 66-75.

DUVERNAY-BOLENS (J.), «Mammouths et Patagons : de l'espèce à la race dans l'Amérique de Buffon», *L'Homme,* 31 (1991) n° 3 : pp. 7-21. [Évolution de la définition de l'espèce dans l'*Histoire naturelle* de Buffon entre 1766 et 1778. Causes et influences].

EBOLI (G.), «Une version dijonnaise du *Discours sur le style*», *in Bicentenaire de Buffon : 1788-1988, Mémoires de l'Académie des Sciences, Arts et Belles-Lettres de Dijon, 1987-1988* (publ. 1989), T. 128 : pp. 106-110. [Il s'agit de la troisième version, recopiée de la main de Richard de Ruffey et conservée à la Bibliothèque municipale de Dijon. La quatrième, fut lue par Buffon lors de sa réception à l'Académie Française, le 25 août 1753 et imprimée par l'Académie. La cinquième fait partie de l'édition définitive de l'*Histoire naturelle* dans le tome IV des *Suppléments* publié en 1777].

EBOLI (G.), ARBAULT (J.), TINTANT (H.) et RAT (P.) éds, *Bicentenaire de Buffon, 1788-1988, in Mémoires de l'Académie des Sciences, Arts et Belles-Lettres de Dijon, 1987-1988* (publ. 1989). T. 128 : pp. 101-130.

EDDY (J.H.) Jr., *Buffon, Organic change, and the Races of Man,* Thèse, University of Oklahoma (USA), 1977, 196p.

EDDY (J.H.) Jr., «Buffon, organic alterations and man», *Studies in History of Biology,* 7 (1984) : pp. 1-45.

EGERTON (F.N.), «Humboldt, Darwin and Population», *Journal of the History of Biology,* 3 (1970) : pp. 325-360. [Humboldt, comparé à Buffon : p. 331].

EGERTON (F.N.), «The Concept of Competition in Nature before Darwin», *in Actes du XII$^{e}$ Congrès international d'Histoire des Sciences (Paris, 1968),* T. VIII, «Histoire des Sciences naturelles et de la Biologie», Paris, Blanchard, 1971 : pp. 41-46. [La compétition animale dans l'*Histoire naturelle* de Buffon; rôle hypothétique de l'accroissement de la population humaine dans l'élimination de quelques espèces : pp. 44-45].

EHRARD (J.), *L'Idée de nature en France à l'aube des Lumières,* Paris, Flammarion, 1970, 445p. [Sur Buffon : chapitre IV (Les nouveaux naturalistes) et p. 379 (l'homme, maître de la nature)].

ELLENBERGER (F.), «À l'aube de la géologie moderne : Henri Gautier (1660-1737). Première partie : Les Antécédents Historiques et la Vie d'Henri Gautier», *Histoire et Nature,* n°7 (1975) : pp. 3-58. [La genèse des montagnes selon Buffon: pp. 8, 11, 19-20, 22].

ELLENBERGER (F.), «À l'aube de la géologie moderne : Henri Gautier (1660-1737). Deuxième partie : La Théorie de la Terre d'Henri Gautier», *Histoire et Nature,* n$^{os}$ 9-10 (1976-1977) : pp. 3-145. [La *Théorie de la Terre* de Buffon : pp. 11n,

13n, 21, 46n, 49, 51-52, 53n, 54n (réaction des théologiens), 60n, 83, 104, 133, 135].

ELLENBERGER (F.), «Précisions nouvelles sur la découverte des volcans de France : Guettard, ses prédécesseurs, ses émules clermontois», *Histoire et Nature*, n^os 12-13 (1978) : pp. 3-42. [Influence de la *Théorie de la Terre* et des *Époques de la Nature* : pp. 10, 22-23].

ELLENBERGER (F.), «Le dilemme des montagnes au XVIIIᵉ siècle : vers une réhabilitation des diluvianistes?», *Revue d'Histoire des Sciences,* 31 (1978) : pp. 43-52. [Jugement de Buffon : pp. 46,49].

ELLENBERGER (F.), «"Aux sources de la géologie française". Guide de voyage à l'usage de l'historien des Sciences de la Terre», *Histoire et Nature*, n° 15 (1979), 29p. [La *Théorie de la Terre* et les *Époques de la Nature* : pp. 4-6, 10, 16].

ELLENBERGER (F.), «De l'influence de l'environnement sur les concepts : l'exemple des théories géodynamiques au XVIIIᵉ siècle en France», *Revue d'Histoire des Sciences,* 33 (1980) : pp. 33-68. [Buffon : pp. 38-39, 42-44, 61, 68].

ELLENBERGER (F.), «Esquisse d'une trajectoire de la géologie francophone jusqu'en 1832», *Histoire et Nature*, n° 19-20 (1981-1982) : pp. 5-20.

ELLENBERGER (F.), *Histoire de la Géologie.* T. 1, Paris, Technique et Documentation, 1988, VIII-352p.

EMEIS (H.), «R. Martin du Gard et Buffon», *Cahier littéraire,* Paris, le Cerf-Volant, 135 (1989) : pp. 30-33.

ENGELHARDT (W. von) and ZIMMERMANN (J.), *Theory of Earth Science,* transl. by L. Fischer, Cambridge, New York, New Rochelle, Cambridge University Press, 1988, XIII-381p.

ESPAGNE (M.), «"Le style est l'homme même". A priori esthétique et écriture scientifique chez Buffon et Winckelmann», *in Leçons d'écriture, ce que disent les manuscrits.* Textes réunis par Almuth Grésillon et Michaël Werner, en hommage à Louis Hay. Paris, Lettres Modernes, Minard (1985) : pp. 51-67.

ESPAGNE (M.) et WERNER (M.), «Figures allemandes autour de l'Encyclopédie», *Dix-Huitième Siècle,* 19 (1987) : pp. 263-281. [Influence des travaux de J.G. Lehmann, introduits en France par d'Holbach, sur la cosmologie de Buffon : p. 270].

FABRE (J.), «Jean Meslier, tel qu'en lui-même...», *Dix-Huitième Siècle,* 3 (1971) : pp. 107-115. [Allusion à l'athéisme masqué de Buffon : p. 111].

FARBER (P.L.), *Buffon's concept of species,* Thèse, University of Indiana, 1970, 209p.

FARBER (P.L.), «Buffon and the concept of species», *Journal of the History of Biology,* 5 (1972) : pp. 259-284.

FARBER (P.L.), «Buffon and Daubenton : divergent traditions within the *Histoire naturelle*», *Isis,* 66 (1975) : pp. 63-74.

FARBER (P.L.), «The Type-Concept in Zoology during the First Half of the Nineteenth Century», *Journal of the History of Biology,* 9 (1976) : pp. 93-119. [Buffon (*Histoire naturelle des Oiseaux*) : p. 94].

FARBER (P.L.), «The Development of Taxidermy and the History of Ornithology», *Isis,* 68 (1977) : pp. 550-566. [Scepticisme de Réaumur au sujet de l'*Histoire naturelle* de Buffon : p. 550; mention d'un mémoire de Buffon sur la taxidermie : pp. 557-558].

FARBER (P.L.), Discussion Paper : «The Transformation of Natural History in the Nineteenth Century», *Journal of the History of Biology,* 15 (1982) : pp. 145-152. [Rétrospective sur Buffon : p. 147].

FARBER (P.L.), «Research traditions in Eighteenth-Century Natural History», *in Lazzaro Spallanzani e la biologia del Settecento,* Atti del Convegno, Reggio Emilia, Modena, Scandiano, Pavia, 23-27 marzo 1981, a cura di Giuseppe Montalenti e Paolo Rossi, Firenze, Leo S. Olschki Editore, 1982 : pp. 397-412. [Perspective de Buffon sur l'histoire naturelle, points de vue différents de Linné et Daubenton :

pp. 398-399; évolution après Buffon : pp. 402-403].

FARBER (P.L.), *The Emergence of Ornithology as a Scientific Discipline : 1760-1850,* Dordrecht, D. Reidel Publishing Company, 1982, XXIII-191p. [Influence de l'*Histoire naturelle des Oiseaux* : pp. 15-26, 68-70, 76, 121, 124, 127].

FARLEY (J.), «The Spontaneous Generation Controversy (1700-1860) : The Origin of Parasitic Worms, *Journal of the History of Biology,* 5 (1972) : pp. 95-125. [Buffon (Rôle des molécules organiques) : pp. 104-105].

FAVRE (R.), *La Mort au siècle des Lumières*, Lyon, Presses Universitaires de Lyon, 1978, 641p. [Buffon et les tables de mortalité : pp. 44, 49, 234, 313, les probabilités de vie : pp. 228-230, 244, 246. Description de la mort dans l'*Histoire naturelle* : pp. 207-209, 230, 337-338, 351n. Sur le délai d'inhumation : pp. 24, 266-268. Prévisions de Buffon sur le refroidissement de la Terre : pp. 406-407, 410-411, 523; le suicide dans son œuvre : pp. 475, 480].

FELLOWS (O.), «Voltaire and Buffon : clash and conciliation», *Symposium,* 9 (1955) : pp. 222-235. Reproduit dans : *From Voltaire to «La Nouvelle Critique» : Problems and Personalities,* with an introd. by N.L. Torrey, Genève, Droz, 1970 : pp. 22-32.

FELLOWS (O.), «Buffon and Rousseau. Aspects of a relationship», *Publications of the Modern Language Association of America,* New York, 75 (1960) : pp. 184-196. Reproduit dans : *From Voltaire to «La Nouvelle Critique» : Problems and Personalities,* with an introd. by N.L. Torrey, Genève, Droz, 1970 : pp. 33-53.

FELLOWS (O.), «Buffon's place in the Enlightenment», *Studies on Voltaire and the Eighteenth Century,* 25, *Transactions of the First International Congress on the Enlightenment,* Genève, The Voltaire Foundation, 1963 : pp. 603-629. Reproduit dans : *From Voltaire to «La Nouvelle Critique» : Problems and Personalities,* with an introd. by N.L. Torrey, Genève, Droz, 1970 : pp. 54-71.

FELLOWS (O.), «The Theme of Genius in Diderot's "Neveu de Rameau"», *Diderot Studies* (1952) : pp. 168-199. Reproduit dans : *From Voltaire to «La Nouvelle Critique» : Problems and Personalities,* with an introd. by N.L. Torrey, Genève, Droz, 1970 : pp. 72-93. [Définition du génie selon Buffon : pp. 72-73].

FELLOWS (O.), «Encore un détracteur de Buffon (Jean-Marie Roland de la Platière)», *in Beiträge zur französischen Aufklärung und zur spanischen Literatur. Festgabe für Werner Krauss zum 70. Geburtstag,* herausgegeben von Werner Bahner, Berlin, Akademie-Verlag, 1971 : pp. 83-95.

FELLOWS (O.) and MILLIKEN (S.F.), *Buffon,* New York, Twayne Publishers, 1972, 188p.

FERRARI (J.), *Les Sources Françaises de la Philosophie de Kant,* Paris, Klincksieck, 1979, 360p. [Accord des théories de Kant et de Buffon sur la formation des corps célestes, les classifications des animaux et les races humaines : pp. 112-117. Références des nombreuses citations et allusions à l'œuvre de Buffon dans celle de Kant : pp. 296-297].

FISCHER (J.L.), «L'hybridologie et la zootaxie du Siècle des Lumières à l'*Origine des Espèces*», *Revue de Synthèse,* 102 (1981) : pp. 47-72. [La parenté, critère de classification des espèces dans l'*Histoire naturelle*. Les possibilités de croisement].

FISCHER (J.L.), «Défense et Critiques de la thèse "imaginationniste" à l'époque de Spallanzani», *in Lazzaro Spallanzani e la biologia del Settecento,* Atti del Convegno, Reggio Emilia, Modena, Scandiano, Pavia, 23-27 marzo 1981, a cura di Giuseppe Montalenti e Paolo Rossi, Firenze, Leo S. Olschki Editore, 1982 : pp. 413-429. [Buffon juge l'imagination et les émotions maternelles sans action sur le développement fœtal : pp. 423-424, 427, 429].

FISCHER (J.L.), «Espèce et Hybrides : À propos des Léporides», *in Histoire du concept d'espèce dans les sciences de la vie, (Colloque international, Paris 1985),* Paris, Éditions de la Fondation Singer-Polignac, 1987 : pp. 253-283. [Buffon : pp. 253-254, 259, 265].

FISCHER (J.L.), «La callipédie ou l'art d'avoir de beaux enfants», *Dix-Huitième Siècle,*

23 (1991) : pp. 141-158. [Théorie de la génération des "molécules organiques" de Buffon : pp. 141, 142, 148-149, 156; il rejette la thèse de l'influence de l'imagination maternelle sur le développement fœtal : p. 142 mais accorde de l'importance aux facteurs externes (climat, alimentation) : pp. 142, 145].

FISCHER (J.L.), *Monstres. Histoire du corps et de ses défauts*, Paris, Éditions Syros-Alternatives, 1991, 126p. [Les monstres dans l'*Histoire naturelle* de Buffon : pp. 19 (jumelles pygopages), 20 (nègres pies), 78, 83, 86].

FLOURENS (P.), *Histoire des travaux et des idées de Buffon*, 2ᵉ édition revue et augmentée, Genève, Slatkine Reprints, 1971, VI-363p. [Réimpression de l'édition de Paris, Hachette, 1850].

FLOURENS (P.), *Des manuscrits de Buffon. Avec des fac-similés de Buffon et de ses collaborateurs*, Genève, Slatkine Reprints, 1971, VI-XCVI-300p. [Réimpression de l'édition de Paris, Garnier, 1860].

FONSECA (R.), *Bufo & Spallanzani*, Rio de Janeiro, Francisco Alves, 1985, 337p.

FORGIT (M.), «Un naturaliste nommé Buffon», *Panorama du Médecin,* n° 2740, 28 avril 1988 : p. 54.

FORMIGARI (L.), «Chain of Being», *in Dictionary of the History of Ideas,* Philip Wiener ed., New York, Charles Scribner's Sons, vol. 1, 1973 : pp. 325-335. [La notion d'espèce : p. 331, et le principe de continuité : p. 333, dans l'*Histoire naturelle*].

FOUCAULT (M.), *Les Mots et les Choses. Une Archéologie des Sciences humaines,* Paris, Gallimard, 1966, 400p. [Aldrovandi vu par Buffon : pp. 54-55; opposition de Buffon à une classification rigide de la nature : p. 138; l'*Histoire naturelle* de Buffon : pp. 144, 148, 159-162, 175].

FRAISSE (L.), «Discours sur le style. Proust, lecteur de Buffon», *Bulletin des Amis de Marcel Proust et des Amis de Combray-Illiers (Eure-et-Loir),* 38 (1988) : pp. 29-36.

FRANCE (P.), «The Writer as Performer», *in Essays on the Age of Enlightenment in Honor of Ira O. Wade,* edited by Jean Macary, Genève, Paris, Droz, 1977 : pp. 113-129. [Buffon, modèle de style pour Helvétius : pp. 125, 129].

FRÄNGSMYR (T.) ed., *Linnaeus : The Man and his Work.* Translated by Michael Srigley and Bernard Vowles, Berkeley, Los Angeles, London, University of California Press, 1983, XII-203p. [Opposition entre Linné et Buffon : pp. 5, 25, 173, 193; les singes anthropoïdes dans l'*Histoire naturelle* : pp. 181, 187; l'albinisme, le piebaldisme, signes de dégénération selon Buffon : p. 189].

FRANKLIN (B.), *The Papers of Benjamin Franklin.* W.B. Willcox, ed., New Haven and London, Yale University Press, vol. 23, 27 octobre 1776-3 avril 1777, 1983, LIX-664p. [Contient la correspondance de Buffon avec Franklin].

FRÉCHET (M.), «Buffon, philosophe des mathématiques», *Bulletin de l'Institut d'Égypte,* 28 (1954) : pp. 185-202.

FRÉCHET (M.), *Les Mathématiques et le concret,* Paris, Presses Universitaires de France, 1955, 438p. [Dans le chapitre III, «Les mathématiques et la vie» : Buffon mathématicien, statisticien et philosophe des mathématiques].

FRICK (J.P.), «Condorcet et le Problème de l'Histoire», *Dix-Huitième Siècle,* 18 (1986) : pp. 337-358. [Référence au *Discours sur la dégénération des animaux* de Buffon : pp. 355-356].

FURON (R.), «Sciences de la Terre», *in Histoire Générale des Sciences,* R. Taton éd., T. II : *La Science Moderne (de 1450 à 1800),* Troisième partie : *le XVIIIᵉ siècle,* Paris, Presses Universitaires de France, 1969 : pp. 698-714. Réédition de l'édition de 1958. [Apport de l'œuvre de Buffon à la géologie : pp. 698-699, 706-709, 711-713].

GAILLARD (Y.), *Buffon, biographie imaginaire et réelle* suivie de *Voyage à Montbard* par Hérault de Séchelles, Paris, Hermann, 1977, 174p.

GAILLARD (Y.), «Une forte carrière, une forte pensée», *La Quinzaine littéraire,* Paris, n° 408 (1er janvier 1984) : p. 9.

GALE (B.G.), «Darwin and the Concept of a Struggle for Existence : A Study in the Extrascientific Origins of Scientific Ideas», *Isis,* 63 (1972) : pp. 321-344. [L'équilibre de la nature selon Buffon : pp. 327, 330-331].

GALLIANI (R.), «Trois lettres inédites de Buffon», *in Studies on Voltaire and the Eighteenth Century,* Oxford, vol. 189 (1980) : pp. 205-210.

GASCAR (P.), *Buffon,* Paris, Gallimard, 1983, 268p.

GASCOIGNE (R.M.), *A Chronology of the History of Science,* 1450-1900, New York, London, Garland, 1987, XI-585p. $\#\ 34264$

GASKING (E.), *Investigations into generation 1651-1828,* London, Hutchinson and Co, 1967, 192p. [Nombreuses références sur les théories de Buffon].

GAXOTTE (P.), «Monsieur de Buffon», *in Le Purgatoire,* Paris, Fayard, 1982 : pp. 39-45.

GAY (P.), *The Enlightenment : An Interpretation,* vol. I : *The Rise of modern Paganism,* London, Weidenfeld and Nicolson, 1968, XVI-555-XVp. [Sur Buffon : pp. 10, 14, 16, 17, 19, 25, 88, 89, 136, 191].

GAY (P.), *The Enlightenment : An Interpretation,* vol. II : *The Science of Freedom* London, Weisenfeld and Nicolson, 1969, XXII-705-XVIIIp. [Sur Buffon : pp. 152-156; nombreuses autres références].

GAYON (J.), *La Théorie de la Sélection : Darwin et l'Après-Darwin,* Thèse de Doctorat (Philosophie), Université de Paris I, 1989, dactyl., 3 vol., 1032p. [Buffon : pp. 57, 153, 230].

GAYON (J.), *Darwin et l'Après-Darwin : Une histoire de l'hypothèse de sélection naturelle,* Paris, Éditions Kimé, 1992, 455p. [Buffon : pp. 10, 17, 98].

GAZIELLO (C.), *L'expédition de Lapérouse (1785-1788). Réplique française aux voyages de Cook,* Paris, Comité des Travaux Historiques et Scientifiques, 1984, 323p. [Lapérouse sollicite de Buffon des directives scientifiques en mai 1785 : pp. 62-64].

GEIKIE (A.), *The Founders of Geology,* New York, Dover Publications, 1962, XI-486p. [La *Théorie de la Terre* de Buffon, les *Époques de la Nature,* réactions de la Sorbonne : pp. 88-97].

GERBI (A.), *La disputa del Nuovo Mondo : storia di una polemica, 1750-1900.* Milano-Napoli, Riccardo Ricciardi ed., 1954, X-783p. [Sur l'infériorité de la faune américaine, thèse émise par Buffon].

GERBI (A.), *The dispute of the New World : The history of a polemic, 1750-1900.* Revised and enlarged edition trans. by Jeremy Moyle, Pittsburgh, University Pittsburgh Press, 1973, XVIII-700p.

GHISELIN (M.T.), «Two Darwins : History versus Criticism», *Journal of the History of Biology,* 9 (1976) : pp. 121-132. [Référence à Buffon : pp. 127, 129].

GIENAPP (J.C.), *Animal Hybridization and the Species Question from Aristotle to Darwin,* Thèse, University of Kansas, 1970. [Pline, Francis Bacon, John Locke, John Ray, Koelreuter, John Hunter, Buffon].

GILLET (J.), «Buffon et les sensations du premier homme», *in Le Paradis perdu dans la littérature française de Voltaire à Chateaubriand,* Paris, Klincksieck, 1975 : pp. 439-446.

GILLISPIE (C.C.), *Genesis and Geology. The Impact of Scientific Discoveries upon Religious Beliefs in the Decades before Darwin,* New York, Harper and Brothers, 1959, XIII-306p. [Les théories de Buffon et la Genèse : pp. 42, 70, 225, 236, 246].

GILLISPIE (C.C.), *Science and Policy in France at the End of the Old Regime,* Princeton, New Jersey, Princeton University Press, 1980, XII-601p. [Biographie de Buffon et historique du Jardin des Plantes : pp. 143-184; nombreuses autres références à Buffon].

GLASS (B.), «The Germination of the Idea of Biological Species», *in* B. Glass, O. Temkin, W.L. Straus Jr. eds, *Forerunners of Darwin : 1745-1859,* Baltimore, The Johns Hopkins Press, 1959 : pp. 30-48. [Buffon et la théorie des molécules organiques : p. 44].

GLASS (B.), «Maupertuis, Pioneer of Genetics and Evolution», *in* B. Glass, O. Temkin, W.L. Straus Jr. eds, *Forerunners of Darwin : 1745-1859,* Baltimore, The Johns Hopkins Press, 1959 : pp. 51-83. [Convergence de vues entre Maupertuis et Buffon : pp. 60n, 67, 77, 78, 80-81].

GLICK (T.F.) and QUINLAN (D.M.), «Félix de Azara : The Myth of the Isolated Genius in Spanish Science», *Journal of the History of Biology,* 8 (1975) : pp. 67-83. [Diffusion de l'*Histoire naturelle* de Buffon : pp. 74, 75].

GOHAU (G.), «Naissance de la théorie cellulaire : De Buffon à Virchow», *Raison Présente,* 5 (1967-1968) : pp. 93-100.

GOHAU (G.), «Le cadre minéral de l'Évolution lamarckienne», *Colloque international "Lamarck" tenu au Muséum National d'Histoire naturelle, Paris 1-3 juillet 1971,* Paris, Blanchard, 1971 : pp. 105-133. [Référence aux *Époques de la Nature* : pp. 112-113].

GOHAU (G.), «Idées anciennes sur la formation des montagnes», *Cahiers d'Histoire et de Philosophie des Sciences,* nouvelle série, n° 7 (1983). [*Les Époques de la Nature* : pp. 29, 39, 50; comparaison des catastrophismes de Buffon et de Cuvier : pp. 84-86].

GOHAU (G.), *Histoire de la géologie,* Paris, La Découverte, 1987, 259p.

GOHAU (G.), *Les sciences de la Terre aux XVII<sup>e</sup> et XVIII<sup>e</sup> siècles. Naissance de la géologie,* Paris, Albin Michel, 1990, 420p.

GOHAU (G.), *Une histoire de la géologie,* Paris, Éditions du Seuil, Points Sciences, 1990 , 288p. [Chapitre 7 : Buffon, historien : pp. 100-113, nombreuses autres références].

GOIMARD (D.), «Les vicomtes de Tonnerre [Yonne] et de Quincy -le-Vicomte, Côte-d'Or], des Rougemont aux Buffon (1180 à 1793)», *Actes du 51<sup>e</sup> Congrès de l'Association bourguignonne des Sociétés Savantes, Montbard 1980,* Montbard, Association des Amis de la Cité de Montbard, 1981 : pp. 52-60.

GOIMARD (D.), «Un juge à Chaumont, ancien familier de Buffon : Nicolas Humbert-Bazile (1758-1846)», *Actes du 55<sup>e</sup> Congrès de l'Association bourguignonne des Sociétés savantes (Langres 1-3 juin 1984),* Association bourguignonne des Sociétés savantes, 1986 : pp. 73-84.

GOODMAN (D.), *Buffon's Natural History,* Milton Keynes, Open University Press, 1980, 80p.

GOODMAN (D.), «Buffon's *"Histoire naturelle"* as a Work of the Enlightenment», *in* J.D. North & J.J. Roche eds, *The Light of Nature : Essays in the History and Philosophy of Science presented to Alistair Cameron Crombie,* Dordrecht, Nijhoff, 1985 : pp. 57-65.

GOSSIAUX (P.P.), «Anthropologie des Lumières, Culture "naturelle" et racisme rituel», *in L'Homme des Lumières et la découverte de l'autre,* D. Droixhe & P.P. Gossiaux éds., Bruxelles, Éditions de l'Université de Bruxelles, 1985 : pp. 49-69. [Camper, critique de Buffon : pp. 54, 61].

GOTTDENKER (P.), «Three Clerics in Pursuit of "Little Animals"», *Clio medica,* Pays-Bas, 14 (1980) : pp. 213-224. [Buffon, Needham, Spallanzani et la théorie de la génération spontanée].

GOULD (S.J.), *Time's Arrow, Time's Cycle : Myth and Metaphor in the Discovery of Geological Time,* Cambridge, Mass., London, Harvard University Press, 1987, XVI-222p. [Les prévisions de Buffon sur le refroidissement de la Terre : pp. 153-154].

GOULEMOT (J.-M.) et LAUNAY (M.), «Nature des Lois et Lois de la Nature : Montesquieu et Buffon», *in Le Siècle des Lumières,* Paris, Éditions du Seuil, 1968 : pp. 44-70.

GOUPIL (M.), *Du flou au clair? Histoire de l'affinité chimique,* Paris, Éditions du Comité des Travaux historiques et scientifiques, 1991, 348p. [Buffon adepte de Newton : pp. 113-115; son influence sur Macquer : pp. 150, 153, et Guyton de Morveau :

pp. 179-180].

GOYARD-FABRE (S.), *La Philosophie des Lumières en France,* Paris, C. Klincksieck, 1972, 322p. [Philosophie de Buffon à travers l'*Histoire naturelle* : pp. 172-182, 206, 233, 307-308].

GRANDEROUTE (R.), «La Fable et La Fontaine dans la Réflexion Pédagogique de Fénélon à Rousseau», *Dix-Huitième Siècle,* 13 (1981) : pp. 335-348. [Idées de Buffon sur l'éducation des enfants : p. 346].

GRASSÉ (P.P.), «Introduction», *in Colloque international "Lamarck" tenu au Muséum National d'Histoire naturelle, Paris 1-3 juillet 1971,* Paris, Blanchard, 1971. [Sur les relations entre Buffon et Lamarck : pp. 5-6].

GRAYSON (D.K.), *The Establishment of Human Antiquity,* New York, Academic Press, 1983, 262p. [Rôle prépondérant de l'*Histoire naturelle* et notamment des *Époques de la Nature* face au problème de l'ancienneté de l'homme : pp. 31-39, 45, 142-144].

GREENBERG (J.L.), «Mathematical Physics in Eighteenth-Century France», *Isis,* 77 (1986) : pp. 59-78. [Buffon, adepte de Newton : p. 71, traducteur de Newton et de Hales : p. 74].

GREENE (J.C.), «Some Early Speculations on the Origin of Human Races», *American Anthropologist,* 56 (1954) : pp. 31-41.

GREENE (J.C.), «Science and the Public in the Age of Jefferson», *Isis,* 49 (1958) : pp. 13-25. [Intérêt des Américains pour l'*Histoire naturelle* : pp. 13, 17, 18; Jefferson critique de la théorie de Buffon sur l'infériorité des animaux du Nouveau Monde : pp. 22-23].

GREENE (J.C.), *The Death of Adam : Evolution and its Impact on Western Thought,* Ames, Iowa, The Iowa State University Press, 1959, 382p. Trad. it. sous le titre : *La Morte di Adamo. L'evoluzionismo e la sua influenza sul pensiero occidentale,* Milano, 1971. [*La Théorie de la Terre, les Époques de la Nature,* les races, la génération et la dégénération des espèces, la sélection naturelle, Buffon précurseur de Darwin].

GREENE (J.C.), «The Kuhnian Paradigm and the Darwinian Revolution in Natural History», *in* D.H.D. Roller ed., *Perpectives in the History of Science and Technology,* Norman, University of Oklahoma Press, 1971, x-307p. [Application aux idées de Buffon : le «paradigme buffonien»].

GREENE (J.C.), «Reflections on the Progress of Darwin Studies», *Journal of the History of Biology,* 8 (1975) : pp. 243-273. [Influence des méthodes et des idées de Buffon : pp. 258, 264, 265].

GREENE (J.C.), «Darwin as a Social Evolutionist», *Journal of the History of Biology,* 10 (1977) : pp. 1-27. [Idées de Buffon sur le croisement des espèces : p. 4].

GREENE (M.T.), *Geology in the nineteenth century : Changing views of a changing world,* Ithaca, London, Cornell University Press, 1982, 324p. [Conceptions du monde différentes de celles du XIXᵉ siècle chez Buffon, Diderot et leurs prédécesseurs : pp. 36, 39, 47, 64, 90].

GRINEVALD (P.-M.), «Buffon 1788-1988», *Art et métiers du Livre,* n° 149, mars-avril 1988 : pp. 24-31. [Commentaire historique et choix de reproductions des illustrations de l'*Histoire naturelle* de Buffon, notamment des planches en couleur de l'*Histoire naturelle des Oiseaux*].

GRINNEL (G.J.), «The Rise and Fall of Darwin's Second Theory», *Journal of the History of Biology,* 18 (1985) : pp. 51-70. [Similitudes avec Platon, Buffon, Lamarck, Erasmus Darwin : p. 52].

GRMEK (M.D.), «La théorie et la pratique de l'expérimentation biologique au temps de Spallanzani», *in Lazzaro Spallanzani e la biologia del Settecento,* Atti del Convegno, Reggio Emilia, Modena, Scandiano, Pavia, 23-27 marzo 1981, a cura di Giuseppe Montalenti e Paolo Rossi, Firenze, Leo S. Olschki Editore, 1982 : pp. 321-352. [Évolution, du fait des résultats de ses expériences, du jugement de

Spallanzani sur les théories de Needham et Buffon : pp. 327, 340,-346].

GROSCLAUDE (P.), *Malesherbes, témoin et interprète de son temps*, Paris, Fischbacher, 1961, XVI-808p. [Malesherbes, naturaliste, lecteur critique de Buffon : pp. 486-491; Jugement de C. Bonnet sur Buffon : pp. 543-544].

GROSS (M.), «The Lessened Locus of Feelings : A Transformation in French Physiology in the Early Nineteenth Century», *Journal of the History of Biology,* 12 (1979) : pp. 231-271. [Comparaison avec Buffon : pp. 260-262].

GRUÈRE (H.), «L'importance des expériences sur l'électricité de Buffon en mai 1752», *Actes du 51ᵉ Congrès de l'Association bourguignonne des Sociétés Savantes, Montbard 1980*, Montbard, Association des Amis de la Cité de Montbard, 1981 : pp. 61-66.

GUÉNOT (H.), «Musées et Lycées Parisiens (1780-1830)», *Dix-Huitième Siècle,* 18 (1986) : pp. 249-267. [Couronnement du buste de Buffon par le Bailli de Suffren au cours de l'inauguration du Musée de Pilâtre (1er décembre 1784)].

GUERLAC (H.), «A Note on Lavoisier's Scientific Education», *Isis,* 47 (1956) : pp. 211-216. [Buffon, considéré par Lavoisier comme l'un des plus célèbres minéralogistes : p. 216].

GUERLAC (H.), «Quantification in Chemistry», *Isis,* 52 (1961) : pp. 194-214. [Point de vue de Buffon sur les lois d'attraction chimique : pp. 208-209].

GUITTON (É.), «La Poésie en 1778», *Dix-Huitième Siècle,* 11 (1979) : pp. 75-86. [Attrait de la nature inspiré par Buffon : p. 79].

GUNTAU (M.), «The emergence of geology as a scientific discipline», *History of Science,* 16 (1978) : pp. 280-290. [Rôle de Buffon : pp. 282, 287 (n 34)].

GUSDORF (G.), *Les Sciences humaines et la Pensée Occidentale*, vol. 5, *Dieu, la nature, l'homme au Siècle des Lumières*, Paris, Payot, 1972, 536p. [Développements importants sur Buffon dans la 2ᵉ partie (Les Sciences de la Vie); Chap. I., «L'Histoire naturelle dans la culture des Lumières» : pp. 243-269; Chap. II, «Le décor mythico-religieux de l'Histoire naturelle » : pp. 270-298; Chap. III. «Nature» : pp. 299-354; Chap. IV, «L'Anthropologie» : pp. 355-423].

GUYÉNOT (E.), *Les Sciences de la Vie aux XVIIᵉ et XVIIIᵉ siècles : l'Idée d'Évolution,* Paris, Albin Michel, 1957, 462p.

HABER (F.C.), «Fossils and the Idea of a Process of Time in Natural History», *in* B. Glass, O. Temkin, W.L. Straus Jr. eds., *Forerunners of Darwin : 1745-1859,* Baltimore, The Johns Hopkins Press, 1959 : pp. 222-261. [La *Théorie de la Terre* de Buffon: opposition de Voltaire (pp. 228-229) et des théologiens de la Sorbonne (pp. 232-233); *Les Époques de la Nature* : pp. 234-237, 241, 244].

HABER (F.C.), *The Age of the World. Moses to Darwin,* Baltimore, The Johns Hopkins Press, 1959, X-303p. [Les *Époques de la Nature* : pp. 115-136].

HABER (F.C.), «The Darwinian Revolution in the Concept of Time», *in* J.T. Fraser, F.C. Haber, G.H. Müller eds., *The Study of Time,* Berlin, Heidelberg, New York, Springer-Verlag, 1972 : pp. 383-401. [Rétractation prudente de Buffon face aux théologiens de la Sorbonne, bien qu'il ait présenté sa *Théorie de Terre* comme une fiction : p. 395].

HAHN (R.), «Sur les débuts de la carrière scientifique de Lacépède», *Revue d'Histoire des Sciences,* 27 (1974) : pp. 347-353. [Émule de Buffon : pp. 347-349, 352].

HAMPTON (J.), *Nicolas-Antoine Boulanger et la Science de son temps*, Genève, Droz, Lille, Giard, 1955, 207p. [Sa théorie de la Terre a attiré l'attention de Buffon].

HANKINS (T.L.), «D'Alembert and the Great Chain of Being», *in Actes du XIIᵉ Congrès international d'Histoire des Sciences (Paris, 1968),* T. III B, *Science et Philosophie, XVIIᵉ et XVIIIᵉ siècles,* Paris, Blanchard, 1971 : pp. 41-44. [Points de vue différents de d'Alembert et de Buffon : pp. 42-43].

HANKINS (T.L.), *Science and the Enlightenment,* Cambridge, London, New York, Cambridge University Press, 1985, VII-216p. [Allusions à Buffon dans les chapitres V : Histoire naturelle et physiologie et VI : Sciences morales].

HANKINS (T.L.), *Jean d'Alembert. Science and the Enlightenment,* New York, London, Paris, Gordon and Breach, 1990, VIII-260p. Réimpression de l'édition de 1970, Oxford, Clarendon Press, Oxford University Press. [Convergences et controverses entre d'Alembert et Buffon].

HANKS (L.), «Buffon et les fusées volantes», *Revue d'Histoire des Sciences et de leurs Applications,* 14 (1961) : pp. 137-154. [Sur la séance du 23 août 1740 de l'Académie royale des Sciences : reproduction du texte et commentaires].

HANKS (L.), *Buffon avant l'"Histoire naturelle",* Paris, Presses Universitaires de France, 1966, 324p.

HASSLER (D.M.), «Erasmus Darwin and Enlightenment Origins of Science Fiction», *in Studies on Voltaire and the Eighteenth Century,* Genève, The Voltaire Foundation, vol. 153 (1976) : pp. 1045-1056.

HAZEN (R.M.) ed., *North American Geology; Early Writings,* Stroudsburg, Penn., Dowden Hutchinson and Ross, 1979, XVII-356p. [Après observations de fossiles, Jefferson réfute certaines théories de Buffon].

HEILBRON (J.L.), «Franklin, Haller and Franklinist History», *Isis,* 68 (1977) : pp. 539-549. [Sur la rivalité entre Buffon et Réaumur et la polémique opposant Franklin et Nollet : pp. 547-548].

HEILBRON (J.L.), *Electricity in the 17th & 18th Centuries : A Study of Early Modern Physics,* Berkeley, Los Angeles, London, University of California Press, 1979, XIV-606p. [Explication de la querelle académique entre Buffon, soutenant Franklin et Réaumur, protecteur de Nollet].

HEIM (J.L.), «Les squelettes de la sépulture familiale de Buffon à Montbard (Côte-d'Or). Étude anthropologique et génétique», *Mémoires du Muséum National d'Histoire Naturelle,* nouvelle série, série A : Zoologie, T. 111, Paris, Éditions du Muséum, 1979, 79p. [Identification certaine du squelette de Buffon en 1971. Constatation d'un caractère héréditaire sur le maxillaire inférieur : angle mandibulaire relativement faible avec apophyse angulaire observés chez Buffon, son père et sa fille].

HEIM (J.L.), *De l'Animal à l'Homme,* Paris, Éditions du Rocher, 1988, 125p. [Buffon, «père de l'Anthropologie» : pp. 20, 24].

HERBERT (S.), «The Place of Man in the Development of Darwin's Theory of Transmutation». Part II, *Journal of the History of Biology,* 10 (1977) : pp. 155-227. [Critique de Buffon : p. 171].

HILL (C.R.), «The Cabinet of Bonnier de la Mosson (1702-1744)», *Annals of Science,* 43 (1986) : pp. 147-174. [Acquisitions de Buffon provenant de ce cabinet après la mort de Bonnier de la Mosson en 1744 : pp. 155, 156].

HODGE (M.J.S.), «Species in Lamarck», *in Colloque international "Lamarck" tenu au Muséum National d'Histoire Naturelle, Paris 1-3 juillet 1971,* Paris, Blanchard, 1971 : pp. 31-46. [Lamarck, successeur de Buffon : pp. 31, 33, 46].

HODGE (M.J.S.), «Lamarck's Science of Living Bodies», *British Journal for the History of Science,* 5 (1971) : pp. 323-352. [Accord avec Buffon sur la théorie de la génération : p. 324, les fossiles : p. 331, la géographie : p. 332, la zoologie : p. 339, les "molécules organiques" : pp. 340-341, l'ordre naturel : p. 342. La science buffonienne : pp. 346-347. Le Newtonianisme : pp. 347-350, 352].

HODGE (M.J.S.), «Darwin, Species and the Theory of Natural Selection», *in Histoire du concept d'espèce dans les sciences de la vie, (Colloque international, Paris 1985),* Paris, Éditions de la Fondation Singer-Polignac, 1987 : pp. 227-252. [Buffon : pp. 229-233, 252].

HOFFHEIMER (M.H.), «Maupertuis and the Eighteenth-Century Critique of Preexistence», *Journal of the History of Biology,* 15 (1982) : pp. 119-144. [Influence sur Buffon : pp. 128-132, 135-138, 140, 141, 144].

HOFFMANN (P.), *La Femme dans la pensée des Lumières,* Paris, Ophrys, 1977, 621p. [Dans le chapitre 2 de la première partie : La physiologie sexuelle dans l'œuvre de Buffon : pp. 99-103. Dans le chapitre 4 (Anthropologie) de la quatrième partie,

Buffon perçoit la femme sous un angle à la fois rationaliste et sensualiste : pp. 352-358].

HOLGATE (P.), «Studies in the history of probability and statistics, 39 : Buffon's cycloid», *Biometrika,* (1981) : pp. 712-716.

HOLMES (F.L.), «The Transformation of the Science of Nutrition», *Journal of the History of Biology,* 8 (1975) : pp. 135-144. [La théorie des molécules organiques de Buffon : p. 138].

HOLTON (G.), «On the Jeffersonian Research Program», *Archives internationales d'Histoire des Sciences,* 36 (1986) : pp. 325-336. [Opposition de Jefferson à la théorie de la dégénération de Buffon : pp. 328-329].

HOME (R.W.), «Aepinus, the Tourmaline Crystal and the Theory of Electricity and Magnetism», *Isis,* 67 (1976) : pp. 21-30. [Note sur une lettre d'Adanson à Buffon au sujet de la tourmaline : p. 26 n].

HOOYKAAS (R.), *Natural Law and Divine Miracle : a Historical-Critical Study of the Principle of Uniformity in Geology, Biology and Theology,* Leiden, E.J. Brill, 1959. 2ᵉ édition sous le titre : *The Principle of Uniformity in Geology, Biology and Theology. Natural Law and Divine Miracle,* Leiden, E.J. Brill, 1963, 237p. Trad. fr. sous le titre : *Continuité et discontinuité en géologie et en biologie,* trad. fr. de l'anglais par René Pavans, Paris, Éditions du Seuil, 1970, 366p. [Remarques sur Buffon et l'actualisme].

HOOYKAAS (R.), «Catastrophism in Geology. Its Scientific Character in Relation to Actualism and Uniformitarism», *Mededelingen der Koninklijke Nederlandse Akademie van Wetenschappen, afd. Letterkunde,* 33 (1970) : pp. 1-50.

HUGHES (A.), «Science in English Encyclopaedia, 1704-1875. IV : Theories of the Earth», *Annals of Science,* 11 (1955) : pp. 74-92. [Influence des théories de Buffon : pp. 80-81, 83-86].

HYDE (D.), «Jacques Roger's Buffon : A Renaissance Man in the Age of Newton», *The French American Review,* vol. 61, n° 2 (1990) : pp. 40-52.

HYTIER (J.), «Quelques échos valéryens [I. Voltaire, Buffon, Diderot, II. Lecteurs des poètes]», *in Diderot Studies,* 20 (1981) : pp. 143-157.

JACOB (F.), *La Logique du vivant. Une histoire de l'hérédité,* Paris, Gallimard, 1970, 354p. [Nombreuses références à Buffon].

JACQUOT (B.), «La forge tranquille. Un entretien avec Georges-Louis Leclerc, comte de Buffon (1707-1788), naturaliste, écrivain et sidérurgiste bourguignon», *Science et Vie Économie,* avril 1988, n° 38 : pp. 42-44.

JAKI (S.L.), *Planets and Planetarians : A History of Theories of the Origins of Planetary Systems,* Edinburgh, Scottish Academic Press, 1978, VI-266p. [La *Théorie de la Terre* de Buffon inspirée par W. Whiston : pp. 87-89; originalité et critique des théories de Buffon : pp. 96-106, 108n-109n; leur influence sur celles de Kant : pp. 114-115, 118, leurs différences avec celles de Laplace : pp. 123-124].

JAMES (B.), «Buffon, Namer of All Creatures Great and Small», *Herald Tribune,* 14 avril 1988, Neuilly-sur-Seine.

JAMES (C.H.), *La méthode scientifique-poétique de Diderot et de Buffon,* Thèse, Fordham University, 1975, 247p.

JIMACK (P.), «Les influences de Condillac, Buffon et Helvétius dans l'*"Émile"*», *Annales de la Société Jean-Jacques Rousseau,* T. 34 [1956-1958], Genève, 1959 : pp. 107-138.

JIMACK (P.), «L'influence de Buffon dans l'*Émile*», *Le Progrès médical,* 1960, n° 7-8 : pp. 161-162.

JONES (J.), «James Hutton : Exploration and Oceanography», *Annals of Science,* 40 (1983) : pp. 81-94. [Réchauffement des profondeurs marines par la chaleur de la croûte terrestre selon Buffon : p. 90].

JORDANOVA (L.J.), *Lamarck,* Oxford, New York, Oxford University Press, 1984, VIII-118p. [Influence de Buffon sur Lamarck, leur différence : pp. 4, 9, 12-13, 15, 33,

62, 63, 73].

JORLAND (G.), «The Saint Petersburg Paradox 1713-1937», *in The Probabilistic Revolution,* volume 1 : *Ideas in History,* edited by Lorenz Krüger, Lorraine J. Daston and Michael Heidelberger, Cambridge, Mass., Massachusetts Institute of Technology Press, 1987 : pp. 157-190. [Les tentatives de résolution dont celle de Buffon : pp. 160, 168, 169, 175-176].

JÜTTNER (S.) éd., *Présence de Diderot,* Internationales Kolloquium zum 200. Todesjahr von Denis Diderot an der Universität-GH-Duisburg vom 3.-5. Oktober 1984, Frankfurt am Main, Peter Lang, 1990, 315p. [Relations entre Diderot et Buffon].

KANAEV (I.I.), *Zhorzh Lui Lekler de Biuffon, 1707-1788 [Georges Louis Leclerc de Buffon],* Moscou, Léningrad, Nauka, 1966, 266p.

KANAEV (I.I.), «Buffon et la science russe», *Actes du XIIᵉ Congrès international d'Histoire des Sciences,* (Paris 1968), T. XI, «Sciences et Sociétés», Paris, Blanchard, 1971 : pp. 77-79.

KANAEV (I.I.), «Gete i Biuffon (Goethe et Buffon)», *Iz Istorii Biologicheskikh Nauk,* 2 (1970) : pp. 71-89.

KANAEV (I.I.), «Goethe und Buffon», *Goethe,* 33 (1971) : pp. 157-177.

KARP (S.) et ISKUL (S.), «Les Lettres inédites de Grimm à Catherine II», *Recherches sur Diderot et sur l'Encyclopédie,* n° 10 (avril 1991). [Dans une lettre datée du 8/19 novembre 1784, Grimm mentionne avoir reçu, à l'intention de Buffon, un jeton en argent au lieu d'un jeton en or identique à l'élément d'une collection offerte par l'impératrice et volé l'année précédente : p. 52].

KERAUTRET (M.), *La littérature française du 18è siècle,* Paris, Presses Universitaires de France, («Que sais-je?», 128), 1983, 128p. [Buffon : pp. 8n, 10, 12, 37, 47, 63-65].

KIERNAN (C.), *The Enlightenment and science in Eighteenth-Century France, in Studies on Voltaire and the Eighteenth Century,* Banbury (Oxfordshire), The Voltaire Foundation, vol. 59 (1973), 249p. (2è édition revue et augmentée). [Le chapitre 7 sur la biologie met en évidence le rôle capital de Buffon et de Maupertuis et leur convergence de vues : pp. 191-222].

KINCH (M.P.), «Geographical Distribution and the Origin of Life : The Development of Early Nineteenth-Century British Explanations», *Journal of the History of Biology,* 13 (1980) : pp. 91-119. [Références à l'*Histoire naturelle* de Buffon : pp. 95, 96].

KIRSOP (W.), «Les mécanismes éditoriaux», *in Histoire de l'Édition Française,* H.-J. Martin et R. Chartier éds., T. II, *Le Livre Triomphant : 1660-1830,* Paris, Promodis, 1984: pp. 21-33. [Édition de l'*Histoire naturelle* de Buffon à l'Imprimerie Royale: pp. 28-29].

KLEIN (M.), «Goethe et les naturalistes français», *in Goethe et l'esprit français* (Actes du Colloque international de Strasbourg, 23-27 avril 1957), Paris, Les Belles-Lettres, 1958 : pp. 169-191. [Buffon : p. 170].

KLEINERT (A.), *Die allgemeinverständlichen Physikbücher der französischen Aufklärung,* Aarau, Verlag Sauerländer, 1974, 188p. [Rôle de l'*Histoire naturelle* dans la vulgarisation de la physique en France au XVIIIè siècle].

KNABE (P.-E.), *Die Rezeption der französischen Aufklärung in den "Göttingischen Gelehrten Anzeigen" (1739-1779),* Frankfurt am Main, Klostermann, 1978 (Analecta Romanica, 42). [Image négative de certains auteurs, dont Buffon].

KNABE (P.-E.), «Diderot, Buffon et le bois», *in L'Encyclopédie et Diderot.* Édité par E. Mass et P.-E. Knabe, Köln, dmc-Verlag (1985) : pp. 97-112.

KNIGHT (D.M.), *Natural Science Books in English 1600-1900,* London, B.T. Batsford L.T.D., 1972, x-262p. [L'*Histoire naturelle* de Buffon : pp. 91-92, 102].

KOHL (K.H.), «Prototyp und Varietäten der Gattung. Buffon's Anthropologie», *in Entzauberter Blick. Das Bild vom Guten Wilden und die Erfahrung der Zivilisation,* Berlin, Medusa (1981) : pp. 137-152.

KOTTLER (M.J.), «Charles Darwin's Biological Species Concept and Theory of Geographic Speciation : The Transmutation Notebooks», *Annals of Science*, 35 (1978) : pp. 275-297. [La définition de l'espèce de Buffon revue par Darwin : p. 279].

KOULIABKO (E.S.), «Les rapports scientifiques de Buffon avec l'Académie des Sciences de Pétersbourg», *in Annuaire d'études françaises,* Moscou, 1973 : pp. 282-286. [En langue russe avec un résumé en français].

KREMER-MARIETTI (A.), «L'anthropologie physique et morale en France et ses implications idéologiques», *in Histoires de l'Anthropologie (XVI^e-XIX^e siècles), Colloque La Pratique de l'Anthropologie aujourd'hui, 19-21 novembre 1981, Sèvres,* présenté par Britta Rupp-Eisenreich, Paris, Klincksieck, 1984 : pp. 319-352. [L'*Histoire naturelle* de Buffon : pp. 319-327; la théorie de la dégénération : pp. 337-338; la variabilité humaine : pp. 342-343, 346].

KUBBINGA (H.H.), *Le Développement historique du concept de "Molécule" dans les Sciences de la Nature jusqu'à la fin du XVIII^e Siècle,* Doctorat de troisième cycle (Histoire des Sciences), École des Hautes Études en Sciences Sociales, Paris, 1983, dactyl. VI-224p. [Sur Buffon : pp. 138, 161, 181].

KUBBINGA (H.H.), «Les origines de la théorie cellulaire; les "molécules organiques" de Buffon», *Centaurus*, 33 (1990) : pp. 175-213.

KUTZER (M.), «Kakerlaken : Rasse oder Kranke? Die Diskussion des Albinismus in der Anthropologie der zweiten Hälfte des 18. Jahrhunderts», *in Die Natur des Menschen. Probleme der Physischen Anthropologie und Rassenkunde (1750-1850),* herausgegeben von Gunter Mann und Franz Dumont, Stuttgart, New York, Gustav Fischer Verlag, 1990 : pp. 189-220. [L'albinisme, considéré par Buffon comme une anomalie dégénérative et non une race : pp. 201-207, 217].

LACÉPÈDE (B.G.E. de la Ville sur Illon, comte de), «Notice de ma Vie», Texte présenté par R. Hahn, *Dix-Huitième Siècle,* 7 (1975) : pp. 49-85. [Autobiographie inédite comportant des allusions à Buffon : pp. 57-64, 72, 81].

LACOMBE (H.), «L'Académie des Sciences et la Figure de la Terre», *in La Figure de la Terre du XVIII^e siècle à l'ère spatiale, Actes du 1^er Congrès national de l'Académie des Sciences, Paris, 29-31 janvier 1986, La Vie des Sciences, Comptes Rendus de l'Académie des Sciences,* Série générale, T. 3, n° 2 mars-avril 1986) : pp. 157-172. [Buffon, cité par d'Alembert : p. 164 (hypothèses sur la configuration terrestre].

LACOMBE (H.) et COSTABEL (P.), *La Figure de la Terre du XVIII^e siècle à l'ère spatiale,* Paris, Gauthier-Villars, 1988, 472p. «Academie des Sciences», Introduction par Henri Lacombe. Cf. référence précédente : pp. 9-26. [Buffon cité par d'Alembert : p. 18; calcul du refroidissement de la Terre : p. 279].

LAISSUS (Y.), «Buffon», Conférence du 4 octobre 1969. Supplément de *Science et Nature,* Feuille d'information de décembre 1969 : pp. 1-3.

LAISSUS (Y.), «Catalogue des manuscrits de Philibert Commerson (1727-1773) conservés à la Bibliothèque Centrale du Muséum national d'Histoire naturelle (Paris)», *Revue d'Histoire des Sciences,* 31 (1978) : pp. 131-162. [À la mort de P. Commerson, ces manuscrits furent remis à Buffon qui les convoitait : pp. 133-134].

LAISSUS (Y.), «Les voyageurs naturalistes du Jardin du Roi et du Muséum d'Histoire naturelle : essai de portrait-robot», *Revue d'Histoire des Sciences,* 34 (1981) : pp. 261-317.

LAISSUS (Y.), «Les naturalistes français en Amérique du Sud au XVIII^e siècle : les conditions et les résultats», *in L'importance de l'Exploration maritime au Siècle des Lumières*, Table ronde, Paris 1978, Éditions du Centre National de la Recherche Scientifique, 1982 : pp. 65-78.

LAISSUS (Y.), «Le Jardin du Roi», *in Enseignement et diffusion des sciences en France au XVIII^e siècle*, R. Taton éd., Paris, Hermann, 1986 : pp. 287-341.

LAISSUS (Y.), «Les Cabinets d'Histoire naturelle», *in Enseignement et diffusion des sciences en France au XVIII^e siècle,* R. Taton, éd., Paris, Hermann, 1986 : pp.

659-712.

LAISSUS (Y.), «Buffon côté jardin. Évocation en un acte», *Histoire et Nature,* n° 28-29 (1987-1988) : pp. 3-22.

LANE (L.), «An Enlightenment controversy, Thomas Jefferson and Buffon», *in Enlightenment Essays,* 3, n° 1 (1972) : pp. 37-40.

LANGE (E.), «Georg Forster (1754-1794)», *Wissenschaftliche Zeitschrift der Friedrich Schiller Universität Jena, gesellschafts-und sprachwissenschaftliche Reihe,* 19, n° 4 (1970) : pp. 597-601. [Intérêt de Forster pour les sciences naturelles (Buffon, Linné)].

LANGEVIN (L.), *Lomonosov, 1711-1765. Sa vie, son œuvre,* Paris, Éditions sociales, 1967, 320p. [Son influence sur Buffon et Lavoisier].

LARSON (J.L.), «Linnaeus and the Natural Method», *Isis,* 58 (1967) : pp. 304-320. [Buffon, critique du système de classification de Linné : p. 310].

LARSON (J.L.), «Linné's French Critics», *Svenska Linnesallskapets Arsskrift,* (revue publiée à Uppsala, Suède) (1978, parue 1979) : pp. 67-69. [Volume commémoratif du bicentenaire de la mort de Linné].

LARSON (J.L.), «Not without a Plan : Geography and Natural History in the Late Eighteenth Century», *Journal of the History of Biology,* 19 (1986) : pp. 447-488. [Buffon : pp. 447-449, 451-454, 475-476, 478-479].

LATIL (P. de), «Buffon ou l'art de la réussite», *Sciences et Avenir,* Paris, janvier 1988, n° 491 : pp. 44-50.

LAURENT (E.), «Les deux fontaines de Buffon», *Science et Vie,* n° 847 (1988) : pp. 14-23.

LAURENT (G.), *Paléontologie et Évolution en France, 1800-1860 : Une histoire des idées de Cuvier et Lamarck à Darwin,* Paris, Éditions du Comité des Travaux Historiques et Scientifiques, 1987, XIV-553p. [Nombreuses références sur les théories de Buffon et leur répercussion].

LA VERGATA (A.), «Spallanzani e i "Muletti"», *in Lazzaro Spallanzani e la biologia del Settecento,* Atti del Convegno, Reggio Emilia, Modena, Scandiano, Pavia, 23-27 marzo 1981, a cura di Giuseppe Montalenti e Paolo Rossi, Firenze, Leo S. Olschki Editore, 1982 : pp. 255-270. [Les hybrides dans l'*Histoire naturelle* de Buffon : pp. 256n, 257n, 259n, 263, 265n, 266n].

LAZLO (P.), «Buffon et Balzac, variations d'un modèle descriptif», *in Romantisme,* 17, n° 58 (1987) : pp. 67-80.

LEGÉE (G.), «Cuvier (1769-1832), Geoffroy Saint-Hilaire (1772-1844) et Flourens (1794-1867)», *Histoire et Biologie,* fascicule 2 (1969) : pp. 10-34. [Influence de Buffon sur Geoffroy Saint-Hilaire : pp. 19, 32, 33n].

LEGÉE (G.), «Les lois de l'organisation d'Aristote à Geoffroy Saint-Hilaire», *Histoire et Nature,* nouvelle série, fascicule 1, n° 3 (1973) : pp. 3-25. [Buffon cité par Flourens : p. 9; place de l'homme et organisation dans l'*Histoire naturelle* de Buffon : pp. 16-17].

LEGÉE (G.), «Les relations épistolaires de P. Flourens et de ses collègues de l'Institut de France», *Comptes Rendus du 106ᵉ Congrès national des Sociétés Savantes, Perpignan 1981, Section Sciences,* Paris, Bibliothèque Nationale, 1982 : pp. 171-185. [Accueil favorable de l'ouvrage de P. Flourens : *Buffon, histoire de ses travaux et de ses idées* par P.P. Royer-Collard, Saint-Marc Girardin, Jules Janin : pp. 178-179].

LEGÉE (G.), «L'œuvre et la correspondance de Pierre Flourens au sujet de Buffon», *Comptes Rendus du 109ᵉ Congrès National des Sociétés savantes, Dijon 1984, Section Histoire des Sciences et des Techniques,* Paris, Comité des Travaux Historiques et Scientifiques, 1984 : pp. 177-190.

LEHMAN (J.P.), *Les preuves paléontologiques de l'évolution,* Paris, Presses Universitaires de France, 1973, 176p. [Description par Buffon de dents de mastodontes provenant de l'Ohio : pp. 7, 9].

LENAY (C.), *Enquête sur le hasard dans les grandes théories biologiques de la deuxième* moitié du XIX$^e$ siècle, Thèse de doctorat (Histoire et Philosophie des Sciences), Université de Paris I, 1989, dactyl., 1234p. [Références aux théories de Buffon (dégénération des espèces, moule intérieur, micromérisme) et à l'*Essai d'arithmétique morale*].

LENAY (C.), *Le Hasard chez Buffon : la probabilité anthropologique,* preprints, Paris, Marseille, Centre d'analyse et de mathématique sociales, Série Histoire du Calcul des Probabilités et de la Statistique, n° 5, avril 1989, 18p.

LENOBLE (R.), *Histoire de l'idée de nature*, Paris, Albin Michel, 1969, 448p. [Buffon : pp. 75, 210, 356-357, 360].

LENOIR (T.), «Kant, Blumenbach, and Vital Materialism in German Biology», *Isis,* 71 (1980) : pp. 77-108. [Sur l'*Histoire naturelle* et les théories de Buffon : pp. 79-84, 86].

LEPAPE (P.), «La révolution de Buffon», *Le Monde,* 9 février 1990 : p. 22. [Commentaire sur l'ouvrage de Jacques Roger : *Buffon, un philosophe au Jardin du Roi*].

LEPENIES (W.), *Das Ende der Naturgeschichte : Wandel kultureller Selbstverständ-lichkeiten in den Wissenschaften des 18. und 19. Jahrhunderts*, München, Wien, C. Hanser, 1976, Reprint 1978, 277p. [Sur Buffon : pp. 131-168 et nombreuses autres références].

LEPENIES (W.), «Von der Naturgeschichte zur Geschichte der Natur. Erläutet an drei Schriften von Barthez, Buffon und Georg Forster aus dem Jahre 1778», *in Schweizer Monatshefte,* Zürich, 58 (1978) : pp. 787-795.

LEPENIES (W.), «De l'histoire naturelle à l'histoire de la nature», *Dix-Huitième Siècle,* 11 (1979) : pp. 175-184. [Buffon : pp. 176, 177, 181-184].

LEPENIES (W.), «Naturgeschichte und Anthropologie im 18. Jahrhundert», *Historische Zeitschrift,* 231 (1980) : pp. 21-41.

LEPENIES (W.), «Linnaeus' "Nemesis divina" and the Concept of Divine Retaliation», *Isis,* 73 (1982) : pp. 10-27. [L'anthropocentrisme de Linné et de Buffon : p. 21].

LEPENIES (W.), *Autoren und Wissenschaftler im 18. Jahrhundert : Linné, Buffon, Winckelmann, Georg Forster, Erasmus Darwin,* München, Hanser, 1988, 164p.

LEPENIES (W.), «Die Speicherung wissenschaftlicher Traditionen in der Literatur. Buffons Nachruhm», *in Wolf Lepenies, Autoren und Wissenschaftler im 18. Jahrhundert,* München, Wien, Hanser, 1988 : pp. 61-89.

LEPENIES (W.), *Les Trois Cultures. Entre science et littérature l'avènement de la sociolo-gie,* traduit de l'allemand par Henri Plard, Paris, Éditions de la Maison des Sciences de l'Homme, 1990, 409p. [Sur Buffon (notamment sur son style) : pp. 18, 21-22, 38, 50, 58, 81, 118, 123, 138, 224, 275].

LEROY (J.F.), «Un grand livre : le Buffon de Monsieur Jacques Roger», *Journal d'Agriculture tropicale et de Botanique appliquée* (1963, paru 1964), 10, n° 12 : pp. 621-625. [Sur l'édition critique des *Époques de la nature* de 1962].

LEROY (J.F.), «La notion de vie dans la Botanique du XVIII$^e$ siècle (Note préliminaire)», *Histoire et Biologie,* fascicule 2 (1969) : pp. 1-9. [Les théories sur la génération de Maupertuis et Buffon : pp. 7-8].

LEROY (J.F.), «Le botaniste Lamarck en 1778 et la pensée biologique au XVIII$^e$ siècle (quelques remarques)», *in Hommage au Professeur Pierre-Paul Grassé : Évolution, Histoire, Philosophie,* Paris, Masson, 1987 : pp. 43-55. [Buffon, op-posé à Linné : p. 50; son influence sur Lamarck : pp. 51, 52, 53 n].

LETOUZEY (Y.), *Le Jardin des Plantes à la croisée des chemins avec André Thouin 1747-1824,* Paris, Éditions du Muséum national d'Histoire naturelle, 1989, 678p.

LIBERA (Z.), «Problèmes des Lumières Polonaises», *Dix-Huitième Siècle,* 10 (1978) : pp. 157-166. [Allusion à la traduction des *Époques de la Nature* avec préface de Stanislas Staszic : p. 159].

LILIENTHAL (G.), «Samuel Thomas Soemmerring und seine Vorstellungen über Rassenunterschiede», *in Die Natur des Menschen. Probleme der Physischen Anthropologie und Rassenkunde (1750-1850),* herausgegeben von Gunter Mann

und Franz Dumont, Stuttgart, New York, Gustav Fischer Verlag, 1990 : pp. 31-
55. [La question du monogénisme chez Buffon, Camper, Blumenbach, Kant et
Herder].

LINDROTH (S.), «Linnaeus in his European Context», *Svenska Linnesallskapets Arsskrift,*
(revue publiée à Uppsala, Suède) (1978, parue 1979) : pp. 9-17. [Volume commémoratif du bicentenaire de la mort de Linné].

LOCHOT (S.) et al., *Montbard et Buffon,* Office municipal de la Culture de Montbard.
*Bicentenaire de la mort de Georges-Louis Leclerc, comte de Buffon,* catalogue de
l'exposition de 1988, paru en 1989.

LOPEZ PIÑERO (J.M.), «Juan Bautista Bru (1740-1799) and the Description of the Genus
Megatherium», *Journal of the History of Biology,* 21 (1988) : pp. 147-163.
[Allusion à l'*Histoire naturelle* de Buffon traduite en castillan par Clavijo :
p. 154].

LOVEJOY (A.O.), «Buffon and the Problem of Species», *in* B. Glass, O. Temkin, W.L.
Straus Jr. eds., *Forerunners of Darwin : 1745-1859,* Baltimore, The Johns
Hopkins Press, 1959 : pp. 84-113.

LOVEJOY (A.O.), «The Argument for Organic Evolution before the *Origin of Species,*
1830-1858», *in* B. Glass, O. Temkin, W.L. Straus Jr. eds., *Forerunners of Darwin
: 1745-1859,* Baltimore, The Johns Hopkins Press, 1959 : pp. 356-414.
[Pressentiment de l'évolution organique chez Buffon : p. 364. La "définition des
espèces" : pp. 394-398].

LÖW (R.), *Philosophie des Lebendigen : Der Begriff des Organischen bei Kant, sein Grund
und seine Aktualität,* Frankfurt am Main, Suhrkamp Verlag, 1980, 357p.
[Relation de l'œuvre de Kant avec ses contemporains (Haller, Buffon,
Blumenbach].

LUYENDIJK-ELSHOUT (A.M.), «"Les beaux esprits se rencontrent". Petrus Camper und
Samuel Thomas Soemmerring», *in Samuel Thomas Soemmerring und die
Gelehrten der Goethezeit,* Beiträge eines Symposions in Mainz 19-21 mai 1983,
herausgegeben von Gunter Mann und Franz Dumont, Stuttgart, New York,
Gustav Fischer Verlag, 1985 : pp. 57-72. [Camper, admirateur de Buffon : pp. 59,
62, 67].

LYON (J.), «The "Initial Discourse" to Buffon's *Histoire naturelle* : The First Complete
English Translation», *Journal of the History of Biology,* 9 (1976) : pp. 133-181.

LYON (J.) and SLOAN (P.R.) eds., *From natural history to the history of nature : Readings
from Buffon and his critics,* Notre Dame, University of Notre Dame Press, 1981,
XIV-406p.

MAC LEOD (R.M.), «Evolutionism and Richard Owen, 1830-1868 : An Episode in
Darwin's Century», *Isis,* 56 (1965) : pp. 259-280. [Objections d'Owen aux
théories de Buffon, Lyell et Lamarck : p. 272].

MAGNER (L.N.), *A History of the Life Sciences,* New York, Basel, Marcel Dekker, 1979, XI-
489p. [Buffon, admirateur de Pline l'Ancien : p. 58; adversaire de Spallanzani : pp. 194, 196; de Louis Joblot : pp. 244-246; évolutionniste : pp. 354, 357-
361, 365; inspirateur de Lamarck et Erasmus Darwin : p. 367].

MALESHERBES (C.G. de Lamoignon de), *Observations sur l'Histoire naturelle générale et
particulière de Buffon et Daubenton,* 2 vol. in 1, Genève, Slatkine Reprints, 1971,
XCIJ-320p. [Avec une introduction et des notes de L.P. Abeille. Fac-similé de
l'édition originale, Paris, Charles Pougens, An VI-1798].

MALHERBE (M.), «Mathématiques et Sciences Physiques dans le "Discours préliminaire"
de l'Encyclopédie», *Recherches sur Diderot et sur l'Encyclopédie,* n° 9 (octobre
1990) : pp. 109-146. [Comparaison avec le *Premier Discours sur la manière
d'étudier et de traiter l'Histoire naturelle* de Buffon : pp. 137n, 139n, 141 n].

MANUEL (F.), *The eighteenth century confronts the gods,* Cambridge (Mass.), Harvard
University Press, 1959, XVI-336p. [La *Théorie de la Terre,* les *Époques de la
Nature,* et la *Genèse*; prudence de Buffon à l'égard de la Sorbonne : pp. 138-140].

MANUEL (F.E.), *The changing of the Gods,* Hanover, London, University Press of New England, 1983, XIII-202p.

MARCOS (J.P.), «Le *Traité des Sensations* d'Étienne Bonnot, Abbé de Condillac, et la question du double plagiat. L'autorité mineure ou «Le mérite de la Nouveauté» et «L'honneur de l'Invention», *Corpus, Revue de Philosophie,* n° 3 (1986) : pp. 41-108. [Condillac, accusé de plagier Diderot et surtout Buffon].

MARTIN (H.-J.), «La Librairie Française en 1777-1778», *Dix-Huitième Siècle,* 11 (1979) : pp. 87-112. [Les œuvres de Buffon se trouvent parmi les ouvrages proposés par le libraire ambulant Noël Gilles : p. 101].

MARTIN (H.-J.) et CHARTIER (R.) éds., en collaboration avec J.P. VIVET, *Histoire de l'Édition française,* T. II, *Le livre triomphant : 1660-1830,* Paris, Promodis, 1984, 653p. [Édition de l'*Histoire naturelle* à l'Imprimerie Royale : pp. 28-29, 50, 75. Illustration : pp. 142, 154, 159, 174, 212-213, 490. Buffon, lecteur du *Journal encyclopédique* de P. Rousseau : pp. 335, 338. Panckoucke, éditeur de Buffon : pp. 195, 521-523. Buffon et l'*Encyclopédie méthodique* : p. 590].

MARTINEZ CONTRERAS (J.), «Las Costumbres de los monos según Buffon», *Arbor,* T. 132, n° 517 (1989) : pp. 41-61.

MARX (J.), *Charles Bonnet contre les Lumières 1738-1850, in Studies on Voltaire and the Eighteenth Century,* Banbury (Oxfordshire), Cheney and Sons L.T.D., 1976, 2 vol. 782p. (vol. 156 et 157). [Vol. 156 : Bonnet, admirateur et critique de Buffon : pp. 344-347, 365, 462; Vol. 157 : Critique de Buffon par Voltaire : p. 529; par Joseph de Maistre influencé par C. Bonnet : pp. 610-613; hostilité de Buffon à l'égard de Bonnet : pp. 687, 699].

MASSOT (G.), «Quand Buffon s'intéressait à Villeneuve», *Revue de la Société des enfants et amis de Villeneuve-de-Berg,* n.sér., n° 27 (1972) : pp. 31-33.

MATTHAEI (R.), «Goethes Begegnung mit französischen Gelehrten bei seinen Studien zur Farbenlehre», *in Goethe et l'esprit français* (Actes du Colloque international de Strasbourg, 23-27 avril 1957), Paris, Les Belles-Lettres, 1958 : pp. 105-127. [Buffon : pp. 105, 116, 119, 121].

MAUSKOPF (S.H.), «Thomson before Dalton : Thomas Thomson's Considerations of the Issue of Combining Weight Proportions Prior to his Acceptance of Dalton's Chemical Atomic Theory», *Annals of Science,* 25 (1969) : pp. 229-242. [Hypothèse de Buffon sur les affinités chimiques : p. 233].

MAUSKOPF (S.H.), «Minerals, molecules and species», *Archives internationales d'Histoire des Sciences,* 23 (1970) : pp. 185-206. [Points de vue de Buffon, Linné et Daubenton sur la minéralogie : pp. 187-189].

MAUZI (R.), *L'Idée du bonheur au XVIIIᵉ siècle,* Paris, Armand Colin, 1960, 727p., Rééd. 1967, 1969. [Nombreuses références à Buffon dans les chapitres IX et XI de la deuxième partie].

MAUZI (R.) et MENANT (S.), *Le 18ᵉ siècle (II), 1750-1778,* Paris, Arthaud, 1977, 289p. [Développements importants et nombreux sur Buffon].

MAYR (E.), «Illiger and the Biological Species Concept», *Journal of the History of Biology,* 1 (1968) : pp. 163-178. [Le concept d'espèce dans l'*Histoire naturelle* de Buffon: pp. 164-165].

MAYR (E.), «Lamarck Revisited», *Journal of the History of Biology,* 5 (1972) : pp. 55-94. [Buffon, précurseur de la théorie de l'évolution dont Lamarck serait le fondateur : pp. 60-61].

MAYR (E.), *The Growth of Biological Thought, Diversity, Evolution and Inheritance,* Cambridge, Mass., London, The Belknap Press of Harvard University Press, 1982, IX-974p.

MAYR (E.), *Histoire de la biologie : Diversité, Évolution et Hérédité,* traduction du précédent par Marcel Blanc, Paris, Fayard, 1989, 894p. [Les théories de Buffon sur la classification : pp. 182-185; l'espèce : pp. 254-257; l'évolution : pp. 317-323].

MAZZOLINI (R.G.) and ROE (S.A.) eds, «Science against the Unbelievers : The Correspondence of Bonnet and Needham, 1760-1780», *in Studies on Voltaire and the Eighteenth Century*, Oxford, The Voltaire Foundation, vol. 243 (1986), XX-409p. [Nombreuses références à Buffon et aux théories cosmologiques et biologiques émises dans l'*Histoire naturelle*].

Mc CLELLAN III (J.E.), *Science Reorganized : Scientific Societies in the Eighteenth Century,* New York, Columbia University Press, 1985, XXIX-413p. [Buffon : pp. 13, 162, 184, 234, 257].

Mc LAUGHLIN (P.), «Blumenbach und der Bildungstrieb. Zum Verhältnis von epigenetischer Embryologie und typologischen Artbegriff», *Medizin Historisches Journal*, 17 (1982) : pp. 357-372. [Tentative d'explication des thèses mécaniste de Buffon et «chimique» de Wolff à la lumière de la théorie vitaliste de l'épigenèse de Blumenbach].

Mc LAUGHLIN (P.), *The Rational Core of Eighteenth-Century Theories of Spontaneous Generation on the Exemple of Buffon,* International Congress of History of Science, Abstracts of Scientific Papers, vol. 1, Berkeley, University of California Press, 1985.

MENANT-ARTIGAS (G.), «Un manuscrit inconnu de "Telliamed"», *Dix-Huitième Siècle,* 15 (1983) : pp. 295-310. [Benoît de Maillet, précurseur de Buffon selon Malesherbes : p. 295].

MICHÉA (R.), «Goethe et les évolutionnistes français du XVIIIᵉ siècle», *in Goethe et l'esprit français* (Actes du Colloque international de Strasbourg, 23-27 avril 1957), Paris, Les Belles-Lettres, 1958 : pp. 129-149. [Sur Buffon : pp. 129, 131-132, 135-136, 139-142, 143-144].

MIDDLETON (W.E.K.), «Archimedes, Kircher, Buffon and the Burning-Mirrors», *Isis,* 52 (1961) : pp. 533-543.

MILANESI (C.), «La Mort-Instant et la Mort-Processus dans la Médecine de la seconde moitié du siècle», *Dix-Huitième Siècle,* 23 (1991) : pp. 171-190. [Buffon, auteur de tables de mortalité et d'espérance de vie : p. 173n et d'une description du processus de la mort : p. 176].

MILANI (R.), «Faunistica, Ecologia, Etologia e la Variabilità degli Organismi nel Pensiero e nella Didattica di Lazzaro Spallanzani», *in Lazzaro Spallanzani e la biologia del Settecento*, Atti del Convegno, Reggio Emilia, Modena, Scandiano, Pavia, 23-27 marzo 1981, a cura di Giuseppe Montalenti e Paolo Rossi, Firenze, Leo S. Olschki Editore, 1982 : pp. 83-107. [Spallanzani, critique de Needham et Buffon sur la théorie de la génération spontanée : pp. 93-94; Spallanzani en désaccord avec Buffon au sujet des problèmes des espèces (nomenclature et classification) : p. 101 avec toutefois quelques points de convergence (critère de fertilité) : p. 103].

MILIC (L.T.), «Rhetorical choice and stylistic option. The conscious and unconscious poles», *in Literary Style,* Papers from the International Symposium on Literary Style at Bellagio, Italy, in August 1969, edited and in part translated by Seymour Chatman, London and New York, Oxford University Press (1971), 427p. [Sur Buffon : pp. 77-88].

MILLHAUSER (M.), *Just Before Darwin; Robert Chambers and Vestiges*, Middletown, Conn., Wesleyan University Press, 1959, IX-246p. [Développements sur "l'évolutionnisme" de Buffon].

MILLIKEN (S.F.), «Buffon and James Bruce», *Rocky Mountain Review*, 1 (1963-1964) : pp. 63-80.

MILLIKEN (S.F.), «The lyricism of the intellect : "Buffon's *Époques de la Nature*"», *in Diderot Studies*, 6 (1964) : pp. 293-303. [Revue de l'«Édition critique des *Époques de la Nature*» de Jacques Roger (1962)].

MILLIKEN (S.), *Buffon and the British*, unpublished doctoral dissertation, Department of History, Columbia University, 1965, VIII-488p.

MILLIKEN (S.F.), «Buffon's "Essai d'arithmétique morale"», *in Essays on Diderot and the Enlightenment in honor of Otis Fellows*, edited by John Pappas, Genève, Droz, 1974 : pp. 197-206.

MILLY (P.), «Buffon, précurseur de la science moderne», *in Pensée française*, XVI (1957) n° 12 : pp. 30-31.

MONDELLA (F.), «Buffon e la natura», *Società*, (1961) n° 5 : pp. 764-768. [Éditions et traductions de l'œuvre de Buffon en Italie; jugements portés sur sa philosophie de la nature].

MONTALENTI (G.), «Spallanzani Nella Polemica Fra Vitalisti e Meccanicisti», *in Lazzaro Spallanzani e la biologia del Settecento,* Atti del Convegno, Reggio Emilia, Modena, Scandinio, Pavia, 23-27 marzo 1981, a cura di Giuseppe Montalenti e Paolo Rossi, Firenze, Leo S. Olschki Editore, 1982 : pp. 3-17. [Spallanzani, Buffon, Needham : pp. 6, 9, 10].

MONTJAMONT (Mlle de), «Le second mariage du fils de Buffon (Georges-Louis-Marie)», *Les Amis de la Cité de Montbard*, n° 24 (1976) : pp. 1-8.

MORANGE (M.), «Condorcet et les naturalistes de son temps», *in Sciences à l'Époque de la Révolution Française, Recherches Historiques*, R. Rashed éd., Paris, Blanchard, 1988 : pp. 445-464. [Sur les Éloges prononcés par Condorcet, secrétaire perpétuel de l'Académie royale des Sciences; celui de Buffon est avant tout une critique : pp. 451-458].

MORAVIA (S.), *Il tramonto dell' illuminismo. Filosofia e politica nella società francese (1770-1810),* Bari, Editori Laterza, 1968, 662p. [Importance de Buffon : pp. 14, 39, 58, 72, 370-372, 391, 436, 529].

MORAVIA (S.), *La scienza dell' uomo nel Settecento,* Bari, Editori Laterza, 1970, 457p.

MORAVIA (S.), *Il Pensiero degli Idéologues. Scienza e filosofia in Francia (1780-1815),* Firenze, La Nuova Italia, 1974, 865p. [Nombreuses références concernant Buffon et l'*Histoire naturelle de l'homme*. Relation du différend Bonnet-Buffon : chap.IV; le débat du dix-huitième siècle sur la nature de l'homme : pp. 133-143].

MORAVIA (S.), «The Enlightenment and the Sciences of Man», *History of Science,* 18 (1980) : pp. 247-268. [Sur Buffon : pp. 248, 250, 251].

MORAVIA (S.), *Filosofia e scienze umane nell' età dei lumi,* Firenze, Sansoni, 1982, VIII-425p. [Importance de l'*Histoire naturelle de l'homme* pour les philosophes, en particulier pour Cabanis].

MORELLO (N.), *L'Evoluzione biologica : teorie antiche e moderne*, Torino, Loescher, 1977, 84p. [Étude de fossiles et théories géologiques de Buffon : pp. 42-45; son opposition aux critères de classification de Linné : pp. 48-51].

MORELLO (N.), *La Macchina della terra : Teorie geologiche dal seicento all'ottocento,* Torino, Loescher, 1979, 231p. [La *Théorie de la Terre* de Buffon : pp. 155-160; les *Époques de la Nature* : pp. 185-191].

MORNET (D.), *La pensée française au XVIII^e siècle*, Paris, Armand Colin, 1969, 223p. [Retentissement de l'*Histoire naturelle* de Buffon face aux théologiens : pp. 83-96, 99].

MORNET (D.), *Les Sciences de la nature en France au XVIII^e siècle : un chapitre de l'Histoire des Idées*, New York, Lenox Hill, 1971, 291p. Réimpression de l'édition de Paris, Armand Colin, 1911.

MORUS (R.L.), *Animals, Men and Myths. A history of the influence of animals on civilization and culture*, London, Victor Gollancz, New York, Harper and Brothers, 1954, 374p. [Évocation de la controverse entre Linné et Buffon].

MOSER (W.), «Le soleil souterrain. L'archéologie du sens propre chez Buffon et chez Novalis», *in Actes du VIII^e Congrès de l'Association internationale de Littérature comparée* (Budapest 12-17 août 1976), Stuttgart, Bieber, 1980 : pp. 465-477.

MOSER (W.), «Énergie et différence : Visions savantes de la fin du monde au XVIII^e siècle», *Revue de Synthèse*, 105 (1984) : pp. 403-433. [La fin du monde dans la *Theorie des Himmels* de Kant (1755) et les *Époques de la Nature* de Buffon

(1778)].

MOSER (W.), «Buffon, exégète entre théologie et géologie», *in Strumenti critici*, Bologna, 53 (1987) : pp. 17-42].

MULLER (A.), «Buffon», *in De Rabelais à Paul Valéry. Les grands écrivains devant le christianisme*, Paris, Impr. Foulon, V, 1969 : pp. 121-123.

MÜLLER (G.H.), «"Distinguer les uns des autres". Le Concept de l'Espèce chez Réaumur : Pragmatisme et Utilité», *in Histoire du concept d'espèce dans les Sciences de la vie, (Colloque international, Paris 1985)*, Paris, Éditions de la Fondation Singer-Polignac, 1987 : pp. 61-77. [Buffon : p. 61].

MURATORI-PHILIP (A.), «Buffon : le jardinier des Lumières», *Le Figaro Littéraire*, 8 janvier 1990 : p. 6. [Sur l'ouvrage de Jacques Roger : *Buffon, un philosophe au Jardin du Roi* (novembre 1989)].

NANNINI (M.C.), «Il "liquor follicoli" secondo Buffon e Spallanzani», *5 Biennale della Marca per la Storia della Medicina, Fermo, 1963* (1965) : pp. 331-342.

NELSON (G.), «From Candolle to Croizat : Comments on the History of Biogeography», *Journal of the History of Biology*, 11 (1978) : pp. 269-305. [Selon Lyell, Buffon en serait l'initiateur dès 1761 : pp. 273-274].

NEU (J.) ed., *Isis cumulative Bibliography, 1966-1975*. Vol. 1 : *Personalities and Institutions*, London, Mansell, 1980, XXIX-483p. [Buffon : p. 64].

NEUBAUER (J.), «La philosophie de la physiologie d'Albrecht von Haller», *Revue de Synthèse*, 105 (1984) : pp. 135-142. [Références à Buffon : pp. 138, 141-142 (théorie de l'épigenèse)].

NEVE (M.) and PORTER (R.), «Alexander Catcott : Glory and Geology», *British Journal for the History of Science*, 10 (1977) : pp. 37-60. [Opposé aux théories de Buffon et Le Cat sur la création : pp. 44, 49, 53].

NISSEN (C.), «Ein unbekannter und unvollendet gebliebener Nachstich der "Planches enluminées" von Buffon und Daubenton», *in* P. Smit and R.J.Ch. V. ter Laage eds., *Essays in Biohistory presented to F. Verdoorn,* 1970 : pp. 149-152.

OEHLER-KLEIN (S.), «Samuel Thomas Soemmerrings Neuroanatomie als Bindeglied zwischen Physiognomik und Anthropologie», *in Die Natur des Menschen. Probleme der Physischen Anthropologie und Rassenkunde (1750-1850)*, herausgegeben von Gunter Mann und Franz Dumont, Stuttgart, New York, Gustav Fischer Verlag, 1990 : pp. 57-87. [L'antiphysiognomonisme de Buffon].

OLDROYD (D.R.), «Historicism and the Rise of Historical Geology. Part. 2», *History of Science*, 17 (1979) : pp. 227-257. [La *Théorie de la Terre* et les *Époques de la Nature* : pp. 227-228].

OREL (V.) and WOOD (R.), «Early Developments in Artificial Selection as a Background to Mendel's Research», *History and Philosophy of the Life Science,* 3 (1981) : pp. 145-170. [Selon Buffon, le climat et l'alimentation ont une influence sur l'évolution des animaux : pp. 146-147. Expériences de Daubenton sur l'élevage des moutons : pp. 158-159, 167].

OSTOYA (P.), «Maupertuis et la biologie», *Revue d'Histoire des Sciences et de leurs Applications,* 7 (1954) : pp. 60-78. [Maupertuis et Buffon, apports réciproques : pp. 60, 68, 71, 73, 75, 76].

OUTRAM (D.), «Uncertain Legislator : Georges Cuvier's Laws of Nature in their Intellectual Context», *Journal of the History of Biology*, 19 (1986) : pp. 323-368. [Divergence de vues entre Cuvier et Buffon : pp. 335, 353].

PANCALDI (G.), «La Generazione Spontanea fra Sistema ed Esperimento. Spallanzani e la Generazione degli Infusori (1761-1765)», *in Lazzaro Spallanzani e la biologia del Settecento,* Atti del Convegno, Reggio Emilia, Modena, Scandiano, Pavia, 23-27 marzo 1981, a cura di Giuseppe Montalenti e Paolo Rossi, Leo S. Olschki Editore, 1982 : pp. 283-294. [Sur la polémique entre Spallanzani et Buffon et Needham : pp. 285-286, 289, 291].

PANDOLFI (J.), «Beccaria traduit par Morellet», *Dix-Huitième Siècle*, 9 (1977) : pp. 291-

316. [Accueil très favorable par Buffon de la traduction en 1765, du *Dei delitti e delle pene*, ouvrage traitant de la torture et des procédures criminelles irrégulières : p. 311].

PAPP (D.) y BABINI (J.), *Biologia y Medicina en los Siglos XVII y XVIII*, (Panorama General de Historia de la Ciencia, 9), Buenos Aires, Espasa-Calpe, 1958, XII-258p. [L'œuvre de Buffon occupe une place considérable dans cet ouvrage].

PAPPAS (J.), «Le Moralisme des *Liaisons Dangereuses*», *Dix-Huitième Siècle*, 2 (1970) : pp. 265-296. [Athéisme probable de Buffon malgré un attachement à la religion traditionnelle : p. 269].

PAPPAS (J.), «Buffon vu par Berthier, Feller et les "Nouvelles ecclésiastiques"», *in Studies on Voltaire and the Eighteenth Century*, Oxford, The Voltaire Foundation, vol. 216 (1983) : pp. 26-28.

PAS (P.W. van der), «The Early History of the Brownian Motion», *in Actes du XII<sup>è</sup> Congrès international d'Histoire des Sciences (Paris, 1968)*, T. VIII, «Histoire des Sciences naturelles et de la Biologie», Paris, Blanchard, 1971 : pp. 143-158. [La théorie des "molécules organiques" de Buffon : pp. 147, 149-152].

PASTORE (N.), «On Plagiarism : Buffon, Condillac, Porterfield, Schopenhauer», *Journal of the History of the Behavioral Sciences*, 9, n° 4 (1973) : pp. 378-392.

PATY (M.), «Rapport des Mathématiques et de la Physique chez d'Alembert», *Dix-Huitième Siècle*, 16 (1984) : pp. 69-79. [Sur ces rapports, Buffon recourt à d'autres critères : pp. 69-70, 76].

PAUL (C.B.), *Science and Immortality : The Eloges of the Paris Academy of Sciences (1699-1791)*, Berkeley, Los Angeles, University of California Press, 1980, x-213p.

PAUL (H.W.), *The Edge of Contingency. French Catholic Reaction to Scientific Change from Darwin to Duhem*, Gainesville, University Presses of Florida, 1979, 213p. [Réactions contre les théories géologiques de Buffon : pp. 33-35. Buffon, précurseur de Darwin : p. 38].

PAUTRAT (J.Y.), «L'Homme Antédiluvien : Anthropologie et Géologie», *Bulletins et Mémoires de la Société d'Anthropologie de Paris*, numéro spécial, *Histoire de l'Anthropologie : Hommes, Idées, Moments*. Sous la direction de C. Blanckaert, A. Ducros, J.J. Hublin. T. 1, nouvelle série, n<sup>os</sup> 3-4 (1989) : pp. 131-151. [Buffon : pp. 142, 150].

PERRIN (C.), «Early opposition to the phlogiston theory : Two anonymous attacks», *British Journal for the History of Science*, 5 (1970) : pp. 128-144. [Lavoisier, P. Bayen et Buffon pourraient en être les auteurs].

PERSELL (S.M.), «The revival of Buffon in the early Third Republic», *Biography*, 14 (1991) : pp. 12-24.

PETIT (G.) et THÉODORIDÈS (J.), *Histoire de la zoologie des origines à Linné*, Paris, Hermann, 1962, 360p. [Éloge de Pline l'Ancien par Buffon : pp. 120-124, 126; critique d'Aldrovandi : pp. 263-264].

PETRI (M.), *Die Urvolkhypothese. Ein Beitrag zum Geschichtsdenken der Spätaufklärung und des deutschen Idealismus*, Berlin, Duncker und Humblot, 1990, 241p. [Parmi les hypothèses émises, celles de Buffon, Bailly, Delisle de Sales].

PEYRE (Ph.), «Les forges de Buffon (Côte-d'Or) : archéologie d'un site industriel», *Histoire et Archéologie*, Paris, 107 (1986) : pp. 53-57.

PIA de LA CHAPELLE (L.), «Buffon et Sallier», *in Actes du 51<sup>è</sup> Congrès de l'Association bourguignonne des Sociétés savantes, (Montbard 1980)*, Montbard, Association des Amis de la Cité de Montbard, 1981 : pp. 92-98.

PIAU-GILLOT (C.), «Le Discours de Jean-Jacques Rousseau sur les Femmes, et sa Réception critique», *Dix-Huitième Siècle*, 13 (1981) : pp. 317-333. [Influence des idées de Buffon : pp. 321-322].

PIAU-GILLOT (C.), «Heurs et malheurs du "Tableau de l'amour conjugal" de Nicolas Venette», *Dix-Huitième Siècle*, 19 (1987) : pp. 363-377. [Annonce les théories de Mauquest de Lamotte, Maupertuis et Buffon sur le rôle de la femme dans la procréation : pp. 367, 375].

PIERRE (R.), «La ci-devant comtesse de Buffon incarcérée à Valence», *Revue drômoise. Archéologie, Histoire, Géographie,* 86, n° 450 (1988) : pp. 304-306. [Arrestation (provisoire) le 12 août 1793 de Marguerite-Françoise de Cepoy, première épouse divorcée du fils de Buffon et maîtresse du duc d'Orléans (Philippe-Égalité)].

PIETRO (P. di), «Rapporti Tra Lazzaro Spallanzani e gli Scienziati Svizzeri», *in Lazzaro Spallanzani e la biologia del Settecento,* Atti del Convegno, Reggio Emilia, Modena, Scandiano, Pavia, 23-27 marzo 1981, a cura di Giuseppe Montalenti e Paolo Rossi, Firenze, Leo S. Olschki Editore, 1982 : pp. 213-225. [Haller charge Spallanzani de vérifier la présence d'animacules spermatiques dans le liquide du corps jaune : p. 215. Approbation par Bonnet du «Saggio» contre Buffon et Needham : pp. 219-220].

PIVETEAU (J.), «Buffon», *in Dictionnaire de Biographie Française*, M. Prévost et Roman d'Amat éd., Paris, Librairie Letouzey et Ané, T. 7, 1956 : pp. 629-631.

PIVETEAU (J.), «Buffon et le Transformisme», *in Précurseurs et fondateurs de l'évolutionnisme : Buffon, Lamarck, Darwin.* Texte des allocutions prononcées le 5 juin 1959 au grand amphithéâtre du Muséum national d'Histoire naturelle, Paris, Éditions du Muséum, 1963 : pp. 19-24.

PIVETEAU (J.), *Image de l'homme dans la pensée scientifique*, Paris, Office d'édition, d'impression et de librairie, 1986, 170p. [Sur l'homme dans l'œuvre de Buffon et Lamarck].

PIVETEAU (J.), «L'idée de nature chez Buffon et chez Lamarck», *in Hommage au Professeur Pierre-Paul Grassé : Evolution, Histoire, Philosophie,* Paris, Masson, 1987 : pp. 37-42.

PIVETEAU (J.), *La main et l'hominisation,* Paris, Masson, 1991, 114p. [Buffon : pp. 9-10, 13, 25-28].

PLANTEFOL (L.), «Duhamel du Monceau», *Dix-Huitième Siècle*, 1 (1969) : pp. 123-137. [Buffon, cité au sujet de ses études sur la force du bois : p. 129].

PLOUVIER (V.), «Historique des chaires de Chimie, de Physique végétale et de Physiologie végétale du Muséum d'Histoire naturelle», *Bulletin du Muséum d'Histoire naturelle,* 4ᵉ série, 3 (1981) : pp. 93-155. [Agrandissement et aménagement du Jardin du Roi par Buffon à partir de 1739 : pp. 103,105].

PLUVINAGE (G.) et TRIBOULOT (P.), «Sur le mémoire de Buffon intitulé *Expériences sur la force du bois*, 1740», *Revue forestière française*, Nancy, 35, n° 1 (1983) : pp. 53-59.

POGLIANO (C.), «Between Form and Function : A New Science of Man», *in The Enchanted Loom, chapters in the History of Neuroscience,* Pietro Corsi ed. [Importance de Daubenton, éclipsé par Buffon, dans l'*Histoire naturelle* : p. 144].

POISSON (J.P.), «Le Notariat Parisien à la Fin du 18ᵉ Siècle», *Dix-Huitième Siècle*, 7 (1975): pp. 105-127. [Vente aux enchères de la bibliothèque de Duclos-Dufresnoy (notaire à Paris, guillotiné en 1794) comprenant la première édition de l'ouvrage de Buffon et de Daubenton : p. 112].

POLANSCAK (A.), «Buffon i stil», *in Od povjerenja do sumnje. Problemi francuske knjizev-nosti.* (De la confiance au doute. Problèmes de la littérature française), Zagreb, Naprijed, 1966 : pp. 31-52.

POPLIN (F.), «Sur deux autographes présumés de Buffon et de Daubenton dans la grande grotte d'Arcy-sur-Cure (Yonne) et sur l'os de girafe du Cabinet de Gaston d'Orléans», *in Actes du 51ᵉ Congrès de l'Association bourguignonne des Sociétés savantes (Montbard 1980),* Montbard, Association des Amis de la Cité de Montbard, 1981 : pp. 99-105.

POPLIN (F.), «Pasumot, Buffon et la dent de mammouth d'Auxerre», *Bulletin de la Société des sciences historiques et naturelles de l'Yonne,* 120 (1988) : pp. 81-95.

POPLIN (F.), «L'âge de l'homme et de la terre au temps des Encyclopédistes et de Buffon», *in* J.P. Mohen éd., *Le Temps de la Préhistoire*, Dijon, Archéologia, 1989, T. 1 :

pp. 4-7.

PORTER (C.M.), «The Concussion of Revolution : Publications and Reform at the Early Academy of Natural Sciences, Philadelphia, 1812-1842», *Journal of the History of Biology*, 12 (1979) : pp. 273-292. [Critique de l'*Histoire naturelle* de Buffon : p. 279].

PORTER (R.), *The Making of Geology : Earth Science in Britain, 1660-1815,* Cambridge, London, Melbourne, New York, Cambridge University Press, 1977, XII-288p. [Sur Buffon : pp. 109-110; l'*Histoire naturelle* : pp. 99, 117, 159, 170, 231; les *Époques de la Nature* : p. 159].

PORTER (R.), «Erasmus Darwin : Doctor of evolution?», *in History, Humanity and Evolution, Essays for John C. Greene,* James R. Moore ed., Cambridge, Cambridge University Press, 1989 : pp. 39-69. [Buffon, précurseur de Charles Darwin : pp. 39, 41; son influence sur Erasmus Darwin : pp. 43-44].

PORTER (R.), *The History of the earth sciences : an annotated bibliography*, New York, London, Garland Press, 1983, XXXIV-192p.

PRICHARD (J.C.), *Researches into the Physical History of Man*, edited and with an introductory essay by George W. Stocking Jr., Chicago, London, The University of Chicago Press, 1973, CXLIV-568p. fac-similé de l'édition de Londres, 1813, John and Arthur Arch eds. [La notion d'espèce animale : pp. 8-9, 11n-12n, 101-103, 133 et les races humaines dans l'*Histoire Naturelle* de Buffon : pp. 176-178, 180-183].

PROUST (J.), *Diderot et l'Encyclopédie,* Paris, Armand Colin, 1967, 640p. Réimpression : Genève, Slatkine Reprints, 1982. [Ouvrage documenté sur les aspects multiples et complexes des relations entre Buffon et l'*Encyclopédie*].

PRUDON (R.), «Étude généalogique sur les familles Le Clerc de Buffon et Nadault de Buffon (XVI$^e$-XX$^e$ siècles)», *Les Amis de la cité de Montbard*, n° 21 (1975) : pp. 15-19.

QUARRÉ (P.), «Sur un buste de Buffon au Musée de Dijon», *Annales de Bourgogne*, 30, fasc. 2 (1958) : pp. 133-134.

QUERNER (H.), «Samuel Thomas Soemmerring und Johann Georg Forster –eine Freundschaft», *in Samuel Thomas Soemmerring und die Gelehrten der Goethezeit*, Beiträge eines Symposions in Mainz, 19-21 mai 1983, herausgegeben von Gunter Mann und Franz Dumont, Stuttgart, New York, Gustav Fischer Verlag, 1985 : pp. 229-244. [Relations de Forster avec Buffon : pp. 231-232, 235].

RAITIÈRES (A.), «Lettres à Buffon dans les "Registres de l'Ancien Régime" (1739-1788)», *Histoire et Nature*, n$^{os}$ 17-18, (1980-1981) : pp. 85-148.

RAPPAPORT (R.), «Problems and Sources in the History of Geology, 1749-1810», *History of Science*, 3 (1964) : pp. 60-78. [Apport considérable de l'*Histoire naturelle* de Buffon : pp. 61, 63-65, 67, 68, 71].

RAPPAPORT (R.), «Lavoisier's theory of the Earth», *British Journal for the History of Science*, 6 (1972-1973) : pp. 247-260. [Influence de Buffon : pp. 248-250; divergences : pp. 252-255, 258].

RAPPAPORT (R.), «Geology and orthodoxy : the case of Noah's flood in eighteenth-century thought», *British Journal for the History of Science*, 11 (1978) : pp. 1-18. [Buffon, condamné en 1749, mais non censuré en 1778, par les théologiens de la Sorbonne; ses opinions en faveur d'un Déluge localisé mais prolongé : p. 6-9].

RAT (M.), *Grammairiens et amateurs de beau langage*, Paris, Michel (1963), 288p. [Examine de nombreux auteurs du XVII$^e$ au XX$^e$ siècle dont Buffon].

RAT (P.), «Les *Époques de la Nature* et la Bourgogne», *in Bicentenaire de Buffon : 1788-1988, Mémoires de l'Académie des Sciences, Arts et Belles-Lettres de Dijon, 1987-1988*, (publ. 1989), T. 128 : pp. 123-130. [Apport de l'histoire géologique de la Bourgogne et des fouilles réalisées dans la région de Montbard].

RAZUMOVSKAIA (M.V.), «Kontseptsiia cheloveka i obraz zhivotnogo v *"Estestvennoi istorii*" Biuffona», (Le concept de l'homme et l'image de l'animal dans l'*Histoire naturelle* de Buffon), *Voprosy Istorii Estestvoznanija i Tekhniki,* n° 4 (1985) : pp. 94-99.

RÉAU (L.), *L'Europe française au siècle des Lumières,* (1ère édition 1938), Paris, Albin Michel, 1971, 445p. [Renommée de Buffon en Italie : p. 77; en Espagne : p. 79; en Russie : pp. 96, 158].

RÉAUX (P.), «Buffon, gentilhomme bourguignon», *Géo-magazine.* La généalogie aujourd'hui, Paris, 1988, n° 64 : pp. 18-22.

REBEYROL (Y.), «Les règnes de Buffon», *Le Monde,* 16 mars 1988.

REINHARDT (O.) and OLDROYD (D.R.), «Kant's Thoughts on the Ageing of the Earth», *Annals of Science,* 39 (1982) : pp. 349-369. [Kant, inspiré par Buffon : p. 352].

REINHARDT (O.) and OLDROYD (D.R.), «Kant's Theory of Earthquakes and Volcanic Action», *Annals of Science,* 40 (1983) : pp. 247-272. [Accord des théories de Buffon et de Kant : pp. 251, 254n, 262, 266, 268].

REINHARDT (O.) and OLDROYD (D.R.), «By Analogy with the Heavens : Kant's Theory of the Earth», *Annals of Science,* 41 (1984) : pp. 203-221. [Accord de Kant et Buffon sur l'âge de la Terre : p. 205; hypothèse de Buffon au sujet du rôle des courants océaniques sur le relief des terres antérieurement immergées : p. 220].

REY (R.), «L'Espèce entre Science et Philosophie chez C. Bonnet», *in Histoire du concept d'espèce dans les Sciences de la vie, (Colloque international, Paris 1985),* Paris, Éditions de la Fondation Singer-Polignac, 1987 : pp. 79-99. [Buffon : pp. 80, 89-91, 98].

REY (R.), *Naissance et développement du vitalisme en France de la deuxième moitié du XVIIIe siècle à la fin du Premier Empire,* Thèse de doctorat (Histoire), Université Paris I, 1987, dactyl., 3 vol. 388, 282 et 277p. [Nombreuses références à l'influence des théories de Buffon].

REY (R.), «Dynamique des formes et interprétation de la nature», *Recherches sur Diderot et sur l'Encyclopédie,* n° 11 (octobre 1991) : pp. 49-62. [L'espèce et l'individu dans l'*Histoire naturelle*; forte influence de l'œuvre de Buffon sur la pensée de Diderot : pp. 54-57, 59-62].

REYNAUD (D.), «Pour une Théorie de la Description au 18è siècle», *Dix-Huitième Siècle,* 22 (1990) : pp. 347-366. [La description dans l'œuvre de Buffon, parfois en contradiction avec Daubenton : pp. 349-350, 352-360, 363-366].

RHEINBERGER (H.J.), «Buffon : Zeit, Veränderung und Geschichte», *History and Philosophy of the Life Sciences,* 12 (1990) : pp. 203-223.

RICHARDSON (R.A.), *The development of the theory of geographical race formation : Buffon to Darwin,* Thèse, University of Wisconsin, 1969, 252p.

RICHARDSON (R.A.), «Biogeography and the Genesis of Darwin's Ideas on Transmutation», *Journal of the History of Biology,* 14 (1981) : pp. 1-41. [Références à l'*Histoire naturelle* de Buffon : pp. 1n-2n, 12].

RIEPPEL (O.), «The Dream of Charles Bonnet (1720-1793)», *in Festschrift für Jean Starobinski, Gesnerus,* 42 (1985) : nos 3-4 : pp. 359-367. [Évolution des positions de Charles Bonnet au sujet des théories de Buffon : pp. 359, 363; aboutissant à de violentes attaques : p. 364].

RIEPPEL (O.), «The Reception of Leibniz's Philosophy in the Writings of Charles Bonnet (1720-1793)», *Journal of the History of Biology,* 21 (1988) : pp. 119-145. [Opposition de C. Bonnet aux théories de Buffon sur «les moules intérieurs» (p. 123), l'embryogénèse (p. 126), la génération (pp. 143-144)].

RIGNAULT (B.), «Les forges de Buffon, commune de Buffon (Côte-d'Or)», *Mémoires de la Commission des Antiquités du Département de la Côte-d'Or,* 27 (1970-1971, paru 1972) : pp. 209-225.

RIGNAULT (B.), «Les forges de Buffon», *Revue d'Histoire des Mines et de la Métallurgie,* 4 (1972) : pp. 105-115.

RIGNAULT (B.), «Les Forges de Buffon en Bourgogne : département de la Côte-d'Or»,

*Association pour la Sauvegarde et l'Animation des Forges de Buffon,* 1978, 69p.

RIVAUD (A.), *Histoire de la Philosophie,* T. 4 : *Philosophie française et Philosophie anglaise de 1700 à 1830,* Paris, Presses Universitaires de France, 1962. [Chapitre 17 : «La naissance de la Biologie moderne». Buffon : pp. 280-296].

ROCHE (D.), *Le Siècle des Lumières en Province. Académies et Académiciens provinciaux 1680-1789,* Paris et La Haye, Mouton, 1978, 2 vol., 394 et 520p. [Buffon : T. I. : pp. 222, 288, T. II : pp. 267-268].

ROCHE (D.), «Les éditeurs de l'*Encyclopédie*», *in Histoire de l'Édition Française,* H. -J. Martin et R. Chartier éds., T. II, *Le Livre Triomphant : 1660-1830,* Paris, Promodis, 1984 : pp. 194-197. [Panckoucke, éditeur de l'*Encyclopédie* et de l'*Histoire naturelle* de Buffon : p. 195].

RODDIER (H.), «Éducation et Politique chez J.J. Rousseau», *in Jean-Jacques Rousseau et son œuvre : problèmes et recherches* (Commémoration et colloque de Paris, 16-20 octobre 1962, organisés par le Comité national pour la Commémoration de Jean-Jacques Rousseau), Paris, C. Klincksieck, 1964 : pp. 183-193. [Buffon, inspirateur de l'*Émile*" : pp. 184-185].

ROE (S.A.), «The Development of Albrecht von Haller's Views on Embrylogy», *Journal of the History of Biology,* 8 (1975) : pp. 167-190. [Influence des théories de Buffon : pp. 175-180, 184, 187-188].

ROE (S.A.), «Rationalism and Embryology : Caspar Friedrich Wolff's Theory of Epigenesis», *Journal of the History of Biology,* 12 (1979) : pp. 1-43. [Position de Wolff par rapport à Buffon : pp. 42-43].

ROE (S.A.), *Matter, Life and Generation : 18th Century; Embryology and the Haller-Wolff Debate,* Cambridge University Press, 1981, 214p. [Analyse des théories épigénistes de Maupertuis, Buffon, Needham].

ROGER (J.), «L'esprit scientifique de Buffon», *in Comptes Rendus du 84$^e$ Congrès des Sociétés savantes de Paris et des départements, Dijon 1959, Section Sciences,* Paris, Gauthier-Villars, 1960 : pp. 21-34.

ROGER (R.), *Buffon. Les Époques de la nature. Édition critique,* Paris, 1962 (Cf. *supra* p. 694).

ROGER (J.), «Diderot et Buffon en 1749», *in Diderot Studies,* Geneva, 4 (1963) : pp. 221-236.

ROGER (J.), «Die Auffassung des Typus bei Buffon und Goethe», *Naturwissenschaften,* 52 (1965) : pp. 313-319.

ROGER (J.), «Les conditions intellectuelles de l'apparition du transformisme», *Raison présente,* n° 2 (1967) : pp. 43-50. [Rôle des théories de Buffon : les «molécules organiques», la dégénération, le refroidissement de la terre : pp. 45-48].

ROGER (J.), «Buffon», *in Dictionary of Scientific Biography,* C.C. Gillispie ed., New York, Charles Scribner's Sons, vol. II, 1970 : pp. 576-582.

ROGER (J.), *Les Sciences de la vie dans la pensée française du XVIII$^e$ siècle. La génération des animaux de Descartes à l'Encyclopédie,* 1$^{ère}$ édition, Paris, Armand Colin, 1963; 2$^{ème}$ édition complétée, Paris, Armand Colin, 1971, 848p. [Le chapitre «la Science des philosophes» (1745-1770) est consacré à Buffon : pp. 527-584].

ROGER (J.), «La Théorie de la Terre au XVII$^e$ siècle», *Revue d'Histoire des Sciences,* 26 (1973) : pp. 23-48. [Influence sur les théories de Buffon et Cuvier : pp. 24, 26, 47-48].

ROGER (J.), «Le feu et l'histoire : James Hutton et la naissance de la géologie», *in Approches des Lumières : Mélanges offerts à Jean Fabre,* B. Guyon éd., Paris, Klincksieck, 1974 : pp. 415-429. [Influence des *Époques de la Nature* et de la *Théorie de la Terre* de Buffon sur Hutton].

ROGER (J.), «Correspondances de savants et naturalistes aux XVIII$^e$ et XIX$^e$ siècles», *Revue de Synthèse,* 97 (1976) : pp. 143-146. [Parution d'éditions partielles de la correspondance de Buffon : p. 144].

ROGER (J.), «Introduction», *in Un autre Buffon,* J.-L. Binet et J. Roger, éds., Paris,

Hermann, 1977 : 200p

ROGER (J.), «Buffon et la théorie de l'anthropologie», *in Enlightenment Studies in honour of Lester G. Crocker,* Oxford, A.J. Bingham and V.W. Topazio eds., The Voltaire Foundation at the Taylor Institution (1979) : pp. 253-262.

ROGER (J.), «Chimie et biologie : des "molécules organiques" de Buffon à la "Physico-chimie" de Lamarck», *History and Philosophy of the Life Science,* 1 (1979) : pp. 43-64.

ROGER (J.), «The living World», *in The Ferment of Knowledge. Studies in the Historiography of Eighteenth-Century Science,* G.S. Rousseau and Roy Porter, eds., New York, Cambridge University Press, 1980 : pp. 255-283. [Importance des idées de Buffon : pp. 260, 262, 265-266, 268, 273-275, 279-283].

ROGER (J.), «Énergie, ordre et histoire dans la pensée de Buffon», *Histoire et Nature,* nos 19-20 (1981-1982) : pp. 53-55.

ROGER (J.), «Histoire Naturelle et Biologie chez Buffon», *in Lazzaro Spallanzani e la Biologia del Settecento,* Atti del Convegno, Reggio Emilia, Modena, Scandiano, Pavia, 23-27 marzo1981, a cura di Giuseppe Montalenti et Paolo Rossi, Firenze, Leo S. Olschki Editore, 1982 : pp. 353-362.

ROGER (J.), «Buffon et le transformisme», *La Recherche,* n° 138, vol. 13, novembre 1982 : pp. 1246-1254.

ROGER (J.), «Lamarck et Jean-Jacques Rousseau», *in Festschrift für Jean Starobinski, Gesnerus,* 42 (1985) nos 3-4 : pp. 369-381. [Lamarck, élève de Bernard de Jussieu, remarqué et introduit par Buffon à l'Académie des Sciences, mentor de son fils en Europe : p. 369; Buffon, censeur de Lamarck : p. 370].

ROGER (J.), «The mechanistic conception of Life», *in* D.C. Lindberg and R.L. Numbers eds, *God and Nature : Historical Essays on the Encounter between Christianity and Science,* Berkeley, University of California Press, 1986 : pp. 277-295. [Les théories de Buffon et la théologie : p. 289].

ROGER (J.), «L'Europe Savante 1700-1850», *in Les savants genevois dans l'Europe intellectuelle du XVIIᵉ au milieu du XIXᵉ siècle,* J. Trembley éd., Genève, Éditions du Journal de Genève, 1987 : pp. 23-54. [L'*Histoire naturelle* à travers l'Europe].

ROGER (J.), «Buffon, Jefferson et l'Homme Américain», *Bulletins et Mémoires de la Société d'Anthropologie de Paris,* Numéro spécial, *Histoire de l'Anthropologie : Hommes, Idées, Moments.* Sous la direction de C. Blanckaert, A. Ducros, J.J. Hublin, T. 1, nouvelle série, nos 3-4 (1989) : pp. 57-65.

ROGER (J.), *Buffon. Un philosophe au Jardin du Roi,* Paris, Fayard, 1989, 645p.

ROGER (J.), «Tradizione e Modernità in Buffon», Traduzione di Renata A. Bartoli, *in Il Vivente e l'Anima Tra scienza, filosofia e tradizione,* 1990 : pp. 91-103.

ROGER (J.), «L'Histoire naturelle au XVIIIᵉ siècle : De l'Échelle des êtres à l'Évolution», *Bulletin de la Société zoologique de France,* 115 (1990) : pp. 245-254. [Buffon : pp. 250-251].

ROGER (P.), «Rousseau selon Sade ou Jean-Jacques travesti», *Dix-Huitième Siècle,* 23 (1991) : pp. 383-405. [Aucune œuvre de Rousseau mais présence de l'*Histoire naturelle* de Buffon dans l'inventaire des livres de Sade à la Bastille, en 1787 : p. 391n].

ROGNET (R.), «L'abbé Gabriel Bexon, collaborateur de Buffon (Remiremont, Vosges, le 10 mars 1747-Paris, le 15 février 1784)», *En passant par la Lorraine,* (Créteil) 1982, n° 9 : pp. 5-16; n° 10 : pp. 13-17; n° 11 : pp. 3-10.

ROOKMAAKER (L.C.), «Histoire du rhinocéros de Versailles (1770-1793)», *Revue d'Histoire des Sciences,* 36 (1983) : pp. 307-318. [Description par Buffon : pp. 308-309. Addition à l'article «Rhinocéros» dans l'*Histoire naturelle* (1778, vol. XI, p. 70) : p. 317].

ROOKMAAKER (L.C.), «The zoological notes by Johann Reinhold and George Forster included in Buffon's *Histoire naturelle* (1782)», *Archives of Natural History,* 12 (1985) : pp. 203-212.

ROSSI (P.), *I segni del tempo : Storia della terra e storia delle nazioni da Hooke a Vico*, Milano, Feltrinelli, 1979, 346p., traduction anglaise par Lydia G. Cochrane : *The Dark Abyss of Time : The History of the Earth and the History of Nations from Hooke to Vico*, Chicago, The University of Chicago Press, 1984, paperback ed. 1987, XVI-338p. [L'origine, les lois et la durée de l'univers dans la *Théorie de la Terre* et les *Époques de la Nature*].

ROSSO (C.), «Buffon et la fin des loteries», *in Thèmes et figures du siècle des Lumières, Mélanges offerts à Roland Mortier,* édités par Raymond Trousson, Genève, Droz, 8 (1980) : pp. 229-237.

ROSSO (C.), «Buffon, la fin des loteries ou la peur de souffrir», *in Les tambours de Santerre. Essais sur quelques éclipses des Lumières au XVIII*$^e$*siècle*, Pise, Editr. Libr. Goliardica, 1986 : pp. 221-231.

ROSTAND (J.), «Les précurseurs français de Charles Darwin», *Revue d'Histoire des Sciences et de leurs Applications*, 13 (1960) : pp. 45-58. [Buffon : pp. 46-47].

ROSTAND (J.), «Les grands problèmes de la biologie», *in Histoire Générale des Sciences,* R. Taton éd., T. II : *La Science Moderne (de 1450 à 1800)*, Troisième partie : *le XVIII*$^e$ *siècle*, Paris, Presses Universitaires de France, 1969 : pp. 597-618. [Sur Buffon : pp. 598-600, 602-604, 609-612, 615-616].

ROTA-GHIBAUDI (S.), «Scienze naturali e scienze sociali nell' *Histoire naturelle* di Buffon», *Il Pensiero politico,* Firenze, 12 (1979) : pp. 315-329.

ROUCHER (F.), «À l'époque des Lumières : Roucher, Buffon et le rut du cerf», *in Cahiers Roucher-André Chénier,* n° 1 (1980) : pp. 67-75.

ROUQUETTE (M.L.), «R. W. Darwin et la psychophysiologie de la vision», *Revue d'Histoire des Sciences,* 26 (1973) : pp. 146-151. [Buffon et les couleurs accidentelles : p. 147].

RUDWICK (M.J.S.), «The Strategy of Lyell's "Principles of Geology"», *Isis*, 61 (1970) : pp. 5-33. [Allusion à la théorie de Buffon sur le refroidissement progressif de la terre : p. 12].

RUDWICK (M.J.S.), *The Meaning of Fossils : Episodes in the History of Palaeontology*, London, New York, Mac Donald, American Elsevier, 1972, 287p. [Les fossiles et leur interprétation dans l'œuvre de Buffon : pp. 93-95, 103-105, 109-112, 115, 118, 147].

RUDWICK (M.J.S.), «The Shape and Meaning of Earth History», *in* D.C. Lindberg and R.L. Numbers eds., *God and Nature : Historical Essays on the Encounter between Christianity and Science,* Berkeley, University of California Press, 1986 : pp. 296-321. [Les *Époques de la Nature* et la *Genèse* : p. 309].

RUPP-EISENREICH (B.), «Aux "origines" de la Völkerkunde allemande : de la Statistik à l'Anthropologie de Georg Forster», *in Histoires de l'Anthropologie (XVI*$^e$ *- XIX*$^e$ *siècles). Colloque "La Pratique de l'Anthropologie aujourd'hui", 19-21 novembre 1981, Sèvres,* présenté par Britta Rupp-Eisenreich, Paris, Klincksieck, 1984 : pp. 89-115. [Influence de Buffon sur Forster : pp. 103, 108].

RUYSSEN (Amiral H.), «Le village de Buffon pendant la Révolution», *Bulletin de la Société des Sciences historiques et naturelles de Semur-en-Auxois,* n° 1 (1969) : pp. 8-15, n° 2 (1969) : pp. 20-36].

SABAN (R.), «Daubenton, précurseur de l'anatomie comparée», *in Comptes Rendus du 109*$^e$ *Congrès National des Sociétés Savantes, Dijon 1984, Section d'Histoire des Sciences et des Techniques,* Paris, Comité des Travaux Historiques et Scientifiques, 1984 : pp. 145-164. [Les débuts de la carrière de Daubenton dans l'ombre de Buffon : pp. 146-150; Apport de ses descriptions anatomiques à l'*Histoire naturelle* : p. 154].

SADOUN-GOUPIL (M.), *Le chimiste Claude-Louis Berthollet, 1748-1822, sa vie et son œuvre,* Paris, Vrin, 1977, XVI-329p. [Buffon critiqué par Berthollet au sujet de la théorie du phlogistique : pp. 119-120].

SAISSELIN (R.G.), «Buffon, style, and gentlemen», *Journal of Aesthetics and Art Criticism,*

(Baltimore), 16 (1957-1958) : pp. 357-361.

SALOMON-BAYET (C.), *L'Institution de la Science et l'Expérience du Vivant. Méthode et expérience à l'Académie royale des Sciences 1666-1793,* Paris, Flammarion, 1978, 464p. [Importance des méthodes de Buffon (observation, description, expérimentation et de ses théories].

SÁNCHEZ-BLANCO (F.), «La repercusión en España de la *Historia natural del hombre* del conde de Buffon», *Asclepio,* 39 (1987) : pp. 73-93.

SANDLER (I.), «The Re-examination of Spallanzani's Interprétation of the Role of the Spermatic Animalcules in Fertilization», *Journal of the History of Biology,* 6 (1973) : pp. 193-223. [Travaux et hypothèses de Buffon : pp. 194, 197-202, 205-206, 208-210, 218].

SANDLER (I.), «Some Reflections on the Protean Nature of the Scientific Precursor», *History of Science,* 17 (1979) : pp. 170-190. [Maupertuis, Buffon, Darwin].

SCHELER (L.), «Deux lettres inédites de Mme Lavoisier», *Revue d'Histoire des Sciences,* 38 (1985) : pp. 121-130. [Adressées à L.B. Guyton de Morveau, datées du 9 octobre 1787 et du 16 novembre 1788. La seconde évoque l'éloge de Buffon par Condorcet à l'Académie Royale des Sciences].

SCHIAVONE (M.), «Il conte di Buffon», *KOS,* Italie, n° 37 (1988) : pp. 36-48.

SCHIAVONE (M.), «Le opere di Buffon a 200 anni della morte», *Esopo,* n° 39 (1988) : pp. 21-32.

SCHILLER (J.), «Physiologie et classification dans l'œuvre de Lamarck», *Histoire et Biologie,* fasc. 2, (1969) : pp. 35-57. [Influence de Buffon sur Lamarck : pp. 36, 41, 44].

SCHILLER (J.), «L'Échelle des Êtres et la Série chez Lamarck», *in Colloque international "Lamarck", tenu au Muséum National d'Histoire Naturelle, Paris 1-3 juillet 1971,* Paris, Blanchard, 1971 : pp. 87-103. [La théorie des "molécules organiques" et du "moule intérieur" de Buffon : pp. 91-94. Critique de Buffon par Lelarge de Lignac et Réaumur : p. 97. Unité de plan dans le règne animal selon Buffon : pp. 100-102].

SCHILLER (J.), «Queries, Answers and Unsolved Problems in Eighteenth-Century Biology», *History of Science,* 12 (1974) : pp. 184-199. [Concordance de vues de Buffon et Bonnet sur les classifications : p. 185; mais désaccord sur l'épigenèse : p. 192. Buffon, Needham et la génération spontanée : p. 193; l'organisation de la vie : pp. 194-195].

SCHILLER (J.), *La notion d'organisation dans l'histoire de la biologie,* Paris, Maloine, 1978, VI-138p. [Dans le chapitre V : «Les "Épigénistes et l'organisation", sont exposées les théories de Buffon sur la génération, les "molécules organiques," le "moule intérieur" : pp. 40-45].

SCHNEER (C.J.), «Voltaire, the Skeptical Geologist», *Histoire et Nature,* n°s 19-20 (1981-1982) : pp. 59-64. [Les propos critiques de Voltaire à l'encontre de Buffon : pp. 62-63].

SCHWARTZ (J.S.), «Darwin, Wallace, and Huxley, and *Vestiges of the Natural History of Creation*», *Journal of the History of Biology,* 23 (1990) : pp. 127-153. [Influence de Buffon et Lamarck sur R. Chambers : p. 129].

SCHWEBER (S.S.), «John Herschel and Charles Darwin : A Study in Parallel Lives», *Journal of the History of Biology,* 22 (1989) : pp. 1-71. [Hypothèses de Buffon et Kant sur la formation du système solaire : p. 30. Influence de Buffon sur l'histoire de la nature : p. 49].

SECORD (J.A.), «Nature's Fancy : Charles Darwin and the Breeding of Pigeons», *Isis,* 72 (1981) : pp. 163-186. [Référence à l'*Histoire naturelle des Oiseaux* de Buffon : p. 167].

SEIDENGART (J.) éd., *Emmanuel Kant. Histoire générale de la nature et théorie du ciel (1755)* Trad. de *Allgemeine Naturgeschichte und Theorie des Himmels.* Traduction, introductions et notes par Pierre Kerszberg, Anne-Marie Roviello,

Jean Seidengart sous la direction de Jean Seidengart, Paris, Vrin, 1984, 315p. [Références à la cosmologie de Buffon : pp. 21-22, 24, 30, 115, 183, notes : pp. 264-265, 281].

SGARD (J.), éd., *Corpus Condillac (1714-1780)* , Genève, Paris, Slatkine, 1981, 252p. [Sur la polémique entre Buffon et Condillac : pp. 7, 9, 59, 66, 135, 182, 214].

SHEETS-JOHNSTONE (M.), «Why Lamarck did not Discover the Principle of Natural Selection», *Journal of the History of Biology*, 15 (1982) : pp. 443-465. [Le théisme de Lamarck apparaît plus profond que celui de Buffon : pp. 443, 445, 452, 454].

SIMPSON (E.M.), *The Dévôt Masqué. The Role of Buffon in the Enlightenment and of Religion in his Life and Work*, Thèse, University of Liverpool, 1986.

SINGER (C.), *A History of Biology to about the Year 1900. A General Introduction to the Study of Living Things,* London, New York, Abelard-Schuman, 1959, XXXVI-580p. (Third and completely revised Edition). [Dans le chapitre VIII («Evolution») de la deuxième partie : Buffon et Erasmus Darwin : pp. 293-296 : les expériences de Needham et Buffon : pp. 441, 508].

SLOAN (P.R.), *The history of the concept of the biological species in the 17<sup>th</sup> and 18<sup>th</sup> centuries and the origin of the species problem*, Thèse, University of San Diego, 1970, 439p.

SLOAN (P.R.), «John Locke, John Ray and the Problem of the Natural System», *Journal of the History of Biology*, 5 (1972) : pp. 1-53. [Influence de Locke et Condillac sur Buffon : p. 52].

SLOAN (P.R.), «The idea of racial degeneracy in Buffon's *Histoire naturelle*», *in* Harold E. Pagliaro ed., *Racism in the Eighteenth Century* (Studies in Eighteenth-Century Culture, 3), Cleveland, Press of Case Western Reserve University, 1973 : pp. 293-321.

SLOAN (P.R.), «The Buffon-Linnaeus Controversy», *Isis,* 67 (1976) : pp. 356-375.

SLOAN (P.R.), «The impact of Buffon's taxonomic philosophy in German biology : The establishment of the biological species concept», *Proceedings of the XV<sup>th.</sup> International Congress of the History of Science, Edinburgh 10-19 August 1977,* E.G. Forbes, ed., Edinburgh, Edinburgh University Press, 1978 : pp. 531-538.

SLOAN (P.R.), «Buffon, German Biology and the Historical Interpretation of Biological Species», *British Journal for the History of Science*, 12 (1979) : pp. 109-153.

SLOAN (P.R.), «Darwin, Vital Matter, and the Transformism of Species», *Journal of the History of Biology,* 19 (1986) : pp. 369-445. [La théorie des "molécules organiques" de Buffon et Needham : pp. 381-382].

SLOAN (P.R.), «From logical universals to historical individuals : Buffon's idea of biological species», *in Histoire du concept d'espèce dans les Sciences de la vie, (Colloque international, Paris 1985),* Paris, Éditions de la Fondation Singer-Polignac, 1987 : pp. 101-140.

SMEATON (W.A.), «The Contributions of P.-J. Macquer, T.O. Bergman and L.B. Guyton de Morveau to the Reform of Chemical Nomenclature», *Annals of Science,* 10 (1954) : pp. 87-106. [Buffon a reproduit dans le volume ii de l'*Histoire naturelle des Minéraux* le tableau de la nouvelle nomenclature chimique, toutefois il ne l'a pas utilisée dans le texte : p. 96].

SMEATON (W.A.), «Some Large Burning Lenses and their Use by Eighteenth-Century French and British Chemists», *Annals of Science*, 44 (1987) : pp. 265-276. [Publication dans les *Mémoires* de l'Académie Royale des Sciences, en 1752, des expériences de Buffon sur les lentilles et miroirs ardents : pp. 266-267; les «loupes à échelons» de Buffon examinées vers 1782 ne furent pas adoptées : p. 272].

SOLINAS (G.), «Illuminismo e storia naturale in Buffon», *in Rivista critica di Storia della Filosofia,* 20 (1965) : pp. 267-312. Repris dans *Studi sull' Illuminismo* (1966) : pp. 1-46.

SOLINAS (G.), «Newton and Buffon», *in* P. Beer ed., *Newton and the Enlightenment* (Symposium, Cagliari 1977), *Vistas in Astronomy* (special issue), 22 (1978) : pp. 431-439.

SOLINAS (G.), «Newton in Buffon», *Studi di Filosofia e di Storia della Cultura,* Sassari, Gallizzi, (1978) : pp. 33-50.

SOMMER (A.), «William Frederic Edwards : "Rasse" als Grundlage europäischer Geschichtsdeutung ?», *in Die Natur des Menschen. Probleme der Physischen Anthropologie und Rassenkunde (1750-1850)*, herausgegeben von Gunter Mann und Franz Dumont, Stuttgart, New York, Gustav Fischer Verlag, 1990 : pp. 365-409. [Les races dans l'*Histoire naturelle* de Buffon : pp. 381-382, 384, 393, 397-398].

SOUMOY-THIBERT (G.), «Les Idées de Madame Necker», *Dix-Huitième Siècle*, 21 (1989) : pp. 357-368. [Sur l'amitié de Madame Necker et de Buffon : pp. 357, 361n, 362].

SOUTIF (M.), «Moi, Buffon», *Géo Personnalités,* n° 110, avril 1988 : pp. 51-71.

SPEZIALI (P.), «Une correspondance inédite entre Clairaut et Cramer», *Revue d'Histoire des Sciences et de leurs Applications*, 8 (1955) : pp. 193-237. [Dans une lettre du 26 juillet 1749, Clairaut expose à Cramer les détails de la polémique qui l'oppose à Buffon sur la loi de l'attraction à l'Académie des Sciences : pp. 226-227].

SPEZIALI (P.), «Gabriel Cramer (1704-1752) et ses correspondants», Paris, *Les Conférences du Palais de la Découverte*, série D, n° 59, 1959, 28p. [Buffon, correspondant de G. Cramer : p. 22].

SPINK (J. S.), «La phase naturaliste dans la préparation de l'"Émile" ou Wolmar éducateur», *in Jean-Jacques Rousseau et son œuvre : Problèmes et recherches* (Commémoration et colloque de Paris, 16-20 octobre 1962, organisés par le Comité national pour la commémoration de Jean-Jacques Rousseau), Paris, C. Klincksieck, 1964 : pp. 171-181. [Spiritualisme artificiel de Buffon : p. 178].

SPINK (J.S.), «Un Abbé Philosophe : L'Affaire de J. M. de Prades», *Dix-Huitième Siècle*, 3 (1971) : pp. 145-180. [Théories de Buffon sur la formation de la Terre : p. 153. Attaques de l'évêque d'Auxerre (Mgr. de Caylus) contre Buffon et Montesquieu citées par Diderot : p. 176].

SPINK (J.S.), «Les Avatars du "Sentiment de l'Existence" de Locke à Rousseau», *Dix-Huitième Siècle*, 10 (1978) : pp. 269-298. [Description de cette prise de conscience dans l'*Histoire naturelle* et critiques : pp. 283-285, 288-290, 293, 296].

STAROBINSKI (J.), «Rousseau et Buffon», *in Jean-Jacques Rousseau et son œuvre : Problèmes et recherches* (Commémoration et colloque de Paris, 16-20 octobre 1962, organisés par le Comité national pour la commémoration de Jean-Jacques Rousseau), Paris, C. Klincksieck, 1964 : pp. 135-146. Repris, avec modifications de détail, dans *Gesnerus*, 21 (1964) : pp. 83-94; et dans J. Starobinski, *La transparence et l'obstacle,* Paris, Gallimard, 1971 : pp. 380-392.

STASZEWSKI (J.), «System dziejów ziemi i aktualizm geologiczny Hugona Kollantaja (Système d'histoire de la terre et l'actualisme géologique de H. Kollantaj)»; *Kwartalnik Historii Nauki i Techniki*, 9 n° 1 (1964) : pp. 15-40. [Théorie géologique en accord avec Buffon et de Luc].

STENGERS (J.), «Buffon et la Sorbonne», *in Études sur le XVIIIᵉ siècle*, Bruxelles, Éditions de l'Université de Bruxelles (1974) : pp. 97-127.

STEVENS (P.F.), «Haüy and A.P. Candolle : Crystallography, Botanical Systematics, and Comparative Morphology, 1780-1840», *Journal of the History of Biology*, 17 (1984) : pp. 49-82. [Buffon, critique des théories de Romé de L'Isle sur la cristallographie : p. 53].

STOCKING (G.W.) Jr. ed., «From chronology to Ethnology. James Cowles Prichard and British Anthropology 1800-1850», *in Researches into the Physical History of Man by James Cowles Prichard*, fac-similé de l'édition de Londres, 1813, John and Arthur Arch eds., Chicago, London, The University of Chicago Press, 1973 :

pp. IX-CX [Buffon et la notion d'espèce : pp. XXXVI, L-LII].

STROHL (J.), «Buffon», *in Tableau de la littérature française*, T. 2, Paris, Gallimard (1962) : pp. 250-261. Réédition de l'ouvrage de 1939.

STROSETZKI (C.), «Die geometrische Anordnung des Wissens. Von Pascals "esprit de géométrie" zu Diderots und d'Alemberts Enzyklopädie und Buffons Naturgeschichte», *in* Christoph Strosetzki, *Konversation und Literatur. Zu Regeln der Rhetorik und Rezeption in Spanien und Frankreich,* Frankfurt am Main, Bern, New York, Paris, Lang, 1988 : pp. 95-128. Repris *in Fachgespräche in Aufklärung und Revolution,* Brigitte Schlieben-Lange ed., Tübingen, Niemeyer, 1989 : pp. 169-195.

SVAGELSKI (J.), *L'Idée de compensation en France, 1750-1850,* Lyon, L'Hermès, 1981, 340p. [Nombreux développements sur Buffon].

SWETLITZ (M.), «The Minds of Beavers and the Minds of Humans : Natural Suggestion, Natural Selection, and Experiment in the Work of Lewis Henry Morgan», *in Bones, Bodies, Behavior : Essays on Biological Anthropology* (History of Anthropology, vol. 5), G. W. Stocking Jr, ed., Madison, University of Wisconsin Press, 1988 : pp. 56-83. [Les instincts des castors dans l'*Histoire naturelle* de Buffon : pp. 61, 65].

TALAMONTI (R.), «La teoria dell' evoluzione prima di Darwin (La théorie de l'évolution avant Darwin)», *Rivista di Storia della Medicina,* Roma, 16 (1972) : pp. 239-252.

TAPA (K.), *L'Afrique dans l'«Histoire naturelle» de Buffon,* Doctorat de troisième cycle (philosophie), dactyl., Université de Paris I, 1982, 284p.

TATON (R.) éd., *Histoire Générale des Sciences,* T. II : *La Science Moderne (de 1450 à 1800).* Troisième partie : *le XVIII^e siècle,* Paris, Presses Universitaires de France, 1969 : pp. 435-771. Réédition de l'édition de 1958. [Nombreuses références à Buffon et à l'*Histoire naturelle*].

TATON (R.), «Essor de l'analyse et renouveau de la géométrie», *in Histoire Générale des Sciences,* R. Taton éd., T. II : *La Science Moderne (de 1450 à 1800),* Troisième partie : *le XVIII^e siècle,* Paris, Presses Universitaires de France, 1969, pp. 447-480. Réédition de l'édition de 1958. [Probabilités et statistiques dans l'œuvre de Buffon, pp. 449, 469-470].

TATON (R.), «Inventaire chronologique de l'œuvre d'Alexis-Claude Clairaut (1713-1765)», *Revue d'Histoire des Sciences,* 29 (1976), pp. 97-122. [Références sur la controverse Buffon-Clairaut, pp. 106-107].

TATON (R.) éd., *Histoire Générale des Sciences,* T. III, *La Science Contemporaine,* vol. 1, *le XIX^e siècle,* Paris, Presses Universitaires de France, 1981, 755p. Réédition de l'édition de 1961. [*Passim,* Influence de Buffon sur la zoologie, la paléontologie, l'anatomie comparée, la théorie de l'évolution, la géologie].

TATON (R.) éd., *Enseignement et diffusion des Sciences en France au XVIII^e siècle,* (1^ère édition 1964) Paris, Hermann, 1986, 778p. [cf. Laissus (Y.)].

TAYLOR (K.L.), «The beginnings of a French geological identity», *Histoire et Nature,* n^o 19-20 (1981-1982) : pp. 65-82. [Rôle des théories de Buffon : pp. 67, 70, 79].

TÉTRY (A.), «Zoologie», *in Histoire Générale des Sciences,* R. Taton éd., T. II : *La Science Moderne (de 1450 à 1800),* Troisième partie : *le XVIII^e siècle,* Paris, Presses Universitaires de France, 1969 : pp. 670-678. Réédition de l'édition de 1958. [Importance de Buffon, Intendant du Jardin du Roi : p. 671 et de l'*Histoire Naturelle* : pp. 674, 677-678].

THÉODORIDÈS (J.), *Histoire de la biologie,* Paris, Presses Universitaires de France, «Que sais-je», n^o 1, 4^e édition, mise à jour, 1984 (1^ère éd. : 1965, 125 p). [Sur Buffon : pp. 43-47].

THÉODORIDÈS (J.), «Buffon jugé par Stendhal», *Stendhal Club,* Lausanne (1968) : pp. 193-202.

TI-CHOU (T.), «A short Talk on Biological Theories and the History of their Development», *Chinese Studies in Philosophy,* 10 (1979), n^o 4 : pp. 55-82. [Les grandes théories biologiques d'Aristote à Loeb en passant par Buffon].

TINLAND (F.), *L'Homme Sauvage. Homo Ferus et Homo Sylvestris. De l'Animal à l'Homme*, Paris, Payot, 1968, 287p. [Dans l'*Histoire naturelle* de Buffon, l'homme le plus primitif surpasse l'anthropoïde le plus évolué, celui-ci étant essentiellement dépourvu d'"un principe supérieur" et incapable d'un langage parlé].

TINTANT (H.), «Buffon, précurseur de la biométrie humaine?», *in Bicentenaire de Buffon : 1788-1988, Mémoires de l'Académie des Sciences, Arts et Belles-Lettres de Dijon, 1987-1988* (pub. 1989), T. 128 : pp. 115-123. [Étude par Buffon de la courbe de croissance du fils de Guéneau de Montbeillard].

TOELLNER (R.), «Lazzaro Spallanzani, The "Generatio Spontanea" and the Conception of the World», *in Lazzaro Spallanzani e la biologia del Settecento,* Atti del Convegno, Reggio Emilia, Modena, Scandiano, Pavia, 23-27 marzo 1981, a cura di Giuseppe Montalenti e Paolo Rossi, Firenze, Leo S. Olschki Editore, 1982 : pp. 109-119. [Critique par Spallanzani de la théorie de Buffon et Needham : pp. 110n-111, 114-116].

TOMASELLI (S.), «Reflections on the History of the Science of Woman», *History of Science*, 29 (1991) : pp. 185-205. [Place et description de la femme dans l'*Histoire naturelle*. Jugement de Buffon sur le comportement de l'homme à son égard : pp. 195-198].

TONELLI (G.), «Pierre-Jacques Changeux and Scepticism in the French Enlightenment», *Studia Leibnitiana*, 6 (1974) : pp. 106-126. [Philosophie de la Science chez Fontenelle, d'Alembert, Buffon].

TORLAIS (J.), «Une grande controverse scientifique au XVIIIè siècle : L'abbé Nollet et Benjamin Franklin», *Revue d'Histoire des Sciences et de leurs Applications*, 9 (1956) : pp. 339-349. [Rôle de Buffon : pp. 339-340, 342-343].

TORLAIS (J.), «Une rivalité célèbre : Réaumur et Buffon», *La Presse Médicale*, 66 (1958) : pp. 1057-1058.

TORLAIS (J.), «L'Abbé Nollet (1700-1770) et la physique expérimentale au XVIII è siècle», Paris, *Les Conférences du Palais de la Découverte,* Série D, n° 59, 1959, 26p. [Sur demande de Buffon, en représailles des critiques de Réaumur, Nollet est supplanté par Dalibard pour la traduction des «Lettres sur l'Électricité» adressées par Franklin à Collinson : pp. 16-18].

TORLAIS (J.), *Un physicien au siècle des Lumières : L'Abbé Nollet, 1700-1770*, Arcueil, Jonas Éditeur, 1987 (1ère éd. 1944), 205p.

TORT (P.), *La pensée hiérarchique et l'évolution : les complexes discursifs,* Paris, Aubier-Montaigne, 1983, 556p. [Les théories de Buffon préparant l'apparition du transformisme : pp. 117-164. Nombreuses autres références].

TORT (P.), *La raison classificatoire : Quinze études*, Paris, Aubier-Montaigne, 1989, 572p. [Définition de l'espèce par Buffon, critiques d'Adanson : pp. 248-251, 253-256. nombreuses autres références sur Buffon].

TREMBLEY (J.), ed., *Les savants genevois dans l'Europe intellectuelle : du XVIIè au milieu du XIXè siècle*, Genève, Éditions du Journal de Genève, 1987, IV-468p. [Leurs relations avec Buffon et le Jardin du Roi. Correspondance et prises de position sur l'*Histoire naturelle*].

TRENGOVE (L.), «Chemistry at the Royal Society of London in the Eighteenth Century. III (A) Metals, Platinum Early Printed References», *Annals of Science*, 21 (1965) : pp. 81-130. [Polémique autour du «Mémoire sur le platine» de Buffon : pp. 99-102].

TROUSSON (R.), «Quinze années d'Études Rousseauistes», *Dix-Huitième Siècle*, 9 (1977) : pp. 243-386. [Dette de Rousseau à l'égard de Buffon : p. 378].

T'SERSTEVENS (A.), «Buffon», *in Escales parmi les livres,* Paris, Nouvelles Éditions Latines, 1969 : pp. 112-120. [Critique de Buffon].

TSVERAVA (G.K.), «D.A. Golitsyn i zashchita Buffona (D.A. Galitzine et l'apologie de

Buffon)», *Voprosy Istorii Estestvoznanija i Tekhniki*, 3 (1983) : pp. 80-86.
TUCOO-CHALA (P.), «Fébus, Buffon et le renne dans les Pyrénées au Moyen Âge (les chasses du comte de Foix en Norvège et en Suède en 1358), *Pyrénées*, n° 106 (1976) : pp. 121-127.
TUCOO-CHALA (S.), «La Diffusion des Lumières dans la Seconde Moitié du XVIIIè Siècle : Ch.-J. Panckoucke, un Libraire éclairé (1760-1799)», *Dix-Huitième Siècle*, 6 (1974) : pp. 115-128. [Champion et défenseur de Buffon contre Haller : p. 116].
TUCOO-CHALA (S.), *C.J. Panckoucke et la Librairie française : 1736-1798,* Pau, Marrimpouey, Paris, J. Touzot, 1977, 558p. [Ami et adepte des théories de Buffon, libraire de l'Imprimerie royale à partir de 1764, il poursuit l'édition de l'*Histoire naturelle* qui comportait déjà 9 volumes in 4°. De multiples rééditions suivirent, de différents formats. Il obtint en outre la participation de Buffon à l'*Encyclopédie Méthodique*].
TUIJN (P.), «Historical notes on the Quagga (Equus quagga Gmelin, 1788; Mammalia, Perissodactyla), comprising some remarks on Buffon editions published in Holland», *Bijdragen tot De Dierkde,* 36 (1966) : pp. 75-79.
VACCARI (E.), «Storia della terra e tempi geologici in uno scritto inedito di Giovanni Arduino : La "Riposta allegorico-romanzesca" a Ferber», *Nuncius*, 6 (2) (1991) : pp. 171-212. [Les théories de Ferber, Arduino et Buffon, rapports et différences : pp. 176-177, 180-181].
VACHON (M.), «Buffon, Daubenton, Lamarck ou, comment de par les circonstances, le Jardin du Roi devint le Muséum d'Histoire naturelle», *Actes du 51è Congrès de l'Association bourguignonne des Sociétés savantes, Montbard 1980*, Montbard, Association des Amis de la Cité de Montbard, 1981 : pp. 108-113.
VARLOOT (J.), «Introduction à D. Diderot, *l'Interprétation de la Nature (1753-1765)», in Œuvres complètes* de Diderot, Tome IX, J. Varloot et al. éds., Paris, Hermann, 1981 : pp. 1-14. [J. Varloot évoque l'influence de Buffon sur Diderot dans l'*Interprétation de la Nature*. Les annotations du texte de Diderot, réalisées par H. Dieckmann, comportent de nombreuses références à l'*Histoire naturelle* de Buffon].
VARLOOT (J.), «Buffon et Diderot», *in* Siegfried Jüttner ed., *Présence de Diderot,* Frankfurt am Main, Lang, 1990 : pp. 298-315.
VARTANIAN (A.), «The Problem of Generation and the French Enlightenment», *Diderot Studies*, 6 (1964) : pp. 339-352. [Analyse de l'ouvrage de Jacques Roger : *Les Sciences de la vie dans la pensée française du XVIIIè siècle* (1963). Sur Buffon : pp. 343, 346, 349, 351].
VARTANIAN (A.), «La Mettrie, Diderot, and Sexology in the Enlightenment», *in Essays on the Age of Enlightenment in Honor of Ira O. Wade,* edited by Jean Macary, Genève, Paris, Droz, 1977 : pp. 347-367. [Point de vue de Buffon sur les perversions sexuelles : p. 351n et le désir sexuel chez l'homme et la femme : pp. 353, 359n].
VASCO (G.M.), *Diderot and Goethe : A Study in Science and Humanism,* Genève, Slatkine, Paris, Champion, 1978, IV-137p. [Buffon, inspirateur de Diderot et de Goethe].
VERDET (J.P.), *Une histoire de l'astronomie,* Paris, Éditions du Seuil, 1990, 380p. [La cosmogonie «catastrophiste» de Buffon : pp. 294-298, en contradiction avec celle de Descartes («évolutionniste»)].
VIEL (C.), «Duhamel du Monceau, naturaliste, physicien et chimiste», *Revue d'Histoire des Sciences*, 38 (1985) : pp. 55-71. [Collaboration avec Buffon : pp. 62-63; importance de la *Statique des végétaux* de Hales, traduite par Buffon : p. 69].
VIER (J.), «Georges-Louis Leclerc, Comte de Buffon, 1707-1788», *La pensée catholique*, n° 92 (1964) : pp. 59-81.
VIER (J.), «Buffon», *in Histoire de la littérature française : XVIII è siècle,* T. I : *L'Armature intellectuelle et morale*, Paris, Armand Colin, 1965 : pp. 307-337.

VIGARELLO (G.), «Buffon et la "Machine animale"», *Episteme*, 7 (1973) : pp. 186-198.

VINCENT (C.), «Buffon, l'explorateur des sciences naturelles», *Le Figaro-L'Aurore*, 16 mars 1988.

VIROLLE (R.), «Voltaire et les Matérialistes d'après ses derniers contes», *Dix-Huitième Siècle*, 11 (1979) : pp. 63-74. [Buffon : pp. 63-66].

VISCONTI (A.), *Georges-Louis Leclerc de Buffon (1707-1788),* Milano, Museo Civico di Storia Naturale di Milano, 1988, 35p.

VISSER (R.P.W.), *The Zoological Work of Petrus Camper (1722-1789),* Amsterdam, Rodopi, 1985, VI-207p. [Relations de Camper avec les principaux naturalistes dont Buffon].

VYVERBERG (H.), *Human Nature, Cultural Diversity, and the French Enlightenment,* New York, Oxford, Oxford University Press, 1989, 223p. [Point de vue de Buffon sur l'homme, l'espèce humaine, les races : pp. 16, 34, 69, 73, 108, 114 n45].

WADE (I.O.), *The Structure and Form of the Enlightenment,* Princeton, Princeton University Press, 1977, 2 vol., XXIII-690p. et X-456p. [Vol. I. : Importance de l'*Histoire naturelle* de Buffon : pp. 558-565; Accord de Buffon et Diderot : pp. 567-568, 570, 574, 579; divergences avec Condillac : pp. 598-600. Vol. II : Rapports de Buffon avec Diderot : pp. 97-98, 104, 112; avec Rousseau : pp. 128, 175; avec Helvétius : pp. 263, 292].

WAGNER (R.), *Samuel Thomas von Soemmerrings Leben und Verkehr mit seinen Zeitgenossen*, herausgegeben von Franz Dumont, Stuttgart, New York, Gustav Fischer Verlag, 1986 : 2 parties, 386 et 285p. [Dans la première partie, Buffon est cité dans des lettres adressées à Soemmerring par J.H. Merck : pp. 282-283, 289; par Peter Camper : pp. 321, 327; par Heinse : p. 363].

WALTER (E.), «Le Complexe d'Abélard ou le célibat des Gens de Lettres», *Dix-Huitième Siècle*, 12 (1980) : pp. 127-152. [Tel ne fut pas le cas de Buffon : p. 149].

WARD (D.C.) and CAROZZI (A.V.), *Geology Emerging : A Catalog Illustrating the History of Geology (1500-1850)*, Urbana-Champaign, University of Illinois Library, 1984, 565p. [Buffon : pp. 113-116].

WASCHKIES (H.J.), *Physik und Physikotheologie des jungen Kant : Die Vorgeschichte seiner "Allgemeinen Naturgeschichte und Theorie des Himmels"*, Amsterdam, B.R. Grüner, 1987, 711p. [Influence décisive de Fontenelle, Buffon, Maupertuis].

WATTLES (G.), «Buffon, d'Alembert and materialist atheism», *in Studies on Voltaire and the Eighteenth Century,* Oxford, The Voltaire Foundation, vol. 266 (1989) : pp. 285-341.

WATTS (G.B.), «The Comte de Buffon and his friend and publisher Charles-Joseph Panckoucke», *Modern Language Quaterly* (Washington), 19 (1957) : pp. 313-322.

WEBER (G.), «Science and Society in Nineteenth-Century Anthropology», *History of Science*, 12 (1974) : pp. 260-283. [Sur l'influence de Buffon : pp. 262, 264, 265, 273-274].

WELLS (G.A.), «Goethe and Evolution», *Journal of the History of Ideas*, 28 (1967) : pp. 537-550. [Similitudes d'idées de Goethe et Buffon sur l'anatomie : p. 537 et la notion d'espèce : p. 539].

WELLS (K.D.), «Sir William Lawrence (1783-1867). A Study of Pre-Darwinian Ideas on Heredity and Variation», *Journal of the History of Biology*, 4 (1971) : pp. 319-361. [Sur les théories de Buffon : pp. 353-354].

WELLS (K.D.), «William Charles Wells and the Races of Man», *Isis*, 64 (1973) : pp. 215-225. [Buffon, cité avec Linné au sujet de leur tentative de classification des races d'après les caractéristiques physiques : p. 218].

WENZEL (M.), «Die Anthropologie Johann Gottfried Herders und das Klassische Humanitätsideal. Der naturwissenschaftshistorische und politische Übergangscharakter der Goethezeit und die Widersprüchlichkeit Herders», *in Die Natur des Menschen. Probleme der Physischen Anthropologie und Rassenkunde (1750-*

*1850)*, herausgegeben von Gunter Mann und Franz Dumont, Stuttgart, New York, Gustav Fischer Verlag, 1990 : pp. 137-167. [Quelques remarques sur Herder et Buffon].

WHITE (G.W.), «The History of Geology and Mineralogy as seen by American Writers, 1803-1835 : A Bibliographic Essay», *Isis*, 64 (1973) : pp. 197-214. [Sur Buffon : pp. 200, 203, 205, 210].

WHITROW (G.J.), «The Nebular Hypotheses of Kant and Laplace», *Actes du XIIᵉ Congrès international d'Histoire des Sciences, Paris 1968,* T. III B, *Science et Philosophie, XVIIᵉ et XVIIIᵉ siècles*, Paris, Blanchard, 1971 : pp. 175-18. [La théorie de Buffon sur l'origine des planètes : p. 176].

WHITROW (M.) and COHEN (I.B.), Chairman of Editorial Committee eds., *Isis Cumulative Bibliography, 1913-1965*. Vol. 1 : *Personalities*, London, Mansell, 1971, LXVIII-664p. [Buffon : pp. 204-205].

WICHLER (G.), *Charles Darwin : The founder of the theory of evolution and natural selection*, Oxford, Pergamon Press, 1961, XVII-228p. [Les notions d'espèce, d'évolution, de sélection dans l'œuvre de Buffon; ambiguïtés et contradictions par rapport à Darwin].

WILKIE (J.S.), «The Idea of evolution in the writings of Buffon», *Annals of Science,* 12 (1956) : pp. 48-62, 212-227, 255-266.

WILKIE (J.S.), «Buffon, Lamarck and Darwin; The Originality of Darwin's Theory of Evolution», *in* P.R. Bell ed., *Darwin's Biological Work : Some Aspects Reconsidered,* Cambridge, Cambridge University Press, 1959 : pp. 262-307.

WILSON (A.M.), *Diderot. Sa vie et son œuvre*, Paris, Laffont-Ramsay, 1985, 810p. [Nombreuses références sur Buffon].

WOHL (R.), «Buffon and his project for a New Science», *Isis*, 51 (1960) : pp. 186-199.

WOKLER (R.), «Tyson and Buffon on the Orang-utan», *in Studies on Voltaire and the Eighteenth Century,* Oxford, The Voltaire Foundation, vol. 155 (1976) : pp. 2301-2319.

WOKLER (R.), «The Ape Debates in Enlightenment Anthropology», *in Studies on Voltaire and the Eighteenth Century,* Oxford, The Voltaire Foundation, vol. 192 (1980) : pp. 1164-1175. [Point de vue de Buffon : pp. 1168-1171, 1173].

WOOD (P.B.), «Buffon's Reception in Scotland : The Aberdeen Connection», *Annals of Science*, 44 (1987) : pp. 169-190.

WOOD (P.B.), «The Natural History of Man in the Scottish Enlightenment», *History of Science*, 28 (1990) : pp. 89-123. [Influence de Buffon : pp. 89, 99-100, 105].

WORSTER (D.), *The Ends of the Earth : Perspectives on Modern Environmental History*, Cambridge, Cambridge University Press, 1988, VIII-341p. [Les *Époques de la Nature* : vulnérabilité de la Terre : pp. 6-9].

YOUNG (J.A.), «The Osler Medal Essay. Height, Weight, and Health : Anthropometric Study of Human Growth in Nineteenth-Century American Medicine», *Bulletin of the History of Medicine»*, Baltimore, 53 (1979) : pp. 214-243. [À l'origine de l'anthropométrie : Buffon, Quételet].

ZABELL (S.L.), «Buffon, Price and Laplace : Scientific Attribution in the 18ᵗʰ Century», *Archive for History of Exact Sciences*, vol. 39 (1988) n° 2 : pp. 173-181.

ZIRKLE (C.), «Benjamin Franklin, Thomas Malthus and the United States Census», *Isis*, 48 (1957) : pp. 58-62. [Buffon avait décrit en 1751 la progression potentielle de la population : p. 58].

## POSTFACE

Avant de féliciter pour la diversité, riche et coordonnée, de leurs contributions les lecteurs attentifs de Buffon qui ont participé à la célébration de 1988, il convient de rendre hommage à celui d'entre eux, depuis lors disparu, qui a le plus fait, durant trente ans, pour réintroduire Buffon dans l'histoire contemporaine des sciences et de la philosophie en France, Jacques Roger. Il n'est presque aucun des travaux présentés dans ce Colloque qui ne le cite pas dans sa bibliographie ou qui ne se réfère à lui pour fortifier ou justifier, concernant Buffon, quelque interprétation ou quelque rectification de jugement. Jacques Roger a su traiter de Buffon en expert et en juge, expert bien informé et juge objectif. L'Introduction qu'il avait composée, en 1962, pour l'édition critique des ÉPOQUES DE LA NATURE, dans laquelle il distingue en Buffon le savant, le croyant et l'écrivain, reste et restera un modèle d'objectivité bien tempérée.

Buffon, rajeuni et honoré en 1988, est un personnage singulier. Les naturalistes français que l'histoire des sciences lui associe comme prédécesseurs, tel Tournefort, ou contemporains, tels Daubenton ou Lamarck, n'ont pas un style de vie professionnelle comparable. Buffon est un seigneur, presque un féodal bourguignon. Ce grand propriétaire de bois est aussi un propriétaire de forges. Le bois l'intéresse comme matériau de construction dont les propriétés peuvent et doivent être améliorées. Son intérêt pour les minéraux est aussi pratique que théorique. Science et technique ne se séparent pas à ses yeux. La finance et les affaires sont aussi de sa compétence. Mais ce n'est pas un empirique. Traduire de l'anglais La Statique des végétaux de Hales, ou La Méthode des fluxions de Newton, c'est aller à la recherche d'un ordre de relations nécessaires entre les faits. Cette figure d'un jeune chercheur fortuné a été représentée par Lesley Hanks dans son livre "Buffon avant l'Histoire naturelle". La venue à Paris, au Jardin du Roi, fait de lui un savant et un homme de Cour. L'écrivain s'annonce.

Ceux des naturalistes français que leurs travaux, ultérieurement, mettront en compétition théorique avec l'œuvre de Buffon, tels Cuvier et Étienne Geoffroy Saint-Hilaire, apparaîtront eux aussi comme des savants officiels, mais non comme des écrivains. L'écrivain n'arrête pas lui-même quels seront les usagers de ses écrits. Dans son Éloge historique de Cuvier (1834), Flourens écrit de lui, enfant : «Un exemplaire de Buffon qu'il trouve par hasard dans la bibliothèque d'un de ses parents allume tout à coup son goût pour l'histoire naturelle. Il s'applique aussitôt à en copier les figures et à les enluminer d'après les descriptions ; travail qui, dans un goût naissant, révélait déjà une sagacité d'observation d'un ordre supérieur».

On dit que Diderot, emprisonné à Vincennes, lisait Buffon. La communication d'Aram Vartanian, Buffon et Diderot, représentants d'un genre philosophico-littéraire, intéressés l'un et l'autre à la diffusion, sinon à la vulgarisation, de leurs positions de principes, est convaincante sur ce point. Mais une chose est le refus du système, autre chose est l'appel au trait d'esprit, là où on est fondé à attendre l'information. La description de certains animaux est l'occasion, pour

Buffon, de présenter quelques considérations ou anecdotes relatives au comportement de l'homme, à ses faiblesses, à sa supériorité, à ses devoirs. L'article sur le Rossignol fait état de Pline rapportant que les fils de l'Empereur Claude possédaient de tels oiseaux capables de parler grec et latin, à propos de quoi Buffon énonce une sentence : «rien n'est plus contagieux qu'une erreur appuyée d'un grand nom». L'article L'Unau et l'aï contient une méditation sur la misère. «Pourquoi n'y aurait-il pas des espèces d'animaux créées pour la misère, puisque dans l'espèce humaine le plus grand nombre y est voué dès la naissance ?» L'article Le Perroquet est consacré au problème de la parole et du langage. Quant au chapitre sur Les animaux carnassiers, où la relation nature-société est examinée pour conclure à la société fondée en nature, on est à peine surpris d'y trouver une référence à «un philosophe, l'un des plus fiers censeurs de notre humanité» qui a prétendu qu'il y a «une plus grande distance de l'homme en pure nature au sauvage que du sauvage à nous». Fier censeur, Jean-Jacques l'était aussi de certaines méthodes et pratiques en botanique. Ami des plantes, admirateur de Linné et fidèle à sa nomenclature, et considérant Bernard de Jussieu, au dire de Bernardin de Saint-Pierre, comme l'homme qui «connaissait toutes les plantes du Jardin du Roi, mais pas une à la campagne». On n'oubliera pas, pourtant, que rentrant à Paris, en 1770, Rousseau a été reçu à Montbard par Buffon, qu'il a, par la suite, rendu visite à Daubenton au Jardin du Roi et à Trianon.

Buffon est mort le 16 avril 1788. Vicq d'Azyr a prononcé son Éloge à l'Académie française. Rousseau était mort dix ans auparavant sans Éloge. Une année après, la Révolution française allait renverser la hiérarchie culturelle. Rousseau, le grand homme de Marat, devenait le penseur de référence. Quant à Buffon, aristocrate et officiel, son nom proféré par son fils (Citoyens, je me nomme Buffon) n'empêchait pas celui-ci de périr sur l'échafaud. Encore plus symbolique d'une perte de prestige avait été la fondation, l'année même de la mort de Buffon, d'une Société Linnéenne d'abord éphémère, plus tard reconstituée. Mieux encore, l'érection d'une statue de Linné dans le Jardin du Roi. Dans son ouvrage Das Ende der Naturgeschichte (1976) Wolf Lepenies a longuement exposé la signification de ce retour à Linné en France.

*Mais ce revirement ne devait pas altérer, pour certains collaborateurs ou disciples de Buffon, l'intérêt qu'ils portaient à quelques concepts propres à leur Maître, orientant leurs recherches dans des voies insolites, en sorte que, plus tard, ce Maître a pu apparaître, à plusieurs de ses historiens, comme l'inspirateur involontaire d'une coupure théorique entre la vieille Histoire naturelle et la jeune Biologie. Michel Foucault a écrit, dans* Les mots et les choses, *que l'histoire de la nature était impossible à penser pour l'histoire naturelle. Tout dépend de ce qu'on entend par «penser». Buffon n'a peut-être pas pensé, c'est-à-dire présenté par arguments factuels, l'apparition et la disparition d'espèces au cours du temps. Mais il a imaginé cette éventualité grâce à l'invention du concept de dégénération, fossoyeur du concept d'éternité spécifique. La dégénération de Buffon est, initialement, l'inverse de ce que Lyell nommera* Évolution *en 1832. Mais elle expulse de la vie l'identité au profit du devenir. Buffon fait-il comme s'il ne voulait pas penser à ce qu'il croit voir venir ?*

*C'est au chapitre* L'Âne *que Buffon s'est le plus longuement attaché à traiter de la dégénération comme esquisse avortée de la génération d'espèces nouvelles. Si la dégénération d'une espèce était la production d'une autre, la puissance de la nature serait sans bornes. Or, on ne peut pas* démontrer *que c'est impossible. Mais il a été* révélé *que «tous les animaux ont également participé à la grâce de la création». L'âne n'est donc qu'un âne, et non un cheval dégénéré. La* Révélation *est pour Buffon une censure de l'écriture et de la publication, mais non une interdiction de concevoir des possibles.*

*Les communications, lues au Colloque, qui ont fait plus ou moins longuement référence à l'historicité problématique des espèces vivantes sont nombreuses. Jacques Roger insiste, une fois encore, sur le fait que la notion de dégénération dominait la pensée biologique de Buffon. Frank Tinland a pu parler du «déferlement de la vague transformiste pressentie et refoulée par Buffon». Et François Poplin voit dans la lecture de la* Description du cheval, *composée par Daubenton, ce qui aurait pu conduire Buffon à préférer l'examen des ossements à la lecture de textes sacrés, et à se voir ultérieurement considéré «comme un évolutionniste en puissance». Quant à Jean*

*Gayon c'est dans le concept buffonien de l'espèce tenue pour singularité historique qu'il voit la justification du titre de sa communication : "L'individualité de l'espèce : une thèse transformiste ?".*

*On voit donc que certains textes de Buffon se prêtent à une lecture qui les tient pour l'annonce d'un mode d'étude des vivants et de leurs différences où la durée se manifeste comme une invention de formes nouvelles. La science dite Biologie a cherché à établir que la structure interne du vivant est plus importante à connaître que les rapports externes entre vivants parce que ces rapports sont sous la dépendance de la structure avant d'être, à leur tour, générateurs d'autres structures. On a pu sourire quand Buffon parlait de «molécules organiques» et de «moule intérieur». On en est aujourd'hui aux gènes, au message et au code. On admet les concepts de programme et d'information. Le «moule intérieur» de Buffon n'était-il pas un impératif de forme ? Donc, il ne nous paraît pas abusif de voir en Buffon une ébauche de naturaliste «scientifique», à la différence de Linné, le «savant» par excellence. Buffon avait pratiqué l'expérimentation en laboratoire, il avait une bonne connaissance des textes de Newton qu'il préférait à Leibniz, c'est dans la section de Mécanique qu'il était entré à l'Académie des Sciences. En sorte que la conclusion de Paolo Casini, à la fin de sa Communication «Buffon et Newton», nous semble très heureuse. C'est son intérêt pour Newton qui a conduit Buffon «à poser à la nature des questions nouvelles et à formuler des hypothèses fécondes».*

*Pour terminer, une constatation qui n'est pas un regret. Au XVIIIè siècle, en France, l'Histoire naturelle a fait souvent bon ménage avec la Théologie, et s'est même parfois présentée comme sa servante. Inversement, certains de ceux qui se sont révoltés contre cette domestication ont inventé une histoire fantastique de la généalogie des espèces vivantes, tels Robinet ou De Maillet. Quelques historiens des sciences n'ont pas résisté à confronter le pseudo-transformisme refoulé qu'ils prêtaient à Buffon avec* Les Considérations philosophiques sur la gradation des formes de l'Être, ou les Essais de la Nature qui apprend à faire l'Homme. *Nous estimons personnellement n'avoir pas à regretter l'absence dans ce Colloque de telles recherches. C'est, à nos yeux, un indice de la haute qualité de cette réunion commémorative.*

Georges Canguilhem
*(Professeur honoraire à l'Université de Paris-I)*

*INDEX*

# INDEX DES NOMS DE PERSONNES

De manière à rendre cet index aussi lisible que possible, les prénoms ont été omis dans la majorité des cas. Ils sont toutefois précisés dans tous les cas où il pourrait y avoir ambiguïté, et aussi pour quelques personnages dont la notoriété ne tient qu'à ce qu'ils ont été mêlés à la biographie de Buffon.

On ne cherchera ici aucune mention, directe ou indirecte, de Georges-Louis Leclerc, comte de Buffon. Tous les personnages apparaissant sous le nom de "Buffon" ou de "Leclerc" sont des apparentés.

## Collection SCIENCE – HISTOIRE – PHILOSOPHIE

*Darwin, Marx, Engels, Lyssenko et les autres* par Régis LADOUS
un volume 16,5 × 24,5 – 1984 – 148 pages – 78 F

*Des Sciences de la Nature aux Sciences de l'Homme*
par Jacques GADILLE et Régis LADOUS
un volume 16,5 × 24,5 – 1984 – 295 pages – 137 F

*Museologica. Contradictions et logique du Musée* par Bernard DELOCHE
un volume 16,5 × 24,5 – 1985 – 202 pages – épuisé

*Cause, Loi, Hasard en Biologie* par Michel DELSOL
un volume 16,5 × 24,5 – 1985 – 256 pages – 141 F

*L'intuition ontologique et l'introduction à la Métaphysique* par Roger PAYOT
un volume 16,5 × 24,5 – 1986 – 163 pages – 120 F

*Le réductionnisme en question. Actes du Colloque organisé à Lyon les 14 et 15 Mai 1986
par l'I.I.E.E.*
un volume 16,5 × 24,5 – 1987 – 174 pages – 99 F

*Philosophie moléculaire. Monod, Wyman, Changeux* par Claude DEBRU
un volume 16,5 × 24,5 – 1987 – 244 pages – 135 F

*Principes classiques d'interprétation de la Nature* par Jean LARGEAULT
un volume 16,5 × 24,5 – 1988 – 435 pages – 198 F

*Théories et Histoire en Biologie* par Hervé LE GUYADER
un volume 16,5 × 24,5 – 1988 – 260 pages – 147 F

*Spinoza, Science et Religion. Actes du Colloque du Centre International de Cerizy-la-Salle,
20-27 septembre 1982*
un volume 16,5 × 24,5 – 1988 – 220 pages – 177 F

*L'œuvre mathématique de G. Desargues,* second tirage avec une postface inédite
de René TATON
un volume 16,5 × 24,5 – 1988 – 244 pages – 180 F

*La Vie – Séminaire du département de Philosophie de l'Université Paul Valéry.
Montpellier, 28-29 octobre 1988*
un volume 16,5 × 24,5 – 1989 – 128 pages – 120 F

*La Laison chimique : le concept et son histoire* par Bernard VIDAL
un volume 16,5 × 24,5 – 1989 – 292 pages – 240 F

*Les Causes de la Mort. Histoire naturelle et facteurs de risques*
par Anne FAGOT-LARGEAULT
un volume 16,5 × 24,5 – 1989 – 438 pages – 250 F

*Christianisme et Science. Etudes réunies par l'Association Française d'Histoire Religieuse
Contemporaine*
un volume 16,5 × 24,5 – 1989 – 234 pages – 177 F

*Arthur Koestler. De la désillusion tragique au rêve d'une nouvelle synthèse*
par Roland QUILLIOT
un volume 16,5 × 24,5 – 1990 – 218 pages – 160 F

*Science et Sens. Colloque,* sous la direction de Jacques ARSAC et Philippe SENTIS
un volume 16,5 × 24,5 – 1990 – 162 pages – 140 F

*Karl Popper. Science et Philosophie, Colloque,* sous la direction de Renée BOUVERESSE et Hervé BARREAU
un volume 16,5 × 24,5 — 1991 — 366 pages — 240 F

*L'évolution biologique en vingt propositions* par Michel DELSOL
un volume 16,5 × 24,5 — 1991 — 860 pages — 321 F

*Le Hasard et l'Anti-Hasard* par Hubert SAGET
un volume 16,5 × 24,5 — 1991 — 188 pages — 162 F

*Bio-éthique et Cultures,* Préface du Professeur Jean BERNARD, Textes réunis par Claude DEBRU
un volume 16,5 × 24,5 — 1991 — 156 pages — 99 F

*Alexis Jordan. Du jardin de Villeurbanne aux Caves du Vatican*
par Laurence VÈZE
un volume 16,5 × 24,5 — 1992 — 158 pages — 99 F

Cette collection veut être l'expression de l'Institut Interdisciplinaire d'Etudes Epistémologiques qui réunit un groupe de naturalistes, historiens, philosophes et théologiens :

### Henri-Paul CUNNINGHAM
Ph. D. (philosophie des sciences)
professeur à l'Université Laval. Québec

### Michel DELSOL
Docteur-ès-sciences (biologie), docteur en philosophie
directeur à l'Ecole Pratique des Hautes Etudes
professeur à la Faculté catholique des sciences de Lyon

### Janine FLATIN
docteur de l'Université Lyon I
Ecole Pratique des Hautes Etudes

### Jacques GADILLE
docteur-ès-lettres (histoire)
professeur à l'Université Lyon III

### Madeleine GUEYDAN
docteur en sciences naturelles (biologie)
chercheur Faculté catholique des sciences de Lyon

### Thomas de KONINCK
Ph. D. (anthropologie philosophique), M. A. Oxon
professeur à l'Université Laval. Québec

### Régis LADOUS
docteur-ès-lettres (histoire)
professeur à l'Université Lyon III

### Goulven LAURENT
docteur-ès-lettres (histoire des sciences), licencié en théologie
directeur de l'Institut Lettres-Histoire
de l'Université catholique de l'Ouest. Angers

### James E. MOSIMANN
Ph.D. (Zoology). University of Michigan
M.Sc. (Statistics). The Johns Hopkins University
Chief Laboratory of Statistical and Mathematical Methodology
National Institutes of Health. Bethesda. Maryland

### René MOUTERDE
docteur-ès-sciences (géologie), licencié en théologie
directeur de recherches au C.N.R.S.
doyen émérite de la Faculté catholique des sciences de Lyon

### Roger PAYOT
agrégé de philosophie, docteur-ès-lettres
professeur en classes préparatoires. Lyon

### Christiane RUGET
docteur-ès-sciences (micropaléontologie)
chargée de recherches au C.N.R.S.

### Philippe SENTIS
docteur-ès-sciences (mathématiques), docteur-ès-lettres (philosophie)
sous-directeur de laboratoire au Collège de France.

Les membres de l'Institut Interdisciplinaire d'Etudes Epistémologiques veulent :
— défendre une rationalité enracinée dans le passé et, en même temps, ouverte et évolutive
— pratiquer une interdisciplinarité véritable, lieu fécond de relations indispensables entre des disciplines complémentaires
— affirmer l'existence d'un certain nombre de valeurs permanentes et vivantes.
Ils pensent qu'une vérité scientifique existe objectivement et qu'elle peut être approchée par des procédures de vérification toujours renouvelables et contrôlables. Ils combattent tous les dérapages idéologiques, les extrapolations et analogies abusives, les réductionnismes simplistes, la confusion des domaines.

\* \* \*

Outre les travaux qui tentent de refléter cet état d'esprit, ils acceptent de publier dans leur collection des ouvrages très divers et d'orientations différentes pourvu que ceux-ci permettent un débat libre et sans préjugé.

**Collection SCIENCE – HISTOIRE – PHILOSOPHIE**

Directeurs : Professeur Michel DELSOL, laboratoire de Biologie générale
25, rue du Plat, 69288 LYON cedex 02 – tél : 72 32 50 32
Régis LADOUS, professeur à l'Université Lyon III
Roger PAYOT, professeur en classes préparatoires

Secrétaire de rédaction : Janine FLATIN, Biologie générale
25 rue du Plat, 69288 LYON cedex 02 – tél : 72 32 50 32

Imprimerie DARANTIERE
Quetigny – Dijon
N° d'impression 912
Dépôt légal : 3e trimestre 1992